Nr. 34
S. 12165–12536

1962
22. August

Chemisches Zentralblatt

Vollständiges Repertorium für alle Zweige der reinen und angewandten Chemie

1830 gegründet. 1897—1945 von der Deutschen Chemischen Gesellschaft fortgeführt. Im Auftrage der Deutschen Akademie der Wissenschaften zu Berlin, der Chemischen Gesellschaft in der DDR, der Akademie der Wissenschaften zu Göttingen und der Gesellschaft Deutscher Chemiker (in der BRD)

herausgegeben von Prof. Dr. **Heinrich Bertsch** und Prof. Dr. Dr. h. c. **Wilhelm Klemm**

133. Jahrgang

1962

Chefredakteure: Dr. Eugen Klever und Dr. Willi Barz

Akademie-Verlag GmbH., Berlin – Verlag Chemie, GmbH., Weinheim/Bergstr.

Inhalt

Chemisches Zentralblatt

1962 **Bibliographien** Nr. 34

Neue Fachzeitschriften

Metallurgical Society Journal. Vol. 1. Sheffield: Sheffield University. 1962. 2 s. 6 d to members.

Neue Bücher

B. Allgemeine und theoretische organische Chemie

Walter Hückel, Theoretische Grundlagen der organischen Chemie. Bd. 1. 9., umgearb. Aufl. Leipzig: Akademische Verl.-Ges. Geest & Portig. 1961. (XVI + 897 S. m. 40 Abb.) 8⁰. DM 24,—.

F. C. Nachod and **W. D. Phillips,** eds., Determination of organic structures by physical methods. Vol. 2. New York, London: Academic P. 1962. (XIII + 771 S.) 6 £ 8 s. 6 d.

—, Preprints of papers read at the Fifth International Symposium on Free Radicals, July 6—7, 1961. New York: Gordon & Breach. 1962. $ 32.50.

C. Präparative organische Chemie. Naturstoffe

Ralph Isadore Dorfman, Methods in hormone research. Vol. 1 and 2. New York: Academic. 1962. 1: (423 S. m. Abb.) $ 16.—. 2: (774 S. m. Abb.) $ 24.—.

Hans Vogel, Chemie und Technik der Vitamine. 3. Aufl. 2 Bde. Bd. 2: Die wasserlöslichen Vitamine. Teil 2, Lfg. 3. Stuttgart: Enke. 1962. (160 S. m. 22 Tab.) 8⁰. DM 37,—.

H VI. Silicatchemie. Baustoffe

J. E. Burke, ed., Progress in ceramic science. Vol. 2. Oxford, London: Pergamon. 1962. (VII + 246 S. m. Taf., Tab. u. Diagr.) 80 s.

VII. Agrikulturchemie. Schädlingsbekämpfung

—, American Chemical Society. Division of Agricultural and Food Chemistry. Gibberellins. Washington. 1961. (VI + 167 S. m. Abb.) = Advances in chemistry series, no. 28. $ 6.—.

—, Journées françaises d'études et d'information consacrées aux insecticides agricoles. Rapports et communications. Paris, 24, 25, 26 novembre 1960. 2 vol. Paris: Fédération nationale des groupements de protection des cultures. 1: (288 S.) 2: (228 S.) 25 NF.

VIII. Metallurgie. Korrosion

H. M. Finniston and J. P. Howe, eds., Metallurgy and fuels, vol. 3 and 4. New York: Pergamon Press. 1961. each $ 15.—.

Jean Herenguel, Métallurgie spéciale. Métallurgie d'élaboration, de transformation et propriétés. Tome I. L'Aluminium et ses alliages. Le Magnésium et ses alliages. Paris: Presses Universitaires de France. 1962. (344 S. m. 278 Abb.) 50 NF.

Jean Herenguel, Métallurgie spéciale. Métallurgie d'élaboration, de transformation et propriétés. Tome II: Le cuivre et ses alliages. Paris: Presses Universitaires de France. 1962. (154 S. m. 81 Abb.) 23 NF.

Jean Herenguel, Métallurgie spéciale. Métallurgie d'élaboration, de transformation et propriétés. Tome III. Le Zirconium et ses alliages. Paris: Presses Universitaires de France. 1962. (186 S. m. 107 Abb.) 30 NF.

XI. b) Plaste (Kunstharze. Plastische Massen)

Jean Delorme, Dictionnaire des matières plastiques et de leurs applications. 2e édit. Paris: Éditions Amphora. 1962. (450 S.) 60 NF.

Jean Delorme et Henri Gibello, Anthologie des brevets sur les matières plastiques. Tome III: Période 1946—1955. Paris: Amphora. 1962. (680 S.) 80 NF.

XIII. Ätherische Öle. Parfümerie. Kosmetik

Eduard Gildemeister und Friedrich Hoffmann, Die ätherischen Öle. 4., völlig neu bearb. Aufl. Spezieller Teil B: Beschreibung der einzelnen ätherischen Öle. Bd. 7: Die Öle der Dikotyledonen. Berlin: Akademie-Verl. 1961. (XXXII + 806 S. m. 10 Abb.) 8°. DM 80,—.

Ausgewertete Bibliographie-Fachzeitschriften

Belgien	Bibliographie de Belgique — Belgische Bibliographie	**England**	British Books (Incorporating the Publishers Circular & Booksellers Record)
ČSSR	Bulletin — Die Neuesten Forschungsergebnisse der Tschechoslowakischen Wissenschaft		British National Bibliography
	Nové Knihy (Neue Bücher)	**Frankreich**	Bibliographie de la France
	Novinky (Neuheiten)	**Holland**	Nieuwsblad voor de Boekhandel
Dänemark	Danske Bogmarked	**Italien**	Bibliografia Nazionale Italiana
Deutschland	Börsenblatt für den Deutschen Buchhandel — Frankfurter Ausgabe	**Japan**	Nōhon Shūhō (Current Publications)
	Börsenblatt für den Deutschen Buchhandel — Leipziger Ausgabe	**Österreich**	Österreichische Bibliographie
	Deutsche Bibliographie. Wöchentliches Verzeichnis. Ausgabe II. [Frankfurt/Main]	**Schweiz**	Schweizer Buch. Serie A und Serie B
	Deutsche Nationalbibliographie. Reihe A: Neuerscheinungen des Buchhandels [Leipzig]	**UdSSR**	Bücherverzeichnis des Jahres (Книжная летопись)
			Neue Bücher (Новые книги)
		USA	Publishers' Weekly

2-34

Namenregister

Patentregister

Chemisches Zentralblatt

1962 Nr. 34 22. August

A. Allgemeine, physikalische und anorganische Chemie

Teilchenverteilung in einem Fermionen-System niedriger Dichte mit anziehenden Wechselwirkungen. Yasushi Wada. (Progr. theoret. Physics [Kyoto] **24.** 920—22. Okt. 1960. Tokyo, Univ., Dep. of Phys.) (Engl.)

Die Verteilung in einem Syst. mit geringer Dichte muß sich von der eines entarteten FERMI-Gases stark unterscheiden, falls die Streulänge des Zweiteilchen-Syst. negativ ist, was für die Singulettstreuung zweier Nucleonen zutrifft. M. WIEDEMANN. 10□

Die Dirac-Gleichung für ein Vielelektronensystem. K. S. Viswanathan. (Proc. Indian Acad. Sci., Sect. A **52.** 35—45. Juli 1960. Bangalore, Raman Res. Inst.) (Engl.)

Es wird gezeigt, daß die DIRAC-Gleichung für ein Elektron die Eigenwertgleichung für die Größe des Viervektorenimpulses darstellt u. daß sie abgeleitet werden kann, indem man den Impulsvektor durch die **4** Komponenten ausdrückt. Auf dieser Grundlage kann eine relativist. Gleichung für mehrere Elektronen abgeleitet werden. Für zwei Elektronen liefert sie die BREIT-Formel. M. WIEDEMANN. 10□

A_1. Kernphysik und Kernchemie

Gleichungen für die Spektralfunktionen geladener π-Mesonen. Ju. A. Ssimonow und K.A. Ter-Martirossjan. (Журнал Экспериментальной и Теоретической Физики [J. exp. theoret. Physik] **40.** 1172—78. April 1961. Inst. für exp. u. theor. Phys. der Akad. der Wiss. der UdSSR.) (Russ.; Auszug: Engl.)

Die Streuamplitude für geladene Pionen an Pionen wird mittels der MANDELSTAM-Darst. durch die Spektralfunktionen ausgedrückt, für die ihrerseits eine Gleichung aufgestellt u. die Näherungs-Meth. diskutiert wird. M. WIEDEMANN. 90□

Zum Problem des Strahlungszerfalls von π-Mesonen. I. Ju. Kriwski, Ju. M. Lomssadse, W. I. Fuschtschitsch und I. W. Chimitsch. (Український Фізичний Журнал [Ukrain. physik. J.] **5.** 777—80. Nov./Dez. 1960. Ushgorod, Univ.) (Ukrain.; Auszug: Engl.)

Ausgehend von der relativist. Invarianz der Quantenfeldtheorie u. der universellen FERMI-Wechselwrkg. wurde die Wahrscheinlichkeit des $\pi \rightarrow e + \nu + \gamma$-Zerfalls in der ersten Näherung der Störungsrechnung im Verhältnis zum $\pi \rightarrow \mu + \gamma$-Zerfall berechnet u. ca. $3 \cdot 10^{-7}$ erhalten, was befriedigend mit dem Experiment übereinstimmt. M. WIEDEMANN. 90□

Die Reichweite-Energie-Beziehung in einer Emulsion. 1. Mitt. **Reichweitemessungen.** W. H. Barkas, P. H. Barrett, P. Cüer, P. Heckman, F. M. Smith und H. K. Ticho. (Nuovo Cimento [10] **8.** 185—200. April 1958. Berkeley, Calif., Univ. of California, Radiat. Labor.) (Engl.) — Vgl. C. **1961.** 13423.

Mitt. u. Diskussion von Reichweitemessungen mit magnet. analysierten Mesonen sowie Protonen u. He-Kernen verschiedener Geschw. bei äquivalenten Protonenenergien von 1,295—700 MeV unter Verw. von ILFORD-G-5-Emulsionen bei bekannten Emulsionsdichten. H.-J. EICHHOFF. 90□

Die Reichweite-Energie-Beziehung in einer Emulsion. 2. Mitt. **Die theoretische Reichweite.** W. H. Barkas. (Nuovo Cimento [10] **8.** 201—14. April 1958.) (Engl.) — 1. vgl. vorst. Referat.

Berechnung der theoret. Reichweiten für ILFORD-G-5-Emulsion unter Standardbedingungen. Für Protonen von 1—700 MeV wird Übereinstimmung mit den gemessenen Werten erreicht. Das mittlere Ionisationspotential wird zu (331±6) eV u. das Ionisationspotential/Kernladung für alle schwereren Elemente als H zu (12,1±0,2) eV gefunden. Angabe einer Reichweitentabelle für Emulsion unter Standardbedingungen u. für Wasser. H.-J. EICHHOFF. 90□

Bestimmung des Backgrounds durch gemittelte Produkte der zweiten Differenz in der Methode des konstanten Pfeils zur Größenangabe der Vielfachstreuung.

Brigitte Dépaux, Simone Desprez-Rebaud und Tsai-Chü. (C. R. hebd. Séances Acad. Sci. **250.** 4343—45. 27/6. 1960.) (Franz.)

Behandlung der Meth., speziell für G 5-Emulsionen in 50-μ-Zellen.

GERHARD SCHMIDT. 90□

Eine Bemerkung über Elektron-Photon-Schauer. A. Ramakrishnan und S. K. Srinivasan. (Nuclear Physics [Amsterdam] **25.** 152—54. Mai 1961. Madras, Univ., Dep. of Theor. Phys.; Indian Inst. of Technol., Dep. of Appl. Math.) (Engl.)

Vff. vergleichen die mittlere quadrat. Abweichung der Anzahl von Elektronen nach der exakten Meth. der stochast. Theorie mit Monte-Carlo-Meth. für solche Prozesse.

GERHARD SCHMIDT. 90□

Die Wirkung von Schwankungen in den Reaktionsbreiten auf Resonanzintegrale. E. Kuhn und L. Dresner. (J. nuclear Energy **7.** 69—70. Aug. 1958. Oak Ridge, Tenn., Oak Ridge Nat. Labor., Div. of Union Carbide Nucl. Comp.) (Engl.) — Vgl. PORTER u. THOMAS, C. **1957.** 4585.

Vff. korr. frühere Schätzungen des Resonanzeinfangintegrals (l. c.) nichtspaltbarer Kerne, um die Wrkg. von Schwankungen in der Neutronenbreite einzuschließen.

GERHARD SCHMIDT. 90□

Einfang von 14,4-MeV-Neutronen durch Protonen und Deuteronen. M. Cerineo, K. Ilakovac, I. Šlaus und P. Tomaš. (Physic. Rev. [2] **124.** 1947—48. 15/12. 1961. Zagreb, Inst. Rudjer Bošković.) (Engl.)

Mit einem Zählerteleskop in Verbindung mit einem zweidimensionalen 100-Kanal-Analysator bestimmen Vff. das Verhältnis von Einfangsquerschnitt zum elast. Streuquerschnitt für 14,4-MeV-Neutronen. Die Targets bestehen aus Polyäthylen bzw. Paraffin. Der Querschnitt für den Einfang durch Protonen wird zu $31{,}6 \pm 3{,}1$ μbarn bestimmt. Dieser Wert ist in befriedigender Übereinstimmung mit dem theoret. vorausgesagten Wert. Der Querschnitt für den Einfang von Neutronen durch Deuteronen ergibt sich zu $29{,}4 \pm 5{,}8$ μbarn. GERHARD SCHMIDT. 90□

Streuung langsamer Neutronen an flüssigem Wasserstoff. G. Sarma. (J. Physique Radium **21.** 783—88. Nov. 1960. Saclay, C.E.N., Serv. de Phys. du Solide et de Résonance Magnet.) (Franz.)

Der differentielle Streuquerschnitt für langsame Neutronen an fl. H_2 wird durch ein Prod. zweier Faktoren einfacher physikal. Bedeutung ausgedrückt. Der erste Faktor schließt Übergänge zwischen mol. Zuständen ein u. führt schließlich zu einer Art winkelabhängiger Streulänge. Der zweite Faktor hängt nur von der translator. Bewegung der Moll. ab. Die Berechnungen ergeben, daß der kohärente Teil der Streuung vernachlässigbar ist. Die Streuung selbst wird hauptsächlich auf die sog. Selbstkorrelationsfunktion bezogen, wobei der Rückstoß eine wesentliche Rolle spielt. Die Streuung läßt sich allg. durch ein Modell des idealen Gases beschreiben, wobei der Rückstoß der Moll. berücksichtigt wird. Dieses Modell führt zu 2 getrennten Peaks bei einem vorgegebenen Winkel.

GERHARD SCHMIDT. 90□

Einfluß der Struktur der Resonanzquerschnitte auf die Ausbreitung schneller Neutronen in Eisen. M. N. Nikolajew, W. W. Filippow und I. I. Bondarenko. (Атомная Энергия [Atomenergie] **11.** 445—47. Nov. 1961.) (Russ.)

Als Neutronenquelle diente die Rk. $T(p,n)^3He$. Die Protonen wurden elektrostat. beschleunigt u. fielen auf ein T–Ti-Target. Als Streuer diente Fe, zum Nachw. ein in ^{10}B angereicherter Proportionalzähler, zur Abschirmung ein Wassertank. Für Neutronenenergien von 350—1750 keV sind die Wrkg.-Querschnitte u. mehrere daraus ermittelte Größen, so z. B. der Diffusions-Koeff., angeführt. Auf die Resonanzstruktur u. ihre Bedeutung für die Reaktorphysik wird hingewiesen. M. WIEDEMANN. 90□

Neutronenmoderierung bei niedriger Temperatur. Lyle B. Borst. (Physic. Rev. Letters **4.** 131. 1/2. 1960. New York, N.Y., Univ. Heights; New York Univ.) (Engl.)

Aus experimentellen Unterss. über die unelast. Streuung von Neutronen sehr niedriger Energie (0,005 eV) an W. folgert Vf., daß der Spin-flip in mol. H_2 den Hauptmechanismus zur Erklärung des großen inkohärenten Querschnittes darstellt. Der übliche Moderierungsmechanismus kohärenter Streuung an freien oder gebundenen Atomen verschwindet beim BRAGG-cutoff für Graphit, Be u. wahrscheinlich für Schweres Eis. Eine Schätzung des unelast. Prozesses im Vgl. zur elast. Streuung liefert ein Querschnittsverhältnis von ca. 10. Der unelast. Querschnitt ist 8 barn für $HO_{1/2}$ bei Zimmertemperatur.

GERHARD SCHMIDT. 90□

Unelastische Streuung von 18,9-MeV-Nucleonen am 9,6-MeV-Niveau von ^{12}C. E. Bradford und B. A. Robson. (Physic. Rev. Letters **6.** 550—51. 15/5. Erratum: **6.** 711. 15/6. 1961. Canberra, Australian Nat. Univ., Res. School of Physic. Sci.) (Engl.)

Vff. berechnen unter Verw. der von Peelle (C. **1957.** 9267) bei der unelast. Streuung von 18,9-MeV-Protonen an ^{12}C experimentell erhaltenen Werte Spin u. Parität des ^{12}C-Niveaus bei 9,6 MeV in Übereinstimmung mit Barker, Bradford u. Tassie (C. **1961.** 17824) zu 3^-. H. Schroeder. 90□

Streuung von 38-MeV-α-Teilchen an ^{12}C. J. Catalá, L. Miralles und J. Aguilar. (An. Real Soc. españ. Física Quím., Ser. A **55.** 241—44. Sept./Okt. 1959. Valencia, Inst. de Opt. Daza de Valdés, Centro de Fís. fotocorpuscular.) (Span.) — Vgl. C. **1960.** 12229.

Unter Verw. von Kernemulsionen wird der differentielle elast. u. unelast. Streuquerschnitt von α-Teilchen an ^{12}C bei einer Energie von 38 MeV untersucht. Beim elast. Prozeß wird ein Näherungswert von $(4{,}28 \pm 0{,}21) \cdot 10^{-13}$ cm für den Wechselwrkg.-Radius des α-Teilchens mit ^{12}C erhalten, wenn die Beugungsgleichung für eine stark absorbierende Scheibe verwendet wird. Für den Kernradius von ^{12}C ergibt sich $(2{,}68 \pm 0{,}28) \cdot 10^{-13}$ cm u. in der Gleichung für die Kernradien $R = r_0 A^{1/3}$ für r_0 $(1{,}18 \pm 0{,}12) \cdot 10^{-13}$ cm. R. K. Müller. 90□

Elastische Streuung von 19,5-MeV-Deuteronen an Chloroform. J. Aguilar und M. C. Altés. (An. Real Soc. españ. Física Quím., Ser. A **55.** 245—50. Sept./Okt. 1959.) (Span.) — Vgl. vorst. Referat.

Beim Beschuß von Chlf. mit einem Deuteronenbündel von 19,5 MeV werden die gestreuten Prodd. auf Kernemulsionsplatten gesammelt u. die Winkelverteilung mit derjenigen von Deuteronen gleicher Energie an Ar verglichen. Unter Anwendung der Gleichung für die Lichtbeugung an einer stark absorbierenden Scheibe wird für den Radius der Kernwechselwrkg. von D u. Cl der Wert $7{,}96 \cdot 10^{-13}$ cm erhalten. R. K. Müller. 90□

Zweiquanten-Übergänge in isomeren Kernen. Jörg Eichler und Gerhard Jacob. (Z. Physik **157.** 286—300. 1959. Heidelberg, Univ., Inst. für theoret. Phys.) (Dt.)

Vff. betrachten die Wahrscheinlichkeit für Zweiquantenemission durch ein einzelnes, nichtrelativist. Proton, das sich in einem geschwindigkeitsunabhängigen, zeitlich konst. Potential bewegen soll. Die allg. Form für die Emissionswahrscheinlichkeit eines Quants vorgegebener Energie hat die Übergangswahrscheinlichkeit auch dann, wenn man nicht das Einteilchenmodell zugrunde legt. In der Summe über die Zwischenzustände werden im allg. nur die nächstliegenden Zustände wesentlich beitragen, da die Überlappung der Anfangswellenfunktion oder der Endwellenfunktion mit der Wellenfunktion des Zwischenzustandes um so schlechter wird, je mehr sich die radialen Quantenzahlen unterscheiden. Gerhard Schmidt. 95□

Über die Möglichkeit der praktischen Anwendung von Isomeren. Ju. W. Petrow. (Атомная Энергия [Atomenergie] **11.** 250—51. Sept. 1961.) (Russ.)

Die (n, n')-Rk. mit Anregung eines Isomers wurde bisher nicht beobachtet, bei ^{180m}Hf mit 5½ Std. Halbwertszeit sollte deren Wrkg.-Querschnitt mit dem des Strahlungseinfangs vergleichbar sein. Die Möglichkeit der Anwendung derartiger Rkk., bei denen monoenerget. schnelle Neutronen entstehen, wird diskutiert. M. Wiedemann. 95□

Zur Theorie des Mößbauer-Effektes. F. Sauter und D. Wagner. (Z. Naturforsch. **17a.** 30—34. Jan. 1962. Köln, Univ., Inst. für Theoret. Phys.) (Dt.)

Halbklass. Deutung des Mössbauer-Effektes unter der Annahme, daß der während der Emissionszeit τ der γ-Strahlung auf den emittierenden Kern übertragene Rückstoßimpuls in dieser Zeit durch dabei angeregte Schallwellen sofort in das Kristallgitter dissipiert, so daß die durch den Rückstoß bedingte Geschw. des Leuchtkerns unmerklich klein bleibt. Ch. Weiske. 95□

Debye-Waller-Faktor bei Mößbauer-Interferenzexperimenten. H. J. Lipkin. (Physic. Rev. [2] **123.** 62—63. 1/7. 1961. Rehovoth, Israel, Weizmann Inst. of Sci., Dep. of Phys.) (Engl.)

Vf. gibt eine einfache Berechnung des Einfl. der Gitterdynamik auf die Interferenz zwischen Mössbauer-Prozessen u. anderen atomaren Prozessen wie Mössbauer- u. Rayleigh-Streuung oder zwischen innerer Konversion der Mössbauer-Strahlung u. photoelektr. Effekt. Es läßt sich zeigen, daß in dem Interferenzterm derselbe Debye-Waller-Faktor auftritt wie in dem direkten Mössbauer-Term, der nur vom Impuls der einfallenden γ-Strahlen abhängt. Wird die Energie der emittierten γ-Strahlung durch Bragg-Streuung gemessen, so wird der atomare Term durch den gewöhnlichen Debye-Waller-Faktor, der von der Impulsübertragung abhängt, wiedergegeben, der Mössbauer-Term durch das Quadrat des gewöhnlichen Mössbauer-Faktors u. der Interferenzterm schließlich durch das geometr. Mittel aus den atomaren u. den Mössbauer-Faktoren. G. M. Neumann. 95□

Einfluß der Ultrasonen auf die Emission und Absorption der γ-Strahlung ohne Rückstoß. Anatole Abragam. (C. R. hebd. Séances Acad. Sci. **250.** 4334–36. 27/6. 1960. Saclay, Centre d'Étud. Nucl.) (Franz.)

Vf. zeigt, daß die Einführung von Ultrasonen in einen Kristall, der γ-radioakt. Kerne enthält, erlaubt, die Frequenz ihrer MÖSSBAUER-Spektren herauszufinden.

J. M. SPAETH. 95☐

Druckabhängigkeit des Mössbauer-Effektes. Russell V. Hanks. (Physic. Rev. [2] **124.** 1319–20. 1/12. 1961. Seattle, Wash., Boeing Sci. Res. Labor.) (Engl.)

Es wird die Druckabhängigkeit des MÖSSBAUER-Effektes untersucht u. ein Ausdruck (DEBYE-Näherung) für die Wahrscheinlichkeit der rückstoßfreien Emission (Absorption) als Funktion des spezif. Vol. gegeben. Es wird gefolgert, daß der Effekt für Metalle, wie Zn, Sn, usw. klein ist, aber daß kompressiblere Elemente auch bei gemäßigten Drücken eine beobachtbare Druckabhängigkeit zeigen sollten. Es wird berechnet, daß die rückstoßfreie Emission der 81-keV-Linie von ^{133}Cs bei einem Druck von 5000 atm beobachtbar werden müßte. Es werden noch einige Experimente diskutiert, die mit der obigen Druckabhängigkeit in Zusammenhang stehen. H. LAUE. 95☐

^{57}Fe-Mössbauer-Effekt in Laves-Phasen, die Fe neben Y, Ce, Ho, Ti, Zr und Hf enthalten. W. E. Wallace und L. M. Epstein. (J. chem. Physics **35.** 2238–40. Dez. 1961. East Pittsburgh, Pa., Westinghouse Electric Corp., Central Labor., Radiat. and Nucleonics Labor.) (Engl.)

Vff. berichten über die Best. des Kernhyperfeinfeldes H_i, der Quadrupolaufspaltung ε u. der Zentrumsverschiebung ΔE der LAVES-Phasen $CeFe_2$, YFe_2, $HoFe_2$, $HfFe_2$, $TiFe_2$, $ZrFe_2$, ZrFeCo, $Y_xHo_{1-x}Fe_2$ ($x = {}^3/_4$, ${}^1/_2$, ${}^1/_4$), $Ti_xZr_{1-x}Fe_2$ ($x = 0{,}8$) u. $Zr_xHf_{1-x}Fe$ ($x = {}^1/_2$) mit Hilfe der Resonanzabsorption von γ-Strahlen durch ^{57}Fe. Die ε-Werte sind erwartungsgemäß für ein Metall klein. Die ΔE-Werte sind negativ u. deuten auf eine höhere Elektronen-Konz. in Kernnähe als in Stahl. Die H_i-Werte liegen in einem engen Bereich bei ca. ${}^2/_3$ des Wertes von Fe mit 330 kOe. G. M. NEUMANN. 95☐

Schwankungen von Kernquerschnitten im „Kontinuum"-Bereich. Torleif Ericson. (Physic. Rev. Letters **5.** 430–31. 1/11. 1960. Berkeley, Calif., Univ. of California, Lawrence Radiat. Labor.) (Engl.)

Theoret. Unters. der nichtlinearen Folgerungen der statist. Annahme im sog. „Kontinuum"-Bereich, in dem eine große Anzahl von Compoundzuständen wegen der kurzen Lebensdauer des Compoundkerns überlappt. GERHARD SCHMIDT. 103☐

Theorie der Strahlungseinfangreaktionen. A. M. Lane. (Nuclear Physics [Amsterdam] **11.** 625–45. 1959. Harwell, Berks., A.E.R.E., Res. Group.) (Engl.)

Von einer exakten Dispersionstheorie ausgehend wird u. a. der Querschnitt für „Compoundkern"-Einfang durch die übliche Annahme beliebiger Vorzeichen für Matrixelemente abgeleitet. Der Querschnitt für „direkten" Einfang wird aus dem exakten Formalismus nach Verff. zur Behandlung anderer Arten direkter Rkk. gewonnen. Auf die Bedeutung der Kanäle außer dem üblichen aus dem Kerninnern wird bes. hingewiesen.

GERHARD SCHMIDT. 103☐

Analyse der experimentellen Daten über Nucleoneneinfangreaktionen. A. M. Lane und J. E. Lynn. (Nuclear Physics [Amsterdam] **11.** 646–69. 1959.) (Engl.) — Vgl. vorst. Referat.

Unter Verw. der l. c. abgeleiteten Ausdrücke werden die Querschnitte u. a. für den Einfang von 14-MeV-Neutronen durch schwere Elemente geschätzt. Die korrekte Erklärung der beobachteten Daten ist durch den „direkten" Mechanismus möglich, die größenordnungsmäßige Übereinstimmung liefert. Unterss. der Struktur der direkten E1-Integrale lassen vermuten, daß der direkte Einfang ein „Kanal"-Phänomen ist.

GERHARD SCHMIDT. 103☐

Spektren von (p, α)- und (p, p')-Reaktionen und das Verdampfungsmodell. R. Sherr und F. P. Brady. (Physic. Rev. [2] **124.** 1928–43. 15/12. 1961. Princeton, N.J., Princeton Univ., Palmer Phys. Labor.) (Engl.)

Vff. bestimmen die Energiespektren der α-Teilchen aus *V, Fe, Co, Ni* u. *Rb*, die mit 17,5-MeV-Protonen beschossen worden sind, bei einer Anzahl von Winkeln. Über 30° hinaus sind die Spektren im wesentlichen isotrop, sie werden nach dem Verdampfungsmodell analysiert. Die abgeleitete Niveaudichte ist von der Form $\exp(E_x/T)$ für $E_x = 3-12$ MeV. Die Werte von T sind im Bereich von 1,2–1,5 MeV, wenn die Querschnitte des Kontinuummodells mit $R = (1{,}4\ A^{1/3} + 2{,}2)$ fermi benutzt werden, u. im Bereich von 1,3–1,6 MeV bei Verw. der Querschnitte nach dem opt. Modell. Diese Niveaudichte ist ebenfalls im Einklang mit α-Spektren von Ni u. Co, die mit 15- u. 19-MeV-Protonen beschossen worden sind. Die Analyse der veröffentlichten Daten über unelast. Protonenstreuung für Elemente im Ti–Zn-Bereich bei Beschußenergien von 11,3–23 MeV zeigt, daß die (p, p')-Spektren nur teilweise der Verdampfung zugeschrieben werden können.

Bei 11,3 MeV wird die obere Grenze des Verdampfungsbeitrages zu den Protonenspektren zu < 96% geschätzt, während sie bei 23 MeV wahrscheinlich viel kleiner als 22% ist. Der T-Wert für ^{56}Fe aus (p, α)- u. (α, α')-Rkk. ist ca. 1,5 MeV, während die Daten für unelast. Neutronenstreuung einen Wert von 0,95 MeV liefern.

Gerhard Schmidt. 103□

Kernreaktionen durch Rückstoßprotonen in einem Reaktor. S. S. Glickstein und R. G. Winter. (Nuclear Instruments Methods [Amsterdam] **9.** 226—28. 1960. University Park, Pa., Pennsylvania State Univ., Dep. of Phys.) (Engl.)

Vff. setzen H_3BO_3-, $(C_2H_4)_n$- u. H_2O-Proben dem schnellen Neutronenfluß nahe dem Core des 100-kW-Swimming pool-Reaktors aus. Die Rkk. ^{11}B(p, n)^{11}C, ^{12}C(p, γ)^{13}N, ^{13}C(p, n)^{13}N u. ^{18}O(p, n)^{18}F werden durch Rückstoßprotonen angeregt, die Positronenaktivitäten der Endprodd. werden beobachtet. Die Ausbeuten, erzeugte Atome/g Probe·s, sind 5000 für ^{11}C, 800 für ^{13}N u. 100 für ^{18}F. Das Spektrum der schnellen Neutronen wird mit (p, n)-Schwellenwertdetektoren gemessen, die Ausbeuten werden berechnet. Berechnung u. Experiment stimmen im allg. überein. Gerhard Schmidt. 103□

Polarisation des Deuterons bei der Reaktion ^{9}Be(p, d)^{8}Be. James M. Lambert, Leon Madansky und George E. Owen. (Physic. Rev. [2] **124.** 1959—63. 15/12. 1961. Baltimore, Md., Johns Hopkins Univ.) (Engl.)

Vff. untersuchen die Polarisation der Deuteronen aus der Rk. ^{9}Be(p, d)^{8}Be unter 2 Winkeln, 30 u. 90°, bei einer Einfallsenergie der Protonen von 3 MeV. Die Polarisation der Deuteronen wird unter Verw. der Asymmetrie der Protonen aus der Rk. D(d, p)^{3}H mit einem Polarimeter nachgewiesen. Die Asymmetrien werden für die endliche Geometrie korrigiert. Die Analyse der Polarisation aus diesen Daten wird unter Verw. einer beschränkten Reihe von Wechselwrkg. durchgeführt. In diesem spezif. Fall ergibt sich die Polarisation der Deuteronen zu $+(11 \pm 5)$% bei 30° u. zu $+(6 \pm 3)$% bei 90°. Das Vorzeichen der Polarisation stimmt mit dem halbklass. Modell überein, die Größe liegt unter der theoret. oberen Grenze von 33%. Gerhard Schmidt. 103□

Untersuchung der Reaktion ^{9}Be(d, t)^{8}Be. W. I. Sserow, W. A. Pereschiwkin, M. F. Andrejew und I. K. Awerjanow. (Атомная Энергия [Atomenergie] **11.** 440—42. Nov. 1961.) (Russ.)

Mit Deuteronen von 1,125—3,8 MeV, die im elektrostat. Generator beschleunigt wurden, wurden der differentielle Wrkg.-Querschnitt der Rk. ^{9}Be(d, t)^{8}Be sowie die Winkelverteilung von 0—150° bestimmt. Die Sekundärteilchen wurden mittels eines magnet. Spektrometers analysiert. Bei $E_d = 1,16$ MeV wurde ebenfalls Resonanz beobachtet. Der integrale Wrkg.-Querschnitt für die Bldg. von Tritonen der Hauptgruppe ergab sich bei $E_d = 2,5$ MeV zu 60 ± 10 mbarn. Aus den Resonanzeffekten werden für den ^{11}B-Kern Anregungsenergien von 16,77; 16,93 u. 18,11 MeV erschlossen. Die Rk. wird mit anderen Kern-Rkk. an ^{9}Be verglichen. M. Wiedemann. 103□

(α, t)-Reaktion an ^{7}Li, ^{9}Be und ^{23}Na. N. A. Wlassow, Ss. P. Kalinin, A. A. Ogloblin und W. I. Tschujew. (Журнал Экспериментальной и Теоретической Физики [J. exp. theoret. Physik] **39.** 1468—70. Nov. 1960.) (Russ.)

Die Winkel- u. Energieverteilungen von Tritonen unter kleinen Winkeln werden aus Rkk. von 40-MeV-α-Teilchen an ^{7}Li, ^{9}Be u. ^{23}Na untersucht. Zur Messung werden Folienstapel um das Target angeordnet, in denen anschließend die T-Aktivität bestimmt wird. Die Wahrscheinlichkeiten, mit denen verschiedene Niveaus der gleichen Endkerne durch die (d, n)-, (d, t)- u. (α, t)-Rkk. erreicht werden, werden gegenübergestellt u. diskutiert. K.-E. Seyb. 103□

Niveaustruktur von ^{41}Ar aus der Reaktion ^{40}Ar(d, p)^{41}Ar. E. Kashy, A. M. Hoogenboom und W. W. Buechner. (Physic. Rev. [2] **124.** 1917—22. 15/12. 1961. Cambridge, Mass., MIT, Dep. of Phys. and Labor. for Nucl. Sci.) (Engl.)

Vff. untersuchen die Energieniveaustruktur von ^{41}Ar durch Beschuß von Ar-Gas mit 7,5-MeV-Deuteronen aus dem elektrostat. Beschleuniger u. durch Messung des Energiespektrums u. der Winkelverteilungen der Rk.-Protonen. Es wird ein Q-Wert von $3,874 \pm 0,006$ MeV gemessen. 50 Energieniveaus zwischen 0,171—6,146 MeV werden beobachtet, ihre Anregungsenergien, l_n-Werte, red. Breiten u. Schalenmodellkonfigurationen werden bestimmt. Die mittleren Energien der Schalenmodellkonfigurationen sind: 1 $f_{7/2}$ 0 MeV, 2 $p_{3/2}$ 1,50 MeV, 2 $p_{1/2}$ 3,53 MeV, 3 $s_{1/2}$ 4,78 MeV, 2 $d_{5/2}$ 4,86 MeV u. 1 $f_{5/2}$ 5,55 MeV. Gerhard Schmidt. 103□

Reinigung und Absolutbestimmung von ^{99}Mo und der Neutroneneinfangquerschnitt von ^{98}Mo. M. J. Cabell. (J. inorg. nuclear Chem. **21.** 1—9. Dez. 1961. Harwell, Berks., A.E.R.E.) (Engl.)

Angereichertes ^{98}Mo in Form von 50 μl 0,2%ig. Ammoniummolybdat-Lsg. wurde im Reaktor (Bepo) mit u. ohne Cd-Abschirmung 4—12 Std. bestrahlt. Nach 3 Std.

langer Abklingzeit waren die kurzlebigen ^{101}Mo u. ^{101}Te nicht mehr vorhanden u. Mo wurde durch Anionenaustauscher-Chromatographie von Verunreinigungen u. von aus ^{99}Mo entstandenem ^{99}Te abgetrennt. Aliquote Mengen wurden entnommen für die Messung der dem ^{99}Mo zugehörigen Abfallkurve u. für die Best. der ^{98}Mo-Menge durch Massenspektroskopie. Hierdurch war es möglich, die Zerfallsrate einer definierten Menge ^{98}Mo zuzuordnen, ohne daß die ständig variierende Ausbeute beim Aufarbeiten u. die Reinheit des Ausgangsmaterials berücksichtigt werden mußte. Der Abfall der abs. Zerfallskurve wurde mit einem 4-π-Zähler bestimmt. Aus der Abfallgeraden wurde die abs. Zerfallsrate von ^{99}Mo am Ende der Bestrahlung durch Extrapolation erhalten. Gleichzeitig mit den Cd-abgeschirmten u. nichtabgeschirmten Proben wurden daran befestigte Au-Folien zur Best. des therm. u. Epi-Cd-Neutronenflusses bestrahlt. Dem ^{197}Au-Nuclid wurden folgende Werte zugrunde gelegt: Querschnitt für therm. Neutronen $\sigma_0 = 98{,}9$ barn, Resonanzintegral (RI) von 0,5 eV bis $\infty = 1558$ barn. Für ^{98}Mo erhielt man damit: $\sigma_0 = 0{,}136 \pm 0{,}003$ barn u. RI $= 6{,}69 \pm 0{,}13$ barn. E. SCHIEWER. 103□

Messung der inneren Konversionskoeffizienten von ^{198}Au, ^{203}Hg, ^{137}Cs und ^{51}Cr mit Hilfe eines CsJ(Tl)-Scintillationsspektrometers. U. C. Gupta, M. G. Shahani und P. K. Srivastava. (J. sci. ind. Res. [New Delhi] Sect. B **21**. 1—3. Jan. 1962. Trombay, Atomic Energy Establishm.) (Engl.)

Die erhaltenen Werte stimmen weitgehend mit den nach konventionellen Verff. gewonnenen Werten überein. Das gleiche gilt für die Messungen an ^{51}Cr mit einem 4π-Plaste-Scintillationszähler. T. TAMBERG. 103□

β-γ-Zirkularpolarisation-Korrelationsmessungen an ^{198}Au und ^{122}Sb. J. P. Deutsch und P. Lipnik. (J. Physique Radium **21**. 806—07. Nov. 1960. Louvain, Univ., Centre de Phys. Nucl.) (Franz.) — Vgl. C. **1962**. 8140.

Für das Verhältnis der Polarisation in ^{122}Sb zu der in ^{189}Au erhalten Vff. den mittleren Wert von $0{,}40 \pm 0{,}04$. Das Au-Target besteht aus einer metall. Au-Folie von 270 μg/cm^2, das Sb-Target aus einer metall. Sb-Folie von 4 mg/cm^2. Für ^{122}Sb wird ein A_1-Wert von $-0{,}034 \pm 0{,}034$ erhalten. GERHARD SCHMIDT. 103□

Calorimetrische Messung der Halbwertszeit von ^{198}Au. J. Robert. (J. Physique Radium **21**. 808. Nov. 1960. Labor. Curie.) (Franz.)

Mit einem adiabat. Mikrocalorimeter mit automat. Kompensation wird $T_{1/2}$ von ^{198}Au zu $2{,}699 \pm 0{,}004$ Tagen in Übereinstimmung mit früheren nach anderen Meth. erhaltenen Ergebnissen bestimmt. Für die Verss. wird eine Au-Folie von 192 mg im Reaktor (EL 3) verwendet, die Aktivitätsabnahme wird über 5 Tage verfolgt.

GERHARD SCHMIDT. 103□

Die Massenverteilung bei der durch 54-MeV-Protonen induzierten Spaltung von Blei. U. L. Vallinder und A. C. Pappas. (J. inorg. nuclear Chem. **22**. 161—67. Dez. 1961, herausgeg. Febr. 1962. Uppsala, Univ., Gustaf Werner Inst. for Nucl. Chem.) (Engl.)

Spektroskop. reines Pb u. Proben von $Pb(NO_3)_2$ in Al-Folie wurden mit 54-MeV-Protonen bestrahlt. Die Spalt-Prodd. wurden nach Zusatz von Trägersubstanz abgetrennt u. ihre Ausbeuten bestimmt. Es ergaben sich eine zur Massenzahl 102 fast symm. Ausbeutekurve mit einer Halbbreite von 28 Masseneinheiten u. ein Spaltquerschnitt von 13 ± 4 mbarn. TOMAS TAMBERG. 103□

Der Mechanismus der Neutronenemission bei der energiereichen Spaltung. D. M. Skyrme und G. N. Harding. (Nuovo Cimento [10] **9**. 1082—84. 16/9. 1958. Harwell, A.E.R.E.) (Engl.)

Im Synchrocyclotron wurde ein U-Target mit 150-MeV-Protonen bestrahlt. Die in einem Kegel um 180° emittierten Neutronen wurden mittels Kernemulsionen registriert u. aus den Rückstoßprotonen ihre Energie bestimmt. Es ergab sich im Mittel eine kinet. Energie von $2{,}4 \pm 0{,}2$ MeV, die sich auf vor sowie nach der Spaltung emittierte Neutronen bezieht. M. WIEDEMANN. 103□

Radiochemische Untersuchung der Produkte der Uranspaltung durch Protonen der Energie 660 MeV. A. K. Lawruchina und Ss. Ss. Rodin. (Радиохимия [Radiochemie] **2**. 83—93. 1960.) (Russ.)

Als Target werden Plättchen aus metall. U benutzt, die im inneren Strahl eines Synchrocyclotrons 15 Min. bis 2 Std. bestrahlt wurden. U wurde in Ggw. von wenig H_2O_2 in HNO_3 oder HCl gelöst. Abgetrennt wurden Pt, Au, Hg, Tl, Pb, Bi, Po, At, Fr, Ra, Ac, Th, Pa, U u. Np; die Meth. werden beschrieben. Die Identifizierung der einzelnen Isotope erfolgt durch Best. der Halbwertszeit (HWZ), Energie u. Strahlungsart. Außerdem wurden die Wrkg.-Querschnitte (WQ) der Bldg. von α- u. β-akt. Isotopen mit einer Genauigkeit von $\pm 30\%$ u. die Bldg. von Isotopen, die nach dem K-Einfang zerfallen, mit einer Genauigkeit von ± 50 bis $\pm 100\%$ bestimmt. Durch Interpolation wurde die Ausbeute der stabilen u. sehr kurzlebigen Isotope geschätzt. Es wurden

42 Isotope im Massenbereich A = 237—188 identifiziert, ihre HWZ wurden mit den bekannten HWZ verglichen. Darüberhinaus wurde die Ausbeute von 28 Isotopen geschätzt. Für jedes gebildete Element wurde die Verteilung der WQ in Abhängigkeit von der Massenzahl dargestellt. Die Kurven haben ein kuppelförmiges Aussehen, die maximale Ausbeute liegt bei den Isotopen ^{237}U, ^{234}Pa, ^{231}Th, ^{227}Ac, ^{224}Ra, ^{220}Fr, ^{217}Rn, ^{214}At, ^{211}Po, ^{208}Bi, ^{205}Pb, ^{202}Tl, ^{200}Hg, ^{197}Au u. damit in der Nähe des stabilsten Kern jedes Elementes. Eine Ausnahme bilden U u. Pa, bei denen die Ausbeute in Richtung der kleineren Massenzahl sinkt. Die Kernteilung von gebildeten Isotopen mit Neutronendefizit hat hier einen Einfluß. Für die Kerne hat das Verhältnis $\Sigma_n:\Sigma_p$ die Größe 2,3, d. h. bei der Kernabspaltung werden Protonen frei. Der gesamte WQ für die Kernabspaltung bei U hat die Größe $0{,}4 \cdot 10^{-24}$ cm². Der WQ wächst bei Erhöhung der Energie der Protonen von 100 auf 660 MeV; so ist $\sigma_{660\,MeV}:\sigma_{100\,MeV}$ für ^{231}Th 24; für ^{228}Ac 136,4; für ^{224}Ra 824. Für U u. Pa verringern sich die Ausbeuten bei einer Energieerhöhung. G. Ewald. 103□

Ausbeuten von Kryptonisotopen aus dem Deuteronen- und α-Beschuß schwerer Kerne. Morton Kaplan und Charles D. Coryell. (Physic. Rev. [2] **124**. 1949—58. 15/12. 1961. Cambridge, Mass., MIT, Dep. of Chem. and Labor. for Nucl. Sci.) (Engl.)

Vff. bestimmen radiochem. die relativen Ausbeuten von 4,4-h-^{85m}Kr, 78-min-^{87}Kr u. von 2,8-h-^{88}Kr aus der Spaltung von ^{232}*Th*, ^{235}*U* u. ^{238}U durch 14- u. 9-MeV-Deuteronen sowie 25-MeV-α-Teilchen. Die Ausbeuten dieser Nuclide werden auch für die Spaltung von ^{235}U mit therm. Neutronen bestimmt. Nach Korrektur für die Ladungsverteilung werden relative Kettenausbeuten für die Massenzahlen 85, 87 u. 88 erhalten. Die Ergebnisse für die Spaltung von ^{235}U mit therm. Neutronen stimmen mit massenspektrometr. ermittelten Ausbeuten bei diesen Massenzahlen überein. Abweichungen von stetig ansteigenden Ausbeutemassekurven werden für die Deuteronenspaltung von ^{232}Th u. die α-Spaltung von ^{232}Th, ^{235}U u. ^{238}U erhalten, wogegen die Deuteronenspaltung von ^{235}U u. ^{238}U normale Massenausbeuten zeigt. Der Ursprung dieser Feinstruktureffekte läßt sich nicht erklären, es wird kein Nachw. für einen systemat. Einfl. der 50-Neutronen-Schale bei der Störung der Spaltausbeuten im Massenbereich von Kr erbracht. Gerhard Schmidt. 103

Querschnittverhältnis von Isomeren bei der (α, pn)-Reaktion. G. R. Choppin und T. Sikkeland. (J. inorg. nuclear Chem. **21**. 201—04. Dez. 1961. Berkeley, Calif., Univ. of California, Lawrence Radiat. Labor.) (Engl.)

^{252}*Cf*, auf Au-Folien montiert, wurde im Cyclotron α-Strahlen ausgesetzt, deren Energien durch Al-Absorber auf ca. 28—40 MeV gebracht wurden. Nach dem Bestrahlen löste man die Proben in Königswasser, trennte Au u. Spalt-Prodd. mit einem Anionenaustauscher ab u. trennte dann unter Verw. eines Kationenaustauschers u. Ammonium-α-hydroxyisobutyrat die Actiniden. Die *Es*-Fraktion wurde auf einem Pt-Zählscheibchen elektrolyt. abgeschieden. Die β-Aktivität von ^{254m}Es (Halbwertszeit 37 Std.) bestimmte man nach Erreichen des Gleichgewichts mittels der 7,2-MeV-α-Aktivität der Tochtersubstanz ^{254}*Fm*. Die 6,64-MeV-α-Aktivität von ^{254g}Es (480 Tage) konnte infolge des störenden ^{253}Es erst nach dessen Zerfall, d. h. nach 10—12 Monaten, ermittelt werden; sie war nicht nachweisbar. Daraus läßt sich für das Verhältnis der Querschnitte der Isomere die untere Grenze angeben: $\sigma_m/\sigma_g \geq 34$. Dieser hohe Wert besagt, daß der bei der (α, d)- oder (α, pn)-Rk. entstehende angeregte Kern einen Spinwert haben muß, der nur wenig von dem des metastabilen Zustandes (J = 2) verschieden sein kann. Vff. kommen zu dem Schluß, daß bei ^{252}Cf der (α, d)-Rk. der Hauptteil des totalen Wrkg.-Querschnittes zuzuschreiben ist. E. Schiewer. 103□

Chemische Effekte beim β-Zerfall von ^{132}Te zu ^{132}J. C. Cummiskey, W. H. Hamill und R. R. Williams jun. (J. inorg. nuclear Chem. **21**. 205—09. Dez. 1961. Univ. of Notre Dame, Dep. of Chem.) (Engl.)

Beim β-Zerfall von ^{132}Te treten 3 unterscheidbare Formen von ^{132}J auf: JO_4^-, JO_3^- u. red. Formen (JO^-, J_2 u. J^-). Lsgg. von $^{132}Te(IV)$ u. $^{132}Te(VI)$ wurden daher in Lsgg. gegeben, die J_2, JO_3^- u. JO_4^- als Träger enthielten. Nach 16 Std. hatte sich eine völlig neue Generation an Tochtersubstanz gebildet. J_2 wurde mit CCl_4 extrahiert, darauf JO_3^- u. JO_4^- mit $NH_2OH \cdot HCl$ red. u. ebenfalls mit CCl_4 extrahiert. Den JO_3^--Geh. ermittelte man durch Fällung als $Ba(JO_3)_2 \cdot H_2O$, Auflösung des Nd. in HNO_3, Red. mit $NH_2OH \cdot HCl$ u. Extraktion mit CCl_4. Die einzelnen CCl_4-Fraktionen wurden mit wss. $S_2O_5^{2-}$-Lsg. extrahiert, AgJ gefällt u. davon mit einem Geiger-Müller-Endfensterzählrohr die Zählrate bestimmt. Die Unterss. wurden durchgeführt bei pH-Werten von 2,5 u. 13,5 ohne andere Zusätze u. mit Zusätzen an CH_3OH, NO_3^-, ClO_4^- u. großem JO_4^--Überschuß. Mit letzterem wurde Te(IV) sehr schnell zu Te(VI) oxydiert, so daß die Ergebnisse mit denen von Te(VI) in diesem Fall ident. sind. Vff. stellten fest, daß je nach Ggw. von Oxydations- oder Red.-Mitteln Änderungen um ca. 13% bei pH 2,5 u.

22% bei pH 13,5 in den Geh. an JO_3^- u. den red. Formen auftraten, während die JO_4^--Geh. in den einzelnen Serien gleich blieben. Diese Änderungen traten auch bei Unterss. der (n, γ)-Rk. auf; sie lassen sich in beiden Fällen durch Auftreten von intermediärem JO^- erklären. Vff. kommen zu dem Schluß, daß $\geq$10% der β-Zerfallsakte ohne Veränderungen der Elektronenhülle des betreffenden Ions stattfinden, u. zwar JO_3^- aus Te(IV) u. JO_4^- aus Te(VI). Bei der (n, γ)-Rk. ist der %-Satz größer, da bei dieser Rk. die Anregung geringer ist. Unterss. mit festem $^{132}TeO_2$ ergaben, daß ca. 50% JO_3^- entstehen. E. Schiewer. 108□

Die Reaktionen von Tritium-Rückstoßatomen in wässeriger Lösung. T. Kambara, R. M. White und F. S. Rowland. (J. inorg. nuclear Chem. **21.** 210—15. Dez. 1961. Lawrence, Kans., Univ. of Kansas, Dep. of Chem.) (Engl.)

Vff. untersuchten das Verh. von T-Rückstoßatomen, die nach $^6Li(n, \alpha)T$ entstehen, in wss. Lösung. Li-Salz-Lsgg., die verschiedene Zusätze enthielten, wurden verschiedenen Neutronenflüssen von $2 \cdot 10^9$ bis $2 \cdot 10^{12}$ cm^{-2} s^{-1} 6 Tage bis 15 Min. ausgesetzt. Mit H_2 wurde HT in einen Proportionalzähler gespült, wobei H_2O u. HTO durch Ausfrieren mit fl. N_2 entfernt wurden. Nach der Best. der HT-Aktivität ermittelte man die HTO-Aktivität der Lsg., indem man sie mit Zn umsetzte u. die Aktivität des entstandenen Gases im gleichen Zählrohr bestimmte. Bei dem größten Teil der Lsgg. ergab sich ein HT/HTO-Verhältnis von 0,09—0,12. Konz. $Ca(NO_3)_2$-Lsgg. ergaben einen 4fach kleineren Wert; dies wird auf den Einfang therm. T-Atome des NO_3^- zurückgeführt. In Abwesenheit von NO_3^- oder ebenso wirkender Ionen reagieren die abgekühlten T-Atome nach $T + H \rightarrow HT$ (1) u. $T + OH \rightarrow HTO$ (2), während die heißen T-Atome nach $T + HOH \rightarrow HT + OH$ (3) u. $T + HOH \rightarrow TOH + H$ (4) reagieren können. Aus den Ergebnissen folgern Vff., daß wenigstens 4%, wahrscheinlich 10% der T-Rückstoßatome nach (3) reagieren. Rk. (1) dürfte ebenfalls einen gewissen Anteil an der HT-Abscheidung haben. Konz. CH_3COONa-Lsgg. ergaben einen Wert von 0,30 für HT/HTO; dies wird auf direkte Rk. des heißen T-Atoms mit der CH_3-Gruppe zurückgeführt, denn diese Lsgg. enthalten $>$30% aller H-Atome als CH_3. Stark alkal. Lsgg. (pH 13—14) ergaben HT/HTO-Werte um 0,06. Vff. erklären dies mit dem veränderten Radiolysemechanismus in stark alkal. Lösungen. E. Schiewer. 108□

Die Wigner-Energiespeicherung und ihre Beziehung zur Reaktorkonstruktion. P. J. Grant. (Nuclear Engng. **4.** 69—72. Febr. 1959. Gen. Electr. Co. Ltd., A.E.D.) (Engl.)

Die als Wigner-Effekt bezeichnete Versetzung von Graphitatomen im Gitter, deren Lebensdauer von Sek. bis zu Hunderten von Jahren betragen kann, wird physikal. erläutert. Die Freigabe der auf diese Weise im Material gespeicherten Energie S kann zu Schädigungen führen, wenn dS/dT größer wird als die spezif. Wärme des Graphits. Es werden verschiedene Meth. zum gefahrlosen Ausglühen der Wigner-Energie behandelt. Durch eine Schutzhülle aus Graphit oder Magnox, die im Reaktor einen ringförmigen, mit Gas gefüllten Schlitz bildet, gelingt es andererseits, eine solche Temp. dauernd aufrechtzuerhalten, daß keine gefahrbringende Energiespeicherung zustande kommt. W. Reusse. 110□

Wärmebelastung in Reaktoren. M. Ledinegg. (Atomkernenergie **4.** 14—22. Jan. 1959. Wien.) (Dt.)

Vf. bestimmt die therm. Belastbarkeit von Reaktoren. Diese wird bei gas- u. flüssigkeitsgekühlten Reaktoren, bes. durch die höchste Spaltstoffinnen-Temp. begrenzt. Darüber hinaus sind jedoch weitere Faktoren zu berücksichtigen. Es wird eine Beziehung für die höchste Belastbarkeit abgeleitet. Gerhard Schmidt. 110□

Berechnung der Erwärmung durch γ-Strahlung in Reaktorstrukturen. H. C. Claiborne, C. M. Copenhaver, H. W. Bertini und T. B. Fowler. (Nucleonics **15.** Nr. 10. 114—21. Okt. 1957. Oak Ridge, Tenn., Oak Ridge Nat. Labor.) (Engl.)

Für die Berechnung der γ-Erwärmung diente die Reaktorstruktur des BSR-Reaktors („Bulk Shielding Reactor"). Die Ergebnisse stimmten mit den experimentellen Werten für 3 verschiedene Targetmaterialien mit einer Genauigkeit von +5 bis —15% überein. W. Karcher. 110□

Die Darstellung des Übergangsflusses in einem Mehrfachloop-Kernreaktorsystem. George M. Boyd jun., Ralph M. Rosser und Bennet B. Cardwell jun. (Nuclear Sci. Engng. **9.** 442—54. 4/4. 1961. Lynchburg, Va., Babcock and Wilcox Comp., Atom. Energy Div.) (Engl.)

Meth. zur Best. des Wärmeflusses u. der Pumpenleistung. Gerhard Schmidt. 110□

Nachtrag zur Berechnung des Kühlungswirkungsgrades von Reaktor-Kühlkanälen. H. Benzler. (Atomkernenergie **4.** 12—13. Jan. 1959. Oberhausen, Atomenergieabt. der Dt. Babcock & Wilcox Dampfkesselwerke AG.) (Dt.)

Es werden Gleichungen zur Berechnung des Kühlungswirkungsgrades von Reaktor-Kühlkanälen für folgende Fälle angegeben: 1. Die maximale Brennstoffoberflächen-Temp. befindet sich am Anfang, 2. am Ende u. 3. im Innern des Kühlkanals.

GERHARD SCHMIDT. 110□

Zur Thermodynamik von Kernreaktor-Kühlkanälen. H. Benzler. (Forsch. Gebiete Ingenieurwes., Ausg. B **27.** 14—16. 1961.) (Dt.) — Vgl. vorst. Referat.

Um eine optimale Kühlung von Leistungsreaktoren mit dem kleinstmöglichen Energieaufwand zu erreichen, müßten sich die wärmeabgebenden Flächen auf einer maximal zulässigen Temp. befinden. Wesentlich hierfür ist die Kenngröße längs der Kühlkanäle, die das Prod. aus Wärmeübergangszahl u. dem wärmeabgebenden Umfang enthält. Gegenüber dem üblichen Fall mit konst. Prod. kann man mit geeignet ausgebildeten Kühlkanälen unter geringeren Druckverlusten sehr günstig kühlen, wie zwei durchgerechnete Beispiele zeigen. HERBERT HOFFMANN. 110□

Inconel, ein Werkstoff für Kernenergie-Anlagen. Anonym. (Kerntechn., Isotopentechn. u. -chem. **3.** 113. März 1961.) (Dt.)

Inconel ist eine sehr korrosionsbeständige Leg. auf Ni-Basis, die sich bes. für Wärmeübertragungsrohre, Kühlpumpen usw. bei Druckwasserreaktoren eignet u. folgende Zus. hat: $<$ 0,15% C, $<$ 0,50% Si, $<$ 1,0% Mn, $<$ 0,50% Cu, 14,0—17,0% Cr, 6,0—10,0% Fe, $<$ 0,015% S, Rest Ni. Es ist gut schweißbar mit artgleichen oder artähnlichen Elektroden. Die Festigkeits-Eigg. für geglühte u. kaltgewalzte Bleche, Stäbe u. Rohre sind tabelliert. W. REUSSE. 110□

Wirtschaftliche Elektronen aus neuen Hochleistungsbeschleunigern. Potentielle Bedeutung wirtschaftlicher Bestrahlung von Massengütern. W. Huber und D. A. Trageser. (Atompraxis **6.** 463—69. Dez. 1960. Stanford, Calif., Stanford Univ., Biophys. Labor.; Burlington, Mass., High Voltage Engng. Corp.) (Engl.)

Vff. beschreiben drei für die kommerzielle Anwendung entwickelte Beschleunigertypen, die für Energien bis zu 3 MeV geeignet sind. Für die Wirtschaftlichkeit ist die erzielte Steigerung der Dosisleistung wesentlich. GERHARD SCHMIDT. 112□

Energiereiche Strahlenquellen für die zerstörungsfreie Werkstoffprüfung. F. Malsch und R. Schittenhelm. (Atompraxis **6.** 470—76. Dez. 1960. Erlangen, Siemens-Reiniger-Werke, Forschungs- u. Entwicklungslabor.) (Dt.)

Vff. diskutieren die Forderungen, die in der zerstörungsfreien Werkstoffprüfung u. bes. in der Prüfung von Reaktorbauteilen an eine Strahlenquelle mit energiereicher Röntgenstrahlung gestellt werden, u. beschreiben das 18-MeV-Betatron, welches allen Anforderungen bei der Prüfung dickwandiger Stahlkörper gerecht wird.

GERHARD SCHMIDT. 112□

Ein symmetrischer 4-MV-Kaskadengleichrichter zur Speisung eines Ionenbeschleunigers. J. Seitz, G. Reinhold und R. Minkner. (Helv. physica Acta **33.** 977—83. 31/12. 1960. Basel, Emil Haefel & Cie. Akt.-Ges.) (Dt.)

Der 4-MV-Kaskadengleichrichter besteht aus 20 ident. Stufen. Jede Stufe hat eine Nennspannung von 200 kV. Um die kapazitive Welligkeit so klein wie möglich zu halten, ist die ganze Anlage streng symm. gebaut. Der ganze Hochspannungsgenerator ist in einen Drucktank eingebaut. Als Isoliergas findet ein Gemisch von 90% N_2 u. 10% CO_2 unter einem Druck von 11 at Verwendung. GERHARD SCHMIDT. 112□

Einige Charakteristika einer Hochfrequenz-Ionenquelle. (Kurze Mitt.) Yea Gu (= Yüeh Ku). (Acta physica sinica **16.** 107—10. 1960.) (Chin.)

Aus der Unters. des Einfl. der Charakteristika einer Hochfrequenz-Ionenquelle mit einem 80 MHz-Erregerkreis auf die Ionenstromstärke (ISS) ergeben sich als günstige Bedingungen: H_2-Druck von $26 \cdot 10^{-3}$ Torr, horizontales Magnetfeld von 150 Oe. u. Ziehspannung von 3200 V. Damit lassen sich 1,35 mA ISS erzielen u. während einer Betriebsdauer von 5 Std. mit nur 5% Schwankung aufrechterhalten.

L. SCHULER. 112□

Nachweis der Existenz eines optimalen Drucks im Innern von Hochfrequenz-Ionenquellen mit Blende für positive Ar-Ionen. Daniel Blanc und André Degeilh. (C.R. hebd. Séances Acad. Sci. **250.** 3313—15. 16/5. 1960. Toulouse, Centre Nat. de Rech. Sci., Labor. d'Opt. électron.) (Franz.)

Experimentelle Unters. des aus einer Hochfrequenz-Ionenquelle für Arg-Ionen extrahierten Ionenstroms in Abhängigkeit vom Gasverbrauch. Die Ionenstromstärke hat unabhängig von Blendendurchmesser u. Ziehspannung ein scharfes Maximum, wenn der Gasdruck in der Quelle $2{,}10 \cdot 10^{-2}$ Torr beträgt. Bei einer Ziehspannung von 15000 V nimmt der maximale Strom, der bei Verw. einer engen Blende von 0,4 mm Ø 750 μA beträgt, bis auf 1700 μA zu, wenn der Blendendurchmesser auf 3 mm vergrößert wird. Bei einer niedrigeren Ziehspannung (5 kV) sind die Ionenströme um den Faktor 2—3 niedriger. F. LENZ. 112□

Dreiliter-Blasenkammer mit flüssigem Wasserstoff. P. Bassi, R. Cano, S. Focardi, G. Gialanella, A. Michelini und F. Saporetti. (Suppl. del Nuovo Cimento Nr. 2 (zu [10] **16**). 184—91. 1960. Ist. Nat. di Fis. Nucl., Sezioni di Bologna, Padova, Pisa, Roma, Trieste.) (Engl.)

Beschreibung des Vakuumtanks u. der Strahlungsabschirmungen, des Expansions-Syst., der Kühlung u. Füllung. Die Kammer arbeitet von 4—5,5 at mit Entspannungen von 2 at. Die besten Bahnen werden bei 5,2—5,5 at erhalten. Der stat. plus dynam. Verbrauch ist 1,1 Liter/Stunde. Gerhard Schmidt. 112☐

Die in Verbindung mit dem Protonensynchrotron von Birmingham verwendete Propan-Blasenkammer. J. D. Dowell, W. R. Frisken, G. Martelli und B. Musgrave. (Nuclear Instruments Methods [Amsterdam] **7.** 184—88. Mai 1960. Birmingham, Univ., Phys. Dep.) (Engl.)

Betriebsbedingungen u. Analysen-Meth. der Aufnahmen einer Blasenkammer werden diskutiert, deren Kolben mit dem 1-GeV-Protonenbündel des Birmingham-Synchrotrons gekoppelt ist. Gerhard Schmidt. 112☐

Einwirkung von Flüssigkeitsdämpfen auf den Luftspitzenzähler. 1. Mitt. B. Sujak. (Acta physica polon. **20.** 493—505. 1961. Wroclaw, Poln. Akad. der Wiss., Inst. für Phys., Univ., Inst. für Experimental-Phys.) (Dt.)

Einw. von Fl.-Dämpfen (*H_2O, Bzl., Toluol, Methylakohol, A., Essigsäure* 80%, *Aceton, Amylacetat, CCl_4, Chlf.* u. *Trichloräthylen*) auf einen Luftspitzenzähler im Proportional- u. Geiger-Bereich u. im Bereich der Dauerentladung werden untersucht. Die ausgelösten Arbeitsimpulse im Zähler sind in ihrer Geschw. u. Gestalt von der Einw.-Zeit u. von der Natur der Fll. abhängig. Die Zeitabhängigkeit der Impuls-Geschw. u. die Spannungsabhängigkeit der Zeitkurven werden aufgenommen. H. Schibilla. 112☐

Ein Auslösezähler mit anodennaher Zusatzelektrode. Richard Pross. (Nukleonik [Berlin] **3.** 98—101. Juli 1961. Tübingen, Univ., Physik. Inst.) (Dt.)

Die vom Vf. verwendete Zusatzelektrode hatte die Form eines parallel zum Anodendraht gespannten zweiten Drahtes, dessen Abstand von der Anode mittels zweier an den Zählrohrenden angebrachten Hebel von ca. 1 mm bis nahezu zum vollen Zählrohrradius verändert werden konnte. Durch Messungen bei verschiedenen Stellungen der Zusatzelektroden konnte ein Bild vom zeitlichen Verlauf des Maximums der Ladungsdichte an positiven Ionen u. damit von deren Abwanderung zur Kathode erhalten werden. Bei weiteren Experimenten wurde die Zusatzelektrode auf ein vorgegebenes Potential fest eingestellt. Die dabei auftretende Verzerrung des elektr. Feldes beeinflußt die Entladung. Der daraus resultierende Einfl. auf die Zahl der Ionenpaare wurde verfolgt. Gerhard Schmidt. 112☐

Verfahren zur Bestimmung der optimalen Kathodendicken von GM-Zählrohren für γ-Strahlung. H. Gebauer. (Atomkernenergie **4.** 62—64. Febr. 1959. Erlangen-Bruck, Frieseke & Höpfner GmbH, Entwicklungslabor.) (Dt.)

Für die γ-Strahlung von ^{60}Co werden die optimalen Kathodendicken von Al, Fe, Cu, Messing 60 u. Pb gemessen. Die gemessenen bzw. berechneten Werte für die optimale Kathodendicke stimmen nur im Falle des Al mit den Näherungswerten überein. Zur Messung der optimalen Kathodendicke durchdringt ein ausgeblendetes γ-Strahlenbündel einer 3 mc starken ^{60}Co-Quelle eine Metallscheibe von 20 mm Durchmesser. Ein Teil der γ-Quanten löst in der Metallscheibe, welche die Funktion einer Zählrohrkathode übernommen hat, durch Photo- u. Compton-Effekt Sekundärelektronen aus, die zusammen mit dem nichtabsorbierten Teil der γ-Quanten in ein darüber befindliches Geiger-Müller-Zählrohr eintreten u. Zählrohrentladungen zünden. Die Zählrate ist dann ein Maß für die Güte der Scheibendicke. Gerhard Schmidt. 112☐

Geiger-Müller-Zählrohre mit Halogenfüllung. Helwig Gebauer. (Arch. techn. Messen ind. Messtechn. **1961.** 159—62. Juli.) (Dt.) — Vgl. vorst. Referat.

Lagebericht über den Entladungsmechanismus im Halogenzählrohr, dessen Konstruktion u. Füllung sowie über elektr. u. sonstige Eigenschaften (Plateauänderungen u. Zählstromcharakteristik). In der prakt. Durchführung der Dosisleistung durch Messung des Zählrohrstromes ist es vorteilhaft, das Zählrohr mit hoher Überspannung zu betreiben. Bei Änderung der Umgebungs-Temp. ändert sich die Einsatzspannung entsprechend dem Temperaturkoeffizienten. — 20 Literaturhinweise. Gerhard Schmidt. 112☐

Raumladungseffekte in einem Proportionalzähler. V. S. Venkatasubramanian. (J. Indian Inst. Sci. **39.** Sect. A 125—28. April 1957. Bangalore, Indian Inst. of Sci., Dep. of Phys.) (Engl.)

Ausgehend von der Charakteristik einer Raumladung wird ein Ausdruck für die Gasvervielfachung in einem Proportionalzähler als Funktion der Primärionisation abgeleitet. Die Ergebnisse werden auf α- u. β-Teilchenimpulse angewendet. Ch. Weiske. 112☐

Ein CO_2-Proportionalzähler mit kleinem Volumen und hohem Wirkungsgrad für β-Strahlung niedriger Intensität. Marisa Alessio, Lucia Allegri und Francesco Bella. (Ricerca sci. **30.** 1960—62. Dez. 1960. Roma, Univ., Ist. di Fis.; Ist. Naz. di Fis. Nucl., Sez. di Roma.) (Engl.)

Beschreibung eines für die ^{14}C-Alters-Best. vorgesehenen Zählers mit folgenden Daten: 3 at bei 20°, Background 2,40 Impulse/min, α-Zählungen 0,90 Impulse/min, maximal meßbares Alter 40000 Jahre, empfindliches Vol. 1,6 Liter.

Gerhard Schmidt. 112□

Der CO_2-Proportionalzähler des Laboratoriums der Universität Rom für Kohlenstoff-14-Altersbestimmungen. Franceso Bella und Cesarina Cortesi. (Ricerca sci. **30.** 1969—77. Dez. 1960. Roma, Univ., Ist. di Fis., Ist. Naz. di Fis. Nucl., Sez. di Roma; Ist. di Geochim.) (Engl.) — Vgl. vorst. Referat.

Herst. u. Reinigung des verwendeten CO_2 erfolgte nach der de Vries-Meth. mit einigen Modifikationen. Der Background liegt bei 1,75 Impulsen/min, das empfindliche Vol. ist 1,580 Liter. Das Zählrohr wird mit 27 cm dicken Eisenschichten u. Paraffin-B-Blöcken abgeschirmt. Gerhard Schmidt. 112□

Leistungsfähigkeit von Block- und Bohrloch-NaJ-Scintillationskristallen von 3×3 inch bei Photopeakzmessungen. Ray Gunnink und A. W. Stoner. (Analytic. Chem. **33.** 1311—13. Sept. 1961. Plainboro, N.J., U.S. Rubber Co., Ind. Reactor Labor., Inc.) (Engl.)

Unter Verw. von 4π- u. 4π-β-γ-Koinzidenz-Standardisierungs-Meth. werden ein kompakter u. ein Schachttyp-NaJ(Tl)-Kristall von je 3×3 inch zur Photopeakmessung geeicht. Scintillationskristalle dieser Größe besitzen eine ausreichende Leistungsfähigkeit, um für quant. Best. der γ-Auflösungsrate radioaktiver Nuclide benutzt zu werden. W. Hein. 112□

Verwendung eines Flüssigkeits-Scintillatorzählers für β-Teilchen. T. B. Ryves. (J. sci. Instruments **37.** 201—03. Juni 1960. Harwell, Berks., A.E.R.E.) (Engl.)

Vf. beschreibt eine einfache Zähltechnik für abs. Zählung von β-Teilchen unter Verw. eines organ. Fl.-Scintillators mit 4-π-Geometrie. Für Proben mit maximaler β-Energie > 0,7 MeV (^{198}Au u. ^{76}As) beträgt der Nachw.-Wirkungsgrad nahe 100%.

Gerhard Schmidt. 112□

Der Einfluß verschiedener Rahmenbedingungen auf die Meßausbeute in der Flüssigkeitsscintillationsspektrometrie. H. W. Scharpenseel. (Atompraxis **7.** 178—81. Mai 1961. Bonn, Univ., Inst. für Bodenkunde.) (Dt.)

Vf. untersucht verschiedene Rahmenbedingungen bei der Fl.-Scintillationsmessung von ^{14}C u. ^{3}H bzgl. ihres Einfl. auf die Meßausbeute. Beim Vgl. von Glas-, Quarz- u. Polyäthylenmeßflächen zeigt Polyäthylen im Wellenlängenbreich der Scintillationen die günstigsten Durchlässigkeitseigenschaften. Der hohe Einfl. von Lsgm.-Reinheit u. O_2-Reinheit in fl. Proben sowie die Verw. von Plexiglaslichtröhren bei der Messung schwacher β-Strahler werden geprüft, wobei Querschnittsreflektoren aus TiO_2 u. koll. Leitsilber bes. hohe Meßausbeuten erzielen lassen. Auch bei Durchflußmessungen mit Plaste-Scintillatorspiralen oder bei direkter Messung akt. wss. Lsgg. nach der Steinberg-Meth. in Plaste-Scintillatorkügelchen verursacht der Einsatz von Lichtröhren eine wesentliche Erhöhung der Meßausbeuten. Gerhard Schmidt. 112□

Das Ansprechen von Plastescintillatoren auf hochenergetische Teilchen. T. J. Gooding und H. G. Pugh. (Nuclear Instruments Methods [Amsterdam] **7.** 189—92. Mai 1960. Harwell, Berks., A.E.R.E.) (Engl.)

Vff. berechnen das Ansprechen des Plastescintillators NE 102 auf Protonen, Deuteronen, Tritonen u. α-Teilchen bis zu 160 MeV. Die Voraussetzungen für einen linearen Zähler werden angeführt. Mit Protonen von 28—147,5 MeV u. Deuteronen von 46 bis 120 MeV werden die Berechnungen getestet. Gerhard Schmidt. 112□

Quarzgefäße für verbesserte Messungen schwacher Aktivitäten. Bernard W. Agranoff. (Nucleonics **15.** Nr. 10. 106. Okt. 1957. Bethesda, Md., Public Health Serv., Nat. Inst. of Health.) (Engl.)

Zur Reduzierung des Nulleffektes bei der Messung geringer β-Aktivitäten (^{3}H u. ^{14}C) mittels Scintillationszähler, der bes. auf das Vorhandensein von ^{40}K zurückzuführen ist, wurden Glasgefäße durch Quarzgefäße ersetzt. Die Quarzgefäße wurden mit 5 ml Toluol mit 0,4% 2.5-Diphenyloxazol u. 0.01% β-Bis-[2-(phenyloxazolyl)]-benzol gefüllt u. nach Best. des Nulleffektes die β-Aktivität einer 0,01 ml Toluol-^{3}H-Standard-Lsg. gemessen. Für ^{3}H wird dabei eine Zählausbeute von ca. 13% mit einem Nulleffekt von 17 cpm u. für ^{14}C eine Ausbeute von 55% mit einem Nulleffekt von 5 cpm (10—50 V) erhalten.

W. Karcher. 112□

Ein nicht überbelasteter Linearverstärker für Scintillations- und Proportionalzähler. C. Cottini, E. Gatti und E. Zaglio. (Energia nucleare **6.** 588—94. Sept. 1959. Milano, Politecn.) (Engl.)

Vf. beschreibt einen von Collinge (1958, priv. Mitt.) entwickelten Verstärker, der bes. für eine γ-Spektroskopie hoher Genauigkeit geeignet ist. Mit diesem Gerät können sehr hohe Zählraten ohne Verzerrung der Spektren erhalten werden.

Gerhard Schmidt. 112□

Über die Bestimmung der zufälligen Koinzidenzen in Schnell–Langsam-Koinzidenz-Anordnungen. T. Mayer-Kuckuk und R. Nierhaus. (Nuclear Instruments Methods [Amsterdam] **8.** 76—78. 1960. Heidelberg, MPI für Kernphys.; Karlsruhe, Kernreaktor Bau- u. Betriebs GmbH.) (Dt.)

Um bei einer Zweifach-Koinzidenzstufe die Zählrate der zufälligen Koinzidenzen zu bestimmen, kann man entweder die Impulse des einen Koinzidenzeingangs verzögern, so daß alle systemat. Koinzidenzen ausgeschlossen sind, oder man bestimmt die Zählrate in beiden Koinzidenzeingängen u. berechnet die Zahl der zufälligen Koinzidenzen hieraus u. aus der gemessenen Koinzidenz-Auflösungszeit τ. Beide Meth. lassen sich auf Schnell–Langsam–Koinzidenzanordnungen übertragen. Gerhard Schmidt. 112□

Schnellmethoden zur Erfassung des Überschreitens einer vorgeschriebenen Aktivitätsgrenze bei einer schwachen radioaktiven Probe. E. H. Cooke-Yarborough und R. C. M. Barnes. (Proc. Instn. electr. Engr., Part II **108.** 153—66. März 1961. A.E.R.E., Electron. Div. of U.K.A.E.A.) (Engl.)

Bei der Best. schwacher radioakt. Kontamination (Handmonitor) erwies sich der Test am wirksamsten, bei dem die Differenz zwischen der tatsächlichen beobachteten Zahl von Ereignissen u. der bei der Toleranzrate erwarteten Zahl gemessen wird.

Gerhard Schmidt. 112□

Die Dosimetrie an einer Hochleistungs-Röntgenröhre niedriger Spannung. W. S. Moos. (Atompraxis **6.** 477—79. Dez. 1960. Chicago, Ill., Univ. of Illinois, Coll. of Med., Dep. of Radiol.) (Engl.)

Bei kleinem Anoden–Instrument-Abstand u. niedriger Strahlungsenergie bereitet die Dosimetrie für sehr intensive Röntgenstrahlen große Schwierigkeiten. Verschiedene Meth., chem., plast. Filme u. CdS-Kristalle werden verwendet, um die Dosisleistung, Absorption u. Strahlenverteilung einer intensiven Strahlenquelle (Machlett AEG 50) zu untersuchen. Die Ergebnisse werden diskutiert. Gerhard Schmidt. 112□

Tragbarer Dosisleistungsmesser. H. Niedrig und K. Tradowsky. (Atompraxis **6.** 480—82. Dez. 1960. Berlin, TU, I. Physikal. Inst.) (Dt.)

Vff. beschreiben ein Gerät zur Messung der Dosisleistung von γ-Strahlung u. zum Nachw. von β-Strahlung, das zur Strahlungsüberwachung eingesetzt wird. Das Gerät besitzt als Strahlungsindicator einen NaJ-Kristall mit Photomultiplier. Der Meßbereich erstreckt sich von 1 μr/h bis 1 r/h mit etwa logarithm. Anzeige.

Gerhard Schmidt. 112□

Anwendung tschechoslowakischer optischer Gläser für die Dosimetrie technischer Strahler. Zdeněk Spurný. (Jaderná Energie **6.** 163—65. 1960. Praha, Úst. jad. výzk. ČSAV.) (Tschech.; Auszug: Engl.)

Von den 12 untersuchten opt. Gläsern ist eines bei niedrigen, eines bei hohen Strahlungsdosen von ^{60}Co u. Röntgenstrahlen bes. geeignet. Vf. erörtert die Korrektur des Einfl. des Fadings der Farbzentren u. die Verw. in der Dosimetrie. R. K. Müller. 112□

Zur Färbung von Gläsern durch ionisierende Strahlung. I. Kügler. (Atomkernenergie **4.** 67—72. Febr. 1959. Gießen, Univ., Phys. Inst.) (Dt.)

Strahlenempfindliche Gläser können zur Dosimetrie herangezogen werden. Die Verfärbung von Silicat-, Pb- u. Phosphatgläsern, z. T. mit Ce-Zusatz, durch ionisierende Strahlung wird untersucht. Verschiedene opt. Gläser zeigten eine merkliche Verfärbung durch ionisierende Strahlung bereits bei Dosen von 10^4 r. Alle Verfärbungen bleichen bei Zimmer-Temp. mehr oder weniger schnell aus. Zur Dosimetrie energiereicher Strahlung sind einige Gläser im Bereich von 10^3 bis über 10^6 r bedingt geeignet. Die untersuchten Pb-Gläser zeigten die stärkste Empfindlichkeit gegen ionisierende Strahlung, sie bleichen aber auch am schnellsten aus. Für Dosimetriezwecke sind Pb-freie Gläser besser geeignet.

Gerhard Schmidt. 112□

Dosimetrie ionisierender Strahlung mit Kunststoffen. I. Kügler und A. Scharmann. (Atomkernenergie **4.** 23—27. Jan. 1959. Gießen, Univ., Physik. Inst.) (Dt.)

Die farbstoffreien Kunststoffe werden durch ionisierende Strahlung verfärbt, d. h. die opt. Durchläßigkeit wird verringert. Farbiges Cellophan dagegen wird entfärbt. Der Meßbereich reicht von ca. 10^5—10^{11} r. Zur Messung kleinerer Dosen sind Cl-haltige Kunststoffe u. farbiges Cellophan geeignet. Die glasklaren Prodd. versprechen die größte Meßgenauigkeit. Gerhard Schmidt. 112□

Die Fixierung hochaktiver Abfälle in fester Form. C. B. Amphlett. (Progr. nuclear Energy, Ser. III **2.** 422—42. 1958. Harwell, A.E.R.E., Chem. Div.) (Engl.)

Übersicht über die verschiedenen Meth. der Umwandlung von Abfall-Lsgg. in Feststoffe mit einem krit. Vgl. der verfügbaren Daten. GERHARD SCHMIDT. 112□

Aufbereitung und Beseitigung von Abfällen mit niedrigem Niveau. D. C. Sammon. (Progr. nuclear Energy, Ser. III **2.** 43–55. 1958. Harwell, A.E.R.E.) (Engl.)

Übersicht über die Verbringung derartiger Abfälle in den Erdboden oder in den Fluß sowie über die Dekontaminierung mittels Ionenaustauschverfahren.

GERHARD SCHMIDT. 112□

Abfallaufbereitung: Windscale-Philosophie und -Anordnungen. K. Saddington. (Progr. nuclear Energy, Ser. III **2.** 456–69. 1958. Windscale, U.K.A.E.A., Res. and Developm. Branch.) (Engl.)

Beschreibung der gewählten Behandlungs-Meth. u. Überblick über gewonnene Erfahrungen im Betrieb. Die Sicherheitsgrenzen beim Zerfall der Aktivitäten u. die Meth. der Verbringung in eine natürliche Umgebung werden diskutiert bzw. bestimmt.

GERHARD SCHMIDT. 112□

A_2. Optisches Verhalten der Materie

Sternentwicklung, Nucleogenesis und chemische Zusammensetzung des Weltalls. J. Kleczek. (Pokroky Mat., Fysiky Astronomie **4.** 469–79. 1959. Ondřejov, Astronom. ústav Českoslov. akad. věd.) (Tschech.)

Übersicht. J. TŮMOVÁ. 113□

Neutroneneinfangketten bei der Synthese schwerer Elemente. D. D. Clayton, W. A. Fowler, T. E. Hull und B. A. Zimmerman. (Ann. Physics **12.** 331–408. März 1961. Pasadena, Calif., California Inst. of Technol., Kellogg Radiat. Labor.) (Engl.)

Die Arbeit behandelt Neutroneneinfangprozesse, sog. „*s*-Prozesse", bei der Bldg. der Elemente in Sternen, deren Geschw., verglichen mit konkurrierenden β-Zerfällen, klein ist. Es wird eine Näherungs-Meth. zur Abschätzung der Häufigkeitsverteilung der aus Grundkernen, z. B. ^{56}Fe, durch einen schwachen Neutronenfluß gebildeten Nuclide in Sternen angegeben. Die Differentialgleichungen für die Einfangkette wurden durch Umwandlung der exakten Lsgg. der LAPLACE-Transformationen in leichter berechenbare Funktionen gelöst. Aus der damit erhaltenen Folge der Häufigkeitsverteilungen für bestimmte Neutronenzahlen pro Grundkern können die benötigten Überlagerungen der Neutronenbestrahlungen zur Annäherung an die experimentell beobachtete Häufigkeitsverteilung für die *s*-Prozeßisotope der Elemente abgeschätzt werden. Auf diese Weise kann die Gültigkeit des *s*-Prozeßmodells des Aufbaus schwerer Kerne im Sterninnern gezeigt werden. In einem Tabellenanhang sind die Neutroneneinfangquerschnitte bei 25 keV für *s*-Prozeßkerne zusammengestellt. H. SCHROEDER. 113□

Eine Untersuchung des neutralen Wasserstoffs in der solaren Nachbarschaft der Milchstraße. R. D. Davies. (Monthly Notices Roy. astronom. Soc. **120.** 483–97. Juni 1960. Lower Withington, Ceshire, Jodrell Bank Exp. Stat.) (Engl.)

Messungen der Verteilung von neutralem H zwischen einer Deklination von $+90^0$ u. -32^0 der galakt. Ebene ergeben das Auftreten einer Anzahl von Wolken von neutralem H, die in ihrer Lage mit Staubkomplexen zusammenfallen. Das Hauptmerkmal dieser Verteilung ist der Überschuß von neutralem H an der Stelle des lokalen Syst. oder des sog. GOULDschen Gürtels [1879] von Sternen frühen Typs. Das Syst. scheint eine spätere Bldg. in dem lokalen Spiralarm darzustellen. C. GOTTFRIED. 113

Versuch, das Nachtleuchten des Heliums zu messen: Beweis für metastabile Moleküle in der nächtlichen Ionosphäre. E. T. Byram, T. A. Chubb und H. Friedman. (J. geophys. Res. **66.** 2095–2100. Juli 1961. Washington, D.C., U. S. Naval Res. Labor.) (Engl.)

Mittels einer Rakete, die einen photoelektr. Detektor, LiF-Photozelle, bis auf 200 km trug, wurde am 29. November 1960 versucht, das He-Leuchten am Nachthimmel zu messen. Die Intensität lag unter $^1/_{10}$ von der der LYMAN-α-Linie bei Nacht. Es fanden sich Hinweise für das Vork. metastabiler Moll. über 100 km am Nachthimmel.

M. WIEDEMANN. 113□

Helium, ein wichtiger Bestandteil der unteren Exosphäre. Marcel Nicolet. (J. geophys. Res. **66.** 2263–64. Juli 1961. University Park, Pa., Pennsylvania State Univ., Ionosphäre Res. Labor.) (Engl.)

Unter Berücksichtigung der Mischungs- wie der Diffusionszonen u. verschiedener Temp. werden He-Konzz. für verschiedene Höhen berechnet. Neben neutralem He wird He^+ berücksichtigt. Auch der Einfl. anderer Komponenten wird erwähnt.

M. WIEDEMANN. 113□

Über die Ableitung der vertikalen Verteilung von Ozon aus Ultraviolettspektralmessungen von einem Satelliten aus. Sean Twomey. (J. geophys. Res. **66.** 2153—62. Juli 1961. Washington, D.C., Weather Bur.) (Engl.)

Die Ermittlung der O_3-Konz. aus Messungen des UV-Spektrums auf einem Satelliten wird diskutiert, es wird ein Modell mit nur prim. Streuung zugrunde gelegt, einige Rechnungen werden durchgeführt. M. Wiedemann. 113□

Mögliche Identifizierung von mit ionosphärischen Stürmen in Beziehung stehenden atmosphärischen Wellen. M. D. Wright. (Nature [London] **190.** 898—99. 3/6. 1961. Christchurch, New Zealand, Dep. of Sci. and Ind. Res., Geophys. Observat.) (Engl.)

Während des internationalen geophysikal. Jahres wurden in Christchurch (43° 34′ S, 172° 48′ O) u. Campbell Island (52° 33′ S, 169° 09′ O) während der Nacht Ionogramme aufgenommen, die vom Vf. zur Messung der nordwärts gerichteten Komponente der Bewegung der Stürme untersucht wurden. Es wurde gefunden, daß die nordwärts gerichtete Komponente der scheinbaren Geschw. der Stürme gut definiert u. daß diese Geschw. die einer neutralen gasförmigen Welle ist u. dieselbe Größenordnung hat wie die, die für die Grenz-Geschw. der Störung durch die Kernexplosion auf Johnston Island gefunden worden war, nämlich 470 m/s in einer Höhe von 150 km. C. Gottfried. 113

Anwendung der unitären Transformation zur Berechnung von Atomtermen. O. Ss. Petrow. (Оптика и Спектроскопия [Optik u. Spektroskopie] **5.** 225—35. Sept. 1958. Swerdlowsk, Uraler Polytechn. Kirow-Inst.) (Russ.)

Es wird eine Meth. der Berechnung von Termen komplizierter vielelektron. Atome vorgelegt, welche auf der Diagonalisierung der quantenmechan. Operatoren mit Hilfe unitärer Umformungen beruht. Bei jeder dieser Umformung werden die diagonalisierenden Elemente der Matrize kleiner u. gehen gegen Null. — Bei der prakt. Anwendung der Berechnung für *He* u. *Li* werden bereits in grober Annäherung Resultate erhalten, welche den Resultaten der üblichen Variations-Meth. gleichkommen. J. Tůmová. 114□

Über die Berechnung der Wahrscheinlichkeit der Schwingungsanregung von Molekülen beim Zusammenstoß. Je. Je. Nikitin. (Оптика и Спектроскопия [Optik u. Spektroskopie] **6.** 141—45. Febr. 1959.) (Russ.)

Mit einem Wechselwrkg.-Potential nach Lennard-Jones wird der Wrkg.-Querschnitt σ_{nm} des zur Schwingungsanregung führenden nichtelast. Stoßes von Moll. berechnet. Bei der Berechnung wird die Änderung der relativen Energie der zusammenstoßenden Moll. bis zum Zusammenstoß u. danach berücksichtigt, was wesentlichen Einfl. auf die Größe von σ_{nm} hat. Wenn nur die Abstoßung zwischen den Moll. berücksichtigt wird, dann entspricht der berechnete σ_{nm} dem früher durch genaue quantenmechan. Berechnungen erhaltenen Wert. Die Abhängigkeit von σ_{nm} von der Tiefe der Potentialmulde, die die Anziehung zwischen den Moll. charakterisiert, erweist sich stärker als die früher bei der Näherungsberechnung der Anziehung gefundene Abhängigkeit. Dies entspricht qual. der starken Abhängigkeit der Schwingungsdesaktivierungswahrscheinlichkeit von der Natur der zusammenstoßenden Moleküle. Ein Vgl. mit experimentellen Daten der Ultraschalldispersion u. Fluorescenzlöschung wird durchgeführt. U.-L. Rau. 114□

Eine quantenmechanische Berechnung des Natriummoleküls. D. W. Davies. (Trans. Faraday Soc. **54.** 1429—40. Okt. 1958. Oxford, Math. Inst.) (Engl.)

Vf erweitert die Berechnungen von Rosen u. Ikehara (Physic. Rev. [2] **43.** [1933.] 5) über die Energie des Grundzustandes des Na-Mol. auf die Energien des $^1\Sigma_g^+$- u. $^1\Sigma_u^+$-Zustandes. Es zeigt sich, daß die Energie des Grundzustandes in starkem Maße von der benutzten Näherung abhängt; die Güte der l. c. mitgeteilten Ergebnisse ergibt sich durch gegenseitiges Aufheben zweier verschiedener Fehler. Eine Anwendung der Meth. auf die Energien angeregter Zustände liefert keine guten Ergebnisse. Bei Verw. modifizierter Orbitalfunktionen an Stelle der Slater-Funktionen werden die Ergebnisse etwas besser. Ferner wurde die Oscillatorstärke für den Übergang $^1\Sigma_g^+-^1\Sigma_u^+$ aus der Dipollänge u. aus der Dipol-Geschw. berechnet. G. M. Neumann. 114□

Röntgenstrahlblitz-Spektren von Fe, Ni und Cu. Per Olof Schörling. (Ark. Fysik **19.** 47—67. 1961.) (Engl.)

K-Spektren von Fe, Ni u. Cu von einer Röntgenstrahlblitzröhre mit niedriger Induktivität wurden photograph. aufgezeichnet u. mit Spektren einer gewöhnlichen Röntgenröhre verglichen. Im Blitzspektrum war der $K\beta'$-Satellit viel stärker, die $K\alpha_1$-Linie verbreitert an beiden Seiten, die $K\alpha_2$-Linie an der Seite niedrigerer Energie u. die $K\beta_{1,3}$-Linie auf der höherer Energie. Der wahrscheinliche Grund dieser Effekte ist Vielfachionisation durch sukzessive Stöße mit einfallenden Kathodenelektronen. Die Ergebnisse stützen Parratts Erklärung (C. **1962.** 2647) des Ursprungs von $K\beta'$ u.

der Asymmetrie von K α_1 u. K α_2, eine alternative Theorie von KAKUSCHADSE (C. **1960.** 10832) wird abgelehnt. J.-M. SPAETH. 116□

Einfluß der Stromstärke auf die Intensität des Wasserstoffspektrums im Gebiet von 2500—1200 Å. I. I. Gromowa und Ss. A. Kulikow. (Оптика и Спектроскопия [Optik u. Spektroskopie] **7.** 130—31. Juli 1959.) (Russ.)

Die Verss. wurden mit Nieder- u. Hochdrucklampen mit u. ohne LiF-Fenster durchgeführt u. die Intensitäten mittels des Photomultipliers FEU-19 gemessen. — Bedingungen der Niederdrucklampe: ∅ 4 mm; Länge 100 mm; H_2-Druck 3—4 bzw. 2—2,5 mm Hg; 350—400 V; 0,02—0,4 A; Hochdrucklampe: 300 V; 2,6—5 A; H_2-Druck bis 50 mm Hg. — In allen Fällen zeigt die Intensität der Linie 1216 Å (L_α) des atomaren H einen linearen Anstieg mit der Stromintensität. In allen anderen Fällen steigt die Intensität nicht linear an (geringere Werte) u. zeigt eine um so größere Abweichung von der Linearität, je höher die Wellenlänge ist. J. TŮMOVÁ. 118□

Die Vervollständigung des Termschemas von Zn I mit Hilfe einer Hohlkathodenentladung. H. Muntenbruch. (Spectrochim. Acta [London] **16.** 1040—53. Okt. 1960.) (Dt.) — Vgl. C. **1962.** 10207.

Mit Hilfe der l. c. entwickelten Hohlkathode erhielt Vf. Spektren von *Zn I*, die viele Linien enthielten, welche „verbotenen Übergängen" entsprachen. Durch Analyse dieser Übergänge war es möglich, die Lage einer Anzahl bisher unbekannter hochliegender Energieterme des Zn-I-Atoms zu erhalten. „Erlaubte" Übergänge von diesen Termen führen zu Spektrallinien, die im fernen IR liegen, deren direkte Messung nur sehr schwer durchführbar wäre. C. GOTTFRIED. 118

Multiplettaufspaltung des Grundterms des Holmiumatoms. W. B. Beljanin. (Оптика и Спектроскопия [Optik u. Spektroskopie] **5.** 236—38. Sept. 1958. Moskau, Lomonossow-Univ., Physikal. Fak.) (Russ.) — Vgl. C. **1959.** 11798.

Unter Benutzung der Feinstruktur der Spektrallinien von Ho I wird mittels der Meth. der konst. Differenzen die Aufspaltung des Grundterms des Ho-Atoms untersucht. — Die berechneten Differenzen stimmen im Bereich von ±5% mit der Theorie überein u. entsprechen dem ^{4}I-Term. Man kann annehmen, daß die Grundterme von Ho I 4 f^{11} 6 s^2 $^4I_{15/2,\ 13/2,\ 11/2,\ 9/2}$ die Werte 0, 4664, 8758 u. 12541 cm^{-1} besitzen.
J. TŮMOVÁ. 118□

Magnetisches Moment von Holmium. W. B. Beljanin. (Оптика и Спектроскопия [Optik u. Spektroskopie] **5.** 340—41. Sept. 1958.) (Russ.) — Vgl. vorst. Referat.

Vf. gibt anfangs eine Übersicht über die Best. des magnet. Moments μ von Ho. Da die eigentliche Best. aus der Feinstruktur der Spektrallinien wegen der bisher noch nicht identifizierten Linien nicht möglich ist, wird aus der Analogie mit anderen Seltenen Erden, vor allem Pr u. Nd, unter der Benutzung einiger Konst. dieser Elemente μ = (3,7 ± 20%) Kernmagnetonen berechnet. Der so erhaltene Wert stimmt gut mit den radiospektroskop. Ergebnissen überein. J. TŮMOVÁ. 118□

Untersuchung von oscillierender Entladungen in verschiedenen Atmosphären mit Hilfe der zeitaufgelösten Spektroskopie. R. F. Majkowski und B. W. Joseph. (Spectrochim. Acta [London] **18.** 77—88. Jan. 1962. Warren, Mich., Gen. Motors Corp., Res. Labor.) (Engl.)

Vff. berichten über Unterss. der Änderung des Spektrums einer Ni-Leg. bei der Bogenentladung in verschiedenen Atmosphären (Luft, N_2, O_2 u. Ar) mit Hilfe eines zeitauflösenden Spektrographen. Es zeigt sich, daß während einer oscillierenden Entladung im 100-kHz-Bereich Linien doppelt ionisierter Atome dicht auf den Strom folgen. Linien einfach ionisierter Atome wurden ebenfalls beobachtet, erscheinen jedoch nicht in Phase mit den doppelt ionisierten Linien. Die Linien neutraler Atome bestehen länger u. haben ein Maximum, wenn die Ni-Probe als Kathode geschaltet ist. Die relativen Geschw., mit denen die Linien u. die Untergrundstrahlung emittiert werden, sind lediglich im Fall einer Luftatmosphäre von analyt. Bedeutung. Die Intensitätsverhältnisse analyt. Linien, deren Anregungspotentiale dicht beieinander liegen, unterscheiden sich beträchtlich voneinander, wie aus einer μs-Auflösung des Spektrums ersichtlich wird. Diese Differenzen sind in N_2-Atmosphäre kleiner als bei den anderen Gasen.
G. M. NEUMANN. 118□

Oscillatorstärken von neutralem und ionisiertem Titan aus einem wirbelstabilisierten Bogen. J. B. Tatum. (Monthly Notices Roy. astronom. Soc. **122.** 311—24. 1961. London, Univ. of London, Observ.) (Engl.)

Die relativen Oscillatorstärken von 200 Linien des Ti I u. Ti II wurden aus Spektren eines wirbelstabilisierten Bogens, der in Titantetrachlorid bei 10080° K brannte, bestimmt. Vf. vergleicht die gegenwärtigen Messungen mit denen anderer Autoren u. faßt

diese Daten in einer nahezu abs. Skala zusammen. Es wird gezeigt, daß im Fall des Ti der von ALLEN u. ASAAD entdeckte Anregungspotentialeffekt nur ein Auswahleffekt ist.
J.-M. SPAETH. 118□

Isotopieverschiebung im Spektrum von Thorium: ^{232}Th–^{229}Th. Je. A. Werny und W. N. Jegorow. (Оптика и Спектроскопия [Optik u. Spektroskopie] **6.** 262–63. Febr. 1959.) (Russ.)

Das Bogenspektrum von ^{229}Th u. ^{232}Th im Verhältnis 1 : 1 wurde untersucht. Im Gebiet 2600–4400 Å wurde bei mehr als 250 Linien Isotopieverschiebung festgestellt. Für 76 Linien, bei denen die Isotopieverschiebung am klarsten beobachtet wurde, werden die Werte von $\Delta\,\sigma$ (232–229) angegeben. Für die meisten dieser Linien geben Vff. das Verhältnis $\Delta\,\sigma$ (232–229)/$\Delta\,\sigma$ (232–230) an, dessen Werte im Bereich 1,6–1,8 liegen. Mit einem Gitterspektrographen hoher Auflösung (0,92 Å/mm bei 4019,137 Å) wurde bei den Linien 4019,137, 4273,363, 4282,044 u. 4391,114 Å von ^{229}Th Verbreiterung (ca. 0,3–0,4 cm^{-1}) durch Hyperfeinstruktur beobachtet. Eine Auflösung in die einzelnen Komponenten gelang nicht.
U.-L. RAU. 118□

Das Absorptionsspektrum von festem Sauerstoff im Wellenlängenbereich von 12000 Å bis 3300 Å. Alexandra Landau, Elizabeth J. Allin und H. L. Welsh. (Spectrochim. Acta [London] **18.** 1–19. Jan. 1962. Toronto, Univ. of Toronto, McLennan Labor.) (Engl.)

Das Absorptionsspektrum der festen α-Phase von O_2 wurde bei ca. 21^{0}K untersucht u. bes. die Übergänge zwischen dem Grundzustand $^3\Sigma_g^-$ u. den höheren Zuständen $^1\Delta_g$, $^1\Sigma_g^+$, $^1\Delta_g + {}^1\Delta_g$, $^1\Delta_g + {}^1\Sigma_g^+$ u. $^1\Sigma_g^+ + {}^1\Sigma_g^+$, die im Wellenlängenbereich von 12000–3300 Å liegen, eingehend behandelt. Ferner wurden die Absorptionsbanden der β- u. γ-Form in diesem Bereich aufgenommen. Obwohl die einzelnen Banden sich in ihrer Feinstruktur bedeutend unterscheiden, zeigt sich, daß stets eine scharfe Absorptionskante im Roten u. ein Intensitätsabfall zum Violetten hin zu beobachten ist. Die allg. Struktur jeder Bande läßt sich durch Überlagerung geeigneter Mol.-Frequenzen ν_m mit der kontinuierlichen Verteilung der Gitterfrequenzen beschreiben. Ein teilweise scharf ausgeprägtes Maximum ist bei $\nu = \nu_m + n\,\nu_D$ ($n = 0, 1, 2 \cdots$; ν_D = DEBYE-Frequenz) zu beobachten. Die Hauptkomponente der O–O-Bande entspricht in allen Syst. einer doppelten Phononen-Bldg., während bei den höheren Übergängen nur die Bldg. eines einzelnen Phonons wahrscheinlich ist. Die aus einer Analyse der Schwingungen erhaltenen Mol.-Konst. (T_e', ω_e', $\varkappa_e'\omega_e'$) unterscheiden sich nur wenig von den Werten des freien O_2-Moleküls.
G. M. NEUMANN. 118□

Über die optische Absorption von Eisenalaun bei niedrigen Temperaturen. R. Pappalardo. (Nuovo Cimento [10] **8.** 954–58. 16/6. 1958. Bristol, H. H. Wills Phys. Labor.) (Engl.)

Vf. berichtet über Unterss. der opt. Absorption von $Fe(NH_4)_2(SO_4)_2 \cdot 12\,H_2O$-Kristallen im Zusammenhang mit Vorhersagen der Kristallfeldtheorie für 3 d^5-Systeme. Die von der Theorie geforderten scharfen Absorptionslinien konnten selbst bei Temp. von 20^0 K nicht beobachtet werden, da das Absorptionsspektrum durch eine starke Elektronenübergangsbande beherrscht wurde. Die Absorption hatte ihr Zentrum bei 24600 cm^{-1} u. eine Ausdehnung von 23850–25600 cm^{-1} sowie drei enge Banden mit Maxima bei 24250, 24650 u. 24850 cm^{-1}.
G. M. NEUMANN. 118□

Kritische Opalescenz fester Lösungen. A. Münster und K. Sagel. (Molecular Physics **1.** 23–43. Jan. 1958. Frankfurt/M., Metallges. Akt.-Ges., Metall-Labor.) (Dt.)

Inhaltlich ident. mit der C. **1958.** 7658 referierten Arbeit.
H. NEWESELY. 119□

Über die Natur der Verschiebung der Infrarotemissionsbanden in den Flammenspektren. R. B. Tagirow. (Оптика и Спектроскопия [Optik u. Spektroskopie] **6.** 137–40. Febr. 1959.) (Russ.)

Das IR-Emissionsspektrum einer Diffusionsflamme von *CO* in O_2 wurde gemessen. Im Vgl. zum Absorptionsspektrum von CO_2 wird eine Rot- (z. B. 2349 cm^{-1}) u. Violettverschiebung der CO_2-Banden beobachtet. Chemiluminescenz scheidet nach Unterss. des Vf. als Ursache aus. Temp.-Anregung höherer Rotationsniveaus u. die Asymmetrie der Banden sind für die beobachteten Verschiebungen verantwortlich. Die CO-Bande bei 2142 cm^{-1} ist im untersuchten Emissionsspektrum höherfrequent verschoben, was durch Asymmetrie u. Temp.-Verbreiterung bedingt wird. Sie überlagert sich der Bande 2349 cm^{-1} von CO_2, wodurch die niederfrequente Verschiebung letzterer verstärkt wird.
U.-L. RAU. 120□

Das Infrarotspektrum von Wasser. Reinhard Mecke. (Current Sci. **30.** 43–44. Febr. **1961.** Freiburg/Br., Univ., Inst. für physikal. Chem.) (Engl.)

Flüssiges W. ist für IR-Strahlung infolge einer kontinuierlichen Absorption, die bei 2,5 μ beginnt u. bis in das ferne IR reicht, prakt. undurchlässig. Eine Erklärung ist noch nicht gefunden, sicherlich besteht aber ein Zusammenhang mit der H-Brückenbindung. Vf. verwendet nun als Lsgm. $SbCl_3$ (I, F. 73,4°), das die Bldg. von H-Brücken verhindert. Das IR-Spektrum der I-Lsg. von W. zeigt 2 scharfe Banden bei 3500 u. 1610 cm^{-1} u. lediglich eine kontinuierliche Absorption um 700 cm^{-1}. Analog erscheinen im IR-Spektrum der Lsg. von W., HDO u. D_2O in I die ν (H_2O) u. ν (D_2O) bei 3500 bzw. 2600 sowie die Biegungsschwingung von W., HDO u. D_2O bei 1600, 1400 bzw. 1170 u. eine kontinuierliche Absorption um 700 cm^{-1}. Die ν (OH) u. ν (OD) von HDO stimmen mit den entsprechenden Banden von W. u. D_2O überein u. folglich besteht keine große Wechselwrkg. zwischen den Valenzschwingungen der beiden Bindungen in HDO. Eine Schulter an der höherfrequenten Seite der Biegungsschwingung von W., HDO u. D_2O weist auf eine Wechselwrkg. zwischen >O u. Sb< hin. Eine neue Art von Eiskristallen beobachtete Vf. bei der Kristallisation von W. auf NaCl-Scheiben bei der Temp. von Trockeneis. Das IR-Spektrum dieser Kristalle unterscheidet sich von dem Spektrum gewöhnlicher Eiskristalle durch die Aufspaltung der Bande bei 3 μ in 3 Komponenten sowie das Erscheinen des Obertons der Biegungsschwingung bei 3265—54 cm^{-1}. U.-L. Rau. 120□

Infrarotspektren von Wasser in Tributylphosphat, das gelöste Salze enthält, und die Einflüsse der gelösten Stoffe auf das Trialkylphosphatspektrum. L. I. Katzin. (J. inorg. nuclear Chem. **20.** 300—03. Dez. 1961. Harwell, Berks., AERE, Chem. Div.) (Engl.)

Vf. untersucht den Einfl. von H_2O u. von $LiNO_3 \cdot 3\,H_2O$, $Me^{II}(NO_3)_2 \cdot 6\,H_2O$ (Me^{II} = *Ca, Mg, Co, Ni, Cu, Zn, Cd,* UO_2), $Me^{III}(NO_3)_3 \cdot 6\,H_2O$ (Me^{III} = *Fe, Cr, La, Ce*), $CoCl_2 \cdot 6\,H_2O$, $CuCl_2 \cdot 6\,H_2O$, CdJ_2, $FeCl_3 \cdot 6\,H_2O$, $(NH_4)_2Ce(NO_3)_6 \cdot H_2O$, $[Ce(NO_3)_4]$, $UO_2Cl_2(H_2O)$, $ThCl_4 \cdot x\,H_2O$ u. $Th(NO_3)_4 \cdot 5\,H_2O$ auf das IR-Spektrum von Tributylphosphat (TBP) an Hand der Verschiebungen der P=O-Bande (1282 cm^{-1}) u. der Banden der Valenzschwingungen von W. (3477 u. 3230 cm^{-1}). Diese Salze verschieben beim Lösen in TBP die P=O-Bande zu niedrigeren Frequenzen (Bereich von 1268—1183 cm^{-1}), wogegen Zugabe von H_2O zu TBP die P=O-Bande auf 1268 cm^{-1} verschiebt. Die Meßergebnisse lassen sich durch die Annahme erklären, daß für W. u. Salz beim Lsg.-Prozeß eine Konkurrenzkoordination um dieselbe Koordinationsstelle an Tributylphosphat-Moll. besteht. U. Skurnia. 120□

Phosphornitridderivate. 8. Mitt. **Die Schwingungsspektren von Phosphornitridhalogeniden.** A. C. Chapman und N. L. Paddock. (J. chem. Soc. [London] **1962.** 635—45. Febr. Oldbury, Birmingham, Albright and Wilson Mfg. Ltd., Res. Dep.; Manchester, Univ., Dep. of Chem.) (Engl.) — 7. vgl. C. **1962.** 10758.

Nachst. Spektren werden mitgeteilt: Raman- u. IR-Spektren von $(PNF_2)_3$, $(PNF_2)_4$, $(PNF_2)_5$, $(PNCl_2)_3$, $(PNCl_2)_4$ u. $(PNCl_2)_5$ in kondensierter u. gasförmiger Phase; Teile der Spektren höherer Fluoride (bis n = 14) u. Chloride (bis n = 8); Teile der Tieftemp.-Spektren (77° K) der niedrigeren Fluoride; die polarisierten IR-Spektren der beiden Formen von $(PNCl_2)_4$. Die Behandlung im Sinne einer stehenden Welle (vgl. C. **1962.** 6327) wird für die Ring- u. exocycl. Schwingungen diskutiert u. führt zu einigen neuen Zuordnungen, ohne daß die früheren Folgerungen bzgl. der Symmetrie der trimeren Moll. berührt werden. Der $(PNCl_2)_4$-Ring ist in der Dampfphase nicht planar. Das $(PNF_2)_5$-Mol. ist flexibel, $(PNCl_2)_5$ etwas weniger u. von niedrigerer Symmetrie. Für nachst. trimere Mischhalogenide werden einige Zuordnungen mitgeteilt: *Phosphornitrid-1.1.3.3-tetrachlorid-5.5-difluorid; -1.1.3-trichlorid-3.5.5-trifluorid; -1.1-dichlorid-3.3.-5.5-tetrafluorid; -1.3-dichlorid-1.3.5.5-tetrafluorid.* Die Symmetrien der verschiedenen Moll. werden eingehend diskutiert. A. Blaschette. 120□

Raman- und Infrarotspektrum von Vanadintetrachlorid. M. F. A. Dove, J. A. Creighton und L. A. Woodward. (Spectrochim. Acta [London] **18.** 267—70. Febr. 1962. Cambridge, Univ., Chem. Labor.; Oxford, Univ., Inorg. Chem. Labor.) (Engl.)

Vff. berichten über Unterss. der Raman- u. IR-Spektren von VCl_4 u. $TiCl_4$ im dampfförmigen u. im fl. Zustand sowie in CCl_4-Lösung. Es zeigt sich, daß die Spektren sich im allg. sehr ähneln. Die Ergebnisse an $TiCl_4$ stimmen mit bekannten Daten überein u. lassen sich einer regulären tetraedr. Struktur zuordnen. Die Ergebnisse beim VCl_4 zeigen ebenfalls normales Verhalten. Es wurden drei Raman-Linien beobachtet, von denen eine doppelten Ursprung hat ($\nu_1 = 383$, $\nu_3 = 475$ u. $\nu_2 = \nu_4 = 128\ cm^{-1}$). Die IR-Frequenzen lassen sich an Hand der Raman-Linien gut deuten, wobei die F_2-Komponenten in Fermi-Resonanz stehen. Ein Einfl. des Jahn-Teller-Effekts beim VCl_4 auf das Schwingungsspektrum läßt sich nicht beobachten. G. M. Neumann. 120□

Zur Theorie der Hyperfeinstruktur von Rotationsspektren von Molekülen vom Typ des symmetrischen Rotators. K. K. Swidsinski. (Оптика и Спектроскопия [Optik u. Spektroskopie] **6.** 254—56. Febr. 1959.) (Russ.)

Zur Berechnung der Hyperfeinstruktur von Rotationsspektren von Moll. wird die Energie der Wechselwrkg. der Kerne mit den elektr. u. magnet. Feldern des Mol. als skalares Prod. sog. nichtreduzierbarer Tensoroperatoren dargestellt. Aus der erhaltenen Gleichung leitet Vf. Ausdrücke für die elektr. Multipol-, magnet. Multipol- u. magnet. Dipol-Wechselwrkg. sowie für die Spin–Spin-Wechselwrkg. ab. U.-L. Rau. 121□

Druck-, Licht- und Temperaturverschiebungen beim optischen Nachweis der 0–0-Hyperfeinresonanz von Alkalimetallen. M. Arditi und T. R. Carver. (Physic. Rev. [2] **124.** 800—09. 1/11. 1961. Nutley, N.J., IFT Federal Labor.; Princeton, N.J., Princeton Univ., Palmer Phys. Labor.) (Engl.)

Präzisionsmessungen der Hyperfeinaufspaltung von ^{133}Cs u. ^{87}Rb in einer Zelle mit Puffergasen u. unter Verw. des opt. Pumpens zeigen das Auftreten einer Frequenzverschiebung bei Veränderung der Intensität des zur Anregung verwendeten Resonanzlichtes. Bei Anwendung hoher Puffergasdrücke wird die Lichtintensitätsverschiebung beträchtlich vermindert. In einigen Fällen lassen sich Größe u. Vorzeichen der Lichtintensitätsverschiebung durch geringe Variation der Frequenz der Hyperfeinkomponenten des Anregungslichtes merklich verändern. Mögliche Erklärungen für die Lichtverschiebung werden diskutiert. Änderungen der Frequenzverschiebung mit der Lichtintensität, Puffergasdruck u. Zellen-Temp. zeigen die Existenz eines Invarianzpunktes, dessen Frequenz sehr nahe bei dem nach der Atomstrahlresonanz-Meth. erhaltenen Wert liegt, wenn man sie auf den Druck 0 u. die Feldstärke 0 reduziert. Dieser Invarianzpunkt dient als Grundlage zur Definition des Druckverschiebungs- u. des Temp.-Verschiebungskoeffizienten. Die experimentelle Best. dieser Koeff. für ^{133}Cs u. ^{87}Rb wird beschrieben. Gerhard Schulze. 121□

Übergangswahrscheinlichkeiten für optisches Pumpen bei Cäsium. W. Bruce Hawkins. (Physic. Rev. [2] **123.** 544—47. 15/7. 1961. Oberlin, Ohio, Coll., Dep. of Phys.) (Engl.)

Für zwei Feinstrukturkomponenten werden Tabellen mit Übergangswahrscheinlichkeiten über das Zwischenniveau des Cs $P_{1/2}$-Zustandes bei 8943 Å (polarisierte Resonanzstrahlung) u. über Niveaus des Cs $P_{3/2}$-Zustandes bei 8521 Å gegeben, ebenso graph. Darst. der Besetzung repräsentativer Zustände als Funktion der Beleuchtungszeit der Atome u. Zahlenwerte für die Absorption definierter Anzahlen von Photonen gleichzeitig aus polarisierten u. unpolarisierten D-Linien im Spektrum. W. Sobieski. 121□

Über die Relaxationsprozesse in Kristallphosphoren mit komplexen Spektren der Einfangniveaus. K. K. Rebane. (Оптика и Спектроскопия [Optik u. Spektroskopie] **5.** 307—11. Sept. 1958. Inst. für Phys. der Akad. der Wiss. der EstnSSR.) (Russ.)

Ausgehend vom allg. Modell des Phosphors, dessen Nachleuchten nach dem Becquerel-Gesetz abklingt, wird gezeigt, daß hiermit auch eindeutig die Abnahme der Photoleitfähigkeit bestimmt ist. Die konsequente Folge eines genau gleichgewichtigen Abklingens (konst. Abhängigkeit der Auffüllung für jedes einzelne Einfangniveau) muß die Gleichheit des Einfangquerschnitts für alle Niveaus sein. Für den vereinzelten Fall eines Syst., das ein Modell mit nichtunterlegtem Spektrum der Elektroneneinfangniveaus beschreibt, existiert eine exakte Lösung, nach welcher das Abklingen des Nachleuchtens einer Hyperbel zweiter Ordnung folgt. J. Tůmová. 125□

Untersuchung der Spektren der Elektro- und Photolumineszenz von mit Seltenen Erden aktivierten Phosphoren. W. Je. Oranowski und S. A. Trapesnikowa. (Оптика и Спектроскопия [Optik u. Spektroskopie] **5.** 302—06. Sept. 1958. Moskau, Lebedew-Inst. für Phys. der Akad. der Wiss. der UdSSR.) (Russ.)

Die Verss. wurden mit *ZnS–Nd,Cu*- u. *ZnS–Er,Cu*-Luminophoren mit einem Zusatz von $4{,}6 \cdot 10^{-4}$ g-Atom Nd bzw. $2{,}3 \cdot 10^{-4}$ g-Atom Er auf 1 Mol ZnS durchgeführt; bei einigen Proben wurde ferner $4{,}3 \cdot 10^{-3}$ g-Atom Mn zugesetzt. Die Spektren der Elektro- (1000—1600 V) u. Photolumineszenz wurden photograph. festgehalten. — Die graph. dargestellten Absorptionskurven zeigen ein breites Maximum bei 590 mμ u. einige schmale Maxima in der Nähe von 532 mμ; diese letztgenannten Maxima zeigen bei der Elektrolumineszenz bedeutend geringere Intensitäten. Der Vgl. beider Lumineszenzarten ergibt, daß die Elektrolumineszenz hauptsächlich durch Elektronen mit niedrigen Energien hervorgerufen wird. Der Vgl. des akt. Vol. zeigt eine Beteiligung von nur 7% an der Elektrolumineszenz. J. Tůmová. 125□

Lumineszenz von Alkalihalogenidverbindungen mit Uranylsalzbeimengungen. I. P. Schapiro. (Оптика и Спектроскопия [Optik u. Spektroskopie] **7.** 126—28. Juli 1959.) (Russ.)

Unters. des Leuchtens von NaCl- u. KCl-Pulver nach Zusatz von verschiedenen Mengen von $(NH_4)_2UO_2(SO_4)_2 \cdot H_2O$ (I) nach Bestrahlung im nahen UV. Es wurde ein zusammenhängendes Spektrum ermittelt, welches im Falle des KCl ein Maximum bei ca. 530 mμ zeigt; die Zeit des Nachleuchtens beträgt ca. 10^{-4} s; die optimale Konz. 10^{-3} g/g I. J. TŮMOVÁ. 125□

Untersuchung der Zersetzung von $Al_2(SO_4)_3$ nach den Luminescenzspektren. A. K. Trofimow. (Доклады Академии Наук СССР [Ber. Akad. Wiss. UdSSR] **104.** 427—28. 1 Tafel. 21/9. 1955.) (Russ.) — Vgl. C. **1959.** 1016.

Vf. beurteilt die Zers. des $Al_2(SO_4)_3$ aus den Luminescenzspektren der einzelnen mit Eu aktivierten Proben, die bei unterschiedlichen Temp. geglüht wurden. Die Zers. beginnt bei 530° u. ist bei 860° beendet (Glühdauer 30 Min.). Durch röntgenograph. Unterss. konnte gleichfalls bestätigt werden, daß die $Al_2(SO_4)_3$-Kristallstruktur bei 860° verschwindet u. γ-Al_2O_3 entsteht. G. RUDAKOFF. 125□

A₃. Elektrizität. Magnetismus. Elektrochemie

Untersuchung schneller Elektronen in starken Impulsentladungen. N. G. Kowalski, I. M. Podgorny und M. M. Stepanenko. (Журнал Экспериментальной и Теоретической Физики [J. exp. theoret. Physik] **38.** 1439—45. Mai 1960. Moskau, Univ., Inst. für Kernphys.) (Russ.; Auszug: Engl.)

Experimentelle Unters. in starken Impulsentladungen in H_2, D_2, *He*, *Ne*, *Ar*, *Kr* u. *Xe* im Druckbereich zwischen $4 \cdot 10^{-3}$ u. $6 \cdot 10^{-1}$ Torr bei Anfangsspannungen von 30—45 kV. Die Energieverteilung der schnellen Elektronen (50—300 keV) wurde in einem magnet. Ablenkfeld gemessen. Die höchste im Energiespektrum der Elektronen vorkommende Energie E_0 hängt stark von Druck u. Anfangsspannung ab, u. beide Abhängigkeiten zeigen deutlich ausgeprägte Maxima. E_0 nimmt mit zunehmendem äußeren magnet. Längsfeld monoton ab. Die Stromdichteverteilung über den Querschnitt der zylindr. Entladungskammer zeigt ein Maximum auf der Achse u. einen steilen Abfall zur Kammerwand hin. Die Analyse der Ergebnisse führt zu dem Schluß, daß in den Impulsentladungen zwei Gruppen von nicht im Gleichgewicht befindlichen schnellen Elektronen auftreten. Die erste mit Energien bis 100 keV wird offenbar in den elektr. Feldern beschleunigt, die bei der Änderung der Stromverteilung infolge der Kontraktion des Plasmafadens auftreten. Die zweite Gruppe mit Energien bis 300 keV wird offenbar in lokalen Feldern beschleunigt, die beispielsweise bei der Bldg. von Instabilitäten des Plasmafadens vom Überdehnungstyp auftreten. F. LENZ. 131□

Untersuchung einer starken Impulsentladung mit begrenztem Kanaldurchmesser. N. N. Ogurzowa und I. W. Podmoschenski. (Оптика и Спектроскопия [Optik u. Spektroskopie] **4.** 539—41. April 1958. Leningrad, Opt. Wawilow-Inst.) (Russ.)

Die Unters. einer Impulsentladung von $1 \cdot 10^{-4}$ s Dauer bei einer Amplitude des Stroms von 13000 A u. der Spannung von 1000 V durch eine 10 mm lange Bohrung von 2 mm Ø in einer Kunststoffplatte zeigte in Richtung der Entladungsachse bei $\lambda = 4100$ bis 5700 Å prakt. die Strahlung eines abs. schwarzen Körpers bei 32000°. Maßgebend dafür ist der durch Verdampfung der Bohrungswände entstehende hohe Druck von ca. 500 at. Amplitude u. Dauer des Lichtimpulses sind auf 2—4% reproduzierbar. R. GERBATSCH. 131□

Über eine Beziehung zwischen den Schwingungen und der Verlustgeschwindigkeit geladener Teilchen in einem zylindrischen Niederdruckplasma im longitudinalen Magnetfeld. A. A. Saitzew und M. Ja. Wassiljewa. (Журнал Экспериментальной и Теоретической Физики [J. exp. theoret. Physik] **38.** 1639—40. Mai 1960. Moskau, Univ.) (Russ.)

Experimentelle Unters. der Plasmaschwingungen in der positiven Säule einer *He*-Entladung im homogenen magnet. Längsfeld, bes. des Einfl. des Magnetfeldes auf den longitudinalen Potentialgradienten in der Säule u. den Diffusionsstrom auf die Wand des Entladungsgefäßes. Bei zunehmender Magnetfeldstärke wird ein krit. Wert H_{kr} erreicht, von dem an plötzlich um mehr als eine Zehnerpotenz intensivere Schwingungen auftreten. Gleichzeitig nehmen der Potentialgradient in der positiven Säule u. der Diffusionsstrom auf die Wand sprunghaft zu, um bei Feldstärken oberhalb H_{kr} einen von der Feldstärke nur schwach abhängenden Verlauf zu zeigen. H_{kr} liegt bei den vorliegenden Vers.-Bedingungen (Elektrodenabstand 90 cm, Rohrdurchmesser 2 cm, Druck 0,2 bis 0,05 Torr, Anodenstrom 50—350 mA) in der Größenordnung von 1000 Oe u. nimmt mit zunehmendem Gasdruck schwächer als linear zu. F. LENZ. 131□

Der Runaway-Effekt in einem völlig ionisierten Plasma. E. R. Harrison. (Philos. Mag. [8] **3.** 1318—25. Nov. 1958. Harwell, Atom. Energy Res. Establishm.) (Engl.)

Aufstellung einer Bedingung dafür, daß Elektronen in einem völlig ionisierten Gas in einem elektr. Feld mehr Energie aufnehmen können als sie durch Stöße abgeben. Die infolgedessen aus dem Plasma entweichenden „runaway"-Elektronenströme werden abgeschätzt. Sie sind in größenordnungsmäßiger Übereinstimmung mit experimentellen Ergebnissen (Vf. u. DAWTON, J. Electronics and Control [1] **5.** [1958.] 29) an einer linearen Plasmaanordnung. Der zeitliche Anstieg des runaway-Stroms in geschlossenen, z. B. toroidalen Anordnungen wird abgeschätzt. Er nimmt proportional zum Quadrat der Zeit zu u. kann rasch Werte annehmen, die mit dem gesamten Leitungsstrom vergleichbar werden. Bei den Verss. am linearen Plasma wurde Röntgenstrahlung mit einer mittleren Energie von 15—30 keV emittiert, obgleich die angelegte Spannung nur 10 kV betrug. F. LENZ. 131 □

Nachweis der Ionenschwingungen im Plasma. M. D. Gabowitsch, L. L. Passetschnik und W. G. Jasewa. (Журнал Экспериментальной и Теоретической Физики [J. exp. theoret. Physik] **38.** 1430—33. Mai 1960. Kiew, Akad. der Wiss. der UkrainSSR, Inst. für Physik.) (Russ.; Auszug: Engl.) — Vgl. C. **1961.** 2179.

Experimentelle Unters. der Möglichkeit, selbständige Ionenschwingungen im Hg-Bogen-Entladungsplasma unmittelbar nachzuweisen. Eine Sonde in Gestalt eines Hohlzylinders erlaubt die Messung der Ionenschwingung im Rauschuntergrund des Entladungsplasmas bei Ladungs-Konzz. der Größenordnung 10^{-13} cm^{-3}. Die Ergebnisse können unter der Annahme erklärt werden, daß die Sonde selektiv Schwingungen anzeigt, deren Wellenlänge etwa gleich dem Radius der die Sonde umgebenden Ionenschicht ist. F. LENZ. 131 □

Temperaturabhängigkeit der Ionenbeweglichkeiten in Wasserstoff. Lorne M. Chanin. (Physic. Rev. [2] **123.** 526—29. 15/7. 1961. Hopkins, Minn., Honeywell Res. Center.) (Engl.)

Die Beweglichkeiten von positiven Ionen in H_2 wurden in einem Temp.-Bereich von 77—300° K gemessen u. für die Nullfeld-Beweglichkeiten μ_0 = 12,3 cm²/Vs bei 300° K, μ_0 = 13,3 cm²/Vs bei 195° K u. μ_0 = 13,0 cm²/Vs bei 77° K gefunden. Die Ergebnisse bei 300° K stimmen gut mit denen von LAUER (C. **1954.** 2112), BRADBURG [1932] bei niedrigen E/p_0 u. mit denen von ROSE (C. **1961.** 13810) bei hohem E/p_0 überein; die bei den Messungen beobachteten Ionen sind vermutlich H_3^+. W. SOBIESKI. 131 □

Zur Theorie der Hochfrequenz-Fackelentladung. R. Grigorovici und G. Cristescu. (Оптика и Спектроскопия [Optik u. Spektroskopie] **6.** 129—36. Febr. 1959. Bukarest, Parchau-Univ.) (Russ.) — Vgl. C. **1958.** 7374 u. C. **1962.** 1120.

Es wird eine quant. Theorie über den Mechanismus der Hochfrequenz-Fackelentladung entwickelt. Die Übereinstimmung mit den experimentellen Ergebnissen der Unterss. der elektr., opt. u. therm. Charakteristik dieses Entladungstypes in *Luft* nach Literaturangaben ist befriedigend. Für andere Gase (*N_2, O_2, CO_2, H_2, Leuchtgas, He, Ar*) wird nur eine qual. Betrachtung gegeben. U.-L. RAU. 131 □

Zeitaufgelöste Spektren der Strahlung einer Funkenentladung in Edelgasen im Gebiet zwischen 5000 und 10000 Å. M. P. Wanjukow, W. R. Muratow und I. A. Muchitdinowa. (Оптика и Спектроскопия [Optik u. Spektroskopie] **11.** 312—18. Sept. 1961.) (Russ.)

Vff. beschreiben die Ergebnisse von Leuchtdichtemessungen an Funkenentladungen in mit *He, Ne, Ar, Kr,* u. *Xe* gefüllten Impulslampen mit einer Zeitauflösung von $5 \cdot 10^{-8}$ s u. einer spektralen Auflösung von 0,2 Å. Am Anfang der Entladung werden neben starker Untergrund(U.)-Strahlung wenige verbreiterte Linien beobachtet. Ionenlinien u. U. nehmen schnell ab, während Atomlinien noch lange nachleuchten. In Gasen mit höherer Ordnungszahl ist die Entladungshelligkeit wie auch die langwellige Absorption stärker. Zugeschaltete Induktivität verringert die U.-Intensität im Sichtbaren u. ist fast ohne Einfl. auf das IR. Steigerung von Kapazität u. Spannung bewirkt höhere Lichtstärke, vor allem für die leichten Gase. Druckveränderungen sind auf die Linie Ar I 8115 Å fast ohne Einfl., während die Intensität der Linie Ar II 6643 Å u. des U. bei 6800 Å mit dem Ar-Druck wächst. R. GERBATSCH. 131 □

Ferroelektrizität und normale Schwingungsarten in Bariumtitanat. W. Cochran. (Acta crystallogr. [Copenhagen] **13.** 1070. 10/12. 1960. Cambridge, Cavendish Labor., Crystallogr. Labor.) (Engl.)

Die vom Vf. früher (vgl. Phys. Rev. Letters **3.** [1959.] 412) beschriebene Meth. wurde auf $BaTiO_3$ angewandt u. führte zu dem Schluß, daß die 3 aufeinander folgenden Übergänge, die dielektr. Eigg. u. die relativen Bewegungen der Atome durch Atomparameter erklärt werden können, die physikal. vernünftig sind. Der Ausdruck von DEVONSHIRE für die Freie Energie als Potenzreihe in der Polarisation läßt sich mit diesen Atomparametern herleiten. Es wurden eine Reihe von Annahmen gemacht: Atome können nicht nur im elektr. Feld polarisiert werden, sondern auch durch Wechselwrkg. zwischen ihnen auf kurze Entfernungen. Die O-Atome sind durch Bindungen verknüpft, die vergleichsweise große Kraft-Konst. haben. Die auf kurze Entfernung wirkende Kraft zwischen Ti u. O-Atomen hängt von Potenzen ihrer relativen Verschiebung ab. Die Theorie stellt einen Zusammenhang her zwischen der niedrigsten dielektr. Dispersionsfrequenz N u. der stat. DK, der spontanen Polarisation u. den Verschiebungen der Atome beim ersten Übergang. C. Gottfried. 133

Die Bewegung der 90°-Keil-Bereiche in $BaTiO_3$ in einem elektrischen Wechselfeld. J. Fousek und B. Březina. (Czechoslov. J. Physics B **11.** 344–59. 1961. Prague, Czechoslov. Acad. Sci., Inst. of Phys.) (Engl.)

Die Bewegung der 90°-Keil-Bereiche in $BaTiO_3$ wird bei Anlegen eines Wechselstromfeldes von 50 Hz behandelt. Das krit. Feld, die örtlichen Hysteresisschleifen mit doppelter Asymmetrie, die Erzeugung der Keil-Bereiche bei einer Polarisation senkrecht zum Feld u. die 180°-Unterstrukturen der Keil-Bereich werden untersucht. Die Bewegung der 90°-Keil-Bereiche wird mit der der individuellen 90°-Wände bei gleichem Feld verglichen. Es stellt sich heraus, daß die Bewegung der 90°-Bereiche stets irreversibel ist u. bei Realkristallen nicht von der Existenz der 180°-Bereiche getrennt werden kann. Die Wechselwrkg. der 90°- u. 180°-Bereiche während ihrer Entstehung u. Bewegung bestimmen das Verh. beider Arten von Bereichen. H. Schibilla. 133□

Transmissions-Typ eines Piezoelektrizität-Detektors. R. J. Blume. (Rev. sci. Instruments **32.** 598–99. Mai 1961. New York, N.Y., Columbia Univ., IBM Corp. Watson Labor.) (Engl.)

Bei der beschriebenen Transmissions-Meth. speist ein Hochfrequenz-Oscillator (Tektronix 190 A) zwei annähernd gleiche Dioden-Detektoren-Stromkreise, wobei der eine über den piezoelektr. Kristall u. seine Halterung u. der andere über eine entsprechende Kapazität gespeist wird. Bei Abgleich der Hochfrequenz-Quelle mit der piezoelektr. Frequenz haben die Resonanzsignale gleichen Abstand voneinander, sind aber je nach der piezoelektr. Frequenz sehr verschieden in ihrer Intensität u. in ihrem Verhalten. Auf die Auswertung dieser Signale als „ja–nein"-Information wird hingewiesen. Die Kristallhalterung u. die elektr. Schaltung werden besprochen. H. Schibilla. 133□

Kollektives Verhalten in Festkörperplasmen. David Pines und J. Robert Schrieffer. (Physic. Rev. [2] **124.** 1387–1400. 1/12. 1961. San Diego, Calif., General Atomic, Div. of General Dynamics Corp., John J. Hopkins Labor. for Pure and Appl. Sci.) (Engl.)

Es werden die Bedingungen für die Existenz von Plasmawelleninstabilitäten im Plasma, wie es von Elektronen u. Defektelektronen in Halbleitern gebildet wird, untersucht. Es werden die Dispersionsrelationen für die opt. Hochfrequenzschwingung, bei der Elektronen u. Defektelektronen nicht in Phase schwingen, u. die akust. Niederfrequenzschwingung, bei der Elektronen u. Defektelektronen in Phase sind, berechnet. Es wird gezeigt, daß für hinreichend große relative Durschschnitts-Geschw. der Elektronen u. Defektelektronen wachsende akust. Wellen auftreten, u. die Grenze zwischen wachsenden u. gedämpften Wellen wird für verschiedene Elektronen–Defektelektronen-Temp.-Koeff. bestimmt. Anwachsraten werden für mehrere Fälle berechnet. Wenn man Verunreinigungs- u. Phononenstreung berücksichtigt, so ergibt sich, daß vielleicht InSb der für solche Instabilitäten meistversprechende Halbleiter ist. Es wird gezeigt, daß Feldstärken von 100 V/cm ausreichen, um relative Elektronen–Defektelektronen-Geschw. der verlangten Größenordnung zu erzeugen, um Plasmawelleninstabilitäten zu beobachten. In einem Anhang werden die Bedingungen für das Auftreten von ähnlichen Instabilitäten in Halbmetallen kurz analysiert. H. Laue. 135□

Bemerkung zur Behandlung der Verunreinigungs-Streuung bei optischer Absorption in Halbleitern. B. Donovan. (Proc. physic. Soc. **76.** 574–77. Okt. 1960. London, Bedford Coll., Dep. of Phys.) (Engl.)

Vf. stellt theoret. Betrachtungen zur Berechnung des Absorptionswirkungsquerschnittes, d. h. des Verhältnisses des Absorptions-Koeff. zur Ladungsträgerdichte, bei der Verunreinigungsstreuung an u. diskutiert bes. die Berechnung von Rosenberg u. Lax (C. **1961.** 1458) u. Meyer (Physic. Rev. [2] **112.** [1958.] 298). J.-M. Spaeth. 135□

Optische Konstanten von Germanium. F. Lukeš. (Czechoslov. J. Physics **10.** 765 bis 766. 1960. Brno, Univ., Nat. Sci. Fac., Inst. of Exp. Phys.) (Engl.) – Vgl. C. **1961.** 4593.

Vf. berechnet die opt. Konst. von Ge unter der Annahme von fünf natürlichen Oscillator-Frequenzen. Die daraus resultierende Abhängigkeit $nK = f(\nu)$ zeigt gute Übereinstimmung mit den experimentellen Werten von Philipp u. Taft (C. **1959.** 13695); nur im Bereich der Absorptionskante treten beträchtliche Abweichungen auf. H. Schirrwitz. 135□

Optische Konstanten von Germanium im 2–25-μ-Gebiet. M. T. Kosstyschin. (Оптика и Спектроскопия [Optik u. Spektroskopie] **5.** 312–15. Sept. 1958. Kiew, Schewtschenko-Univ.) (Russ.)

Vf. diskutiert die Eignung verschiedener Meth. zur Berechnung des Absorptions-Koeff. u. des Brechungsindex von festen absorbierenden Schichten u. legt für diese Berechnung zwei eigene Meth. vor, welche auf Vielfachreflexionen dieser Schichten gegründet sind. Mittels einer dieser Meth. berechnete Absorptions-Koeff. u. Brechungsindices von Ge im Bereich zwischen 11 u. 25 μ geben im Vgl. mit der Meth. nach SIMON dem Experiment besser entsprechende Ergebnisse. J. TŮMOVÁ. 135□

Messungen der Leistungsumwandlungs-Ausbeute und der Rauschverhältnisse der 1N26-Kristall-Gleichrichter. A. Dymanus und A. Bouwknegt. (Physica [Utrecht] **26.** 115–26. Febr. 1960. Cambridge, Mass., Harvard Univ., Cruft Labor.) (Engl.)

Beschreibung von Messungen der Leistungsumwandlungs-Ausbeute G u. des Rauschverhältnisses n von einigen 1N26-Si-Gleichrichtern (hergestellt von SYLVANA Co., USA). J. M. SPAETH. 135□

Der Einfluß der Photoanregung auf die Beweglichkeit in photoleitenden Isolatoren. Richard H. Bube und Harold E. MacDonald. (Physic. Rev. [2] **121.** 473–83. 15/1. 1961. Princeton, N.J., RCA Labor.) (Engl.)

Die HALL-Beweglichkeit von Ladungsträgern in photoleitenden Isolatoren läßt sich durch Photoanregung weitgehend variieren. In *CdS*:Cl-Kristallen hat sie ein Maximum bei der (von der Photoanregung abhängigen) Elektronendichte $3 \cdot 10^{15}$ cm^{-3}. Weiter ist die Dichte der Streuzentren von der Photoanregung abhängig. Ihre Lage u. ihr Querschnitt lassen sich aus Messungen des Photo-HALL-Effekts bestimmen. Ein anderer Weg, auf dem die HALL-Beweglichkeit durch Photoanregung beeinflußt wird, besteht darin, daß (z. B. in *CdS*-Kristallen) mit wachsender Lichtintensität in zunehmendem Maße Elektron–Loch-Paare geschaffen werden, auf die sich die Leitung verteilt. — Die theoret. Voraussetzungen werden kurz abgehandelt u. die experimentellen Ergebnisse diskutiert. W. BETCKE. 135□

Elektrisch stimulierte Ströme in CdS-Einkristallen. St. Kanev. (Abh. dtsch. Akad. Wiss. Berlin, Kl. Math., Physik Techn. **1960.** Nr. 7. 238–55.) (Dt.)

Vf. untersucht die Abhängigkeit des elektr. stimulierten Stromes I in CdS-Einkristallen von der im Kristall absorbierten Strahlungsdosis, der Art u. der Intensität der Bestrahlung bei konst. Dosis, der angelegten Spannung, der Zeit zwischen Abschaltung der Bestrahlung u. Messung u. dem Anlegen der Arbeitsspannung u. der Temp. u. erörtert Kinetik u. Mechanismus der in den Elektronenhaftstellen ablaufenden Vorgänge. I wächst in gewissen Grenzen linear mit der Dosis, bei größeren Dosen tritt Sättigung ein. Der Maximalwert von I hängt nur von der Dosis u. der angelegten Spannung ab. Die Abnahme der Stärke von I läßt sich durch Anlegung einer niedrigen Spannung vor Anlegen der (höheren) Arbeitsspannung (Verhinderung der therm. Entleerung der Haftstellen in der Nähe des Leitungsbandes) unmittelbar nach Abschaltung der Bestrahlung vermeiden. Aus der Temp.-Abhängigkeit wird auf einen engen Zusammenhang zwischen den Gittervorgängen, die für den therm. u. elektr. stimulierten Strom verantwortlich sind, geschlossen. Weitere Verss. werden mit ^{60}Co-γ-Strahlen durchgeführt. I ist ebenfalls proportional der absorbierten Strahlungsdosis. CdS-Einkristalle lassen sich auf Grund der beschriebenen Erscheinungen in der Photometrie u. zum Bau von γ-Dosimetern hoher Empfindlichkeit verwenden. — Diskussion. P. FRENZEL. 135□

Bestimmung des Elektronen-Schubweges in ungefärbten Alkalihalogenid-Kristallen durch β-erregte Leitfähigkeit. I. Ruge und R. W. Schön. (Z. Naturforsch. **17a.** 185–87. Febr. 1962. München, TH, Inst. für Techn. Elektronik.) (Dt.)

Vff. beschreiben ein Verf., das gestattet, die Elektronen-Schubwege in höchstreinen ungefärbten KBr-Einkristallen zu messen. Aus der im Kristall absorbierten Energie einer β-Strahlung u. dem dadurch ausgelösten Elektronenstrom läßt sich der mittlere Elektronen-Schubweg unter der Annahme einer homogenen Feldverteilung im Kristall berechnen. Die Werte für den Elektronen-Schubweg stimmen größenordnungsmäßig mit den Werten aus Photostrommessungen an Kristallen mit geringer F-Zentren-Dichte überein. Der Vorteil der neuen Meth. liegt darin, daß sie unabhängig von der Konz. opt. ionisierbarer Farbzentren ist. G. M. NEUMANN. 135□

Der thermische Koeffizient des Widerstandes von dünnen Zinnschichten. Mircea Oncescu. (Studii Cercetări Fizică [București] **8.** 157–62. 1957.) (Rum.; Auszug: Franz.)

Die Änderung des Widerstandes R (Ω) von dünnen Sn-Schichten (scheinbare Dicke D Å), die im Vakuum auf eine Unterlage aufgedampft sind, wird bei 100–300 °K bestimmt u. der therm. Koeff. α (Grad^{-1}) ermittelt. Bei D = 35, Anfangs-R = $2 \cdot 10^8$ ist $\alpha = -0{,}021$; analog 44, $2{,}8 \cdot 10^5$, $-0{,}008$; 56, $3{,}8 \cdot 10^4$, $-0{,}0025$; 218, 1900, $-0{,}00054$; 1400, 15, $-0{,}00009$; 1700, 1, $+0{,}004$. Wenn die Abscheidung des Sn bei 77 °K erfolgt, geht R bei steigender Temp. durch ein Minimum bei ca. 100 °K, das bei Zunahme von D

flacher wird. Obige Werte beziehen sich auf das stabilere, bei 293° K abgeschiedene Sn. Als Ursache der Änderungen werden Gefügeänderungen angenommen.
R. K. MÜLLER. 136□

Elektrische Überführung in flüssigen Legierungen des Systems Wismut–Zinn. D. K. Belaschtschenko. (Известия Высших Учебных Заведений (Иваново), Химия и Химическая Технология [Hochschulnachr. (Iwanowo), Chem. u. chem. Technol.] **3.** 285—87. 1960. Moskau, Lehrst. für phys. Chem., Stalin-Stahl-Inst.) (Russ.)

Die Überführungs-Verss. wurden bei 300° durchgeführt u. die Abhängigkeit der effektiven Ladungsdichte von der Zus. der Legg. graph. dargestellt. Bei ~ 65 Atom-% Sn ist die effektive Ladung der Ionen beider Komponenten Null. Bei Konzz. > 65 Atom-% Sn ändert sich die Richtung der Elektronendiffusion. G. BAUER. 136□

Kinematische Analyse des Grundzustandes in der Theorie der Supraleitung. Gerhart Lüders. (Z. Naturforsch. **17a.** 47—54. Jan. 1962. Göttingen, Inst. für Theoret. Phys.) (Dt.)

Vf. analysiert die Struktur des Grundzustandes in der Theorie der Supraleitung mit Hilfe verschiedener Erwartungswerte. Die Ergebnisse finden eine einfache Deutung, wenn man annimmt, daß nicht alle Teilchen paarweise gebunden sind, sondern nur ein genau definierter Bruchteil. Während die Paare sich dann wie freie Bosonen mit einem Moment Null verhalten, können die ungepaarten Teilchen als freie Fermionen betrachtet werden, die eine modifizierte Momentverteilung besitzen. Ferner wird die sog. Degeneration u. die Entw. des Grundzustandes nach Zuständen fester Teilchenzahl behandelt.
G. M. NEUMANN. 136□

Bestimmung der Energielücke des supraleitenden Tantals mit Hilfe des Tunneleffektes. Isolde Dietrich. (Z. Naturforsch. **17a.** 94—96. Jan. 1962. München, Siemens & Halske AG, Forschungslabor.) (Dt.)

Vf. bestimmt aus Strom–Spannungs-Charakteristiken von $Ta–Ta_2O_3–Pb$-Proben im Temp.-Bereich von 1,6—4,5° K die Breite der verbotenen Zone bei Ta. Das Ergebnis von $2\,\varepsilon_0 = 3{,}72\,kT_c$ (T_c = Sprung-Temp.) stimmt gut mit den nach der Theorie von BARDEEN, COOPER u. SCHRIEFFER berechneten Wert überein. G. M. NEUMANN. 136□

Zur Supraleitung von Tantalcarbid und Tantalcarbid mit Kobaltzusatz. Günter Lautz und Detlef Schneider. (Z. Naturforsch. **17a.** 54—59. Jan. 1962. Braunschweig, TH, Inst. für Techn. Phys.) (Dt.)

Magnet. Messungen der Flußverdrängung in Sinterkörpern aus TaC u. TaC mit 1% Co-Zusatz zeigen, daß diese Substanzen zwischen 2,4 u. 3,6 bzw. 4,2 u. 5,3° K supraleitend werden. Aus der Abschätzung des toten Vol. zu 6,5% folgt mit der effektiven Permeabilität, daß das Vol. der Sinterstäbe zu 97% bzw. 99% vom MEISSNER-Effekt erfaßt wird. Die Zusammenhänge zwischen den Übergangs-Temp. u. der Kristallstruktur, dem metallograph. Gefüge, der Fehlordnung u. der magnet. Feldstärke werden ausführlich diskutiert. Die Meßergebnisse stehen im Einklang mit den von MATTHIAS aufgestellten Regeln über den Einfl. der Masse der Gitterbausteine, des Vol. der Elementarzelle u. der Valenzelektronenzahl pro Atom. G. M. NEUMANN. 136□

Die Kristallchemie supraleitender Wismutverbindungen. N. N. Shurawlew, G. Ss. Shdanow und N. Je. Alexejewski. (Вестник Московского Университета, Серия Математики, Механики, Астрономии, Физики, Химии [Nachr. Moskauer Univ., Ser. Math., Mechan., Astronom., Physik, Chem.] **14.** Nr. 3. 117—27. 1959.) (Russ.)

Ausführliche Zusammenstellung von strukturellen Daten über intermetall. Verbb. von Bi. Supraleitend sind diejenigen, in denen der kleinste Abstand zwischen 2 Bi-Atomen zwischen 3,1 u. 3,8 Å liegt. Die supraleitende Modifikation von Bi selbst dürfte kub. flächenzentriert mit a = 4,95 Å sein. G. KIRSCHSTEIN. 136□

Über die Supraleitfähigkeit von Verbindungen des Wismuts mit Alkalimetallen. N. Je. Alexejewski, G. Ss. Shdanow und N. N. Shurawlew. (Вестник Московского Университета, Серия Математики, Механики, Астрономии, Физики, Химии [Nachr. Moskauer Univ., Ser. Math., Mechan., Astronom., Physik, Chem.] **14.** Nr. 3. 113—15. 1959. Lehrstuhl für Festkörperphysik.) (Russ.)

Vff. bemerken, daß die Sprung-Temp. von KBi_2, $RbBi_2$, u. $CsBi_2$, als Funktion des Atomabstands aufgetragen, auf einer Geraden liegen. Aus der Temp.-Abhängigkeit der krit. Feldstärke wird für diese Verbb. sowie LiBi u. NaBi der Koeff. des Elektronenanteils der spezif. Wärme berechnet. G. KIRSCHSTEIN. 136□

Rotierbare Anisotropie bei dünnen Permalloyschichten. R. J. Prosen, J. O. Holmen und B. E. Gran. (J. appl. Physics, Suppl. zu **32.** Nr. 3. 91S—92S. März 1961. Hopkins, Minn., Minneapolis Honeywell Res. Center.) (Engl.)

Es wurden aus der Dampfphase niedergeschlagene Permalloy-Schichten hergestellt, die eine neue Art der magnet. Anisotropie, die „rotierbare" Anisotropie, zeigen. Dabei läßt sich die Richtung leichtester Magnetisierbarkeit in der Schicht erst bei genügend großen Magnetfeldern, u. zwar oberhalb eines Schwellenfeldes in der Größenordnung 30 Oe, feststellen. Bei Magnetfeldern unterhalb dieses Schwellenfeldes benehmen sich diese Permalloy-Schichten, als ob alle Richtungen in der Schichtebene Richtungen leichtester Magnetisierbarkeit wären. Die Hystereseschleifen im Minimum dieser rotierbaren Anisotropie ergeben Remanenzen gleich der halben Sättigung. Die Koerzitivkräfte lagen zwischen 4 u. 30 Oe. An diesen Schichten wird die Temp.-Abhängigkeit der Hysterese u. des elektr. Widerstandes gemessen. Außerdem werden Elektronenbeugungs-Verss. nach verschiedenen Ätzangriffen durchgeführt. Danach sollen *NiO*-Schichten an den Oberflächen für die Existenz der neuen Anisotropie verantwortlich sein. Ihre Wirkungsweise auf die magnet. Eigg. wird angegeben. H. Fahlenbrach. 137□

Anisotropie-Rotation in dünnen Permalloy-Schichten bei Raumtemperatur. T. Matcovich, E. Korostoff und A. Schmeckenbecher. (J. appl. Physics, Suppl. zu **32.** Nr. 3. 93S—94S. März 1961. Philadelphia, Pa., Remington Rand Univac.) (Engl.)

An dünnen Permalloy-Schichten, die durch therm. Zerfall von Ni- u. Fe-Carbonylen hergestellt wurden, wird beobachtet, daß die Richtung der leichtesten Magnetisierbarkeit bei Raum-Temp. durch Magnetfelder kleiner als 10 Oe um 90° gedreht werden kann. Entsprechend den arteigenen Herst.-Bedingungen wird als Erklärung für diese Erscheinung die Anwesenheit von Kohlenstoff angenommen. Aus der Zeitabhängigkeit der Induktion wird die Relaxationszeit für diese Drehung der Anisotropieachse zu 10 μs berechnet. Mit einem einfachen Modell wird die Anisotropie-Rotation durch spezielle Bloch-Wand-Konfigurationen u. Orientierungsüberstrukturen zwischen den C-Atomen auf Zwischengitter-Plätzen zu erklären versucht. H. Fahlenbrach. 137□

Freie Schwingungen der Magnetisierung in Permalloy-Schichten. Peter Wolf. (J. appl. Physics, Suppl. zu **32.** Nr. 3. 95S—96S. März 1961. Zürich, IBM Corp., Forschungs-Labor.) (Engl.)

In dünnen Permalloy-Schichten mit einachsiger magnet. Anisotropie konnten freie Schwingungen der Magnetisierung durch einen kleineren Gleichfeldstoß mit einer Aufbauzeit von 0,35 μs angeregt werden. Dabei wird dieser Feldstoß senkrecht zur Magnetisierungsrichtung der Schicht, aber in der Schichtebene angelegt. Die Schwingungen wurden mit einem Oscilloskop bei Frequenzen zwischen 500 u. 1200 MHz untersucht. Die Eigenfrequenz der Schwingung wird für ein Gleichfeld parallel zur Magnetisierung u. für eine wahlweise Orientierung zur leichten Magnetisierungsrichtung bestimmt. Diese Eigenfrequenzen stimmen mit den Frequenzen der ferromagnet. Resonanz bei den verschiedenen Schichten recht gut überein. Auch die Dämpfungs-Konst. λ, die aus den Zerfallszeiten der freien Schwingungen u. aus der Linienbreite der Resonanzabsorption ermittelt wurden, sind die gleichen u. liegen zwischen 100 u. 300 MHz. Die experimentellen Ergebnisse werden mit der Landau-Lifshitz-Gleichung analysiert.

H. Fahlenbrach. 137□

Einige Eigenschaften der einachsigen Permalloy-Schichten, hergestellt durch Kathoden-Zerstäubung. M. H. Francombe und A. J. Noreika. (J. appl. Physics, Suppl. zu **32.** Nr. 3. 97S—98S. März 1961. Philadelphia, Pa., Philco Corp., Res. Div.) (Engl.)

Aus festen Permalloy-Kathoden u. aus solchen aus Cu mit Elektroplattierungen von Permalloy werden durch Kathoden-Zerstäubungen in Ar-Atmosphäre dünne Permalloyschichten mit geringer Magnetostriktion der Zus. 81% Ni, 19% Fe hergestellt. Der Gasdruck betrug 100 μ, das Elektroden-Potential 3500 V u. der Entladungsstrom 150 mA. Niederschläge in einem äußeren Magnetfeld von 20 Oe zeigten einachsige Anisotropien mit Koerzitivkraftwerten von 2,5 Oe u. Anisotropiefeldstärken von 3,75 Oe. Eine Unters. der Gleichmäßigkeit der Schichtdicke über die Probe, der Reproduzierbarkeit der H_c-Werte u. der Treffsicherheit der magnet. Anisotropie führt zu dem Schluß, daß sich die Kathoden-Zerstäubung als Fertigungs-Meth. für dünne ferromagnet. Schichten in Netzwerken für magnet. Gedächtnisse eignen müßte. H. Fahlenbrach. 137□

Dünne magnetische Schichten, hergestellt durch Zerstäubung. Eric Kay. (J. appl. Physics, Suppl. zu **32.** Nr. 3. 99S—101S. März 1961. San José, Calif., IBM Corp., Res. Labor.) (Engl.)

Unterss. über die Herst. dünner, ferromagnet. Schichten durch Zerstäubungen in Entladungsröhren zeigen, daß man durch eine Variation der Entladungsbedingungen die Kristallstruktur, die chem. Reinheit, die Teilchengröße u. die Oberflächen-Morphologie der Schichten fest in der Hand hat. Auf diesem Wege kann man verschiedene physikal. Eigg., z. B. auch verschiedene Hystereseschleifen, reproduzierbar mit den Schichten realisieren. Diese Ergebnisse werden durch Verss. an *Ni*- u. an *Fe*-Schichten quant. belegt. Entgegen verschiedenen Literaturangaben kristallisierten die Ni-Schichten kub.

flächenzentriert. Ferner wurden vollständig ungeordnete, polykristalline Fe-Schichten mit kub. raumzentrierter Struktur hergestellt, die ein Remanenz/Sättigungs-Verhältnis von 1, Koerzitivkräfte von 250 Oe u. Remanenzen von 20000 G besaßen. Die magnet. Eigg. der Zerstäubungs-Schichten sind also von denen der Aufdampf-Schichten stark verschieden. H. FAHLENBRACH. 137□

Einige experimentelle Ergebnisse über die Relaxationserscheinungen in Mn–Zn-Ferriten. Alexander Braginski, André Marais und Thérèse Merceron. (C.R. hebd. Séances Acad. Sci. **253.** 239—41. 10/7. 1961.) (Franz.) — Vgl. MARAIS u. MERCERON, C. **1962.** 11462.

Oxidgemische von *MnO*, *ZnO* u. Fe_2O_3 werden 4 Std. bei 1250° in N_2 u. 0,5% O_2 gesintert; die erhaltenen Mn–Zn-Ferrite haben das Verhältnis $k = Fe_2O_3/MO$ (M = MnO + ZnO; 30 Mol-% MnO) 1,00—1,27. Mit steigendem k nehmen der Oxidationsgrad u. Leerstellen-Konz. zu. Von den Proben wird zwischen —196° u. der CURIE-Temp. (150—300°) die relative Änderung der Permeabilität bestimmt. In den Proben treten magnet. Relaxationserscheinungen auf, die auf der über Leerstellen erfolgenden Ionendiffusion u. dem Elektronenaustausch nach $Fe^{2+} \rightleftharpoons Fe^{3+} + e$ beruhen. Die Relaxation bei Raum-Temp. entspricht der von Ni–Zn-Ferriten (l. c.), während oberhalb 100° beträchtliche Unterschiede bestehen. Messungen oberhalb der CURIE-Temp. sind nicht möglich, so daß die Aktivierungsenergie der Relaxation nicht bestimmt werden kann. HERBERT MÜLLER. 137□

Die Temperaturabhängigkeit der magnetischen Susceptibilität einiger Übergangselemente. H. Kojima, R. S. Tebble und D. E. G. Williams. (Proc. Roy. Soc. [London], Ser. A **260.** 237—50. 21/2. 1961. Sheffield, Univ.) (Engl.) — Vgl. C. **1961.** 14546.

Zwischen 20 u. 1800° wird mit der SUCKSMITHschen Waage die Susceptibilität χ einer Reihe von Übergangselementen gemessen. χ bei 20° ergab für die verschiedenen Elemente folgende Werte in 10^{-6} Gauss/Oe: *Ti* 3,36; *Zr* 1,33; *Hf* 0,38; *V* 5,64; *Nb* 2,3; *Ta* 0,85; *Mo* 0,82; *W* 0,29; *Re* 0,35; *Ru* 0,34; *Th* 1,03; *Ir* 0,14; *Pd* 5,4 u. *Pt* 0,97. Die gemessene Temp.-Abhängigkeit von χ bestätigte nicht die These von KRIESSMAN u. CALLEN (C. **1955.** 6459), daß der Temp.-Gradient von χ in aufeinanderfolgenden Reihen des Period. Syst. das Vorzeichen wechselt. Die Ergebnisse werden mit dem Bändermodell diskutiert, wobei allg. Aussagen über die Formen der d-Bänder in den drei Übergangsreihen hergeleitet werden. H. FAHLENBRACH. 137□

Die magnetischen Eigenschaften von Übergangsmetallionen in asymmetrischen Ligandenfeldern. 2. Mitt. **$^2T_2$-Terme im kubischen Feld.** B. N. Figgis. (Trans. Faraday Soc. **57.** 198—203. Febr. 1961. London, Univ. Coll., Chem. Dep., William Ramsay and Ralph Forster Labor.) (Engl.) — 1. vgl. Trans. Faraday Soc. **56.** [1960.] 1553.

Die effektiven magnet. Momente, die durch Aufhebung der Entartung der $^2T_2$-Terme von Übergangsmetallionen sowohl durch das Vorhandensein von axialen Ligandenfeldkomponenten als auch durch Spin–Bahn-Kopplung hervorgerufen werden, wurden berechnet. Die Ergebnisse sind tabellar. u. graph. als Funktion der Temp. wiedergegeben. Die Kurven ermöglichen den Vgl. von Susceptibilitätsmessungen an Pulverproben mit der Theorie. Es wurde gefunden, daß Liganden mit niedriger Symmetrie bei kleiner Ligandenfeldstärke (< Spin–Bahn-Kopplungs-Konst.) nur wenig Abweichung vom Verh. im kub. Feld ergeben, aber daß die Werte des effektiven magnet. Moments mit wachsender Feldstärke sich dem Nur-Spin-Wert nähern. t_{2g}-Orbital-Delokalisierungen bewirken ebenfalls eine Verschiebung in Richtung auf diesen Wert. G. WINKHAUS. 137□

Die magnetischen Eigenschaften von Übergangsmetallionen in asymmetrischen Ligandenfeldern. 3. Mitt. **Das Verhalten einiger t_{2g}^5-Komplexe.** B. N. Figgis. (Trans. Faraday Soc. **57.** 204—09. Febr. 1961.) (Engl.) — 2. vgl. vorst. Referat.

Die magnet. Susceptibilitäten folgender t_{2g}^5-Komplexe wurden zwischen 80 u. 300° K gemessen: $K_3[Fe(CN)_6]$, $K_4[Mn(CN)_6] \cdot 3\,H_2O$, *Fe*[(*o-Phenanthrolin*)$_3$](ClO_4)$_3 \cdot 3\,H_2O$ u. *Fe*[(α.α'-*Dipyridyl*)$_3$](ClO_4)$_3 \cdot 3\,H_2O$. Die tabellar. u. graph. wiedergegebenen Ergebnisse stimmen mit einigen früheren Angaben der Literatur überein. Bei niedriger Temp. war das CURIE-WEISS-Gesetz befolgt, u. die CURIE-WEISS-Konst. 57, 18, 27 u. 20° für obige Verbb. wurden gefunden. In den untersuchten Komplexen ist die Stärke der axialen Feldkomponente größenordnungsmäßig gleich der Spin–Bahn-Kopplungs-Konst., das ist einige 100 cm^{-1}. Die erhaltenen effektiven magnet. Momente wurden mit der Theorie verglichen (vgl. l. c.). Es ergab sich gute Übereinstimmung bei Annahme von Elektronen-Delokalisierungs-Konst. k = 0,8 für die CN- u. k = 1,0 für die anderen Komplexe. — 24 Literaturhinweise. G. WINKHAUS. 137□

Versuche über magnetohydrodynamische Ko-Rotation in Quecksilber. Carl-Gunne Fälthammar. (Ark. Fysik **19.** 109—12. 1961. Uppsala, Univ., Inst. of Theoret. Phys.) (Engl.)

Um im Labor.-Ausmaß das astrophysikal. Phänomen der Ko-Rotation zu reproduzieren, wurden Verss. angestellt, die qual. den Einfl. eines starken magnet. Feldes auf die Bewegung einer leitenden Fl., die eine rotierende Kugel umgibt, zeigen.
J.-M. Spaeth. 137□

Hydromagnetische Gleichgewichtsversuche mit flüssigem und festem Natrium. S. A. Colgate, H. P. Furth und F. O. Halliday. (Rev. mod. Physics **32.** 744—47. Okt. 1960. Livermore, Calif., Univ., Lawrence Radiat. Labor.) (Engl.)

Experimentelle Unters. zum Problem der Beeinflussung fl. u. fester Metalle durch oscillierende u. pulsierende Magnetfelder. Die Ergebnisse stimmen weitgehend mit den Aussagen der Theorie des Magnetdruckes überein. Wolfgang Wagner. 137□

Paramagnetische Verunreinigungen in NaF. W. Hayes und D. A. Jones. (Proc. physic. Soc. **71.** 503—05. 1/3. 1958. Oxford, Clarendon Labor.; Aberdeen, Univ., Dep. of Nat. Philos.) (Engl.) — Vgl. C. **1959.** 8477.

Im Anschluß an eine frühere Arbeit von Bleany u. Hayes (C. **1958.** 6160) wird das paramagnet. Resonanzspektrum von NaF-Einkristallen mit Verunreinigungen von Mn^{2+}, Cr^{3+}, Co^{2+} oder Ni^{2+} in Mol.-Konzz. von ca. 0,01% untersucht. Ebenso wie bei der früheren Arbeit wird das Spektrum vor u. nach einer Röntgen-, γ- oder Elektronen-Bestrahlung gemessen. In allen Fällen wird das Resonanzspektrum durch Bestrahlung stark geändert. Bei Cr^{3+} u. Ni^{2+} tritt eine magnet. Resonanz erst nach der Bestrahlung in Erscheinung. Bei Mn^{2+} wird das Spektrum um 90% durch die Bestrahlung reduziert. Bei Co^{2+} tritt durch die Bestrahlung ein gänzlich anderes Spektrum in Erscheinung.
H. Fahlenbrach. 137□

Spinabsorption von Festkörpern. Hung Cheng. (Physic. Rev. [2] **124.** 1359—67. 1/12. 1961. Pasadena, Calif., California Inst. of Technol.) (Engl.)

Es wurden Spinabsorptionslinien aller Ordnungen untersucht u. Regeln für den Absorptionsoperator jeder Linie gefunden. Unter Berücksichtigung der magnet. Dipol-Dipol- u. Austausch-Wechselwrkg. u. unter der Annahme, daß die Zeeman-Energie dominiert, wurden die nullten u. zweiten Momente folgender Linien für Pulver berechnet: 1. erste Larmor-Linie, paralleles Feld; 2. zweite Larmor-Linie, paralleles Feld; 3. zweite Larmor-Linie, senkrechtes Feld; 4. Linie von niederer Frequenz, senkrechtes Feld. Der Beitrag des Austauschs zum 2. Moment ist bei allen vier Linien gleich, während sich die Gesamtintensitäten wie $1:1:1:{}^3/_2$ verhalten. Die Übereinstimmung mit den Experimenten ist gut. H. Laue. 137□

Eine Beziehung zwischen dem Ionisationsgrad von Phosphaten und der Frequenz der magnetischen Resonanz des Phosphors. R. A. Y. Jones und A. R. Katritzky. (J. inorg. nuclear Chem. **15.** 193—94. Sept. 1960. Cambridge, Univ., Chem. Labor.) (Engl.)

Eine Wiederholung der Unterss. über die Verschiebung des magnet. Resonanzmaximums des P in Abhängigkeit vom Ionisationsgrad der H_3PO_4 zeigte, daß frühere Unterss. teilweise fehlerhaft sind u. die Verschiebung des Resonanzmaximums auf einer ebenen Kurve in der Richtung $H_3PO_4 \rightarrow PO_4^{3-}$ abnimmt. H_3PO_4 ionisiert in H_2SO_4 in der Form $H_4PO_4^+$. Die Frequenz des Resonanzmaximums nimmt ab, da H_0 der H_2SO_4-Lsgg. von H_3PO_4 negativer wird; ist $H_0 = -2{,}2$; 5,0; 8,6, so wurde für σ $-0{,}3$; $-1{,}0$; $-2{,}5$ gefunden. P. Scharner. 137□

Indirekte Kernspin-Kopplungen in Molekülen mit F—P- und H—P-Bindungen. P. J. Frank. (Helv. physica Acta **31.** 542—45. 1/9. 1958. Genève, Univ., Inst. de Phys. exp.) (Franz.)

Die Werte der kernmagnet. Spin–Spin-Kopplungs-Konst. J_{FP} u. J_{HP} in den Verbb. $H_2PO(OM)$, $HPO(OM)_2$, $F_2PO(OH)$ u. $FPO(OM)_2$ (mit M = H, Na) (vgl. Roux, C. **1962.** 9244) werden unter Berücksichtigung der relativen Wahrscheinlichkeiten von F^-—P^+- u. P^-=OH^+-Strukturanteilen sowie von Doppelbindungen vergleichend diskutiert.
G. Winkhaus. 137□

Kernmagnetische Relaxation von Protonen in Flüssigkeiten. 1. Mitt. **Wachstumseffekte in der kernmagnetischen Resonanzabsorption.** Sueo Nakamura. (J. Sci. Hiroshima Univ., Ser. A **23.** Nr. 2. 215—49. Dez. 1959.) (Engl.)

Bei Beobachtungen der kernmagnet. Resonanzabsorption von Protonen in Fll. auf dem Oscilloskop mit Hilfe des Spektrometers von Pound u. Knight (vgl. Rev. sci. Instruments [N. S.] **21.** [1950.] 219) vergeht eine gewisse Zeit, bis die Größe der Absorption ihren stationären Wert erreicht; diese Zeit ist angenähert gleich der Spin–Spin-Relaxationszeit. Es wird über eine eingehende Analyse dieses Effekts mit Hilfe der Gleichungen von Bloch berichtet. Die theoret. Schlußfolgerungen wurden mit experimentellen

Messungen an reinem dest. *W.*, 0,0001—0,01 n-Lsg. von *$CuSO_4$*, an *Glycerin* bei Temp. von 0—100°, *Wasserglas, Hirsegallerte* u. *Mineralöl* verglichen. C. Gottfried. 137

Kernmagnetische Relaxation von Protonen in Flüssigkeiten. Nachtrag zu der 1. Mitt. **Anwendung der Jaynesschen Theorie auf die Wachstumseffekte bei der kernmagnetischen Resonanz.** Sueo Nakamura. (J. Sci. Hisoshima Univ., Ser. A **23.** Nr. 2. 251—56. Dez. 1959.) (Engl.) — Vgl. vorst. Referat.

Vf. untersuchte den gleichen Effekt an Hand der von Jaynes (vgl. C. **1956.** 8810) entwickelten Theorie. C. Gottfried. 137

Verbesserungen der Konstruktion von Leitfähigkeitszellen. Karol J. Mysels. (J. physic. Chem. **65.** 1081—82. Juni 1961. Los Angeles, Calif., Univ. of Southern California, Chem. Dep.) (Engl.)

Vf. erörtert den Einfl. des Aufbaues einer Leitfähigkeitsmeßzelle (LZ) für Elektrolyt-Lsgg. auf die Genauigkeit der Messung („shunt"-Effekt) u. beschreibt die Konstruktion von LZ, die Widerstandsänderungen von maximal 0,01% mit der Frequenz im Bereich von 0,5—10 kHz aufweisen. Die LZ haben möglichst weit auseinanderliegende Kontakttuben u. Einfüllstutzen. Bei kleiner Zellen-Konst. u. geringem Vol. werden beide Füllstutzen gleich hoch gefüllt u. entsprechend weit entfernt von den Kontaktschenkeln angeordnet. Für Titrationen u. Mischung in der Zelle wird eine LZ mit Magnetrührer beschrieben, deren Zell-Konst. (je nach Größe 3—36) unabhängig vom Fl.-Vol. ist. P. Frenzel. 138 □

Elektrolytische Leitfähigkeit in Wasserstoffperoxid-Wasser-Mischungen. 2. Mitt. **Einige ein- und zweibasige Säuren.** D. K. Thomas und O. Maass. (Canad. J. Chem. **36.** 744—49. Mai 1958. Ottawa, Canada, Nat. Res. Council, Div. for Pure Chem.) (Engl.) — 1. vgl. C. **1961.** 5338.

Die Äquivalentleitfähigkeit (Λ_0) von H_2SO_4, HNO_3 u. HF im Syst. H_2O_2/H_2O wurde bei H_2O_2-Konzz. von 0—98% bei 10, 16 u. 25° gemessen. In allen Fällen nimmt Λ_0 mit wachsender H_2O_2-Konz. sehr stark ab. Der Effekt wird auf eine Verminderung der Dissoziation der starken Säuren durch das als schwache Säure wirkende H_2O_2 zurückgeführt. Λ_0-Messungen im Syst. $H_2SO_4/HCOOH/H_2O$, in dem eine noch wesentlich stärkere Herabsetzung von Λ_0 durch das HCOOH stattfindet, stützen diese These. W. Betcke. 138 □

Die Bestimmung von großen Dissoziationskonstanten aus Leitfähigkeiten. M. Spiro. (Trans. Faraday Soc. **55.** 1746—52. Okt. 1959. Melbourne, Australia, Univ., Chem. Dep.) (Engl.)

Die Dissoziations-Konst. von *$KClO_4$*, *KJO_3*, *LiOH* u. *Sulfanilsäure* in W. bei 25° wurden sowohl nach der Extrapolations-Meth. von Shedlovsky (J. Franklin Inst. **225.** [1938.] 739) als auch nach der Meth. von Fuoss (C. **1959.** 5707) berechnet. Die Ergebnisse weichen voneinander ab, u. die Ursachen für die Differenzen werden diskutiert. Bei großem Dissoziationsgrad stellt das Versagen der Kohlrausch-Regel der unabhängigen Ionenwanderung bei endlichen Konzz. die Hauptquelle der Ungenauigkeit der Meth. von Shedlovsky dar. Eine Abschätzung dieses Effekts wird gegeben. Viscositäts-Korrektionen werden abgeleitet u. auf die KJO_3-Werte angewendet. W. Betcke. 139 □

Direkte potentiometrische Bestimmung der scheinbaren Aktivität des Natriumions. Anwendung einer Salzbrücke. Edward S. Hyman. (Analytic. Chem. **34.** 365—70. März 1962. New Orleans, La., Touro Infirmary, Dep. of Biochem. Res.) (Engl.)

Bei der zur potentiometr. Best. der Aktivität von Na^+ benutzten Anordnung ist eine Na^+-empfindliche Glaselektrode über eine Elektrolytbrücke gegen eine Kalomelelektrode geschaltet. Eine KNO_3 (20%)/KCl (1%)-Lsg. als Brückenelektrolyt gewährleistet am besten eine gleichartige Anzeige der Na^+- u. Cl^--Aktivitätsänderungen bei Änderungen der NaCl-Konz. oder Zusatz von Alkohol. Die Messungen wurden mit 0,001 bis 1,0 m NaCl-Lsgg. bei 37° durchgeführt. Die Änderung der Na^+-Aktivität mit der Konz. entsprach (bei Verw. des gleichen mittleren Aktivitäts-Koeff.) der durch die Nernstsche Gleichung ausgedrückten. In Ggw. von Dextrose oder Na_2SO_4 folgte die Na^+-Aktivität der Änderung des Mol-Verhältnisses Na^+/W., bei Zugabe von konz. HCl wurde nach dem Unterschreiten von pH 4 ein rapider Anstieg der angezeigten Aktivität beobachtet. — Der Einfl. der Fl.-Brücke auf das beobachtete Potential bei A.-Zusatz wird auf die unterschiedlichen Wanderungs-Geschw. der Ionen in W. u. A. zurückgeführt. W. Betcke. 139 □

Aktivitätskoeffizienten von 2:1-Elektrolyten. E. A. Guggenheim. (Trans. Faraday Soc. **58.** 86—87. Jan. 1962. Reading, Pa., Univ., Chem. Dep.) (Engl.) — Vgl. C. **1960.** 16001.

Ähnlich wie l. c. bei 2 : 2-Elektrolyten bereits gezeigt wurde, können durch Lösung der Poisson-Boltzmann-Gleichung auch die Aktivitäts-Koeff. von typ. 2 : 1-Elektrolyten errechnet werden. Die ermittelten Werte entsprechen bei Molalitäten < 0,035 Mol/kg den Näherungswerten nach Debye-Hückel. Die Abweichung beträgt 1—2%. Sie entspricht einer nahezu konzentrationsunabhängigen Verschiebung des Parameters a um 0,2 Å.

H. Bürger. 139□

Thermodynamische Aktivität des Wassers im System H_2O–H_2SO_4–iso-C_3H_7OH. Ss. G. Enteliss, G. W. Korowina und N. M. Tschirkow. (Известия Академии Наук СССР, Отделение Химических Наук [Nachr. Akad. Wiss. UdSSR, Abt. chem. Wiss.] **1960.** 2252—54. Dez. Inst. für chem. Physik der Akad. der Wiss. der UdSSR.) (Russ.)

Durch Messung der Partialdrücke von H_2O u. iso-C_3H_7OH über Lsgg. von iso-C_3H_7OH in 68,06%ig. H_2SO_4 bei 30, 40 u. 50° wurden für die Aktivität von H_2O empir. Formeln aufgestellt. Die H_2O-Aktivität im Syst. steigt mit der iso-C_3H_7OH-Konzentration.

H. Jäger. 139□

Statisches und asymmetrisches Potential in Zellen mit Magnesiumoxidelektroden bei hohen Temperaturen. M. Coll-Palagos und C. R. Masson. (Trans. Faraday Soc. **57.** 1621—26. Sept. 1961. Halifax, N. S., Canada, Nat. Res. Council, Atlant. Reg. Labor.) (Engl.)

Vff. bestimmen die EMK der Zelle Fe(fl.)/FeO, Fe_2O_3, MgO/MgO(fest)/CaO, SiO_2, MgO, Fe_2O_3, FeO/Fe(fl.) bei 1550°. Als O-Elektrode dient gesintertes MgO hoher Dichte. Für das stat. u. asymm. Potential sind erhebliche Korrekturen notwendig. Die Potentiale ändern sich mit dem O_2-Partialdruck, was Vff. auf eine Verschiebung des Gleichgewichts $M^{z+}O^{2-} \rightleftharpoons M^{y+} + {}^1/_2\,O_2 + A + (2 + y - z)e$ (M^{z+} = Mg-Ion oder kation. Verunreinigung im MgO-Gitter; A = Anionenleerstelle; e = überschüssiges Elektron) zurückführen. Das Vorzeichen des stat. Potentials u. seine Änderung in verschiedener Atmosphäre (Ar, H_2, O_2/Ar- u. H_2O-Dampf/Ar-Gemische) stimmt qual. mit früheren Beobachtungen über die Leitfähigkeit des MgO bei hohen Temp. überein. Die Elektronenleitung des MgO steht im Einklang mit seiner Wrkg. als O-Elektrode, sofern im Bereich der FeO–MgO-Mischkristall-Bldg. an der Grenzfläche Schmelze/MgO (ca. 0,1 mm starke, bräunliche Zone) Ionenleitung angenommen wird. Die Rkk. an der Grenzfläche Schmelze/feste Lsg. bzw. feste Lsg./MgO können durch die Gleichungen O^{2-}(Schmelze) + 2 Fe^{3+}(feste Lsg.) ⇌ 2 Fe^{2+}(feste Lsg.) + ${}^1/_2\,O_2$(gasförmig) bzw. 2 Fe^{2+}(feste Lsg.) ⇌ 2 Fe^{3+}(feste Lsg.) + 2e(MgO) dargestellt werden. Die Gesamt-Rk. der „MgO"-Elektrode ist daher O^{2-}(Schmelze) ⇌ ${}^1/_2\,O_2$(gasförmig) + 2e(MgO). P. Frenzel. 140□

Ein reversibel auf Kationen der Erdalkali- und anderer Metalle ansprechendes Elektrodensystem. Giorgio Anderegg. (J. inorg. nuclear Chem. **8.** 360—64. 1958. Zürich, ETH, Labor. für anorg. Chem.) (Engl.)

Befinden sich in Lsg. zwei Kationenarten, z. B. Hg^{2+} u. M^{n+} (M = Cu, Ni, Co, Zn, Cd, Mn, Ca, Mg) in Ggw. eines Komplexbildners, wie des Äthylendiamintetraacetat-Ions (I^{4-}), so stellt sich ein Gleichgewicht $Hg^{2+} + MI^{(4-n)-} \rightleftharpoons HgI^{2-} + M^{n+}$ ein, wenn sich die Komplexe nur im Molverhältnis 1 : 1 bilden können. Die Gleichgewichts-Konst. ist gleich dem Quotienten der Stabilitäts-Konst. der beiden Komplexe $MI^{(4-n)-}$ u. HgI^{2-}; mithin ist die Konz. von M^{n+} proportional der des freien Hg^{2+}. Eine dem letzteren gegenüber reversibel ansprechende Elektrode zeigt demnach ein Potential an, das gleichzeitig zur Best. von M^{n+} dienen kann. Das Verf. wurde zur Best. der Stabilitäts-Konst. des Mg-Oxalatkomplexes verwandt. E. Moisar. 140□

Einfluß der Oberflächenoxydation und der Platinierung auf das Verhalten von Platin-Elektroden. Reduktion von Vanadin(V) und Jodat. Fred C. Anson und Donald M. King. (Analytic. Chem. **34.** 362—65. März 1962. Pasadena, Calif., California Inst. of Technol.) (Engl.)

Zur Unters. des Einfl. der Elektrodenoberfläche auf die Reversibilität von Elektrodenprozessen bei Pt-Elektroden wurden Chronopotentiogramme der Red. von V(V) in 1m H_2SO_4 u. von JO_3^- in Phosphatpuffer-Lsg. (pH 3) aufgenommen. Dabei wurden folgende Elektrodentypen verwendet: anod. oxydierte Elektrode, frisch red. Elektrode, red. Elektrode nach mehrstd. Stehen im Elektrolyten u. eine Elektrode, die durch Ablösen des Oxidfilms der oxydierten Elektrode mit HCl erhalten wurde. Die Unterss. führen zu dem Schluß, daß aus der oxydierten Elektrode während des Elektrodenprozesses durch Red. des Oxidfilms eine platinierte Elektrode entsteht. Dieser Umstand erklärt die in der Literatur erwähnte Zunahme der Reversibilität von Elektroden-Rkk. bei Verw. von oberflächlich oxydierten Pt-Elektroden. W. Betcke. 140□

Über die Verteilung der Stromdichte über die Höhe der Elektrode im elektrolytischen Bad. L. Ss. Genin und Je. L. Krongaus. (Химическая Промышленность [Chem. Ind.] **1961.** 116—18. Febr.) (Russ.)

Die auf Grund einer abgeleiteten Gleichung berechnete Stromdichte D verteilt sich über die Höhe der senkrechten Anode einer Diaphragmazelle für die NaCl-Elektrolyse nicht linear. Am unteren Ende der Anode sind die (positiven) Abweichungen vom Mittelwert D_m größer als die (negativen) Abweichungen am oberen Ende; der Punkt, an dem $D = D_m$ ist, liegt etwas unter der Mitte. Bei der Elektrolyse von NaCl in einer Schmelze von NaCl + $CaCl_2$ ist D an Anode u. (konzentr.) Kathode gleich. Mit dem Verbrauch der Anode wird die Verteilung von D über die Höhe der Anode gleichmäßiger, wobei neben der Abnahme des Anodendurchmessers die Zunahme der Breite des gaserfüllten Teils des Elektrolyts eine Rolle spielt. R. K. MÜLLER. 141 □

Elektrolytisches Verzinnen in Salzschmelzen. A. I. Witkin, E. G. Kokourowa, W. P. Kotschergin, T. P. Plotnikowa und T. P. Snigirewa. (Известия Академии Наук СССР, Отделение Технических Наук, Металлургия и Топливо [Nachr. Akad. Wiss. UdSSR, Abt. techn. Wiss., Metallurg. Brennstoffe] **1959.** 159—64. Juli/ Aug.) (Russ.)

Spezif. Leitfähigkeit u. Oberflächenspannung von Schmelzen der Zus. $SnCl_2$–KCl u. $SnCl_2$–$ZnCl_2$ sowie Polarisation u. Zers.-Spannung von $SnCl_2$ in diesen Schmelzen wurden bei verschiedenen Temp. u. Konzz. untersucht. Wegen geringerer Neigung zur Komplex-Bldg. u. geringerer Oberflächenspannung u. Zers.-Spannung erscheinen die $SnCl_2$–KCl-Schmelzen zum elektrolyt. Verzinnen besser geeignet. Als optimale Elektrolyt-Zus. wird angegeben: 75—80% $SnCl_2$, 15—20% KCl, 5% $ZnCl_2$ (F. ca. 180°), als Anode dient fl. Sn. Es wurde die Verzinnung von Fe-Blech unter stationären Bedingungen u. die kontinuierliche Verzinnung eines den Elektrolyten durchlaufenden Blechbandes erprobt, wobei glänzende Überzüge von 4—7 μ erhalten wurden. H. JÄGER. 141 □

Verhalten von Mn^{2+} bei der Extraktionselektrolyse von Zink in Gegenwart von Ameisensäure. Mehdi Ghodsi, Carmen Capel-Boute und Claude Decroly. (C. R. hebd. Séances Acad. Sci. **253.** 2962—64. 18/12. 1961. Bruxelles, Univ. Libre, Labor. d'Électrochim. et Métallurg.) (Franz.)

Bei Verw. von palladinierten Pd- oder Graphitelektroden läßt sich bei der Zn-Elektrolyse durch Zusatz von HCOOH zu schwefelsaurer $ZnSO_4$-Lsg. die Anodenpolarisation merklich erniedrigen. Mn^{2+}, das normalerweise anod. zu MnO_2 oxydiert wird, bildet unter gleichen Bedingungen bei Konzz. von 5—20 g/Liter in Lsg. von 50 g Zn^{2+}, 49 g H_2SO_4 u. 46 g HCOOH pro Liter kein MnO_2. Es hat weiterhin auf die Oxydation der HCOOH, die Anodendepolarisation, die Lebensdauer der Elektroden u. die kathod. Metallausbeute keinerlei Einfluß. Geringe Mengen von anod. gebildetem MnO_4^- werden durch HCOOH reduziert. H. BÜRGER. 141 □

Die Abtrennung radioaktiver Isotope an der Quecksilberkathode. 1. Mitt. **Untersuchung des elektrochemischen Verhaltens des Europiums.** W. P. Schwedow und I-bei Fu. (Радиохимия [Radiochemie] **2.** 57—64. 1960.) (Russ.) — 2. vgl. C. **1962.** 4438.

Vff. nehmen an, daß bei einer elektrolyt. Abtrennung von Eu an einer Hg-Elektrode die freien, durch Dissoziation des entsprechenden Komplexes gebildeten Eu-Ionen die Alkalimetallionen des Amalgams ersetzen. Das wurde durch die Verss. bestätigt. Diese Verss. wurden in einem Gefäß mit einer Hg-Kathode, Vol. 13 ml, u. einer Pt-Anode, 40 cm lang, bei konst. Temp. unter Rühren des Hg (100 U/Min.) durchgeführt. Das verwendete Eu-Acetat wurde durch Lösen von Eu_2O_3 in 20%ig. Essigsäure erhalten. Der Geh. von Eu wurde nach der Aktivität des zugesetzten ^{152,154}Eu bestimmt. Gesamter Meßfehler 3,5%. Bei den Verss. betrug die Spannung 5—9 (meist 7,5) V, die Stromdichte 4,2 (einmalig 3,3) mA/cm², das Vol. der Lsg. 15 ml, die Konzz. des Eu^{3+} 0,5 bis $7{,}5 \cdot 10^{-3}$ Mol, die Elektrolysedauer 25—60 Minuten. a) Von den 4 Alkalicarbonaten führt die Ggw. von $2{,}45 \cdot 10^{-1}$ Mol Li_2CO_3 zum höchsten Abtrennungsgrad: Li 98,1; K 93,0; Cs 91,5 u. Na 87,9%. Zunächst wird das Alkalimetall abgetrennt; der Potentialsprung bildet sich zwischen Alkaliamalgam u. freien Eu-Ionen aus. Das wird durch Verss. mit $1{,}52 \cdot 10^{-1}$ Mol Cs_2CO_3, markiert mit ^{137}Cs bestätigt. In Abwesenheit von Eu bleibt die Konz. von Cs im Elektrolyt nach 10 Min. konst.; in Ggw. von $2{,}25 \cdot 10^{-5}$ Mol bzw. $2{,}25 \cdot 10^{-2}$ Mol Eu^{3+} steigt die Konz. von Cs u. fällt die Konz. von Eu^{3+} in Elektrolyt. b) Eu^{3+} wird in Ggw. von $4{,}8 \cdot 10^{-2}$ Mol K_2CO_3 zu 40,3% abgetrennt, in Abwesenheit von Carbonat zu 3,4%. c) ^{137}Cs verbleibt im Elektrolyt: Ausbeute bei Nitrat 3,0; bei Acetat 7,7%. d) Bei pH 4,23 wird kein Eu abgetrennt, zwischen pH 4,23—10,00 steigt der Abtrennungsgrad von 66,3 (pH 6,00) auf 96,2% (pH 10,00); bei pH 10,00—12,50 fällt er bis 89,0% (pH 12,50) ab. e) Die Ausbeute beträgt in Ggw. von $4{,}83 \cdot 10^{-5}$ Mol Cs_2CO_3 im Elektrolyten 75,0%, steigt bei Erhöhung der Konz. des Carbonats an u. bleibt bei $2{,}41$—$19{,}3 \cdot 10^{-2}$ Mol konst. (96—97%); sie fällt dann bei $3{,}37 \cdot 10^{-1}$ Mol auf 93,0%. f) Der Abtrennungsgrad von Eu bleibt bei Vergrößerung der Eu-Konz. von $4{,}8 \cdot 10^{-5}$ auf $2{,}4 \cdot 10^{-3}$ Mol konst. (98,0—99,3%). Die früher gefundene Abhängigkeit der Ausbeute ist auf Veränderung des Elektrolyt-Vol. zurückzuführen. g) Die Erhöhung der Konz. eines Komplexbildners (Citrat) von $2{,}66$—10^{-3} auf $4{,}66 \cdot 10^{-3}$ Mol führt zu einer Erhöhung der Ausbeute von 88,0 auf 97,3%, die weitere Erhöhung der Citrat-Konz. bis zu $3{,}33 \cdot 10^{-2}$ Mol führt stufenweise zur Verringerung der Ausbeute bis 90,2%. h) Es wurde die Ausbeute von Eu in Ggw. von Citronensäure, Weinsäure, Bernsteinsäure u. Trilon B bei Veränderung des pH, des Mol-Verhältnisses Eu : Komplexbildner u. der Elektrolysedauer untersucht. Alle 4 Verbb. sind für die Abtrennung von Eu geeignet; dabei gibt es für jeden Komplexbildner einen geeigneten pH-Bereich. G. Ewald. 141□

Zum polarographischen Verhalten von Zincatlösungen. R. Landsberg, V. Stockmann und W. Geißler. (Z. physik. Chem. [Leipzig] **217.** 368—74. 1961. Leuna-Merseburg, TH für Chem.) (Dt.)

Der kathod. Durchtrittsfaktor (α) bei der irreversiblen Zn-Abscheidung aus alkal. Lsg. ist stark von der Konz. des Maximumdämpfers Gelatine abhängig, während die Art des Alkalikations oder die Ggw. elektroinakt. Anionen keinen Einfl. auf α ausüben. Aus Messungen der Abhängigkeit der Halbstufenpotentiale von der OH^--Konz. konnte darauf geschlossen werden, daß in Lsg. das Ion $[Zn(OH)_4]^{2-}$ vorherrscht, während die Durchtritts-Rk. über $Zn(OH)_2$ abläuft. E. Moisar. 142□

Anodisches Verhalten von Metallen. 8. Mitt. **Kupfer in H_2SO_4-Lösungen.** Zdzisław Zembura. (Roczniki Chem. [Ann. Soc. chim. Polonorum] **33.** 1049—59. 1959. Kraków, Akad. Górniczo-Hutniczej, Kat. Chem. Fiz. i Elektrochem.) (Pol.) — 7. vgl. Roczniki Chem. [Ann. Soc. chim. Polonorum] **33.** [1959.] 157; 6. vgl. C. **1961.** 2893; vgl. auch C. **1961.** 10841.

Für flache unbewegte u. zylindr. rotierende Cu-Anoden wurden die Polarisationskurven in H_2SO_4-Lsgg. aufgenommen. Der Oberflächenzustand der Anode wurde nach der elektrometr. Meth. untersucht. Bei ansteigender Spannung finden an der Anode offenbar 3 prinzipielle, nacheinander ablaufende Prozesse statt: 1. Die Anode löst sich entsprechend $Cu \rightarrow Cu^{2+} + 2e$. Auf der Oberfläche bilden sich $CuSO_4 \cdot 5\,H_2O$-Kristalle u. ein brauner, nichthaftender Überzug. — 2. Im Spannungsbereich, der dem Sättigungsstrom entspricht, entsteht auf der Anode ein dicker Überzug aus $Cu(OH)_2$ (I) u. 2 anderen, nicht identifizierten Substanzen, von denen die erste die Passivierung der Anode nicht verursacht u. deren Elektrored. bei —0,47 V erfolgt. Die Elektrored. der anderen Substanz findet bei —0,62 V statt; sie scheint für die Diskontinuität der Polarisationskurve im Spannungsbereich zwischen +0,4 V u. +0,6 V verantwortlich zu sein. Der Wert des Sättigungsstroms hängt offenbar von der Anzahl u. den Dimensionen der Poren des I-Überzugs u. der Diffusions-Geschw. durch den in den Poren enthaltenen Elektrolyten ab. — 3. Es tritt O_2-Entw. ein, die in den Poren des I-Überzugs stattfindet. — Die Ggw. eines dünnen Fims von großer elektron. Leitfähigkeit (CuO) ist einer der Faktoren für die Möglichkeit des elektrolyt. Polierens, das nicht möglich ist, wenn die Anode mit einer Schicht dielektr. Verbb. bedeckt ist. P. Scharner. 142□

Auflösung von Zirkonium in HCl-Methanol. J. R. Aylward und E. M. Whitener. (J. electrochem. Soc. **109.** 87—91. Febr. 1962. Idaho Falls, Idaho, Phillips Petroleum Co., Atomic Energy Div.) (Engl.)

Vff. untersuchten potentiostat. die Auflösung von Zr in 0,38—11,1n methanol. HCl-Lsgg. im Temp.-Bereich von 10—40° in Abhängigkeit von der HCl-Konz. u. der Temp. u. beschreiben eine Vers.-Zelle. Bei niedriger Überspannung ΔE, definiert als Differenz zwischen dem Potential bei bestimmter Stromdichte i u. dem Gleichgew.-Mischpotential, erhält man für die anod. u. kathod. Rk. Tafel-Geraden mit Neigungen von 0,115 bzw. 0,15 V bei 20°. Die Auflösungs-Rk. wird durch die Aktivierung bestimmt, die Korrosions-Geschw. (KG) ist unabhängig von der HCl-Konzentration. Bevorzugter Angriff an den Korngrenzen des Metalls führt bei $\Delta E = 0$ bis ca. 0,4 V zu Anätzung u. Abtrennung von fein verteilten, pyrophoren α-Zr-Teilchen. Bei $\Delta E > +0{,}5$ V wird eine Grenzstromdichte beobachtet. HCl-Konzz. >1,5m haben eine elektropolierende Wrkg., die Grenzstromdichte nimmt mit steigender HCl-Konz. ab. Die Aktivierungsenergie bei $\Delta E = 0$ bzw. 1,0 V (Korrosions-Rk. bzw. Elektropolieren) in 6m HCl beträgt 16,5 bzw. 7,7 kcal/Mol. Vff. nehmen an, daß nachst. Rkk. stattfinden: Gesamt-Rk. $Zr + (4-x)\,HCl + x\,CH_3OH \rightarrow ZrCl_{(4-x)}(OCH_3)_x$ (I) $+ 2\,H_2$ ($x = 0$ bis 4) mit den Teil-Rkk. $Zr + 4\,Cl^- \rightarrow ZrCl_4 + 4e^-$ u. $4\,H^+ + 4e^- \rightarrow 2\,H_2$ an der Grenzfläche Metall/Lsg. sowie $ZrCl_4 + x\,CH_3OH \rightleftharpoons I + x\,HCl$ im Innern der Lösung. Bevorzugt entstehen $ZrCl_4$ u. $ZrCl_3OCH_3$. Die Unabhängigkeit der KG von der HCl-Konz. wird durch spezif. Adsorption von Cl^--Ionen erklärt. Die Rkk. an der Oberfläche u. in der Doppelschicht können durch $M{-}Zr + p\,Cl^- \rightarrow M{-}ZrCl_p^{p-}$ (II); II $\rightarrow M{-}ZrCl_p^{(4-p)+}$ (III) $+ 4e^-$; III $+ (4-p)Cl^- \rightarrow M + ZrCl_4$ (M kompaktes Zr) beschrieben werden. Im Bereich des Elektropolierens wird die Auflösung des gebildeten Films als geschwindigkeitsbestimmend angesehen. Bei niedrigen HCl-Konzz. u. hohen Werten von i ist der Transport von Cl^--Ionen zur Elektrodenoberfläche geschwindigkeitsbestimmend (Konz.-Polarisation). P. Frenzel. 143□

Das elektrochemische Verhalten von Uran. John W. Ward und James T. Waber. (J. electrochem. Soc. **109.** 76—81. Febr. 1962. Los Alamos, N.Mex., Univ. of California, Los Alamos Sci. Labor.) (Engl.)

Vff. untersuchten das elektrochem. Verh. von U in oxydierenden u. nichtoxydierenden Medien u. beschreiben eine Vers.-App. zur Potentialmessung. Die Lsgg. werden mit reinem O_2, Luft bzw. Ar/O_2-Mischungen mit 0,1—10 Vol.-% O_2 gesättigt. In sd. O_2-freiem W. erfolgt die Gesamt-Rk. $U + 2\,H_2O \rightarrow UO_2 + 2\,H_2$, die auch für Raum-Temp. angenommen wird. Es entsteht ein grauschwarzer, festhaftender, feinkörniger UO_2-Film. Vff. nehmen an, daß dreiwertiges U gebildet wird, wobei folgende Rkk. ablaufen: $U + H_2O \rightarrow UO^+ + H_2 + e^-$ (schnell); $UO^+ + H_2O \rightarrow UO_2 + H_2 - e^-$ (langsam). In mit Ar gesätt. W. sowie in 0,1 f $KClO_4$-Lsg. (f = formal) stellt sich ein Gleichgew.-Potential (GP) von —1,1012 V ein (alle Potentiale sind auf die gesätt. Kalomelelektrode bezogen). In Ggw. von Inhibitoren werden nachst. Werte erhalten: *$NaNO_2$*: 0,0005 f —1,04 V; 0,005 f —0,94 V; 0,05 f —0,54 V; 0,5 f —0,11 V; *$NaNO_3$*: 0,1 f +0,03 V; *Na_2CrO_4*: 0,066 f —0,66 V; *Na_2MoO_4*: 0,001 f —0,84 V; *Na_2WO_4*: 0,001 f —0,82 V. Zusatz von komplexbildenden Anionen, wie Cl^-, Br^-, CNS^- usw., bewirkt schnelle Zerstörung der Deckschicht u. damit schnelle Korrosion. In O_2-gesätt. 0,1 f $KClO_4$-Lsg. stellt sich ein Korrosionspotential von +0,1432 ± 0,0002 V ein. Die pH-unabhängige Rk. kann durch die Gleichung $U + 2\,H_2O + 2\,O_2 \rightarrow UO_2 + 2\,H_2O_2$ beschrieben werden. Verdünnung des O_2 (Luft bzw. durch Ar) bewirkt langsamere Gleichgew.-Einstellung. Abweichungen der Werte gegenüber den berechneten werden auf Konz.-Polarisation zurückgeführt. Allg. zeigt U ähnliches Aktiv/Passiv-Verh. wie nichtrostender Stahl u. Ti. Es wird eine niedrige krit. Anodenstromdichte u. ein sehr hohes krit. Passivierungspotential beobachtet. In Ggw. von O_2 stellt sich ein bzgl. der O_2-Konz. reversibles Elektrodenpotential in Übereinstimmung mit der NERNSTschen Gleichung ein. Im passiven Bereich entsteht wie im akt. ein festhaftender UO_2-Film, der jedoch sehr beständig, glatt u. nicht körnig ist u. Interferenzfarben zeigt.

P. FRENZEL. 143□

Die Rolle des Anions in Beziehung zur metallischen Korrosion und Hemmung. Dora M. Brasher. (Nature [London] **193.** 868—69. 3/3. 1962. Teddington, Nat. Chem. Labor.) (Engl.)

Korrodierende bzw. korrosionshemmende Eigg. von Elektrolyten sind nicht fest vorgegebene Eigg., sondern sie sind abhängig von der Konz. der Lösung; denn alle Elektrolyte wirken in Lsgg. genügender Verdünnung korrodierend, u. die Bedingungen von Korrosions-Geschw. u. Korrosionspotentialen bei hoher Luftsättigung gehorchen einer allg. Beziehung. Andererseits wirken normalerweise aggressive Ionen wie Nitrate bei hohen Konzz. hemmend. Bei der Korrosion eines weichen Stahls in einer Lsg. eines „aggressiven" Elektrolyten steigt sein Gesamtelektrodenpotential auf einen Maximalwert, für den die lineare Beziehung $E = a - b \log C$ (C = mol. Konz.) gilt. b ist unter allen Bedingungen konst. u. hat bei einem 10fachen Anwachsen der Konz. den Wert —0,07 V; a hängt von der Oberflächenbehandlung des Stahls u. der Natur des Anions ab. Das Potential scheint im pH-Bereich von 5—8 vom pH unabhängig zu sein. Bei $pH > 8$ wird es negativer. Die Korrosions-Geschw. steht zur mol. Konz. in der Beziehung $dW/dTi = k \cdot C^{1/2}$, k hängt von der Oberfläche u. der Natur des Anions ab. Die Potentialkurven besitzen 3 wichtige Bereiche: 1. einen Bereich niedriger Konz., in dem der Stahl korrodiert, 2. den Bereich hoher Konz. u. edler Potentiale, entsprechend der Passivität des Stahls u. 3. das Übergangsgebiet. Zwischen den Kurven „aggressiver" (wie Sulfate, Nitrate u. Chloride) u. „hemmender" Salze (wie Hexacyanferrate(II), Phosphate, o-Chlorbenzoate, Carbonate u. Hydrogencarbonate) besteht kein wesentlicher Unterschied; wahrscheinlich kann jedes Anion hemmend wirken, wenn die Konz. genügend gesteigert werden kann. P. SCHARNER. 143□

A_4. Thermodynamik. Thermochemie

Thermodynamische Funktionen verschiedener dreiatomiger Moleküle im idealen Gaszustand. Bonnie J. McBride und Sanford Gordon. (J. chem. Physics **35.** 2198—2206. Dez. 1961. Cleveland, Ohio, Nat. Aeronautics and Space Admin., Lewis Res. Center.) (Engl.)

Vff. berechnen aus spektroskop. Daten von CO_2, COS, CS_2, ClCN, HCN, H_2O, H_2S, N_2O, NO_2 u. SO_2 die thermodynam. Funktionen C_p^0/R, $(H^0 - H_0^0)/RT$, S^0/R u. $-(F^0 - H_0^0)/RT$ für den idealen Gaszustand im Temp.-Bereich von 100—6000° K. Dabei wurden Korrekturen für die Anharmonizität der Näherung des starren Rotors u. harmon. Oscillators u., soweit Daten bekannt, darüber hinaus für die Schwingungs-Rotations-Wechselwrkg., die Rotationsstreckschwingung u. die FERMI-Resonanz berücksichtigt. Die C_p^0/R- u. — $(F^0 - H_0^0)/RT$-Daten werden mit anderen Daten verglichen u. die Differenzen diskutiert. G. M. NEUMANN. 146☐

Über die kinetische Theorie dichter Flüssigkeiten. 9. Mitt. **Eine Flüssigkeit aus starren Kugeln mit square-well-Anziehung.** H. T. Davis, Stuart A. Rice und J. V. Sengers. (J. chem. Physics **35.** 2210—33. Dez. 1961. Chicago, Ill., Univ. of Chicago, Inst. for the Study of Metals, Dep. of Chem.; Amsterdam, Univ. of Amsterdam, Van der Waals Labor.) (Engl.) — 8. vgl. Physica [Utrecht] **27.** [1961.] 717.

Vff. diskutieren die statist. Theorie dichter Fll. aus Moll., die nach einem quadrat. Potentialansatz miteinander in Wechselwrkg. stehen. Die Rechnung verläuft über die Ableitung u. Lösung einer modifizierten BOLTZMANN-Gleichung. An Hand der Theorie wird zunächst der Ansatz von RICE u. ALLNATT überprüft u. dann der Anteil der Anziehungskräfte an dem Transport von Impuls u. Energie in realen Fll. abgeschätzt. Es zeigt sich, daß sich aus dem Ansatz von RICE u. ALLNATT ein Reibungs-Koeff. ergibt, der mit experimentellen Werten an fl. Ar übereinstimmt. Für den Transport von Impuls u. Energie spielen die Anziehungskräfte eine bedeutende Rolle. Die Eigg. von fl. Ar lassen sich mit dem square-well-Modell ausgezeichnet wiedergeben. Die therm. Leitfähigkeit ($\varkappa_1 = 1{,}33 \cdot 10^2$ erg/g·s·Grad) u. der Selbstdiffusions-Koeff. ($D_1 = 1{,}81 \cdot 10^{-5}$ cm²/s) stimmen mit experimentellen Daten ($\varkappa_2 = 1{,}26 \cdot 10^2$ erg/g·s·Grad, $D_2 = 1{,}84 \cdot 10^{-5}$ cm²/s) gut überein. G. M. NEUMANN. 146☐

Einige Ansichten über die molekulare Effusion. E. W. Balson. (J. physic. Chem. **65.** 1151—58. Juli 1961. Southampton, Univ., Dep. of Chem.) (Engl.)

Vf. erweitert u. verallgemeinert die CLAUSINGsche Berechnungs-Meth. [1932] der Änderung der aus zylindr. Öffnungen ausströmenden Stoffmenge bei niedrigem Druck u. behandelt diese Änderungen für den Fall einer kon. Öffnung u. der Mol.-Strömung durch eine enge Rohrkrümmung. Weiterhin wird die Gesamtänderung bei Effusion aus einem Aufsatz zur Messung der Dampfdrücke nach der KNUDSENschen Effusions-Meth. behandelt. Werte für typ. Beispiele werden mitgeteilt. P. FRENZEL. 148☐

Berichtigung: Formfaktoren des (12-6)-Lennard-Jones-Potentials von Thermodiffusionskolonnen. B. B. McInteer und M. J. Reisfeld. (J. chem. Physics **34.** 1844. Mai 1961. Los Alamos, N.Mex., Univ. of California, Los Alamos Sci. Labor.) (Engl.) — Vgl. C. **1961.** 6405.

Die bei der Potential-Best. ermittelten Werte der Formfaktoren h waren unrichtig; mit berichtigten Werten wurden erneut Berechnungen ausgeführt.

HERBERT MÜLLER. 149☐

Das Verhältnis der Selbstdiffusionskoeffizienten in flüssigen Argon-Krypton-Mischungen. Richard J. Bearman. (J. physic. Chem. **66.** 379. Febr. 1962. Lawrence, Kans., Univ., Dep. of Chem.) (Engl.)

Mit Hilfe bereits vorliegender Experimentaldaten wurde das Verhältnis der Selbstdiffusions-Koeff. D von Ar u. Kr in Übereinstimmung mit einer vom Vf. entwickelten Theorie (C. **1962.** 6682) gleich dem reziproken Verhältnis der Mol-Voll. v gefunden. Die Werte $D_{Ar}/D_{Kr} = 1{,}16$ u. $v_{Kr}/v_{Ar} = 1{,}10$ stimmen im Rahmen der Meßgenauigkeit miteinander überein. W. BETCKE. 149☐

Eine Untersuchung des Phasendiagramms des Systems Ammoniumnitrat–Ammoniumperchlorat. A. Greenville Whittaker und David C. Barham. (J. physic. Chem. **66.** 354—55. Febr. 1962. Albuquerque, N. Mex., Sandia Labor.) (Engl.)

Das Phasendiagramm von NH_4NO_3/NH_4ClO_4 wurde im Bereich 0—12 Mol-% NH_4ClO_4 aufgenommen. Bei höheren NH_4ClO_4-Geh. treten Zers.-Erscheinungen bei der Liquidus-Temp. auf. Es besteht keine scharfe eutekt. Zus., sondern ein Gebiet von 6,8—8,2% NH_4ClO_4, in dem die Schmelztemp. im Rahmen der Meßgenauigkeit konst. (153—154°) bleibt. Der Anfang der Liquiduskurve verläuft anomal, sie deckt sich bis 0,9% NH_4ClO_4 prakt. mit der Soliduskurve. Bei ca. 124° findet in dem Syst. eine Phasenumwandlung statt, die Umwandlungs-Temp. ist außer im Bereich 0—0,5% NH_4ClO_4 unabhängig von der Zusammensetzung. Röntgenograph. Unters. u. DTA-Messungen deuten auf einen peritekt. Punkt bei einem Geh. von 8,2 Mol-% NH_4ClO_4 hin.

W. BETCKE. 150☐

Die Dampfdrücke und andere Eigenschaften von ReF_6 und ReF_7. J. G. Malm und H. Selig. (J. inorg. nuclear Chem. **20.** 189—97. Dez. 1961. Argonne, Ill., Argonne Nat. Labor.) (Engl.)

Gemische von ReF_6 u. ReF_7 wurden aus Re-Pulver im F_2-Strom (250 Torr; 300 bis 400°; Ni-Rohr) erhalten u. mit F_2 bei 3 atm u. 400° in einem geschlossenen Ni-Gefäß innerhalb mehrerer Std. zu reinem ReF_7 bzw. mit überschüssigem Re durch mehrstd. Rk. bei 250—400° in einem analogen Gefäß zu reinem ReF_6 umgesetzt. Beide Verbb. sind stabil u. lassen sich in Ni-, Monel-, Pyrex- oder Quarzglasgefäßen lagern. Zur

Reinheitsprüfung sind am besten Dampfdruckmessungen geeignet. — Eigg. von ReF_6: blaßgelb, fest; Kp. 33,68°; Tripelpunkt 18,5°; D.[22] der Fl. 3,58 ± 0,02; Umwandlungspunkt der festen Modifikationen ReF_6-I ⇌ ReF_6-II: — 3,45°; Dampfdruckgleichungen (p in Torr, T in °K): ReF_6-I (— 10,47 bis — 3,45°): log p = — 2303,6/T — 0,8327 · log T + 12,70721; ReF_6-II (— 3,45 bis + 18,5°): log p = — 1765,4/T — 0,1790 log T + 9,12298; ReF_6 fl. (18,5—48,06°): log p = 1956,7/T — 3,599 log T + 18,20814; Sublimationswärme von ReF_6-I bei — 3,45°: 10,095 (kcal/Mol), von ReF_6-II bei — 3,45°: 8,068, bei 18,5°: 7,974; Verdampfungswärme bei 18,5°: 6,867; Schmelzwärme bei 18,5°: 1,107; Schmelzentropie: 3,80 (cal/Mol · Grad); Umwandlungswärme u. -entropie: 2,027 u. 7,52; Hydrolyse: 3 ReF_6 + 10 H_2O → ReO_2 + 2 ReO_4^- + 18 F^- + 20 H^+ (keine O_2-Entw.). — Eigg. von ReR_7: gelb, fest; Kp. 73,72°; Tripelpunkt 48,3°; D.[52] der Fl. 3,65 ± 0,02; Dampfdruckgleichungen: ReF_7 (fest; — 14,47 bis + 48,3°): log p = — 2205,8/T — 1,4703 logT + 13,04321; ReF_7 (fl.; 48,3—74,61°): log p = — 244,28/T + 9,90825 logT — 21,58352; Sublimationswärme bei 48,3°: 9,154; Verdampfungswärme bei 48,3°: 7,355; Schmelzwärme u. -entropie: 1,799 bzw. 5,60; Hydrolyse: ReF_7 + 4 H_2O → ReO_4^- + 7 F^- + 8 H^+. — Pulveraufnahmen bestätigen die Phasenumwandlung von ReF_6. ReF_6-II ist im Bereich — 3,45 bis + 18,5° stabil u. isomorph mit den Hochtemp.-Modifikationen analoger Hexafluoride (kub.-raumzentriert). ReF_6-I ist isomorph mit den entsprechenden Tieftemp.-Fluoriden dieser Reihe. ReF_7 ist kub.-raumzentriert u. besitzt eine Phasenumwandlung bei ca. — 110°. Die IR-Spektren (600—2000 cm^{-1}) von ReF_6- u. ReF_7-Dampf werden mitgeteilt. — ReF_7 wird in mehreren Std. bei 400° (Ni-Gefäß) nicht zersetzt. ReF_6 u. ReF_7 reagieren auch nach mehreren Std. bei 500° u. einigen atm nicht mit O_2 u. bilden keine Addukte mit NaF, KF oder RbF.

A. BLASCHETTE. 155□

Stärke der N—F-Bindungen von NF_3 und der N—F- und N—N-Bindungen von N_2F_4. Al Kennedy und Charles B. Colburn. (J. chem. Physics **35**. 1892—93. Nov. 1961. Huntsville, Ala., Rohm & Haas Co., Redstone Arsenal Res. Div.) (Engl.)

Durch Kombination von Literaturdaten ergibt sich die Bldg.-Enthalpie des freien NF_2-Radikals zu 8,9 ± 2,5 (kcal/Mol), die Bindungsenergie D (NF_2—F) zu 57,1 ± 2,5, der Mittelwert der Bindungsenergien D (NF—F) u. D (N—F) zu 71. Die NF_2—F-Bindung ist somit die schwächste N—F-Bindung im NF_3-Mol., im Gegensatz zu NH_3, wo bekanntlich die NH_2—H-Bindung die stärkste N—H-Bindung darstellt. Massenspektrometr. Unterss. bestätigen diese Folgerung. Die Diskussion bereits veröffentlichter Messungen von Appearance-Potentialen führt zu 20,7 für die N—N-Bindungsenergie in N_2F_4, in guter Übereinstimmung mit dem therm. ermittelten Wert von 19,8.

A. BLASCHETTE. 156□

Thermodynamische Eigenschaften einiger Stickstoffoxide. I. C. Hisatsune. (J. physic. Chem. **65**. 2249—53. Dez. 1961. University Park, Pa., Pennsylvania State Univ., Dep. of Chem.) (Engl.)

Die thermodynam. Funktionen C_p^0, $(H^0 - H_0^0)/T$, $-(G^0 - G_0^0)/T$ u. S^0 von N_2O_3, N_2O_4 u. N_2O_5 werden aus bekannten spektroskop. u. strukturellen Daten für den Temp.-Bereich 100—1500° K berechnet. Zur Abschätzung dieser Funktionen des NO_3-Radikals werden mit Hilfe von UREY-BRADLEY-Kraft-Konst. erhaltene Schwingungsfrequenzen benutzt. Bei 298,16° K betragen die Werte (cal/Grad · Mol) in der genannten Reihenfolge 15,68, 11,96, 61,96 u. 73,92 für N_2O_3; 18,47, 13,15, 59,58 u. 72,73 für N_2O_4; 20,22, 14,21, 70,79 u. 85,00 für N_2O_5; 11,22, 8,79, 51,57 u. 60,36 für NO_3; Werte für andere Temp. finden sich im Original. Durch Kombination mit den entsprechenden Daten von NO u. NO_2 ergeben sich thermodynam. Funktionen für die Dissoziationsgleichgewichte der N-Oxide im genannten Temp.-Bereich. Bei 298,16° K werden für ΔH^0 u. ΔG^0 (kcal/Mol) u. die Gleichgewichts-Konst. K (atm) nachst. Werte erhalten: 9,69, — 0,38 u. 1,91 für N_2O_3 ⇌ NO + NO_2 (ΔH_0^0 = 8,63 kcal/Mol); 13,64, 1,12 u. $1,51 \cdot 10^{-1}$ für N_2O_4 ⇌ 2 NO_2 (12,69); 21,33, 11,57 u. $3,28 \cdot 10^{-9}$ für N_2O_5 ⇌ NO_2 + NO_3 (20,51); im Original Werte für andere Temperaturen. Die Verläßlichkeit der Daten wird im Hinblick auf die getroffenen Abschätzungen von Strukturdaten diskutiert. Die Ergebnisse führen zu folgenden Bldg.-Enthalpien (kcal/Mol), Freien Bldg.-Enthalpien (kcal/Mol) u. Entropien (cal/Grad · Mol) unter Standardbedingungen (ideale Gase bei 25° u. 1 atm): 16,59, 27,36 u. 60,36 für NO_3; 20,00, 33,49 u. 73,92 für N_2O_3; 2,54, 23,66 u. 72,73 für N_2O_4; 3,35, 28,18 u. 85,00 für N_2O_5.

A. BLASCHETTE. 156□

Korrektur zur Anharmonizität, den Potentialkonstanten und thermodynamischen Eigenschaften von SiF_3H und SiF_3D. K. Venkateswarlu und K. Sathianandan. (Z. physik. Chem. [Leipzig] **218**. 318—23. 1961. Annamalainagar, South India, Annamalai Univ., Dep. of Phys.) (Engl.)

Nach einer von DENNISON [1940] vorgeschlagenen Meth. berechnen Vff. unter Anwendung der nach der WILSONschen Vektor-Meth. erhaltenen G-Matrix-Elemente die auf Anharmonizität korr. Schwingungsfrequenzen von SiF_3H u. SiF_3D. An Hand dieser korr. Werte werden dann die thermodynam. Größen S_0, C_p^0, $(H - E_0^0)/T$ u. $-(F_0 - E_0)/T$ berechnet u. für den Temp.-Bereich 200—1500° K tabellar. mitgeteilt.

G. M. Neumann. 156□

Die Freie Energie des Siliciumcarbids aus seiner Löslichkeit in geschmolzenem Blei. David H. Kirkwood und John Chipman. (J. physic. Chem. **65.** 1082—84. Juni 1961. Cambridge, Mass., MIT, Dep. of Metallurgy.) (Engl.)

Vff. bestimmen bei 1420 ±2° die Löslichkeit L von Si in Pb im SiO_2-Tiegel u. von α-SiC in Pb im Graphittiegel. L beträgt 0,45 (Gew.-%) für Si; die Si-Schicht enthält 13,7 Pb. L von SiC beträgt in Ggw. von Graphit 0,0015. Die Zus. der zusammengesetzten Schichten beträgt $N_{Si} = 0{,}032$ u. $N_{Pb} = 0{,}021$, der Aktivitäts-Koeff. des Si in der Pb-reichen Fl. 31. Die Lsg. zeigt, obwohl sie sehr verd. ist, beträchtliche Abweichung vom Henryschen Gesetz: $\alpha_{Si} = \ln \gamma_{Si}/(1 - N_{Si})^2$ sollte nach Wriedt u. Worell eine lineare Funktion von N_{Si} sein. Man errechnet γ_{Si} zu 36 für die Lsg. im Gleichgewicht mit SiC u. Graphit mit $N_{Si} = 0{,}0011$. Unter der Annahme von α_{Si} = const erhält man $\gamma_{Si} = 39$. Die Freie Bldg.-Energie von α-SiC aus fl. Si u. Graphit beträgt $\Delta F^0_{1693°} = -10{,}8 \pm 1$ kcal. Der Wert stimmt mit dem thermochem. ermittelten überein.

P. Frenzel. 156□

Verhalten von gut orientiertem Graphit bei sehr hohen Temperaturen. A. R. Ubbelohde, D. A. Young und A. W. Moore. (Nature [London] **193.** 571—72. 10/2. 1962. London, Imp. Coll. of Sci. and Technol.) (Engl.)

Vff. untersuchen bei Temp. >3000° die Anisotropie der Wärmeausdehnung u. -leitfähigkeit λ von gut orientiertem pyrolyt. Graphit (I), aus dem Tiegel für Induktionsöfen hergestellt wurden. Die Ausdehnung erfolgt senkrecht zu den Wandungen des Tiegels, während sie parallel dazu fast zu vernachlässigen ist. λ senkrecht zur Oberfläche ist so groß, daß extrem hohe Abkühlungs- oder Aufheiz-Geschw. (bis zu 1000 Grad/s) angewendet werden können, ohne daß Brüche auftreten. Die niedrigen λ-Werte senkrecht zur α-Achse der Kristallite bewirken ein beträchtliches Temp.-Gefälle zwischen äußerer Oberfläche u. dem Innern des Tiegels (300° bei einer Wandstärke von 3 mm). Das Emissionsvermögen E von I senkrecht zur hexagonalen C-Schicht ist beträchtlich geringer als das von polykristallinem Graphit (II), bes. nach Polieren mit der Lederscheibe. Tiegel aus gut orientiertem natürlichem Graphit lassen sich durch Formpressen bei hoher Temp. ohne Bindemittel herstellen. Ein hoher Anteil der Kristallite ist mit den c-Achsen parallel zur Achse der zylindr. Wandung orientiert. Die äußere Oberfläche ist mit einer dünnen Schicht von Kristalliten bedeckt, deren α-Achsen parallel zur Oberfläche liegen. E der Oberfläche ist ebenfalls beträchtlich niedriger als bei **II**, λ in radialer Richtung größer als im ersterwähnten Tiegel; Temp.-Gradient zur äußeren Oberfläche 10 Grad/mm bei ca. 2800°. Parallel zur Zylinderachse ist λ viel niedriger. Der spezif. elektr. Widerstand zeigt eine entsprechende Abhängigkeit von der bevorzugten Orientierung.

P. Frenzel. 158□

Kompressibilität und Schallgeschwindigkeit in Zweiphasenmischungen. E. S. Rajagopal. (Acustica [Stuttgart] **11.** 178—80. 1961. Bangalore, Indian Inst. of Sci., Dep. of Phys.) (Engl.)

Mit Hilfe der Fröhlich-Sackschen Meth. wird die Kompressibilität von Zweiphasenmischungen untersucht u. das Verh. verschiedener Mischungstypen (gesinterte Materialien, Schäume, Emulsionen, Dispersionen u. a.) erklärt. Die von Wood, Kerner u. a. benutzten Formeln werden mit geeigneten Näherungen abgeleitet.

W. Betcke. 159□

Ultraschallabsorption in wässerigen Wasserstoffperoxidlösungen. J. P. Valleau und W. G. Schneider. (J. chem. Physics **35.** 2271—72. Dez. 1961. Ottawa, Canada, Nat. Res. Council, Div. of Pure Chem.) (Engl.)

Vff. untersuchen die Absorption u. Geschw. von hochfrequenten Ultraschallwellen in Lsgg. von H_2O_2 u. H_2O mit einer Impulsmethode. Bei Frequenzen von 65 u. 90 MHz ließen sich keine Relaxationserscheinungen feststellen, so daß ein anomales Absorptions-Verh., wie bei anderen Lsgg. mit H-Bindungen, nicht beobachtet werden konnte.

G. M. Neumann. 159□

Absorption longitudinaler Ultraschallwellen in Aluminium bei hohen Temperaturen. K. Tjaden. (Acustica [Stuttgart] **11.** 127—36. 1961. Göttingen, Univ., III. Phys. Inst.) (Dt.)

Die Absorption longitudinaler Ultraschallwellen wurde in zwei polykristallinen Al-Legg. (AlCuMg u. Al 99) u. in einem Al-Einkristall mit einem Echo-Impuls-Verf. ermittelt. Die Messungen wurden im Frequenzbereich 5—72 MHz bei 20—400° ausgeführt. Für alle Proben ergab sich ein quadrat. Anstieg der Absorption mit der Frequenz. Im Einkristall nimmt die Absorption mit der Temp. kontinuierlich zu, bei poly-

kristallinen Proben erfolgt dagegen ein plötzlicher Anstieg oberhalb 300°. Die bei dem angewendeten Verf. auftretende geometr. Ausbreitungsdämpfung wurde unter speziellen Voraussetzungen berechnet u. mit Messungen in einem Quarzglaszylinder verglichen. Dabei ergab sich, daß die Ausbreitungsdämpfung kleiner als erwartet u. für die Absorptionsmessungen in Al im betrachteten Frequenzbereich prakt. zu vernachlässigen ist.
W. BETCKE. 159□

A_5. Kolloidchemie. Grenzschichtforschung

Stromfluß und Dicke der Doppelschicht im Kohlenwasserstoffmedium. Jean Briant. (C. R. hebd. Séances Acad. Sci. **252.** 2699–2701. 3/5. 1961. Rueil-Malmaison, Seine-et-Oise, Inst. Franc. du Pétrole.) (Franz.)

An Lsgg. mit $4 \cdot 10^{-3}$ bis 10% *Al-Dioctylsulfosuccinat* (I) in Petroleum werden in U-Rohren mit Sinterglasdiaphragmen verschiedener Porengröße ($\varrho = 11{,}6$ bzw. 5μ) die beim Auftreten des gleichen elektroosmot. Druckes (1 cm) durch die Zellen fließenden Ströme u. Strömungspotentiale gemessen. Das Verhältnis der Ströme in beiden Zellen steigt mit der I-Konz. an, so daß die Dicke der Doppelschicht e an den Porenwänden nicht mehr gegenüber ϱ vernachlässigt werden kann. Mit Hilfe der von BRIANT (C. R. hebd. Séances Acad. Sci. **251.** [1960.] 2693) angegebenen Gleichung wird e für verschiedene I-Konzz. berechnet; e fällt von 2,25 (μ) für $4 \cdot 10^{-3}$%ig. Lsgg. auf 0,6 für 10%ig. Lösungen.
HERBERT MÜLLER. 168□

Die Diffusion und Sorption von Wasser in Zeolithen. 1. Mitt. **Sorption.** R. M. Barrer und B. E. F. Fender. (Physics Chem. Solids **21.** 1–11. Okt. **1961.** London, Imp. Coll., Phys. Chem. Labor.) (Engl.)

Kristallle von *Chabasit* (I), *Gmelinit* (II) bzw. *Heulandit* (III) (Gew. der Einzelkristalle 0,3–0,7 g) werden 20 Min. ohne Erhitzung im Hochvakuum dehydratisiert, u. anschließend wird die H_2O–D_2O-Sorption zwischen 30 u. 80° mit einer Quarzfederwaage bestimmt. Alle Isothermen zeigen innerhalb der Vers.-Fehler reversibles Verhalten. Die Isothermen werden für Bedeckungsgrade $0{,}86 < \theta < 0{,}96$ mit der LANGMUIR-Gleichung beschrieben, jedoch fallen die isoster. Wärmen $\Delta \overline{H}$ mit zunehmendem θ. Die freien Sorptionsenergien ΔG^0, $\Delta \overline{H}$ u. die partiellen mol. Entropien $\overline{S}_1$ sind angegeben. Die therm. Entropien von sorbiertem H_2O bzw. D_2O u. den fl. Phasen sind nicht sehr verschieden. H_2O-Geh., Form der Isothermen, $\Delta \overline{H}$ u. $\overline{S}_s$ sind für I u. II nahezu ident., während die Isothermen der H_2O-Sorption für III anders verlaufen, lediglich $\Delta \overline{H}$ u. $\overline{S}_s$ ähneln den Werten für I u. II. Außerdem sind die Unterschiede für die Sorption von H_2O bzw. D_2O gering, nur die Sorptionswärmen für D_2O sind etwas größer. Bei gleichen relativen Drücken u. Temp. werden entsprechend größere D_2O-Mengen sorbiert. Das Sorbat hat an den Zeolithen fluide Eigg., wie auch aus dem Vgl. der Wärmeausdehnung von H_2O an I u. II folgt. In III spricht das Alumosilicatgitter offenbar empfindlich auf geringe Änderungen des H_2O-Geh. an.
HERBERT MÜLLER. 176□

Zur Theorie der Chemisorption. O. Jäntsch. (Physics Chem. Solids **21.** 33–39. Okt. 1961. München, Siemens-Schuckertwerke AG., Apparatewerk.) (Dt.)

In neueren Theorien der Chemisorption wird zwischen den Adsorbat-Moll. u. dem Adsorbens ein Elektronenaustausch angenommen. Zunächst findet physikal. Adsorption statt; erst durch den Ladungsaustausch wird ein Mol. chemisorbiert. Diese Rk.-Folge ist bei der Desorption umgekehrt. Die Lebensdauer chemisorbierter Moll., die die Sorptions-Geschw. bestimmt, kann aus geringfügigen Änderungen der Adsorptionsdichte vom Gleichgewicht erhalten werden. Akt. Zentren eines Katalysators werden offenbar von freien Valenzen der Oberflächenatome gebildet. Ihre Energiezustände relativ zum elektrochem. Potential bestimmen den Transmissions-Koeff., der die Wahrscheinlichkeit angibt, daß ein Mol., das durch therm. Anregung in einen aktivierten Zustand versetzt wurde, auch tatsächlich chemisorbiert wird. Aus den abgeleiteten Gleichungen werden Isothermen, Isosteren u. Isobaren der Chemisorption berechnet.
HERBERT MÜLLER. 176□

Ionenaustauschkinetik. 3. Mitt. **Experimentelle Überprüfung der Theorie des durch die Diffusion in den Teilchen bestimmten Ionenaustausches.** F. Helfferich. (J. physic. Chem. **66.** 39–44. Jan. 1962. Emeryville, Calif., Shell Dev. Co.) (Engl.) — 2. vgl. C. **1960.** 10495.

Vf. überprüft experimentell die Gültigkeit der l. c. entwickelten Theorie des durch die Diffusion der Gegenionen in den Harzteilchen bestimmten Ionenaustausches. Die Ionenaustausch-Geschw. u. die Konz.-Gefälle innerhalb des Harzes wurden an selbstdargestellten Phenolsulfonsäure-Kationenaustauschermembranen mit H^+ u. Na^+ als den austauschenden Gegenionen bestimmt. Die experimentellen Ergebnisse stimmen sehr gut mit den theoret. Berechnungen überein, die auf durch unabhängige Leitfähigkeitsmessungen bestimmten Koeff. der charakterist. Diffusion im Harz beruhen. Die nach der Theorie vermuteten, bestimmten Unterschiede in den Geschw. u. Konz.-Gefällen zwischen dem Hin- u. Rücktausch zweier gegebener Ionen verschiedener Beweglichkeit konnten experimentell bestätigt werden. Diese Ergebnisse beweisen die Bedeutung der elektr. Potentialgradienten, die in früheren Theorien unberücksichtigt blieben. Nach einer qual. Beweisführung müßten diese elektr. Potentialgradienten auch die vorübergehenden Abweichungen des Geh. an Ankergruppenionen u. Solvat im Harz während des Ionenaustausches verursachen. Die Richtigkeit dieser Zusatzannahme konnte ebenfalls experimentell bestätigt werden. W. HEIN. 177□

Kinetik des Ionenaustausches an Zirkoniumphosphat und Thoriumdioxidhydrat. G. H. Nancollas und R. Paterson. (J. inorg. nuclear Chem. **22.** 259—68. Dez. 1961, herausgeg. Febr. 1962. Glasgow, Univ., Chem. Dep.) (Engl.)

Der Austausch von Na^+ gegen H^+ an ThO_2 u. Zirkoniumphosphat bei verschiedenen Korngrößen werden für 0,01—1,0m NaCl-Lsgg. untersucht; dabei ist die Na^+-Konz. jeweils größer als die vorhandene Austauschkapazität. Der kinet. Verlauf des Austausches wird durch Titration u. potentiometr. Messung der EMK der Lsgg. verfolgt. Es zeigt sich, daß die Austausch-Geschw. von der Na^+-Konz. unabhängig ist; durch mechan. Bewegung der Lsg. wird die Filmdiffusion der Ionen durch die Lsg. zur Oberfläche des Austauschers bzw. umgekehrt ebenfalls nicht beeinflußt. Die Austausch-Geschw. ist jedoch von der Korngröße des Austauschmaterials abhängig; damit wird als die Geschw. bestimmender Schritt eine Festkörperdiffusion der Ionen im Austauscherteilchen festgelegt. Dieses Verh. wird beim Austausch von $^{137}Cs^+$ als Indicator gegen K^+ an mit KCl-Lsg. vorbehandeltem Zirkoniumphosphat bestätigt. Die Diffusions-Koeff. für den Na^+/H^+-Austausch an ThO_2 werden mit $4—15 \cdot 10^{-8}$ cm^2/s angegeben.

H.-D. FREYER. 177□

Untersuchung des Anionenaustausches und der Aminextraktion von Elementen der Seltenen Erden in Salpetersäure. Fujio Ichikawa. (Bull. chem. Soc. Japan **34.** 183—86. Febr. 1961. Tokai, Ibaraki-ken, Jap. Atom. Res. Inst.) (Engl.)

Vf. vergleicht die Verteilungs-Koeff. K_d der Seltenerdmetalle zwischen der NO_3^--Form von Austauscherharzen u. HNO_3 (I), Aminen u. HNO_3 (II) u. der Extraktion mit Tri-n-butylphosphat (III). In 8n HNO_3 nimmt bei I K_d von La bis Gd ab u. bleibt bis Lu annähernd konstant. Bei Extraktion mit prim. Aminen haben die K_d wesentlich geringere Zahlenwerte, nehmen von La bis Ho ab u. bleiben bis Lu ebenfalls annähernd konstant. Bei Extraktion mit sek. Aminen tritt mit steigender Ordnungszahl ein schwacher Abfall der K_d ein, während mit tert. Aminen die K_d konst. bleiben. Das im Gegensatz zu den bei III erhaltenen K_d stehende, ähnliche Verh. bei I u. der Extraktion mit prim. Aminen wird auf die Bldg. neutraler oder anion. Komplexe zurückgeführt.

F.-M. FRIEDRICH-ANDERSECK. 177□

Anwendung der Papierchromatographie (in Elektrolyten und in Wasser) zur Untersuchung der Struktur und der Reaktionsmechanismen von Heteropolyverbindungen. 5. Mitt. **Wolframatoborsäure.** Raluca Ripan, Alexandru Duca und Mariana Pușcașu. (Bull. Soc. chim. France **1961.** 773—78. April. Cluj, Roumaine, Acad. de R. P. R., Inst. de Chim.) (Franz.) — 4. vgl. C. **1961.** 2201.

Papierchromatograph. Unterss. der *Dodekawolframatoborsäure* (I) wurden in Ggw. steigender Mengen NaOH durchgeführt. Aus den Verss. ist zu ersehen, daß I eine 5bas. Säure ist u. ein Salz mit 5 Na bilden kann, welches bis zu pH 7,2 stabil ist. Bei höheren pH-Werten stellt sich ein Gleichgewicht zwischen den Heteropolysäuren 1 B:12 W u. 1 B:10 W ein. E. MOISAR. 177□

Anwendung der Papierchromatographie (in Elektrolyten und in Wasser) zur Untersuchung der Struktur und der Reaktionsmechanismen von Heteropolyverbindungen. 6. Mitt. **Deutung der Basizität von Heteropolysäuren des gesättigten Typs (Me:R = 12) durch die papierchromatographische Methode.** Raluca Ripan, Alexandru Duca und Doina Stănescu. (Bull. Soc. chim. France **1961.** 778—86. April.) (Franz.) — 5. vgl. vorst. Referat.

Durch Best. der Neutralisationskurven sowie durch papierchromatograph. Unterss. in Ggw. steigender Mengen NaOH wurde die Basizität von verschiedenen Heteropolysäuren ermittelt: *Dodekamolybdato-* u. *Dodekawolframatophosphorsäure* sind 3bas., *Dodekamolybdato-* u. *Dodekawolframatokieselsäure* sind 4basisch. Eine angebliche Verb. $K_8[SiW_{12}O_{42}]$ (KEHRMANN u. FLÜRSCHEIM [1904]) existiert, wenigstens in Lsg., nicht in der angegebenen Zus., sondern mit einem kleineren Si:W-Verhältnis. Es wurden Anzeichen einer Assoziation der Heteropoly-Moll. in Lsg. gefunden. E. MOISAR. 177□

Schwefelisotope und hydrothermale Minerallagerstätten. J. W. T. Spinks. (Econ. Geol. **55.** 206. Jan./Febr. 1960. Saskatoon, Canada, Univ. of Saskatchewan, Chem. Dep.) (Engl.)

Als Entgegnung auf die gleichnamige Arbeit von JENSEN (Econ. Geol. **54.** [1959.] 374) teilt Vf. mit, daß ein Isotopenaustausch durch Autochromatographie durchaus möglich ist. Eine Säule mit $SrSO_4$-Kristallen wurde mit einer gesätt. Lsg. von $SrSO_4$, die entweder mit ^{89}Sr u. ^{90}Sr oder mit ^{85}Sr u. ^{90}Sr markiert war, beschickt u. anschließend mit einer großen Menge gesätt., inakt. $SrSO_4$-Lsg. extrahiert. Die Elutionskurven zeigen eine ausgesprochene Fraktionierung. Wird Sr^{85} vor dem Sr^{90} eluiert, tritt eine Trennung von 30% auf. Aus der graph. Darst. des $^{85}Sr/^{90}Sr$-Verhältnisses gegen das Vol. des Eluats ist eine Trennung der Isotope von 30% zwischen der ersten u. letzten Fraktion für eine 10-cm-Säule mit $SrSO_4$ ersichtlich. Einen ähnlichen, aber kleineren Effekt erhält man bei dem Paar ^{89}Sr u. ^{90}Sr. Es ist zu erwarten, daß bei $^{32}SO_4^{2-}$ u. $^{34}SO_4^{2-}$ ähnliche Verhältnisse auftreten. F. ENSSLIN. 177□

A₆. Strukturforschung

Aufnahmekammer für hohe und tiefe Temperaturen für die Anordnung URSs-50 I. A. Ss. Kagan und Ja. Ss. Umanski. (Заводская Лаборатория [Betriebs-Lab.] **26.** 108–09. 1960. Moskau, Stalin-Inst. für Stahl.) (Russ.)

Beschreibung der Konstruktion u. Arbeitsweise von 2 Aufnahmekammern für die Anordnung „URSs-50 I", die es ermöglichen, das Verh. von Proben bei Temp. von < 600 bzw. bei ca. -177^0 zu untersuchen. S. BARYSCHNIKOW. 181

Kristallographische Programme für eine Rechenmaschine. J. C. Gower und J. H. Rayner. (Brit. J. appl. Physics **9.** 446–47. Nov. 1958. Harpenden, Herts., Rothamsted Exp. Stat.) (Engl.)

Vff. beschreiben kurz Programme zur Berechnung dreidimensionaler Strukturfaktoren, ein- u. zweidimensionaler FOURIER-Synth. u. R-Faktoren in der Rechenmaschine Elliot-N. R. D. C. 401. C. GOTTFRIED. 181□

Eine einfache Methode zur Dispersion von Pulvern bei elektronenmikroskopischen Untersuchungen. Saul W. Chaikin. (Analytic. Chem. **33.** 1808. Nov. 1961. Menlo Park, Calif., Stanford Res. Inst.) (Engl.)

Vf. beschreibt folgendes Pulverdispersions-Verf.: Man verteilt zwischen 2 Objektträgern (OT) eine Mischung von 1 Tropfen Äthylenglykol (**I**) u. einigen mg des zu dispergierenden Pulvers, indem man die OT 10–20 Sek. lang gegeneinander reibt, zieht den oberen OT ab, legt einen mit einem Collodiumfilm überzogenen Raster mit der Filmseite nach unten auf die Mischung u. zieht sofort den Raster wieder zurück. Der Raster kann anschließend unter dem Mikroskop beobachtet werden, wobei **I** sehr schnell verdampft. Das Verf. wurde an γ-Fe_2O_3, SiO_2, Cu-Chromit, Cu_2O, $CaCO_3$ u. Ton erfolgreich erprobt. J. KRAETSCH. 181□

Bemerkung zu einer Mulliken-Näherung für Zwei-Zentren-Elektronenverteilungen. Audrey L. Companion und Robert G. Parr. (J. chem. Physics **35.** 2268–69. Dez. 1961. Chicago, Ill., Illinois Inst. of Technol., Dep. of Chem.; Pittsburgh, Pa., Carnegie Inst. of Technol., Dep. of Chem.) (Engl.)

Vff. geben einen einfachen Nachw. für die Gültigkeit der MULLIKEN-Näherung bei der Zwei-Zentren-Elektronenverteilung im H_2-Molekül. Bei der Unters. der Abhängigkeit der Δ-Werte von der Orbitalform zeigt sich die geforderte Abnahme der Δ-Werte mit größerer Energiegenauigkeit der Orbitale bei Verw. der ROSEN-Funktion für H_2, die die Polarisation berücksichtigt. G. M. NEUMANN. 182□

Eine Näherungslösung eines verallgemeinerten statistischen Modells. K. Ladányi und P. Szépfalusy. (Acta physica Acad. Sci. hung. **13.** 145–53. 1961. Budapest, Phys. Inst., Univ. for Techn. Sci., Res. Group for Theoret. Phys. of the Hungarian Acad. of Sci.) (Engl.)

Es wird eine Variations-Meth. zur Lösung von statist. Gleichungen beschrieben, die von Vff. unabhängig abgeleitet wurde. Es wird ein nichtlineares Syst. von Integro-Differentialgleichungen für die radiale Dichte D der Elektronen mit Bahndrehimpulsquantenzahl gegeben. Die geschilderte Variations-Meth. verkleinert die Anzahl der Gleichungen. Die Meth. wurde auf die Best. der Elektronendichte des Ar-Atoms angewandt. Die Übereinstimmung mit HARTREES Ergebnissen ist zufriedenstellend. H. LAUE. 182□

Protonenbewegungen in Feststoffen durch Streuungsquerschnitte langsamer Neutronen. J. J. Rush, T. I. Taylor und W. W. Havens jun. (J. chem. Physics **35.** 2265–66. Dez. 1961. New York, N.Y., Columbia Univ., Dep. of Chem. and Phys.; Upton, N.Y., Brookhaven Nat. Labor.) (Engl.)

Es wurden Messungen der Streuquerschnitte für langsame Neutronen an polykristallinen Proben von KH_2PO_4, $(NH_4)_2CrO_4$, $(NH_4)_2Cr_2O_7$, NH_4CNS u. NH_4ClO_4 bei Zimmer-Temp. durchgeführt. Die Streuquerschnitte pro H-Atom wurden als Funktion der Wellenlänge der Neutronen dargestellt, der Anstieg der Kurven wurde als Maß für die Beweglichkeit der H-Atome betrachtet. In Übereinstimmung mit Neutronenbeugungs-Unterss., aber im Gegensatz zu anderen Messungen, zeigt sich, daß beim KH_2PO_4 die Protonen sehr fest gebunden sind u. nur sehr hochfrequente Schwingungen ausführen können. Die Beweglichkeit der NH_4-Gruppe in $(NH_4)_2CrO_4$ u. NH_4SCN ist ähnlich beschränkt. Ein Vgl. der Kurven von $(NH_4)_2CrO_4$ u. $(NH_4)_2Cr_2O_7$ zeigt dagegen eine erhöhte Beweglichkeit der NH_4-Gruppe u. eine schwächere Bindung der Protonen beim $(NH_4)_2Cr_2O_7$. Am größten ist die Beweglichkeit der Protonen beim NH_4ClO_4, bei dem eine fast freie Drehbarkeit vorliegt. G. M. NEUMANN. 182□

Konstruktion zuverlässiger internuclearer Potentialkurven aus Gleichgewichtsbindungslängen und Schwingungsfrequenzen. D. Steele und E. R. Lippincott. (J. chem. Physics **35.** 2065—75. Dez. 1961. College Park, Md., Univ. of Maryland, Dep. of Chem.) (Engl.)

Vff. beschreiben eine Meth. zur Konstruktion zuverlässiger internuclearer Potentialkurven unter Verw. von Gleichgewichtswerten der Bindungslängen u. der Schwingungsfrequenzen sowie einer Funktion $V = D_e\{1 - \exp[-(n\,\Delta r^2/2r)]\}\,\{1 + a f(r)\}$. Für die Grundzustände zweiatomiger Moll. wird die beobachtete Periodizität des Parameters a explizit wiedergegeben. Diese Periodizität führt schließlich zur Kenntnis von D_e, α_e u. $x_e\,\omega_e$. Ferner wird eine empir. Beziehung zwischen den Werten des Parameters a im Grundzustand u. im nichtion. angeregten Zustand angegeben. Die berechneten Potentialkurven für die $X\,^1\Sigma_g^+$-Zustände von H_2 u. J_2 u. für den Grund- u. den angeregten Zustand von N_2 stimmen ausgezeichnet mit den experimentellen Kurven überein.
G. M. NEUMANN. 182□

Potentialkonstanten von pyramidenförmigen Molekülen des XYZ_2-Typs. K. Venkateswarlu, P. Thirugnanasambandam und C. Balasubramanian. (Z. physik. Chem. [Leipzig] **218.** 310—17. 1961. Annamalainagar, South India, Annamalai Univ., Dep. of Phys.) (Engl.)

Vff. berechnen nach der FG-Matrix-Meth. von WILSON nach einem allg. Potentialansatz die verschiedenen Kraft-Konst. bei pyramidenförmigen Moll. vom XYZ_2-Typ. Die Kraft-Konst. werden für SOF_2, $SOCl_2$, $SOBr_2$, $NHCl_2$, NH_2D u. NHD_2 sowohl ohne als auch unter Berücksichtigung nichtbindender Kraft-Konst. im Mol. ermittelt u. verglichen. Es zeigt sich, daß durch die Einführung nichtbindender Kraft-Konst. die Kraft-Konst. der Streckschwingungen nur wenig, die der Knickschwingungen u. der anderen Wechselwrkg. dagegen stärker beeinflußt werden. G. M. NEUMANN. 182□

Konstruktion orthogonaler LCAO-Wellenfunktionen für die F-Zentren aus ENDOR-Daten. Albert Gold. (J. chem. Physics **35.** 2180—82. Dez. 1961. Urbana, Ill., Univ. of Illinois, Dep. of Phys.) (Engl.)

Vf. berichtet über eine einfache Meth. zur Konstruktion orthogonaler LCAO-Wellenfunktionen für paramagnet. Syst. aus Elektronenspinrensonanz- u. Elektronenkerndoppelresonanz (ENDOR)-Daten. Die Meth. wird auf die Berechnung der Wellenfunktionen des Grundzustandes der F-Zentrenelektronen im *KCl* angewandt, wobei die Überlappung heterozentr. atomarer Wellenfunktionen explizit berücksichtigt wird. Diese Funktion setzt sich aus 4 s- u. 4 p-Valenzfunktionen zusammen, die auf die 6 K^+-Ionen in der Umgebung der Leerstelle verteilt sind. Es zeigt sich jedoch, daß diese einfache Funktion die Ladungsverteilung nicht quant. wiederzugeben vermag u. daß zu einer exakten LCAO-Darst. eines F-Zentrums noch zusätzliche Funktionen entfernterer Ionen nötig sind. Die Meth. erlaubt aber die experimentellen Daten rein qual. zu verstehen.
G. M. NEUMANN. 182□

Theoretische Berechnung der isotropen Hyperfeinstrukturen freier NH_2-Radikale. Jiro Higuchi. (J. chem. Physics **35.** 2270—71. Dez. 1961. Tokyo, Ookayama, Meguroku, Tokyo Inst. of Technol., Res. Labor. of Resources Utilizat.) (Engl.)

Vf. berechnet unter Verw. von SCF–LCAO–MO-Funktionen die Hyperfeinstruktur für freie NH_2-Radikale. Dabei wurden folgende Elektronenkonfigurationen berücksichtigt: I, $(1\,a_1)^2\,(2\,a_1)^2\,(1\,b_2)^2\,(3\,a_1)^2\,(1\,b_1)$; II, $(1\,a_1)^2\,(2\,a_1)\,(1\,b_2)^2\,(3\,a_1)^2\,(1\,b_1)\,(4\,a_1)$; III, $(1\,a_1)^2\,(2\,a_1)^2\,(1\,b_2)^2\,(3\,a_1)\,(1\,b_1)\,(4\,a_1)$ u. IV, $(1\,a_1)^2\,(2\,a_1)^2\,(1\,b_2)\,(3\,a_1)^2\,(1\,b_1)\,(2\,b_2)$. Die H^1-Aufspaltung nimmt mit zunehmendem Valenzwinkel HNH' infolge Zunahme des s-Charakters der N–H–σ-Orbitale zu. Bei einem Winkel von 105° ist die stabilste Konfiguration erreicht; die Kopplungs-Konst. ergibt sich dann zu —16,1 Gauß, wobei die Anteile der Konfigurationen II, III u. IV —10,3, —2,9 bzw. —2,9 Gauß betragen. Die Übereinstimmung mit experimentellen Daten ist zufriedenstellend. G. M. NEUMANN. 182□

Gitterenergie von Kalium-, Rubidium- und Cäsiummonohydrogendifluorid und die Stärke der Bindungen im Monohydrogendifluoridion HF_2^-. T. C. Waddington. Trans. Faraday Soc. **54.** 25—33. Jan. 1958. Cambridge, Univ., Chem. Labor.) (Engl.)

Die Gitterenergie (GE) von KHF_2, $RbHF_2$ u. $CsHF_2$ wurde aus bekannten Größen berechnet. Durch Vgl. mit der GE von *KF*, *RbF* u. *CsF* ergibt sich die Rk.-Enthalpie der Rk. $HF^-_{2(g)} = HF_{(g)} + F^-_{(g)}$ zu 58 ± 5 kcal/Mol. Das Ergebnis wird mit den bisher bekannten Werten verglichen. Bes. wird eine Beschreibung des Rechengangs für die Berechnung von Ion–Quadrupol-Energien gegeben. P. SARTORI. 182☐

Zonenschmelzen von Kristallen unter Verwendung eines Lichtbogenofens mit Reflektor. R. P. Poplawsky und J. E. Thomas jun. (Rev. sci. Instruments **31.** 1303–08. Dez. 1960. Detroit, Mich., Wayne State Univ.) (Engl.)

Es werden im Zonenschmelz-Verf. Si-Krist. gezogen, wobei die Energie eines Kohlebogens mit Hilfe eines Doppelparaboloidreflektors auf die Schmelzzone übertragen wird. Zum Vgl. mit herkömmlichen Verf. erfolgt an den gezogenen Krist. eine Best. der O_2-Konz., des spezif. Widerstandes sowie der Störstellendichte. H. SCHIRRWITZ. 190☐

Vakuumstrahlungsofen mit präziser Kontrolle des Temperaturgradienten für das Kristallwachstum durch Sublimation. A. C. Prior. (J. sci. Instruments **38.** 198–201. Mai 1961. Great Malvern, Royal Radar Establ.) (Engl.)

Es wird ein Ofen für das Wachsen von Bleiselenideinkristallen bei 775° beschrieben. Er besitzt einen hohen Grad von Temp.-Gleichheit; der Gradient kann ohne elektron. Kontrolle auf weniger als 1/10 Grad/cm bzw. 1/4 Grad/10 cm eingestellt u. aufrecht erhalten werden. Innerhalb von 5 Min. läßt er sich auf einen anderen Wert umstellen. Beim Aufheizen wird die Endtemp. in 75 Min. erreicht; der Ofen kann in wenigen Min. abgekühlt werden. Diese Leistungen werden durch Verminderung der totalen Masse des aufgeheizten Materials u. durch Verw. stark reflektierender, wassergekühlter, versilberter Oberflächen für die Wände erreicht. Die abs. Temp. kann mit einem Regulierungs-Syst. auf ±0,1 Grad kontrolliert werden. Die maximale Temp. ist wegen der Verdampfung der Heizelement-Leg. auf 940° begrenzt. P. SCHARNER. 190☐

Eine einfache Apparatur für die Züchtung von Germanium-Dendriten. Reginald F. Lever, John K. Powers, John L. Richards und Harry V. Sirgo. (Rev. sci. Instruments **31.** 1334–35. Dez. 1960. Philadelphia, Pa., Philco Corp., Res. Div., Basic Sci. and Technol. Dep.) (Engl.)

Es wird eine einfache widerstandsbeheizte App. zum Ziehen von Ge-Dendriten beschrieben. Als typ. Beispiel wird ein 2 m langer, im wesentlichen gleichmäßiger Streifen von 1,5–3 mm Breite u. 0,1 mm Stärke gezogen. H. SCHIRRWITZ. 190☐

Züchtung von Germaniumeinkristallen aus Salz- und Oxidschmelzen. W. N. Masslow, Ju. W. Granowski und W. D. Ssamygin. (Журнал Прикладной Химии [J. angew. Chem.] **32.** 2571–74. Nov. 1959.) (Russ.)

Es wurde der Einfl. von geschmolzenen Salzen u. Oxiden ($CuCl + KCl$; B_2O_3; $MgSO_4 + Na_2SO_4$; $MgCl_2$; KCl sowie $BaCl_2$) auf die spezif. Leitfähigkeit (ϱ) u. die Diffusionslänge der Minoritätsladungsträger (L) von Ge-Einkristallplättchen untersucht. ϱ sinkt unabhängig von der Wärmebehandlung (Ausnahme $CuCl + KCl$). Bei L konnte der Einfl. der Temp. von dem der Salze nicht getrennt werden. Die Schmelze verhindert die Oxid-Bldg. von Ge u. entfernt durch Auflösen Graphitteilchen sowie Schlackenreste von der Metalloberfläche. Beim Ziehen von Einkristallen aus solchen Schmelzen (KCl, H_3BO_3 u. ihr Gemisch) wurde abhängig von der Vers.-Anordnung ein Wechsel der Leitfähigkeit von p- nach n- beobachtet. Bei Verw. von hochohmigem Material u. einer Schmelze aus 50% KCl + 50% B_2O_3 gelang es, einen Kristall zu züchten, der schon nach dem ersten Ziehen im Vakuum gute Werte zeigte, $\varrho = 25–40$ Ohm·cm; L = 0,5 bis 0,8 mm (die Leitfähigkeit änderte sich nicht). H. DAHMEN. 190☐

Bemerkungen zur homogenen Keimbildung. Welby B. Courtney. (J. chem. Physics **35.** 2249–50. Dez. 1961. Richmond, Va., Texaco Exp. Inc., Expl. Res. Labor.) (Engl.)

Ausgehend von der klass. Tröpfchen-Bldg.-Theorie gibt Vf. eine Korrektur zur FRENKELschen Theorie der Cluster-Bldg. an. Infolge der großen experimentellen Fehler besitzt diese Korrektur jedoch untergeordnete prakt. Bedeutung. G. M. NEUMANN. 190☐

Elektronenspinresonanzmessungen bevorzugter Orientierungen in schnell ausgefrorenen Wasserstoffperoxidlösungen. Robert C. Smith und S. J. Wyard. (J. chem. Physics **35.** 2254–55. Dez. 1961. London, Guy's Hosp. Med. School, Phys. Dep.) (Engl.)

Durch UV-Bestrahlung gebildete freie Radikale in H_2O_2–H_2O-Lsgg. lassen sich bei tiefen Temp. stabilisieren u. können so durch Elektronenspinresonanz erkannt werden. Damit ist eine Meth. zur Best. der Orientierung u. der Verteilung der einzelnen Kristallite in schnell ausgefrorenen Lsgg. gegeben. Es zeigt sich, daß in den Proben mit 97% die Kristallite bevorzugt ihre 001-Ebenen senkrecht zur Rohrachse der Probe anordnen. Bei den Proben mit 76%, die zu einem Glas erstarrten, ließ sich dagegen keine feste Orientierung erkennen. G. M. NEUMANN. 190☐

Morphologische Analyse der Bodenkörper im System Bleinitratlösung/Natronlauge. Chemische Reaktionen in Grenzflächenzonen fester Stoffe. 2. Mitt. H. W. Kohlschütter und W. Hierse. (Kolloid-Z. **152.** 126—33. Juni 1957. Darmstadt, TH, E. Zintl-Inst. für anorg. u. phys. Chem.) (Dt.) — 1. vgl. C. **1958.** 6176.

Die Form-Eigg. der Bodenkörper, die im Syst. $Pb(NO_3)_2/NaOH$ bei Anwendung von 0,01 n Lsgg. entstehen, wurden experimentell bestimmt u. der Titrationskurve des Syst. Lsg. + Bodenkörper für den Bereich OH/Pb = 0 bis >2 zugeordnet (morpholog. Analyse). Die elektronenmkr. Befunde wurden zu den Analysendaten (Pb-, NO_3^- u. OH^--Geh.) von PAULEY u. TESTERMANN, zu dem Sedimentations-Vol. u. der Sedimentations-Geschw. der Bodenkörper unter der Mutterlauge, zu den DEBYE-SCHERRER-Diagrammen u. zu der Verfärbung der getrockneten Bodenkörper in Beziehung gesetzt. Die Befunde werden auf der Grundlage von Regeln diskutiert, die für den Zusammenhang zwischen dem Strukturtyp u. der Zus. bzw. den Form-Eigg. bei Hydroxosalzen 2wertiger Metalle Gültigkeit haben. Die Tendenz zur Bldg. planarer Teilchen mit extrem bevorzugten Wachstumsrichtungen in der Ebene tritt bei gleichbleibendem Kation u. Säurerest mit zunehmendem Basizitätsgrad immer stärker hervor. Der Übergang von nieder- zu höherbas. Verbb. bei fortlaufender Fällung ist elektronenmkr. unmittelbar nachweisbar. Getrocknete Bodenkörper mit einem geringen NO_3^--Geh. spalten unter Bldg. von rotem u. gelbem PbO langsam W. ab. Die Unters.-Ergebnisse stützen die Deutung des Rk.-Prod. im Syst. PbO/W. (CO_2) als hochbas. Hydroxosalz. W. BETCKE. 190□

Die polyedrischen Clathrathydrate. 2. Mitt. **Struktur des Hydrats von Tetraisoamylammoniumfluorid.** D. Feil und G. A. Jeffrey. (J. chem. Physics **35.** 1863—73. Nov. 1961. Pittsburgh, Pa., Univ. of Pittsburgh, Crystallography Labor.) (Engl.) — 1. vgl. C. **1960.** 14652.

Vff. untersuchen mit Hilfe von WEISSENBERG-Aufnahmen (CuKα) die Kristallstruktur von $[iso\text{-}C_5H_{11}]_4N^+F^-\cdot 38\ H_2O$ (**I**), das analog. l. c. aus wss. Lsg. bei Raum-Temp. in Form gut ausgebildeter orthorhomb. Prismen, F. 31°, ausgefällt wird. Die Gitter-Konst. bei Raum-Temp. sind a = 12,08 ± 0,01, b = 21,61 ± 0,02 u. c = 12,82 ± 0,01 Å; Raumgruppe Pbmm (No 51); Z = 2; $D_{\text{rönt.}}$. 0,99, $D_{(\text{Flotation})}$ 1,02 g·cm^{-3}. **I** gehört zum Typ einer polyedr. Clathratstruktur, in der die Wasser-Moll. u. die Anionen die Wirtstruktur bilden u. die Kationen als Gast-Moll. fungieren. Die Struktureinheit des durch Wasserstoffbindungen zusammengehaltenen Clathratkäfigs ist das pentagonale Dodekaeder $H_{40}O_{20}$ (Vol. ca 170 Å^3). Diese Dodekaeder sind im Kristallgitter regulär durch gemeinsame Flächen verbunden u. bilden auf diese Weise andere Polyeder, nämlich Tetrakaidekaeder (220 Å^3) u. Pentakaidekaeder (240 Å^3); diese 2 Polyeder haben 12 pentagonale u. 2 bzw. 3 hexagonale Flächen. Nur die größten Hohlräume sind von den Alkylgruppen der Kationen besetzt. Die meisten O—O-Abstände betragen ca. 2,80 (Å), F^-—O-Abstände 3,0—3,2 u. N^+—O-Abstände 4,1 u. 4,2. Die Struktur wird eingehend beschrieben u. die Beziehung zu anderen Clathratstrukturen von Gashydraten diskutiert. U. SKURNIA. 195□

Daten der Elementarzelle und Ausdehnungskoeffizienten von Wismuttellurid. M. H. Francombe. (Brit. J. appl. Physics **9.** 415—17. Okt. 1958. Wembley, Gen. Electr. Co. Ltd.) (Engl.)

Es wurden an Einkristallen u. pulverförmigen Bi_2Te_3 die Zellendimensionen erneut bestimmt. Die Pulverproben werden vor den Aufnahmen 4—6 Tage bei 425° in evakuierten SiO_2-Röhrchen angelassen; dann wurden die Einkristalle mit einem Gemisch aus HNO_3 u. W. (1 : 1) angeätzt. Für die hexagonale Zelle ergaben sich a = 4,3835 ± 0,0005 (Å); c = 30,487 ± 0,001 u. für die rhomboedr. Zelle a = 10,473 Å; a = 24° 9′ 32″. Hierauf wurde die therm. Ausdehnung der Zelle im Temp.-Bereich von —195 bis +400° gemessen. Festgestellt wurde eine ausgesprochene Anisotropie in der Wärmeausdehnung; die Werte der Koeff. bei 20° für die a- u. c-Achsenrichtungen betragen 12,9 bzw. 22,2·10^{-6} pro Grad. Anomale Änderungen der Ausdehnungs-Koeff. wurden bei Temp. >200° nachgewiesen. Während sich in der a-Richtung die Ausdehnungs-Geschw. oberhalb dieser Temp. erhöht, erreicht sie in der c-Richtung ein Maximum u. nimmt hierauf ab.
C. GOTTFRIED. 195

Neutronenbeugungsuntersuchungen an CaC_2, YC_2, LaC_2, CeC_2, TbC_2, YBC_2, LuC_2 und UC_2. Masao Atoji. (J. chem. Physics **35.** 1950—60. Dez. 1961. Argonne, Ill., Argonne Nat. Labor., Chem. Div.; Ames, Iowa, Iowa State Univ., Inst. for Atomic Res. and Dep. of Chem.) (Engl.)

Eine Analyse der Neutronenbeugungsintensitäten nach der Meth. der kleinsten Quadrate liefert für die C—C-Abstände bei CaC_2, YC_2, LaC_2, CeC_2, TbC_2, YbC_2, LuC_2 u. UC_2 folgende Werte: 1,191 ± 0,009; 1,275 ± 0,002; 1,303 ± 0,012; 1,283 ± 0,004; 1,293 ± 0,009; 1,287 ± 0,010; 1,276 ± 0,012 bzw. 1,340 ± 0,007 Å. Die statist. Mittelwerte der Streuamplituden der Neutronen ergeben sich für Ca, Y, La, Ce, Tb, Yb, Lu

u. U daraus zu 0,488 ± 0,007; 0,796 ± 0,009; 0,832 ± 0,014; 0,482 ± 0,006; 0,756 ± 0,020; 1,262 ± 0,012; 0,73 ± 0,02 u. 0,851 ± 0,022 (in 10^{-12} cm). Die Analyse der paramagnet. Streuung zeigt, daß die Metallatome in diesen Dicarbiden im dreiwertigen Grundzustand nach HUND vorliegen, mit Ausnahme von Ca, das zweiwertig u. U, das vierwertig ist; für Yb beträgt die mögliche Wertigkeit 2,8. Für die Abschirmungs-Konst. der 4 f-Elektronen ergeben sich für Ce, Tb u. Yb die Werte 39, 43 bzw. 43. Diese Daten werden mit Werten von PAULING, SLATER, KLINKENBERG u. VAN VLECK verglichen, die nach andersartigen Meth. erhalten wurden. G. M. NEUMANN. 195□

Neutronenbeugungsuntersuchungen an La_2C_3, Ce_2C_3, Pr_2C_3 und Tb_2C_3. Masao Atoji und Donald E. Williams. (J. chem. Physics 35. 1960—66. Dez. 1961.) (Engl.)

Neutronenbeugungsdaten der Sesquicarbide von La, Ce, Pr u. Tb wurden nach der vollständigen Matrix-Meth. der kleinsten Quadrate analysiert. Die C—C-Abstände innerhalb der C_2-Gruppe ergeben sich für La_2C_3, Ce_2C_3, Pr_2C_3 u. Tb_2C_3 zu 1,236 ± 0,009; 1,276 ± 0,005; 1,239 ± 0,003 bzw. 1,240 ± 0,005 Å. Diese Abstände sind bedeutend länger als die C—C-Abstände in CaC_2 mit 1,191 Å, aber kürzer als die Abstände in den Dicarbiden der Seltenen Erden mit 1,278 Å. Die Analyse der paramagnet. Streuung zeigt, daß die Metallatome in den Sesquicarbiden im dreiwertigen Grundzustand nach HUND vorliegen, mit Ausnahme von Ce im Ce_2C_3, dessen Valenz bei 3,4 liegt. Die Abschirmungs-Konst. der 4f-Wellenfunktionen von Pr u. Tb ergeben sich zu 40 bzw. 43. Die Valenzzustände u. die Bindungsverhältnisse in den Sesquicarbiden werden diskutiert. G. M. NEUMANN. 195□

Über die Struktur von $AgClO_2$. John Cooper und Richard E. Marsh. (Acta crystallogr. [Copenhagen] 14. 202—03. 10/2. 1961. Pasadena, Calif., California Inst. of Technol., Gates and Crellin Labor. of Chem.) (Engl.)

Vff. nehmen Bezug auf eine von CURTI u. Mitarbeitern (vgl. C. 1958. 14247) durchgeführte Struktur-Best. von $AgClO_2$ u. teilen mit, daß sie auf Grund ihrer Beobachtungen als Raumgruppe nicht C m m a, sondern D_{2h}^{8}-P c c a festgestellt haben. Die von CURTI u. Mitarbeitern (vgl. l. c.) gemessenen Zellendimensionen konnten bestätigt werden. In dem Gitter liegen 4 Ag in 4 (c) mit y = 0,112 ± 0,002; 4 Cl in derselben Punktlage mit y = 0,638 ± 0,007 u. 8 O in 8 (f) mit x = 0,36 ± 0,01; y = 0,23 ± 0,01 u. z = 0,095 ± 0,01. Innerhalb des Chloritions beträgt der Abstand Cl—O 1,55 Å, der O···O-Abstand 2,55 Å u. der Winkel O—Cl—O 111°. Jedes Ag-Ion ist von 6 O-Atomen umgeben, die ein verzerrtes dreiwinkliges Prisma bilden; die Ag—O-Abstände liegen zwischen 2,4 u. 2,6 Å. Ein direkter Kontakt zwischen Ag u. Cl besteht nicht; der kürzeste intermol. O—O-Abstand beträgt 3,25 Å. Die Struktur bestätigt den erwarteten Ionencharakter des $AgClO_2$. Es wird ferner angenommen, daß der Hauptteil der negativen Ladung auf dem Chlorition von den O-Atomen herrührt, was man auch auf Grund einer Betrachtung der Elektronegativitäten von O u. Cl erwarten mußte. C. GOTTFRIED. 195

Untersuchungen einiger Kohlenstoffverbindungen der Übergangsmetalle. 2. Mitt. **Die Struktur von $CH_3C{\equiv}CCH_3 \cdot H_2Fe_2(CO)_8$.** A. A. Hock und O. S. Mills. (Acta crystallogr. [Copenhagen] 14. 139—48. Manchester, Univ., Dep. of Chem.) (Engl.) — 1. vgl. C. 1959. 12785.

In Fortsetzung einer vorläufigen Unters. der Vff. (vgl. C. 1959. 3730) wird über die genaue Struktur-Best. der Verb. $CH_3 \cdot C{\equiv}CH_3 \cdot H_2Fe_2(CO)_8$ berichtet, die sich bei der Rk. von Butin-(2) mit alkal. Lsgg. von Hydrogencarbonyleisen bildet. Die Verb. krist. monoklin. u. hat die Gitterdimensionen a = 12,26 (Å); b = 7,47; c = 15,7; β = 97,5°; Raumgruppe P 2_1/c; Z = 4. Die Struktur wurde mit Hilfe dreidimensionaler FOURIER-Meth. u. anschließender Verfeinerung mit Hilfe der Meth. der kleinsten Quadrate bestimmt. Die gefundenen Parameter sind: $Fe_{(1)}$ (x =) 0,2178; (y =) 0,1697; (z =) 0,3273; $Fe_{(2)}$: 0,2129; 0,1432; 0,1685; $O_{(1)}$: 0,2334; 0,5301; 0,2231; $O_{(2)}$: 0,3546; —0,1456; 0,2558; $O_{(3)}$: 0,1208; —0,2037; 0,1013; $O_{(4)}$: 0,0322; 0,3392; 0,0685; $O_{(5)}$: 0,3726; 0,1995; 0,0528; $O_{(6)}$: —0,0012; 0,0471; 0,2632; $O_{(7)}$: 0,1351; 0,4597; 0,4248; $O_{(8)}$: 0,2471; —0,0925; 0,4647; $C_{(1)}$: 0,4124; 0,4795; 0,3522; $C_{(2)}$: 0,3558; 0,3282; 0,3004; $C_{(3)}$: 0,3870; 0,1439; 0,3084; $C_{(4)}$: 0,4819; 0,0770; 0,3701; $C_{(5)}$: 0,2639; 0,3528; 0,2360; $C_{(6)}$: 0,3210; 0,0277; 0,2524; $C_{(7)}$: 0,1580; —0,0680; 0,1279; $C_{(8)}$: 0,1014; 0,2667; 0,1084; $C_{(9)}$: 0,3083; 0,1782; 0,0969; $C_{(10)}$: 0,0898; 0,0958; 0,2802; $C_{(11)}$: 0,1679; 0,3466; 0,3873; $C_{(12)}$: 0,2354; 0,0060; 0,4106. Das Mol. wird von einer 4 C-Kette u. 2 trigonalen $Fe(CO)_3$-Gruppen aufgebaut; das Fe-Atom der einen $Fe(CO)_3$-Gruppe liegt auf der dreizähligen Achse des anderen Fe-Atoms; beide Gruppen bilden einen Winkel von 113° miteinander. Die 2-Fe-Atome haben verschiedene Koordinationspolyeder u. verschiedene Valenzzustände u. sind mit $Fe_{(1)}$ bzw. $Fe_{(2)}$ bezeichnet. Der Abstand Fe—Fe mit 2,49 Å deutet auf eine kovalente Bindung hin. Die Atome $C_{(1)}$ u. $C_{(4)}$ sind die des ursprünglichen Butins. Die Koordinationspolyeder von $Fe_{(1)}$ u. $Fe_{(2)}$ kann man als ein verzerrtes trigonales Prisma bzw. verzerrtes Oktaeder ansehen. In dem ersteren bilden die 3 CO-Gruppen, das zweite Fe-

Atom u. 2 Doppelbindungen das Koordinationsgerüst, in dem anderen sind nur 5 der Plätze durch C-Atome besetzt. Von den 6 Gruppen $Fe-C\equiv O$ sind 5 linear, das sechste weicht um 12° von dieser Linearität ab. Die Fe—C-Abstände kann man in 3 Gruppen einteilen mit den mittleren Werten 2,13; 1,95 u. 1,78 Å; der letztere Abstand ist wesentlich kürzer als der Einzelbindungsabstand, u. ist auf einen partiellen Doppelbindungscharakter von Fe—CO zurückzuführen. Die C—O-Abstände mit 1,14 bzw. 1,37 Å entsprechen entweder der dreifachen Carbenylbindung oder der phenol. Bindung. Die Moll. bilden unendliche Ketten parallel der b-Achse, wobei die Moll. durch H-Bindungen zwischen den C—OH-Gruppen aufeinanderfolgender Moll. verknüpft sind.

C. GOTTFRIED. 195

Kristallstrukturen von zwei Heteropolysalzen: Pentakaliumdodekawolframatocobaltat(III)-20-Wasser, $K_5[CoW_{12}O_{40}] \cdot 20\ H_2O$, und Tetranatriumhexawolframatoniccolat(II)-16-Wasser, $Na_4[NiW_6O_{24}] \cdot 16\ H_2O$. Klaas Eriks, Nicholas F. Yannoni, Umesh C. Agarwala, Violet E. Simmons und Louis C. W. Baker. (Acta crystallogr. [Copenhagen] **13.** **1139.** 10/12. 1960. Boston, Mass., Univ., chem. Dep.) (Engl.)

$K_5[CoW_{12}O_{40}] \cdot 20\ H_2O$, das nach der Vorschrift von BAKER u. MC CUTCHEON (vgl. C. **1957.** 878) hergestellt worden war, krist. aus W. in hellgelben hexagonalen Prismen mit den Zelldimensionen a = 19,11 ± 0,06 (Å); c = 12,56 ± 0,08; Raumgruppe ist $P\,6_2\,22$; Z = 3; $D_{pykn.}$ 4,401 (g/cm³); $D_{ber.}$ 4,33. In dem Gitter hängen die 12 W-Atome des Anions an den Ecken eines schwach verzerrten Oktaederwürfels mit dem Co-Ion im Zentrum. Das Co-Ion ist tetraedr. von 4 O-Atomen umgeben. Es wird darauf hingewiesen, daß diese Anordnung die erste tetraedr. Koordination für Co ist. — $Na_4[NiW_6O_{24}H_6] \cdot 16\ H_2O$ krist. aus wss. Lsg. in hellblauen trikiinen Kristallen. Die trikline Zelle hat die Abmessungen a = 10,55 (Å); b = 12,14; c = 8,60; α = 105° 4′; β = 96° 23′; γ = 107°21′. Raumgruppe ist $P\,\bar{1}$; Z = 1. Bes. interessant bei der Struktur ist, daß 3 Moll. strukturell gebundenes W. im Anion enthalten sind, was bisher in Heteropoly-Verbb. noch nicht beobachtet worden war.

C. GOTTFRIED. 195

Interferenz von divergenten Röntgenstrahlen an dünnen planparallelen Schichten. Wolfgang Hink und Wolfgang Petzold. (Z. angew. Physik **10.** 135—38. März 1958. Berlin, FU, I. Phys. Inst.) (Dt.) — Vgl. C. **1961.** 8219.

Durch Verw. eines Mikrofokus auf einer Membranantikathode als Röntgenlichtquelle (Ø ≦ 5 μ) werden Röntgeninterferenzen an dünnen (1045 Å) planparallelen Al-Schichten (auf einer Glasunterlage) mit divergentem Röntgenlicht erzeugt. Aus der Winkellage der Interferenzextrema läßt sich die Schichtdicke bestimmen. Es wird ein Auswertungs-Verf. angegeben u. dessen Genauigkeit unter Einschluß der bei der Reflexion auftretenden Phasensprünge diskutiert.

C. GOTTFRIED. 196

Über die Oxydation von Mangan bei erhöhten Temperaturen. J. Païdassi und A. Echeverría. (Acta metallurg. [New York] **7.** 293—95. April 1959. Gif-sur-Yvette, Seine-et-Oise, Centre d'Etudes Nucl. de Saclay, Serv. de Chim. des Solides; Concepción, Chili, Univ., Escuela de Ing. Quím.) (Franz.)

Proben aus Elektrolyt-Mn werden an Luft auf 400—1200° erhitzt; die Gew.-Zunahme u. das mikrograph. Aussehen der Oxidschichten werden untersucht. Zwischen 400 u. 850° besteht die Oxidschicht aus aufeinanderfolgenden Schichten von MnO, Mn_2O_3 u. MnO_2, bei 900—1200° lediglich aus MnO u. Mn_3O_4, da Mn_2O_3 bei 940° schon einen Zers.-Druck von 150 Torr besitzt. Werden die oxydierten Proben an Luft abgekühlt, so wird auf der MnO-Schicht eine dünne Schicht feiner Mn_3O_4-Ausfällungen beobachtet; beim Abschrecken mit W. erscheinen die Mn_3O_4-Fällungen in der Form WIDMANNSTÄTTscher Figuren im MnO. Für die Schichtdicken gilt $c = k\sqrt{t}$ (t = Zeit), so daß die Oxydations-Geschw. durch die Diffusion verschiedener Ionen durch die Oxidschicht bestimmt wird. Aus der Abhängigkeit des Proportionalitätsfaktors k von 1/T (T Temp.) folgt die Aktivierungsenergie der Oxydation bei 400—900° zu 29,2 (kcal/Mol), bei 1000—1200° zu 79,8.

HERBERT MÜLLER. 196 □

Reflexion von Röntgenstrahlen an kondensierten Metallfilmen. L. M. Rieser jun. (J. opt. Soc. America **47.** 987—94. Nov. 1957. Hanover, N.H., Dartmouth Coll.) (Engl.)

Vf. berichtet über Messungen der Reflexionsfähigkeit der Röntgenstrahlen an auf Glas aufgedampften Filmen von *Be, Al, Ti, Cr, Ni, Cu, Ag, Ir, Pt* u. *Au*. Verwendete Wellenlängen waren 1,54 u. 2,28 Å. Ganz allg. wurden Diskrepanzen zwischen den theoret. zu erwartenden Reflexionskurven u. den experimentell erhaltenen Kurven festgestelt. Bei Winkeln < als der krit. Winkel war die Intensität der reflektierten Röntgenstrahlen kleiner als die theoret. verlangten Intensitäten. Glas allein reflektierte ca. 97% der einfallenden Strahlung, einige der auf das Glas aufgedampften Metallfilme um 85%. Bei kleinen Winkeln waren Ag u. Cr schlechte, Be, Al u. Ni dagegen gute Reflektoren. Die

Unterschiede in der Reflexionsfähigkeit lassen sich wahrscheinlich durch die Rauheit der Oberfläche erklären. Im Gebiet des krit. Winkels erhält man eine Übereinstimmung zwischen theoret. u. experimentellenWerten, wenn man die Dichte der aufgedampften Filme berücksichtigt, die in allen Fällen niedriger ist als die Dichte des festen Metalls. Bei dem Cu-Film wurde festgestellt, daß die Dichte des Films 11% geringer war als die des festen Metalls. C. Gottfried. 196

Wanderung von Fehlstellen und Bindung in Metallen. A. Sosin. (Physic. Rev. [2] **122.** 1112—16. 15/5. 1961. Canoga Park, Calif., Atom. Internat. Div. of North Amer. Aviation.) (Engl.)

Die Aktivierungsenergien von Fehlstellen in Metallen wurden experimentell ermittelt; dabei wurde die Kinetik der Konz.-Abnahme von Überschußfehlstellen, die Wanderungsenergie E_m u. die Bindungsenergie B der Fehlstellen an ein Fremdatom bes. beobachtet. Die Anfangs-Konz. der Fehlstellen beim Abschrecken von $T_q = 600^0$ u. bei einer Bldg.-Energie von $E_f = 1{,}0$ eV wurde zu $v_Q = \exp(-E_f/k\,T_q) = 1{,}74 \cdot 10^{-6}$ erhalten, die anfängliche Rekombination nur aus E_m, die Endrekombination aus einer Energie, die $> E_m$, aber $> E_m + B$ ist, berechnet. Anfangs- u. Endrekombination lassen sich leicht 2 Stufen des Anlaßvorganges zuordnen. W. Sobieski. 197 □

Anhäufungen von Fehlstellen in bestrahlten Metallen. R. S. Barnes. (Discuss. Faraday Soc. Nr. **31.** 38—44. 1961. 1 Tafel. Harwell, Berks., AERE, Metallurg. Div.) (Engl.)

Filme aus *Ag*, *Al*, *Cu* u. *Fe* werden mit $1{,}4 \cdot 10^{17}$ α-Teilchen/cm² (38 MeV) bestrahlt u. die Strukturänderungen direkt bzw. nach geeigneter Wärmebehandlung elektronenmkr. beobachtet. Die durch Bestrahlung gebildeten Anhäufungen von Fehlstellen können in 2 Gruppen eingeteilt werden. In Cu u. Ag sind die großen Versetzungsschleifen ebenen Bereichen von Atomen auf Zwischengitterplätzen zuzuschreiben. Die häufigere Form der Anhäufungen ist jedoch auf Leerstellen zurückzuführen, die wegen ihrer geringen Größe schwierig nachzuweisen sind, jedoch in der Tetraederform von Stapelfehlern auftreten. Aus dem Verh. beider Formen bei Wärmebehandlung folgt, daß Leerstellenanhäufungen stabiler sind. Anhäufungen von Atomen auf Zwischengitterplätzen rühren von Diffusionsvorgängen her, obwohl kleinere Anhäufungen in situ bei prim. Stößen mit schweren Teilchen, jedoch nicht bei Elektronenbeschuß entstehen können. Die Beschaffenheit der Anhäufungen hängt von der Kristallstruktur u. ihre Stabilität von den interatomaren Kräften im Metall ab. Herbert Müller. 197 □

Über den Einfluß der Kristallisationsgeschwindigkeit auf die Eigenschaften metallischer fester Lösungen. G. N. Nyssanbajew und A. A. Pressnjakow. (Вестник Академии Наук Казахской ССР [Nachr. Akad. Wiss. KasachSSR] **17.** Nr. 5. 74—78. Mai 1961.) (Russ.; Auszug: Kasach.)

Proben von Al-Bronze (Al + Cu) mit 1,02—9,7% Al wurden teils sehr langsam, teils sehr rasch auskristallisiert u. die Kristalle auf Mikrostruktur, Mikrohärte u. Gitterparameter untersucht. Es ergaben sich dabei wesentliche Unterschiede: 1. die rasch krist. (gehärteten) Proben ergaben ein Anwachsen der Korngröße mit wachsendem Al-Geh. (bis 3% Al); bei 4—7% Al wurde Dendritstruktur beobachtet, die bei Al-Geh. >7% zerstört wird. Eutektoideinschlüsse wurden nicht beobachtet. Hochlegierte Lsgg. sind demnach instabil. 2. Die langsam krist. Proben wiesen keine sichtbare Dendritinhomogenität auf, dafür trat häufige Zwillings-Bldg. auf. Bei 8,9% Al wurde eine 2. Phase beobachtet. Der stärkste Zerfall des Kornes erfolgte bei 2% Al, die maximale Zwillings-Bldg. bei 7%, die Korngröße hatte bei 5—6% Al ein Maximum. Die rasch abgekühlten Proben waren stets weicher (35 Einheiten bei 1%, 65 bei 9,7% Al). Die Mikrohärte der langsam krist. Proben blieb nach dem Deformieren u. Härten prakt. die gleiche. Erstmalig beobachtet wurde eine Vergrößerung der Streuung der Mikrohärtewerte bei den gehärteten Proben nach deren Überführung in den Gleichgewichtszustand (durch Deformieren u. Härten). Die Gitterparameterwerte lagen am niedrigsten bei den gehärteten Proben, sie stiegen etwas nach dem Deformieren u. Härten u. waren am höchsten bei den langsam abgekühlten Proben. A. v. Wilpert. 197 □

Dichteste Kugelpackung mit einer Zusatzbedingung in Legierungen. K. Schubert. (Acta crystallogr. [Copenhagen] **13.** 1010. 10/12. 1960. Stuttgart, MPI für Metallforsch.) (Engl.)

Vf. nimmt zunächst Bezug auf eine eigene Unters. (Z. Naturforsch. **11a.** [1956.] 999; vgl. auch C. **1958.** 10863), wonach in Legg. zwischen Übergangsmetallen bei einer mittleren Anzahl von 4—6 äußeren Elektronen pro Atom die kub.-raumzentrierte Struktur (A 2) auftritt. Eine andere, in Legg. mit Übergangsmetallen gefundene Struktur ist die σ-Phase von β-U; Phasen dieses Typs traten bei einer Konz. der Außenelektronen von 6,7 auf. Die β-W- oder W_3O-Struktur (A 15), die der von β-U ähnlich ist, tritt auch mit nur 75 Atom-% eines Übergangsmetalls auf. Aus einer weiteren statist. Auswertung bekannter Strukturen des Vf. (vgl. l. c.) folgt, daß bei höheren u. niedrigeren Elektronen-

Konzz. hexagonal- oder kub.-dichtest gepackte Strukturen auftreten. Vf. untersucht nun die Frage, ob man die Strukturen von W, „β-W" u. β-U als Packungen ansehen kann, die mit einer Hilfsbedingung dichtest sind. Wenn man in einer Kristallfläche die Atomabstände vorschreibt, dann kann es sein, daß die folgenden Schichten kongruent sind, u. das Problem der Dichte der Stuktur wird durch eine eindimensionale Bewegung der folgenden Schichten gelöst; die A 2-Struktur gehört zu diesem Typ. Die A 15-Struktur ist ähnlich. C. Gottfried. 197

Diffusion in metallischen Vielkomponentensystemen. 4. Mitt. Ein allgemeines Theorem für die Ableitung von Vielkomponentenlösungen aus Lösungen der binären Diffusionsgleichung. J. S. Kirkaldy. (Canad. J. Physics **37.** 30—34. Jan. 1959. Hamilton, Ontario, McMaster Univ., Dep. of Metallurgy and Metall. Engng.) (Engl.) 3. vgl. C. **1959.** 12473.

Vf. leitet ein von der Geometrie u. den Randbedingungen unabhängiges Theorem ab, das es gestattet, aus der bekannten Lösung der Diffusionsgleichung für bin. Syst. Lösungen für die n-te Komponente eines metall. Vielkomponenten-Syst. abzuleiten. Die stetigen Zustände in der Vielkomponentendiffusion sind darin untereinander unabhängig u. hängen lediglich von der Geometrie u. den Randbedingungen des Gesamt-Syst. ab. Die Diffusionsströme sind dagegen voneinander abhängig. Lösungen im Übergangs-Gleichgewicht für $n \geqq 3$ u. ihre einfache analyt. Behandlung lassen eine bedeutende Anwendung des Vielkomponentenformalismus auf Segregationserscheinungen in Legg. vermuten. Herbert Müller. 197□

Der Einfluß der Wärmebehandlung der Schmelze auf die Eigenschaften der Legierung Br–ANMz 8,5—7,5—1,5. L. Ss. Rainess, A. I Gaberzettel und S. Ss. Kondratjewa. (Литейное Производство [Giesserei-Betr.] **1961.** Nr. 7. 36—38. Juli.) (Russ.)

Die Mikrostrukturen u. mechan. Eigg. von Cu–Al–Ni–Bronze-Teilchen (8—9% Al u. 7—8% Ni, F. ~ 1040°), die durch rasche Abkühlung überhitzter Schmelzen (1280, 1330 u. 1450°) auf die Guß-Temp. (1160°) hergestellt wurden, werden mitgeteilt. H. Jäger. 197□

Wechselwirkungen von Zwischengitteratomen mit Versetzungen in Eisen. K. Kamber, D. Keefer und C. Wert. (Acta metallurg. [New York] **9.** 403—14. Mai 1961. Urbana, Ill., Univ. of Illinois.) (Engl.)

Mit Hilfe von anelast. Messungen wird die Wechselwrkg. von Zwischengitteratomen von N u. C mit Versetzungen in kub.-raumzentriertem Fe untersucht. Dabei wird sowohl das Snoek-Maximum wie das Maximum nach Kaltverformung benutzt. Es wird dargelegt, daß Meth., die nur einen Effekt allein benutzen, zur Berechnung der Stärke der Wechselwrkg. nicht ausreichen; denn solche Meth. müssen Annahmen über die Cottrell-Atmosphäre machen, deren Gültigkeit offenbar nicht gesichert ist. Es wird ein Meth. vorgeschlagen, die einige dieser Annahmen verwendet. Mit ihrer Hilfe wird die Bindungsenergie zwischen Einlagerungs-C u. Versetzungen auf 0,5 eV pro Atom geschätzt. H. Hochstein. 197□

Moiré-Muster und Versetzungsstufen in reinem Eisen. Hiroshi Fujita und Zenji Nishiyama. (Mem. Inst. sci. ind. Res., Osaka Univ. **18.** 55—64. 1961.) (Engl.)

In durch Elektropolierung hergestellten Fe-Folien werden häufig nach dem Glühen Moiré-Muster sowie Stufenversetzungen an den Subkorngrenzen beobachtet. Beide Erscheinungen überdecken sich zuweilen u. scheinen zu einem komplexen Muster zu gehören. Sie können voneinander, selbst bei so kleinen Abständen wie 100 Å oder weniger, unterschieden werden. Die Ursache dafür wird erörtert. H. Hochstein. 197□

Verteilung von Versetzungen in bei niedrigen Temperaturen verformtem reinem Eisen. Hiroshi Fujita und Zenji Nishiyama. (Mem. Inst. sci. ind. Res., Osaka Univ. **18.** 65—70. 1961.) (Engl.)

Beobachtungen mit dem Durchstrahlungs-Elektronenmikroskop an reinem, bei niedrigen Temp. verformtem Fe lassen erkennen: 1. Bldg. einer subkornähnlichen Struktur durch die starke Kaltverformung; 2. Bldg. eines unregelmäßigen Versetzungsnetzwerkes u. eines Moiré-Musters; 3. dynam. Bldg. von Versetzungsschleifen. H. Hochstein. 197□

Selbstdiffusion in Eisen. F. S. Buffington, K. Hirano und M. Cohen. (Acta metallurg. [New York] **9.** 434—39. Mai 1961. Massachusetts Inst. of Technol., Dep. of Metallurgy; California Inst. of Technol., Engng. Div.) (Engl.)

Die Selbstdiffusion in sehr reinem Fe (99,97% Fe) wurde im Temp.-Bereich 700 bis 1436° bestimmt. Die Temp.-Abhängigkeit des Selbstdiffusions-Koeff. in kub.-flächenzentriertem u. kub.-raumzentriertem Fe wird folgendermaßen ausgedrückt (cm^2/s): γ-Fe: $D = 0{,}18 \exp(-64500/RT)$; α-Fe (paramagnet.): $D = 1{,}9 \exp(-57200/RT)$, (>790). α-Fe (ferromagnet): $D = 2{,}0 \exp(-60000/RT)$, (<750°). Die Diffusions-

Konst. unterhalb der magnet. Umwandlung ist niedriger, als man nach der Extrapolation der Diffusionsmessungen für paramagnet. Fe erwartet. H. Hochstein. 197□

Die martensitische Umwandlung in dünnen Folien. Zenji Nishiyama, Ken'ichi Shimizu und Kazuo Sugino. (Mem. Inst. sci. ind. Res., Osaka Univ. **18.** 71—79. 1961.) (Engl.)

Die martensit. Umwandlung wurde mit einem Durchstrahlungs-Elektronenmikroskop unter Verw. dünner Austenitfolien mit (0 0 1)-Orientierung, die durch elektrolyt. Polieren aus einer Fe-Leg. mit 30,64% Ni hergestellt waren, untersucht. Die elektronenmkr. Aufnahmen des Martensits zeigen zwei Erscheinungsarten, nämlich die lamellare u. grobe. Die erste Form wird auf Wachstumsfehler zurückgeführt; der Martensit hat eine Orientierungsbeziehung zur Matrix, die mit dem von Pitsch an verdampften Folien erhaltenen Ergebnis übereinstimmt. Die grobe Martensitform besitzt eine Bain-Orientierungsbeziehung. Unter Berücksichtigung des bei der Elektronenbeugungstechnik möglichen Fehlers besteht jedoch die Möglichkeit, daß diese Beziehungen nur scheinbar sind u. auf einige der zwölf Varianten in der Nishiyama-Beziehung zurückgeführt werden können. H. Hochstein. 197□

Zur Kristallographie des Martensits; die {225}-Umwandlung in Eisenlegierungen. C. M. Wayman, J. E. Hanafee und T. A. Read. (Acta metallurg. [New York] **9.** 391—402. Mai 1961. Urbana, Ill., Univ. of Illinois, Dep. of Mining and Metallurg. Engng.; Bayonne, N.J., Internat. Ni-Co., Res. Labor.) (Engl.)

Zur sorgfältigen Unters. der Martensitumwandlung von Fe-Legg. muß man die Beziehung der Gitterorientierungen an einer einzigen Martensitplatte bestimmen, für die die Richtungskosinus der Habitusebene bereits bekannt sind. Eine derartige Unters. wird für eine Fe-Leg. mit 7,90% Cr u. 1,11% C durchgeführt, deren Habitusebene sich angenähert durch $\{4\ 4\ 9\}_A$ wiedergeben läßt. Die Theorien von Bowles-Mackenzie u. Wechsler-Lieberman-Read, die sich in der Deutung der {2 2 5}-Umwandlung unterscheiden, wurden auf Grund der experimentellen Ergebnisse geprüft. Die letztgenannte Theorie stimmt im wesentlichen mit den Ergebnissen überein, vorausgesetzt, daß man für die gitterinvariante Scherung die {0 1 1}-Ebene des Martensits annimmt. Die Theorie von Bowles-Mackenzie, die eine isotrope Dilatation der Grenzfläche zuläßt, gibt eine ebenso gute Beschreibung, wenn die Scherung an einer $\{1\ 1\ 2\}_m$-Ebene auftritt. In beiden Fällen ist die vorhergesagte Scherungsrichtung die dichtgepackte $\langle 1\ 1\ 1\rangle_m$-Richtung. Einige mkr. Beobachtungen deuten darauf hin, daß die Grenzfläche möglicherweise keine verschwindende Gesamtverdrehung aufweist, wie die zweitgenannte Theorie sie vorausgesetzt hat u. daß eine Dilatation in der Grenzfläche annehmbar erscheint. Es wird die Bedeutung der festgestellten Martensitseitenplatten erörtert. H. Hochstein. 197□

Einfluß der α- und ε-Phase auf die Verfestigung von austenitischen Stählen bei Deformation. I. N. Bogatschew und A. F. Ssatschawski. (Известия Высших Учебных Заведений [Москва], Черная Металлургия [Hochschulnachr. (Moskau), Eisenmetallurgie] **1961.** Nr. 2. 100—08. Ural. Polytechn. Inst.) (Russ.)

Stabile u. instabile Mn-haltige austenit. Stähle (G 20, 40 G 14, 40 G 20, 40 G 30, 80 G 20, G 31) werden bei einer Raum-Temp.-Verformung stärker verfestigt als Ni-haltige austenit. Stähle (40 N 25, 75 N 25, 73 N 35, N 33). Bei gleichem C-Geh. ist die Verfestigung des instabilen Austenits stets höher als die des stabilen u. hängt mit der Intensität der Martensit-Bldg. u. der der ε-Phase während der Verformung zusammen. Der höhere Verfestigungsgrad der instabilen Mn-Stähle gegenüber dem der Ni-Stähle, die die gleiche Intensität der Martensitbldg. bei der Verformung haben, kann mit der Bldg. der ε-Phase zusammenhängen. Die Bldg. der ε-Phase während der Verformung bewirkt bei den Mn-Stählen das Auftreten orientierter Spannungen zweiter Art. Die Relaxation der orientierten Spannungen zweiter Art bei martensit. Stählen tritt im Bereich von 170—380° auf u. hängt mit der reversiblen kohärenten Umwandlung der ε-Phase in die γ-Phase zusammen. Die Verfestigung bei Temp., oberhalb derer die Verformung keine Bldg. der ε-Phase u. des Martensits bewirkt, wird prakt. nur durch den C-Geh. im Stahl bestimmt u. hängt nicht davon ab, ob der Austenit auf Ni- oder Mn-haltiger Grundlage erhalten ist. H. Hochstein. 197□

Mikrostruktur und einige Eigenschaften der Legierungen des Systems FeSi–MnSi–C. F. N. Tawadse und K. A. Doliaschwili. (Сообщения Академии Наук Грузинской ССР [Mitt. Akad. Wiss. GrusinSSR] **18.** 211—16. Febr. 1957. Tbilissi, Akad. der Wiss. der GrusinSSR, Inst. für Metall u. Bergwesen.) (Russ.)

Die Unters. des Syst. FeSi–MnSi umfaßte Legg. mit wechselndem Geh. an Fe u. Mn bei fast konst. (ca. 30—32%) Geh. an Si. Die Legg. kristallisieren als lückenlose feste Lsg., daher ist die Struktur der MnSi- u. FeSi-Kristalle isomorph, augenscheinlich kub. (Tetraederklasse) mit 4 Silicid-Moll. je Zelle. Die Legg. lösen nur sehr wenig (bis

0,08%) C in Form einer festen Lösung. Das Strukturdiagramm für einen Geh. an Si bis 35% konnte aufgezeichnet werden. A. v. WILPERT. 197

Verformung von Festkörpern bei hohen Verformungsgeschwindigkeiten. A. H. Cottrell. (Chartered mechan. Engr. **4.** 448—60. Nov. 1957.) (Engl.)

Zusammenfassender Vortrag. — 45 Literaturzitate (bis 1957). C. GOTTFRIED. 200

Elastisches Verhalten von Substanzen unter sehr hohen Drücken. Allgemeine Deformation. S. Bhagavantam und E. V. Chelam. (J. Indian Inst. Sci. **42.** 29—40. Juli 1960. Bangalore, Indian Inst. of Sci., Director's Res. Labor.) (Engl.)

Mit Hilfe einer früher von Vff. (C. **1962.** 11116) angegebenen Meth. zur Berechnung der effektiven elast. Konst. aus einem Ausdruck der Spannungsenergie u. unter Verw. der Theorie der nichtlinearen Elastizität werden Ausdrücke für die effektiven elast. Konst. einer Substanz abgeleitet, die anfänglich kub. Symmetrie besitzt u. einer bestimmten Deformation unterworfen wird. Neben der allg. Ableitung wird auf die besonderen Fälle der triaxialen u. einaxialen Spannung u. der reinen Scherung näher eingegangen. U. SKURNIA. 200□

Elastisches Verhalten von Substanzen unter sehr hohen Drücken. Einfache Scherung. E. V. Chelam. (J. Indian Inst. Sci. **42.** 41—46. Juli 1960.) (Engl.) — Vgl. vorst. Referat.

Vf. behandelt im Anschluß an vorst. Unters. den besonderen Fall, daß eine anfänglich kub. Substanz einer einfachen endlichen Scherung ausgesetzt wird. Die l. c. entwickelte allg. Theorie schließt diesen Fall nicht mit ein, da die Matrix in diesem Falle als unsymm. angenommen werden muß. Die Ausdrücke für die effektiven elast. Konst. werden abgeleitet. U. SKURNIA. 200□

Die plastische Verformung von Uranoxiden oberhalb 800° C. R. Scott, A. R. Hall und J. Williams. (J. nuclear Materials [Amsterdam] **1.** 39—48. 1959. Harwell, Berks., AERE, UKAEA, Res. Group.) (Engl.)

Gesintertes U-Oxid der Zus. $UO_{2,06}$ bzw. $UO_{2,16}$ u. mit D. $>95\%$ des theoret. Wertes kann bei 800° plast. verformt werden, während $UO_{2,00}$ erst $>1600°$ plast. wird. Die Biegungskriechverhältnisse des $UO_{(2+x)}$ gleichen insofern jenen der Metalle, als sie der Formel $\dot{\varepsilon} = A \sin(\sigma/\sigma_0) \exp.(Q/RT)$ gehorchen, wobei $\dot{\varepsilon}$ die Verformungs-Geschw., σ die Spannung u. T die Temp. in °K bedeuten. A, σ_0 u. Q sind Stoffkonstanten. Die Aktivierungsenergie des Fließens Q ist abhängig vom Verhältnis O/U u. beträgt ca. 65 kcal für $UO_{2,16}$, 72 für $UO_{2,06}$ u. ≥ 95 kcal für $UO_{2,00}$. Der Wert für $UO_{2,00}$ ist vergleichbar mit der Aktivierungsenergie, die experimentell für die Diffusion von O_2 in U bestimmt wurde (95—120 kcal). W. KARCHER. 200□

A₇. Gleichgewichte. Kinetik

Tunnel-Korrekturen für unsymmetrische Eckart-Potentialbarrieren. Harold S. Johnston und Julian Heicklen. (J. physic. Chem. **66.** 532—33. März 1962. Berkeley, Calif., Univ. of California, Dep. of Chem.) (Engl.)

Korrekturen für das Potential für Parameterreihen von gewöhnlichen chem. Rkk. bei gewöhnlichen Temperaturen. CH. WEISKE. 220□

Unimolekulare Geschwindigkeiten bei mehrfach kritischen Oscillatoren. E. W. Schlag. (J. chem. Physics **35.** 2117—22. Dez. 1961. Evanston, Ill., Northwestern Univ., Dep. of Chem.) (Engl.)

Vf. zeigt zunächst, daß das KASSELsche Quantenmodell erheblich von der klass. Form bei der Beschreibung des unimol. Druckabfall-Verh. abweicht. Das Quantenmodell wird dann auf den Fall der Dissoziation durch Energieakkumulation bei verschiedenen krit. Oscillatoren erweitert. Beziehungen für die spezif. Geschw.-Konst. der Moll. werden unter Verw. der Grenzwerte der Hoch- u. Niederdruck-Geschw.-Konst. entwickelt. Ferner wurden Ausdrücke für die Aktivierungsenergien abgeleitet. Durch Vgl. der entsprechenden klass. u. quantenmechan. Formulierungen ergeben sich die Näherungen der klass. Theorie. G. M. NEUMANN. 220□

Refraktometrische Bestimmung der Zerfallskonstante von Komplexverbindungen. Antoni Swinarski und Włodzimierz Brandel. (Z. anorg. allg. Chem. **315.** 19—26. 1962. Toruń, Polen, Nikolaus-Kopernikus-Univ., Inst. für Anorg. Chem.) (Dt.)

Neue graph. Meth.; Vgl. mit Literaturwerten für Acetatokomplexe von Zn^{2+}, Cd^{2+} u. Pb^{2+}. CH. WEISKE. 223□

Wässerige Systeme bei hoher Temperatur. 2. Mitt. Flüssig-flüssig-Nichtmischbarkeit im System UO_3-SO_3-N_2O_5-H_2O oberhalb 300°. C. J. Barton, G. M. Hebert und William L. Marshall. (J. inorg. nuclear Chem. **21.** 141—51. Dez. 1961. Oak Ridge, Tenn., Oak Ridge Nat. Labor., Reactor Chem. Div.) (Engl.) — 1. vgl. C. **1962.** 5967.

Für das Syst. UO_3–SO_3–N_2O_5–H_2O wurden die Grenz-Temp. für die Fl.–fl.-Entmischung von 0,04; 0,08 u. 0,16molalen Uranyl-Lsgg. in einer von den Vff. entwickelten App. bestimmt. Ein Vgl. des Effekts von HNO_3 u. H_2SO_4 auf die Entmischungs-Temp. (ET) von Uranylsulfat-Lsgg. auf der Grundlage der gesamten, zugefügten H^+-Ionen zeigt, daß bei niedriger Acidität HNO_3 ein größeres Ansteigen der ET verursacht als H_2SO_4, letztere jedoch bei hoher Acidität wirksamer wird als HNO_3. In Lsgg. mit niedrigen Konzz. überschüssiger Säure steigert die Substitution von SO_4 durch NO_3 die ET, bei hoher Acidität erniedrigt die anfängliche Substitution die ET. Aus den Daten geht hervor, daß in diesem Syst. eine Abhängigkeit zwischen Acidität u. Komplex-Bldg. besteht. Teilweise Substitution von SO_4 durch NO_3 bei niedriger Acidität kann bei einem auf SO_4 basierenden Reaktorbrennstoff eines homogenen Reaktors mit wss. Lsg. zur Heraufsetzung der ET dienen. Aus einem Vers. geht hervor, daß die ET durch die Anwendung von hohen Drücken bedeutend erhöht werden kann. P. SCHARNER. 224□

Beziehungen zwischen den Löslichkeiten von Stickstoff, Argon und Sauerstoff in destilliertem Wasser und Meerwasser. Bruce B. Benson und Peter D. M. Parker. (J. physic. Chem. **65.** 1489—96. Sept. 1961. Amherst, Mass., Amherst Coll., Dep. of Phys.; Woods Hole, Mass., Woods Hole Oceanograph. Inst.) (Engl.)

Vff. bestimmen massenspektrometr. die Verhältnisse der Löslichkeiten von N_2/Ar sowie von N_2/O_2 in dest. W. u. Meerwasser als Funktion der Temp. u. vergleichen ihre Ergebnisse mit den Werten anderer Autoren. J. KRAETSCH. 224□

Kinetik der Fällung von Aluminium-8-hydroxychinolat aus basischem Aluminiumchlorid. R. H. Linnell. (J. inorg. nuclear Chem. **22.** 55—58. Febr. 1962. Burlington, Vt., Univ. of Vermont, Chem. Dep.) (Engl.)

Vf. stellte bei der Unters. von Fällungen des $Al_2(OH)_5Cl$ mit 8-Hydroxychinolin fest, daß diese Fällungen stark zeit- u. temperaturabhängig sind. Vgl. mit der Rk. von $AlCl_3$ mit 8-Hydroxychinolin, die innerhalb einer ½ Std. bei 20° quant. abläuft, zeigen, daß bei bas. Aluminiumchlorid-Lsgg. vorwiegend polymere Strukturen vorliegen. Die berechnete Aktivierungsenergie beläuft sich auf $27,9 \pm 1,4$ kcal. Damit sich in den $Al_2(OH)_5Cl$-Lsgg. ein Gleichgewicht einstellen konnte, wurden zur Analyse nur Lsgg. verwendet, die mindestens 24 Std. alt waren. A. DE MONTIGNY. 224□

Gleichzeitig ablaufende molekulare und auf freien Radikalen basierende Mechanismen bei der thermischen Zersetzung von Stickstoffdioxid. P. G. Ashmore und M. G. Burnett. (Trans. Faraday Soc. **58.** 253—61. Febr. 1962. Cambridge, Lensfield Road, Dep. of Phys. Chem.) (Engl.)

Kinet. Unters. über die therm. Zers. von NO_2 wurden bei Temp. zwischen 200 u. 434° durchgeführt. Sie stützen sich sowohl auf Druckmessungen als auch auf photometr. Daten. Es stellte sich heraus, daß der Weg über freie Radikale im Anfangsstadium der Zers. eine große Bedeutung besitzt. Auf Grund der ermittelten Daten zeigt sich bei folgendem Mechanismus eine gute Übereinstimmung: 1. $2\,NO_2 \rightarrow 2\,NO + O_2$; 2. $2\,NO_2 \rightarrow NO_3 + NO$; 3. $NO_3 + NO \rightarrow 2\,NO_2$; 4. $NO_3 + NO_2 \rightarrow NO + O_2 + NO_2$. Die ARRHENIUS-Parameter von K_1, K_2 u. von $K_3/K_2 \cdot K_4$ wurden direkt gemessen. Bei der Best. von K_3, K_4 u. von K_{-4} (für die umgekehrt ablaufende Rk. 4) wurden bereits bekannte thermodynam. Daten von NO, NO_2 u. NO_3 benutzt. Eine Formulierung der Übergangskomplexe der Rkk. 1. u. 2. wird angegeben. A. DE MONTIGNY. 225□

Thermische Zersetzung von Distickstoffoxid. C. P. Fenimore. (J. chem. Physics **35.** 2?43. Dez. 1961. Schenectady, N.Y., Gen. Electr. Res. Labor.) (Engl.)

Vf. diskutiert krit. eine Arbeit von BRADLEY u. KISTIAKOWSKY (vgl. C. **1962.** 1533) über den N_2O-Zerfall in reflektierten Stoßwellen u. zeigt, daß der vorgeschlagene Mechanismus zu einfach ist. Die Geschw.-Konst. k_2' der Rk. $O + N_2O \rightarrow 2\,NO$ ist besser gründet als l. c. angenommen wird. G. M. NEUMANN. 225□

Beobachtung von Induktionszeiten bei der Acetylen–Sauerstoff-Reaktion. W. C. Gardiner jun. (J. chem. Physics **35.** 2252—53. Dez. 1961. Cambridge, Mass., Harvard Univ., Gibbs Chem. Labor.) (Engl.)

Vf. berichtet über eine Unters. der Beziehung zwischen der Chemiluminescenz u. der Wärme-Entw. bei der C_2H_2–O_2-Rk. mit Hilfe von Stoßwellen nach einer Röntgendensitometertechnik. Es zeigt sich, daß der Lichtemission Induktionsperioden vorausgehen, die auf einen verzweigten Kettenmechanismus analog der H_2O_2-Rk. hindeuten. Aus den Messungen erhält man für den geschwindigkeitsbestimmenden Schritt der Rk. eine Aktivierungsenergie von $19,0 \pm 2,6$ kcal. G. M. NEUMANN. 225□

Austauschgeschwindigkeiten von NH_3 zwischen wässerigem NH_4OH und Kupfer- und Nickelamminkomplexen. John P. Hunt und Harold W. Dodgen. (J. chem. Physics **35.** 2261. Dez. 1961. Pullman, Wash., Washington State Univ., Dep. of Chem.) (Engl.)

Der Austausch von NH_3 zwischen wss. NH_4OH u. Cu- u. Ni-Amminkomplexen wurde mit einer kernmagnet. Resonanz-Meth. untersucht. Es zeigt sich, daß der NH_3-Austausch bei den Amminkomplexen schneller verläuft als der H_2O-Austausch bei Hydratkomplexen. Ferner zeigt sich, daß beim Cu-Komplex der Austausch schneller erfolgt als beim Ni-Komplex, wie es auch bei den Hydratkomplexen beobachtet wurde.

G. M. Neumann. 225□

Heterogene Redoxreaktionen. 2. Mitt. **Die Auflösung des wasserfreien Eisen(III)-sulfats in D_2O in Gegenwart von Eisen(II)-Ionen.** K. H. Lieser. (Z. Elektrochem., Ber. Bunsenges. physik. Chem. **66**. 19—22. Jan. 1962.) (Dt.) — 1. vgl. C. **1960**. 11928.

Vf. untersuchte die Auflsg.-Geschw. (AG) des $Fe_2(SO_4)_3$ in Fe^{3+}-Ionen enthaltender Lösung. Es wurde festgestellt, daß die AG des wasserfreien $Fe_2(SO_4)_3$ sowohl in D_2O als auch in H_2O der Wurzel der Fe^{2+}-Konz. in der Lsg. proportional ist. Die AG ist, unter sonst gleichen Bedingungen, in D_2O um den Faktor 2 kleiner als in H_2O. Die Auflsg. des wasserfreien $Fe_2(SO_4)_3$ ohne Zusatz von Fe^{2+} beruht im wesentlichen auf dem Fe^{2+}-Geh. desselben. Durch Extrapolation wurde gefunden, daß die AG bei völliger Abwesenheit von Fe^{2+} u. anderen Elektrolyten außerordentlich gering ist u. im Rahmen der Fehlergrenze der Messungen wahrscheinlich Null beträgt. Aus den Befunden geht hervor, daß für die Auflsg. des wasserfreien $Fe_2(SO_4)_3$ Redox-Rkk. maßgebend sind. Bei dem geschwindigkeitsbestimmenden Schritt der Redox-Rk. $Fe^{2+}(aq.) + Fe^{3+}(fest) \rightarrow Fe^{3+}(aq.) + Fe^{2+}(fest)$ u. damit auch bei der Auflsg. sind H-Atome oder -Ionen beteiligt. Auf Grund dieser Ergebnisse werden die beiden wichtigsten Teilschritte der Redox-Rk. folgendermaßen formuliert: $Fe(H_2O)_6{}^{3+} \rightarrow FeOH(H_2O)_5{}^{2+} + H$ (rasch) u. $Fe^{3+}(fest) + H \rightarrow Fe^{2+}(fest) + H^+$ (langsam).

Wolfgang Krüger. 225□

Heterogene Redoxreaktionen. 3. Mitt. **Die Auflösung des wasserfreien Eisen(III)-sulfats in Gegenwart von verschiedenen Reduktionsmitteln in H_2O und in D_2O.** K. H. Lieser. (Z. Elektrochem., Ber. Bunsenges. physik. Chem. **66**. 23—29. Jan. 1962.) (Dt.) — 2. vgl. vorst. Referat.

Die Auflsg.-Geschw. des wasserfreien $Fe_2(SO_4)_3$ wurde in Ti^{3+}-, Cu^+-, J^-- u. SO_2-haltigen Lsgg. von H_2O u. D_2O gemessen. In allen Fällen ist die Geschw. der heterogenen Redox-Rk. der Quadratwurzel aus der Konz. des Red.-Mittels proportional. Dies weist darauf hin, daß dem Red.-Vorgang stets ein Dissoziations-Gleichgewicht der reduzierenden Komponente vorgelagert ist. Die Red.-Geschw. ist bei gleichen Konzz. in Ti^{3+}- u. Cu^+-haltigen Lsgg. ca. 35mal so groß wie in Fe^{2+}-haltigen. Die Red.-Geschw. ist im Gegensatz zu Fe^{2+}-haltigen Lsgg. für beide Red.-Mittel in D_2O u. H_2O gleich groß. In J^-- u. SO_2-haltigen Lsgg. erfolgt keine direkte Red. des Fe^{3+} des festen $Fe_2(SO_4)_3$. Diese werden vielmehr indirekt durch die gelösten Fe^{2+} red., welche durch die homogene Redox-Rk. in der Lsg. entstehen.

Wolfgang Krüger. 225□

Untersuchungen über die Kinetik der Zersetzung wässeriger Lösungen von Ferrat(VI)-Ionen. M. Wrońska. (Bull. Acad. polon. Sci., Sér. Sci. chim., géol., géogr. **7**. 137—42. 1959. Wrocław, Univ., Dep. of Inorg. Chem.) (Engl.)

Die Zers. von K_2FeO_4 (I) folgt der Gleichung $dx/dt = k(a - x)^2/x$, worin k für 0,0025; 0,0050; 0,0075 u. 0,0100m I-Lsgg. bei 30° den Wert 8,10; 8,00; 7,86; — ($\cdot 10^4$/min) u. bei 20° den Wert 3,84; 3,86; 3,92 bzw. 3,79 ($\cdot 10^4$/min) annimmt. Katalysiert wird die Rk. durch den sich auf der Kolbenwandung niederschlagenden Fe(III)-Hydroxidfilm, dessen Ausbldg. durch Arbeiten in m/15 Na_2HPO_4 (pH 8,8) verhindert wird, so daß sich hier für 0,0025, 0,0050 bzw. 0,0125m I-Lsgg. k zu 7,02, 7,01 bzw. 6,85 ($\cdot 10^4$/min) ergibt. Da die Rk. durch entstehende OH^--Ionen gehemmt wird, ist die Rk.-Geschw. unter Verw. von Na_2HPO_4–KH_2PO_4-Puffer bei pH 7,8 geringer als bei pH 7,0; Vf. arbeitet unter Ausschluß von atmosphär. CO_2. Die Rk. wird als Umsetzung zweier $FeO_4{}^{2-}$-Ionen gedeutet.

F.-M. Friedrich-Andersenck. 225□

Reaktionen von Dekammin-μ-peroxodikobalt(III)-sulfat mit wässeriger Schwefelsäure. R. G. Charles und S. Barnartt. (J. inorg. nuclear Chem. **22**. 69—76. Febr. 1962. Pittsburgh, Pa., Westinghouse Res. Labor.) (Engl.)

$[(NH_3)_5CoOOCo(NH_3)_5](SO_4)_2 \cdot 3\,H_2O$ (I) zersetzt sich irreversibel in verd. H_2SO_4. Ist das molare Verhältnis Schwefelsäure/I größer als 2,9, so wird die Hälfte des Peroxosauerstoffs in Freiheit gesetzt. Erst bei einem molaren Verhältnis von $H_2SO_4/I > 35$ nimmt die Abgabe des Sauerstoffs ab. Chromatograph. wurden 8 Co-Verbb. isoliert, von denen 4 identifiziert werden konnten: Co^{2+}, $[Co(NH_3)_5(H_2O)]^{3+}$, $[Co(NH_3)_6]^{3+}$ u. $[(NH_3)_5CoOOCo(NH_3)_5]^{5+}$. Das Auftreten von freiem H_2O_2 konnte nicht beobachtet werden. Es wird ein Rk.-Mechanismus vorgeschlagen, der die Existenz von H_2O_2 enthaltenden Co-Komplexen wahrscheinlich macht.

A. de Montigny. 225□

Verzögerung der thermischen Zersetzung von Lithiumperchlorat. Meyer M. Markowitz und Daniel A. Boryta. (J. physic. Chem. **66**. 358. Febr. 1962. West Chester, Pa., Foote Miner. Co., Res. and Engng. Center, Chem. Div.) (Engl.)

Die therm. Zers. von $LiClO_4$ verläuft über eine weite Strecke in Form einer autokatalyt. beschleunigten Reaktion. Die katalyt. Wrkg. ist während der Rk. gebildetem Cl^- zuzuschreiben. Die Rk. war bei 417,8° in 4 Std. prakt. beendet, in Ggw. von 5 Mol-% *LiCl* dagegen bereits nach 2 Stunden. Bei der Zers. von $LiClO_4$ in Ggw. von $AgNO_3$ (bei 417,8°) trat jedoch eine je nach dem $AgNO_3$-Geh. (5—15 Mol-%) 37—43std. Verzögerung auf, ehe der autokatalyt. Rk.-Verlauf einsetzte. Bis dahin war die Zers. um so geringer, je größer der $AgNO_3$-Geh. war. Als Erklärung für die Wrkg. der Ag^+ wird Abfangen der Cl^- als AgCl angenommen. W. BETCKE. 225 □

Die thermische Entwässerung einiger Aquopentamminkobalt(III)-Komplexe. Wesley W. Wendlandt und John L. Bear. (J. physic. Chem. **65.** 1516—19. Sept. 1961. Lubbock, Tex., Texas Technol. Coll., Dep. of Chem.) (Engl.)

Vff. untersuchten die therm. Entwässerung von $[Co(NH_3)_5H_2O]Cl_3$ (I), $[Co(NH_3)_5 \cdot H_2O]Br_3$ (II), $[Co(NH_3)_5H_2O]J_3$ u. $[Co(NH_3)_5H_2O](NO_3)_3$ (III) mit Hilfe der DTA, der Thermogravimetrie u. von anderen Methoden. Die Werte der Aktivierungsenergien der Rkk., die von 1. Ordnung sind, sind für **I** 19 $\pm$2 (kcal), für **II** 25 $\pm$2 u. für **III** 31 $\pm$3. Die Rk.-Wärmen betragen für **I** 6,1 u. für **II** 7,8 kcal/Mol. Im festen Zustand verläuft die Entwässerung irreversibel. J. KRAETSCH. 225 □

Die thermische Zersetzung von Metallkomplexen. 1. Mitt. **Thermogravimetrische und differentialthermoanalytische Untersuchungen.** W. W. Wendlandt, T. D. George und K. V. Krishnamurty. (J. inorg. nuclear Chem. **21.** 69—76. Dez. 1961. Lubbock, Tex., Texas, Technol. Coll., Dep. of Chem.; Buffalo, N. Y., Univ. of Buffalo, Dep. of Chem.) (Engl.)

Mit Hilfe der TGA- u. DTA-Meth. bestimmten Vff. die therm. Zers. von einigen Co(III)-Amin- u. Metalloxalatokomplexen: $[Co(en)_2CO_3]Cl$, $[Co(tn)_2CO_3]Cl \cdot H_2O$ (tn = Trimethylendiamin), $[Co(en)_3]Cl_3 \cdot 2\,H_2O$, $[Co(tn)_3]Cl_3$, $[Co(pn)_2CO_3]Cl \cdot H_2O$ (I), $[Co(NH_3)_4 \cdot CO_3]NO_3 \cdot H_2O$ (II), $[Co(en)_2(C_2O_4)]Cl \cdot H_2O$, $K_3[Cr(C_2O_4)_3] \cdot 3\,H_2O$ (III), $K_3[Co(C_2O_4)_3] \cdot 4\,H_2O$, $K_3[Fe(C_2O_4)_3]$, $K_3[Rh(C_2O_4)_3] \cdot 4{,}5\,H_2O$, *trans*-$K[Cr(C_2O_4)_2(H_2O)_2] \cdot 3\,H_2O$ (IV) u. *cis*-$K[Cr(C_2O_4)_2(H_2O)_2] \cdot 2\,H_2O$ (V). Bei allen Co-Komplexen mit Ausnahme von **I**, wird das Hydratationswasser bei ca. 100° abgegeben, bei **I** beginnt die Abgabe bereits bei oder etwas oberhalb Raumtemperatur. Die wasserfreien Verbb. entstehen bei 130—190°, ihre Zers. beginnt bei 170—270°. Die therm. Stabilität der Komplexe der allg. Formel $[Co(amin)_2CO_3]Cl$ nimmt in der Folge: en > pn > tn ab; **II** ist therm. noch instabiler, vermutlich wegen der Ggw. des NO_3^--Ions in der Ionisationssphäre. Das End-Prod. der Zers. der Komplexe ist Co_3O_4 oder ein Gemisch von diesem mit anderen Co-Oxiden; die Mindest-Temp. für die Bldg. der Oxide reichen von 600—685° mit Ausnahme von **II**, das bei 250° explodiert. Die DTA-Kurven der Co-Verbb. zeigen mit Ausnahme von **II** unterhalb 400° nur endotherme, oberhalb 400° breite, exotherme Maxima. Die endothermen Zers.-Maxima liegen im Temp.-Bereich von von 225—350°. Auf Grund der sich aus den DTA-Kurven ergebenen maximalen Zers.-Temp. können die Co-Komplexe in ihrer therm. Stabilität in der Reihe $[Co(tn)_3]Cl_3 < [Co(tn)_2CO_3]Cl <$ **II** $<$ **I** $< [Co(en)_3]Cl_3 < [Co(en)_2(C_2O_4)Cl] < [Co(en)_2CO_3]Cl$ geordnet werden. — Bei den Oxalatokomplexen entweicht das Hydratationswasser bei 35—50°. Die wasserfreien Verbb. entstehen mit Ausnahme von **IV** u. **V** bei 100—200°. **IV** u. **V** ergeben keine wasserfreien Verbb., sondern verlieren allmählich auch koordinationsgebundenes W. bis hinauf zu 250—350°, wo die Zers. des gesamten Komplexes beginnt. Die anderen Oxalatokomplexe sind bis 220—330° beständig; durch Zers. entstehen dann die Metalloxide u. K_2CO_3 bzw. aus **III** K_2CrO_4. **IV** u. **V** ergeben ähnliche Zers.-Kurven, jedoch wird das Oxidniveau bei **V** bereits bei 450°, bei **IV** erst bei 575° erreicht. Die den Dehydratisierung-Rkk. entsprechenden Maxima liegen bei den DTA-Kurven im Bereich von 100—150°. Bei der Zers. der Oxalatokomplexe zeigen sich zum Unterschied von den Co-Komplexen zwischen 350 u. 450° Serien breiter exothermer Maxima. Auf Grund der Dehydratisierungsmaxima ergibt sich für die therm. Stabilität die Reihenfolge: **III** $< K_3[Co(C_2O_4)_3] \cdot 3\,H_2O =$ **IV** $>$ **V** $= K_3[Rh(C_2O_4)_3] \cdot 2{,}5\,H_2O$. P. SCHARNER. 225 □

Reduktion von Wolframoxiden. L. G. Austin. (Ind. Engng. Chem. **53.** 659—61. Aug. 1961. University Park, Pa., Pennsylvania State Univ., Fuel Technol. Dep.) (Engl.)

Vf. untersucht erneut durch Beobachtung der Farbänderungen, gravimetr. u. röntgenograph. Analyse die Red. von W-Oxiden (in Tablettenform) mit trockenem H_2 (vgl. HOUGEN u. Mitarbeiter, Ind. Engng. Chem. **48.** [1956.] 318) bei einem Druck von 1 atm. Zunächst erfolgt schnelle Red. des WO_3 zu W_4O_{11} durch die ganze Tablette. Gegen Ende dieses Vorgangs entsteht eine dünne WO_2-Schicht auf der Oberfläche, die im weiteren Verlauf der Red. ins Innere wandert (Farbgrenze). Schließlich tritt eine W-Schicht auf, die ebenfalls, jedoch langsamer, nach innen wandert. Die spezif. Geschw.-Konst. der einzelnen Rkk. betragen: $WO_3 \rightarrow W_4O_{11}$, $k_1 = 8{,}35 \exp(-20{,}4/RT)$ ($g\,O\,cm^{-2}\,s^{-1}$); $W_4O_{11} \rightarrow WO_2$, $k_2 = 0{,}75 \exp(-15{,}5/RT)$; $WO_2 \rightarrow W$, $k_3 = 4{,}49 \exp \cdot$

(−21,2/RT) (Aktivierungsenergie nach ARRHENIUS in kcal/Mol). Vf. ist der Ansicht, daß die frühere kinet. Deutung (vgl. l. c.) unklar ist u. nimmt an, daß die Gesamt-Rk. durch die wandernden Phasengrenzflächen bestimmt wird u. daß die Rk. nullter Ordnung bzgl. H_2 von 1 atm ist. P. FRENZEL. 225□

Bemerkungen über Reduktion von Wolframoxiden. Joel O. Hougen. (Ind. Engng. Chem. **53**. 661. Aug. 1961. St. Louis, Mo., Monsanto Chem. Co., Engng. Dep., Res. and Engng. Div.) (Engl.) — Vgl. vorst. Referat.

Kurze, allg. Erwiderung. P. FRENZEL. 225□

Ein optischer Beweis für die direkte Reduktion von CuO zu Cu in H_2. Harold Wieder und A. W. Czanderna. (J. chem. Physics **35**. 2259—60. Dez. 1961. Parma, Ohio, Union Carbide Corp., Parma Res. Labor.) (Engl.)

CuO-Filme von 550 Å Dicke wurden in H_2-Atmosphäre reduziert, gleichzeitig wurde die opt. Durchlässigkeit gemessen. In keiner Phase der Rk. zeigten die Durchlässigkeitskurven die charakterist. Cu_2O-Absorptionskanten oder allg. Züge einer Cu_2O–Cu-Mischung. G. M. NEUMANN. 225□

Über die Kinetik der Oxydation des Magnesiums in feuchtem Sauerstoff bei hohen Temperaturen. Raymond Darras, Jean Païdassi und Francis Leroy. (C. R. hebd. Séances Acad. Sci. **254**. 869—71. 29/1. 1962. Saclay, Centre d'études nucl., Dép. de Métallurg., Serv. de Chim. des Solides, Section d'étude de la Corrosion par Gaz et Métaux liquides.) (Franz.)

Vff. untersuchten die Oxydation von Mg in bei 25° mit H_2O-Dampf gesätt. O_2 bei 350—600°. Die Oxydation folgt einem linearem Gesetz. Bei 550° findet eine Änderung der Steigung statt. Die Aktivierungsenergie des Oxydationsvorgangs beläuft sich zwischen 350 u. 550° auf 26200 cal/Mol u. zwischen 550 u. 600° auf 45200 cal/Mol. Das Rk.-Prod. besteht aus kub. Magnesiumoxid mit normaler Gitterkonstante.

A. DE MONTIGNY. 225□

Die Reaktion von PuF_4 mit Sauerstoff. C. J. Mandleberg, D. Davies und K. E. Francis. (J. inorg. nuclear Chem. **21**. 92—95. Dez. 1961. Harwell, A. E. R. E., Chem. Div.) (Engl.)

Die Rk. von PuF_4 mit trockenem O_2 wurde im Temp.-Bereich von 750—900° untersucht. Bei 800° ist PuF_4 im O_2-Strom flüchtig. Es bestehen Anzeichen für die Entstehung von PuF_6, jedoch ist die Rk.-Geschw., falls es tatsächlich gebildet wird, um mehrere Größenordnungen langsamer als die entsprechende Rk. von UF_4 mit O_2. Die Rk. ist deshalb zur Darst. von PuF_6 ungeeignet. Im Rk.-Rückstand wurden keine Spuren von PuO_2 gefunden. P. SCHARNER. 225□

Die Wechselwirkung von NO_2–N_2O_4 mit Barium-, Natrium- und Silbernitrit. Frederick Vratny und Frank Gugliotta. (J. inorg. nuclear Chem. **20**. 252—60. Dez. 1961. West Lafayette, Ind., Purdue Univ., Dep. of Chem.) (Engl.)

Die Einw. von NO_2–N_2O_4 auf verschiedene Nitrite wurde bei 655 Torr als Funktion der Temp. u. der Rk.-Zeit an Hand der IR-Spektren der Prodd. in Nujol untersucht. Im Fall des $Ba(NO_2)_2$ wird NO_2^- bei allen Temp. nach einem exponentiellen Zeitgesetz zu NO_3^- oxydiert; oberhalb 400° tritt neben dem Oxydationsvorgang die therm. Zers. des Phasengemisches zunehmend in Erscheinung. In $NaNO_2$ wird bei 100—250° ebenfalls das NO_2^- exponentiell zu NO_3^- oxydiert, während oberhalb dieser Temp. N-Verluste infolge therm. Zers. auftreten. Die Oxydation dürfte nach NO_2 (adsorbiert) $\rightarrow$ NO + O^{2-} + 2 $\square^+$, O^{2-} + NO_2^- $\rightarrow$ NO_3^- + 2 $\square^-$ verlaufen. Bei der Einw. von NO_2–N_2O_4 auf $AgNO_2$ besitzt das Prod. bei Temp. bis 200° eine Zus. zwischen $AgNO_2$ u. $AgNO_3$ (exponentielle Zunahme des NO_3^--Geh.); bei höherer Temp. entspricht der N-Geh. der Zus. $AgNO_3$, um bei ca. 400° auf Null zu sinken. A. BLASCHETTE. 225□

Die Wechselwirkung von NO_2–N_2O_4 mit gewissen metallischen Oxiden: Terbiumsesquioxid, Lanthanoxid, Vanadinsesquioxid und die Perowskitphase $PrCrO_3$. F. Vratny. (J. inorg. nuclear Chem. **21**. 77—91. Dez. 1961. West Lafayette, Ind., Purdue Univ., Dep. of Chem.) (Engl.) — Vgl. vorst. Referat.

Vf. untersuchte die Wechselwrkg. von NO_2–N_2O_4 mit $TbO_{1,5}$, $LaO_{1,5}$, $VO_{1,5}$ u. $PrCrO_3$ als Funktion der Temp. u. des NO_2-Druckes bei Temp. bis zu 500°. Die Rk.-Prodd. wurden analyt. sowie durch ihre IR-Spektren bestimmt. Bei allen Rkk. mit NO_2–N_2O_4 wird immer eine beträchtliche Menge NO_2 physikal. absorbiert. Bei $TbO_{1,5}$ ist die vorherrschende Rk. bei allen Temp. u. bei NO_2-Drücken von 26,5 u. 0,014 cm (Hg) eine Oxydation, das Verhältnis NO_2/O = $Y/(X - 1{,}5)$ für TbO_x ist immer klein (ca. 0,1). Bei 26,5 cm u. 300° erreicht X ein Maximum von 1,862, bei 0,014 cm liegt es bei 1,60. Aus den IR-Spektren folgt, daß bei 100 u. 300° das NO_2^--Ion, bei 200° das NO_3^--Ion vorliegt. Bei der Rk. von $TbO_{1,5}$ mit O_2 (p_{O_2} 76 cm) erreicht X ein Maximum von 1,822 bei 300°. Beim $LaO_{1,5}$ ist das Verhältnis NO_2/O immer größer als 1, das Maximum wird bei 200° erreicht. Die vorherrschende Rk. ist hier offenbar die NO_3^--Bldg. mit der jedoch, bes. bei niedrigen Drücken, die NO_2^--Bldg. konkurriert. Im Syst. $VO_{1,5}$ steigt bei beiden NO_2-Drücken mit steigender Temp. der O-Geh., während der NO_2-Geh. bei 26,5 cm abnimmt bzw. bei 0,014 cm konst. bleibt. Das Verhältnis Oxydation/Bindung von NO_2 liegt bei 26,6 cm bei 10^3, bei 0,014 cm bei 10^4. In den IR-Spektren konnte kein gebundenes N gefunden werden. Die Oxydation von $VO_{1,5}$ mit O_2 (p_{O_2} 76 cm) verläuft nicht wie die entsprechende NO_2-Oxydation bei 26,6 cm; unterhalb 200° ist sie nahezu unbedeutend u. erst bei 500° findet Oxydation zum $VO_{2,5}$ statt. Bei der Luftoxydation (p_{O_2} 14 cm) von $PrCrO_3$ steigt der O-Geh. des Oxids mit steigender Temp. u. erreicht bei ca. 500° ein Maximum. Bei der Rk. mit NO_2 nimmt die Oxydation u. die Bindung von NO_2 mit wachsendem NO_2-Druck zu. Bei hohen NO_2-Drücken kann hier das NO_3^--Ion als getrennte, strukturelle Einheit existieren; die Rk. von NO_2 mit $PrCrO_3$ führt direkt zur Bldg. von NO_3^-, daneben findet bei niedrigeren Drücken u. bes. bei erhöhten Temp. auch Oxydation statt. P. SCHARNER. 225□

Kinetik der Photolyse von Natriumazid. Jack G. Dodd. (J. chem. Physics **35.** 1815—19. Nov. 1961. Springfield, Mo., Drury Coll., Dep. of Physics.) (Engl.)

Die N_2-Entw. bei der Photolyse von festem NaN_3 geht von akt. Zentren aus, die bis zu einer Tiefe von einigen hundert Gitter-Konst. in den Kristalliten lokalisiert sind. Diese Zentren diffundieren zur freien Oberfläche (Diffusions-Konst. ca. 10^{-15} cm^2/s) u. gehen in N_2-Moll. über. Die Absorptions-Konst. von NaN_3 für Licht von 2537 Å ergibt sich zu $1{,}8\cdot10^5$ cm^{-1}, die Quantenausbeute für die Photolyse der Oberflächenschicht zu 0,040, für die N_2-Bldg. aus einem teilweise zersetzten Prod. zu 0,12 (Gleichgewichtswert). Die Zers.-Rk. ist bei schneller Photolyse erster Ordnung bzgl. der Lichtintensität. Es wird ein Mechanismus diskutiert, der auf der von THOMAS u. TOMPKINS (C. **1955.** 1224) für die Photolyse von $Ba(N_3)_2$ vorgeschlagenen Excitonen-Zers. fußt. A. BLASCHETTE. 226□

Metallkomplexionen in Kohlenwasserstoffen. Andrew Gemant. (Z. physik. Chem., Frankf. Ausg. [N. F.] **12.** 96—109. Juli 1957. Detroit, Mich., Detroit Edison Co., Engng. Labor. and Res. Dep.) (Engl.)

Da bei Zugabe von Metallchloriden zu Substraten, die eine Carbonylgruppe enthalten u. zuvor in Ggw. eines $Fe(CO)_5$-Katalysators mit Licht bestrahlt wurden, hohe elektr. Leitfähigkeiten beobachtet werden können, wird auf die Bldg. von Metallkomplexionen geschlossen. Als Lsgm. können, u. a. wegen der geringen Löslichkeit in aliphat. Lsgm., nur aromat. Lsgm., wie Toluol, verwendet werden. Wirksame Substrate bei Zugabe von $CuCl_2$ sind vor allem Diketone, Säuren, Aldehyde u. Chinone wie Benzil, Benzoylperoxid, Benzoesäure, Benzaldehyd, Butylbrenzcatechin, 1.2-Naphthochinon, Cholesterin, Tridecansäure, Heptansäure, Propionsäure, Heptanal u. Butanal, während Ketone u. Verbb. ohne CO-Gruppe wie Benzophenon, 9-Fluorenon, Brenzcatechin, Phenanthrenchinon, 1.4-Naphthochinon, Dimethyl-γ-pyron, Dimethylphenol, Azobenzol, Triphenylcarbinol, Phenanthren u. Äthyllaurat negative Resultate ergeben. Neben Cu sind noch die Chloride von Co, Zn, Al, Mg u. H wirksam, während die des Hg u. Li unwirksam sind. Die vorangehende photochem. Rk. ist für ein positives Ergebnis notwendig. Die entstandenen Ionen haben eine relativ kurze Lebenszeit von ca. 2 Stunden. Die möglicherweise stattfindenden photochem. Rkk. u. die Struktur der Kationen, die evtl. analog den Oxoniumionen gebaut sind, werden diskutiert. P. SCHARNER. 226□

Über Silber–Silicat-Trägerkatalysatoren. G. Rienäcker und G. Techel. (Mber. dtsch. Akad. Wiss. Berlin **1.** 286—89. 1959. Rostock, Dtsch. Akad. der Wiss., Forsch.-Gemeinschaft, Arbeitsbereich anorg. Katalyse, Inst. für Katalyseforsch.) (Dt.)

Durch 2std. Red. im H_2-Strom bei 250° entstehen aus dem von THILO u. WODTCKE (C. **1959.** 1052) dargestellten Silberorthosilicat Ag_4SiO_4 (I), dem Polysilicat $(Ag_2SiO_3)_n$ (II) mit Kettenanionen u. dem Polysilicat $(Ag_2Si_2O_5)_n$ (III) mit Schichtanionen akt. Ag-Trägerkatalysatoren, deren katalyt. Aktivität bei der Spaltung des Ameisensäuredampfes bei 100—160° wesentlich höher ist als die des reinen Ag-Pulvers. Nach der Red. treten auf Röntgendiagrammen mit Ausnahme des Silberglimmers $AgAl_2[AlSi_3O_{10}](OH)_2$, der auch bei 400° noch nicht red. wird u. katalyt. inakt. ist, nur noch die Ag-Linien auf. Zwischen den Aktivitäten der einzelnen Silicate bestehen Unterschiede; die Aktivität des red. **I** liegt beträchtlich unter der von red. **II** u. **III**. Auch die Aktivierungsenergie der Rk. an red. **II** bzw. **III** ist niedriger als die der Rk. an red. **I**, die mehr der am reinen Ag-Pulver entspricht. Bei red. **I** u. **II** liegen die Aktivitäten der bei 500° getemperten Katalysatoren merklich unter denen der bei 250° red.; bei **III** steigt mit steigender Red.-Temp. u. auch bei entsprechender therm. Nachbehandlung die Aktivität weiter an. Die Form des Trägers scheint bei **III** bes. günstig zur Erzeugung u. Erhaltung der akt. Metallkomponente zu sein u. bietet einen sehr guten Schutz gegen Sammelkristallisation des Metalles auch bei hohen Temperaturen. P. SCHARNER. 227□

A_8. Präparative anorganische Chemie. Komplexverbindungen. Metallorganische Verbindungen

Reaktion von Alkaliamiden mit Imiden der 3. bis 5. Gruppe. P. W. Schenk und J. B. P. Tripathi. (Angew. Chem. **74.** 116. 7/2. 1962. Berlin, FU, Inst. für Anorg. Chem.) (Dt.)

Bei der Ammonolyse von $SiCl_4$ bei der Temp. des schmelzenden NH_3 entsteht das bis zu 300° stabile $Si(NH)_2$, das beim Schmelzen mit KNH_2 (1:4 KNH_2) im N_2-Strom $K_4Si(NH)_4$ bzw. beim Verhältnis 1:2 $K_2Si(NH)_3$ ergibt. Analoge Verbb. werden beim Schmelzen mit $NaNH_2$ erhalten. Außerdem wird noch $Na_2Si_2(NH)_5$ gebildet. Die Verb.-Bldg. konnte sowohl röntgenograph. als auch durch konduktometr. Titration von $SiCl_4$ in fl. NH_3 mit Alkaliamid nachgewiesen werden. Bei der konduktometr. Titration von $AsCl_3$, BCl_3 u. PCl_3 mit KNH_2 wurde die Bldg. von $KAs(NH)_2$, $KB(NH)_2$ $KP(NH)_2$ u. $K_3P(NH)_3$ beobachtet. CH. WEISKE. 243 □

Einwirkung von Fluoriden auf Silicate und Phosphate. D. Kumar, R. G. Ward und D. J. Williams. (Discuss. Faraday Soc. Nr. **32.** 147—71. 1961. Sheffield, Univ., Dep. of Metallurgy.) (Engl.)

Es wurden thermogravimetr. Messungen an Silicat–Fluorid-, Phosphat–Fluorid- u. Silicat–Phosphat–Fluorid-Schmelzen im trockenen u. mit W. gesätt. Luftstrom unter Verw. einer Thermowaage für hohe Temp. durchgeführt. Aus den beobachteten Gew.-Verlusten u. der analyt. Best. von F folgt, daß bei Silicat–Fluorid-Schmelzen der F-Verlust bei Abwesenheit von W. der Bldg. von SiF_4, bei Ggw. von W. der Bldg. von HF zuzuschreiben ist. Die Rk. von W. mit Phosphat–Fluorid- u. Silicat–Phosphat–Fluorid-Schmelzen scheint ähnlich wie bei Silicat–Fluorid-Schmelzen zu verlaufen. Der bekannte unterschiedliche Einfl. von CaF_2 auf die Viscosität von sauren u. bas. Schlacken, die thermogravimetr. Messungen u. die IR-Messungen an abgeschreckten Silicat–Fluorid-Schmelzen weisen auf zwei verschiedene Lösungsmechanismen für das Fluorid hin. Es wird angenommen, daß F in Schmelzen, die mehr als 55—60 Mol-% Metalloxide enthalten, hauptsächlich in Form von F^--Ionen vorliegt. In Schmelzen mit geringerem Metalloxid-Geh. kommen F^--Ionen u. an Si gebundenes F vor. — Diskussion. P. KURZMANN. 246 □

Zersetzung von flüssigem Borazol. G. Mamantov und J. L. Margrave. (J. inorg. nuclear Chem. **20.** 348—51. Dez. 1961. Madison, Wis., Univ. of Wisconsin, Dep. of Chem.) (Engl.)

Bei der spontanen Zers. von *Borazol* (I) infolge 3½monatiger Lagerung bei 20° werden neben H_2 ringförmige B–N-Verbb. gebildet, wie sie auch bei der therm. Zers. von gasförmigem I bei 380° entstehen. Die Zers.-Prodd. wurden bei 0, —15, —45, —63, —78, —112 u. —190° fraktioniert kondensiert u. massenspektrometr. u. IR-spektroskop. untersucht. Die 0°-Fraktion (F. 37—38°) ist ein Gemisch, das vorwiegend $B_6N_6H_{10}$ (BN-Analogon des Diphenyls) enthält. Daneben treten $B_5N_5H_8$ (II; Analogon des Naphthalins) u. dessen Triamino-Deriv. $B_5N_8H_{11}$ auf. Die —15°-Fraktion (F. 24—26°) enthält vorwiegend II, die —45°-Fraktion Spuren von II sowie I als Zers.-Prod. einer anderen Verb., die —63°-Fraktion ebenfalls I als Zers.-Prod., sowie $B_3N_5H_8$ (III; 2.4-Diaminoborazol) u. II, die —78°-Fraktion I u. III, die —112°-Fraktion wenig I, die —190°-Fraktion B_2H_6 u. Spuren I. A. BLASCHETTE. 258

Die Reaktion von Dekaboran mit Aminen und verwandten Verbindungen. Harold C. Beachell und Donald E. Hoffman. (J. Amer. chem. Soc. **84.** 180—82. 20/1. 1962. Newark, Del., Univ. of Delaware, Dep. of Chem.) (Engl.)

$B_{10}H_{14}$ bildet mit *Pyridin* (I), *2-Methyl-*, *3-Methyl-*, *4-Methylpyridin*, *Chinolin*, *2-Methyl-*, *8-Methylchinolin* u. *Isochinolin* bei 20° stark gefärbte Lsgg., aus denen langsam Ndd. ohne H_2-Entw. ausfallen. In n-Pentan als Lsgm. reagieren die genannten Verbb. mit $B_{10}H_{14}$ unter H_2-Entw.; mit I: $B_{10}H_{14}$ = 4:1 bzw. 8:1 werden je Mol Boran 0,4 bzw. 0,5 Mol H_2 gebildet. Die gefärbten, unschmelzbaren u. in organ. Lsgm. nur schwerlösl. Prodd. entsprechen im allg. der Zus. $B_{10}H_{14}$: A = 1:2 (A = heterocycl. Verb.). Ob es sich um $B_{10}H_{13}(A)_2$ oder Gemische von $B_{10}H_{14}(A)_2$ u. $B_{10}H_{12}(A)_2$ handelt, konnte nicht entschieden werden. Starke Elektronendonatoren, wie *n-Butyl-*, *Cyclohexyl-*, *tert.-Butyl-*, *Diäthyl-* (II), *Di-n-butyl-* u. *Triäthylamin* reagieren mit $B_{10}H_{14}$ in Bzl., Chlf. oder n-Pentan bei 20° sofort unter Bldg. weißer oder schwach gelber, schwer lösl., bei 95—105° sich zersetzender Prodd.; dabei wird auch bei 10fachem Aminüberschuß kein H_2 entwickelt. Das mit II erhaltene Präp. zeigt in Acetonitril IR-Banden bei 268 u. 330 mμ, die dem $B_{10}H_{13}^-$-Anion zugeschrieben werden. Hieraus wird geschlossen, daß es sich um salzartige Verbb. handelt. *Methyl-*, *Äthyl-* u. *symm.-Diäthylthioharnstoff* (III) als schwache Elektronendonatoren liefern mit $B_{10}H_{14}$ in Bzl. unter H_2-Entw. weiße, im allg. hygroskop. Produkte. Die näher untersuchte Rk. mit III verläuft nach einem Zeitgesetz 2. Ordnung (k = 1,33·10^{-4} Liter/Mol·s bei 25°); sie liefert stabiles, nicht hygroskop., krist. $B_{10}H_{12}[(C_2H_5NH)_2CS]_2$ (IV), F. 177°. Als Mechanismus wird vorgeschlagen: $B_{10}H_{14}$ + III ⇌ $[B_{10}H_{13}^-][H^+ \cdot (C_2H_5NH)_2CS]$ (V); V + III → IV + H_2 (geschwindigkeitsbestimmend). A. Blaschette. 258□

Die ungewöhnlichen, von den Borhydriden abgeleiteten Salze. George W. Campbell jun. (Advances Chem. Ser. Nr. **32.** 195—203. 1961. Anaheim, Calif., US Borax Res. Corp.) (Engl.)

Zusammenfassender Überblick über Chemie u. Strukturprobleme der salzartigen Verbb. von Borhydriden mit Stickstoff-Verbb., bes. NH_3 u. Aminen, Sauerstoff-Verbb. u. akt. Metallen. — 41 Literaturstellen (bis 1961). P. Sartori. 258□

Metallhydridoborate. William V. Hough und Lawrence J. Edwards. (Advances Chem. Ser. Nr. **32.** 184—94. 1961. Callery, Pa., Callery Chem. Co.) (Engl.)

Literaturübersicht über Metallhydridoborate. — 15 Literaturzitate (bis 1957). P. Sartori. 258□

Gewinnung von Ammoniumpentaborat und Bortrioxid aus Borax. Charles O. Wilson jun., J. P. Faust, R. E. McArthur und S. L. Clark. (Advances Chem. Ser. Nr. **32.** 20—26. 1961. Niagara Falls, N.Y., Olien Mathieson Chem. Corp., High Energy Fuels Organiz., Res. and Dev. Div.) (Engl.)

Vff. beschreiben ein Verf. zur Gewinnung von Borsäure u./oder ihren Derivv. aus Bormineralien mittels 10%ig. NH_4Cl-Lsg. (wie sie beim Solvay-Prozeß anfällt) ohne Verw. von H_2SO_4. Zunächst entsteht nach 5 $Na_2B_4O_7$·10 H_2O + 10 NH_4Cl → 4 $NH_4B_5O_8$·4 H_2O + 10 NaCl + 6 NH_3 + 37 H_2O Ammoniumpentaborat (I), das durch therm. Zers. in B_2O_3 übergeführt werden kann.

Versuche: Borax u. 10%ig. wss. NH_4Cl-Lsg. (1%ig. Überschuß über die stöchiometr. Menge) werden gemischt u. erhitzt. Wasser wird abdest., bis alles NH_3 übergegangen ist, dann wird auf 60° abgekühlt u. weiter im Luftstrom eingeengt, bis ein weißer Nd. von I auftritt. Nach Abkühlen auf 0° wird I abfiltriert u. bei 90° getrocknet. Die Mutterlauge wird weiter eingeengt, das ausgefallene Gemisch aus NaCl u. I mit A. u. Äthylacetat (9 + 1 Vol.) extrahiert; NaCl bleibt zurück. In der Lsg. ist I u. etwas NaCl. Diese wird einem neuen Ansatz nach dem Abdest. von W. u. NH_3 zugefügt u. die Lsgm. werden bei weiteren Einengen wieder abdest. (78—82°). Die Mutterlaugen u. Lsgm. werden im Kreislauf geführt (Fließschema s. Original); es ergeben sich für I Ausbeuten von 97,6—100% bei einer Reinheit von 100—97,5%. I läßt sich durch Erhitzen auf 500—900° mit 93%ig. Ausbeute in B_2O_3 überführen. P. Sartori. 258□

Bemerkung zur Reaktion von Wasserstoffatomen mit Dicyan. Catherine Haggart und C. A. Winkler. (Canad. J. Chem. **37.** 1791—92. Okt. 1959. Canad. Ind. Ltd.; Nat. Res. Council.) (Engl.)

Die Rk. zwischen $(CN)_2$ u. atomarem H wurde bei 68, 268 u. 430° u. bei verschiedenen $(CN)_2$-Strömungs-Geschw. untersucht. Die HCN-Bldg.-Geschw. übertrifft die H-Strömungs-Geschw. in Abhängigkeit von der Temp. um das 3—20fache. Die Ergebnisse lassen auf einen Ketten-Rk.-Mechanismus der Art: $(CN)_2$ + H → HCN + CN; CN + H_2 → HCN + H schließen, wobei der Abbruch der Kette durch Rekombination der H-Atome oder CN-Radikale oder durch ihre Rk. miteinander eintreten kann. W. Detcke. 200□

Darstellung und Eigenschaften von Disilanylbromid. Laird G. L. Ward und Alan G. MacDiarmid. (J. inorg. nuclear Chem. **20.** 345—47. Dez. 1961. Philadelphia, Pa., Univ. of Pennsylvania, John Harrison Labor. of Chem.) (Engl.)

Disilanylbromid (I), H_3SiSiH_2Br, F. —97,2°, wurde aus H_3SiSiH_2J-Dampf (II) u. AgBr bei Zimmer-Temp. erhalten. Die Analyse entsprach der angegebenen Zusammensetzung. Das IR-Spektrum unterscheidet sich durch Absorptionsmaxima im Bereich 760—880 cm^{-1} von dem des SiH_3Br u. anderen Silanyl-Verbb.; es ähnelt hingegen den Spektren anderer Disilanylderivate. Der Dampfdruck von I im Bereich 0—50,2° entspricht der Gleichung $\log p$ [cm Hg] = —1657,4/(273,16 + t) + 6,7178; extrapolierter Kp. 69,5°; Verdampfungswärme 7,59 kcal/Mol; Trouton-Konst. 22,1. I wird unterhalb 50° nicht therm. zersetzt, auch bei mehrtägiger Lagerung bei 0° in Ggw. von HBr nicht. Al_2Br_6 bewirkt hingegen rasche Zers. bei 0°. I wird im Gegensatz zu II nicht von Hg angegriffen.

Versuche: H_3SiSiH_2Br, durch Leiten von 0,6456 g II bei Zimmer-Temp. durch ein Rohr mit einer Packung aus abwechselnden Schichten von Glaswolle u. einer Mischung von 20 g AgBr u. 40 g Seesand u. Reinigung durch mehrfache Dest. bei tiefer Temp. (Fraktion: —112°); Ausbeute 0,285 g. A. Blaschette. 261□

Zur Bildung von Anlagerungskomplexen aus Caprolactam und Übergangsmetallchloriden. Kurt Stürzer. (Z. Naturforsch. **17b.** 197. März 1962. Th. Goldschmidt AG., Anorg. Labor.) (Dt.)

Kristalline 1:1-Komplexe wurden erhalten mit Metallchloriden, in denen der Ionenradius des Metallions >0,80 Å ist. Mit Metallchloriden mit Metallionenradien <0,80 Å entstehen 1:2-Komplexe: *$CuCl_2 \cdot C_6H_{11}NO$* [$C_6H_{11}NO$ = Caprolactam (I)], F. 188° (Zers., Methanol + Essigester), aus $CuCl_2 \cdot H_2O$ u. I; dunkelgelb. *$ZnCl_2 \cdot 2\ C_6H_{11}NO$*, F. 111° (Aceton + Essigester), $ZnCl_2$ + I; farblos. *$CdCl_2 \cdot C_6H_{11}NO$*, F. 229° (W., dann Methanol + Essigester), $CdCl_2 \cdot H_2O$ + I; farblos, verwittert. *$HgCl_2 \cdot C_6H_{11}NO$*, F. 133° (A. + Essigester), $HgCl_2$ + I; farblos. *$ZrCl_4 \cdot 2\ C_6H_{11}NO$*, F. 240° (Methanol + Essigester), $ZrCl_4$ + I; farblos, hygroskopisch. *$FeCl_3 \cdot 2\ C_6H_{11}NO$*, F. 166° (Methanol + Essigester), $FeCl_3 \cdot 6\ H_2O$ + I; gelb. *$[CrCl_2(H_2O)_4]Cl \cdot C_6H_{11}NO$*, F. 61° (Methanol + Essigester), $[CrCl_2(H_2O)_4]Cl \cdot 2\ H_2O$ + I; dunkelgrün, hygroskopisch. *$MnCl_2 \cdot C_6H_{11}NO$*, $MnCl_2 \cdot 4\ H_2O$ + I; schwachrosafarbene, hygroskop. Kristalle aus Methanol + Essigester.

CH. WEISKE. 270□

Darstellung und Hitzebeständigkeit des Chelats einer hydrierten Schiffschen Base. R. G. Charles. (J. inorg. nuclear Chem. **21.** 181—84. Dez. 1961. Pittsburgh, Pa., Westinghouse Res. Labor.) (Engl.)

Katalyt. Hydrierung von N-n-Hexyl-salicylaldimin in A. ergibt das sek. Amin *N-n-Hexyl-o-hydroxybenzylamin*, das in Methanol–W. mit Zn-Acetat zum entsprechenden Chelat *Bis-[N-n-hexyl-o-hydroxybenzylaminato-N.O]-zink(II)* (I) umgesetzt werden kann. Bei der thermogravimetr. Unters. von I im Ar-Strom bei 730 mm Hg beginnt der Gew.-Verlust etwas oberhalb des F. bei ca. 250° u. hält bis 710° an. Die anfängliche Zers. von I beginnt offenbar mit der Eliminierung eines Bruchstückes der Zus. $C_6H_{15}N$ (wahrscheinlich n-Hexylamin), der Rückstand schmilzt bei 144—148° u. ist lösl. in Toluol. Mit steigender Temp. nimmt der N-Geh. des Rückstands von I weiter ab, bei 710° ist er N-frei u. enthält ZnO als einzige, krist. Komponente. *Bis-[N-n-hexylsalicylaldiminato]-zink(II)* (F. 29,5—93,5°) ist hitzebeständiger als I; es wird bis 310° nicht pyrolysiert, anfängliche Gew.-Verluste beruhen auf der Verdampfung von unverändertem Chelat.

Versuche: *N-n-Hexylsalicylaldimin*, $C_{13}H_{19}NO$, Kp.$_{2,2}$ 130—131°, durch Vermischen von 12,2 g Salicylaldehyd mit 11 g n-Hexylamin bei Raum-Temp., kurzes Erwärmen, Lösen in 50 ml Bzl., 3maliges Auswaschen mit je 100 ml W. u. fraktionierte Vakuum-Dest. des im Bzl. verbliebenen Rückstandes; n_D^{25} 1,5318; $D._4^{25}$ 0,9685; 82% (Ausbeute). — *N-n-Hexyl-o-hydroxybenzylamin*, $C_{13}H_{21}NO$, durch $1^3/_4$ std. Hydrierung von 14,7 g vorst. Verb. in 150 ml abs. A. in Ggw. von 0,1 g PtO_2 nach Filtration u. Verdampfung des A. bei Raum-Temp.; hellgelbes Öl; 14,8 g. — *Bis-[N-n-hexyl-o-hydroxybenzylaminato-N.O]-zink(II)* (I), $(C_{13}H_{20}NO)_2Zn$, F. 221—222°, durch langsame Zugabe von 25 ml einer 0,2m wss. Zn-Acetat-Lsg. zu 2,28 g vorst. Verb. in 25 ml Methanol unter Schütteln, Zutropfen von 10 ml 1,00m KOH innerhalb ½ Std. unter Rühren u. Kristallisation nach Abkühlung; aus Methanol Nadeln; 1,35 g. P. SCHARNER. 288□

Darstellung der Formiate von Seltenerdmetallen. Balaram Sahoo, S. Panda und D. Patnaik. (J. Indian chem. Soc. **37.** 594. Sept. 1960. Cuttack, Ravenshaw Coll., Dep. of Chem.) (Engl.)

Vff. erhalten krist. *Th-, La-* u. *Ce(III)-Formiat* mit 0,25 Mol H_2O durch Behandlung der entsprechenden Nitrate mit Ameisensäure (I). Nach Entw. der nitrosen Gase wird vom Nd. abdekantiert u. mit frischer I 2 Std. am Rückfluß gekocht.

F.-M. FRIEDRICH-ANDERSECK. 303□

Struktur der farbgebenden Komponente in Titanperoxidsulfat. C. C. Patel und M. S. Mohan. (Nature [London] **186.** 803—04. 4/6. 1960. Bangalore, Indian Inst. of Sci., Dep. of Inorg. and Phys. Chem.) (Engl.)

Aus einer konz. Lsg. von Titanperoxidsulfat wurde durch Eindampfen bei 25° eine feste, rotgefärbte Verb. der Zus. *$TiO_2SO_4 \cdot 3\ H_2O$* (I) isoliert. Das Absorptionsmaximum in verd. H_2SO_4 liegt bei 410 (mμ), in abs. A. bei 390. Die Wanderungs-Geschw. im elektr. Feld ist sehr gering. Durch das Auflösen von I wird die Leitfähigkeit eines Lsgm. nicht erhöht. Diskussion der Strukturen. E. WAGENFELD-HOHLWEG. 321□

Die thermische Stabilität von hydratisiertem Titanperoxid und einigen Titanperoxoverbindungen. G. V. Jere und C. C. Patel. (J. inorg. nuclear Chem. **20.** 343—44. Dez. 1961. Bangalore, Indian Inst. of Sci., Dep. of Inorg. and Phys. Chem.) (Engl.)

Nachst. Verbb. wurden im festen Zustand erhalten: *$TiO_2(OH)_2$* (I); *Peroxotitanyloxalat* (II), $TiO_2C_2O_4 \cdot 3\ H_2O$; *-malonat* (III), $TiO_2CH_2C_2O_4 \cdot 3\ H_2O$; *-maleat* (IV), $TiO_2 \cdot C_2H_2C_2O_4 \cdot 3\ H_2O$. I ist hellgelb, die übrigen Verbb. sind tiefrot. Nach der RIESENFELD-LIEBHAFSKY-Rk. handelt es sich um echte Peroxoverbindungen. Im IR-Spektrum treten über H-Brücken verknüpfte OH-Gruppen u. eine nichtlineare Peroxogruppe (Bandenpaar bei 1025 u. 900 cm^{-1}) in Erscheinung. Die Verbb. verlieren ihren peroxid. Sauerstoff bereits langsam bei Zimmertemperatur. Zwei Moll. H_2O sind in **II, III** u. **IV** an das Ti koordiniert u. werden erheblich schwerer als das dritte abgegeben. Alle Verbb. sind röntgenamorph. Nach 2jähriger Lagerung hatte sich II in krist. *Titanyloxalat* umgewandelt. Bei der DTA wird die Peroxogruppe der vier Verbb. bei 88, 112, 100 u. 100° zersetzt, wobei die organ. Liganden unverändert bleiben. A. Blaschette. 321 □

Die Reduktion von Titantetrachlorid durch auf Aluminiumoxid verteiltes Natrium. C. Eden, H. Feilchenfeld und D. Zehavi. (J. inorg. nuclear Chem. **22.** 153—55. Febr. 1962. Jerusalem, Hebrew Univ., Phys. Chem. Dep.; Nat. Council for Res. and Dev., Petrochem. Labor.) (Engl.)

Vff. stellen fest, daß bei der Reduktion von $TiCl_4$ durch auf Al_2O_3 verteiltes *Na* kein metall. *Ti* entsteht, wenn die Rk.-Temp. unter 200° gehalten wird. Es entsteht dann nur $TiCl_3$ u. $TiCl_2$. Bei etwas höheren Temp. (500°) konnte jedesmal metall. *Ti* nachgewiesen werden. Deshalb wird angenommen, daß das entstandene *Ti* bei der therm. Zers. von $TiCl_2$ gebildet worden ist. A. de Montigny. 321 □

Untersuchungen an zeolithischen Germanaten. A. Wittmann, H. Nowotny und N. Münster. (Mh. Chem. **90.** 7—14. 27/2. 1959. Wien, TH, Inst. für phys. Chem.) (Dt.) — Vgl. C. **1957.** 7301.

Durch Hydrolyse von Schmelzen aus GeO_2 u. SiO_2 mit KOH bzw. Tl_2O werden gemischte Si-Ge-Zeolithe dargestellt, die dem Formeltyp $K_3HGe_{7-x}Si_xO_{16} \cdot 4\,H_2O$ bzw. $Tl_3HGe_{7-x}Si_xO_{16} \cdot 4\,H_2O$ entsprechen. DTA-Messungen ergeben eine allmähliche Senkung der Entwässerungs-Temp. u. eine Abnahme der Verdampfungsenthalpie bei steigendem Si-Gehalt. Gleichzeitig tritt eine Schrumpfung des Zellparameters ein. Für homogene Zus. beträgt das maximale Si/Ge-Verhältnis 5/2; bei Prodd. der Zus. 6/1 treten im Röntgenogramm fremde Linien auf u. der Anteil röntgenamorpher Nebenprodd. nimmt zu. Da mit der Substitution von Ge^{4+} durch Si^{4+} keine Intensitätsänderung einzelner Interferenzen verbunden ist, muß sowohl tetraedr. als auch oktaedr. koordiniertes Ge durch Si statist. ersetzt werden. Vff. diskutieren darüber hinaus die Einlagerung hydratisierter Si-Ionen in den Zeolithkanälen u. einen dort stattfindenden Austausch von SiO_2 u. H_2O in Analogie zur Hydrogranatbildung. — Durch Glühen zeolith. NH_4-Silicogermanate gelang Vff. der Nachw. eines lückenlosen Überganges im Syst. GeO_2–SiO_2.
F.-M. Friedrich-Anderseck. 326 □

Ammonium-, Kalium-, Rubidium- und Cäsiumhexavanadat. A. D. Kelmers. (J. inorg. nuclear Chem. **21.** 45—48. Dez. 1961. Tuxedo, N.Y., Union Carbide Nucl. Co., Div. of Union Carbide Corp.) (Engl.)

Durch Lösen von V_2O_5 in Alkalihydroxid oder -carbonat (V:Me = 1:1), Zusetzen von wenig H_2O_2, Filtrieren, Erhitzen auf 85°, Zutropfen von Säure (H_2SO_4, $HClO_4$, HCl) in einer Menge entsprechend der Gleichung $6\,MeVO_3 + 4\,H^+ \rightarrow Me_2V_6O_{16} + 4\,Me^+ + 2\,H_2O$, 24std. Rühren bei 85°, Filtrieren u. Waschen mit W. wurden folgende monoklin kristallisierenden Salze erhalten: $K_2V_6O_{16}$ mit a) = 7,63, b) = 8,43, c) = 4,97 Å, β) 96° 45′; $(NH_4)_2V_6O_{16}$ 7,87, 8,43, 5,01, 96° 45′; $Rb_2V_6O_{16}$ 7,85, 8,43, 5,01, 96° 45′; $Cs_2V_6O_{16}$ 8,21, 8,43, 5,04, 96° 45′. Die Salze sind isostrukturell. Ch. Weiske. 330 □

Aminderivate von Wolfram(VI)-chlorid. 1. Mitt. Sarju Prasad und K. S. R. Krishnaiah. (J. Indian chem. Soc. **37.** 588—90. Sept. 1960. Varanasi, Banares Hindu Univ., Chem. Labor.) (Engl.)

Durch Umsetzung der Lsgg. von Monoaminen (I) bzw. Diaminen (II) mit WCl_6 in CCl_4 erhalten Vff. Verbb. vom Typ $(W\,I_6)Cl_6$ bzw. $(W\,II_3)Cl_6$, die sämtlich gefärbt u. unlösl. in CCl_4, Ae., Bzl. u. Aceton sind; in A. sind sie wenig löslich. Mit H_2O u. an feuchter Luft tritt Zers. der I-Verb. ein. Die größere Beständigkeit der II-Komplexe, die von Alkalien u. Säuren zersetzt werden, wird auf eine evtl. Chelatbindung zurückgeführt. — Dargestellt wurden Komplexe mit (I =) *Anilin, α-, β-Naphthylamin, o-, m-, p-Toluidin, o-, m-, p-Anisidin, o-, m-, p-Phenetidin, Benzylamin* u. (II =) *Benzidin, o-Tolidin, o-, m-, p-Phenylendiamin, Dimethyl-p-phenylendiamin, m-Toluylendiamin, Dianisidin, Phenylhydrazin.* F.-M. Friedrich-Anderseck. 337 □

Sintern von Uranoxiden der Zusammensetzung UO_2 bis U_3O_8 in verschiedenen Gassphären. J. Williams, E. Barnes, R. Scott und A. Hall. (J. nuclear Mater. [Amsterdam] **1.** 28—38. 1959. Harwell, Berks., AERE, Res. Group.) (Engl.)

Es wurde das Verh. von Uranoxidpulvern der Zus. UO_2 bis U_3O_8 beim Sintern bei verschiedenen Temp. in einer Atmosphäre von Ar, N_2, H_2, CO_2, CO u. im Vakuum beschrieben. Vergrößerte Oberfläche u. Abweichung von der stöchiometr. Zus. verbessern das Sintervermögen; der vorteilhafte Einfl. des zusätzlichen O_2 wird der verbesserten Hochtemp.-Plastizität der nichtstöchiometr. Proben zugeschrieben. Ein zusätzlicher Einfl. könnte aus der Oberflächenvergrößerung, die bei der Phasenumwandlung von Oxiden mit einem O/U-Verhältnis > ca. 2,06 auftritt, der leichteren Verdampfung der nichtstöchiometr. Oxide u. der Entfernung des ab- oder adsorbierten H_2 durch das zusätzliche O_2 herrühren. W. Karcher. 339 □

Die Verbindung $UCl_5 \cdot PCl_5$. R. E. Panzer und J. F. Suttle. (J. inorg. nuclear Chem. 20. 229—41. Dez. 1961. Corona, Calif., U. S. Naval Ordn. Labor.; Berkeley, Calif., Univ. of California, Lawrence Rad. Labor.) (Engl.)

$UCl_5 \cdot PCl_5$ (I) wird nach $UO_3 + 4\ PCl_5 \rightarrow I + 3\ POCl_3 + \frac{1}{2}\ Cl_2$ aus orangefarbenem UO_3 unter Feuchtigkeitsausschluß erhalten. Eigg.: tafelförmige, glänzend rotorangefarbene, stark verzwillingte Kristalle von trikliner Symmetrie; F. 154° (bei 10^{-5} Torr); D.[25] 3,003; MOHS-Härte ca. 1; n_x 1,697, n_y 1,700, n_z 1,736, 2 V: breit, opt. positiv, Extinktionswinkel 19°, stark streuend u. doppelbrechend; Lsgg. in $POCl_3$ gehorchen dem BEERschen Gesetz; löst sich unter Rk. in Hexachloräthan, o-Chlortoluol, Äthylen-, n-Propyl-, Isopropyl-, n-Butyl-, Trimethylenbromid, Methylphenyl-, Äthylphenyl-, Methyl-p-kresyläther, Polyäthylenglykol, Äthyltrihydroxysilan, Pyridin, Eisessig; unlösl. in Äthylbenzol, Cyclohexan, Diphenylmethan, Naphthalin, Äthylendichlorid, Tetrachloräthylen, 2.2-Tetrachloräthan, α-Chlornaphthalin, p-Dichlorbenzol, CCl_4, Isopropyl-, n-Butyl-, Diphenyläther, CS_2, PCl_3; lösl. in Bzl. (2,8·10^{-2} g/100 ml bei 25°), Toluol (14,0·10^{-3}), natürlichem Xylol (14,0·10^{-3}), Chlorbenzol (1,8·10^{-2}), $POCl_3$ (8,08), PAe., Bromtrichlormethan (14,0·10^{-3}), Dibromdichlormethan (10,5·10^{-2}), Ae. (0,351), $SOCl_2$ (1,61), Benzotrifluorid u. 1-Nitropropan. Das Absorptionsspektrum einer gesätt. Lsg. von I in $POCl_3$ (0,340 m bei 25°) u. das Pulverdiagramm von I werden mitgeteilt. Durch 12 std. Extraktion mit sd. Toluol wird I nicht verändert. Ein Überschuß von PCl_5 bei der Darst. von I führt zu hellorangefarbenen Kristallen der Zus. *$UCl_5 \cdot 2\ PCl_5$* (II) u. *$UCl_5 \cdot 3\ PCl_5$* (III). Bei 4 std. Extraktion mit abs. Toluol von 50° geht II in I über; beim Erhitzen im Vakuum geben II u. III PCl_5 ab u. der Rückstand schmilzt bei 154°. Reines I reagiert bis 400°, eine Lsg. von I in $POCl_3$ bis 105° nicht mit Cl_2. Kryoskop. Unterss. in diesem Lsgm. zeigen die Ggw. mehrerer Ionisations-Prodd. an. Die Elektrolyse einer solchen Lsg. bei 50 V u. 25 mA zwischen W-Elektroden beweist, daß I in PCl_4^+ u. UCl_6^- dissoziiert. An der Anode verläuft die Haupt-Rk. $POCl_4^- \rightarrow POCl_3 + e^- + \frac{1}{2}\ Cl_2$ neben $UCl_6^- \rightarrow UCl_6 + e^-$ u. $UCl_6 \rightarrow UCl_4 + Cl_2$; aus den gebildeten Chloriden entsteht bei längerer Elektrolysedauer festes, dunkelolivgrünes *$2\ UCl_4 \cdot UCl_6 \cdot 6\ POCl_3$* (IV). An der Kathode werden PCl_3, PCl_5-Kristalle u. festes I beobachtet, entsprechend der Rk. $2\ PCl_4^+ + 2\ e^- \rightarrow 2\ PCl_4 \rightarrow PCl_5 + PCl_3$; I wird dabei durch PCl_3 aus der Lsg. ausgesalzen. IV entsteht auch bei der Zugabe von ca. 1 Vol.-% W. zu der Lsg. von I in $POCl_3$. Bei 250° gibt es $POCl_3$ u. UCl_6 ab, während durch abs. CS_2 ebenfalls UCl_6 extrahiert wird unter Bldg. von $UCl_4 \cdot POCl_3$ im Rückstand. Mit viel W. reagiert I zu UO^{2+}, UO_2^{2+} u. PO_4^{3-}. Eigg. von IV: n_x 1,572, n_y 1,597, n_z 1,620, 2 V: breit, opt. positiv, Orientierung: Y = c, monoklin; Löslichkeit in $POCl_3$: 4,09 g/100 ml. Das Pulverdiagramm von IV wird mitgeteilt.

Versuche: $UCl_5 \cdot PCl_5$, durch Rk. von 20,0 g orangefarbenem UO_3 mit 58,2 g PCl_5 unter Rühren u. Kühlen mit Eis, nach Bldg. einer dunkelroten Paste Zugabe von $POCl_3$, Erwärmen auf dem Wasserbad, Filtrieren u. Kühlen; Ausbeute ca. 100%.

A. BLASCHETTE. 339☐

Neuartige „Sandwich"-Verbindungen des Nickel(0). Zur Kenntnis von Durochinonnickel(0)-Komplexen mit cyclischen Dienen. 3. Mitt. **über Komplexe vom Typ des Bis-[durochinon]-nickel(0).** G. N. Schrauzer und H. Thyret. (Z. Naturforsch. **17b.** 73—76. Febr. 1962. München, Univ., Inst. für Anorg. Chem.) (Dt.) — 2. vgl. Z. Naturforsch. **16 b.** [1961.] 353.

Bei der Rk. von $Ni(CO)_4$ u. Durochinon mit Cyclooctadien-(1.5) (I), Bicyclo-2.2.1-heptadien (II) u. Dicyclopentadien (III) entstehen π-Komplexe des Ni(0) vom Typ Olefin–Ni(0)–Durochinon. Diese Komplexe sind wie der Ni(0)–Durochinon-Komplex mit Cyclooctatetraen (IV) (vgl. l. c.) diamagnet., rote, kristalline Verbb. mit semiion. Eigg.; sie sind in Bzl., halogenierten KW-Stoffen, Äthern u. Alkoholen im allg. gut, in PAe. u. W. mäßig löslich. Die Komplexe mit I, III u. IV sind an der Luft längere Zeit unverändert haltbar, der II-Komplex spaltet bei Raum-Temp. langsam das Olefin ab. Die in Bzl. gemessenen Dipolmomente (Verbb. mit IV 3,47 D., mit II 4,07, mit III 4,23 D u. mit I 4,30 D) stehen nicht in Zusammenhang mit den Chinon-C=O-Frequenzen; sie hängen vermutlich in erster Linie von der Polarität der Ni–Olefin-Bindung ab u. sind damit im wesentlichen der Donatorstärke des Olefins proportional. Die roten Lsgg. in H_2O leiten den elektr. Strom nicht. Mit Methylenchlorid lassen sich die Komplexe reextrahieren. Sowohl in Säuren als auch in alkal. Medium tritt Zers. ein. Die Rk. mit Säuren in nichtwss. Medium führt ohne faßbare Zwischenstufen zum Ni-Salz, dem Olefin u. Durohydrochinon. Bei der therm. Zers. im Vakuum zwischen 130 u. 170° wird zunächst hauptsächlich die Olefinkomponente abgespalten. Als Rückstand verbleibt eine tiefviolette, luftempfindliche u. nicht einheitliche Substanz der Zus. Ni $(Durochinon)_{ca.\,1}$, aus dem durch Extraktion mit CH_2Cl_2 unter Luftausschluß neben Ni-haltigen Zers.-Prodd. Bis-[durochinon]-nickel(0) isoliert wird. Der Mechanismus der therm. Zers. wird erörtert. Die olefin. Liganden lassen sich gegeneinander austauschen. Die Austausch-Rk. verläuft im allg. nur dann glatt u. mit guten Ausbeuten, wenn durch den Ligandenaustausch ein im Vgl. zum Ausgangskomplex stabilerer Komplex entsteht. Daraus ergibt sich folgende empir. Reihenfolge der Komplexstabilität: **IV**-Komplex < **II**-Komplex < **III**-Komplex < **I**-Komplex. Die Verbb. werden durch Acrylnitril unter Polymerisation des Acrylnitrils zersetzt. Analoge Komplexe mit Vinylcyclohexen, Cyclooctadien-(1.3), Cyclohexadien-(1.3), Cyclopentadien, Butadien oder Divinylbenzol konnten nicht dargestellt werden. Desgleichen konnten bei Variation der Chinonkomponente keine Komplexe mit p-Benzochinon u. Toluchinon erhalten werden, jedoch gelang es, durch Rk. von p-Xylochinon u. **I** mit $Ni(CO)_4$ das Cyclooctadien-Ni(0)-Xylochinon darzustellen. Die „Sandwich"-Struktur des **I**-Durochinonkomplexes konnte durch kernmagnet. Resonanzmessungen bewiesen werden.

Versuche: Olefin–Nickel(O)–Durochinon-Komplexe: 2,6 g Durochinon in 10 ml trockenem CH_2Cl_2 versetzt man mit 20—25 ml des Olefins u. 3—4 ml $Ni(CO)_4$, erhitzt 4 Std. lang in N_2-Atmosphäre unter Rückfluß (Ölbad-Temp. 60—80°), dest. die flüchtigen Anteile zusammen mit dem nicht umgesetzten $Ni(CO)_4$ in eine mit Trockeneis gekühlte Falle ab, nimmt den Rückstand unter N_2 mit 20—30 ml trockenem CH_2Cl_2 auf, engt die tiefrote Lsg. etwas ein, fügt 100—150 ml PAe. (Kp. 60—80°) hinzu u. filtriert die kristallin abgeschiedenen Verbb. ab; Ausbeuten bis 85% (bezogen auf eingesetztes Durochinon). *Cyclooctadien-(1.5)-durochinonnickel(0)*, $C_{18}H_{24}NiO_2$, Zers. bei 205°. — *Bicyclo-2.2.1-heptadiendurochinonnickel(0)*, $C_{17}H_{20}NiO_2$, Zers. bei 130°. — *Dicyclopentadiendurochinonnickel(0)*, $C_{20}H_{24}NiO_2$, Zers. bei 137°. — *Cyclooctadien-(1.5)-xylochinonnickel(0)*, Zers. bei 150°. GERHARD SCHULZE. 356□

Untersuchungen über die basischen Nickelcarbonate. 1. Mitt. **Faktoren, die die Fällung von Nickelcarbonaten beeinflussen.** R. M. Mallya und A. R. Vasudeva Murthy. (J. Indian Inst. Sci. **43.** 44—51. Jan. 1961. Bangalore, Indian Inst. of Sci., Dep. of Inorgan. and Phys. Chem.) (Engl.)

Die Menge Ni, die aus Ni-Salz-Lsgg. mit Na_2CO_3 gefällt wird, ist in sehr starkem Maße von der Fällungs-Geschw., der Geschw. u. der Dauer des Rührens während u. nach der Fällung u. dem angewendeten Na_2CO_3-Überschuß abhängig. Die Fällung von 0,05m $NiSO_4$-Lsgg. mit 0,1m Na_2CO_3 bei 25° verlief erst bei Anwendung eines 2,5fachen Sodaüberschusses u. 2std. mechan. Rühren quantitativ. Mit einer äquimolaren Na_2CO_3-Menge konnten nicht mehr als 86% der theoret. geforderten Ni-Menge gefällt werden. Die Fällungs-Geschw. nimmt mit steigender Temp. zu. Bei Anwendung äquimolarer Lsgg. war die Fällung bei 97° nach einer, bei 60° nach 5 u. bei 40° nach 12 Std. vollständig. Das Anion (SO_4^{2-}, Cl^-, NO_3^-) ist ohne Einfluß. W. BETCKE. 356□

Untersuchungen über die basischen Nickelcarbonate. 2. Mitt. **Hydratisierte basische Nickelcarbonate.** R. M. Mallya und A. R. Vasudeva Murthy. (J. Indian Inst. Sci. **43.** 65—75. April 1961.) (Engl.) — 1. vgl. vorst. Referat.

Die aus 0,05m $Ni(NO_3)_2$-Lsgg. mit Na_2CO_3 bei wechselndem Molverhältnis unter reproduzierbaren Bedingungen bei 25° fällbaren bas. Salze wurden untersucht. Das Verhältnis $NiO:CO_2$ in den gefällten Salzen war von dem $Na_2CO_3:Ni(NO_3)_2$-Verhältnis der zur Fällung verwendeten Lsgg. abhängig u. betrug entweder 2:1 [$Na_2CO_3:Ni(NO_3)_2$ = 0,25—1] oder 4:1 [3—4] oder war wechselnd [1—3]. Die definierten Fällungs-Prodd. sind wasserhaltige Gele, denen die Zus. $NiCO_3 \cdot Ni(OH)_2 \cdot x\,H_2O$ bzw. $NiCO_3 \cdot 3\,Ni(OH)_2 \cdot x\,H_2O$ zukommt. Ersteres geht beim Behandeln mit 2 Mol Na_2CO_3 in das letztere über, während es durch mindestens 20std. Rühren nach der Fällung aus einem äquimol. Gemisch in $NiCO_3 \cdot 2\,Ni(OH)_2 \cdot x\,H_2O$ umgewandelt wird. — Zur Unters. der Oberfläche der Fällungen wurden Adsorptionsisothermen mit *Methylenblau* (**I**) als Adsorbat aufgenommen. Beim Altern nimmt die Oberfläche entsprechend der adsorbierten **I**-Menge innerhalb von 3 Tagen auf das Dreifache zu u. bleibt dann konstant.

W. BETCKE. 356□

Untersuchungen über die basischen Nickelcarbonate. 3. Mitt. **Potentiometrische Untersuchung der Fällung.** R. M. Mallya und A. R. Vasudeva Murthy. (J. Indian Inst. Sci. **43.** 76—86. April 1961.) (Engl.) — 2. vgl. vorst. Referat.

Die Bldg. bas. Salze bei der Fällung von $NiSO_4$-, $NiCl_2$- oder $Ni(NO_3)_2$-Lsgg. mit N_2CO_3 oder K_2CO_3 wird an Hand von potentiometr. pH-Titrationen verfolgt. Die pH-Kurven verlaufen nach anfänglichem steilem Anstieg von ca. 6,7 (Sulfate) bzw. ca. 4,4 (Chloride, Nitrate) auf ca. 7,5 beim Mol-Verhältnis Na_2CO_3/Ni-Salz ca. 0,1 zunächst waagerecht bis zum Verhältnis 0,5—0,6, steigen dann in zunehmendem Grade bis zu inem Wendepunkt bei 1,36:1 (pH 8,8—9,9) an u. danach nur noch in sehr geringem Maße. Die Ergebnisse werden auf der Grundlage einer Neutralisation von H_2CO_3, die bei der Hydrolyse der Nickelcarbonate in Freiheit gesetzt wird, durch NaOH (die bei der Na_2CO_3-Hydrolyse entsteht) interpretiert. — Es wird eine Meth. zur Berechnung der Zus. der gefällten bas. Ni-Salze aus der Kenntnis der bei einem bestimmten Mol-Verhältnis der Rk.-Partner bei einem bestimmten pH gefällten Ni-Menge abgeleitet.

W. Betcke. 356□

Untersuchungen über die basischen Nickelcarbonate. 4. Mitt. Darstellung basischer Nickelcarbonate und ihre Differentialthermoanalyse. R. M. Mallya und A. R. Vasudeva Murthy. (J. Indian Inst. Sci. **43.** 87—96. April 1961.) (Engl.) — 3. vgl. vorst. Referat.

Aus Ni-Salz-Lsgg. wurden mit Alkalicarbonat unter wechselnden Bedingungen (Mol-Verhältnis, Temp., Zeit, Rühren) bas. Carbonate gefällt u. nach mehrwöchigem Trocknen analysiert. Durch Fällung bei 25° u. Trocknen über $CaCl_2$ wurden Verbb. der Zus. *2 NiO·CO₂·5 H₂O* (I), *3 NiO·CO₂·6 H₂O* u. *4 NiO·CO₂·7 H₂O* (II) erhalten, bei weiterem Trocknen im Vakuum über P_2O_5 außerdem $2\,NiO \cdot CO_2 \cdot 3\,H_2O$ u. $4\,NiO \cdot CO_2 \cdot 5\,H_2O$. Bas. Carbonate, die bei 97° gefällt wurden, hatten sehr niedrige CO_2-Geh. ($14\,NiO \cdot CO_2 \cdot 16\,H_2O$ u. $16\,NiO \cdot CO_2 \cdot 15\,H_2O$). Die DTA-Kurven der Verbb. I u. II zeigen jeweils 2 endotherme Peaks bei 130 bzw. 320°.

W. Betcke. 356□

Untersuchung des Ionenaustausches von Kupferpyrophosphatkomplexen in Lösung. C. Heitner-Wirguin und J. Kendy. (J. inorg. Nuclear Chem. **22.** 253—57. Dez. 1961, herausgeg. Febr. 1962. Jerusalem, Hebrew Univ., Dep. of Inorg. and Analyt. Chem.) (Engl.)

Vff. untersuchen die zwischen Cu^{2+} u. $P_2O_7^{4-}$ gebildeten Komplexe bei pH 1—10 mit Hilfe eines Anionenaustauschers. Durch Best. der Molzahlen der vom Austauscher adsorbierten Komponenten wird die Bldg. folgender Komplexe angenommen: $[Cu \cdot (H_3P_2O_7)(H_2P_2O_7)]^-$ bei pH 1—1,5, $[Cu(HP_2O_7)(H_2P_2O_7)]^{3-}$ bei pH 1,5—2, $[Cu(HP_2O_7)_2]^{4-}$ bei pH 6—7 u. $[Cu(HP_2O_7)(P_2O_7)]^{5-}$ bei pH 7—10. Unterss. bei pH 2—6 können nach dieser Meth. nicht vorgenommen werden, da Bldg. eines Nd. erfolgt.

H. D. Freyer. 358□

Monofluoroarsenate und ihre Analogie mit Sulfaten. Basische Monofluoroarsenate von zweiwertigen Metallen (Cu und Ni). N. K. Dutt und Ashim Gupta. (J. Indian chem. Soc. **37.** 805. Dez. 1960. Calcutta, Univ., Coll. of Sci., Inorg. Chem. Labor.) (Engl.)

Die bas. Monofluoroarsenate $CuAsO_3F \cdot 4\,Cu(OH)_2 \cdot 8\,H_2O$ (I) u. $NiAsO_3F \cdot 4\,Ni(OH)_2 \cdot 5\,H_2O$ wurden nach der NH_4CH_3COO-Meth. durch Mischen der 0,2m Lsgg. des Salzes u. des NH_4CH_3COO im Verhältnis 1:4 u. mehrtägiges Stehen sowie nach der Meth. von Guy u. Gire (C. R. hebd. Séances Acad. Sci. **200.** [1935.] 1213) u. Lamure (C. R. hebd. Séances Acad. Sci. **220.** [1945.] 601), Verw. von Mg-Pulver zur Neutralisation frei werdender Säure, dargestellt. I ist in W. unlösl., hellblau, verliert beim Erhitzen erst das Hydratationswasser u. wird schließlich unter Entw. von As_2O_3-Dampf zersetzt.

P. Scharner. 358□

Darstellung und Eigenschaften von Trifluormethylmercaptosilber. H. J. Emeléus und D. E. MacDuffie. (J. chem. Soc. [London] **1961.** 2597—99. Juni. Cambridge, Univ., Chem. Labor.) (Engl.)

$AgSCF_3$ (I) wird in 70—80%ig. Ausbeute nach $3\,AgF + CS_2 \rightarrow I + Ag_2S$ durch 12std. Rk. bei 140° im Stahlautoklaven erhalten u. mit Aceton aus dem Prod. extrahiert. Es ist eine weiße, luftbeständige, im Vakuum bei 80° zerfallende Substanz, deren IR-Frequenzen mitgeteilt werden. Löslichkeit: unlösl. in W., verd. u. konz. HCl, verd. HNO_3, gut lösl. in heißem HNO_3 (1:1), Aceton, Acetonitril, Dimethylsulfoxid, N.N-Dimethylformamid, lösl. in Ae. (15,0 mg/100 g bei 24°), Toluol (13,5), Hexan (6,7), Bzl. (5,1), CS_2 (4,8), CCl_4 (0,2). Aus einer 10^{-2}m Lsg. in Pyridin fällt nach einigen Tagen ein schwarzer Nd. aus. Aus frischen Lsgg. wurden $2\,AgSCF_3 \cdot C_5H_5N$ u. dunkelbraunes $2\,AgSCF_3 \cdot (CH_3)_2NH$ isoliert. Mit überschüssigem Cl_2 reagiert I bei 20° zu F_3CSCl u. AgCl; ist I im Überschuß, so entsteht zusätzlich F_3CSSCF_3 (II). Nach längerer Rk. von I mit Br_2 bzw. J_2 bei 20° konnten II u. AgBr bzw. AgJ erhalten werden; nach analoger Rk. mit überschüssigem CH_3J entstanden CH_3SCF_3 u. AgJ. Mit einem Überschuß von $(CH_3)_3SiCl$ werden AgCl u. $(CH_3)_3SiF$ (III) gebildet; wahrscheinlich entsteht prim. $(CH_3)_3SiSCF_3$, dessen Zers. zu III dem Zerfall von H_3SiCF_3 zu H_3SiF entspricht.

A. Blaschette. 359□

A_9. Mineralogische und geologische Chemie

Die für den geochemischen Lebenslauf der Elemente verantwortlichen Faktoren. H. Strunz. (Acta geol. Acad. Sci. hung. **7.** 53—55. 1961. Berlin, TU, Inst. für Mineral.) (Dt.)

An Faktoren, die für den Lebenslauf eines Atoms in der Erde bestimmend sind, werden aufgezählt: Atomeigene (Bindungstendenz, Bindungspotential, Koordinations- u.

Symmetrietendenz, Bindungsenergie im Gitter), milieubedingte (Art des Mediums, Konz.-Verhältnisse, Temp., Druck, Redoxpotential) u. Faktoren des angestrebten bzw. erreichten Verbandes (physikal. u. chem. Eigg. des Kristalls, Eigg. des Gesteins- u. Mineralverbandes, Art des Stofftransports). W. Betcke. 378□

Geochemie, Ursprung und die Rolle von Kohlenstoffdioxid, Wasser, Schwefel und Bor in der Yellowknife-Goldlagerstätte, Nordwestterritorium, Canada. R. W. Boyle. (Econ. Geol. **54.** 1506—24. Dez. 1959. Ottawa, Ontario, Canada, Geol. Surv. of Canada.) (Engl.)

Es gibt 2 Arten von Au-Vork. im Yellowknife-Distrikt: 1. in Amphiboliten u. 2. in metamorphen Sedimenten. Die in Amphiboliten sind bedeutender u. stellen Konzz. von SiO_2, CO_2, H_2O, S, As, Sb, Au u. anderen Metallen dar. Durch einen starken Temp.-Gradienten wurden diese Stoffe mobilisiert u. wanderten in die Scherzone, wo sie Chlorit- u. Chlorit–Carbonat-Schiefer erzeugten. Die anderen Stoffe wanderten weiter in die Dehnungszonen u. wurden als *Quarz*, Carbonate, Sulfide u. *Gold* abgesetzt. In den sedimentären Vork. wurden SiO_2, B, S u. Metalle bei der Metamorphose der Sedimente mobilisiert u. ebenfalls in den Dehnungszonen ausgeschieden. J.-E. Hiller. 378□

Die Geochemie von Rhenium — Ergänzung. Michael Fleischer. (Econ. Geol. **55.** 607—09. Mai 1960. Washington, D.C., U. S. Geol. Surv.) (Engl.) — Vgl. C. **1961.** 5012.

Es werden die Ergebnisse der Arbeiten von Ssatpajewa u. Mitarbeitern (C. **1960.** 10881) u. von Shirow u. Mitarbeitern (Геохимия [Geochemie] **6.** [1959.] 518) über die Re-Best. in Erzen u. Hütten-Prodd. angegeben. Der Re-Geh. im Molybdänglanz nimmt mit abnehmender Bldg.-Temp. der Erze stark zu; so enthalten Hochtemp.-Erze 1—3 ppm Re, während Mitteltemp.-Erze von Kasachstan u. Armenien 150—780 ppm Re enthalten. Beim Kupferhüttenprozeß reichert sich das Re in den Flugstäuben, bes. in den Konverterstäuben vom Verblasen des Kupfersteins an. F. Ensslin. 378□

Über die Genese des Zirkons der Mariupolite und die Kritik von I. D. Zarowski an meiner Arbeit zu diesem Thema. Ss. A. Rudenko. (Записки Всесоюзного Минералогического Общества [Schr. mineralog. Allunions Ges.] [2] **87.** 513—17. 1958.) (Russ.) — Vgl. C. **1961.** 5737.

In der Entgegung auf die Kritik von Zarowski (Записки Всесоюзного Минералогического Общества [Schr. mineralog. Allunions Ges.] **87.** [1958.] 385) wiederholt Rudenko seine Ansicht, daß der Zirkon durch Einw. postmagmat. Lsgg. auf die Mariupolite entstanden ist. Sein Zonarbau wird durch das pulsierende Eindringen der Lsgg. verursacht. Er wächst unter Verdrängung des bereits erstarrten Mariupolits u. sein skelettartiger Bau entsteht durch das Wachsen entlang von Korngrenzen der umgebenden Minerale. Die Kritik Zarowskis wird als unberechtigt u. unobjektiv zurückgewiesen. Horst Braun. 378□

Stadien der Mineralbildung in der polymetallischen Lagerstätte Ssawinskoje Nr. 5. K. Ss. Taldykina. (Вестник Ленинградского Университета, Серия Геологии и Географии [Nachr. Leningrader Univ.] **14.** Nr. 6. [Ser. Geol. Geogr.] Nr. 1. 38—47. 1959.) (Russ.; Auszug: Engl.)

Die relativ komplizierten Prozesse der Mineralgenese der Lagerstätte Ssawinskoje Nr. 5 (östlicher Transbaikal) erstrecken sich über ein breites Temp.-Intervall. Der Mineralkomplex bildete sich infolge Umkristallisation der Einschlußgesteine, Ausfüllung von Hohlräumen, hypogenen Veränderungen früher gebildeter Minerale (z. B. Disulfid-Bldg. von Pyrrhotin) u. weit verbreiteter hypergener Prozesse. Die 12 Mineralisationsstadien sind durch bestimmte Mineralassoziationen charakterisiert: Kontakt- u. Axinitmineralassoziationen entsprechen den ersten, sulfid. Bldg. den mittleren u. Fluorit–Quarz-Carbonat- u. zeolith. Assoziationen den letzten Mineralisationsstadien. H. Noack. 378

Bildung von pegmatitischem Carbonatit in einem Syenit–Marmor-Kontakt. R. D. Schuiling. (Nature [London] **192.** 1280. 30/12. 1961. Utrecht, Holland, Univ., Dep. of Geophys. and Geochem., Miner. Geol. Inst.) (Engl.)

Vf. untersuchte einen schmalen Einschluß von grobkörnigem Syenit in einer bänderartigen Marmorformation unbekannten Alters nördlich des Dorfes Karacayir, nahe Sivas, Türkei. Der pegmatit. grobkörnige Marmor enthielt Biotit u. Apatit u. ist regional metamorphisiert. Ein Teil des in den Syenit eindringenden Marmors ist in Carbonatit–Pegmatit umgewandelt. Über dem Marmor u. dem Syenit liegt ein nichtmetamorphisierter, unreiner, fossilienhaltiger Kalkstein, der zum frühen Eozän gehört. Im pegmatit. Carbonatit wurden weiter kleine idiomorphe Thorianit- u. große Allanitkristalle gefunden. Ernst Schulte. 380□

Quarzgänge in den Yellandlapad-Gesteinen. Y. Janardan Rao. (Current Sci. **29.** 17—18. Jan. 1960. Hyderabad, Osmania Univ., Geol. Dep.) (Engl.)

Es werden Quarzgänge in einem grauen porphyrit. Granit u. in Amphiboliten beschrieben. Im ersten Fall sind zwischen Muttergestein u. Quarz keine scharfen Grenzen, auch Feldspate u. Fe-Mg-Mineralien sind in beiden vorhanden. In den Amphiboliten folgen die Quarzadern der Schichtung. Es wird angenommen, daß die Gänge durch metamorphe Differentiation im Zusammenhang mit der Granitisierung entstanden sind.
F. ENSSLIN. 385□

Meteorite im Laboratorium. Arthur Beiser. (Trans. New York Acad. Sci. [2] **21.** 572—74. Mai 1959. New York, N.Y., New York Univ., Dep. of Phys.) (Engl.)

Übersicht. GERHARD SCHMIDT. 388□

Über ^{129}Xe im Meteoriten Abee. P. M. Jeffery und J. H. Reynolds. (Z. Naturforsch. **16a.** 431—32. April 1961. Berkeley, Calif., Univ. of California, Dep. of Phys.) (Engl.)

Vff. wiederholen die Entgasungs-Verss. von ZÄHRINGER u. GENTNER (Z. Naturforsch. **16a.** [1961.] 239) an pulverförmigen Proben des Enstatit-Chondriten Abee. Eine Gasextraktions- u. -reinigungs-App. wird direkt mit dem Proben-Syst. eines Massenspektrometers verbunden. Weiterhin verwendet man eine größere Probenmenge (ca. 3,3 g der 1—5-mm-Fraktion) u. einen neuen Ti-Getter. Entgast wird jeweils 1 Std. lang für jede Temperatur. Die für Ar u. ^{132}Xe erhaltenen Werte stimmen im allg. trotz der stark unterschiedlichen Teilchengröße mit den l. c. bestimmten Werten überein, was für Entgasungs-Verss. mit Silicaten charakterist. ist. Die Ergebnisse weisen darauf hin, daß die Größe der Diffusionszonen für die Edelgase kleiner als die Siebgröße der untersuchten Teilchen ist. Der Gasverlust erfolgt vermutlich sehr schnell, nachdem das Gas die Zonengrenzen erreicht hat. Die für das Verhältnis ^{129}Xe/^{132}Xe(R) im entwickelten Gas in Abhängigkeit von der Temp. erhaltene Kurve unterscheidet sich jedoch bei gleichem Verhältnis der Gesamt-Geh. von 5,3 wesentlich von der l. c. mitgeteilten. Auf Grund der Änderungen von R mit der Temp. (7,4 bei 700°; 2,9 bei 900°; 7,2 bei 1200°; danach erneutes Abfallen auf 4,9) schließen Vff. auf Phasen mit überschüssigem ^{129}Xe-Geh. u. nehmen an, daß ^{129}Xe durch natürlichen Zerfall von ^{129}J in den J-haltigen Meteoritphasen entsteht. Der R-Peak bei 700° tritt in der Nähe der Temp. auf, bei der eine gelbbraune sulfid. Abscheidung auf den Ofenwandungen festzustellen ist. Hieraus folgern Vff., daß eine der Sulfidphasen des Meteoriten relativ stark J-haltig sein kann.
P. FRENZEL. 388□

Über den Urangehalt der Tektite. F. Heide. (Acta geol. Acad. Sci. hung. **7.** 105—07. 1961. Jena, Univ., Mineralog. Inst.) (Dt.)

Mit Hilfe der fluorometr. Meth. nach CENTANNI, ROSS u. DESESA (C. **1957.** 3089) wurde eine Reihe von Tektiten aus verschiedenen Fundorten auf ihren U-Geh. untersucht. Der U-Geh. der Tektite hat keine Beziehung zu dem der Meteorite u. Eruptivgesteine, stimmt aber mit dem U-Geh. von tonig sandigen Sedimenten gut überein (bei Tektiten böhm., indochines., südamerikan. u. austral. Herkunft wurden U-Geh. von ca. 2 g/t gefunden), wogegen der hohe U-Geh. des Glases von Macusani (Peru) für eine vulkan. Herkunft dieses Minerals spricht. W. BETCKE. 388□

Die Verteilung von Seesalz und Sulfat im Regenwasser über den Vereinigten Staaten. Christian E. Junge. (Nat. Acad. Sci. — Nat. Res. Council, Publ. Nr. **652.** 122. 1959. Bedford, Mass., Air Force Cambridge Res. Center, Geophys. Res. Directorate.) (Engl.)

Kurze Wiedergabe der C. **1962.** 11851 referierten Arbeit von JUNGE u. WERBY.
C. GOTTFRIED. 393

Systematische Messung von radioaktiven Niederschlägen in der Tschechoslowakei bis 1961. W. Santholzer, G. Macku und J. Podzimek. (Nature [London] **192.** 398—400. 4/11. 1961. Hradec Králové, Czechoslovakia, Charles Univ., Med. Fac., Inst. of Med. Phys.) (Engl.)

Die Messungen der Radioaktivität in Hradec Králové während der letzten 4—5 Jahre zeigen einen Verlauf ähnlich dem in Norwegen gefundenen (vgl. Czechoslov. J. Physics **10.** [1960.] 595). Der Wert für die Aktivität im April 1959 hat etwa den gleichen Wert wie der in Norwegen mit 3960 $\mu\mu$c/Liter ermittelte. Der Minimalwert während November—Dezember 1959 war ca. 20 $\mu\mu$c/Liter. Die Beziehungen zu meteorolog. Daten werden diskutiert. ERNST SCHULTE. 396□

Radioaktivität im Regen während des Septembers 1961 nach den russischen Kernwaffentests im September 1961. Keith Boddy. (Nature [London] **192.** 443—44. 4/11. 1961. Aldermaston, Berks., Ass. Electr. Ind., Res. Labor.) (Engl.)

Analysen der gesamten β-Aktivität von Regenwasserrückstand ergaben nach dem 2. Sept. 1961, dem Beginn der russ. Kernwaffentests, einen Anstieg von ca. 160 (pc/g) auf 8000 (pc/g). Die Aktivität im Regenwasser stieg auf 48,4 (pc/Liter) im Vgl. zu

5,1 in den vorherigen Monaten. Obwohl der Meßfehler ca. ±20% beträgt, ist die Zunahme evident. Messungen von ^{131}J ergaben nach zwei Meth. ebenfalls einen Anstieg von 9,8 auf 95,5 bzw. 82,0 pc/Liter. ERNST SCHULTE. 396□

Jahreszeitliche Änderung und Alter von radioaktiven Niederschlägen. R. P. Parker und J. O. Crookall. (Nature [London] **190.** 574—76. 13/5. 1961. London, Royal Cancer Hospital, Inst. of Cancer Res., Phys. Dep.) (Engl.)

In Fortsetzung früherer Unterss. von ANDERSON u. Mitarbeitern (vgl. Nature [London] **186.** [1960.] 925) berichten Vff. über Messungen der hauptsächlichsten γ-Strahlen emittierenden Zerfalls-Prodd. in der Luft in der Zeit vom Januar bis zum November 1960. Bestimmt wurden die Konzz. von ^{144}Ce, ^{137}Cs, ^{106}Rh u. ^{125}Sb. Ein bei einigen Messungen bei einer Energie von 0,475 MeV auftretendes Maximum wird dem ^{7}Be zugeschrieben, das durch Wechselwrkg. von kosm. Strahlen mit atmosphär. Stickstoff- oder Sauerstoffkernen entsteht. Während des gleichen Zeitraums wurde außerdem die Konz. von ^{90}Sr in Regenwasser bestimmt. Es wurde festgestellt, daß die Konz. dieser Zerfalls-Prodd. in der Luft im Mai ein Maximum erreicht, während die Konz. während der Sommermonate über den Herbst bis zum Winter abnimmt. Vom Juni bis zum Oktober entsprechen die Konzz. von ^{90}Sr im Regenwasser angenähert einer exponentiellen Kurve einer Halbperiode von 40 Tagen, sehr ähnlich der l. c. erhaltenen Ergebnisse. Die mittlere Lebensdauer der einzelnen Prodd. wurde berechnet; die Ergebnisse sind graph. wiedergegeben. C. GOTTFRIED. 396

Änderung des Verhältnisses Chlor: Natrium in der Atmosphäre mit der Höhe und dem Abstand von der Quelle des Natriumchlorids und die Verteilung des atmosphärischen Nitrats über den Vereinigten Staaten. Henry M. Papée und Alberto Montefinale. (Nature [London] **187.** 1103—04. 24/9. 1960. Rom, Nat. Res. Council of Haly, Meteor. Res. Div. of Ital. Air Force.) (Engl.)

Vff. werteten erneut die experimentellen Daten über das Verhältnis Cl:Na von JUNGE u. WERBY (vgl. C. **1962.** 11851) aus. Die Ergebnisse sind graph. wiedergegeben. Ebenso ist graph. die Änderung des NO_3-Geh. mit der Breite in den östlichen Vereinigten Staaten graph. wiedergegeben. C. GOTTFRIED. 396

Ursprung des hohen Tritiumgehalts von atmosphärischem Methan, Wasserstoff und stratosphärischem Wasser. Richard Wolfgang. (Nature [London] **192.** 1279—80. 30/12. 1961. San Diego, La Jolla, Calif., Univ. of California, Dep. of Chem.) (Engl.)

Atmosphär. CH_4 hat einen um Größenordnungen höheren T-Geh. als Regenwasser u. nähert sich dem Geh. von atmosphär. H_2 u. stratosphär. Wasser. Das Ansteigen des T-Geh. im CH_4 mit der Zeit deutet auf Bldg. bei Atomwaffentests hin. T entsteht nach Vf. im red. Kern des Feuerballs, der nach der Detonation gebildet wird. Nach Abkühlung auf ca. 3000° kontrahiert sich dieser Kern auf ca. 100 m Ø. Während diees Stadiums ist der Feuerball isotherm u. es ist unwahrscheinlich, daß sich der große reduzierende Kern mit der oxydierenden Umgebung mischt. Bei weiterer Abkühlung werden u. a. T-haltige Metallhydride, mol. H_2, H_2O, NH_3 u. KW-Stoffe gebildet (C aus Bombenmaterial). Am Ende des Glühstadiums schwillt der isotherme, reduzierende Kern an (jetzt heißer als die Umgebung), es kommt zur Vermischung u. Oxydation. Die Rk. $^{14}N(n, p)^{14}C$, die den größten Teil des ^{14}C liefert, verläuft außerhalb des reduzierenden Kerns, so daß atmosphär. CH_4 nur ca. 10% ^{14}C enthält, wie das entsprechende biosphär. C. ERNST SCHULTE. 396□

B. Allgemeine und theoretische organische Chemie

Berechnung der Schwingungsspektren des Cyclopentan- und Deuterocyclopentanmoleküls. R. Ss. Lebedew. (Оптика и Спектроскопия [Optik u. Spektroskopie] **6.** 154—61. Febr. 1959.) (Russ.)

Nach den Meth. von MAJANZ (vgl. C. **1954.** 706) u. JELJASCHEWITSCH [1941] werden Frequenzen u. Formen der Normalschwingungen von *Cyclopentan* (I) u. D_{10}-I berechnet. Das berechnete Modell besitzt die Symmetrie D_{5h}. Diese berechneten Werte werden den im IR- u. RAMAN-Spektrum von I u. D_{10}-I (vgl. TSCHAMLER u. VOETTER, C. **1954.** 5260 u. C. **1955.** 6241) beobachteten Frequenzen gegenübergestellt. Abweichungen, bes. bei Frequenzen, die Änderungen der HCC-Winkel entsprechen, können mit der Ungenauigkeit der von anderen Moll. übernommenen Kraft-Konst. für I erklärt werden. U.-L. RAU. B 114□

Zur Deutung der Schwingungsspektren von Coronen. N. I. Shirnow. (Оптика и Спектроскопия [Optik u. Spektroskopie] **6.** 162—67. Febr. 1959.) (Russ.)

Es wird ein Modell des *Coronen* (I)-Mol. entwickelt, bei dem zwischen dem „zentralen Bzl.-Ring" u. dem „Außenring" nur normale C—C-Bindungen (wie die zwischen den beiden Bzl.-Ringen im Diphenyl) vorliegen, die Kraftwechselwrkg. zwischen zentralem u. peripherem Ring gleich 0 gesetzt u. die Kraftwechselwrkg. im zentralen Ring durch die Kraft-Konst. des Bzl.-Mol. beschrieben wird. Dies erklärt das Auftreten der Frequenz der vollsymm. Schwingung des Bzl.-Ringes im Spektrum von **I** bei 992 cm^{-1}. Die Wechselwrkg. der CH-Bindungen im I-Mol. entspricht der der CH-Bindungen im Bzl., die entsprechende Frequenz zeigt **I** bei 3070 cm^{-1}. Auf der Grundlage des entwickelten Modells des I-Mol. berechnet Vf. die Frequenzen dieser Schwingungen in nullter Näherung zu 1031 u. 3066 cm^{-1}. U.-L. RAU. B 114□

Bemerkungen zur Darstellung und Absorption im mittleren UV einiger Maleinund Fumarsäurearylmonoamide sowie N-Arylasparaginsäurearylimide. Panos Grammaticakis. (C. R. hebd. Séances Acad. Sci. **252**. 556—58. 23/1. 1961.) (Franz.)

Es wurden folgende Verbb. dargestellt u. ihre Spektren im mittleren UV gemessen (1. F. langsam; 2. F. auf dem Maquenne-Block gemessen): Arylmonoamide (**A**) der Maleinsäure: *Phenyl-*, F. 220°; 232°. — *o-*, F. 121; 126°. *m-*, F. 172; 186°. *p-Tolyl-*, F. 213; 227°. — *2.6-Dimethylphenyl-*, F. 178; 186°. — *2.4.6-Trimethylphenyl-*, F. 164°. — *o-*, F. 137; 140°. *m-*, F. 209; 222°. *p-Chlorphenyl-*, F. 212; 225°. — *o-*, F. 147; 152°. *m-*, F. 168; 172°. *p-Methoxyphenyl-*, F. 195; 212°. — *o-*, F. 157; 166°. *m-*, F. 207; 233°. *p-Nitrophenyl-*, F. 206; 232°. — *o-*, F. 205; 228° (Zers.). *m-*, F. 245; 280° (Zers.). *p-Carboxyphenyl-*, F. 252; 285° (Zers.). — Arylmonoamide (**B**) der Fumarsäure: *Phenyl-*, F. 246; 247°. — *o-*, F. 243; 244°. *m-Tolyl-*, F. 199—200°. — *2.6-Dimethyl-*, F. 267°. — *2.4.6-Trimethylphenyl-*, F. 281°. — *o-*, F. 247; 249°. *p-Chlorphenyl-*, F. 279; 280°. — Arylimide (**C**) der N-Arylasparaginsäure: Aryl = *Phenyl*, F. 215; 216°. — *o-*, F. 129; 148°. — *p-Tolyl*, F. 214; 218°. — *m-Chlorphenyl*, F. 154; 156°. Die **A** wurden durch übliche Acylierung der Arylamine u. bes. durch Behandlung der Arylamine mit Maleinsäureanhydrid in wasserfreiem Ae. oder Bzl. in der Kälte oder Wärme in quant. Ausbeute erhalten. Bei längerem Kochen der **A** in 95%ig. A. entstehen in einigen Fällen neben den Fumarsäureisomeren die **C**. Die **B** erhält man in den meisten Fällen durch Erhitzen der entsprechenden Malein-Verb. in wasserfreien aromat. KW-Stoffen in Ggw. oder Abwesenheit des Arylamins. Die grundsätzlichen qual. spektralen Beziehungen zwischen den Verbb. vom Typ **A** sind denen für die N-Acylarylamine u. bes. N-Benzoylarylamine gleich, sowie, zumindest in den untersuchten Fällen, den entsprechenden N-Crotonylarylaminen spektral ähnlich. Beim Übergang von N-Benzoylarylaminen zu **A** tritt eine mehr oder weniger starke bathochrome Verschiebung auf. Der Übergang von **A** nach **B** ruft nur eine schwache Bathochromie u. geringen Anstieg des log ε der Hauptbande — ohne Veränderung der Kurvenform u. grundsätzlichen qual. spektralen Beziehungen — hervor. Die Spektren von **A** u. **C** zeigen tiefgreifende Unterschiede. Die Absorption von **C** ist der der N-Methylarylamine oder der Arylamine selbst ähnlich. Die Spektren von **A** sind in Form u. Lage der Banden sehr unterschieden von denen der N-o-Carboxybenzoylarylamine u. liegen auch dem sichtbaren Bereich sehr viel näher als diese. H. G. HENKEL. B 118□

Singulett → Triplettabsorption in halogensubstituierten Toluolen. J. K. Roy. (Indian J. Physics Proc. Indian Assoc. Cultivat. Sci. **34** (**43**). 331—35. Juli 1960. Calcutta, Indian Assoc. for Cult. of Sci., Optics Dep.) (Engl.)

Vf. untersuchte die Singulett → Triplettabsorption (S → T) von fl. *m-Fluortoluol* (**I**), *p-Chlortoluol* (**II**) u. *o-Bromtoluol* im nahen UV-Bereich. Die S → T-Absorption verschiebt sich mit steigendem Atom-Gew. des substituierenden Halogenatoms allmählich zum Rot. Die Intensität des Luminescenzspektrums von festem **I** bei —180° ist geringer als die von **II** u. **III** unter ähnlichen Bedingungen (vgl. BISWAS, C. **1957**. 12115). Dies stimmt damit überein, daß die S → T-Absorption in diesem Falle klein ist u. zeigt, daß die Luminescenz durch den Übergang vom Triplett- zum Singulettzustand hervorgerufen wird. P. SCHARNER. B 118□

In den Spektren einiger Arylborverbindungen beobachtete Banden einer intramolekularen Ladungsübertragung. Vorl. Mitt. B. Ramsey, M. Ashraf El-Bayoumi und M. Kasha. (J. chem. Physics **35**. 1502—03. Okt. 1961.) (Engl.)

Die bei 3525 Å (ε 1,92·10^4) beobachtete Bande von *Tris-[naphthyl-(1)]-bor* (**I**) in Methylcyclohexan wird einem intramol. Ladungsübergang zugeordnet, bei dem das B-Atom als Elektronenacceptor wirkt. Diese Bande verschwindet beim Einleiten von NH_3 in die Lsg., da infolge der Bldg. einer I–NH_3-Additions-Verb. die Elektronenlücke des B-Atoms besetzt wird. Die berechnete Energie der Ladungsübertragung stimmt mit der beobachteten gut überein. G. PÖTZSCHER. B 118□

Über die Abhängigkeit der UV-Absorptionsspektren einiger Pyridinderivate von der Wasserstoffionenkonzentration. H. Bayzer. (Mh. Chem. **88**. 72—77. 15/2. 1957. Graz, Univ., Inst. für phys. Chem.) (Dt.)

Die UV-Adsorptionsspektren von *Pyridin* (**I**; Kp. 114°), *2-Amino-* (**II**; F. 56°, W.), *2-Amino-3-methyl-* (**III**; $Kp._{12}$ 102°) u. *2.6-Diaminopyridin* (**IV**; F. 121°, W.) in 0,05n HCl,

W. u. 0,05n NaOH werden angegeben (Abb.). I zeigt ein Maximum bei 39000 cm^{-1}, das im Sauren ebenso wie das Minimum stärker ausgeprägt ist; dieses Maximum erfährt bei **II**—**IV** eine erhebliche bathochrome Verschiebung, die im Sauren deutlicher als im Alkal. ist. Eine zweite kurzwellige Bande liegt für **II** u. **III** bei 43700 cm^{-1}, für **IV** bei 41500 cm^{-1} u. ist relativ unempfindlich gegen Schwankungen des pH-Wertes.

K. W. GLOMBITZA. B 118□

Über die dirigierende Wirkung von Substituenten bei der Bildung von β-substituierten Phenazinsalzen. 4. Mitt. Ju. Ss. Rosum. (Журнал Общей Химии [J. allg. Chem.] **30** (**92**). 2631—40. Aug. 1960. Inst. für org. Chem. der Akad. der Wiss. der UkrainSSR.) (Russ.) — 3. vgl. C. **1962.** 12303

Es werden die Absorptionsspektren (zwischen 200 u. 550 mμ) von *Phenazin*, *2-Methoxy-*, *2-Chlor-* u. *2-Phenylphenazin* sowie ihren *Perchloraten* u. ihren mit Dimethylsulfat erhaltenen *9-* u. *10-Monomethylmethosulfaten* in A. u. 1—96%ig. H_2SO_4 aufgenommen. An Hand der Spektren wird der Einfl. der genannten Substituenten in 2-Stellung auf die Salz-Bldg. bzw. Basizität u. die Stellung der Methylgruppe in den methylierten Verbb. untersucht. HELMUT SCHÄFER. B 118□

Analyse des n → π* (3000 Å)-Absorptionsspektrums von symm.-Triazin bei niedriger Auflösung. J. S. Brinen und Lionel Goodman. (J. chem. Physics **35.** 1219—25. Okt. 1961. University Park, Pa., Pennsylvania State Univ., Whitmore Chem. Labor.) (Engl.)

Die 3000 Å-Absorptionsbande von *symm.-Triazin* wurde bei Absorption unter niedriger Auflösung untersucht [Spektren bei 193° K der Lsg. in Methylcyclohexan/Isopentan (1:4), bei 328° K in Cyclohexan u. im Dampfzustand]. Der langwellig liegende Teil dieser Bande wird einem erlaubten n → π*-Übergang $^1A_2''$ → $^1A_1'$ mit der 0.0-Bande bei 31574 ± 15 cm^{-1} zugeordnet. Ein zweiter n → π*-Übergang liegt wahrscheinlich bei 32500 cm^{-1}. Die beobachtete Folge der Zustände deutet darauf hin, daß die n-Bahn in den Anregungszuständen nur sehr wenig s-Charakter hat (~0,1).

W. SCHRAMM. B 118

Untersuchungen der optischen Rotationsdispersion. 42. Mitt. **Disulfide und Diselenide.** Carl Djerassi, Arne Fredga und Berndt Sjöberg. (Acta chem. scand. **15.** 417—26. 1961. Stanford, Calif., Stanford Univ., Dep. of Chem.; Uppsala, Univ. of Uppsala, Chem. Inst.) (Engl.) — 41. vgl. C. **1962.** 6341; 43. vgl. C. **1961.** 12395.

Vff. nahmen die opt. Rotationsdispersionskurven zwischen ca. 250 u. 700 mμ auf von (—)-*Diselenocystin* (**I**), (+)-*α.α'-Dithiodipropionsäure* (**II**), (+)-*Dithio-bis-[phenylessigsäure]* (**III**) (+)-*α.α'-Diselenodipropionsäure* (**IV**), (+)-*α.α'-Diseleno-bis-[phenylessigsäure]* (**V**), (+)-*1.2-Dithiandicarbonsäure-(3.6)* (**VI**), (+)-*1.2-Diselenandicarbonsäure-(3.6)* (**VII**), (—)-*1.2-Dithiancarbonsäure-(4)* (**VIII**), (+)-*1.1'-Dinaphthylen-2.2'-disulfid* (**IX**), (—)-*6.8-Thioctsäure* (**X**), *1α.5α-Epidithioandrostan-3.17-dion* (**XI**) u. *-androstan-3α.17β-diol* (**XII**) sowie *3α.17β-Dihydroxyandrostan-1α.5α-dithiol* (**XIII**), ferner die UV-Spektren von **XI** bis **XIII** zwischen ca. 230 u. 420 mμ. **I** zeigt wie (—)-Cystin (**XIV**) einen negativen COTTON-Effekt (CE), u. zwar bei 305 mμ. Die Diselenid-Bande ist demnach opt. aktiv. Vff. vermuten, daß die extrem negative Drehung von **XIV** in diesem Gebiet auf einen durch die Disulfidbande verursachten CE zurückzuführen ist. Ähnlich zeigen **II**—**V** zwar flache, aber sehr steil zum kurzwelligen Ende des untersuchten Bereichs ansteigende Dispersionskurven, die auf CE hindeuten, welche mit den UV-Absorptionsbanden der Disulfid-Diselenidgruppen bei 250 u. 210 mμ zusammenhängen. Da die Dispersionskurven von **II**—**V** sehr ähnlich sind (die Diselenide weisen bei längeren Wellen nur höhere Rotationen auf), wird auf eine ident. Konfiguration dieser Verbb. geschlossen. Dies gilt auch für **VI** u. **VII**. Die Kurven von **VI**—**VIII** weisen starke CE auf; offenbar führt eine Disulfid- oder Diselenidgruppe in unmittelbarer Nachbarschaft zum Asymmetriezentrum oder von diesem nur durch ein C-Atom getrennt zum Auftreten eines CE. **IX** besitzt im Bereich von 400 mμ einen negativen CE, der mit einer in diesem Gebiet auftretenden schwachen Bande zusammenhängt, die durch die Anregung des konjugierten Syst. einschließlich der Disulfidgruppe hervorgerufen wird. Auch **X** weist einen CE auf, der von der Disulfidabsorptionsbande herrührt. Die Anisotropie der Disulfidgruppe geht bes. deutlich aus den Dispersionskurven der Epidithiosteroide hervor, so zeigt **XI** ein Rotationsminimum bei 405 u. eine Spitze bei 340 mμ (negativer CE), welche dem positiven CE von Androstan-3.17-dion überlagert sind. Beim Übergang zu **XII** ändert sich der negative CE nicht, wohl aber verschwindet der positive, u. **XIII** zeigt nur eine flache Dispersionskurve. Ein Vgl. der Absorptions- u. Dispersionskurven zeigt jeweils eine ziemlich exakte Übereinstimmung zwischen der Lage der negativen CE u. derjenigen der Absorptionsmaxima der Disulfidgruppe. Vff. schließen, daß der stereochem. Bau analoger Disulfide u. Diselenide durch die Dispersionskurven in Beziehung gebracht werden kann u. daß ein gleiches Vorzeichen der CE die ident. Konfiguration beweist. — Die Dispersionskurven der untersuchten Verbb. sind angegeben, ferner die [M]-Werte bei verschiedenen Wellenlängen für I—XIII sowie für (+)-*α.α'-Diselenodibuttersäure*. B. GNAUCK. B 119□

Flüssige Scintillatoren. 9. Mitt. Synthese einiger arylsubstituierter Phenanthrene und Dihydrophenanthrene und verwandter p-Terphenyle und p-Quaterphenyle. Stephen P. Birkeland, Guido H. Daub, F. Newton Hayes und Donald G. Ott. (J. org. Chemistry **26**. 2662—67. Aug. 1961. Albuquerque, N.Mex., Univ. of New Mexico and Biochem. Res. Group; Los Alamos, N.Mex., Univ. of California, Los Alamos Sci. Labor.) (Engl.) — 8. vgl. C. **1960**. 13364.

Nach der Meth. von NEWMAN (J. org. Chemistry **9**. [1944.] 518) wurden Arylacetonitrile dargestellt, diese durch Alkylierung mit 2-[Naphthyl-(1)]-äthylbromid (**IV**; $Kp._{0,25}$ 136—140°) in die entsprechenden 2-Aryl-4-[naphthyl-(1)]-butyronitrile übergeführt u. diese über die Säuren u. Säurechloride u. deren Cyclisierung zu den *2-Aryl-1-oxo-1.2.3.4-tetrahydrophenanthrenen* umgesetzt. Red. dieser Ketone u. anschließende Dehydratisierung ergab die 3.4-Dihydro-2-arylphenanthrene, die an Pd-Kohle zu *2-Phenyl-* (I) bzw. *2-[Biphenylyl-(4)]-phenanthren*(**II**) dehydriert wurden. Verss., I selektiv zum 9.10-Dihydro-Deriv. zu hydrieren, scheiterten. Die Darst. der 9.10-Dihydro-Derivv. von **I** u. **II** gelang jedoch durch Oxydation von **I** u. **II** (bzw. von ihren Chinonen) zu *p-Terphenyl-2.2'-* u. *p-Quaterphenyl-2.2'-dicarbonsäure*, deren Überführung in die entsprechenden 2.2'-Bis-[brommethyl]-Derivv. u. erneute Cyclisierung mit Phenyl-Li. Ausgehend von p-Quaterphenyl-2''.3'-dicarbonsäure wurden auf ähnliche Weise *2.7-Diphenylphenanthren* u. sein *9.10-Dihydro-Deriv.* dargestellt.

Versuche (UV-Spektren in Cyclohexan = Cy. oder Chlf.): *1-Hydroxy-2-phenyl-1.2.3.4-tetrahydrophenanthren*, F. 78—81° (Cy.), durch 45std. Kochen von 1-Oxo-2-phenyl-1.2.3.4-tetrahydrophenanthren mit Al-Isopropylat in Isopropanol; 92%. — *3.4-Dihydro-2-phenylphenanthren*, F. 153—155°, durch Erhitzen vorst. Verb. mit HCO_2H auf dem Dampfbad, 30 Min. unter Schütteln; glänzende Tafeln aus Cy.; UV-Spektrum; 80%. — *2-Phenylphenanthren* (I), F. 195—197°, durch 4std. Erhitzen von vorvorst. Verb. an Pd-Kohle auf 290°; glänzende Tafeln aus Toluol; UV-Spektrum; 78%. — *p-Terphenyl-2.2'-dicarbonsäure*, $C_{20}H_{14}O_4$, F. 258—259° (50%ig. A.), durch allmähliches Erwärmen von vorst. Verb. mit 50%ig. H_2O_2 in Eisessig u. 2std. Kochen; 47%. *Dimethylester*, $C_{22}H_{18}O_4$, F. 98—99°, durch 24std. Kochen mit Methanol u. HCl; hellglänzende Tafeln aus Cy.; 93% (Rohprod.). — *2.2'-Bis-[hydroxymethyl]-p-terphenyl* (**III**), $C_{20}H_{18}O_2$, F. 150—151° (Bzl.), durch Zugabe vorst. Dimethylesters in Ae.-Bzl. (10:1) zu $LiAlH_4$ in Ae. unter N_2 u. 3std. Kochen; UV-Spektrum; 78% (bezogen auf vorst. Säure). — *2.2'-Bis-[brommethyl]-p-terphenyl*, $C_{20}H_{16}Br_2$, F. 75—77° (PAe.), durch portionsweise Zugabe von **III** als Pulver zu 48%ig. HBr (mit etwas H_2SO_4) bei 4—5°, 1 Std. bei Zimmer-Temp. u. 4std. Kochen; 77%. — *9.10-Dihydro-2-phenylphenanthren*, $C_{20}H_{16}$, F. 130 bis 131°, durch Zugabe von vorst. Verb. in Bzl. zu Phenyl-Li in Ae. u. 4std. Kochen; glänzende Tafeln aus Methanol; UV-Spektrum; 17%. — *2.2'-Bis-[methoxymethyl]-p-terphenyl*, $C_{22}H_{22}O_2$, F. 91—92°, durch Zugabe von CH_3ONa in Methanol zu vorvorst. Verb. u. ca. 12std. Kochen; glänzende Tafeln aus PAe.; UV-Spektrum; 70%. — *5.7-Dihydro-3-phenyldibenzo-[c.e]-oxepin*, $C_{20}H_{16}O$, F. 137—138° (Cy.), durch 30 Min. langes Erhitzen von **III** mit geschmolzenem $KHSO_4$ auf 190° unter N_2; UV-Spektrum; 61%. — *4-Phenylbenzylalkohol*, F. 101—102° (Bzl.), durch schnelle Zugabe von Biphenyl-4-carbonsäuremethylester [F. 118—120°, aus der Säure (F. 222—225°) mit Methanol u. HCl-Gas, 2std. Kochen; 96%] in Ae. zu $LiAlH_4$ in sd. Ae. unter N_2 u. 1std. Kochen; 92%. — *4-Phenylbenzylbromid*, $C_{13}H_{11}Br$, F. 86—87° (Cy.), durch 1std. Kochen vorst. Verb. mit 48%ig. HBr; 90%. — *Biphenylyl-(4)-acetonitril*, F. 93—95° (Cy.), durch Zutropfen vorst. Verb. in Aceton zu einer sd. Lsg. von KCN in 70%ig. Aceton u. 20std. Kochen; 90%. — *2-[Biphenylyl-(4)]-4-[naphthyl-(1)]-butyronitril*, $Kp._{0,03}$ 252—253°, durch 1std. Kochen von vorst. Verb. mit $NaNH_2$ in Ae.-Bzl. (150:2), Zutropfen von **IV** unter Erwärmen u. weiteres 8std. Kochen; 53%. — *2-[Biphenylyl-(4)]-4-[naphthyl-(1)]-buttersäure*, $C_{26}H_{22}O_2$, F. 200 bis 201° (Äthylacetat), durch 67std. Kochen von vorst. Verb. mit Eisessig u. 50%ig. H_2SO_4; 77%. — *2-[Biphenylyl-(4)]-1-oxo-1.2.3.4-tetrahydrophenanthren*, $C_{26}H_{20}O$, F. 252 bis 253° (Bzl.), durch Erhitzen von vorst. Verb. mit PCl_5 in Bzl. bis zur Bldg. einer klaren Lsg. unter N_2, Zugabe von $AlCl_3$ in Portionen innerhalb von 10 Min. u. 3std. Kochen; 82%. — *2-[Biphenylyl-(4)]-1-hydroxy-1.2.3.4-tetrahydrophenanthren*, $C_{26}H_{22}O$, F. 203—206°, durch 40std. Kochen von vorst. Verb. mit Al-Isopropylat in Toluol; 77%. — *2-[Biphenylyl-(4)]-3.4-dihydrophenanthren*, $C_{26}H_{20}$, F. 271—273°, durch Dehydratisierung von vorst. Verb. mit HCO_2H; fahlgelbe Tafeln aus Toluol; UV-Spektrum; 80%. — *2-[Biphenylyl-(4)]-phenanthren* (**II**), $C_{26}H_{18}$, F. 298—299° (Toluol), durch 2std. Erhitzen von vorvorst. Verb. mit Pd-Kohle auf 350°; UV-Spektrum; 90%. — *2-[Biphenylyl-(4)]-phenanthrenchinon*, $C_{26}H_{16}O_2$, F. 261—262°, durch 4std. Kochen von vorst. Verb. mit $K_2Cr_2O_7$ in Eisessig; rote Nadeln aus Toluol. — *p-Quaterphenyl-2.2'-dicarbonsäure*,

$C_{26}H_{18}O_4$, F. 321—322° (95%ig. A.), durch 4std. Kochen von vorst. Verb. mit 30%ig. H_2O_2 in Eisessig; 44%. *Dimethylester*, $C_{28}H_{22}O_4$, F. 152—153° (Methanol), mit Methanol u. HCl. — *2.2'-Bis-[hydroxymethyl]-p-quaterphenyl* (**V**), $C_{26}H_{22}O_2$, F. 210—211° (Äthylacetat), analog **III** aus vorst. Verb.; UV-Spektrum; 60%. — *2.2'-Bis-[brommethyl]-p-quaterphenyl*, $C_{26}H_{20}Br_2$, F. 140—141° (PAe.), durch 6std. Erhitzen von **IV** mit PBr_3 in Bzl. (+ 1 Tropfen Pyridin) auf 50°; 54%. — *2-[Biphenylyl-(4)]-9.10-dihydrophenanthren*, $C_{26}H_{20}$, F. 220—221°, durch Zugabe von vorst. Verb. in Bzl. innerhalb 1 Std. zu einer sd. Lsg. von Phenyl-Li in Ae. u. 3std. Kochen; glänzende Tafeln; UV-Spektrum; 37%. *2.2'-Bis-[methoxymethyl]-p-quaterphenyl*, $C_{28}H_{26}O_2$, F. 97—98° (PAe.), aus vorvorst. Verb. mit CH_3ONa in Methanol; UV-Spektrum; 70%. — *3-[Biphenylyl-(4)]-5.7-dihydrodibenzo-[c.e]-oxepin*, $C_{26}H_{20}O$, F. 217—219° (Äthylacetat), durch 40 Min. langes Erhitzen von **V** mit $KHSO_4$ auf 220°; UV-Spektrum; 21%. — *p-Quaterphenyl-2''.3'-dicarbonsäuredimethylester*, F. 196—198°, aus der Säure (F. 333—336°) mit Methanol u. HCl; 75%. — *2''.3'-Bis-[hydroxymethyl]-p-quaterphenyl* (**VI**), $C_{26}H_{22}O_2$, F. 224—225°, aus vorst. Verb. mit $LiAlH_4$ analog **III**; aus abs. A. fahlgelb; UV-Spektrum, 91,5%. — *2''.3'-Bis-[brommethyl]-p-quaterphenyl*, $C_{26}H_{20}Br_2$, F. 172—173° (Bzl.), aus vorst. Verb. mit PBr_3; 88%. — *9.10-Dihydro-2.7-diphenylphenanthren*, $C_{26}H_{20}$, F. 242—243° (Bzl.), durch 1std. Zugabe vorst. Verb. in Bzl. zu Phenyl-Li in sd. Ae. u. 4std. Kochen; UV-Spektrum; 50%. — *2.7-Diphenylphenanthren*, $C_{26}H_{18}$, F. 314—315° (Toluol), aus vorst. Verb. durch 1std. Erhitzen mit Pd-Kohle auf 300°; UV-Spektrum; 60%. — *2''.3'-Bis-[methoxymethyl]-p-quaterphenyl*, $C_{28}H_{26}O_2$, F. 138—139° (PAe.), aus drittvorst. Verb. mit CH_3ONa in Methanol; UV-Spektrum; 86%. — *5.7-Dihydro-3.9-diphenyldibenzo-[c.e]-oxepin*, $C_{26}H_{20}O$, F. 250 bis 251°, durch 1½ std. Erhitzen von **VI** mit $KHSO_4$ auf 200° unter N_2; UV-Spektrum; glänzende Tafeln aus Bzl.; 76%. G. PÖTZSCHER. B 119□

Flüssige Scintillatoren. 10. Mitt. **Einige arylsubstituierte Phenanthrene und Dihydrophenanthrene und verwandte p-Terphenyle und p-Quaterphenyle. Bestimmung der Kallmann-Parameter.** Stephen P. Birkeland, Guidi H. Daub, F. Newton Hayes und Donald G. Ott. (Z. Physik **159.** 516—23. 1960.) (Engl.) — 9. vgl. vorst. Referat.

Von folgenden Verbb. werden die UV- u. durch UV-Licht angeregten Fluorescenzspektren sowie die Scintillationsfähigkeit (relative Pulshöhe) u. die Parameter der von SWANK (Privat-Mitt.) modifizierten KALLMANN-Gleichung (vgl. KALLMANN u. FURST, C. **1951.** II. 3568) bestimmt: *2-Phenyl-*, *2-p-Diphenylyl-*, *2.7-Diphenylphenanthren*, *2-Phenyl-*, *2-p-Diphenylyl-3.4-dihydro-*, *2-Phenyl-*, *2-p-Diphenylyl-*, *2.7-Diphenyl-9.10-dihydrophenanthren*, *2.2'-Bis-[hydroxymethyl]-* u. *-[methoxymethyl]-p-terphenyl*, *2.2'-Bis-[hydroxymethyl]-* u. *-[methoxymethyl]-p-quaterphenyl*, *2''.3'-Bis-[hydroxymethyl]-* u. *-[methoxymethyl]-p-quaterphenyl*, *5.7-Dihydro-3-phenyl-* (**I**), *-3-p-diphenylyl-* (**II**) u. *-3.9-diphenyldibenzo-[c.e]-oxepin* (**III**). p-Quaterphenyl-Derivv. weisen bessere Scintillatorfähigkeiten auf als p-Terphenyl-Derivv., während der Phenanthrenkern nur geringfügig wirksam ist. Die Scintillationsfähigkeiten u. UV-Spektren von **II** u. **III** entsprechen denen von p-Quaterphenyl, die von **I** denen von p-Terphenyl, woraus auf eine fast vollständige Koplanarität des Oxepinrings mit den anderen Ringen geschlossen wird.

G. PÖTZSCHER. B 119□

Eine Untersuchung der optischen Rotationsdispersion von Seitenkettenepimeren in der Pregnanreihe. William A. Struck und Ronald L. Houtman. (J. org. Chemistry **26.** 3883—87. Okt. 1961. Kalamazoo, Mich., Upjohn Co., Res. Labor.) (Engl.)

Die opt. Rotationsdispersion wurde im Bereich von 280—460 mμ an folgenden Verbb. (in Dioxan) untersucht: *16α-Fluormethyl-3β-hydroxy-Δ⁵-pregnen-20-on* (**I**) *16β-Carbomethoxy-3β-hydroxy-17α-Δ⁵-pregnen-20-on* (**II**), *Progesteron* (**III**), *17α-Progesteron* (**IV**), *11-Ketoprogesteron* (**V**), *16α-Cyan-*, *16α-Fluormethyl-* (**VI**) u. *16α-Carbomethoxy-11-ketoprogesteron*, *11β-Hydroxyprogesteron*, *11β-Hydroxy-16α-hydroxymethylprogesteron* (**VII**), *16α-Methyl-* u. *16β-Methylprogesteron*. Für vorst. Verbb. sind die Kurven u. [M]-Werte angegeben, für nachst. Steroide nur die [M]-Werte: *16β-Hydroxymethyl-* (**VIII**) u. *16β-Fluormethyl-17α-progesteron* (**IX**), *16β-Carbomethoxy-11-keto-17α-progesteron*, *11-Keto-17α-progesteron*, *16α-Cyan-3α-hydroxy-5β-pregnan-11.20-dion* u. *16β-Carbomethoxy-3α-hydroxy-5β.17α-pregnan-11.20-dion*. Es zeigt sich, daß der zuerst von DJERRASSI (Optical Rotatory Dispersion, New York, 1960) entdeckte starke negative Effekt der 17α-Acetylseitenkette bei allen entsprechenden Verbb. auftritt u. mit Sicherheit zur Festlegung der Konfiguration der Seitenkette dienen kann, wenn im Steroid-Mol. von Pregnan-20-onen das $C_{(16)}$-Atom in α- oder β-Konfiguration substituiert ist oder weitere Carbonylfunktionen an $C_{(3)}$ u. $C_{(11)}$ vorhanden sind oder auch die 3-Ketogruppe mit einer 4ständigen Doppelbindung konjugiert ist. Wie die Daten von **I** u. **II** bzw. **V** u. **VI** u. weiteren Verbb. zeigen, hat die Substitution an $C_{(16)}$ allg. eine geringere Wrkg. auf die Rotationsdispersionskurve. Die Rotationsfeinstruktur ist deutlicher bei α,β-ungesätt.

Ketonen in der 17α-Reihe (wie **IV**) als in 17β-Derivv. (wie **III**) aufgelöst. Um nachzuweisen, daß sich der α- u. der β-Seitenketteneffekt bei diesen Verbb. übereinstimmend verhalten, wurde eine Reihe von α- u. β-Verbb. durch algebraische Substraktion der [M]-Werte bei zehn Wellenlängen verglichen (z. B. **VII**—**VIII** oder **VII**—**IX** usw.); der Differenz wird ein negatives Vorzeichen gegeben. Vff. erhielten aus diesen Werten eine Durchschnittskurve, die den α-Seitenketteneffekt darstellt. Bei der algebraischen Addition dieser Kurve zu der eines geeigneten Ketopregnans, Δ^4- oder Δ^5-Ketopregnens ergibt sich eine Kurve, die derjenigen der entsprechenden Verb. mit α-Seitenkette entspricht, wie am Beispiel **I**/**II** gezeigt wird. Der α-Seitenketteneffekt kann somit zur Erkennung der Konfiguration der Seitenkette bei den untersuchten Verbb. dienen. B. GNAUCK. B 119□

Schwingungsspektren und Rotationsisomerie von 2.3-Dimethylbutan. R. I. Podlowtschenko, L. M. Swerdlow und M. M. Ssuschtschinski. (Оптика и Спектроскопия [Optik u. Spektroskopie] **6.** 146—53. Febr. 1959.) (Russ.)

Die Normalschwingungen der 4 Rotationsisomeren (trans-, gauche-, symm. cis- u. asymm. cis-) von *2.3-Dimethylbutan* (**I**) werden berechnet. Zum Vgl. wurden das RAMAN-(Angabe von Intensitäten u. Depolarisationsfaktoren) u. IR-Spektrum von fl. **I** aufgenommen u. die beobachteten Frequenzen den berechneten Werten gegenübergestellt. Daraus folgt, daß in fl. **I** ein Gemisch des trans- u. gauche-Isomeren vorliegt. Aus dem Intensitätsverhältnis der RAMAN-Linien $I_{728}/I_{756} \approx 1{,}5$ ergibt sich ein Überwiegen der gauche-Form in fl. **I** bei 300° K. Abschließend werden die charakterist. Frequenzen der Gruppierung $RCH(CH_3)CH(CH_3)R'$ in den RAMAN- u. IR-Spektren von **I**, *2.3-Dimethylpentan, -hexan, -heptan, -octan, 3.4-Dimethylhexan, -heptan, 4.5-Dimethyloctan, 2.3.5-, 2.4.5-Trimethylhexan* u. *2.3.6-Trimethylheptan* angegeben. U.-L. RAU. B 120□

Quantitative Bestimmung der CH_2-Gruppen offener Ketten mit Hilfe der Infrarotabsorptionsspektren. Je. A. Glebowskaja und E. I. Maximow. (Известия Академии Наук СССР, Серия Физическая [Nachr. Akad. Wiss. UdSSR, physik. Ser.] **23.** 1194—95. Okt. 1959.) (Russ.) — Vgl. C. **1960. 14644.**

Die Frequenzen 700—800 cm^{-1} der Deformationsschwingungen der C—H-Bindungen in den CH_2-Gruppen offener KW-Stoffketten können zur quant. Best. dieser Gruppen verwendet werden. Ihre Zahl n im Mol. ergibt sich aus $n = SV_M/K$, wobei S die gemessene Fläche der Absorptionsbande, V_M das Mol.-Vol., K ein empir. Koeff. (nach Messungen an *n-Heptan* bis *n-Heptadecan, Isopentan* u. *-octan, Äthylcyclohexan* u. *Di-n-propylketon* im Mittel 205) ist. Bei krist. Verbb. (n-$C_{36}H_{74}$, n-$C_{20}H_{42}$, n-$C_{17}H_{35}COOH$) wird $K = 163 \pm 1$ gefunden. Um die Ermittlung von V_M zu umgehen, kann man auch $K_1 = S/c_1 dx$ verwenden (c_1 = Gew.-Konz. der CH_2-Gruppen, d = spezif. Gew., x = Schichtdicke) oder unter Bezugnahme auf die mol. Konz. c_2 einer Standardsubstanz $K_2 = S/c_2 n$, also $n = S/c_2 K_2$ bestimmen. R. K. MÜLLER. B 120□

Absolute Intensitäten der Grundschwingungsbanden von Dichlordifluormethan im Infraroten. J. Morcillo, J. Herranz und C. Rodriguez. (An. Real Soc. españ. Física Quím., Ser. A **56.** 65—70. März/April 1960. Madrid, Inst. de Quím.-fís. „Rocasolano".) (Span.)

Nach der früher (vgl. C. **1962.** 430) beschriebenen Meth. bestimmten Vff. die von CRAWFORD definierten abs. Intensitäten Γ für 7 Grundschwingungs-IR-Banden von CF_2Cl_2 u. erhielten folgende Werte: ν_1A_1 (1101 [cm^{-1}]), [$\Gamma \cdot 10^{-3}$] 27,2 [cm^2/Mol], ν_3A_1 (667), 1,84, ν_4A_1 (446), 0,045, ν_6B_1 (922), 33,6 ν_7B_1 (437), 0,026, ν_8B_2 (1159), 17,3, ν_9B_2 (473), 0,032. Mit Hilfe der Werte für die Vektoren ($\partial\mu/\partial Q_i$) u. der früher (vgl. C. **1962.** 430) für F u. Cl bestimmten Bindungsmomente μ u. deren Ableitungen nach ε, der Bindungslänge, wurden die von der Potentialenergiefunktion unabhängigen Totalintensitäten jeder Symmetrieklasse als Funktionen von μ u. ε ausgedrückt u. berechnet. Während die Gesamtintensität mit $113 \cdot 10^3$ est E mit dem von SMITH u. MCALPINE [1933] beobachteten Wert befriedigend übereinstimmt, sind die Abweichungen der Intensitäten der einzelnen Symmetrieklassen beträchtlich. Dies wird in erster Linie auf die vereinfachende Ausgangshypothese unabhängiger Bindungsmomente zurückgeführt. J. RICHTER. B 120□

Optische Untersuchung von Butindiol, dessen Diacetat und von 1.4-Dichlorbutin. M. I. Batujew, A. A. Achrem und A. D. Matwejewa. (Известия Академии Наук СССР, Отделение Химических Наук [Nachr. Akad. Wiss. UdSSR, Abt. chem. Wiss.] **1960.** 556—58. März. Akad. der Wiss. der UdSSR, Inst. für fossile Brennstoffe u. Zelinsky-Inst. für org. Chem.) (Russ.)

Die Unters. der im einzelnen beschriebenen RAMAN-Spektren von *Butin-(2)-diol-(1.4)* ($Kp._{16}$ 147—148°, F. 57—58°), dessen *Diacetat* ($Kp._{8,5}$ 117—118°, n_D^{20} 1,4540) u. *1.4-Dichlorbutin-(2)* ($Kp._{22}$ 68—69°, 1,5040) zeigt, daß infolge von Faktoren, die die freie Rotation der einzelnen Atomgruppen um die entsprechenden Einfachbindungen hindern, diese Verbb. in cis- u. trans-Form vorliegen. R. K. MÜLLER. B 120□

Infrarotspektren von Isocyanaten und substituierten Harnstoffen. J. Derkosch, K. Schlögl und H. Woidich. (Mh. Chem. **88.** 35—46. 15/2. 1957. Wien, Univ., II. chem. Inst.) (Dt.)

Aus Isocyanaten u. Aminen werden verschiedene Verb. vom Typ >N—CO—N< gewonnen u. deren IR-Spektren in Nujol, CCl_4 oder KBr aufgenommen (Abb.): *Imidazol-1-carbonsäureanilid* (I), *N.N'-Diphenyl-*, *N-Phenyl-N'-benzyl-*, *N-Phenyl-N'-methyl-N'-phenylharnstoff*, *Imidazol-1-carbonsäurebenzylamid* ($C_{11}H_{11}N_3O$, F. 124—127°, Bzl.), *N.N'-Dibenzyl-*, *N-Benzyl-N'-methyl-N'-phenylharnstoff*, *Imidazol-1-carbonsäure-[α-carboäthoxybenzylamid]* (II), *N-[α-Carboäthoxybenzyl]-N'-phenyl-*, *N-[α-Carboäthoxybenzyl]-N'-benzyl-*, *N-[α-Carboäthoxybenzyl]-N'-methyl-N'-phenylharnstoff* (III), *Imidazo-[1.5:c]-5-oxo-5.6.7.8-tetrahydropyrimidin* (IV) u. sein *7-Carbomethoxy-Deriv.* (V). Die NH-Valenzschwingung der Harnstoffe liegt bei 3290—3370 cm^{-1} außer bei **I** (3240, 3190), **III** (3320, 3440) u. **IV**, **V** (3200). In Lsg. liegen sie nicht assoziiert vor u. zeigen eine Bande bei 3450 cm^{-1}. Die Amid-I-Banden finden sich bei allen Verbb. mit der N—CO—N-Gruppierung bei 1630—1730 cm^{-1}, sie sind auf die C=O-Gruppe zurückzuführen. In Lsgg. tritt eine starke Polarisierung der O=C—N-Bindung ein, die bei **I** u. **II** bis zur Spaltung in Isocyanat u. Imidazol u. Umamidierung gehen kann, ohne daß eine direkte Beziehung zwischen der Lage der C=O-Frequenz u. der Tendenz zur Aufspaltung erwiesen ist.

K.-W. GLOMBITZA. B 120□

Infrarotspektroskopische Untersuchung der Valenzschwingungen der Carbonyl- und Hydroxylgruppen von dl-Pinan-, dl-Pinol-, dl-Pinon- und dl-Pinsäure und deren Ester. Huguette François und Marie-Louise Josien. (Bull. Soc. chim. France **1959.** 1606—09. Okt. Bordeaux, Fac. des Sci., Inst. du Pin e Centre de Physico-Chimie Struct.) (Franz.) — Vgl. KERGOMARD, C. **1959.** 6147.

Die IR-Spektren im Bereich von 1600—1800 u. 2800—4000 cm^{-1} wurden von *dl-Pinansäure* (I), *dl-Pinolsäure* (II) u. deren *Äthylester* (III), *dl-Pinonsäure* (IV) u. dem *Äthylester* (V), *dl-Pinsäure* (VI) u. deren *Dimethylester* (VII) u. den beiden isomeren *Pinsäuremonomethylestern* ([*1-Carbomethoxy-2.2-dimethylcyclobutyl-(3)*]*-essigsäure*, **VIII**; [*1-Carboxy-2.2-dimethylcyclobutyl-(3)*]*-essigsäuremethylester*, **IX**) in CCl_4-Lsg. u. in fl. Zustand bzw. in Nujol aufgenommen. **I**—**V** besitzen in CCl_4 vergleichbare Spektren. Je nach Konz. treten eine oder zwei Carbonylbanden bei 1709 (Verminderung der Intensität bei zunehmender Verdünnung) u. 1762 (Erhöhung der Intensität bei Verdünnung), die einer dimerisierten bzw. der freien Carboxylgruppe zugeordnet werden. **I** u. **II** sind bei Konzz. von $3 \cdot 10^{-4}$Mol/Liter offenbar zu ca. 50% dimerisiert. Bei **IV** u. **V** tritt eine Überlagerung der Carbonyl-C=O- u. der dimeren Carboxyl-C=O-Bande auf (bei **V** 1708 u. 1737). Banden bei 3626 (sehr scharf u, stark) u. bei 3500 (breit) werden der freien u. der assoziierten OH-Gruppe zugeschrieben. Bei den Säuren tritt ferner eine breite Absorption mit Maximum bei 2950 auf (CH- u. gebundene OH-Schwingungen), beim Verdünnen erscheint ferner eine scharfe Bande bei 3545 (freie OH-Gruppe). Die Spektren von **I**—**V** in kondensierter Phase im Bereich von 3000 sind mit den Spektren der Lsgg. identisch. Aus den Carbonylfrequenzen geht hervor, daß **I**, **II** u. **IV** unter diesen Bedingungen vollständig assoziiert sind; **I** ist dimerisiert, **II** u, **IV** bilden vermutlich mol. Assoziationskomplexe. Das Spektrum von **VI** im Bereich von 3000 ist ident. mit dem der anderen Säuren im gelösten Zustand. Die Carbonylbanden bei 1706 bzw. 1754 werden der assoziierten bzw. freien Carboxylgruppe zugeordnet. Bei starker Verdünnung tritt eine Schulter bei 1760 auf, aus der die Vermutung abgeleitet wird, daß die beiden Carboxylgruppen von **VI** verschiedene Carbonylfrequenzen verursachen. **VII** besitzt nur eine Bande bei 1740, **VIII** dagegen die Maxima bei 1709 u. 1762 (dimere u. freie Säure) sowie bei 1737 (Esterfunktion). Das Spektrum von **IX** weist eine Bande bei 1702 (assoziierte Carboxylgruppe), eine Schulter bei 1752 (freie Carboxylgruppe) u. die Estervalenzschwingung bei 1740 auf. Im Bereich von 3000 sind die Spektren von **VI**—**IX** im kondensierten Zustand den Spektren der Lsgg. gleich. **VI** besitzt Maxima bei 1709 (assoziierte Carboxylgruppe) u. bei 1640. Die Esterbanden von **VII**—**IX** entsprechen in ihrer Lage den Lösungsspektren. **VIII** scheint dimerisiert zu sein, da Maxima bei 1690 u. 1720 auftreten. **I** wurde durch Red. von **V** mit Zn-Amalgam u. HCl in Xylol u. folgende Verseifung, **II** durch Red. von **IV** in Ggw. von platiniertem Ni in alkal. Medium u. **VI** durch Oxydation von **IV** mit NaOBr dargestellt. Die Ester **III**, **V** u. **VII** erhielt man durch Veresterung der Säuren in Ggw. von H_2SO_4, **VIII** durch partielle Verseifung von **VII** durch KOH im wss.-alkohol. Medium in der Kälte u. **IX** durch partielle Veresterung von **VI** mit CH_2N_2.

B. GNAUCK. B 120□

Molekularstruktur von Propylen. David R. Lide jun. und Daniel Christensen. (J. chem. Physics **35.** 1374—78. Okt. 1961. Washington, D.C., Nat. Bur. of Standards; Copenhagen, Denmark, Univ. of Copenhagen, Chem. Labor.) (Engl.)

Das Mikrowellenspektrum 7 isotoper D- bzw. ^{13}C-Isomerer von *Propylen* (**I**) wurde untersucht, alle Atomabstände u. Winkel wurden ermittelt. Die Daten für die C-Atome betragen: r (C=C) 1,336 ± 0,004 [Å], r (C—C) 1,501 ± 0,004, ∢ CCC 124,3 ± 0,3°. Vgl. mit anderen Moll. zeigen keinen Unterschied in der Länge der Doppelbindung bei Äthylen, I u. den Vinylhalogeniden. Die Länge der C—C-Einfachbindung unterscheidet sich nicht von der in Acetaldehyd u. anderen Acetyl-Verbb., sie ist 0,025 Å kürzer als die in gesätt. KW-Stoffen. Die CH-Bindung der $=CH_2$-Gruppe in **I**, die in trans-Stellung zur CH_3-Gruppe steht, scheint etwas kürzer als die cis-CH-Bindung zu sein. W. SCHRAMM. B 121

Über das Spektrum der Kernquadrupolresonanz von 1.2.3-Trichlorbenzol. E. I. Fedin. (Журнал Структурной Химии [J. Strukturchem.] **1.** 124. Mai/Juni 1960. Akad. der Wiss. der UdSSR, Inst. für elementorgan. Verbb.) (Russ.)

Das Quadrupolresonanzspektrum von *1.2.3-Trichlorbenzol* (**I**) wurde bei 77° K aufgenommen. Vf. erhielt 6 Linien, deren Frequenzen mit den von BRAY u. BARNES (C. **1958.** 9447) beobachteten befriedigend übereinstimmen. Das Auftreten von 6 Linien entspricht kristallchem. Angaben, wonach in der Elementarzelle von I 2 kristallograph. verschiedene Mol.-Arten vorliegen u. somit im I-Kristall 6 kristallchem. verschiedene Cl-Atome vorhanden sind. U.-L. RAU. B 121□

Mittlere Lebensdauer des niedrigsten angeregten Singulettzustands von Benzol. J. W. Donovan und A. B. F. Duncan. (J. chem. Physics **35.** 1389—91. Okt. 1961. Rochester, N.Y., Univ. of Rochester, Dep. of Chem.) (Engl.)

Bei Anregung durch Hochfrequenz wurde die Lebensdauer des ersten angeregten $^1B_{2u}$-Zustands von *Bzl.* durch Messung der Abklingzeit der Fluorescenz in der Dampfphase bestimmt. Der Druck-Einfl. wurde zwischen 8—750 μ Hg untersucht. Für die reziproke Lebensdauer k_A im Bereich 2620—2720 Å u. die Abklingzeitkonst. der Gesamtfluorescenz k_T wurde erhalten: $k_A = 1{,}69 + 0{,}0207 \cdot P$; $k_A = 1{,}70 + 0{,}00577 \cdot P$ k_A u. k_T in u·s, P in μ Hg); Extrapolation auf P = 0 ergibt eine Lebensdauer des ersten angeregten $^1B_{2u}$-Zustandes von 0,59 μ·s. Die Druckabhängigkeit wird mit einem Mechanismus der Stoßdesaktivierung erklärt. W. SCHRAMM..B 125

Dielektrizitätskonstanten und Dipolmomente einiger Organosiliciumverbindungen. A. A. Gundyrew, N. Ss. Nametkin, G. M. Pantschenkow und A. W. Toptschijew. (Доклады Академии Наук СССР [Ber. Akad. Wiss. UdSSR] **129.** 1325—27. 21/12. 1959. Moskau, Gubkin-Inst. für erdölchem. u. Gasind.) (Russ.) — Vgl. C. **1960.** 2128.

Die DK (ε) von 15 Organo-Si-Verbb. wird bei 25 ± 0,05° gemessen für Hexaalkyl-Derivv. $R_3SiCH_2SiR_3$ (**A**; R = CH_3 bis C_4H_9), $R_3Si(CH_2)_2SiR_3$ (**B**; R = CH_3 bis C_4H_9), $R_3SiOSiR_3$ (**C**; R = CH_3 bis C_4H_9) u. $(C_2H_5)_3SiO[(C_2H_5)_2SiO]_nSi(C_2H_5)_3$ (**D**; n = 4—7). Bei den **A** u. **B** nimmt ε von R = CH_3 bis C_4H_9 zu. Bei den **C** nimmt ε von R = CH_3 zu C_2H_5 zu, dann für R = C_3H_7 u. C_4H_9 wieder ab. Bei den **D** steigt ε mit dem Molgew. an. Aus den ε-Werten werden die Dipolmomente μ nach HEDESTRAND [1929] berechnet. Bei den **A** u. **B** sind die μ-Werte fast gleich (0,55—0,60), Durchschnitt μ = 0,57 D, bei den **C** gilt für μ die Reihe CH_3 (0,78) > C_2H_5 (0,66) < C_3H_7 (0,67) < C_4H_9 (0,71), bei den **D** nimmt μ mit steigendem Molgew. zu u. ist bei (n + 1) O-Atomen im Mol. durch die empir. Gleichung $\mu = 0{,}63 \sqrt{n+1}$ gegeben. R. K. MÜLLER. B 132□

Halbleitfähigkeit von Chlorpromazin. F. Gutmann und A. Netschey. (Nature [London] **191.** 1390—91. 30/9. 1961. Sydney, Univ. of New South Wales, Dep. of Phys. Chem.) (Engl.)

An gegossenen, glasigen Platten aus *Chlorpromazin* (*2-Chlor-10-*[*3-dimethylaminopropyl*]-*phenothiazin*; **I**, F. 56,85°) wurde die Temp.-Abhängigkeit (eingegossene, aber nicht im elektr. Feld liegende Thermistorkugel) des elektr. Widerstandes R (85 V Gleichspannung) bestimmt, wobei wegen anfänglichen Absinkens von R die Ablesung jeweils nach 20—30 Min. erfolgte. Mit wachsender Temp. sinkt R bis 32°, steigt dann kurz u. sinkt dann wieder bis 80° ohne Diskontinuität am F. u. ohne Hysterese beim Erwärmen u. Abkühlen. **I** ist demnach bei niedriger Temp. ein Halbleiter auf Grund von Verunreinigungen, bei Temp. oberhalb 32° ein wahrer Halbleiter mit kristallograph. Umwandlungspunkt bei 32°. Die Leitfähigkeit bei 32° beträgt $9{,}2 \cdot 10^{-11}$ $(\Omega \cdot cm)^{-1}$, die Aktivierungsenergie zwischen 32 u. 80° 2,1 eV, entspricht der von Phenazin. Messungen der DK u. des Verlustfaktors für Nieder- u. Hochfrequenz stützen die Annahme eines Umwandlungspunktes bei 32°. Ein Vgl. von unter- u. oberhalb 32° aufgenommenen IR-Spektren ergibt Änderungen der Spektren der Seitengruppe u. des Ring-Syst. u. läßt auf ster. Umlagerungen u. Änderung der Koordination des Mol. schließen.

R. JUNGE. B 135□

Weitreichende $^{14}N-^{1}H$-Kernresonanzkopplung in Isonitrilen. I. D. Kuntz jun., P. von R. Schleyer und A. Allerhand. (J. chem. Physics **35.** 1533—34. Okt. 1961. Princeton, N.J., Univ., Frick Chem. Labor.) (Engl.)

Im Kernresonanzspektrum von *tert.-Butylisocyanid* (I) wird eine Aufspaltung der Protonenresonanz in ein Triplett der ungefähren Intensität 1 : 1 : 1 beobachtet, das nicht die Folge einer Proton–Proton-Kopplung, sondern nur einer ^{14}N–H-Kopplung sein kann. Dies zeigt, daß der Feldgradient ungewöhnlich klein u. die ^{14}N-Spin–Gitter-Relaxationszeit T_n (= 0,3 s mit J_{NH} = 2 Hz) mit der Kopplungs-Konst. vergleichbar ist. Analog I verhalten sich *Methyl-*, *Benzyl-*, *Isopropyl-* (β-Kopplung stärker als α-Kopplung) u. *n-Butyl-*, nicht dagegen *Cyclohexylisocyanid.* G. PÖTZSCHER. B 137□

Beitrag des Schwefels zur magnetischen Rotation einiger Thiophosphorverbindungen. Marie-Claire Labarre, Daniel Voigt und Robert Wolf. (C. R. hebd. Séances Acad. Sci. **252.** 1593—95. 13/3. 1961. Toulouse, Fac. des Sci.) (Franz.)

Es wird aus der Differenz zwischen den mol. magnet. Rotationen der trikoordinierten P-Verbb. u. der entsprechenden Monothionphosphat-Derivv. der aus der Bindung des S-Atoms resultierende Beitrag errechnet. Der Beitrag ist variabel u. immer positiv, im Gegensatz zum O, dessen Beitrag negativ ist. Daraus wird geschlossen, daß die P—O- u. P—S-Bindungen nicht von gleicher Natur sind. Ferner scheint die Änderung des S-Beitrages durch die Natur der Atome oder Atomgruppen, die mit dem P verbunden sind, in allen Fällen stark beeinflußt zu werden. Folgende Verbb. wurden untersucht: PCl_3, $D._4^{20}$ 1,5750; n_D^{20} 1,5122; $[\varrho]_M$ 787; $[\Omega]_M$ 555. — $PSCl_3$, 1,6369; 1,5554; 944; 676. — $(C_2H_5O)PCl_2$, 1,2812; 1,4650; 804; 617. — $(C_2H_5O)P(S)Cl_2$, 1,3804; 1,5003; 923; 690. — $(n\text{-}C_4H_9O)PCl_2$, 1,1790; 1,4660; 955; 732. — $(n\text{-}C_4H_9O)P(S)Cl_2$, 1,2614; 1,4968; 1085; 813. — $(C_6H_5O)PCl_2$, 1,3555; 1,5603; 1431; 1022. — $(C_6H_5O)P(S)Cl_2$, 1,4067; 1,5740; 1553; 1097. — $(p\text{-}CH_3C_6H_4O)PCl_2$, 1,3076; 1,557; 1483; 1062. — $(p\text{-}CH_3 \cdot C_6H_4O)P(S)Cl_2$, 1,3530; 1,5661; 1610; 1145. — $(C_2H_5O)_2PCl$, 1,0703; 1,4342; 826; 648. — $(C_2H_5O)_2P(S)Cl$, 1,1931; 1,4670; 957; 733. — $(n\text{-}C_4H_9O)_2PCl$, 1,0106; 1,4450; 1113; 866. — $(n\text{-}C_4H_9O)_2P(S)Cl$, 1,0874; 1,4652; 1236; 948. — $(C_6H_5O)_2PCl$, 1,2455; 1,15792; 2113; 1487. — $(C_6H_5O)_2P(S)Cl$, $D._4^{80}$ 1,2482; fest; 2172; —. — $(p\text{-}CH_3C_6H_4O)_2PCl$, $D._4^{20}$, 1852; 1,5662; 2222; 1578. — $(p\text{-}CH_3C_6H_4O)_2P(S)Cl$, $D._4^{80}$ 1,1888; fest; 2280; —. — $(C_2H_5O)_3P$, $D._4^{20}$ 0,9601; 1,4128; 844; 672. — $(C_2H_5O)_3PS$, 1,0728; 1,4470; 1006; 782. — $(n\text{-}C_4H_9O)_3 \cdot P$, 0,9164; 1,4290; 1271; 1001. — $(n\text{-}C_4H_9O)_3PS$, 0,9858; 1,4519; 1445; 1119. — $(C_6H_5O)_3P$, $D._4^{35}$ 1,1745; 1,5898; 2814; 1964. — $(C_6H_5O)_3PS$, $D._4^{60}$ 1,2041; fest; 2857; —. — $(p\text{-}CH_3 \cdot C_6H_4O)_3P$, $D._4^{20}$ 1,1287; 1,5751; 2998; 2117. — $(p\text{-}CH_3C_6H_4O)_3P$, $D._4^{94}$ 1,1214; fest; 3011; —. H. G. HENKEL. B 137□

Untersuchung der Spektren der paramagnetischen Elektronenresonanz negativer Ionen einiger aromatischer und heterocyclischer Verbindungen. W. W. Wojewodski, Ss. P. Ssolodownikow und W. M. Tschibrikin. (Доклады Академии Наук СССР [Ber. Akad. Wiss. UdSSR] **129.** 1082—85. 11/12. 1959. Akad. der Wiss. der UdSSR, Inst. für chem. Phys.) (Russ.)

Für die Elektronenresonanzspektren der negativen Ionen von *Bzl.*, *Cumol*, *Cyclohexylbenzol*, *tert.-Butylbenzol*, *Toluol*, *Äthylbenzol*, *o-* u. *p-Xylol*, *Stilben* (I) u. *Dibenzyl* (II) wird tabellar. die Zahl der Grund- u. Satellitenlinien u. ihre Aufspaltung sowie die Spindichte des ungepaarten Elektrons in o-, m- u. p-Stellung mitgeteilt. Der Vgl. der Spektren der Anionen von I u. von *Azoxybenzol* zeigt, daß der Ersatz der —CH=CH-Brücke durch die —NO=N-Brücke die Delokalisation des Elektrons über das ganze Mol. nicht verhindert. Die 9 Grundlinien beim II-Anion sind am besten mit dem Vorhandensein von 8 o- u. m-Protonen zu erklären; die Frequenz des Austauschs zwischen den Ringen kann auf 10^7—$10^8 s^{-1}$ geschätzt werden. Die von Null verschiedene Spindichte beim *Pyridin*-Anion am N-, α-, β- u. γ-C-Atom ergibt etwa die theoret. Zahl von 54 aufgelösten Linien. R. K. MÜLLER. B 137□

Elektronenparamagnetische Resonanzspektren einiger disubstituierter Stickoxide. J. C. Baird und J. R. Thomas. (J. chem. Physics **35.** 1507—09. Okt. 1961. Richmond, Calif., California Res. Corp.) (Engl.) — Vgl. C. **1962.** 4487.

Die Analyse der Hyperfeinstruktur der Elektronenresonanzspektren der Prodd., die bei der Oxydation von Diphenylamin, Anilin, N-Äthylanilin, Di-n-hexyl-, tert.-Butyl-, Dibenzyl- u. Thiodiphenylamin (Phenthiazin) in Ggw. von Azoisobutyronitril entstehen, ergibt, daß die Prodd. als Stickoxid-Radikale anzusehen sind, u. zwar (in gleicher Reihenfolge) *Diphenyl-*, *Monophenyl-* (I; $C_6H_6NHO\cdot$), *N-Äthylphenyl-*, *Di-n-hexyl-*, *Mono-tert.-butyl-* (II), *Dibenzyl-* u. *o,o'-Thiodiphenylstickoxid.* Aus der Abwesenheit der Dublettaufspaltung bei I u. II wird geschlossen, daß in diesen Fällen das entsprechende tautomere Oxim stabiler ist oder daß sich das Tautomeriegleichgewicht zwischen Oxim u. Stickoxid sehr schnell einstellt. G. PÖTZSCHER. B 137□

Kernmagnetische Resonanzspektren und Stereochemie der Oxide $C_{10}H_{18}O$ des reinen Geraniumöls. Attilio Melera und Yves-René Naves. (C. R. hebd. Séances Acad. Sci. **252.** 1937—38. 27/3. 1961.) (Franz.) — Vgl. NAVES u. Mitarbeiter, C. **1962.** 126.

Es wurden die NMR-Spektren von *cis-* (I) u. *trans-2-[2-Methylpropen-(1)-yl]-4-methyltetrahydropyran* (II) sowie *cis-* (III) u. *trans-2-[2-Methylpropyl]-4-methyltetrahydropyran* (IV) aufgenommen. Aus den Spektren geht hervor, daß I u. III in Sesselform, II u. IV in Bootsform B 3 oder 3 B nach REEVES (C. **1950.** II. 1950) vorliegen.

H. G. HENKEL. B 137□

Die Wechselbeziehung zwischen Reaktions- und Substitutionskonstanten und die Rolle der Elektronegativität in linearen Beziehungen der freien Energie oder Enthalpie. W. F. Sager und Calvin D. Ritchie. (J. Amer. chem. Soc. **83.** 3498—3504. 20/8. 1961. Washington, D.C., George Washington Univ., Dep. of Chem.) (Engl.)

Vff. leiten eine Gleichung ab, die die Rk.-Konst. ϱ mit den Substituenten-Konst. von Gruppen in Beziehung setzt, die an Rkk. beteiligt sind, die nicht durch unterschiedliche ster. oder Resonanz-Einfl. beeinflußt werden. Die Gleichung wird auch für Medium-Einfl. modifiziert u. auf die Gleichungen von GRUNWALD u. WINSTEIN sowie SWAIN u. SCOTT u. auch auf Rkk., bei denen ambidente Gruppen beteiligt sind, angewandt. Die Beziehung zwischen Elektronegativität u. Substituenten-Konst. wird diskutiert. Mit einem empir. Wert von 1,06 für Elektronegativitätsdifferenzen bei Ionisationsprozessen werden für folgende derartige Syst. die ϱ_J-Werte bei 25° berechnet: $RPh(CH_2)_nCOOH \rightleftharpoons RPh\cdot(CH_2)_nCOO^-$ (Ph = Phenyl) für n = 0, 1, 2; $RPhNH_3^+ \rightleftharpoons RPhNH_2$; $RPhOH \rightleftharpoons RPhO^-$; $RPhSH \rightarrow RPhS^-$; $RCOOH \rightleftharpoons RCOO^-$; $RCH_2OH \rightleftharpoons RCH_2O^-$; $RNH_3^+ \rightleftharpoons RNH_2$; $RPhPO_3H_2 \rightleftharpoons RPhPO_3H^-$; $RPhPO_3H^- \rightleftharpoons RPhPO_3^{2-}$; $RPhBO_2H \rightleftharpoons R_2PhBO_2^-$.

W. SCHRAMM. B 139□

Ionisation von 1.10-Phenanthrolin in wässeriger Lösung. Reino Näsänen und Eino Uusitalo. (Suomen Kemistilehti B **29.** 11—13. 1956. Helsinki, Finland, Inst. of Technol., Labor. of Phys. Chem.) (Engl.)

Aus Unterss. über die Ionisation des *1.10-Phenanthrolins* (I) in wss. Lsgg. ergeben sich die thermodynam. Konst. pK° bei 0, 25 u. 50° zu 5,079; 4,857 u. 4,641. Weiter wurde der Einfl. der durch KCl eingestellten Ionenstärke bei den gleichen Temp. untersucht. Aus der Temp.-Abhängigkeit der Ionisations-Konst. wird die Bldg.-Wärme des $I\text{-}H^+$-Ions zu $\Delta H = -3{,}5$ kcal für 0—50° berechnet. Die Unterss. wurden unter Verw. einer Glas–Ag/AgCl-Elektrodenzelle ohne Fl.-Verb. angestellt. Gleichzeitig durchgeführte UV-spektrograph. Unterss. lassen die Existenz einer weiteren Verb., vermutlich $I\text{-}H_2^{2+}$, in saurem Medium erkennen.

W. NIEMITZ. B 139□

Über die Polarographie des α.α'-Pyridoins, α.α'-Pyridils und α.α'-Dipyridyls. R. Kubíček und P. Vrublovský. (Acta Univ. Palackiane Olomucensis **14.** 97—103. 1958. Olomouc, Palacky univ., lék. fac., Chem. Ústav.) (Tschech.; Auszug: Dt. u. Engl.)

Vff. untersuchten das polarograph. Verh. von *α.α'-Pyridil* (I), *α.α'-Dipyridyl* u. *α.α'-Pyridoin* (II) sowie die Veränderungen von I u. II in alkohol. Lsg. unter dem Einfl. von Luft–O_2. Der Mechanismus dieser polarograph. Rkk. wird diskutiert.

B. GÖRLICH. B 142□

Die Beziehungen zwischen Druck, Temperatur und Dichte reiner Flüssigkeiten. Alfred W. Francis. (Chem. Engng. Sci. **10.** 37—46. April 1959. Paulsboro, N.J., Socony Mobil Oil Co., Inc., Res. and Dev. Labor.) (Engl.)

Nach der Gleichung (1): $D_s = A - B\cdot t - C/(E - t)$ berechnet Vf. von nachst. 130 reinen Substanzen die Sättigungsdichten D_S der Fl., wobei t die Temp. in Grad, A eine Konst., die etwas höher liegt als die Dichte bei Fl. bei niedrigen Temp., B etwas kleiner als der Temp.-Koeff. der Dichte der Fl., C eine Integrations-Konst., die von der allg. Kurvenform abhängt u. E eine Konst. ist, die wenig über der krit. Temp. liegt. Die Genauigkeit der errechneten Werte von D_s zeigt bei Vgl. mit den von anderen Autoren erhaltenen Werten Abweichungen von weniger als 0,0008 im Mittel. Bei nichtaromat. KW-Stoffen liegt E allg. 34° über der krit. Temp. T_k. Gleichung (1) gilt bis fast zu T_k für alle Substanzen, ausgenommen W. u. die niedrigeren Alkohole. Bei W. u. D_2O muß für den Bereich 50—230° eine zusätzliche quadrat. Gleichung eingeführt werden. Die Konst. A, B, C u. E werden zusammen mit dem Temp.-Bereich ihrer Gültigkeit angegeben für H_2* [(Kp.) —252,7°; (Dichte der Fl. bei 20°) —], *He* (—268,9°; —), *Ne* (—245,9°; —), *Ar* (—185,7°; —), *Kr* (—151,8°; —), *Xe* (—109,1°; 1,987), O_2 (—183,0°; —), O_3 (—111,9°; —), Cl_2 (—33,7°; 1,524), N_2 (—195,8°; —), H_2O* (100,0°; 0,99816), D_2O (101,3; 1,1048), *HCl* (—83,7°; 0,841), *HBr* (—67,0°; 1,800), *HCN* (26°; 0,6876), H_2S* (—61,8°; 0,8720), *CO* (—192,0°; —), CO_2* (—78,5°; 0,7771), NH_3* (—33,35°; 0,6103), NO_2* (21,3°; 1,4415), N_2O (—89,5°; 0,784), *NOCl* (—5,5°; 1,3000), PH_3 (—87,4°; 0,566), $SnCl_4$ (114,1°; 2,2262), SO_2 (—10,0°; 1,3829), SO_3 (44,8°; 1,9225), UO_3F (—46,76°; 1,4470) sowie für *Essig-** (118,1°; 1,0492), *Propion-* (147,3°; 0,9930), *Isobutter-* (154,7°; 0,9485), *n-Buttersäure* (164,0°; 0,9577), *Aceton** (56,2°; 0,7906), *Acetonitril* (81,6°; 0,7824), CS_2* (46,25°; 1,2632), CCl_4* (76,75°; 1,5940), *Chlf.** (61,2°; 1,4891), *Ae.**

(34,6°; 0,7135); *A.** (78,3; 0,7894), *Äthyl-n-propyl-* (63,7°; 0,7612), *Dimethyl-* (—24,9°; 0,6610), *Methyläthyläther* (7,6°; 0,700), *Brom-** (156,1°; 1,4951), *Chlor**- (132,0; 1,1062), *Fluor**- (84,8°; 1,0252), *Jodbenzol* (188,45°; 1,8307), *Chlordifluor-* (*Freon 22*; —40,6°; 1,2123), *Chlortrifluor**- (*Freon 13*; —81,4°; 0,9193), *Dichlordifluor-* (*Freon 12*; —30,0°; 1,329), *Dichlormonofluor-* (*Freon 21*; 8,92°; 1,3781), *Trichlorfluormethan* (*Freon 11*; 23,77°; 1,4877), *Trichlortrifluoräthan* (*Freon 113*; 47,57°; 1,5760), *Chlortrifluoräthylen* (—28,36°; 1,2411), *Perfluor-n-butan* (—1,7°; 1,47), *Dichlordifluoräthan** (46,64°; 1,4163), *Äthyl-* (16,5°; 0,6830), *Diäthyl-* (55,9°; 0,7042), *Triäthyl-* (89,35°; 0,7280), *Trimethylamin* (2,87°; 0,6331), *Äthylacetat** (77,15°; 0,9005), *-bromid** (38,34°; 1,4607), *-chlorid** (12,3°; 0,8943), *-formiat* (54,15°; 0,9226), *-mercaptan* (35,05; 0,8398), *-propionat* (99,1°; 0,8901), *Dimethyl-* (37,3°; 0,8497), *Diäthylsulfid* (92,1°; 0,8360), *Isopropylisobutyrat* (120,76°; 0,8484), CH_3OH* (64,6°; 0,7914), *Methylacetat** (57,3°; 0,9335), *-n-butyrat** (102,7; 0,8984), *-chlorid* (—23,7°; 0,898), *-fluorid* (—78,414°; 95782), *-formiat* (31,6°; 0,9742), *-isobutyrat* (92,4; 0,8890), *-mercaptan* (5,96°; 0,868), *-propionat* (79,7°; 0,9149), $COCl_2$ (7,56°; 1,3714), *Propionitril* (97,2°; 0,7818), *n-Propylacetat* (101,55°; 0,8884), *-alkohol** (97,2°; 0,8035), *-formiat* (80,85°; 0,9058) u. weiterhin für CH_4, C_2H_6, C_2H_4, C_2H_2, C_3H_8, *Propylen, n-Butan, Isobutan, Buten-(1), trans-Buten-(2), Isobuten, Butadien, n-Pentan, Isopentan, Neopentan, cis-, trans-Penten-(2), 2-Methylbuten-(2), n-Hexan, n-Heptan, n-Octan, n-Nonan, n-Decan, n-Dodecan, Cyclopentan, Methyl-, Äthylcyclopentan, Cyclohexan, Methylcyclohexan, 2.2-Dimethyl-, 2.3-Dimethyl-, 2.2.3.3-Tetramethylbutan, 2-Methyl-, 3-Methyl-, 2.2-Dimethyl-, 2.3-Dimethyl-, 2.4-Dimethyl-, 2.2.4-Trimethyl-, 3-Äthylpentan, 2.5-Dimethyl-, 2.2.5-Trimethylhexan, Bzl., Toluol, o-, m-, p-Xylol, Äthylbenzol, Naphthalin* u. *Biphenyl.* Die Dichten der vorst. mit einem * versehenen Fll. sowie der nachst. angeführten Fll. werden für hohe Drucke aus der Sättigungsdichte nach log S = log $(dP/dt)_v = K \cdot D - F$ (2) mit K u. F als Konst. berechnet. Dabei weichen diese Isochoren so wenig von der geraden Linie ab, daß diese Abweichungen zu vernachlässigen sind. Werte für K u. F sind für die vorst. mit einem * u. für nachst. Fll. angegeben: *Allyl-, n-Butyl-, n-Hexyl-, Isoamyl-, Isopropyl-, Isobutylalkohol, 3-Methylheptanol-(1), -(4), 2-Methyl-, 6-Methylheptanol-(3), Octanol-(3), Äthyljodid, -n-butyrat, Diäthyldibenzylmalonat, Methyloleat, n-Propylbromid, -chlorid, -jodid, n-Butylbromid, -chlorid, -jodid, Di-n-butylphthalat, Caprin-, Palmitinsäure, Bromoform, Anilin, Diphenylamin, Diäthylen-, Äthylen-, Propylen-, Trimethylenglykol, Glycerin, Äthylenchlorid, Tetrachloräthylen, Nitrobenzol, Eugenol, Thymol, p-Toluidin, o-Tolylphosphat, Triacetin, Tricapronin, Triäthanolamin* sowie *Hg* u. PCl_3. — 64 Literaturangaben. E. ROEDER. B 150□

Bildungswärme des Difluormethylenradikals. J. R. Majer und C. R. Patrick. (Nature [London] **192.** 866—67. 2/12. 1961. Birmingham, Univ., Chem. Dep.) (Engl.)

Im Massenspektrum von Benzotrifluorid (**I**) findet sich als ein Hauptanteil das Fluorbenzolion (**II**), im Massenspektrum von Fluorbenzotrifluorid (**III**) entsprechend das Difluorbenzolion (**IV**). Vff. führen das auf eine Umlagerung gemäß $C_6H_5CF_3 + e \rightarrow C_6H_5F^+ + CF_2 + 2e$ zurück. Unter dieser Voraussetzung berechnen sie aus dem Appearencepotential von **II** $[A(C_6H_5F^+) = 13{,}35\ eV]$ u. dem Ionisationspotential von Fluorbenzol (**V**) $[I(C_6H_5F) = 9{,}30\ eV]$ mit Hilfe von Literaturwerten für die Bldg.-Wärme von **I** u. **V** die Bldg.-Wärme des *Difluormethylenradikals* (**VI**) zu ≤ -17 kcal/Mol. Daraus ergibt sich mit dem Literaturwert der Bldg.-Wärme von Tetrafluoräthylen (**VII**) eine Dissoziationsenergie von 118 ± 5 kcal/Mol für die C—C-Bindung in **VII**, wobei es sich um einen Maximalwert handelt. Entsprechend ergibt sich aus dem Appearencepotential (13,15 eV) von **IV** u. dem Ionisationspotential (9,15 eV) sowie den Bldg.-Wärmen von p-Difluorbenzol [—72,2 kcal/Mol, berechnet aus ΔH_f $(p\text{-}C_6H_5F_2)$ (fl.) = —79,5 (private Mitt. von SCOTT), wobei ΔH_v zu 7,3 kcal/Mol geschätzt wird] u. von p-Fluorbenzotrifluorid [schätzungsweise gleich dem Wert für das m-Isomere: —184,2 kcal/Mol (private Mitt. von SCOTT)] ein Wert von —21 kcal/Mol für die Bldg.-Wärme von **VI**. Berechnungen auf der Grundlage der von ATKINSON u. ATKINSON (C. **1958.** 7082) beschriebenen Rk. Oktafluorcyclobutan (**VIII**) $\rightarrow CF_3{-}CF{=}CF_2 + CF_2$ ergeben bei Hinzuziehung von Literaturwerten für die Ermittlung der Bldg.-Wärmen von **VIII** (—352 kcal/Mol) u. von Tetrafluoräthylen eine Bldg.-Wärme von ≤ -13 kcal/Mol für **VI**, jedoch sehen Vff. diesen Wert als wahrscheinlich zu niedrig an. Vff. diskutieren ihre Ergebnisse im Hinblick auf Arbeiten anderer Autoren u. berechnen aus der Bldg.-Wärme von **VI** u. der des Trifluormethylradikals (—115 kcal/Mol) dessen C–F-Dissoziationsenergie zu 117 kcal/Mol. CH. ZECHEL. B 156□

Verbrennungswärmen von Butanal und einigen verwandten Verbindungen. Jan Tjebbes. (Pure appl. Chem. **2.** 129—32. 1961. Lund, Sweden, Univ., Thermochem. Labor.) (Engl.)

Inhaltlich ident. mit der C. **1961.** 5744 referierten Arbeit. CH. ZECHEL. B 156□

Wärmeleitfähigkeit einiger mesomorpher Verbindungen. J. B. McCoy und L. S. Kowalczyk. (Chem. Engng. Progr., Sympos. Ser. **56.** 11—14. 1960. Detroit, Mich., Univ. of Detroit.) (Engl.)

Zur näheren Unters. der verschiedenen Formen mesomorpher Verbb. wurden im Temp.-Bereich von 100—160° die Wärmeleitfähigkeiten (WL) von *p-Hexyloxybenzoesäure* [F. 105°; (Umwandlungspunkt) 150,5°], *o-Heptyloxybenzoesäure* (F. 91°; 145°) u. *p.p'-Azoxyanisol* (**I**, F. 115°; 135°) nach einer modifizierten Hitzdraht-Meth. gemessen. In allen 3 Beispielen nimmt die WL in der mesomorphen Phase mit der Temp. ab. An den Umwandlungspunkten tritt ein scharfer Anstieg auf, dem bei weiterer Temp.-Steigerung ein erneuter Abfall der WL in der normalen Fl. folgt. Der im Verhältnis zu den beiden anderen Verbb. bei **I** etwas geringere Anstieg der WL am Umwandlungspunkt wird darauf zurückgeführt, daß hier zwischen F. u. Umwandlungspunkt eine Mischung von smekt. u. nemat. Mesoformen vorliegt, während bei den anderen Verbb. die Mesoform nur vom nemat. Typ ist. WOLFGANG WAGNER. B 158□

Die Herstellung gleichförmiger Emulsionen durch elektrische Dispersion. M. A. Nawab und S. G. Mason. (J. Colloid Sci. **13.** 179—87. April 1958. Montreal, Quebec, Canada, Pulp and Paper Res. Inst. of Canada; McGill Univ., Dep. of Chem.) (Engl.)

Beschreibung einer Herst.-Meth. für konz. monodisperse Emulsionen hoher Stabilität durch elektr. Dispersion, wobei die disperse Phase zunächst als Aerosol entsteht, dessen Teilchen allmählich in das einen geeigneten Emulgator enthaltende Dispersionsmittel unter schwachem Rühren einsedimentieren. Als disperse Phase fanden Verw.: *n-Butylbenzoat* (**I**), *Lsgg.* von *Ricinusöl* u. CCl_4 in **I**, *Isoamylbenzoat* u. Lsgg. von *Bzl.* u. CCl_4; als Dispersionsmittel: *W.*, *wss. Lsgg.* von *Rohrzucker* u. *Glycerin* mit ionogenen oder nichtionogenen Emulgatoren. Als maximale Konz. wurde 35 Vol.-% erreicht, der Teilchendurchmesser variierte im allg. bei 98—99 % der Teilchen nur um 1 μ. Diese Herst.-Meth. ist allg. anwendbar für Öl/W.- u. W./Öl-Emulsionen, bes. in den Fällen, in denen die Konz. der dispersen Phase genau bekannt sein muß. Schwierigkeiten ergeben sich dann, wenn die Viscosität von Dispersionsmittel oder dispergierter Phase hoch ist. E. ÜHLEIN. B 161□

Micellare Dispersion von α-Monoglyceriden in Benzol und Chlorbenzol. P. Debye und W. Prins. (J. Colloid Sci. **13.** 86—98. Febr. 1958. Ithaca, N.Y., Cornell Univ., Dep. of Chem.) (Engl.)

Die α-Ester von Glycerin (**I**) mit den Fettsäuren mit 10, 12, 14, 16 u. 18 C-Atomen wurden nach AVERILL u. Mitarbeitern [1929] dargestellt u. ihre FF. neu bestimmt (Geh. an freier Fettsäure in Gew.-%): *α-Monocaprin*, F. 51° (ca. 0,1), *α-Monolaurin* (**II**), F. 62° (0,2), *α-Monomyristin*, F. 66,5° (1,3), *α-Monopalmitin*, F. 76,5° (ca. 0,1), *α-Monostearin*, F. 80,2° (ca. 0,0). Lichtstreuungsmessungen an Lsgg. dieser Verbb. sowie von *β-Monopalmitin* (F. 69,5°) u. einem handelsüblichen *Monostearin* (*Myverol*) in Bzl. u. Chlorbenzol bei 28—30° ließen Micellen-Bldg. in diesen Lsgm. erkennen. Die Micellengröße nahm mit steigender Anzahl der C-Atome im KW-Stoff-Anteil des Detergens-Mol. ab, es war in Chlorbenzol stets kleiner als in Benzol. In Chlf. erwiesen sich diese Substanzen als mol.-dispers. Durch Verunreinigungen an freier Fettsäure oder freiem **I** wurde die Lichtstreuung beträchtlich erhöht, Spuren von W. zeigten keinen Einfluß. Die IR-Spektren von **II** ergaben Hinweise auf das Vorliegen von intermol. H-Brückenbindungen in den Micellen in Bzl., dagegen von intramol. H-Bindungen in den Chlf.-Lösungen. E. ÜHLEIN. B 162□

Die Wechselwirkung einiger Naphthalinderivate mit einer Kationenseife unterhalb der kritischen Konzentration der Micellenbildung. T. Nash. (J. Colloid Sci. **13.** 134—39. April 1958. London, Central Publ. Health Labor., Air Hygiene Labor.) (Engl.)

Die krit. Konz. der Micellen-Bldg. (CMC) des *Cetyltrimethylammoniumbromids* (**I**) in wss. NaBr-Lsgg. der Konz. 1 mMol/Liter wurde durch Best. der Schaumdichte zu 0,5 mMol **I**/Liter ermittelt, in reinem W. zu 0,9 mMol **I**/Liter. Die Lsgg. von **I** in 0,001 m-KBr-Lsg. wurden bei u. weit unterhalb der CMC viscoelast. nach Zusatz von *Naphthalin* (**II**) oder **II**-Derivv. [$1\text{-}C_{10}H_7\cdot OH$, $2\text{-}C_{10}H_7\cdot OH$, $1.8\text{-}C_{10}H_6\cdot(OH)_2$, $2.3\text{-}C_{10}H_6\cdot(OH)_2$, $1\text{-}C_{10}H_7\cdot CHO$, $2\text{-}C_{10}H_7\cdot CHO$, $1\text{-}C_{10}H_7\cdot COOH$, $2\text{-}C_{10}H_7\cdot COOH$, $2\text{-}C_{10}H_7\cdot CN$, $1\text{-}C_{10}H_7\cdot NH_2$, $2\text{-}C_{10}H_7\cdot NH_2$, $1\text{-}C_{10}H_7\cdot NO_2$, $1\text{-}C_{10}H_7\cdot Br$, $2\text{-}C_{10}H_7\cdot SH$, $1\text{-}C_{10}H_7\cdot SO_3H$, $2\text{-}C_{10}H_7\cdot SO_3H$, $3.6\text{-}C_{10}H_6\cdot(SO_3H)_2$]. Das Verh. einiger Zusätze analog den Anionenfarbstoffen hinsichtlich Verschiebung der pK-Werte u. der Rotverschiebung der UV-Absorption in den **I**-Lsgg. in 0,001 m KBr-Lsg. läßt auf Herabsetzung der CMC als Ursache für den Effekt schließen. Möglicherweise entstehen lineare Micellen, die die aromat. Komponente auf der Außenseite adsorbiert tragen. E. ÜHLEIN. B 162□

Gas-Flüssigkeits-Chromatographie. Änderungen des Verteilungskoeffizienten mit dem Trägergas. A. Goldup, G. R. Luckhurst und W. T. Swanton. (Nature

[London] **193.** 333—34. 27/1. 1962. Sunbury-on-Thames, Middlesex, Brit. Petroleum Co. Ltd., Res. Centre, Petroleum Div.) (Engl.)

In einem Gaschromatographen mit einer Glascapillartrennsäule (300 ft. lang, 0,005 in. innerer Ø), die als Trenn-Fl. einen 0,13 μ dicken Squalanfilm enthielt, wurde bei 25 ± 0,01° u. konst. Einlaßdruck der Faktor k' (Verhältnis der Kapazität der fl. Phase zu der der Gasphase), der dem Verteilungs-Koeff. direkt proportional ist, für H_2, N_2, He, Ar u. CO_2 als Trägergase bestimmt. Der Fehler war <0,3%. In mit LINDES Molekularsieb 5 A gereinigtem He, H_2, N_2, Ar bzw. CO_2 wurden folgende k'-Werte bei einem Einlaßdruck von 46 lbs./in.² u. linearen Gas-Geschw. von 7,94, 17,51, 8,85, 6,92 bzw. 10,51 bestimmt: für *Cyclopentan* 0,982, 0,974, 0,954, 0,944, 0,928; für *2.3-Dimethylbutan* 1,030, 1,020, 0,995, 0,985, 0,968; für *Methylcyclopentan* 2,010, 1,988, 1,941, 1,921, —; für *2.2-Dimethylpentan* 2,034, 2,007, 1,951, 1,928, —; für *2.4-Dimethylpentan* 2,153, 2,121, 2,063, 2,040, 1,994; für *Bzl.* 2,168, 2,146, 2,098, 2,076, 2,020; für *3.3-Dimethylpentan* 2,901, 2,860, 2,779, 2,752, 2,687; für *Cyclohexan* 2,931, 2,896, 2,825, 2,796, 2,731. Für k' gilt folgende Gleichung: $\ln k' = A + 2\,\bar{p}\,B_{12}/R\,T$, wobei $\bar{p}$ der abs. Druck in der Trennsäule, A eine Konst. für einen bestimmten Stoff bei bestimmter Temp. T u. B_{12} der 2. Virial-Koeff. ist. Die graph. Darst. von lg k' gegen B_{12} [cm³/Mol], das aus der allg. red. Zustandsgleichung nach GUGGENHEIM u. McGLASHAN abgeleitet wurde, zeigt außer für CO_2 die geforderten Geraden. R. KRÄMER. B 177 □

Bindung in konjugierten Halogenverbindungen. J. R. Hoyland und Lionel Goodman. (J. physic. Chem. **64.** 1816—21. Dez. 1960. University Park, Pa., Pennsylvania State Univ., Whitmore Chem. Labor.) (Engl.)

Vff. untersuchten den Effekt, der sich bei Berücksichtigung von Halogen-d-Bahnbeteiligung an der Konjugation olefin. u. aromat. Halogen-Derivv. ergibt. Die dabei auftretende p–d-Hybridisierung führt zu einem beträchtlichen Anstieg der Bindungsenergie, ca. 2 eV. Für konjugierte C—Cl-Bindungen wird der Valenzzustand des Cl-Atoms zu $p\pi^{1,90}\,d\pi^{0,10}$ abgeschätzt. Die stark vergrößerte C—Cl-Bindungsordnung deutet auf beträchtlichen Dreifachbindungscharakter. Die Faktoren, die die Bedingungen für die $d\pi$–$p\pi$-Hybridisierung bestimmen, werden analysiert, u. VB-Strukturen vorgeschlagen. Bes. das Syst. $Y^+{=}R{=}X^-$, in dem Y ein starker Elektronendonator ist, scheint wesentlich zu sein. Es wird angenommen, daß die Dipolmomente, Resonanzenergien u. UV-Intensitäten von Halogen-Verbb. unter Berücksichtigung dieser Ergebnisse neu interpretiert werden müssen. Berechnungen wurden durchgeführt für: *Vinylchlorid, Chlorbenzol, p-Chloranisol*, das *Chlormethylradikal, Brombenzol* u. *p-Bromanisol.* W. SCHRAMM. B 182 □

Der hyperkonjugative Effekt in Methylpyridinen. Rama Bhattacharya. (Proc. nat. Inst. Sci. India, Part A **24.** 304—08. 26/9. 1958. Calcutta, Univ., Coll. of Sci. and Technol., Dep. of Chem.) (Engl.)

Nach der Meth. von COULSON u. CRAWFORD (C. **1953.** 8039) wurde die Hyperkonjugation beim *γ-Picolin, 2.6-Lutidin* u. *2.4.6-Kollidin* berechnet. Mit steigender Zahl von CH_3-Gruppen wächst die Resonanz- u. Hyperkonjugationsenergie, während die Hyperkonjugationsenergie pro CH_3-Gruppe nahezu konst. bleibt. Die Elektronendichte im Bereich der H_3-Gruppierung ist in allen Fällen geringer als 1. Die physikal.-chem. Eigg. der Methylpyridine werden sowohl von der Hyperkonjugation als auch von induktiven Effekten bestimmt. H. HARENZ. B 182 □

C—H-Abstand in der Kristallstruktur von Paraffinen. B. K. Wainstein und A. N. Lobatschew. (Доклады Академии Наук СССР [Ber. Akad. Wiss. UdSSR] **120.** 523—25. 21/5. 1958. Inst. für Kristallographie der Akad. der Wiss. der UdSSR.) (Russ.)

Durch FOURIER- u. PATTERSON-Analysen von $C_{30}H_{62}$ u. $C_{18}H_{38}$ ließ sich der C—H-Abstand zu $1{,}12_3$ Å (im Mittel) errechnen. Der mittlere quadrat. Fehler ist < 0,015 Å. CH. WEISKE. B 195 □

Komplexbildung in Pyridinlösungen von aromatischen Polynitrokohlenwasserstoffen. R. E. Miller und W. F. K. Wynne-Jones. (J. chem. Soc. [London] **1961.** 4886—92. Nov. Newcastle-upon-Tyne, King's Coll.) (Engl.) — Vgl. C. **1960.** 8142.

Wie l. c. untersuchten Vff. auf spektroskop. Wege (zwischen ca. 400 u. 600 mμ) u. durch Leitfähigkeitsmessungen die Komplex-Bldg. von *1.3.5-Trinitrobenzol* (I) in Pyridin (Py, Kp. 114,0—114,4°) unter N_2 bzw. Luft. Zwischen I u. Py treten offenbar zwei Folge-Rkk. auf, von denen die erste reversibel u. die zweite irreversibel ist. Ähnliche Absorptions- u. Leitfähigkeitsänderungen konnten auch an Lsgg. von *2.4.6-Trinitrotoluol* (II) u. *2.4.6-Trinitro-m-xylol* (III) in Py beobachtet werden. Es wird daher auf folgendes Rk.-Schema geschlossen: $A + B \underset{k_{1-}}{\overset{k_1}{\rightleftharpoons}} A^-\cdot B^+ \underset{k_{2-}}{\overset{k_2}{\rightleftharpoons}} A^- + B^+$, wobei A bzw. B Acceptor- u. Donor-Mol. bedeuten. Vff. nehmen an, daß bei der Rk. von I sowohl A⁻

als auch AB bei 570 mμ ein Absorptionsmaximum besitzen. Folgende Daten wurden für die Rk. von **I** berechnet: bei 25° K_1 8,0·10^{-5} [Liter/Mol], K_2 4,1·10^{-4}, k_1 4,2·10^{-5} [Liter/Mol·Min.], k_2 0,5 [min^{-1}], bei 39,7° K_1 4,2·10^{-5}, K_2 1,3·10^{-4}, k_1 4,5·10^{-5}, k_2 1,1; ΔH^0 −8,2 kcal/Mol, ΔS^0 −46 [cal/Grad·Mol], E_1 0,8 kcal/Mol, $\Delta S_1^{\neq}$ −78. Bei der Rk. von **I** in Py ist das Primärspektrum bei 465 u. 570 mμ typ. für ein Ionenpaar A^-B^+, das ionisiert. Vff. nehmen an, daß der Extinktions-Koeff. ε für das freie Ion u. für den Komplex gleich ist (ca. 10^4 Liter/Mol·cm), in Übereinstimmung mit den Befunden von KOLTHOFF u. Mitarbeitern (C. **1950/54.** 499 S). Anscheinend liegt der **I**–Py-Komplex in Py weitgehend in Form von dissoziierten Ionen vor, wogegen die Ionisation des l. c. untersuchten Komplexes zwischen **I** u. Diäthylamin in Py gering ist. Aus dem hohen u. stark negativen Wert für $\Delta S_1^{\neq}$ wird abgeleitet, daß der Übergangszustand eine geordnete Struktur besitzt, an der vermutlich Lsgm.-Moll. beteiligt sind. **II** u. **III** erleiden in Py-Lsgg. offenbar ähnliche Rkk. wie **I**, außerdem tritt wohl auch eine Protonenübertragungs-Rk. auf; die Spektren sind jedoch für genauere Deutungen zu komplex. Die UV-Spektren der Lsgg. von **I**—**III** in Py u. ihre zeitlichen Änderungen sind im Bereich von ca. 400—600 mμ angegeben. B. GNAUCK. B 223□

π-Molekülkomplexe von Hexamethylborazol mit Tetracyanäthylen. N. G. S. Champion, R. Foster und R. K. Mackie. (J. chem. Soc. [London] **1961.** 5060. Nov. Dundee, Univ. of St. Andrews, Queen's Coll., Chem. Dep.) (Engl.)

Mischungen aus *Hexamethylborazol* (**I**, F. 99°, Acetonitril, Darst. über N.N'.N''-Trimethylborazol nach SMALLEY u. STAFIEJ, C. **1961.** 4004) u. *Tetracyanäthylen* (**II**, F. 198°, Chlorbenzol) in Chlf. zeigen eine breite Absorptionsbande mit λ_{max} bei 461 mμ, die weder bei **I** noch **II** allein gefunden wird, woraus Vff. auf die Bldg. eines Ladungsübertragungskomplexes schließen. Die Intensität der Bande nimmt mit der Zeit ab, wahrscheinlich infolge weiterer Reaktionen. Aus Messungen der Extinktion der Rk.-Lsg. bald nach dem Zusammengeben der Komponenten läßt sich auf ein Mol-Verhältnis 1 : 1 von **I** u. **II** im Komplex schließen; als Assoziations-Konst. wurde bei 21° K = 0,7 ± 0,3 (Liter/Mol^{-1}) ermittelt, während die für den Komplex *Hexamethylbenzol*–**II** (λ_{max} 540 mμ) in Chlf., K = 27,6 ± 0,5 beträgt. Aus dem Vgl. der Frequenz der Ladungsübertragungsbande anderer analoger Komplexe von **II** mit der des Komplexes **I**–**II** wird ein Ionisationspotential $I_P \sim 8{,}5$ eV für **I** abgeleitet. Lsgg. von **I** mit *Chloranil* zeigen ebenfalls Absorption zusätzlich zu der der Komponenten (λ_{max} 380 mμ), die beim Abkühlen zunimmt. Es ergab sich hier $I_P \sim 8{,}7$ eV für **I**. CH. ZECHEL. B 223□

Carbonylreaktionen. 12. Mitt. **Kinetik und Mechanismus der cis-trans-Isomerisierung von substituierten Chalkonen.** Donald S. Noyce und Margaret Jefraim Jorgenson. (J. Amer. chem. Soc. **83.** 2525—32. 5/6. 1961. Berkeley, Calif., Univ. of California, Dep. of Chem.) (Engl.) — 11. vgl. C. **1962.** 5986.

Vff. verfolgten auf spektrophotometr. Wege die Kinetik der cis-trans-Umlagerung von *cis-Benzal-* (**I**), *cis-p-Nitrobenzal-* (**II**), *cis-p-Chlorbenzal-* (**III**) u. *cis-p-Methoxybenzal-acetophenon* (**IV**) bei 25 u. 45° in 5%ig. wss. Dioxan (Dx) in Ggw. von H_2SO_4 bis zum 80—90%ig. Umsatz. Ferner wurde die H_0-Säurefunktion für 0,219—10,52m H_2SO_4 in 5%ig. wss. Dx ermittelt. Folgende kinet. Daten wurden erhalten: für **I** (1,0—4,93m H_2SO_4) E [in kcal/Mol] 18,3, $\Delta H^{\neq}$ [in kcal/Mol] 17,7, $\Delta S^{\neq}$ [in cal/Grad·Mol] —23,7. Diese Werte sind in guter Übereinstimmung mit den früher (vgl. J. Amer. chem. Soc. **81.** [1959.] 5423) in wss. H_2SO_4 (mit 0,2% A.-Geh.) bestimmten, so daß von den jetzt erhaltenen Daten auf das Verh. der Chalkone in rein wss. Medium geschlossen werden kann. Weiter wurden bestimmt: für **II** E 19,0, $\Delta H^{\neq}$ 18,4, $\Delta S^{\neq}$ —25,5 (in Ggw. von 1—10m H_2SO_4), **IV** E 20,8, $\Delta H^{\neq}$ 20,2, $\Delta S^{\neq}$ —9,9. Die Daten für **I**—**III** sind ziemlich ähnlich, die Geschw. der Isomerisierung nimmt langsamer mit der Acidität zu, als nach einer linearen Beziehung zwischen den log k-Werten u. H_0 zu erwarten ist. Vff. nehmen an, daß die Rkk. dieser Verbb. nach dem gleichen Mechanismus ablaufen. Der die Geschw. bestimmende Schritt ist die Addition von H_2O am β-C-Atom der konjugierten Säure der Chalkone, auf die eine schnelle Rotation um die $C_{(\alpha)}$—$C_{(\beta)}$-Bindung folgt. **IV** verhält sich dagegen abweichend, zwischen den log k-Werten u. H_0 wird eine lineare Beziehung erfüllt. Beim Auftragen der log k-Werte gegen die σ-Konst. (in 6m H_2SO_4) liegen die Werte für **IV** nicht auf der Geraden. Die Rk. von **IV** wurde ferner in D_2O–D_2SO_4 untersucht. Das Prod. ist D-frei u. die Rk. läuft im D-haltigen Medium schneller ab als in wss. H_2SO_4 (k_D/k_H 2,8). Für den Ablauf der Rk. von **IV** wird daher ein anderer Mechanismus angenommen: Der die Geschw. bestimmende Schritt besteht in einer einfachen Rotation um die $C_{(\alpha)}$—$C_{(\beta)}$-Bindung der konjugierten Säure von **IV** ohne Anlagerung von H_2O. Zur weiteren Deutung geben Vff. ein Diagramm der relativen Energien der Ausgangsstoffe, der möglichen Zwischenstufen u. der Übergangszustände bei der säurekatalysierten Isomerisierung der substituierten Chalkone an.

Versuche: *cis-4-Methoxychalkon* (**IV**), F. 32,5—33,0° (dunkelgelbe Rosetten aus Hexan, unter Lichtausschluß), durch Bestrahlung (1 Woche) von 10 g trans-Verb. nach Black u. Lutz (C. **1956**. 7477); 350 mg (Ausbeute). — *cis-4-Nitrochalkon* (**II**), F. 97—98° (hellgelbe Nadeln aus Bzl.-Hexan, unter Lichtausschluß), durch 20std. Bestrahlung der trans-Verb. nach Black u. Lutz (C. **1954**. 7836). — Analog: *cis-4-Chlorchalkon* (**III**), $C_{15}H_{11}ClO$, F. 77—78° (dunkelgelbe Rosetten aus Bzl.-Hexan). — *$D_{(\alpha)}$-trans-p-Methoxybenzalacetophenon*, F. 74,5—75,3° (wss. A.), durch Zugabe von 2,5 g $D_{3(\alpha)}$-Acetophenon in wss. Dx zu NaOD in D_2O, Zugabe von 2,8 g Anisaldehyd u. 20std. Einw. bei Raum-Temp.; 1,1 g; IR-Hauptbanden sind angegeben. B. Gnauck. B 225□

Die Beziehung zwischen der Claisen-Umlagerung von Allyläthern und ihrer Elektronenstruktur. S. Marcinkiewicz, J. Green und P. Mamalis. (Tetrahedron [London] **14**. 208—22. Okt. 1961. Tadworth, Surrey, Vitamins Ltd., Walton Oaks Exp. Stat.) (Engl.)

Vff. verfolgten auf papierchromatograph. Wege die Kinetik der Claisen-Umlagerung von 1%ig. Lsgg. folgender Allyläther in Isooctan unter N_2 im Rohr, wobei das Ausmaß der Umlagerung 10—60% betrug u. die reinen allylsubstituierten Phenole UV-spektroskop. bestimmt wurden. Ferner wurde die Bindungsordnung (p_{rs}) der bei der Umlagerung beteiligten Bindung nach der LCAO-Näherungs-Meth. von Coulson berechnet: *p-Kresyl-* [$\Delta E^{\ddagger}$ in kcal/Mol] 33,1, [$\Delta S^{\ddagger}$ in cal/Mol·Grad] —8,1, [p_{rs}] 0,667; *Vinyl-* 30,6, —7,7, 1,000; *Naphthyl-(1)-* ([Rk.-Temp.] 158,2—194,0°) 26,0, —15,9, 0,725; *Naphthyl-(2)-* (**X**, 158,2—194,0°) 28,5, —12,0, 0,725; *Phenanthryl-(9)-* (**IV**, 82,1—130,2°) 21,9, —18,1, 0,775; *Phenanthryl-(2)-* (**V**, 158,0—194,0°) 29,5, —11,0, 0,705; *Phenanthryl-(3)-* (**VI**, 158,0—194,0°) 29,5, —11,0, 0,702, u. *Chinolyl-(8)-allyläther* (**III**, 158,0—194,0°) 29,7, —11,4, 0,701. Offenbar hängt die Aktivierungsenergie der Rk. nicht nur von der Bindungsordnung ab, sondern es wird die Beziehung $\Delta E^{\ddagger} = K \cdot p_{rs} + LF_r + L'F_s + M$ erfüllt, wobei F_r bzw. F_s die freie Valenz des C-Atoms ist, das die neue C—C-Bindung bildet bzw. das mit der Allyloxygruppe verknüpft ist; K, L, L' u. M sind charakterist. Konst. für die Umlagerung eines Allyläthers, für die vorliegenden Fälle besitzen sie die Werte von ca. —45, —36, —100 bzw. 75. Vff. diskutieren Literaturangaben im Zusammenhang mit den Befunden u. deuten die Beobachtung von Canahan u. Hurd [1930], daß bei der Pyrolyse von N-Allylanilin bei 275° an Stelle des erwarteten o-Allylanilins nur Propylen u. Anilin auftreten, damit, daß die hypothet. Umlagerung infolge eines E-Wertes von ca. 40 kcal/Mol erst bei sehr hohen Temp. eintreten könnte. Zur Unterstützung dieser Annahmen erhitzten Vff. *N-Allylnaphthyl-(1)-amin* (**VII**) 3 Std. auf 280° u. erhielten in 90%ig. Ausbeute 2-Allylnaphthyl-(1)-amin, eine Spaltung trat kaum auf. Die Kinetik dieses ersten Beispiels einer Claisen-Umlagerung, die von einem N-Atom ausgeht, wurde zwischen 240,2 u. 280,0° (ohne Lsgm.) verfolgt; $\Delta E^{\ddagger}$ 32,4, $\Delta S^{\ddagger}$ —17. Für folgende Allylamine werden die $\Delta E^{\ddagger}$-Werte der Umlagerung vorausgesagt: 2-Allylaminobenzochinon ($\Delta E^{\ddagger}_{ber.}$ 12), 5-Allylaminochinolin (33), 9-Allylaminophenanthren (28) u. 2-Allylaminopyridin (vermutlich ca. 29). Eine weitere Umlagerungsart kann bei Verbb. mit teilweise delokalisierten π-Elektronen u. hohen freien Valenzindices, wie den Aryloxyketonen, auftreten. Vff. fanden jedoch, daß beim 3std. Erhitzen von *Naphthyl-(1)-* (**I**) u. *-(2)-oxypropanon* (**II**) auf 280° **II** weitgehend unverändert erhalten bleibt [Bldg. von Naphthol-(2) (**XIV**) nur in Spuren nachweisbar]; **I** zersetzte sich ziemlich vollständig unter Bldg. von Naphthol-(1) u. Teer. Das Ausbleiben der Umlagerung wird mit der sehr geringen Resonanzenergie des Übergangszustandes erklärt; doch zeigt das unterschiedliche Verh. von **I** u. **II** die Bedeutung der freien Valenz. Aus der Tatsache, daß der $\Delta E^{\ddagger}$-Wert der Umlagerung von **III** die obige Beziehung erfüllt, wird abgeleitet, daß ein homolyt. Bruch der C—O-Bindung bei den Rkk. auftritt. Ferner wird angenommen, daß der Bruch der C—O-Bindung u. die Bldg. der neuen C—C-Bindung gleichzeitig während der ersten Phase der Umlagerung erfolgen, daher müssen die π-Elektronen des Allylrestes im Übergangszustand delokalisiert sein u. zur Resonanz des Übergangszustandes beitragen. — Im Gegensatz zum Befund von Fieser u. Young [1931] erwiesen sich **V** u. **VI** bei 100° (4std. Erhitzen) unter N_2 als stabil, in Ggw. von Luft werden sie dabei aber gelb, doch erfolgt keine Umlagerung. Beim 3std. Erhitzen von **IV** in Isooctan unter N_2 auf 156° wurde offenbar das ölige Prod., 10-Allylphenanthrol-(9) (**XII**), erhalten. Beim Umkristallisieren trat durch Aufnahme von O_2 jedoch Umwandlung in 10-Allyl-10-hydroperoxy-9-oxo-9.10-dihydrophenanthren [$C_{17}H_{14}O_3$, F. 139° (PAe.)] auf. Zur Analyse wurde daher nach der Umlagerung von **IV** das Prod. in das Acetat übergeführt [10-Allylphenanthryl-(9)-acetat, $C_{19}H_{16}O_2$, F. 124—125° (PAe.)]. **XII** konnte aber chromatograph. bestimmt werden. **VII** konnte nicht nach Sloviter (J. Amer. chem. Soc. **71**. [1949.] 3360) aus Allylchlorid u. α-Naphthylamin (**XIII**) dargestellt werden. Zwar konnte aus Allylbromid (**VIII**) u. N-[p-Toluolsulfonyl]-naphthyl-(1)-amin (**IX**) N-Allyl-N-[p-toluolsulfonyl]-naphthyl-(1)-amin dargestellt werden, doch verlief die alkal. wie die saure Hydrolyse erfolglos. Durch Einw. von Na-Butylat/Butanol konnte aber das Sulfonamid gespalten werden, das isolierte Hydrochlorid erwies sich aber als ein Dihydro-Deriv. von **VII**.

Versuche: *2-Allyloxynaphthalin* (**X**), $Kp._{10^{-3}}$ 55—60° (Bad-Temp.), durch 2std. Kochen von 10 g **XIV**, 8,4 g **VIII** u. K_2CO_3 in Aceton; n_D^{21} 1,6078; 4,2 g (Ausbeute). *Pikrat*, F. 96—97° (gelbe Nadeln aus A.). — *1-Allyloxynaphthalin*, $C_{13}H_{12}O$, $Kp._{10^{-3}}$ 60° (Bad-Temp.), analog vorst. Verb.; n_D^{23} 1,6055. *Pikrat*, F. 99—100° (orangegelbe Nadeln aus A.). — *1-Allylnaphthol-(2)*, F. 56° (PAe.), $Kp._{0,6}$ 130—134°, durch Kochen (40 Min.) von 5 g **X** in Dekalin; 3,0 g. — Analog: *2-Allylnaphthol-(1)*, $C_{13}H_{12}O$, F. 35—36° (PAe.), $Kp._{0,2}$ 114°. *p-Nitrobenzoat*, F. 98—99°. — *9-Allyloxyphenanthren* (**IV**), $C_{17}H_{14}O$, F. 67° (Methanol), durch 4std. Schütteln von Phenanthrol-(9), **VIII** u. KOH in wss. Aceton unter N_2 bei Raumtemperatur. — *N-Allylnaphthyl-(1)-amin* (**VII**), $C_{13}H_{13}N$, $Kp._{0,5}$ 120°; *Hydrochlorid* (**VIIa**), $C_{13}H_{14}ClN$, F. 229—230° (A.), durch 6std. Kochen von 57,2 g **XIII**, **VIII** u. K_2CO_3 in Aceton, Dest. u. Umwandlung in Hydrochlorid; 11,7 g; daneben 2,2 g *2-Allylnaphthyl-(1)-amin, Hydrochlorid* (**XI**), $C_{13}H_{14}ClN$, F. 222—223°, sowie 33 g feste Rückstände. Die Red. von **VIIa** in A. mit H_2 in Ggw. von 10%ig. Pd-Kohle ergab nur **XIII**-Hydrochlorid [F. 260—265°, *N-Acetyl-Deriv.*, $C_{12}H_{11}NO$, F. 159—160° (W.)]. — *N-Allyl-N-[p-toluolsulfonyl]-naphthyl-(1)-amin*, $C_{20}H_{19}NO_2S$, F. 96—98° (Methanol), a) durch 2std. Kochen von 17,5 g **IX**, **VIII** u. K_2CO_3 in Aceton u. Zugabe von W.; 18,0 g; b) aus vorst. Verb. durch $^1/_4$std. Einw. von p-Toluolsulfochlorid in Pyridin bei 100°. — *N-Allyldihydronaphthyl-(1)-amin, Hydrochlorid*, $C_{13}H_{16}ClN$, F. 179—180° (Äthylacetat–Methanol), durch Erhitzen vorst. Verb. in n-Butanol unter Zusatz von Na auf 100° (→ 3,45 g Öl, $Kp._{0,4}$ 128—138°) u. Einw. von A.–HCl; daneben nichtflüchtiger Rückstand vom F. 157—159°. — *2-Propylnaphthyl-(1)-amin, Hydrochlorid*, $C_{13}H_{16}ClN$, F. 229—230° (A.), durch Schütteln von 0,3 g **XI** in A. mit 10%ig. Pd-Kohle unter H_2; 0,26 g. *Acetyl-Deriv.*, $C_{15}H_{17}NO$, F. 152,5—153,5° (wss. A.). *Benzoyl-Deriv.*, $C_{20}H_{19}NO$, F. 183—184° (A.). B. Gnauck. B 225□

Kinetik und Mechanismus der Reaktion von Methylradikalen mit molekularem Sauerstoff. L. I. Awramenko und L. M. Posstnikow. (Известия Академии Наук СССР, Отделение Химических Наук [Nachr. Akad. Wiss. UdSSR, Abt. chem. Wiss.] **1960.** 1921—29. Nov. Akad. der Wiss. der UdSSR, Inst. für chem. Phys.) (Russ.)

Es wurde der Mechanismus der Rk. von *Methylradikalen* (durch Pyrolyse von Aceton) mit O_2 bei 100—450°/0,5—3,5 mm in einer speziell konstruierten App. untersucht. O-haltige Rk.-Prodd. sind Methylhydroperoxid (I) u. CO_2, wobei I überwiegt. CH_2O bildet sich nicht. Es wird ein allg. Rk.-Schema aufgestellt, das die Rekombination der CH_3-Radikale, Wand-Rkk., Bldg. der I-Radikale usw. berücksichtigt. Durch Messen der Anreicherungs-Geschw. von I läßt sich auf Grund des angenommenen Schemas die effektive Geschw.-Konst. der Rk. von CH_3-Radikalen mit O_2 berechnen. Es wurden die abs. Werte der Geschw.-Konst. für die elementaren Rkk.: $CH_3 + O_2 \rightarrow CH_3OO^*$ zu $0{,}8 \cdot 10^{-13}$ (cm³/s·Mol) u. $CH_3 + O_2 + M \rightarrow CH_3OO + M$ zu $1{,}35 \cdot 10^{-31}$ (cm⁶/s·Mol²) bestimmt. Helmut Schäfer. B 225□

Über den Mechanismus der Kettenverzweigung bei der Oxydation von n-Decan. S. K. Maisuss, I. P. Skibida und N. M. Emanuel. (Доклады Академии Наук СССР [Ber. Akad. Wiss. UdSSR] **131.** 880—82. 1/4. 1960. Inst. für chem. Physik der Akad. der Wiss. der UdSSR.) (Russ.) — Vgl. C. **1960.** 3498.

Die Kettenverzweigung bei der Oxydation von *n-Decan* (I) kann durch monomol. oder bimol. Zerfall des Hydroperoxids erfolgen: $ROOH \rightarrow RO\cdot + OH\cdot$; $ROOH + RH \rightarrow R\cdot + RO\cdot + H_2O$. Die Geschw. der Kettenverzweigung in Chlorbenzol-Lsg. mit u. ohne Zusatz von I wird nach der Inhibitor-Meth. auf Grund des Verbrauchs an α-Naphthol untersucht. Der Zerfall der Hydroperoxide erfolgt in monomol. Rk. auch in reinem Chlorbenzol, bei Zusatz von I nimmt die Zerfall-Geschw. mit der Konz. an I linear zu. Die Geschw.-Konst. errechnen sich für den monomol. Zerfall zu $k_1 = 0{,}28 \cdot 10^{-5}\ s^{-1}$, für die bimol. Rk. zu $k_2 = 1{,}65 \cdot 10^{-6}$ ($Mol^{-1} \cdot s^{-1} \cdot$Liter). Wenn in der Gleichung $k_{eff.} = k_1 + k_2[RH]$ für [RH] 5,2 Mol/Liter angenommen wird, ergibt sich $k_{eff.} = 1{,}1 \cdot 10^{-5}\ s^{-1}$. Für *Isodecan* ist im Gemisch mit Chlf. $k_2 = 2{,}40$, für *Äthylbenzol* 4,10, für *Methyloleat* in Chlorbenzol 16,6. R. K. Müller. B 225□

Kinetik der Reaktion von Permanganat mit Milchsäure. 2. Mitt. S. Senent, L. Ramos und H. Sanz. (An. Real Soc. españ. Física Quím., Ser. B **53.** 573—82. Sept./Okt. 1957. Valladolid, Univ., Labor. de Quím. fís., Sec. del Inst. „A. de G. Rocasolano" del C.S. de J.C.) (Span.) — 1. vgl. An. Real Soc. españ. Física Quím., Ser. B **49.** [1953.] 571.

Vff. untersuchten colorimetr. die Kinetik der Oxydation von *Milchsäure* (I) mit $KMnO_4$ in saurem Medium. Es handelt sich um eine autokatalyt. Rk., die in 2 Phasen verläuft: einer Induktionsperiode (Farbänderung Violett → Gelb) u. einer langsam verlaufenden Rk. bis zu vollständiger Entfärbung. In der Induktionsperiode, einer komplexen Rk., ist die Rk.-Geschw. zwar von der Art der verwendeten Säure (HCl, HNO_3, H_2SO_4) unabhängig, fällt aber mit steigender Säure-Konz.; ganz allg. üben die Säuren einen verzögernden Einfl. aus. Die Geschw.-Konst. k_s beträgt z. B. bei 20° ohne Säurezusatz bei Anfangs-Konzz. an MnO_4^- von $3{,}20 \cdot 10^{-4}$ [Mol/Liter] u. an I von $4{,}41 \cdot 10^{-2}$ 0,0621 [s^{-1}], in Ggw. von z. B. H_2SO_4 $1{,}55 \cdot 10^{-3}$ bzw. $3{,}87 \cdot 10^{-3}$ [Mol/Liter] 0,0574 bzw. 0,0528. Die Aktivierungsenergie E_h beträgt im Mittel 13,6 kcal. In Ggw. von Mn^{2+} wird die Induktionsperiode völlig aufgehoben. Es wird angenommen, daß in der gelben Lsg. ein Mn–I-Komplex vorliegt, der unter Mitwrkg. der bei der Rk. entstehenden Mn^{3+} entsteht, deren Elektronenzustand im aktivierten MnO_4^- vorgebildet ist. Die 2. Phase der Rk., die Zers. des Komplexes, ist eine Rk. 1. Ordnung, deren Geschw. durch Mn^{2+} verzögert, durch Säuren beschleunigt wird u. mit deren Konz. zunimmt. Im Gegensatz zur Induktionsphase (großer Überschuß von I unterdrückt diese) bleibt die I-Konz. ohne Einfluß. Die k_s-Werte wurden bei 23, 26, 29 u. 32° bestimmt — I-Konz. $1{,}44 \cdot 10^{-1}$ [Mol/Liter], $KMnO_4$-Konz. $4{,}0 \cdot 10^{-4}$, Mn^{2+}-Konz. $2{,}40 \cdot 10^{-2}$ — u. betragen zwischen den Temp.-Extremen in Ggw. der einzelnen Säuren: HCl, 5,09—17,3 [$\cdot 10^{-2}$ min^{-1}] (Säure-Konz. $5{,}51 \cdot 10^{-2}$ Mol/Liter) bzw. 10,6—35,3 (16,59); HNO_3, 4,88—15,6 (5,94) bzw. 9,15—26,7 (17,82); H_2SO_4 ,5,86—19,0 (5,81) bzw. 7,90—24,6 (10,64); ohne Säure u. Mn^{2+} zwischen 23 u. 30° 2,80—6,87; desgleichen in Ggw. von $4{,}0 \cdot 10^{-5}$ Mn^{2+} 2,32—5,85; ohne jeglichen Zusatz bei einer I-Konz. von $2{,}88 \cdot 10^{-1}$ 2,84—6,90. Die von Natur u. Konz. der Säuren unabhängige E_h beträgt im Mittel 23,8 kcal. J. RICHTER. B 225□

Kinetik der Reaktion von Permanganat mit Milchsäure. 3. Mitt. **Der Milchsäure-Mangan-Komplex.** S. Senent und L. Ramos. (An. Real Soc. españ. Física Quím., Ser. B **53.** 583—88. Sept./Okt. 1957.) (Span.) — 2. vgl. vorst. Referat.

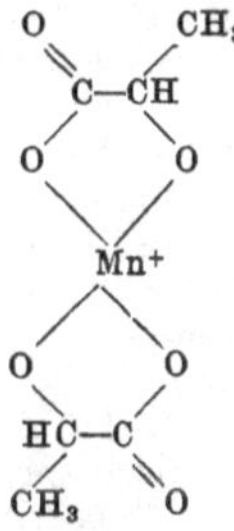

Der während der Rk. von *Milchsäure* (I) mit $KMnO_4$ intermediär entstehende Komplex konnte nicht isoliert werden. Vff. verglichen daher sein Absorptionsspektrum im sichtbaren Bereich mit denen bekannter, definierter Komplexe. Die Analogie des Spektrums des Mn–I-Komplexes mit denen der Komplexe von Mn- u. Oxal-, Wein- bzw. Malonsäure u. dem Spektrum von $K[Mn(C_2O_4)_2(H_2O)]$ sowie der Chemismus der Rk. lassen für den I–Mn-Komplex Struktur **A** am wahrscheinlichsten erscheinen. J. RICHTER. B 225□

Hydrierung von Pyridin in saurem Medium. R. M. Skomoroski und A. Schriesheim. (J. physic. Chem. **65.** 1340—43. Aug. 1961. Linden, N.J., Esso Res. and Engng. Co.) (Engl.)

Vff. haben die Geschw.-Konst. $k_a^{25 \pm 2^0}$ 10^3 (Liter/min · g) der Hydrierung von *Pyridin* (I) in Ggw. von PtO_2 in Essigsäure (**II**; 13,7 ± 0,8), Trifluoressigsäure (Kp. 70—72°; 10,9 ± 1,2), Essigsäureäthylester (0,47), W. (0,79), 8,6 Vol.-% **II** in Äthylacetat (1,8), **II**/Bzl. (48,1), Äthylacetat/Bzl. (1,7) ferner in **II**/W.-Lsgg. in Abhängigkeit vom Mol-Verhältnis **II**/I bestimmt. Die Hydrierungs-Geschw. als Funktion des Mol-Verhältnisses H_2SO_4/I ist graph. wiedergegeben. Ein Maximum der Geschw. wird bei einem Verhältnis von 0,5—1,5 beobachtet. J. WEINER. B 225□

Hydrolyse von N-Acylphosphoramidsäuren. 4. Mitt. **Benzolsulfonamidophosphorsäure.** M. Halmann, A. Lapidot und David Samuel. (J. chem. Soc. [London] **1961.** 3158—60. Juli. Rehovoth, Israel, Weizmann Inst. of Sci., Isotope Dep.) (Engl.) — 3. vgl. C. **1962.** 4188.

Die Kinetik der Hydrolyse von *Benzolsulfonamidophosphorsäure* (**I**, $C_6H_8 \cdot NO_5PS$, F. 149—150°, nach KIRSSANOW u. ABRASHANOWA, C. **1950/54.** 8960S) zu Benzolsulfonamid (F. 156°) u. H_3PO_4 wurde mit der Meth. von FISKE u. SUBBAROW [1925] in 8,3 u. 5,8m $HClO_4$, 0,05m K-Hydrogenphthalat (**II**, pH 4,02), 0,05m Barbitursäurediäthylester (pH 7,4) u. in 0,5m $Na_2B_4O_7$ (pH 9,07) bei 60° sowie in **II** bei 37 u. 50° verfolgt. Wie bei den l. c. untersuchten anderen substituierten Amidophosphorsäuren liegt das Maximum der Rk.-Geschw. bei pH 4 ($\Delta E^{\ddagger}$ 26,1 kcal/Mol, $\Delta S^{\ddagger}$ +0,56 cal/Grad/Mol). Die Rk. von I wird durch Säuren nicht katalysiert, u. es ist auch kein H/D-Isotopeneffekt (bei pH 4 in D_2O bzw. in 0,1m D_2SO_4 bei 50 u. 60°) zu verzeichnen. Es ergibt sich daraus, daß in der Folge Arylamido-, Benzamido-, Carbäthoxyamidophosphorsäure, asymm.-Iminodiphosphorsäurediphenylester, I die Neigung der Hydrolyse zur Säurekatalyse abnimmt. Anscheinend übt die Phenylgruppe durch die Polarität der Sulfonylgruppe von I keine Wrkg. aus, wodurch die Säurekatalyse selbst bei sehr hohen Aciditäten unterdrückt wird. B. GNAUCK. B 225□

Homolytische aromatische Substitution. 24. Mitt. **Die p-Methylphenylierung von Nitrobenzol und Chlorbenzol.** J. K. Hambling, D. H. Hey, S. Orman und Gareth

H. Williams. (J. chem. Soc. [London] **1961.** 3108–11. Juli. London, Univ. of London, King's Coll. u. Birkbeck Coll.) (Engl.) — 23. vgl. C. **1962.** 5618.

Vff. zersetzten *p-Toluylperoxid* (**I**, F. 136°, Zers.) 72 Std. bei 80° in einem Gemisch von *Bzl.* u. *Nitrobenzol* (**II**) u. untersuchten das erhaltene Biarylgemisch wie früher (vgl. HEY u. Mitarbeiter, C. **1961.** 12037). Analog wurde die Zers. von **I** in einem Gemisch von *Chlorbenzol* (**III**) u. **II** durchgeführt u. das Prod. IR-spektroskop. von Vff. (vgl. C. **1961.** 12038) analysiert. Die relative Geschw. der p-Methylphenylierung von **II** (bezogen auf Bzl.) beträgt 3,4, die von **III** 1,4. Beim Vgl. der Daten mit denen der Phenylierung (vgl. HEY u. Mitarbeiter, C. **1962.** 5618) ergibt sich, daß **II** u. **III** gegenüber p-Methylphenylradikalen ein höheres Rk.-Vermögen besitzen als gegenüber Phenylradikalen. Hieraus wird, wie schon früher, abgeleitet, daß die elektronenabstoßende Methylgruppe dem p-Methylphenylradikal einen gewissen nucleophilen Charakter verleiht. In Übereinstimmung hiermit stehen die folgenden partiellen Geschw.-Faktoren der p-Methylphenylierung von **II**: F_o 6,1, F_m 1,2, F_p 5,8. B. GNAUCK. B 225

Homolytische aromatische Substitution. 25. Mitt. **Die Bestimmung der gesamten und partiellen Geschwindigkeitsfaktoren für die Phenylierung von Naphthalin.** D. I. Davies, D. H. Hey und Gareth H. Williams. (J. chem. Soc. [London] **1961.** 3112–16. Juli.) (Engl.) — 24. vgl. vorst. Referat.

Vff. zersetzten *Dibenzoylperoxid* (**I**) in einem äquimol. Gemisch von *Nitrobenzol* (**II**) u. *Naphthalin* (**III**; 72 Std. bei 80°). Bei der Aufarbeitung des Rk.-Prod. [die 2.2'- (F. 183–184°), 1.1'- u. 1.2'-Binaphthyl sowie Anilin (**IV**) u. weitere Verbb. ergab] zeigte es sich jedoch, daß sich **I** zur Best. des Geschw.-Verhältnisses wenig eignet, da **III** hauptsächlich durch das Benzoyloxyradikal substituiert wird sowie eine H-Abzugs-Rk. erleidet, während **II** überwiegend durch Phenylradikale substituiert wird. Die gebildeten Nitrophenylnaphthaline rühren wenigstens teilweise von einer Rk. zwischen **II** u. Naphthylradikalen her, die durch die H-Abzugs-Rk. aus **III** entstehen. Vff. vermuten ferner, daß durch die hohe Reaktivität von **III** gegenüber freien Radikalen die intermediären Komplexe durch Radikale oder **I** nicht sämtlich dehydriert werden u. jene durch **II** unter Bldg. von **IV** oxydiert werden. Die Relativ-Geschw. der Phenylierung von **III** (bzgl. **II**) wurde daher durch langsame Zugabe von *N-Nitrosoacetanilid* zu einem **II–III**-Gemisch (Mol Verhältnis 4:1) bei 20°, 3tägige Einw. u. chromatograph. Aufarbeitung zu 3,36 bestimmt. Der entsprechende Wert bzgl. Bzl. beträgt 9,9. Die partiellen Geschw.-Faktoren für die 1- u. 2-Stellung von **III** lauten dann F_1 11,7, F_2 3,1. Diese Daten sind in befriedigender Übereinstimmung mit den Ergebnissen von HUISGEN u. Mitarbeitern (C. **1960.** 16720) u. sind kleiner als die früher (vgl. HEY u. WILLIAMS, C. **1955.** 1939) ermittelten. Vff. vergleichen die Daten mit den aus den Atomlokalisierungsenergien bzw. mit der freien Valenzzahl berechneten. Während diese Meth. mit den experimentellen Befunden übereinstimmende Werte liefert, führen die Atomlokalisierungsenergien zu viel zu hohen Werten. Als Ursache vermuten Vff., daß die Hybridisierung des C-Atoms r, an dem die Substitution erfolgt, eine Struktur zwischen sp^2 u. sp^3 besitzt. Daher muß das C–C-Resonanzintegral β ersetzt werden durch $\beta'_x = \beta - \beta_x$, wobei β_x der Wert des Resonanzintegrals zwischen r u. den benachbarten C-Atomen im Übergangszustand der Substitution durch das Reagens X ist. B. GNAUCK. B 225

Homolytische aromatische Substitution. 26. Mitt. **Die Reaktionen einiger Aroylperoxide mit Naphthalin.** D. I. Davies, D. H. Hey und Gareth H. Williams. (J. chem. Soc. [London] **1961.** 3116–23. Juli.) (Engl.) — 25. vgl. vorst. Referat.

Vff. zersetzten *Di-o-* u. *-p-nitrobenzoyl-* (**IV**), *-o-* u. *-p-chlorbenzoyl-* sowie *-naphthoyl-(1)-* (**II**) u. *-(2)-peroxid* (**III**) in geschmolzenem *Naphthalin* (**I**; 72 Std. bei 85°) u. arbeiteten die Prodd. wie früher (vgl. C. **1958.** 13745) auf. Die Ausbeuten betrugen (in Mol/Mol Peroxid): freie Säuren 0,72–1,29, Ester 0,60–0,87, Arylnaphthaline 0,0–0,20 u. Binaphthyle 0,06–0,30. Die Zus. der durch Hydrolyse der Naphthylester erhaltenen Gemische isomerer Naphthole u. die der Gemische isomerer Binaphthyle aus den Rkk. mit **II** u. **III** wurden IR-spektroskop. ermittelt. In der Folge Bis-nitrobenzoyl-, -chlorbenzoyl-, Dibenzoylperoxid nimmt die Ausbeute an Estern ab, die an Arylnaphthalinen zu, was mit der Abnahme des elektrophilen Charakters der entsprechenden Aroyloxyradikale o- u. p-$NO_2C_6H_4COO\cdot$ > o- u. p-$ClC_6H_4COO\cdot$ > $C_6H_5COO\cdot$ erklärt wird. Wegen der hohen Rk.-Fähigkeit von **I** gegenüber elektrophilen Reagentien übertrifft die Rk. mit den Aroyloxyradikalen die konkurrierende Decarboxylierung um so mehr, je stärker der elektrophile Charakter der Radikale ist. Die Naphthoyl-(1)- u. -(2)-oxy-Radikale verhalten sich bzgl. Polarität u. Stabilität ähnlich wie Benzoyloxyradikale (vgl. l. c.). Obwohl die Bldg. von Binaphthylen in erster Linie durch den Angriff von Aroyloxy-Radikalen auf den **I**-Kern erfolgt, ändert sich die Ausbeute mit der Art des Aroylperoxids umgekehrt wie die der durch Substitution durch Aroyloxy-Radikale gebildeten

Ester. Das kommt daher, daß die Binaphthyle durch Angriff der Aroyloxy-Radikale auf ein Ring-H-Atom entstehen, wobei sich die entsprechende Aroylsäure u. Naphthyl-(1)- u. -(2)-Radikale bilden, die dann die 1- u. 2-Stellung bei anderen I-Moll. substituieren. Die Ester bilden sich dagegen durch Angriff von Aroyloxy-Radikalen auf C-Atome des I-Kerns. Die Prod.-Ausbeute [bes. die an freier α-Naphthoesäure] war bei der Rk. von II ungewöhnlich gering; vermutlich hängt dies mit der nebenherlaufenden heftigen Entw. von CO_2 zusammen. Vff. vermuten, daß sich Naphthyl-(1)-Radikale schnell u. in hoher Ausbeute bilden u. infolge Resonanzstabilisierung an der Dehydrierung des intermediären σ-Komplexes der Substitutions-Rkk. teilnehmen u. dabei in I übergehen. Die mit IV erzielten Ergebnisse sind nicht zuverlässig, da bei der Hydrolyse der Ester neben wenig Naphtholen eine rote gummiartige Substanz an Stelle der erwarteten p-Nitrobenzoesäure entsteht. Ferner wurde beobachtet, daß elektronenanziehende Substituenten in den Arylradikalen den Anteil an Substitution in 1-Stellung erhöhen, elektronenabstoßende Substituenten ihn dagegen erniedrigen. Vff. nehmen daher an, daß das Naphthoyl-(1)-oxy-Radikal stärker u. das entsprechende 2-Radikal schwächer elektrophil ist als das Benzoxyloxyradikal. Für die Bldg. von Naphthyl-Radikalen werden folgende zwei Wege angenommen: 1. $C_{10}H_7COO\cdot \rightarrow C_{10}H_7\cdot + CO_2$, 2. $C_{10}H_7COO\cdot + I \rightarrow C_{10}H_7COOH + C_{10}H_7\cdot$, hierauf folgt die Bldg. von Binaphthylen durch 3. $C_{10}H_7\cdot + I \rightarrow \sigma$-Komplex, 4. σ-Komplex + $R\cdot \rightarrow RH + C_{10}H_7{\cdot}C_{10}H_7\cdot$ (R· ist dabei ein in der Lsg. vorhandenes Radikal, das den σ-Komplex oxydieren kann). Unter der Annahme, daß Benzoyloxy- u. Naphtoyloxy-Radikale sich bei der H-Abzugs-Rk. 2 ähnlich verhalten, wird das Isomerenverhältnis an Binaphthylen für die Rk. von III berechnet: 35,7% 1.1'- (F. 160°), 27,7% 1.2'-, 2.6% 2.2'- (F. 186°), 28,1% 1.2'- u. 5,9% 2.2'-Binaphthyl.

Versuche: *Naphthyl-(1)-p-chlorbenzoat*, $C_{17}H_{11}ClO_2$, F. 115,5° (Methanol), durch Einw. von 4 g Naphthol-(1) auf 5 g p-Chlorbenzoylchlorid in Ggw. von Pyridin, Stehen über Nacht u. Verdünnen mit W.; 6,5 g (Ausbeute). — Analog folgende Benzoate: *Naphthyl-(2)-p-chlor-*, $C_{17}H_{11}ClO_2$, F. 121,5° (Methanol). — *Naphthyl-(1)-o-chlor-*, $C_{17}H_{11}ClO_2$, F. 53° (Methanol). — *Naphthyl-(2)-o-chlor-*, $C_{17}H_{11}ClO_2$, F. 88,5% (A.). — *Naphthyl-(1)-p-nitro-*, F. 143°. — *Naphthyl-(2)-p-nitro-*, F. 169°. — *Naphthyl-(1)-o-nitro-*, $C_{17}H_{11}NO_4$, F. 101° (A.). — *Naphthyl-(2)-o-nitro-*, $C_{17}H_{11}NO_4$, F. 113,5°.

B. GNAUCK. B 225

Die Weiterleitung elektrischer Effekte durch Homoallylsysteme hindurch. 5. Mitt. **Die Natur der Bindung in Ionen vom Cyclopropylcarbinyl- und Cyclobutylderivatentyp.** Richard A. Sneen, Kenneth M. Lewandowski, Issam A. I. Taha und Billy Ray Smith. (J. Amer. chem. Soc. **83**. 4843—48. 5/12. 1961. Lafayette, Ind., Purdue Univ., Dep. of Chem.) (Engl.) — 4. vgl. C. **1961**. 9357.

Die Geschw. der Solvolyse einiger β-Naphthalinsulfonate (**A**) in 90 Vol.% ig. Dioxan bei 25° u. einiger Trifluoracetate (**B**) in 60 Vol.-% ig. Dioxan bei 25° wurde untersucht; folgende Geschw.-Konst. 1. Ordnung wurden ermittelt: *Cyclopropylcarbinyl-* (**I**) $k\cdot 10^5 = 5{,}47$ (s^{-1}); relative Geschw. 1,00; *cis-* (cis-**II**) 3,38; 0,62; *trans-2-Phenylcyclopropylcarbinyl-* (*trans*-**II**) 12,00; 2,19; *Cyclobutyl-β-naphthalinsulfonat* (**III**) 0,014; —; *Cyclopropylcarbinyl-* 6,7; *cis-* 2,50; *trans-2-Phenylcyclopropylcarbinyltrifluoracetat* 7,14. Die Prodd. der Rk. von I u. III nach 10 Halbwertszeiten bestehen in beiden Fällen aus einem Gemisch von Cyclopropylcarbinol u. Cyclobutanol im Verhältnis 54—58/42—46 u. sehr wenig Allylcarbinol. Auf Grund der geringen Unterschiede in der Solvolysen-Geschw. von I, cis- u. trans-II wird angenommen, daß im ion. Übergangszustand die positive Ladung nur sehr wenig auf die CH_2-Gruppen des Cyclopropylrings verteilt wird. $LiClO_4$, Li-Acetat u. Na-Benzoat weisen auf die I- u. III-Solvolyse einen mäßig positiven Salzeffekt auf. Dies u. die Tatsache, daß I selbst nach 20 Halbwertszeiten nur unvollständig (81%) reagiert, zeigen, daß nur innere Ionenpaar- oder einfache Ionen-Bldg. (unter Rück-Rk. zum inneren Ionenpaar), jedoch keine Bldg. durch Lsgm. getrennter Ionenpaare erfolgt. — Die **B** solvolysieren wahrscheinlich nicht nach einem S_N1-Mechanismus, da die Geschw. höher ist als danach zu erwarten.

Versuche: *Cyclopropylcarbinol*, Kp. 123°, aus Cyclopropancarbonsäure mit $LiAlH_4$ in Ae.; n_D^{20} 1,4313; 70% (Ausbeute). *β-Naphthalinsulfonat* (**I**), $C_{14}H_{14}O_3S$, F. 52—53° (Ae.–Pentan), durch Zugabe von β-Naphthalinsulfochlorid (**IV**, F. 76°) in Pyridin bei Eis-Salz-Temp. u. $1^3/_4$std. Stehen; 40—60%. — *Cyclobutanol*, Kp. 124—126°, durch $3^1/_2$ std. Kochen von 15 g vorst. Verb. mit konz. HCl; n_D^{20} 1,4376; 10 g. *β-Naphthalinsulfonat* (**III**), F. 75—76°, analog **I**; 40—60%. — *Allylcarbinol*, Kp. 113°, aus Buten-(3)-säure mit $LiAlH_4$; n_D^{20} 1,4205; 57,7%. — *trans-2-Phenylcyclopropylcarbinol*, $C_{10}H_{12}O$, $Kp._{0,30-0,35}$ 90°, aus trans-2-Phenylcyclopropancarbonsäure (F. 92,5—93°) mit $LiAlH_4$ in abs. Tetrahydrofuran (THF) u. 12std. Kochen; n_D^{25} 1,5507; 78,6%. *Naphthyl-(2)-urethan*, $C_{21}H_{19}NO_2$, F. 97°. *β-Naphthalinsulfonat* (trans-**II**), $C_{20}H_{18}O_3S$, F. 39—40° (Zers.

bei 44°), mit **IV** in 2.6-Lutidin, 6 Std. in der Kälte; krist. bei −78°; bei Zimmer-Temp. instabil; 31,6%. *Trifluoracetat*, $C_{12}H_{11}F_3O_2$, $Kp._{0,10-0,15}$ 55—58°, mit Trifluoracetanhydrid in 2.6-Lutidin bei 0°; n_D^{25} 1,4621; 76,2%. — *cis-2-Phenylcyclopropylcarbinol*, $Kp._{0,10-0,15}$ 73—76°, $Kp._{0,15-0,25}$ 85—86°, analog der trans-Verb. aus der cis-Säure (F. 105,5—107°); n_D^{25} 1,5482; 87%. *β-Naphthalinsulfonat* (cis-**II**), F. 48—50° (Zers. bei 50°), analog trans-**II**; bei Zimmer-Temp. instabil; 57,5%. *Trifluoracetat*, $Kp._{0,10}$ 44—45°, analog der trans-Verb.; n_D^{25} 1,4570; 82%. G. Pötzscher. B 225□

Die saure und alkalische Hydrolyse von einigen substituierten Phenyl-α-D-glucosiden. A. N. Hall, Sheila Hollingshead und H. N. Rydon. (J. chem. Soc. [London] **1961**. 4290—95. Okt. Manchester, Manchester Coll. of Sci. and Technol.) (Engl.) — Vgl. Nath u. Rydon, C. **1954**. 8779.

Auf colorimetr. Wege wurde die Kinetik der Hydrolyse folgender Glucoside in saurer Lsg. (0,001 m in 0,1 n HCl, 10^4 k_s in $Min.^{-1}$) u. in alkal. Lsg. (0,002 m in 3,9 n NaOH, 10^4 k_a in $Min.^{-1}$) bei 70° verfolgt: *Phenyl-* [10^4 k_s] 11,7, [10^4 k_a] 0,006, *o-Methoxyphenyl-* 7,7, 0,02, *m-Tolyl-* 11,5, 0,02, *p-Tolyl-* 9,2, 0,03, *m-Methoxyphenyl-* 12,2, 0,07, *p-Methoxyphenyl-*(**I**) 10,7, —, *m-Chlorphenyl-* 12,0, 0,09, *p-Chlorphenyl-* 9,7, 0,20, *m-Nitrophenyl-* 9,1, 10,7 u. *p-Nitrophenyl-α-D-glucosid* (**II**) 10,1, ca. 18000. Bei der alkal. Hydrolyse reagiert **I** für eine kinet. Messung zu langsam, **II** zu schnell. Die Daten der alkal. Hydrolyse ähneln sehr denjenigen der l. c. untersuchten β-Anomeren, elektronenanziehende Substituenten im Phenylring fördern die Rk.; die Rk.-Konst. ϱ liegt zwischen +2,8 u. +4,0. Im Gegensatz dazu wird die Hydrolysen-Geschw. der sauren Rk. durch Substituenten kaum geändert; ϱ = −0,006. Allg. wird angenommen, daß die säurekatalysierte Hydrolyse von α- u. β-D-Glucosiden keine Rk.-Stufe unter Ringöffnung durchläuft. Zum Mechanismus dieser Rk. der Aryl-α-D-glucoside vermuten Vff., daß nach Protonierung der Glucoside am Ring-O-Atom im langsamen Rk.-Schritt die konjugierte Säure die Aryloxygruppe abstößt u. das gleiche mesomere Oniumion bildet, das auch nach dem Mechanismus A von Bunton u. Mitarbeitern (C. **1958**. 3559) als Zwischenstufe auftreten soll. Vermutlich findet die Protonierung des Ring-O-Atoms in axialer Stellung statt u. die Zers. der konjugierten Säure stellt eine trans-Eliminierung zweier axial angeordneter Gruppen dar. Da solche Rkk. mehr durch ster. u. weniger durch elektron. Effekte beeinflußt werden, ergibt sich eine Erklärung für den geringen ϱ-Wert. Für die säurekatalysierte Hydrolyse der Aryl-β-glucoside dürfte jedoch der oben erwähnte Mechanismus A (Protonierung des Aryloxy-O-Atoms) zutreffen; aus Modellbetrachtungen ergibt sich aber, daß in den β-Glucosiden die beiden O-Atome derart nahe zueinander angeordnet sind, daß die beiden konjugierten Säuren nur zwei Grenzzustände ein u. desselben mesomeren Kations darstellen. — Vff. gelang es nicht, aus o-Chlor-, o-Nitro- bzw. o-Methoxyphenol u. α-D-Glucosepentaacetat (**III**) durch Erhitzen mit $ZnCl_2$ nach Helferich u. Hillebrecht [1933] die entsprechenden substituierten Phenyl-α-D-glucoside zu erhalten.

Versuche: substituierte Phenyltetra-O-acetyl-α-D-glucopyranoside, durch Schmelzen von **III** mit dem entsprechenden Phenol, Einw. einer Lsg. von geschmolzenem $ZnCl_2$ in Essigsäure-Acetanhydrid (95:5, Vol.), 1—2std. Erhitzen auf 120—130°, Lösen des abgekühlten Rückstands in Bzl. oder $C_2H_4Cl_2$, Waschen mit 2 n NaOH u. W. u. fraktionierte Kristallisation zur Abtrennung von β-Anomeren: *m-Methoxy-*, $C_{21}H_{26}O_{11}$, F. 78—80° (Methanol), $[\alpha]^{20}_D$ +117,0° (c = 1,0 in Chlf.) — *p-Methoxy-*, $C_{21}H_{26}O_{11}$, F. 81—82° (Methanol), $[\alpha]_D^{22}$ +158,9° (c = 1,1 in Chlf.). — *m-Chlor-*, $C_{20}H_{23}ClO_{10}$, F. 110° (Methanol), $[\alpha]_D^{22}$ +161,8° (c = 0,6 in Chlf.). — *p-Chlor-*, $C_{20}H_{23}ClO_{10}$, F. 110—101° (Methanol), durch 2std. Erhitzen des freien Glucosids mit Acetanhydrid u. Pyridin auf 85°. — Aryl-α-D-glucoside, durch Zugabe von $NaOCH_3$ in CH_3OH zu den Tetra-O-acetyl-Verbb. in abs. CH_3OH, Kochen (5 Min.) u. Stehen über Nacht bei Raum-Temp., ($[\alpha]_D$-Werte in W. bei c = 0,4—1,0): *Phenyl-*, F. 171—172° (A.-PAe.), $[\alpha]_D^{23}$ +177°. — *o-Tolyl-*, F. 167° (W.), $[\alpha]_D^{21}$ +154°. — *m-Tolyl-*, $C_{13}H_{18}O_6$, F. 159—161° (W.), $[\alpha]_D^{21}$ +178°. — *p-Tolyl-*, F. 189—190° (wss. A.), $[\alpha]_D^{23}$ +182°. — *m-Methoxyphenyl-*, $C_{13}H_{18}O_7$, F. 129 bis 130° (A.–PAe.), $[\alpha]_D^{22}$ +166°. — *p-Methoxyphenyl-*, $C_{13}H_{18}O_7$, F. 146—147° (W.), $[\alpha]_D^{18}$ +174°. — *m-Chlorphenyl-*, $C_{12}H_{15}ClO_6$, F. 163—164° (W.), $[\alpha]_D^{21}$ +176°. — *p-Chlorphenyl-*, $C_{12}H_{15}ClO_6$, F. 190—192° (W. oder Methanol), jedoch unter Acetylierung u. Desacetylierung u. fraktionierter Kristallisation jeder Stufe; $[\alpha]_D^{20}$ +176°. — *m-Nitrophenyl-*, F. 169° (W.), $[\alpha]_D^{21}$ +181°. — *p-Nitrophenyl-*, F. 210° (W.), $[\alpha]_D^{20}$ +211°.
B. Gnauck. B 225□

Alkoholyse von Toluolsulfonsäureestern. 8. Mitt. **Camphenilole und Isopinocampheol.** Walter Hückel, Devinder Singh Nag und Robert Zeisberger. (Liebigs Ann. Chem. **645**. 101—14. Juli. Erratum: **649**. 212. Nov. 1961. Tübingen, Univ., Pharmazeut.-Chem. Inst.) (Dt.) — 7. vgl. C. **1961**. 9343.

Wie früher (C. **1958.** 7422) verfolgten Vff. die Kinetik der Äthanolyse folgender p-Toluolsulfonate: *endo-Borneol-* [k in 10^6 Mol·s^{-1} bei 50°] 0,60, 12,7 (75°), [E in kcal/Mol] 27,3; *endo-* (*endo*-**I**) 0,34 (60°), 2,3 (75°), 29,5; *exo-Fenchol-* (*exo*-**I**), 22 (30°), 84 (40°), 24,2; *endo-* (*endo*-**II**) 0,22 (60°), 1,43 (7°), 28,6; *exo-Camphenilol-* (*exo*-**II**), 2,9 (30°), 11,4 (40°), 25,8; *Isopinocampheol-* (**III**), 12,6 (30°), 43,6 (40°), 23,4; *endo-* 0,252 (25°), *exo-Norborneol-p-toluolsulfonat* 88,2 (25°). Die Daten werden mit denen von Cyclohexanol verglichen. Der Einfl. der CH_3-Gruppe am Brückenkopf, der beim Vgl. der Camphenilole mit den Fencholen erkennbar wird, konnte auch bei anderen Rkk. (Red. der entsprechenden Ketone mit Na, $LiAlH_4$ oder Al-Isopropylat) festgestellt werden. Die exo-Isomeren liegen mit ihren k-Werten im Bereich der Cyclopentanole. Obwohl die CH_3-Stellung am Brückenkopf von exo-**I** sich in „trans"-Stellung zur OH-Gruppe befindet, wirkt sie geschwindigkeitserhöhend wie ein cis-Substituent im Fünfring. Die endo-Isomeren lassen sich einigermaßen mit den Daten der Cyclohexan-Verbb. in Übereinstimmung bringen. Die extreme Langsamkeit der Solvolyse-Rk. bei endo-**I** u. endo-**II** wird mit ster. Effekten erklärt. Zur Deutung der hohen Rk.-Geschw. von **III** werden Konfiguration u. Konstellation dieser Verb. diskutiert. Vff. nehmen an, daß als Ursache eine Wechselwrkg. zwischen der veresterten OH-Gruppe u. der gem. Dimethylgruppe anzunehmen ist, wodurch eine Deformation des Sechsrings bewirkt wird u. die CH_3-Gruppe nahezu in eine wahre cis-Lage gelangt. Die hohe Solvolyse-Geschw. von **III** macht auch verständlich, weshalb bei der Rk. mit Alkoholat nicht nur α-Pinen, sondern auch Camphen u. Limonen gebildet werden, wie in Übereinstimmung mit den Befunden von SCHMIDT (Chem. Ber. **80.** [1947.] 520 u. früher) gefunden wurde. Die in neutraler Lsg. durchgeführte Solvolyse ergab daneben nur ca. 10% Äther. Bei der Methanolyse überwog bei exo- u. endo-**II** die Substitution unter Äther-Bldg., nach der Äthanolyse von exo-**II** konnte durch KAUFMANN-Titration kein ungesätt. KW-Stoff nachgewiesen werden. endo-**II** bildete bei der Äthanolyse ca. 10% Santen, als Hauptprod. Camphenilyläthyläther (exo/endo = 6 : 1). Bei dieser Rk. fand also überwiegend WALDENsche Umkehrung statt. Die Solvolysegemische wurden gaschromatograph. u. IR-spektroskop. untersucht.

Versuche (FF. korr.): *endo-Camphenilol,* F. 75° (PAe.), durch Red. von Camphenilon (**IV**) mit $LiAlH_4$. *Hydrogenphthalat,* F. 154—155°, lieferte mit CH_2N_2 das *Methylphthalat,* $C_{18}H_{22}O_4$, F. 49—49,5° (PAe.). *3.5-Dinitrobenzoat,* $C_{16}H_{18}N_2O_6$, F. 160° (PAe.). *p-Toluolsulfonat* (*endo*-**II**), $C_{16}H_{22}O_3S$, F. 59,7—60,6° (PAe.). — *exo-Camphenilol,* F. 106,6 bis 107,5° (PAe.), durch Hydrieren von **IV** in Methanol in Ggw. von RANEY-Ni bei 125° u. 150 at, Erhitzen mit Fluorenon u. Na in Paraffinöl auf 200° unter Durchleiten von N_2, Wasserdampf-Dest., Reinigung über das *Hydrogenphthalat* (F. 173,6—174,3°) u. dessen *Methylester* ($C_{18}H_{22}O_4$, F. 73,5—74,5°) u. Verseifen mit methanol. KOH. *3.5-Dinitrobenzoat,* $C_{16}H_{18}N_2O_6$, F. 137° (A.). *p-Toluolsulfonat* (*exo*-**II**), $C_{16}H_{23}O_3S$, F. 65,8—66,5° (PAe.). Die 3std. Red. von **IV** mit dest. Al-Isopropylat in Isopropanol unter Abdestillieren des Acetons u. folgende Chromatographie über Al_2O_3 führte nur zu einem endo–exo-Gemisch. — *Isopinocampheol, p-Toluolsulfonat* (**III**), $C_{17}H_{24}O_3S$, F. 71—72° (PAe.), aus Isopinocampheol [F. 57°, Reinigung über das Hydrogenphthalat, F. 126°, u. das 3.5-Dinitrobenzoat] u. p-Toluolsulfochlorid in Pyridin (mehrere Tage bei 0°); $[\alpha]_D^{20}$ —41,1° (c = 5,34, Bzl.). *3.5-Dinitrobenzoat,* $C_{16}H_{18}N_2O_6$, F. 99—99,3°, $[\alpha]_D^{20}$ — 33,05° (c = 5,614, Bzl.). — *endo-Camphenilylmethyläther,* Kp. 177—178°, $Kp._{13}$ 86—88°, nach MÜLLER u. RUNDEL (C. **1958.** 9175) mit CH_2N_2 u. BF_3-Ätherat; n_D^{20} 1,4659. Analog das exo-Isomere, das sich nicht vollständig umsetzte. B. GNAUCK. B 225 □

Alicyclische Alkoxylradikale bei den thermischen Zersetzungen von Cyclohexyl- und 1-Methylcyclohexylnitrit. Peter Gray, P. Rathbone und A. Williams. (J. chem. Soc. [London] **1961.** 2620—29. Juli. Leeds, Univ., School of Chem.) (Engl.) — Vgl. C. **1962.** **3773.**

Die therm. Zers. von *Cyclohexylnitrit* (**I**) wurde a) in der Gasphase bei 224° unter stat. Bedingungen (1/2 Std.) u. bei 250° im Strömungs-Syst. (N_2-Trägergas, 10 s Rk.-Zeit), b) im fl. Zustand bei 100° (18 Std.) u. 132° (ca. 1—6 Std.) u. c) im gelösten Zustand in Cumol (Cu.) einige Std. bei 100 u. 132°) bzw. in Chlorbenzol (Cb.) (18 Std. bei 100° bzw. 24—36 Std. bei 132°) untersucht. Die Prod.-Zus. wurde IR- u. UV-spektroskop., durch Gasphasenchromatographie sowie chem.-physikal. ermittelt. Analog wurde auch das Verh. von *1-Methylcyclohexylnitrit* (**II**) geprüft. Die Zers. von gasförmigem **I** verläuft langsamer als die von fl. **I**, es bildeten sich (in Mol-%) 28,6 NO, 7 N_2, 2,6 N_2O, ca. 10 W. u. ca. 20 Cyclohexanol (**III**) sowie ein teerartiger Rückstand u. eine Spur CO_2. Die Zers. von fl. **I** kann durch die Gleichung 1 **I** → 0,45 **III** + 0,17 N_2 + 0,14 H_2O + 0,11 NO + 0,10 N_2O + 0,04 Adipinsäure + 0,035 CO_2 + $C_{3,03}H_{4,92}N_{0,35}O_{0,27}$ dargestellt werden. Cyclohexanon (**IV**) tritt nicht auf oder wird im Verlauf der Rk. verbraucht. Durch kinet. Unters. der Zers. von fl. **I** wurde festgestellt, daß die Rk. autokatalyt. verläuft;

Zusatz von **IV**, aber auch der von Benzaldehyd, führte zu einer erheblichen Geschw.-Steigerung. Die Zers. von **I** in Cu. ergab 90—97% **III**, bei 100° betrug der k-Wert dieser Rk. $1,7 \cdot 10^{-5} [s^{-1}]$. In Cb. erreichte die **III**-Ausbeute dagegen nur 52—55%, daneben entstanden aliphat. Aldehyde u. C-Nitroso-Verbindungen. **II** erwies sich als erheblich stabiler als **I**, die Zers. von fl. **II** (ca. 8—18 Std. bei 132°) entspricht etwa der Beziehung 1 **II** → 0,64 1-Methylcyclohexanol (**V**) + 0,21 N_2 + 0,09 NO + 0,05 CO_2 + 0,04 N_2O + Teer. Die Zers.-Ergebnisse von **II** waren nicht vollständig reproduzierbar, doch verläuft auch diese Rk. autokatalytisch. Bei der Zers. von **II** in Cu.- bzw. Cb.-Lsg. betrugen die **V**-Ausbeuten 70—90% bzw. 54—59%. Vff. nehmen an, daß der Beginn der Zers. der Nitrite in einer Spaltung der N—O-Bindung gemäß RONO → RO· + ·NO besteht, worauf in Medien mit abspaltbaren H-Atomen (wie Cu.) die Bldg. des entsprechenden Alkohols (**III** bzw. **V**) erfolgt. Die bei der Zers. von fl. **I** beobachtete Bldg. von Cyclohexen-Spuren wird auf eine konkurrierende Eliminierung von HNO_2 aus **I** zurückgeführt. Vff. diskutieren die H-Abzugs-Rkk. sowie die Zers. der Alkoxyradikale u. die Rkk. von NO, das teilweise an der Teer-Bldg. beteiligt ist sowie zu N_2O u. N_2 red. wird. Das Verh. der Cyclohexyloxy-Radikale wird mit dem anderer alicycl. u. heterocycl. O-Radikale verglichen. Obwohl das Radikal auch unter C—H- (bei **I**) bzw. C—C-Bindungsbruch (bei **II**) u. unter Bldg. von **IV** bzw. anderen cycl. Ketonen reagieren könnte, tritt prakt. nur die Ringöffnungs-Rk. auf, weil bei **I** u. **II** diese Rk. den geringeren ΔH-Wert besitzt (vgl. Trans. Faraday Soc. **55**. [1959.] 760). Bei 1-tert.-Butyl-, 1-Allyl- oder 1-Benzylcyclohexylnitrit müßte dagegen umgekehrt die Bldg. von cycl. Ketonen begünstigt sein. — **I** bzw. **II** wurden durch Zugabe von **III** bzw. **V** in H_2SO_4 zu einer eiskalten wss. $NaNO_2$-Lsg. dargestellt. Ihre IR- u. UV-Spektren sind tabellar. angegeben. B. GNAUCK. B 225□

Photoreaktionen einiger α-Diole. Klaus Pfordte und Gerhard Leuschner. (Liebigs Ann. Chem. **643**. 2—6. Mai 1961. Halle, Univ., Pharmakol. Inst.) (Dt.)

Wird *Äthylenglykol* mit UV-Licht eines Hg-Hochdruckbrenners bestrahlt, so bildet es unter Wasserabspaltung Acetaldehyd, aus dem sich in Sekundär-Rk. z. T. Essigsäureäthylester u. Crotonaldehyd bildet. Aus *Propandiol-(1.2)* entstehen Propionaldehyd u. Aceton (**I**), deren Enole durch elementaren H, der aus anderen photochem. Zers. stammt, teilweise zu n- u. Isopropanol (**II**) hydriert werden. Nebenher finden Spaltungs-Rkk. statt, bei denen größere Mengen CO, H_2, CH_4 u. C_2H_6 entstehen. Ein 1 : 1 **I**/**II**-Gemisch gibt Pinakon in guten Ausbeuten. W. PENN. B 226□

Die Reaktionen von Methyl- und Äthylradikalen mit Bromwasserstoff und die Stärke von C–H-Bindungen. G. C. Fettis und A. F. Trotman-Dickenson. (J. chem. Soc. [London] **1961**. 3037—41. Juli. Edinburgh, Univ., Chem. Dep.) (Engl.) — Vgl. J. chem. Soc. [London] **1960**. **4177** u. früher.

Vff. verfolgten die Kinetik der Photolyse (Hg-Bogenlampe) von *Aceton* (**I**) zwischen 80 u. 288° sowie die von *Methyläthylketon* (**II**) zwischen 54,5 u. 179,0° in Ggw. von HBr u. J_2, wobei sich aus **I** CH_3-, aus **II** auch C_2H_5-Radikale bilden. Betrachtet werden die Rkk. $Br + CH_4 \underset{k_{-1}}{\overset{k_1}{\rightleftharpoons}} HBr + CH_3\cdot$ u. $CH_3\cdot + J_2 \xrightarrow{k_2} CH_3J + J$ bzw. die analogen Rkk. mit C_2H_5-Radikalen. Folgende Beziehungen wurden gefunden: für CH_3-Radikale $\log (k_{-1}/k_2) = (-0{,}300 \pm 0{,}131) - (1370 \pm 261/2{,}3\,RT)$ u. für C_2H_5-Radikale $\log (k_{-1}/k_2) = (0{,}228 \pm 0{,}036)\ (-(2288 \pm 80/2{,}3\,RT)$. Für die Stärke der C—H-Bindung wurden folgende Werte berechnet: $D(CH_3—H)$ 103,9 (kcal/Mol). $D(C_2H_5—H)$ 98,2 (bei 298°K). Vff. vermuten für folgende Bindungen die Werte $D([CH_3]_2CH—H)$ 94,5 u. $D([CH_3]_3C—H)$ 91,4, ferner werden die folgenden früher (vgl. l. c.) ermittelten Werte korrigiert: $D(CH_3CH_2CH_2—H)$ 99,3 u. $D(C_2H_5[CH_3]_2CH—H)$ 94,6. Nachst. Bldg.-Wärmen für Radikale bei 25° wurden berechnet: $CH_3[\Delta H_f{}^0$ in kcal/Mol] 33,9, C_2H_5 26,0, Neopentyl 7,5, Isopropyl 17,6, sek.-Butyl 12,3, tert.-Butyl 7,1. B. GNAUCK. B 226□

Änderung der optischen Eigenschaften von γ-bestrahltem Benzol. Ss. W. Starodubzew, M. N. Gurski und A. G. Ssisych. (Доклады Академии Наук СССР [Ber. Akad. Wiss. UdSSR] **129**. 307—09. 11/11. 1959.) (Russ.)

Hochgereinigtes Bzl. (n_D^{20} 1,5011 ± 0,0001) wird in zugeschmolzenen Glasampullen der γ-Strahlung von ^{60}Co mit $300 \cdot 10^3$ r/h ausgesetzt. Nach einer integralen Dosis von $110 \cdot 10^6$ r tritt ein durch Zentrifugieren leicht abtrennbarer unlösl. gelblichweißer Nd. auf. Der Depolarisationsgrad (ursprünglich $\Delta = 2\,I_x/(I_x + I_z) = 0{,}46$), nimmt nach $2{,}8 \cdot 10^6$ r auf $\Delta = 0{,}30$ ab, weil die isotrope Komponente der RAYLEIGH-Streuung (I_z) zunimmt, die anisotrope I_x sich wenig ändert. Bei $5 \cdot 10^6$ r treten chromophore Gruppen auf. Bei zunehmender Dosis geht die rein mol. Streuung in TYNDALL-Streuung über, da sich gröbere Radiolyse-Prodd. bilden. Die γ-Bestrahlung führt zu Luminescenz der Prodd., die mit der Dosis an Intensität zunimmt, bes. im roten Gebiet; die Luminescenz wird durch geringe Zusätze von Anilin gelöscht. Die luminescierenden Prodd. enthalten nur C u. H.

R. K. MÜLLER. B 226□

Untersuchung des Einflusses von Druck, Temperatur und der Thiophenkonzentration auf den Umfang der Dehydrierung und Isomerisierung von Cylohexan in Gegenwart von Platinkatalysatoren. Ch. M. Minatschew und D. A. Kondratjew. (Известия Академии Наук СССР, Отделение Химических Наук [Nachr. Akad. Wiss. UdSSR, Abt. chem. Wiss.] **1961.** 877–82. Mai. Zelinsky-Inst. für organ. Chem. der Akad. der Wiss. der UdSSR.) (Russ.)

Es wurde die katalyt. Isomerisierung u. Dehydrierung von Cyclohexan (I) zu *Methylcyclopentan* (II) u. *Bzl.* an Al_2O_3 u. 0,5–10%ig. Pt-Al_2O_3 bei 400–500°/20–40 at untersucht. Die Umwandlungs-Geschw. von I an reinem Al_2O_3 ist sehr gering u. steigt an Pt-Al_2O_3 sprunghaft an, wobei bei Erhöhung des Pt-Geh. im Katalysator von 0,5 auf 10% (bei 450°/20 at) sich die Ausbeute an Bzl. im Katalysat von 72,9 auf 83,3% erhöht, die von II von 12,9 auf 3,7% abfällt. C_5–C_6-Alkane u. gasförmige Rk.-Prodd. werden nur zu < 2% gebildet. Der Katalysator wird durch 1–6% Thiophen als Zusatz zu I stark vergiftet. Der vergiftete Katalysator liefert etwas höhere II-Ausbeuten. Nach Regenerierung wird die ursprüngliche (ohne Thiophen erzielte) Ausbeute an Bzl. wieder erreicht, die Ausbeute an II ist etwas geringer. Die Temp.-Erhöhung von 400 auf 500° erhöht den Umwandlungsgrad von I zu II u. Bzl. stark. Durch Druckerhöhung wird die Ausbeute an II, auch in Ggw. von Thiophen, stark erhöht. Die Vers.-Ergebnisse werden in Tabellen u. graph. angegeben. HELMUT SCHÄFER. B 227□

Über den Mechanismus der Dampfphasenammonolyse von Benzaldehyd und Benzoesäure an Titanvanadat. A. D. Kagarlitzki und B. W. Ssuworow. (Известия Академии Наук Казахской ССР, Серия Химическая [Nachr. Akad. Wiss. KasachSSR, chem. Ser.] **1958.** 84–90.) (Russ.) — Vgl. C. **1960.** 3504.

In einer Strömungs-App. wurde die Rk. von *Benzaldehyd* (**I**, Kp.$_{690}$ 176–176,5°, $D._4^{20}$ 1,048, n_D^{20} 1,5462) (Durchsatz 130 g I/Liter Katalysator·h) an Ti-Vanadat im Temp.-Bereich zwischen 350 u. 420° in Abwesenheit sowie in Ggw. von NH_3 (fünffacher Überschuß bezogen auf **I**) untersucht. In Abwesenheit von NH_3 entstehen Bzl. u. Toluol (**II**). Während bei Temp. bis 400° die Ausbeute an **II** gering ist (3–4%), steigt der Geh. an Bzl. ständig mit der Temp. u. erreicht bei 390° ein Maximum (23% Bzl.); > 400° steigt die **II**-Ausbeute, während die Bzl.-Ausbeute auf ca. 15% abfällt. In Ggw. von NH_3 entsteht als Hauptprod. *Benzonitril* (**III**), daneben *Lophin* (**IV**, *2.4.5-Triphenylimidazol*) u. **II**. Der **IV**-Geh. bleibt über den gesamten Temp.-Bereich konst., während der Geh. an **III** bei 370° ein Maximum u. der von **II** bei 370° ein Minimum aufweist. Bei Änderung der Zugabe-Technik (Vormischen von **I** u. NH_3 bei 250°) sinkt der **II**-Geh. weiter ab (3%) u. die **III**-Ausbeute steigt auf 87–88%. Da **IV** mit NH_3 nicht der Ammonolyse unterliegt u. unverändert wieder erhalten wird, muß es in einem Vorstadium der Rk. gebildet werden. Da die Dampfphasenammonolyse von Benzamid ebenfalls **III** ergibt, wird vermutet, daß die Rk. von **I** (u. *Benzoesäure*) mit NH_3 über Benzamid als Zwischenprod. zu **III** führt. CH. WEISKE. B 227□

Walter Hückel, Theoretische Grundlagen der organischen Chemie. Bd. 1. 9., umgearb. Aufl. Leipzig: Akademische Verl.-Ges. Geest & Portig. 1961. (XVI + 897 S. m. 40 Abb.) 8°. DM 24,—.
F. C. Nachod and **W. D. Phillips**, eds., Determination of organic structures by physical methods. Vol. 2. New York, London: Academic P. 1962. (XIII + 771 S.) 6 £ 8 s. 6 d.
—, Preprints of papers read at the Fifth International Symposium on Free Radicals, July 6-7, 1961. New York: Gordon & Breach. 1962. $ 32.50.

C. Präparative organische Chemie. Naturstoffe

Einige Ausblicke auf die Chemie der Nitroparaffine. T. Urbański. (Bull. Soc. chim. France **1961.** 1475–79. Aug./Sept. Warschau, TH.) (Franz.)

Vf. diskutiert die Möglichkeiten der Rkk. von u. mit Nitroparaffinen, bes. ihre Isomerisierung zu *Hydroxamsäuren*, die Additions-Rkk. mit Aldehyden u. Kondens. mit Aldehyden u. Aminen zu *heterocycl. Verbindungen.* — 40 Literaturangaben.
H. GLEINIG. 460□

Synthese radioaktiv markierter Verbindungen. 2. Mitt. **Darstellung von ^{14}C-carboxylmarkierter Pipecolinsäure.** H. R. Schütte und G. Bachmann. (Chem. Techn. **12.** 599. Okt. 1960. Halle/Saale, DAW, Inst. für Biochem. der Pflanzen.) (Dt.) — 1. vgl. C. **1961.** 17898; 3. vgl. C. **1961.** 10359.

Die Herst. von $^{14}C_{(CO_2)}$-*Pipecolinsäure* wird beschrieben.

Versuche: $^{14}C_{(CO_2)}$-*Picolinsäure*, F. 137°, durch 10 Min. lange Zugabe von 477 mg α-Brompyridin in Ae. zu 128 mg n-Butyl-Li in Ae. bei —30°, 10 Min. langes Rühren, Erwärmen auf —10°, schnelles Abkühlen auf —78°, Evakuieren, Einfrieren mit fl. Luft, Erwärmen auf —78°, Carbonisieren mit $^{14}CO_2$ (aus 197 mg $Ba^{14}CO_3$ u. konz. H_2SO_4) in einer von MURRAY, FOREMAN u. LANGHAM beschriebenen App. unter 5–6 maligem Einfrieren mit fl. Luft, Einströmenlassen von N_2, Hydrolyse mit verd. HCl u. Reinigung

a) durch Alkalisieren der sauren Lsg. mit 2,5 n NaOH, 25std. Extrahieren mit Ae., Einstellen auf pH 2,7, 52std. Extrahieren mit Ae., Eindampfen der äther. Lsg. u. Sublimation bei 140—160° oder b) durch Alkalisieren, Ausäthern, Fällen der Li-Ionen in der wss. Lsg. mit überschüssigem $Na_2HPO_4 \cdot 2\,H_2O$, kurzes Erwärmen auf 80°, Abzentrifugieren, Einstellen der wss. Lsg. auf pH 2,7, Eindampfen u. Sublimieren; 36—45% (Ausbeute). — $^{14}C_{(CO_2)}$-*Pipecolinsäure*, F. 260—261° (Zers.), durch ½std. Hydrieren vorst. Verb. in Methanol über PtO_2 bei geringem Überdruck u. Eindampfen; 99%. F. ROSENDAHL. 480□

Reaktion von Fluorolefinen mit Nitrosylfluorid. I. L. Knunjanz, E. G. Bychowskaja, W. N. Frossin und Ja. M. Kissel. (Доклады Академии Наук СССР [Ber. Akad. Wiss. UdSSR] **132.** 123—26. 1/5. 1960.) (Russ.)

Vff. untersuchen die Rk. von Fluorolefinen mit Nitrosylfluorid (I), das an die Doppelbindung der Olefine angelagert wird. Während Perfluorisobutylen (**II**) bereits bei Zimmer-Temp. ohne Lsgm. reagiert, sind bei Rk. mit Perfluoräthylen (**III**) u. Perfluorpropylen (**IV**) höhere Temp. u. ein Katalysator erforderlich. In Abwesenheit eines solchen entstehen nitrierte Perfluorolefine.

Versuche: *tert.-Nitrosoperfluorisobutan*, C_4F_9NO, $Kp._{760}$ 24°, aus 35 ml **II** u. 10 ml **I** in Ggw. von 1 g KF im Rohr in 24 Std. bei Zimmer-Temp.; $D._4{}^0$ 1,6630. — *2-Nitrosoperfluorpropan*, C_3H_7NO, Kp. —13°, durch 7std. Erhitzen von 25 ml **IV** mit 10 ml **I** in Ggw. von 2 g mit $CaSO_4$ imprägnierter Aktivkohle auf 140—150°; blaues Gas. Daneben *Perfluorisopropylnitrit*, $Kp._{749}$ 25°, das durch W. zu *Perfluoracetonhydrat* ($Kp._{90}$ 50°; $D._4{}^{20}$ 1,3950; $n_D{}^{20}$ 1,3252; *Semicarbazonhydrat*, $C_4H_3F_6N_3O \cdot H_2O$, F. 153°) zersetzt wird. — *x-Nitroso-x-nitroperfluorpropan*, $C_3F_6N_2O_3$, Kp. 53—54°, durch 7std. Erhitzen von 25 ml **IV** u. 10 ml **I** auf 100—110°, Abdestillieren der nicht umgesetzten Ausgangsstoffe u. Zers. des Rückstandes mit Eiswasser; blaue Fl.; $D._4{}^{20}$ 1,6507. Daneben durch Extraktion der wss. Lsg. mit Ae. *α-Nitroperfluorpropionsäure*, $C_3HF_4NO_4$, $Kp._{35}$ 56°; $D_{20}{}^{20}$ 1,4866; $n_D{}^{20}$ 1,3578. — *Perfluor-2-äthyl-1.2-oxazetidin*, C_4F_9NO, $Kp._{737}$ 24°, durch 10std. Erhitzen von 20 ml **III** mit 10 ml **I** in Ggw. von 2 g mit $CaSO_4$ imprägnierter Aktivkohle auf 70—80°, Abdestillieren von nicht umgesetzten Ausgangsstoffen u. Zers. des Rückstandes mit Eiswasser; $D._4{}^0$ 1,634; $n_D{}^0$ 1,3. Daneben durch Extraktion der wss. Schicht mit Ae. *Nitrodifluoressigsäure* ($Kp._{25}$ 70°; $D._4{}^{20}$ 1,4358; $n_D{}^{20}$ 1,3660) u. als gasförmiges Rk.-Prod. *Hexafluoräthan*, Kp. —79°, Ep. —101°. — *Perfluornitrosoäthan*, C_2F_5NO, Kp. —42 bis —43°, aus 10 ml Trifluoräthylen, 5 ml **I** u. 20 ml Perfluorcyclobutan in 48 Std. bei Zimmer-Temp.; blaues Gas. Daneben *Pentafluoräthan* (Kp. —48 bis —50°, F. —103°), *Trifluoressigsäure* (Kp. 72°; $D_4{}^{20}$ 1,542; n_D 1,3) u. *Trifluoracetaldehyd* [C_2HF_3O, Kp. —21°; *2.4-Dinitrophenylhydrazon*, F. 150—151° (50%ig. A.)]. — *2-[β.β.β-Trifluoräthyl]-3-trifluormethyl-4-hydroxy-1.2.4-oxadiazacyclobutan* (?), $C_4H_4F_6N_2O_2$, Kp. 79—80°, aus 10 ml Vinylidenfluorid, 8 ml **I** u. 25 ml Freon-22 in 48 Std. bei Zimmer-Temp.; $D._4{}^{21}$ 1,6160; $n_D{}^{21}$ 1,3437. RENATE RICHTER. 510□

Die 1.2-Dibrompropene-(1). Lewis F. Hatch und Jimmie S. Payne jun. (Ann. New York Acad. Sci. **72.** 698—704. 20/3. 1959. Austin, Tex., Univ. of Texas, Dep. of Chem.) (Engl.)

Reines *cis-* (I) u. *trans-1.2-Dibrompropen-(1)* (II) soll nach SMITH u. LINE (C. **1951.** II. 1261) durch Dehydrobromierung von 1.1.2-Tribrompropan mit KOH nach der Meth. von RISSEGHEM [1919] u. anschließende Dest. darstellbar sein. Durch Dest. über eine Kolonne bei 33 Torr bei einem Rückflußverhältnis 40 : 1 wird eine Fraktion **A** vom Kp. 125° sowie eine Fraktion **B** vom Kp. 135° erhalten, die sich durch Gaschromatographie über eine 20 foot bis ¼ in. Curtin X–3 enthaltende Cu-Säule (Trägergas He) in die Fraktionen α u. β bzw. γ u. δ zerlegen lassen. Die Mengen an α u. δ verhalten sich dabei zu β u. γ wie ca. **4** : 1. Von den möglichen isomeren Dibrompropenen kommen bei vorst. Fraktionen cis- u. trans-1.3-Dibrompropen-(1) infolge ihrer hohen Kpp. 153 bzw. 159°, sowie 3.3-Dibrompropen-(1) infolge der leichten Umlagerung zu 1.3-Dibrompropen-(1) nicht in Betracht. Durch Umsetzung einer Mittelfraktion aus **A** u. **B** mit $LiAlH_4$ (**III**) u. anschließende Gaschromatographie wird gezeigt, daß die Fraktion γ (u. in geringem Ausmaß auch β) mit **III** reagiert. Da **III** nur allylständiges Halogen angreift, muß Fraktion γ *2.3-Dibrompropen-(1)* sein. Durch Bestrahlung von **B** wird Fraktion δ zur Fraktion α isomerisiert; da außerdem δ im Gegensatz zu α mit alkohol. KOH reagiert, muß Fraktion δ *cis-* (**I**) u. Fraktion α *trans-1.2-Dibrompropen* (**II**) sein. Fraktion β wurde als *1.1-Dibrompropen-(1)* (**IV**) identifiziert, da die Höhe des β-Peaks zunimmt, wenn man dem Gemisch vor der Gaschromatographie authent. **IV** zusetzt. L. LAMZA. 520

Freiradikal-Anlagerung von primären Alkoholen an α-Olefine. G. I. Nikischin, W. D. Worobjew und A. D. Petrow. (Известия Академии Наук СССР, Отделение Химических Наук [Nachr. Akad. Wiss. UdSSR, Abt. chem. Wiss.] **1961.** 882—86. Mai. Zelinsky-Inst. für org. Chem. der Akad. der Wiss. der UdSSR.) (Russ.)

Durch Anlagerung prim. Alkohole an α-Olefine in Ggw. von tert.-Butylperoxid werden [nach: $R\cdot CH_2OH + CH_2{=}CH\cdot R' \rightarrow R\cdot CH(OH)\cdot CH_2\cdot CH_2\cdot R'$] *sek. Alkohole* erhalten. Am Beispiel der Darst. von *Heptadecanol-(9)* wird der Einfl. der Temp., der Vers.-Dauer u. des mol. Verhältnisses Alkohol : Olefin : Initiator auf die Ausbeute untersucht. — Alkohole: Man erhitzt im allg. 3 Mol Alkohol, 0,15 Mol Olefin u. 0,045 Mol tert.-Butylperoxid, dest. im Vakuum u. krist. aus Aceton um; die Ausbeuten beziehen sich auf das eingesetzte Olefin; neben den sek. Alkoholen werden als Kolbenrückstand *Diole* u. *Telomerisate* erhalten: *Pentadecanol-(5)*, $C_{15}H_{32}O$, F. 35,8—36,2°, aus Pentanol-(1) (I) u. Decen-(1) (II) (3 Std., 135°); 26,6% (Ausbeute). — *Octadecanol-(5)*, $C_{18}H_{38}O$, F. 47,5 bis 48,5°, aus I u. Tridecen-(1) (6 Std., 135°); 20,5%. — *Tetradecanol-(6)*, $C_{14}H_{30}O$, F. 30 bis 30,5°, aus Hexanol-(1) (III) u. Octen-(1) (IV) (6½ Std., 145°); 42,2%. — *Hexadecanol-(6)*, $C_{16}H_{34}O$, F. 40,5—41°, aus III u. II (3 Std., 155°); 52,2%. — *Tridecanol-(7)*, $C_{13}H_{28}O$, F. 41,5°, aus Heptanol-(1) (V) u. Hexen-(1) (VI) (7 Std., 165°); 30,8%. — *Tetradecanol-(7)*, $C_{14}H_{30}O$, F. 42,2—42,5°, aus V u. Hepten-(1) (VII) (6 Std., 170°); 53%. — *Pentadecanol-(8)*, $C_{15}H_{32}O$, F. 50,5—51°, aus Octanol-(1) (VIII) u. VII (4 Std., 185°); 17,3%. — *Heptadecanol-(8)*, $C_{17}H_{36}O$, F. 51—51,6°, aus VIII u. Nonen-(1) (3 Std., 165°); 60,8%. — *Pentadecanol-(7)*, $C_{15}H_{32}O$, F. 41—42°, aus Nonanol-(1) (IX) u. VI (6 Std., 205°); 51%. — *Heptadecanol-(9)*, $C_{17}H_{36}O$, F. 59,5—60°, aus IX u. IV (7 Std., 200°); 63,2%. — *Hexadecanol-(7)*, $C_{16}H_{34}O$, F. 42—42,5°, aus Decanol-(1) (X) u. VI (6 Std., 190°); 52,2%. — *Heptadecanol-(8)*, $C_{17}H_{36}O$, F. 50—51°, aus X u. VII (5 Std., 190°); 65%. — *Heptadecanol-(7)*, $C_{17}H_{36}O$, F. 46—46,6°, aus V u. II (3 Std., 170°); 5,2%.

HELMUT SCHÄFER. 560☐

Über die Trennung der diastereoisomeren Formen der durch Kondensation von endständigen Acetylenverbindungen mit Glyoxal erhaltenen α-Glykole. Serge Holand und Roland Epsztein. (C. R. hebd. Séances Acad. Sci. **252.** 1633—35. 13/3. 1961. C.N.R.S., Inst. Nat. de Rech. de Chim. appl.) (Franz.) — Vgl. C. **1961.** 7549.

Die beiden diastereoisomeren Paare *RC≡CCH(OH)CH(OH)C≡CR* mit R = C_4H_9 (I) u. C_5H_{11} konnten chromatograph. an Al_2O_3 getrennt werden, nachdem sie mit Aceton in die cycl. Acetale übergeführt worden waren. Es wurde ferner die Geschw. der Diolspaltung an den beiden Paaren mit $Pb(CH_3COO)_4$ in Eisessig untersucht u. festgestellt, daß in beiden Fällen die Form mit dem niedrigeren F. die weit größere Spaltungs-Geschw. zeigt. Dadurch wird die Hypothese, daß die Form mit niedrigem F. die rac. u. die andere die meso-Form ist, gestützt.

Versuche: *7.8-[Isopropylidendioxy]-tetradecadiin-(5.9), rac. Form*, $Kp._{0,15}$ 102—104°, durch Acetalisierung des rohen Kondens.-Prod. von Glyoxal mit Hexin-(1) mit Aceton u. Chromatographie an Al_2O_3 mit PAe. als 1. Fraktion; n_D^{20} 1,4640; ca. 70% (Ausbeute). *meso-Form*, $Kp._{0,1}$ 105°, als 2. Fraktion; n_D^{20} 1,4655; ca. 25%. — *7.8-Dihydroxytetradecadiin-(5.9)* (I), *rac. Form*, F. 68°, durch Hydrolyse vorst. rac. Form mit verd. HCl. *meso-Form*, F. 78°, analog. — *8.9-[Isopropylidendioxy]-hexadecadiin-(6.10), rac. Form*, $Kp._{0,1}$ 117°, durch Kondens. von Glyoxal mit der GRIGNARD-Verb. aus Heptin-(1) (40%), Acetalisierung mit Aceton u. Chromatographie wie oben; n_D^{20} 1,4655; 55%. Daneben *meso-Form*, $Kp._{0,1}$ 119—120°, n_D^{20} 1,4680; 30%. — *8.9-Dihydroxyhexadecadiin-(6.10), rac. Form*, F. 59°, analog rac.-I. *meso-Form*, F. 74°, analog meso-I. — *Heptinal-(2)*, durch Diolspaltung mit $Pb(CH_3COO)_4$ in Eisessig aus rac.-I oder meso-I. *Dinitrophenylhydrazon*, F. 74°. — *Octinal-(2)*, analog. *Dinitrophenylhydrazon*, F. 78°.

H. G. HENKEL. 570☐

Acetylenmetalloidverbindungen: Propargylderivate des Schwefels. Guy Pourcelot, Paul Cadiot und Antoine Willemart. (C. R. hebd. Séances Acad. Sci. **252.** 1630—32. 13/3. 1961. Paris, École Nat. Supér. de Chim., Labor. de Chim. organ.) (Franz.)

Die doppelte Umsetzung eines Thiolats RSNa mit einem Propargylbromid BrCH·(R')C≡CH in abs. A. gibt bei <35° lediglich ein Propargyl-Deriv. *RSCH(R')C≡CH*. Bei >35° in schwach bas. Medium sowie zwischen 25 u. 35° in stark bas. Medium entstehen daneben die Allenverb. *RSC(R')=C=CH₂* u. (im Falle R' = H) durch die Propinyl-Verb. *RSC≡CCH₃*. Die Oxydation mit H_2O_2 der 3 Verb.-Typen führt zu den entsprechenden *Sulfonen*. IR- u. RAMAN-Spektren erlauben eine eindeutige Unterscheidung der 3 Sulfid- u. noch leichter der 3 Sulfontypen. Die Propargylsulfide kondensieren sich mit Ketonen zu Verbb. des Typs $C_6H_5SCH_2C{\equiv}CC(OH)RR'$.

Versuche: Umsetzung von RSNa mit BrCHR'C≡CH nach A. P. 2 707 714 (C. **1956.** 1749) sowie SATŌ u. Mitarbeitern (C. **1961.** 8622 u. früher) ergaben folgende Verbb.: *1-Äthylmercaptopropin-(2)*, $Kp._{76}$ 67°; 76% (Ausbeute). — *1-Äthylmercaptopropin-(1)*, $Kp._{760}$ 136°; 66%. — *1-Phenylmercaptopropin-(2)*, $Kp._{0,5}$ 71°; 80%. — *1-Phenylmercaptopropin-(1)*, $Kp._{0,75}$ 78—81°; 90%. — *3-Phenylmercaptobutin-(1)*, $Kp._{0,3}$ 73°; 78%. — *3-Phenylmercaptobutadien-(1.2)*, $Kp._{0,1}$ 59°; 67%. — Daraus durch Oxydation mit H_2O_2 in Eisessig, 30 Min. bei ca. 100°, folgende Sulfone: *Äthylpropargyl-*, $Kp._{ca.10^{-4}}$ 90°; 28%. — *Phenylpropargyl-*,

F. 93°; 86%. — *Phenylpropinyl-*, F. 68,5—69,5°; 92%. — *Phenylbutin-(1)-yl-(3)-*, F. 68°; 57%. — *Phenylbutadien-(1.2)-yl-(3)-*, Kp.$_{ca.10^{-4}}$ 120°; 36% — Durch Kondens. von 1-Phenylmercaptopropin-(2) mit Ketonen nach der Mg-Meth. folgende Verbb.: *9-[3-Phenylmercaptopropin-(1)-yl]-fluorenol-(9)*, F. 74°; 44%. — *1-Phenylmercapto-4-phenyl-4-[p-nitrophenyl]-butin-(2)-ol-(4)*, F. 81°; 86%. H. G. HENKEL. 600□

Darstellung von Alkylthiolsulfinaten, Thiolsulfonaten und α-Disulfonen. Paul Allen jun. und John W. Brook. (J. org. Chemistry **27.** 1019—20. März 1962. Hoboken, N.J., Stevens Inst. of Technol., Dep. of Chem. and Chem. Engng.) (Engl.)

Vff. beschreiben die Darst. verschiedener *Thiolsulfinate, Thiolsulfonate* u. *α-Disulfone* durch stufenweise H_2O_2- oder Peressigsäure-Oxydation der entsprechenden Disulfide. Thiolsulfinate mit langen Alkylketten sind bei Raum-Temp. u. im Hochvakuum beständig.

Versuche: *Dodecan-1-thiolsulfinsäuredodecyl-(1)-ester* (**I**), F. 53° (A.), aus n-Dodecyldisulfid (**II**) u. 27,1%ig. H_2O_2 (100% Überschuß) in Essigsäure bei 40—45° u. 1 Tag bei Raum-Temp.; 80% (Ausbeute). — *Undecan-1-thiolsulfinsäureundecyl-(1)-ester*, F. 52 bis 53°, analog **I**. — *Tetradecan-1-thiolsulfinsäuretetradecyl-(1)-ester*, F. 62—62,5°, analog **I**. — *Hexadecan-1-thiolsulfinsäurehexadecyl-(1)-ester*, F. 69—70°, analog **I**. — *Dodecan-1-thiolsulfonsäuredodecyl-(1)-ester* (**III**), F. 43,5—44°, a) aus **I** u. 34,5%ig. H_2O_2 (100% Überschuß) in Essigsäure, 4 Tage bei Raum-Temp.; 77%; b) aus **II** u. H_2O_2 (120% Überschuß), 4 Tage bei Raum-Temp.; 39,8%; b) aus **I** u. Peressigsäure (**IV**); 47,7%; c) aus **II** u. **IV**; 57,1%. — *Undecan-1-thiolsulfonsäureundecyl-(1)-ester*, F. 39—39,5°, analog **III**. — *Tetradecan-1-thiolsulfonsäuretetradecyl-(1)-ester*, F. 53—53,5°, analog **III**. — *Hexadecan-1-thiolsulfonsäurehexadecyl-(1)-ester*, F. 59—60°, analog **III**. — *Bis-[dodecyl-(1)]-disulfon*, F. 100° (A.), a) aus **III** u. 34,5%ig. H_2O_2 (500% Überschuß), 2½ Std. bei 50—55°, 1 Tag bei Raum-Temp.; 26%; b) aus **III** u. **IV**; 37%; c) aus **II** u. H_2O_2 (500% Überschuß); 10—13%; d) aus **II** u. **IV**; 16%. — *Bis-[p-tolyl]-disulfon*, F. 218 bis 220°, aus p-Tolyl-p-toluolthiolsulfonat; 7—8%. A. TREDE. 600□

β-Sulfoacrylsäuren: Konfiguration und Diels-Alder-Reaktionen. James B. Hendrickson. (J. Amer. chem. Soc. **84.** 653—59. 20/2. 1962. Los Angeles, Calif., Univ., Dep. of Chem.) (Engl.)

Vf. bestimmt die Konfiguration der beiden isomeren *β-Sulfoacrylsäuren*: der höherschm., acideren Form kommt *trans-* (**I**), der sirupösen, schwächer sauren Form kommt *cis-* (**II**)-Konfiguration zu auf Grund der p_K-Werte, FF., Stabilität u. der Bldg. aus trans- bzw. cis-β-Chloracrylsäure u. $HSO_3^\ominus$ sowie der Bldg. von **I** aus α-Bromacrylsäure u. $HSO_3^\ominus$ (vgl. dagegen BACKER u. BEUTE [1935]). Bei Behandlung mit P_2O_5 gehen **I** u. **II**, außerdem das Ba-Salz von **II** (**VIII**) in das innere *β-Sulfoacrylsäureanhydrid* (**III**) über. Bei der Umsetzung von **III** mit Cyclopentadien (**IV**) entsteht *endo-cis-Bicyclo-[2.2.1]-hepten-(5)-carbonsäure-(2)-sulfonsäure-(3)-anhydrid* (**V**), dessen Struktur durch wss. Bromierung zu *endo-cis-5-Hydroxy-6-brombicyclo-[2.2.1]-heptancarbonsäure-(2)-sulfonsäure-(3) sulton* (cis-**XI**) u. anschließende Pyrolyse des K-Salzes zum käfigartigen *Sultonlacton* bewiesen wird. Mit Furan (**VI**) ergibt **III** ein *exo-cis-Anhydrid,* bei dessen wss. Bromierung jedoch kein einheitliches Prod. entsteht. Bei der Einw. sowohl von **I** als auch **II** auf **IV** u. anschließende wss. Bromierung wird *trans-5-Hydroxy-6-brombicyclo-[2.2.1]-heptancarbonsäure-(2)-sulfonsäure-(3)-sulton* erhalten, wobei die cis → trans-Isomerisierung wahrscheinlich beim Übergangszustand erfolgt. Die Umsetzung sowohl von **I** als auch von **II** mit **VI** verläuft analog. Das 2. Isomere, *trans-5-Hydroxy-6-brombicyclo-[2.2.1]-heptansulfonsäure-(2)-carbonsäure-(3)-lacton,* wird ebenfalls gebildet, kann aber nicht isoliert werden.

Versuche (FF. korr.): *trans-β-Sulfoacrylsäure* (**I**), *Ba-Salz* (**VII**), $C_3H_2BaO_5S$, aus α.β-Dibromacrylsäureäthylester u. wss. NaOH-Lsg., 2—3 Std. bei Raum-Temp., Neutralisation mit konz. HCl, Zugabe von $(NH_4)_2SO_3$-Lsg. u. nach 24 Std. von $BaCl_2$-Lsg.; 23% (Ausbeute). *S-Benzylthiuroniumsalz*, $C_3H_2O_5S\cdot(C_8H_{11}N_2S)_2$, F. 172° (W.), durch Zugabe von S-Benzylthiuroniumsulfat (**XIII**) zu **VII** in heißem Wasser. — *Ba-cis-β-Sulfoacrylat* (**VIII**), $C_3H_2BaO_5S\cdot{}^1/_2\,H_2O$, aus Propiolsäure nach BACKER u. BEUTE; 14%. — *β-Sulfoacrylsäureanhydrid* (**III**), $C_3H_2O_4S$, F. 90—92°, a) aus **I** oder **II** u. P_2O_5; sublimiert bei 140° u. 0,1 mm Hg; 50—60%; b) aus **VIII** u. P_2O_5. Ergibt bei Hydrolyse in Ggw. von **XIII** das *S-Benzylthiuroniumsalz von* **II**, $C_3H_2O_5S\cdot(C_8H_{11}N_2S)_2$, F. 164° (W.). — *endo-cis-5.6-Dihydroxybicyclo-[2.2.1]-heptandicarbonsäure-(2.3)-dilacton*, F. 276—277°, aus dem K-Salz von endo-cis-5-Hydroxy-6-brombicyclo-[2.2.1]-heptandicarbonsäure-(2.3)-lacton-(3 → 5) (cis-**IX**; F. 159—161°) durch Pyrolyse bei 200° u. 0,01 mm Hg. — *endo-cis-5.6-Dihydroxy-7-oxabicyclo-[2.2.1]-heptandicarbonsäure-(2.3)-dilacton,* $C_8H_6O_5$, F. 272—273°, aus endo-cis-5-Hydroxy-6-brom-7-oxabicyclo-[2.2.1]-heptandicarbonsäure-(2.3)-lacton-(3 → 5) (cis-**X**) u. wss. NaOH (Molverhältnis 1 : 2), 1 Std. unter Rückfluß u. Behandlung mit $H^\oplus$-Austauscher; 90%. — *trans*-**IX**, F. 184—187° (W.), aus 200 mg cis-**IX** in Acetanhydrid–Pyridin, 12 Std. bei Raum-Temp.; 63 mg. — *trans*-**X**, F. 229—233° (W.), aus cis-**X** analog trans-**IX**; 131 mg. — *endo-cis-Bicyclo-[2.2.1]-hepten-(5)-carbonsäure-(2)-sulfonsäure-(3)-anhydrid* (**V**), $C_8H_8O_4S$, F. 118—120° (Ae.–CH_2Cl_2), aus **III** u. **IV** in Dioxan. — *endo-cis-5-Hydroxy-6-brombicyclo-[2.2.1]-heptancarbonsäure-(2)-sulfonsäure-(3)-sulton* (cis-**XI**), $C_8H_9BrO_5S$, F. 221—224° (Methanol), analog **V**, Zugabe von W. u. wss. Br_2-Lsg.; 7,4%. *Methylester*, $C_9H_{11}BrO_5S$, F. 138° (Methanol–W.), a) aus cis-**XI** u. CH_2N_2; b) aus **V** u. methanol.-wss. Br_2-Lsg.; 10%. — *endo-cis-5.6-Dihydroxybicyclo-[2.2.1]-heptancarbonsäure-(2)-sulfonsäure-(3)-lactonsulton*, $C_8H_8O_5S$, F. 272—275°, aus dem K-Salz von cis-**XI** durch Pyrolyse bei 220° u. 0,03 mm Hg. — *exo-cis-7-Oxabicyclo-[2.2.1]-hepten-(5)-carbonsäure-(2)-sulfonsäure-(3)-anhydrid*, $C_7H_6O_5S$, F. 135° (Ae.), aus **III** u. **VI** in Dioxan; 44%. — *exo-trans-5-Hydroxy-6-brombicyclo-[2.2.1]-heptancarbonsäure-(2)-sulfonsäure-(3)-sulton* (**XII**), $C_8H_9BrO_5S$, F. 265—266° (Methanol), a) aus **VII** u. H_2SO_4, Zugabe von **IV**, 24 Std. bei Raum-Temp. u. Zugabe von wss. Br_2-Lsg.; 14%; b) analog aus **VIII**; 5,4%. *Methylester*, F. 158—160° (Methanol). — *exo-trans-5-Hydroxy-6-brom-7-oxabicyclo-[2.2.1]-heptancarbonsäure-(2)-sulfonsäure-(3)-sulton*, $C_7H_7BrO_6S$, F. 226 bis 230° (W.), a) aus **VII** u. **VI** analog **XII**; 16%; b) aus **VIII** u. **VI** analog **XII**; 10%. *Methylester*, $C_8H_9BrO_6S$, F. 184° (Methanol). A. TREDE. 600□

Über Sultame. 5. Mitt. Burckhardt Helferich, Kurt Geist und Hans Plümpe. (Liebigs Ann. Chem. **651**. 17—29. 27/3. 1962. Bonn, Univ., Chem. Inst.) (Dt.) — 4. vgl. C. **1962**. 6400.

Es wird die Synth. von N-Aryl- u. N-Aralkylbutansultamen-(1.4) beschrieben, ebenso die des ersten am N heterocycl. substituierten Sultams. Durch Nitrieren an den Arylsubstituenten, Red. der Nitrogruppe zur Aminogruppe, Diazotieren u. Kuppeln bzw. Verkochen konnten weitere Verbb. ohne Aufspaltung des Sultamringes gewonnen werden. Einige der Aminophenylsultame wurden am Aminstickstoff dimethyliert u. monomethyliert, außerdem auch in Glykoside übergeführt. Aus Butansultam-Na wurden mit Halogenaralkylen u. Halogenarylen ebenfalls N-substituierte Butansultame hergestellt. Weiter wird die Synth. einiger N-substituierter Propansultame-(1.3) beschrieben, ebenso die Gewinnung von Butansulton-(2.4) sowie von Butansultam-(2.4) u. einigen seiner N-Substitutionsprodukte.

Versuche: 4-Chlorbutansulfonsäureamide: *-p-anisidid*, F. 81—82°, durch Zugabe von 4-Chlorbutansulfochlorid zu p-Anisidin in HCl, 2std. Zutropfen von 10%ig. Na-Acetat bei Raum-Temp., 2std. Rühren, Filtrieren, Lösen des Rückstandes in 2n-NaOH ohne Erwärmung, Filtrieren u. Ansäuern des Filtrats mit HCl; sechseckige Platten. — *-o-anisidid*, F. 62—63°, analog vorst. Verb.; Nadeln. — *-o-toluidid*, F. 44 bis 45°; Kristallpulver. — *-m-toluidid*, F. 72—74°; Prismen. — *-p-toluidid*, F. 50—51°; Prismen. — *-α-naphthylamid*, F. 89—90°; rhomb. Platten. — *-β-naphthylamid*, F. 83 bis 84°; Prismen. — *-benzylamid*, F. 75—76°, mit Na_2CO_3 an Stelle von Na-Acetat; Blättchen. — *-2-nitrobenzylamid*, F. 61—62°, mit Na_2CO_3; hellgelbe Nadeln. — *-3-nitrobenzylamid*, F. 59—60°, mit Na_2CO_3; hellgelbe Nadeln. — *-4-nitrobenzylamid*, F. 55—56°; hellgelbe Blättchen. — Butansultame, durch 1—2std. Kochen der alkal. Lsg. des entsprechenden Amids; 40—80% (Ausbeute): *N-[p-Methoxyphenyl]-*, F. 80—81°; Prismen. — *N-[o-Methoxyphenyl]-*, F. 79—80°; Nadelbüschel. — *N-[o-Tolyl]-*, F. 73—74°, a) nach der allg. Vorschrift; b) durch 1/2std. Kochen von Butansulton-(1.4) u. o-Toluidin in Xylol, Eindampfen im Vakuum, 1 1/2std. Kochen mit $POCl_3$ u. Durchrühren mit Eis/2n NaOH; aus Methanol/W. (1 : 1) Blättchen; 65%. — *N-[m-Tolyl]-*, F. 64—65°; Prismen. — *N-[p-Tolyl]-*, F. 78—79°; Nadeln. — *N-[α-Naphthyl]-*, F. 107—108°; Prismen. — *N-[β-Naphthyl]-*, F. 125—126°; Prismen. — *N-Benzyl-*, F. 74°; Nadeln. — *N-[2-Nitrobenzyl]-*, F. 87°; hellgelbe Blättchen. — *N-[3-Nitrobenzyl]-*, F. 112—113°; hellgelbe Prismen. — *N-[4-Nitrobenzyl]-*, F. 117—118°; hellgelbe Blättchen. — *N.N'-Bis-[4-chlorbutansulfonyl]-p-phenylendiamin*, $C_{14}H_{22}Cl_2N_2O_4S_2$, F. 186—187°, durch 2std. Zutropfen von 20%ig. Na-Acetat-Lsg. zu p-Phenylendiamindihydrochlorid u. 4-Chlorbutansulfochlorid in W., 1std. Rühren, Filtrieren, Lösen in kalter 5%ig. NaOH u. Fällen mit HCl; aus A. Blättchen; 40%. — *N.N-p-Phenylen-bis-[butansultam-(1.4)]*, $C_{14}H_{20}N_2O_4S_2$, F. 272—274° (Zers.; Dimethylformamid), durch 1std. Kochen vorst. Verb. in 8%ig. NaOH; 100%. — *N.N'-Bis-[4-chlorbutansulfonyl]-benzidin*, $C_{20}H_{26}Cl_2N_2O_4S_2$, F. 221—223° (Zers., Dimethylformamid), analog vorvorst. Verbindung. — *N.N'-[p.p'-Diphenylen]-bis-[butansultam-(1.4)]*, F. 274—275°, analog vorvorst. Verb. aus vorst. Verb.; 88%. — *4-Chlorbutan-1-sulfonsäure-m-nitranilid*, F. 73—74°, durch 1std. Zutropfen von 4-Chlorbutansulfochlorid in abs. Bzl. zu einer sd. Lsg. von m-Nitranilin u. abs. Pyridin in abs. Bzl., 3std. Kochen, Eindampfen im Vakuum, Auflösen in 2nNaOH u. Ansäuern; aus Methanol gelbe Prismen. — *N-[m-Nitrophenyl]-butansultam-(1.4)*, F. 137—138°, durch 1/2std. Kochen vorst. Verb. in NaOH; aus A. hellgelbe Blättchen. — *4-Chlor-1-sulfonsäure-p-nitranilid*, F. 112—113°, analog vorvorst. Verbindung. — *N-[p-Nitrophenyl]-butansultam-(1.4)*, F. 122—123°, analog vorvorst. Verb. aus vorst. Verb.; hellgelbe Tafeln. — *N-[o-Nitrophenyl]-butansultam-(1.4)*, F. 127° (A.), durch 10 Min. lange Rk. von Butansulton-(1.4) u. o-Nitranilin bei 185 bis 190°, 2std. Kochen mit $POCl_3$, Eindampfen u. Verrühren mit Eis/2n NaOH; 12%. — *N-[Pyridyl-(2)]-4-chlorbutansulfonsäureamid*, F. 127—128°, durch Zutropfen von 4-Chlorbutansulfochlorid in abs. Bzl. zu 2-Aminopyridin in abs. Bzl. bei 35°, 4std. Rühren bei 35°, mehrstd. Stehen bei Raum-Temp., Aufnehmen in 2n NaOH u. Ansäuern mit HCl (pH 5—6); aus Methanol Blättchen; 69%. — *N-[Pyridyl-(2)]-butansultam-(1.4)*, F. 58—59°, durch 10 Min. langes Erhitzen vorst. Verb. in 5%ig. NaOH auf 90—100°; aus Methanol Prismen; 78%. — *N-[2.4-Dinitrophenyl]-butansultam-(1.4)*, $C_{10}H_{11}N_3O_6S$, F. 169—170°, a) durch $^1/_2$std. Stehen von N-Phenylbutansultam-(1.4) in 86%ig. HNO_3 bei 0°; aus A. gelbe Blättchen; 86%; b) durch 1std. Nitrieren von N-[p-Nitrophenyl]-butansultam mit Nitriergemisch bei 0°; c) durch 6std. Kochen von 2.4-Dinitrochlorbenzol mit dem Na-Salz von Butansultam-(1.4) in techn. Dioxan. — *N-[2.6-Dinitro-p-tolyl]-butansultam-(1.4)*, F. 202—204°, durch 2std. Nitrieren mit Nitriergemisch bei Raum-Temp.; gelbe Nadeln. — N-[Aminophenyl]-butansultame-(1.4), a) durch 1std. Hydrieren der entsprechenden Nitroverb. in A. bei Raum-Temp. an Raney-Ni, Erhitzen, Filtrieren in der Hitze u. Kühlen; b) durch Kochen der wss.-alkohol. Lsg. der Nitroderivv. mit Na_2S: *N-[m-Aminophenyl]-*, F. 156—157°; Nadeln; 57% (nach a). — *N-[p-Aminophenyl]-*, F. 144—145°. — *N-[o-Aminophenyl]-*, F. 132—133°; aus Methanol Nadeln. — *N-[2-Aminobenzyl]-*, F. 139—140°; aus Methanol Nadeln. — *N-[3-Aminobenzyl]-*, F. 86°; aus Methanol Prismen. — *N-[4-Aminobenzyl]-*, F. 152—153°; Blättchen. — *N-[2.4-Diaminophenyl]-*, F. 190°; Nadeln. — *N-[p-Dimethylaminophenyl]-*, F. 100°, durch Methylieren der entsprechenden Aminoverb. mit Dimethylsulfat/Na_2CO_3 in sd. Bzl. oder mit CH_3J im Einschlußrohr bei 100°; Schuppen. — *N-[m-Dimethylaminophenyl]-*, F. 73°, analog vorst. Verb.; Nadeln. — *N-[m-Methylaminophenyl]-*, F. 100—101°, durch Überführen von N-[m-Aminophenyl]-butansultam-(1.4) mit Tosylchlorid/Pyridin in *N-[m-Tosylaminophenyl]-butansultam-(1.4)* (F. 130—131°; Tafeln), 22std. Erhitzen mit CH_3J u. NaOH in A. im Einschlußrohr auf 100°, Eindampfen im Vakuum, Verrühren des Rückstands mit W., 20std. Stehen des entstandenen *N-[N-Tosyl-m-methylaminophenyl]-butansultam-(1.4)* (F. 134—135°; Schuppen) mit 98%ig. H_2SO_4 bei 18—20° u. Einrühren in Eis/W.; aus Methanol Nadeln; >90%. — *N-[p-Methylaminophenyl]-*, F. 134—135°, analog vorst. Verb.; Sternchen. — *N-[m-(β-D-Galaktopyranosylamino)-phenyl]-*, F. 167—168° (Methanol), durch 13std. Kochen von D-Galaktosemonohydrat mit dem entsprechenden Aminophenylsultam in abs. A., Eindampfen im Vakuum u. Verreiben mit Ae.; $[\alpha]_D^{22}$ −22,2° (c = 1; W.); 90%. — *N-[m-(β-D-Glucopyranosylamino)-phenyl]-*, F. 188—189° (Zers.), analog vorst. Verb.; $[\alpha]_D^{22}$ −6,7° (c = 1; 0,1n HCl). — *N-[o-(2-Hydroxy-α-naphthylazo)-phenyl]-butansultam-(1.4)*, F. 246—247° (Cu-Block), durch Einrühren einer diazotierten Lsg. von N-[o-Aminophenyl]-butansultam-(1.4) in W./konz. HCl (10 : 1) in eine Lsg. von β-Naphthol in 2n NaOH; aus Aceton/W. (1 : 1) dunkelrote Blättchen; >50%. — *N-[m-(2-Hydroxy-α-naphthylazo)-phenyl]-butansultam-(1.4)*, F. 184—185°, analog vorst. Verb.; orangerote Nadeln; >70%. — *N-[p-(2-Hydroxy-α-naphthylazo)-phenyl]-butansultam-(1.4)*, F. 221—223°; karminrote Nadeln; >65%. — *N-[m-Hydroxybenzyl]-sultam-(1.4)*, F. 84—85°, durch Diazotieren von N-[3-Aminobenzyl]-butansultam-(1.4), $^1/_4$std. Stehen, Erwärmen auf 50°, Lösen des erhaltenen öligen Nd. in 2n NaOH u. Fällen mit 2n HCl; aus W./Methanol (1 : 1) Spieße; 40%. — *N-[p-Hydroxyphenyl]-butansultam-(1.4)*, F. 160°, analog vorst. Verb.; Schuppen. — *4-Chlorbutansulfonsäureamid*, $C_4H_{10}ClNO_2S$, F. 47° (Bzl.), durch Verflüssigen von NH_4NO_3 mit NH_3, 20 Min. langes Zutropfen von 4-Chlorbutansulfochlorid, $^1/_2$std. Rühren, Eindampfen im Vakuum, Auskochen mit Ae. u. Eindampfen der Ae.-Extrakte; 70%. — *4-Jodbutansulfonsäureamid*, F. 84—85° (Bzl.), durch 20std. Kochen vorst. Verb. mit NaJ in Aceton. — *Butansultam-(1.4)*, durch 1std. Kochen vorvorst. Verb. in 10%ig. NaOH; 86%. *Na-Salz*, mit der berechneten Menge NaOH in wss. oder methanol. Lsg.; blättrige Masse. *Ag-Salz*, mit der berechneten Menge $AgNO_3$. — *N-[2.4.6-Trinitrophenyl]-butansultam-(1.4)*, $C_{10}N_{10}N_4O_8S$, F. 236—238° (Cu-Block), durch 6std. Kochen des Na-Salzes vorst. Verb. mit Pikrylchlorid in techn. Dioxan; aus Chlf. hellgelbe Nadeln; 42%. — *N-Benzylpropansultam-(1.3)*, $C_{10}H_{13}NO_2S$, F. 64—65°, durch 20 Min. langes Zutropfen von Benzylamin zu 3-Chlorpropan-1-sulfochlorid, 20 Min. langes Zutropfen wss. Na_2CO_3, 1std. Rühren u. $^1/_2$std. Kochen des entstandenen *3-Chlorpropan-1-sulfonsäurebenzylamids* in 2n NaOH; aus W./Methanol Prismen; 53%. — *N-[3-Nitrobenzyl]-propansultam-(1.3)*, F. 122—123°, analog vorst. Verb.; hellgelbe Prismen. — *N-[3-Aminobenzyl]-propansultam-(1.3)*, F. 73—74°, aus vorst. Verb. durch Hydrieren an Raney-Ni; Nadeln. — *4-Hydroxybutan-2-sulfonsäure, Na-Salz*, durch Einleiten von SO_2 in eine Lsg. von Crotonaldehyd in W. bei 0—5°, 12std. Stehen bei Raum-Temp.,

Erhitzen auf 100°, Durchleiten von Wasserdampf, Einstellen mit $NaHCO_3$ auf pH 5—6, Hydrieren an RANEY-Ni in Ggw. von Eisessig bei 80 at bei Raum-Temp. (8—10 Std.) u. Eindampfen der filtrierten Lsg.; 95%. — *4-Chlorbutan-2-sulfochlorid*, $C_4H_8Cl_2O_2S$, $Kp._{0,08}$ 79°, durch Versetzen vorst. Verb. mit PCl_5 bei 100°, Gießen auf Eis, Extrahieren mit Chlf., Eindampfen im Vakuum bei 50° (Bad) u. Dest.; 58%. — *Butansulton-(2.4)*, $C_4H_8O_3S$, F. —4°, $Kp._{0,02}$ 82°, durch Verrühren vorvorst. Verb. mit rauchender HCl, Versetzen mit A., Eindampfen, Erhitzen der entstandenen *4-Hydroxybutan-2-sulfonsäure* auf 175—180° (Bad)/14 Torr, Aufnehmen in Ae. u. Dest.; 53%; liefert mit Pyridin in guter Ausbeute *Sulfobetain*, F. 241—242°; aus 90%ig. A. Spieße. — *4-Chlorbutan-2-sulfonsäureamid*, $C_4H_{10}ClNO_2S$, F. 69—70°, durch Verflüssigen von NH_4NO_3 mit NH_3 unter Rühren u. Eiskühlung, Zugabe von 4-Chlorbutan-2-sulfochlorid ($^1/_4$ Std.), $^1/_2$std. Rühren, Abdestillieren des NH_3 bei Raum-Temp. im Vakuum u. Auskochen mit Ae.; aus Bzl. Blättchen; 44%. — *Butansultam-(2.4)*, $Kp._{0,02}$ 128—130°, durch $^1/_2$std. Kochen vorst. Verb., Eindampfen im Vakuum u. Auskochen mit Chlf.; viscose Flüssigkeit. — Butansultame-(2.4): *N-Phenyl-*, $C_{10}H_{13}NO_2S$, F. 71—73°, durch 6std. Kochen von 4-Chlorbutan-2-sulfochlorid mit Anilin, Eindampfen im Vakuum, Lösen in 2n NaOH u. $^1/_4$std. Erhitzen auf 80—90°; 47%. — *N-[p-Tolyl]-*, F. 127—128°, analog vorst. Verb.; Spieße; 33%. — *N-Benzyl-*, F. 43°; sechseckige Platten; 50%. — *N-[m-Nitrophenyl]-*, $C_{10}H_{12}N_2O_4S$, F. 129—130°, durch Erhitzen von Butansulton-(2.4) u. m-Nitranilin auf 135—140°, 1std. Kochen mit $POCl_3$, Eindampfen im Vakuum u. Verrühren mit 2n NaOH; aus A. gelbe Blättchen; 42%. — *N-[m-Aminophenyl]-*, F. 104—105°, durch Hydrieren vorst. Verb. in Methanol an RANEY-Ni bei Raum-Temp./1 at; aus Methanol/W. (3 : 1) Nadeln. P. GOLINSKE. 600□

Über Sultame. 6. Mitt. **N-Heteroaralkylsultame.** Burckhardt Helferich und Rolf Dhein. (Liebigs Ann. Chem. **651.** 29—33. 27/3. 1962.) (Dt.) — 5. vgl. vorst. Referat.

Es wird die Darst. von *Butansultamen-(1.4)* u. *Propansultamen-(1.3)* beschrieben, die am N durch Heteroalkylreste substituiert sind.

Versuche: 4-Chlorbutan-1-sulfonsäureamide: *N-[Picolyl-(2)]-*, $C_{10}H_{15}ClN_2 \cdot O_2S$, F. 70—70,5° (Methanol), durch Zutropfen von 4-Chlorbutan-1-sulfochlorid in abs. Bzl. zu Picolyl-(2)-amin in abs. Bzl. bei +5 bis +8° (1 Std.), 2std. Rühren u. 10std. Stehen im Kühlschrank, Filtrieren, Eindampfen im Vakuum, Extrahieren mit heißem W. u. Umkristallisieren des Rückstandes; 69% (Ausbeute). *Pikrat*, $C_{16}H_{18}ClN_5O_9S$, F. 121—122°; gelbe Blättchen. — *N-[Picolyl-(3)]-*, F. 65—66°, analog vorst. Verbindung. *Pikrat*, F. 138—139°. — *N-[Picolyl-(4)]-*, F. 116,5—117,5°. *Pikrat*, F. 104—106°. — *N-[6-Methylpicolyl-(2)]-*, F. 46—47°. — *N-Furfuryl-*, $C_9H_{14}ClNO_3S$, F. 59°, durch $^1/_4$std. Zutropfen von 4-Chlorbutan-1-sulfochlorid zu Furfurylamin u. Na_2CO_3 in W. u. 1std. Rühren; aus Toluol Nadeln. — *N-Tetrahydrofurfuryl-*, F. 55—57°, analog vorst. Verb.; Nadeln. — *N-[Pyrryl-(2)-methyl]-*, F. 81°; Nadeln. — *N-[4-Methylthiazolyl-(2)-methyl]-*, F. 61°; Schuppen. — *N-[Thenyl-(2)]-*, F. 67—68°; Nadeln. — *N-{α-[Thienyl-(2)]-äthyl}-*, F. 58—58,5°; aus Ae. Stäbchen. — *N-{β-[Thienyl-(2)]-äthyl}-*, F. 39,5 bis 41°; Schuppen. — Butansultame-(1.4): *N-[Picolyl-(2)]-*, F. 31—35° (Toluol), $Kp._{0,1}$ 145—146°, durch mehrere Min. langes Erhitzen des entsprechenden 4-Chlorbutansulfonsäureamids mit 2n NaOH auf 100°, Aufnehmen des Öls in Bzl. u. Dest. im Vakuum; 90%. *Hydrochlorid*, F. 145—155°; aus Butanol Stäbchen. *Pikrat*, $C_{16}H_{17}N_5O_9S$, F. 192,5° (Methanol/W.). — *N-[Picolyl-(3)]-*, F. 76—77° (Toluol), analog vorst. Verbindung. *Pikrat*, F. 193—194°. — *N-[Picolyl-(4)]-*, F. 63—64°, $Kp._{0,05}$ 191—195°. *Pikrat*, F. 178 bis 180°. — *N-[6-Methylpicolyl-(2)]-*, F. 69—70° (Ae.). — *N-Furfuryl-*, $C_9H_{13}NO_3S$, F. 55 bis 55,5° (Toluol), durch Erhitzen des entsprechenden 4-Chlorbutansulfonsäureamids mit 2n NaOH auf 100°; Blättchen; 93%. — *N-Tetrahydrofurfuryl-*, F. 55—56,5°, analog vorst. Verb.; Rhomben. — *N-[Pyrryl-(2)-methyl]-*, F. 67—68°; Stäbchen. — *N-[4-Methylthiazolyl-(2)-methyl]*, F. 67—68°; Rhomben. — *N-[Thenyl-(2)]-*, F. 65—66°; Prismen. — *N-{α-[Thienyl-(2)]-äthyl}-*, $Kp._1$ 178—180°; Öl. — *N-{β-[Thienyl-(2)]-äthyl}-*, $Kp._{0,01}$ 155—162°; Öl. — 3-Chlorpropan-1-sulfonsäureamide: *N-[Picolyl-(2)]-*, F. 60,5—61,5°, analog der entsprechenden Butan-Verb.; aus Ae. Nadeln. — *N-[6-Methylpicolyl-(2)]-*, F. 41—42°, analog vorst. Verb.; Nadeln. — *N-[Thenyl-(2)]-*, F. 60—61°; aus Ae. Nadeln. — *N-[4-Methylthiazolyl-(2)-methyl]-*, F. 78,5—79,5°; Nadeln. — Propansultame-(1.3): *N-[Picolyl-(2)]-*, F. 47,5—48,5°, durch Ringschluß mit NaOH aus den entsprechenden 3-Chlorpropansulfonsäureamiden; aus Ae. Blättchen. — *N-[6-Methylpicolyl-(2)]-*; nicht analysenreines Öl. — *N-[Thenyl-(2)]-*, F. 29—30°; aus Ae. Nadeln. — *N-[4-Methylthiazolyl-(2)-methyl]-*, F. 82—82,5°; aus A. Nadeln. P. GOLINSKE. 600□

Über Sultame. 7. Mitt. **Sultame von Aminosäuren.** Burckhardt Helferich und Karl Heinz Hermann. (Liebigs Ann. Chem. **651.** 33—42. 27/3. 1962.) (Dt.) — 6. vgl. vorst. Referat.

Es wird die Synth. von Butansultamen u. Propansultamen durch Umsetzung von Glykokoll- u. Alaninestern mit den entsprechenden Chloralkansulfochloriden beschrieben. Die Aufspaltung der erhaltenen Sultamessigsäuren u. α-Sultamylpropionsäuren führt zu Aminosäuren, die am N SO_3H-haltige Alkylreste tragen. Als Sultamyl wird der einwertige Rest bezeichnet, der sich von einem Sultam durch Wegnahme eines H-Atoms der NH-Gruppe ableitet.

Versuche: *N-[4-Chlorbutansulfonyl-(1)]-glykokolläthylester*, $C_8H_{16}ClNO_4S$, F. 62°, durch Mischen von 4-Chlorbutan-1-sulfochlorid in Ae. u. Glykokolläthylesterhydrochlorid in W. unter Kühlung mit Eis/Kochsalz, 3/4 std. Zutropfen einer gesätt. Lsg. von K_2CO_3 (pH 9), 1 std. Rühren, Abdest. des Ae. im Vakuum, Aufnehmen in Methanol u. Fällen mit W.; Spieße; 85% (Ausbeute). — *[Butansultam-(1.4)-yl]-essigsäure*, $C_6H_{11}NO_4S$, F. 142—143°, durch 2 std. Erhitzen vorst. Verb. mit $Ba(OH)_2 \cdot 8\,H_2O$ in W. auf 100°, Einleiten von CO_2, Filtrieren durch Lewatit S 100 u. Eindampfen im Vakuum; aus Aceton/PAe. (5:1) Spieße u. prismat. Tafeln; 76%. *Ag-Salz*, $C_6H_{10}AgNO_4S$, durch ½ std. Kochen der Säure mit überschüssigem Ag_2O; aus Methanol Nadeln; lichtempfindlich. *Methylester*, $C_7H_{13}NO_4S$, durch 1 std. Kochen des Na-Salzes der Säure mit der berechneten Menge Dimethylsulfat in Ggw. von etwas Na_2CO_3 in Aceton; aus Aceton/PAe. rhomb. Tafeln; 60%. *Cyanmethylester*, $C_8H_{12}N_2O_4S$, F. 122—123°, durch 1 std. Erwärmen der Säure mit Triäthylamin u. Chloracetonitril auf 70°, Durchkneten mit W. u. Umkristallisieren aus Methanol; aus Essigester Nadeln; 77,5%. *Amid*, $C_6H_{12}N_2O_3S$, F. 178°, durch 1 std. Stehen des Methylesters in Methanol mit konz. NH_4OH bei Raum-Temp. u. 3 std. Stehen im Eisschrank; aus Methanol Nadeln; 68%. *Benzylamid*, $C_{13}H_{18}$·N_2O_3S, F. 119—119,5°, durch 12 std. Stehen des Cyanmethylesters in Methanol mit Benzylamin bei Raum-Temp.; aus Essigester Spieße, aus der Schmelze rechteckige Tafeln; 66%. *Furfurylamid*, F. 117°, analog dem Benzylamid; Nadeln; 66%. *Tetrahydrofurfurylamid*, F. 117,5—118°; 69%. *Thenyl-(2)-amid*, F. 118,5—119,5°; Spieße; 76%. *Anilid*, F. 161,5—162,5°, durch 24 std. Kochen des Cyanmethylesters mit Anilin in Essigsäure; 56%. *3-Hydroxypropylamid*, F. 109—110°, durch ½ std. Erwärmen des Cyanmethylesters mit 3-Aminopropanol-(1) auf 70°; aus Essigester/Methanol (15:2) Spieße u. Täfelchen; 72%. *Hydrazid*, F. 115—117° (Zers.), aus dem Cyanmethylester mit $N_2H_4 \cdot H_2O$; zersetzlich; 82%. *Azid*, durch Versetzen des Hydrazids in W./2n HCl (2:1) unter Eiskühlung mit einer $NaNO_2$-Lsg. u. 1/4 std. Rühren; Nadeln; 87%. — *N-[Butansultam-(1.4)-ylacetyl]-aminoessigsäureäthylester*, $C_{10}H_{18}N_2O_5S$, F. 111,5—112,5°, durch Erwärmen von Glykokolläthylesterhydrochlorid u. Triäthylamin auf ca. 50°, Zugabe von vorst. Cyanmethylester, 6 std. Stehen bei 25—30°, Zugabe von Essigester, Abtrennen der Essigesterphase, Eindampfen im Vakuum u. Verreiben mit PAe.; aus Essigester/PAe. Nadeln; 47%. — *N-[Butansultam-(1.4)-ylacetyl]-DL-alaninäthylester*, $C_{11}H_{20}N_2O_5S$, F. 62 bis 64°, durch 12 std. Stehen des vorvorst. Cyanmethylesters mit DL-Alanin in Essigester, Einengen u. Versetzen mit PAe. bis zur Trübung; Schuppen; 50%. — *N-[4-Chlorbutansulfonyl-(1)]-DL-alaninäthylester*, $C_9H_{18}ClNO_4S$, durch 1 std. Versetzen von DL-Alaninäthylesterhydrochlorid in W. u. 4-Chlorbutansulfochlorid-(1) in Ae. mit wss. K_2CO_3 u. Eindampfen im Vakuum; 78%. — *DL-α-[Butansultam-(1.4)-yl]-propionsäure*, $C_7H_{13}NO_4S$, F. 89—92°, durch 2 std. Erhitzen vorst. Verb. in 2n NaOH, Zugabe von 4n HCl (pH 1), 24 std. Extrahieren mit Ae. u. Eindampfen im Vakuum; aus Chlf./Ae./PAe. Prismen u. Tafeln; 76%. *Cyanmethylester*, durch ½ std. Erwärmen vorst. Verb. in Essigester mit Triäthylamin u. Chloracetonitril auf 70°, Abtrennen der Essigesterschicht u. Eindampfen im Vakuum. *Amid*, $C_7H_{14}N_2O_3S$, F. 147—148°, durch 20 Min. langes Einleiten von NH_3 in eine Lsg. vorst. Cyanmethylesters in A./Essigester (3:1), 10 Min. langes Erwärmen auf 70°, Eindunsten im Vakuum u. Zutropfen von PAe.; aus A./PAe. Prismen; 54%. *Benzylamid*, $C_{14}H_{20}N_2O_3S$, F. 90—92°, 1/4 std. Erwärmen des Cyanmethylesters mit Benzylamin in Essigester, 12 std. Stehen bei Raum-Temp. u. Einengen im Vakuum; Nadeln u. Spieße; 50%. — *N-[3-Chlorpropansulfonyl-(1)]-glykokolläthylester*, $C_7H_{14}ClNO_4S$, F. 54 bis 55°, analog dem entsprechenden Butan-Deriv.; rhomb. Schuppen; 59%. — *[Propansultam-(1.3)-yl]-essigsäure*, $C_5H_9NO_4S$, F. 86—88°, durch 1 std. Erhitzen vorst. Verb. in 2n NaOH auf 100°, Zugabe von 6n HCl (pH 1), 12 std. Extrahieren mit Ae., Eindampfen im Vakuum, Aufnehmen in Aceton, Eindampfen, Lösen in Chlf. u. Zutropfen von Ae. u. PAe.; 67%. *Ag-Salz*, F. 205—215° (Zers.); Nadeln. *Cyanmethylester*, $C_7H_{10}N_2O_3S$, F. 79 bis 80°; aus Essigester/PAe. Nadeln; 70%. *Amid*, $C_5H_{10}N_2O_3S$, F. 105—106°, durch 20 Min. langes Einleiten von NH_3 in eine sd. Lsg. vorst. Cyanmethylesters in A./Essigester, 12 std. Stehen bei Raum-Temp., Einengen im Vakuum u. Versetzen mit Ae. u. PAe.; Nadeln u. Spieße; 73%. *Benzylamid*, $C_{12}H_{16}N_2O_3S$, F. 93—94°, durch 1/4 std. Erhitzen des Cyanmethylesters in Essigester mit Benzylamin auf 50°; aus Essigester/PAe. Nadeln u. Stäbchen; 75%. *Anilid*, $C_{11}H_{14}N_2O_3S$, F. 169—171°, durch 1½ std. Erhitzen des Cyanmethylesters mit Anilin u. Eisessig auf 100—120°; aus Essigester/PAe. Nadeln;

59%. *Hydrazid*, $C_5H_{11}N_3O_3S$, F. 118—119°, durch 2 Min. langes Erhitzen des Cyanmethylesters mit N_2H_4 in Essigester auf 60°; aus Essigester/A. (2:1) Nadeln u. Spieße; 80%. — *N-[4-Chlorbutansulfonyl-(2)]-glykokolläthylester*; 70,5%. — *[Butansultam-(2.4)-yl]-essigsäure*, $C_6H_{11}NO_4S$, F. 104—106°; aus Chlf./PAe. Prismen u. Säulen; 73%. *Ag-Salz*, $C_6H_{10}AgNO_4S$. *Cyanmethylester*, $C_8H_{12}N_2O_4S$, F. 62—64°, aus der Säure; aus Essigester/PAe. Nadeln u. Spieße; 73%. *Amid*, $C_6H_{12}N_2O_3S$, F. 110—112°; aus A./PAe. rechteckige Tafeln u. Schuppen; 73%. *Benzylamid*, $C_{13}H_{18}N_2O_3S$, F. 83—84°, aus dem Cyanmethylester u. Benzylamin; aus Essigester/PAe. Nadeln; 78%. *Hydrazid*, C_6H_{13}·N_3O_3S, F. 113—114°, aus dem Cyanmethylester u. N_2H_4; aus Essigester/Methanol (25:2) u. PAe. Nadeln u. Spieße; 85%. — *N-[4-Sulfobutyl]-glykokoll*, $C_6H_{13}NO_5S$, F. 270—275° (Zers.), durch 15std. Kochen von [Butansultam-(1.4)-yl]-essigsäure in konz. HCl; aus W./Methanol Stäbchen u. Täfelchen; 95%. — *N-[3-Sulfopropyl]-glykokoll*, $C_5H_{11}NO_5S$, F. 269—274° (Zers.), durch 2std. Erhitzen von N-[3-Chlorpropansulfonyl-(1)]-glykokolläthylester mit $Ba(OH)_2 \cdot 8\,H_2O$ in W. auf 100° (Bad), Einleiten von CO_2, Filtrieren, Entionisieren an einer Lewatit-S-100-Säule, Eindampfen im Vakuum, Lösen in heißem W. u. Fällen mit Aceton; Nadeln; 76%. — *N-[2-Sulfobutyl]-glykokoll, Hydrat*, $C_6H_{13}NO_5S \cdot H_2O$, F. 240—245° (Zers.), durch 6std. Kochen von [Butansultam-(2.4)-yl]-essigsäure mit konz. HCl, Einengen im Vakuum u. Fällen mit Aceton; Nadeln u. Spieße; 78%. — *N-[4-Sulfobutyl]-DL-alanin*, $C_7H_{15}NO_5S$, F. 210—215° (Zers.; sintert ab ca. 188°), durch 15std. Kochen von DL-α-[Butansultam-(1.4)-yl]-propionsäure in konz. HCl, Eindampfen im Vakuum, Lösen in sd. Methanol, Versetzen mit Aceton bis zur Trübung u. Kühlen; Nadeln; 80%. P. GOLINSKE. 600□

Über Sultame. 8. Mitt. **N-Aryl-Sultame.** Burckhardt Helferich und Gerhard Pietsch. (Liebigs Ann. Chem. **651**. 43—48. 27/3. 1962.) (Dt.) — 7. vgl. vorst. Referat.

Es wird die Darst. einiger *N-Arylbutansultame-(1.4)* u. *N-Benzylbutansultame-(2.4)* beschrieben, die im Arylrest durch NO_2, NH_2, SO_3H, SO_2NH_2 oder AsO_3H_2 substituiert sind. Ferner werden *Bis-sultame* des p.p'-Diaminoarsenobenzols dargestellt.

Versuche: *N^3-[4-Chlorbutansulfonyl]-metanilsäureamid*, $C_{10}H_{15}ClN_2O_4S_2$, F. 123 bis 124°, durch Zutropfen von abs. Pyridin zu einer sd. Lsg. von Metanilsäureamid u. 4-Chlorbutansulfochlorid in abs. Bzl. u. 3std. Kochen; aus W. Nadeln; 70% (Ausbeute). — *N-[3-Aminosulfonylphenyl]-butansultam-(1.4)*, $C_{10}H_{14}N_2O_4S_2$, F. 121—122°, durch 1std. Kochen vorst. Verb. in 2n NaOH u. Ansäuern mit konz. HCl; aus W. Säulen; 70%. — *N-[3-Sulfophenyl]-butansultam-(1.4)*, *Na-Salz*, $C_{10}H_{12}NNaO_5S_2$, a) durch Rk. vorst. Verb. in Eisessig mit N_2O_3, Verdünnen mit W., Neutralisieren mit 2n NaOH, Eindampfen u. Umkristallisieren aus abs. A.; b) durch Zutropfen von 4-Chlorbutansulfochlorid zu Metanilsäure, NaOH u. $NaHCO_3$ in W. unter Eiskühlung, 3std. Rühren bei 0°, 5std. Stehen bei Raum-Temp., Versetzen mit W. u. NaOH, 1std. Kochen, Neutralisieren mit 2n HCl u. Eindampfen im Vakuum; 71%; liefert mit PCl_5 u. dann mit NH_4OH 51% vorst. Verbindung. — *4-[3-Aminosulfonylphenylamino]-butansulfonsäure*, $C_{10}H_{16}$·$N_2O_5S_2$, F. 244—245° (Aceton), durch 2tägiges Stehen vorvorst. Verb. in konz. H_2SO_4 bei Raum-Temp. u. Versetzen mit Aceton unter Kühlung; hygroskop.; 28%. — *4.4'-Bis-[4-chlorbutansulfonylamino]-arsenobenzol*, durch Zutropfen von 4-Chlorbutansulfochlorid zu 4.4'-Diaminoarsenobenzol in Aceton in Ggw. von etwas Pyridin bei $<5°$, ½std. Rühren bei Raum-Temp. u. Einrühren in 2n HCl; fleischfarbene, amorphe Verb.; 81%. — *4.4'-Bis-[butansultam-(1.4)-yl]-arsenobenzol*, $C_{20}H_{24}As_2N_2O_4S_2$, F. ca. 180° (Pyridin/A.), durch ½std. Kochen vorst. Verb. in 2n NaOH unter N_2; 95%. — *4-[Butansultam-(1.4)-yl]-phenylarsonsäure*, $C_{10}H_{14}AsNO_5S$, F. ca. 280° (Zers.), durch Zutropfen von Perhydrol zu vorst. Verb. in 2n NH_4OH (50—60°), Einengen im Vakuum auf die Hälfte, Versetzen mit 2n HCl, 24std. Stehen im Kühlschrank, Filtrieren, Neutralisieren mit 1n NH_4OH, Kochen mit Kohle, Filtrieren u. Versetzen mit 2n HCl; aus W. Säulen; 68%. *Ammoniumsalz*, $C_{10}H_{17}AsN_2O_5S$, F. $>310°$ (Abspaltung von NH_3), durch Neutralisieren mit NH_4OH; aus Dioxan/W. (6 : 1) oder aus Methanol/Aceton Nadeln. *Na-Salz*, analog dem NH_4-Salz; Schuppen. — *N-[4-Chlorbutansulfonyl]-arsanilsäure*, $C_{10}H_{15}$·$AsClNO_5S$, F. 265—266°, durch Zutropfen von 4-Chlorbutansulfochlorid zu Arsanilsäure u. $CaCO_3$ in W., 15std. Rühren u. Ansäuern mit konz. HCl (pH 1); aus W./Methanol prismat. Plättchen; 61%; liefert durch Kochen mit 2n NaOH vorst. Verbindung. — *4-[Butansultam-(1.4)-yl]-3-nitrophenylarsonsäure* (im Original -2-nitro-), $C_{10}H_{13}AsN_2O_7S$, F. 214—215° (Zers.), durch Eintragen vorvorst. Verb. in rauchende HNO_3 bei $<0°$, Einrühren in eiskalte NaOH u. Durchkneten mit W.; aus W. gelbliche, rosettenförmig zusammengesetzte Plättchen; 50%. — *4-[Butansultam-(1.4)-yl]-3-aminophenylarsonsäure* (im Original -2-amino-), $C_{10}H_{15}AsN_2O_5S$, F. 230°, durch Zugabe von $Na_2S \cdot 9\,H_2O$ u. S in heißem W. zu einer sd. Lsg. vorst. Verb. in W., ¼std. Kochen u. Ansäuern (pH 4—5); aus W. gelbliche Nadeln; 34%. — *4.4'-Bis-[butansultam-(1.4)-yl]-3.3'-diaminoarsenobenzol*, $C_{20}H_{26}As_2N_4O_4S_2$, F. 200—204° (sintert ab ca. 193°), durch Zutropfen von konz.

HCl zu vorvorst. Verb., KH_2PO_2 u. KJ in W. (70°), ½std. Rühren bei 70° u. 2std. Rühren bei Raum-Temp.; gelbliche Kristalle; >90%. — *N-[3-Nitrobenzyl]-4-chlorbutan-2-sulfonsäureamid*, F. 83—84°, durch Zutropfen von 4-Chlorbutan-2-sulfonsäurechlorid in Ae. zu 3-Nitrobenzylaminhydrochlorid in Ae. u. Na_2CO_3 in W. unter kräftigem Rühren, 10std. Rühren u. Ansäuern mit 2n HCl; aus W./Methanol Plättchen; 60%. — *N-[3-Nitrobenzyl]-butansultam-(2.4)*, $C_{11}H_{14}N_2O_4S$, F. 73—74° (Methanol), durch 1std. Kochen vorst. Verb. in 2n NaOH; 86%. — *N-[3-Aminobenzyl]-butansultam-(2.4)*, *Sulfat*, $C_{22}H_{32}N_4O_4S_2 \cdot H_2SO_4$, F. 137°, durch Hydrieren vorst. Verb. in Methanol an Raney-Ni bei Raum-Temp., Filtrieren, Eindampfen im Vakuum, Aufnehmen des öligen Rückstandes in Aceton u. Versetzen mit konz. H_2SO_4; ca. 100%. *Acetyl-Deriv.*, $C_{13}H_{18}N_2O_3S$, F. 114,5—115,5°, durch Acetylieren des öligen Rohprod.; schuppige Kristalle; ca. 100%.

P. Golinske. 600□

Chemie der Acetylenäther. 28. Mitt. α.α-Dichlordiäthyläther und dessen Verwendung zur Darstellung von Acylchloriden. L. Heslinga, G. J. Katerberg und J. F. Arens. (Recueil Trav. chim. Pays-Bas **76.** 969—81. Nov. 1957. Groningen, Univ., Labor. of Organ. Chem.) (Engl.) — 27. vgl. C. **1962.** 12626.

Durch Anlagerung von 2 Mol HCl an Äthoxyacetylen (**V**) wird *α.α-Dichlordiäthyläther* (**I**) erhalten. **I** reagiert mit Carbonsäuren unter Bldg. von *Acylchloriden* u. *Essigsäureäthylester* (**II**). Analog werden aus Carbonsäuren u. α.α.β-Trichlordiäthyläther (**III**) die entsprechenden *Säurechloride* u. *Chloressigsäureäthylester* (**IV**) gebildet.

Versuche: *α.α-Dichlordiäthyläther* (**I**), $C_4H_8Cl_2O$, Kp. 104,5—105,5° (korr.), durch Einleiten von 5,6 Mol HCl in die Lsg. von 1,67 Mol **V** in Ae. bei —5 bis +5° u. Dest.; n_D^{20} 1,4261; $D._{20,8}^{21}$ 1,121; 73% (Ausbeute); daneben etwas **II**. — *Orthoessigsäuretriäthylester*, Kp. 146,5—148°, durch 1½std. Eintropfen von 0,16 Mol **I** in die Lsg. von 6,9 g Na in abs. A. unter Kühlung, ½std. Erwärmen auf 60°, Abzentrifugieren des NaCl u. Dest.; $n_D^{19,5}$ 1,3962; 14%. — *N.N'-Diphenylacetamidin*, F. 133—133,5° (A.), durch 12std. Erhitzen vorst. Esters mit Anilin auf 140—170°; 56%. — *Orthochloressigsäuretriäthylester*, $Kp._{17}$ 81,5—82,5°, aus **III** u. Na-Äthylat; n_D^{20} 1,4222; 34%. — *Essigsäureäthylester* (**II**), Kp. 77,5—78,5°, durch Eintropfen von 0,14 Mol **I** in Ae. in 0,13 Mol W., ¼std. Rühren u. Dest.; 85%. — *Chloressigsäureäthylester* (**IV**), $Kp._{15}$ 48—50°, analog **II** aus **III**; 91%. *Acetanhydrid*, Kp. 137—140°, durch kurzes Erhitzen von 0,08 Mol **I** mit 0,16 Mol wasserfreiem Na-Acetat auf 130° u. Dest. über eine Kolonne; n_D^{20} 1,3895; 37%; daneben 57% **II**. — Acylchloride, a) durch Eintropfen von 0,07—0,085 Mol **I** in 0,07 Mol der Carbonsäure, Erwärmen nach Zugabe von 3 g **I** bis zur beginnenden HCl-Entw., Zugabe des Restes in 5—10 Min., ½std. Kochen, kurzes Einleiten von N_2 u. Dest. (Meth. **A**); daneben **II**; b) analog a) durch Rk. mit **III**, zum Schluß wird 1½ Std. auf 175—180° erhitzt (Meth. **B**); daneben **IV**: *Acetyl-* (**VI**), Kp. 52—53°, nach **A** bei Raum-Temp.; n_D^{20} 1,3389; 72%. — *Butyryl-* (**VIII**), Kp. 101—103°, nach **A** bei 40°; n_D^{20} 1,4117; 67%. — *Capronyl-*, $Kp._{15}$ 85—86,5°, nach **A** bei 65°; n_D^{20} 1,4350; 97%. — *Acrylsäure-*, nach **A**; die HCl-Entw. setzt schon bei Raum-Temp. ein, das restliche **I** wird bei 70° (Bad-Temp.) zugesetzt; das mit **II** verunreinigte Destillat (Kp. 75—80°; 7,8 g) wird durch Rk. mit Anilin in *Acrylanilid* [F. 104,5—105° (W.)] übergeführt; 61%. — *Crotonyl-*, Kp. 122—126°, nach **A** bei 45° unter Zugabe von etwas Hydrochinon; n_D^{20} 1,4570; 79%. — *Benzoyl-*, $Kp._{17}$ 84,5—85,5°, a) nach **A**, wobei **I** auf einmal zugesetzt wird; n_D^{20} 1,5526; 85%; b) nach **B** bei 105°; 72%. — *Phenylacetyl-*, $Kp._{19}$ 103—104°, a) nach **A** bei 35°; n_D^{20} 1,5323; 86%; b) nach **B** bei 70°; 88%. — *3.5-Dinitrobenzoyl-*, F. 65,5—67,5°, $Kp._{20}$ 204,5°, nach **A** bei 105°, wobei **I** auf einmal zugesetzt wird; 76%. — *Zimtsäure-*, F. 33—35°, $Kp._{13}$ 130,5—133,5°, a) nach **A** bei 80° unter Zusatz von etwas Hydrochinon; 91%; b) nach **B** bei 105°; 94%. — *Phthalylglycyl-*, F. 85—86,5°, nach **A** bei 100°, wobei am Ende PAe. zugesetzt wird; 96%. — *Phthalyl-L-leucyl-*, nach **A** bei 80°; Öl; 100%; Identifizierung als *Phthalyl-L-leucylanilid* [F. 153,5—155° (A.)]. — Bei der Zugabe von **I** zu Oxalsäure bei 70—80° werden neben **II** nur 68% *CO* u. 169% HCl, beim inversen Zutropfen 114% *CO* u. 211% *HCl* isoliert. — *Bernsteinsäureanhydrid*, F. 118,5—120°, a) durch analoge Rk. von **I** mit Bernsteinsäure bei 70—75° u. ¼std. Erhitzen auf 125—135°; 96%; daneben 77% **II**; b) durch portionsweises Eintragen von 35 mMol Bernsteinsäure in 84 mMol **I** bei 110—120°, ½std. Erhitzen auf 130—140°, Eindampfen im Vakuum u. Waschen mit Ae.; 2,1 g. Beim Einengen der äther. Waschlaugen weitere 0,17 g; daneben durch Dest. des Ae.-Rückstandes zusammen mit dem durch Eindampfen erhaltenen Destillat 21% *Bernsteinsäuredichlorid* ($Kp._{15}$ 88—91°; *Dianilid*, F. 225—226°) u. 21% **II**. — *α.β-Dichlorvinyläthyläther*, $C_4H_6Cl_2O$, $Kp._{98}$ 67—68°, durch 4std. Eintropfen von Na-Äthylat-Lsg. (aus 49,9 g Na) in die Lsg. von 2,55 Mol Trichloräthylen in abs. A. bei 75—80°, dann bei 65—70°, 1std. Kochen, Gießen in Eiswasser, Extraktion mit Ae. u. Dest.; n_D^{20} 1,4533; $D._{21,3}^{18}$ 1,210; 76%. — *α.α.β-Trichlordiäthyläther* (**III**), $C_4H_7Cl_3O$, $Kp._{13}$ 51—52°, durch Lösen von 0,72 Mol vorst. Verb. in

abs. Ae., 2½std. Einleiten von HCl-Gas (aus 1,33 Mol NH_4Cl u. konz. H_2SO_4) bei −9 bis +5°, 1wöchiges Stehen bei 0° u. Dest.; n_D 1,4605; $D._{12,3}^{17}$ 1,314; 88%. — *Chloracetylchlorid* (VII), Kp. 105—106°, durch Zutropfen von 76 mMol III zu 7,5 mMol $AlCl_3$, langsames Erwärmen auf 140—145°, 4std. Kochen, kurzes Durchleiten von N_2 u. Dest.; 66%; durch analoge Rk. wird aus I VI erhalten. — Bei der 5std. therm. Zers. von III bei 165—175° in Abwesenheit von $AlCl_3$ wird ein Gemisch aus III, VII u. *α.β-Dichlorvinyläthyläther* erhalten. — *Oxalsäurediäthylester*, Kp.$_{15}$ 80—95°, durch 5½std. Erwärmen von 0,11 Mol Äthoxydichloressigsäureäthylester u. 0,1 Mol Buttersäure auf 110—115°, ½std. Erwärmen auf 155° nach ½std. Anheizen u. Dest.; 17,9 g; daneben 59% VIII.
L. LAMZA. 800□

Darstellung von α-Halogen-sek.-alkylestern aliphatischer Säuren. Erkki Euranto und Tauno Kujanpää. (Acta chem. scand. **15.** 1209—14. 1961. Turku, Finland, Univ., Dep. of Chem.) (Engl.)

Von den theoret. Darst.-Möglichkeiten für *α-Halogen-sek.-alkylester aliphat. Säuren* durch a) Rk. zwischen einem Keton u. einem Säurehalogenid in Ggw. von $ZnCl_2$ (Meth. **A**), b) Halogenierung von sek.-Alkylestern, c) Halogenaddition an die Doppelbindung α.β-ungesätt. sek.-Alkylester oder d) Halogenwasserstoffanlagerung an dieselben erwies sich nur die für Ketone neue Meth. **A** als verifizierbar. So wurden *Essigsäure-* u. *n-Buttersäure-α.β-dichlor-sek.-propylester* sowie *Essigsäure-α.β.β'-trichlor-sek.-propylester* (I) durch Rk. von Acetyl- (II) bzw. n-Butyrylchlorid (III) mit Chloraceton (IV, Kp.$_{748}$ 119—119,5°) oder symm.-Dichloraceton (V) in Ggw. von $ZnCl_2$ dargestellt. I entstand vermutlich auch bei Cl_2-Einw. auf 3-Chlorpropen-(1)-yl-(2)-acetat (VI). Alle übrigen Darst.-Verss. führten stets zu einem Säurechlorid u. einem Keton. Die Rk.-Mechanismen werden diskutiert.

Versuche: *3-Chlorpropen-(1)-ylacetat* (VI), Kp.$_{754}$ 150—152°, durch Einleiten von Keten in IV bei 90° in Ggw. von H_2SO_4, Kühlen, Waschen u. Dest.; n_D^{20} 1,4378; $D._4^{20}$ 1,1333. — *Essigsäure-α.β.β'-trichlor-sek.-propylester* (I), Kp.$_{2,5}$ 55—56°, a) durch 24std. Stehen von II u. V in Ggw. von $ZnCl_2$ bei Zimmer-Temp. u. 1std. Erwärmen auf 60°; 26% (Ausbeute); b) durch Chlorieren von VI bei 0 oder −60° (neben höher chlorierten u. Nebenprodd.); n_D^{20} 1,4705; $D._4^{20}$ 1,3905. — *Essigsäure-α.β-dichlor-sek.-propylester*, Kp.$_{1,4}$ 27—28°, nach **A** aus II u. IV in 5 Tagen bei −6°; n_D^{25} 1,4442; $D._4^{25}$ 1,2474; 62%. — *n-Buttersäure-α.β-dichlor-sek.-propylester*, Kp.$_{1,3}$ 48—50°, nach **A** aus III u. IV in 16 Std. bei Zimmer-Temp.; n_D^{25} 1,4432; $D._4^{25}$ 1,1523; 25%. M. WOLFF. 810□

Peroxide und Diazoniumsalze. 1. Mitt. **ε-Halogenderivate der Capronsäure.** Francesco Minisci. (Gazz. chim. ital. **89.** 1910—21. Sept. 1959. Milano, Politecn., Ist. di Chim. gen., Labor. Montecatini.) (Ital.) — Vgl. C. **1961.** 4659.

Es wird eine Synth. für *ε-Chlor-*, *ε-Brom-* u. *ε-Jodcapronsäure* aus 1-Hydroxycyclohexylhydroperoxid (I) oder 1-Hydroxy-1'-hydroperoxydicyclohexylperoxid (II) durch Umsetzung mit Halogenwasserstoffsäure oder Alkalihalogenid in Ggw. von Substanzen beschrieben, die fähig sind, die radikal. Zers. von I oder II einzuleiten, wie Fe(II)- oder Cu(I)-Salze. Der Elektronenmechanismus der Rk., die über freie Radikale verläuft, wird diskutiert u. mit der Darst. von Halogenbenzolen nach SANDMEYER verglichen.

Versuche: *Capronsäure* (IV), durch Einrühren von 20 g II (vgl. CRIEGEE u. Mitarbeiter, C. **1950.** II. 1115) in die Suspension von 23 g Cu_2O in 100 ml W. bei 10—15°, Ansäuern, Extraktion mit Ae.; Ausschütteln der Ae.-Phase (**A**) mit Alkali, Ansäuern der alkal. Lsg., Ausäthern u. Dest.; 7 g (Ausbeute); daneben *ε-Hydroxycapronsäure*, 1,5 g; daneben durch Einengen der mit Alkali ausgewaschenen Ae.-Phase **A** *Cyclohexanon* (III); 6 g. — *ε-Chlorcapronsäure*, a) durch Lösen von 25 g III in 300 ml mit 12 g wss. H_2O_2 versetztem Ae., Aufbewahren der I enthaltenden, auf 50—60 ml eingeengten Lsg. über Nacht, Einrühren unter N_2 in das Gemisch aus 50 g konz. HCl, 30 g CuCl u. 100 ml W. bei −5 bis 0°, Chlf.-Extraktion, Ausschütteln der Chlf.-Lsg. mit 10%ig. NaOH, Ansäuern der alkal. Lsg., Ae.-Extraktion u. Abdestillieren; 26,5 g (daneben aus der mit Alkali extrahierten Chlf.-Lsg. III; 6 g); b) durch Einrühren von 33 g II in das Gemisch von 20 g CuCl, 40 ml konz. HCl u. 100 ml W. innerhalb von 40 Min. unter N_2, bei −5 bis 0°, Chlf.-Extraktion u. Aufarbeitung analog a); 19 g (daneben 12 g III); c) analog b) bei 30—40°; 13 g (daneben 15 g III); d) durch Einrühren von 33 g II in die Lsg. von 25 g CuCl, 40 g NaCl u. 100 ml W. bei 0—10°, Ansäuern, Chlf.-Extraktion u. Aufarbeitung analog a); 15 g (daneben 12 g III); e) aus 20 g II, 17 g Cu_2O, 20 g NaCl u. 100 ml W. bei 38°, Ansäuern mit H_2SO_4, Ae.-Extraktion u. Aufarbeitung der Ae.-Phase analog a); 5 g (daneben 3,2 g IV u. 6,5 g III); f) durch Lösen von 25 g III in 300 ml mit 12 g wss. H_2O_2 versetztem Ae., Eindampfen, Aufbewahren der so erhaltenen I-Lsg. über Nacht, Einrühren im N_2-Strom in die Lsg. von 50 g $FeSO_4 \cdot 7\,H_2O$, 50 ml konz. HCl u. 100 ml W. bei −5 bis 0°, Ae.-Extraktion u. Aufarbeitung analog a); 27 g (daneben 5,5 g III); g) aus 33 g II, 50 g $FeSO_4 \cdot 7\,H_2O$, 40 ml konz. HCl u. 100 ml W. bei

— 5 bis 0°; 19,3 g (daneben 11,7 g **III**); h) analog g) bei 30—40°; 8,2 g (daneben 15,6 g **III**); i) aus 30 g **II**, 30 g NaCl, 50 g $FeSO_4 \cdot 7 H_2O$ in 150 ml W.; 17,8 g (daneben 9,5 g **III**); j) aus 30 g **II**, 14 g Fe u. 100 ml konz. HCl unter N_2; 11 g (daneben 12 g **III**). — *ε-Bromcapronsäure*, F. 34—36°, a) durch Einrühren der wie oben beschriebenen, aus 25 g **III** erhaltenen Lsg. von **I** zu der Lsg. von 30 g CuCl (oder 50 g $FeSO_4 \cdot 7 H_2O$), 50 ml 40%ig. HBr u. 100 ml W. bei —5 bis 0° unter N_2, Chlf.-Extraktion, Ausschütteln der Chlf.-Lsg. mit $NaHCO_3$ u. Ansäuern; 34 g (daneben aus der Chlf.-Lsg. 5,6 g **III**); b) durch Zugabe von 33 g **II** bei —5 bis 0° innerhalb 20 Min. unter N_2 zu der Lsg. von 50 g $FeSO_4 \cdot 7 H_2O$ (oder 20 g CuCl), 50 ml 40%ig. HBr u. 100 ml W., Ae.-Extraktion u. Aufarbeitung analog a); 25,6 g; c) durch Zugabe von 22 g CuCl zu dem Gemisch aus 34 g **II**, 54 g KBr u. 250 ml W. bei 0—5°, Zufügen von H_2SO_4, Chlf.-Extraktion u. Aufarbeitung wie üblich; 23 g. — *ε-Jodcapronsäure*, F. 42° (PAe.), durch Einrühren von 27 g **II** unter N_2 in das Gemisch aus 22 g CuCl, 40 g KJ, 15 g konz. H_2SO_4 u. 100 ml W. bei 5—10°, Entfärben der braunen Lsg. mit SO_2, Filtrieren u. Ae.-Extraktion; 8 g.

G. PLATZER. 810□

Peroxide und Diazoniumsalze. 2. Mitt. Halogenderivate aus 1-Hydroxyhydroperoxiden. Francesco Minisci und Augusto Portolani. (Gazz. chim. ital. **89**. 1922—40. Sept. 1959.) (Ital.) — 1. vgl. vorst. Referat.

Vff. beschreiben die Umsetzung einer Anzahl von Hydroxyhydroperoxiden mit Halogenwasserstoffen in Ggw. solcher Stoffe, die die radikal. Zers. der Peroxide hervorrufen u. diskutieren den Rk.-Mechanismus. Aus 1-Hydroxycyclopentylhydroperoxid (**I**) werden in Ggw. von Cu(I)- oder Fe(II)-Salzen *δ-Chlorvaleriansäure*, *δ-Bromvaleriansäure* u. *δ-Jodvaleriansäure* gewonnen. Während aus dem symm. gebauten 4-Methyl-1-hydroxycyclohexylhydroperoxid (**II**) wie vorst. die Darst. von *ε-Chlor-γ-methylcapronsäure* u. *ε-Brom-γ-methylcapronsäure* gelingt, müßte man, ausgehend von dem unsymm. 2-Methyl-1-hydroxycyclohexylhydroperoxid (**IV**), jeweils 2 Rk.-Prodd. erhalten, nämlich einmal *ε-Halogenönanthsäure* u. zum anderen *α-Methyl-ε-halogencapronsäure*, je nachdem, welche C—C-Bindung des Hydroperoxids aufgespalten wird. Es werden aber ausschließlich *ε-Chlor-* (**VI**) u. *ε-Bromönanthsäure* isoliert, wobei der Strukturbeweis durch Überführung in *Adipinsäure* erbracht wird. Ausgehend vom 1-Hydroxydekalyl-(1)-hydroperoxid (**VII**), von dem man mit HCl oder HBr ebenfalls je 2 strukturell unterschiedliche Halogencarbonsäuren erwarten müßte, erhält man nur *γ-[2-Chlorcyclohexyl]-* u. *γ-[2-Bromcyclohexyl]-buttersäure*, wie aus deren katalyt. Enthalogenierung zu *γ-Cyclohexylbuttersäure* hervorgeht. Auch aliphat. Hydroxyhydroperoxide können in entsprechender Weise mit HCl oder HBr umgesetzt werden. So entstehen aus 3-Hydroxypentyl-(3)-hydroperoxid (**X**) *Äthylbromid* u. *Propionsäure*. 2-Hydroxybutyl-(2)-hydroperoxid (**XI**) liefert ebenfalls C_2H_5Br, daneben *Essigsäure*. Mit 2-Hydroxypentyl-(2)-hydroperoxid (**XII**) bilden sich *Propylbromid* u. *Essigsäure*.

Versuche: *1-Hydroxycyclopentylhydroperoxid* (**I**), a) durch Zugabe von 40%ig. H_2O_2 zu Cyclohexanon bei 40°, Zugabe von wenig konz. HCl bei 25°, 130std. Aufbewahren unter gelegentlichem Schütteln, Absaugen des halbfesten Nd. u. Abpressen auf Ton; Ausäthern des Filtrats u. Eindampfen gibt eine weitere Fraktion; 48% (Ausbeute); b) aus 19 g Cyclohexanon analog a), aber ohne HCl-Zusatz u. Isolierung nach 130std. Stehen durch Ae.-Extraktion; 18,74 g. — *δ-Chlorvaleriansäure*, $Kp._{13}$ 130—132°, durch Einleiten von N_2 in die mit Eis–NaCl gekühlte Lsg. von CuCl (oder $FeSO_4 \cdot 7 H_2O$) in W., Zugabe von konz. HCl, Eintropfen von nach a) oder nach b) hergestelltem **I** in Chlf. bei 4—7°, Zugabe von weiterer HCl, Chlf.-Extraktion, Auswaschen der Chlf.-Lsg. mit 10%ig. NaOH, Ansäuern der alkal. Lsg. mit 50%ig. H_2SO_4, Ae.-Extraktion des ölig ausgeschiedenen Rk.-Prod. u. Abdestillieren des Äthers. — *δ-Bromvaleriansäure*, F. 39—41° (PAe.), a) durch Einrühren von 109,2 ml 48%ig. HBr in die Lsg. von 27 g CuCl in 80 ml W. bei 0°, Zutropfen von 56,27 g **I** in wenig Ae., 24std. Aufbewahren, Zusatz von HCl, Chlf.-Extraktion, Schütteln der Chlf.-Lsg. mit wss. Na_2CO_3, Ansäuern der alkal. Lsg. mit verd. H_2SO_4, Ae.-Extraktion des ölig ausgeschiedenen Rk.-Prod., Eindampfen u. Stehenlassen zu Kristallisation; 24,6 g (daneben *Cyclohexanon*, 21,2 g); b) analog a) mit $FeSO_4 \cdot 7 H_2O$. — *δ-Jodvaleriansäure*, F. 55° (PAe.), wie vorst. aus **I**, CuCl u. KJ in W. bei ca. 5°, Ansäuern, Entfärben mit SO_2, Chlf.-Extraktion u. Aufarbeitung wie vorst. beschrieben. — *4-Methyl-1-hydroxycyclohexylhydroperoxid* (**II**), a) durch Zugabe von 4-Methylcyclohexanon (**III**) zu überschüssigem 40%ig. H_2O_2 unter gelegentlichem Schütteln, Ae.-Extraktion u. Einengen; 57,45%; b) durch Einrühren von **III** in die doppelte Menge 40%ig. H_2O_2 bei 15°, Zugabe von wenig Dioxan u. Ae.-Extraktion; 42,6%; c) durch Lösen von **III** in Dioxan, Zugabe von überschüssigem H_2O_2, wobei Erwärmung u. Trübung beobachtet werden, Zugabe von wenig HCl bei 25° u. Ae.-Extraktion; 97,4%. — *ε-Chlor-γ-methylcapronsäure*, $Kp._2$ 127—128°, a) durch Zugabe von 11 g **II** zu 5 g CuCl u. 12,7 ml konz. HCl in 40 ml W. unter Rühren, Zusatz von weiteren 10 ml konz. HCl, Chlf.-Extraktion, Schütteln der Chlf.-Schicht mit Na_2CO_3-Lsg. u. Ansäuern der alkal. Lsg.; 4 g; daneben 6 g **III**; b) durch Einrühren von 13,8 g **II** in Ae. in die Lsg. von 18 g $FeSO_4 \cdot 7\,H_2O$ u. 8,5 ml konz. HCl in 80 ml W., Chlf.-Extraktion u. Aufarbeitung der Chlf.-Schicht analog a); 5,2 g. — *ε-Brom-γ-methylcapronsäure*, Kp.$_2$ 135—138°, a) durch Einrühren von 15 g **II** in die Lsg. von 22 g $FeSO_4 \cdot 7\,H_2O$ in 15 ml 40%ig. HBr bei —5 bis 0°, Chlf.-Extraktion, Ausschütteln der Chlf.-Lsg. mit $NaHCO_3$-Lsg., Ansäuern der alkal. Lsg., Ae.-Extraktion u. Einengen der Ae.-Lsg. im Vakuum; 9,2 g; b) durch Einrühren von 20 g **II** in die Lsg. von 10 g CuCl u. 20 ml 40%ig. HBr in 100 ml W. bei 0—5° u. Aufarbeitung analog a); 12,1 g. — *2-Methyl-1-hydroxycyclohexylhydroperoxid* (**IV**), a) durch Zugabe von 20 ml 38%ig. H_2O_2 zu 18,4 g 2-Methylcyclohexanon (**V**) in 14 ml Dioxan bei ca. 10°, Zugabe von HCl u. Ae.-Extraktion nach 24std. Aufbewahren; 20,63 g; b) durch Ae.-Extraktion von 70 ml 38%ig. H_2O_2, Zugabe von 23 g **V**, Aufbewahren über Nacht u. Einengen; c) durch Zugabe von **V** zu überschüssigem H_2O_2, gelegentliches Schütteln, Zugabe von HCl, Ae.-Extraktion nach 5—6 Tagen u. Einengen; 66%. — *ε-Chlorönanthsäure* (**VI**), Kp.$_{0,3}$ 98—99°, a) durch Zugabe von 20,63 g **IV** zu der Lsg. von 10 g CuCl u. 23,8 ml konz. HCl in W. bei 0—5°, Chlf.-Extraktion, Auswaschen der Chlf.-Lsg. mit 10%ig. NaOH, Ansäuern der alkal. Lsg. mit H_2SO_4, Ae.-Extraktion u. Einengen; 7,7 g; daneben 13 g **V**; b) analog a) aus 14,6 g **IV**, 20 g $FeSO_4 \cdot 7\,H_2O$ u. 8,5 ml konz. HCl in 100 ml W.; 5,4 g. — *Adipinsäure*, F. 151—153° (W.), durch 14std. Kochen von **VI** mit Eisessig u. Na-Acetat, Abdestillieren, Aufnehmen des Rückstandes in W., Ae.-Extraktion, Eindampfen, 1std. Kochen des Rückstandes mit wss. NaOH u. Oxydation des Rk.-Prod. mit $KMnO_4$. — *ε-Bromönanthsäure*, Kp.$_{0,2}$ 109°, a) durch Zugabe von 40,48 g **IV** in wenig Ae. zu der Lsg. von 20 g CuCl u. 81 ml 40%ig. HBr in 180 ml W. bei 0°, 3std. Rühren, Extraktion mit Chlf. u. Aufarbeiten analog **VI** nach a); 19,2 g; daneben **V**; 18,4 g; b) aus 35,6 g $FeSO_4 \cdot 7\,H_2O$, 20 ml 40%ig. HBr u. 29,2 g **IV**; 16,6 g. — *1-Hydroxydekalyl-(1)-hydroperoxid* (**VII**) F. 74—76° (Zers.), a) durch 3maliges Ausschütteln von 150 ml 40%ig. H_2O_2 mit je 150 ml Ae., Zugabe von 72 g *trans-α-Dekalon* (**VIII**) zu der 20,14 g H_2O_2 enthaltenden Ae.-Lsg., Abdestillieren des Ae., 4tägiges Aufbewahren u. Abpressen auf Ton; 58,7 g; b) durch Umsetzen von 20 g **VIII** mit 18 ml 40%ig. H_2O_2 in Dioxan, Zugabe von wenig 20%ig. HCl, 24std. Aufbewahren u. Ausäthern. — *γ-[2-Chlorcyclohexyl]-buttersäure* (**IX**), F. 56 bis 57° (PAe.), Kp.$_{0,4-0,6}$ 145—149°, aus 21,6 g CuCl, 54 ml konz. HCl u. 45 g **VII** in 80 ml W. bei —5°, Zugabe von Ae. nach Stehen über Nacht, Auswaschen des Ae. mit 5%ig. NaOH, Ansäuern der alkal. Lsg. mit H_2SO_4 u. Ae.-Extraktion; 39 g. — *γ-Cyclohexylbuttersäure*, F. 30°, Kp.$_{2-2,5}$ 148—149°, durch katalyt. Enthalogenierung von 15 g vorst. Verb. an RANEY-Ni in W. unter Druck bei 60°, dann 100° u. schließlich 155°, Einengen, Ansäuern mit verd. H_2SO_4 u. Ae.-Extraktion; 7 g. *Anilid*, $C_{16}H_{23}NO$, F. 79° (PAe.), durch ½std. Kochen vorst. Verb. mit $SOCl_2$, Abdestillieren von überschüssigem $SOCl_2$, Aufnehmen des Rückstandes in Ae. u. Zugabe von äther. Anilin. *S-Benzylisothiuroniumsalz*, F. 154—155°. — *γ-[2-Bromcyclohexyl]-buttersäure*, Kp.$_{0,25}$ 158°, aus **VII** u. HBr analog **IX**. — *3-Hydroxypentyl-(3)-hydroperoxid* (**X**), durch 24std. Stehenlassen von Diäthylketon mit 40%ig. wss. H_2O_2, wenig Dioxan u. 20%ig. HCl, Ae.-Extraktion u. Einengen der äther. Lösung. — *2-Hydroxybutyl-(2)-hydroperoxid* (**XI**), durch Zugabe von 40%ig. H_2O_2 zu Methyläthylketon bei 6°, Kühlen mit Eis, Zugabe von wenig HCl, Ae.-Extraktion u. Einengen der äther. Lösung. — *2-Hydroxypentyl-(2)-hydroperoxid* (**XII**), aus Methylpropylketon u. 38%ig. wss. H_2O_2 analog **X**. — *Propylchlorid*, Kp.$_{700}$ 46—48°, a) durch Einrühren von 28 g **XII** zu dem Gemisch von 15 g CuCl u. 10 g HCl in 100 ml W. bei 0—5° u. Dest.; 9 g (daneben *Essigsäure* u. *Methylpropylketon*); b) analog a) mit 45 g $FeSO_4 \cdot 7\,H_2O$ an Stelle von CuCl; 8,6 g. — *Propylbromid*, Kp.$_{760}$ 71 bis 72°, a) durch Einrühren von 32 g **XII** in die Lsg. von 50 g $FeSO_4 \cdot 7\,H_2O$ u. 20 g HBr in 100 ml W. bei —5 bis 0° u. Dest.; 12,3 g; b) analog a) mit 16 g CuCl an Stelle von $FeSO_4 \cdot 7\,H_2O$; 12,7 g. — *Äthylbromid*, Kp.$_{760}$ 38—40°, a) durch Einrühren von 36 g **X** in die Lsg. von 60 g $FeSO_4 \cdot 7\,H_2O$ u. 22 g HBr in 100 ml W. bei —5 bis 0°, 10 Min. langes weiteres Rühren u. Dest.; 12,6 g (daneben *Propionsäure* u. *Diäthylketon*); b) analog a) mit 20 g CuCl an Stelle von $FeSO_4 \cdot 7\,H_2O$; 12,4 g; c) durch Einrühren von 30 g **XI** in die Lsg. von 25 g CuCl u. 25 g HBr in 100 ml W. bei —5° u. Dest.; 12,5 g (daneben *Essigsäure* u. *Methyläthylketon*); d) analog c) mit $FeSO_4 \cdot 7\,H_2O$ an Stelle von CuCl; 13,6 g. G. PLATZER. 810□

Peroxide und Diazoniumsalze. 3. Mitt. Azide und Nitrile aus 1-Hydroxyhydroperoxiden. Francesco Minisci und Augusto Portolani. (Gazz. chim. ital. **89.** 1941—49. Sept. 1959.) (Ital.) — 2. vgl. vorst. Referat.

Vff. beschreiben die Synth. von *Azido-* u. *Cyancarbonsäuren* aus Hydroxyhydroperoxiden u. Aziden oder Cyaniden in Ggw. von Fe(II)- oder Cu(I)-Salzen. So liefert 1-Hydroxycyclohexylhydroperoxid (**I**) *ε-Cyancapronsäure* (**II**) u. die unbeständige *ε-Azidocapronsäure* (III), die durch Überführung in *ε-Aminocapronsäure* (V) u. in *4.9-Dihydro-4.9-diketo-1-[5-carboxypentyl]-1H-naphtho-[2.3:d]-triazol* identifiziert wird. II geht durch Hydrolyse in *Pimelinsäure* u. durch katalyt. Hydrierung in *ω-Aminoönanthsäure* über. In gleicher Weise entstehen aus 1-Hydroxycyclopentylhydroperoxid (IV) die unbeständige *δ-Azidovaleriansäure*, die zu *δ-Aminovaleriansäure* hydriert wird, u. *δ-Cyanvaleriansäure* (VI), die zu *Adipinsäure* hydrolysiert u. zu V hydriert wird. Aus 4-Methyl-1-hydroxycyclohexylhydroperoxid (VII) gewinnt man über *ε-Azido-γ-methylcapronsäure ε-Amino-γ-methylcapronsäure*, aus 2-Methyl-1-hydroxycyclohexylhydroperoxid (VIII) *ε-Cyanönanthsäure*, die zu *α-Methylpimelinsäure* verseift wird.

Versuche: *ε-Azidocapronsäure* (III), durch Einrühren von 50,6 g $FeSO_4 \cdot 7\,H_2O$ zu 14,7 g NaN_3 in 100 ml W. unter N_2, Einrühren von 30 g I zu der roten Lsg. bei 0—5°, Aufnehmen des halbfesten Prod. in Ae., Waschen mit verd. H_2SO_4, Ausschütteln der Ae.-Phase mit $NaHCO_3$-Lsg., Ansäuern mit verd. H_2SO_4, Ae.-Extraktion, Verreiben des Ae.-Rückstandes mit PAe., Abfiltrieren von 1 g *Dodecandisäure* u. Einengen des Filtrats; zersetzt sich beim Erwärmen; 18,5 g (Ausbeute). — *ε-Aminocapronsäure* (V), F. 195—198° (CH_3OH/Ae.), a) durch Hydrierung von 20 g III in wss. $NaHCO_3$-Lsg. an RANEY-Ni bei 140° u. 95 at, Einengen, Ansäuern mit verd. H_2SO_4, Ae.-Extraktion der filtrierten Lsg., Alkalisieren des Rückstandes mit NH_4OH, Einengen, Kochen des Rückstandes mit CH_3OH, Abfiltrieren u. Zusatz von Ae. zum methanol. Filtrat; 7,6 g; b) durch Lösen von VI in der berechneten Menge wss. $NaHCO_3$, Hydrierung bei 100 bis 120° u. 105 at an RANEY-Co in 3 Std., Ansäuern der vom Katalysator abfiltrierten Lsg., Alkalisieren nach Auswaschen mit Ae. mit NH_4OH, Eindampfen zur Trockne, Kochen des Rückstandes für einige Std. mit CH_3OH, Einengen der heiß filtrierten Lsg. u. Fällen mit Ae.; c) durch Hydrierung des VI-Na-Salzes in CH_3OH an RANEY-Co in Ggw. von Ammoniak bei 110—120° u. 120 at, Filtration, Einengen, Aufnehmen in A., Behandeln mit HCl-Gas, Einengen, Zugabe von wenig W., Ae.-Extraktion, 3std. Kochen des Rückstandes mit konz. HCl, Eindampfen im Vakuum, Aufnehmen in W., Filtration über einen Ionenaustauscher (H-Form), Behandeln des Eluats mit verd. NH_4OH u. Eindampfen. — *4.9-Dihydro-4.9-diketo-1-[5-carboxypentyl]-1H-naphtho-[2.3:d]-triazol*, $C_{16}H_{15}N_3O_4$, F. 166° (Bzl.), durch 15std. Kochen gleicher Mengen III u. 1.4-Naphthochinon in Bzl.–A. (5:1) u. Abkühlen. — *δ-Azidovaleriansäure*, aus IV, $FeSO_4 \cdot 7\,H_2O$ u. NaN_3 in wss. Lsg. analog III; liefert bei der katalyt. Hydrierung analog V nach a) *δ-Aminovaleriansäure*. — *ε-Azido-γ-methylcapronsäure*, durch Zugabe von 22,5 g VII in wenig Ae. zu der Lsg. von 10 g NaN_3 u. 40 g $FeSO_4 \cdot 7\,H_2O$ in 80 ml W. unter Rühren bei 0°, Zugabe von wenig verd. H_2SO_4, Ausschütteln der Ae.-Schicht mit $NaHCO_3$-Lsg., Ansäuern der alkal. Lsg. mit verd. H_2SO_4, Ae.-Extraktion u. Einengen; 16,7 g. Liefert bei der katalyt. Red. an RANEY-Ni *ε-Amino-γ-methylcapronsäure*. — *ε-Cyancapronsäure* (II), $Kp._{0,4}$ 134°, durch Zugabe von 9 g KCN zu der Suspension von 13 g CuCN in 100 ml W. bei 5°, Einrühren von 20 g I bei 5—8°, 1std. Rühren bei Raum-Temp., Ae.-Extraktion der filtrierten Lsg., Einengen u. Dest. im Vakuum; 6,1 g. — *Pimelinsäure*. F. 103° (W.), durch Kochen von II mit 10%ig. NaOH u. Ansäuern. — *ω-Aminoönanthsäure*, F. 185—186° (A.), durch Lösen von II-K-Salz in ammoniakal. CH_3OH, 3std. Hydrierung an RANEY-Co bei 120° u. 100 at, Eindampfen der filtrierten Lsg., Lösen des Rückstandes in wenig W., Ansäuern, Eindampfen u. Aufnehmen in wenig Äthanol. — *δ-Cyanvaleriansäure* (VI), $C_6H_9NO_2$, $Kp._{1,5}$ 130—132°, analog II aus IV, KCN u. CuCN. — *Adipinsäure*, F. 151—152° (W.), durch Kochen von VI mit 10%ig. NaOH u. Ansäuern. — *ε-Caprolactam*, F. 68—69°, $Kp._{15}$ 144°, durch Lösen von V, dargestellt nach b), in Dioxan, 3std. Erhitzen im Autoklaven auf 220—230°, Vertreiben von Dioxan u. Dest. des Rückstandes. — *ε-Cyanoönanthsäure*, $Kp._{0,75-0,8}$ 137—138°, aus VIII, CuCN u. KCN in wss. Lsg. analog II. — *α-Methylpimelinsäure*, F. 57—58° (W.), durch Verseifung vorst. Verb. u. Ansäuern.

G. PLATZER. 810□

Synthesen und Polymerisation einiger α-Fluormethylvinylmonomerer. Sing-Tuh Voong und Teh-Chang Chiang. (Acta chim. sinica **24**. 155—61. April 1958. Peking, Univ., Dep. of Chem.) (Chin.; Auszug: Engl. S. 161.)

Aus Fluoracetylchlorid u. Dimethyl-Cd wird in 84%ig. Ausbeute *α-Fluoraceton* (Kp. 78,6—78,8°; n_D^{20} 1,3693; $D._4^{20}$ 1,0706) dargestellt, das mit HCN das entsprechende *Cyanhydrin* (I; C_4H_6FNO, $Kp._{15}$ 89—90°; n_D^{20} 1,3987; $D._4^{20}$ 1,1279) gibt. I wird durch HCl zu *α-Methyl-α-hydroxy-β-fluorpropionsäure* [$C_4H_7FO_3$, F. 101,5—102°; 81—83% (Ausbeute)] verseift, liefert mit HCl/Methanol *α-Methyl-α-hydroxy-β-fluorpropionsäuremethylester* (II; $Kp._{22}$ 75°; n_D^{20} 1,4075; 65%) u. gibt mit Keten (III)/H_2SO_4 *α-Methyl-α-acetoxy-β-fluorpropionitril* (IV; $C_6H_8FNO_2$, $Kp._{15}$ 94,5—95,5°; n_D^{20} 1,4091; $D._4^{20}$ 1,1269; 98%). Aus IV wird über *α-Fluormethylacrylonitril* (V; C_4H_4FN, $Kp._{43}$ 47,7—48,1°; n_D^{20}

1,4003; 80%) *α-Fluormethylacrylsäureamid* (VI; C_4H_6FNO, F. 81,5—82,5°; 62%) erhalten. II wird mit III/H_2SO_4 zu *α-Methyl-α-acetoxy-β-fluorpropionsäuremethylester* (Kp.$_{14}$ 82,5 bis 83,5°; n_D^{20} 1,4096; $D._4^{25}$ 1,1571; 97%) umgesetzt u. anschließend zu *α-Fluormethylacrylsäuremethylester* (VII; Kp.$_{41}$ 47,1—47,3°; n_D^{20} 1,4094; 71%) desacetyliert. **V, VI** u. **VII** polymerisieren leicht zu *Poly-α-fluormethylvinyl-Verbb.*, die einen höheren Erweichungspunkt (>250°) als die entsprechenden α-Methylvinylpolymeren besitzen, farblos u. glasklar sind. W. LIEBSCHER. 810

Darstellung von Petroselinsäure. Sara P. Fore, Raiford L. Holmes und W. G. Bickford. (J. Amer. Oil Chemists' Soc. **37.** 490—91. Okt. 1960. New Orleans, La., Southern Reg. Res. Labor.) (Engl.)

Durch Verseifung von Petersiliensamenöl u. Kristallisation der Prodd. aus 90%ig. A. oder PAe. bei —25° wurde *Petroselinsäure* (*cis-Octadecen-(6)-säure*) mit 96%ig. Reinheit erhalten; Abtrennung unverseifbarer Anteile vor der Kristallisation ist unnötig. Ein Reinheitsgrad von 99,4% wurde bei Anwendung der Harnstoffeinschlußtechnik zur Entfernung gesätt. Anteile erzielt. Das Prod. enthielt kein trans-Isomeres u. keine anderen ungesätt. Säuren.

Versuche: *Petersiliensamenöl*, durch Extraktion von 1000 g gemahlenen Samens mit PAe. im Soxhlet-App.; dunkelgrünes Öl; 189,3 g (Ausbeute, enthält 24,8% Unverseifbares, daneben ein Säuregemisch aus 84,6% einfach ungesätt. Fettsäuren, 10,6% Linolsäure u. 4,6% gesätt. Fettsäuren). — *Petroselinsäure*, $C_{18}H_{34}O_2$, F. 29,5—30,1°, durch ½ std. Kochen von 150 g vorst. Öls mit wss.-alkohol. KOH, Abkühlen, Ansäuern, Lösen der rohen Säure in 90%ig. A., 20std. Stehen bei —25°, Aufkochen der 53,2 g Nd. mit 50 g Harnstoff in Methanol, 20std. Stehen bei 25 ± 2°, Abfiltrieren des Harnstoffkomplexes, 4std. Stehen des Filtrats bei —25°, Abfiltrieren des krist. Nd., Behandlung mit 2%ig. HCl, Extraktion mit PAe. u. 20std. Stehen bei —25°; 36,6 g. Ozonolyse → 85% *Adipinsäure.* M. WOLFF. 810□

Synthesen langkettiger Säuren. 2. Mitt. Eine Synthese der Linolsäure. D. E. Ames und P. J. Islip. (J. chem. Soc. [London] **1961.** 4409—12. Okt. London, Chelsea Coll. of Sci. and Technol.; Hounslow, Middlesex, Parke Davis & Co.) (Engl.) — 1. vgl. C. **1962.** 4498.

Kondens. von N.N-Dimethylundecin-(10)-säureamid mit trans-Octen-(2)-ylbromid in fl. NH_3 in Ggw. von $NaNH_2$ gibt *trans-N.N-Dimethylnonadecen-(13)-in-(10)-säureamid*, das durch Hydroxylierung u. alkal. Hydrolyse in *erythro-13.14-Dihydroxynonadecin-(10)-säure* übergeführt wird. Analog gibt N.N-Dimethyldecin-(9)-säureamid, das aus N.N-Dimethyl-8-bromoctansäureamid u. Na-Acetylid hergestellt wird, mit trans-Octen-(2)-ylbromid *trans-N.N-Dimethyloctadecen-(12)-in-(9)-säureamid.* Letzteres wird unter speziellen Bedingungen durch Hydroxylierung u. Verseifung in *erythro-12.13-Dihydroxyoctadecin-(9)-säure* (I) übergeführt. Semihydrierung von **I** gibt die *Octadecensäure*, die mit Brom in *threo-9.10-Dibrom-erythro-12.13-dihydroxyoctadecansäure* übergeht. Vorst. Säure liefert bei der weiteren Umsetzung mit HBr *9.10.12.13-Tetrabromdecansäure* (II). Die Debromierung von II-Äthylester führt zu *Linolsäureäthylester* sowie durch Verseifung zu *Linolsäure* mit geringen Anteilen an trans-Isomeren.

Versuche: *trans-N.N-Dimethylnonadecen-(13)-in-(10)-säureamid*, $C_{21}H_{37}NO$, Kp.$_{0,4}$ 187—190°, aus 21 g N.N-Dimethylundecin-(10)-säureamid in Ae. u. fl. NH_3 in Ggw. von $NaNH_2$ u. 19 g Octen-(2)-ylbromid, dann 5 std. Kochen; n_D^{20} 1,4819; 65 g (Ausbeute). — *erythro-13.14-Dihydroxynonadecin-(10)-säure*, $C_{19}H_{34}O_4$, F. 99—100°, aus vorst. Amid mit 98%ig. HCOOH u. 30%ig. H_2O_2 bei 40° (20 Std.) u. Kochen des durch Eindampfen erhaltenen Rk.-Prod. mit 5n NaOH in A. (4 Std.); aus Äthylacetat Platten. — *8-Bromoctansäure*, Kp.$_{1,5}$ 149—153°, F. 34—36°, aus 6-Bromhexanol-(1) u. Na-Malonsäurediäthylester in sd. A. (6 Std.), Abdestillieren des A. u. Versetzen mit verd. H_2SO_4, 4std. Kochen mit Essigsäure u. 48%ig. HBr, Decarboxylierung mit sd. 20n H_2SO_4 u. 7std. Erhitzen mit konz. H_2SO_4 u. 48%ig. HBr auf 110°; 68%. *N.N-Dimethylamid*, $C_{10}H_{20}$·BrNO, Kp.$_{0,8}$ 133—136°, aus 151 g Säure durch Erwärmen mit $SOCl_2$ auf 30° (1 Std.) u. auf 100° (2 Std.), Abdestillieren des $SOCl_2$, Lösen in Ae. u. Einleiten von Dimethyl amin unter Eiskühlung; gelbes Öl; n_D^{20} 1,4920; 142 g. — *N.N-Dimethyldecin-(9)-säureamid*, $C_{12}H_{21}NO$, Kp.$_{0,15}$ 103—105°, F. 25°, aus Acetylen in fl. NH_3-Tetrahydrofuran (THF) in Ggw. von $NaNH_2$ (1½ Std.), Zutropfen von 122 g vorst. Amids in THF u. 5std. Kochen; n_D^{20} 1,4812; 20 g. — *trans-N.N-Dimethyloctadecen-(12)-in-(9)-säureamid*, $C_{20}H_{35}NO$, Kp.$_{0,15}$ 175—177°, aus 25,4 g vorst. Verb. in THF u. $NaNH_2$ in fl. NH_3 (1 Std.), Zutropfen von Octen-(2)-ylbromid in THF u. 5std. Kochen; 20 g. — *erythro-12.13-Dihydroxyoctadecin-(9)-säure* (I), $C_{18}H_{32}O_4$, F. 93,5—94,5°, aus 50,5 g vorst. Amids in Chlf. u. 0,52m Perbenzolsäure bei 0° (18 Std.), Waschen mit 2n Na_2CO_3-Lsg. u. Eindampfen, 1std. Kochen mit 98%ig. Ameisensäure, Eindampfen, 14std. Kochen mit wss. KOH in 2-Methoxyäthanol unter N_2 u. Ansäuern nach Verdampfen des Lsgm.; aus Methanol Prismen; 20 g. — *erythro-12.13-Dihydroxyoctadecansäure*, $C_{18}H_{36}O_4$, F. 117 bis 118°, aus I in A. durch Hydrieren über 5% ig. Pd/Tierkohle; aus Methanol Prismen. — *erythro-cis-12.13-Dihydroxyoctadecen-(9)-säure*, $C_{18}H_{34}O_4$, F. 76—77,5°, aus 4 g I in Methanol durch Hydrieren über 5% ig. Pd/$BaSO_4$ in Ggw. von Chinolin bis zur Aufnahme von 0,98 Mol H_2; aus Methanol Prismen; 3,1 g. — *threo.threo-9.10.12.13-Tetrabromoctadecansäure* (**II**), F. 114—115° (Äthylendichlorid), aus 22,8 g vorst. Säure in Chlf. durch Zutropfen von Br_2 in Chlf. bei 20°, Eindampfen, Behandeln mit HBr in Essigsäure in Ggw. von H_2SO_4 (über Nacht), Zufügen von weiterer HBr, Erwärmen auf 100° (7 Std.) u. Extrahieren mit Ae.-PAe. (1 : 1); 8,5 g. *Äthylester*, F. 58—59°, durch azotrope Dest. mit Bzl.-A. in Ggw. von H_2SO_4. — *Linolsäure*, $C_{18}H_{32}O_2$, Kp.$_{0,5}$ 177°, F. —6 bis —6,5°, aus 3,6 g Äthylester u. 5% ig. alkohol. NaOH (über Nacht), Verdünnen mit W.-H_2SO_4, Extrahieren mit Ae. u. Dest. unter Ar; n_D^{23} 1,4672; 2,3 g. *Äthylester*, $C_{20}H_{36}O_2$, Kp.$_{0,5}$ 156°, aus 9 g **II**-Äthylester mit durch 48% ig. HBr aktiviertem Zn-Staub in sd. A. (1 Std.); n_D^{22} 1,4581; 3,6 g; enthält 2—3% *trans-Isomeres*. H. GLEINIG. 810□

Über die Bildung von Milchsäure aus Triosen durch Einwirkung von Säuren. V. Prey, H. Berbalk und E. Steinbauer. (Mh. Chem. **91.** 1196—98. 30/12. 1960. Wien, TH, Inst. für Organ. Chem.) (Dt.)

Bei der Einw. von HCl auf Glycerinaldehyd (**I**), Dihydroxyaceton (**II**) u. Methylglyoxal (**III**) entsteht mit steigender HCl-Konz., Rk.-Zeit u. -Temp. *Milchsäure* (**IV**) als überwiegendes Rk.-Prod. in zunehmender Menge. Bei **II** u. **III** wird das Auftreten von **IV** bereits in 0,1n HCl nach 3std. Kochen, bei **I** erst nach 8std. Behandlung mit 1n HCl bei 100° beobachtet. Phenylglyoxal-Lsg. ergibt mit 6n HCl bei höherer Temp. in ähnlicher Rk. *Mandelsäure.* — Die Bldg. von **IV** aus **III** läßt sich als eine innermol. CANNIZZARO-Rk. in saurer Lsg. deuten, deren entscheidender Schritt die Wanderung eines H-Anions ist. Ein Rk.-Schema ist aufgeführt. G. G. FRICKE. 850□

Acylketenmercaptale. 4. Mitt. **über Keten-Derivate.** H.-D. Stachel. (Arch. Pharmaz. **295/67.** 224—33. März 1962. Marburg/Lahn, Univ., Pharmaz.-chem. Inst.) (Dt.) — 3. vgl. C. **1961.** 454.

Bei der Einw. von Oxalylchlorid auf Ketendiäthylmercaptal wird im Gegensatz zu Ketendiäthylacetal (vgl. 2. Mitt., C. **1960.** 12306) nur eine Säurechloridgruppe umgesetzt u. *[Bis-(äthylmercapto)-methylen]-brenztraubensäurechlorid* (**I**) erhalten. **I** reagiert mit CH_2N_2, W. u. Methanol zu den entsprechenden Carbonsäure-Derivv. u. ergibt mit Äthylmercaptan (**II**) den *Thiolsäureäthylester* (**III**), der mit Benzylamin, Hydrazinhydrat (**IV**) bzw. Phenylhydrazin (**V**) in das *N-Benzylamid* (**VI**), *Hydrazid* (**VII**) bzw. *Phenylhydrazid* (**VIII**) übergeht. Aus **I** u. **IV** bzw. **V** entsteht dagegen das *Diacylhydrazin* (**IX**) bzw. *Diacylphenylhydrazin.* Während **VIII** in methanol. HCl unter **II**-Abspaltung in ein *2-Aza-γ-pyridon-Deriv.* übergeht, werden **VI** u. **VII** im **IV**-Überschuß über ein nicht gefaßtes S.N-Acetal zu einem *Äthylmercaptopyrazolcarbonsäurebenzylamid* bzw. *-hydrazid* (**X**) cyclisiert. Ebenso wird **IX** im **IV**-Überschuß zu einem *Bis-[äthylmercaptopyrazolylcarbonyl]-hydrazin* cyclisiert, das man auch aus **X** u. **I** durch anschließenden Ringschluß erhält.

Versuche: *[Bis-(äthylmercapto)-methylen]-brenztraubensäurechlorid* (**I**), $C_8H_{11}ClO_2S_2$, F. 77—85° (Zers.; abs. Ae., Acetanhydrid), aus 3 g Ketendiäthylmercaptal u. Oxalylchlorid in abs. Ae. bei —50°; 1,9—2,3 g (Ausbeute). — *1-Diazo-5.5-bis-[äthylmercapto]-penten-(4)-dion-(2.3)* (*Bis-[äthylmercapto]-methylendiazodiacetyl*), $C_9H_{12}N_2O_2S_2$, F. 120° (Zers.; Dipropyläther), aus 2 g **I** u. CH_2N_2 in Ae. bei Raum-Temp.; 1,5 g. — *[Bis-(äthylmercapto)-methylen]-brenztraubensäure, Methylester* (*Methoxalylketendiäthylmercaptal*), $C_9H_{14}O_3S_2$, F. 101—102° (50% ig. Methanol), aus 2,2 g **I** u. Methanol; 2,1 g. *Äthylthiolester* (**III**), $C_{10}H_{16}O_2S_3$, F. 71—72° (PAe., Dipropyläther), aus 4,6 g **I** u. **II** bei Raum-Temp.; 5,0 g. *Benzylamid* (**VI**), $C_{15}H_{19}NO_2S_2$, F. 126—127° (Methanol), aus 0,5 g **III** u. Benzylamin in A. durch Erwärmen; 0,55 g. *Hydrazid* (**VII**), $C_8H_{14}N_2O_2S_2$, F. 146—147° (Zers.; Dipropyläther-Dioxan), aus 3 g **III** u. **IV** in Methanol durch Erwärmen; 2,2 g. *Phenylhydrazid* (**VIII**), $C_{14}H_{18}N_2O_2S_2$, F. 135° (Zers.; Dioxan), aus 0,5 g **III** u. **V** in A.; 0,5 g. — *N.N'-Bis-[bis-(äthylmercapto)-methylenpyruvoyl]-hydrazin* (**IX**), $C_{16}H_{24}N_2O_4S_4$, F. 170° (Zers.; Dioxan), aus 1 g **I** u. **VIII** in Bzl., 5 Min. unter Rückfluß; 1,65 g. — *N.N'-Bis-[bis-(äthylmercapto)-methylenpyruvoyl]-phenylhydrazin*, $C_{22}H_{28}N_2O_4S_4$, F. 155—160° (Zers.; A.-Dioxan), a) aus **I** u. **VII** analog **IX**; b) aus 3,2 g **I** u. **V** in abs. Ae.; 2,75 g. — *1-Phenyl-3-hydroxy-6-äthylmercaptopyridazon-(4)*, $C_{12}H_{12}N_2O_2S$, F. 225—227° (Methanol), aus 1,5 g **VIII** in methanol. HCl, 5—10 Min. unter Rückfluß; 0,6 g. — *5-Äthylmercaptopyrazol-3-carbonsäure, Hydrazid* (**X**), $C_6H_{10}N_4OS$, F. 134—135° (W.), aus 1 g **III** oder **VII** u. **IV** in A. durch Erhitzen; 0,5 g. *Benzylamid*, $C_{13}H_{15}N_3OS$, F. 102—103° (Acetonitril), aus 1 g **VI** u. **IV** in A.; 0,8 g. — *3-Phenyl-5-äthylmercaptopyrazol*, $C_{11}H_{12}$· N_2S, F. 78—79° (Cyclohexan), aus 1,1 g Benzoylketendiäthylmercaptal u. **IV** in A. unter

Rückfluß; 0,65 g. — *N-[Bis-(äthylmercapto)-methylenpyruvoyl]-N'-[5-äthylmercaptopyrazolyl-(3)-carbonyl]-hydrazin*, $C_{14}H_{20}N_4O_3S_3$, F. 161° (Zers.; Isopropylmethylketon), aus 0,6 g **X** u. **I** in Dioxan unter Rückfluß; 0,5 g. — *N.N'-Bis-[5-äthylmercaptopyrazolyl-(3)-carbonyl]-hydrazin*, $C_{12}H_{16}N_6O_2S_2$, FF. 100—105, 189—191° (W.), a) aus 1 g **IX** u. **IV** in Dioxan-W. durch Erhitzen; 0,35 g; b) analog a) aus vorst. Verbindung.

A. Trede. 850□

Kristalline Glyoxylsäure und ihr Natrium-Calcium-Salz. A. A. Eisenbraun und C. B. Purves. (Canad. J. Chem. **38.** 622—24. April 1960. Montreal, Quebec, McGill Univ., Pulp and Paper Res. Inst. of Canada, Div. of Ind. and Cellulose Chem.) (Engl.)

L-Weinsäure (**I**) wurde mit wss. Perjodsäure oxydiert, die als Nebenprod. anfallende *Jodsäure* als unlösl. Bleisalz gefällt u. nach Neutralisation mit $Ba(OH)_2$ in hoher Ausbeute krist. *Bariumglyoxylatdihydrat* (**II**) erhalten. Die Reindarst. der freien *Glyoxylsäure* erfolgte am Kationenaustauscher. Der nach dem Eindampfen der wss. Lsg. anfallende blaue Sirup krist. nach einiger Zeit. Die Oxydation von **I** mit Na-Metaperjodat ergab nach Entfernung der Jodationen eine Lsg., die, mit der äquivalenten Menge wss. Ca-Acetat-Lsg. versetzt, sofort zu einem weißen krist. Nd. des *Na—Ca-Salzes* führte.

Versuche: *Glyoxylsäure*, F. 104—107° (nach Erweichen bei 94°), durch Laufenlassen der wss. Lsg. von **II** über Amberlite IR-120, Einengen u. mehrmonatiges Stehen des erhaltenen Sirups bei Zimmer-Temp. im Vakuumexsiccator über P_2O_5; 99% (Ausbeute). *Ba-Salzdihydrat* (**II**), $Ba(C_2HO_3)_2 \cdot 2\,H_2O$, durch 10std. Stehen von 15 g **I** mit 25,1 g Paraperjodsäure in W. bei 23° im Dunkeln, Zugabe von Bleiacetat-Lsg., Abfiltrieren des Nd., Entfernung überschüssiger Bleiionen als Sulfid, Eindampfen, Zugabe kalter $Ba(OH)_2$-Lsg. bis pH 8, Einengen u. Umkristallisieren aus W.; 86,8%. *Na-Ca-Salztetrahydrat*, $Na_2Ca(C_2HO_3)_4 \cdot 4\,H_2O$, durch 36std. Stehen der wss. Lsg. von **I** u. Na-Metaperjodat im Dunkeln bei Zimmer-Temp., Entfernung der Jodationen als Bleisalz, Eindampfen, Zugabe von 2n NaOH bis pH 8, Zusatz von wss. Ca-Acetatmonohydrat-Lsg. u. zweimaliges Umkristallisieren des Nd. aus heißem W.; 75%. *2.4-Dinitrophenylhydrazon*, F. 191—191,5°; 79%.

M. Wolff. 860□

Cyanamid-Derivate. 59. Mitt. **Darstellung und Polymerisation von Alkylendicyanamid.** Kiichiro Sugino, Kozo Shirai und Rokubo Kitawaki. (J. org. Chemistry **26.** 4122—23. Okt. 1961. Tokyo, Japan, Tokyo Inst. of Technol., Labor. of Organ. Electrochem.) (Engl.) — 58. vgl. C. **1961.** 12453.

Durch Rk. von BrCN mit Alkylendiaminen (**A**) werden *Alkylendicyanamide* (**B**) erhalten, die bei längerem Schmelzen zu nichtschm., unlösl., glasartigen Prodd. von Polydicyandiamid- oder Polymelaminstruktur polymerisieren, die ausgezeichnet adhäsierende Eigg. besitzen. Die **B** können auch mit **A** zu Austauscherharzen von Polyguanidinstruktur copolymerisiert werden.

Versuche: Alkylendicyanamide: *Hexamethylen-*, $C_8H_{14}N_4$, F. 64—65° (A.), durch Eintropfen von 0,095 Mol Hexamethylendiamin in Isopropanol in die Lsg. von 0,1 Mol BrCN in Ae.-Isopropanol bei 5—10°, Abfiltrieren des ausgefallenen *Hexamethylendiamindihydrobromid*, Eindampfen des Filtrats im Vakuum $<50°$, Eintragen in W. u. Kühlen; 89% (Ausbeute). — *Heptamethylen-*, F. 60—62°; 78%. — *Oktamethylen-*, F. 73 bis 74°; 87%. — *Nonamethylen-*, F. 40—42°; 82%. — *Dekamethylen-*, F. 75—76°, 87%.

L. Lamza. 890

Eine neue Synthese von Aminosäuren. 3. Mitt. **Die Darstellung von dl-Glutaminsäure durch Michael-Reaktion von Acetamidomalonsäure- und Acetamidocyanessigsäurederivaten mit Acrylsäurederivaten in flüssigem Ammoniak.** Kōtarō Shimo und Shigeru Wakamatsu. (J. org. Chemistry **26.** 3788—90. Okt. 1961. Yokosuka, Japan, Defense Acad., Dep. of Chem.) (Engl.) — 2. vgl. J. chem. Soc. Japan, ind. Chem. Sect. [Kōgyō Kagaku Zassi] **64.** [1961.] 303.

Durch Kondens. von Acrylnitril (**I**), Acrylsäureestern oder Acrylsäureamid (**II**) mit Malonsäure- oder Cyanessigsäure-Derivv. werden in fl. NH_3 ohne alkal. Katalysatoren bei normalem Druck u. $<-50°$ in guten Ausbeuten die entsprechenden *α-[Cyanäthyl]-α-acetamido-*, *α-[Carbalkoxyäthyl]-α-acetamido-* bzw. *α-[Carbamoyläthyl]-α-acetamidocyanessigsäure-* bzw. *-malonsäure-Derivv.* erhalten, die durch sd. HBr direkt zu *dl-Glutaminsäure* hydrolysiert werden.

Versuche: α-Acetamidocyanacetamide: *α-[β-Carbamoyläthyl]-* (**XIII**), $C_8H_{12}N_4O_3$, F. 234,5° (Zers.; W.), a) durch Zugabe von fl. NH_3 zu einem Gemisch aus α-Acetamidocyanacetamid (**III**) u. **II**, ½ std. Stehen u. Eindampfen (Meth. **A**); 88% (Ausbeute); b) aus **III** u. Acrylsäureäthylester (**V**) nach **A** u. 24std. Stehen mit der äquivalenten Menge NH_4Cl; 66%; c) aus **III** u. Acrylsäuremethylester (**VI**) nach **A** u. Behandeln wie unter b); 69%. — *α-[β-Cyanäthyl]-* (**XII**), $C_8H_{10}N_4O_2$, F. 158,5—160° (A./W.), a) aus α-Acetamidocyanessigsäureäthylester (**IV**) u. **I** nach **A**; 89%; b) durch Zutropfen von **I** zu **IV** in fl. NH_3 bei —50°, 2std. Rühren u. Eindampfen (Meth. **B**); 100%; c) aus **III**

u. I nach **A**; 51%; d) aus **III** u. **I** nach **B**; 96%. — α-Acetamidomalonsäurediäthylester: *α-[β-Cyanäthyl]-* (**XI**), $C_{12}H_{18}N_2O_5$, F. 94—95°, c) aus α-Acetamidomalonsäurediäthylester (**VII**) u. **I** nach **B**; 100%; b) nach **A**; 63%. — *α-[β-Methoxycarbonyläthyl]-*, $C_{13}H_{21}NO_7$, F. 65—67° (Ae./PAe.), aus **VII** u. **VI** nach **A**; 72%. — *α-[β-Äthoxycarbonyläthyl]-*, $C_{14}H_{23}NO_7$, F. 64—68°, aus **VII** u. **VI** nach **B**; 100%. — α-Acetamidomalonsäurediamide: *α-[β-Carbamoyläthyl]-* (**X**), $C_8H_{14}N_4O_4$, F. 233° (Zers.; W.), a) aus **VII** u. **II** nach **A** u. 24std. Rk. mit NH_4Cl; 48%; b) aus α-Acetamidomalonsäurediamid (**VIII**) u. **V** nach **A** u. 24std. Rk. mit NH_4Cl; 37%; c) aus **VIII** u. **II** nach **A**; 70%. — *α-[β-Cyanäthyl]-* (**IX**), $C_8H_{12}N_4O_3$, F. 199,5° (W.), a) aus **VIII** u. **I** nach **B**; 100%; b) aus **VIII** u. **I** nach **A**; 73%. — *α-[β-Äthoxycarbonyl]-*, $C_{10}H_{17}N_3O_5$, F. 217° (Zers.; W.), aus **VIII** u. **V** nach **B**; 26%. — *dl-Glutaminsäure*, $C_5H_9NO_4$, F. 193—196° (Zers.; 50%ig. A.), a) durch 4std. Kochen von **IX** mit 48%ig. HBr, Zugabe von W., Eindampfen, Lösen in Methanol u. Behandeln mit Pyridin; 48%; b) aus **X**; 48%; c) aus **XI**; 34%; d) aus **XII**; 77%; e) aus **XIII**; 51%. *N-Benzoyl-Deriv.*, $C_{12}H_{13}NO_5$, F. 152—154°. W. Liebscher. 950□

Kondensationsprodukte von Glycin-tert.-alkylestern. Arnulf Vollmar und Max S. Dunn. (J. org. Chemistry **26**. 4123—24. Okt. 1961. Los Angeles, Calif., Univ. of California, Chem. Labor.) (Engl.)

Durch 12monatiges Stehen bei Raum-Temp. kondensieren Glycin-tert.-alkylester unter Bldg. von *Tri-*, *Tetra-*, *Penta-*, *Hexa-* u. *Heptapeptidestern* des *Glycins*; daneben entsteht wenig *Piperazindion* (**I**). Aus Glycinisobutylester wird nach 10 Monaten 44,5% *Tetraglycin-*, 15,5% *Pentaglycinisobutylester*, 16,2% **I** u. *Hexaglycinisobutylester* neben wenig freien Peptiden erhalten. DL-Alanin-tert.-butyl- u. -tert.-amylester reagieren nicht. Die Kondens.-Prodd. werden durch absteigende Papierchromatographie an Whatman-Papier Nr. 1 durch Entwickeln mit n-Butanol/Essigsäure/W. (4 : 1 : 1) oder sek.-Butanol/Ameisensäure/W. (75 : 13 : 12) u. Sichtbarmachen mit Ninhydrin (**III**) in abs. A./Essigsäure oder Behandlung des Chromatogramms mit Tolidin/KJ nach Chlorieren, oder durch Papierelektrophorese nachgewiesen. Die R_F-Werte sind angegeben. Die quant. Best. erfolgt durch Extraktion der nach Sichtbarmachen mit **III** erhaltenen Flecken mit 0,1%ig. methanol. Cd-Acetat-Lsg. u. Spektrophotometrie. Die Best. von **I** erfolgt nach Hydrolyse mit 0,2n Ba(OH)-Lösung. Zum Vgl. wurden über die entsprechenden *Tritylglycinester* durch Erhitzen mit Essigsäure die *Glycinester* dargestellt.

Versuche: *Trityltriglycin, tert.-Butylester* (**II**), $C_{29}H_{33}N_3O_4$, F. 149—150°, nach der gemischten Anhydridmethode. *tert.-Amylester*, $C_{30}H_{35}N_3O_4$, F. 145—147°. — *Triglycin, tert.-Butylesterhydrochlorid*, $C_{10}H_{20}ClN_3O_4$, F. 174—175° (A./Ae.), durch 1½ Min. langes Erhitzen von **II** mit 80%ig. Essigsäure auf 100°, Verdünnen mit W., Abfiltrieren des *Triphenylcarbinols*, Eindampfen des Filtrats im Vakuum, Lösen des Öls in A., Eindampfen, Ansäuern mit methanol. HCl u. Fällen mit Ae.; 70% (Ausbeute). *tert.-Amylesterhydrochlorid*, $C_{11}H_{22}ClN_3O_4$, F. 170°. *Isobutylesterhydrochlorid*, $C_{10}H_{20}ClN_3O_4$, F. 154 bis 155°. — *Trityldiglycin, tert.-Butylester*, $C_{27}H_{30}N_2O_3$, F. 167—168°. *tert.-Amylester*, $C_{28}H_{32}N_2O_3$, F. 148—149°. — *Diglycin, tert.-Butylesterhydrochlorid*, $C_8H_{17}ClN_2O_3$, F. 172 bis 173°. *tert.-Amylesterhydrochlorid*, $C_9H_{19}ClN_2O_3$, F. 160—161°. *Isobutylesterhydrochlorid*, $C_8H_{17}ClN_2O_3$, F. 139—140°. — *Tetraglycin, tert.-Butylesterhydrochlorid*, $C_{12}H_{23}\cdot ClN_4O_5$, F. 179—180°. *Isobutylesterhydrochlorid*, $C_{12}H_{23}ClN_4O_5$, F. 162—163°.

W. Liebscher. 950□

Transaminierung von Bor–Stickstoff-Verbindungen. W. D. English, A. L. McCloskey und H. Steinberg. (J. Amer. chem. Soc. **83**. 2122—24. 5/5. 1961. Anaheim, Calif., U. S. Borax Res. Corp.) (Engl.)

Tris-[alkylamino]-borane, Bis-[alkylamino]-arylborane u. Borazole reagieren mit prim. u. sek. Mono- u. Polyaminen unter Transaminierung. Die Rkk. werden zur Synth. von *Aminoboranen* ausgenutzt.

Versuche: Borane: *Tris-[sek.-butylamino]-* (**III**), $Kp._{47}$ 134—136°, durch 5std. Kochen von Tris-[isopropylamino]-boran (**I**) u. sek.-Butylamin; n_D^{24} 1,4324; 75% (Ausbeute); daneben *Isopropylamin* (**II**), Kp. 32—33°, durch Abdestillieren bei der Rk.; n_D^{24} 1,3725; 82%. — *Tris-[methylamino]-*, $Kp._{48}$ 70—80°, durch 2½std. Durchleiten von Methylamin durch **III** bei 80°; n_D^{25} 1,4432; 40%. — *Tris-[n-butylamino]-*, $Kp._1$ 105 bis 106°; n_D^{25} 1,4438; 10%; daneben 84% **II**. — *Tris-[piperidino]-*, $Kp._1$ 132—149° a) analog vorst. Verb.; 89%; daneben 95% **II**; b) durch 27std. Kochen von B-Tris-[isopropylamino]-N-triisopropylborazol u. Piperidin; 69%; daneben 71% **II**. — *Tris-[N-methylanilino]-*, F. 211—212°, durch 24std. Kochen von **I** u. N-Methylanilin; 53%. — Durch 30std. Kochen von **I** u. Melamin entsteht ein Polymeres; daneben 62% **II**. — *Trianilino-*, F. 164—167°, durch 3std. Kochen von Tris-[tert.-butylamino]-boran (**IV**) u. Anilin; 91%; daneben *tert.-Butylamin* (**V**), Kp. 42—46°; n_D^{24} 1,3750; 78%. — *Tris-[n-hexylamino]-*, $Kp._{0,1}$ >150° (Zers.), durch 3std. Kochen von Tris-[diäthylamino]-boran (**VI**) u. Hexylamin; n_D^{25} 1,4549; 74%; daneben *Diäthylamin* (**VII**), Kp. 55—56°;

94%. — *Tris-[diphenylamino]-*, F. 247—248°, durch 26std. Kochen von **VI** u. Diphenylamin; 69%; daneben 84% **VII**. — *Thermoplast. Harz*, durch 6std. Kochen von **IV** u. Hexamethylendiamin in Xylol; 83%; daneben 65% **V**. — *Bis-[n-butylamino]-methyl-*, $Kp._{30}$ 110—123°, $Kp._1$ 80—85°, durch 28std. Kochen von Hexamethylborazol u. n-Butylamin; 41%. W. HAMPEL. 980□

Die Umsetzung von Dialkylaminosilanen mit Schwefelkohlenstoff. Eine neue Reaktion in der siliciumorganischen Chemie. Vorl. Mitt. H. Breederveld. (Recueil Trav. chim. Pays-Bas **79**. 1126. Sept./Okt. 1960. Eindhoven, Holland, Techn. Univ., Dep. of Chem. Engng.) (Engl.)

Durch Umsetzung von Trimethylsilyldiäthylamin mit CS_2 wird *S-Trimethylsilyl-N.N-diäthyldithiocarbamat* (**I**) gewonnen. **I** kann auch aus Diäthylammonium-N.N-diäthyldithiocarbamat u. Trimethylchlorsilan gewonnen werden. Das ähnlich gebaute *Dimethyläthoxysilyl-N.N-diäthyldithiocarbamat* zerfällt bei 100° in CS_2 u. Dimethyläthoxysilyldäthylamin. K. RÜHLMANN. 980□

Eine Erweiterung der Silylamin-Amin-Austausch-Reaktion und deren Umkehrbarkeit. Ralph Fessenden und David F. Crowe. (J. org. Chemistry **26**. 4638—41. Nov. 1961. San Jose, Calif., State Coll., Dep. of Chem.) (Engl.)

Die bislang auf prim. Amine beschränkte Austausch-Rk. zwischen diesen u. Hexamethyldisilazan (**I**, Kp. 124—126°, n_D^{21} 1,4045) wurde auf sek. Amine u. Heterocyclen mit NH-Gruppen übertragen, wobei sich *N-silylsubstituierte Amine* in 35—60%ig. Ausbeute bilden, falls keine ster. Hinderung wie bei Diisopropyl- u. Di-sek.-butylamin sowie α-verzweigten Alkylaminen vorliegt. Analog lassen sich auch Hydrazin (**II**) u. Phenylhydrazin (**IIa**) mit **I** zu *N.N'-Bis-[trimethylsilyl]-hydrazin* bzw. *N-Phenyl-N'-trimethylsilylhydrazin* umsetzen. Die Ausbeute bei allen Umaminierungen hängt von Lsgm. u. Katalysatorzusatz ab. Bei der Rk. von **I** mit Piperidin wurde deren Einfl. genau untersucht: Toluol, Dekalin, mehr noch Chinolin sind als Lsgm., Trimethylchlorsilan (**VI**), Aminhydrochloride, $NaHSO_4$, NH_4Cl u. bes. $(NH_4)_2SO_4$ als Katalysatoren geeignet. Die beschriebene Umaminierung ist eine Gleichgewichts-Rk., was Vff. durch Verifizierung der Rück-Rk. der Darst. von **I** aus *N.N-Di-n-butyltrimethylsilylamin* (**IX**) bzw. *N-Trimethylsilylpyrrol* (**V**) mit fl. NH_3 im Rohr, bewiesen.

Versuche: N.N-Dialkyltrimethylsilylamine: *N.N-Di-n-butyl-* (**IV**), $C_{11}H_{27}$·SiN, Kp. 201—202, a) durch 15std. Kochen von **I** u. Di-n-butylamin (**III**) in Ggw. von $(NH_4)_2SO_4$; 52% (Ausbeute); b) durch Zutropfen von **VI** zu **III** unter Kühlung, ½std. Kochen, Ausäthern u. Einengen; 44%; n_D^{25} 1,4762. Rk. von **IV** mit 1,5n HCl → *Hexamethyldisiloxan* u. **III**·*HCl*. 12std. Stehen von **IV** mit fl. NH_3 bei Zimmer-Temp. in bei —60° gefülltem Rohr → 41% **I** u. 94% **III**, 1std. Rühren von **IV** mit fl. NH_3 bei —60° → 19% **I**, 21% **III** u. 51% unverändertes **IV**. — Analog **IV**: *N.N-Diäthyl-*, Kp. 124—128° (im Gemisch mit **I**). — *N.N-Di-n-propyl-*, Kp. 163—164°, n_D^{25} 1,4218; 35%. — *N.N-Diisobutyl-*, Kp. 190—192°, n_D^{25} 1,4181; 46%. — *N.N-Tetramethylen-*, Kp. 139—140°, n_D^{25} 1,4297; 61%. — *N.N-Pentamethylen-*, Kp. 158—160°, n_D^{25} 1,4403; 56%. — N-Trimethylsilyl-Verbb., durch 2std. Erhitzen von **I** mit der entsprechenden heterocycl. Verb. in Ggw. von $(NH_4)_2SO_4$ unter Auffangen des entsprechenden NH_3 in W. u. dessen Titration zur Ausbeutebestimmung: *-pyrrol* (**V**), Kp. 152—154°; 68%, 24std. Stehen von **V** mit fl. NH_3 bei Zimmer-Temp. im Rohr → 65% **I** u. 55% *Pyrrol*. — *-indol*, $C_{11}H_{15}$·NSi; 80%. — *-imidazol*; 64%. — *-3.5-dimethylpyrazol*; 73%. — *-benzimidazol*; 81%. — *-indazol*; 48%. — *N-Trimethylsilyl-N'-phenylhydrazin*, $Kp._{15}$ 111—115°, durch 12 std. Erhitzen von **I** u. **IIa** in Ggw. von NH_4Cl; n_D^{24} 1,5229; 89%. — *N.N'-Bis-[trimethylsilyl]-hydrazin*, Kp. 153—154°, vorst. Verb. aus **II**; n_D^{26} 1,4177; analog 13%.

H. BÜRGER. 980□

Dialkylphosphate und -pyrophosphate. K. A. Petrow, N. K. Blisnjuk und F. L. Makljajew. (Журнал Общей Химии [J. allg. Chem.] **29** (**91**). 3403—07. Okt. 1959.) (Russ.)

Bei der üblichen Darst. von *Dialkylphosphaten* (**I**) durch wss. Hydrolyse der durch Chlorieren von Dialkylphosphiten zugänglichen Dialkylchlorphosphate (**II**) ist die Abtrennung von **I** von den als Nebenprodd. gebildeten Tetraalkylpyrophosphaten (**III**) mühsam. Es wurde nun gefunden, daß sich die **I** günstig aus den **II** u. W. unter drast. Bedingungen, die eine Bldg. der **III** vermeiden, mit Ausbeuten bis 80% gewinnen lassen. Eine zweite Synth. für die **I** besteht in der Umsetzung von $POCl_3$ mit Alkohol/W.-Gemischen (Molverhältnis 2 : 1) bei erhöhter Temp., bei denen $POCl_3$ nicht mehr bevorzugt mit dem W. reagiert. Die **I** sind zur Alkylierung von aromat. Aminen fähig; mit prim. Aminen bildet sich in der Kälte zunächst das Salz, das beim Erhitzen in das sek. oder tert. fettaromat. Amin übergeht. Auch die aus P_2O_5 u. Alkoholen erhaltenen *Dialkylpyrophosphate* stellen Alkylierungsmittel für aromat. Amine dar.

Versuche: Dialkylphosphate (I), a) durch Zugeben von W. zu den II, 20 Min. langes Erhitzen auf 100°, Ausziehen mit Bzl. u. Eindampfen; b) durch gleichzeitges Zutropfen von 1 Mol $POCl_3$, 1 Mol W. u. 2 Mol Alkohol zu CCl_4 bei 55° unter Durchleiten von Luft, weiteres 1std. Durchblasen u. Aufarbeiten wie vorst.; 55—60% (Ausbeute): *Di-n-butyl-* (IV), $D._4^{20}$ 1,0876; n_D^{20} 1,4337; nach a) 79°. — *Diisobutyl-*, $D._4^{20}$ 1,0840; n_D^{20} 1,4320; nach a) 71%. — *Di-n-amyl-*, $D._4^{20}$ 1,660; n_D^{20} 1,4395; nach a) 69%. — *Diisoamyl-*, $D._4^{20}$ 1,0651; n_D^{20} 1,4375; nach a) 64%. — *N-n-Butylanilin*, $C_{10}H_{15}N$, $Kp._{10}$ 117—118°, $Kp._{750}$ 232—235°; $D._4^{20}$ 0,9330; n_D^{20} 1,5330, a) durch 5std. Erhitzen von Anilin mit IV auf 225°, Aufnehmen mit 20%ig. NaOH u. Ausäthern; 53,5% [daneben *N.N-Di-n-butylanilin* (V), $C_{14}H_{23}N$, $Kp._{10}$ 140—142°, $Kp._{750}$ 260—264°; $D._4^{20}$ 0,9157; n_D^{20} 1,5220; 9,75%]; b) analog 10 Std. im geschlossenen Gefäß bei 250°; 39% [neben 39% V]; c) durch 5std. Erhitzen von 32,8 g P_2O_5 u. 34,2 g n-Butanol (→ *Di-n-butylpyrophosphat*) mit 43 g Anilin auf 225°; 36 g [daneben 7 g V]. *Benzolsulfonyl-Deriv.*, $C_{16}H_{19}NO_2S$, zähviscos. *N-Nitroso-Deriv.*, $C_{10}H_{14}N_2O$, zersetzlich. — *N-Methylanilin*, C_7H_9N, $Kp._{10}$ 72—73°, $Kp._{750}$ 190—192°, analog Vorst. nach c); $D._4^{20}$ 0,9852; n_D^{20} 1,5710; 53,5%. *N-Nitroso-Deriv.*, $C_7H_8N_2O$, $Kp._{11}$ 132—133°. H.-E. TOUSSAINT. 980□

Reaktion von Na-Dialkylphosphiten mit Phosphonaten. K. A. Petrow, N. K. Blisnjuk, M. A. Korschunow, F. L. Makljajew und A. N. Woronkow. (Журнал Общей Химии [J. allg. Chem.] **29** (**91**). 3407—11. Okt. 1959.) (Russ.)

Na-Dialkylphosphite (I) werden beim Erhitzen mit geringen Mengen Alkylphosphonsäuredialkylestern (II) prakt. quant. in *Alkylphosphonsäuremonoalkylester-Na-Salze* (III) umgewandelt. Die I werden vorteilhaft durch Neutralisieren von Dialkylphosphiten mit konz. Alkali gewonnen. Es wird angenommen, daß die Rk. der I mit den II zu den II auch bei der MICHAELIS-BECKER-Rk., der Umsetzung von I mit Alkylchloriden zu III, abläuft u. in vielen Fällen die geringen Ausbeuten an II sowie die Bldg. von III erklärt.

Versuche: *Methylphosphonsäure*, F. 101—104° (Bzl.), durch 4std. Erhitzen des nachst. Estersalzes mit konz. HCl auf dem Wasserbad; 90% (Ausbeute). *Methylester-Na-Salz*, $C_2H_6NaO_3P$, F. 435—440°, durch Zutropfen von Dimethylphosphit zu $NaOCH_3$ in Methanol. anschließendes Zugeben von Methylphosphonsäuredimethylester (4 bis 5 Gew.-% des Phosphits) u. 7std. Erhitzen im geschlossenen Gefäß auf 100°; 98,5%. *Anilinsalz*, $C_7H_{12}NO_3P$, F. 149—150° (Propanol). — *Äthylphosphonsäure, Äthylester-Na-Salz* (IV), $C_4H_{10}NaO_3P$, F. 420—426°, a) durch Zugeben von Diäthylphosphit zu Na-Pulver in Toluol, Versetzen mit Äthylphosphonsäurediäthylester u. 7std. Kochen; 99%: b) analog ausgehend von Diäthylphosphit u. 40%ig. wss. NaOH; 91%. *Dichlorid*, $C_2H_5Cl_2OP$, $Kp._{12}$ 71—72°, durch 3std. Erhitzen von IV mit PCl_5 im geschlossenen Gefäß auf 130—135°; $D._4^{20}$ 1,3758; n_D^{20} 1,4645; 60%. *Anilinsalz*, $C_8H_{18}NO_3P$, F. 143 bis 144° (Propanol). — *n-Butylphosphonsäure*, F. 104—106°, durch 4std. Erhitzen des nachst. Estersalzes mit konz. HCl im geschlossenen Gefäß auf 160—170°; 94%. *n-Butylester-Na-Salz*, $C_8H_{18}NaO_3P$, F. 416—420°, analog IV aus Na-Di-n-butylphosphit a) mit n-Butylbromid 7 Std. im geschlossenen Gefäß bei 150—160°; 96,5%; b) mit n-Butylphosphonsäuredi-n-butylester; 95%. *Anilinsalz*, $C_{10}H_{18}NO_3P$, F. 126—128° (Butanol). *Dichlorid*, $Kp._{15}$ 96—97°, $D._4^{20}$ 1,2415; n_D^{20} 1,4615; 80%. H.-E. TOUSSAINT. 980□

Dithiophosphorsäure-O.O-dialkyl-S-[carbamoylalkyl]-ester. Gerald Berkelhammer, Shirley DuBreuil und Richard W. Young. (J. org. Chemistry **26**. 2281—88. Juli 1961. Stamford, Conn., Amer. Cyanamid Co., Agricultural Div., Chem. Res. Dep.) (Engl.)

32 *Dithiophosphorsäure-O.O'-dialkyl-S-[carbamoylalkyl]-ester* werden dargestellt.

Versuche: Dithiophosphorsäure-*O.O'*-dimethylester: *S-Isobutylaminocarbonylmethylester* (I), F. 68,5—69° (wss. Methanol), durch Eintropfen von 0,24 Mol Trialkylamin in Bzl. in die Lsg. von 0,24 Mol Dithiophosphorsäure-O.O'-dimethylester in Bzl bei 15—25°, Zugabe von 0,24 Mol 2-Chlor-N-isobutylacetamid in Bzl., 23std. Rühren bei Raum-Temp., Filtration u. Eindampfen: 31% (Ausbeute). — *S-[N-carbamoylmethylaminocarbonylmethyl]-ester* (II), F. 97—97,5° (A.), durch Eintragen von 0,1 Mol N-Carbamoylmethyl-2-chloracetamid in Methylisobutylketon u. $NaHCO_3$ in die Suspension von K-O.O'-Dimethyldithiophosphat (V) in Methylisobutylketon, 5std. Rühren bei 50—60°, Filtration u. Eindampfen; 31%. — *S-n-Propylaminocarbonylmethylester*, F. 63,5—64° (Methanol), analog I; 19%. — *S-Isopropylaminocarbonylmethylester*, F. 76—77° (Methanol/Ae.), analog I; 28%. — *S-n-Butylaminocarbonylmethylester*, F. 31—31,5° (Ae; —70°), analog I; < 5%. — *S-Allylaminocarbonylmethylester*, F. 57,5—58° (Methanol), analog I; 33%. — *S-Cyclohexylaminovarbonylmethylester*, F. 102—103° (wss. A.), analog I; 37%. — *S-Phenylaminocarbonylmethylester*, F. 83,5 bis 84° (Methanol/W.), analog II in Aceton als Lsgm.; 16%. — *S-[p-Aminosulfonylphenyl]-aminocarbonylmethylester*, F. 136,5—137,5° (A./W.), analog II in Aceton; 19%. —

S-Benzoylaminocarbonylmethylester, F. 115—116° (Isopropanol), analog **II**; 49%. — *S-Äthoxycarbonylaminocarbonylmethylester*, F. 57,5—58° (Ae./Hexan), analog **II**; 55%. — *S-Methylaminocarbonylaminocarbonylmethylester*, F. 106,5—107,5° (CCl_4), analog **II** in Aceton; 56%. — *S-Phthaloylaminocarbonylmethylester*, F. 108—109° (Chlf./CCl_4), analog **II**; 15%. — *S-Benzolsulfonylaminocarbonylmethylester*, F. 86—87° (CCl_4), analog **II**; 53%. — *S-Morpholinocarbonylmethylester* (**III**), F. 63—64° (A./W.), durch 20 Min. langes Eintropfen von 0,1 Mol **V** in W. in eine sd. Mischung aus 0,12 Mol 4-Chloracetylmorpholin, 20 ml W. u. 40 ml Toluol unter Rühren, kurze Weiter-Rk., Extraktion der organ. Phase mit Toluol u. Eindampfen der organ. Phasen; 61%. — *S-Methylaminocarbonylmethylester*, F. 50—51° (Toluol/Heptan), analog **III**; 53%. — *S-Äthylaminocarbonylmethylester*, F. 67—68° (Toluol/Heptan), analog **III**; 67%. — *S-tert.-Butylaminocarbonylmethylester*, F. 64,5—65° (A./W.), analog **III** in einem Gemisch aus W., Toluol u. Methanol; 53%. — *S-1.3.4-Triazolyl-(2)-aminocarbonylmethylester*, F. 151 bis 153° (Isopropanol), analog **III**; < 5%. — *S-Methoxycarbonylmethylaminocarbonylmethylester*, F. 41—42° (Ae.), analog **III**; 25%. — *S-Dimethylaminocarbonylmethylester*, $Kp._{0,005}$ 106°, analog **III**; n_D^{22} 1,5400; 9%. — *S-Diäthylaminocarbonylmethylester*, analog **III**; n_D^{22} 1,5275; < 5%. — *S-Pyrrolidinocarbonylmethylester* (**IV**), F. 70,5—71,5° (Bzl.), durch Eintropfen von 0,075 Mol Chlorphosphorigsäureäthylenglykolester in Bzl. in die Lsg. von 0,075 Mol Dithiophosphorsäure-O.O′-dimethyl-S-carboxymethylester in 0,075 Mol Triäthylamin u. Bzl. < 20°, 10 Min. langes Rühren, Filtration, Zugabe von 0,075 Mol Pyrrolidin in Bzl., $^1/_2$std. Kochen, Filtration u. Eindampfen; 46%. — *S-n-Octylaminocarbonylmethylester*, analog **IV** (s. u.); n_D^{22} 1,5136; 20%. — *S-Methoxyaminocarbonylmethylester* F. 42,5—43,5° (Ae.), analog **IV**; 23%. — *S-Piperidinocarbonylmethylester*, analog **IV**, n_D^{22} 1,5523; 52%. — *S-[4-(Dimethoxythiophosphonomethylcarbonyl)-piperazinyl-(1)-carbonylmethylester]*, F. 137,5—138,5° (Methanol), analog **IV**; 5%. — *Carboxymethylester* (**VI**) $C_4H_9O_4PS_2$, F. 42—43°, durch $^3/_4$std. Zugabe von 0,6 Mol **V** in 118 ml W. zu einer sd. Lsg. von 0,6 Mol Chloressigsäure in 600 ml Chlf. u. 82 ml. W. unter Rühren, $^1/_2$std. Rk., Extraktion mit Chlf. u. Eindampfen; aus CCl_4/Hexan Kristalle; 55%. — *S-[α-(Methylcarbamoyl)-äthylester]*, F. 52,5—53° (Ae.; —20°), analog **II**, 30%. — *S-[α-(Methylcarbamoyl)-n-propylester]*, F. 72—73° (Heptan), analog **II**; 5%. — *S-[β-(Methylcarbamoyl)-äthylester]*, F. 56,5—57° (Ae.), analog **III**; 43%. — Dithiophosphorsäure-O.O′-diäthylester: *S-Methylcarbamoylmethylester*, F. 27—28° (Ar./PAe.), analog **II**; 83%. — *S-Äthylcarbamoylmethylester*, analog **II**; n_D^{22} 1,5231; 83%. — *S-Isopropylcarbamoylmethylester*, analog **II**; n_D^{25} 1,5147; 93%. — *S-tert.-Butylcarbamoylmethylester*, F. 31—31,5° (Ae.; —70°), analog **I**, 24%. — *S-Acetylcarbamoylmethylester*, $Kp._{0,001}$ 90—92°, analog **II**; n_D^{22} 1,5300; 51%. — *S-[α-(Methylcarbamoyl)-äthylester]*, F. 60—62° (Methanol/W.), analog **II**; 59%. — *Thiophosphorsäure-O.O′-dimethyl-S-[methylaminocarbonylmethyl]-ester*, $C_5H_{16}NO_4PS$, $Kp._{0,001}$ 100—110°, durch 2std. Kochen von 0,6 Mol K-O.O′-Dimethylthiophosphat u. 2-Chlor-N-methylacetamid in Chlf.-W., Extraktion mit Chlf. u. Dest.; n_D^{22} 1,4984; 20%. — *2-[O-Methyldithiophosphorylacetyl]-1.1.1-trimethylhydrazinium-O-betain*, $C_6H_{15}N_2O_3PS_2$, F. 170° (Zers.; A.), analog **IV** aus 0,18 Mol **VI**, 0,18 Mol Triäthylamin u. 1.1-Dimethylhydrazin in Bzl., aber $2^1/_2$std. Rühren bei Raum-Temp. (an Stelle Kochen), Behandeln des *Öls* (59%) mit Ae., mehrtägiges Stehen des Prod. vom F. 46—48° u. kristallisieren des dadurch erhaltenen Gummis. — *2-Chlor-N-[triazolyl-(3)]-acetamid*, $C_4H_5N_4ClO$, F. 272° (Zers., Acetonitril), durch Rk. von 0,4 Mol 3-Aminotriazol u. 0,5 Mol Chloracetylchlorid nach SPEZIALE u. HAMM (C. **1956**. 11965) in Methylisobutylketon; 89%. — *N-[Methoxycarbonylmethyl]-2-chloracetamid*, $C_5H_8ClNO_3$, $Kp._{0,1}$ 121—127°, durch Einleiten von NH_3 in die Äther. Suspension von 0,2 Mol Glycinmethylesterhydrochlorid, Filtration, Eintropfen von je 0,2 Mol Triäthylamin u. Chloracetylchlorid bei —8 bis —4°, Filtration, Eindampfen u. Extraktion mit heißem Äthylacetat; n_D^{25} 1,4755; 52%. — *3-Chlor-N-methylpropionamid*, C_4H_8ClNO, F. 65—65,5° (Ae.-Hexan), durch $1^1/_2$std. Einleiten von 1,57 m Mol in die Lsg. von 0,787 Mol 3-Chlorpropionylchlorid in Äthylenchlorid bei —15 bis —10° unter Rühren, 2std. Rühren ohne Kühlung, Filtration u. Eindampfen; 90% (roh). — *3-Brom-N-methylpropionamid*, C_4H_8BrNO, F. 78,5—79° (Chlf.-Hexan), analog vorst. Verb. aus 3-Brompropionylbromid; 52% (roh). — *N-Chloracetylphthalimid*, $C_{10}H_6ClNO_3$, F 180—182° (Chlf.), durch Rk. von je 0,5 Phthaloylchlorid u. Chloracetamid in Toluol nach EVANS u. DEHN [1929]; 27% (roh). L. LAMZA. 980□

Darstellung und Isomerisierung einiger basischer Ester des Thiophosphorsäure-O.O′-diäthylesters. A. Calderbank und R. Ghosh. (J. chem. Soc. [London] **1960**. 637—42. Febr. Bracknell, Berkshire, Jealott's Hill Res. Station, Imperial Chem. Ind. Ltd., Plant Protection Ltd.) (Engl.)

Durch Umsetzung von Na-β-Diäthylaminoäthylat mit Chlorthiophosphorsäure-O.O′-diäthylester (**I**) wird nur bei tiefen Temp. *Thiophosphorsäure-O.O′-diäthyl-O″-*

[*β-diäthylaminoäthyl*]*-ester* (**II**) gebildet; > 50° entsteht in steigendem Maße der isomere, auch „*Amiton*" genannte *Thiophosphorsäure-O.O'-diäthyl-S-*[*β-diäthylaminoäthyl*]*-ester* (**III**). **II** wurde außerdem durch Rk. von Thiophosphorsäure-O.O'-diäthyl-O''-[β-bromäthyl]-ester (**IV**; im Original irrtümlich als Thiophosphorsäure-O.O'-diäthyl-5-[β-bromäthyl]-ester bezeichnet. Der Referent) mit Diäthylamin (**XVI**), **III** durch Umsetzung von Na-β-[Diäthylamino]-äthanthiolat mit Chlorphosphorsäurediäthylester (**XIII**), durch Rk. von Na-Diäthyl- bzw. Triäthylphosphit (**XXI**) mit β-[Diäthylamino]-äthylthiocyanat (**V**), durch Rk. von β-[Diäthylamino]-äthylchloridhydrochlorid (**XIV**) mit Na-Diäthylthiophosphat (**XX**) sowie durch Isomerisierung von reinem **II** dargestellt. **III** liefert bei der oxydativen Hydrolyse *Bis-*[*β-diäthylaminoäthyl*]*-disulfid.* Durch Umsetzung von **I** mit dem Na-Salz von 2-Dimethylamino-2-methylpropanol-(1) (**VI**) bei Raum-Temp. wurde *Thiophosphorsäure-O.O'-diäthyl-O''-*[*β-dimethylamino-β-methylpropyl*]*-ester* erhalten u. als *Pikrat* (**VIII**) isoliert. Der aus **VIII** u. Amberlite zurückerhältliche freie Ester isomerisiert beim 2std. Kochen in A. unter Bldg. eines Gemischs aus *Thiophosphorsäure-O.O'-diäthyl-S-*[*β-dimethylamino-β.β-dimethyläthyl*]*-ester* (**XI**) u. *-S-*[*β-dimethylamino-α.α-dimethyläthyl*]*-ester* (**XII**), die ebenfalls als *Pikrate* (**X** bzw. **IX**) charakterisiert wurden. **XI** liefert bei der oxydativen Hydrolyse *Bis-*[*β-dimethylamino-β-methylpropyl*]*-disulfid*, das bei der Hydrierung, ebenso wie **XI**, *N.N-Dimethyl-tert.-butylamin* bildet. Beim Vers. **XII** analog oxydativ zu hydrolysieren, wurden keine definierbaren Prodd. erhalten; **XII** wurde daher zusätzlich durch Umsetzung von 1-Dimethylamino-2-methylpropanthiol-(2) (**VII**) mit **XIII** dargestellt u. als Pikrat **IX** charakterisiert.

Versuche: *Thiophosphorsäure-O.O'-diäthyl-S-*[*β-diäthylaminoäthyl*]*-ester* (**III**), $C_{10}H_{24}NO_3PS$, Kp.$_{0,05}$ 85,5°, a) durch Erwärmen von β-[Diäthylamino]-äthanthiol mit fein verteiltem Na in Bzl. bis zur Lsg., Eintropfen von **XIII**, 6std. Kochen unter N_2, Verdünnen u. Dest. der benzol. Phase; n_D^{21} 1,4743; b) durch Erwärmen von Phosphorigsäurediäthylester mit Na in Bzl. auf 40—50° u. 1½std. Eintropfen von **V** bei 40—45° unter N_2; c) durch Eintropfen von **V** in **XXI** bei 100—107° u. Stehen über Nacht; d) durch Eintropfen von Na-Äthylat in die Lsg. von **XIV** in A. bei 0—5°, Eintropfen des Gemischs in **XX**, 4std. Kochen, Kühlen, Filtration, Eindampfen u. Extraktion mit Bzl.; e) durch Eintropfen von [Diäthylamino]-äthanol (**XV**) zu Na in Bzl., Lösen durch Erwärmen auf dem Wasserbad, Eintropfen von **I** bei 30° u. 6½std. Kochen. *Hydrogenoxalat*, $C_{12}H_{26}NO_7PS$, F. 98—99° (Aceton. *p-Toluolsulfonat*, $C_{17}H_{32}NO_6PS_2$, F. 105—106° (Ae./Aceton). *Dihydrogencitrat*, $C_{16}H_{32}NO_{10}PS$, F. 94—95° (Aceton). — *β-*[*Diäthylamino*]*-äthylthiocyanat* (**V**), $C_7H_{14}N_2S$, Kp.$_{14}$ 117°, durch Versetzen von KSCN in Aceton mit β-[Diäthylamino]-äthylchlorid, 15std. Rühren bei Raum-Temp., Filtration, Einengen, Versetzen mit W. u. Extraktion mit Ae.; n_D^{24} 1,4954. — *Thiophosphorsäure-O.O'-diäthyl-S-*[*β-bromäthyl*]*-ester* (**IV**), $C_6H_{14}BrO_3PS$, Kp.$_{0,3-0,3}$ 84—94°, durch Eintropfen (in 36 Min.) von **I** in ein Gemisch aus Äthylenbromhydrin u. Pyridin bei 15 ± 3°, 1std. Rühren, 18std. Stehen bei Raum-Temp., Zusetzen von abs. Ae., Filtration des Pyridinhydrochlorids u. Dest. der äther. Physe. — *Thiophosphorsäure-O.O'-diäthyl-O''-*[*β-diäthylaminoäthyl*]*-ester* (**II**), durch portionsweises Versetzen von 33 ml **XV** mit 1,15 g Na, Lösen bei 80°, Eindampfen im Vakuum, Versetzen mit 40 ml Bzl., ¾std. Eintropfen von 9,4 g **I** bei 20—25°, 5std. Rühren bei Raum-Temp., Versetzen mit 6,3 g Oxalsäure (**XVII**) in 50 ml Aceton, Eindampfen u. Umsetzung des *Hydrogenoxalats* [$C_{12}H_{26}NO_7PS$, F. 87 bis 88° aus Aceton Platten; 12,7 g (Ausbeute)] mit Amberlite IRA-400; n_D^{16} 1,430; instabil; b) durch 7½std. Rühren von **IV** u. **XVI**, Stehen über Nacht, Gießen in W., Extraktion mit Bzl., Extraktion der benzol. Lsg. mit verd. HCl, Alkalisieren mit eiskalter NaOH, Extraktion mit Bzl. u. Eindampfen im Vakuum < 40°. *Brombenzylat*, $C_{17}H_{31}BrNO_3PS$, F. 108° (Zers.), durch Rk. von **II** mit Benzylbromid; aus Aceton Nadeln. — *Thiophosphorsäure-O.O'-diäthyl-S-*[*β-diäthylaminoäthyl*]*-ester*, *Hydrogenoxalat*, F. 98—99° (Ae./Aceton), durch 2std. Kochen der Lsg. von 1 g **II** in 10 ml A., Eindampfen im Vakuum, Lösen des Öls in 5 ml Ae. u. Eintragen in 0,5 g **XVII** in 10 ml Aceton u. ½std. Stehen; 1,25 g. — *Bis-*[*β-diäthylaminoäthyl*]*-disulfid*, *Bis-hydrogenoxalat*, $C_{16}H_{32}N_2O_8S_2$, F. 155°, a) durch Eintragen von Bis-[2-diäthylaminoäthyl]-disulfid in **XVII** in Aceton aus A. Platten; b) durch Versetzen von 15 g vorst. Oxalats mit 10 ml 10 n NaOH u. 50 ml 33%ig. NaOCl-Lsg. < 30°, 1std. Stehen, Verdünnen mit 100 ml W., Extraktion mit Bzl., Eindampfen u. Behandeln von 1 ml des erhaltenen Öls (7 g) mit 0,5 g **XVII** in 5 ml Aceton. — *2-Dimethylamino-2-methylpropanol-(1)* (**VI**), Kp. 159—161°, durch Methylierung von 2-Amino-2-methylpropanol-(1) nach ROSNATI (C. **1952**. 6043); n_D^{24} 1,4451. *Hydrochlorid*, F. 252—253° (Zers.), aus Methanol/Ae. hygroskop. Nadeln. *Pikrat*, $C_{12}H_{18}N_4O_8$, F. 255° (Zers.), aus A. orangefarbene Nadeln. — *N.N-Dimethyl-tert.-butylamin*, $C_6H_{15}N$, Kp. 90—91°, durch Versetzen von 36,5 g tert.-Butylamin in 25 ml W. mit 83 g 40%ig. wss. HCHO-Lsg. unter Kühlung, dann mit 76 g 98—100%ig. Ameisensäure, 6std. Kochen, Zugabe von 112 g KOH u. Dest.

des Öls; n_D^{23} 1,4035; 25 g. *Pikrat* (**XIX**), $C_{12}H_{18}N_4O_7$, F. 289° (Zers.), a) aus dem Amin u. Pikrinsäure (**XVIII**); aus Methanol gelbe Nadeln oder Plättchen; b) durch 2 std. Kochen von 5 g **XI** in 250 ml A. mit RANEY-Ni, Filtrieren u. Versetzen mit **XVIII**; 1,4 g. — *1-Dimethylamino-2-methylpropanthiol-(2)* (**VII**), Kp.$_{95}$ 75—78°, durch 2—3 std. Erhitzen von 2.2-Diäthyläthylensulfid mit wasserfreiem Dimethylamin auf 100° im Rohr; n_D^{18} 1,4538; 60%. *Pikrat*, $C_{12}H_{18}N_4O_7S$, F. 157—158° (Zers.), aus A. gelbe Nadeln. — *Thiophosphorsäure-O.O'-diäthyl-O''-[β-dimethylamino-β-methylpropyl]-ester, Pikrat* (**VIII**), F. 118—119° (A.), durch Lösen von 2,3 g Na u. 13,4 g **VI** in 100 ml Bzl., Eintropfen von 18,9 g **I**, 1 std. Rühren bei Raum-Temp., Waschen mit W. u. Behandeln von $^1/_3$ Vol. der benzol. Lsg. mit 6,2 g **XVIII** in 50 ml Bzl.; aus A. tiefgelbe Nadeln; 7,9 g. Die *freie Base* ist instabil. — *Thiophosphorsäure-O.O'-diäthyl-S-[β-dimethylamino-α.α-dimethyläthyl]-ester* (**XII**), *Pikrat* (**IX**), F. 68—69°, a) durch Kochen von 7,2 g **VII** u. 1,15 g Na in 50 ml Bzl. bis zur Lsg., $^1/_4$ std. Eintropfen von 8,6 g **XIII** in 10 ml Bzl. bei Raum-Temp., 1 std. Kochen, Waschen mit W., Eindampfen u. Behandeln von 1 g des erhaltenen *freien Esters* (**XII**; Kp.$_{0,2}$ 88—91°, n_D^{18} 1,4695; 11 g) mit 0,9 g **XVIII** in 20 ml A.; aus Ae. goldfarbene Plättchen; 0,4 g; b) durch Überführung von 5 g **VIII** mit Amberlite IRA-400 in den freien Ester (2 g), 2 std. Kochen in 10 ml A., Zusetzen von 2 g Pikrinsäure in 20 ml A., Filtration von 2,35 g **X**, Einengen der Mutterlauge auf 10—15 ml, Verdünnen mit 90 ml Ae., Filtration von 0,35 g unreinem **X**, Eindampfen der Mutterlauge im Vakuum u. Extraktion mit sd. Ae.; 0,2 g. — *Thiophosphorsäure-O.O'-diäthyl-S-[β-dimethylamino-β.β-dimethyläthyl]-ester* (**XI**), *Pikrat* (**X**), $C_{16}H_{27}N_4O_{10}PS$, F. 112—113° (A.), durch Lösen von 18,4 g Na u. 104 g **VI** in 750 ml Bzl., $^3/_4$ std. Eintropfen von 151 g **I** bei 20—25°, 1 std. Rühren bei Raum-Temp., 8 std. Kochen, Waschen mit W., Dest., Eintragen von 75 g des erhaltenen *Esters* (**XI**; $C_{10}H_{24}NO_3PS$, Kp.$_{0,25}$ 101—112°, n_D^{23} 1,4720; 130 g) in 65 g **XVIII** in 1 Liter A. u. Filtration; aus A. gelbe Platten; 42 g (roh); daneben durch Eindampfen der Mutterlauge im Vakuum auf 250 ml, langsames Verdünnen (in 2 Wochen) mit Ae. bis zur Trübung, Filtration von etwas unreinem **X**, Eindampfen im Vakuum u. Extraktion von 2 g des erhaltenen Öls (80 g) mit sd. Ae. 0,7 g **IX** (gibt bei Behandlung mit Amberlite IRA-400 **XII**). *Freier Ester* (**XI**), durch 1 std. Behandeln von Amberlite IRA-400 mit 2 n NaOH, Waschen mit W., Schütteln mit unterschüssigem **X** in Aceton-W. (1:3), Filtration, Sättigen mit NaCl, Extraktion mit Ae. u. Eindampfen, zuletzt $^3/_4$ Std. bei 40—45°/0,07 mm; n_D^{18} 1,4760; Öl. — *Bis-[β-dimethylamino-β-methylpropyl]-disulfid, Dipikrat*, $(C_{12}H_{17}N_4O_7S)_2$, F. 252° (Zers.), durch Eintragen von 30 ml 40%ig. NaOH in die Lsg. von 10 g **XI** in wss. Methanol (1:1), ½ std. Rühren bei 35—40°, Eintragen von 5 g J_2 in 20 ml A., 1 std. Rühren, Versetzen mit 35 ml 40%ig. NaOH, Extraktion mit Ae., Eindampfen, Lösen in A. u. Rk. mit **XVIII**; aus Cellosolve; Nadeln; 11,9 g (roh); 5 g des Pikrats geben durch Zers. mit NaOH, Extraktion mit PAe., Eindampfen, Aufnehmen des Disulfids in 60 ml A., ½ std. Kochen mit RANEY-Ni, Filtration u. Versetzen mit 1,2 g **XVIII XIX**. — *Bis-[β-dimethylamino-α.α-dimethyläthyl]-disulfid, Dihydrojodid*, $(C_6H_{14}NS \cdot HJ)_2$, F. 193—194° (Zers.), durch Einw. von J_2 auf 1 g **VII** in A.; aus A. Nadeln; 1,6 g. *Dipikrat*, F. 174—176°, aus 0,5 g des Dihydrojodids; gelbe Nadeln; 0,6 g. L. LAMZA. 980□

Die Reaktion von Dipterex mit Phosphorpentasulfid. Yoshihiko Nishizawa und Masataka Nakagawa. (Botyu-Kagaku [Sci. Insect Control] **25**. 132—33. Nov. 1960. Osaka, Sumitomo Chem. Co. Ltd.) (Engl.)

37 g *Dipterex* (*1-Hydroxy-2.2.2-trichloräthylphosphonsäuredimethylester*) reagieren beim 2 std. Erhitzen mit P_2S_5 in Toluol unter Bldg. von 43 g *Dithiophosphorsäure-O.O-bis-[1-(O.O-dimethylphosphono)-2.2.2-trichloräthyl]-ester* (gelbes Öl). Der Rk.-Mechanismus wird diskutiert. W. HAMPEL. 980□

Chlorierung von Guajacol zum Vergleich mit dem Bleichmechanismus von Papierfaserbrei. Koichiro Sato und Hiroshi Mikawa. (Bull. chem. Soc. Japan **33**. 1736—37. Dez. 1960. Kamiochiai, Shinguku, Tokyo, Kokusaku Pulp Ind. Co. Ltd., Res. Labor.) (Engl.)

Das Verh. von *Guajacol* (**I**) als ligninähnliche Modellsubstanz gegenüber wss. Cl_2-Lsgg. wurde untersucht. Eine homogene Lsg. von 128 g **I** in 7 Liter W. wurde mit 7,5 Liter einer wss. Cl_2-Lsg. (Mol-Verhältnis 1:1) ½ Std. bei 0° behandelt, überschüssiges Cl_2 mit Na_2SO_3 zerstört, mit NaOH auf pH 9 gestellt u. mit $NaBH_4$ evtl. vorhandene chinoide Strukturen zu Brenzcatechinstrukturen red., um einer möglichen Polymerisation vorzubeugen. Die Lsg. wurde angesäuert, das gefällte Harz (A) abgetrennt, die Lsg. zuerst mit $CHCl_3$ (Fraktion B) u. dann mit Ae. (Fraktion C) kontinuierlich extrahiert. A u. B werden durch Vakuum-Dest. in 4 Fraktionen aufgetrennt u. jede Fraktion gaschromatograph. untersucht u. die Fraktionen mit ähnlichen Komponenten vereinigt. Aus den erhaltenen 5 Fraktionen wurden folgende Verbb. isoliert u. identifiziert: *Guajacol* (**I**) (*3.5-Dinitrobenzoat*, $C_{14}H_{10}N_2O_7$, F. 137—139°); *5-Chlorguajacol* (*3.5-Dinitrobenzoat*, $C_{14}H_9ClN_2O_7$,

F. 170—171,5⁰); *4.5-Dichlorguajacol*, $C_7H_6Cl_2O_2$, F. 71—73⁰; *Trichlorguajacol*, $C_7H_5Cl_3O_2$, F. 103—106⁰; *3.3'-Dimethoxy-4.4'-dihydroxydiphenyl*, $C_{12}H_8O_2(OCH_3)_2$, F. 166—167⁰; Prismen [*Diacetyl-Deriv.*, $C_{18}H_{18}O_6$, F. 200,5—202⁰. *O.O'-Dimethyl-Deriv.* (*Biveratrol*) $C_{16}H_{18}O_4$, F. 132—133⁰]. — Aus C wurden folgende Verbb. isoliert u. identifiziert: *Brenzcatechin* (II), $C_6H_6O_2$, F. 103,5—104,5⁰; Prismen; *3-Chlorbrenzcatechin* (*Monocarboxymethyläther*, $C_8H_7ClO_4$, F. 122—123,5⁰). Bei Einw. von Cl_2 auf I wird infolge Abspaltung der Methoxygruppen Methanol in hohen Ausbeuten erhalten. Die Isolierung von II zeigt, daß Demethylation ohne Kernchlorierung erfolgt. 1—3 Cl-Atome können in den Kern ohne Abspaltung der Methoxygruppen eintreten, die Kernchlorierung u. die Demethylation sind unabhängige Reaktionen. I dimerisiert bei Dehydrierung.

K. Hinterauer. 1060□

Untersuchungen über synthetische Curaremittel. 12. Mitt. **Hydrochinondiäther mit quaternärer Ammoniumgruppierung.** Vittorio Rosnati, Hilde Angelini-Kothny und Daniele Bovet. (Gazz. chim. ital. **88.** 1293—1307. Dez. 1958. Roma, Ist. Superiore di Sanità, Labor. di Chim. terapeut.) (Ital.) — 0. vgl. C. **1962.** 12282.

Bei der Rk. von 1-Dialkylamino-ω-chloralkanen mit Hydrochinon (I) in Ggw. von 2 Mol Na-Äthylat (II) werden *1.4-Bis-[β-dimethylaminoäthoxy]-benzol*, *1.4-Bis-[γ-dimethylaminopropoxy]-benzol* bzw. *1.4-Bis-[γ-diäthylaminopropoxy]-benzol* erhalten. Die Rk. von γ-Brombutyronitril mit I in Ggw. von II führt zu *1.4-Bis-[γ-cyanpropoxy]-benzol*, das zu *1.4-Bis-[γ-carboxypropoxy]-benzol* verseift wird, aus welchem über das *Säurechlorid 1.4-Bis-[γ-dimethyl-* u. *-[γ-diäthylaminformylpropoxy]-benzol* erhalten wird. Hieraus entstehen durch Red. mit $LiAlH_4$ *1.4-Bis-[γ-dimethylamino-* bzw. *1.4-Bis-[γ-diäthylaminopropoxy]-benzol*. Analog wird aus I u. δ-Bromvaleriansäureäthylester *1.4-Bis-[5-dimethylamino-* (III) u. *1.4-Bis-[5-diäthylaminopentoxy]-benzol* dargestellt. Ein Vers. zur Darst. von III aus I u. 1-Dimethylamino-5-chlorpentan schlug fehl. Die Synth. letztgenannter Verb. über *γ-Dimethylaminopropylmalonsäurediäthylester*, *4-Dimethylaminovaleriansäureäthylester* u. *5-Dimethylamino-1-hydroxypentan* wird beschrieben. Die pharmakolog. Wirksamkeit der *Dijodmethylate* an Hunden u. Kaninchen wird diskutiert.

Versuche: *1.4-Bis-[β-dimethylaminoäthoxy]-benzol*, $C_{14}H_{24}N_2O_2$, $Kp._{0,15}$ 117—118⁰, durch Zugabe von 1-Dimethylamino-2-chloräthan in abs. A. zu 22 g I u. II in A. unter leichtem Sieden im N_2-Strom u. 7std. Erhitzen; 25 g (Ausbeute). *Bis-jodmethylat*, $C_{16}H_{30}J_2N_2O_2$, F. 305⁰ (A.). — *1.4-Bis-[γ-dimethylaminopropoxy]-benzol*, $C_{16}H_{28}N_2O_3$, $Kp._{0,4}$ 135—137⁰, analog; 16,2 g. *Bis-jodmethylat*, $C_{16}H_{34}J_2N_2O_2$, F. 260—261⁰ (CH_3OH). Daneben *1-Hydroxy-4-[γ-dimethylaminopropoxy]-benzol* [$C_{11}H_{17}NO_2$, F. 130—131⁰ (PAe.)]. — *1.4-Bis-[γ-diäthylaminopropoxy]-benzol*, $C_{20}H_{36}N_2O_2$, $Kp._{0,6}$ 162—164⁰, analog; 50%. *Bis-jodmethylat*, $C_{24}H_{46}J_2N_2O_2$, F. 158⁰. — *1.4-Bis-[γ-cyanpropoxy]-benzol*, $C_{14}H_{16}N_2O_2$, F. 62⁰ (A.), a) durch Zugabe von γ-Chlorbutyronitril zu 23,5 g I u. II in abs. A., unter N_2 u. ½std. Erhitzen; 9 g; daneben 25 g *1-Hydroxy-4-[γ-cyanpropoxy]-benzol* ($C_{10}H_{11}$·NO_2, $Kp._{0,08}$ 163—166⁰); b) durch 3std. Erhitzen, sonst wie unter a); 37 g. — *1.4-Bis-[γ-carboxypropoxy]-benzol*, $C_{14}H_{18}O_6$, F. 179—181⁰ (CH_3OH), durch 1std. Erhitzen von 7,5 g vorst. Verb. mit 2n NaOH in CH_3OH; 7 g. *Dimethylester*, $C_{16}H_{22}O_6$, F. 87—88⁰ (CH_3OH). — *1.4-Bis-[γ-chlorcarbonylpropoxy]-benzol* (IV), $C_{14}H_{16}Cl_2O_4$, F. 65—66⁰ (Hexan), durch 24std. Rk. von 27,2 g vorst. Verb. mit PCl_5 in Bzl. bei Raum-Temp. (Meth. **B**); 30 g. — *1.4-Bis-[γ-dimethylaminocarbonylpropoxy]-benzol*, $C_{18}H_{28}N_2O_4$, F. 156—157⁰ (A.), durch ½std. Erhitzen von 3 g **IV** mit Dimethylamin (**V**) in Bzl.; 2 g. — *1.4-Bis-[4-dimethylaminobutoxy]-benzol*, $C_{18}H_{32}N_2O_2$, $Kp._{0,06}$ 138—139⁰, durch Lösen vorst. Verb. in abs. Tetrahydrofuran (THF) in der Hitze, sofortige Zugabe zu 2 g $LiAlH_4$ in abs. Ae., 6std. Erwärmen unter Rühren u. Zers. mit W. u. Soda (Meth. **A**). *Bis-jodmethylat*, $C_{20}H_{38}$·$J_2N_2O_2$, F. 204—205⁰ (A.). — *1.4-Bis-[γ-diäthylaminocarbonylpropoxy]-benzol*, $C_{22}H_{36}$·N_2O_4, F. 155⁰ (Hexan), analog aus **IV**. — *1.4-Bis-[4-diäthylaminobutoxy]-benzol*, $C_{22}H_{40}$·N_2O_2, $Kp._{0,1}$ 158—160⁰, durch Zutropfen von 8,3 g vorst. Verb. in abs. Ae. zu $LiAlH_4$ in abs. Ae., 7std. Erhitzen unter Rühren u. Zers. mit Essigester; 6 g. *Bis-jodäthylat*, $C_{26}H_{50}J_2N_2O_2$, F. 176—177⁰ (Zers.). — *1.4-Bis-[4-oxo-4-diazomethylbutoxy]-benzol*, $C_{16}H_{18}N_4O_4$, F. 114—116⁰ (95%ig. A.), durch schnelle Zugabe von 1,6 g frisch dest. **IV** in abs. Ae. zu äther. CH_2N_2 u. 12std. Stehen. — *1.4-Bis-[4-carbäthoxybutoxy]-benzol*, $C_{20}H_{30}O_6$, F. 46—48⁰ (Hexan), $Kp._{0,2}$ 178—180⁰, durch Zutropfen von δ-Bromvaleriansäureäthylester zu I u. II in abs. A. u. ca. 6std. Erhitzen unter N_2; 5,5 g. *Freie Säure* (**VI**), $C_{16}H_{22}O_6$, F. 155⁰ (verd. A.), aus 4 g Ester; 3,3 g. — *1.4-Bis-[4-dimethylaminoformyl butoxy]-benzol*, $C_{20}H_{32}N_2O_4$, F. 123⁰ (W.), aus 3 g **VI** nach **B** u. Umsetzen mit **V**; 2,6 g. — *1.4-Bis-[5-dimethylaminopentoxy]-benzol* (**III**), $C_{20}H_{36}N_2O_2$, $Kp._{0,2}$ 166⁰, aus 2,45 g vorst. Verb. nach **A**; 2 g. *Bis-jodmethylat*, $C_{22}H_{42}J_2N_2O_2$, F. 217⁰ (A.). — *1.4-Bis-[4-diäthylaminoformylbutoxy]-benzol*, $C_{24}H_{40}N_2O_4$, F. 63⁰, $Kp._{0,2}$ 245—255⁰, nach **B** u. Rk. mit **V**. — *1.4-Bis-[5-diäthylaminopentoxy]-benzol* (**II**), $Kp._{0,1}$ 175⁰, aus 2,5 g vorst. Verb. nach **A**;

1,8 g. *Bis-jodmethylat*, $C_{28}H_{54}J_2N_2O_4$, F. 186° (Zers.; abs. A./abs. Aceton). — *γ-Dimethylaminopropylmalonsäurediäthylester*, $C_{12}H_{23}NO_4$, Kp.$_3$ 113—115°, durch 3½std. Erhitzen von 160 g 3-Dimethylamino-1-chlorpropan in abs. A. mit Na-Malonester; 134 g. — *δ-Dimethylaminovaleriansäureäthylester*, $C_9H_{19}NO_2$, Kp.$_{15}$ 98°, durch 4std. Erhitzen von 116 g vorst. Verb. in konz. KOH auf dem Wasserbad unter Rühren u. 7std. Erhitzen in abs. A. unter Einleiten von HCl; 75,5 g. — *5-Dimethylamino-1-hydroxypentan*, $C_7H_{17}NO$, Kp.$_{15}$ 112°, durch Red. von 42 g vorst. Verb. mit $LiAlH_4$ in abs. Ae.; 26 g. — *1-Dimethylamino-5-chlorpentan*, durch Zutropfen von $SOCl_2$ zu 26 g vorst. Verb. u. kurzes Erhitzen; 24 g. H. KNIESZ. 1060□

Vinylester von Sulfonsäuren. A. N. Nessmejanow, I. F. Lutzenko, R. M. Chomutow und W. A. Dubowitzki. (Журнал Общей Химии [J. allg. Chem.] **29** (**91**). 2817—20. Sept. 1959. Moskau, Univ.) (Russ.)

Quecksilber-bis-acetaldehyd (I) reagiert mit p-Toluolsulfochlorid (II) unter Bldg. von *p-Toluolsulfonsäurevinylester* (III) u. *Chlormercuriacetaldehyd*; letzterer ist unter den Bedingungen der Rk. stabil. Die Umsetzung erfordert die Ggw. von Pyridin, um eine Polymerisation der Vinyl-Verb. III zu vermeiden. $SOCl_2$ liefert mit I *Divinylsulfit*, das ein starkes Tränenreizmittel darstellt. Aus SO_2Cl_2 konnte dagegen kein Divinylsulfat erhalten werden. III reagiert mit Benzoylchlorid (IV) unter FRIEDEL-CRAFTS-Bedingungen zum instabilen *p-Toluolsulfonsäure-α-chlor-β-benzoyläthylester*, der beim Erwärmen in Ggw. von $AlCl_3$ leicht in *β.β-Dichlorpropiophenon* übergeht. Butyrylchlorid gibt mit III analog *1.1-Dichlorhexanon-(3)*, das sich jedoch wegen seiner Zersetzlichkeit nicht rein isolieren ließ.

Versuche: *p-Toluolsulfonsäurevinylester* (III), $C_9H_{10}O_3S$, Kp.$_2$ 110°, Kp.$_6$ 124°, durch Zutropfen von II zu I in Dichloräthan/Pyridin bei 45—50°, langsames Abkühlen auf Raum-Temp. u. Einengen; $D._4^{20}$ 1,1821; n_D^{20} 1,5208; 75% (Ausbeute). — *Benzolsulfonsäurevinylester*, $C_8H_8O_3S$, Kp.$_2$ 102°, analog III mit Benzolsulfochlorid; $D._4^{20}$ 1,2292; n_D^{20} 1,5171; 70%. — *Methansulfonsäurevinylester*, $C_3H_6O_3S$, Kp.$_6$ 78°, durch Zutropfen von Methansulfochlorid zu I in Isopentan/Pyridin u. 2std. Rühren; $D._4^{20}$ 1,2280; n_D^{20} 1,4304; 45%. — *Äthansulfonsäurevinylester*, $C_4H_8O_3S$, Kp.$_8$ 88°; $D._4^{20}$ 1,1784; n_D^{20} 1,4341; 42%. — *Divinylsulfit*, $C_4H_6O_3S$, Kp. 127°, Kp.$_{135}$ 78°, aus I u. $SOCl_2$ in Isopentan/Pyridin; $D._4^{20}$ 1,1374; n_D^{20} 1,444; 45%. — *p-Toluolsulfonsäure-α-chlor-β-benzoyläthylester*, $C_{16}H_{15}ClO_4S$, F. 108° (PAe.), durch Zutropfen von III zu IV u. $AlCl_3$ in CCl_4 unter Eiskühlung, 1½std. Rühren u. Zers. mit 5%ig. HCl; 6,3%. — *β.β-Dichlorpropiophenon*, $C_9H_8Cl_2O$, F. 53° (PAe.), a) durch 2std. Erhitzen vorst. Verb. mit $AlCl_3$ in CCl_4; 70%; b) durch 2std. Erhitzen von III mit IV u. $AlCl_3$ in CCl_4; 88%. — *1.1-Dichlorhexanon-(3)* (?), Kp.$_{0,5}$ 52—53°, aus III u. Butyrylchlorid in Ggw. von $AlCl_3$; 50%. H.-E. TOUSSAINT. 1090□

Synthese von p-Isopropyl-β-methylhydrozimtaldehyd. Shiro Suzuki, Kazuko Muroshima und Tatsuo Takeshima. (Sci. Pap. Inst. physic. chem. Res. [Tokyo] **55**. 83—84. Juni 1961.) (Engl.)

p-Isopropyl-β-methylhydrozimtaldehyd wird dargestellt u. charakterisiert, ebenso die entsprechende Säure.

Versuche: *p-Acetylcumol*, Kp. 249—254°, Kp.$_{16}$ 129—133°, aus Cumol mit Acetylchlorid oder Acetanhydrid; 50—60% (Ausbeute). — *p-Isopropyl-β-methylzimtsäureäthylester*, Kp.$_{13}$ 150—175°, durch Zugabe von mit J_2 aktiviertem Zn zu vorst. Verb., Bromessigsäureäthylester, Bzl. u. Toluol, Erwärmen auf 60—80°, 1std. Kochen, ½std. Rühren, Hydrolysieren mit 100%ig. H_2SO_4, Abtrennen der organ. Phase, 40 Min. langes Einleiten von trockenem HCl bei 90—96° in den entstandenen *p-Isopropyl-β-methyl-β-hydroxyhydrozimtsäureäthylester* (braunes Öl), Erwärmen u. Dest.; 60%. — *p-Isopropyl-β-methylhydrozimtsäureäthylester*, Kp.$_{14}$ 150—153°, durch Hydrieren vorst. Verb. an Pd in Ae. bei Raum-Temp.; 80%. — *p-Isopropyl-β-methylhydrozimtsäure*, $C_{13}H_{18}O_2$, F. 79—80°, durch 40 Min. langes Kochen vorst. Verb. mit wss. KOH unter Abdestillieren des Alkohols, Neutralisieren mit 50%ig. H_2SO_4 u. Extrahieren mit Bzl.; aus Bzn. Platten; ca. 90%. *Chlorid*, Kp.$_{22}$ 155—158°, durch 2½std. Erhitzen der Säure mit $SOCl_2$ auf 100°; ca. 92%. — *p-Isopropyl-β-methylhydrozimtaldehyd*, Kp.$_5$ 115—120°, durch 3std. Hydrieren vorst. Chlorids in Xylol an Pd bei 50°, 5std. Erhitzen auf 115°, Filtrieren u. Dest. unter N_2; ca. 12%. *2.4-Dinitrophenylhydrazon*, $C_{19}H_{22}N_4O_4$, F. 122—123°; aus Pyridin/A. gelbe Nadeln. P. GOLINSKE. 1120□

Friessche Verschiebung einiger Nitrophenolester in Abwesenheit von Lösungsmitteln. Á. Furka und T. Széll. (Acta Univ. Szegediensis, Acta physica chem. **6**. 122—25. 1960. Szeged, Univ., Inst. of Appl. Chem.) (Engl.)

4-Nitrophenylacetat (I), Phenylessigsäure-3-nitrophenylester (II) u. -4-nitrophenylester (III) ergeben in Ggw. von 0,8—0,85 Mol $AlCl_3$ in Abwesenheit von Lsgm. *5-Nitro-2-hydroxyacetophenon* (IV), *4-Nitro-* u. *5-Nitro-2-hydroxy-ω-phenylacetophenon*.

Versuche: *5-Nitro-2-hydroxyacetophenon* (IV), $C_8H_7NO_4$, F. 101—102⁰ (Ligroin), durch 25 Min. langes Erhitzen von I u. $AlCl_3$ auf 140—150⁰. Lösen in A., Zugabe von konz. HCl u. Extrahieren mit CCl_4; 28% (Ausbeute). *Phenylhydrazon*, F. 224—225⁰. *2.4-Dinitrophenylhydrazon*, F. 255—258⁰. — *Phenylessigsäure-4-nitrophenylester* (III), $C_{14}H_{11}NO_4$, F. 64—65⁰, durch ½std. Kochen von 8,1 g Na-4-Nitrophenolat u. Phenylacetylchlorid in Bzl.; aus A. Platten; 9 g. — 2-Hydroxy-ω-phenylacetophenone: *5-Nitro-*, $C_{14}H_{11}NO_4$, F. 115—116⁰, aus III analog IV; Nadeln; 6%. *Phenylhydrazon*, $C_{20}H_{17}N_3O_3$, F. 185—186⁰; gelbe Kristalle. — *4-Nitro-*, $C_{14}H_{11}NO_4$, F. 152—153⁰, aus II analog IV; gelbe Kristalle; 3,5%. *Phenylhydrazon*, $C_{20}H_{17}N_3O_3$, F. 198—199⁰; aus verd. A. rote Nadeln. W. HAMPEL. 1180☐

Die Synthese einer Ligninmodellsubstanz: 3-Hydroxy-1-[4-hydroxy-3.5-dimethoxyphenyl]-propanon-(2). E. W. Gorecki und J. M. Pepper. (Canad. J. Chem. **37.** 2089—92. Dez. 1959. Saskatoon, Saskatchewan, Univ. of Saskatchewan, Dep. of Chem.) (Engl.)

Vff. synthetisieren *3-Hydroxy-1-[4-hydroxy-3.5-dimethoxyphenyl]-propanon-(2)* (I) aus Homosyringasäure (II), die auf drei verschiedenen Wegen erhalten wird. I soll als Modellsubstanz für die Unters. der Vorgänge bei der Äthanolyse von Angiospermenlignin dienen.

Versuche: *5-Syringalrhodanin*, $C_{12}H_{11}NO_4S_2$, F. 258—258,5⁰ (Zers.), durch 40 Min. langes Erhitzen von Syringaaldehyd (III), Rhodanin u. Na-Acetat in Eisessig u. Eingießen in W.; orangefarbene Kristalle aus n-Butanol; 89% (Ausbeute). — *α-Thio-β-[4-hydroxy-3.5-dimethoxyphenyl]-brenztraubensäure*, $C_{11}H_{12}O_5S$, F. 130—131⁰, durch Kochen vorst. Verb. mit 15%ig. NaOH u. Fällen mit 10%ig. HCl bei 0⁰; orangegelbe Kristalle durch Umfällen aus $NaHCO_3$-Lsg.; 92,7%. — *α-Oximino-β-[4-hydroxy-3.5-dimethoxyphenyl]-brenztraubensäure*, $C_{11}H_{13}NO_6$, F. 219—220⁰ (Zers.; A.), durch 1std. Erwärmen vorst. Verb. u. Hydroxylamin in A. auf 100⁰; 75%. — *O-Acetylhomosyringonitril*, $C_{12}H_{13}NO_4$, F. 96—96,5⁰ (Bzn.), durch 2std. Erwärmen vorst. Verb. mit Acetanhydrid (IV). — *Homosyringasäure* (II), F. 130,5—132⁰ (W.), a) aus vorst. Verb. u. KOH in wss.-alkohol. Lsg. unter 13std. Kochen; aus W. Nadeln; 81,5%; b) aus III über das *Azlacton*; c) durch WILLGERODT-KINDLER-Rk. aus Acetosyringon (4-Hydroxy-3.5-dimethoxyphenylmethylketon) nach SCHWENK u. PAPA (J. org. Chemistry **11.** [1946.] 798); 6,7%. — *O-Acetylhomosyringasäure*, $C_{12}H_{14}O_6$, F. 120—121⁰, durch Behandeln einer Lsg. von II in 37%ig. KOH mit IV bei 0⁰ u. Fällen des Rk.-Prod. mit HCl; langsam kristallisierendes Öl; aus W. Flocken; 65,6%. — *O-Acetylhomosyringoylchlorid*, aus 1,5 g vorst. Säure u. $SOCl_2$ in Bzl.; viscoses Öl; 1,63 g. — *O-Acetylhomosyringoyldiazomethan*, aus 1,63 g vorst. Verb. u. CH_2N_2 in Bzl./Ae.; viscoses, rotes Öl; 1,7 g. — *3-Hydroxy-1-[4-hydroxy-3.5-dimethoxyphenyl]-propanon-(2)* (I), $C_{11}H_{14}O_5$, F. 106,5 bis 107,5⁰, durch Eintropfen einer Lsg. von 1,7 g vorst. Verb. in Chlf. in W., 4std. Erhitzen auf 93⁰, Ansäuern mit HCl (pH 1) u. weiteres 1std. Erhitzen unter Rühren; aus abs. Bzl. cremefarbene Kristalle; IR-Spektrum; 0,46 g. W. SCHWEERS. 1180

Chinonoxim-arensulfenate. Je. A. Titow und Ss. I. Burmisstrow. (Журнал Общей Химии [J. allg. Chem.] **31** (**93**). 2721—26. Aug. 1961. Dnepropetrowsk, Chem.-Technol. Inst.) (Russ.)

Durch Kondens. von 1.4-Benzochinonoxim (I) u. 2.5-Thymochinon-2-oxim (II) mit S-Chlor-o-nitrothiophenol (III) u. S-Chlor-2.4-dinitrothiophenol (IV) in Ggw. von Triäthylamin (V) werden in fast theoret. Ausbeute *o-Nitro-* u. *2.4-Dinitrobenzolsulfenate* von I u. II erhalten. Die Verbb. geben mit Phenolen in alkal. Medium die Indophenolreaktion. Papierchromatograph. werden bei der Rk. mit Phenol bzw. Naphthol-(1) entsprechend *Indophenol* bzw. *Naphtholindophenol* nachgewiesen. Gleichzeitig erfolgt Hydrolyse zu den *Chinonoximen.*

Versuche: *1.4-Benzochinonoxim* (I), *o-Nitrobenzolsulfenat*, $C_{12}H_8N_2O_4S$, F. 109⁰ (n-Hexan), man gibt zu 1,23 g I u. 1,9 g III in 100 ml Ae. bei 0—5⁰ tropfenweise 1,4 ml V u. rührt 5 Min. lang; orangerote Plättchen. — *2.4-Dinitrobenzolsulfenat*, $C_{12}H_7N_3O_6S$, F. 155⁰ (A.), aus I u. IV in Ae. in Ggw. von V; goldgelbe Nadeln. — *2.5-Thymochinon-2-oxim* (II), *o-Nitrobenzolsulfenat*, $C_{16}H_{16}N_2O_4S$, F. 135⁰ (n-Octan), aus II u. III in Ggw. von V; orangegelbe Kristalle. *2.4-Dinitrobenzolsulfenat*, $C_{16}H_{15}N_3O_6S$, F. 162,5⁰ (A.), aus II u. IV in Ggw. von V; gelbe Nadeln. HELMUT SCHÄFER. 1190☐

Trinitrat des 2.4.6-Trinitrophenyl-1.3.5-triäthanoltrinitramins (Nonile). Michele Giua und Pasquale Pansini. (Ann. Chimica **49.** 1311—14. Juli/Aug. 1959. Torino, Univ., Ist. di Chim. organ. ind.) (Ital.)

Durch Einw. eines HNO_3/H_2SO_4-Gemisches auf 2.4.6-Trinitro-1.3.5-tris-[β-hydroxyäthylamino]-benzol (III) erhält man *2.4.6-Trinitro-1.3.5-tris-[β-hydroxyäthylnitramino]-benzoltrinitrat*, einen Explosivstoff, für den Vff. den Namen „Nonile" vorschlagen. Die stoßempfindliche Substanz zerfällt wenig oberhalb des Schmelzpunkts. UV-Spektrum s. Original.

Versuche: *symm.-Trichlorbenzol* (I), F. 63—64° (A.), durch Diazotieren von 2.4.6-Trichloranilin u. Verkochen des Diazoniumsalzes mit Alkohol. — *1.3.5-Trichlor-2.4.6-trinitrobenzol* (II), F. 198—200°, durch 13std. Nitrieren (1 Teil rauchende HNO_3 u. 2 Teile Oleum mit 20% SO_3) von I; aus A. gelbe Prismen. — *2.4.6-Trinitro-1.3.5-tris-[β-hydroxyäthylamino]-benzol* (III), $C_{12}H_{18}N_6O_9$, F. 215° (Zers.; A.), durch 3std. Erhitzen von II mit Äthanolamin in A. auf 100°; gelbe Blättchen. — *2.4.6-Trinitro-1.3.5-tris-[β-hydroxyäthylnitramino]-benzoltrinitrat(Nonile)*, $C_{12}H_{12}N_{12}O_{21}$, F. 158—160° (Methanol), durch Eingießen einer Lsg. von III in konz. H_2SO_4 in rauchende HNO_3 u. 1std. Erhitzen auf 40—50°; explodiert bei 200°. K. F. Schneider. 1310

Einige Additionsreaktionen des Azodicarbonsäurediäthylesters. 1. Mitt. G. S. Misra und S. B. Srivastava. (J. Indian chem. Soc. **37.** 177—80. März 1960. Lucknow, Univ., Chem. Dep.) (Engl.)

Die Addition von aromat. Aminen u. Diaminen an Azodicarbonsäurediäthylester (I) zu *1-Phenyl-2.3-dicarbäthoxytriazanen* wurde untersucht. Während Substituenten am Phenylkern in der Regel keinen wesentlichen Einfl. auf die Ausbeuten zu haben scheinen, reagiert das ster. gehinderte 2.6-Dimethylanilin (II) mit I in 5-Stellung zu *1.2-Dicarbäthoxy-1-[4-amino-3.5-dimethylphenyl]-hydrazin.* β-Alkoxynaphthaline setzen sich mit I beim Erhitzen auf 150° oder in Ggw. von HCl bei Raum-Temp. zu *1.2-Dicarbäthoxy-1-[2-alkoxynaphthyl-(1)]-hydrazinen* um. Bei der therm. Rk. sind die Ausbeuten gering u. fallen mit größer werdender Alkoxygruppe ab; in Ggw. von HCl verläuft die Rk. quantitativ. Phloroglucintriacetat (IV) liefert mit I *1.2-Dicarbäthoxy-1-[2.4.6-triacetylphenyl]-hydrazin.*

Versuche: 2.3-Dicarbäthoxytriazane: *1-[p-Methoxyphenyl]-*, $C_{13}H_{19}N_3O_5$, F. 190° (A.), aus I u. p-Anisidin durch 24std. Rk. bei Raum-Temp. u. 3tägiges Stehen in der Kälte; 50% (Ausbeute); gibt durch 2std. Kochen mit rotem P in Eisessig, Gießen in W., Lösen des Nd. in 10%ig. NaOH u. Benzoylieren (Meth. **A**) *N-Benzoyl-p-anisidin* [F. 153° (A.)]. — *1-[p-Äthoxyphenyl]-*, $C_{14}H_{21}N_3O_5$, F. 206°; aus I u. p-Phenetidin; 50%. — *1-[2'.4'-Dimethylphenyl]-*, $C_{14}H_{21}N_3O_4$, F. 265°, aus I u. 2.4-Dimethylanilin; 25%. — 1.1'-Arylen-2.2'.3.3'-tetracarbäthoxy-bis-triazane: *-o-Phenylen-*, $C_{18}H_{28}N_6O_8$, F. 162°, aus o-Phenylendiamin u. I; 50%. — *-m-Phenylen-*, $C_{18}H_{28}N_6O_8$, F. 238°, aus m-Phenylendiamin; 40%. — *-p-Phenylen-*, $C_{18}H_{28}N_6O_8$, F. 245°, aus p-Phenylendiamin; 40%. — *1.2-Dicarbäthoxy-1-[4-amino-3.5-dimethylphenyl]-hydrazin*, $C_{14}H_{21}N_3O_4$, F. 119° (A.), aus I u. II; 61%; gibt nach **A** *N.N'-Dibenzoyl-2.6-dimethylphenylendiamin-(1.4)* (F. 279°). — 1.2-Dicarbäthoxy-1-naphthyl-(1')-hydrazine: *2'-Methoxy-*, $C_{17}H_{20}N_2O_5$, F. 157°, a) aus 2-Methoxynaphthalin (III) u. I in Ae. unter Zugabe einer Spur Jod u. Einleiten von HCl (Meth. **B**); 100%; b) durch 24std. Erhitzen von I u. III auf 150° (Meth. **C**); 10%. — *2'-Äthoxy-*, $C_{18}H_{22}N_2O_5$, F. 115° (verd. Essigsäure), a) aus 2-Äthoxynaphthalin u. I nach **B**; 100%; b) nach **C**; 10%; gibt nach **A** *O.N-Dibenzoyl-1-amino-naphthol-(2)* (F. 224°). — *2'-n-Propoxy-*, $C_{19}H_{24}N_2O_5$, F. 112°, a) aus 2-n-Propoxynaphthalin u. I nach **B**; 100%; b) nach **C**; 8%. — *2'-Isopropoxy-*, $C_{19}H_{24}N_2O_5$, F. 91°, a) nach **B**; 100%; b) nach **C**; 8%. — *2'-n-Butoxy-*, $C_{20}H_{26}N_2O_5$, F. 97°, a) nach **B**; 100%; b) nach **C**; 5%. — *2'-Isobutoxy-*, $C_{20}H_{26}N_2O_5$, F. 90°, a) nach **B**; 100%; b) nach **C**; 0%. — *2'-n-Amyloxy-*, $C_{21}H_{28}N_2O_5$, F. 92°, a) nach **B**; 100%; b) nach **C**; 0%. — *2'-Isoamyloxy-*, $C_{21}H_{28}N_2O_5$, F. 83°, a) nach **B**; 100%; b) nach **C**; 0%. — *1.2-Dicarbäthoxy-1-[2.4.6-triacetylphenyl]-hydrazin*, $C_{18}H_{22}N_2O_{10}$, F. 216° (verd. Essigsäure), aus I, IV u. wenig Eisessig durch 2std. Erhitzen auf 100° u. mehrstd. Stehen; 18,5%. B. Föhlisch. 1310□

Über die fungicide Aktivität einiger Derivate von 2-Nitropropandiol-(1.3). Z. Eckstein, E. Grochowski und T. Urbanski. (Bull. Acad. polon. Sci., Ser. Sci. chim., géol., géogr. **7.** 289—94. 1959. Poln. Akad. der Wiss., Inst. für organ. Synth.) (Engl.)

Es werden *2-Nitro-2-arylpropandiole-(1.3)* (**A**) mit verschiedener fungicider Aktivität dargestellt, wobei ein Zusammenhang zwischen der biolog. Aktivität u. der chem. Struktur festgestellt wurde. Die **A** sind durch Kondens. der entsprechenden Arylnitromethane (**B**) mit Formaldehyd in Dioxan in Ggw. von Triäthylamin als Katalysator zugänglich. Zur Synth. der **B** wird Phthalsäureanhydrid mit Arylessigsäuren bei 240° in Ggw. von Na-Acetat zu den *Arylidenphthaliden* kondensiert, die durch Einw. von Na-Methylat u. Ansäuern *2-Arylindandione-(1.3)* (**C**) ergeben. Durch Nitrierung u. Hydrolyse mit NaOH werden hieraus *2-Nitro-2-arylindandione-(1.3)* bzw. die **B** erhalten. In polaren Lsgm. sind die **C** tiefrot gefärbt, aus unpolaren Lsgm. kristallisieren sie als farblose Substanzen. Die IR-Spektren der **A** werden diskutiert u. ihre Aktivität an *Fusarium culmorum, Alternaria tenuis* u. *Rhizoctonia solani* geprüft. Folgende 2-Aryl-2-nitroindandione-(1.3) wurden synthetisiert: *2-[p-Tolyl]-*, F. 119—120° (Zers.); 67% (Ausbeute). — *2-[p-Fluorphenyl]-*, F. 118—119° (Zers.); 64%. — *2-[p-Chlorphenyl]-*, F. 125° (Zers.); 61%. — *2-[p-Bromphenyl]-*, F. 133° (Zers.); 63%. — *2-[p-Jodphenyl]-*,

F. 135° (Zers.); 45%. — 2-Aryl-2-nitropropandiole-(1.3) (**A**): *2-[p-Tolyl]-*, F. 81 bis 83°; 82%. — *2-[p-Fluorphenyl]-*, F. 59—60,5°; 79%. — *2-[p-Chlorphenyl]-*, F. 76 bis 77°; 82%. — *2-[p-Bromphenyl]-*, F. 65—66°; 91%. — *2-[p-Jodphenyl]-*, F. 68—70°; 77%. — *2-[p-Nitrophenyl]-*, F. 102—103°; 53%. — *2-[Chinolyl-(2)]-*, F. 96,5—97°; 51,9%. W. HAMPEL. 1320

„o-Aminophenol-Umlagerung" (Umlagerung von Acylfuran-Enaminen). 2. Mitt. **über Acylfuran-Enamine.** Leonhard Birkofer und Gerhard Daum. (Chem. Ber. **95.** 183—90. 25/1. 1962. Köln, Univ., Chem. Inst.) (Dt.) — 1. vgl. C. **1961.** 3619.

2-Acylfurane reagieren mit sek. Aminen zu *Enaminen*, die bei der Dest. in N-disubstituierte *o-Aminophenole* umgelagert werden. So werden z. B. 2-Acetyl- bzw. 2-Propionylfuran mit Piperidin über die Enamine in *o-Piperidinophenol* bzw. *2-Piperidino-m-kresol* übergeführt. Die Umlagerung wird erklärt mit der Tendenz des Furanringes, in ein stärker aromat. Syst. überzugehen u. mit der verhältnismäßig leichten Spaltbarkeit des Furankerns.

Versuche: o-Aminophenole, durch 3—20std. Kochen von 0,2 Mol des entsprechenden 2-Acylfurans u. 0,3 Mol des sek. Amins in Ggw. von 5—10 Tropfen Eisessig oder konz. HCl in Bzl. unter Auffangen des W. in einem Wasserabscheider, Abdestillieren des überschüssigen Amins u. des Bzl. unter N_2 im Vakuum, Fraktionierung im Vakuum oder Umkristallisieren aus 18%ig. HCl u. Reinigen durch Vakuumsublimation: *o-Piperidino-*, $C_{11}H_{15}NO$, F. 75°, mit Eisessig; 65% (Ausbeute). *Hydrochlorid*, $C_{11}H_{15}NO \cdot HCl$, F. 175°, durch Versetzen des in Ae. gelösten o-Aminophenols mit äther. HCl; 100%. — *o-Pyrrolidino-*, $C_{10}H_{13}NO$, F. 111°, mit HCl; 80%. *Hydrochlorid*, $C_{10}H_{13} \cdot NO \cdot HCl$, F. 187—188°; aus Methanol/Essigester Prismen. — *o-Morpholino-*, $C_{10}H_{13}NO_2$, F. 131°, mit HCl; 80%. *Hydrochlorid*, $C_{10}H_{13}NO_2 \cdot HCl$, F. 219—220°; aus Methanol/Ae. Prismen. — *o-Di-n-butylamino-*, $C_{14}H_{23}NO$, Kp.$_{12}$ 140°, mit Eisessig; 47%. *Hydrochlorid*, $C_{14}H_{23}NO \cdot HCl$, F. 181°; aus Essigester/Methanol/Ae. Prismen. — *2-Piperidino-3-methyl-*, $C_{12}H_{17}NO$, F. 65—66°, Kp.$_{12}$ 138°, mit Eisessig; Nadeln; 38%. *Hydrochlorid*, $C_{12}H_{17}NO \cdot HCl$, F. 203°; aus Essigester/Methanol/Ae. Nadeln. — *2-Pyrrolidino-3-methyl-*, $C_{11}H_{15}NO$, Kp.$_{12}$ 133°, mit Eisessig; 51%. — *2-Morpholino-3-methyl-*, $C_{11}H_{15}NO_2$, F. 65°, Kp.$_{12}$ 140—155°, mit HCl; Nadeln; 66%. *Hydrochlorid*, $C_{11}H_{15}NO_2 \cdot HCl$, F. 211°; aus Methanol/Essigester/Ae. Prismen. — *2-Di-n-butylamino-3-methyl-*, $C_{15}H_{25}NO$, Kp.$_{12}$ 151°, mit Eisessig; 20%. *Hydrochlorid*, $C_{15}H_{25}NO \cdot HCl$, F. 180°; aus Essigester/Methanol/Ae. Stäbchen. — *2-Pyrrolidino-4-methyl-*, $C_{11}H_{15}NO$, F. 97°, mit HCl; Stäbchen; 34%. — *2-Morpholino-4-methyl-*, $C_{11}H_{15}NO_2$, F. 102°, mit HCl oder Eisessig; 5,2%. — *2-Piperidino-6-methyl-*, $C_{12}H_{17}NO$, Kp.$_{11}$ 140°, mit Eisessig; 21%. — *2-Morpholino-3-phenyl-*, $C_{16}H_{17} \cdot NO_2$, F. 132—133°, Kp.$_{13}$ 185—208°, mit Eisessig; Drusen; 12%. — o-Amino-O-acetylphenole, durch Rk. der Aminophenole in Pyridin mit Acetylchlorid: *o-Piperidino-*, $C_{13}H_{17}NO_2$, Kp.$_{12}$ 156°. *Hydrochlorid*, $C_{13}H_{17}NO_2 \cdot HCl$, F. 193°; aus Essigester/Methanol/Ae. Prismen. — *o-Pyrrolidino-*, $C_{12}H_{15}NO_2$, Kp.$_{0,2}$ 111—113°. — *o-Morpholino-*, $C_{12}H_{15} \cdot NO_3$, F. 87° (Zers.); aus Methanol Prismen. *Hydrochlorid*, $C_{12}H_{15}NO_3 \cdot HCl$, F. 57—60°; aus Essigester/Methanol Prismen. — *o-Di-n-butylamino-*, $C_{16}H_{25}NO_2$, Kp.$_{0,2}$ 106°. *Hydrochlorid*, $C_{16}H_{25}NO_2 \cdot HCl$, F. 114—115°; aus Essigester Prismen. — o-Amino-O-benzoylphenole, analog den Acetyl-Derivv.: *o-Piperidino-*, $C_{18}H_{19}NO_2$, F. 47°; aus W./Aceton Prismen. *Hydrochlorid*, $C_{18}H_{19}NO_2 \cdot HCl$, F. 157°; aus Essigester/Methanol/Ae. Prismen. — *o-Pyrrolidino-*, $C_{17}H_{17}NO_2$, Kp.$_{0,35}$ 161°. *Hydrochlorid*, $C_{17}H_{17}NO_2 \cdot HCl$, F. 133°; aus Aceton/Ae. Prismen. — *o-Morpholino-*, $C_{17}H_{17}NO_3$, F. 126°; aus Methanol Prismen. *Hydrochlorid*, $C_{17}H_{17}NO_3 \cdot HCl$, F. 167°; aus Essigester/Methanol Prismen. — *o-Di-n-butylamino-*, $C_{21}H_{27}NO_2$, F. 45—46°; aus Methanol Prismen. *Hydrochlorid*, $C_{21}H_{27}NO_2 \cdot HCl$, F. 131°; aus Essigester/Ae. Prismen. — *2.3-Dihydroxytoluol*, $C_7H_8O_2$, Kp.$_{11}$ 125—128°, a) durch fraktionierte Dest. der Rk.-Gemische aus 2-Propionylfuran u. dem jeweiligen sek. Amin; b) durch Lösen der rohen o-Amino-m-kresole in HCl u. Ausäthern; gelbes Öl. *Dibenzoyl-Deriv.*, $C_{21}H_{16}O_4$, F. 121°. — *Brenzcatechin*, F. 100—103°, durch Lösen des rohen Destillats des o-Morpholinophenols in HCl, Ausäthern, Eindampfen u. 2maliges Sublimieren. — *3-Methylfuroyl-(2)-essigsäureäthylester*, $C_{10}H_{12}O_4$, Kp.$_{11}$ 141°, durch Versetzen von 3-Methylfuran-2-carbonsäuremethylester u. Essigsäureäthylester unter Erwärmen mit Na u. etwas A., Abdestillieren des Methanols, 24std. Erhitzen auf 100°, Versetzen mit Eisessig u. W., Ausäthern u. Dest.; hellgelbes Öl; 45%. — *3-Methyl-2-acetylfuran*, $C_7H_8O_2$, Kp.$_{11}$ 62°, durch Kochen vorst. Verb. mit verd. H_2SO_4 bis zum Ende der CO_2-Entw., Ausäthern u. Dest.; Öl; 80%. P. GOLINSKE. 1320□

Synthese von Zwischenprodukten zur Darstellung von Chloramphenicol. Yee-Sheng Kao, Pei-Chuan Pan, Sheun-Hsing Loh, Chi-Hao Cheng und Hsiu-Yung Shu. (Acta chim. sinica **24.** 162—69. April 1958. Shanghai, Acad. Sinica, Ind. of Materia Medica.) (Chin.; Auszug: Engl. S. 168—169.) — C. **1962.** 5266.

W. LIEBSCHER. 1320

Synthese von organischen Verbindungen mit intramolekularen Wasserstoffbrückenbindungen. 1. Mitt. Synthese von α-Dichloracetamido-β-hydroxy-o-hydroxy-p-nitropropiophenon und verwandten Verbindungen. Yee-Sheng Kao und Pei-Chuan Pan. (Acta chim. sinica **24.** 240—54. Juni 1958. Shanghai, Acad. Sinica, Inst. of Materia Medica.) (Chin.; Auszug: Engl.) — C. **1960.** 805. W. LIEBSCHER. 1340

Kondensation von Ketonen mit Nitrilen unter den Bedingungen der Ritter-Reaktion. A. Ja. Chorlin, O. Ss. Tschishow und N. K. Kotschetkow. (Журнал Общей Химии [J. allg. Chem.] **29 (91).** 3411—16. Okt. 1959. Moskau, Univ.) (Russ.)

Aceton (I) reagiert mit Benzonitril (II) in konz. H_2SO_4 unter 2:1-Kondens. zu *2-Benzoylamino-2-methylpentanon-(4)* (**III**); die gleiche Verb. wird auch aus Mesityloxid oder Diacetonalkohol mit **II** gebildet. Auch andere Ketone lassen sich mit Nitrilen in Ggw. von H_2SO_4 zu *β-Acylaminoketonen* kondensieren. Acetonitril (**IV**) reagiert allg. etwas leichter als **II**, das sich nur mit reaktionsfähigen Ketonen umsetzen läßt. Bei den Ketonen sind Methylketone am reaktionsfreudigsten; Acetophenon (**V**) u. seine p-Substitutions-Prodd. konnten mit **II**, **IV**, Benzylcyanid u. Acrylonitril umgesetzt werden. Von cycl. Verbb. ließ sich nur Cyclohexanon der Rk. unterwerfen; bei Cyclopentanon, α-Tetralon, Campher, Indanon-(1) u. auch Propiophenon gelingt die Kondens. nicht. Als Rk.-Medium ist 96%ig. H_2SO_4 am besten geeignet. Niedrige Konzz. führen zu stark verminderter Ausbeute oder zum Ausbleiben der Rk., 100%ig. H_2SO_4 oder Oleum zu Verharzung. Für die Kondens. werden zwei mögliche Mechanismen erörtert. Für wahrscheinlich gehalten wird ein Verlauf über zunächst aus je 1 Mol. Keton u. Nitril gebildete α-Acylaminoalkohole, die mit einem 2. Mol. Keton weiter kondensieren. Hierfür spricht die Beobachtung, daß neben dem bekannten Beispiel des Formaldehyds auch Benzaldehyd (**VI**) mit **IV** in konz. H_2SO_4 zu *N.N'-Benzyliden-bis-acetamid* reagiert. Die analoge Rk. von Ketonen ist allerdings bisher nicht bekannt. **VI**, **IV** u. Malonsäurediäthylester (**VII**) lassen sich in konz. H_2SO_4 gemeinsam zu *α-[α-Acetylaminobenzyl]-malonsäurediäthylester* kondensieren.

Versuche: *2-Benzoylamino-2-methylpentanon-(4)* (III), F. 99,5—100,5°, a) durch Zutropfen von 11 ml H_2SO_4 (D. 1,84) zu 0,2 Mol **I** u. 0,1 Mol **II** bei 25°, mehrtägiges Stehen u. Verdünnen mit gesätt. Soda-Lsg.; 62% (Ausbeute); b) analog aus Mesityloxid; 78%; c) aus Diacetonalkohol; 37%. — *2-Acetylamino-2-methylpentanon-(4)*, $Kp._4$ 104 bis 106°, F. 44—45°, analog **III** aus **I** u. **IV**; 23%. — *2-Benzoylamino-2-äthylhexanon-(4)* [oder *4-Benzoylamino-3.4-dimethylhexanon-(2)*(?), vgl. Text], $C_{15}H_{21}NO_2$, F. 74—77° (PAe.), analog **III** aus Methyläthylketon u. **II**; 16%. — 2-Acylamino-2.4-diphenylbutanone-(4): *2-Acetylamino-*, $C_{18}H_{19}NO_2$, F. 93—94° (Cyclohexan), aus **V** u. **IV**; 74%. — *2-Phenacetylamino-*, $C_{24}H_{23}NO_2$, F. 86—87° (Cyclohexan), aus **V** u. Benzylcyanid; 84%. — *2-Acrylylamino-*, $C_{19}H_{19}NO_2$, F. 120—121° (A.), aus **V** u. Acrylonitril; 54%. — *2-Acetylamino-2.4-di-[p-tolyl]-butanon-(4)*, $C_{20}H_{23}NO_2$, F. 124—125° (Cyclohexan), aus p-Methylacetophenon u. **IV**; 86%. — *2-Acetylamino-2.4-bis-[p-methoxyphenyl]-butanon-(4)*, $C_{20}H_{23}NO_4$, F. 88—89° (Essigester–PAe.), aus p-Methoxyacetophenon u. **IV**; 67%. — *2-[1-Acetylaminocyclohexyl]-cyclohexanon*, F. 139—140° (PAe.), aus Cyclohexanon u. **IV**; 72%. — *2-[1-Benzoylaminocyclohexyl]-cyclohexanon*, $C_{19}H_{25}NO_2$, F. 118,5—119,5° (Essigester–PAe.); 51%. — *N.N'-Benzyliden-bis-acetamid*, $C_{11}H_{14}N_2O_2$, F. 241—242° (A.), durch 3tägiges Stehen von **VI** mit **IV** in konz. H_2SO_4; 78%. — *α-[α-Acetylaminobenzyl]-malonsäurediäthylester*, $C_{16}H_{21}NO_5$, F. 81—82° (PAe.), durch 3tägiges Stehen von **VI** mit **IV** u. **VII** in konz. H_2SO_4; 55%. H.-E. TOUSSAINT. 1340□

Zur Kenntnis der Umsetzungsprodukte von Siliciumtetrarhodanid mit Pyridin und Chinolin. E. Schnell und G. Wersin. (Mh. Chem. **92.** 647—53. 19/7. 1961. Innsbruck, Univ., Inst. für Anorgan. u. Analyt. Chem.) (Dt.)

Durch Umsetzung von Siliciumtetrarhodanid (I) mit Pyridin (II), Chinolin (**III**) u. Isochinolin (**IV**) werden Addukte (A) erhalten, deren elektr. Leitfähigkeit in Aceton auf die Zus. $[Si(NCS)_2B_2]\cdot(SCN)_2$ hindeutet, wobei B **II**, **III** oder **IV** sein kann. Auch die Rk. der A mit $FeCl_3$ spricht für diese Formulierung. Röntgenpulverdiagramme u. IR-Spektren der A u. einiger Vgl.-Substanzen werden angegeben u. diskutiert. Aus den IR-Spektren wird geschlossen, daß die an Si gebundenen Rhodanidgruppen in Isothiocyanatform vorliegen. Die A sind farblose an der Luft u. gegenüber W. beständige Verbb., die sich bei 100° im Vakuum zersetzen u. von alkohol. KOH unter Bldg. von Na-Silicat, Na-Rhodanid u. der entsprechenden tert. Base gespalten werden.

Versuche: *Siliciumtetrarhodaniddipyridinaddukt*, $C_{14}H_{10}N_6S_4Si$, F. 100° (Zers.), durch Zugabe von **II** in Bzl. zu **I** in Bzl. u. 2std. Stehen. — *Siliciumtetrarhodaniddichinolinaddukt*, $C_{22}H_{14}N_6S_4Si$, analog vorst. Verb. aus **I** u. **III**. — *Siliciumtetrarhodaniddiisochinolinaddukt*, $C_{22}H_{14}N_6S_4Si$, analog vorst. Verb. aus **I** u. **IV**. K. RÜHLMANN. 1380□

Einige organische Fluorsilane. L. W. Breed und Mary E. Whitehead. (J. org. Chemistry **27.** 632—33. 9/2. 1962. Kansas City, Mo., Midwest Res. Inst.) (Engl.)

Durch Rk. von Diäthoxymethylphenylsilan u. einem 50%ig. molaren Überschuß an Bortrifluoridätherat (I) entstehen in guten Ausbeuten die entsprechenden *Fluorsilane.*

Versuche: *p-Phenylen-bis-[difluormethylsilan]*, $C_8H_{10}F_4Si_2$, Kp.$_{32}$ 99°, durch 3std. Erwärmen von p-Phenylen-bis-[diäthoxymethylsilan] u. I auf 58° u. fraktionierte Dest.; 82% (Ausbeute). — *[p-(Difluormethylsilyl)-benzyl]-difluormethylsilan*, $C_9H_{12}F_4Si_2$, Kp.$_{29}$ 118°, analog vorst. Verb.; 78%. — *p-Phenylen-bis-[difluorphenylsilan]*, $C_{18}H_{14}F_4Si_2$, F. 55—66°, Kp.$_{0,25}$ 186—187°; 17%. — *p.p'-Bis-[difluormethylsilyl]-diphenyläther*, $C_{14}H_{14}F_4OSi_2$, F. 58—61°, Kp.$_{0,05}$ 105—115°; 43%. — *1.6-Bis-[difluormethylsilyl]-hexan*, Kp.$_{29}$ 100—102°; 77%. — *Difluormethylphenylsilan*, Kp. 141—142°, durch 3std. Erhitzen von Diäthoxymethylphenylsilan mit $^3/_4$ Mol I auf 60—70°, fraktionierte Dest. u. Auffangen der Fraktion vom Kp. 135—145°; 41,7%. — *1.3-Dimethyl-1.3-diphenyldisiloxandiol*, $C_{14}H_{18}O_3Si_2$, F. 80—82° (Hexan), durch $^1/_4$std. Zugabe vorst. Verb. zu NaOH in W. bei 0°, Filtrieren, Extrahieren mit Ae. u. Eindampfen; 23%.

P. Golinske. 1380□

Weitere Untersuchungen über die Synthese von quartären Hydrazinium- und Aminophosphoniumsalzen. Harry H. Sisler, H. S. Ahuja und Nathan L. Smith. (J. org. Chemistry **26.** 1819—21. 13/6. 1961. Gainesville, Fla., Univ. of Florida, Dep. of Chem.) (Engl.)

Tribenzyl- (**II**), Tris-[2-cyanäthyl]- (**III**; F. 92—95°) u. Diallylphenylphosphin (**IV**; Kp.$_{7-8}$ 118°) werden durch Einw. von Chloramin (I) in die entsprechenden *Aminophosphoniumchloride* übergeführt. Triphenylaminophosphoniumchlorid läßt sich mit MgH_2 unter Bldg. von *Triphenylphosphinimin* dehydrochlorieren. Aus Anilin wird bei der Chloraminierung in guten Ausbeuten *Phenylhydrazin* erhalten, Triäthylendiamin liefert analog *1-Aminobicyclo-[2.2.2]-1.4-diazacyclooctanchlorid.*

Versuche: *Aminotribenzylphosphoniumsalz, Chlorid*, $C_{21}H_{23}ClNP$, F. 220—221° (A.), durch Einleiten von 8,3 mMol I in Form eines I-NH_3-Gemisches in die Lsg. von 3,14 mMol II in Bzl. bei 25°, Filtration, Waschen mit Bzl. u. Vakuumtrocknung; 0,745 g (Ausbeute). *Pikrat*, $C_{27}H_{25}N_4O_7P$, F. 179,5—180,5°. *Hexachloroplatinat*, $C_{42}H_{46}Cl_6N_2P_2Pt$, F. 190 bis 191°. — *Tris-[2-cyanäthyl]-aminophosphoniumsalz, Pikrat*, $C_{15}H_{16}N_7O_7P$, F. 154°, analog vorst. Verb. aus 5 mMol I u. 2,76 mMol III in CH_2Cl_2 bei 18° u. Rk. des *Chlorids* (85%) mit Alkalipikrat. *Hexachloroplatinat*, $C_{18}H_{28}Cl_6N_8P_2Pt$, F. 210° (Zers.). — *Aminodiallylphenylphosphoniumsalz, Anthrachinon-β-sulfonat*, $C_{26}H_{24}NO_5PS$, F. 181—183°, analog vorst. Verb. 25 mMol I u. 15,1 mMol IV in Ae. über das *Chlorid* (90%). *Hexachloroplatinat*, $C_{24}H_{34}Cl_6N_2P_2Pt$, F. 192—193°. — *Triphenylphosphinimin*, F. 122,5 bis 123,5°, durch ½std. Erhitzen von 1,6 mMol Triphenylaminophosphoniumchlorid mit 11,4 mMol MgH_2 auf 250°, Kühlen, 1std. Erhitzen auf 285° bei 0,5 mm, wobei das Imin sublimiert; 30%. — *1-Aminobicyclo-[2.2.2]-1.4-diazacyclooctanchlorid*, durch Einleiten von 20 mMol I in die Lsg. von 62,4 mMol Triäthylendiamin in Bzl., Waschen mit Bzl. u. Vakuumtrocknung; 3,4 g. *Pikrat*, F. 247—248°. — *Phenylhydrazin*, Kp.$_{1,7}$ 88°, durch 75 Min. langes Einleiten von 50 mMol I in 0,46 Mol Anilin bei 15—20° u. Dest.; n_D^{25} 1,6080; 46% (roh).

L. Lamza. 1380

Über die Trennung asymmetrischer Arsoniumverbindungen in optisch aktive Antipoden. Gilm Kamai und Ju. F. Gatilow. (Доклады Академии Наук СССР [Ber. Akad. Wiss. UdSSR] **137.** 91—93. 1/3. 1961. Kasan, Chem. Inst. der Akad. der Wiss. der UdSSR.) (Russ.)

Durch Rk. von Äthylphenylchlorarsin mit Alkylmagnesiumhalogeniden wurden *Alkyläthylphenylarsine* dargestellt u. mit Allyl- u. Benzylbromid in die *Arsoniumbromide* übergeführt. Letztere liefern mit d-π-Bromcamphersulfonsäure (I) die entsprechenden Salze, die bis auf Äthylphenyl-n-amylbenzylarsoniumbromid (II), das mit I ein krist. Salz gibt, als Öle erhalten werden. Aus dem II-Salz wird opt.-akt. d-II isoliert. Äthylphenylarsine: *Methyl-*, $C_9H_{13}As$, Kp.$_{10}$ 85—86°; $D._4^{20}$ 1,2023; n_D^{20} 1,5642. — *n-Propyl-*, $C_{11}H_{17}As$, Kp.$_{10}$ 108—109°; $D._4^{20}$ 1,1415; n_D^{20} 1,5492. — *n-Butyl-*, $C_{12}H_{19}As$, Kp.$_{10}$ 122 bis 123°; $D._4^{20}$ 1,1187; n_D^{20} 1,5438. — *n-Amyl-*, $C_{13}H_{21}As$, Kp.$_{10}$ 133—134°; $D._4^{20}$ 1,0971; n_D^{20} 1,5371. — *n-Hexyl-*, $C_{14}H_{23}As$, Kp.$_{10}$ 145—146°; $D._4^{20}$ 1,0862; n_D^{20} 1,5340. — *n-Heptyl-*, $C_{15}H_{25}As$, Kp.$_{10}$ 163—164°; $D._4^{20}$ 1,0661; n_D^{20} 1,5271. — *n-Octyl-*, $C_{16}H_{27}As$, Kp.$_{10}$ 171—172°; $D._4^{20}$ 1,0514; n_D^{20} 1,5221. — *n-Nonyl-*, $C_{17}H_{29}As$, Kp.$_{10}$ 181—182°; $D._4^{20}$ 1,0327; n_D^{20} 1,5170. — Arsoniumbromide: *Methyläthylphenylallyl-*, $C_{12}H_{18}$·AsBr, F. 84—85°; 93,1% (Ausbeute). — *Äthyl-n-propylphenylallyl-*, $C_{14}H_{22}AsBr$, F. 105 bis 106°; 93,9%. — *Äthyl-n-butylphenylallyl-*, $C_{15}H_{24}AsBr$, F. 77—78°; 87,8%. — *Äthyl-n-propylphenylbenzyl-*, $C_{18}H_{24}AsBr$, F. 154—156°; 84,7%. — *Äthyl-n-amylphenylbenzyl-* (II), $C_{20}H_{28}AsBr$, F. 108—109°; 79,2%. — Trennung von II in die Diastereomeren: Man gibt zu 8,01 g II in W. die Lsg. von 7,91 g I-Ag-Salz, filtriert AgBr ab, dampft im Vakuum ein, löst in Äthylacetat, dampft etwas ein u. läßt stehen: *Äthyl-n-amyl-*

phenylbenzylarsonium-d-π-bromcamphersulfonat, $C_{30}H_{42}O_4AsBrS$, F. 159° (1. Fraktion; F. 156° 2. Fraktion). Das Salz (1. Fraktion) wird mit KBr-Lsg. zersetzt: *d-Äthyl-n-amylphenylbenzylarsoniumbromid* (*d*-II), $C_{20}H_{28}AsBr$, F. 111°; $[\alpha]_D$ +16,5°.

HELMUT SCHÄFER. 1380□

Untersuchung der Möglichkeit, bei der Darstellung von Ferrocen aus Cyclopentadienylmagnesiumbromid und Eisen(III)-chlorid den Diäthyläther durch höher siedende Lösungsmittel zu ersetzen. Je. B. Ssokolowa, M. P. Schebanowa und W. A. Shitschkina. (Журнал Общей Химии [J. allg. Chem.] **30** (**92**). 2040—42. Juni 1960. Moskau, Chem.-Technol. Mendelejew-Inst.) (Russ.)

Bei der Synth. von *Ferrocen* (I) durch Rk. von Cyclopentadienyl-MgBr (II) mit $FeCl_3$ läßt sich der als Lsgm. verwendete Ae. durch Di-n-butyl-, Diisoamyläther u. andere Lsgm. ersetzen. In Anisol oder Phenetol ist II jedoch so wenig akt., daß es mit $FeCl_3$ kein I bildet. Erst nach Zusatz von Dioxan findet die Rk. statt. Verwendet man $FeCl_2$ an Stelle von $FeCl_3$, so erhöht sich die Ausbeute an I, wenn Ae. als Lsgm. verwendet wird.

Versuche: Man gibt zu Äthyl-MgBr (aus 6 g Mg, 27 g Äthylbromid, 100 ml Lsgm.) 16,5 g Cyclopentadien im gleichen Vol. Lsgm., dann 10 g $FeCl_3$ in 100 ml Lsgm., rührt 1 Std. lang auf dem Wasserbad, läßt über Nacht stehen, gießt in gesätt. NH_4Cl-Lsg. u. dest. mit Wasserdampf; 60% (Ausbeute) in Ae., 61,3% in Di-n-butyläther, 45,7% in Diisoamyläther, 0% in Anisol, 38% bei Zusatz von Dioxan im 2. Rk.-Stadium, 0% bei Phenetol, 40% bei Zusatz von Dioxan im 2. Rk.-Stadium. Bei Verw. von $FeCl_2$: 71,2% in Ae., 71,2% in Tetrahydrofuran, 0% in Anisol, 36,6% unter Zusatz von Dioxan.

HELMUT SCHÄFER. 1810□

Umlagerung von Dienen mit Eisenpentacarbonyl. J. E. Arnet und R. Pettit. (J. Amer. chem. Soc. **83**. 2954—55. 5/7. 1961. Austin, Tex., Univ., Dep. of Chem.) (Engl.)

Bei 7std. Erhitzen von 100 g Cyclooctadien-(1.5) (I) mit wenig $Fe(CO)_5$ (II) auf 115° tritt Isomerisierung zu 94 g *Cyclooctadien-(1.3)* (III) ein. Statt II können zur Isomerisierung von I zu III auch Bicycloheptadien-Fe-Tricarbonyl, Cyclooctatetraen-Fe-Tricarbonyl oder Hexadien-Fe-Tricarbonyl verwendet werden, nicht dagegen Cyclohexadien-(1.3)-Fe-Tricarbonyl. Mit $Mo(CO)_6$, $Cr(CO)_6$, $Ni(CO)_4$ u. $W(CO)_6$ an Stelle von II wird I ebenfalls nicht isomerisiert. II wandelt außer I auch andere nicht konjugierte Diene in konjugierte Diene um, die jedoch meist als Dien-Fe-Tricarbonyl-Verbb. anfallen. So liefert II mit Cyclohexadien-(1.4) *Cyclohexadien-(1.3)-Fe-Tricarbonyl*, das mit der aus Cyclohexadien-(1.3) u. II gebildeten Verb. ident. ist. Mit Hexadien-(1.5) bildet II ein Gemisch aus *Hexadien-(1.3)*- u. *Hexadien-(2.4)-Fe-Tricarbonyl*.

G. MEINHARDT. 1810□

Alkylierung von α-Chloräthern und α-Chlorestern mit Olefinen. D. Ss. Mechtijew, B. F. Pischnamassade, Sch. D. Gassanowa und R. M. Mamedowa. (Доклады Академии Наук Азербайджанской ССР [Ber. Akad. Wiss. ArmenSSR] **15**. 1115—18. 1959. Inst. für petrochem. Prozesse.) (Russ.; Auszug: Armen.)

Durch Rk. von Chlormethyläthern mit Cyclohexen in Ggw. von $ZnCl_2$ werden *1-Chlor-2-alkoxymethylcyclohexane* u. durch Rk. von Chlormethylestern mit Propylen bzw. Cyclohexen *γ-Chlorbutylester* bzw. *1-Chlor-2-acyloxymethylcyclohexane* dargestellt.

Versuche: 1-Chlorcyclohexane: *2-Methoxymethyl-*, $Kp._{49}$ 109—113°, aus Chlordimethyläther durch Zutropfen von Cyclohexen bei 10—15° in Ggw. von 3—5 Gew.-% $ZnCl_2$; n_D^{20} 1,4660; $D._4^{20}$ 0,0302; 37,2% (Ausbeute); gibt mit alkohol. KOH *1-Methoxymethylcyclohexen-(1)*, $Kp._{52}$ 82—84,5°; n_D^{10} 1,4575; $D._4^{20}$ 0,9045. — *2-Äthoxymethyl-*, $Kp._{50}$ 122—124°, analog vorst. Verb. aus α-Chlormethyläthyläther u. Cyclohexen; n_D^{20} 1,4618; $D._4^{20}$ 0,9993; 21,9%. — *2-n-Propoxymethyl-*, $Kp._{50}$ 134—138°, aus α-Chlormethyl-n-propyläther; n_D^{20} 1,4605; $D._4^{20}$ 0,9845; 29,8%. — *2-n-Butoxymethyl-*, $Kp._{50}$ 152—154°, aus α-Chlormethyl-n-butyläther; n_D^{20} 1,4620; $D._4^{20}$ 0,9712; 16,9%. — *2-n-Pentoxymethyl-*, $Kp._{47}$ 168—170°, aus α-Chlormethyl-n-pentyläther; n_D^{20} 1,4635; $D._4^{20}$ 0,9612; 27,1%. — *2-Acetoxymethyl-*, $Kp._3$ 91—93°, analog aus Essigsäurechlormethylester u. Cyclohexen; n_D^{20} 1,4820; $D._4^{20}$ 1,1214; 18,9%; gibt bei der Hydrolyse mit wss. KOH *1-Chlor-2-hydroxymethylcyclohexan*, $Kp._3$ 91—92°; n_D^{20} 1,4925; $D._4^{20}$ 1,1231. — *2-Önanthoyloxymethyl-*, $Kp._4$ 139—143°, aus Önanthsäurechlormethylester u. Cyclohexen; n_D^{20} 1,4715; $D._4^{20}$ 1,0150; 13,2%. — *Buttersäure-γ-chlorbutylester*, $Kp._4$ 92 bis 94°, aus Buttersäurechlormethylester u. Propen; n_D^{20} 1,4345; $D._4^{20}$ 1,0181; 6,7%. — *Isovaleriansäure-γ-chlorbutylester*, $Kp._5$ 93—95°, aus Isovaleriansäurechlormethylester u. Propen; n_D^{20} 1,4333; $D._4^{20}$ 1,0025; 6,5%. — *Capronsäure-γ-chlorbutylester*, $Kp._5$ 95,5 bis 97°, aus Capronsäurechlormethylester u. Propen; n_D^{20} 1,4224; $D._4^{20}$ 0,9508; 19,6%.

B. CELMS. 1860

Cyclische Peroxide. Étienne Szarvasi. (Chim. et Ind. **78**. 480—82. Nov. 1957. Dép. des Recherches de l'Air Liquide.) (Franz.)

Vf. erhielt durch Einw. von H_2O_2 auf Cyclohexanon (I) in essigsaurem Medium verschiedene *Cyclohexylperoxide*.

Versuche: *Bis-[1-hydroperoxycyclohexyl-(1)]-peroxid*, $C_{12}H_{22}O_6$, F. 82—82,5° (Essigester), aus ½ Mol I u. 1 Mol H_2O_2 in Essigsäure bei 40°; 46,5% (Ausbeute). — *1-Hydroxycyclohexyl-(1)-hydroperoxid*, $C_6H_{12}O_3$, F. 77—78° (Essigester), analog; 81%. — *Cyclohexylidenperoxid*, $C_6H_{10}O_2$, F. 70—72° (A.), analog; explodiert beim Erhitzen auf 135°; 55—65%. — *1.1'-[Cyclohexylidendiperoxy]-dicyclohexylperoxid*, $C_{18}H_{30}O_6$, F. 91—92° (Essigester), durch Rk. von ½ Mol I in Essigsäureanhydrid mit 54%ig. H_2O_2 (½ Mol) u. 0,5 g Mo-Oxid; 21%. — *1-Hydroxy-1'-hydroperoxydicyclohexylperoxid*, nach MILAS [1939] bei 40°; 51%. H. HENZE. 1860

Untersuchungen an organischen Schwefelverbindungen. 11. Mitt. **Über die Reaktion von Enaminen mit Schwefelwasserstoff.** Carl Djerassi und B. Tursch. (J. org. Chemistry **27**. 1041—42. März 1962. Stanford, Calif., Stanford Univ., Dep. of Chem.) (Engl.) — 10. vgl. C. **1961**. 6501.

Bei der Behandlung von 1-Morpholinocyclohexen (I) bzw. -cyclopenten mit H_2S in Dimethylformamid (DMF) entstehen nicht, wie von NOMURA u. TAKEUCHI (vgl. nachst. Ref.) angegeben, Thionocyclohexan bzw. -cyclopentan, sondern *1.1-Dimercaptocyclohexan* bzw. *-cyclopentan*. In DMF-Ae. werden aus I sowie aus 3-Morpholino-Δ^2-cholesten u. H_2S die trimeren Thione erhalten.

Versuche: *1-Morpholinocyclohexen* (I), $C_{10}H_{17}NO$, Kp.$_{20}$ 143—145°, aus 5,5 g Cyclohexanon u. Morpholin in Ggw. von p-Toluolsulfonsäure in Bzl., 12 Std. unter Rückfluß; 7,2 g (Ausbeute). — *1.1-Dimercaptocyclohexan*, $C_6H_{12}S_2$, Kp.$_{13}$ 70—72°, aus 6,6 g I u. H_2S in DMF, 6 Std. bei 0°; 5,2 g. — *Dicyclohexyldisulfid*, $C_{12}H_{22}S_2$, Kp.$_1$ 115°, aus vorst. Verb. durch Pyrolyse bei 320°. — *1.1-Dimercaptocyclopentan*, $C_5H_{10}S_2$, Kp.$_{10}$ 70—72°, aus *1-Morpholinocyclopenten* ($C_9H_{15}NO$, Kp.$_{25}$ 126°, analog I; 87%) u. H_2S in DMF, 6 Std. bei 0°; 69%. — *Trimeres Cyclohexanthion*, $C_{18}H_{30}S_3$, F. 95—99° (Methanol), Kp.$_{0,1}$ 125°, aus I u. H_2S in DMF-Ae.; 76%. — *3-Morpholino-Δ^2-cholesten*, $C_{31}H_{53}NO$, F. 119—124° (Ae.-Methanol), aus 745 mg Cholestan-3-on analog I; $[\alpha]_D$ +43° (c = 1,0; Chlf.); 698 mg. — *Trimeres Cholestan-3-thion*, $C_{81}H_{138}S_3$, F. 153—155° (Methanol-Chlf.), aus 472 mg vorst. Verb. u. H_2S in DMF-Ae., 3 Std. bei 0°; $[\alpha]_D$ +21° (c = 1,0; Chlf.); 416 mg. A. TREDE. 1890□

Reaktion von Enaminen. 1. Mitt. **Die Darstellung von Thiocarbonylverbindungen.** Yujiro Nomura und Yoshito Takeuchi. (Bull. chem. Soc. Japan **33**. 1743. Dez. 1960. Meguro-ku, Tokyo, Univ. of Tokyo, Coll. of Gen. Educat., Dep. of Chem.) (Engl.)

Die Rk. von Enaminen mit H_2S führt ebenso wie die Rk. von Carbonyl-Verbb. mit H_2S in saurem Milieu zu Thiocarbonylverbindungen. Nach der letzten Meth. werden, im Gegensatz zur ersten Meth., des öfteren trimere Verbb. erhalten. Der Rk.-Mechanismus wird als nucleophiler Angriff des SH^--Ions auf das Proton eines hypothet. Zwischenprod. gedeutet. Die Struktur wurde durch IR-Spektrum u. durch Misch-F. des 2.4-Diphenylhydrazons mit einer über die Carbonyl-Verb. hergestellten authent. Verb. bewiesen.

Versuche: *Cyclohexanthion*, Kp.$_{15}$ 77—78°, aus 1-Morpholinocyclohexen-(1) in 90 cm³ Dimethylformamid durch 6std. Einleiten von H_2S u. Abscheidung als Öl mit 6n HCl; 73% (Ausbeute). *2.4-Dinitrophenylhydrazon*, F. 159—160°. — *Cyclopentanthion*, Kp.$_8$ 63—65°, aus *1-Morpholinocyclopenten-(1)* analog vorst. Verb.; 68%. *2.4-Dinitrophenylhydrazon*, F. 145—146°. K. HINTERAUER. 1890□

Nucleophile Addition sekundärer aliphatischer α-Ketole an α,β-ungesättigte Ketone. Jean Colonge und Pierre Brison. (Bull. Soc. chim. France **1962**. 96—98. Jan. Lyon, École Supér. de Chim. Ind., Fac. des Sci., Chim. organ.) (Franz.)

MICHAEL-Kondens. von Butanol-(2)-on-(3) (I) bzw. Pentanol-(2)-on-(3) (II) mit 2-Methylbuten-(1)-on-(3) (III) bzw. Benzalaceton (IV) gab substituierte Cyclohexenone, deren Struktur durch Überführung in die entsprechenden Phenole bzw. aromat. KW-Stoffe bewiesen wurde.

Versuche: *1.4.5-Trimethylcyclohexen-(3)-ol-(1)-on-(2)*, $C_9H_{14}O_2$, Kp.$_2$ 77—79°, aus I u. III in Ggw. von 2n methanol. KOH (15 Min. langes Rühren, exotherme Rk., dann 3std. Stehen); D.$_4^{25}$ 1,032, n_D^{25} 1,4890; 20% (Ausbeute). — *2.4.5-Trimethylphenol*, $C_9H_{12}O$, F. 70° (Nadeln aus PAe.), Kp.$_{15}$ 120—123°, aus vorst. Verb. u. 85%ig. H_3PO_4 (90 Min. bei 100°); 70%. *Acetat*, F. 34° (PAe.). — *1.4-Dimethyl-6-phenylcyclohexen-(3)-ol-(1)-on-(2)* (V), $C_{14}H_{16}O_2$, F. 157° (A.), Kp.$_2$ 156—160°, aus I u. IV wie oben (exotherm bis 90°); 80%. — *2.5-Dimethyl-3-hydroxybiphenyl*, $C_{14}H_{14}O$, F. 92° (Nadeln aus PAe.), Kp.$_5$ 160°, aus V u. H_3PO_4; 80%. *Acetat*, $C_{16}H_{16}O_2$, F. 50° (verd. A.). *p-Nitrobenzoat*, $C_{21}H_{17}NO_4$, F. 140° (A.). — *2.5-Dimethylbiphenyl*, $C_{14}H_{14}$, Kp.$_4$ 107—108°, durch Behandeln von 10 g V mit $LiAlH_4$ in Ae. bei 0° u. Behandeln mit 85%ig. H_3PO_4 (2 Std. bei 100°); D.$_4^{25}$ 0,987, n_D^{25} 1,5775; 4 g. — *1.3.4.5-Tetramethylcyclohexen-(3)-ol-(1)*-

on-(2) (**VI**), $C_{10}H_{16}O_2$, Kp.$_{21}$ 132—135°, Kp.$_3$ 99°, aus **II** u. **III**; D.$_4^{25}$ 1,015, n_D^{25} 1,4870; 42%. *Semicarbazon*, $C_{11}H_{19}N_3O_2$, F. 198° (A./PAe.). — *2.3.4.6-Tetramethylphenol*, $C_{10}H_{14}O$, F. 78° (Nadeln), Kp.$_{17}$ 131°, aus **VI** u. H_3PO_4; 74%. *p-Nitrobenzoat*, $C_{17}H_{17}NO_4$, F. 86—91° (A.). — *1.2.3.5-Tetramethylbenzol*, $C_{10}H_{14}$, Kp.$_{25}$ 85°, aus **VI** u. $LiAlH_4$, dann H_3PO_4; D.$_4^{25}$ 0,877, n_D^{25} 1,5040; 30%. — *1.2.3.5-Tetramethyl-4.6-dibrombenzol*, $C_{10}H_{12}Br_2$, F. 198°, Nadeln (A.). — *1.3.4-Trimethyl-6-phenylcyclohexen-(3)-ol-(1)-on-(2)*, $C_{15}H_{18}O_2$, Kp.$_2$ 148—150°, aus **II** u. **IV**; n_D^{25} 1,5510; 82%. — *2.4.5-Trimethyl-3-hydroxybiphenyl*, $C_{15}H_{16}O$, Kp.$_3$ 135—138°, aus vorst. Verb. u. H_3PO_4; n_D^{25} 1,5710; 70%. *Acetat*, $C_{17}H_{18}O_2$, Kp.$_4$ 163—164°, n_D^{25} 1,5596. *Dinitrobenzoat*, $C_{22}H_{18}N_2O_6$, F. 72°, braune Kristalle. — *2.4.5-Trimethylbiphenyl*, $C_{15}H_{16}$, Kp.$_5$ 120—121°, D.$_4^{25}$ 0,982, n_D^{25} 1,5730; 47%.

J. Rothe. 1980□

Nucleophile Addition sekundärer alicyclischer α-Ketole an α,β-ungesättigte Ketone. J. Colonge und P. Brison. (Bull. Soc. chim. France **1962**. 98—101. Jan.) (Franz.) — Vgl. vorst. Referat.

Michael-Kondens. von Cyclohexanol-(2)-on (**I**) bzw. 4-Methylcyclohexanol-(2)-on (**II**) mit 2-Methylbuten-(1)-on-(3) (**III**), Benzalaceton (**IV**) bzw. Mesityloxid (**V**) führte zu substituierten *Oktalolonen*, deren Konstit. durch Umwandlung in die entsprechenden *Naphthalin-Derivv.* bewiesen wurde. Die Strukturen von **I** u. **II** werden diskutiert; der pK_A-Wert von **I** ist abhängig von der Zeit, die seit der Dest. der Probe vergangen ist [30 Min. nach der Dest : (pK_A) 6,25; 20 Std.: 7,75]. Vff. nehmen an, daß allmählicher Übergang in die Endiol-Form erfolgt.

Versuche: *2-Methyl-9-hydroxy-3-keto-1.2.3.5.6.7.8.9-oktahydronaphthalin* (**VI**), $C_{11}H_{16}O_2$, F. 90° (PAe./A.), Kp.$_1$ 135°, aus **I** u. **III** in A. in Ggw. von 2n methanol. KOH (30 Min. langes Rühren; exotherme Rk., dann 3std. Stehen); 66% (Ausbeute). *Semicarbazon*, $C_{12}H_{19}N_3O_2$, F. 214°. — *2-Methyl-3-keto-1.2.3.5.6.7-hexahydronaphthalin*, $C_{11}H_{14}O$, F. 87° (PAe.), Kp.$_2$ 114—116°, aus **VI** u. 85%ig. H_3PO_4 (1 Std. bei 100°); 55%. — *2-Methyl-3-hydroxynaphthalin*, $C_{11}H_{10}O$, F. 161° (Flitter aus PAe.), aus vorst. Verb. u. 5%ig. Pd-Kohle in sd. p-Cymol (2½ Std.); 68%. — *2-Methyldekalol-(9)-on-(3)*, $C_{11}H_{18}O_2$, Kp.$_1$ 132°, aus **VI** u. H_2/Raney-Ni. *Semicarbazon*, $C_{12}H_{21}N_3O_2$, F. 208—209°. — *2.3-Dimethyl-3.9-dihydroxydekalin*, $C_{12}H_{22}O_2$, F. 192°, Nadeln (PAe./A.), aus vorst. Verb. u. CH_3MgJ in sehr schlechter Ausbeute. — *2-Methyl-3.9-dihydroxydekalin*, $C_{11}H_{20}O_2$, F. 179°, Nadeln (PAe./A.), Kp.$_1$ 126—128°, aus vorvorst. Verb. u. H_2/Raney-Ni; 75%. — *2-Methyldekalol-(3)*, $C_{11}H_{20}O$, Kp.$_{22}$ 132—136°, durch Erhitzen von 30 g vorst. Verb. mit 85%ig. H_3PO_4 u. Hydrieren des erhaltenen Gemisches (17,5 g) von *3-Hydroxy-2-methyl-$\Delta^{1.9}$* (**VII**) u. *-Δ^9-oktalin* an Raney-Ni; D.$_4^{25}$ 0,978, n_D^{25} 1,4942. *Saures Phthalat*, F. 164°. — *2-Methylnaphthalin*, $C_{11}H_{10}$, Kp.$_{16}$ 110—115°, durch Behandeln von **VII** mit H_3PO_4 (3 Std. bei 120—150°) u. Erhitzen von 5 g des erhaltenen *2-Methylhexalins* (Kp.$_{13}$ 90 bis 95°) mit S (4 Std. 180—220°); 2 g. *Pikrat*, $C_{17}H_{13}N_3O_7$, F. 115°. — *1-Phenyl-9-hydroxy-3-keto-1.2.3.5.6.7.8.9-oktahydronaphthalin*, $C_{16}H_{18}O_2$, F. 153° (PAe./A.), Kp.$_{0,5}$ 195—200°, aus **I** u. **IV**; 50%. *Oxim*, $C_{16}H_{19}NO$, F. 216°. — *1-Phenyl-3-keto-1.2.3.5.6.7-hexahydronaphthalin*, $C_{16}H_{16}O$, F. 97° (PAe.), aus 6 g vorst. Verb. u. H_3PO_4; 3,25 g. *Oxim*, $C_{16}H_{17}NO$, F. 154°. — *1-Phenyl-3.9-dihydroxydekalin*, $C_{16}H_{22}O_2$, F. 165°, Kp.$_{13}$ 166—175°, aus vorvorst. Verb. u. H_2/Raney-Ni. — *1-Phenyl-4.5.6.7.8.10-hexahydronaphthalin*, $C_{16}H_{18}$, Kp.$_{3,5}$ 131—132°, aus vorst. Verb. u. H_3PO_4; D.$_4^{25}$ 1,028, n_D^{25} 1,5742; 68%. — *Fluoranthen*, $C_{16}H_{10}$, F. 110° (PAe.), Kp.$_3$ 150—180°, aus 13 g vorst. Verb. u. S (3 Std. bei 190—220°); 4 g. *Pikrat*, F. 185°. — *1.1-Dimethyl-9-hydroxy-3-keto-1.2.3.5.6.7.8.9-oktahydronaphthalin*, $C_{12}H_{18}O_2$, Kp.$_{15}$ 131°, aus **I** u. **V**; D.$_4^{25}$ 1,002, n_D^{25} 1,4980; 46%. — *1.1-Dimethyl-3.9-dihydroxydekalin*, $C_{12}H_{22}O_2$, Kp.$_6$ 122—123°, aus vorst. Verb. u. H_2/Raney-Ni. — *2.7-Dimethyl-9-hydroxy-3-keto-1.2.3.5.6.7.8.9-oktahydronaphthalin*, $C_{12}H_{18}O_2$, Kp.$_3$ 142—144°, aus **II** u. **III**; n_D^{25} 1,5149; 50%. — *2.7-Dimethyl-3-keto-2.3.5.6.7.8-hexahydronaphthalin*, $C_{12}H_{16}O$, Kp.$_3$ 133—135°; n_D^{25} 1,5482. — *3.6-Dimethylnaphthol-(2)*, $C_{12}H_{12}O$, F. 172° (Toluol), aus vorst. Verb. u. Pd-Kohle in sd. p-Cymol; 70%. — *7-Methyl-1-phenyl-9-hydroxy-3-keto-1.2.3.5.6.7.8.9-oktahydronaphthalin*, $C_{17}H_{20}O_2$, F. 150° (PAe./A.), aus **II** u. **IV**; 64%. — *7-Methyl-1-phenyl-3.9-dihydroxydekalin*, $C_{17}H_{24}O_2$, F. 177°, Kp.$_3$ 200—205°, aus vorst. Verb. u. H_2/Raney-Ni. — *7-Methyl-1-phenyl-4.5.6.7.8.10-hexahydronaphthalin*, $C_{17}H_{20}$, Kp.$_4$ 162—163°, aus vorst. Verb. u. Polyphosphorsäure; D.$_4^{25}$ 1,017, n_D^{25} 1,5734. — *1-Methylfluoranthen*, $C_{17}H_{12}$, F. 72°, hellgelbe Nadeln (A.), aus 12 g vorst. Verb. u. S (5 Std. bei 190—220°); 5,5 g roh. *Pikrat*, $C_{23}H_{15}N_3O_7$, F. 199°. — *1.1.7-Trimethyl-9-hydroxy-3-keto-1.2.3.5.6.7.8.9-oktahydronaphthalin*, $C_{13}H_{20}O_2$, Kp.$_{11}$ 124—126°, aus **II** u. **V**; D.$_4^{25}$ 0,995; n_D^{25} 1,4900; 35—40%.

J. Rothe. 1980□

Synthese einiger Thiolester der dl-cis-trans-Chrysanthemummonocarbonsäure. Mario R. Altamura, Louis Long jun. und Torsten Hasselstrom. (J. org. Chemistry **27.** 594—96. Febr. 1962. Natick, Mass., U. S. Army, Quartermaster Res. and Engng. Center, Organ. Chem. Labor.) (Engl.)

Die Darst. von 9 *Thiolestern* sowie des *Piperazoniumsalzes* u. des *Piperidids* der *dl-cis-trans-2.2-Dimethyl-3-isobutenylcyclopropancarbonsäure-(1)* (I) wird beschrieben.

Versuche: dl-cis-trans-2.2-Dimethyl-3-isobutenylcyclopropanthiolcarbonsäure-(1)-alkylester, durch Zugabe von I-Chlorid (II) zu dem entsprechendem Mercaptan in Bzl. in Ggw. von Pyridin bei 0—2° u. 12 Std. bei Raum-Temp.: *-methyl-*, $C_{11}H_{18}OS$, Kp.$_{0,8}$ 48—53°, n_D^{25} 1,5090; 67,1% (Ausbeute). — *-äthyl-*, $C_{12}H_{20}OS$, Kp.$_{0,8}$ 71 bis 72°, n_D^{20} 1,5023; 56%. — *-n-Propyl-*, $C_{13}H_{22}OS$, Kp.$_{0,94}$ 114—115°, n_D^{25} 1,5009; 46,3%. — *-isopropyl-*, $C_{13}H_{22}OS$, Kp.$_{0,96}$ 97,0—99,5°, n_D^{25} 1,4973; 62,5%. — *-n-butyl-*, $C_{14}H_{24}OS$, Kp.$_{0,92}$ 126,8—127,2°, n_D^{25} 1,4980; 69,2%. — *-allyl-*, $C_{13}H_{20}OS$, Kp.$_{0,22}$ 95,7 bis 96,2°, n_D^{25} 1,5128; 60,0%. — *-furfuryl-*, $C_{15}H_{20}O_2S$, Kp.$_{0,96}$ 148,5—154°, n_D^{25} 1,5342; 61,9%. — *-piperonyl-*, $C_{18}H_{22}O_3S$, n_D^{25} 1,5526; 9,6%. — *-6-brompiperonyl-*, $C_{18}H_{21}BrO_3S$; 92,9%. — *Dipiperonyldisulfidsulfhydrat*, $C_{16}H_{14}O_4S_2 \cdot H_2S$, F. 114,7—115,6° (A.-Aceton), durch Zugabe von Piperonal zu mit H_2S u. NH_3 gesätt. A., 3 Wochen bei 3°; 11,6%. — *Piperonylmercaptan*, durch Red. vorst. Verb. mit $LiAlH_4$; 91%. — *6.6'-Dibromdipiperonyldisulfid* (III), $C_{16}H_{12}Br_2O_4S_2$, F. 115,2—118,7° (A.); 24,9%; u. III·*H_2S*, $C_{16}H_{14}Br_2O_4S_3$, F. 136,4—138,2° (A.-Aceton); 39,2%; durch Zugabe von 6-Brompiperonal zu mit H_2S u. NH_3 gesätt. A., 3 Wochen bei 0° u. Trennung durch Kristallisation aus A.-Aceton. — *6-Brompiperonylmercaptan*, $C_8H_7BrO_2S$, F. 103,7—106,7°, aus III oder III·H_2S u. $LiAlH_4$; 48,8%. — *1.4-Piperazonium-di-dl-cis-trans-chrysanthemummonocarboxylat*, $C_{24}H_{42}N_2O_4$, F. 129,5—130,5° (Aceton), durch Zugabe von Piperazinhexahydrat zu I in A. u. 12 Std. bei Raum-Temp.; 27,8%. — I-*Piperidid*, $C_{15}H_{25}NO$, Kp.$_{0,33}$ 127°, durch Zugabe von Piperidin zu II in Bzl. u. 12 Std. bei Raum-Temp.; 28,5%.

A. TREDE. 2010□

Untersuchung der Einwirkung von Halogenmagnesiumenolaten auf α-Aminoäther und α-Aminonitrile. Micheline Charpentier-Morize, Henriette Rivière und Bianca Tchoubar. (Bull. Soc. chim. France **1962.** 273—82. Febr. Gif-sur-Yvette, Seine-et-Oise, C.N.R.S., Inst. de Chim. des Substances Naturelles.) (Franz.) — Vgl. C. **1962.** 827.

Die Einw. der Halogenmagnesiumenolate von α-trisubstituierten Ketonen auf α-Aminoäther ergibt *β-Aminoketone*: Piperidinomethyläthyläther (I) kondensiert sich z. B. mit 6 in 1-Stellung substituierten Cyclohexylmethyl-, Cyclohexylphenyl- oder Cyclohexylcyclohexylketonen zu *Cyclohexyl-β-piperidinoäthylketon-Derivv.*, die teilweise auch durch MANNICH-Rk. dargestellt werden konnten. Analog ergab das MgBr-Enolat des 2.2-Dimethylcycloheptanons (II) *2.2-Dimethyl-7-piperidinomethylcycloheptanon.* Die Halogen-Mg-Enolate von [1-Methylcyclohexyl]-methylketon (III) bzw. Pinakolin (IV) lieferten dagegen mit I, Piperidinomethyl-tert.-butyläther (V) u. Diäthylaminomethyläthyläther (VI) ein je nach Lsgm., Alkoxygruppe des verwandten Aminoäthers u. enolisierendem Reagens verschieden zusammengesetztes Gemisch von *β-Amino-β'-hydroxyketon* u. *β.β'-Diaminoketon.* Mit Diäthylaminoacetonitril (VII) ergaben die Halogen-Mg-Enolate von [1-Cyclohexylcyclohexyl]-methylketon (VIII) bzw. II *α-Amino-β-diketone,* dagegen wurde Dimethylaminodimethylacetonitril (IX) durch VIII-Enolat zu *β.β-Dimethyl-β-dimethylaminoäthyl-[1-cyclohexylcyclohexyl]-keton* (X) substituiert. Analog lieferte IX mit IV-Enolat *β.β-Dimethyl-β-dimethylaminoäthyl-tert.-butylketon* (XI), das schon bei Raum-Temp. in $NH(CH_3)_2$ u. *2.2.5-Trimethylhexen-(4)-on-(3)* (XII) zerfällt. XII sowie das durch HOFMANN-Abbau aus X erhaltene *1.1-Pentamethylen-1-cyclohexyl-4-methylpenten-(3)-on-(2)* bilden X u. XI mit $NH(CH_3)_2$ bei 80° nur zu 2—3% zurück. Vff. postulieren für die Bldg. der Mg-Halogenolate aus Keton u. GRIGNARD-Verb. sowie für die anschließende Aminoalkylierung des Enolates einen 6gliedrigen cycl., durch α-Substituenten ster. wenig behinderten Übergangszustand.

Versuche: *Mg-Halogenenolate,* a) durch Zutropfen einer äquialenten Menge GRIGNARD-Verb. zur Ae.- oder Tetrahydrofuran-Lsg. des Ketons; b) durch Einw. einer 0,5n Lsg. des α-Bromketons in Ae. auf die äquivalente Menge Mg. — *α-Aminoäther*, durch Zugabe des 10fachen Überschusses an Alkohol zu einer unter Eiskühlung gesätt. Lsg. von Trioxymethylen (XIII) u. Amin in W. u. Sättigen mit K_2CO_3; 60—80% (Ausbeute). — 1.1-Pentamethylenbutanone-(2), durch Eintropfen von Keton-Mg-Halogenolat in eine Lsg. des Amins in Ae.: *1-Cyclohexyl-4-piperidino-*, $C_{20}H_{35}NO$, Kp.$_{0,05}$ 138—140° (Zers.), aus VIII-Enolat u. I; 60%; ergibt bei der Dest. teilweise das entsprechende *Äthylenketon. Hydrochlorid,* $C_{20}H_{36}ClNO$, F. 230°. — *1-Cyclohexyl-4-diäthylamino-*, $C_{19}H_{35}NO$, Kp.$_{0,1}$ 132—135°, aus VIII u. VI; n_D^{28} 1,4928; 78%. *Hydrochlorid,* $C_{19}H_{36}ClNO$, F. 166°. *Jodmethylat,* $C_{20}H_{38}JNO$; ergibt durch HOFMANN-Abbau *CH_2O* u. VIII, das mit $LiAlH_4$ zu *[1-Cyclohexylcyclohexyl]-methylcarbinol* (F. 112°) red. wurde. — *1-Phenyl-4-piperidino-*, $C_{20}H_{29}NO$, a) wie vorst. aus α.α-Pentamethylenbenzylmethylketon (XIV)

u. I; 75%; b) durch 24std. Kochen von **XIV**, Piperidin (**XV**) u. Formalin in abs. A.; <3%. *Hydrochlorid*, $C_{20}H_{30}ClNO$, F. 190—192°. — *2.2-Dimethylcycloheptanon-(1)* (**II**), durch Einw. von konz. H_2SO_4 auf 1.1-Pentamethylen-2-methylpropandiol-(1.2) bei 0°. *Semicarbazon*, F. 172—173°. — *2.2-Dimethyl-7-piperidinomethylcycloheptanon-(1)*, $C_{15}H_{27}NO$, Kp.$_{0,05}$ 93—94°, a) durch Enolisieren von **II** mit Mesityl-MgBr (**XVI**) u. Rk. mit **I** in Ae.; 90%; b) durch 18std. Kochen von **II**, **XIII** u. **XV**-Hydrochlorid in A.; 5%; n_D^{25} 1,4935. *Hydrochlorid*, $C_{15}H_{28}ClNO$, F. 190°. — *[1-Bromcyclohexyl]-cyclohexylketon* (**XVII**), $C_{13}H_{21}BrO$, F. 66°, durch Einw. einer 10%ig. Lsg. von Br_2 in CCl_4 bei Raum-Temp. auf Cyclohexylcyclohexylketon; 85%. — 1.1-Pentamethylen-2-piperidinoäthylketone: *Phenyl-*, Kp.$_{1,5}$ 195—198°, F. 44°, aus Cyclohexylphenylketon–MgBr-Enolat u. **I** in Ae.; 65%. *Hydrochlorid*, $C_{19}H_{28}ClNO$, F. 190°. *Jodmethylat*, F. 202°. — *Cyclohexyl-*, Kp.$_{0,05}$ 137—139°, durch Einw. von **XVII** auf Mg u. Rk. mit **I**; 55%. *Hydrochlorid*, $C_{19}H_{34}ClNO$, F. 175°. *Jodmethylat*, F. 190°. — *[1-Methylcyclohexyl]-methylketon* (**III**), Kp.$_{17}$ 75°, durch 2std. Kochen von 8 g 1-Methylcyclohexancarbonsäurechlorid mit 0,1 Mol $Cd(CH_3)_2$ in 80 ml Bzl. unter Rühren, Zers. mit Eis u. Säure u. Extraktion mit Ae.; 3,5 g; n_D^{25} 1,4532. — *1.1-Pentamethylen-1-methyl-3-piperidinomethyl-4-piperidinobutanon-(2)*, $C_{21}H_{38}N_2O$, F. 65—67°, a) durch Enolisieren von **III** mit **XVI** oder mit tert.-Butyl–MgCl (**XVIII**) u. Rk. mit **I** in abs. Ae.; 50%; b) aus **III**-Enolat u. **V** in Ae. oder durch Zugabe von **XVIII** zu **III** in Tetrahydrofuran u. Einw. dieser Lsg. auf **V**; 20%; daneben 12% *1.3-Bis-[1-methylcyclohexyl]-2-piperidinomethylbutanol-(3)-on-(1)* ($C_{24}H_{43}NO_2$), F. 140—142°. — *2.2.5.6.6-Pentamethyl-4-diäthylaminomethylheptanol-(5)-on-(3)*, Kp.$_{22}$ 122—124°, durch Einw. des Enolats aus **IV** u. **XVIII** auf **VI** in Ae.; 20%. *Hydrochlorid*, $C_{17}H_{36}ClNO_2$, F. 250°. — *2.2.5.6.6-Pentamethyl-4-piperidinomethylheptanol-(5)-on-(3)*, $C_{18}H_{35}NO_2$, F. 103—106°, aus **IV**-Enolat u. **I** in Ae.; 46%. — *2.2-Dimethyl-4-piperidinomethyl-5-piperidinopentanon-(3)*, $C_{18}H_{34}N_2O$, F. 65—67°, a) durch Einw. des Enolats aus **IV** u. **XVIII** auf **V**; 30%; b) wie vorst. aus **IV**, **XVIII** u. **I** in Tetrahydrofuran. — *1.1-Pentamethylen-1-cyclohexyl-4-methyl-4-dimethylaminopentanon-(2)* (**X**), $C_{19}H_{35}NO$, aus **VIII**-Mg-Halogenenolat u. **IX**; 28%. *Hydrochlorid*, $C_{19}H_{36}ClNO$, F. 204° (Zers.). *Jodmethylat*, $C_{20}H_{38}JNO$, F. 230°. — *1.1-Pentamethylen-1-cyclohexyl-4-methylpenten-(3)-on-(2)*, $C_{17}H_{18}O$, Kp.$_5$ 185—188°, F. 40—42°, a) aus vorst. Jodmethylat; b) durch Dest. des aus Aceton u. **VIII**-Enolat hergestellten *1.1-Pentamethylen-1-cyclohexyl-4-methylpentanol-(3)-ons-(2)* in Ggw. von wenig J_2; 70%; liefert mit $NH(CH_3)_2$ in 14 Std. bei 140° oder 20° 2% **X** zurück. — *2.2.5-Trimethyl-5-dimethylaminohexanon-(3)* (**XI**), durch Einw. des Enolats aus **IV** u. **XVIII** auf **IX** in Ae.; 30%; zersetzt sich bei Raum-Temp. zu *2.2.5-Trimethylhexen-(4)-on-(3)* (**XII**), das $NH(CH_3)_2$ bei 140° u. bei Raum-Temp. in 140 Std. zu 2% unter Bldg. von **XI** addiert. — *7.7-Dimethyl-2-diäthylaminoacetylcycloheptanon-(1)*, $C_{15}H_{27}NO_2$, Kp.$_{22}$ 145—146°, durch Zugabe des Enolats aus **II** u. **XVI** zu **VII** in Ae.; 75%. *Hydrochlorid*, F. 142°. — *1.1-Pentamethylen-1-cyclohexyl-5-diäthylaminopentandion-(2.4)*, aus **VIII**-Mg-Halogenenolat u. **VII** in Ae.; 60%. *Hydrochlorid*, $C_{20}H_{36}ClNO_2$, F. 182° (W.), λ_{max} 260 mμ, ε 16000 (A.). GISELA SCHREIBER. 2140□

Synthese von substituierten Cyclobutankohlenwasserstoffen durch Kalium-katalysierte Dimerisation von β-Alkylstyrolen. Herman Pines und Joseph Shabtai. (J. Amer. chem. Soc. **83**. 2781—82. 20/6. 1961. Evanston, Ill., Northwestern Univ., Dep. of Chem., Ipatieff High Pressure and Catalyt. Labor.) (Engl.)

Vff. berichten über eine neue Dimerisations-Rk. von *Styrolen* in Ggw. katalyt. Mengen K zu *Cyclobutanen*. Der Rk.-Mechanismus u. die Maxima der UV-Spektren werden diskutiert.

Versuche: *1.3-Dimethyl-2.4-diphenylcyclobutan* (**II**), $C_{18}H_{20}$, Kp.$_{0,5}$ 118—122°, durch 3std. Erhitzen einer Lsg. von β-Methylstyrol (**I**; 65% trans- u. 35% cis-Isomeres) in Methylcyclohexan in Ggw. von K auf 100°; n_D^{20} 1,5455; 90% (Ausbeute, bezogen auf umgesetztes **I**). — *1.3-Diphenyl-2-methylpentan*, $C_{18}H_{22}$, Kp.$_{0,4}$ 113—114°, a) durch Hydrieren vorst. Verb. bei 235° in Ggw. von Pt/Al_2O_3 als Katalysator; b) durch CLAISEN-SCHMIDT-Kondens. von Propiophenon u. Hydrierung des gebildeten *Ketoolefins*; n_D^{20} 1,5365. — *1.5-Diphenyl-4-methylpenten-(1)*, Kp.$_{0,5}$ 140—141°, durch Dimerisierung von **I** in Äthylcyclohexan bei 135° analog **II**; n_D^{20} 1,5710. — *1.1.3.3-Tetramethyl-2.4-diphenylcyclobutan*, $C_{20}H_{24}$, F. 133°, aus β.β-Dimethylstyrol analog **II** bei 110°; 90%.

W. HAMPEL. 2210□

Tetraacyloxysilane in der organischen Synthese. 26. Mitt. Vergleich der Reaktionsfähigkeit von Tetraacyloxysilanen und Acyloxytrichlorsilanen bei der Acylierung von Benzol und Thiophen. Ju. K. Jurjew, S. W. Beljakowa und W. P. Wolkow. (Журнал Общей Химии [J. allg. Chem.] **29** (**91**). 3873—80. Dez. 1959. Moskau, Univ.) (Russ.) — 25. vgl. C. **1961**. 2593.

Bei der Acylierung von Bzl. u. Thiophen (**III**) unter FRIEDEL-CRAFTS-Bedingungen liefern die aus aliphat. u. aromat. Carbonsäuren mit überschüssigem $SiCl_4$ leicht zugänglichen Acyloxytrichlorsilane (I; Meth. **A**) allg. mindestens ebenso hohe Ausbeuten an *Phenyl-* bzw. *α-Thienylketonen* wie die entsprechenden Säurechloride. Tetraacyloxysilane (II; Meth. **B**) geben dagegen etwas ungünstigere Ergebnisse.

Versuche: Acylierung von Bzl. nach **A**: Zugeben von 0,13 Mol $AlCl_3$ zu 0,1 Mol I in abs. Bzl., 2–5std. Erwärmen auf 30–50°, ½std. Kochen, Gießen auf Eis, Wasserdampf-Dest., Ausäthern, Ausziehen des Ae.-Extraktes mit wss. NaOH [→ *Carbonsäuren*] u. Eindampfen; nach **B**: analog mit dem aus 0,1 Mol der Carbonsänre u. 0,03 Mol $SiCl_4$ dargestellten II. – Benzophenone: *o-Methyl-*, $C_{14}H_{12}O$, Kp.$_5$ 140–141°, D.$_4^{20}$ 1,1098, n_D^{20} 1,5943, nach **A** 76%, nach **B** 70%. – *p-Methyl-*, F. 58,5–59°, nach **A** 88%, nach **B** 73%. – *o-Chlor-*, F. 45–45,5°, nach **A** 70%, nach **B** 35% (daneben *o-Chlorbenzoesäure*, F. 140–141°, 52%). – *p-Chlor-*, F. 76–77°, nach **A** 77%, nach **B** 30% (daneben *p-Chlorbenzoesäure*, F. 240–241°, 58%). – *o-Nitro-*, F. 104–105°, nach **A** 81%, nach **B** 29% (daneben *o-Nitrobenzoesäure*, F. 145–146°, 57%). – *m-Nitro-*, F. 94–95°, nach **A** 76%, nach **B** 44% (daneben *m-Nitrobenzoesäure*, F. 139–140°, 45%). – *p-Nitro-*, F. 137 bis 138°, nach **A** 82%, nach **B** 40% (daneben *p-Nitrobenzoesäure*, F. 237–238°, 48%). – *Phenyl-α-naphthylketon*, F. 75,5–76°, nach **A** 56%, nach **B** 42% (daneben *α-Naphthoesäure*, F. 158–159°, 30 bzw. 45%). – *Phenyl-α-thienylketon*, F. 56–56,5°, nach **A** 50%, nach **B** 42%. – *Phenyl-α-furylketon*, $C_{11}H_8O_2$, Kp.$_5$ 132–133°, D.$_4^{20}$ 1,1817, n_D^{20} 1,6045, nach **A** 45%, nach **B** 30%. – Acylierung von III nach **A**: Zugeben von 0,05 Mol $SnCl_4$ zu 0,1 Mol I u. 0,1 Mol III in absol. Bzl. unter Kühlung, 4std. Erwärmen auf 40–60°, 15 bis 20 Min. langes Kochen, Zers. mit Eiswasser, Dest. mit auf 300° erhitztem Dampf, Sättigen der wss. Phase des Destillats mit K_2CO_3 u. Ausäthern; nach **B**: analog mit den II. – α-Thienylketone: *Methyl-*, Kp.$_{10}$ 88–89°, D.$_4^{20}$ 1,1747, n_D^{20} 1,5660, nach **A** 95%. – *Äthyl-*, Kp.$_5$ 82–83°, D.$_4^{20}$ 1,1381, n_D^{20} 1,5545, nach **A** 92%. – *n-Propyl-*, Kp.$_5$ 96–97°, D.$_4^{20}$ 1,1025, n_D^{20} 1,5444, nach **A** 96%. – *Isopropyl-*, Kp.$_{10}$ 110–111°, D.$_4^{20}$ 1,1070; n_D^{20} 1,5459, nach **A** 80%. – *n-Butyl-*, Kp.$_6$ 106–107°, D.$_4^{20}$ 1,0749, n_D^{20} 1,5355, nach **A** 95%. – *Isobutyl-*, Kp.$_5$ 92–93°, D.$_4^{20}$ 1,0659, n_D^{20} 1,5323, nach **A** 90%, nach **B** 86%. – *tert.-Butyl-*, Kp.$_5$ 101–102°, D.$^{20}_4$ 1,0729, n_D^{20} 1,5359, nach **A** 75%. – *n-Amyl-*, Kp.$_6$ 119–120°, D.$_4^{20}$ 1,0528, n_D^{20} 1,5291, nach **A** 95%. – *n-Heptyl-*, Kp.$_5$ 147–148°, D.$_4^{20}$ 1,0142, n_D^{20} 1,5188, nach **A** 86%. – *Phenyl-*, nach **A** 80%. – *α-Naphthyl-*, F. 69,5–70°, nach **A** 69%. – *α-Furyl-*, $C_9H_8O_2S$, Kp.$_5$ 140–141°, D.$_4^{20}$ 1,3217, n_D^{20} 1,6332, nach **A** 28%, nach **B** 21%. – *Di-α-thienylketon*, $C_9H_6OS_2$, F. 89,5 bis 90°, nach **A** 60%, nach **B** 51%. H.-E. TOUSSAINT. 2360□

Die Kondensation von 1-Phenylpropanon-(2) mit aromatischen Aldehyden. R. A. Abramovitch und A. Obach. (Canad. J. Chem. **37**. 502–04. Febr. 1959. Saskatoon, Saskatchewan, Univ. of Saskatchewan, Dep. of Chem.) (Engl.)

1-Phenylpropanon-(2) (I) reagiert mit aromat. Aldehyden in Ggw. von wenig Piperidin (Pi) u. n-Heptansäure (Hp) unter Bldg. von *cis-1-Aryl-2-phenylbuten-(1)-onen-(3)*, die durch NaOCl zu *cis-α-Phenylzimtsäuren* oxydiert werden. – IR-Absorption vgl. Original.

Versuche: cis-2-Phenylbuten-(1)-one-(3): *1-Phenyl-*, F. 54–55° (wss. A.), durch 24std. Kochen von I u. Benzaldehyd in Bzl. in Ggw. von wenig Pi u. Hp bei gleichzeitiger azeotroper Dest. von W.; 52,7% (Ausbeute); gibt durch ½std. Schütteln mit NaOCl (durch Einleiten von Cl_2 in wss. NaOH bei 0°) bei 90° u. Ansäuern der filtrierten Lsg. mit SO_2 *cis-α-Phenylzimtsäure* (F. 169,5–170,5°; 54%). – *1-[m-Nitrophenyl]-*, $C_{16}H_{13}NO_3$, F. 79–80°, aus m-Nitrobenzaldehyd u. I analog vorst. Verb.; aus wss. A. gelbe Prismen; 57,2%; gibt bei der Oxydation mit NaOCl *cis-α-Phenyl-m-nitrozimtsäure* (F. 178–180°). – *1-[o-Nitrophenyl]-*, Kp.$_{0,6}$ 180–186°, aus o-Nitrobenzaldehyd u. I analog vorvorst. Verb.; orangerotes Öl; 12,8% (*2.4-Dinitrophenylhydrazon*, $C_{22}H_{17}N_5O_6$, F. 188–189°; aus Essigester/A. rote Prismen); gibt mit NaOCl *α-Phenyl-o-nitrozimtsäure* (F. 193–194°) u. mit NaOJ *Jodoform* (F. 115–118°). G. REISNER. 2360□

Untersuchungen über synthetische Curaremittel. 9. Mitt. **Monophenyl- und Diphenylsuccinylcholin.** Vittorio Rosnati und Hilde Angelini-Kothny. (Gazz. chim. ital. **88**. 1284–92. Dez. 1958. Roma, Ist. Superiore di Sanità, Labor. di Chim. terapeut.) (Ital.) – 8. vgl. Gazz. chim. ital. **87**. [1957.] 228.

Es werden der *β-Dimethylamino-* u. *β-Diäthylaminoäthylester* der *meso-α.α'-Diphenyl-* bzw. *α.α-Diphenylbernsteinsäure* dargestellt. Die *Dimethojodide* werden bzgl. ihrer pharmakolog. Eigg. untersucht. Außerdem wird in Abänderung der Darst. von PHILPOTT u. BARLTROP (C. **1956**. 9431) *β-Cyan-β.β-diphenylpropionsäureäthylester* durch Kondens. von Diphenylacetonitril mit Bromessigester in Ggw. von $NaNH_2$ dargestellt, wobei als Nebenprod. durch Abspaltung von HCN *β.β-Diphenylacrylsäureäthylester* entsteht.

Versuche: *meso-α.α'-Diphenylbernsteinsäure-bis-[β-dimethylaminoäthyl]-ester*, $C_{24}H_{32}N_2O_4$, F. 102–103° (Hexan), durch Zugabe von *β*-Dimethylaminoäthanol zu 6,5 g meso-α.α'-Diphenylbernsteinsäuredichlorid in Bzl. in der Kälte u. 1std. Erhitzen; 6,9 g (Ausbeute). — *Dijodmethylat*, $C_{26}H_{38}J_2N_2O_4$, F. 262—263° (A.). — *meso-α.α'-Diphenylbernsteinsäure-bis-[β-diäthylaminoäthyl]-ester*, $C_{28}H_{40}N_2O_4$, Kp.$_{0,5}$ 168—172°, durch rasche Zugabe von frisch dest. 1-Diäthylamino-2-chloräthan zu 10 g meso-α.α'-Diphenylbernsteinsäure in Isopropanol u. 2½std. Kochen (Meth. **A**); 9,1 g. *Dijodmethylat*, $C_{30}H_{46}\cdot J_2N_2O_4$, F. 220—221° (Zers.; A.). *Dijodäthylat*, $C_{32}H_{50}J_2N_2O_4$; hygroskop. Öl. — *β-Cyan-β.β-diphenylpropionsäureäthylester*, F. 107—108° (Hexan), durch langsames Zutropfen von 77,2 g Diphenylacetonitril u. Bromessigester in Toluol zu $NaNH_2$ in abs. Toluol unter Rühren bei —15°, Erhöhen der Temp. auf 20° u. 1std. Erhitzen; 46%; daneben die *freie Säure* ($C_{16}H_{13}NO_2$, F. 176—178°) u. 8 g *β.β-Diphenylacrylsäureäthylester* [$C_{17}H_{16}O_2$, Kp.$_{0,3}$ 124—130°; *Freie Säure*, $C_{15}H_{12}O_2$, F. 161—162° (PAe.)]. — *α.α-Diphenylbernsteinsäure-bis-[β-dimethylaminoäthyl]-ester*, $C_{24}H_{32}N_2O_4$, F. 45°, Kp.$_{0,08}$ 165—170°, durch 12std. Stehen von 5,4 g α.α-Diphenylbernsteinsäure mit PCl_5 bei Raum-Temp., Zugabe von Bzl., 2std. Erhitzen u. Umsetzen mit Dimethylaminoäthanol in Bzl.; 1,5 g. *Dijodmethylat*, $C_{26}H_{38}J_2N_2O_4$, F. 203—204° (A./Aceton). — *α.α-Diphenylbernsteinsäure-bis-[β-diäthylaminoäthyl]-ester*, $C_{28}H_{40}N_2O_4$, Kp.$_{0,8}$ 191—192°, nach **A** aus 1-Chlor-2-diäthylaminoäthan u. 25 g α.α-Diphenylbernsteinsäure; 22 g. *Dijodäthylat*, $C_{32}H_{50}J_2N_2O_4$; aus abs. Aceton hygroskop. Kristalle. H. KNIESZ. 2420□

Sulfonierung von β-Diketonen. 9. Mitt. **Indandion-(1.3)-disulfonsäure-(2.2) und ihre Salze.** E. Gudrinijetze, A. Ievinš, G. Wanag, W. Brunere und Ju. Bankowski. (Известия Академии Наук Латвийской ССР [Nachr. Akad. Wiss. LettSSR] **1960.** Nr. 3. 103—06. Chem. Inst. der Akad. der Wiss. der LettSSR.) (Russ.; Auszug: Dt.) — 7. vgl. C. **1962.** 11143.

Durch Sulfonierung von Indandion-(1.3) (**I**) mit 98%ig. H_2SO_4 wird *Indandion-(1.3)-disulfonsäure-(2.2)* (**II**) erhalten. Es wird eine Anzahl von **II**-Salzen dargestellt. Von **II**-*Na-Salz*, *2-Phenylindandion-(1.3)-sulfonsäure-(2)-Na-Salz*, **I**, *2-Chlor-2-carbäthoxy-indandion-(1.3)*, *2-Chlor-2-phenylindandion-(1.3)* u. *2-Brom-2-phenylindandion-(1.3)* werden die UV-Spektren angegeben.

Versuche: *Indandion-(1.3)-disulfonsäure-(2.2)* (**II**), *Di-Na-salz, Hydrat*, $C_9H_4Na_2\cdot O_8S_2\cdot H_2O$, man gibt zur Suspension von 15 g **I** in 50 ml 1.2-Dichloräthan bei 0—10° das Gemisch aus 14,4 ml 98%ig. H_2SO_4 u. 29 ml Acetanhydrid in 50 ml Dichloräthan, läßt ½ Std. stehen, saugt ab, nimmt den Nd. in wenig W. auf, stellt mit Soda auf pH 4 bis 5 ein u. sättigt mit NaCl; aus A. Prismen. *Di-Li-salz, Dihydrat*, $C_9H_4Li_2O_8S_2\cdot 2\,H_2O$; gelbe Kristalle. *Di-K-Salz*, $C_9H_4K_2O_8S_2$; Prismen. *Diammoniumsalz*, $C_9H_{12}N_2O_8S_2$; Plättchen. *Di-Ag-salz, Hemihydrat*, $C_9H_4Ag_2O_8S_2\cdot 0{,}5\,H_2O$; rechteckige Plättchen. *Ca-Salz, Tetrahydrat*, $C_9H_4CaO_8S_2\cdot 4\,H_2O$. *Sr-Salz, Hydrat*, $C_9H_4O_8S_2Sr\cdot H_2O$; rechteckige Kristalle. *Ba-Salz, Dihydrat*, $C_9H_4BaO_8S_2\cdot 2\,H_2O$; Nadeln. *Cd-Salz, Dihydrat*, $C_9H_4CdO_8S_2\cdot 2\,H_2O$; gelbe Prismen. *Hg-Salz*, $C_9H_4HgO_8S_2$; Plättchen u. Nadeln. *Pb-Salz*, $C_9H_4O_8PbS_2$; Rhomboeder. *Di-Tl-Salz*, $C_9H_4O_8S_2Tl_2$; Prismen. *Co-Salz, Pyridinaddukt, Dodekahydrat*, $C_{18}H_{10}CoO_{16}S_4\cdot 2\,C_5H_5N\cdot 12\,H_2O$. *Aniliniumsalz, Dihydrat*, $C_{21}H_{20}\cdot N_2O_8S_2\cdot 2\,H_2O$; Prismen. *Pyridiniumsalz, Dihydrat*, $C_9H_6O_8S_2\cdot 2\,C_5H_5N\cdot 2\,H_2O$. *Chinoliniumsalz*, $C_9H_6O_8S_2\cdot 2\,C_9H_7N$; Nadeln. — *Methandisulfonsäure (Methionsäure), Ba-Salz, Dihydrat*, $CH_2BaO_6S_2\cdot 2\,H_2O$, man dampft 0,7 g **II**-Di-Na-salz mit 1 g NaOH, 10 ml A. u. 2 ml W. ein, säuert mit HCl an, extrahiert mit Ae. (→ *Phthalsäure*) u. fällt aus der wss. Phase in der Hitze mit $BaCl_2$; 0,2 g (Ausbeute). HELMUT SCHÄFER. 2650□

Sulfonierung von β-Diketonen. 10. Mitt. **Sulfonierung von Dimedon.** E. Gudrinijetze, G. Wanag und L. Maskalke. (Журнал Общей Химии [J. allg. Chem.] **30**(**92**). 1904—11. Juni 1960. Riga, Polytechn. Inst.) (Russ.) — 9. vgl. vorst. Referat.

Dimedon (**I**) wird mit 1,3 Mol 99,5%ig. bzw. 85%ig. H_2SO_4 in Ggw. von 1,3 bzw. 2,6 Mol Acetanhydrid bei 45—50° in 95—98%ig. Ausbeute zu *Dimedon-2-sulfonsäure* (**II**) sulfoniert. Durch H_2SO_4 allein wird **I** bei 45—50° nicht sulfoniert, in Ggw. von weniger Acetanhydrid ist die **II**-Ausbeute sehr gering u. als Haupt-Prod. wird **I**-*Hydrogensulfat* erhalten, das die Struktur eines Oxoniumsalzes besitzt. **I**-Hydrogensulfat wird durch W. sofort zu **I** u. H_2SO_4 zersetzt, bei der Einw. von Acetanhydrid liefert es **II**, bei der Einw. von A. *Dimedonenoläthyläther*. **I** geht mit SO_3 ebenfalls in **II** über, mit überschüssigem SO_3 entsteht ein Additions-Prod. aus je 1 Mol **II** u. SO_3, das durch W. sofort in **II** u. H_2SO_4 zerlegt wird. Es werden die IR-Spektren von **I** u. **II**-Na- u. -Ammoniumsalz angegeben.

Versuche: *Dimedon* (**I**), *Hydrogensulfat*, F. 140—141°, a) durch ½std. Erhitzen von 0,7 ml 86%ig. H_2SO_4, 1,3 ml Acetanhydrid in 4 ml 1.2-Dichloräthan u. 1,4 g **I** auf dem Wasserbad u. Kühlen auf 0°; 67,5% (Ausbeute); daneben 21,5% **II**-*Na-Salz*; b) durch Erhitzen von 0,55 g **II** in 4 ml Toluol; 90,6%. *Enoläthyläther*, F. 56—57° (PAe.), durch 10 Min. langes Erwärmen von 2,38 g **I**-Hydrogensulfat u. 5 ml abs. A. auf 40°; 82%. — *Dimedon-2-sulfonsäure* (**II**), F. 101—102°, a) aus 2,38 g **I**-Hydrogensulfat durch

Zugabe von 5 ml Acetanhydrid; 77%; b) durch ½std. Erwärmen von 0,7 ml 99,5% ig. H_2SO_4, 1,3 ml Acetanhydrid, 1,4 g I u. 4 ml 1.2-Dichloräthan auf 40°; 70,5%; c) aus 0,7 ml 86% ig. H_2SO_4, der doppeltmol. Menge Acetanhydrid, 4 ml 1.2-Dichloräthan u. 1,4 g I (12 Std. auf dem Wasserbad); 91,5%; d) durch Einleiten von 0,8 g SO_3 in die Suspension von 1,4 g I in 10 ml Chlf.; 0,35 g; durch Aussalzen noch 2,1 g II-*Na-Salz;* 92%. HELMUT SCHÄFER. 2650□

Sulfonierung von β-Diketonen. 11. Mitt. **Derivate der Dimedon-2-sulfonsäure.** E. Gudrinijetze, G. Wanag und L. Maskalke. (Журнал Общей Химии [J. allg. Chem.] **30** (92). 2379–87. Juli 1960.) (Russ.) – 10. vgl. vorst. Referat.

Dimedon-2-sulfonsäure (I)-Na-Salz wird in das *Iminammoniumsalz, Phenylimin-aniliniumsalz, Anilid,* den *Methylester* u. das *Methylesterammoniumsalz* übergeführt. Bei der Rk. von I-Na-Salz mit elektrophilen Reagentien wird die Sulfogruppe substituiert; es werden durch entsprechende Rkk. *2-Nitro-, 2.2-Dichlor-, 2-Brom-, 2.2-Dibrom-, 2.2-Dijod-, 2-Benzolazo-* u. *2-[p-Nitrobenzolazo]-dimedon* erhalten. Die Struktur der Verbb. wird IR-analyt. sichergestellt.

Versuche: *Dimedon-2-sulfonsäure* (I), *Iminammoniumsalz,* $C_8H_{16}N_2O_4S$, F. 332 bis 335° (Zers.; verd. A.), durch 1std. Erhitzen von 8 g NH_4-Acetat, 9 ml Eisessig u. 2,42 g I-Na-Salz; 51% (Ausbeute). *Phenyliminaniliniumsalz,* $C_{20}H_{24}N_2O_4S$, F. 171° (A.), aus I-Na-Salz, Essigsäure u. Anilinacetat; 77,5%. *Anilid,* $C_{14}H_{17}NO_4S$, F. 188° (A.), man erhitzt 2,2 g I u. 4,5 ml $SOCl_2$ 4 Std. lang auf 65–75°, saugt überschüssiges $SOCl_2$ ab, löst in 20 ml Ae. u. gibt 2 ml Anilin in 10 ml Ae. zu; 16%. Daneben I-*Aniliniumsalz,* F. 119°. *Methylester,* $C_9H_{14}O_5S$, F. 69–70° (PAe.), aus 3,3 g I in 30 ml Ae. mit CH_2N_2 (aus 8 g Nitrosomethylharnstoff); 88,5%. *Methylester-O-ammoniumsalz,* $C_9H_{17}NO_5S$, F. 173–174° (Methanol), durch Einleiten von NH_3 in 1,17 g I-Methylester in 8 ml abs. A.; 95%. – *2-Nitrodimedon,* F. 102°, durch 3 Std. langes Rühren von 4,82 g I-Na-Salz unter 25 ml Ae. mit 2,6 ml rauchender HNO_3; 62%. – *2.2-Dichlordimedon,* F. 111° (A.), durch Zugeben von 2,42 g I-Na-Salz zu 6 ml SO_2Cl_2 unter Kühlung; 80%. – *2.2-Dibromdimedon,* F. 143–144° (CCl_4), durch Vermischen von I-Na-Salz mit 3 Mol Br_2 in Eisessig u. 2 Std. langes Stehen; 79%. – *2-Bromdimedon,* F. 174–175° (Bzl.), durch 20 Min. langes Rühren von 2,42 g I-Na-Salz (oder I) u. 1,6 g Br_2 in 30 ml Eisessig; 50%. – *2.2-Dijoddimedon,* $C_8H_{10}J_2O_2$, F. 139–140° (A.), man gibt zu 2,42 g I-Na-Salz (oder I) in 20 ml Eisessig 2,05 g Dioxan-JCl-Komplex; gelbe, glänzende Plättchen; 74%. – *2-Benzolazodimedon,* F. 142° (A.), man diazotiert 0,93 g Anilin in 7,5 ml 10% ig. HCl mit 0,93 g $NaNO_2$ in 6 ml W., gibt bei pH 4–5 2,42 g I-Na-Salz in 25 ml Eisessig zu u. saugt nach 2 Std. ab; orangefarben; 65%. – *2-[p-Nitrobenzolazo]-dimedon,* F. 215°, aus I-Na-Salz u. diazotiertem p-Nitroanilin; 84%. HELMUT SCHÄFER. 2650□

Darstellung von 1.5-Diphenylnaphthalin. A. S. Bailey. (Canad. J. Chem. **37.** 541–43. März 1959. Oxford, England, Dyson Perrins Labor.) (Engl.)

Die Darst. von *1.5-Diphenylnaphthalin* aus trans-1.5-Dioxodekalin (I) wird beschrieben. – UV- u. IR-spektroskop. Angaben vgl. Original.

Versuche: Naphthaline: *1-Hydroxy-5-oxo-1-phenyldekahydro-* (II), $C_{16}H_{20}O_2$, F. 163–164°, durch 5std. Kochen von Phenyl-MgBr in Ae. mit I (F. 160°) in Bzl., Zers. mit gesätt. NH_4Cl-Lsg. u. Benzolextraktion der wss. Schicht; aus Bzl. u. CH_3OH Plättchen; 45% (Ausbeute). *2.4-Dinitrophenylhydrazon,* $C_{22}H_{24}N_4O_5$, F. 207 bis 209°; aus CH_3COOH orangefarbene Nadeln. *Semicarbazon,* $C_{17}H_{23}N_3O_2$, F. 253–255°; aus 2-Methoxyäthanol Prismen. – *1.5-Dihydroxy-1.5-diphenyldekahydro-* (III), $C_{22}H_{26}O_2$, F. 275–277°, durch Eintropfen von I in Bzl. zu Phenyl-Li in Ae., 10std. Kochen unter N_2 u. Zers. mit NH_4Cl-Lsg.; aus 2-Äthoxyäthanol Plättchen; 87%. –

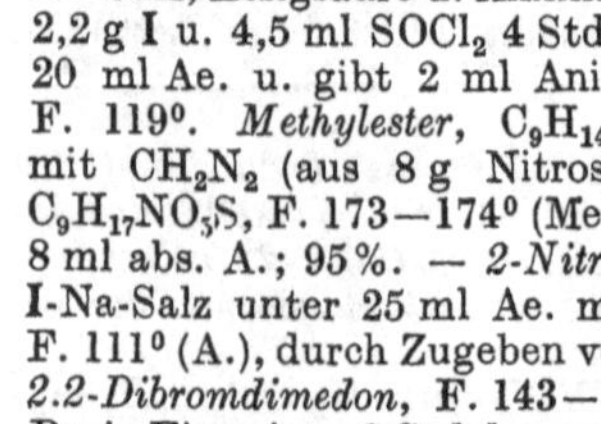

II III

1.5-Diphenyl-, $C_{22}H_{18}$, F. 223–224°, durch ½std. Kochen von III in HCOOH, Zugabe von $HCON(CH_3)_2$, 5 Min. langes Kochen, ½std. Erhitzen des abfiltrierten *1.5-Diphenylhexahydronaphthalins* [$C_{22}H_{22}$, F. 179–182° (Bzl.); 73%] mit 30% ig. Pd/Kohle auf 240°, ½std. Erhitzen auf 300°, ½std. Erhitzen auf 330° im H_2-Strom u. Chlf.-Extraktion; aus Bzl. Nadeln; 80%. G. REISNER. 2700□

Reaktionen von 1.3-Dihydroxy-2-naphthoesäureäthylester mit Ammoniak und Anilin. Yao-Tseng Huang, Kwei-Fan Tai und Li-Hsin Tai. (Acta chim. sinica **24.** 200–02. April 1958. Acad. Sinica, Inst. of Organ. Chem.) (Chin.; Auszug: Engl. S. 202.)

Bei der Rk. von 1.3-Dihydroxy-2-naphthoesäureäthylester mit NH_3 oder Anilin entstehen nicht, wie von METZNER [1897] angegeben, 3-Amino- bzw. 3-Anilino-1-hydroxy-

2-naphthoesäureäthylester, sondern *1.3-Dihydroxy-2-naphthoesäureamid* (I; $C_{11}H_9NO_3$, F. 175—176°) bzw. *-anilid* ($C_{17}H_{13}NO_3$, F. 189—190°). I bildet einen *Dimethyläther* ($C_{13}H_{13}NO_3$, F. 182—182,5°), der zu *1.3-Dimethoxy-2-naphthoesäurenitril* ($C_{13}H_{11}NO_2$, F. 98—98,5°) dehydratisiert werden kann. W. Liebscher. 2700□

Brückenringsysteme. 1. Mitt. Synthetische Wege zum Cloven. R. D. H. Murray, W. Parker und R. A. Raphael. (Tetrahedron [London] **16.** 74—79. Dez. 1961. Glasgow, Univ., Chem. Dep.) (Engl.)

Michael-Addition von Malonsäurediäthylester an 3-Methylcyclohexan-(2)-on, Hydrolyse u. Decarboxylierung liefern *3-Methylcyclohexanonessigsäure-(3)*. Kondens. ihres Methylesters mit Malonodinitril nach Knoevenagel gibt *3-Methoxycarbonylmethyl-3-methylcyclohexylidenmalonodinitril*. Letzteres liefert mit NaCN in Dimethylformamid *3-Methoxycarbonylmethyl-3-methyl-1-cyan-1-dicyanmethylcyclohexan*, das mit konz. HCl zu *1-Carboxy-3-methylcyclohexandiessigsäure-(1.3)* verseift wird. Dieckmann-Kondens. des *Trimethylesters* in großer Verdünnung sowie saure Hydrolyse u. Decarboxylierung führen zu einem Gemisch von *5-Methylbicyclo-[3.3.1]-nonanon-(3)-carbonsäure-(1)* (I) mit *5-Methylbicyclo-[3.2.1]-octanon-(7)-essigsäure-(1)* (II), aus dem nur I krist. erhalten wird. Behandlung des Säuregemisches mit Oxalylchlorid u. $AlCl_3$ gibt I-*Chlorid* u. *5-Methyl-7-chlor-7-hydroxybicyclo-[3.2.1]-octanessigsäure-(1)-lacton*, das chromatograph. abgetrennt wird. Kochen des Chlorlactons in Methanol liefert II-*Methylester*. Wolff-Kishner-Red. von I führt zu der entsprechenden *Nonancarbonsäure*. Umsetzung von I-Chlorid mit Isobuten in Ggw. von $SnCl_4$ u. Chromatographie über Al_2O_3 gibt *1-[β-Methylcrotonyl]-5-methylbicyclo-[3.3.1]-nonanon-(3)* (III), das keine innere Michael-Addition zum Clovenskelett eingeht. Es tritt unter diesen Rk.-Bedingungen eine Retroaldolspaltung zu *1-Acetyl-5-methylbicyclo-[3.3.1]-nonanon-(3)* ein. Letzteres wird auch aus I-Chlorid u. Diazomethan dargestellt. In III wird mit $NaBH_4$ selektiv die Seitenketten-CO-Gruppe zu der entsprechenden *Hydroxy-Verb.* reduziert. Vorst. Alkohol liefert mit p-Brombenzolsulfonylchlorid in Ggw. von Pyridin nicht das erwartete tricycl. Clovenskelett, sondern *1-[3-Methylbutadienyl]-5-methylbicyclo-[3.3.1]-nonanon-(3)*.

Versuche (FF. korr.): *3-Methylcyclohexen-(2)-on*, aus Acetessigsäureäthylester u. Paraformaldehyd in Ggw. von Piperidin u. Hydrolyse mit 20%ig. H_2SO_4. — *3-Methylcyclohexanonessigsäure-(3)*, $C_9H_{14}O_3$, Kp.$_{0,5}$ 145°, F. 51—53° (Ae.-PAe.), aus 480 g Malonsäurediäthylester u. Na in A. (2 Std.), Zutropfen von 330 g vorst. Verb. u. 5tägiges Rühren bei Raum-Temp., Zers. mit Eiswasser u. verd. HCl sowie Kochen des Rk.-Prod. in 10%ig. HCl (2 Tage); n_D^{20} 1,4840; 100 g (Ausbeute). *Methylester*, $C_{10}H_{16}O_3$, Kp.$_{0,5}$ 90—91°; *Semicarbazon*, $C_{11}H_{19}N_3O_3$, F. 150—151,5°, Nadeln ans Methanol. — *3-Methoxycarbonylmethyl-3-methylcyclohexylidenmalonodinitril*, $C_{13}H_{16}N_2O_2$, Kp.$_{0,1}$ 122—123°, aus 50 g vorst. Methylester u. 25 g Malonodinitril in Bzl. durch Kochen in Ggw. von Ammoniumacetat u. Eisessig (36 Std.); n_D^{19} 1,5068; 57,2 g. — *3-Methoxycarbonylmethyl-3-methyl-1-cyan-1-dicyanmethylcyclohexan*, $C_{14}H_{17}N_3O_2$, F. 120,5—122°, aus 35 g vorst. Verb. u. NaCN in Dimethylformamid (4 Tage), Stehenlassen mit Essigsäure über Nacht, Verdünnen mit W., Extrahieren mit Ae. u. Chromatographie an Silicagel; 26 g Stereoisomerengemisch (F. 106—120°); aus verd. Methanol Plättchen eines Isomeren. — *1-Carboxy-3-methylcyclohexandiessigsäure-(1.3)*, $C_{12}H_{18}O_6$, F. 157—175°, aus 26 g vorst. Verb. durch Kochen mit rauchender HCl (72 Std.), Sättigen mit $(NH_4)_2SO_4$-Lsg. u. Extrahieren mit Ae.; 23,5 g Stereoisomerengemisch. *Anhydrid*, $C_{12}H_{16}O_5$, F. 118—136°, durch Sublimieren der Säure; aus Ae.-Hexan Prismen. *Trimethylester*, $C_{15}H_{24}O_6$, Kp.$_{0,1}$ 135°, mit Diazomethan; n_D^{20} 1,4708. — *5-Methylbicyclo-[3.3.1]-nonanon-(3)-carbonsäure-(1)* (I), $C_{11}H_{16}O_3$, F. 127—129° (Äthylacetat), aus 30 g vorst. Trimethylesters in Xylol durch Zutropfen zu einer schnell gerührten Lsg. von K-tert.-Butylat in sd. Xylol (24 Std.), 8std. Kochen u. Abdest. des tert.-Butanols, Behandeln mit verd. HCl, Abtrennen des Xylols, Extrahieren der wss. Phase mit Ae., Dest. 122—150°/0,01 mm (19,2 g), Kochen des Öls mit 6n HCl (6 Std.), Sättigen mit Ammoniumsulfat u. Extrahieren mit Ae. gibt ein Gemisch von I u. II, aus dem I beim Behandeln mit PAe.-Ae. krist.; 6 g. *Chlorid*, Kp.$_{0,04}$ 88°, aus 2,95 g I u. Oxalylchlorid in Bzl. bei Raum-Temp. (über Nacht); n_D^{22} 1,5082; 2,7 g. *Methylester*, $C_{12}H_{18}O_3$, Kp.$_{0,05}$ 90°, n_D^{25} 1,4835; *Semicarbazon*, $C_{13}H_{21}$·N_3O_3, F. 193—194°, aus wss. Methanol Nadeln. — *5-Methylbicyclo-[3.2.1]-octanon-(7)-essigsäure-(1)* (II), *Methylester*, $C_{12}H_{18}O_3$, Kp.$_{0,02}$ 60°, aus 4,1 g Gemisch I u. II u. Oxalylchlorid in Bzl. in Ggw. von $AlCl_3$ auf dem Wasserbad (30 Min.) u. Chromatographie an Al_2O_3 über *5-Methyl-7-chlor-7-hydroxybicyclo-[3.2.1]-octanessigsäure-(1)-lacton* [$C_{11}H_{15}ClO_2$, F. 49—51°, aus Pentan Prismen; 2,1 g] neben I-Chlorid u. Kochen von 1,72 g des Lactons in Methanol in Ggw. von Na-Methanolat (3 Std.); n_D^5 1,4719; 0,943 g. — *5-Methylbicyclo-[3.3.1]-nonancarbonsäure-(1)*, $C_{11}H_{18}O_2$, F. 141—143° (Sublimation), aus 50 mg I in A. u. Hydrazinhydrat in Ggw. von Na durch Erhitzen auf 185° im Rohr (18 Std.); 40 mg. — *1-Acetyl-5-methylbicyclo-[3.3.1]-nonanon-(3)*, $C_{12}H_{18}O_2$, Kp.$_{0,01}$ 50°, a) aus

511 mg I-Chlorid in Ae. u. Diazomethan (24 Std.) über das *Diazoketon* [F. 60—85° (Zers.); gelb; 162 mg] u. Schütteln mit 55%ig. HJ in Chlf. (5 Min.); n_D^{23} 1,4951; 140 mg; b) aus III mit verd. H_2SO_4, KOH/Methanol, Na-Methanolat in Methanol bzw. N-Benzyltrimethylammoniummethylat in Methanol. *Bis-2.4-dinitrophenylhydrazon*, $C_{24}H_{26}N_8O_8$, F. 248—250°; aus Chlf.-Methanol gelbe Nadeln. — *1-[β-Methylcrotonyl]-5-methylbicyclo-[3.3.1]-nonanon-(3)* (III), $C_{15}H_{22}O_2$, Kp.$_{0,007}$ 108°, aus 6 g I-Chlorid u. Isobuten in Ggw. von $SnCl_4$ in Methylenchlorid bei —5° (114 Std.) u. Chromatographie an Al_2O_3 u. Silicagel; n_D^{20} 1,5165; 2,13 g. *Disemicarbazon*, $C_{17}H_{28}N_6O_2$, F. 253—254°, aus Methanol Nadeln. — *1-[1-Hydroxy-3-methylbuten-(2)-yl]-5-methylbicyclo-[3.3.1]-nonanon-(3)*, $C_{15}H_{24}O_2$, Kp.$_{0,01}$ 130°, aus 1,64 g III in Methanol mit $NaBH_4$ bei 0° (5½ Std.) u. Chromatographie an Silicagel; 1,45 g. — *1-[3-Methylbutadienyl]-5-methylbicylo-[3.3.1]-nonanon-(3)*, $C_{15}H_{22}O$, Kp.$_{0,01}$ 70°, aus 305 mg vorst. Verb. u. p-Brombenzolsulfonylchlorid in Ggw. von Pyridin durch Erhitzen auf dem Wasserbad (2 Std.) u. Chromatographie an Al_2O_3; n_D^{23} 1,5197; 210 mg. H. GLEINIG. 2950□

Isomerisierung und Abbau des 1.2-Benzanthracens. Alfredo Dansi. (Bull. Soc. chim. France **1962.** 101. Jan. Milano, Ist. di Chim. e Biochim. „G. Ronzoni".) (Franz.)

Vf. weist darauf hin, daß nicht BUU-HOÏ u. LAVIT-LAMY (vgl. C. **1962.** 3076 u. nachst. Ref.), sondern DANSI u. SALVIONI [1941] die ersten waren, die einen Anthracen-KW-Stoff (1.2-Benzanthracen) in einen Phenanthren-KW-Stoff (*Chrysen*) umgelagert haben. J. ROTHE. 2950□

Zur Umwandlung des 1.2-Benzanthracens in Chrysen durch Schmelzen mit Aluminiumchlorid (Erwiderung auf die Notiz von Herrn A. Dansi). N. P. Buu-Hoï und Denise Lavit-Lamy. (Bull. Soc. chim. France **1962.** 102. Jan. Gif-sur-Yvette, Seine-et-Oise, Inst. de Chim. des Substances Naturelles.) (Franz.) — Vgl. vorst. Referat.

Vff. halten ihre Behauptung aufrecht, die von ihnen (vgl. C. **1962.** 3076) gefundene Umlagerung von 10-Methyl-1.2-benzanthracen in *6-Methylchrysen* sei die erste eindeutige eines Anthracen-KW-Stoffs in einen Phenanthren-KW-Stoff, da sie nicht über einen Abbau u. einen neuen Aufbau verlaufe wie die Umwandlung des 1.2-Benzanthracens über Phenanthren in Chrysen (DANSI u. SALVIONI [1941]). J. ROTHE. 2950□

Zum Mechanismus der Mannich-Reaktion. H. J. Roth. (Arch. Pharmaz. Ber. dtsch. pharmaz. Ges. **294/66.** 623—30. Okt. 1961. Braunschweig, TH, Inst. für Pharmazeut. Chem. u. Lebensmittelchem.) (Dt.)

Bei der Spaltung von N-tert.-1.2-Aminoalkoholen mit Pb(IV)-Acetat (I) (vgl. Arch. Pharmaz. Ber. dtsch. pharmaz. Ges. **294/66.** [1961.] 427) in wasserfreiem Medium konnten durch Zugabe NH- u. CH-acider Verbb., die von I unter den Rk.-Bedingungen nicht oder nur wenig angegriffen werden, meist momentan u. oft quant. folgende N- u. C-MANNICH-Basen erhalten werden: a) aus Aminoalkohol u. NH-Verb. in abs. Bzl. durch Erwärmen mit I auf 40°: *N-Dimethylaminomethyl-* [F. 77—78°, aus Phthalimid (**II**) u. 1-Phenyl-2-dimethylaminoäthanol-(1) (**III**); 87% Ausbeute], *N-Pyrrolidinomethyl-* [F. 123—124°, aus **II** u. 1-Phenyl-2-pyrrolidinoäthanol-(1) (**IV**); 85%], *N-Piperidinomethyl-* [F. 117—118°, aus **II** u. 1-Phenyl-2-piperidinoäthanol-(1) (**V**); 99%] u. *N-Morpholinomethylphthalimid* [F. 118°, aus **II** u. 1-Phenyl-2-morpholinoäthanol-(1) (**VI**); 96%], *7-Piperidinomethyl-* [F. 116°, aus Theophyllin (**VII**) u. **V**; 98%] u. *7-Morpholinomethyltheophyllin* [F. 180 bis 181°, aus **VII** u. **VI**; 96%], *N.N'-Bis-[theophyllinyl-(7)-methyl]-piperazin* [F. 242—243°, aus **VII** u. N.N'-Bis-[2-phenyl-2-hydroxyäthyl]-piperazin (**VIII**); 93%], *N-Piperidinomethyl-* [F. 106—107°, aus Succinimid (**IX**) u. **V**; 53%] u. *N-Morpholinomethylsuccinimid* (F. 111°, aus **IX** u. **VI**; 98%), *N-Dimethylaminomethyl-* [F. 57—59°, aus Benzamid (**X**) u. **III**; 67%] u. *N-Piperidinomethylbenzamid* (F. 128—129°, aus **X** u. **V**; 85%), *N-Diäthylaminomethyl-* [F. 71°, orangerot, aus Isatin (**XI**) u. 1-Phenyl-2-diäthylaminoäthanol-(1) (**XII**); 93%], *N-Piperidinomethyl-* (F. 146°, rubinrot, aus **XI** u. **V**; 88%) u. *N-Morpholinomethylisatin* (F. 187°, orangefarbig, aus **XI** u. **VI**; 84%), *N-Morpholinomethylsaccharin* (F. 144—146°, aus Saccharin u. **VI**; 68%), *N-Piperidinomethyldiäthylbarbitursäure* (F. 121—122°, aus Veronal u. **V**; 46%). b) Durch Einw. von I auf den Aminoalkohol bis zum Verbrauch des I, Zusatz der NH-Verb. u. Erwärmen (3 Min.) auf 40°: *N-Piperidinomethyl-* [F. 99°, aus **V** u. Carbazol (**XIII**); 31%] u. *N-Morpholinomethylcarbazol* (F. 148°, aus **XIII** u. **VI**; 27%), *N-Piperidinomethyl-* [Zers. bei 118°, aus Benzoxazolon (**XIV**) u. **V**; 78%] u. *N-Morpholinomethylbenzoxazolon* (F. 148°, aus **VI** u. **XIV**). c) Durch Lösen von Aminoalkohol u. der dreifach mol. Menge an Acetophenon (**XV**) bzw. Cyclohexanon (**XVI**) in abs. Bzl., Zugabe von I, ½std. Schütteln bei Raum-Temp. u. Zugabe von 5%ig. wss. NaOH: *ω-Dimethylamino-* (*Hydrochlorid*, F. 156°, aus **XV** u. **III**; 85%), *ω-Diäthylamino-* (*Hydrochlorid*, F. 108—110°, aus **XV** u. **XII**; 67%), *ω-Piperidino-* (*Hydrochlorid*, F. 192—193°, aus **XV** u. **V**; 65%) u. *ω-Morpholinopropiophenon* (*Hydrochlorid*, F. 175—177°, aus **XV** u. **VI**; 75%), *2-Dimethylaminomethyl-* (*Hydrochlorid*,

F. 152°, aus **XVI** u. **III**; 90%), *2-Diäthylaminomethyl-* (*Hydrochlorid*, F. 105—107°, aus **XVI** u. **XII**; 88%) u. *2-Piperidinomethylcyclohexanon* (*Hydrochlorid*, F. 161°, aus **XVI** u. **V**; 62%). d) Folgende Basen aus stöchiometr. Mengen an Aminoalkohol u. Antipyrin (**XVII**) bzw. Indol (**XVIII**, das erst nach Verbrauch des **I** zugesetzt wurde): *Antipyryl-(4)-methyldimethylamin* (F. 93—94°, aus **XVII** u. **III**; 88%), *-methyldiäthylamin* (F. 68°, aus **XVII** u. **XII**; 60%), *-methylpiperidin* (F. 99°, aus **XVII** u. **V**; 69%) u. *N.N'-Bis-[antipyryl-(4)-methyl]-piperazin* (F. 248°, aus **XVII** u. **VIII**; 34%), *β-Dimethylaminomethyl-* (F. 134°, aus **XVIII** u. **III**; 73%), *β-Diäthylaminomethyl-* (F. 165°, aus **XVIII** u. **XII**; 77%) u. *β-Piperidinomethylindol* (F. 161°, aus **XVIII** u. **V**; 70%). In Ggw. von W. war keine Bldg. von MANNICH-Basen zu verzeichnen, es trat jeweils Spaltung der aus den Aminoalkoholen entstehenden Carbenium–Imonium-Ionen zu Aldehyd u. Amin auf, bevor die Rk. mit der aciden Komponente stattfinden konnte. Die Gewinnung der vorst. Verbb. beweist den früher (l. c.) für die Spaltung N-tert.-Aminoalkohole aufgestellten Rk.-Mechanismus u. bestätigt den Mechanismus der MANNICH-Reaktion.

B. GNAUCK. 3000□

Diaziridine. 1. Mitt. **Synthese eines C—N—N-Dreiringes.** Ernst Schmitz. (Chem. Ber. **95**. 676—80. 20/3. 1962. Berlin-Adlershof, Dt. Akad. der Wiss., Inst. für organ. Chem.) (Dt.)

3.4-Dihydroisochinolin (**I**) reagiert in wss.-alkal. CH_3OH mit N-Chlormethylamin (**II**) zu *1-Methyl-1.3.4.8b-tetrahydroisochinolino-[2.1:b]-diazirin* (**III**), das sich beim Ansäuern u. erneutem Alkalisieren zu *8.16-Dimethyl-5.6.8.8a.13.14.16.16a-oktahydrodiisochinolino-[1.2:c;1'.2':f]-symm.-tetrazin* (**IV**) dimerisiert. Die Struktur von **IV** wurde durch Synth. aus 2-[β-Chloräthyl]-benzaldehyd (**V**) u. Methylhydrazin (**VI**) bewiesen. Die Konstit. von **III** wird diskutiert u. an Hand seiner Eigg. sowie seines Verh. gegenüber $LiAlH_4$ u. der hydrierenden Spaltung, wobei sich *Methylamin* u. *Tetrahydroisochinolin* bilden, bewiesen. Analog reagiert 7-Methyl-3.4-dihydroisochinolin (**VII**).

Versuche: *N-Chlormethylamin* (**II**), aus einer 32%ig. wss. Lsg. von Methylamin u. 1,5m NaOCl-Lsg. unter Rühren u. Kühlung mit Eis/Kochsalz; 65% (Ausbeute). — *1-Methyl-1.3.4.8b-tetrahydroisochinolino-[2.1:b]-diazirin* (**III**), $C_{10}H_{12}N_2$, Kp.$_{10}$ 111,5—113°, aus **I** in CH_3OH u. einer eiskalten Lsg. von **II**, über Nacht stehenlassen; n_D^{16} 1,5655; 50%. — *8.16-Dimethyl-5.6.8.8a.13.14.16.16a-oktahydrodiisochinolino-[1.2:c;1'.2':f]-symm.-tetrazin* (**IV**), $C_{20}H_{24}N_4$, F. 221—226° (Chlorbenzol), a) durch Aufkochen von **V** u. **VI** in CH_3OH; 50%; b) durch Aufkochen von **III** mit 2n H_2SO_4, Abkühlen u. tropfenweise Zugabe von 2n NaOH; 96%. — *2-Methylamino-3.4-dihydroisochinoliniumpikrat*, $C_{10}H_{12}\cdot N_2\cdot C_6H_3N_3O_7$, F. 176°, aus **III** oder **IV** u. äthanol. Pikrinsäure. — *2-Methylamino-3.4-dihydroisochinoliniumchlorid*, $C_{10}H_{13}ClN_2$, F. 181—183° (A.), aus einer äther. Lsg. von **III** mit äther. HCl oder durch Verdunstenlassen einer Lsg. von **IV** in konz. HCl; 74%. — *1.7-Dimethyl-1.3.4.8b-tetrahydroisochinolino-[2.1:b]-diazirin* (**VIII**), $C_{11}H_{14}N_2$, Kp.$_{11}$ 126,5 bis 128,5°, F. 68,5—70° (Pentan), analog **III** aus **VII** u. dem vierfachen Überschuß an **II**; 69%. — *2.8.10.16-Tetramethyl-5.6.8.8a.13.14.16.16a-oktahydrodiisochinolino-[1.2:c;1'.2':f]-symm.-tetrazin* (**IX**), $C_{22}H_{28}N_4$, F. 233—236° (Chlorbenzol), analog **IV** aus **VIII**. — *7-Methyl-2-methylamino-3.4-dihydroisochinoliniumpikrat*, $C_{11}H_{14}N_2\cdot C_6H_3N_3O_7$, F. 174—176° (A.), aus **VIII** oder **IX** u. äthanol. Pikrinsäure.

J. PFIRSCHKE. 3030□

Diaziridine. 2. Mitt. **Synthese von Diaziridinen und ihre Überführung in Alkylhydrazine.** Ernst Schmitz und Dieter Habisch. (Chem. Ber. **95**. 680—88. 20/3. 1962.) (Dt.) — 1. vgl. vorst. Referat.

Die Umsetzung von offenkettigen SCHIFFschen Basen mit Chloramin (**I**) in Ae. bei Raum-Temp. führt zu *Diaziridinen*. Die Rk. ist für SCHIFFsche Basen aus aliphat. Aldehyden u. Ketonen u. cycl. Ketonen allg. anwendbar. Vgl. der Eigg., der Daten der IR-Spektren u. der Abbaureaktionen. — Red. mit $LiAlH_4$, Hydrierung an RANEY-Ni u. Säurehydrolyse werden als Konstit.-Beweis angeführt. Die Säurehydrolyse der Diaziridine ist zur Darst. von *Alkylhydrazinen* geeignet.

Versuche: *Önanthaldehydcyclohexylimin* (**II**), Kp.$_{11}$ 118—120°, nach SKITA u. WULFF [1927]; 68% (Ausbeute). — *Önanthaldehyd-n-butylimin* (**III**), Kp.$_{14}$ 106—108°; 44%. — *Butyraldehydbenzylimin* (**IV**), Kp.$_{13}$ 117—118°; 50%. — *Acetoncyclohexylimin* (**V**), Kp.$_{16}$ 70—72°, nach NORTON u. Mitarbeitern (C. **1955**. 4325); n_D^{20} 1,4671; 55%. — *Chloramin* (**I**), nach COLEMAN u. HAGER [1929]. — Diaziridine: *1-Cyclohexyl-3-äthyl-* (**VI**), $C_9H_{18}N_2$, F. 28°, Kp.$_{12}$ 99—100°, durch Versetzen der äther. Lsg. von Propionaldehydcyclohexylimin mit Cyclohexylamin, Zugabe von äther. **I**-Lsg., Stehenlassen über Nacht, Abfiltrieren des Aminhydrochlorids u. Entfernung des Ae. im Vakuum; 55%. *Oxalat*, $C_9H_{18}N_2\cdot C_2H_2O_4$, F. 112° (A.). Hydrierende Spaltung von **VI** a) in Ggw. von RANEY-Ni in CH_3OH in 3 Std. → *n-Propylamin* (*Hydrochlorid*, F. 156—157°; 61%) u. *Cyclohexylamin* (*Hydrochlorid*, F. 203—206°; 72%); b) mit $LiAlH_4$ in abs. Ae. (1 Std.

Kochen) → NH_3 (Identifizierung als *Benzamid*) u. nach Zers. mit W. *n-Propylcyclohexylamin* (*Hydrochlorid*, F. 249—250°; 60%). — *1-Cyclohexyl-3-methyl-* (**VII**), $C_8H_{16}N_2$, F. 30° (nach Vakuumsublimation), Kp.$_{0,2}$ 34—36°, analog **VI** aus Acetaldehydcyclohexylimin; 46%. — *1-Cyclohexyl-3-n-hexyl-* (**VIII**), $C_{13}H_{26}N_2$, F. 17—18°, Kp.$_{0,2}$ 114°, analog **VI** aus **II**; n_D^{20} 1,4708; 54%. *Oxalat*, $C_{13}H_{26}N_2 \cdot C_2H_2O_4$. — *1-n-Butyl-3-n-hexyl-* (**IX**) $C_{11}H_{24}N_2$, F. 15,5—16° (Ae.), Kp.$_1$ 70—73°, analog **VI** aus **III**; 53%. *Oxalat*, $C_{11}H_{24}N_2 \cdot C_2H_2O_4$. — *1-Benzyl-3-n-propyl-* (**X**), $C_{11}H_{16}N_2$, F. 12—13°, Kp.$_{0,6}$ 100—103°, analog **VI** aus **IV**; n_D^{20} 1,5166; 26%. *Oxalat*, $C_{11}H_{16}N_2 \cdot C_2H_2O_4$, F. 170° (Zers.). — *1-Äthyl-3-methyl-* (**XI**), $C_4H_{10}N_2$, Kp.$_{760}$ 103,5—104°, analog **VI** aus Acetaldehydäthylimin; n_D^{20} 1,4229; 18%. — *1-Cyclohexyl-3.3-dimethyl-* (**XII**), $C_9H_{18}N_2$, F. 16—17° (Pentan), Kp.$_1$ 47 bis 48°, analog **VI** aus **V**; n_D^{20} 1,4714; 64%. — *1-Isopropyl-3.3-dimethyl-* (**XIII**), $C_6H_{14}N_2$, F. —11 bis —9° (Pentan), Kp.$_{60}$ 54—55°, analog **VI** aus Acetonisopropylimin; n_D^{20} 1,4270; 40%. — *1-Cyclohexyl-3.3-pentamethylen-* (**XIV**), analog **VI** aus Cyclohexanoncyclohexylimin; 71%. — *Cyclohexylhydrazinoxalat*, $C_6H_{14}N_2 \cdot C_2H_2O_4$, F. 195—198°, a) durch 20 Min. langes Kochen von **VI** mit 10%ig. wss. Oxalsäure u. Abdest. der Carbonyl-Verb. mit Wasserdampf; 88%; b) wie a) aus **VII**; 79%; c) aus **VIII**; 88%; d) aus **XII**; 81%; e) aus **XIV**; 87%. — *Benzylhydrazinoxalat*, $C_7H_{10}N_2 \cdot C_2H_2O_4$, F. 195—196°, aus **X**; 87%. — *n-Butylhydrazinoxalat*, F. 165°, aus **IX**; 77%. — *Äthylhydrazinoxalat*, F. 170—171°, aus **XI**; 48%. — *Isopropylhydrazinoxalat*, F. 170—171°, aus **XIII**; 83%. — *Cyclohexanon-2.4-dinitrophenylhydrazon*, F. 161—162°. — *Propionaldehyd-2.4-dinitrophenylhydrazon*, F. 153°. J. PFIRSCHKE. 3030□

Diaziridine. 3. Mitt. Die Einwirkung von Chloramin und Ammoniak auf Aldehyde. Ernst Schmitz. (Chem. Ber. **95.** 688—92. 20/3. 1962.) (Dt.) — 2. vgl. vorst. Referat.

tert.-Butylhypochlorit reagiert bei —40° mit methanol. NH_3 unter Bldg. von *Chloramin* (**I**), das mit Butyraldehyd (**II**) über *3-n-Propyldiaziridin* zu *3.5.3'-Tri-n-propyldiaziridino-[1'.2':1.2]-1.2.4-triazolidin* (**III**) weiter reagiert. Die cycl. Struktur von **III** ergibt sich aus dem IR-Spektrum, der jodometr. Geh.-Best. u. der sauren Hydrolyse, wobei **II**, Hydrazin u. NH_3 im Verhältnis 3:1:1 gebildet werden.

Versuche: *Chloramin* (**I**), durch tropfenweise Zugabe einer Mischung von tert.-Butylhypochlorit u. tert.-Butanol zu 10n methanol. NH_3 bei —40° innerhalb 1 Std. unter Rühren; 60—80% (Ausbeute). — *3.5.3'-Tri-n-propyldiaziridino-[1'.2':1.2]-1.2.4-triazolidin* (**III**), $C_{12}H_{25}N_3$, F. 84—86° (PAe.), durch tropfenweise Zugabe von **II** innerhalb von 2 Min. zu **I** bei —30°, 1 Std. im Kältebad u. 1 Std. ohne Kühlung, Abdest. von CH_3OH im Vakuum, Filtrieren, Versetzen mit Ae., Filtrieren u. Eindampfen; 80%. Hydrolyse mit 0,01n 2.4-Dinitrophenylhydrazin in 6n HCl → **II**-*2.4-Dinitrophenylhydrazon* (F. 121—123°), mit 0,1n H_2SO_4 → **II**, NH_3 (*Benzamid*, F. 127°) u. *Hydrazinsulfat* (*Benzaldazin*, F. 92—93°; 70%). — *3.5.3'-Trimethyldiaziridino-[1'.2':1.2]-1.2.4-triazolidin*, $C_6H_{13}N_3$, F. 114—115° (PAe.), analog **III** aus **I**, NH_3 u. Acetaldehyd; 46%. — *3.5.3'-Triäthyldiaziridino-[1'.2':1.2]-1.2.4-triazolidin*, $C_9H_{19}N_3$, F. 104—105,5° (Ae.), analog **III** aus **I**, NH_3 u. Propionaldehyd; 74%. — *3.5.3'-Triphenyldiaziridino-[1'.2':1.2]-1.2.4-triazolidin*, $C_{21}H_{19}N_3$, F. 160—162° (A.), aus **I** in 10n methanol. NH_3 u. Benzaldehyd bei —10°, 1 Std. bei —10° u. über Nacht bei Raum-Temp.; 32%. J. PFIRSCHKE. 3030□

Thermische Dehydrierung von 2.5-Dihydrofuranen. I. F. Belski, N. I. Schuikin und R. A. Karachanow. (Доклады Академии Наук СССР [Ber. Akad. Wiss. UdSSR] **132.** 585—86. 21/5. 1960. Zelinsky-Inst. für organ. Chem. der Akad. der Wiss. der UdSSR.) (Russ.)

Zum Unterschied von 2.3-Dihydrofuranen, die bei der katalyt. Dehydrierung *Cyclopropanaldehyde* oder *-ketone* geben, werden *2-Alkyl-2.5-dihydrofurane* nicht isomerisiert, sondern zu den entsprechenden *Furanen* dehydriert.

Versuche: 2.5-Dihydrofurane: durch Chlorieren von Tetrahydrofuran wird 2.3-Dichlortetrahydrofuran dargestellt, das mit Alkylmagnesiumhalogeniden die entsprechenden 2-Alkyl-3-chlortetrahydrofurane ergibt. Aus letzteren werden in Ausbeuten bis zu 80% die entsprechenden 2.5-Dihydrofurane durch Erhitzen mit KOH auf 180 bis 200° erhalten: *2-Methyl-*, Kp.$_{750}$ 77—78°; $D._4^{20}$ 0,8826; n_D^{20} 1,4214. — *2-Äthyl-*, Kp.$_{750}$ 103,9—104,5°; $D._4^{20}$ 0,8877; n_D^{20} 1,4314. — *2-Isopropyl-*, Kp.$_{750}$ 122,7—122,9°; $D._4^{20}$ 0,8793; n_D^{20} 1,4345. — Furane: vorst. Verbb. werden mit N_2 über auf 470—480° erhitzten Quarz oder wasserfreie Aktivkohle geleitet u. das fl. Katalysat fraktioniert; Ausbeuten 90—95%: *α-Methyl-*, Kp.$_{757}$ 62,5—64°; $D._4^{20}$ 0,9118; n_D^{20} 1,4320. — *α-Äthyl-*, Kp.$_{757}$ 91—91,5°; $D._4^{20}$ 0,9018; n_D^{20} 1,4404. — *α-Isopropyl-*, Kp.$_{745}$ 107,4—108,4°; $D._4^{20}$ 0,8974; n_D^{20} 1,4445. RENATE RICHTER. 3061□

Über Isomerisierungs- und Dehydrierungsreaktionen des Tetrahydrofuranringes. I. F. Belski, N. I. Schuikin und R. A. Karachanow. (Доклады Академии Наук СССР [Ber. Akad. Wiss. UdSSR] **138.** 829—30. 1/6. 1961. Zelinsky-Inst. für org. Chem. der Akad. der Wiss. der UdSSR.) (Russ.)

Es wurde die Isomerisierung u. Dehydrierung von Tetrahydrosilvan (I) an 5%ig. Rh, Ir, Os sowie Ru auf Kohle bei 300—400° bei einer Vol.-Geschw. von ca. 0,1 Std.$^{-1}$ untersucht. I wird bei 350—400° zu 50—70% zu *Methyl-n-propylketon* (65—70%, bezogen auf umgesetztes I) u. *Silvan* (15—20%, bezogen auf umgesetztes I) umgewandelt. Die Temp.-Erhöhung von 300 auf 400° erhöht nur den Umwandlungsgrad von I u. ändert nicht das Verhältnis Keton: Silvan. — *Tetrahydrosilvan* (I), $Kp._{750}$ 79—79,5°, durch Hydrierung von Silvan an Raney-Ni; $D._4^{20}$ 0,8520; n_D^{20} 1,4060. — *Silvan*, Kp. 62—64°; $D._4^{20}$ 0,9118; n_D^{20} 1,4318. — *Methyl-n-propylketon*, Kp. 100—101,5°; $D._4^{20}$ 0,8080; n_D^{20} 1,3912. Helmut Schäfer. 3061□

Komplexe Dibenzofurane. 3. Mitt. **Synthese von unsymmetrischen Diphenylderivaten durch gemischte Ullmann-Kupplung.** Holger Erdtman, Frank Haglid und Nils E. Stjernström. (Acta chem. scand. **15.** 1761—64. Aug. 1961. Stockholm, TH, Org.-kem. Inst.) (Engl.) — 2. vgl. Acta chem. scand. **14.** [1960.] 2191; 1. vgl. C. **1962.** 10449.

Die Ullmann-Kupplung von 4-Jodresorcindimethyläther (I) mit 3-Jod-4-methoxybenzoesäuremethylester (II) liefert *2'.4'.6-Trimethoxydiphenyl-3-carbonsäure* (**III**), die mit Cu-Chromit in sd. Chinolin zu *2.2'.4-Trimethoxydiphenyl* (**IV**) decarboxyliert wird. Beim Erhitzen von **III** oder **IV** mit HBr tritt Cyclisierung zu *3-Hydroxydibenzofuran* (**V**) ein. I u. o-Bromnitrobenzol geben durch Ullmann-Rk. *2-Nitro-2'.4'-dimethoxydiphenyl*, das katalyt. zu *2-Amino-2'.4'-dimethoxydiphenyl* (**VI**) hydriert wird. **VI** läßt sich mit sd. HBr glatt zu *2-Amino-2'.4'-dihydroxydiphenyl* desalkylieren, wird durch Pyridinhydrochlorid in der Hitze jedoch in *2-Hydroxycarbazol* umgewandelt. Beim Vers. der Substitution der NH_2-Gruppe in **VI** durch Diazotieren u. Verkochen fällt allein *3-Methoxydibenzofuran* an, das ferner durch Methylieren von **V** zugänglich ist.

Versuche: *2'.4'.6-Trimethoxydiphenyl-3-carbonsäure* (**III**), $C_{16}H_{16}O_5$, F. 214,5 bis 215,5° (Methanol), durch Erhitzen eines innigen Gemisches von 18 g I mit 33 g **II** u. 120 g Cu-Bronze auf ca. 220° bis zum Eintreten der heftigen Rk., Ausziehen mit Chlf., Dest., Verseifen der Fraktion vom $Kp._1$ 150—225° mit alkohol. NaOH, Ansäuern mit HCl u. Ausziehen des Nd. mit sd. Methanol; 7,4 g (Ausbeute) [daneben 4,5 g *6.6'-Dimethoxydiphenyl-3.3'-dicarbonsäure*, F. ca. 310°, u. 9,2 g *2.2'.4.4'-Tetramethoxydiphenyl* (**VII**)]. *Methylester*, $C_{17}H_{18}O_5$, F. 81—81,5° (Methanol), mit CH_2N_2. — *2.2'.4-Trimethoxydiphenyl* (**IV**), $C_{15}H_{16}O_3$, F. 59—59,5° (Methanol), durch 3 std. Erhitzen von 1 g **III** mit Cu-Chromit in Chinolin unter N_2 auf 200°, Ansäuern mit HCl u. Ausäthern; 0,7 g. — *3-Hydroxydibenzofuran* (**V**), F. 141—141,5° (W.), a) durch 36 std. Kochen von 2 g **III** in 48%ig. HBr unter N_2, Gießen in W. u. Ausäthern; 0,8 g; b) ebenso aus **IV**; 75%. — *3-Methoxydibenzofuran*, F. 95—95,5° (Methanol), a) aus **V** u. Dimethylsulfat in alkal. Lsg.; b) durch Diazotieren von 2,8 g **VI** mit $NaNO_2$ in verd. H_2SO_4 bei 0—5°, Erhitzen auf 70° bis zum Aufhören der N_2-Entw. u. Ausziehen mit Chlf.; 2 g. — *2-Nitro-2'.4'-dimethoxydiphenyl*, $C_{14}H_{13}NO_4$, F. 101,5—102° (Methanol), durch 3 std. Kochen von 20 g I mit 15,3 g o-Bromnitrobenzol u. Cu-Bronze in Nitrobenzol unter kräftigem Rühren, Einengen u. Chromatographie in Ligroin an Al_2O_3; 26 g; daneben 1,5 g **VII**. — *2-Amino-2'.4'-dimethoxydiphenyl* (**VI**), F. 68,5—69°, durch Hydrieren vorst. Verb. in A. über Pd/C. *Pikrat*, $C_{20}H_{18}N_4O_9$, F. 199—200° (A.). — *2-Amino-2'.4'-dihydroxydiphenyl*, $C_{12}H_{11}NO_2$, F. 149—149,5° (W.), durch 24 std. Kochen von 1,5 g **VI**-Hydrobromid in 48%ig. HBr unter N_2; 0,8 g. — *2-Hydroxycarbazol*, $C_{12}H_9NO$, F. ca. 260° (Zers.), durch 3 std. Erhitzen von 630 mg **VI**-Hydrobromid mit 4,5 g Pyridinhydrochlorid u. 0,2 ml Pyridin unter N_2 auf 180° u. Gießen in W.; 370 mg. *O-Acetyl-Deriv.*, $C_{14}H_{11}NO_2$, F. 183—184° (Methanol). H.-E. Toussaint. 3061□

Untersuchungen über synthetische Östrogene. 2. Mitt. H. Singh und R. S. Kapil. (J. Indian chem. Soc. **37.** 695—96. Nov. 1960. Meerut Coll., School of Chem.) (Engl.) — 1. vgl. C. **1960.** 12323.

2-[p-Chlor]- u. *2-[p-Brombenzoyl]-benzofurane* (**A**) werden durch Kondens. der K-Salze der entsprechenden Hydroxyketone mit p-Chlor- oder p-Bromphenacylbromiden in A. erhalten (vgl. l. c.). Die **A** sind krist., unlösl. in W. u. Alkalien, lösl. in A. u. Essigsäure (I), u. zwar die *2-Methyl-Derivv.* weit weniger als die *3-Äthylderivate*. Erstere werden in größerer Ausbeute als letztere erhalten.

Versuche (alle Verbb. aus I/A.): 2-[p-Chlorbenzoyl]-benzofurane: *3-Methyl-6-chlor-*, $C_{16}H_{10}Cl_2O_2$, F. 142°. — *3-Methyl-5-chlor-*, $C_{16}H_{10}Cl_2O_2$, F. 125°. — *3.5-Dimethyl-7-brom-*, $C_{17}H_{12}BrClO_2$, F. 190°. — *3-Methyl-4.7-dichlor-*, $C_{16}H_9Cl_3O_2$, F. 156°. — *3-Methyl-5.6-dichlor-*, $C_{16}H_9Cl_3O_2$, F. 177°. — *3-Methyl-5-brom-7-chlor-*, $C_{16}H_9BrCl_2O_2$, F. 214°. — *3-Methyl-5-chlor-7-brom-*, $C_{16}H_9BrCl_2O_2$, F. 120°. — *3-Äthyl-5-brom-7-chlor-*, $C_{17}H_{11}BrCl_2O_2$, F. 140° (A.). — 2-[p-Brombenzoyl]-benzofurane: *3.5-Dimethyl-*, $C_{17}H_{13}BrO_2$, F. 145°. — *3-Methyl-6-chlor-*, $C_{16}H_{10}BrClO_2$, F. 132°. — *3-Methyl-5-chlor-*, $C_{16}H_{10}BrClO_2$, F. 130°. — *3-Methyl-5-brom-*, $C_{16}H_{10}Br_2O_2$, F. 125°. — *3.5-Dimethyl-7-brom-*, $C_{17}H_{12}Br_2O_2$, F. 186°. — *3-Methyl-5.6-dichlor-*, $C_{16}H_9BrCl_2O_2$, F. 167°. — *3-Me-*

thyl-5-brom-7-chlor-, $C_{16}H_9Br_2ClO_2$, F. 173°. — *3-Äthyl-5-chlor-*, $C_{17}H_{12}BrClO_2$, F. 115° (A.). — *3-Äthyl-5-brom-*, $C_{17}H_{12}Br_2O_2$, F. 175° (A.). — *3-Äthyl-5-brom-7-chlor-*, $C_{17}H_{11}Br_2 \cdot ClO_2$, F. 160° (A.). G. KIRSTEN. 3061□

Über die Synthese von Vinylpyrrolidon. Ss. N. Uschakow, W. W. Dawidenkowa und W. W. Luschtschik. (Известия Академии Наук СССР, Отделение Химических Наук [Nachr. Akad. Wiss. UdSSR, Abt. chem. Wiss.] **1961.** 901—05. Mai. Inst. für hochmol. Verbb. der Akad. der Wiss. der UdSSR.) (Russ.)

N-[β-Hydroxyäthyl]-succinimid wird durch Red. u. Acetylierung in *N-[β-Acetoxyäthyl]-pyrrolidon-(2)* übergeführt, das bei der Pyrolyse *N-Vinylpyrrolidon-(2)* liefert.

Versuche: *N-[β-Hydroxyäthyl]-succinimid*, Kp.$_4$ 176°, durch Erhitzen äquimol. Mengen Bernsteinsäure u. Äthanolamin auf 150°; 92% (Ausbeute). — *N-[β-Hydroxyäthyl]-pyrrolidon-(2)*, Kp.$_7$ 166°, durch elektrolyt. Red. vorst. Verb. in 50%ig. H_2SO_4 bei 1—5° u. 90 mA/cm² an Pb-Elektroden; 57%. — *N-[β-Acetoxyäthyl]-pyrrolidon-(2)*, $C_8H_{13} \cdot NO_3$, Kp.$_3$ 135°, durch 5std. Kochen vorst. Verb. mit Acetanhydrid; 90%. — *N-Vinylpyrrolidon-(2)*, Kp.$_9$ 83,5—84,5°, F. 12°, man leitet vorst. Verb. bei 460° durch ein Pyrexglasrohr; n_D^{20} 1,5132; 52%. HELMUT SCHÄFER. 3081□

Alkylierung von Natrium-2.3-dimethylindol und Natriumtetrahydrocarbazol im nicht polaren Lösungsmittel. Masao Nakazaki. (Bull. chem. Soc. Japan **34.** 334—37. März 1961. Osaka, Osaka City Univ., Inst. of Polytechn.) (Engl.)

Na-2.3-Dimethylindol (**IV**) u. *Na-Tetrahydrocarbazol* (**III**) werden durch Umsetzen von 2.3-Dimethylindol (I) u. Tetrahydrocarbazol (II) mit $NaNH_2$ in Toluol/fl. NH_3 hergestellt u. durch Rk. mit Alkylhalogeniden alkyliert.

Versuche: *Na-Tetrahydrocarbazol* (**III**), durch Zugabe von **II** in Toluol zu einer Lsg. von $NaNH_2$ in fl. NH_3 u. Verdampfen des NH_3. — Tetrahydrocarbazole: *N-Benzyl-*, Kp.$_2$ 170—180°, durch 1½std. Kochen von **III** mit 4 g Benzylchlorid in Toluol, Wasserdampf-Dest., Extraktion des Rückstandes mit Ae. u. Waschen der Extrakte mit 2n HCl; 0,4 g (Ausbeute). *Pikrat*, $C_{25}H_{22}N_4O_7$, F. 110—111°; aus A. rote Nadeln; daneben *11-Benzyltetrahydrocarbazolenin*, F. 84—85°, durch Zugabe von 4n Na·OH zur sauren Wasch-Fl.; aus verd. A. Prismen (*Pikrat*, $C_{25}H_{22}N_4O_7$, F. 176—177,5°; aus A. gelbe Prismen). — *N-Allyl-*, Kp.$_2$ 125—128°, aus **III** u. Allylbromid; hellgelbe Flüssigkeit. *Pikrat*, $C_{21}H_{20}N_4O_7$, F. 76—77°; rote Nadeln; daneben *11-Allyltetrahydrocarbazolenin*, F. 54—56° (PAe.) (*Pikrat*, $C_{21}H_{20}N_4O_7$, F. 139—142°; aus A. gelbe Prismen). — *N-Methyl-*, Kp.$_2$ 124—126°, aus **III** u. Methyljodid; hellgelbes Öl. *Pikrat*, $C_{19}H_{18}N_4O_7$, F. 109—112°; aus A. braunrote Nadeln. — *Na-2.3-Dimethylindol* (**IV**), analog **III** aus **I**. — Indolenine: *2.3-Dimethyl-3-benzyl-*, F. 48—49° (PAe.), durch 8std. Kochen von 5,3 g Benzylchlorid u. **IV** in Toluol; 4,6 g. *Pikrat*, $C_{23}H_{20}N_4O_7$, F. 137—139°; aus A. gelbe Prismen. — *2.3-Dimethyl-3-allyl-*, Kp.$_{12}$ 125—128°, aus **IV** u. Allylbromid; gelbe Flüssigkeit. *Pikrat*, $C_{19}H_{18}N_4O_7$, F. 158—160°; aus A. gelbe Nadeln. — *2.3.3-Trimethyl-*, Kp.$_1$ 80°, aus 12 g Methyljodid u. **IV**; 0,4 g. *Pikrat*, $C_{17}H_{16}N_4O_7$, F. 158°; aus A. rote Nadeln; daneben 1.2.3-Trimethylindol, Kp.$_2$ 90—93°; gelbe Fl; 1,1 g (*Pikrat*, $C_{17}H_{16}N_4O_7$, F. 145 bis 147°; aus A. braunschwarze Nadeln). W. HAMPEL. 3081□

Substituierte 5-Nitrobenzimidazole. Lionel Joseph und Jim Julca. (J. org. Chemistry **27.** 1101—02. März 1962. San Diego, Calif., State Coll., Dep. of Chem.) (Engl.)

Es wird nach bekannten Meth. durch Kondens. von 2.4-Dinitrochlorbenzol mit Aminen in A., Red. der Dinitraniline mit H_2S in A.-NH_4OH u. Ringschluß mit Ameisen- bzw. Essigsäure eine Reihe von substituierten 5-Nitrobenzimidazolen dargestellt: *1-Methyl-*, F. 205—206°; 44% (Ausbeute). — *1-Äthyl-*, F. 131—132°; 81%. — *1-n-Propyl-*, F. 173—174°; 54%. — *1-Isopropyl-*, F. 134—136°; 90%. — *1-Phenyl-*, F. 162—163°; 76%. — *1-Benzyl-*, F. 158—159°; 73%. — 5-Nitro-2-methylbenzimidazole: *1-Methyl-*, F. 231—232°; 40%. — *1-Äthyl-*, F. 176—177°; 68%. — *1-n-Propyl-*, F. 124—126°; 57%. — *1-Isopropyl-*, F. 225—227°; 41%. — *1-Phenyl-*, F. 166—168°; 26%. — *1-Benzyl-*, F. 148—150°; 30%. — 5-Nitro-2-hydroxymethylbenzimidazole: *1-Methyl-*, F. 165°; 41%. — *1-Äthyl-*, F. 132°; 39%. — *1-n-Propyl-*, F. 167—168°; 57%. — *1-Isopropyl-*, F. 167—168°; 58%. — *1-Phenyl-*, F. 186—187°; 53%. — *1-Benzyl-*, F. 205 bis 207°; 24%. H. GLEINIG. 3122□

Cyclisierung von 1.3-Bis-[β-chloräthyl]-harnstoff. M.-E. Kreling und A. F. McKay. (Canad. J. Chem. **37.** 504—05. Febr. 1959. Ville la Salle, Quebec, Canada, Monsanto Canada Ltd., L. G. Ryan Res. Labor.) (Engl.)

2-[β-Chloräthylamino]-Δ^2-oxazolinhydrochlorid (**I**) u. -hydrobromid (**II**) lagern sich in der Schmelze in *1.3-Bis-[β-chloräthyl]-* (**III**) bzw. *1-[β-Bromäthyl]-3-[β-chloräthyl]-harnstoff* (**IV**) um. **IV** u. **III** werden beim Erhitzen in W. zu **II** bzw. **I** cyclisiert.

Versuche: *2-[β-Chloräthylamino]-Δ^2-oxazolin, Hydrochlorid* (**I**), $C_5H_{10}Cl_2N_2O$, F. 107—109° [abs. A./Ae. (1:1)], durch 1std. Kochen von **III** in W.; 100% (Ausbeute). *Hydrobromid* (**II**), $C_5H_{10}BrClN_2O$, F. 118—119,5° (A./Ae.), durch Einleiten von HBr-Gas in wss. V-Lsg. (s. unten) bis zum pH 3 u. Einengen im Vakuum bei 45°; 100%. *Pikrat* (VI), F. 193—194°, aus I bzw. II in wss. Lösung. *Freie Base* (V), $C_5H_9ClN_2O$, F. 81—84° (Aceton/Hexan), durch Ionenaustausch von I in abs. CH_3OH an Amberlite IRA-400 (OH-Form); 100%. — Harnstoffe: *1.3-Bis-[β-chloräthyl]-* (III), F. 126,5—128°, durch 1 Min. langes Schmelzen von I. — *1-[β-Bromäthyl]-3-[β-chloräthyl]-* (IV), $C_5H_{10}BrClN_2O$, F. 109—111° (A./Ae.), durch $^1/_4$std. Erhitzen von II in abs. o-Xylol auf 130—140° (Bad-Temp.); 55,3%; gibt beim ca. 1std. Erhitzen in W. auf 70—80° u. Behandeln mit wss. Pikrinsäure-Lsg. 93,5% VI. G. REISNER. 3132□

Über Oxazolo-[5.4:b]-tropone. Tetsuo Nozoe, Kozo Doi und Kazuo Kitahara. (Bull. chem. Soc. Japan **34.** 312—15. März 1961. Sendai, Tohoku Univ., Fac. of Sci., Dep. of Chem.) (Engl.)

Die Darst. u. Eigg. einiger *Oxazolo-[5.4:b]-tropone* werden beschrieben u. die Maxima ihrer UV-Spektren angegeben.

Versuche: Oxazolo-[5.4:b]-tropone: *Unsubstituiert* (III), F. 150—151° (Bzl.), a) durch Erhitzen von 0,28 g 3-Aminotropolon (I) u. 1 ml Formamid auf 220°, Kühlen u. Zugabe von Bzl.; 0,1 g (Ausbeute); b) durch $^1/_2$std. Erhitzen von 0,3 g 3-Formylaminotropolon auf 250° im Rohr; 0,1 g. — *2-Methyl-4-isopropyl-*, $C_{12}H_{13}NO_2$, durch 1std. Kochen von 3-Amino-4-isopropyltropolon u. Acetanhydrid; aus PAe. Prismen. — *2-[p-Nitrophenyl]-*, $C_{14}H_8N_2O_4$, F. 251—252°, a) durch $^1/_2$std. Kochen eines Gemisches von 0,35 g I, 0,4 g p-Nitrobenzaldehyd, 5 ml Methanol, 0,1 g NaOH u. 0,5 ml W.; aus Nitrobenzol gelbe Nadeln; 0,2 g; b) durch 1std. Rühren von 0,14 g I u. 0,19 g p-Nitrobenzoylchlorid in 4 ml Pyridin u. Verdünnen mit Wasser. — Tropolone: *3-Amino-* (I), F. 97—98°, a) durch $^1/_2$std. Erwärmen von III mit 3n HCl oder 2n NaOH auf 50°; b) durch 24std. Stehen von 0,7 g III in fl. NH_3 bei Raum-Temp.; 0,53 g; c) durch 3tägiges Stehen von 0,5 g 2-Methyloxazolotropon in fl. NH_3 bei Raum-Temp.; 0,3 g; daneben 50 mg *Acetamid* (II), F. 80—81° (PAe.). — *3-Formylamino-*, F. 167—168°, durch 3std. Kochen von 1,4 g I u. 80%ig. Ameisensäure; aus A. gelbe Prismen; 1,2 g. — *3-Benzylidenamino-*, $C_{14}H_{11}NO_2$, F. 142—143°, durch $^1/_2$std. Kochen von I u. Benzaldehyd in methanol. NaOH; aus Chlf. gelbe Blättchen. — *3-[p-Chlorbenzylidenamino]-*, $C_{14}H_{10}ClNO_2$, F. 124 bis 125°; aus Chlf. gelbe Prismen. — *3-Anisylidenamino-*, $C_{15}H_{13}NO_3$, F. 110—111°; aus Bzl. gelbe Prismen. — *3-Benzoylamino-*, $C_{14}H_{11}NO_3$, F. 146°, a) durch $^1/_3$std. Rühren von I u. Benzoylchlorid in Pyridin als in Bzl./Methanol leichtlösl. Anteil; hellgelbe Nadeln; daneben *3-Benzoylaminotropolonbenzoesäureester* (IV), $C_{21}H_{15}NO_4$, F. 174°; hellgelbe Blättchen; b) durch 7tägiges Stehen von IV in NH_3; daneben *Benzamid*. — *Unsubstituierte Verb.*, durch Ammonolyse von 0,4 g Tropolonacetat; 0,27 g; daneben 50 mg II. W. HAMPEL. 3132□

Thiazolidincarbonsäure-(4) und ihre Derivate. 8. Mitt. **Über die Kondensation von Cystein mit α-Formyl-β-phenylpropionsäureester und seinen Derivaten.** I. T. Strukow. (Журнал Общей Химии [J. allg. Chem.] 29 (91). 2914—17. Sept. 1959. Chem.-pharmazeut. Ordshonikidse-Forschungsinst.) (Russ.) — 7. vgl. C. **1958.** 3880.

β-[p-Benzyloxyphenyl]-propionsäuremethylester wird mittels Ameisensäureäthylester in das *α-Formylderiv.* übergeführt u. dieses mit L-Cystein (I) zu *α-[p-Benzyloxybenzyl]-α-[4-carboxythiazolidinyl-(2)]-essigsäuremethylester* kondensiert; aus diesem spaltet man den verätherten Benzylrest hydrolyt. ab. I u. α-Formyl-β-phenylpropionsäureäthylester (II) liefern *α-Benzyl-α-[4-carboxythiazolidinyl-(2)]-essigsäureäthylester.*

Versuche: *α-Benzyl-α-[4-carboxythiazolidinyl-(2)]-essigsäureäthylester*, $C_{15}H_{19}NO_4S$, F. 113—114° (abs. A.), durch 2std. Erhitzen von I-Hydrochlorid mit II in wss.-alkohol. Soda-Lsg. auf 80°, Verdünnen mit W., Ausäthern, Ausziehen des Ae.-Extrakts mit 5%ig. Soda-Lsg. u. Ansäuern; 50% (Ausbeute). — *β-[p-Benzyloxyphenyl]-propionsäuremethylester*, $C_{17}H_{18}O_3$, Kp.$_2$ 198—203°, durch 50std. Kochen von β-[p-Hydroxyphenyl]-propionsäuremethylester mit Benzylchlorid in abs. Methanol in Ggw. von $NaOCH_3$; 55,6%. — *α-Formyl-β-[p-benzyloxyphenyl]-propionsäuremethylester*, $C_{18}H_{18}O_4$, F. 98 bis 100° (Toluol–PAe.), durch 7std. Rühren vorst. Verb. mit Ameisensäureäthylester u. Na in Ae., Versetzen mit Methanol, 3std. Rühren, Zers. mit W. u. Ansäuern; 50,6%. — *α-[p-Benzyloxybenzyl]-α-[4-carboxythiazolidinyl-(2)]-essigsäuremethylester*, $C_{21}H_{23}NO_5S$, F. 89—91° (Ae.), durch 1std. Erhitzen vorst. Verb. mit I-Hydrochlorid in A. auf 80°, Zers. mit W., Ansäuern (Kongorot), Ausäthern, Ausziehen des Ae.-Extraktes mit 5%ig. Soda-Lsg. u. Ansäuern; 91%. — *α-[p-Hydroxybenzyl]-α-[4-carboxythiazolidinyl-(2)]-essigsäuremethylester*, $C_{14}H_{17}NO_5S$, F. 161—162° (Methanol), durch 5tägiges Schütteln von 5 g vorst. Verb. mit 50 ml konz. HCl u. 10 ml Ae., Zugeben von NH_4OH bis pH 3 u. Einengen im Vakuum; 1 g. H.-E. TOUSSAINT. 3142□

Thiolsäuren. 4. Mitt. **Über die Reaktion von 2-Aminothiazolinen mit Thioessigsäure.** Hans Behringer und Karl Kuchinka. (Liebigs Ann. Chem. **650.** 171—78. 1961, herausgeg. 22/2. 1962. München, Univ., Inst. für Organ. Chem.) (Dt.) — 3. vgl. C. **1957.** 2171.

Bei der Rk. von 2-Amino- (I) u. 2-Amino-5-methylthiazolin (II) mit 2 Mol Thioessigsäure (III) erfolgt zunächst Acetylierung am exocycl. N-Atom, anschließend werden unter Ringaufspaltung zwischen $S_{(1)}$ u. $C_{(2)}$ *S-Acetylisothioharnstoff-Derivv.* erhalten; durch nachfolgende Umacetylierung entsteht so aus I *N-[β-Acetylmercaptoäthyl]-N'-acetylthioharnstoff* (IV). Die Konstit. von IV wird durch alkal. Verseifung u. H_2O_2-Oxydation zu *Bis-[β-N'-acetylureido)-äthyl]-disulfid* bewiesen. Aus II wird neben dem Acetylierungs-Prod. das *Disulfid des N-Acetyl-N'-[β-mercaptopropyl]-thioharnstoffs* (V) erhalten. Die UV-Spektren von V u. N-Acetyl-N'-äthylthioharnstoff in Eisessig sind abgebildet. Im Falle der 2-Aminothiazolincarbonsäure-(4) reagiert die Thioharnstoff-Verb. mit einem dritten Mol III unter Recyclisierung über ein Thiazolon zu *2-Acetamido-4-acetylmercaptomethyl-5-acetylmercaptothiazol* (VI), dessen Konstit. durch Entschwefelung mit RANEY-Ni zu *2-Acetamido-4-methylthiazol* bewiesen wird.

Versuche (z. T. mit J. Baudisch u. L. Hauser): *N-[β-Acetylmercaptoäthyl]-N'-acetylthioharnstoff* (IV), $C_7H_{12}N_2O_2S_2$, F. 133° (Cyclohexan, PAe.), a) aus I u. 2 Mol III bei Raum-Temp., anschließend 4 Std. auf dem Wasserbad erwärmen; 65,6% (Ausbeute); b) aus 2 g 2-Acetamidothiazolin u. III, 3 Std. unter Rückfluß; 1,2 g. — *N-[Benzoylmercaptoäthyl]-N'-benzoylharnstoff*, F. 147—149°, aus I-HBr nach SCHOTTEN-BAUMANN. — *Dibenzoyl-2-aminothiazolin*, $C_{17}H_{14}N_2O_2S$, F. 105° (A.–W.), aus I u. Benzoylchlorid in Pyridin unter Kühlung; 62%. — *2-Acetamido-5-methylthiazolin*, $C_6H_{10}N_2OS$, F. 151° (W.), a) aus 59 g II u. III, 2 Std. auf dem Wasserbad erwärmen; 22,5 g; b) aus II u. Acetanhydrid. *Pikrat*, F. 162°. — *Disulfid des N-[β-Mercaptopropyl]-N'-acetylthioharnstoffs* (V), $C_{12}H_{22}N_4O_2S_4$, F. 190—191° (Zers.; Eisessig), neben vorst. Verbindung. — *N-Acetyl-N'-äthylthioharnstoff*, $C_5H_{10}N_2OS$, F. 107—108° (W.–A.), aus wss. Äthylamin-Lsg. u. alkohol. Acetyldithiourethan-Lsg., 6 Std. unter Rückfluß. — *Bis-[β-(N'-acetylureido)-äthyl]-disulfid*, F. 204—205° (Methanol), aus IV u. wss. KOH, 1 Std. bei Raum-Temp., nach Ansäuern mit verd. HCl Zugabe von 3%ig. H_2O_2. — *N.N'-Dibenzoylcystamin*, $C_{18}H_{20}N_2O_2S_2$, F. 131—132° (Bzl.–PAe.), aus 2-Phenylthiazolin in 80%ig. Essigsäure, 5 Std. bei 100° unter Durchleiten eines Luftstroms; 59%. — *N-Acetyl-S-benzoylcysteamin*, $C_{11}H_{13}NO_2S$, F. 86° (Bzl.–PAe.), aus 2-Phenylthiazolin u. Acetanhydrid, 4 Std. unter Rückfluß. — *O-Acetyl-N-benzoyläthanolamin*, $C_{11}H_{13}NO_3$, $Kp._{10}$ 164°, F. 43° (PAe.), aus 2-Phenyloxazolin u. Eisessig, 2 Std. unter Rückfluß. — *2-Acetamido-4-methylthiazol*, aus VI u. RANEY-Ni in A., 1 Std. bei 60—70°. *Pikrat*, $C_6H_8N_2OS \cdot C_6H_3N_3O_7$, F. 182° (Methanol). A. TREDE. 3142□

Thiolsäuren. 5. Mitt. **S.N-Diacetylmercaptoaminothiazole aus Thiohydantoinsäuren und Thioessigsäure.** Hans Behringer und Karl Kuchinka. (Liebigs Ann. Chem. **650.** 179—86. 1961, herausgeg. 22/2. 1962.) (Dt.) — 4. vgl. vorst. Referat.

Bei der Umsetzung von N-Carboxymethyl- (I) bzw. N-[α-Carboxyäthyl]-thioharnstoff (II) mit Thioessigsäure (III) werden in glatter Rk. *2-Acetamido-5-acetylmercapto-* (IV) bzw. *2-Acetamido-4-methyl-5-acetylmercaptothiazol* (V) erhalten. IV u. V werden ebenfalls aus den N'-Acetylthioharnstoff-Verbb. u. III dargestellt; ihre Konstit. wird bewiesen. N-Carboxymethyl- bzw. N-[α-Carboxyäthyl]-N'-phenylthioharnstoff reagieren hingegen mit III unter Bldg. von *3-Phenyl-* bzw. *3-Phenyl-5-methylthiohydantoin*. N-[Benzylmercaptothiocarbonyl]-glycin wird unter Einw. von III nicht cyclisiert, bildet jedoch mit PBr_3 *2-Benzylmercaptothiazolon-(5)-hydrobromid*. N'-Acetylhydantoinsäure reagiert nicht mit III. Hieraus geht hervor, daß die Rk. bei I u. II in 3 Stufen verläuft: 1. Acetylierung der NH_2-Gruppe; 2. Ringschluß unter Abspaltung von W.; 3. Kondens. mit einem weiteren Mol III; der Mechanismus wird diskutiert. Die Umsetzung von 2-Aminothiazolincarbonsäure-(4) mit III (vgl. l. c.) verläuft über N-[α-Carboxy-β-acetylmercaptoäthyl]-N'-acetylthioharnstoff, der wie oben recyclisiert wird.

Versuche: *2-Acetamido-5-acetylmercaptothiazol* (IV), $C_7H_8N_2O_2S_2$, F. 210—215° (Zers.; A.), a) aus I u. III, mehrere Std. unter Rückfluß; 72% (Ausbeute); b) aus N-Carboxymethyl-N'-acetylthioharnstoff u. III, 15 Std. unter Rückfluß; 64%; c) aus 2-Acetamido-5-hydroxythiazolhydrobromid u. dem K-Salz von III, 4 Std. auf dem Dampfbad; 56%. — *2-Acetamidothiazol*. F. 201—202° (W.), aus 10 g IV u. RANEY-Ni in A.; 4,1 g. — *2-Acetamido-4-methyl-5-acetylmercaptothiazol* (V), $C_8H_{10}N_2O_2S_2$, F. 144—145° (A.), a) aus II u. III, 15 Std. auf dem Dampfbad; 63%; b) aus N-[α-Carboxyäthyl]-N'-acetylthioharnstoff u. III, 15 Std. auf dem Dampfbad; 71%; c) aus *2-Acetamido-4-methyl-5-bromthiazol* [$C_6H_7BrN_2OS$, F. 205° (Isopropanol), aus 2-Amino-4-methyl-5-bromthiazol u. Acetanhydrid] u. dem K-Salz von II in abs. A., 1 Std. auf dem Dampfbad. — *2-Acetamido-4-methylthiazol*, aus V u. RANEY-Ni in Alkohol. *Pikrat*, F. 182°. — *Bis-[2-acetamido-4-methylthiazolyl-(5)]-disulfid*, $C_{12}H_{14}N_4O_2S_4$, F. 159—162° (Zers.; Isopropanol), a) aus 2-Amino-4-methyl-5-mercaptothiazol u. Acetanhydrid unter Luftzutritt, 1 Std. auf dem Dampfbad; b) aus V, 3,3%ig. H_2O_2 u. 2n HCl auf dem Dampfbad; c) aus V, 0,1n J_2-Lsg. u. 2n HCl. — *3-Phenylthiohydantoin*, F. 240—242°, aus N'-Phenylthiohydantoinsäure u. **III**, 6 Std. unter Rückfluß; 91%. — *3-Phenyl-5-methylthiohydantoin*, F. 185°, aus N′-Phenyl-α-methylthiohydantoinsäure u. **III**, 7 Std. unter Rückfluß; 94%. — *Hydantoin*, F. 217—218° (W.), aus Hydantoinsäure u. **III**, 8 Std. unter Rückfluß; 64%. — *5-Methylhydantoin*, F. 150° (W.), aus Methylhydantoinsäure u. **III**, 15 Std. unter Rückfluß; 74%. A. Trede. 3142□

Benz-in als Dipolarophil. Rolf Huisgen und Rudolf Knorr. (Naturwissenschaften **48.** 716. 1. Dez.-H. 1961. München, Inst. für Organ. Chem.) (Dt.)

Dehydrobenzol (**I**) reagiert als Dipolarophil bei der 1.3-dipolaren Addition. **I** wird durch Zers. von Benzoldiazonium-o-carboxylat (vgl. Stiles u. Miller, C. **1961.** 15716) in tert.-Butanol in 40—55%ig. Ausbeute (gemessen an freigesetztem CO_2) gewonnen. Aus **I** entsteht in tert.-Butanol in Ggw. von Phenylazid *1-Phenylbenztriazol* [88% (Ausbeute)], mit p-Methoxyphenylazid *1-[p-Methoxyphenyl]-benztriazol*, F. 96—97°; 98%. Phenylazide mit elektronenanziehenden p-Substituenten reagieren mit **I** nicht. Mit Diazoessigsester gewinnt man aus **I** *Indazolcarbonsäure-(3)-äthylester*, mit C-Phenyl-N-methylnitron *2-Methyl-3-phenylbenz-[d]-isoxazolin*, F. 59—59,5°, mit 3.4-Dihydroisochinolinoxid eine *Verb. vom F. 84°* (92%), der die Struktur **A** zugeschrieben wird, mit C-Diphenylen-N^{α}-[p-chlorphenyl]-N^{β}-cyanazomethinimin in Dioxan bei 45° *1-Cyan-2-[p-chlorphenyl]-indazolin-[3-spiro-9′]-fluoren.* H. Marschall. 3153□

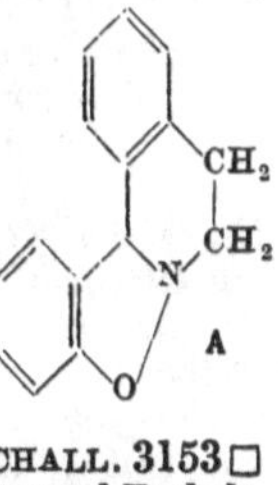

A

1.3.4-Thiadiazole. 3. Mitt. **Acylierung von 2-Amino-1.3.4-thiadiazolen und Reduktion der erhaltenen Produkte mit $LiAlH_4$.** Emilio Testa, Gian Gualberto Gallo und Franco Fava. (Gazz. chim. ital. **88.** 1272—83. Dez. 1958. Milano, Labor. di Ricerche della Lepetit S.p.A.) (Ital.) — 2. vgl. Gazz. chim. ital. **88.** [1958.] 812; 1. vgl. C. **1959.** 8138.

Aus 2-Amino-5-phenyl-1.3.4-thiadiazol (**I**) werden durch Acylierung *2-Benzamido-* (**II**) bzw. *2-Chloracetamido-5-phenyl-1.3.4-thiadiazol* (**III**) dargestellt. Diese sowie das entsprechende 2-Acetamido- (**IV**) u. 2-Carbäthoxyamino-Deriv. (**V**) werden mit $LiAlH_4$ zu *2-Benzylamino-* (**VI**), *2-Äthylamino-* (**VII**) bzw. *2-Methylamino-5-phenyl-1.3.4-thiadiazol* reduziert. Die UV-Spektren erstgenannter Verbb. sowie die UV- u. IR-Spektren u. pK-Werte letztgenannter Verbb. werden gemessen. Die Struktur für **VI** von Fromm wird bestätigt. Durch Acylierung von **VII** mit Chlorkohlensäureester (**VIII**) bzw. Acetylchlorid (**IX**) in Pyridin entstehen *2-[N-Carbäthoxyäthylamino]-* bzw. *2-[N-Acetyläthylamino]-5-phenyl-1.3.4-thiadiazol*, aus welchen mit $LiAlH_4$ nicht die erwarteten N-Dialkyl-Derivv., sondern unter Abspaltung des Acylrestes wieder die Ausgangs-Prodd. erhalten wurden.

Versuche: 5-Phenyl-1.3.4-thiadiazole: *2-Benzamido-* (**II**), $C_{15}H_{11}N_3OS$, F. 239—240° (A.), durch Zutropfen von Benzoylchlorid zu 10 g **I** in Pyridin bei 0—5° u. 24 std. Stehen in der Kälte; 9,5 g (Ausbeute). — *2-Chloracetamido-* (**III**), $C_{10}H_8ClN_3OS$, F. 218—220°, analog aus 6 g **I** u. Monochloracetylchlorid; 1,8 g. — *2-Äthylamino-* (**VII**), $C_{10}H_{11}N_3S$, F. 184—185° (abs. A.), a) durch langsame Zugabe von 5 g **IV** in Ae. zu $LiAlH_4$ in abs. Ae. bei 0—5° unter Rühren, 2½ std. Erhitzen, Abkühlen im Eis/Kochsalz-Bad u. Zers. mit 10%ig. NH_4Cl; 3,1 g; b) analog aus 1,5 g **III**. — *2-Methylamino-*, $C_9H_9N_3S$, F. 187—190° (abs. A.), analog aus 2,7 g **V** u. vorsichtige Zers. mit W.; 1,4 g. — *2-Benzylamino-* (**VI**), $C_{15}H_{13}N_3S$, F. 185—186° (A.), analog aus 5 g **II**; 2,5 g. — *2-[N-Carbäthoxyäthylamino]-*, $C_{13}H_{15}N_3O_2S$, F. 116—117° (A.), durch langsames Zutropfen von **VIII** zu 5 g **VII** in absol. Pyridin bei 0° u. mehrstd. Stehen bei 0°; 5 g. — *2-[N-Acetyläthylamino]-*, $C_{12}H_{13}N_3OS$, F. 133—134° (A.), analog aus **IX** u. 3 g **VII**. Heinz Kniesz. 3173□

Untersuchungen über die Synthesen von heterocyclischen Verbindungen. 54. Mitt. **Bildung von N-Alkylpyridonen-(2) durch Behandlung von N-Alkyl-2-chlorpyridiniumsalzen mit Alkali.** Tetsuji Kametani und Yukio Nomura. (Chem. pharmac. Bull. [Tokyo] **8.** 741—44. Aug. 1960. Osaka, Univ., Pharm. Fac.) (Engl.) — 53. vgl. Chem. pharmac. Bull. [Tokyo] **7.** [1959.] 641; vgl. auch C. **1962.** 1352.

Bei der Umsetzung von 2-Chlorpyridin (**I**) mit Methyljodid (**II**) oder Äthyljodid (**III**) bilden sich *N-Methyl-* bzw. *N-Äthyl-2-jodpyridiniumjodid*, deren Behandlung mit Alkali zu den entsprechenden *N-Alkyl-1H-pyridonen-(2)* führt. Auf ähnlichem Wege erhält man *1-[β-(3.4-Dimethoxyphenyl)-äthyl]-1H-pyridon-(2)*, das mit $POCl_3$ das entsprechende *2-Chlorpyridiniumsalz* liefert. Der Rk.-Mechanismus wird diskutiert.

Versuche: *1-Methyl-2-jodpyridiniumjodid*, Roh-F. 197—199° (Zers.), durch 3½ std. Kochen von 1 g **I** u. 1 ml **II** in Aceton; gelbliche Kristalle; 0,5 g (Ausbeute). — *1-Methyl-1H-pyridon-(2)*, *Pikrat*, F. 141—142° (A.; gelbliche Nadeln), a) durch Aufbewahren von 0,3 g vorst. Verb. mit 10%ig. NaOH bei Raum-Temp., Extraktion mit Ae. u. Bzl. u. Umwandeln der Base (0,2 g) in das Pikrat; b) durch Zutropfen von 0,6n NaOH zu 2,2 g 1-[Picolyl-(2)]-pyridiniumjodidmethojodid in W. nach Berson u. Cohen (vgl.

C. **1957.** 1433) u. Umwandlung in das Pikrat; 0,2 g. — *1-Äthyl-2-jodpyridiniumjodid*, $C_7H_9J_2N$, F. 158—159° (A., Nadeln), durch 3std. Erhitzen von 1,8 g I u. 2,8 g III auf dem Wasserbad, Stehen über Nacht, Absaugen u. erneutes 2std. Erhitzen des Filtrats; 1,5 g. — *1-Äthyl-1H-pyridon-(2), $HgCl_2$-Komplex*, F. 111—112,5°, durch ½std. gelindes Erwärmen von 281 mg vorst. Verb. mit 10%ig. NaOH, Extraktion mit $CHCl_3$ in Ggw. von K_2CO_3, Eindampfen u. Umwandeln des zurückbleibenden Öls (127 mg) in den $HgCl_2$-Komplex; 95,5%. — *1-[β-(3.4-Dimethoxyphenyl)-äthyl]-α-picoliniumbromid*, $C_{16}H_{20}\cdot BrNO_2\cdot \frac{1}{2} H_2O$, F. 180° (A./Ae.), durch 4std. Erhitzen von β-[3.4-Dimethoxyphenyl]-äthylbromid mit 0,6 g α-Picolin auf dem Wasserbad; 2,1 g. *Pikrat*, $C_{16}H_{20}NO_2\cdot C_6H_2N_3O_7$, F. 112—113° (A.; gelbliche Nadeln), durch Behandeln des Bromids mit AgCl u. anschließend mit Na-Pikrat. — *1-[β-(3.4-Dimethoxyphenyl)-äthyl]-1H-pyridon-(2)*, durch Zutropfen von J_2 in Pyridin zu der Lsg. von 1,7 g vorst. Verb. in Pyridin, 3std. Erhitzen unter Rühren, Absaugen von 1,7 g entsprechenden *Pyridiniumjodidmethojodids* (F. 193 bis 195°; orangegelbe Kristalle), Konzentrieren der Mutterlauge, Lösen des abgesaugten Nd. u. des Konzentrats in W., Waschen mit Ae., Zusatz von 10%ig. NaOH, Extrahieren mit $CHCl_3$ in Ggw. von K_2CO_3, Eindampfen der Chlf.-Schicht u. Extraktion des Rückstandes mit Bzl.; 61,5%. *Chloroplatinat*, $C_{15}H_{17}NO_3\cdot {}^1/_3\ H_2PtCl_6\cdot 2\ H_2O$, F. 100—103° (gelbe Kristalle). — *1-[β-(3.4-Dimethoxyphenyl)-äthyl]-2-chlorpyridiniumjodid*, $C_{15}H_{17}\cdot ClJNO_2$, F. 160—161° (A.; gelbe Nadeln), durch 2std. Kochen vorst. Verb. in Toluol mit $POCl_3$, Eindampfen im Vakuum, Lösen des Rückstandes in W., Behandeln mit A-Kohle u. Fällen mit KJ. *Chloroplatinat*, F. 192—194° (Zers.; gelbe Kristalle). *Chlorid*, F. 139—141°, durch 1½std. Erhitzen von 108 mg Jodid in Methanol mit AgCl; 73 mg. *Pikrat*, $C_{15}H_{17}ClNO_2\cdot C_6H_2N_3O_7$, F. 153—154° (A.; bräunlichgelbe Kristalle).

G. Fischer. 3231 □

Piperidin-Derivate mit einer Schwefel enthaltenden Funktion in 4-Stellung. H. Barrera und R. E. Lyle. (J. org. Chemistry **27.** 641—43. Febr. 1962. Durham, N.H., Univ., Dep. of Chem.) (Engl.)

Bei der Umsetzung von 1-Methylpiperidon-(4) (**I**) mit H_2S in Ggw. von HCl entsteht das trimere *1-Methyl-4-thionopiperidinhydrochlorid*, das beim Umkristallisieren zu *1'.1''-Dimethyl-1.2.4-trithiolan-[3;5-dispiro-4';4'']-dipiperidindihydrochlorid* (**III**) autoxydiert wird. Beim Fehlen von HCl reagiert **I** mit H_2S zu *1-Methyl-4.4-dimercaptopiperidin* (**II**)*-hydrat*; **II**-Hydrochlorid wird auch aus dem Hydrat von **I**·HCl durch Behandlung mit H_2S erhalten. **II** wird durch $NaBH_4$ zu *1-Methyl-4-mercaptopiperidin* red., das in Ggw. von Luft zum *Disulfid* oxydiert wird.

Versuche: *1-Methyl-4.4-dimercaptopiperidinhydrochlorid* (**II**·HCl), $C_6H_{14}ClNS_2$, FF. 145, 178—180° (Isopropanol), aus **I**·H_2O·HCl u. H_2S in Isopropanol bei Raum-Temp.; 76% (Ausbeute). Daneben entsteht **III**, $C_{12}H_{24}Cl_2N_2S_3$, F. 233° (95%ig. A.); 13%. **II**·*H_2O*, $C_6H_{15}NOS_2$, F. 48—50° (Isopropanol), aus **I** u. H_2S in Isopropanol bei Raum-Temp.; 36%. Geht bei Behandlung mit HCl in Isopropanol in **II**·HCl über. — *Polymeres* von *1-Methyl-4-thionopiperidinhydrochlorid*, $(C_6H_{12}ClNS)_n$, F. 189—191° (Isopropanol), aus **I** u. H_2 S in mit HCl gesätt. Isopropanol bei Raum-Temp.; 55%. — *1'.1''-Dimethyl-1.2.4-trithiolan-[3;5-dispiro-4';4'']-dipiperidin*, $C_{12}H_{22}N_2S_3$, F. 78—80° (PAe.), aus **III** durch Neutralisieren mit Na_2CO_3. — *1-Methyl-4-mercaptopiperidin*, $Kp._{0,8}$ 62°, aus **II**·H_2O u. $NaBH_4$ in Isopropanol bei Raum-Temp. u. 2 Std. lang bei 58°; 70%. *Hydrochlorid*, $C_6H_{14}ClNS$, F. 172—173°. Daneben entsteht *Bis-[1-methylpiperidyl-(4)]-disulfid*, $Kp._{0,8}$ 180°; 17%. *Hydrochlorid*, $C_{12}H_{26}Cl_2N_2S_2$, F. 237—238°.

A. Trede. 3231 □

Über die Reaktionen von Nicotinsäurehydrazonen und Triazinen mit Wasserstoffperoxid. Hans Hasselquist. (Ark. Kemi **15.** Nr. 34. 387—91. 1960. Stockholm, Univ., Inst. für organ.-chem. Forsch.) (Dt.)

Während 3.5.6-Triphenyl-1.2.4-triazin mit H_2O_2 ein Mono-N-oxid bildet, entsteht aus 5.6-Dimethyl-3-[β-pyridyl]-1.2.4-triazin (**V**; vgl. Metze, C. **1957.** 2482) mit H_2O_2 unter Spaltung des Triazinringes *Nicotinsäureamid-N-oxid. Diacetyl-bis-[nicotinoylhydrazon]* (**I**), das aus Diacetylmononicotinoylhydrazon (**II**) u. Nicotinsäurehydrazid (**IV**) oder neben *Dimethylglyoxim* aus **II** u. H_2NOH erhalten wird, liefert mit H_2O_2 *Nicotinsäure-N-oxid.* **II** reagiert mit H_2O_2 unter Bldg. von *Diacetylmononicotinoylhydrazon-N-oxid*, das auch aus Nicotinsäurehydrazid-N-oxid u. Diacetyl (**III**) zugänglich ist.

Versuche: *Diacetyl-bis-[nicotinoylhydrazon]* (**I**), $C_{16}H_{16}N_6O_2$, F. 270—270,5° (W.; Nadeln), a) durch kurzes Aufkochen von 2 g **II**, 0,77 g H_2NOH·HCl u. 1 g K-Acetat in W., 3std. Stehen bei Raum-Temp., Absaugen u. Extraktion des Nd. mit A. als schwerlösl. Anteil; 1 g (Ausbeute); daneben *Dimethylglyoxim*, aus dem äthanol. Filtrat von **I**; 0,25 g; b) durch 1std. Erhitzen von 250 mg **II** u. 137 mg **IV** auf dem Wasserbad; 260 mg. — *Nicotinsäure-N-oxid*, F. 254—255° (wss. A.), durch 18std. Aufbewahren von 2,54 g **I**

u. 10 ml H_2O_2 in 50 ml Eisessig bei 60—70°, Einengen, Verreiben des Rückstandes mit A. u. Absaugen; 820 mg. — *Nicotinsäurehydrazid-N-oxid*, $C_6H_7N_3O_2$, F. 221,5° (wss. A.), durch Aufbewahren äquimol. Mengen Nicotinsäureäthylester-N-oxid, $N_2H_4 \cdot H_2O$ u. wenig Äthanol. — *Diacetylmononicotinoylhydrazon-N-oxid*, $C_{10}H_{11}N_3O_3$, F. 234° (CH_3OH; Nadeln), a) durch kurzes Erwärmen äquimol. Mengen vorst. Verb. u. **III** auf dem Wasserbad u. Abkühlen; b) durch 24std. Aufbewahren von **II**, H_2O_2 u. Eisessig bei Raum-Temp. u. Eindampfen im Vakuum. — *Nicotinsäureamid-N-oxid*, $C_6H_6N_2O_2$, F. 287° (A.; Nadeln), durch 48std. Aufbewahren von 0,15 g **V** mit H_2O_2 u. Eisessig bei Raum-Temp., Eindampfen u. Versetzen des öligen Rückstandes mit CH_3OH; 0,1 g.

W. KIRSCHENLOHR. 3231 □

Synthese von Polymethylen-bis-chinuclidiniumhalogeniden. Je. Je. Michlina, W. Ja. Worobjewa und M. W. Rubzow. (Журнал Общей Химии [J. allg. Chem.] **31** (**93**). 2609—13. Aug. 1961. Chem.-pharmazeut. Allunions-Ordshonikidse-Forschungsinst.) (Russ.)

Durch Rk. von Chinuclidin, 3-Methyl-, 3-Phenyl-, 3-Benzyl- u. 3-Acetoxychinuclidin mit α.ω-Dijodpropan, -butan, -pentan, -hexan, -heptan, -nonan, -decan, α.α'-Dijoddimethyläther, β.β'-Dijoddiäthyläther u. α.α'-Dibromdimethyläther werden die entsprechenden *α.ω-Bis-[chinuclidinio]-alkandijodide* (bzw. *-bromide*) erhalten. Die α.ω-Dijodalkane wurden aus den entsprechenden Diolen dargestellt. Die Verbb. wurden zur Unters. auf ihre pharmakolog. Wirksamkeit synthetisiert.

Versuche: *Chinuclidon-(3)*, *Hydrazon*, $C_7H_{13}N_3$, F. 87—90° (Bzl.-Ae.), aus 4 g. Chinuclidon-(3) u. 12 ml 70%ig. Hydrazinhydrat (40 Std. lang kochen); 90% (Ausbeute). — *Chinuclidin*, F. 154°, man erhitzt 10 g Chinuclidon-(3), 15 ml Hydrazinhydrat, 15 g KOH u. 100 ml Glycerin 4 Std. lang auf 165—175° unter Rückfluß u. dest. mit Wasserdampf; 97,5%. *Pikrat*, $C_{13}H_{16}N_4O_7$, F. 272—273° (A.). *Äthojodid*, $C_9H_{18}JN$, F. 291 bis 293° (A.-Ae.). — *3-Benzyl-1-azabicyclo-[2.2.2]-octen-(2)*, Kp.$_{0,8}$ 118—121°, man überführt 29,7 g 3-Benzyl-3-hydroxychinuclidin in das Hydrochlorid, vermischt mit 175 ml $SOCl_2$ u. 300 ml Bzl., erwärmt 3 Std. lang auf 40—50° u. kocht 6 Std. lang; man dampft ein, macht mit 50%ig. K_2CO_3 alkal., extrahiert mit Chlf., dampft die Chlf.-Schicht ein, kocht den Rückstand mit 7,8 g KOH in 90 ml A. 6 Std. lang, dampft ein, macht mit K_2CO_3 alkal. u. extrahiert mit Ae.; 73,3%. *Hydrochlorid*, $C_{14}H_{18}ClN$, F. 190—193° (A.-Ae.). — *3-Benzylchinuclidin*, Kp.$_{0,3}$ 103—105°, durch Hydrierung vorst. Hydrochlorids (aus 18,9 g Base) in 200 ml A. an 0,7 g PtO_2; 90%. *Hydrochlorid*, $C_{14}H_{20}ClN$, F. 198—199°. — *1.7-Dichlorheptan*, Kp.$_{13}$ 106—107°, man gibt zu 19 g 1.7-Dihydroxyheptan unter Kühlen 55 g $SOCl_2$ u. rührt 2 Std. lang; 89,5%. — *1.7-Dijodheptan*, Kp.$_{14}$ 160°, aus 20,57 g vorst. Verb. u. 73 g NaJ in 300 ml Aceton (26 Std. kochen; 78%. — *1.7-Bis-[chinuclidinio]-heptandijodidhydrat*, $C_{21}H_{40}J_2N_2 \cdot H_2O$, F. 211 bis 213° (Aceton-A.), durch 6std. Kochen von 1 g Chinuclidin u. 1,58 g 1.7-Dijodheptan in 4 ml abs. A.; 76%. — Durch Kochen von 2 Mol Base mit 1 Mol Dihalogen-Deriv. in A. oder Aceton u. Kristallisieren aus Methanol, A. oder A.-Aceton wurden erhalten: *1.3-Bis-[chinuclidinio]-propandijodid*, $C_{17}H_{32}J_2N_2$, F. 277—278°; 66%. — *1.4-Bis-[chinuclidinio]-butandijodid*, $C_{18}H_{34}J_2N_2$, F. 290°; 81%. — *1.5-Bis-[chinuclidinio]-pentandijodid*, $C_{19}H_{36}J_2N_2$, F. 265—266°; 64%. — *1.6-Bis-[chinuclidinio]-hexandijodidhydrat*, $C_{20}H_{38}J_2N_2 \cdot H_2O$, F. 247—249°; 78%. — *1.9-Bis-[chinuclidinio]-nonandijodid*, $C_{23}H_{44}J_2N_2$, F. 237°; 66,5%. — *1.10-Bis-[chinuclidinio]-decandijodid*, $C_{24}H_{46}J_2N_2$, F. 277 bis 278°; 75,8%. — *1.3-Bis-[3-methylchinuclidinio]-propandijodidhydrat*, $C_{19}H_{36}J_2N_2 \cdot H_2O$, F. 263—264°; 89%. — *1.4-Bis-[3-methylchinuclidinio]-butandijodid*, $C_{20}H_{38}J_2N_2$, F. 271 bis 273°; 91,2%. — *1.5-Bis-[3-methylchinuclidinio]-pentandijodidhydrat*, $C_{21}H_{40}J_2N_2 \cdot H_2O$, F. 57—60°; 86%. — *1.6-Bis-[3-methylchinuclidinio]-hexandijodidhydrat*, $C_{22}H_{42}J_2N_2 \cdot H_2O$, F. 247—249°; 93,5%. — *1.7-Bis-[3-methylchinuclidinio]-heptandijodid*, $C_{23}H_{44}J_2N_2$, F. 231—233°; 87%. — *1.9-Bis-[3-methyldhinuclidinio]-nonandijodidhydrat*, $C_{25}H_{48}J_2N_2 \cdot H_2O$, F. 250—252°; 63,5%. — *1.10-Bis-[3-methylchinuclidinio]-decandijodid*, $C_{26}H_{50}J_2N_2$, F. 249—251°; 92,2%. — *1.4-Bis-[3-phenylchinuclidinio]-butandijodid*, $C_{30}H_{42}J_2N_2$, F. 55°; 97%. — *1.5-Bis-[3-phenylchinuclidinio]-pentandijodidhydrat*, $C_{31}H_{44}J_2N_2 \cdot H_2O$, F. 113—115°; 94,5%. — *1.6-Bis-[3-phenylchinuclidinio]-hexandijodid*, $C_{32}H_{46}J_2N_2$, F. 261—263°; 92,3%. — *1.7-Bis-[3-phenylchinuclidinio]-heptandijodid*, $C_{33}H_{48}J_2N_2$, F. 82°; 69%. — *1.9-Bis-[3-phenylchinuclidinio]-nonandiiodid*, $C_{35}H_{52}J_2N_2$, F. 67°; 73,2%. — *1.10-Bis-[3-phenylchinuclidinio]-decandijodid*, $C_{36}H_{54}J_2N_2$, F. 188—190°; 75%. — *1.4-Bis-[3-benzylchinuclidinio]-butandijodid*, $C_{32}H_{46}J_2N_2$, F. 251—253°; 93,4%. — *1.6-Bis-[3-benzylchinuclidinio]-hexandijodid*, $C_{34}H_{50}J_2N_2$, F. 210—212°; 97,5%. — *1.7-Bis-[3-benzylchinuclidinio]-heptandijodid*, $C_{35}H_{52}J_2N_2$, F. 179—181°; 97,7%. — *1.9-Bis-[3-benzylchinuclidinio]-nonandijodid*, $C_{37}H_{56}J_2N_2$, F. 220—222°; 79,5%. — *1.10-Bis-[3-benzylchinuclidinio]-decandijodid*, $C_{38}H_{58}J_2N_2$, F. 235—237°; 88,8%. — *1.4-Bis-[3-acetoxychinuclidinio]-butandijodid*, $C_{22}H_{38}J_2N_2O_4$, F. 235—237°; 97,8%. —

1.6-Bis-[3-acetoxychinuclidinio]-hexandijodid, $C_{24}H_{42}J_2N_2O_4$, F. 240—242°; 96,2%. — *1.10-Bis-[3-acetoxychinuclidinio]-decandijodid*, $C_{28}H_{50}J_2N_2O_4$, F. 184—187°; 92%. — *1.3-Bis-[chinuclidinio]-2-oxapropandijodid*, $C_{16}H_{30}J_2N_2O$, F. 287°; 81,7%. — *1.5-Bis-[chinuclidinio]-3-oxapentandijodid*, $C_{18}H_{34}J_2N_2O$, F. 272—274°; 71%. — *1.3-Bis-[3-methylchinuclidinio]-2-oxapropandijodid*, $C_{18}H_{34}J_2N_2O$, F. 211—212°; 91,5%. — *1.5-Bis-[3-methylchinuclidinio]-3-oxapentandijodid*, $C_{20}H_{38}J_2N_2O$, F. 208—210°; 81,2%. — *1.3-Bis-[3-phenylchinuclidinio]-2-oxapropandibromid*, $C_{28}H_{38}Br_2N_2O$, F. 182°; 78,5%. — *1.3-Bis-[3-benzylchinuclidinio]-2-oxapropandibromid*, $C_{30}H_{42}Br_2N_2O$, F. 72°; 97,3%. — *1.5-Bis-[3-acetoxychinuclidinio]-3-oxapentandijodid*, $C_{22}H_{38}J_2N_2O_5$, F. 93—95°; 88,7%.
HELMUT SCHÄFER. 3231 □

Chemie der Acetylenäther. 29. Mitt. **Reaktionen von Acetylenäthern mit einigen aromatischen Isocyanaten. Bildung von Chinolon-(2)-derivaten.** J. Nieuwenhuis und J. F. Arens. (Recueil Trav. chim. Pays-Bas **76.** 999—1004. Nov. 1957.) (Engl.) — 28. vgl. C. **1962.** 12256.

Äthoxyacetylen (**II**) reagiert mit Phenyl- (**I**) bzw. p-Tolylisocyanat unter Bldg. von *4-Äthoxy-* (**III**) bzw. *4-Äthoxy-6-methylchinolon-(2)*. Durch Umsetzung von Äthylmercaptoäthinyl-MgBr (**IV**) mit **I** wird *Äthylmercaptopropiolsäureanilid* gebildet. UV-Spektren vgl. Original.

Versuche: Chinolone-(2): *4-Äthoxy-* (**III**), $C_{11}H_{11}NO_2$, F. 225° (A./Bzl.), a) durch 6wöchige Rk. von 0,038 Mol **I** mit 0,043 Mol **II** in Nitromethan im Rohr u. Filtration; 42% (Rohausbeute); b) analog a) ohne Lsgm.; 20%. — *4-Äthoxy-6-methyl-*, $C_{12}H_{13}NO_2$, F. 225,5—227° (Bzl.), analog **III** aus 0,02 Mol **V** u. 0,026 Mol **II** in Nitromethan; daneben 1,5 g *N.N'-Bis-[p-tolyl]-harnstoff* (durch Versetzen des Filtrats mit W.). — *4-Äthoxy-1-methyl-*, $C_{12}H_{13}NO_2$, F. 87,5—88° (PAe.), durch Eintropfen von 300 mg NaOH in W. in die sd. Suspension von 400 mg **III** in Methanol u. 1,6 g CH_3J, Zugabe von 0,8 g CH_3J u. 150 mg NaOH in 1,5 ml W. nach 1 Std., 1std. Kochen, Eindampfen im Vakuum u. Extraktion mit Chlf.; bildet an der Luft ein *Dihydrat* (F. 49°). — *4-Hydroxy-1-methyl-*, $C_{10}H_9NO_2$, F. 258,5—259°, durch 2½std. Kochen von 100 mg vorst. Verb. mit 20%ig. HCl; aus W. Nadeln; 80 mg. — *Äthylmercaptopropiolsäureanilid*, $C_{11}H_{11}NOS$, F. 75—75,5° [Bzl.-PAe. (1:1)], durch Eintropfen von 0,076 Mol **I** in Ae. in die äther. Suspension von **IV** [aus 0,1 Mol Äthylmercaptoacetylen u. Äthyl-MgBr], 1std. Rühren bei 0°, Zugabe von W. u. Eindampfen; 51%. L. LAMZA. 3231

Darstellung der 2-Methyl-6-oxodekahydroisochinoline. Simone Durand, Robert C. Moreau und Xavier Lusinchi. (C. R. hebd. Séances Acad. Sci. **252.** 1627—29. 13/3. 1961. Paris, Fac. de Pharm., Labor. de Pharm. chim.) (Franz.)

Die Hydrierung des 2-Methyl-6-oxo-1.2.3.4.6.7.8.8a-oktahydroisochinolins (**I**) nach der Meth. von MCELVAIN u. PARKER JUN. (C. **1957.** 10477) ergibt lediglich *cis-2-Methyl-6-oxodekahydroisochinolin* (**II**; *Pikrat*, F. 242° *Jodmethylat*, F. 270°). Dagegen führt die Meth. von MARCHANT u. PINDER (C. **1956.** 10716) zu einem chromatograph. trennbaren Gemisch von ca. 35% **II** u. ca. 65% *trans-2-Methyl-6-oxodekahydroisochinolin* (**III**; $Kp._{13}$ 129°; *Pikrat*, F. 245°; *Jodmethylat*, F. 256°). Die Red. von **I** nach BIRCH gibt *2-Methyl-6-hydroxydekahydroisochinolin*, das leicht zu reinem **II** oxydiert werden kann. WOLFF-KISHNER-Red. von **III** liefert *trans-2-Methyldekahydroisochinolin* (*Pikrat*, F. 236°). H. G. HENKEL. 3231 □

Pyridazinuntersuchungen. 1. Mitt. **Darstellung einiger 3.6-disubstituierter 4-Methylpyridazine.** Søren Linholter, A. A. Bak Kristensen, R. Rosenørn, S. E. Nielsen und H. Kaaber. (Acta chem. scand. **15.** 1660—66. 1961. Copenhagen, Royal Techn. Univ., Dep. of Organ. Chem.) (Engl.)

Die konkurrierende Monosubstitution eines Chloratoms in 4-Methyl-3.6-dichlorpyridazin (**I**) durch Alkoholationen wird untersucht. Es wird festgestellt, daß die Rk. in 6-Stellung bei Alkoholationen, die größer als das Methylation sind, begünstigt ist. Die Rk. von **I** mit NH_3 bei 120° im Autoklaven liefert zwei Isomere, *Aminochlor-4-methylpyradazine*, dagegen entsteht mit Dimethylamin nur ein Prod. von noch unbestimmter Struktur. Die Strukturen der verschiedenen isomeren Substitutions-Prodd. werden durch synthet. Umwandlungen u. durch Vgl. mit authent. Verbb. bestimmt.

Versuche: *Citraconsäureanhydrid*, Kp. 215°, durch 20std. Stehen von Itaconsäure mit Acetanhydrid, 2std. Erhitzen auf 80° u. Dest. im Vakuum ($Kp._{12}$ 110—115°); 65% (Ausbeute). — *4-Methyl-1.2.3.6-tetrahydropyridazindion-(3.6)*, durch Zugabe vorst. Verb. zu einer sd. Lsg. von Hydrazinsulfat in W., 2std. Kochen u. Kühlen; 99—100%. — Pyridazine: *4-Methyl-3.6-dichlor-* (**I**), F. 86°, $Kp._1$ 130—135°, durch ½std. Kochen vorst. Verb. mit $POCl_3$, Abdestillieren des überschüssigen $POCl_3$ im Vakuum, Gießen auf Eiswasser, Extrahieren mit Chlf. u. Dest.; 90%. — *5-Methyl-6-methoxy-3-chlor-*, $C_6H_7ClN_2O$, F. 113° (Ae. oder Methanol), durch Zugabe von 163 g **I** zu Na-Methylat in

Methanol u. mehrstd. Stehen bei —10°; 62 g. — *4-Methyl-6-methoxy-3-chlor-*, $C_6H_7ClN_2O$, F. 66° (PAe.), neben vorst. Verb. aus den Mutterlaugen; 53 g. — *5-Methyl-6-methoxy-*, F. 34°, durch Hydrieren vorvorst. Verb. in 1n methanol. KOH u. Methanol an RANEY-Ni (1 Std.), Eindampfen, Extrahieren mit Ae. u. Dest. bei >100°/12 Torr; 75%. *Pikrat*, $C_{12}H_{11}N_5O_8$. — *4-Methyl-6-methoxy-*, F. 15°, analog vorst. Verb. aus vorvorst. Verb. u. Dest. bei >105°/12 Torr; 67%. *Pikrat*, $C_{12}H_{11}N_5O_8$. — *5-Methyl-6-oxo-1.6-dihydro-*, $C_5H_6N_2O$, F. 156°, durch ½ std. Kochen vorvorst. Verb. in konz. HCl, Eindampfen, Extrahieren mit Chlf. u. Versetzen der Extrakte mit PAe.; 100%. — *4-Methyl-6-oxo-1 6-dihydro-*, $C_5H_6N_2O$, F 162°, analog vorst. Verb. aus vorvorst. Verb.; 100%. — *5-Methyl-3-chlor-6-oxo-1.6-dihydro-* (II), $C_5H_5ClN_2O$, F. 170° (A.), durch 1std. Kochen von 50 g I mit konz. HCl, Eindampfen im Vakuum, Aufnehmen in A., Kühlen auf 30°, Abfiltrieren der Kristalle (nachst. Verb.) u. Einengen; 20 g. — *4-Methyl-3-chlor-6-oxo-1.6-dihydro-* (III), $C_5H_5ClN_2O$, F. 222° (A.), neben vorst. Verb.; 15 g. — *5-Methyl-6-äthoxy-3-chlor-*, $C_7H_9ClN_2O$, F. 78°, durch Zugabe von I zu Na-Äthylat in A. u. ½std. Kochen; aus Ae. Platten; liefert durch Hydrolyse mit konz. HCl **II**. — *4-Methyl-6-äthoxy-3-chlor-*, $C_7H_9ClN_2O$, F. 49°, neben vorst. Verb.; aus Ae. Nadeln; gibt durch Hydrolyse mit konz. HCl **III**. — *5-Methyl-6-amino-3-chlor-*, $C_5H_6ClN_3$, F. 137°, durch 5std. Erhitzen von **I**, fl. NH_3 u. Methanol im Autoklaven auf 120°, Eindampfen, Aufnehmen in verd. HCl, Extrahieren mit Chlf., Alkalisieren der sauren Lsg., Acetylieren in wenig sd. Acetanhydrid, Kühlen, Abfiltrieren des Acetyl-Deriv. nachst. Verb., Einengen des Filtrats u. Hydrolysieren mit wss.-alkohol. KOH; liefert durch Diazotieren u. Verkochen **II**. *Acetyl-Deriv.*, F. ca. 140°. — *4-Methyl-6-amino-3-chlor-*, $C_5H_6ClN_3$, F. 187°, neben vorst. Verb. durch Verseifen des Acetyl-Deriv.; liefert durch Diazotieren u. Verkochen **III**. *Acetyl-Deriv.*, F. 216°. — *4(5?)-Methyl-6-dimethylamino-3-chlor-*, $C_7H_{10}ClN_3$, F. 122° (A.), durch 20std. Erhitzen von **I** mit 30%ig. wss. Dimethylamin im Autoklaven auf 120° u. Kühlen; Nadeln; 83%. — *4(5?)-Methyl-6-dimethylamino-*, $C_7H_{11}N_3$, F. 90°, durch Hydrieren vorst. Verb. an RANEY-Ni (1 Std.), Eindampfen, Extrahieren mit Chlf. u. Dest. bei 12 Torr; 80%. P. GOLINSKE. 3272□

Pyrimidine. 4. Mitt. **Hydrazinopyrimidine.** H. Vanderhaeghe und M. Claesen. (Bull. Soc. chim. belges **68**. 30—46. Jan./Febr. 525. Sept./Okt. 1959. Louvain, Univ., Inst. Rega et s. a. R. I. T. [Genval].) (Franz.) — 3. vgl. C. **1960**. 10233.

Verschiedene Hydrazinoalkyl- u. -phenylpyrimidine sowie Hydrazinohydroxy-, -amino-, -alkoxy- u. -alkylmercaptopyrimidine werden dargestellt. Die Struktur einiger, in der Literatur schon beschriebener, Derivv. wird krit. überprüft.

Versuche: Pyrimidone-(6): *2-Methylmercapto-1.4-dimethyl-*, F. 92—93° (W.), Kp.$_3$ 135°, durch 17std. Rk. von 3,9 g 2-Methylmercapto-6-hydroxy-4-methylpyrimidin (**VI**), Na u. CH_3J (I) bei 100° (Bad-Temp.); 3 g (Ausbeute) [wird durch konz. HCl zu *1.4-Dimethyluracil* (F. 261—263°) hydrolysiert]. — *2-Hydrazino-1.4-dimethyl-*, F. 201—203° (A.), durch 5std. Rk. von 12 g vorst. Verb. u. 100%ig. N_2H_4 (**V**) bei 100° (Bad-Temp.); 5,4 g. — *6-Hydrazino-3-methylpyrimidon-(2)*, F. 173° (Zers.; A.), durch 6std. Rk. von 7 g 3-Methyl-6-methoxypyrimidon-(2) u. 80%ig. **V** bei 100° (Bad-Temp.); 2 g. — Pyrimidine: *4.5-Dimethyl-6-chlor-*, durch Entschwefeln von 20 g 4.5-Dimethyl-2-thiouracil mit RANEY-Ni in ammoniakal. Lsg. über *4.5-Dimethylpyrimidon-(6)* (F. 201 bis 203°; 10 g) u. Rk. nach HULL (J. chem. Soc. [London] **1946**. 361). — *2.4-Dimethyl-6-chlor-*, durch 7std. Rk. molarer Mengen Acetamidinhydrochlorid, Acetessigsäureäthylester u. NaOH in W., Neutralisieren mit HCl auf pH 6—7 u. Behandeln des erhaltenen *2.4-Dimethylpyrimidons-(6)* (F. 194—197°; 42%) mit $POCl_3$ (**II**). — *2-Phenyl-4.5-dimethyl-6-chlor-*, F. 125—127° (A.), durch Rk. von Benzamidin u. α-Methylacetessigsäureäthylester u. 1½std. Erhitzen von 5 g des erhaltenen *2-Phenyl-4.5-dimethylpyrimidons-(6)* mit **II**; 4,5 g. — *2-Methylmercapto-5-methyl-6-hydroxy-*, F. 232—234° (A.), durch 16std. Rk. von Thiothymin, Na u. I in CH_3OH (Me) bei 100° (Bad-Temp.); 61% [wird durch HCl zu *Thymin* (F. 305—310°) verseift]. — *2-Methylmercapto-6-methoxy-4-methyl-* (**X**), F. ca. 35°, Kp.$_{14}$ 114—117°, durch 16std. Rk. von 12 g 2-Methylmercapto-6-chlor-4-methylpyrimidin u. Na in Me bei 100° (Bad-Temp.); 10 g. — *4-Methyl-6-hydrazino-* (**III**), F. 140—141° [Dioxan (Di)], durch a) 6std. Rk. von 4-Methyl-6-chlorpyrimidin (**IV**), (100%ig. **V** u. K_2CO_3 in Di bei 100° (Bad-Temp.); 93%; b) 1std. Kochen von 11 g **IV** u. 100%ig. **V** in abs. A.; 3,1 g. *Hydrochlorid*, F. 225° (Zers.; A.), durch Behandeln von **III** mit alkohol. HCl. — *2-Methyl-6-hydrazino-*, analog **III** nach b). *Hydrochlorid*, F. 213 bis 214° (A.). — *5-Methyl-6-hydrazino-*, F. 205—206° (Di), analog **III** nach a). — *2.4-Dimethyl-6-hydrazino-*, F. 192—193° (Di), analog **III** nach a). — *4.5-Dimethyl-6-hydrazino-*, F. 215—217° (A.), analog **III** nach a). — *2-Phenyl-6-hydrazino-*, F. 83—84° (W.), analog **III** nach a). *Hydrochlorid*, F. 248—250°, durch Einw. von alkohol. HCl. — *4-Phenyl-6-hydrazino-*, F. 139—140° (W.), analog **III** nach a). — *2-Phenyl-4.5-dimethyl-6-hydrazino-*, F. 179—180° (A.), analog **III** nach a). *Hydrochlorid*, F. 257—259°, durch Einw.

von alkohol. HCl. — *2-Hydrazino-*, F. 110—112° (abs. A.), durch 2std. Rk. von 3 g 2-Chlorpyrimidin u. 100%ig. **V** in abs. A. bei 100° (Bad-Temp.); 0,50 g. — *2-Hydrazino-4-methyl-*, F. 89—91° (Bzl.), durch 50std. Rk. von 21 g 2-Methylmercapto-4-methylpyrimidin ($Kp._4$ 80—90°) u. 10 %ig. **V** in abs. A. bei 100° (Bad-Temp.); 4,15 g. *Hydrochlorid*, F. 195—198° (Zers.; A.), durch a) 2std. Rk. von 1 g 2-Chlor-4-methylpyrimidin (**XI**) u. 100%ig. **V** in abs. A. bei 100° (Bad-Temp.); 0,25 g; b) Behandeln der Base mit alkohol. HCl. — *2.6-Dihydrazino-4-methyl-* (**IX**), F. 216—217° (Zers.; W.), a) durch Behandeln von aus 2.6-Dichlor-4-methylpyrimidin (**VIII**) durch Entchloren erhaltenem **XI** analog vorst. Hydrochlorid nach a); b) analog **III** nach a). — *2-Hydrazino-6-amino-4-methyl-*, F. 184—186° (W.), durch 2std. Rk. von 2-Chlor-4-methyl-6-aminopyrimidin u. 10 %ig. **V** bei 100° (Bad-Temp.). — *2-Amino-6-hydrazino-4-methyl-*, F. 237—238° (W.), analog vorst. Verbindung. — *2-Hydrazino-6-hydroxy-4-methyl-* (**VII**), F. 240—242° (Zers.; A./W.), durch 6std. Rk. von 9 g **VI** u. 100%ig. **V** in A. bei 100° (Bad-Temp.); 4,75 g. *N-Benzyliden-Deriv.*, durch Erhitzen von **VII** mit Benzaldehyd in CH_3COOH. *Hydrochlorid*, F. 216° (Zers.), aus **VII** durch Rk. mit alkohol. HCl. — *2-[N¹-Methylhydrazino]-6-hydroxy-4-methyl-*, F. 187—189° (abs. A.), durch 20std. Rk. von 5 g **VI** in A. mit Methylhydrazinsulfat u. NaOH in W. bei 100° (Bad-Temp.); 3,0 g. — *2-Phenylhydrazino-6-hydroxy-4-methyl-*, F. 215—217° (Zers.; A.), durch 2std. Rk. von **VI** u. 15 ml Phenylhydrazin bei 170° (Bad-Temp.); 1,6 g. — *2.6-Dichlor-4-methyl-* (**VIII**), $Kp._{14}$ 100°, durch Rk. von 21,9 g 2-Amino-6-methoxy-4-methylpyrimidin in konz. HCl mit $NaNO_2$ in W. bei —8 bis —10° u. Neutralisieren mit wss. NaOH; 6 g. — *2-Chlor-6-methoxy-4-methyl-*, F. 22—25°, $Kp._{12}$ 97°, $Kp._3$ 90°, durch ³/₄std. Rühren von 32,6 g vorst. Verb. u. Na in abs. CH_3OH bei 20—25°; 30 g. — *2-Hydrazino-6-methoxy-4-methyl-*, F. 114—116° (A.), durch 80 Min. langes Rühren von 67,6 g vorst. Verb. mit K_2CO_3 u. **V** in W. bei 70°; 25 g. — *2-Hydrazino-6-methoxy-*, F. 120—121° (A.), durch Einw. von CH_3ONa auf 2.6-Dichlorpyrimidin analog vorvorst. Verb. u. Behandeln des entstandenen *2-Chlor-6-methoxypyrimidins* analog vorst. Verbindung. — *2-Chlor-6-äthoxy-4-methyl-*, $Kp._2$ 82°, durch Rühren von 83,8 g **VIII** in abs. A. mit Na in abs. A. bei 20—25°; 68 g. — *2-Hydrazino-6-äthoxy-4-methyl-*, F. 82—83° (Bzl.), durch 1½std. Rühren von 10 g vorst. Verb., K_2CO_3 u. **V** in W. bei 85°; 2,73 g. — *2-Chlor-6-isopropoxy-4-methyl-*, $Kp._2$ 95°, durch 1½std. Rühren von 57,7 g **VIII** u. Na in abs. Isopropanol bei 45°; 59 g. — *2-Hydrazino-6-isopropoxy-4-methyl-*, F. 135—136° (Bzl.), durch 1³/₄std. Rühren von 22,5 g vorst. Verb., K_2CO_3 u. **V** in W. bei 100° (Bad-Temp.) u. Zugabe von CH_3COOH; 4,85 g. — *2-Hydrazino-5-methyl-6-hydroxy-*, F. 224° (Zers.; A.), analog **VII**. — *2-Hydrazino-4-hydroxymethyl-6-hydroxy-*, F. 230° (Zers.; CH_3COOH/W.), analog **VII**. — *2-Hydroxy-6-hydrazino-4-methyl-*, F. 285° (Zers.), durch 1std. Rk. von 26 g 2-Hydroxy-6-methylmercapto-4-methylpyrimidin u. 80%ig. **V** bei 110—115° (Bad-Temp.) u. 4tägiges Erhitzen des entstehenden *Dihydrats* [$C_5H_8N_4O \cdot 2\,H_2O$, F. ca. 253° (Zers.; W.); 18,5 g] auf 150°. — *2-Methylmercapto-6-hydrazino-4-methyl-*, F. 142—143° (W.), a) durch 1½std. Rk. von 9 g 2-Methylmercapto-6-chlor-4-methylpyrimidin u. 100%ig. **V** in abs. A. bei 100° (Bad-Temp.); 6,9 g (neben 0,4 g **IX**); b) analog a) durch 4std. Rk.; 1,2 g (neben 2,5 g **IX**); c) durch 3std. Rk. von 3 g **X** u. 85%ig. **V** in Di bei 130° (Bad-Temp.); 0,15 g (bei 12std. Rk. wird nur **IX** erhalten). — *2-Äthylmercapto-6-hydrazino-4-methyl-*, F. 92—94° (W.), analog vorst. Verb. nach a); 4,7 g. — *2.6-Disalicylidenhydrazino-4-methyl-*, F. 261—263° (Zers.), durch Kondens. des neben vorst. Verb. erhaltenen **IX** mit Salicylaldehyd. G. Reisner. 3272☐

Pyrimidine. 5. Mitt. **Kondensationsprodukte von Hydrazinopyrimidinen.** M. Claesen und H. Vanderhaeghe. (Bull. Soc. chim. belges **68**. 47—58. Jan./Febr. 1959.) (Franz.) — 4. vgl. vorst. Referat.

Zur Unters. auf chemotherapeut. Wrkg. werden eine Reihe von aromat. u. heterocycl. Aldehyden u. Ketonen mit 2-Hydrazino-6-hydroxy-4-methyl- (**I**), 2-Hydrazino-6-hydroxy-4-hydroxymethyl-, 2-Hydrazino-6-hydroxy-5-methyl-, 2-Hydrazino-6-amino-4-methyl-, 2-Amino-6-hydrazino-4-methyl-, 2-Hydroxy-6-hydrazino-4-methyl-, 2-Hydrazino-4-methyl-, 6-Hydrazino-4-methyl- (**VI**) u. 2-Hydrazino-6-alkoxy-4-methylpyrimidin kondensiert.

Versuche: Pyrimidine: *2-Hydrazino-4-methyl-6-hydroxy-* (**I**), *N-Benzyliden-Deriv.* (**II**), F. 235—237° (Zers.; A.), durch 1½std. Rk. von **I** in CH_3COOH (Eg)/W. (1:1) mit der molaren Menge Benzaldehyd in A. bei 100° (Bad-Temp.). *N-[4-Isopropylbenzyliden]-Deriv.*, F. 141—143° (Zers.; A.), analog **II**. *N-[2-Hydroxybenzyliden]-Deriv.*, F. 249 bis 251° (Zers.), analog **II** in Eg/A./W. [*Hydrochlorid*, $C_{12}H_{12}N_4O_2 \cdot HCl$, F. 254° (Zers.; Eg), analog **III** in 2n HCl/A.]. *N-[2-Hydroxy-α-methylbenzyliden]-Deriv.*, F. 245—246° [Zers.; Pyridin (Py)/A.], analog **II**. *N-[2-Hydroxy-3-nitrobenzyliden]-Deriv.* (**III**), F. 243—244° (Zers.; Eg), analog **III**, wobei die umkrist. Kristalle bei >150° getrocknet werden. *N-[2-Hydroxy-3-chlorbenzyliden]-Deriv.*, F. 241—243° (Zers.; Eg), analog **III**. *N-[2.4-Di-*

hydroxybenzyliden]-Deriv., F. 276° (Zers.; Eg/A.), analog **III.** *N-[2-Hydroxy-4-nitrobenzyliden]-Deriv.*, F. 306—307° [Zers.; Eg/CH_3OH (Me)], analog **III.** *N-[2-Hydroxy-4-aminobenzyliden]-Deriv.* [*Acetat* (**IV**), $C_{12}H_{13}N_5O_2 \cdot CH_3COOH$, F. 248—249° (Zers.; Py/Ae.), durch ca. ½std. Hydrieren vorst. Deriv. in Eg an 10%ig. Pd/Kohle bei 3 at]. *N-[2.5-Dihydroxybenzyliden]-Deriv.*, F. 277° (Zers.; Eg), analog **III.** *N-[2-Hydroxy-5-nitrobenzyliden]-Deriv.*, F. 285—286° (Zers.; Eg), analog **III.** *N-[2-Hydroxy-5-aminobenzyliden]-Deriv.* [*Dihydrochlorid*, $C_{12}H_{13}N_5O_2 \cdot 2\,HCl$, F. 286° (Zers.; 10%ig. HCl), durch Kondens. von **I** mit 5-Aminosalicylaldehyd in 4%ig. HCl; die Red. vorst. Deriv. mit $NaHSO_3$ oder dessen Hydrierung an Pd/Kohle gibt nicht das gewünschte Prod.). *N-[2-Hydroxy-5-chlorbenzyliden]-Deriv.*, F. 251—252° (Zers.; Eg), analog **III.** *N-[2-Methoxybenzyliden]-Deriv.*, F. 197—199° (Zers.; Eg), analog **III.** *N-[2-Nitrobenzyliden]-Deriv.*, F. 209—210° (Zers.; Py/A.), analog **II.** *N-[2-Aminobenzyliden]-Deriv.*, F. 222—224° (Zers.; Py/A.), a) aus vorst. Deriv. analog **IV**; b) durch Kondens. von **I** mit o-Aminobenzaldehyd. *N-[2-Chlorbenzyliden]-Deriv.*, F. 214—216° (Zers.; Eg), analog **III.** *N-[2-Carboxybenzyliden]-Deriv.*, F. 273—274° (Zers.), analog **II.** *N-[3-Nitrobenzyliden]-Deriv.*, F. 274—276° (Zers.; Eg), analog **III.** *N-[3-Aminobenzyliden]-Deriv.*, F. 218—220° (Zers.; Py/A.), aus vorst. Deriv. analog **IV.** *N-[3-Hydroxybenzyliden]-Deriv.*, F. 244° (Zers.; Eg), analog **III.** *N-[4-Hydroxybenzyliden]-Deriv.*, F. 267—269° (Zers.; Eg), analog **III.** *N-[4-Hydroxy-α-methylbenzyliden]-Deriv.*, F. 254—256° (Zers.; Eg u. A.), analog **III** bzw. **II.** *N-[4-Methoxybenzyliden]-Deriv.*, F. 217—218° (Zers.; A.), analog **II.** *N-[4-Nitrobenzyliden]-Deriv.*, F. 295—296° (Zers.; Eg/Me), analog **II.** *N-[4-Aminobenzyliden]-Deriv.*, F. 241—243° (Zers.; Py), a) aus vorst. Deriv. analog **IV**; b) durch Kondens. von **I** mit p-Aminobenzaldehyd. *N-[4-Acetamidobenzyliden]-Deriv.*, F. 304—305° (Zers.; Eg), analog **III.** *N-[4-Dimethylaminobenzyliden]-Deriv.*, F. 226—227° [Zers.; Dioxan (Di)], analog **II.** *N-[4-Chlorbenzyliden]-Deriv.*, F. 256—257° (Zers.; Eg), analog **III.** *N-[2.4-Dichlorbenzyliden]-Deriv.*, F. 244—245° (Zers.; Eg), analog **III.** *N-[2.3-Dimethoxybenzyliden]-Deriv.*, F. 235—237° (Zers.; Eg), analog **III.** *N-[3-Sulfo-4-hydroxybenzyliden]-Deriv.* [*Na-Salz*, F. 302° (Zers.; NaOH-Lsg./Eg), analog **III**]. *N-[2-Hydroxynaphthyl-(1)-methylen]-Deriv.*, F. 283° (Zers.; Eg), analog **III.** *N-[1-Hydroxynaphthyl-(2)-methylen]-Deriv.*, F. 276° (Zers.; Eg), analog **III.** *N-[Pyridyl-(4)-methylen]-Deriv.*, F. 290° (Zers.; Eg), analog **III.** *N-[Pyridyl-(3)-methylen]-Deriv.* [*Methanolat*, $C_{11}H_{11}N_5O \cdot CH_3OH$, F. 285—287° (Zers.; Eg/Me), analog **III**]. *N-[Pyridyl-(2)-methylen]-Deriv.*, F. 256—257° (Zers.; Py), analog **II.** *N-{α-[Pyridyl-(2)]-äthyliden}-Deriv.*, F. 154—155° (Zers.; A.), analog **II.** *N-[Chinolyl-(2)-methylen]-Deriv.*, F. 265° (Zers.; Eg), analog **III.** *N-[α-Furfuryliden]-Deriv.*, F. 202—203° (Zers.; A.), analog **II.** *N-[Oxindolyliden]-Deriv.*, F. 314—316° (Zers.; Eg), analog **III.** *N-[Aminohydroxymethylen]-Deriv.*, F. 221° (Zers.; W.), durch 1std. Rk. von 2,8 g **I** u. 1,62 g KCNO in verd. HCl bei 100° (Bad-Temp.); 3 g Ausbeute. *N^{α}-Methyl-N^{β}-[2-hydroxybenzyliden]-Deriv.*, F. 248—249° (Zers.; Eg), analog **III.** *N^{α}-Methyl-N^{β}-[2-hydroxy-5-chlorbenzyliden]-Deriv.* [*Hydrat*, $C_{13}H_{13}ClN_4O_2 \cdot H_2O$, F. 266—268° (Zers.; Py), analog **II**]. *N^{α}-Methyl-N^{β}-[pyridyl-(2)-methylen]-Deriv.*, F. 245—247° (Zers.; Py), analog **II.** *N^{α}-Methyl-N^{β}-[6-methylpyridyl-(2)-methylen]-Deriv.*, F. 276—278° (Zers.; Py), analog **II.** — *2-Hydrazino-4-hydroxymethyl-6-hydroxy-*, *N-[2-Hydroxybenzyliden]-Deriv.*, F. 262—263° (Zers.; Eg), analog **III.** *N-[Pyridyl-(2)-methylen]-Deriv.*, F. 241° (Zers.; Py), analog **II.** — *2-Hydrazino-5-methyl-6-hydroxy-*, *N-[2-Hydroxybenzyliden]-Deriv.*, F. 289—291° (Zers.; Eg/A.), analog **III.** *N-[2-Hydroxy-5-chlorbenzyliden]-Deriv.*, F. 327° (Zers.; Eg), analog **III.** *N-[Pyridyl-(2)-methylen]-Deriv.*, F. 255—256° (Zers.; A.), analog **II.** — *2-Hydrazino-4-methyl-6-amino-*, *N^{β}-[2-Hydroxybenzyliden]-Deriv.*, F. 244—246° (Zers.; A.), analog **II.** *N^{β}-[2-Hydroxy-5-chlorbenzyliden]-Deriv.*, F. 213—215° (Zers.; A.), analog **II.** *N^{β}[Pyridyl-(2)-methylen]-Deriv.*, F. 210—211° (Zers.; A.), analog **II.** *N^{β}-[α-Methyl-2-hydroxybenzyliden]-Deriv.*, F. 257—259° (Zers.; A.), analog **II.** — *2-Amino-4-methyl-6-hydrazino-*, *N^{β}-[2-Hydroxybenzyliden]-Deriv.*, F. 209—211° (Zers.; A.), analog **II.** *N^{β}-[2-Hydroxy-5-chlorbenzyliden]-Deriv.*, F. 234—241° (Zers.; A.), analog **II.** *N^{β}-[Pyridyl-(2)-methylen]-Deriv.*, F. 236—238° (Zers.; A.), analog **II.** *N^{β}-[α-Methyl-2-hydroxybenzyliden]-Deriv.*, F. 214—216° (Zers.; A.), analog **II.** — *2-Hydroxy-4-methyl-6-hydrazino-*, *N-[2-Hydroxybenzyliden]-Deriv.*, F. 289° (Zers.; Eg), analog **III.** *N-[2-Hydroxy-5-chlorbenzyliden]-Deriv.*, F. 310° (Zers.; Eg), analog **III.** *N-[Pyridyl-(2)-methylen]-Deriv.*, F. 273° (Zers.; Py), analog **II.** *N-[α-Methyl-2-hydroxybenzyliden]-Deriv.*, F. 283—285° (Zers.; Eg), analog **III.** *N-{α-[Pyridyl-(2)]-äthyliden}-Deriv.*, F. 238—240° (Zers.; A.), analog **II.** — *2-Hydrazino-6-methoxy-*, *N-[2-Hydroxybenzyliden]-Deriv.*, F. 230—231° (Eg), analog **III.** *N-[2-Hydroxy-5-chlorbenzyliden]-Deriv.*, F. 260—261° (Eg), analog **III.** *N-[Pyridyl-(2)-methylen]-Deriv.*, F. 158—160° (Bzl.), analog **II.** *N-[α-Methyl-2-hydroxybenzyliden]-Deriv.*, F. 135 bis 136° (A.), analog **II.** *N-{α-[Pyridyl-(2)]-äthyliden}-Deriv.*, F. 139—141° (A.), analog **II.** — *2-Hydrazino-4-methyl-6-äthoxy-*, *N-[2-Hydroxybenzyliden]-Deriv.*, F. 144 bis 146° (A.), analog **II.** *N-[Pyridyl-(2)-methylen]-Deriv.*, F. 162—163° (Bzl.), analog **II.**

N-{α-[Pyridyl-(2)]-äthyliden}-Deriv., F. 161—163° (A.), analog **II**. — *2-Hydrazino-4-methyl-6-isopropoxy-*, *N-[2-Hydroxybenzyliden]-Deriv.*, F. 154—155° (A./W.), analog **II**. *N-[2-Hydroxy-5-chlorbenzyliden]-Deriv.*, F. 202—204° (A./W.), analog **II**. *N-[Pyridyl-(2)-methylen]-Deriv.*, F. 191—192° (A.); analog **II**. *N-[α-Methyl-2-hydroxybenzyliden]-Deriv.*, F. 165—167° (A.), analog **II**. *N-{α-[Pyridyl-(2)]-äthyliden}-Deriv.*, F. 142—144° (A./W.), analog **II**. — *2-Hydrazino-4-methyl-6-methoxy-*, *N-[2-Hydroxybenzyliden]-Deriv.*, F. 195 bis 196° (A.), analog **II**. *N-[2-Hydroxy-5-chlorbenzyliden]-Deriv.*, F. 199—200° (A.), analog **II**. *N-[Pyridyl-(2)-methylen]-Deriv.*, F. 174—175° (Bzl.), analog **II**. *N-[6-Methyl-pyridyl-(2)-methylen]-Deriv.*, F. 126—128° (abs. A./PAe.), analog **II**. *N-[α-Methyl-2-hydroxybenzyliden]-Deriv.*, F. 149—151° (A.), analog **II**. *N-{α-[Pyridyl-(2)]-äthyliden}-Deriv.*, F. 162—164° [Zers.; Essigester (Ee)], analog **II**. *N-[Pyridyl-(3)-methylen]-Deriv.*, F. 205—207° (Zers.; A.), analog **II**. *N-{α-[Pyridyl-(3)]-äthyliden}-Deriv.*, F. 153—155° (A. u. Ee), analog **II**. *N-[Pyridyl-(4)-methylen]-Deriv.*, F. 160—165° (Zers.; Ee u. A.), analog **II**. *N-[Chinolyl-(2)]-methylen]-Deriv.*, F. 200—202° (Zers.; Ee), analog **II**. *N-[6-Oxo-1.6-dihydropyrimidyl-(4)-methylen]-Deriv.*, F. ca. 245° (Zers.; A.), analog **II**. *N-[2.6-Dioxo-1.2.3.6-tetrahydropyrimidyl-(4)-methylen]-Deriv.*, F. ca. 340° (Zers.; Py), analog **II**. — *2-Hydrazino-4-methyl-*, *N-[2-Hydroxybenzyliden]-Deriv.*, F. 162—164° (Zers.; A.), analog **II**. *N-[2-Hydroxy-5-chlorbenzyliden]-Deriv.*, F. 206—208° (Zers.; A.), analog **II**. *N-[4-Nitrobenzyliden]-Deriv.*, F. 196—198° (Zers.; Me), analog **II**. — *2.6-Bis-[2-hydroxy-benzylidenhydrazino]-4-methyl-*, F. 262—264° (Zers.; Eg), analog **III**. — *4-Methyl-6-hydrazino-* (**VI**), *N-Äthyliden-Deriv.* (**V**), F. 145—146°, analog **II**, jedoch durch Erwärmen in A. in Abwesenheit von Eg/H_2O. *N-Isopropyliden-Deriv.*, F. 65—67° (PAe.), analog **V**. *N-[1-Carboxyäthyliden]-Deriv.*, F. 202° (Zers.; A./W.), analog **V**. *N-[1-Phenyläthyliden]-Deriv.*, F. 140—141° (A./W.), analog **V**. *N-[2-Hydroxybenzyliden]-Deriv.*, F. 251—252° (Di), analog **V**. *N-[4-Acetamidobenzyliden]-Deriv.*, F. 178° (Zers.; A.), analog **V**. *N-[4-Dimethylaminobenzyliden]-Deriv.*, F. 237—238° (Di), analog **V**. *N^{β}-Aminothiocarbonyl-Deriv.*, F. 126—127° (A.), durch 1std. Rk. von 1,94 g **VI** u. 1,52 g KSCN in verd. HCl bei 100° (Bad-Temp.); 1,7 g. *N^{β}-Aminocarbonyl-Deriv.*, F. 201° (A.), analog vorst. Deriv. unter Verw. von KCNO. *N^{β}-Amidinoformyl-Deriv.* [*Sulfat*, $(C_6H_{10}N_6)_2 \cdot H_2SO_4$, F. 250° (Zers.; A./W.), durch 3std. Rk. von 2 g **VI** u. 2,24 g Methylisothioharnstoffsulfat bei 100° (Bad-Temp.) u. längeres Erhitzen des erhaltenen *Monohydrats* (2,1 g) auf 130°]. — *1.4-Dimethyl-2-hydrazinopyrimidon-(6)*, *N-[2-Hydroxybenzyliden]-Deriv.*, F. 216 bis 217° (A.), analog **II**. *N-[2-Hydroxy-5-chlorbenzyliden]-Deriv.*, F. 211—213° (A. u. Eg), analog **II** bzw. **III**. *N-[Pyridyl-(2)-methylen]-Deriv.*, F. 196—198° (A./W.), analog **II**. *N-[α-Methyl-2-hydroxybenzyliden]-Deriv.*, F. 244—245° (Eg), analog **III**. *N-{α-[Pyridyl-(2)]-äthyliden}-Deriv.*, F. 182—184° (A.), analog **II**. G. REISNER. 3272□

Piperazine. 3. Mitt. **Synthesen der Hydrochloride von α.ω-Bis-[1-substituierten piperazy-(4)]-alkanen und 1.2-Bis-[1'-substituiertem piperazyl-(4')-äthoxy]-äthan.** Kuang-Ling Wen, Hong-Tsiang Soong und Chi-Chick Chang. (Acta chim. sinica **24**. 265—69. Juni 1958. Inst. of Med. Sci.) (Chin.; Auszug: Engl.) — 2. vgl. Acta chim. sinica **23**. [1957.] 455.

Zur Unters. ihrer chemotherapeut. Aktivität gegen Schistosomiasis japonica werden *α.ω-Bis-[1-substituierte piperazinyl-(4)]-alkan-* u. *1.2-Bis-[1'-substituierte piperazinyl-(4')-äthoxy]-äthanhydrochloride* dargestellt.

Versuche: α.ω-Bis-[1-carbäthoxypiperazinyl-(4)]-alkane: *-heptan*, $C_{21}H_{40}N_4O_4$, Kp.$_{35-40}$ 204—208°, aus 1-Carbäthoxypiperazin (**IV**) u. 1.7-Dibromheptan (**I**) in Ggw. von $NaHCO_3$; 86,7% (Ausbeute). *Dihydrochlorid*, $C_{21}H_{42}Cl_2N_4O_4$, F. 204—205°; 93,2%. — *-nonan*, $C_{23}H_{44}N_4O_4$, Kp.$_{40}$ 220°; 90,9%. *Dihydrochlorid*, $C_{23}H_{46}Cl_2N_4O_4$, F. 220°; 91,0%. — α.ω-Bis-[1-diäthylaminocarbonylpiperazinyl-(4)]-alkane: *-heptan*, $C_{25}H_{50}N_6O_2$, Kp.$_{15-20}$ 215—221°, aus 1-Diäthylaminocarbonylpiperazin (**V**) u. **I** in Ggw. von $NaHCO_3$; 86,0%. *Dihydrochlorid*, $C_{25}H_{52}Cl_2N_6O_2$, F. 228—229°; 94,9%. — *-nonan*, $C_{27}H_{54}N_6O_2$, Kp.$_{35}$ 235—237°; 89,0%. *Dihydrochlorid*, $C_{27}H_{56}Cl_2N_6O_2$, F. 231 bis 231,5° (Zers.); 94,8%. — α.ω-Bis-[1-methylpiperazinyl-(4)]-alkane: *-heptan*, $C_{17}H_{36}N_4$, Kp.$_{1-2}$ 166—168°, aus überschüssigem 1-Methylpiperazin (**II**) u. **I** in abs. Bzl.; 54,0%. *Tetrahydrochlorid*, $C_{17}H_{40}Cl_4N_4$, F. 281—282° (Zers.); 94,7%. — *-nonan*, $C_{19}H_{40}N_4$, Kp.$_{1-2}$ 186—188°; 65,8%. *Tetrahydrochlorid*, $C_{19}H_{44}Cl_4N_4$, F. 287—288° (Zers.); 94,4%. — *1.2-Bis-{β-[1-methylpiperazinyl-(4)]-äthoxy}-äthan*, $C_{16}H_{34}N_4O_2$, Kp.$_2$ 176—178°, aus **II** u. α.β-Bis-[β-chloräthoxy]-äthan (**III**) in abs. Bzl.; 56,2%. *Tetrahydrochlorid*, $C_{16}H_{38}Cl_4N_4O_2$, F. 198—199° (Zers.); 89,8%. — *1.2-Bis-{β-[1-äthoxycarbonyl-piperazinyl-(4)]-äthoxy}-äthan*, $C_{20}H_{38}N_4O_6$, Kp.$_4$ 146—148°, durch Behandeln von **III** mit NaJ u. Umsetzen mit **IV** in Ggw. von $NaHCO_3$; 65,0%. *Dihydrochlorid*, $C_{20}H_{40}Cl_2N_4O_6$, F. 110—111°; 86,2%. — *1.2-Bis-{β-[1-diäthylaminocarbonylpiperazinyl-(4)]-äthoxy}-äthan*, $C_{24}H_{48}N_6O_4$, Kp.$_3$ 178—179°, aus **V** u. **III** analog vorst. Verb.; 73,3%. *Dihydrochlorid*, $C_{24}H_{50}Cl_2N_6O_4$, F. 140,5—141,5°; 85,0%. W. LIEBSCHER. 3272

3-Benzyl-2-methyl-3.4-dihydro-4-ketochinazolin. Ragini Anet und S. Somasekhara. (Canad. J. Chem. **38.** 746—48. Mai 1960. Bangalore, Indian Inst. of Sci., Dep. of Chem.) (Engl.)

Alkylierung von 2-Methyl-4-hydroxychinazolin (**III**) mit Benzylchlorid (**IV**) gibt *3-Benzyl-2-methyl-3.4-dihydro-4-ketochinazolin* (**I**), das auch aus o-Nitrobenzylchlorid über *N-Benzyl-o-nitro-*, *N-Benzyl-o-amino-* u. *N-Benzyl-o-acetylaminobenzamid* (**II**) u. Cyclisierung mit wss. Benzylamin (**V**) dargestellt wurde. **III** ist nicht ident. mit der von Bogert u. Beal [1912] beschriebenen Verbindung. Diese entsteht aus **III** mit einem Unterschuß an **IV** u. ist ein **I**–**II**/**I**:1-Komplex, der mit kaltem Bzl. getrennt werden kann. Oxydation von **I** mit SeO_2 gibt den *2-Aldehyd.* **I**-Hydrochlorid wird beim F. debenzyliert.

Versuche: *3-Benzyl-2-methyl-3.4-dihydro-4-ketochinazolin* (**I**), $C_{16}H_{14}N_2O$, F. 74°, a) aus 8,5 g 2-Methyl-3.4-dihydro-4-ketochinazolin, **IV** u. KOH in Aceton durch 6std. Kochen; aus Bzl./PAe. Blättchen; 5 g (Ausbeute); b) aus **II** u. überschüssigem **V** in H_2O durch 3 Min. langes Kochen. *Hydrochloridmonohydrat*, $C_{16}H_{15}ClN_2O \cdot H_2O$; F. 233°; Nadeln. — *2-Methyl-4-hydroxychinazolin* (**III**); F. 234°, aus vorst. Hydrochlorid durch 30 Min. langes Erhitzen auf 235°. — *3-Benzyl-2-methyl-3.4-dihydro-4-ketochinazolin* (**I**)–*N-Benzyl-o-acetylaminobenzamid* (**II**)-*1:1-Komplex*, $C_{16}H_{14}N_2O \cdot C_{16}H_{16}N_2O_2$, F. 118° (A.), aus 0,9 g Acetylanthranil u. 0,6 g **V** durch ½ std. Rk. bei 150°; 0,5 g. — *3-Benzyl-3.4-dihydro-4-ketochinazolin-2-aldehyd*; $C_{16}H_{12}N_2O_2$, F. 143—144°, aus 1 g **I** mit SeO_2 in Dioxan durch 1std. Kochen; aus Bzl. Nadeln; 1 g. *2.4-Dinitrophenylhydrazon*, $C_{22}H_{16}N_6O_5$; F. 275—277°; Nadeln. — *N-Benzyl-o-nitrobenzamid*, $C_{14}H_{12}N_2O_3$, F. 122—123° (Bzl.), aus 1 g o-Nitrobenzoesäure u. Thionylchlorid in Bzl. durch 1std. Kochen u. Rk. mit **V**; 1,1 g. — *N-Benzyl-o-aminobenzamid*, $C_{14}H_{14}N_2O$, F. 124°, aus vorst. Verb. mit Zn-Staub in 5% Essigsäure durch 2std. Kochen; aus wss. A. Nadeln. *N'-Acetyl-Deriv.* (**II**), F. 147—148°, $C_{16}H_{16}N_2O_2$, aus 0,1 g der Amino-Verb. mit Essigsäureanhydrid durch 10 Min. lange Rk. bei 100°; aus wss. A. Nadeln. U. Schüssler. 3272□

Vereinfachte Darstellung von Phthalazin und Chinazolin. W. L. F. Armarego. (J. appl. Chem. **11.** 70—72. Febr. 1961. Canberra, Australian Nat. Univ., Dep. of Med. Chem.) (Engl.)

Durch Red. von käuflichem 1-Hydrazinophthalazinhydrochlorid entsteht *Phthalazin*. Weiter wird eine 3stufige Synth. von *Chinazolin* aus Anthranilsäure beschrieben. Diese Synth. sind bequemer als die bisher üblichen.

Versuche: *Phthalazin*, $C_8H_6N_2$, F. 90—91° (nach Sublimation bei 80°/0,1 Torr), durch Kochen einer Lsg. von 1-Hydrazinophthalazinmonohydrochlorid u. Kieselgur in W. bei pH 8, Zugabe einer sd. wss. Lsg. von $CuSO_4 \cdot 5\,H_2O$, 10 Min. langes Kochen, Alkalisieren mit 10n NaOH, 20 Min. langes Stehen bis zum Ende der N_2-Entw., Filtrieren durch Kieselgur, Extrahieren des Rückstands mit sd. W. u. Ausschütteln mit Chlf.; 60% (Ausbeute). *Pikrat*, F. 207—210°. — *4-Hydroxychinazolin*, F. 215—216°, durch 4std. Erhitzen von Anthranilsäure u. Formamid auf 125—130°; aus A. Nadeln; 86%. — *4-Chlorchinazolin*, $C_8H_5ClN_2$, F. 97—98°, durch 1½—2std. Kochen vorst. Verb. mit PCl_5 in $POCl_3$, Eindampfen bei 15 Torr, Lösen in Chlf., Gießen auf Eis, Einstellen der wss. Lsg. auf pH 8 mit NH_4OH, Extrahieren mit Chlf., Eindampfen u. Filtrieren in Bzl. durch Al_2O_3 u. Kohle; 74%. — *Chinazolin*, $C_8H_6N_2$, F. 48°, $Kp._{17-18}$ 120—121°, durch Hydrieren vorst. Verb. in abs. Bzl. an 5%ig. Pd/Kohle in Ggw. von Na-Acetat in Methanol bei 713 Torr u. $<40°$, Filtrieren, Eindampfen zur Trockne bei 15 Torr, Alkalisieren mit NH_4OH, Verdünnen mit W. u. Extrahieren mit Bzl.; 65%.

P. Golinske. 3272□

Synthese von 1-Hydrazino-5-chlorphthalazin und von 1-Hydrazino-8-chlorphthalazin. Stanislas Biniecki, Marie Moll und Leszek Rylski. (Ann. pharmac. franç. **16.** 421—28. Juni 1958. Varsovie, Inst. de Technol. des Prod. pharmaceut. de l'Acad. de Méd. et Inst. des Médicaments.) (Franz.)

Aus Phthalsäureanhydrid wird über *3-Nitrophthalsäure* (**I**) u. *3-Nitrophthalsäureanhydrid* (**II**) *3-Acetylaminophthalsäureanhydrid* (**III**) gebildet, aus dem durch Red. mit Zn-Staub zwei Isomere, *4-Acetylaminophthalid* **IVa**) u. *7-Acetylaminophthalid* **IVb**) entstehen. Die Acetylaminogruppe wird hydrolysiert u. nach Sandmeyer durch Cl substituiert. Bromierung ergibt daraus *3-Brom-4-chlor-* bzw. *3-Brom-7-chlorphthalid.* Die Hydrolyse dieser Verbb. u. Umsetzung mit Hydrazin liefert *5-Chlor-* bzw. *8-Chlorphthalazon-(1)*, die mit $POCl_3$, Hydrazin u. mit 2n HCl *1-Hydrazino-5-chlor-* bzw. *1-Hydrazino-8-chlorphthalazinhydrochlorid* bilden.

Versuche: *3-Nitrophthalsäure* (**I**), F. 217—219°; 22% (Ausbeute). — *3-Nitrophthalsäureanhydrid* (**II**), F. 163—164° (Acetanhydrid), durch Erhitzen von **I** auf 200 bis 250° in 25 Min.; 88%. — *3-Acetylaminophthalsäureanhydrid* (**III**), F. 181—182°, aus **II** u. Acetanhydrid durch Hydrieren in Ggw. von Pd; 76%. — *4-Acetylamino-*

phthalid (**IVa**), F. 183—184° (50%ig. A.), durch Red. von **III** mit Zn-Staub; 33%; daneben 23% *7-Acetylaminophthalid* [**IVb**, F. 135—136° (95%ig. A.); Trennung von **IVa** mit heißem Toluol]. — *4-Aminophthalid*, F. 158,5—159°, durch Hydrolyse von **IVa** mit 10%ig. alkohol. KOH; 75%. — *4-Chlorphthalid*, F. 85—86° (A.), aus vorst. Verb. nach Sandmeyer; 86%. — *3-Brom-4-chlorphthalid*, durch Bromierung vorst. Verbindung. — *5-Chlorphthalazon-(1)*, $C_8H_5ClN_2O$, F. 262—263° (abs. A.), aus vorst. Verb. u. Hydrazinsulfat im alkal. Medium (Meth. **A**). — *1-Hydrazino-5-chlorphthalazinhydrochloridhydrat*, $C_8H_7ClN_4 \cdot HCl \cdot H_2O$, F. 232—233° (2n HCl), durch Umsetzen vorst. Verb. mit $POCl_3$ u. Hydrazinhydrat; 36%. — *1-Hydrazino-8-chlorphthalazinhydrochloridhydrat*, $C_8H_8Cl_2N_4 \cdot H_2O$, F. 197° (10%ig. HCl) analog; 21%. — *7-Aminophthalid* (**Vb**), F. 116° (50%ig. A.), aus **IVb** durch alkal. Hydrolyse; 82%. — *7-Chlorphthalid*, F. 146—147° (50%ig. A.), aus vorst. Verb. nach Sandmeyer; 69%. — *8-Chlorphthalazon-(1)*, $C_8H_5ClN_2O$, F. 198—199° (abs. A.), aus vorst. Verb. nach **A**; 23%.

H. Henze. 3272□

Heterocyclische Verbindungen. 14. Mitt. **Synthetische Untersuchungen in der Pyrido-[1.2:a]-pyrimidonreihe.** M. Krishnan. (Proc. Indian Acad. Sci., Sect. A **49.** 31—36. Jan. 1959. Madras, Univ. of Madras, Dep. of Org. Chem.) (Engl.) — 13. vgl. C. **1961. 16101.**

Die Darst. von *2-Oxo-3-methyl-3.4-dihydro-2H-pyrido-[1.2:a]-pyrimidin* wird beschrieben. Bei der Rk. von β-Bromisobuttersäuremethylester (**I**) mit methylsubstituierten 2-Aminopyridinen erfolgt lediglich HBr-Abspaltung aus **I** unter Bldg. von *Methacrylsäuremethylester* (**II**). — UV-Spektren vgl. Original.

Versuche: *2-Oxo-3-methyl-3.4-dihydro-2H-pyrido-[1.2:a]-pyrimidin*, $C_9H_{10}N_2O$, F. 199—200° (Chlf./PAe.), durch 12std. Rk. von 2-Aminopyridin (**III**) u. **II** in Ggw. von wenig tert.-Butylbrenzcatechin (**IV**) bei 100° (Bad-Temp.). *Pikrat*, $C_9H_{10}N_2O \cdot C_6H_3N_3O_7$, F. 181—182°; aus A. gelbe Kristalle. *Hydrobromid*, $C_9H_{10}N_2O \cdot HBr$, F. 300° (Zers.; A./Ae.), durch 24std. Kochen von 1,98 g **III** u. 3,6 g **I** in abs. Chlf.; 2,4 g (Ausbeute); gibt mit K_2CO_3 die *freie Base*. — Bei 24std. Kochen von **III** oder methylsubstituiertem **III** mit β-Brombuttersäure oder deren Äthylester in Chlf. sowie bei 12std. Rk. von Crotonsäureäthylester u. **III** in Ggw. von wenig **IV** bei 100° (Bad-Temp.) findet keine Rk. statt. — Bei 12std. Kochen von 2,1 g 5-Methyl-2-aminopyridin (**V**) u. 3,6 g **I** in Chlf. wird nur **V**-*Hydrobromid* [$C_6H_8N_2 \cdot HBr$, F. 175—176° (abs. CH_3OH/Ae.); 3 g (**V**-*Pikrat*, $C_6H_8N_2 \cdot C_6H_3N_3O_7$, F. 249—250°; aus Isopropylalkohol gelbe Flocken)] isoliert; daneben tritt der Geruch nach **II** auf. — Bei der Kondens. von 2,1 g 4-Methyl-2-aminopyridin (**VI**) mit 3,6 g **I** wie vorst. wird nur **VI**-*Hydrobromid* [F. 162—163°; hygroskop.; 3 g (**VI**-*Pikrat*, F. 227°, aus CH_3COOH gelbe Kristalle)] isoliert. — Bei der Kondens. von 3-Methyl-2-aminopyridin (**VII**) u. **I** wird nur **VII**-*Hydrobromid* [F. 153 bis 155°; hygroskop. (**VII**-*Pikrat*, F. 229°; aus A. gelbe Prismen)] isoliert. — Bei der Kondens. von 2,1 g 6-Methyl-2-aminopyridin (**VIII**) u. 3,6 g **I** wird **VIII**-*Hydrobromid* F. 149° (A./Ae.); 3,5 g (**VIII**-*Pikrat*, F. 202°)] isoliert.

G. Reisner. 3272□

Synthese von 2.8-Diaryl-1.9-diazadehydrochinoliziniumsalzen. A. N. Nessmejanow und M. I. Rybinskaja. (Доклады Академии Наук СССР [Ber. Akad. Wiss. UdSSR] **125.** 97—100. 1/3. 1959. Inst. für Metallorg. Verbb. der Akad. der Wiss. der UdSSR.) (Russ.)

Bei der Kondens. von Aryl-β-chlorvinylketonen (**I**) mit 4-Aryl-2-aminopyrimidinen (**II**) unter dem Einfl. 30%ig. $HClO_4$ in Methanol entstehen *2.8-Diaryl-1.9-diazadehydrochinoliziniumperchlorate* (**III**). Die **II** werden aus den **I** u. Guanidin erhalten. Die Struktur der **III** wird durch Hydrolyse mit 40%ig. NaOH am Beispiel des 2-Phenyl-8-[p-nitrophenyl]-1.9-diazadehydrochinoliziniumperchlorats (**IV**) bewiesen, wobei *2-Amino-4-phenyl-* u. *2-Amino-4-[p-nitrophenyl]-pyrimidin* erhalten werden. Beim Behandeln mit 5%ig. NaOH geht 2.8-Diphenyl-1.9-diazadehydrochinoliziniumperchlorat (**V**) in *2-[β-Formyl-α-phenyläthylidenamino]-4-phenylpyrimidin* über. Bei der Kondens. von 2-Amino-4-phenylpyrimidin mit Benzoylacetaldehyddimethylacetal bei 140—150° entsteht *1-[2-Imino-4-phenylpyrimidyl-(1)]-3-phenylpropen-(1)-on-(3)*, das in Ggw. von $HClO_4$ zu **V** cyclisiert wird.

Versuche: 1.9-Diazadehydrochinoliziniumperchlorate: *2.8-Diphenyl-* (**V**), $C_{19}H_{14}ClN_3O_4$, Zers. bei 317—320° (Methanol unter Zusatz von wenig $HClO_4$), durch Zusammengeben von 0,01 Mol 2-Amino-4-phenylpyrimidin u. 0,015 Mol Phenyl-β-chlorvinylketon in 10—15 ml Methanol u. 7—8 ml 70—80%ig. $HClO_4$ u. ½ std. Stehenlassen; Plättchen; 49,4% (Ausbeute). — *2-Phenyl-8-[o-bromphenyl]-*, $C_{19}H_{13}BrClN_3O_4$, Zers. bei 246—249°, analog vorst. Verb.; 61%. — *2-Phenyl-8-[p-bromphenyl]-*, $C_{19}H_{13}BrClN_3O_4$, Zers. bei 301—303°; 20%. — *2-Phenyl-8-[p-nitrophenyl]-* (**IV**), $C_{19}H_{13}ClN_4O_6$, Zers. bei 312—314°, analog, jedoch 15—20 Min. lang kochen; 40%. — *2-Amino-4-phenylpyrimi-*

din, F. 165°, durch 24 Std. langes Schütteln von **IV** mit 40% ig. NaOH u. Bzl. u. Trennung durch Chromatographie aus Bzl. an Al_2O_3. Daneben *2-Amino-4-[p-nitrophenyl]-pyrimidin*, F. 175°. — *2-[β-Formyl-α-phenyläthylidenamino]-4-phenylpyrimidin*, $C_{19}H_{15}N_3O$, F. 146° (Aceton), durch 3 Tage langes Schütteln von **V** mit 5% ig. NaOH u. Bzl.; 90,4%. — *1-[2-Imino-4-phenylpyrimidyl-(1)]-3-phenylpropen-(1)-on-(3)*, $C_{19}H_{15}N_3O$, F. 111° (Aceton), durch 5std. Erhitzen von 3 g 2-Amino-4-phenylpyrimidin mit 5,43 g Benzoylacetaldehyddimethylacetal auf 140—150° im Rohr; 73%. Liefert bei Einw. von 70% ig. $HClO_4$ **V**. R. MAYER-MADER. 3272□

Über die dirigierende Wirkung von Substituenten bei der Bildung von Phenylphenazin-N-oxiden. 3. Mitt. Ju. Ss. Rosum. (Журнал Общей Химии [J. allg. Chem.] **30** (**92**). 2033—40. Juni 1960. Inst. für org. Chem. der Akad. der Wiss. der UkrainSSR.) (Russ.) — 2. vgl. C. **1962.** **4869.**

1-Phenyl- (**I**), *2-Phenyl-* (**II**), *1-Phenyl-7-methoxy-* (**III**), *2-Phenyl-6-chlor-* (**IV**) u. *1-Phenyl-7-chlorphenazin* (**V**) werden der Oxydation mit H_2O_2 unterworfen u. der Geh. an *9-* u. *10-Oxiden* im Rk.-Gemisch wird spektrophotometr. festgestellt. Die Richtung der Oxydation von **I**, **III** u. **V** wird durch ster. Hinderung durch die abschirmende, 1-ständige Phenylgruppe bestimmt; es bilden sich die 10-Oxide als Hauptprodukt. Bei **II** u. **IV** bilden sich Gemische von 9- u. 10-Oxid, deren Verhältnis von der Natur der Substituenten abhängt.

Versuche: *2-Phenyl-6-chlorphenazin* (**IV**), $C_{18}H_{11}ClN_2$, F. 186°, man kocht 2 g **IV**-9-Oxid, 100 ml Toluol, 75 ml W., 7 ml Eisessig u. 20 g Fe-Späne 1 Std. lang, engt die Toluolschicht auf 30 ml ein u. chromatographiert an Al_2O_3; die erste Zone enthält **IV** (fluoresciert nicht im UV), die zweite Zone wenig **IV**-9-Oxid (fluoresciert im UV); hellgelbe Nadeln. — *9-Oxid*, $C_{18}H_{11}ClN_2O$, F. 204,5° (Dioxan), Zers. bei 220°, durch Kondens. von 51 g p-Aminodiphenyl mit 63 g p-Nitrochlorbenzol in Ggw. von 120 g KOH in 500 ml Bzl. u. chromatograph. Reinigung; fluoresciert dunkelgelb; gelbe Nadeln; 6,6% (Ausbeute). *10-Oxid*, $C_{18}H_{11}ClN_2O$, F. 224° (Dioxan), Zers. bei 228°, durch Kondens. von 80 g p-Nitrodiphenyl mit 38 g p-Chloranilin u. chromatograph. Reinigung; fluoresciert gelb; gelbe Nadeln; 4%. — *1-Phenyl-7-chlorphenazin* (**V**), *9-Oxid*, $C_{18}H_{11}ClN_2O$, F. 188° (Zers.), aus 100 g o-Nitrodiphenyl u. 1 g p-Chloranilin; gelbe Nadeln; 1%. *10-Oxid*, $C_{18}H_{11}ClN_2O$, F. 191° (A.-Dioxan), Zers. bei 210°, aus 51 g o-Aminodiphenyl u. 63 g p-Nitrochlorbenzol; dunkelgelbe Nadeln; 9%. — *1-Phenyl-7-methoxyphenazin* (**III**) *9-Oxid*, $C_{19}H_{14}N_2O_2$, F. 199° (Zers.), aus 100 g o-Nitrodiphenyl u. 50 g p-Anisidin; gelbe Nadeln; 11,4%. *10-Oxid*, $C_{19}H_{14}N_2O_2$, F. 201° (A.), Zers. bei 206—207°, man gibt zu 0,3 g **III** in 50 ml Eisessig tropfenweise bei 16—18° 10 ml 25% ig. H_2O_2, rührt 12 Std. lang, verd. mit W. u. chromatographiert an Al_2O_3; gelbe Nadeln; 54%. — Oxydation von **I**—**V**: Man gibt zu 0,64 g **I** in 32 ml Eisessig bei 40—50° in 2 Std. tropfenweise 5 ml 25% ig. H_2O_2, verd. mit 400 ml W. u. chromatographiert aus 20 ml Bzl. an Al_2O_3: 0,37 g **I**; 0,24 g *9-* u. *10-Oxidgemisch* (F. 180—183°, Zers. bei 199—201°; gelbe Nadeln); 10 mg *1-Phenylphenazin-9.10-dioxid*. Analog werden **II**—**V** oxydiert. Die spektrophotometr. Analyse der Rk.-Gemische ergab folgende Zus.: **I**: 7,3 bzw. 92,5% (9- bzw. 10-Oxid); **II**: 39,7 bzw. 60,1%; **III**: 16,5 bzw. 83,5%; **IV**: 61,8 bzw. 38,1%; **V**: 16,4 bzw. 83,0%. HELMUT SCHÄFER. 3272□

Halogenosen. 2. Mitt. **Beitrag zur Untersuchung des Mechanismus der Reaktion von Phosphorpentachlorid mit β-Acetoglykosen; Tetrachloracetogalaktose.** J. de Pascual Teresa und F. Garrido Espinosa. (An. Real Soc. españ. Física Quím., Ser. B **52**. 447—56. Juni 1956. Salamanca, Univ., Fac. de Cie., Labor. de Quím. Orgán.; C. S. de I. C., Inst. „Alonso Barba", Sec. de Quím. Orgán.) (Span.) — 1. vgl. C. **1958.** **8643.**

Zwecks Aufklärung des Mechanismus von BRIGLS Rk. [1901] untersuchten Vff. die Einw. von PCl_5 auf Äthyl- u. Butylacetat sowie Glykoldiacetat im Mol-Verhältnis 1:1 bzw. 5:1. In jedem Fall entstanden HCl u. PCl_3, so daß die Einw. von PCl_5 in der Substitution der H-Atome der Acetyl–CH_3-Gruppe besteht. Bei Einw. von PCl_5 auf β-Pentaacetylglykosen ist die Initial-Rk. demnach eine partielle Substitution der Acetyl-H in 2-Stellung. Unter diesen Bedingungen reagiert dann z. B. Pentaacetyl-β-glucose (**I**) mit dem frei werdenden HCl zur β-Halogen-Verb., die sich ihrerseits mit PCl_5 unter Vervollständigung der Substitution in 2-Stellung umsetzt. Im Zusammenhang mit der von BRIGL in seinem Mechanismus angenommenen Chlorierung des in der 1. Phase gebildeten CH_3COCl durch PCl_5 erbrachten Verss., daß die Einw. von PCl_5 auf CH_3COCl in stöchiometr. Mengen bei Siede-Temp. sehr langsam u. die Bldg. von CCl_3COCl nach 28 Tagen noch unvollständig war; die Chlorierung von $CH_2ClCOCl$ verlief etwas schneller, war aber nach 12 Tagen noch unvollständig. Unter Auswertung des obigen Mechanismus gelang es, durch Einw. von nur 3 Mol PCl_5 auf 1 Mol β-Chlortetraacetylglucose (**II**)

1-Chlor-2-trichloracetyl-3.4.6-triacetyl-β-d-glucose in um 20% besserer Ausbeute zu erhalten. Gleichermaßen, aber in geringerer Ausbeute, wurde das entsprechende Galaktose-Deriv. erhalten.

Versuche: *1-Chlor-2-trichloracetyl-3.4.6-triacetyl-β-d-glucose*, F. 139—140° (abs. Ae.), a) aus 100 g I u. 187 g PCl_5 durch 5std. Erhitzen auf < 110°; 61% (Ausbeute); b) aus 2-Trichloracetyl-1.3.4.6-tetracetyl-β-d-glucose in PCl_3 durch Einleiten von HCl unter Kochen; 92%; c) aus II u. PCl_5 im Mol-Verhältnis 1 : 3 bei 110° (50 Min.); 83%; $[\alpha]_D^{20}$ +3° Chlf.). — *1-Chlor-2-trichloracetyl-3.4.6-triacetyl-β-d-galaktose*, $C_{14}H_{16}Cl_4O_9$, F. 107—109° (abs. Ae. + PAe.), a) aus Pentacetyl-β-galaktose analog vorst. Verb. nach a) (3½ Std. bei 100°); 42%; b) aus 1-Chlor-2.3.4.6-tetracetyl-β-galaktose analog vorst. Verb. nach c); $[\alpha]_D^{22}$ +3,9° (c = 8,36; Chlf.). — *Tetracetyl-α-galaktose*, $C_{14}H_{20}O_{10}$, F. 144—155° (korr.), in manchen Fällen neben vorst. Verb. nach a); $[\alpha]_D^{20}$ +144,7° (c = 9,36; Chlf.), sinkt auf Zusatz von alkohol. NH_3 auf +80,9° (c = 7,2); 15—30%. J. RICHTER. 3400□

Leukocyanidine aus der Betelnuß und aus ostindischem Mahagoni (Cedrella toona). G. R. Nagarajan und T. R. Seshadri. (J. sci. ind. Res. [New Delhi], Sect. B **20B.** 615—16. Dez. 1961. Delhi, Univ., Chem. Dep.) (Engl.)

Aus dem zerkleinerten Holz von Betelnußkernen von *Areca catechu* werden mit PAe. u. Ae. in der Kälte die Fette, Wachse u. einige Catechine entfernt. Extraktion mit Aceton gibt nach dem Einengen des Extraktes einen Sirup, aus dem mit Ae. (+)-*Catechin* [*Acetat*, F. 129°] ausgewaschen wird. Durch Lösen des Rückstandes in Essigsäureäthylester u. Fällen mit PAe. wird ein *Leukoanthocyanidin* (F. > 350°), isoliert, das beim Kochen mit HCl *Cyanidinchlorid* [I, λ_{max} 545 mμ] u. beim Acetylieren mit Acetanhydrid u. Pyridin in der Kälte unter H_2O-Abspaltung ein *Enolacetat* [$C_{25}H_{22}O_{11}$, F. 123—126°], beim Methylieren mit Diazomethan einen *Tetramethyläther* [II, $C_{19}H_{22}O_7$, F. 160—163°, $[\alpha]_D^{30}$ +97° (Methanol)] gibt, der bei der Acetylierung eine Mischung eines *Tetramethyldiacetats* [$C_{23}H_{26}O_9$] u. eines *Tetramethylenolacetats* [$C_{21}H_{22}O_7$, F. 165—167°] liefert. Bei der Permanganat-Oxydation von II entsteht *Veratrumsäure* (IV), bei der Perjodsäure-Oxydation entstehen *Veratrumaldehyd* (V) [*Dinitrophenylhydrazon*, F. 256°] u. *Phloroglucinaldehyddimethyläther* (VI). Aus dem Kernholz des ostind. Mahagonis (*Cedrella toona*) wird durch Extraktion ebenfalls ein *Leukoanthocyanidin* erhalten, das beim Kochen mit alkohol. HCl I, bei der Methylierung einen *Tetramethyläther* [III, $C_{19}H_{22}O_7$, F. 121—124, $[\alpha]_D^{30}$ −98° (Methanol)] u. bei der Acetylierung mit Acetanhydrid u. Pyridin ein Gemisch aus einem *Hexaacetat* [$C_{27}H_{26}O_{13}$] u. einem *Enolacetat* [$C_{25}H_{22}O_{11}$], F. 93—95°, liefert. Acetylierung von III gibt ein Gemisch aus einem *Tetramethyldiacetat* [$C_{23}H_{26}O_9$] u. einem *Tetramethylenolacetat* [$C_{21}H_{22}O_7$], F. 117—119°, das mit $KMnO_4$ zu IV u. mit Perjodsäure zu V u. VI oxydiert wird. Bei beiden Leukoanthocyanidinen scheint es sich demnach um *Leukocyanidin*, vermutlich Stereoisomerengemische, zu handeln.

E. KOSSMEHL. 3550□

Untersuchungen von Terpenen. 2. Mitt. **Δ^2-Caren: Darstellung durch Isomerisierung von Δ^3-Caren mit wässeriger Schwefelsäure oder mit Eisessig sowie Ringöffnungen und Dehydrierungen.** James Verghese. (J. Indian chem. Soc. **36.** 151—54. März 1959. Madras, Loyola Coll., Chem. Dep.) (Engl.) — 1. vgl. C. **1961.** 7907.

Vf. beschreibt eine einfache Darst. von *Δ^2-Caren* (I) aus *Δ^3-Caren* (II, $Kp._{760}$ 169 bis 171°, n_D^{30} 1,4693, $[\alpha]_D^{30}$ +9,52°) durch 5 bzw. 40std. Kochen mit 5%ig. wss. H_2SO_4 oder Eisessig in 53 bzw. 20%ig. Ausbeute. I läßt sich durch Oxydation mit $KMnO_4$ in Aceton zu *1.1-Dimethyl-2-[3-ketobutyl]-cyclopropancarbonsäure-(3)* (*Semicarbazon*, F. 182 bis 183°) nachweisen. Neben I entstehen *konjugierte Dien-Verbb.* sowie *p*- (III) u. *m-Cymol* (IV). Die Rk. von I an γ-Al_2O_3 bei 400° führt zu einem Gemisch aus 27% *α-Terpinen* (*Maleinsäureanhydridaddukt*, F. 64—65°), 18% *Limonen* (*Hydrat*, F. 118°), *Terpinolen* (*Tetrabromid*, F. 116°), *Sylvestren* (*Dihydrochlorid*, F. 72°) sowie III u. IV. Die Aromatisierung von I an Al_2O_3-Chromoxid bei 400° liefert 37,4% III neben 49,8% IV, die von II dagegen 53% III neben 43% IV. 5std. Kochen von I mit Chloranil ergibt 5,21% III neben 51,72% IV, analoge Behandlung von II dagegen 31,46% III u. 9,2% IV.

W. SCHULENBURG. 3600□

Untersuchungen von Terpenen. 3. Mitt. **Katalytische Umwandlungen von β-Pinen mit Phosphorsäure.** James Verghese. (J. Indian chem. Soc. **36.** 155—58. März 1959.) — 2. vgl. vorst. Referat.

Die durch 7std. Kochen von *β-Pinen* [I, $Kp._{760}$ 165°, $D._4^{20}$ 0,8722, n_D^{30} 1,4741, $[\alpha]_D^{30}$ −10,3; ½std. Schütteln mit wss.-alkal. $KMnO_4$ → *Nopinsäure*, F. 126—127°, (Bzl.)] mit H_3PO_4 (Spezif. Gew. 1,75) bei 169—190° unter Wasserausschluß bewirkte Spaltung des Cyclobutan (II)-Ringes verläuft in 2 Richtungen u. führt zu 49% monocycl. Verbb. u. 35% Polymeren (blaßgelbe, viskose Fl., $Kp._3$ 135—150°, n_D^{30} 1,5161). Der mit Wasserdampf flüchtige Terpenanteil erwies sich als ein Gemisch aus 25% *α-Terpinen* (*Maleinsäureanhydridaddukt*, F. 64—65°, durch 2std. Rk. bei 75°. *Malein*-

säureaddukt, F. 127–128°), 10,72% *Dipenten* (*Hydrat*, F. 115–117°), 22,8% *p-Cymol* (Oxydation → *Terephthalsäure*), < 2% *o-Cymol* (Oxydation → *o-Phthalsäure*), > 12,2% (p- u. o-[?]) *Menthan, Terpinolen* u. wahrscheinlich *γ-Terpinen, o-Menthadiene* u. *o-* u. *p-Menthene*. Die Ggw. von p- u. o-Verbb. läßt auf nebeneinander verlaufende $C_{(1)}/C_{(6)}$- u. $C_{(5)}/C_{(6)}$-Spaltung des **II**-Ringes schließen, woraus ein neuer H^+-katalysierter Spaltungsmechanismus abgeleitet wird. W. SCHULENBURG. 3600□

Einwirkung von Sulfurylchlorid auf α-Pinen. M. Ss. Malinowski und W. F. Jaworowskaja. (Украинский Химический Журнал [Ukrain. chem. J.] **25.** 107–10. 1959. Dnepropetrowsk, Univ.) (Russ.)

Bei der Rk. von SO_2Cl_2 mit α-Pinen (**I**) im diffusen Licht in Ggw. von Pyridin entstehen *Bornylchlorid* (**II**), das ASCHAN-*Dichlorid* (**III**), hauptsächlich aber *Pinocarvylchlorid* (**IV**) u. ein *Sulfon* der Struktur $ClC_{10}H_{16}\cdot SO_2\cdot C_{10}H_{16}Cl$. Im Gegensatz zu der Rk. von **I** mit Cl_2 bilden sich keine merklichen Mengen Polyhalogen-Derivv. von **I**. — Die Ozonolyse von **IV** liefert *Formaldehyd* u. ein *α-Chlorketon* (**V**).

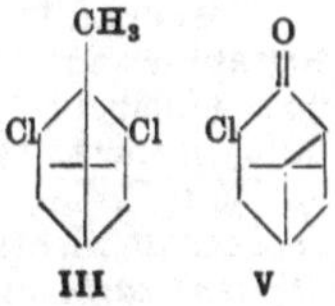

III V

Versuche: a) Zu 612 g **I** u. 3 ml Pyridin gibt man bei < –10° tropfenweise 203 g SO_2Cl_2, entfernt SO_2Cl_2 im Vakuum u. dest. fraktioniert; aus den ersten Fraktionen erhält man durch Ausfrieren *Bornylchlorid* (**II**), $C_{10}H_{17}Cl$, F. 125–126°. Die mittleren Fraktionen enthalten hauptsächlich **II** u. **IV**. Durch Ozonolyse erhält man aus ihnen *Formaldehyd* (*Dimedon-Deriv.*, F. 189–190°) u. das *α-Chlorketon* $C_9H_{13}ClO$ [**V**, Kp.$_1$ 70°; n_D^{20} 1,4900; *Semicarbazon*, F. 226–228° (Zers.)]. Die später übergehenden Fraktionen enthalten neben **I**-*Monochloriden* **I**-*Dichloride*, die letzten Fraktionen zersetzen sich bei der Dest. unter Entw. von SO_2. b) Man setzt 680 g **I**, 222 g SO_2Cl_2 u. 5 ml Pyridin analog Vorst. um, spült aber während der Rk. mit CO_2 zur Entfernung von HCl (Verhinderung der Bldg. von **II**) u. dest.: *Pinocarvylchlorid* (**IV**), $C_{10}H_{15}Cl$, Kp.$_1$ 40–42°; D.$^{20}_4$ 1,0158. Den Dest.-Rückstand läßt man kristallisieren u. erhält ASCHAN-*Dichlorid* (**III**; F. 173 bis 174°, $C_{10}H_{16}Cl_2$; aus A. Nadeln) sowie ein *Sulfon* $C_{20}H_{32}Cl_2O_2S$ (F. 192–193°; aus Bzl. glänzende Schuppen). HELMUT SCHÄFER. 3600

Über den Zugang zu D-Norsteroiden. Georges Muller, Chanh Huynh und Jean Mathieu. (Bull. Soc. chim. France **1962.** 296–98. Febr. Paris, Centre de Rech. Roussel-Uclaf.) (Franz.)

Photochem. Umlagerung von 16-Diazo-17-ketosteroiden gab ein Gemisch von stereoisomeren *D-Norsteroid-16-carbonsäuren*. Die Konfigurationen in 16-Stellung konnten durch Messung des Zirkulardichroismus der entsprechenden *Methylketone* bestimmt werden, die durch Rk. mit CH_3Li aus den Säuren erhalten werden. Durch OPPENAUER-Oxydation wurde aus dem einen Isomeren *D-Norprogesteron*, durch oxydativen Abbau der Seitenkette mit Perphthalsäure *D-Nortestosteron* erhalten.

Versuche: *3β-Hydroxy-16-diazo-17-oxo-Δ⁵-androsten*, $C_{19}H_{26}N_2O_2$, F. 220° (Aceton), aus 3β-Hydroxy-16-hydroximino-17-oxo-Δ⁵-androsten u. NaOCl in methanol.-wss. NaOH in Ggw. von NH_3 (7 Std.); 77% (Ausbeute). — *3β-Hydroxy-D-nor-Δ⁵-androsten-16α-carbonsäure* (**I**), $C_{19}H_{28}O_3$, F. > 270° (CH_2Cl_2), durch UV-Bestrahlung vorst. Verb. in Ae. (4 Std. bei Raum-Temp.); $[\alpha]_D$ –5° (CH_3OH); 17%; daneben **II**. *Methylester*, $C_{20}H_{30}O_3$, F. 72°, $[\alpha]_D$ – 36° (Chlf.). *3-O-Acetylderiv.*, $C_{21}H_{30}O_4$, F. 222°, $[\alpha]_D$ – 15° (Chlf.). — *3β-Hydroxy-D-nor-Δ⁵-androsten-16β-carbonsäure* (**II**), $C_{19}H_{28}O_3$, Doppel-F. 180–210° u. 222° (Aceton), neben **I**; $[\alpha]$ – 27° (Chlf.); 18%. *Methylester*, $C_{20}H_{30}O_3$, F. 166°, $[\alpha]_D$ – 34° (Chlf.). *3-O-Acetylderiv.*, $C_{21}H_{30}O_4$, F. 210–216°, $[\alpha]_D$ – 40° (Chlf.). — *3β-Hydroxy-20-oxo-D-nor-16α-Δ⁵-pregnen*, $C_{20}H_{30}O_2$, F. 140° (Diisopropyläther), aus **I** u. CH_3Li in Ae./Bzl. (Stehen über Nacht); $[\alpha]_D$ –68° (Chlf.); 63%. — *3β-Hydroxy-20-oxo-D-nor-16β-Δ⁵-pregnen* (**III**), $C_{20}H_{30}O_2$, F. 192°, analog aus **II**; $[\alpha]_D$ + 33° (Chlf.). — *D-Norprogesteron*, $C_{20}H_{28}O_2$, F. 154°, aus **III** u. Cyclohexanon in Ggw. von Al-Isopropylat in Toluol; $[\alpha]_D$ + 206° (Chlf.); 59%. — *3β-Hydroxy-16β-acetoxy-D-nor-Δ⁵-androsten* (**IV**), $C_{20}H_{30}O_3$, F. 174°, durch Behandeln von **III** mit Cl_2 in Chlf./CCl_4 in Ggw. von Pyridin bei –60°, anschließende 4tägige Einw. von äther. Perphthalsäure bei 0° u. 2½ std. Erhitzen mit Zn in CH_3COOH; $[\alpha]_D$ –95° (Chlf.); 25%. — *D-Nortestosteronacetat*, $C_{20}H_{28}O_3$, F. 155°, aus **IV** u. Cyclohexanon wie oben; $[\alpha]_D$ + 87° (Chlf.); 73%. — *D-Nortestosteron*, $C_{18}H_{26}O_2$, F. 158°, aus vorst. Verb. u. methanol. KOH in der Kälte; $[\alpha]_D$ + 135° (Chlf.) 72%. — *3.16-Dioxo-D-nor-Δ⁴-androsten*, $C_{18}H_{24}O_2$, F. 170°, aus **IV** durch Verseifung u. OPPENAUER-Oxydation; $[\alpha]_D$ + 140° (Chlf.). — *3β-Hydroxy-17-oxo-13α-Δ⁵-androsten*, $C_{19}H_{28}O_2$, F. 187°, durch UV-Bestrahlung von 3β-Hydroxy-17-oxo-Δ⁵-androsten in Ae. (7 Std.); $[\alpha]_D$ –165° (Chlf.); 16%. Reagiert nicht mit GIRARDs Reagens T. — *3β-Hydroxy-16-hydroximino-17-oxo-13α-Δ⁵-androsten*, $C_{19}H_{27}NO_3$, F. 274°, aus vorst. Verb. u. tert.-

Butylnitrit in tert.-Butanol in Ggw. von K-tert.-Butylat (19 Std. bei Raum-Temp.); $[\alpha]_D$ −35° (Pyridin); 80%. — *3β-Hydroxy-16-diazo-17-oxo-13α-Δ^5-androsten*, $C_{19}H_{26}N_2O_2$, F. 210°, aus vorst. Verb. u. NaOCl wie oben; $[\alpha]_D$ −52° (Chlf.); 82%. — *3β-Hydroxy-D-nor-13α-Δ^5-androsten-16α-carbonsäure*, $C_{19}H_{28}O_3$, F. 254°, durch UV-Bestrahlung vorst. Verb. wie bei I; $[\alpha]_D$ −100° (CH_3OH); 57%. *Methylester*, $C_{20}H_{30}O_3$, F. 80°, $[\alpha]_D$ −120° (Chlf.). *3-O-Acetylderiv.*, $C_{21}H_{30}O_4$, Doppel-F. 176° u. 194°, $[\alpha]_D$ −104° (Chlf.). — *3β-Hydroxy-20-oxo-D-nor-13α.16α-Δ^5-pregnen*, $C_{20}H_{30}O_2$, F. 150°, aus vorst. Säure u. CH_3Li; $[\alpha]_D$ −170° (Chlf.). J. ROTHE. 3700□

Enthalogenierung von 2α-Bromcholestan-3-on mit Magnesiumverbindungen. Max Mousseron, François Winternitz und André Crastes de Paulet. (C. R. hebd. Séances Acad. Sci. **246.** 2200—03. 14/4. 1958.) (Franz.)

Bei der Einw. von C_6H_5MgBr auf 2α-Bromcholestan-3-on (V) werden nach Chromatographie an Al_2O_3 *3-Phenyl-Δ^2-cholesten* [I, $C_{33}H_{50}$, F. 131—132°, $[\alpha]_D^{25}$ + 65°; 65% (Ausbeute)] u. *2α-Benzoyl-A-norcholestan* (II, $C_{33}H_{50}O$, F. 142—143°, $[\alpha]_D^{19}$ + 6°, 20%) isoliert. II gibt ein *2.4-Dinitrophenylhydrazon* (F. 185—186°). I wird mit einer authent. Probe, die man durch Dehydratation von 3β-Phenylcholestan-3α-ol mit alkohol. HCl erhält, identifiziert. Beim Behandeln von II mit C_6H_5MgBr entsteht das entsprechende *Diphenylcarbinol*, das durch Dehydradation u. Ozonisierung in *A-Norcholestan-2-on* übergeht, wodurch II identifiziert ist. Die Einw. von CH_3MgBr auf V führt nach Kochen in Bzl. u. Chromatographie zu einer Fraktion, aus der reines *3-Methyl-Δ^2-cholesten* (III) u. ein vermutlich aus III u. *2-Methylencholestan* bestehendes Gemisch (F. 55—56°, $[\alpha]_D^{25}$ + 58°) isoliert werden. Aus einer weiteren Fraktion wird *2α-Acetyl-A-norcholestan* (IV, $C_{28}H_{48}O$, F. 68—69°, $[\alpha]_D^{17}$ + 20°; 40%) erhalten, welches ein *2.4-Dinitrophenylhydrazon* (F. 144—145°) gibt. Außerdem gewinnt man aus einer dritten Fraktion *3β-Methylcholestan-3α-ol* ($C_{28}H_{50}O$, F. 123—125°, $[\alpha]_D^{25}$ + 24°; 50%) neben wenig *3α-Methylcholestan-3β-ol* (F. 145—146°, $[\alpha]_D^{25}$ + 31°). IV wird mit Pyridiniumjodid zu *A-Norcholestan-2-carbonsäure* abgebaut u. als solche identifiziert. Die Einw. von Perbenzoesäure auf IV führt zu *2α-Acetoxy-A-norcholestan*, das durch Hydrolyse u. Chromsäureoxydation in *A-Norcholestan-2-on* übergeht. Unter Einhalten bestimmter Rk.-Bedingungen kann bei der Einw. von CH_3MgBr auf V ein *Methylbromhydrin* ($C_{28}H_{49}BrO$, F. 165—166°, $[\alpha]_D^{26,5}$ + 28°) isoliert werden, welches in alkal. Medium in der Kälte sehr langsam IV liefert. Das Methylbromhydrin dürfte die *cis–e.a*-Konfiguration betreffs Br/OH besitzen. Für einige Verbb. sind IR- u. UV- Daten angegeben. H. KNIESZ. 3700□

Untersuchungen über organische Schwefelverbindungen. 12. Mitt. Darstellung von unzugänglichen Enaminamiden durch Desulfurierung von Thiazolidinen und Thiazolidinonen. Carl Djerassi, N. Crossley und M. A. Kielczewski. (J. org. Chemistry **27.** 1112—13. März 1962.) (Engl.) — 11. vgl. C. **1962.** 12278.

Bei der Desulfurierung von Thiazolidin-, Thiazolidinon- u. 1.3-Thiazin-Derivv. des Cholestan-3-ons (I) sowie von Thiazolidin-Derivv. des Cyclopentanons mit RANEY-Ni in Bzl. entsteht je nach Alter des Katalysators ein Gemisch von substituierten *Derivv. des 3-Amino-Δ^2-cholestens* u. *3-Aminocholestans* bzw. des *1-Aminocyclopentens* u. des *Aminocyclopentans*. Bei der gleichen Rk. in Aceton wird das Keton zurückerhalten.

Versuche: *Thiazolidin-[2-spiro-3′]-cholestan*, F. 136—137°, aus I u. β-Mercaptoäthylamin in Bzl. in Ggw. von p-Toluolsulfonsäure; $[\alpha]_D$ + 26° (Chlf.). *N-Acetyl-Deriv.* (II), F. 171—172°. $[\alpha]_D$ + 47° (Chlf.). — *3-N-Äthyl-N-acetylamino-Δ^2-cholesten* (III), F. 145 bis 146°, aus II u. RANEY-Ni in Bzl.; $[\alpha]_D$ + 61,5° (Chlf.); 50% (Ausbeute). Daneben entstehen *3β-N-Äthyl-N-acetylamino-* sowie *3β-N-Acetylaminocholestan* (IV). III wird durch saure Hydrolyse in I übergeführt. — *3-N.N-Diäthylamino-Δ^2-cholesten*, aus III u. $LiAlH_4$. Hydrolyse → I. — *Cholestan-3-on* (I), aus II u. RANEY-Ni in Aceton. — *3-N-Propyl-N-acetylamino-Δ^2-cholesten*, F. 128—129°, aus *N-Acetyltetrahydrothiazin-[2-spiro-3′]-cholestan* (F. 182—183°, $[\alpha]_D$ + 44,5°) analog III; $[\alpha]_D$ + 58,5° (Chlf.). — *3-N-α-Methoxycarbonyläthyl-N-acetylamino-Δ^2-cholesten*, F. 132—133°, aus *N-Acetyl-4-methoxycarbonylthiazolidin-[2-spiro-3′]-cholestan* (aus I u. Cystein, anschließend Acetylierung u. Methylierung) analog III; $[\alpha]_D$ + 53°; 72%. — *3-Acetylamino-Δ^2-cholesten*, F. 214—215°, aus den diastereomeren *Thiazolidinon-(4)-[2-spiro-3′]-cholestanen* [V, F. 264—265°, $[\alpha]_D$ + 20,6°, u. F. 312—314°, $[\alpha]_D$ + 26,6°; aus I, Thioglykolsäure u. $(NH_4)_2CO_3$] u. RANEY-Ni in Bzl.; $[\alpha]_D$ + 68°. Daneben entstehen IV u. I. — I, aus V u. RANEY-Ni in Aceton. — *1-N-Acetyl-N-äthylaminocyclopenten* u. *N-Acetyl-N-äthylaminocyclopentan* (1:5), aus N-Acetylthiazolidin-[2-spiro-1′]-cyclopentan u. 3 Tage altem RANEY-Ni in Bzl.; mit 30 Tage altem RANEY-Ni beträgt das Mengenverhältnis 8:1. A. TREDE. 3700□

Eine neue Synthese für Vitamin A_2: Überführung von Vitamin A_1 in A_2. R. K. Barua und M. G. R. Nair. (Nature [London] **193.** 165. 13/1. 1962. Assam, Gauhati Univ., Dep. of Chem., Organ. Chem. Labor.) (Engl.)

Vitamin A_1 wird in einer mit MnO_2 gefüllten Säule unter kontrollierten Bedingungen zu *3-Hydroxyretinen*$_1$ (λ_{max} 375 mμ) oxydiert, das durch Chromatographie an Al_2O_3 in A. gereinigt wird. Dieses wird durch $LiAlH_4$ zu *3-Hydroxyvitamin* A_1 (λ_{max} 324 mμ) red., das selektiv acetyliert u. dann mit p-Toluolsulfonsäure dehydratisiert wird. Zur Reinigung wird chromatographiert, die gelbe Zone (eluiert mit A.) ist *Vitamin* A_2 (λ_{max} 351 u. 287 mμ). E. KOSSMEHL. 3800□

Chemie von Vitamin B_{12}. Rosa M. de Lederkremer. (Chemia [Buenos Aires] **18.** Nr. 114. 3—7. Nov. 1959.) (Span.)

Überblick über die histor. Entw. u. die Meth. der Strukturaufklärung von *Vitamin* B_{12}. J. RICHTER. 3800□

Einige in Royal jelly vorkommende Carbonsäuren. William H. Brown und Robert J. Freure. (Canad. J. Chem. **37.** 2042—46. Dez. 1959. Guelph, Ontario, Agricult. Coll., Dep. of Chem.) (Engl.)

Vff. isolierten aus dem Ae.-Extrakt von Royal jelly (**R**) neben *10-Hydroxydecen-(2)-säure* (**I**, F. 62—62,5°) chromatograph. *Sebacinsäure* (**II**) u. *Decen-(2)-disäure* (**III**). Die Konzz. der 3 Säuren [in ppm] bezogen auf ausgeäthertes **R** betragen: **I** 70000, **II** 200, **III** 300. Aus dem IR-Spektrum von **I** wird auf seine trans-Struktur geschlossen. **I** lagert sich bei Sonnen-Einw. in Aceton-Lsg. langsam in die *cis-Form* (**IV**, F. 43—46°) um, die beim Stehen bei Zimmer-Temp. wieder in **I** übergeht. Die Aufarbeitung von **R** zum Säuregemisch (**S**) wird beschrieben. UV- u. IR-Spektren von **I** u. **IV** werden angegeben.

Versuche: *10-Hydroxydecen-(2)-säure* (**I**), F. 62—62,5° (W.), durch Animpfen einer Lsg. von 7,7 g **S** in Hexan-Ae. bei 5° u. Chromatographie der 3,8 g Nd.; 36% (Ausbeute). *p-Bromphenacylester*, F. 89—90°, aus dem **I**-Na-Salz u. p-Bromphenacylbromid (**V**) in sd. verd. Alkohol. 3 std. Erhitzen von 0,93 g **I** mit K-Bichromat in verd. H_2SO_4 u. 10 std. Stehen bei Zimmer-Temp. → 0,43 g **III**. 20 std. Bestrahlung von **I** in Aceton → *cis-Form* (**IV**), F. 43—46°. — *Sebacinsäure* (**I**)*-Bis-p-bromphenacylester*, F. 150—151° (A.-Aceton), durch Einengen der Mutterlauge von **I**, Abfiltrieren des Nd. [F. 51—78° (Bzl.-Hexan); 2,9 g] u. Rk. von 0,37 g davon mit **V**; 0,05 g. — *Decen-(2)-disäure* (**III**), $C_{10}H_{16}O_4$, F. 172—173° (Chlf.), durch papierchromatograph. Auftrennung von 2,7 g **S** in Propanol (**VI**)/konz. NH_4OH, Extrahieren der **II**–**III**-Fraktion mit **VI**, fraktionierte Kristallisation aus Chlf. u. erneute Papierchromatographie; 25 mg. MARION WOLFF. 3900□

Die thermische Isomerisierung der Palustrinsäure. N. Mason Joye jun. und Ray V. Lawrence. (J. org. Chemistry **26.** 1024—26. April 1961. Olustee, Fla., U.S. Dep. of Agric., Naval Stores Res. Stat.) (Engl.)

Die therm. Isomerisierung der Palustrinsäure (**I**) bei 170 bzw. 200° führt zu *Abietinsäure* (**II**) neben weniger *Neoabietinsäure* (**III**). Lävopimarsäure wird dagegen nicht aufgefunden. Die Identifizierung der Rk.-Prodd. erfolgt durch Messung der UV-Spektren u. der opt. Drehungen. Die Isomerisierung von **I** zu **II** u. **III**, die eine Rk. 1. Ordnung darstellt, verläuft bei 200° 8mal schneller als bei 170°. Der Methylester von **I** ist therm. stabiler als **I** selbst.

Versuche: *Palustrinsäuremethylester*, F. 24—27° (CH_3OH), aus **I** (vgl. LOEBLICH, BALDWIN u. LAWRENCE, C. **1956.** 5874) u. CH_2N_2; $[\alpha]_D$ + 67,0°. — *Abietinsäure* (**II**), a) durch 50 Min. langes Erwärmen von **I** auf 170° unter N_2 im Rohr; 11% [Ausbeute; daneben **I** (86%) u. **III** (2%)]; b) analog a) in 1 Std.; 18% [daneben **I** (78%) u. **III** (2%)]; c) analog a) in 4 Std.; 49% [daneben **I** (48%) u. **III** (3%)]; d) analog a) in 8 Std.; 63% [daneben **I** (31%) u. **III** (6%)]; e) analog a) in 24 Std.; 80% [daneben **I** (13%) u. **III** (7%)]; f) durch 25 Min. langes Erwärmen von **I** auf 200° unter N_2 im Rohr; 27% [daneben **I** (72%) u. **III** (2%)]; g) analog f) in 50 Min.; 42% [daneben **I** (54%) u. **III** (4%)]; h) analog f) in 75 Min.; 54% [daneben **I** (40%) u. **III** (6%)]; i) analog f) in 1 Std.; 61% [daneben **I** (34%) u. **III** (6%)]; j) analog f) in 1½ Std.; 67% [daneben **I** (26%) u. **III** (6%)]; k) analog f) in 2 Std.; 72% [daneben **I** (19%) u. **III** (7%)]; l) analog f) in 4 Std.; 77% [daneben **I** (15%) u. **III** (7%)]; m) analog f) in 8 Std.; 80% [daneben **I** (11%) u. **III** (7%)]. G. MEINHARD. 3950□

Die Synthese von dl-Nepetalacton. Takeo Sakan, Akira Fujino, Fujio Murai, Akio Suzui und Yasuo Butsugan. (Bull. chem. Soc. Japan **33.** 1737—38. Dez. 1960. Osaka, Osaka City Univ., Kita-ku, Inst. of Polytechnics.) (Engl.)

Zur Synth. von *dl-Nepetalacton* (**I**) wurde 3-Methyl-2-oxocyclopentancarbonsäureäthylester mit 3-Brombutin zu *2-Methyl-5-[α-methylpropargyl]-cyclopentanon-5-carbonsäureäthylester* ($Kp._1$ 99°) kondensiert, welcher in *2-Methyl-5-[3-ketobutyl-(2)]-cyclopentanon* (**III**; $C_{10}H_{16}O_2$, $Kp._1$ 86°) übergeführt wurde. **III** wurde durch intramol. Kondens. in *1.4-Dimethyl-2-oxo-1.2.4.5.6.6a-hexahydropentalen* (**IV**; $Kp._1$ 66—70°. *Semicarbazon*, F. 188—189°. *2.4-Dinitrophenylhydrazon*, F. 213°) umgewandelt. Katalyt. Hydrierung von **IV** gibt *1.4-Dimethyl-2-oxoperhydropentalen* (**V**; $C_{10}H_{16}O$, $Kp._2$ 72—75°. *2.4-Dinitrophenylhydrazon*, F. 87—88°). Zur Sicherung der ster. Spezifität wurde das

3-Benzyliden-Deriv. von **V** (**VI**; Kp.$_{0,005}$ 110—120°, *2.4-Dinitrophenylhydrazon*, F. 181 bis 182°) ozonisiert. Die erhaltene Dicarbonsäure wurde durch Aufnahme des IR-Spektrums als *dl-cis-trans-Nepetalinsäure* ($C_{10}H_{16}O_4$, F. 124,5—126°) identifiziert. **VI** wurde mit $NaBH_4$ zu *1.4-Dimethyl-2-hydroxy-3-benzylidenperhydropentalen* (Kp.$_{0,015}$ 110—128°) red., das durch Acetylierung neben wenig kristallinem *Acetat* (**VIIa**; $C_{19}H_{24}O_2$, F. 120 bis 121°) in der Hauptsache *öliges Acetat* (**VIIb**; Kp.$_{0,025}$ 105—108°) gab. **VII a** ergab nach Ozonisierung, Hydrolyse u. Oxydation mit $KMnO_4$ eine *Dicarbonsäure* $C_{10}H_{16}O_4$ (F. 158—159°), welche ein von den beiden Nepetalinsäuren verschiedenes IR-Spektrum gab. **VII a** resultiert daher möglicherweise von der **V** entsprechenden *cis-cis* Reihe u. wurde in kleinen Mengen bei dem Prozeß **III** → **IV** → **V** gebildet. **VII b** wurde zum *1.4-Dimethyl-2-acetoxy-3-oxoperhydropentalen* (**II**; $C_{12}H_{18}O_3$, Kp.$_{0,05}$ 70—73°) ozonisiert. Behandlung von **II** mit verd. Alkali gibt den *freien Alkohol*, welcher nicht dest. werden konnte, sondern unmittelbar mit Perjodat zur *1-Methyl-3-[α-formyläthyl]-cyclopentan-2-carbonsäure*, das mit *1-Methylcyclopentano-[2.3:3'.4']-2'-oxo-5'-methyl-6'-hydroxytetrahydropyran* im Gleichgewicht steht, oxydiert u. durch Erhitzen auf 200° zu **I** [Kp.$_7$ 135° (Bad) dehydratisiert wurde. Das Prod. entspricht in jeder Hinsicht dem natürlichen **I**, mit Ausnahme einer kleinen Differenz der Absorptionsintensität bei 11,4 u. 12,2 μ im IR-Spektrum. K. Hinterauer. 3950□

Gibberellsäure. S. Sarkar. (Sci. and Cult. **23.** 233—36. Nov. **1957.** Calcutta, Bose Inst.) (Engl.)

Übersicht über Isolierung u. Eigg. von *Gibberellin* A_1, A_2 u. A_3 ($C_{19}H_{24}O_6$; $C_{19}H_{26}O_6$ bzw. $C_{19}H_{22}O_6$), ihre Beziehung zum Pflanzenwachstum, den Vgl. ihrer Wrkg. mit Auxin, die Frage ihrer Wrkg.-Mechanismen, das Vork. in höheren Pflanzen sowie die Frage ihrer Anwendung in Gartenbau u. Landwirtschaft. — 11 Literaturangaben. L. Lamza. 3950

Ralph Isadore Dorfman, Methods in hormone research. Vol. 1 and 2. New York: Academic. 1962. 1: (423 S. m. Abb.) $ 16.—. 2: (774 S. m. Abb.) $ 24.—.

Hans Vogel, Chemie und Technik der Vitamine. 3. Aufl. 2 Bde. Bd. 2: Die wasserlöslichen Vitamine. Teil 2, Lfg. 3. Stuttgart: Enke. 1962. (160 S. m. 22 Tab.) 8°. DM 37,—.

D. Makromolekulare Chemie

Elektronenspinresonanzuntersuchungen an den Radikalen, die durch γ-Bestrahlung von Hochpolymeren erzeugt wurden, und deren Reaktion mit Schwefeldioxid. Zenichiro Kuri und Hisashi Ueda. (J. Polymer Sci. **50.** 349—59. April 1961. Bunkyoko, Tokyo, Japan, Japanese Assoc. for Radiation Res. on Polymers, Tokyo Labor.) (Engl.)

Fortführung der von Vff. früher (vgl. C. **1961.** 3001) beschriebenen Versuche. Untersucht wurden: *Cellulose* (**I**), *Stärke* (**II**), *Carboxymethylcellulose* (**III**), *Na-Arginat* (**IV**) *Polyvinylalkohol* (**V**), *Polyäthylenterephthalat* (**VI**), *Polymethylvinylpyridin* (**VII**), *Polypropylen* (**VIII**), *Polytetrafluoräthylen* (**IX**), *Polytrifluorchloräthylen* (**X**), *Poly-ε-caprolactam* (**XI**), *Polyvinylchlorid* (**XII**), *Polyvinylacetat* (**XIII**), *Diacetylcellulose* (**XIV**), *Polyäthylen* (**XV**, Hoch- u. Niederdruck), *Polyacrylonitril* (**XVI**), *Polystyrol* (**XVII**) u. *Polymethylmethacrylat* (**XVIII**). Die Spektren der Elektronenspinresonanz von **I—XVIII** wurden entweder nach der Bestrahlung im Vakuum (Fall A) oder nach der Bestrahlung im Vakuum u. dem nachfolgenden Zusatz von SO_2 (Fall B) oder nach der Bestrahlung in SO_2 (Fall C) aufgenommen. Für **I—V** wurden bei A, B u. C ident. Spektren erhalten (keine Rk. der primär entstandenen Radikale mit SO_2). SO_2 reagiert mit den Radikalen von **VI—XI** unter Bldg. neuer Radikale, während aus dem Radikal aus **XIV** u. SO_2 ein nichtradikal. Prod. entsteht (ident. Spektren für B u. C, die aber verschieden sind von denen für A). Bei **XII** u. **XIII** findet eine Rk. nur im Falle C statt (dagegen gleiche Spektren für A u. B). Die Spektren von **XV—XVIII** sind für A, B u. C verschieden (je Bldg. von SO_2-haltigen Radikalen); bei **XVIII** entstehen auch nichtradikal. Rk.-Produkte. Bei **XII** u. **XV** tritt im Falle C eine teilweise Vernetzung der Makromoll. auf. Bei **XII** u. **XIII** entstehen im Falle A konjugierte Doppelbindungen (Verfärbung bei der Bestrahlung). Wird **IX** nach der Bestrahlung im Vakuum zuerst auf 150° erhitzt u. dann erst bei 20° mit SO_2 in Berührung gebracht, so wird ein anderes Spektrum als im Falle B oder C erhalten (Bldg. stabilerer Radikale bei höherer Temp.). O. Fuchs. 4000□

Physikalische Eigenschaften makromolekularer Substanzen in Zusammenhang mit ihrem mechanischen Aufarbeiten. Kisou Kanamaru und Yoshiaki Fukasawa. (J. chem. Soc. Japan, ind. Chem. Sect. [Kōgyō Kagaku Zassi] **63.** 396—405. März 1960. Tôkyô-Kôgyô-Daigaku.) (Jap.)

Übersicht. — 84 Literaturangaben. E. Maekawa. 4000□

Wirkung des Knetens makromolekularer Substanzen in der Strangpresse. Tsuyoshi Hattori. (J. chem. Soc. Japan, ind. Chem. Sect. [Kōgyō Kagaku Zassi] **63.** 414—18. März 1960. Tôkyô-Kôgyô-Daigaku.) (Jap.; Auszug: Engl. S. A21.)

Der Einfl. des Knetens makromol. Substanzen in der Strangpresse auf die physikal. sowie mechan. Eigg. der gepreßten Prodd. wird theoret. diskutiert u. auch experimentell untersucht. E. MAEKAWA. 4000□

Ein Plastometer mit parallelen Platten und die damit gemessene Viscositätskurve. Teikichi Arai, Atsushi Nakakuki, Saburo Akimoto und Hiroshi Aoyama. (J. chem. Soc. Japan, ind. Chem. Sect. [Kōgyō Kagaku Zassi] **63.** 427—34. März 1960. Tôkyô-Kôgyô-Daigaku.) (Jap.; Auszug: Engl. S. A21—22.)

Eine Meth. zur Best. der Viscositätskurve geschmolzener makromol. Substanzen mit Hilfe eines Plastometers mit parallelen Platten wird diskutiert. E. MAEKAWA. 4000

Zum capillaren Rheometer. Katsuchika Matsumoto, Shinsuke Yoshikawa und Osamu Mayumi. (J. chem. Soc. Japan, ind. Chem. Sect. [Kōgyō Kagaku Zassi] **63.** 450—55. März 1960. Tôkyô-Sinzyukuku, Kureha-Kasei., Kenkyûzyo.) (Jap.; Auszug: Engl. S. A23.)

Das Fließen geschmolzener makromol. Substanzen in capillaren Rheometern wird photograph. beobachtet. Die Daten werden in Zusammenhang mit den Eigg. der Schmelze diskutiert. E. MAEKAWA. 4000□

Durch Druck spiralförmig aus einer Capillare austretendes Polyäthylen. Yoshiro Matsuda, Hiroshi Marusawa, Minoru Hayashi und Kiyoshi Ishii. (J. chem. Soc. Japan, ind. Chem. Sect. [Kōgyō Kagaku Zassi] **63.** 455—59. März 1960. Sakai, Dai-Nippon Seruroido.) (Jap.; Auszug: Engl. S. A23.)

Das aus einer Capillare gepreßte *Polyäthylen* zeigt im allg. ein spiralförmiges Fließen, was die mechan. Eigg. des Prod. verschlechtert. Die Arbeitsbedingungen in Fällen, in denen dieses spiralförmige Fließen nicht auftritt, werden experimentell u. bes. im Zusammenhang mit der Geschw. u. dem Halbmesser der Capillare untersucht. E. MAEKAWA. 4010

Einfluß der innerhalb und zwischen den Ketten herrschenden Wechselwirkung auf die Struktur der kristallinen Bereiche in linearen Polymeren. Maurice L. Huggins. (J. Polymer Sci. **50.** 65—69. März 1961. Menlo Park, Calif., Stanford Res. Inst.) (Engl.)

Eine Theorie in zunächst qual. Form wird aufgestellt zur Erklärung 1. der Kettenfaltung, die an Einkristallen von linearem *Polyäthylen* u. einigen anderen polymeren Substanzen (vgl. FRANK u. Mitarbeiter, C. **1960.** 1525) u. an isolierten, aus verd. Lsgg. erhaltenen Moll. beobachtet wird; 2. der verdrillten Bandstruktur in *Polyäthylen-Sphäroliten*; 3. der großen Röntgenbeugungsabstände bei verschiedenen Polymeren u. 4. der Drehung der Ebene des polarisierten Lichtes durch n-Paraffinkristalle. Es wird angenommen, daß 1. Kräfte innerhalb der Kette geringe Abweichungen von einer ebenen Zickzackstruktur der Kohlenstoffkette (oder von einer Helixstruktur einfacher Multiplizität) bewirken, 2. Kräfte innerhalb u. zwischen den Ketten diese Abweichungen in jeder Kette angenähert einheitlich werden lassen u. 3. bei Erreichen eines Grenzwertes für die Gesamtabweichung von der einfacheren Struktur eine plötzliche Strukturänderung auftritt. E. WEBER. 4010□

Molekülschwingungen und Struktur von Hochpolymeren. 2. Mitt. Schraubenparameter von unendlichen Polymerketten in Abhängigkeit von den Bindungslängen, Bindungswinkeln und inneren Rotationswinkeln. Tatsuo Miyazawa. (J. Polymer Sci. **55.** 215—31. Nov. 1961. Kitaku, Osaka, Japan, Osaka Univ., Inst. for Protein Res.) (Engl.) — 1. vgl. C. **1962.** 5687.

Theoret. Arbeit, in der gezeigt wird, daß die Schraubenstruktur unendlich langer Polymerketten durch die Parameter ϱ_i (= Abstand des i-ten Atoms von der Schraubenachse), d_{ij} (= Translation entlang der Achse) u. Θ_{ij} (= Rotationswinkel um die Achse beim Übergang vom i-ten zum j-ten Atom) beschrieben werden kann. Gleichungen für die Abhängigkeit der Parameter von den inneren Koordinaten (Bindungslängen, Bindungswinkel u. innere Rotationswinkel) werden für Polymere der Art $(-M-)_\infty$, $(-M_1-M_2-)_\infty$ bis $(-M_1-M_2-M_3-M_4-M_5-M_6-)_\infty$ angegeben. Anwendung auf *Polyäthylen, Polytetrafluoräthylen*, isotakt. u. syndyotakt. *Polypropylen, Poly-4-methylpenten-(1), Poly-o-* u. *Poly-m-methylstyrol, Polyoxymethylen, Polyisobutylen, Polypeptide* (α-Helix), *Polylgycin II, Polyäthylenglykol*, ferner S-, Se- u. Te-Ketten. O. FUCHS. 4010

Eine empirische Vorstellung für das Fließen von Polyisobutensystemen. Roger S. Porter und Julian F. Johnson. (J. Polymer Sci. **50.** 379—91. April 1961. Richmond, Calif., California Res. Corp.) (Engl.)

Von 11 Proben von *Polyisobuten* (I) mit Molgew. M zwischen 224 u. 71000 (M viscosimetr. bestimmt) wurde teils in Lsg., teils im unverd. Zustand zwischen t = 80 u. 135° die Fließviscosität η gemessen; als Lsgm. dienten Cetan u. Tetralin; ferner wurden die I-Konz. c (11—75%) u. die Schergeschw. (300—$8 \cdot 10^5$ s^{-1}) variiert. logη ändert sich linear mit logM; von einem durch $(MV)_c$ = 15000, wobei V = Vol.-Bruch von I, definierten Wert von MV ab ist die Steigung der (logη, logM)-Geraden stärker als vorher (Übergang vom Newtonschen zum nicht-Newtonschen Fließen). Die Steigung der Geraden unter dem Knickpunkt nähert sich mit fallendem c u. wachsendem t dem Wert 1; der obere Grenzwert der Steigung beträgt 3,4. Der krit. M-Wert steigt mit wachsendem t etwas an. Im nicht-Newtonschen Bereich erfolgt ein teilweiser Abbau von I beim Fließen durch die Scherkräfte (bes. für Scherkräfte oberhalb 10^5 dyn·cm^{-2}).

O. Fuchs. 4010□

Donator-Acceptor-Wechselwirkungen bei kationischer Polymerisation. 4. Mitt. **Rolle von nichtpolaren Verbindungen bei der kationischen Polymerisation von Isobutylen.** Z. Zlámal und A. Kazda. (J. Polymer Sci. **53.** 203—08. Aug. 1961. Brno, Czechoslovakia, Res. Inst. of Macromol. Chem.) (Engl.) — 3. vgl. C. **1959.** 11274; 2. vgl. C. **1960.** 10956.

Die spezif. Leitfähigkeit $\varkappa$ einer Lsg. von $AlCl_3$ (I) in C_2H_5Cl (II) geht bei —78,5° unter stufenweisem Ersatz von **II** durch Bzl. durch ein Maximum, das bei einem mol. Bzl./I-Verhältnis bei ca. 400 liegt. Wird in den gleichen Lsgg. Isobutylen bei —78,5° polymerisiert, so geht das Molgew. M des *Polyisobutylens* (**III**) durch ein Minimum, das bei der gleichen Zus. der Lsgg. liegt wie das Maximum von $\varkappa$. Wird an Stelle von I der Komplex $C_2H_5OH \cdot AlCl_3$ (**IV**) verwendet, so fallen $\varkappa$ u. M bei wachsendem Bzl.-Geh. nur wenig ab. $\varkappa$ der Lsg. von **IV** in **II** fällt bei Zusatz von n-Hexan (**V**) an Stelle von Bzl. stark ab, während sich M des darin hergestellten **III** nur sehr wenig ändert. $\varkappa$ des Gemisches aus **I, II** u. **V** fällt bei steigendem **V**-Geh. schwächer ab als $\varkappa$ des Gemisches aus **IV, II** u. **V**, während M im 1. Falle ansteigt. Der Unterschied zwischen Bzl. u. **V** wird auf eine Erhöhung von $\varkappa$ durch die π-Elektronen des Bzl. zurückgeführt. Aus den M-Werten folgt, daß die Abbruch-Rk. bei der Polymerisation durch die Rk. freier Ionen u. nicht von Ionenpaaren bedingt ist.

O. Fuchs. 4010□

Nicht-Newtonsches Fließen von Polyvinylchlorid bei erhöhter Temperatur. Yoshiaki Fukasawa. (J. chem. Soc. Japan, ind. Chem. Sect. [Kōgyō Kagaku Zassi] **63.** 459—64. März 1960. Kawasaki, Mitubisi-Kasei-Kôgyô, Kenkyûzyo.) (Jap.; Auszug: Engl. S. A23.)

Die rheolog. Eigg. von geschmolzenem *Polyvinylchlorid* (PVC) werden mit Hilfe des Capillarviscosimeters bestimmt: Sie stehen oberhalb 206° mit der Bueche-Hardingschen Gleichung (vgl. C. **1960.** 13041) gut in Einklang. Die Aktivierungsenergie des Fließens beträgt 62 kcal/Mol; sie nimmt bei Zusatz geringer Mengen eines Weichmachers stark ab. Die Scherviscosität η_0 als Funktion des Molgew. M sowie der Dioctylphthalat-Menge ergibt sich gemäß folgender Gleichungen zu $\eta_0 (220^0) = 7{,}83 \cdot 10^{-12} M^{3{,}4}$; $\log \eta_0 (220^0) = 8{,}4 w_2^{1/2} - 3{,}2$ (w_2 = Gew.-% PVC).

E. Maekawa. 4010□

Polymerisation von Vinylchlorid unter radioaktiver Bestrahlung. Hiroshi Sobue und Hideo Kubota. (J. chem. Soc. Japan, ind. Chem. Sect. [Kōgyō Kagaku Zassi] **63.** 536—40. März 1960. Tôkyô-Daigaku, Kôgakubu, Ôyô-Kagakuka.) (Jap.; Auszug: Engl. S. A27.)

Die Polymerisation von *Vinylchlorid* wird unter Bestrahlung mit γ-Strahlen aus einer ^{60}Co-Quelle bei —78 bis 110° untersucht. Der Polymerisationsgrad erreicht bei ca. 5° ein Maximum. Bei der Polymerisation in Substanz wird eine Induktionsperiode beobachtet; O_2 wirkt bei der Start-Rk. als Inhibitor, beeinflußt jedoch nicht die Polymerisationsgeschwindigkeit. Die scheinbare Aktivierungsenergie nimmt mit steigender Temp. unterhalb 0° zu, oberhalb 0° jedoch ab u. ist oberhalb 40° negativ. Die Beziehung der Polymerisations-Geschw. zur Bestrahlungsdosis ist temperaturabhängig. Die physikal. Eigg. der gebildeten *Polyvinylchloride* sind stark von der Polymerisations-Temp. abhängig. Mit sinkender Polymerisations-Temp. nehmen die Verhältnisse der Intensitäten der IR-Absorption, 603 [cm^{-1}]/690, 615/690, u. 638/690, quant. zu. Vff. schließen daraus, daß die syndyotakt. Addition bei der Bldg. der polymeren Ketten im Vgl. zu isotakt. Additionen bevorzugt ist.

E. Maekawa. 4010□

Zeitabhängige Spannungseigenschaften. 2. Mitt. **Porosität deformierter Gläser.** Bernard Rosen. (J. Polymer Sci. **47.** 19—27. Nov. 1960. Pittsburgh, Pa., Westinghouse Electric Corp., Central Labor.) (Engl.) — 1. vgl. J. Polymer Sci. **44.** [1960.] 547.

Die Durchlässigkeit von biaxial orientierten Filmen aus *Polystyrol* gegenüber He u. N_2 wurde zeitabhängig verfolgt. Die beobachtete Erhöhung der Diffusion kann weder auf das Vorhandensein von Löchern, noch auf eine Verkleinerung der Filmdicke zurückgeführt werden. Vielmehr erzeugt das langsame Wachstum u. die Erholung von Spannungs-Mikrorissen eine scheinbare, spannungskriechbedingte Erhöhung des Penetrations-Diffusionskoeffizienten. Diese Effekte sind, obgleich bedeutend größer, den an Pyrexglas gefundenen auffallend ähnlich u. machen auch bei anorgan. Gläsern ein progressives Submikroreißen wahrscheinlich. Das Auftreten einer größeren Porosität unter Spannung spricht für die Bedeutung einer lokalisierten Dampfadsorption beim Reißen durch Umgebungsspannungen u. bei der „anomalen" Dampfdiffusion in organ. Gläsern. Es wird mehr u. mehr klar, daß der progressive Zusammenbruch einen krit. Gesichtspunkt für das Verh. viscoelast. Festkörper bildet. G. PFLEIDERER. 4010□

Initiierung der Styrolpolymerisation mit Systemen aus Benzoylperoxid, primären und sekundären Aminen. F. Hrabák und M. Bezděk. (Collect. czechoslov. chem. Commun. **26.** 915–20. April 1961. Prag, TH für Chemie, Inst. für makromol. Chemie.) (Dt.)

Bei der Emulsionspolymerisation von *Styrol* (**I**) wurden als Komponenten des aus Dibenzoylperoxid (**II**) u. Amin bestehenden Initiator-Syst. folgende prim. u. sek. Amine untersucht: Anilin (**III**), Na-Sulfanilat, N-Methylanilin (**IV**), Na-N-Methylsulfanilat (**V**), N-Phenyl-β-naphthylamin (**VI**) u. Tri-Na-N-Phenyl-β-naphthylamintrisulfonat (**VII**). Mit steigender Amin-Menge in der organ. Phase nimmt der erreichbare Umsatz ab, was mit der Annahme erklärt werden kann, daß der Gesamtcharakter der Polymerisation durch den Polymerisationsverlauf in der monomeren Phase bestimmt ist. Mit **III** wird im Vgl. zu sek. Aminen eine höhere Polymerisations-Geschw. erreicht. Bei der Polymerisation in Ggw. von wasserlösl. Derivv. prim. u. sek. Amine nehmen die Polymerisations-Geschw. u. der Umsatz mit steigender Konz. dieser Derivv. zu. **IV** u. **VI**, in deren Ggw. die Polymerisation nur bis zu sehr kleinen Umsätzen verläuft, werden unter dem Einfl. hydrophiler Substituenten (**V** u. **VII**) zu wirksamen Aktivatoren. Hieraus folgt, daß bei der Rk. der untersuchten Amine mit **II** freie Radikale entstehen, die die Fähigkeit zur Initiierung der Polymerisation von **I** besitzen. In den mit verschiedenen Mengen an Na-N.N-Dimethylsulfanilat hergestellten Latices wurde die Teilchenzahl nach der Adsorptions-Meth. von MARON ermittelt u. die mittlere Polymerisations-Geschw. je Teilchen berechnet. I. FRIČ/Prag. 4010

Polymerisation von Styrol in Acetophenonderivaten. Wasaburo Kawai und Shigeru Tsutsumi. (J. chem. Soc. Japan, ind. Chem. Sect. [Kōgyō Kagaku Zassi] **62.** 1133–34. Aug. 1959. Ôsaka, Univ., Techn. Fak.) (Jap.; Auszug: Engl. S. A 73.)

Die Polymerisation von *Styrol* wurde in verschiedenen Acetophenon-Derivv. als Lsgm. kinet. untersucht. Die nach MAYOS Gleichung berechnete Kettenübertragungs-Konst. nimmt in der Reihenfolge der Lsgm. Acetophenon, p-Methyl-, p-sek.-Butyl-, p-Äthyl- u. p-Isopropylacetophenon zu, wobei der Unterschied nicht auf der Hyperkonjugation der p-ständigen Aklylgruppe, sondern auf der Kettenübertragung an die Alkylgruppe beruht. E. MAEKAWA. 4010□

Kettenübertragung von Dodecylvinyläther bei der Vinylpolymerisation. Giichi Akazome, Shizuyoshi Sakai und Koichi Murai. (J. chem. Soc. Japan, ind. Chem. Sect. [Kōgyō Kagaku Zassi] **63.** 592–94. April 1960. Kyôto-Husimiku, Sansuiso-Yusi KK.) (Jap.; Auszug: Engl. S. A 31–32.)

Die Polymerisation von *Styrol* in Dodecylvinyläther (**I**) oder in anderen Äthern in Ggw. von Dibenzoylperoxid (**II**) (0,2 Gew.-% des Monomeren) als Initiator bei 60° wird untersucht u. der Polymerisationsgrad der Prodd. bestimmt; die aus den gefundenen Daten berechnete Kettenübertragungs-Konst. C_S beträgt in Dodecyläthyläther (**III**) $4{,}11 \cdot 10^{-4}$, in Ae. $5{,}64 \cdot 10^{-4}$, in Dioxan $2{,}28 \cdot 10^{-4}$ u. in **I** $3{,}32 \cdot 10^{-4}$. Bei der Polymerisation von *Vinylacetat* bei 60° in Ggw. von **II** (0,5 Gew.-% des Monomeren) beträgt C_S in **III** $5{,}72 \cdot 10^{-3}$, in Ae. $4{,}53 \cdot 10^{-3}$ u. in **I** $7{,}35 \cdot 10^{-3}$ sowie bei der Copolymerisation von **I** u. *Acrylonitril* bzw. *Vinylchlorid* bei 50° $4{,}59 \cdot 10^{-4}$ bzw. $1{,}56 \cdot 10^{-2}$ (C_S von **I**). E. MAEKAWA. 4010□

Untersuchungen über die Polymerisation von Vinylacetat in Lösung. Polymerisation in Gegenwart von o-Alkoxybenzoylperoxiden. Masakazu Matsumoto und Kiyokazu Imai. (J. chem. Soc. Japan, ind. Chem. Sect. [Kōgyō Kagaku Zassi] **62.** 1123–26. Aug. 1959. Okayama, Kurasiki-Reyon.) (Jap.; Auszug: Engl. S. A 72.)

Bis-[o-methoxybenzoyl]- (**I**) sowie Bis-[o-äthoxybenzoyl]-peroxid erwiesen sich als sehr brauchbare Katalysatoren zur Polymerisation von *Vinylacetat* in Methanol oder Essigester bzw. in Substanz. Obgleich sie unter sorgfältigem Luftauschluß verwendet werden müssen, sind sie mindestens 10mal so aktiv wie Dibenzoylperoxid (**II**). Der Polymerisationsgrad des mit **I** hergestellten Polymerisats ist auch im Vgl. zu den Ergebnissen mit **II** im allg. größer. Durch Polymerisation in Substanz in Ggw. von **I** bei

45^0 u. Hydrolyse können *Polyvinylalkohole* vom Polymerisationsgrad > 3000 leicht erhalten werden. Die Selbstzersetzungs-Konst. k_d von I läßt sich durch folgende Gleichung ausdrücken: $k_d = 3{,}0 \cdot 10^{14} \exp(-25{,}400/RT)$ (min^{-1}). E. Maekawa. 4010□

Untersuchungen über die Polymerisation von Vinylacetat in Lösung. Änderung des Polymerisationsgrades während der Polymerisation. Kiyokazu Imai. (J. chem. Soc. Japan, ind. Chem. Sect. [Kōgyō Kagaku Zassi] **62.** 1127—29. Aug. 1959.) (Japan.; Auszug: Engl. S. A 72.) — Vgl. vorst. Referat.

Der gegen den Umsatz aufgetragene Polymerisationsgrad von *Polyvinylalkohol*, der aus techn. dargestelltem Vinylacetat (I) durch Polymerisation in Substanz bei 45^0 in Ggw. von Bis-[o-methoxybenzoyl]-peroxid u. anschließende Hydrolyse des gebildeten *Polyvinylacetats* (II) hergestellt wurde, stellt eine aufwärts gerichtete Kurve dar, wähend der Polymerisationsgrad von II selbst kein Maximum zeigt u. mit steigendem Umsatz zunimmt. Die Parallel-Verss. in Ggw. von Azo-bis-isobutyronitril geben ähnliche Ergebnisse. Die Erscheinung beruht wahrscheinlich nicht auf dem „Geleffekt", sondern auf Beimischungen in I. Der auf den Umsatz 0 extrapolierte Polymerisationsgrad von I stimmt mit dem von II nicht überein; Vf. schließt daraus, daß die Unstimmigkeit auf die nicht genau entsprechende Viscosität-Molgew.-Gleichung zurückzuführen ist. E. Maekawa. 4010□

Osmose an permeablen Membranen. 1. Mitt. Der Lösungsmitteleinfluß auf den Staverman-Effekt. Hans-Georg Elias. (Z. physik. Chem. [Frankfurt/M.] [N. F.] **28.** 303—21. Juni 1961. München, TH, Inst. für Chem. Technol.; Zürich, ETH, Techn.-Chem. Labor.) (Dt.)

Es wurde der Einfl. des Lsgm. (Aceton, Methanol, Bzl., Dimethylformamid, W., Dioxan, Formamid u. Benzylalkohol) auf den osmot. Druck an permeablen Membranen (Cellophan 600 u. Glasmembranen) für *Polyäthylenoxid* bei Anfangsbedingungen untersucht. Die Voraussage von Staverman wurde bestätigt, daß der osmot. Druck an permeablen Membranen niedriger sein soll als der thermodynam. berechnete Wert für reversible Prozesse. Der Staverman-Effekt eines gegebenen Syst. ist um so größer, je niedriger die Lsgm.-Viscosität ist. Der Lsgm.-Effekt wird mit dem Impulsübergangsmechanismus an der permeablen Wand erklärt. Weiterhin verringert sich die spezif. Permeabilität des Lsgm. mit wachsender Molrefraktion des Lsgm., was auf einen Wechselwrkg.-Mechanismus der Lsgm.-Moll. u. der Cellulose hinweist. Ch. Weiske. 4010□

Osmose an permeablen Membranen. 2. Mitt. Anomale Osmosen an ionenfreien Membranen. Hans-Georg Elias. (Z. physik. Chem. [Frankfurt/M.] [N. F.] **28.** 322—31. Juni 1961.) (Dt.)

Unters. des osmot. Druckes von *Polyäthylenoxid*-Lsgg. (Molgew. 4000—20000) an Cellophan 600 u. Glasmembranen. Anomal positive Osmose wurde an Cellulosemembranen im Lsgm. Methanol u. anomal negative Osmose an Glasmembranen in Methanol u. Aceton gefunden. Die gemessenen osmot. Drucke in Dioxan, W. Dimethylformamid u. Bzl. werden teilweise durch anomal negative Osmose beeinflußt. Die Größe des Effekts hängt von der Polarität des Lsgm. ab. Ch. Weiske. 4010□

Poly-3-[2.5-diacetoxyphenyl]-propylenoxid. Howard C. Haas und Norman W. Schuler. (J. appl. Polymer Sci. **5.** S2—S3. Jan./Febr. 1961. Cambridge, Mass., Polaroid Corp., Chem. Res. Labor.) (Engl.)

Ein neues Monomeres vom Hydrochinontyp, *3-[2.5-Diacetoxyphenyl]-propylenoxid* (I), wurde dargestellt u. die Polymerisation (in Ggw. von Al-Isopropylat u. $ZnCl_2$) untersucht. Die Polymeren zeigen Durchschnittspolymerisationsgrade bis 5,75 u. Erweichungspunkte von 48—52^0 (IR-Spektrum von I u. Polymerisat). — *Allylhydrochinondiacetat* (II), F. 47—48^0, durch Rk. von Allylhydrochinon mit Essigsäureanhydrid in Ggw. einer katalyt. H_2SO_4-Menge. — *3-[2.5-Diacetoxyphenyl]-propylenoxid* (I), $Kp._{0,6}$ 161^0 F. 32^0, durch Rk. von II mit Perbenzoesäure in Chloroform. R. Schäff. 4010□

Copolymerisation von Acrylonitril mit Allylverbindungen. Yoshizo Tsuda. (J. chem. Soc. Japan, ind. Chem. Sect. [Kōgyō Kagaku Zassi] **62.** 1112—13. Aug. 1959. Ôtu, Tôkyô-Reyon, Tyûô-Kenkyûzyo.) (Jap.; Auszug: Engl. S. A 71.)

Acrylonitril (I) wurde mit *Allylacetat* (II) bzw. *Allylalkohol* (III) oder *Allylamin* (IV) unter γ-Bestrahlung aus einer ^{60}Co-Quelle copolymerisiert, wobei **IV** bzw. **II** die größte bzw. geringste polymerisationshemmende Wrkg. zeigte. Die berechneten Monomerreaktivitätsverhältnisse betragen beim *Copolymerisat* aus I u. III: $r_1 = 5{,}5$ u. $r_2 = 0{,}1$; beim *Copolymerisat* aus I u. II: $r_1 = 8{,}2$ u. $r_2 = 0{,}0$. E. Maekawa. 4010□

Vernetzung von Polyacrylonitril durch γ-Bestrahlung. Hiroshi Sobue und Yoshio Tajima. (J. chem. Soc. Japan, ind. Chem. Sect. [Kōygō Kagaku Zassi] **63.** 660—64. April 1960. Tôkyô-Daigaku, Kôgakubu, Ôyô-Kagakuka.) (Jap.; Auszug: Engl. S. A 35.)

Festes *Polyacrylonitril* wird im Vakuum u. auch an der Luft mit γ-Strahlen aus einer ^{60}Co-Quelle bestrahlt u. die Änderungen der Eigg., bes. die des IR-Spektrums untersucht. Durch Bestrahlung findet neben Spaltung der Ketten intramol. Vernetzung statt, wobei bei einer Strahlendosis von > 8,0·10^{6} r ein in Dimethylformamid bei 80° unlösl. Anteil gebildet wird. Ein > 0,20 mm dicker Film oder Block wird sowohl an der Luft als auch im Vakuum vernetzt. Ein < 0,014 mm dünner Film oder Pulver wird dagegen an der Luft viel schwieriger vernetzt, da die durch Bestrahlung gebildeten Radikale durch Rk. mit O_2 sofort verbraucht werden. Das Spektrum der im Vakuum bestrahlten Probe zeigt Absorptionsbanden von C=C-Doppelbindungen im IR-Bereich, während das der an der Luft bestrahlten Probe daneben auch CO-Banden aufweist.

E. Maekawa. 4010□

Cokatalytischer Einfluß von Sauerstoff auf die durch Organometallverbindungen katalysierte Polymerisation von Vinylverbindungen. Junji Furukawa, Teiji Tsuruta und Yukio Nakayama. (J. chem. Soc. Japan, ind. Chem. Sect. [Kōgyō Kagaku Zassi] **63.** 876—80. Mai 1960. Kyôto-Sakyôku, Kyôto-Daigaku, Kôgakubu.) (Jap.; Auszug: Engl. S. A45—A46.)

Eine äther. Lsg. von Diäthyl-(I) bzw. Di-n-butyl-Zn wird unter dauerndem Rühren zu dem auf —70° gekühlten, mit O_2 gesätt. Ae. zugetropft, wobei O_2 ins reagierende Gemisch eingeführt wird. Das Rk.-Gemisch, das Zn-Peroxid u. daneben Alkylhydroperoxid enthält, zeigt schon bei Raum-Temp. einen starken katalyt. Einfl. auf die Polymerisation von *Methylmethacrylat* sowie *Vinylacetat*. Während n-Butyl-Li gewöhnlich die kation. Polymerisation von Vinyl-Verbb. katalysiert, übt es nach Oxydation in Toluol mit O_2 in Ae. wie vorst. einen katalyt. Einfl. auf die Radikal-Polymerisation aus. Verbb. mit aktivem H-Atom, wie W., A. oder Amine, besitzen eine hervorragende cokatalyt. Eig. bei der in Ggw. von I katalysierten Polymerisation von Vinyl-Verbb., wenn genug O_2 im Gemisch vorhanden ist. E. Maekawa. 4010□

Initiierungsgeschwindigkeit bei der Polymerisation von Methylacrylat. M. Santappa und V. Mahadeva Iyer. (Current Sci. **24.** 173—74. Mai 1955. Madras, Univ., Phys. Chem. Labor.) (Engl.)

Es wurde die Polymerisation von *Methylacrylat* (MA) im Temp.-Bereich 55—70° untersucht. Die Ergebnisse zeigen, daß die Polymerisation als Rk. 1. Ordnung u. der Abbruch bimolekular verläuft sowie daß Übertragung der wachsenden Kette zum Katalysator u. zum Monomeren stattfindet. Die Initiierungs-Geschw. wurde aus dem Prod. des Quadrats der Steigung (KM) der Geraden, die die Polymerisations-Geschw. als Funktion der Quadratwurzel aus der Katalysator-Konz. darstellt, u. der Steigung ($A'/M^2 = A$) der Geraden, die den Kehrwert des Polymerisationsgrads in Abhängigkeit von der Polymerisations-Geschw. darstellt, abgeleitet. Außerdem wurden aus Steigung u. Ordinatenabschnitt der graph. Darst. von $1/P_n - AR_p$ als Funktion von [Cat]/M die Konst. C_C u. C_M bestimmt. A u. K enthalten die Geschw.-Konst. für Abbruch u. Wachstum. Die Polymerisation einer 50%ig. Lsg. von MA in Äthylacetat mit Dibenzoylperoxid als Initiator ergab für K bei 55, 60, 66 u. 70° die Werte 1,038·10^{-3}; 1,963·10^{-3}; 2,327·10^{-3} bzw. 3,472·10^{-3} u. für A' 3,68; 2,5; 2,14 bzw. 1,97. Entsprechende Werte für die Initiierungs-Geschw. sind 7,94·10^{-6}; 1,94·10^{-5}; 2,32·10^{-5} bzw. 4,8·10^{-5}. Die Übertragungs-Konst. für den Katalysator ist von der Größenordnung 10^{-2} u. für das Monomere 10^{-6}. Für die therm. Geschw.-Konst. der Initiierung ergibt sich 9,78·10^{-12} bei 60° u. 2,72·10^{-11} bei 70°. Für die Kettenlängen wurden bei obigen Temp. 36210; 37310; 39870 bzw. 26040 berechnet; gefunden wurde experimentell ein mittlerer Polymerisationsgrad von 23530; 17700; 15380 bzw. 13160. Es wird daraus auf das Vorherrschen von Kombination beim Kettenabbruch geschlossen. S. Neue. 4010□

Photosensibilisierte Vinylpolymerisation durch Uranylionen. V. Mahadevan und M. Santappa. (J. Polymer Sci. **50.** 361—78. April 1961. Madras, India, Univ., Dep. of Chem.) (Engl.)

Methylmethacrylat (I), *Methylacrylat* (II) u. *Acrylonitril* (III) wurden in wss. Lsg. in Ggw. von (UO_2^{2+})-Ionen (Verw. von Uranylperchlorat, Einstellen des pH der Lsg. mit $HClO_4$ auf 0—1,5) durch Bestrahlen (3000—4500 Å) bei 30° polymerisiert. Der Rk.-Verlauf wurde durch Messen der Geschw. d[M]/dt des Verbrauches an I—III, der Bldg.-Geschw. von U^{4+}-Ionen u. des Polymerisationsgrades P verfolgt. d[M]/dt steigt linear mit $J^{1/2}$ (J = Lichtintensität) an. d[U^{4+}]/dt nimmt linear mit dem Bruchteil k_e des absorbierten Lichtes zu. P wächst linear mit zunehmendem $k_e^{-1/2}$. d[U^{4+}]/dt steigt linear mit der Konz. c von I—III an, während sich d[M]/dt mit $c^{3/2}$ ändert. Zwischen P u. $c^{1/2}$ besteht eine lineare Beziehung. Auch die Quantenausbeute für die Bldg. von U^{4+}-Ionen steigt linear mit c an. Die Ergebnisse werden auf Grund des folgenden Rk.-

Schemas diskutiert: Absorption von $h\nu$ durch UO_2^{2+} unter Bldg. des angeregten $(UO_2^{2+})^*$; Emission von Fluorescenzstrahlung aus $(UO_2^{2+})^*$ (Geschw.-Konst. k_f); Rk. zwischen I—III (= $M{=}H_2C{=}CH{-}Y$) u. $(UO_2^{2+})^*$ unter Bldg. von $H_2\overset{+}{C}{-}CH{-}Y$ + UO_2^+ (Geschw.-Konst. k_r); Polymerisationsstart (Rk. zwischen M u. $H_2\overset{+}{C}{-}CH{-}Y$); Wachstum ($k_p$); Abbruch durch Rk. zwischen wachsenden Radikalen (k_t) oder durch Rk. zwischen Radikalen u. (UO_2^{2+})-Ionen; Disproportionierungs-Rk. $2\,UO_2^+ + H^+ \rightarrow UO_2^{2+} + UOOH^+$. Für $k_f/k_r[M]$ werden folgende Werte für I—III angegeben: 5,2, 4,4 u. 4,7 bei λ = 3130 Å bzw. 6,2, 2,9 u. 4,7 (4500 Å). $k_p/k_t^{1/2}$ (in $Liter^{-1/2} \cdot Mol^{1/2} s^{-1/2}$) beträgt für I—III: 0,2374, 0,2907 u. 0,0406 bei λ = 3130 Å u. 0,3193, 0,4162 u. 0,0870 bei 4050 Å. Die Differenz der Aktivierungsenergien für Wachstum u. Abbruch ($E_p - E_t/2$) wurde zu 2,5 (I) u. 3,5 kcal/Mol (III) bestimmt (Verss. bei 30 u. 40°). Die Fluorescenz von UO_2^{2+} wird durch die Ggw. von I–III nur wenig geändert. O. FUCHS. 4010□

Untersuchungen an Polyestern aromatischer Carbonsäuren mit einer β-Hydroxyäthoxygruppe. 2. Mitt. Glasumwandlung und Schmelzen. Mikio Korematsu, Hiroshi Masuda und Sutezo Kuriyama. (J. chem. Soc. Japan, ind. Chem. Sect. [Kōgyō Kagaku Zassi] **63.** 884—88. Mai 1960. Ôitaken-Saheki, Kôkoku-Zinken-Parupu; Hukuoka, Kyûsyû-Daigaku.) (Jap.; Auszug: Engl. S. A 46.)

Aus *4-[β-Hydroxyäthoxy]-benzoesäure* (I) u. *3-Methoxy-4-[β-hydroxyäthoxy]-benzoesäure* (II) werden durch Erhitzen unter N_2 u. anschließend im Vakuum der I-, II-*Polyester* sowie der *Copolyester* aus I u. II (1 : 1) hergestellt u. deren thermodynam. Daten berechnet. I-*Polyester*: T_G (Glasumwandlungs-Temp.), amorpher Anteil 65°, kristalliner Anteil 84°, F. 225°, ΔH_u (Schmelzwärme in cal pro Struktureinheit des Kristalls) 8400, ΔS_u (Schmelzentropie in cal/Grad pro Struktureinheit des Kristalls) 17. — II-*Polyester*, T_G (amorpher Anteil) 68°, (kristalliner Anteil) 74°, F. 272°, ΔH_u 8800, ΔS_u 16. — *Copolyester* aus I u. II, T_G (amorpher Anteil) 67°, (kristalliner Anteil) 73°, F. 232°. ΔH_u sowie ΔS_u sind im Vgl. zu den entsprechenden Werten von Polyäthylenterephthalat viel höher; Vff. folgern, daß die höheren Entropiewerte auf der leichteren Rotation der Kette um die am aromat. Kern befindlichen Ätherbindungen beruhen. E. MAEKAWA. 4010□

Untersuchungen an Polyestern aromatischer Carbonsäuren mit einer β-Hydroxyäthoxygruppe. 3. Mitt. Kristallstruktur. Mikio Korematsu und Sutezo Kuriyama. (J. chem. Soc. Japan, pure Chem. Sect. [Nippon Kagaku Zassi] **81.** 852—55. Juni 1960. Ôitaken-Saeki, Kôkoku-Zinken-Parupu.) (Jap.; Auszug: Engl. S. A62.) — 2. vgl. vorst. Ref.; 4. vgl. C. **1961.** 9644.

Aus *4-[β-Hydroxyäthoxy]-benzoesäure* (I), *3-Methoxy-4-[β-hydroxyäthoxy]-benzoesäuremethylester* (II) sowie Gemischen aus I u. II werden durch Erhitzen in Ggw. von sauren Katalysatoren *Polymerisate* bzw. *Copolymerisate* hergestellt u. aus der Schmelze der Polymerisate Fäden gesponnen. Diese zeigen auf Grund der Röntgenbeugungsdiagramme eine Faser-Periode von 15,5 Å, welche viel kürzer ist als die Länge von zwei Monomereinheiten (19,6 Å) der linearen Ketten; Vff. schließen daraus, daß die Fasern eine Zickzack-Struktur haben, deren Einheit aus mehreren Monomeren besteht. Die stark gedehnten u. im gedehnten Zustand therm. behandelten Fasern zeigen neben der Periode von 15,5 Å noch eine schwache Beugung, die der Periode von ca. 19 Å entspricht. Die Elementarzellen der Polymeren sind monoklin mit den Dimensionen a' = 10,80 (Å), b' = 15,44, c' = 4,72, β' = 91,3° (Polymeres aus I) bzw. a' = 12,87, b' = 15,46, c' = 4,46 u. β' = 95,0° (Polymeres aus II). Die Beugungsdiagramme der Copolymerisate ändern sich kontinuierlich mit der Zus.; die Copolymerisate, welche mehr als 50 Mol-% II-Einheiten enthalten, zeigen mit dem des Polymeren aus II prakt. gleiche Beugungsdiagramme. Die aus den Dimensionen der Elementarzellen berechneten Dichten der kristallinen Anteile stimmen mit den gefundenen Daten gut überein.

E. MAEKAWA. 4010□

Copolymerisation von N-Methylolacrylamid in Emulsion. Hiroshi Kamogawa und Toshii Sekiya. (J. chem. Soc. Japan, ind. Chem. Sect. [Kōgyō Kagaku Zassi] **62.** 1117—19. Aug. 1959. Yokohama-Kanagawa, Sen'i-Kôgyô-Sikenzyo.) (Jap.; Auszug: Engl. S. A72.) — Vgl. C. **1961.** 7246.

Die Copolymerisation von *N-Methylolacrylamid* (I) mit *Äthylacrylat* (II) bzw. *Acrylonitril* (III) wurde sowohl in Lsg. als auch in Emulsion untersucht. Bei der Polymerisation in A. betragen die Monomerreaktivitätsparameter im I/II-Syst. $r_1 = r_2 = 1{,}4 \pm 0{,}2$ u. im I/III-Syst. $r_1 = 1{,}2 \pm 0{,}1$ u. $r_2 = 0{,}7 \pm 0{,}1$. In Emulsionen unter Zusatz von Polyvinylalkohol oder Na-Alkylsulfat als Emulgator treten in den gegen die Reaktionsdauer aufgetragenen Kurven des Polymerisationsgrads gerade Strecken auf; Vff. schließen daraus, daß das Wachstum der Polymerpartikeln zwischen den Partikeln u. den Monomer-Moll. stattfindet. Im I/II-Syst. übt das Rühren der Emulsion einen großen

Einfl. auf die Ergebnisse aus, was vermutlich auf der Auflösung der öligen Schicht aus den Monomer-Moll. in Polymerpartikeln beruht; die Konst. der Start-Geschw. hängt stark vom Mol-Verhältnis beider Komponenten ab. Im **I/III**-Syst. sind die Ergebnisse der Polymerisation in Emulsion niedriger Konz. denen der Polymerisation in homogener Lsg. ähnlich. E. Maekawa. 4010□

Temperaturabhängigkeit der Kristallisationsgeschwindigkeit von Poly-6-capronamid. F. Rybnikář. (Collect. czechoslov. chem. Commun. **26.** 937—44. April 1961. Gottwaldov, Forschungsinst. für Gummi- u. Kunststofftechnologie.) (Dt.)

Die Temp.-Abhängigkeit der prim. Kristallisations-Geschw. verschiedener Proben von *Poly-ε-capronamid* (**A**) wurde untersucht, u. zwar an extrahierten, nichtextrahierten, hochmol., durch Polykondens. bei vermindertem Druck in Ggw. von Phosphorsäure hergestellten u. an hochmol., alkal. polymerisierten **A**-Proben. Der Mechanismus der Bldg. von Keimzentren u. deren weiteres Wachstum wird diskutiert. Es scheint, daß in einem Temp.-Bereich nahe der Schmelz-Temp. T_m die Gesamt-Geschw. der Kristallisation nicht wesentlich von der Geschw. der prim. Kern-Bldg., jedoch mehr von der Geschw. der sek. Oberflächenkern-Bldg. beeinflußt wird. Die durch die geometr. krit. Dimensionen des Keimes, die Schmelzwärme, T_m u. die freie Oberflächenenergie σ definierte Größe hat für alle untersuchten **A**-Proben im Rahmen experimenteller Fehler denselben Wert. Mit Hilfe gewisser Annahmen wurden folgende, die Kristallisations-Geschw. beeinflussende mol. Parameter berechnet: σ, die Aktivierungsenergie des viscosen Fließens u. die krit. Größe der sek. Kristallisationskeime. Die berechneten Werte liegen in annehmbaren Bereichen. In der Nähe von T_m wächst der Wert der krit. Größe des Keimes sehr steil an. I. Frič/Prag. 4010

Polykondensation von Dicyandiamid mit Formaldehyd. Akira Yamada. (J. chem. Soc. Japan, ind. Chem. Sect. [Kōgyō Kagaku Zassi] **62.** 1161—68. Aug. 1959. Tôkyô-Sinzyuku, Tôkyô-Rikadaigaku.) (Jap.; Auszug: Engl. S. A 74—A 75.)

Aus *Dicyandiamid* (**I**) u. *Formaldehyd* (**II**) wurde in saurem bzw. alkal. W. bei ca 90° durch 1—5std. Rk. ein Polymerisat (**III**) hergestellt, das auf Grund des IR-Spektrums sowie der Elementaranalyse sowohl Methylen- als auch Ätherbindungen enthält. Das mit großem **II**-Überschuß hergestellte **III** enthält daneben noch freie Methylolgruppen. Der pH-Wert des Rk.-Gemisches nähert sich nach 1—2 Std. (in alkal. Lsg.) bzw. nach 5—15 Std. (in saurer Lsg.) einem ungefähr konst. Wert von 8,8—8,5; die pH-Änderung beruht auf einer Cannizzaroschen Rk. von **II** in alkal. Medium bzw. auf der Bldg. von *Guanylharnstoff* in saurem Medium. Am Anfang der Polymerisation verläuft die Methylol-Bldg. zwischen **I** u. **II** sehr schnell u. erst spät tritt ein Gleichgewicht durch Abspaltung von **II** ein; das gebildete *Methyloldicyandiamid* verschwindet durch Konkurrenz-Rk. mit der Abspaltung von **II** u. eine weitere Rk. mit **I** unter Wasserabspaltung u. Methylenbildung. Die Methylol-Bldg. verläuft bei 70° ca. 300mal so schnell wie die Methylen-Bldg., welche zwischen 60 u. 100° eine Rk. 0. Ordnung ist u. eine Aktivierungsenergie von 21,6 kcal/Mol (80—100°) benötigt. E. Maekawa. 4010□

Darstellung von Polyphenylenheteroarylen und deren Derivaten. Hiroo Inoue, Masaharu Adachi, Syoshin Fukui und Eiji Imoto. (J. chem. Soc. Japan, ind. Chem. Sect. [Kōgyō Kagaku Zassi] **63.** 1014—18. Juni 1960. Sakai, Osakahuritu-Daigaku, Kôgakubu.) (Jap.; Auszug: Engl. S. A55.)

Das aus p-Äthylacetophenon (**I**) durch Oxydation mit CrO_3 hergestellte *1.4-Diacetylbenzol* ergibt mit Br_2 *1.4-Bis-[bromacetyl]-benzol* (**II**), das mit dem aus Terephthalsäurediamid (**III**) über *Terephthalodinitril* hergestellten *Dithioterephthalsäurediamid* (**IV**) das *Copolymere Poly-[2-p-phenylenthiazolylen-(4)]* (**V**) ergibt. **V** hat keinen F., ist nur in konz. H_2SO_4 u. Trifluoressigsäure (**VI**) löslich. **II** bildet mit NH_3 *Poly-[2-p-phenylenpyrazinylen-(5)]*, welches keinen F. hat u. auch in konz. H_2SO_4 unlösl. ist. Als Oligomere von **V** werden *2.4-Diphenylthiazol, 1.4-Bis-[2-phenylthiazolyl-(4)]-benzol* (**XV**), *1.4-Bis-[4-phenylthiazolyl-(2)]-benzol, 2.4-Bis-{4-[2-phenylthiazolyl-(4)]-phenyl}-thiazol* u. *1.4-Bis-[4-{4-[2-phenylthiazolyl-(4)]-phenyl}-thiazolyl-(2)]-benzol* dargestellt. Auf Grund der Viscositätsdaten dieser Oligomeren ($[\eta] = 4{,}93 \cdot 10^{-5}$ in 92%ig. H_2SO_4 bei 25 ± 0,1°) hat **V** ein Molgew. von ca. 2960. Die aus p-Äthylbenzoesäure (**VII**) durch Oxydation mit CrO_3 erhaltene *p-Acetylbenzoesäure* ergibt mit Br_2 *p-Bromacetylbenzoesäure* (**VIII**), die mit Thiobenzamid (**IX**) bzw. **IV** *p-[2-Phenylthiazolyl-(4)]-benzoesäure* bzw. *1.4-Bis-[4-(4-carboxyphenyl)-thiazolyl-(2)]-benzol* bildet. Vers. zur Darst. von **V**-Polymeren mit endständigen Carboxylgruppen aus **II, IV** u. **VIII** führten nur zu halogenhaltigen *Copolymerisaten*. Aus p-Phenylen-bis-[thioacetamid] (**X**) u. **II** wird wie vorst. ein *Copolymerisat* (**XI**) erhalten, das wider Erwarten keinen F. zeigt u. nur in konz. H_2SO_4 lösl. ist. Zum Vgl. werden die nachst. Oligomeren von **XI** dargestellt: *α.α'-Bis-[4-Phenylthiazolyl-(2)]-p-xylol, 1.4-Bis-[2-benzylthiazolyl-(4)]-benzol* u. *2-Benzyl-4-phenylthiazol.*

Versuche: *1.4-Diacetylbenzol*, F. 109—110° (A.), durch tropfenweises Versetzen von I u. einem (1: 1)-Gemisch aus Acetanhydrid (**XII**) u. Eisessig (**XIII**) mit konz. H_2SO_4 bei 5—10°, portionsweise Zugabe von CrO_3 bei 10—15°, Gießen auf Eis u. Ausziehen des Gemisches mit Ae. oder Bzl.; 60% (Ausbeute). — *1.4-Bis-[bromacetyl]-benzol* (**II**), F. 177 bis 178° (Platten), durch Versetzen vorst. Verb. mit Br_2 in **XIII**. — *Terephthalodinitril*, F. 221—223° (aus **XIII**), durch Erhitzen von **III** mit PCl_5 auf 150°, Abdest. von $POCl_3$ u. Gießen des Rückstandes auf Eis; 75%. — *Dithioterephthalsäurediamid* (**IV**), F. 261 bis 263°, durch Versetzen vorst. Verb. mit H_2S in Ggw. von NH_3 (vgl. ERLENMEYER u. Mitarbeiter, Helv. chim. Acta **29**. [1946.] 1924). — *p-Acetylbenzoesäure*, F. 206° (aus A. Platten), durch tropfenweises Versetzen von **VII** in einem Gemisch aus **XII** u. **XIII** (1: 1) mit konz. H_2SO_4 bei 5—10°, tropfenweise Zugabe von CrO_3 bei < 5°, Gießen auf Eis u. Reinigen des Prod. über die $NaHSO_3$-Verb.; 42%. — *p-Bromacetylbenzoesäure* (**VIII**), F. 211—212° (A.), durch Erwärmen vorst. Verb. in **XII** mit Br_2 auf 60°. — *2.4-Diphenylthiazol*, F. 92—93° (Platten), durch Stehen von **IX** u. Phenacylbromid (**XIV**) in Methanol; 90%. — *1.4-Bis-[2-phenylthiazolyl-(4)]-benzol* (**XV**), F. 226—228° (aus **XIII** Platten), aus **IX** u. **II** in A. unter 1std. Kochen; 60%. — *1.4-Bis-[4-phenylthiazolyl-(2)]-benzol*, F. 222—224° (aus **XIII**), durch portionsweise Zugabe von **XIV** zu **IV** in heißem Nitrobenzol u. $^1/_2$std. Erhitzen des Gemisches auf 200°; 60%. — *p-[2-Phenylthiazolyl-(4)]-phenacylbromid* (**XVI**), F. 116—117°, durch tropfenweises Versetzen von **II** in heißem A. mit **IX** in A., 1std. Kochen des Gemisches u. 1std. Rühren; gibt mit **IX** 28% **XV**. — *2.4-Bis-{4-[2-phenylthiazolyl-(4)]-phenyl}-thiazol*, F. 308° [aus Dimethylformamid (DMF)], durch tropfenweises Versetzen von **XVI** in DMF mit **IV** in DMF, 1std. Kochen des Gemisches zu unreinem *p-[4-{4-[2-Phenylthiazolyl-(4)]-phenyl}-thiazolyl-(2)]-thiobenzamid* (F. 247—249°; 26%) u. dessen $^1/_2$std. Kochen mit **XIV** in DMF; 90% (Ausbeute der zweiten Stufe). — *1.4-Bis-[4-{4-[2-phenylthiazolyl-(4)]-phenyl}-thiazolyl-(2)]-benzol*, F. 370°, durch 1std. Erhitzen von **XVI** u. **IV** in DMF auf 70—80°; unlösl. in organ. Lsgm.; 23%. — *2.5-Diphenylpyrazin*, F. 192—194° (aus A. schwach gelbe Platten), aus **XIV** in A. u. NH_3 bei Raum-Temp.; 90%. — *p-[2-Phenylthiazolyl-(4)]-benzoesäure*, F. 240—242° (aus 50%ig. A. Platten), durch $^1/_2$std. Stehen von **VIII** u. **IX** in A. bei Raum-Temp.; 75%. — *1.4-Bis-[4-(4-carboxyphenyl)-thiazolyl-(2)]-benzol*, aus **VIII** u. **IV** in A. durch 1std. Kochen; amorph; schwer lösl. in organ. Lösungsmitteln. — *2-Benzyl-4-phenylthiazol*, F. 73—74,5° (50%ig. A.), aus Phenylthioacetamid (**XVII**) u. **XIV** durch 1std. Kochen in A.; 60%. — *1.4-Bis-[2-benzylthiazolyl-(4)]-benzol*, F. 164—165° (A.), aus **XVII** u. **II** in A. durch 1std. Kochen; 71%. — *α.α'-Bis-[4-phenylthiazolyl-(2)]-p-xylol*, F. 134° (A.), a) aus **XIV** u. **X** in A. durch 1std. Kochen, Einengen des Gemisches u. Waschen des Rückstandes mit 1%ig. NaOH in A.; 30%; b) ebenso aus **XIV** u. **X** in DMF durch 1std. Kochen; 37%. — *Poly-[2-p-phenylenthiazolylen-(4)]* (**V**), a) durch tropfenweises Versetzen von 0,5 g **II** in DMF mit 0,306 g **IV** in 10 cm³ DMF bei 60°, 3std. Rühren des Gemisches bei 100°, 3std. Kochen, Waschen des Nd. mit heißem DMF u. anschließend mit heißem A. u. Trocknen im Vakuum; gelbe amorphe Substanz; [η] 0,171 (in 92%ig. H_2SO_4 bei 25 ± 0,1°) (entspricht einem Molgew. von 2960); 0,5 g; lösl. in konz. H_2SO_4 u. **VI**; b) durch 10std. Rühren von **IV** in einer wss. Lsg. des grenzflächenakt. Nonipols S_1 mit **II** in Essigester bei 60—70°; [η] 0,081 (in 92%ig. H_2SO_4 bei 25 ± 0,1°). — *Poly-[2-p-phenylenpyrazinylen-(5)]*, aus **II** in DMF u. NH_3 bei Raum-Temp. u. Waschen des Nd. mit heißem A., A. u. Äther. — *Copolymerisat* (**XI**; *Poly-[2-p-xylylenthiazolylen-(4)]*, durch tropfenweises Versetzen von **II** in DMF mit **X** in DMF bei 60°, 3std. Rühren u. 3std. Kochen des Gemisches; [η] 1,440 (in 92%ig. H_2SO_4 bei 25 ± 0,1°). E. MAEKAWA. 4010□

Einwirkung von Wasser und organischem Lösungsmittel auf die Kristallbildung in Cellulose II — eine Untersuchung durch Infrarotabsorptionsspektren. Hiroshi Sobue und Setsuo Fukuhara. (J. chem. Soc. Japan, ind. Chem. Sect. [Kōgyō Kagaku Zassi] **63.** 520—24. März 1960. Tôkyô-Daigaku, Kôgakubu, Ôyô-Kagaku-Kyôsitu.) (Jap.; Auszug: Engl. S. A26.)

Ein nicht-kristalliner *Cellulose*-Film wird durch Hydrolyse von Celluloseacetat mit NaOH hergestellt, in wasserhaltigem A. oder in anderen organ. Lsgm. stehengelassen, getrocknet, deuteriert u. das IR-Spektrum gemessen. Die Kristallisation im Film verläuft beim Stehen in wasserhaltigem A. unter denselben Bedinungen wie bei höherer W.-Konz. u. bei höherer Temp. schneller. Vff. nehmen an, daß die Kristallisation von nicht kristalliner Cellulose II auf der Mikro-BROWNschen Bewegung der Moll. beruht. Beim Stehen des Films in organ. Lsgm., die kein W. enthalten, findet nur geringe Kristallisation statt. Es ist sehr schwierig, die an der Filmoberfläche adsorbierten organ. Lsgm. vollkommen zu entfernen. E. MAEKAWA. 4050□

Über Interaktionen von Eiweißstoffen. 27. Mitt. Verfolgung des Einflusses von Temperatur und pH-Wert auf die Wärmedenaturierung menschlichen Serumalbumins

mittels der isoelektrischen Fällungsmethode. P. Kratochvíl, P. Munk und B. Sedláček. (Collect. czechoslov. chem. Commun. **26.** 1499—1504. Juni 1961. Prag, Tschechoslov. Akad. Wissensch., Inst. für makromol. Chemie.) (Dt.) — 26. vgl. C. **1962.** 8686.

Die l. c. erhaltenen Ergebnisse der Unters. der Aggregation von denaturiertem menschlichen *Serumalbumin* (I) unter verschiedensten Vers.-Bedingungen wurden durch Unters. der Denaturierungswirksamkeit unter gleichen Bedingungen vervollständigt. Mit Hilfe der isoelektr. Fällungs-Meth. von LEVY u. WARNER (C. **1950/54.** 6837 S) wurde bei der Wärmedenaturierung von I der Grenz-Geh. der denaturierten Komponente im pH-Bereich 1,5 bis 10 bei Temp. von 50—90° u. der Ionenstärke 0,01, 0,1 u. 1,0 bestimmt. Bei gegebener Temp. durchläuft der Grenz-Geh. ein Minimum bei dem pH-Wert von ungefähr 4. In saurem Medium (pH unter 2) stellt der pH-Wert den die Denaturierungswirksamkeit des Mediums bestimmenden Faktor dar. Hohe Ionenstärke verstärkt bei pH < 3,5 die Denaturierungswirksamkeit, während sie bei pH 5—8 u. bei Temp. unter 75° schützend wirkt. L. MATOUŠEK/Prag. 4070

Die Lage anomaler Streuer in Proteinkristallen. Michael G. Rossmann. (Acta crystallogr. [Copenhagen] **14.** 383—88. 10/4. 1961. Cambridge, Cavendish Labor., Medical Res. Council Univ. for Molecular Biol.) (Engl.)

Vf. nimmt Bezug auf theoret. Unterss. von OKAYA u. Mitarbeitern (vgl. C. **1956.** 10658) u. versucht die in PATTERSON-Funktionen beobachtete anomale Streuung zu verwenden, um die Lagen um diejenigen Atome zu bestimmen, die für die Abweichungen von dem FRIEDELschen Gesetz verantwortlich sind. Die theoret. Überlegungen wurden auf *Pferde-Hämoglobin* (I) angewandt, das einmal 4 Mol $HgCl_2$/Mol. I, u. weiter für ein I, das 2 Moll. *1.4-Bis-[acetoxymercuri]-butandiol-(2.3)-dimethyläther*/Mol. I enthält. C. GOTTFRIED. 4070

Strahlungschemie der Nucleinsäuren und der Nucleoproteine. Hiroyuki Hatano. (Kagaku-no-Ryoiki [J. Jap. Chem.] **13.** 596—603. Aug. 1959. Kyôto, Daigaku, Rigakubu.) (Jap.) — Vgl. C. **1960.** 3504.

Übersicht mit 72 Literaturangaben. E. MAEKAWA. 4090□

E. Biologische Chemie. Physiologie. Medizin

E_1. Allgemeine Biologie und Biochemie

Beiträge der Molekularbiologie zur Medizin. Francis O. Schmitt. (Bull. New York Acad. Med. [2] **36.** 725—49. Nov. 1960. Cambridge, Mass., Massachusetts Inst. of Technol., Dep. of Biol.) (Engl.)

Genetik, Molekularcoding, Viren u. Infektionsmechanismus; Proteinstruktur; Proteinfibrogenese u. deren homostat. Steuerung (Blutgerinnung, Kollagenfibrogenese). — 46 Literaturangaben. K. MAIER. 4100□

Reaktive Bereiche und biologischer Transport. Halvor N. Christensen. (Advances Protein Chem. **15.** 239. 1960. Ann Arbor, Mich., Univ. of Michigan, Dep. of Biol. Chem.) (Engl.)

Übersicht. Art des reaktiven Bereichs, mit dem Kombination beim Transport erfolgt (notwendige Eigg., Unters. durch Vgl. von Substraten hinsichtlich Eignung, Unters. mit modifizierten zu transportierenden Stoffen, intermediäre, für den Transport notwendige Modifizierung der gelösten Verbb., Unterss. der Bldg. eines beweglichen Komplexes durch Prüfung auf gekoppelte Stofftransporte), Frage der Energielieferung für akt. Transport-Rkk. (energiereiche Phosphat-Verbb., Elektronentransport), zur humoralen Steuerung des Transports (Frage der Carrierfunktion von Pyridoxalphosphat, analoge Wrkg. von Östrogensulfaten u. Auxinen, Wrkg. ähnlicher Verbb. auf den Zuckertransport, Wrkgg. anderer Hormone). — 389 Literaturangaben. K. MAIER. 4100□

Verwendung und Nachweis radioaktiv markierter Stoffe. P. G. Waser. (Pathol. et Microbiol. [Basel] **23.** 597—612. 1960. Zürich, Univ., Pharmakol. Inst.) (Dt.)

Kurzer Überblick über die Verw. radioakt. Isotope in der biolog. Forschung unter bes. Berücksichtigung weicher β-Strahler. H.-G. FLOSS. 4100□

Die Photosynthese der Peptide in wässerigen Lösungen von Asparaginsäure und Glycin. Krishna Bahadur und Rajendra Bahadur Srivastava. (Indian J. appl. Chem. **23.** 131—34. 1960. Allahabad, Allahabad Univ., Chem. Dep.) (Engl.)

Im Zusammenhang mit der Frage über den Ursprung des Lebens auf der Erde spielt die Synth. von Aminosäuren u. Peptiden eine große Rolle. Eine wss. Lsg. von *Asparaginsäure* mit *Benzoylperoxid* (I) als Katalysator bildet bei Zusatz von Saccharose (II) als zusätzliche Energiequelle u. Belichtung Peptide, die bei Hydrolyse Serin, Glycin u

Tyrosin ergeben. Auch bei Abwesenheit von II findet Peptid-Photosynth. statt, dagegen nicht bei Abwesenheit von I u. in der Dunkelheit. Wurde anstatt Asparaginsäure *Glycin* verwendet, so wurden prinzipiell dieselben Ergebnisse erhalten. II-Zusatz förderte die Photosynth. der Peptide. Unerläßlich für die Peptidphotosynth. erwies sich allein der Katalysator I. W. HILLER. 4100□

Biophysikalische Studien mit synthetischem Lecithin. R. Hirt und R. Berchtold. (Experientia [Basel] **15.** 373—75. 15/10. 1959. Bern, Forschungsinst. Dr. A. Wander.) (Dt.) — Vgl. C. **1961.** 99.

In einem apolaren Lsgm., z. B. CCl_4, gelöstes *Lecithin* (I) liegt in inakt. Form mit niedrigem W.-Geh. vor. Gewisse lipoidlösl. Verbb., z. B. Alkohole, wie A., n-Butanol, n-Amylalkohol, n-Heptylalkohol, Ketone, wie Methyläthylketon, n-Diäthylketon, Cyclopentanon, Cyclohexanon, sowie Diäthylamide, wie das von Buttersäure, Valeriansäure, Capronsäure, Crotonsäuredipropylamid, u. N-Dialkylamide der Zimtsäure, hydratisieren die Lipoidphase u. damit gelöstes I, wobei dieses in die akt. Form übergeht. Die Bedeutung von I für die Zellwandpermeabilität (Funktion beim akt. Transport ionogener Substanzen durch Bldg. lipophiler Komplexe u. Nervenleitung wird besprochen. K. MAIER. 4102□

Genetische Veränderungen der Hefe während des Wachstums in Gegenwart von Milchsäure als einziger Kohlenstoffquelle. Pierre Gaezy. (C. R. hebd. Séances Acad. Sci. **250.** 3719—21. 30/5. 1960. Montpellier, Ecole Nationale d'Agric., Station de Technol. agricole.) (Franz.)

Die Gewöhnung von *Saccharomyces cerevisae* (Stamm *59 R* u. *1258-7a*) an Milchsäure als einzige C-Quelle beruht mindestens teilweise auf der Selektion durch charakterist. Kolonien-Bldg. ausgezeichneter Mutanten („*lisses*"). Die Mutation „*lisses*" ist bei vegetativer Vermehrung stabil. Die Rückmutation (→ „*plisse*") ist extrem selten. Auch in Glucosemedium findet keine Selektion statt. K. MAIER. 4130□

Induktion morphologischer Abweichungen bei Rhodospirillum rubrum durch D-Aminosäuren. Alice L. Tuttle und Howard Gest. (J. Bacteriol. **79.** 213—16. Febr. 1960. St. Louis, Miss., Washington Univ., Henry Shaw School of Botany.) (Engl.)

Rhodospirillum rubrum kann in Ggw. von *Biotin* in Mineralsalzmedien die L-Form der verschiedensten Aminosäuren als alleinige N- u. C-Quelle zum Wachstum verwerten. Das Bacterium zeigt dabei die charakterist. spiralartige Form. Die entsprechenden D-Aminosäuren ergeben beim Wachstum in gleichen Konzz. wesentlich geringere Zellerträge (Ausnahmen sind *D-Alanin* u. *D-Asparaginsäure*). Daneben finden sich in den Medien mit D-Aminosäuren morpholog. abweichende Formen. Unter dem Einfl. von D-Alanin u. D-Asparaginsäure entstehen gebogene Zellen, die an ihren Enden zusammenstoßen. *D-Glutaminsäure*, *D-Serin* oder *D-Valin* erzeugen bes. lange Formen, während die D-Isomeren von *Histidin*, *Leucin*, *Isoleucin*, *Lysin* u. *Methionin* verzerrte Zellformen mit Anschwellungen oder Zusammenballungen des Zellinhaltes erzeugen. Der Geh. der Zellen an Hexosamin ist bei den auf D-Aminosäuren gewachsenen Zellen höher. D. CLAUS. 4130□

Spezifische mutagene Wirkung dreier organischer Peroxide auf die Rückmutationen zweier Loci von E. coli 15 T⁻ 9—13. Marie-Renée Chevallier und Denise Luzzati. (C. R. hebd. Séances. Acad. Sci. **250.** 1572—74. 22/2. 1960. Strasbourg, Centre de Recherches sur les Macromolécules.) (Franz.)

Perbernsteinsäure (I), *Cumolperoxid* (II) u. *Thyminperoxid* (III) wirken auf 2 genet. Loci der von *E. coli 15 T^-*-Stamm sich ableitenden Prolin- u. Tryptophanmangelmutante *15 T^--9-13* spezif. mutagen u. lassen unterschiedliche Empfindlichkeit der beiden Loci erkennen. I wirkt stärker auf die Reversion $Pro^- \rightarrow Pro^+$ als auf die $Try^- \rightarrow Try^+$-Rückmutation. II induziert nur die $Try^- \rightarrow Try^+$-Mutation, während III auf beide Loci mit gleicher Intensität zu wirken scheint. K. MAIER. 4130□

Untersuchungen über den Einfluß des Griseofulvins auf die Mitose bei Vicia faba L. T. Heymer. (Dtsch. med. Wschr. **85.** 438—39. 11/3. 1960. Bonn, Univ., Hautklinik.) (Dt.)

Da *Griseofulvin* als neues, über den Blutweg an die Haut herangeführtes antimykot. Therapeuticum in bes. engen Kontakt mit dem Organismus kommt, wird die Frage nach möglichen cytolog. Nebenwrkg. erörtert. Als Vers.-Objekt dient *Vicia faba L.* wegen der bes. klaren Chromosomenkonstitution. In den für die Behandlung beim Menschen erforderlichen Konzz. (0,002, 0,005, 0,02, 0,031 mg/ml in wss. Lsg.) sowie in höheren u. auch niederen Konzz. zeigte sich ein Einfl. auf die Mitose im Sinne einer Teilungshemmung; es wurden nur die in der Anaphase eindeutig erkennbaren Abweichungen ausgewertet; dabei ließ sich eine Relation zwischen der Konz. u. der Anzahl bzw. dem Grad der Störungen erkennen; es manifestierten sich strukturelle Chromosomenveränderungen in Form von Fragmentbildungen, Chromosomenbrücken u. tripolaren bzw. multipolaren

Spindeln. Ob ähnliche mitot. Anomalien auch aus der klin. Anwendung beim Menschen resultieren können, müssen sorgfältige langzeitige Unterss. erst noch ergeben.

U. TAUSENDFREUND. 4150□

Die gesamte Konzentration des intracellulär in Hefe und anderen Pflanzenzellen Gelösten und die Ausdehnungsfähigkeit der pflanzlichen Zellwand. E. J. Conway und M. McD. Armstrong. (Biochem. J. **81.** 631—39. Dez. 1961. Dublin, Univ. Coll., Merville House, Biochem. Dep.) (Engl.)

Es wird eine kryoskop. Meth. zur Best. des intracellulär Gelösten in Bäckerhefe, Kartoffeln, Karotten u. Zuckerrüben beschrieben [das Vol. des Zellwassers wird unter Verw. von Lsgg. nicht eindringender Zucker (*D-Galaktose*, *L-Arabinose*) bestimmt]. In Kartoffeln, Karotten u. Zuckerrüben sind die intracellulären Gesamtmolaritäten 0,41, 0,62 bzw. 1,42m. In Bäckerhefe ist die Gesamt-Konz. 0,59, sie steigt bei Gärung in 5%ig *Glucose*-Lsg. auf über 0,8m u. wird durch Ggw. von 0,2m *K-Citrat*, *Na-Citrat* oder *Mg-Acetat* noch auf ca. 0,9 gesteigert. Diese Daten stimmen ca. mit den Zahlen überein, die man erhält, wenn man intracelluläre Bestandteile (*Aminosäuren*, *Bernsteinsäure*, *Hydroxysäuren*, *Citronensäure*, *Ketosäuren*, *Orthophosphat*, *Metaphosphat*, K^+, Mg^{2+}, Ca^{2+}, Na^+, *Hexoseester*) in Hefe quant. bestimmt u. die Summe bildet. — Es wird ein „Koeff. der Ausdehnungsfähigkeit" d eingeführt: d = Vol. der osmot. aus den Zellen entfernbaren Fl. pro Konz.-Einheit des in der extracellulären Fl. gelösten Zuckers u. pro Vol.-Einheit intracellulärer Flüssigkeit. d ist relativ leicht zu bestimmen.

S. DITTMANN-MITZSCHERLICH. 4150□

Mastzellen mit photosensiblen Reaktionen. V. J. McGovern. (Nature [London] **191.** 90—91. 1/7. 1961. Camperdown, New South Wales, Royal Prince Alfred Hosp., Fairfax Inst. Pathol.) (Engl.)

Werden Mastzellsuspensionen der Ratte 2 Min. belichtet, so tritt Verlust der basophilen Färbungs-Eigg. ihrer Granula ein; gleichzeitig werden die Zellen gegenüber *Compound 48/80* (I) — einer Substanz, die Histamin freisetzt — unempfindlich. Ggw. von *Hämatoporphyrin* verhindert sowohl bei belichteten wie auch bei unbelichteten Zellen die Histaminausschüttung durch **I**, wobei die belichteten Zellen ihre Basophilie verlieren. Ggw. von *Chlorpromazin*, *Promethazin* u. *Reserpin* führt in beiden Fällen zu Verlust der Basophilie der Granula. R. LAFFERENZ. 4150□

Ionen-Beziehungen in Zellen von Chara australis. 3. Mitt. **Vakuolärer Natrium-Zu- und Abfluß.** A. B. Hope und N. A. Walker. (Austral. J. biol. Sci. **13.** 277—91. Aug. 1960. C.S.I.R.O., Div. of Food Preservation and Transport, Plant Physiol. Unit.; Sidney, Univ., Bot. School; Canberra, C.S.I.R.O., Div. of Plant. Ind.) (Engl.) — Vgl. C. **1962.** 9748.

Der vakuoläre Zu- u. Abfluß von *Na* in Abhängigkeit von Helligkeit, Temp. u. Außen-Konz. wurde an Zellen von *Chara australis* mit Hilfe von ^{22}Na untersucht.

H.-G. FLOSS. 4150□

Proteinsynthese in Lebermikrosomen. P. W. Jungblut und F. Turba. (Colloquium Ges. physiol. Chem. Mosbach/Baden **10.** 102—19. 9/12. April 1959, herausgeg. 1960. Würzburg.) (Dt.)

Vortrag. Ablösen des Polypeptidfadens von der Prägungsstätte, Falten der Peptidkette zum 3dimensionalen Makromol., Freisetzung des fertigen Proteins (evtl. Sekretion). — 30 Literaturangaben. Diskussion. K. MAIER. 4150□

Histoautoradiographische Untersuchung des Einbaus tritierten Thymidins in lebende, mit einer sauren Desoxyribonuclease behandelte somatische Zellen. Maurice Chèvremont, Edgard Baeckeland und Simone Chèvremont-Comhaire. (C. R. hebd. Séances Acad. Sci. **249.** 1392—94. 12/10. 1959. Liège, Inst. d'Histol. et Centre anticancéreux.) (Franz.)

Bei Züchtung von Fibroblasten in Ggw. saurer Desoxyribonuclease u. ^{3}*H-Thymidin* nimmt die Zahl „markierter" Kerne gegenüber den Kontrollen ab. Das Cytoplasma der behandelten Zellen zeigt eine deutliche Radioaktivität, die auf eine *Desoxyribonucleinsäure* (**I**)-Synth. des Cytoplasmas hindeutet. Diese **I** wird bes. in den Chondriosomen gespeichert. K. MAIER. 4150□

Veränderungen von in vivo mit ^{32}P markierter Ribonucleinsäure aus Rattenleberkernen während der Inkubation der Kerne in vitro. Christoph Scholtissek. (Biochem. Z. **332.** 467—76. 1960. Heidelberg, Univ., Inst. für exp. Krebsforsch.) (Dt.)

In vitro mit ^{32}P markierte Rattenleberkerne werden in Salz-Saccharose-Lsg. oder in nichtradioakt. Leber- bzw. Nierencytoplasma inkubiert. Dabei wird nur ein kleiner, sehr radioakt. Anteil der Kern-Ribonucleinsäure (RNS) abgebaut. Die Rest-RNS nach Leber- bzw. Nierencytoplasmainkubation oder nach Inkubation in Salz-Saccharose unterscheidet sich jedesmal signifikant, je nachdem, welches Inkubationsmedium verwandt wurde. R. ILLHARDT. 4150□

Untersuchungen über die Stoffwechselheterogenität von Ribonucleinsäure nach Extraktion aus Mycobacterium avium. Toshiki Miyaji. (Nagoya J. med. Sci. **22.** 286—98. Nov. 1959. Nagoya, Univ., School of Med., 1. Dep. of Internal Med.) (Engl.)

Myobacterium avium (Stamm Takeo) wird kurze Zeit in Ggw. von 200 μc ^{32}P/dl bei 37° kultiviert, 3mal mit eiskaltem W. gewaschen, 1mal mit 5fachem Vol. 10%ig. wss. eiskalter Trichloressigsäure (I) u. 2mal mit 3fachem Vol. 5%ig. eiskalter I extrahiert. Aus dem Rückstand wird die *Ribonucleinsäure* (*RNS*) durch 24std. Extraktion mit 5fachem Vol. 5%ig. I bei 18° unter Schütteln erhalten. Diese Operation wird 6mal wiederholt. Dabei werden weder *Desoxyribonucleinsäure* (*DNS*) noch *Protein* mitextrahiert, u. die RNS teilweise bis zu Nucleotiden u. freien Basen hydrolysiert. Das Elutionsschema bei der Auftrennung des Gemisches auf Dowex-1 (x2, 200—400 mesh, Formiatform) vereinfacht sich wesentlich, wenn der I-Extrakt vorher alkal. gespalten wird. Die spezif. Radioaktivität der I-Extrakte sinkt bei zunehmender Extraktionsdauer. Vf. deutet diese Änderungen als Ausdruck verschiedener RNS-Fraktionen mit unterschiedlicher Stoffwechselbedeutung. In die DNS wird wesentlich weniger ^{32}P eingebaut als in die RNS. Die spezif. Radioaktivität der Nucleotide ist kaum unterschiedlich. Lediglich *Adenylsäure* ist etwas stärker radioaktiv. Eine hochakt. Fraktion wird im stärker Sauren eluiert, die vermutlich aus *Polyphosphat* besteht. L. Träger. 4150□

Untersuchungen über die Rolle der Acceptor-RNS für Aminosäuren bei der Proteinsynthese von Escherichia coli. François Gros. (Colloquium Ges. physiol. Chem. Mosbach/Baden **10.** 82—101. 9/12. April 1959, herausgeg. 1960. Paris.) (Dt.)

Übersicht. Vork. eines Pools mit Ribonucleinsäure (RNS) verbundener *Aminosäuren* (I) bei *E. coli*; Eigg. des mit Nucleinsäuren extrahierten radioakt. Pools; Zus. des I-Pools u. dessen relative Dimensionen; Kinetik der Bldg. u. der Verw. des Pools der „RNS-I"; direkte I-Fixierung an freie Plätze der RNS, Spezifität der Plätze; I-Übertragung aus dem RNS–I-Komplex auf Proteine; Wrkg. einer spezif. Verschiebung in der Zus. des RNS-I-Pools auf die I-Zus. der Proteine. In *E. coli* kommt eine kleine Fraktion aller I vor, die an lösl. RNS kovalent gebunden sind u. noch erneuert werden. Der Pool „lösl. RNS-I" wirkt bei der Protein-Synth. aus freiem I wie ein direktes Zwischenprodukt. Eine spezif. Modifizierung der Zus. des Pools der an RNS gebundenen I ist von einer äquivalenten Abwandlung der I-Zus. der Proteine begleitet. — Diskussion. K. Maier. 4150□

Die Vermehrung von DNS. M. Meselson und F. W. Stahl. (Cold Spring Harbor Sympos. quantitat. Biol. **23.** 9—12. 1958. Pasadena, Calif., California Inst. of Technol., Gates and Crellin Labor. of Chem.) (Engl.)

Übersicht. Watson-Crick-Hypothese; ein DNS-Übertragungs-Vers. bei *Escherichia coli*; Natur der Untereinheiten von *E. coli*-DNS; Chromosomenduplikation in *Vicia faba*; Formalismus der Chromosomen- u. DNS-Verdopplung. — 8 Literaturangaben. Diskussion. K. Maier. 4150□

Thymidinkinasen in menschlichen Tumoren. P. A. Bianchi. (Biochem. J. **81.** 21P—22P. Okt. 1961. London, Chester Beatty Res. Inst.) (Engl.)

Die Umwandlung von *Thymidin* über das Monophosphat in das Triphosphat, die viele zellfreie Homogenate von Säugergeweben bewirken, ist bei Fraktionen aus normalen u. malignen Geweben menschlichen Ursprungs viel geringer. Wahrscheinlich ist die Bldg. des Monophosphats verlangsamt, da zugesetztes Thymidinmonophosphat sehr schnell in das Triphosphat übergeführt wird. R. Preussmann. 4160□

Wechselwirkungen zwischen Glykolyse und Oxydationsvorgängen. E. Racker und S. Gatt. (Ann. New York Acad. Sci. **72.** 427—38. 6/2. 1959. New York, N.Y., Publ. Health Res. Inst. of the City of New York, Div. of Nutrit. and Physiol.) (Engl.)

Übersicht. Wechselwrkg. zwischen Glykolyse u. Tricarbonsäurecyclus, Glykolyse u. oxydativem Pentosephosphatcyclus, Unterss. zum Kohlenhydratstoffwechsel intakter Ascitestumorzellen. — 7 Literaturangaben. K. Maier. 4160□

Bestimmung der Milchsäuredehydrogenase in der Ascitesflüssigkeit bei Patienten mit malignen Tumoren. T. Jagt und O. Andrée Larsen. (Scand. J. clin. Lab. Invest. **12.** 200—04. 1960. Copenhagen, Denmark, Sønderbro Hosp., Med. Dep. Kommunehospitalet, Central Labor and Sunby Hosp., Pathol. Inst.) (Engl.)

Vff. untersuchten die *Milchsäure-Dehydrogenase* (I)-Aktivität in Ascites-Fll. u. Seren von 53 Patienten mit Ascites-Effusionen. Die Unters. erstreckte sich auch auf histolog. Prüfungen u. auf Best. des Proteingehaltes. Vff. fanden, daß bei nichtmalignen Fällen die I-Aktivität in der Ascites-Fl. geringer war als im Serum, wogegen 51% der malignen Effusionen eine höhere I-Aktivität zeigten als die dazugehörigen Seren. Cytolog. Unterss. zeigten Tumorzellen in 40% der malignen Effusionen. Ist bei gleichzeitiger I-Best. in der Ascites-Fl. u. im Serum das I-Verhältnis (I in Ascites-Fl./I im Serum) größer als 1, so ist wahrscheinlich die Ascites-Fl. malignen, kleiner als 1 nichtmalignen Ursprungs. G. BRATFISCH. 4160□

Tryptophanstoffwechsel in Tumor-tragenden Tieren. Kazuo Mori, Shogo Ichii und Katsuhiko Matsumoto. (Gann, Japan. J. Cancer Res. **49.** 301—06. Dez. 1958.) (Engl.)

Nach *Tryptophan* (I)-Gaben ist bei Ratten mit cirrhot. oder Krebsleber die Ausscheidung von I u. von I-Stoffwechsel-Prodd. niedriger als bei den Kontrollen. Bei Mäusen mit Tumor ist die I-Ausscheidung erniedrigt, die *Kynurenin*-Ausscheidung aber normal. P. GREGORZEWSKI. 4160□

Carbamylphosphat–Asparaginsäure–Transcarbamylase-Aktivität in Tumoren. Edmundo Calva, J. M. Lowenstein und Philip P. Cohen. (Cancer Res. **19.** 101—03. Jan. 1959. Madison, Wis., Univ. of Wisconsin, Dep. of Physiol. Chem.) (Engl.)

Die Aktivität der *Carbamylphosphat–Asparaginsäure-Transcarbamylase* (I), welche die Überführung der Carbamylgruppe von Carbamylphosphat (II) auf Asparaginsäure katalysiert, wird durch Best. von II (als ^{14}C-II verwendet) verfolgt, das im Gegensatz zu Carbamylaminosäuren bei Erhitzen der angesäuerten Lsg. CO_2 liefert. Die I-Aktivität ist in Hepatomknötchen 2—4mal höher als in den benachbarten Lebergeweben. EHRLICH-Asciteszellen zeigen 1,5—3mal größere I-Aktivität als Hepatomzellen. A. HESSE. 4160□

Der Gehalt von Protein-gebundenem Jod im Serum von Patientinnen mit metastatischem Mammacarcinom. Anne C. Carter und Elaine Bosak Feldman. (J. clin. Endocrinol. Metabolism **20.** 477—80. März 1960. Brooklyn, N.Y., State Univ. of New York, Dep. of Med., Coll. of Med. at New York City; Kings County Hosp., Med. Serv., Div. II.) (Engl.)

Bei Patientinnen mit fortgeschrittenem metastat. Mammacarcinom war der Geh. von Protein-gebundenem J im Serum statist. signifikant erhöht. K. ZINGRAF. 4160□

Identifizierung einer sogenannten atypischen Makroglobulinämie als eine atypische Form von β_{2A}-Paraproteinämie — eine neue immunologische Erscheinungsform? R. E. Ballieux, J. W. Imhof und G. H. Niehaus. (Nature [London] **189.** 768—70. 4/3. 1961. Utrecht, Univ. Hosp., Med. Dep.) (Engl.)

Die bei Patienten mit multiplem Myelom im Serum durch Unterss. in der Ultrazentrifuge aufgefundene abnorme Proteinfraktion mit der Sedimentations-Konst. 8—12 S, deren Auftreten als „atyp. Makroglobulinämie" bezeichnet wurde, wird von Vff. an Seren von 9 Personen mit multiplem Myelom untersucht. Bei der Agargel-Elektrophorese zeigt sich eine patholog. Proteinfraktion in der β-Globulin- oder γ_2-Globulinregion. Immunoelektrophoret. Prüfung der durch Zonenelektrophorese in zwei Fraktionen aufgespaltenen Paraproteinkomponente ergab ein Bild wie bei β_{2A}-Myelom mit Auftreten einer anomalen Albuminkomponente in der β-Globulinregion. Deshalb schlagen Vff. den Terminus β_{2A}-Paraproteinämie oder atyp. β_{2A}-Myelom vor. J. WINTER. 4160□

Vergleich der biologischen und chemischen Bestimmung der Harnöstrogene. 2. Mitt. **Harn cortisonbehandelter oophorektomierter, adrenalektomierter oder hypophysektomierter Patientinnen mit Brustkrebs.** R. D. Bulbrook, F. C. Greenwood und P. C. Williams. (J. Endocrinology **20.** 220—28. Mai 1960. London, Imperial Cancer Found., Div. of Chem. and Biochem. and Div. of Physiol. and Endocrinol.) (Engl.) — 1. vgl. C. **1960.** 4249.

Die nach der modifizierten chem. Meth. von BROWN u. Mitarbeitern (J. Endocrinology **16.** [1957.] 49) zur Best. von ***Östron, 17β-Östradiol*** u. ***Östriol*** im Harn Cortison-behandelter oophorektomierter, adrenalektomierter oder hypophysektomierter Brustkrebspatientinnen erhaltenen Ergebnisse können, bedingt durch die Einnahme von Laxantien, mit den biolog. Befunden differieren. In der Phenolfraktion des Harns von 11 von 15 operierten Patientinnen war biolog. Östrogen nachweisbar. K. MAIER. 4160□

Pathologisch-anatomische Experimentaluntersuchung der Wirkung des aus Myelosarkom T 58 von Oberling und Guérin extrahierten Toxohormons auf die lymphoiden Ganglien der Ratte. J. Biraben und G. Delmon. (C. R. Séances Soc. Biol. Filiales **154.** 594—96. 1960. Bordeaux, Fac. de Méd., Chaire d'Anat. Pathol., Labor. d'Anat. pathol. expérimentale.) (Franz.)

Mehrmalige Injektion (subkutan) aus Myelosarkom T 58, einem von einer Chloroleukämie sich herleitenden Hämatocytoblastomyeloblastosarkom extrahierten *Toxohormons* (Bull. Soc. Pharm. [Bordeaux] **97.** [1958.] 7) ruft bei der Ratte in bestimmtem Umfang die im Bereich der Ganglien von Tieren mit Impftumoren beobachteten Veränderungen hervor, deren wichtigste eine Veränderung des intraganglionären Reticulinnetzes ist (Fragmentierung des Reticulins, Reticulohistiocytose der Lymphwege, Hyperplasie der Ganglien). K. MAIER. 4160□

Übertragung von Mäuseleukämien mit gereinigten Nucleinsäurepräparaten. Esther F. Hays. (Nature [London] **192.** 230—33. 21/10. 1961. Los Angeles, Calif., Univ. of California, School of Med., Labor. of Nuclear Med. and Rad. Biol.) (Engl.)

Die Tumorausbeute an Mäusen mit hoher spontaner Leukämierate konnte durch subkutane u. i.v. Applikation von gereinigten Nucleinsäure-Präpp. auf neugeborene Tiere um etwa das Doppelte erhöht werden. R. Preussmann. 4160□

Der Einfluß von Chlorpromazin auf die oxydative Phosphorylierung von Tumormitochondrien. W. Lührs, G. Bacigalupo, B. Kadenbach und E. Heise. (Experientia [Basel] **15.** 376—77. 15/10. 1959. Berlin-Buch, Dt. Akad. der Wiss., Inst. für Med. u. Biol., Abt. exp. u. klin. Chemotherapie.) (Dt.) — Vgl. C. **1960.** 9590.

Unterss. an isolierten Lebermitochondrien von Ratten zeigen, daß *Chlorpromazin* (I) in Konzz. von 10^{-8} bis 10^{-5} m eine Steigerung der Atmung u. Phosphorylierung bewirkt. Ähnliche Ergebnisse werden mit Tumormitochondrien erhalten. Höhere I-Konzz. führen zu einer starken Herabsetzung der oxydativen Phosphorylierung. Diese Abnahme ist bei Tumormitochondrien ausgeprägter als bei normalen Lebermitochondrien. Vorläufige klin. Ergebnisse zeigen, daß die Herabsetzung der oxydativen Phosphorylierung durch I die Behandlung mit Cytostaticis günstig beeinflußt. R. Reiss. 4160□

Wirkung von Polyphosphaten auf experimentelle Tumoren. Julio Cardenas, Arthur W. Wase und Naida Comvalius. (Acta pharmacol. toxicol. [Köbenhavn] **17.** 157—60. 1960. Philadelphia, Pa., Hahnemann Med. Coll.) (Engl.)

Die Injektion von *Polyphosphaten* (maximal 67 P-Atome) hemmt das Wachstum von jungen Walker-Sarkomen bei Ratten u. erhöht den %-Satz der vollständigen Regression. Ein exakter Wrkg.-Mechanismus ist noch nicht bekannt.
G. Kimmerle. 4160

Die Hemmwirkung einiger einfacher anorganischer und organischer Substanzen auf das Rous-Sarkom. Beziehung zur Vogelmalaria. P. Baranger, M. K. Filer und R. Cavé. (Ann. Inst. Pasteur **92.** 605—17. Mai 1957. Northants, Angleterre, École Polytechnique et Finedon Labor.)

Folgende Verbb. zeigten abnehmende Wirksamkeit gegenüber Rous-Sarkom: *Urotropin, Acetylharnstoff, Triuret, Diacetylharnstoff, Harnstoff, Cinchona succirubra-Gesamtalkaloide.* Von anorgan. Verbb. besaß nur KNO_3 erhebliche Aktivität. Im Unterschied zu den cytotox. Verbb., wie *Colchicin, Triäthylenmelamin, Stickstoffloste,* die Rous-Sarkome hemmen, sind die genannten prakt. ungiftig. *Paludrin* verlangsamte deutlich die Sarkomentwicklung. Es besteht ein Zusammenhang zwischen Antimalaria- u. tumorhemmender Wirkung. K. Maier. 4160□

Untersuchung der antimitotischen Aktivität von Mannitstickstofflost (BCM) auf die Meristemzellen von Allium sativum L. Guy Deysson und René Truhaut. (C. R. Séances Soc. Biol. Filiales **153.** 215—18. 1959, herausgeg. 10/6. 1959. Villejuif, Inst. du Cancer Gustave Roussy, Centry Clin. et thérapeut.; Paris, Fac. de Pharmacie.)

Die vergleichende Unters. der Wrkg. verschiedener Stickstoffloste, *1.6-Bis-[β-chloräthylamino]-1.6-desoxy-D-mannitdihydrochlorid* (I), *p-[N.N-Bis-(β-chloräthyl)-amino]-phenylalanin* (*L-* u. *DL*-Form), *Methyl-bis-[β-chloräthyl]-aminoxyd* (*Nitromine*), *Methyl-bis-[β-chloräthyl]-aminhydrochlorid* u. *Tris-[β-chloräthyl]-amin*, auf die Teilung von Meristemzellen (*A. sativum*) ergab einen großen Konz.-Bereich ($2 \cdot 10^{-5}$ bis 10^{-7} m), in dem I, das weniger tox. als die anderen Stickstoffloste ist, einen mitostat. Effekt zeigte. Bei fortgeschrittener Abnahme der Mitosen werden in mäßigem Umfang Chromosomenbrüche beobachtet. K. Maier. 4160□

Experimentelle Untersuchungen über den Einfluß von l-3.5.3′-Trijodthyronin auf Tumorstoffwechsel und -wachstum. G. Bacigalupo, W. Lührs und E. Heise. (Acta biol. med. german. **2.** 455—67. 1959.) (Dt.)

Durch Injektion von *l-3.5.3′-Trijodthyronin* (I; ca. 15 γ/Tag) ist eine Hemmung von Jensen-Sarkomen bei der Ratte möglich. Diese Hemmung des Tumorwachstums ist im wesentlichen auf eine Beeinträchtigung der oxydativen Phosphorylierung zurückzuführen; daß dabei eine wirkliche Entkopplung vor sich geht, zeigt sich direkt am verminderten Phosphatverbrauch bei in vitro-Verss. mit Tumormitochondrien sowie indirekt an der Vergrößerung der Tumorzellatmung (prakt. nur einseitige Erhöhung der Atmung) u. der durch Grundumsatzerhöhung bewirkten Hyperthermie u. Tachycardie. Es ist offenbar prinzipiell möglich, den von sich aus mit schlechter Energieausbeute u. schlechtem energet. Wirkungsgrad arbeitenden bösartigen Tumor durch Entkopplung der oxydativen Phosphorylierung soweit an biolog. verwertbarer Energie zu verarmen, daß er an seiner Vitalität merklich Schaden leidet. — Hemmung konnte auch beim Walker-Carcinom hervorgerufen werden. U. Tausendfreund. 4160□

Hemmung des Ehrlichschen Mäuse-Ascitestumorwachstums durch Cordycepin. Donald V. Jagger, Nicholas M. Kredich und Armand J. Guarino. (Cancer Res.

21. 216—20. Febr. 1961. Ann Arbor, Mich., Univ. of Michigan, Dep. of Biolog. Chem.) (Engl.)

Cordycepin (I), ein Nucleosid mit struktureller Ähnlichkeit zu Desoxyadenosin, wurde aus Kulturen von *Cordyceps militaris* isoliert. Bei intraperitonealer Applikation ergab I bei SWISS-Mäusen in einer Dosierung von 15—200 mg/kg Tumorhemmung u. teilweise bedeutend verlängerte Überlebenszeiten. Die Wrkg. war abhängig vom Zeitpunkt des Behandlungsbeginns. W. GUTSCHE. 4160□

Calvacin. Ein neues Antitumorreagens. J. F. Roland, Z. F. Chmielewicz, B. A. Weiner, A. M. Gross, O. P. Boening, J. V. Luck, T. J. Bardos, H. Christine Reilly, K. Sugiura, C. Chester Stock, E. H. Lucas, R. U. Byerrum und J. A. Stevens. (Science [Washington] **132.** 1897. 23/12. 1960. Chicago, Ill., Armour & Comp.; New York, N.Y., Sloan-Kettering Inst. for Cancer Res. and Cornell Univ., Graduate School of Med. Sciences.) (Engl.)

Aus den Sporophoren von Stämmen des Pilzes *Calvatia gigantea* wurde eine weitgehend gereinigte *Mucoprotein*-Fraktion mit einer spezif. Aktivität gegen Sarkom 180 von 300—500 *Calvacin* (I)-Einheit/mg erhalten (1 I-Einheit/mg bewirkt 25%ig. Hemmung des Mäusesarkoms 180 bei 1 mg/Maus/Tag). Auch aus Kultur-Lsgg. konnte mittels Celluloseionenaustauschsäulen I abgetrennt werden. I ist ein nichtdiffundierendes, bas., mäßig stabiles Mucoprotein, das gegenüber 14 von 24 Mäuse-, Ratten- u. Hamstertumoren Hemmwrkg. zeigte. K. MAIER. 4160□

E_2. Enzymologie. Gärung

Der Wirkungsmechanismus der Spurenelemente auf die Enzymaktivitäten. Ettore Bottini. (Staz. chim.-agrar. sperim. Torino, Annu. **20.** 21—32. 1958—1960. Torino, Staz. chim.-agraria sperim.) (Ital.)

Übersicht unter besonderer Berücksichtigung folgender Punkte: Spurenelemente (SE) in prosthet. Gruppen der Enzyme; katalyt. Wrkg. von SE beim enzymat. Elektronen- u. O-Transport; Bldg. von intermediären Metall–Protein–Chelat-Komplexen, welche die Enzymaktivität erhöhen; Funktion von Mg bei Phosphorylierungsprozessen. K. ZINGRAF. 4200□

Untersuchungen über das Elektronenübertragungssystem. 38. Mitt. **Die Lipidzusammensetzung gereinigter Enzympräparate aus Rinderherzmitochondrien.** Sidney Fleischer, Herman Klouwen und Gerald Brierley. (J. biol. Chemistry **236.** 2936—41. Nov. 1961. Madison, Wis., Univ. of Wisconsin, Inst. of Enzyme Res.) (Engl.) — 37. vgl. J. HATEFI, Biochim. biophysica Acta [Amsterdam] (im Druck.)

Die hochwirksamen Elektrontransportuntereinheiten, *Cytochrom c-Reduktase, DPNH-Cytochrom-c-Reduktase, Bernsteinsäure–Cytochrom-c-Reduktase* u. *Bernsteinsäure–Coenzym-Q-Reduktase* haben einen Lipid (I)-Geh., der dem der Mitochondrien (26—27%) entspricht. *DPNH-Diaphorase* enthält 83% I. I besteht in allen Partikeln vorwiegend aus Phospholipid, das sich prakt. aus Lecithin, Phosphatidyläthanolamin, Cardiolipin u. Phosphatidylinosit zusammensetzt. Die einzelnen Abschnitte der Elektronentransportkette zeigen ein ähnliches, jedoch nicht ident. Lipidmuster, das entweder wirkliche Unterschiede der I-Zus. längs der Elektronenübertragungskette widerspiegelt oder nur durch Veränderungen, die von den Darst.-Verff. abhängen, bedingt ist. K. MAIER. 4210□

Untersuchungen über Cytochromoxydase. 3. Mitt. **Verbesserte Darstellung und einige Eigenschaften.** Takashi Yonetani. (J. biol. Chemistry **236.** 1680—88. Juni 1961. Philadelphia, Pa., Univ. of Philadelphia, Johnson Res. Foundation.) (Engl.) — 2. vgl. J. biol. Chemistry **235.** [1960.] 3138; 1. vgl. C. **1961.** 1591.

Cytochromoxydase (I), die aus Rinderherz nach der Meth. von OKUNUKI u. Mitarbeitern erhalten wird, läßt sich durch Dialysieren u. Differentialzentrifugieren als enzymat. akt. u. stabiles, lyophilisierbares Präp. in grünen Kristallen enthalten (photograph. Abb.). Die bei 26—33% Sättigung mit $(NH_4)_2SO_4$ erhaltene Fraktion wird bei 0—3° in 0,05 m Phosphatpuffer (pH 7,2) unter Zusatz von 0,5% Emasol 4130 (II) gelöst, 48 Std. dialysiert, zentrifugiert u. entweder nach vorheriger Kristallisation oder direkt dialysiert. Voraussetzung zum Erhalt reiner I-Präpp. ist die Abwesenheit von Cytochrom b u. c_1. Meth. zur quant. Best. von Fe, Cu u. Protein in I mit o-Phenanthrolin, Zn-Dibenzyldithiocarbamat bzw. mittels Biuret-Rk. werden angegeben. Das Absorptionsspektrum von I (Abb.) zeigt für die unbehandelte, oxydierte Form Banden bei 280, 340, 422, 423 u. 597 mμ, für die mit Dithionit red. bei 443,5, 517 u. 603 mμ. Das Atomverhältnis Cu:Fe beträgt 1,7, u. Fe ist nur in der Hämfraktion von I erhalten. Das pH-Optimum von I liegt bei 5,7—5,9. 1% II erhöht die I-Aktivität in 0,05 m Phosphatpuffer um 30—50% (Kurven). Vf. diskutiert Stabilität, Enzymaktivität, Reinheitsgrad u. Cu-Geh. verschiedener I-Präpp. u. stellt die Kriterien zusammen, mit deren

Hilfe die Diskrepanz zwischen den Auffassungen von **I** als einzelnem Hämprotein bzw. als „Cytochrom-a- u. -a_3-Syst." gelöst werden könnte. — 77 Literaturangaben.

G. KIRSTEN. 4210□

Der Mechanismus der Cyanidresistenz bei Achromobacter. 2. Mitt. Adaptive Bildung eines cyanidresistenten respiratorischen Systems in ruhenden Zellen. Shôji Mizushima und Kei Arima. (J. Biochemistry [Tokyo] **47.** 600—07. Mai 1960. Tokyo, Univ. of Tokyo, Fac. of Agric., Dep. of Agric. Chem.) (Engl.) — 1. vgl. J. Biochemistry [Tokyo[**47.** [1960.] 351.

Das Atmungs-Syst. ruhender Zellen eines *Achromobacter*-Stamms ging adaptiv in ein *Cyanid* (**I**)-resistentes über, wobei für die Adaptation **I** (optimal 1 $\sim$ $2 \cdot 10^{-3}$m), eine Energiequelle (Glucose, nicht aber Succinat) u. Aminosäuren erforderlich waren. Streptomycin (10^{-3}m) blockierte das Bakterienwachstum, hemmte aber die Anpassung an **I** nicht. Chloramphenicol (10^{-5}m, **II**) blockierte die **I**-Adaptation ohne Wachstumshemmung in Bouillonmedium. Während der Adaptation hemmte **II** die Zunahme von Cytochrom a_2, nicht aber beim Wachstum ohne **I**.

K. MAIER. 4210□

Hämoproteine des Weizenkeimlinges. 1. Mitt. Kristallisation und Eigenschaften der Peroxydase des Weizenkeimlings. Kunio Tagawa und Masateru Shin. (J. Biochemistry [Tokyo] **46.** 865—73. Juli 1959. Osaka, Univ. of Osaka, Fac. of Sci., Dep. of Biol.) (Engl.)

Die beiden *Hämoproteine* mit red. α-Banden bei 556 m u. 566 mμ (C. **1959.** 4833), welche *Peroxydase*-Wrkg. aufweisen u. als *Peroxydase 556* (**I**) u. *Peroxydase 566* (**II**) bezeichnet werden, werden nach einer neuen Meth. krist. erhalten. Hierzu werden Weizenkeimlinge mit den 5fachen Vol. 0,1m Phosphatpuffer pH 6,5 während 1 Std. bei Raum-Temp. extrahiert u. der Extrakt bei einem Geh. von 72% $(NH_4)_2SO_4$ ausgefällt. Nach nochmaligem Fällen mit 60% $(NH_4)_2SO_4$ u. Dialyse wird bei pH 6,5 an Amberlite CG-50 adsorbiert, bei pH 7,0 eluiert, an Amberlite XE-64 adsorbiert u. bei pH 7,5 eluiert. Nach Chromatographieren an einer XE-64-Säule wird **II** in Ggw. von $(NH_4)_2SO_4$ auskristallisiert. Von dieser nativen **II** erhält man auf diese Weise größere Menge als bei dem früheren Verf. (bei dem die Hauptmenge aus **I**, einer Modifikation von **II**, bestand). — **I**–H_2O_2-Komplex zeigt im Absorptionsspektrum nach 1 Min. Banden bei 520—530 mμ u. 550—500 mμ, die nach 5 Min. verschwinden; **II**–H_2O_2 zeigt Banden bei 540 u. 570 mμ bereits 1 Min. nach Zusatz von H_2O_2; diese sind $>$20 Min. lang beständig. **II**–H_2O_2 ist mit keinem der bisher bekannten Komplexe ident. u. dürfte ein wahrer *Peroxydase–H_2O_2-Komplex* sein.

A. HESSE. 4210□

Hämoproteine des Weizenkeimlings. 2. Mitt. Teilchen-Elektronenübertragungssystem des Weizenkeimlings und der Einfluß von Peroxydase auf dieses System. Kunio Tagawa und Masateru Shin. (J. Biochemistry [Tokyo] **46.** 875—81. Juli 1959. Osaka, Univ. of Osaka, Fac. of Sci., Dep. of Biol.) (Engl.) — 1. vgl. vorst. Referat.

Teilchen aus Weizenkeimlingen, die bei 18000·g erhalten wurden, enthalten *Cytochrom a*, *Cytochrom b* u. *Cytochrom c* (**I**). Zu den Teilchen zugesetztes **I** wird durch *red. Diphosphopyridinnucleotid* (*DPNH*) oder *Succinat* (**II**) in Ggw. von 10^{-4}m CN^- red., wobei die Rk. mit DPNH 4mal schneller verläuft. Die Rk. mit **II** wird fast vollständig durch Antimycin gehemmt, während die Rk. mit DPNH nur zu 65% gehemmt wird. Red. von **I** u. Oxydation von DPNH verlaufen stöchiometrisch. — In Ggw. von *Peroxydase* (**III**, u. zwar durch „556" wie „566" (l. c.) in gleicher Weise] wird die Red. von **I** um ca. 20% gehemmt, die Oxydation von DPNH dagegen stark beschleunigt. — Die Oxydation von DPNH durch **III** in der Teilchensuspension wird durch 10^{-3}m CN^- u. durch Anaerobiose vollständig gehemmt.

A. HESSE. 4210□

Einwirkung von pflanzlicher Peroxydase auf einige phenolische Aminosäuren. Tyrosin, Thyronin und einige ihrer jodierten oder hydroxylierten Derivate. Annie Mayrargue-Kodja, Simone Bouchilloux und Serge Lissitzky. (Bull. Soc. Chim. biol. **40.** 815—31. 21/7. 1958. Marseille, Fac. de Méd. et de Pharmacie, Labor. de Chim. biol.) (Franz.; Auszüge: Engl., Dt.)

Untersucht wurde die Einw. von *Peroxydase* (**I**; Meerrettich) auf die H_2-Donatoren: *L-Tyrosin* (**II**), *DL-Thyronin* (**III**), *3.5-Dijod-DL-tyrosin* (**IV**), *DL-Thyroxin, 3.4-Dihydroxyphenyl-DL-alanin, 3'-Hydroxy-DL-thyronin, 3-Monojod-DL-thyronin, 3'-Monojod-DL-thyroxin, 3.5.3'-Trijod-DL-thyronin, 3-Monojod-L-tyrosin* (**V**). Die Einw. der **I** erfolgte entweder in bidest. W. bei pH 5,5 oder in Ggw. von Puffern bei pH 6—9; Analyse mittels Papierelektrophorese oder Papierchromatographie. — Bei den o-Diphenolen ist die Wrkg. angesichts der Natur der erhaltenen Prodd. mit der Wrkg. von Polyphenoloxydase vergleichbar. Bei den Monophenolen erfolgt hauptsächlich Polymerisation unter H_2-Entzug; eine Hydroxylierung in o-Stellung wird nicht beobachtet. Die Phenylätherbrücke von **III** wird nur bei den Jod-Derivv. gespalten, wobei gleichzeitig Entjodierung erfolgt. — **I** + H_2O_2 führen **II** in **V** bzw. **V** in **IV** über.

A. HESSE. 4210□

Durch Einwirkung von Pilz-Phenoloxydase, Rhus-Laccase und Meerrettich-Peroxydase gebildete Dehydrierungsprodukte von Coniferylalkohol. Takayoshi Higuchi und Yoshimi Ito. (J. Biochemistry [Tokyo] **45.** 575—79. Aug. 1958. Naka, Univ. of Gifu, Fac. of Agric., Labor. of Wood Chem.; Fac. of Engng., Labor. of Chem.) (Engl.) — Vgl. C. **1962.** 6819.

Zu der früher (l. c.) angenommenen Identität der „*Phenoldehydrogenase*" von FREUDENBERG mit *Laccase* (I) wird darauf hingewiesen, daß I in höheren Pflanzen nicht sehr weit verbreitet ist. Es wird jetzt aber (ohne Beschreibung von Verss.) mitgeteilt, daß *Coniferylalkohol* (II) in einem Syst. aus D-Aminosäuren-Apooxydase + Flavin-adenindinucleotid + DL-Alanin + *Peroxydase* (III) eine ähnliche O_2-Aufnahme wie bei Einw. von I auf II zeigt, u. daß das Dehydrierungs-Prod. ähnliche Eigg. wie *Lignin* (IV) aus Coniferen aufweist. Offenbar spielt die weitverbreitete III eine Rolle bei der Bldg. von IV. — Bei Einw. von *Phenoloxydase*, von I aus *Rhus vernicifera* oder von III (Meerrettich) auf II in Ggw. von H_2O_2 werden Dehydrierungs-Prodd. (V) erhalten, die amorphe, IV-ähnliche Pulver darstellen, eine stark positive Rk. mit Phloroglucin–HCl geben u. einen $-OCH_3$-Geh. von 16,4—16,7% aufweisen. Diese V liefern bei Oxydation mit Nitrobenzol, Äthanolyse bzw. Hydrolyse dieselben Abbau-Prodd. wie Coniferen-IV, nämlich *Vanillin* (VI) u. *Vanillinsäure* als Oxydations-Prodd., ferner VI, *Guajacylaceton* (VII), *Vanilloylmethylketon* (VIII), *1-Äthoxy-1-[4-hydroxy-3-methoxyphenyl]-propanon-(2)* u. *2-Äthoxy-1-[4-hydroxy-3-methoxyphenyl]-propanon-(1)* als Prodd. der Äthanolyse oder schließlich VI, VII, VIII u. Coniferylaldehyd bei der Hydrolyse. — Auch diese Befunde sprechen für eine Beteiligung von III bei der Biosynth. von IV.

A. HESSE. 4210□

Über den Mechanismus der enzymatischen Oxydation von Brenzcatechin. Simone Bouchilloux und Serge Lissitzky. (Bull. Soc. Chim. biol. **40.** 833—49. 21/7. 1958. Marseille, Fac. de Méd. et de Pharmacie, Labor. de Chim. Biol.) (Franz.; Auszüge: Engl., Dt.)

Die früher (C. **1959.** 11943) untersuchte Oxydation von *Brenzcatechin* durch *Polyphenoloxydase* aus *Psalliota campestris* wird fortgesetzt. Es werden 3 isomere Tetrahydroxydiphenyl-Derivv. als Zwischenprodd. chromatograph. nachgewiesen, nämlich *3.4.3'.4'-Tetrahydroxydiphenyl* (A), *2.3.3'.4'-Tetrahydroxydiphenyl* (B) u. *2.3.2'.3'-Tetrahydroxydiphenyl* (C), u. deren UV-Spektren wiedergegeben. Diese Verbb. sind mit den ebenfalls mit A, B, C bezeichneten Verbb. ident., welche FORSYTH u. QUESNAL (C. **1958.** 5117) beschrieben haben. Es ist nicht ausgeschlossen, daß bei rascher Oxydation noch eine vierte Verb. in Spuren gebildet wird, die vielleicht der roten Verb. D der genannten Autoren entspricht. A. HESSE. 4210□

Verteilung von α-Glycerophosphatdehydrogenase bei normalen Ratten. Ho Lee Young und Nello Pace. (Arch. Biochem. Biophysics **76.** 112—21. Juli 1958. Berkeley, Calif., Univ. of California, School of Med., Dep. of Physiol.) (Engl.)

Beim Zentrifugieren von Rattenleberzellenhomogenaten bei 104000·g (20 Min.) wurden 95% der lösl. *α-Glycerophosphatdehydrogenase* (I) im Überstehenden gefunden; I ist offenbar ausschließlich außerhalb der Teilchen lokalisiert. Bei Vgl. der Organe finden sich 87—95% der I in den Skelettmuskeln, 4—12% in der Leber u. 1% in der Niere. Kaum nachweisbar ist I in Gehirn, Herz, Dünndarm, Lunge u. Milz. — ♀ Ratten haben (aus dem mg I/g Trocken-Gew. für das betreffende Organ berechnet) höheren I-Geh. in der Leber (0,76 mg gegenüber 0,19 mg) u. Niere (0,07 mg gegenüber 0,04 mg) u. Skelettmuskel (5,5 mg gegenüber 4,7 mg) als ♂ Tiere. A. HESSE. 4210□

Kohlenhydratoxydation durch Pseudomonas fluorescens. 6. Mitt. **Umwandlung von 2-Keto-6-phosphogluconat in Brenztraubensäure.** E. W. Frampton und W. A. Wood. (J. biol. Chemistry **236.** 2571—77. Okt. 1961. Urbana, Ill., Univ. of Illinois, Dep. of Dairy Sci., Labor. of Bacteriol.) (Engl.)

Zellfreie Extrakte von *Pseudomonas fluorescens* enthalten ein Enzym (I), das in Ggw. von red. *Triphosphopyridinnucleotid* (II) die Red. von *2-Keto-6-phosphogluconat* (III) zu *6-Phosphogluconat* (IV) katalysiert. Die Aktivität von I (*III-Reduktase*) wird auf spektrophotometr. Wege (Abnahme der Absorption bei 340 mμ infolge Oxydation von II) bestimmt; IV läßt sich enzymat. (Versetzen mit *6-Phosphogluconatdehydrogenase* aus Hefe) identifizieren. Zur Isolierung von I werden durch Ultraschallbehandlung u. Zentrifugieren erhaltene Extrakte von Pseudomonaskulturen nach Entfernung der Nucleoproteine [Behandlung mit festem $(NH_4)_2SO_4$ u. Protaminsulfat] einer Fraktionierung mit $(NH_4)_2SO_4$ u. Ca-Phosphatgeladsorption unterworfen, wobei eine 13fache Anreicherung von I erzielt wird. Das gereinigte Enzym-Präp. greift *Fructose-6-phosphat* oder *2-Keto-3-desoxy-6-phosphogluconat* nicht an, red. jedoch *2-Ketogluconat* (V) im Vgl. mit III zu ca. 2%. Als Coenzym ist außer II auch red. *Diphosphopyridinnucleotid* (VI) wirksam, das jedoch im Vgl. mit **II** die Rk.-Geschw. um 28% erniedrigt. Die MICHAELIS-Konst. für **I** betragen $2{,}35 \cdot 10^{-5}$ (mit **II**) bzw. $4{,}7 \cdot 10^{-4}$ m (mit **VI**); das pH-Optimum (Tris-HCl-Puffer) zeigt sich bei 7,4 bzw. 7,2—8,0. Die I-Aktivität wird durch Mg^{2+} u. Schermetallionen nicht beeinflußt; in Ggw. von **VI** bewirken Mg^{2+} u. Zn^{2+}, bei Anwesenheit von **II** verursacht *p-Chlormercuribenzoat* (10^{-3} m) Inhibition. NaF u. Äthylendiamintetraessigsäure (10^{-2}) sind ohne Einfluß. Bei Inkubation von zellfreien Extrakten mit *Glutathion* u. *Muskelaldolase* (**VII**, *Glyceraldehyd-3-dehydrogenase*) in Ggw. von *Di*-(**VIII**) bzw. *Triphosphopyridinnucleotid* (**IX**) u. Arsenat wird das erste innerhalb von 30 Min. zu **VI** red., während aus **IX** kein **II** gebildet wird. Daraus geht hervor, daß **VII** nur in Ggw. von **VIII** reagiert u. die Oxydation von *Glyceraldehyd-3-phosphat* mit der enzymat. III-Red. gekuppelt ist. Pseudomonasrohextrakte wandeln in Ggw. von **II** oder **IX** u. *Adenosintriphosphat* (**X**) **V** in *Brenztraubensäure* (**XI**) um. Diese Fähigkeit geht bei Behandlung der Extrakte mit Aktivkohle (zu Entfernung der Pyridinnucleotide) verloren. Ferner läßt sich in den Mikroorganismen eine Pyridinnucleotidtranshydrogenaseaktivität durch Oxydation von **II** mit **VIII** bzw. Red. von **IX** mit **VI** nachweisen. Die in mit $^{14}C_{(1)}$-**V** bzw. $^{14}C_{(6)}$-**V**, $MgCl_2$, **X**, **VI** u. Arsenit inkubierten Rohextrakten gebildete **XI** enthält bei Verw. von $^{14}C_{(1)}$-**V** 43,4% ^{14}C in der COOH-Gruppe, mit $^{14}C_{(6)}$-**V** als Substrat 59,9% der Aktivität in der CH_3-Gruppe. Aus den Ergebnissen geht hervor, daß bei Verwertung von **III** neben **IV** *2-Keto-3-desoxy-6-phosphogluconat, Glyceraldehyd-3-phosphat* (**XII**) u. **XI** gebildet werden, wobei die Oxydation von **XII** H-Atome für die Red. von **III** liefert. — 29 Literaturangaben. P. FAHRNLAENDER. 4210□

Denaturierung und Inaktivierung von Enzymproteinen. 11. Mitt. **Inaktivierung und Denaturierung von Glutaminsäuredehydrogenase durch Harnstoff und der Einfluß seines Coenzyms auf diese Vorgänge.** Minoru Inagaki. (J. Biochemistry [Tokyo] **46.** 893—901. Juli 1959. Osaka, Univ. of Osaka, Fac. of Sci., Dep. of Biol.) (Engl.) — 10. vgl. J. Biochemistry [Tokyo] **45.** [1958.] 1029; 9. vgl. C. **1962.** 6817.

Bei Denaturierung von *Glutaminsäuredehydrogenase* (**I**) aus Schweineleber durch *Harnstoff* (**II**) entspricht (im Gegensatz zu anderen Dehydrogenasen, α-Amylasen oder Katalysen) das „Inaktivierungsverhältnis" nicht dem „Denaturierungsverhältnis". **I** wird durch verhältnismäßig niedrige **II**-Konzz. reversibel gehemmt; dabei konkurriert **II** mit den Substraten. Diphosphopyridinnucleotid (DPN^+) u. Glutaminsäure schützen **I** gegen die Denaturierung durch **II** sowie gegen den Angriff von krist. Bakterienprotease; dagegen werden beide Vorgänge durch DPNH beschleunigt. — Vf. nimmt an, daß die Konfiguration des **I**-Proteins geändert ist, je nachdem, ob **I** sich mit DPN^+ oder DPNH verbindet. A. HESSE. 4210□

Beziehungen zwischen Konstitution und α-Aminosäuredehydrogenasewirkung von Isatinen. Heinz Cassebaum und Klaus Liedel. (J. prakt. Chem. [4] **12** (**284**). 91—95. Nov. 1960. Halle, Martin-Luther-Univ., Inst. für organ. Chem.) (Dt.)

Bei verschiedenen substituierten *Isatinen* wurde die *Dehydrogenase*-Wrkg. in Essigsäure untersucht. Es bestehen Beziehungen zu polaren u. ster. Effekten, ferner zu intramol. H-Brückenbindungen u. zur Art des Lösungsmittels. Redoxpotentiale verschiedener Isatine sind angegeben. Die polarograph. Stufe der *Isatin-4-carbonsäure* ist wesentlich niedriger als die anderer kernsubstituierter Isatincarbonsäuren. *Isatin-4.6-dicarbonsäure* ist polarograph. indifferent. Außerdem wurden *Isatin* u. folgende Derivv. untersucht: *6-Methoxy-, 6-Methyl-, 6-Fluor-, 5-Methyl-, 5-Methoxy-, 5-Fluor-, 6-Chlor-, 6-Brom-, 5-Chlor-, 5-Phenyl-, 6-Jod-, 5-Brom-, 5-Jod-, 4-Methyl-, 4-Fluor-7-methyl-, 4-Chlor-, 4-Brom-, 4-Jod-, 4-Hydroxy-, 4-Amino-* u. *4-Nitroisatin.* Außerdem *7-Methylisatin-4-carbonsäure* u. folgende Derivv.: *-amid, -piperidid, -dipropylamid, -dibutylamid, -äthylamid, -alaninäthylester, -anilid* u. *-nonylamid* u. *N-[7-Methylisatincarbonyl-(4)]-alaninäthylester.*

Versuche: *4-Fluor-7-methylisatin,* $C_9H_6FNO_2$, F. 241°, Synth. nach SANDMEYER, orangegelbe Nadeln aus A. — 11 Literaturangaben. M. REIHER. 4210□

Ein Fall von Auxinoxydaseadaptation (Wurzel). Paul-Emile Pilet. (Rev. gén. Bot. **66.** 450—60. Aug./Sept. 1959.) (Franz.)

Die Zerstörung von *β-Indolylessigsäure* (**I**) durch Wurzelgewebe von *Lens culinaris* nimmt zu, wenn diese vor Herst. der Enzymextrakte mit **I** inkubiert werden. Die durch Vorbehandlung mit **I** bewirkte Aktivierung von I-*Oxydase* (**II**) steigt mit Inkubationsdauer u. I-Konz. an. Nach GALSTON, der analoge Ergebnisse mit Erbsenextrakten erzielte, beruht diese Erscheinung auf adaptiver Enzymbildung. Die kinet. Unters. des I-Abbaus ergab, daß dieser in jungen Zellen erst nach einer Latenzphase einsetzt. Bei Behandlung der Extrakte mit 2.4-Dichlorphenol unterbleibt die Latenzperiode, d. h. **II** ist bereits vorhanden, aber in jungen Zellen gehemmt. Es wird ein Schema diskutiert, das eine Deutung der Befunde auf Grund einer Enzymadaptation zu deuten erlaubt. K. MAIER. 4210□

Stereochemie des Bernsteinsäuredehydrogenasesystems. O. Gawron, A. J. Glaid, T. P. Fondy und M. M. Bechtold. (Nature [London] **189.** 1004—05. 25/3. 1961. Pittsburgh, Duquesne Univ., Dep. of Chem.) (Engl.)

L-Chlorbernsteinsäure (*L*-I) wurde von *Bernsteinsäuredehydrogenase* (nach SLATER) wie Bernsteinsäure als Substrat verwertet (O_2-Aufnahme!), *L-Methylbernsteinsäure* (*L*-II) deutlich schlechter, D-I nur spurenweise u. D-II überhaupt nicht. D-II ist vielmehr ein kompetitiver Inhibitor des Enzyms (K_I 1,2·10^{-2} m). Als Prodd. der Oxydation von L-I u. L-II wurden Chlorfumarsäure u. Mesaconsäure identifiziert. Nach diesen Befunden wirkt das Enzym, wie *cis*-Aconitase u. Fumarase, *trans*-stereoselektiv u. -stereospezifisch. K. MAIER. 4210□

Über die Oxydation von Paraphenylendiamin durch Rattenserum und deren Zunahme in Abhängigkeit vom Alter. Jacqueline Kayser und Gilberte Legrand. (C. R. hebd. Séances Acad. Sci. **250.** 1108—10. 8/2. 1960. Paris, Conservatoire Nat. des Arts et Métiers, Labor. de Chim. agricole et biol.) (Franz.)

Die *Paraphenylendiaminoxydase* (I)-Aktivität des Rattenserums ist bei der Geburt niedrig. Bei Ernährung mit einer definierten Diät nimmt I vom 25.—80. Tag rasch zu (Phase schnellen Wachstums) u. beträgt dann etwa das 3fache wie bei der Geburt. Die I-Aktivität steigt dann weiter langsam an (720 Tage). K. MAIER. 4210□

Chemoautotrophe Bindung von Kohlendioxid durch Extrakte von Thiobacillus thiooxydans. 1. Mitt. Bildung von Oxalessigsäure. Isamu Suzuki und C. H. Werkman. (Arch. Biochem. Biophysics **76.** 103—11. Juli 1958. Ames, Iowa, Iowa State Coll., Dep. of Bacteriol.) (Engl.)

In zellfreien Extrakten von *Thiobacillus thiooxydans* konnte Ggw. einer irreversibel wirkenden *Phosphoenolbrenztraubensäurecarboxylase* (I) u. einer reversibel wirkenden *Oxalessigsäurecarboxylase* nachgewiesen werden. Bei I wurde K_m (für HCO_3^-) zu 1,2·10^{-3}m bestimmt. — Äpfelsäureenzym u. Äpfelsäuredehydrogenase fehlen in den Präpp., die durch Schütteln der Bakterienzellen mit einem Gemisch von kation. u. anion. Ionenaustauscherharzen vor Beschallung erhalten wurden. A. HESSE. 4210□

Fluorometrische Untersuchungen der Kupplung von reduziertem Diphosphopyridinnucleotid mit Milchsäuredehydrogenase aus Skelettmuskeln des Kaninchens. Anders Carlström. (Acta chem. scand. **15.** 2049—57. 1961. Stockholm, Med. Nobelinst., Biokemiska avdelningen.) (Engl.)

Beim Binden von *red. Diphosphopyridinnucleotid* (DPNH) an *Milchsäuredehydrogenase* (I) aus Skelettmuskel des Kaninchens wird während der Titration im Fluorescenzspektrum das Emissionsmaximum für DPNH von 478 mμ nach 460 mμ verschoben; gleichzeitig nimmt die Intensität des ausgesendeten Lichtes zu. Dieser Effekt ist bei Zusatz von 0,01 m Na-Oxalat sehr erheblich verstärkt. Das Fluorescenzmaximum wird um weitere 20 mμ nach den kürzeren Wellenlängen hin verschoben u. die maximale Fluorescenzintensität wird ca. 3fach verstärkt. Wird aber I mit DPNH-Mengen titriert, die im Vgl. mit der I-Konz. verhältnismäßig klein sind, so erfolgt beim ersten DPNH-Zusatz eine geringere Zunahme als sie bei freiem DPNH allein gefunden wird. Wird die DPNH-Konz. während der Titration bei jedem Zusatz verringert, so wird die Fluorescenz für DPNH-Mengen, die $^1/_{10}$ oder weniger der I-Konz. entsprechen, vollkommen ausgelöscht. Dies änderte sich auch nach 6maligem Umkristallisieren der käuflichen I oder nach Dialyse nicht. Auch konnte keine verunreinigende Substanz nachgewiesen werden, welche etwa DPNH oxydiert hätte. Bei Elektrophorese konnten 15% Verunreinigung in I nachgewiesen werden. Bei Chromatographie an einer CM-W-Cellulosesäule wurde eine Fraktion mit dem typ. Spektrum einer Nucleinsäure entfernt; diese Fraktion war aber ohne Einfl. auf die Fähigkeit der I, die Fluoresenz von DPNH zu unterdrücken. Bei Wiederholung dieses Chromatographierens wurde eine Enzymfraktion erhalten, welche die Fluoresenz von DPNH nicht unterdrückt, jedoch die Fluorescenz schon von Anfang an erhöht. — Diese Befunde, für welche verschiedene Erklärungsmöglichkeiten diskutiert werden, können einige in der Literatur vorhandene Widersprüche aufklären A. HESSE. 4210□

Das kondensierende Enzym in Blättern von Garcenia (Xanthochymus guttiferae). W. M. Deshpande und C. V. Ramakrishnan. (Current Sci. **27.** 485—86. Dez. 1958. Baroda, India, Baroda Univ., Biochem. Dep.) (Engl.)

Es wird Ggw. des *kondensierenden Enzyms* (I) in den Blättern von *Garcenia* (*Xanthochymus guttiferae*) nachgewiesen. Die sofort nach dem Pflücken auf 0° gebrachten Blätter (deren Mittelrippe entfernt wird, da der in diesen enthaltene Latex I hemmt) werden mit $^1/_3$ ihres Gew. an Tonerde u. dem doppelten Vol. 0,02m Phosphatpuffer, pH 7,2, verrieben; in dem bei 12000 U/min erhaltenen Zentrifugat wird I durch Fällen mit $(NH_4)_2$·SO_4 u. Adsorption an Gele hoch gereinigt. Bei Einw. von I auf ein Gemisch von 10 μm

Phosphatpuffer pH 7, 8 µm $MgCl_2$, 12 Einheiten Coenzym A, 10 µm Cysteinhydrochlorid, 8 µm Dilithiumacetylphosphat, 0,04 ml Transacetylase-Präpp. (9 mg/ml; erhalten aus Escherichia coli, N. R. C. 428), 20 µm Oxalacetat u. W. ad 1 ml wurde bei 30° Synth. von *Citronensäure* beobachtet, was auf Ggw. von **I** schließen läßt. A. HESSE. 4210□

Nachweis von Acetyl–Coenzym-A-Desacylase in einem Citronensäure bildenden Stamm von Aspergillus niger. C. V. Ramakrishnan und P. N. Raina. (Current Sci. **27.** 487—88. Dez. 1958. Baroda, Indien, Baroda Univ., Biochem. Dep.) (Engl.) — Vgl. vorst. Referat.

Aus Kulturen von *Aspergillus niger* auf einem synthet. Nährboden, die nach 72 Std. mit eiskaltem 0,02m Phosphatpuffer, pH 7,0, gewaschen waren, wurde durch Verreiben mit Tonerde (Alco A. 301) u. dem 4fachen Vol. des Puffers, Zentrifugieren bei 12000 U/min, Fällen mit $(NH_4)_2SO_4$ u. Adsorption an Gele ein Präp. erhalten, in welchem *Acetyl–Coenzym A-Desacylase* (**I**) nachgewiesen wurde. Das Rk.-Gemisch für diesen Nachw. enthielt in 1,5 ml: 100 µm Glykokollpuffer pH 6,8; 4 µm $MgCl_2$; 12 Einheiten Coenzym A (CoA); 2 µm Cysteinhydrochlorid (**IV**); 8 µm Dilithiumacetylphosphat (**II**); 0,1 ml Transacetylase (**III**)-Präp. (9 mg/ml; aus Escherichia coli); 1 µm NaF (zwecks Unterdrückung von Phosphatase-Wrkg.); 0,04 ml **I**-Präp. u. Wasser. Nach 40 Min. bei 26° wurde das nichtverbrauchte **II** ermittelt. — 1 Einheit **I** wird als die zum Abbau von 1 µMol **II** erforderliche Menge definiert. — Die Rk. erfolgt nicht, wenn **I** oder CoA oder **III** oder **II** fortgelassen werden. Fortlassen von NaF, $MgCl_2$ oder **IV** verringert die Wrkg. der **I**. — Die Tatsache, daß **I** in den ersten Stufen der Fermentation durch A. niger, wenn noch keine *Citronensäure* (**VI**) angehäuft ist, erheblich ist, jedoch mit Anhäufung von **VI** stark verlangsamt wird, deutet darauf hin, daß **I** das gebildete Acetyl-CoA spaltet u. so dessen Kombination mit C_4-Säure zur Bldg. von **VI** verhindert. A. HESSE. 4210□

Untersuchungen über Ribonucleasen in Takadiastase. 3. Mitt. Reinigung und Eigenschaften von Ribonuclease T$_2$. Naoi-Tada Mariko, Sato-Asano Kimiko und Fujio Egami. (J. Biochemistry [Tokyo] **46.** 757—64. Juni 1959. Nagoya, Nagoya Univ., Fac. of Sci., Dep. of Chem.) (Engl.) — 2. vgl. C. **1960.** 7545.

Aus *Takadiastase* „Sankyo" wurde die l. c. beschriebene *Ribonuclease T_2* (**I**) mit dest. W. extrahiert u. teilweise gereinigt (Ansäuern auf pH 2,5 mit HCl; Erwärmen für 2 Min. auf 80° in kochendem Wasserbad; Einstellen auf pH 6,0 u. Entfernen des Nd.; Fraktionieren mit $(NH_4)_2SO_4$; Dialyse des gelösten Nd.; Adsorption an $Ca_3(PO_4)_2$-Gel; Fraktionieren an DEAE-Cellulose). — Die von Ribonuclease T_1 durch das pH-Optimum (4,5 bei **I** statt 7,5) unterschiedene **I** ist hitzestabil; **I** wird durch Cu^{2+} gehemmt, durch Äthylendiamintetraessigsäure, p-Chlormercuribenzoesäure oder Monojodessigsäure gehemmt. Kennzeichnend ist die Spezifität der **I**, die vorzugsweise die sek. Phosphatbindungen von *Adenosin-3'-phosphat* spaltet. — Die Hydrolyse von *Heferibonucleinsäure* durch **I** verläuft unvollständig unter Bldg. einer resistenten Fraktion. — In roher **I** wird die Ggw. einer anderen *Ribonuclease* vermutet, welche die Phosphodiesterbindungen von Pyrimidinnucleotiden spaltet. A. HESSE. 4210□

Spektrophotometrische und stöchiometrische Titration von Ribonuclease in achtmolarer Harnstofflösung. Olga O. Blumenfeld und Milton Levy. (Arch. Biochem. Biophysics **76.** 97—102. Juli 1958. New York, N.Y., New York Univ. Coll. of Med. and of Dentistry, Dep. of Biochem.) (Engl.)

Bei stöchiometr. u. spektrophotometr. Titration von *Ribonuclease* (**I**) in 8m *Harnstoff* (**II**)-Lsg. ergibt sich, daß die 6 Tyrosyl-OH-Gruppen H^+-Ionen abdissozieren können u. eine monoton. Titrationskurve mit $pK_{(int)}$ 10,67 u. ω 0,018 aufweisen. Es wird angenommen, daß die nur bei 3 dieser Gruppen bei Titration in W. beobachtete geringere Fähigkeit als H-Donatoren auf intramol. Bindung von H beruht. Der niedrige Wert von w deutet auf ein „Auffalten" des **I**-Mol. hin; der Wert von $pK_{(int)}$ der 6 OH-Gruppen deutet darauf hin, daß eine Bindung von H der OH-Gruppen an **II** in den **II**-Lsgg. erfolgt. Da **I** in den 8m **II**-Lsgg. akt. ist, ist offenbar die bei der H-Bindung der Tyrosyl–OH-Gruppen beteiligte Struktur für die **I**-Wrkg. ohne Bedeutung. A. HESSE. 4210□

Nucleotide bei der Umwandlung von Zuckern und der Glykosidsynthese. I. D. E. Storey. (Biochem. Soc. Symposia **20.** 80—89. 1960, herausgeg. 1961. Edinburgh, Univ., Dep. of Chem.) (Engl.)

Übersicht. *Nucleotiddiphosphatzucker* (**I**), Biosynth. u. Umwandlung von **I**, Nucleosiddiphosphatzucker u. Synth. der glykosid. Bindung. — 49 Literaturangaben. Diskussion. K. MAIER. 4210□

Einige Eigenschaften enzymatisch gebildeter Polynucleotide. R. F. Steiner und R. F. Beers jun. (J. Polymer Sci. **30.** 17—28. Juli 1958. Bethesda, Md., Naval Med. Res. Inst.; Baltimore Md., Childrens Hosp. School.) (Engl.) — Vgl. C. **1958.** 1597. 12421.

Mittels des nucleotidpolymerisierenden Enzyms aus *M. lysodeicticus* wurden Polymere von *Adenylsäure* (**I**) u. *Uridylsäure* (**II**) hergestellt. *Poly*-**I** liegt bei pH $>$6 in Form

GAUSSscher Knäuel vor. Bei pH ca. 6 tritt eine Umwandlung ein, die sich in einer merklichen Mol.-Kontraktion äußert, wobei Sedimentations-Konst. u. Molgew. zunehmen, u. die UV-Extinktion bei λ 257 mμ deutlich abfällt. Formaldehydbehandlung oder Ca^{2+}-Zusatz verhindern die strukturelle u. die opt. Veränderung. Direkte Titration zeigte, daß diese Effekte auf einer Titration der *Adenin* (**III**)-Gruppe u. wahrscheinlich anschließender elektrostat. Bindung mit negativ gelandenem Phosphat beruhen. Die zur Bldg. eines stabilen Komplexes (**IV**) führende mol. Wechselwrkg. zwischen *Poly*-I u. *Poly*-II wird durch Bindung eines H^+-Ions an die 6-Aminogruppe von **III**, CH_2O-Blockierung derselben sowie Ionisierung der OH-Gruppe des Uridinpyrimidinringes gehemmt. **IV** dissoziiert bei pH $<$4,5 u. $>$10,0. K. MAIER. 4210□

Pyrophosphataseaktivität von C. diphtheriae. G. Cimino. (Nuovi Ann. Igiene Microbiol. **11.** 630—31. Nov./Dez. 1960. Roma, Univ., Ist. di Microbiol.) (Ital.)

Die phosphatasenegativen *C. diphtheriae*-Stämme D_1, D_6, D_7 u. D_8 sowie phosphatasepositiven *C. xerosis*-Stämme X_2 u. X_{28} besaßen *alkal.* wie *saure Pyrophosphatase*-Aktivität. K. MAIER. 4210□

Untersuchungen über die Wiedergewinnung des Proteins aus unlöslichen Protein-Tannin-Komplexen. 2. Mitt. Einige Eigenschaften von wiedergewonnenen Proteinen demonstriert durch die Bestimmung der Muskelaldolase und der sauren Phosphatase der Kartoffel. Wanda Mejbaum-Katzenellenbogen und Bronisława Morawiecka. (Acta biochim. polon. **6.** 453—65. 1959. Wrocław, Akad. Medyczna, Zaklad Chem. Fizjologiszney.) (Pol.) — 1. vgl. C. **1961.** 15781.

Kartoffelproteine (**I**) u. *Kaninchenaldolase* (**II**), welche durch *Coffein* aus einem *Tannin*-Komplex freigesetzt wurden, werden auf ihre ursprünglichen Eigg. untersucht. **II** zeigt sich in allen Eigg. unverändert, bei **I** wird eine verstärkte elektrophoret. Auftrennung, eine höhere Phosphataseaktivität u. ein verstärkter Agglutinationstiter gegenüber Erythrocyten der Blutgruppen A u. B beobachtet. Das wird auf einen Inhibitor von Nichtproteinnatur in Kartoffelextrakten zurückgeführt. H. STRUCK. 4210□

Bestimmung der Phosphorylaseaktivität in Gegenwart von β-Amylase. Michinori Nakamura. (J. Biochemistry [Tokyo] **46.** 799—806. Juni 1959. Bunkyo-ku, Tokyo, Univ. of Tokyo, Dep. of Agric. Chem.) (Engl.)

Wenn die Wrkg. von *Phosphorylase* (**I**), welche Glucosylgruppen reversibel am nichtreduzierenden Ende von als Starter dienenden Oligo- bzw. Polysacchariden anfügt u. damit die Amylosekette verlängert, am Freisetzen von anorgan. Phosphat bestimmt werden soll, werden bei solchen pflanzlichen Materialien, die größere Mengen von *β-Amylase* (**II**) enthalten u. dadurch den Abbau der Starter zu β-Amylasegrenzdextrin katalysieren, zu niedrige oder gar keine Phosphatwerte erhalten. Vf. beschreibt eine Meth., bei welcher vorhandene **II** durch $HgCl_2$ gehemmt wird. Da aber **I** durch $HgCl_2$ ebenfalls, aber in geringerem Umfange gehemmt wird, muß ermittelt werden, welcher %-Satz der **I** gehemmt wird; dies gelingt, wenn eine bekannte Menge von Kartoffel-**I** zugesetzt wird u. man feststellt, wie groß in diesem Fall der %-Satz der Hemmung ist. So konnte die **I**-Wrkg. von Rohextrakten aus einer Anzahl von Sorten der Süßkartoffel ermittelt werden. — Zur **II**-Hemmung kann statt $HgCl_2$ das ebenso wirksame Phenylmercuriacetat dienen. **II** wird durch Ascorbinsäure ziemlich stark, durch Monojodessigsäure schwach u. durch NaCN in kleinen Mengen nicht, in größeren Mengen aber völlig gehemmt. Jedoch kann NaCN bei der Best.-Meth. nicht verwendet werden, da es nicht nur **II** spezif. hemmt, sondern auch die **I** völlig hemmt. A. HESSE. 4210□

Anwesenheit zweier Aldolasen von verschiedenem Typus im Serum. Fanny Schapira, Jean-Claude Dreyfus und Georges Schapira. (C. R. Séances Acad. Sci. **245.** 808—10. 12/8. 1957. Paris, Hôpital des Enfants-Malades, Labor. de Recherches de Biochim. méd.) (Franz.)

Bei Vgl. der Spaltungs-Geschw. von *Fructose-1.6-diphosphat* (**I**) u. *Fructose-1-phosphat* (**II**) durch *Aldolase* (**III**) aus Serum unter verschiedenen physiopatholog. Bedingungen (Hepatitis bei Maus, Ratte, Mensch; Myopathie bei Maus, Mensch; mit Desoxycorticosteron (**IV**) behandelte Ratte) kamen Vff. zu der Auffassung, daß im Serum zwei **III** von verschiedenem Typus u. Ursprung vorliegen. Die bei Hepatitis auftretende **III** spaltet 2—3 μMol **I** je μMol **II**; bei Myopathie ist das Spaltungsverhältnis **I/II** ca. 60 bis $>$100, bei Behandlung mit **IV** 32 bzw. 112, bei normalen Mäusen 21.
A. HESSE. 4210□

Der Intermediärstoffwechsel von Kohlenhydraten bei Erwinia amylovora. Donald D. Sutton und Mortimer P. Starr. (J. Bacteriol. **80.** 104—10. Juli 1960. Davis, Calif., Univ., Dep. of Bacteriol.) (Engl.)

Durch Ultraschallbehandlung erhaltene Extrakte vom *Erwinia amylovora* enthielten die für den cycl. Ablauf des Hexosemonophosphatweges notwendigen Enzyme, sowie die der Glykolyse u. des EMBDEN-MEYERHOF-Schemas. Mit Hilfe radioakt. Isotope wurde der wirksame Verlauf der Glykolyse im anaeroben Glucosestoffwechsel nachgewiesen. H.-G. TRÜPER. 4210□

Experimentaluntersuchungen über die Reinigung der β-h-Fructosidase aus Brauereihefe. W. Thorsell. (Ark. Kemi **14.** Nr. 38. 429—38. 1959. Stockholm, Univ., Inst. of Organ. Chem. and Biochem.; Veterinary Coll., Dep. of Chem.) (Engl.)

Saccharase-Lsgg. mit *β-h-Fructosidase* (I)-Wert 950, was einer 1500fachen Reinigung entspricht, werden aus nach WEIDENHAGEN u. SCHRIEVER [1934] erhaltenen „Roh"-Lsgg. der I durch Fällen der I mittels Tannin bei pH 5,5, Adsorption an Amberlite IRC-50 bei pH 4,5 u. Elution mittels 0,05m Acetatpuffer pH 4,5 erhalten. — Aus den „Roh"-Lsgg. kann I nicht durch $(NH_4)_2SO_4$, auch nicht in Ggw. von Borat, ausgefällt werden. Amberlite IRC-50 bindet I bei pH-Werten, bei welchen kein Ionenaustausch erfolgt. A. HESSE. 4210□

Untersuchungen über die Bildung von Amylase durch Bacillus subtilis. 7. Mitt. **Einfluß von Purin, Pyrimidin und ihren Analogen auf die Exoenzymbildung durch Uracil und Adenin erfordernde Mutanten.** Junko Hosoda, Masamichi Kohiyama und Masayasu Nomura. (J. Biochemistry [Tokyo] **46.** 857—64. Juli 1959. Tokyo, Univ. of Tokyo, Inst. of Applied Microbiology.) (Engl.) — 6. vgl. C. **1962.** 7562; vgl. auch C. **1959.** 15713.

Früher wurde die Hemmung der *Amylase* (I)-Bldg. bei *Bacillus subtilis* mittels *8-Azaguanin* (II) u. die Verhinderung dieser Hemmung durch gleichzeitigen Zusatz von Guanin oder 2.4-Dinitrophenol (III) gezeigt. Vff. untersuchen jetzt den Einfl. von Nucleinsäurekomponenten u. deren Analogen auf die Bldg. von *Exo*-I u. von *Protease* (IV) durch Mutanten von B. subtilis K 12—2 bzw. K 10 bzw. K 6011, welche im Wachstum von *Uracil* (V) bzw. *Adenin* (VI) bzw. *Tryptophan* + VI oder *Hypoxanthin* abhängig sind. Die Mutanten K 12—2 u. K 10 bilden bträchtliche Mengen von I u. IV auch bei Fehlen der Wachstumsfaktoren (W.F.); jedoch wird durch Ggw. der W.F. die I- u. II-Bldg. mehr oder weniger stark stimuliert. Dabei wird durch III die I- u. II-Bldg. nur in Ggw. der W.F., nicht aber bei deren Abwesenheit gehemmt. — Bei K 12—2 wird die Enzym-Bldg. bei Fehlen von V durch II nicht, jedoch fast augenblicklich u. vollständig in Ggw. von V gehemmt; im zweiten Fall ist die Hemmung der vorhandenen V-Menge proportional. — Bei K 10 u. bei K 6011 wird die I-Bldg. durch II gehemmt, was durch Zusatz von V aufgehoben wird. — Die I-Bldg. wird bei K 12-2 durch Thiouracil gehemmt; diese Hemmung wird durch Ggw. von V vermindert. — Zusätze von Stärkehydrolysat oder Glucose zum Nährmedium führen zur Verstärkung der Einfl. von V u. II bei I- u. IV-Bildung. Zusätze von Citrat, Acetat oder Succinat sind ohne Einfl. auf die Wrkg. der Basen; jedoch ist die gebildete I-Menge höher als bei Zusatz von Kohlenhydraten. A. HESSE. 4210□

Über das Vorkommen von Linase in Bäckerhefe. Émile André und Monique Maille. (C. R. hebd. Séances Acad. Sci. **248.** 2240—42. 13/4. 1959.) (Franz.)

Das *Linamarosid* (I) der Leinsamen wird von Süßmandelemulsion nur langsam u. unvollständig, von der in frischen Leinsamen enthaltenen „*Linase*" (II) rasch gespalten. Die I-Best. in Ölkuchen, deren II-Geh. durch die Fabrikationsvorgänge stark abgesunken ist, wird aber dadurch möglich, daß man dem wss. Mazerat des Preßkuchenpulvers etwas Backhefe zusetzt, worauf in gleichem Maße HCN-Abspaltung (Best. nach LIEBIG-DENIGÈS im Wasserdampfdestillat), wie bei Zugabe frischer zerkleinerter Leinsamen stattfindet. Backhefe-II hat die gleiche Hitzeempfindlichkeit wie Lein-II. K. MAIER. 4210□

Wirkung von Ionen auf die Aktivität aus Herzgewebe stammender Enzyme. John A. Muntz. (Ann. New York Acad. Sci. **72.** 415—26. 6/2. 1959. Albany, N.Y., Union Univ., Albany Med. Coll., Dep. of Biochem.) (Engl.)

Übersicht. Enzyme der Glykolyse, des KREBS-Cyclus, des Fettsäureabbaus,Ioneneffekte zusätzlicher Enzyme, Funktion von Ionen bei enzymat. Rkk., Ionen als integrale Enzymkomponenten, Ionen als Aktivatoren, die Vereinigung Substratkomplex-Enzym erleichternde Ionen. — 36 Literaturangaben. K. MAIER. 4210□

Substratverbrennung in Kaninchen-Reticulocyten unter Einfluß von 2.4-Dinitrophenol. S. Rapoport und L. Ababei. (Naturwissenschaften **48.** 603—04. 2. Sept.-H. 1961. Berlin, Humboldt-Univ., Physiolog.-chem. Inst.) (Dt.)

Vff. prüften Einfl. von Substraten auf die Atmung in Ggw. von *2.4-Dinitrophenol* (I). Dabei zeigte sich, daß *Glutamin, Glutaminsäure* u. *α-Ketoglutarsäure* eine wesentliche Atmungssteigerung nur in Ggw. von I bewirken. Eine beträchtliche Erhöhung trat ebenfalls durch Zusatz von *Lactat, Pyruvat, Acetat* u. anderen Zwischensubstraten des Citronensäurecyclus auf. Die Tatsache, daß die Effekte nur in Ggw. von I auftreten, ist auf die strenge Kopplung zwischen Atmung u. Phosphorylierung zurückzuführen.

S. GROITZSCH. 4210□

Die Rolle von Reduktionsmitteln bei der Wirkung von Tyrosinase. Roger C. Krueger. (Arch. Biochem. Biophysics **76.** 87—96. Juli 1958. Cincinnati, Ohio, Univ. of Cincinnati, School of Med., Dep. of Biol. Chem.) (Engl.)

Die früheren Befunde (C. **1951.** II. 990) über den Einfl. von *Ascorbinsäure* wurden auch für die Wrkg. von *Tyrosinase* (I) aus eßbaren Pilzen gegen Phenol (II) u. p-Kresol (III) bestätigt: Red.-Mittel, zu denen noch *red. Diphosphopyridinnucleotid* kam, schalten die Induktionsperiode aus u. es wird in ihrer Ggw. die Oxydations-Geschw. von II u. III erhöht. Vf. meint, daß die von I katalysierte Hydroxylierung von Phenol-Verbb. hinsichtlich des Mechanismus der enzymat. Hydroxylierung von aromat. Verbb. u. Sterinen ähnelt.

A. HESSE. 4210□

Über die induzierte Synthese eines zur Biosynthese eines essentiellen Stoffwechselproduktes erforderlichen Enzyms. Induzierte Synthese von Kynureninase in Neurospora crassa. S. D. Wainwright und D. M. Bonner. (Canad. J. Biochem. Physiol. **37.** 741—50. Juni 1959. New Haven, Conn., Yale Univ., Dep. of Microbiol.) (Engl.)

Kurze Inkubation der gewaschenen Mycelien von *Neurospora crassa* mit *L-Tryptophan* (II) oder mit *L-Kynurenin* (III) führt zu ausgeprägtem raschen Ansteigen der Aktivität der *Kynureninase* (I). Offenbar liegt eine induzierte Biosynth. von I vor, wobei II u. III prakt. gleiche Wrkg. zeigen. Diese I-Induktion ist von Bedeutung für die Bldg. von *Niacin* (IV) aus II, wobei die von I katalysierte Umwandlung von *3-Hydroxykynurenin* (V) in *3-Hydroxyanthranilsäure* (VI) einen Teil des „*Tryptophancyclus*" bildet: III $\xrightarrow{\text{I-Wrkg.}}$ Anthranilsäure → Indol → II → III → V $\xrightarrow{\text{I-Wrkg.}}$ VI → IV.

A. HESSE. 4210□

Biosynthese der Proteine und ihr enzymatischer Aspekt. V. V. Koningsberger. (Colloquium Ges. physiol. Chem. Mosbach/Baden **10.** 50—71. 9—12/4. 1959, herausgeg. 1960.) (Dt.)

Vortrag. Enzymat. Aktivierung der *Aminosäuren* (I), Diffusion aktivierter Aminosäure-Verbb., I-Einbau in Proteine: Funktion der Mikrosomen. — 61 Literaturangaben. Diskussion.

K. MAIER. 4210□

Studien über die Proteinase eines Aspergillus awamori Stammes. 2. Mitt. Einflüsse der Metallionen auf die Proteinase. Jiro Hoshino und Noboru Taketomi. (Waseda appl. chem. Soc. Bull. **25.** 1—5. Juli 1958.) (Jap.; Auszug: Dt.) — 1. vgl. C. **1962.** 5333.

Die *Proteinase* (I) wird durch Mn^{2+} u. Co^{2+} aktiviert u. durch Al^{3+}, Fe^{3+} u. Zn^{2+} stark gehemmt. Andere Metallionen sind wirkungslos. Mn^{2+} schützt I außerdem gegen Hitzeinaktivierung.

P. GREGORZEWSKI. 4210□

Enzymatische Hydrolyse eines Glutamylpolypeptides von Bacillus megatherium. Mitsuo Torii. (J. Biochemistry [Tokyo] **46.** 513—15. April 1959. Osaka, Univ., Med. School, Dep. of Bacteriol.) (Engl.)

Aus frischer Hundeleber wurde ein *Enzym* (I)-Präp. erhalten, das *Glutamylpolypeptid* (II; TORII, Med. J. Osaka Univ. **6.** [1955.] 725), welches von *B. megatherium* oder von *B. subtilis* gebildet wurde, u. das *L-* u. *D-Glutaminsäure* (III) aufweist, spaltet, dagegen das von *B. anthracis* gebildete II, welches nur D-III aufweist, aber nicht angreift. I spaltet anscheinend die γ-L-Glutamylbindung. — I wurde erhalten durch Homogenisieren der Hundeleber mit angesäuerter physiolog. Salz-Lsg., Gefrierenlassen, Auftauen, Neutralisieren (Verwerfen des dabei entstehenden Nd.), Fraktionieren mit $(NH_4)_2SO_4$, Lösen in physiolog. Salz-Lsg. u. Dialyse gegen dieselbe Lösung.

A. HESSE. 4210□

Partielle Reinigung eines proteolytischen Insektenenzyms aus Phormia regina. Victor J. Brookes. (Biochim. biophysica Acta [Amsterdam] **46.** 13—21. 1/1. 1961. Corvallis, Oreg., Oregon State Coll., Sci. Res. Inst.) (Engl.)

Während ihrer 4—5tägigen Wachstumsperiode bei 30° gaben die Larven der Schmeißfliege *Phormia regina Proteasen, Endo-* u. *Exopeptidasen* an das Nährmedium, welches aus einer Suspension von *Casein* (I) in Agargel bestand, ab. Hierbei trat weitgehende hydrolyt. Spaltung von I in 14 Aminosäuren ein, wie durch papierchromatograph. Analyse u. Ionenaustauscherchromatographie der wss. Extrakte des Nährmediums gezeigt werden konnte. Durch einmalige Fällung mit $(NH_4)_2SO_4$ (0,65 Sättigung), 86 Std. lange Dialyse bei 4° wurde eine *25fach gereinigte Protease* (II) mit 20% der ursprünglichen Aktivität, durch 2malige Fällung mit $(NH_4)_2SO_4$, 60 Std. langer Dialyse bei 4° u. tropfenweiser Fällung mit n HCl bis zum pH 3,2 wurde eine *50fach gereinigte Protease* (III) mit 30% der ursprünglichen Aktivität gewonnen. II hatte das gleiche pH-Optimum wie Trypsin (IV, pH 7,8—8,3), enthielt eine *Carboxypeptidase*: 6 mg von II spalteten in 2 Std. Carbobenzoxyglycyl-L-phenylalanin zu ca. 30%. Bei der Hydrolyse von N-Benzoyl-L-argininäthylester waren 10 mg von **III** 1 mg **IV** äquivalent. **III** bzw. **II** waren weniger empfindlich gegen Sojabohneninhibitor u. stabiler als **IV** gegen Alkali u. gegen wiederholtes Auftauen nach Gefriertrocknung. H. CARLS. 4210□

Über die Abspaltung eines Glykomakropeptides bei der Einwirkung von Pepsin auf Casein bei pH 6,8. W. Habermann, H. Mattenheimer, H. Sky-Peck und H. Sinohara. (Chimia [Schweiz] **15.** 339—41. 15/5. 1961. Berlin, FU, Physiolog.-chem. Inst.; Univ. of Chicago, Dep. Med. and Dep. of Biochem.) (Dt.)

Es wird über vergleichende Unterss. der aus *Casein* erhaltenen Peptide bei der Einw. von Lab bzw. Pepsin berichtet. Danach sind die mit Lab bzw. Pepsin erhaltenen *Glykomakropeptide* in ihrer Zus. ähnlich, wenn nicht identisch. R. ILLHARDT. 4210□

Untersuchungen über enzymatische Reduktion von Nitrit. 1. Mitt. **Eigenschaften des bei der Nitritreduktion beteiligten Enzymsystems.** Akira Asano. (J. Biochemistry [Tokyo] **46.** 781—90. Juni 1959. Nagoya, Nagoya Univ., Fac. of Sci., Dep. of Chem.) (Engl.)

Nitrit (I) tritt im Verlauf der Red. von *Nitrat* (zu Hydroxylamin, NH_3, N_2 usw.) als Zwischenprod. auf. Die I-Red. kann daher bei der Denitrifizierung ein energieliefernder Vorgang u. insofern der aeroben Atmung vergleichbar sein. Vf. untersucht in diesem Sinne die Teilnahme von Pyridinnucleotid, Flavin, Vitamin K, Cytochrom u. einigen Schwermetallen in dem Elektronentransport-Syst. der I-Red., wobei *Nitritreduktase* (II) aus einem halotoleranten Micrococcus-Stamm 290 verwendet wird. — Ferrocytochrom b_4 red. I in Ggw. von **II**. Diese Rk. benötigt Ggw. von hohen Konzz. an Salz. — Der Elektronentransport von red. Diphosphopyridinnucleotid auf **I**, welcher hohe Salz-Konzz. benötigt, wird durch Flavinadeninnucleotid (FAD) ca. 2fach aktiviert u. durch *Antimycin A* (**III**) gehemmt. — Das Syst. Glucose + I wird durch *Amytal* (**IV**), *Chinin* (**V**), *Dicumarol* (**VI**) u. **III** gehemmt, durch FAD oder Menadion aktiviert. — Das Syst. Bernsteinsäure + I wird durch **III**, nicht aber durch **IV**, **V** oder **VI** gehemmt. — I wird durch CN^-, Azid u. Metallchelatbildner gehemmt, die im Dunkeln eintretende Hemmung der I durch CO wird durch Belichten nicht aufgehoben. Durch Hydroxylamin wird das Syst. aus red. Methylenblau u. **I**, nicht aber das Syst. aus red. Phenazinmethosulfat gehemmt; durch NO wird bei 0,1 at das erstgenannte Syst. stärker als das zweite Syst. gehemmt. — Vf. diskutiert die Ähnlichkeit dieses Syst. mit dem Syst. der Endoxydation bei Säugetieren u. schlägt ein Schema für die Wrkg. des I reduzierenden Syst. vor. A. HESSE. 4210□

Untersuchungen über enzymatiche Reduktion von Nitrit. 2. Mitt. **Aufspaltung der Nitritreduktase auf eine Teilchenkomponente und eine lösliche Komponente.** Akira Asano. (J. Biochemistry [Tokyo] **46.** 1235—42. Sept. 1959.) (Engl.) — 1. vgl. vorst. Referat.

Die dialysierte, durch osmot. Druck lysierte Zellsuspension von *Micrococcus*-Stamm 203, welche *Nitritreduktase* (I) enthält, ist so viscos, daß eine Trennung durch Zentrifugieren sehr schwierig ist; nach Vorbehandlung mit Desoxyribonuclease gelingt aber eine Trennung in Teilchenfraktion u. Überstehendes. In beiden Fraktionen ist die I-Wrkg. stark vermindert; durch Wiedervereinigen der beiden Fraktionen wird die ursprüngliche Wrkg. zurückerhalten. I besteht offenbar aus mindestens 2 Faktoren, von denen jeder Proteinnatur besitzt. — Der lösl. Anteil der I kann durch Fällen mit Aceton (40—50%) [Adsorption an $Ca_3(PO_4)_2$-Gel gelingt nicht] u. Elution mit 0,1 m Phosphatpuffer, pH 6,8, gereinigt werden. — Im Syst. I + red. Phenazinmethosulfat wird die Teilchen-I stark durch KCN u. Fe^{3+}-Chelatbildner gehemmt, wogegen lösl. I nur schwach gehemmt wird. Im Syst. I + red. Methylenblau wirken diese Inhibitoren ähnlich; außerdem wird aber die lösl. Fraktion durch Cu^{2+}-Chelatbildner stärker als die Teilchenfraktion gehemmt. In beiden Syst. wirkt CO hemmend. Hydroxylamin hemmt nur das zweitgenannte System. A. HESSE. 4210□

Untersuchung der Urease-Aktivität bei Mycobakterien. C. Bessière, B. Riche und S. Fourcade. (Trav. Soc. Pharmac. Montpellier **17.** 206—12. 1957. Montpellier, Fac. de Pharm., Labor. de Zool.) (Franz.)

Der feste Nährboden nach CHRISTENSEN erwies sich zum Nachw. von *Urease* (I) bei Mycobakterien als weniger empfindlich als der Test nach ELEK. Der Nährboden nach SAUTON unter Zusatz von 2% Harnstoff mit oder ohne Citronensäure u. mit einem Geh. von 20 oder 60‰ Glycerin schien die Produktion von I zu hemmen.
H. AMAN. 4210□

Kohlensäureanhydrase-Aktivität in fötalen und jungen Rhesusaffen. Delbert A. Fisher. (Proc. Soc. exp. Biol. Med. **107.** 359—63. Juni 1961. Portland, Oreg., Univ. of Oregon, Med. School, Dep. of Pediatr.) (Engl.)

Es wurde die Reifung der *Kohlensäureanhydrase*-Aktivität in Erythrocyten, Magenschleimhaut, Nierenrinde, Pankreas u. Lungengewebe von Rhesusaffen (vom 70. Tage der Trächtigkeit bis zu 1 Jahr alt) untersucht. An älteren Tieren wurde auch die Aktivität von Gehirngewebe (corticale graue Substanz) bestimmt. Es wurde eine signifikante Reifung in Erythrocyten, Magenschleimhaut u. Nierenrinde festgestellt. Eine bestimmte Aktivität scheint in fötaler Lunge u. Pankreas vorhanden zu sein; die Werte aber waren klein, wie die Aktivitäten in der corticalen grauen Substanz bei 1jährigen Tieren. Die Resultate stimmen im allg. mit den Unterss. an menschlichen Föten u. Kindern überein. H. AMAN. 4210□

Synthese von Succinat aus Acetat. D. D. Davies. (Nature [London] **191.** 1093. 9/9. 1961. Sydney, Univ., Bot. School.) (Engl.)

Da in dem früher (C. **1959.** 1500) beschriebenen *Enzym*-Syst. (I) aus Schweineherzen, das die Oxydation von *Essigsäure* (II) zu *Bernsteinsäure* (III) katalysiert, die *Aconitase* (IV) fehlt u. da der Zusatz von Äpfelsäure nicht die Aufnahme von II in III erhöht, wurde diese Rk. einer THUNBERG-Kondens. zugeschrieben u. die geringe Geschw. (7 mμMol/Std./mg Protein) durch das ungünstig gelegene Gleichgewicht erklärt. Diese Vorstellung wurde durch Messung der Bldg. von ^{14}C-II aus $^{14}C_{(2,3)}$-III unter dem Einfl. von Präpp., welche die Aufnahme von ^{14}C-II in III katalysieren, nachgeprüft. Dabei konnte aber keine wesentliche Bldg. von II oder Acetylcoenzym A oder Acetylphosphat (bei Zusatz von Transacetylase) nachgewiesen werden. Dies deutet darauf hin, daß keine THUNBERG-Rk. vorliegt, sondern daß vermutlich die III-Bldg. über die bekannten Rkk. des KREBS-Cyclus erfolgt, wobei die geringe Rk.-Geschw. durch Fehlen von IV erklärt wird. Dies wird gestützt durch die nicht veröffentlichte Beobachtung von SUTHERLAND, daß die Aufnahme von II in III nach Dialyse von I nicht mehr eintritt, jedoch durch Zusatz von Oxalessigsäure wiederhergestellt werden kann. Demnach scheint die frühere Annahme einer THUNBERG-Rk. irrig. A. HESSE. 4210□

Teilweise Reinigung eines Seruminhibitors von C' 1-Esterase. Jack Pensky, Lawrence R. Levy und Irwin H. Lepow. (J. biol. Chemistry **236.** 1674—79. Juni 1961. Cleveland, Ohio, Western Reserve Univ., Inst. of Pathol.) (Engl.)

Vff. beschreiben eine Meth. zur 200fachen Anreicherung von *C' 1-Esteraseinhibitor* (I) aus menschlichem Serum (A). A wird bei 0° mit $(NH_4)_2SO_4$ behandelt, die überstehende Fl. gegen W. dialysiert, das Dialysat an Dowex 2-X 10 mit 0,06m Trispuffer (pH 7,3) chromatographiert u. I durch Zusatz von 0,09 Mol NaCl/Liter zur Puffer-Lsg. eluiert. I wird durch erneutes Chromatographieren fast vollständig von Serumtrypsininhibitor (II) getrennt (Kurven). Die Ausbeute an I beträgt 40—90% (durchschnittlich 60%) u. die spezif. Aktivität 60—130 (90) Einheiten/mg nichtdialysierbarem N. I erweist sich bei Elektrophorese in Barbitalpuffer bei pH 8,6 als ein *thermolabiles α_2-Globulin*, das beim Ultrazentrifugieren in 2 Komponenten sedimentiert, wobei über 80% eine Sedimentations-Konst. von 4,5 S aufweisen. Die volle I-Aktivität ist nur im Gebiet von pH 5,5—10,5 vorhanden. I ist oberhalb 48° instabil u. wird bei 60° vollständig inaktiviert. I hemmt augenblicklich u. stöchiometr. die Esterolyse von *N-Acetyl-L-tyrosinäthylester* (III) durch C' 1-Esterase (Kurven), ist jedoch auf *Plasmin* (IV), *Thrombin*, *Trypsin* (V) u. *α-Chymotrypsin* (VI) prakt. ohne Wirkung. V bzw. VI werden erst bei 12,5—25fachem Gew.-Überschuß an I gehemmt, u. zwar nur mit III, nicht aber mit p-Toluolsulfonyl-L-argininmethylester als Substrat. Vff. diskutieren das Verh. von I an Dowex-2-Harzen u. weisen auf die Unterschiede zu II- u. IV-Inhibitoren hin. G. KIRSTEN. 4210□

Kinetik der Herzcholinesterasen. L. Girardier, F. Baumann und J. Posternak. (Helv. physiol. pharmacol. Acta **17.** Nr. 3. C24—C26. Okt. 1959. Genève, Univ., Inst. de Physiol.) (Franz.)

Die von SCHAEFER (Pflügers Arch. ges. Physiol. Menschen Tiere **249.** [1947.] 405) u. HARDEGG u. Mitarbeitern angegebene Kinetikhypothese ist auf die Herzcholinesterasen von Huhn, Ratte, *Rana temporaria* u. *R. ridibunda* anwendbar u. ermöglicht eine quant. Beschreibung der verschiedenen Aktivitätstypen. K. MAIER. 4210□

Phosphatase und Cholinesterase im Hypothalamus–Hypophysen-System des Affen. R. L. Holmes. (J. Endocrinology **23.** 63—67. Sept. 1961. Birmingham, Univ., Dep. of Anat.) (Engl.)

Vf. untersuchte die Verteilung der *sauren Phosphatase* (I), *alkal. Phosphatase* (II) u. der *Cholinesterase* (III) im Hypothalamus ♀ Rhesusäffchen (*Macacus rhesus*). I u. II wurden im Nucleus aller Neuronen u. Gliazellen des Hypothalamus, bes. aber in den betreffenden Nucleoli, nachgewiesen. Im Cytoplasma des N. paraventricularis u. N. supraopticus konnte nur eine schwache II-, aber eine starke I-Aktivität festgestellt werden. Hohe II-Konzz. wurden auch in den Wänden der Blutgefäße des Hypothalamus u. der

Neurohypophyse gefunden. Hohe III-Konzz. fanden sich nur in den Neuronen des N. paraventricularis u. N. supraopticus. M. Lorenz. 4210□

Der L-Histidinstoffwechsel beim Säugetier. 4. Mitt. Reinigung und Eigenschaften von Imidazolonpropionsäurehydrolase. Solomon H. Snyder, Omega L. Silva und Marian W. Kies. (J. biol. Chemistry **236**. 2996—98. Nov. 1961. Bethesda, Md., Nat. Inst. of Mental Health, Labor. of Clin. Sci.) (Engl.) — 3. vgl. C. **1961**. 2698.

Imidazolonpropionsäurehydrolase (I), die die hydrolyt. Umwandlung von *Imidazolon-4(5)-yl-5(4)-propionsäure* (II) in *Formiminoglutaminsäure* katalysiert, wurde aus Rattenleberhomogenatüberstand durch $(NH_4)_2SO_4$-Fraktionierung, isoelektr. Fällung bei pH 5,0 u. $Ca_3(PO_4)_2$-Geladsorption ca. 60fach angereichert u. frei von Urocanaseaktivität erhalten; pH-Optimum 7,4, K_m-Wert $0,7 \cdot 10^{-5}$m. Die Rk. war nicht reversibel. Der II-Abbau wurde durch 10^{-3}m Äthylendiamintetraessigsäure, KCN, H_2O_2, Jodessigsäure, NH_2OH u. Semicarbazid nicht beeinflußt, während 10^{-4}m p-Chlormercuribenzoat 100%ig hemmte (teilweise Entfernung durch $3 \cdot 10^{-4}$m red. Glutathion). K. Maier. 4210□

Reinigung und Eigenschaften einer α-Glucosidase aus Saccharomyces italicus Y 1225. Harlyn Halvorson und Loretta Ellias. (Biochim. biophysica Acta [Amsterdam] **30**. 28—40. Okt. 1958. Madison, Wis., Univ. of Wisconsin, Dep. of Bact.; Tallahassee, Fla., Florida State Univ.) (Engl.)

Mit den üblichen Meth. wurde das Enzym gereinigt. Es hydrolysiert α-D-Glucoside in Glucose u. Alkohol (pH-Optimum 6,6—6,8). *α-D-Glucosidase* (I) zeigt eine breite Spezifität gegenüber Alkyl- u. Aryl-α-D-glucosiden, eine geringere gegenüber Holosiden. α-D-Thioglucoside sind keine Substrate. I wird durch SH-Verbb. aktiviert, durch Amine bei pH >7, p-Chlormercuribenzoat u. Jodacetat inhibieren. Molgew. ca. 85000.

P. Gregorzewski. 4210□

Die Hemmwirkung von Sulfhydryl-Inhibitoren auf Vermehrung und Enzymtätigkeit von Saccharomyces cerevisiae. 3. Mitt. Endre Jeney und Tibor Zsolnai. (Zbl. Bakteriol., Parasitenkunde Infektionskrankh. Hyg., II. Abt. **111**. 530—39. 30/8. 1958. Debrecen, Med. Univ., Hygien. Inst.) (Dt.) — Vgl. C. **1960**. 1549.

Es wurden die Wrkg. von 34 Sulfhydrylinhibitoren (I) auf Vermehrung u. Glucosevergärung von *S. cerevisiae* sowie die Möglichkeit einer antagonist. Beeinflussung des Hemmeffekts durch *Na-Thioglykolat* (II) untersucht. Die Zusammenhänge zwischen der Stabilität der II-Inhibitorkomplexe u. der Enthemmung durch II werden diskutiert. Die atmungshemmende Wrkg einzelner I beruht nicht auf unmittelbarer Beeinflussung der Atmungsenzymfunktion u. ist demgemäß unspezifisch. Geprüfte Verbb.: $AgNO_3$, $Pb(NO_3)_2$, $HgCl_2$, $CuSO_4$, $CdCl_2$, $H[AuCl_4] \cdot 3\,H_2O$, Tl-Acetat, SeO_2, As_2O_3, K-Antimonyltartrat, $K_2Cr_2O_7$, UO_2-Acetat, *Arsanilsäure*, *3-Acetylamino-4-hydroxyphenylarsinsäure*, *Mapharsen*, *Neosalvarsan*, *Phenylmercuriborat*, *Merthiolat*, *Jodessigsäure*, *-äthylester*, *-n-propylester*, *-n-butylester*, *-n-octylester*, *Äthylenglykol-bis-[jodessigsäureester]*, *Monobrommalonsäurediäthylester*, *α.β-Dibrompropionsäureäthylester*, *symm.-Dibrombernsteinsäurediäthylester*, *-n-propylester*, *Monobromacetonitril*, *n-Propylbrommethylketon*, *2-Bromacetylnaphthalin*, *o-Nitrobenzyljodid*, *2.3-Dichlornaphthochinon-(1.4)*.

K. Maier. 4270□

E_3. Mikrobiologie. Bakteriologie. Immunologie

Methode zur Beurteilung der von chemischen und physikalischen Faktoren auf Mikrobenkulturen ausgeübten Quantenwirkung. Károly Vas. (Konzerv- és Hütöipari Kutató Intézet Közleményei [Mitt. Forsch.-Inst. Konserven- u. Kühlind.] **1958**. 3—6.) (Ung.)

Auf Grund der zur Vernichtung oder zu einer bestimmten Verzögerung der Entw. erforderlichen Quantendosen kann die Wrkg. von chem. u. physikal. Faktoren auf Mikrobenkulturen vergleichend qual. u. quant. ermittelt werden. R. K. Müller. 4300□

Aktivierung von Enzyminduktion und Wachstum bei Escherichia coli durch Röntgenbestrahlung. H. Laser und Margaret J. Thornley. (Proc. Roy. Soc. [London], Ser. B **150**. 539—53. 1/9. 1959. Cambridge, Univ., Molteno Inst. and Low Temp. Res. Stat. and Dep. of Sci. and Ind. Res.) (Engl.)

E. coli B wurde in fl. Nährlsg., die außer anorgan. Salzen Glucose (I) u. NH_4Cl als einzige C- u. N-Quelle enthielt, gezüchtet, wobei I nicht durch Maltose (II) ersetzbar war. Gewaschene *E. coli*-Suspensionen, die I rasch oxydieren, zeigen in Ggw. von II nur unbedeutende O_2-Aufnahme. II wird bei Ersatz von NH_4Cl durch Glutaminsäure für das Wachstum verwertet. Röntgenbestrahlung mit 4—8 kr (190 kVp, 10 mA, 8 kr/min) verändert diese Verhältnisse völlig. Gewaschene Suspensionen bestrahlter *E. coli*-Zellen oxydieren I ebenso rasch wie die Kontrollen, entwickeln aber im Unter-

schied zu letzteren eine zunehmende Atmung in Ggw. von II. Chloramphenicol unterdrückt das Ansprechen auf II. Nach Bestrahlung können lebensfähige Zellen auf II im fl. Medium mit NH_4Cl, wenn auch langsam, wachsen. Lebensfähige bestrahlte Mikroorganismen vermehren sich in Ggw. von II u. Glutamat während der logarithm. Phase viel rascher als unbestrahlte Kontrollen. Bei Inkubation der Bakterien mit Glucose u. NH_4Cl geht die Ansprechbarkeit auf II verloren. Kontrollen u. bestrahlte Zellen enthalten Maltase (Nachw. mittels II u. Glucoseoxydase). Die Bestrahlungseffekte beruhen anscheinend auf Induktion von Permease für II in den bestrahlten Bakterien.
K. MAIER. 4300□

Aufnahme von $^{14}C_{(1)}$-Galaktose durch Saccharomyces cerevisiae R XII. M. Burger, Libuše Hejmová und J. Liebster. (Folia Microbiol. [Praha] 6. 77—79. 1961. Prague, Czech. Acad. of Sci., Inst. of Biol., Dep. of Microbiol.) (Engl.) — Vgl. Biochem. J. 71. [1959.] 233.

Die Aufnahme von *$^{14}C_{(1)}$-Galaktose* durch *Saccharomyces cerevisiae R XII* erfolgt selbst bei sehr kleinen Außenkonzz. ($2 \cdot 10^{-4}$m) in Richtung des Konz.-Gefälles. Damit werden die früheren, bei höheren Außenkonzz. gefundenen Resultate bestätigt. Die Anfangs- u. die Gleichgewichts-Geschw. der Galaktoseaufnahme hängen linear von der Außenkonz. ab. H.-G. FLOSS. 4310□

Aufnahme verwertbarer Zucker durch Saccharomyces cerevisiae. M. Burger und Libuše Hejmová. (Folia Microbiol. [Praha] 6. 80—85. 1961. Prague, Czech. Akad. of Sci., Inst. of Biol., Dep. of Microbiol.) (Engl.)

Um festzustellen, ob die mit nicht verwertbaren Zuckern gewonnenen Erkenntnisse über den Mechanismus der Zuckeraufnahme durch Hefezellen auch für verwertbare Zucker gelten, wurde die Aufnahme von *Glucosamin* (I) durch *Saccharomyces cerevisiae* untersucht. I wird nur sehr langsam in den Zellen umgesetzt. I wird in undissoziierter Form in Richtung des Konz.-Gefälles aufgenommen; neben freiem I liegt in der Zelle z. T. in größerer als der Außenkonz. gebundenes I vor (wahrscheinlich phosphoryliert). Die I-Aufnahme wird von verwertbaren u. z. T. auch von nicht verwertbaren Zuckern gehemmt. Nach den Ergebnissen bestehen keine Unterschiede im Mechanismus der Aufnahme verwertbarer u. nicht verwertbarer Zucker durch Hefezellen. H.-G. FLOSS. 4310□

Die Glucoseverwertung durch aerobe gramnegative Bakterien. R. G. Board und A. J. Holding. (J. appl. Bacteriol. 23. XI—XII. Dez. 1960. Edinburgh, School of Agric.) (Engl.)

In einem $NH_4H_2PO_4$, K_2HPO_4, Hefeextrakt u. anorgan. Salze enthaltenden Agarnährboden erzeugten aerobe gramnegative Bakterien (aus Boden u. faulen Eiern), die *Glucose* (I) verwerteten, eine saure Reaktion. Diese Bakterien zeigten rasche O_2-Aufnahme mit I als Substrat, während Nichtsäurebildner keine höhere O_2-Aufnahme aufwiesen, als der endogenen Atmung entsprach, u. offensichtlich I nicht verwerteten. Der Nährboden eignet sich zur Identifizierung von *Alcaligenes*-Stämmen u. *Pseudomonas*-Species, die I nicht verwerten können. K. MAIER. 4310□

Der Schwefelstoffwechsel der Hefe. 1. Mitt. Eine Untersuchung des relativen Wachstums von fünf Hefen auf einem schwefelfreien, mit kleinen Mengen von Schwefelverbindungen ergänzten Nährboden. David Margolis und Richard J. Block. (Contr. Boyce Thompson Inst. 19. 437—43. Juli/Sept. 1958.) (Engl.)

Es wurde die Wachstums-Rk. der Hefen *Candida utilis, C. pseudotropicalis, Saccharomyces cerevisiae* (Stamm *anamensis*), *S. cerevisiae* (Rasse M) u. *Zygosaccharomyces mengelicus* auf Zusatz von 39 S-Verbb. zu einem belüfteten S-freien, fl. Nährboden untersucht. Anorgan. S (Sulfat, Sulfit, Thiosulfat), L-Homocystein, L-Cystathionin, L-Methionin, S-Methyl-L-cystein, N-Acetylmethionin u. Taurin wurden gleich gut verwertet, während Cysteamin, Cystamin, Thiolhistidin, Ergothionein, Thioläpfelsäure D-Äthionin, Thioharnstoff, Thiamin, -disulfid u. Disulfidphosphorsäureester das Wachstum keiner Hefe unterstützten. Individuelle Wachstums-Rk. einzelner Hefen trat bei folgenden Verbb. auf: L-Cystein, DL-Homocysteinthiolacton, L-Cysteinäthylester, red. u. oxydiertes Glutathion, L-Cystin, meso-Cystin, L- u. D-Homocystin, DL-Lanthionin, L-meso-Lanthionin, L-Djenkolsäure, D-Methionin, L-Äthionin, Methylmethioninsulfoniumchlorid, L-Cysteinsulfinsäure, L-Cysteinsäure, Methioninsulfoxid u. -sulfon.
K. MAIER. 4310□

α-Ketosäuren in vitaminfreien Caseinhydrolysaten (sauer). Patricia MacLeod und M. E. Morgan. (Science [Washington] 130. 505—06. 28/8. 1959. Storrs, Univ. of Connecticut, Agric. Exp. Stat.) (Engl.)

Aus 5 Handels-Präpp. von vitaminfreien sauren Caseinhydrolysaten, die vielfach für bakteriolog. Nährboden Verw. finden, wurden *α-Ketoglutarsäure* u. *Brenztraubensäure*

als 2.4-Dinitrophenylhydrazone isoliert. Eine Probe enthielt außerdem Spuren von α-Ketobuttersäure. Die Hydrazone wurden durch katalyt. Hydrierung in *Glutaminsäure, Alanin* u. *α-Aminobuttersäure* übergeführt u. papierchromatograph. identifiziert.
K. MAIER. 4310□

Biotinbedarf und Kohlenstoff- und Schwefelquellen bei Aspergillus und Neurospora. P. Strigini und G. Morpurgo. (Nature [London] **190.** 557. 6/5. 1961. Rome, Italy, Ist. Super. de Sanità, Intern. Centre for Chem. Microbiol.) (Engl.)

Vff. stellten fest, daß Conidien von *Aspergillus nidulans* für das Initialwachstum geringe *Biotin*-Mengen benötigten. Wurde *Glucose* als C-Quelle durch *Fructose, Ribose, Glycerin* oder Zwischenprodd. des EMBDEN-MEYERHOF-Schemas, des Tricarbonsäure- oder Pentosecyclus ersetzt, konnte gutes Wachstum ohne Biotin beobachtet werden. Bei Ersatz der Glucose durch Saccharose, Maltose oder Dextrin blieb die Biotinbedürftigkeit erhalten. Wurde SO_4^{2-} als S-Quelle durch SO_3^{2-}, $S_2O_3^{2-}$, S^{2-}, Cystein oder Cysteinsäure ersetzt, konnte verzögertes Auswachsen der Conidien zu Kolonien festgestellt werden; $2{,}5 \cdot 10^{-9}$ mm Biotin normalisierten das Wachstum. Ein Wildstamm von *Neurospora crassa*, der als biotinbedürftig angesehen wurde, konnte bei Ersatz von Glucose durch Fructose u. SO_4^{2-} durch S^{2-} ohne Biotin gezogen werden. H.-G. TRÜPER. 4310□

Über die Zusammensetzung der Zellwand von Apiculatushefen. M. W. Miller und H. J. Phaff. (Antonie van Leeuwenhoek **24.** 225—38. 1958. Davis, Calif., Univ. of California, Dep. of Food Technol.) (Engl.)

Zellwandhydrolysate von *Hanseniaspora uvarum, H. valbyensis, Kloeckera apiculata, Saccharomycodes ludwigii* u. *Saccharomyces cerevisiae* enthalten als Zucker lediglich *Glucose* u. *Mannose* sowie Spuren von *Glucosamin. Nadsonia elongate* enthält 5% *Chitin* u. kein Mannan. P. GREGORZEWSKI. 4315□

Über die Zellwandzusammensetzung von Saccharomycopsis guttulata. M. Shifrine und H. J. Phaff. (Antonie van Leeuwenhoek **24.** 274—80. 1958. Davis, Calif., Univ. of California, Dep. of Food Tech.) (Engl.) — Vgl. auch vorst. Referat.

Die Zellwand enthält 43,7% *Kohlenhydrate* (als Glucose), 39,6% *Protein* u. *Chitin*-Spuren. *Mannose* u. *Glucosamin* sind in geringen Mengen vorhanden.
P. GREGORZEWSKI. 4315□

Untersuchungen über Streptokokkenzellwände. 5. Mitt. **Aminosäurenzusammensetzung der Zellwände virulenter und avirulenter hämolytischer Streptokokken der Gruppe A.** B. S. Tepper, J. A. Hayashi und S. S. Barkulis. (J. Bacteriol. **79.** 33—38. Jan. 1960. Chicago, Ill., Univ. of Illinois, Coll. of Med., Dep. of Biol. Chem.) (Engl.) — 4. vgl. SALTON, Biochim. biophysica Acta [Amsterdam] **10.** [1953.] 512.

Um mögliche Verschiedenheiten in der Zus. der Zellwände zwischen virulenten u. avirulenten Streptokokken zu erfassen, wurden quant. Aminosäurenanalysen der Zellwände u. von Proteinfraktionen der Zellwände eines virulenten *Streptococcus* der Gruppe A, Typ 14 (Stamm Q43x) u. eines nichttypisierbaren Streptococcus der Gruppe A (Stamm Q496) durchgeführt. Dabei zeigten sich nur geringfügige Veränderungen in der Aminosäure-Zus.; das M-Protein des Stammes Q43x enthielt mehr *Lysin* u. *Asparaginsäure* als eine vergleichbare Fraktion des Stammes Q496 ohne M-Aktivität; sonst waren beide Fraktionen weitgehend ähnlich in ihrer Zus.; keine der Fraktionen war repräsentativ für das trypsinlabile Protein ihrer Zellen; die Aminosäuren-Zus. u. der Geh. der Zellwände an trypsinresistentem Protein war bei beiden Stämmen identisch.
U. TAUSENDFREUND. 4315□

Die Prüfung sporenbildender Bakterien auf Sterine und Squalen. U. Melchiorri-Santolini und G. Renzini. (Nuovi Ann. Igiene Microbiol. **11.** 595—97. Nov./Dez. 1960. Roma, Univ., Ist. di Microbiol.) (Ital.)

Die *Sterin*- u. *Squalen*-Best. in großen Mengen einiger Stämme von *B. subtilis, B. megatherium* u. *B. cereus* sowie in deren Sporen verlief negativ. K. MAIER. 4315□

Untersuchungen über die Konstitution des Mucokomplexes aus Micrococcus lysodeikticus. 3. Mitt. **Eigenschaften der Produkte der sauren Hydrolyse.** Shichiro Akiya und Otomatsu Hoshino. (Chem. pharmac. Bull. [Tokyo] **8.** 399—405. Mai 1960.) (Engl.)

Im Säurehydrolysat der *Mucokomplex*-Fraktion *GII* aus *M. lysodeikticus* wurden papierelektrophoret. u. -chromatograph. *Glucose, Glucosamin, Alanin, Glycin, Glutaminsäure, Lysin* (I) u. *Muramsäure* identifiziert. Auf Grund der Rk. mit 2.4-Dinitrofluorbenzol (λ_{max} 360 mμ) enthält *GII* eine freie prim. NH_2-Gruppe je Molgew. von 2800 bis 3200. Das saure Hydrolysat von *DNP-GII* enthält kein freies I, sondern *ε-DNP*-I, sonst aber keine DNP-Aminosäure. K. MAIER. 4315□

Untersuchungen über die Konstitution des Mucokomplexes aus Micrococcus lysodeikticus. 4. Mitt. **Trennung von Produkten der Lysozymspaltung.** Otomatsu Hoshino. (Chem. pharmac. Bull. [Tokyo] **8**. 405—10. Mai 1960.) (Engl.) — 3. vgl. vorst. Referat.

Nach Spaltung der *Mucokomplex*-Fraktion *G II* aus *M. lysodeikticus* mit Lysozym war aus dem Hydrolysat ein aus Acetylglucosamin u. Acetylmuramsäure bestehendes *Disaccharid* isolierbar. Durch Trypsinbehandlung des Hydrolysats, Behandlung des Digestats mit 2.4-Dinitro-1-fluorbenzol u. Fraktionierung der DNP-Peptide wurde die Sequenz ·Lys·Ala·(Ala·Gly) ermittelt. K. Maier. 4315□

Die Wirkung von Hyaluronidase auf B. megatherium auf speziellem Nährboden. G. Cimino und N. Simonetti. (Nuovi Ann. Igiene Microbiol. **11**. 636—39. Nov./Dez. 1960. Roma, Univ., Ist. di Microbiol.) (Ital.)

Auf geeignetem Nährboden gezüchtete *B. megatherium*-Kulturen bilden *Hyaluronidase*-empfindliche Substrate, die für die Lebensfähigkeit der Bakterien wichtig sind. K. Maier. 4320□

Stoffwechsel der Kohlenhydrate und organischen Säuren bei Pseudomonas aeruginosa im Hinblick auf die Natur des Diauxieeffekts. W. A. Hamilton und E. A. Dawes. (J. appl. Bacteriol. **23**. X—XI. Dez. 1960. Glasgow, Univ., Dep. of Biochem.) (Engl.)

Auf einer Säure des Tricarbonsäurecyclus als einziger C-Quelle gezüchtete *P. aeruginosa*-Zellen zeigen vor Beginn der *Glucose* (I)-Oxydation eine ähnliche Induktionsperiode wie in Ggw. von I gewachsene. Unterss. mit Chloramphenicol ergaben, daß während dieser Induktionsperiode in beiden Fällen Proteinneusynth. erfolgt (Induktion I umwandelnder intracellulärer Enzyme u./oder von Permease). Organ. Säuren hemmen den I-Stoffwechsel. Das Wachstum in einer NH_4-Salznährlsg., die I u. eine Säure als C-Quelle enthält, gezüchteter Zellen zeigt einen Diauxieeffekt, wobei die Säure als Substrat bevorzugt wird. In Ggw. von Citrat (II) gezüchtete Zellen verwerteten nach Induzierung mit I diese erst beim Erreichen einer niedrigen II-Konzentration. Die Enzyme der direkten I → Gluconsäure- u. 2-Oxogluconsäureoxydation, des Entner-Doudoroff-Weges u. der C_1-Eliminierung aus I sind nach Unterss. mit Extrakten in Ggw. von I u. Säure gezüchteter Zellen bei *P. aeruginosa* induzierbar. K. Maier. 4320□

(+)-trans-2.3-Dihydro-3-hydroxyanthranilsäure. Eine neue, von Streptomyces aureofaciens gebildete Aminosäure. J. R. D. McCormick, Jules Reichenthal, Ursula Hirsch und Newell O. Sjolander. (J. Amer. chem. Soc. **83**. 4104—05. 5/10. 1961. Pearl River, N.Y., Amer. Cyanamid Co., Lederle Labors.) (Engl.)

(+)-*trans-2.3-Dihydro-3-hydroxyanthranilsäure* (I), $C_7H_9NO_3$, F. 190—191° (Zers.; Eisessig), $[\alpha]_D^{22}$ +445° (0,5%) wurde aus angesäuertem Kulturfiltrat verschiedener *S. aureofaciens*-Mutantenstämme durch Ionenaustauschchromatographie isoliert u. gereinigt (Amberlite IR-120, H^+-Form, Elution mit n H_2SO_4). Katalyt. Hydrierung gab *Hexahydro-3-hydroxyanthranilsäure*, $C_7H_{13}NO_3$, F. 270—276° (Zers.). Unter stark sauren Bedingungen gab I *Anthranilsäure* (II), unter stark alkal. *m-Hydroxybenzoesäure*, bei Acetylierung *2-Acetamido-3-acetoxy-2.3-dihydrobenzoesäure*, $C_{11}H_{13}NO_5$, F. 177—178°. Auf Grund der schwierigen Dehydratisierung zu II (12n HCl, 60°, 4 Std.) wird zwischen NH_2- u. OH-Gruppe eine *trans*-Beziehung angenommen. Nach Verss. mit ^{14}C-markierter Tabakstärke, die Tetracyclinfermentationsansätzen zugesetzt wurde, ist I keine Zwischenstufe der Umwandlung von Kohlenhydrat in Tetracyclin. K. Maier. 4320□

Biosynthese von Fett aus einigen organischen Säuren in Submerskulturen von Penicillium spinulosum. Ibrahim R. Shimi, Moustafa S. Nour El Dein und Gamal M. Imam. (Arch. Mikrobiol. **39**. 292—97. 1961. Cairo, Ain Shams Univ., Fac. of Sci., Biochem. Dep.; High Training Coll.; Nat. Res. Center.) (Engl.)

Es wurde die Bldg. von Fett aus *Citronen-*, *Bernstein-*, *Fumar-* u. *Äpfelsäure* durch *Penicillium spinulosum* untersucht. *Na-Arsenit*, *β-Sulfopropionsäure* (I) u. *Monojodacetat* (II) beeinflussen die Fett-Bldg. ungünstig. Überdies setzt II das Durchschnitts-Molgew. der zusammensetzenden Fettsäuren herab. Obwohl I die Fettausbeuten vermindert, wird dadurch das Verhältnis Fett/100 g verbrauchter Säure nicht merklich verändert. Eine modifizierte chromatograph. Meth. zur Best. verschiedener Säuren wird beschrieben. H. Aman. 4320□

Phenylalanin als Vorläufer bei der Biosynthese der Folinsäure (Citrovorum-Faktor) in Milchsäure-Bakterien. Veikko Nurmikko. (Suomen Kemistilehti B **28**. Nr. 1. 62—65. 1955. Helsinki, Finland, Biochem. Inst., Labor. of Valio.) (Engl.)

Phenylalanin stimuliert die Produktion von *Folinsäure* (I) in *Str. lactis* (ATCC 7963), *Tyrosin* u. *Tryptophan* erwiesen sich in dieser Hinsicht als unwirksam. Verschiedene andere Milchsäurebakterien wurden auf I-Produktion getestet. Die Kulturfiltrate von *Str. cremoris* (ATCC 9596) u. *Lb. fermenti-36* zeigten I-Aktivität, die von *Ln. mesenteroides P-60, Lb. casei* u. *Str. faecalis R* dagegen nicht. H.-G. FLOSS. 4320□

Zur Biosynthese der Nicotinsäure bei Mycobacterium tuberculosis (Stamm BCG). E. Mothes, D. Gross, H. R. Schütte und K. Mothes. (Naturwissenschaften **48.** 623. 1. Okt.-H. 1961. Jena, Inst. für Mikrobiol. u. exp. Therapie; Halle, Inst. für Biochem. der Pflanzen der Dtsch. Akad. der Wiss. zu Berlin.) (Dt.)

Ein BCG-Stamm von *M. tuberculosis* gab mit Glutaminsäure u. Glycin, bes. aber mit Asparagin u. Asparaginsäure (I) als N-Quelle reichlich *Nicotinsäure* (II). Mit Tryptophan, einer II-Vorstufe bei *N. crassa* u. im tier. Organismus, wurde keine II gebildet. Bei Zusatz von *DL*-$^{14}C_{(4)}$-I zur Sauton-Nähr-Lsg. entsprach die spezif. Aktivität der gebildeten II fast völlig der der eingesetzten I, d. h. es wird offensichtlich mindestens 1 Mol I u. II eingebaut, wobei II-COOH aus I-$C_{(4)}$ stammt. K. MAIER. 4320□

Biochemische Untersuchungen an pathogenen Pilzen. 6. Mitt. Ernährungsuntersuchungen an Trichophyton gypseum unter speziellem Bezug auf seinen Pleomorphismus. Tatsuzo Fujii. (Pharmac. Bull. [Tokyo] **5.** 503—06. Dez. 1957. Gifu, Prefectural Med. School, Dep. of Biochem.) (Engl.)

Kohlenhydratnutzung u. N-Bedarf von *Trichophyton gypseum* wurden untersucht u. Unterschiede in der Ernährungsphysiologie zwischen der normalen u. pleomorphen Form dieses Pilzes nachgewiesen. Die pleomorphe Form zeigte besseres Wachstum u. wirksamere Assimilation an Monosaccharide als die normale Form. Di- oder Polysaccharide können im allg. kein merkbares Wachstum beider Formen aufrechterhalten. Die pleomorphe Form wächst viel leichter auf einer einzelnen Aminosäure als die normale Form u. pflanzt sich auf NH_3–N einigermaßen fort, welchen die normale Form überhaupt nicht nutzen kann. H. AMAN. 4320□

Biochemische Untersuchungen an pathogenen Pilzen. 7. Mitt. Die Wirkung synthetischer Fungicide und Fettsäuren auf die Atmung von Trichophyton gypseum. Tatsuzo Fujii. (Pharmac. Bull. [Tokyo] **5.** 506—10. Dez. 1957.) (Engl.) — 6. vgl. vorst. Referat.

Manometr. wurde festgestellt, daß Thioquecksilberfungicide, kation. Detergentien u. *Undecylensäure* die Atmung von *Trichophyton gypseum* in 10^{-3} bis 10^{-5}m Konz. hemmen. Enge Beziehungen bestehen zwischen ihrer atmungs- u. wachstumshemmenden Wirkung. Die pleomorphe Form des Pilzes war empfindlicher als die normale. Alle gesätt. Fettsäuren mit gerader Zahl von C_2—C_{16} stimulieren innerhalb bestimmter Konzz. die Atmung, während höhere Glieder von ihnen (über C_8) in relativ höheren Konzz. hemmen. Die Hemmwrkg. war im undissoziierten Zustand der Säuren stärker u. war maximal bei der C_{12}-Säure. Der Dermatophyt war gegen die Wrkg. dieser Säuren empfindlicher als untersuchte Bakterienarten. H. AMAN. 4320□

Biochemische Untersuchungen an pathogenen Pilzen. 8. Mitt. Die Wirkung eines Antibioticums, Trichomycin auf die Atmung und den Phosphorstoffwechsel von Trichophyton gypseum. Tatsuzo Fujii. (Pharmac. Bull. [Tokyo] **5.** 511—14. Dez. 1957.) (Engl.) — 7. vgl. vorst. Referat.

Trichomycin (I; 0,1—100 γ/ml) stimuliert die Atmung von *Trichophyton gypseum*, während es über 100 γ/ml dieselbe deutlich hemmt. Die Hemmwrkg. von I (0,1 γ/ml) auf die Inkorporation von P in die Zellen aus dem umgebenden Medium wurde mit ^{32}P-Phosphat bewiesen. H. AMAN. 4320□

Untersuchung der Sterine von Mycobakterien. G. Renzini und U. Melchiorri-Santolini. (Nuovi Ann. Igiene Microbiol. **11.** 587—89. Nov./Dez. 1960. Roma, Univ., Ist. di Microbiol.) (Ital.)

In je 2 Stämmen von *M. phlei* u. *M. smegmatis* (200 g-Proben) waren weder *Sterine* noch *Squalen* feststellbar. K. MAIER. 4320□

Die Prüfung von B. coli aerogenes auf Sterine und Squalen. G. Renzini. (Nuovi Ann. Igiene Microbiol. **11.** 590—94. Nov./Dez. 1960. Roma, Univ., Ist. di Microbiol.) (Ital.)

Die Best. von *Sterin* u. *Squalen* in großen Mengen auf verschiedenen Nährböden gezüchteter *B. coli aerogenes*-Zellen verlief negativ. K. MAIER. 4320□

Beeinflussung der Säureproduktion von Milchsäurebakterien durch Azofarbstoffe. 3. Mitt. **Wirkung der Spalt- und Luftoxydationsprodukte von Cochenillerot A, Naphtholrot S, Ponceau 6 R und Scharlach GN.** J. Eisenbrand und H. O. Lohrscheid. (Z. Lebensmittel-Unters. u. -Forsch. **111.** 137—39. 14/12. 1959. Saarbrücken, Chem. Untersuchungsamt für das Saarland.) (Dt.) — 1. vgl. C. **1961.** 4401; 2. vgl. Arch. Pharmaz. Ber. dtsch. pharmaz. Ges. **292/64.** [1959,] 608.

Wie bei der Luftoxydation der durch Red. mit Zn-Staub/W. erhaltenen Spalt-Prodd. der Lebensmittelfarbstoffe *Azorubin* u. *Echtrot E* entstehen bei der analogen

Behandlung von *Scharlach GN*, *Naphtholrot S* u. *Cochenillerot A* Stoffe, die die Milchsäuregärung mehr oder minder stark hemmen. Oxydations-Prodd. der Spalt-Prodd. von Ponceau 6R hemmen diese Gärung nur gering. Dieses unterschiedliche Verh. der oxydierten Spaltstücke dürfte prim. auf Zahl u. Stellung der Sulfongruppen im Mol. der Hydroxyaminonaphthalinsulfonsäuren beruhen. K. MAIER. 4320□

Untersuchung von Spaltprodukten, die bei der Milchsäuregärung aus Azofarbstoffen entstehen. 4. Mitt. **Reindarstellung und Charakterisierung eines Luftoxydationsproduktes der 1-Hydroxy-2-aminonaphthalin-4-sulfonsäure.** H. W. Eich und J. Eisenbrand. (Arch. Pharmaz. Ber. dtsch. pharmaz. Ges. **293/65.** 569—72. Mai 1960.) (Dt.) — 3. vgl. vorst. Referat.

Die durch Luftoxydation aus *1-Hydroxy-2-aminonaphthalin-4-sulfonsäure* (I) entstehende „*rote Substanz*" (II) wurde durch Umkristallisieren aus 50% ig. $HClO_4$, rauchender HCl (+ W.) oder A. (+ Ae.) gereinigt, die Reinheit der dunkelvioletten Kristalle durch kristallograph. Unters. nachgewiesen (monoklin/Pleochroismus von Orangerot/dunkelrot nach Schwarz, Kristallform isometr. bis plattig). Die Zus. ist $[C_{20}H_{16}N_2SO_6]_x$, Lsg. in Alkoholen u. Essigsäure rot, in Pyridin violett, in konz. HNO_3 rot → gelb, in verd. NaOH smaragdgrün. Die Spektren von **II** u. Azorubin, aus dem in Gäransätzen mit Milchsäurebakterien **II** über **I** als prim. reduktives Spalt-Prod. bei O_2-Zutritt entsteht, sind verschieden. K. MAIER. 4320□

Beeinflussung der Säureproduktion von Milchsäurebakterien durch Azofarbstoffe. 5. Mitt. **Wirkung der Spalt- und Luftoxydationsprodukte von Brillantschwarz BN, Chrysoin S, Echtgelb extra, Gelb 27175, Gelborange S, Orange GGN und Tartrazin.** J. Eisenbrand und E. Lang. (Z. Lebensmittel-Unters. u. -Forsch. **113.** 48—52. 5/9. 1960.) (Dt.) — 4. vgl. vorst. Referat.

Wie bei der Luftoxydation der durch Milchsäurebakterien einer aus roten Lebensmittelfarbstoffen (ausgenommen Ponceau 6R) gebildeten Spalt-Prodd. entstehen analog aus den Spalt-Prodd. von *Brillantschwarz BN* [Red.-Prodd.: *Sulfanilsäure* (**I**), *1-Acetylamino-7-aminonaphthol-(8)-4.6-disulfonsäure*, *1.4-Diaminonaphthalinsulfonsäure*] u. *Gelborange S* [**I**; *1-Amino-2-hydroxy-6-naphthalinsulfonsäure* (**II**)] u. *Orange GGN* [*Metanilsäure* (**III**), **II**] Verbb., die die Milchsäuregärung stark hemmen. Die oxydierten Spalt-Prodd. von *Chrysoin S* (**I**; *1-Amino-2.4-dihydroxybenzol*), *Echtgelb extra* (**I**; *1.4-Diaminobenzol-3-sulfonsäure*), *Tartrazin* (**I**; *1-Amino-[4-sulfophenyl-(4)]-pyrazolon-(5)-3-carbonsäure*) u. *Gelb 27175N* (**II**; *1.2-Diamino-3.6-naphthalindisulfonsäure*) hemmen nur schwach oder nicht. K. MAIER. 4320□

Der Einfluß von Äthylalkohol auf die mikrobicide Wirkung eines Detergens. G. Renzini. (Nuovi Ann. Igiene Microbiol. **11.** 575—82. Nov./Dez. 1960. Roma, Univ., Ist. di Microbiol.) (Ital.)

Die Unters. der baktericiden Wrkg. von Lsg. von *Methylphenyldodecyltrimethylammoniummethosulfat* (I) in A. verschiedener Konz. auf *E. coli* u. *B. megatherium* zeigte, daß **I** auf *B. megatherium*-Sporen in W. stärker als in A. wirkt. K. MAIER. 4330□

Synthese und biologische Aktivität einiger N-substituierter Glutamine. Jerome Edelson, Charles G. Skinner und William Shive. (J. med. pharmac. Chem. **1.** 165—70. April 1959. Austin, Tex., Univ. of Texas, Clayton Foundat. Biochem. Inst., Dep. of Chem.) (Engl.)

Durch Rk. von N-Carbobenzoxyglutaminsäureanhydrid (I) mit verschiedenen Aminen u. anschließende hydrierende Spaltung wurden 6 neue *Glutamylamide* synthetisiert, wobei meist ein Gemsich des α- u. des gewünschten γ-Amids entstand. Bei der Unters. der Hemmwrkg. gegenüber *Streptococcus lactis 8039* (A), *Lactobacillus arabinosus 17-5* u. *Escherichia coli* war nur *N-Benzylglutamin* (**II**) wirksam (ca. 20 γ/ml; A). Glutamin hob die Hemmung auf.

Versuche: Aminolyse von *N-Carbobenzoxyglutaminsäureanhydrid*: *N-Benzyl-N²-carbobenzoxyglutamin*, $C_{20}H_{22}N_2O_5$, F. 146—147°, aus **I** u. Benzylamin in A.-Bzl., 1:1, über Nacht bei Raum-Temp.; 64% (Ausbeute). — *N-Methyl-*, $C_{14}H_{18}N_2O_5$, F. 62 bis 64°; 71%. — *N-n-Hexyl-*, $C_{19}H_{28}N_2O_5$, F. 69—70°; 94%. — *N-Phenyl-*, $C_{19}H_{20}N_2O_5$, F. 156—157°; 55%. — *N-Phenäthyl-*, $C_{21}H_{24}N_2O_5$, F. 144—145°; 29%. — *N-Furfuryl-*, $C_{18}H_{20}N_2O_6$, F. 122—125°; 53%. — *N-β-Pyridylmethyl-*, $C_{19}H_{21}N_3O_5$, F. 113—114°; 94%. — *Hydrogenolyse*: Katalyt. Hydrierung vorst. Verbb. in A.-W. mit Pd-Schwarz-H_2 bei normalem Druck, ca. 4 Stunden. — *N-Methylglutamin*, $C_6H_{12}N_2O_3$, F. 203—205° (Zers.); 72%, α-Aminosäure-Geh. (= γ-Form) 101,9%. — *N-n-Hexyl-*, $C_{11}H_{22}N_2O_3$, F. 150—151° (Zers.); 53%; 35,0%. — *N-Phenyl-*, $C_{11}H_{14}N_2O_3$, F. 197—199° (Zers.); 17%; 101,2%. — *N-Benzyl-*, $C_{12}H_{16}N_2O_3$, F. 225—226° (Zers.); 85%; 98,8%. — *N-Phenäthyl-*, $C_{13}H_{18}N_2O_3$, F. 230—231° (Zers.); 46%; 94,2%. — *N-Furfuryl-*, $C_{10}H_{14}N_2O_4$,

F. 225—226° (Zers.); 89,2%. — *N-β-Pyridylmethyl-*, $C_{11}H_{15}N_3O_3$, F. 194—196° (Zers.); 47%; 60,6%. K. MAIER. 4330□

Fungicide Aktivität und chemische Konstitution. 7. Mitt. **Eine Untersuchung der strukturellen Spezifität von sieben Fungiciden.** R. J. W. Byrde und D. Woodcock. (Ann. appl. Biol. **47.** 332—38. Juni 1959. Bristol, Univ., Long Ashton Res. Stat.) (Engl.) — 6. vgl. C. **1961.** 4049.

Vff. bestimmten die relative Sättigung in verd. McILVAINE-Puffer mit Saccharose, die zur 50%ig. Inhibition der Sporenkeimung von *Sclerotinia laxa* führt, für folgende Fungicide: *Phenylmercurichlorid*: 0,0002; *Nystatin*: 0,028; *Dichlone* (*2.3-Dichlornaphthochinon-(1.4)*): 0,034; *Cu-8-chinolinolat*: 0,039; *2.4-Dichlor-6-[o-chloranilino]-symm.-triazin*: 0,131; *Captan* (*N-Trichlormethylmercaptocyclohexen-(4)-1.2-dicarbonamid*): 0,132; *Bis-[5-chlor-2-hydroxyphenyl]-methan*: 0,234. P. GREGORZEWSKI. 4330□

Chloramphenicol und das Überleben von Luftbakterien. S. J. Webb. (Nature [London] **183.** 1072. 11/4. 1959. Ralston, Alberta, Shuffield Exp. Stat.) (Engl.)

Zellen von *Staphylococcus albus-*, *Serratia marcescens-* u. *Escherichia coli*-24-Std.-Kulturen wurden in W., 0,25%ig. *Chloramphenicol-* (**I**), 0,5%ig. *o-Aminophenol-* (**II**) u. 6%ig. *Inosit* (**III**)-Lsg. suspendiert, versprüht u. die Absterberaten nach $K = 1/t \cdot \ln N_0/N_t$ (t = Zeit, N_0 = Anfangs-Konz. lebensfähiger Zellen in Luft, N_t Konz. zur Zeit t) bestimmt. Die Staphylokokken waren gegenüber dem „Aerosoltod" resistenter als die beiden anderen Species u. **I**-Resistenz mit einer höheren Lebensfähigkeit der Zellen verbunden. Versprühen aus **I**-, **II**- u. **III**-Lsg. als Suspensionsmedium verlieh den Zellen aller 3 Species eine größere Stabilität. In Ggw. von **I** konnte die erforderliche **III**-Konz. vermindert werden. Die beobachtete Zunahme der Überlebensfähigkeit der Zellen durch Einw. der genannten Verbb. hängt von der relativen Luftfeuchtigkeit ab. Andere Bakteriostatica, wie Sulfonamide u. OH- u. NH_2-substituierte Cyclohexan-Derivv., erhöhen ebenfalls die Überlebensdauer von Bakterien in Luft. Es wird angenommen, daß Luftbakterien infolge Verlustes gebundenen W. aus *Protein* (**IV**) u. anschließenden Zusammenbruchs der **IV**-Struktur absterben. Möglicherweise hemmt **I** das Absterben nach dem gleichen Mechanismus wie die Proteinsynthese.
K. MAIER. 4340□

Der Einfluß von Polymyxin auf Toxizität, Pyrogenität und leukotaktische Wirkung eines Endotoxins. E. Eichenberger und G. Schmidt. (Pharmac. Acta Helvetiae **33.** 459—63. Aug./Sept./Okt. 1958. Beilage zu: Schweiz. Apotheker-Ztg. Bern, Dr. A. Wander AG., Forschungsinst.) (Dt.)

Das die Adsorption alkalibehandelter *Endotoxine* (2 hochgereinigte *S. abortus equi*-Lipopolysaccharide) an Erythrocyten hemmende *Polymyxin B* beeinflußt weder Endotoxintoxizität, Endotoxinpyrogenität noch leukotakt. Wrkg. des Endotoxins.
K. MAIER. 4340□

Paromomycin. Ein neues Antibioticum zur Behandlung von Darminfekten. G. Mössner. (Dtsch. med. Wschr. **87.** 185—89. 26/1. 1962. Freiburg/Br., Med. Univ.-Klinik.) (Dt.)

Paromomycin ist ein neues Antibioticum mit breitem antibakteriellem Wrkg.-Spektrum gegen gramnegative, grampositive u. säurefeste Bakterien. Wichtig ist die Wirksamkeit gegen *Entamoeba histolytica*. P. GREGORZEWSKI. 4340□

Isolierung und physikochemische Eigenschaften eines neuen antifungalen Antibioticums. Thadée Staron und Albert Faivre-Amiot. (C. R. hebd. Séances Acad. Sci. **250.** 1730—32. 29/2. 1960. Versailles, I. N. R. A., Station Centrale de Pathol. végétale, Service de Biochim.) (Franz.)

Aus einer belüfteten *Streptomyces*-Rührkultur wurde durch Extraktion des Kulturfiltrats mit Butanol bei pH 6,5 u. des Mycels mit heißem A. ein antifungal wirkendes *Antibioticum* (**I**; *AE 56*) von Polyencharakter (λ_{max} 412, 388, 365, 322 mμ) isoliert. **I** ist wasserlösl., in organ. Solventien prakt. unlösl., gibt mit konz. H_2SO_4 eine intensive Blaufärbung, ist in wss. Lsg. u. gegen 0,01n Säuren sehr labil u. beim Meerschweinchen i.v. prakt. nichttoxisch. K. MAIER. 4340□

Biochemische Untersuchungen der Gruppe Lactobacillus pastorianus. 1. Mitt. **Die Isolierung neuer Typen Lactobacillus pastorianus und der bakteriologische Charakter von Bacillus B1.** Umeno Ito. (Vitamins [Kyoto] **23.** 377—83. 1961. Amagasaki, Ltd., Kirin Brewery Co.) (Jap.; Auszug: Engl.)

5 neue Typen (27 Stämme) von *Lactobacillus pastorianus* (L.p.) werden aus Bier isoliert u. vorläufig als *Bacillus B1, B2, B3, B4* u. *B5* bezeichnet. Bacillus B1 besitzt Ähnlichkeit mit *L. malefermentans*, L.p. vergärt nicht *Fructose* (**I**), *Maltose*, *Glucose* u. *Inulin* (**II**). Bacillus B1—5 können **II** vergären, aber nicht **I**. Bacillus B1 fordert, ähnlich wie *L. heterohiochii*, Mevalonsäure. I. HAHN. 4350□

Biochemische Untersuchungen der Gruppe Lactobacillus pastorianus. 2. Mitt. Die Differenz zwischen Bacillus B 1 und L. heterohiochii und die Bildung von Mevalonsäure-ähnlichen Substanzen durch CO_2-Assimilation durch Bacillus B 1. Umeno Ito. (Vitamins [Kyoto] **23.** 384—89. 1961.) (Jap.; Auszug: Engl.) — 1. vgl. vorst. Referat.

Lactobacillus heterohiochii (L.h.) wächst nicht in fermentierter Bierwürze, die 10 mg/*Isohumulone* (I)/Liter enthält. Bei Zugabe von 5 mg I/Liter ist geringes Wachstum nachweisbar. In L.h. konnte kein *Maltose*-fermentierendes Enzym nachgewiesen werden. *Bacillus B1* konnte Maltose besser vergären als Glucose. Wird Bacillus B1 in modifiziertem Nährboden III für Hiochi-Bakterien (KITAHARA u. Mitarbeiter), aber ohne Mevalonsäure, in CO_2-Atmosphäre inkubiert, so vergärt Bacillus B1 Maltose u. Glucose zu Mevalonsäure-ähnlichen Substanzen, mit CO_2-Assimilation im Gegensatz zu L. heterohiochii. I. HAHN. 4350□

Biochemische Untersuchungen der Gruppe Lactobacillus pastorianus. 3. Mitt. Der bakteriologische Charakter von Bacillus B 2 und die Veränderungen in den Ernährungsforderungen von Bacillus B 1 und B 2 durch Behandlung mit fungiciden Substanzen. Umeno Ito. (Vitamins [Kyoto] **23.** 390—95. 1961.) (Jap.; Auszug: Engl.) — 2. vgl. vorst. Referat.

Viele der charakterist. Eigg. von *Bacillus B2* (B.B2) sind denen von *Bacillus B1* (B.B1) sehr ähnlich. B2 unterscheidet sich von B. B1 durch das Benötigen von Ascorbinsäure u. Biotin, durch die Produktion von *A.* aus Fructose u. durch die Empfindlichkeit gegenüber Dehydroacetsäure. *Mevalonsäure* (I) benötigt B. B2 nicht. B. B2 produziert I durch Assimilation von CO_2. Außerdem unterscheiden sie sich im Phosphorstoffwechsel, verbunden mit Glykolyse. Nach Behandlung mit fungiciden Substanzen ist bei B. B1 die Forderung nach I u. bei B. B2 nach Peptiden nicht mehr vorhanden. Es wird angenommen, daß B. B2 eine Varietät von B. B1 ist. I. HAHN. 4350□

Biochemische Untersuchungen der Gruppe Lactobacillus pastorianus. 4. Mitt. Die bakteriologischen Kennzeichen von Bacillus B3 und B4. Umeno Ito. (Vitamins [Kyoto] **23.** 396—401. 1961.) (Jap.; Auszug: Engl.) — 3. vgl. vorst. Referat.

Bacillus B3 (B. B3) zeigt ähnliche Eigg. wie *Bacillus B1* (B. B1). B. B3 unterscheidet sich von B. B1 u. *Bacillus B2* (B. B2) durch seine Forderung nach *Mevalonsäure* (I), außerdem vergärt B. B3 kaum Fructose in CO_2-Atmosphäre. Die *Katalase*-Rk. von *Bacillus B4* (B. B4) ist positiv. B. B4 ähnelt in seinen Eigg. sehr denen von B. B1. B. B2 u. B. B3. B. B4 fordert nicht I. Die Peptide, die zum Wachstum von B. B3 u. B. B4 benötigt werden, sind gegen Hitze empfindlich. Die Peptide, die zum Wachstum von B. B1 u. B. B2 benötigt werden, sind hitzeunempfindlich. Es wird angenommen, daß B. B3 u. B. B4 eine neue Varietät von B. B1 sind. I. HAHN. 4350□

Biochemische Untersuchungen der Gruppe Lactobacillus pastorianus. 5. Mitt. Die bakteriologischen Eigenschaften von Bacillus B5 und die Ernährungsforderungen von heterofermentativen „Hiochi-Lactobacilli". Umeno Ito. (Vitamins [Kyoto] **23.** 402—07. 1961.) (Jap.; Auszug: Engl.) — 4. vgl. vorst. Referat.

Bacillus B5 (B. B5) ist ein nichtbewegungsfähiges, grampositives, katalasenegatives Stäbchen. Optimale Wachstums-Temp. 30°, pH-Optimum 5,6—6,0, pH-Minimum 3,6. Alle 10 Stämme fordern *Uracil* (I) u. *Purine* (II), aber nicht *Mevalonsäure* u. *Peptide* u. fermentieren *Arabinose, Xylose, Glucose, Galaktose, Maltose* u. *Saccharose*. *Fructose* wird nicht fermentiert. Es wird vorgeschlagen, B. B5 als eine neue Varietät von *Lactobacillus pastorianus* anzusehen. Heterofermentative „Hiochi-*Lactobacilli*" fordern I u. II nicht, deshalb wird angenommen, daß es sich um eine andere Species innerhalb der Gruppe handelt. I. HAHN. 4350□

Biochemische Untersuchungen der Gruppe Lactobacillus pastorianus. 6. Mitt. Die Taxonomie der Gruppe Lactobacillus pastorianus und die Modifikation der Namen der Species. Umeno Ito. (Vitamins [Kyoto] **23.** 408—14. 1961.) (Jap.; Auszug: Engl.) — 5. vgl. vorst. Referat. I. HAHN. 4350□

Die Verwendung eines Desertomycin-Nährbodens für die routinemäßige selektive Isolierung menschenpathogener Pilze. J. Uri und Zs. Herpay. (Nature [London] **191.** 1015. 2/9. 1961. London, School of Hyg. and Tropical Med., Dep. of Biochem.) (Engl.)

Desertomycin (I) ist ein aus Streptomyces gewonnenes Antibioticum, dessen antibakterielle u. cytostat. Wirksamkeit von Vff. beschrieben worden ist (vgl. C. **1959.** 11619 u. 16418). Die antifungicide Wrkg. ist gegen pathogene Pilze wesentlich geringer als gegen saprophytische. Auf einem SABOURAUD-Agar (S-Agar) mit einem I-Zusatz von 30—50 μg/ml wachsen daher bei einer 3 Wochen langen Bebrütung bei 27° nur menschenpathogene Pilze in Reinkultur. Ihr Wachstum wird durch Bakterien oder Saprophyten nicht unterdrückt. In 377 Kultur-Verss. gelang der Nachw. von pathogenen Pilzen auf S-Agar nur 24 mal, auf S-Agar mit I-Zusatz 53 mal. I ist hitzestabil u. kann daher autoklaviert werden. E. FISCHOEDER. 4350□

Qualitative Differenzierung der Gärungs- und Atmungshefen durch den anaeroben P-Transferierungs- und Proliferationstest. W. Nordheim. (Brauwissenschaft **14.** 425—31. Okt. 1961. Berlin-Buch, Deutsche Akad. der Wiss., Inst. für Med. u. Biol., Bereich Zellphysiologie.) (Dt.)

8 stark, 6 schwach u. 6 nichtgärende Hefen wurden anoxybiot. kultiviert. Nach einer Kultur unter *P*-Mangel u. nachfolgender anaerober Kultur in P-reichem Substrat wurde festgestellt, daß bei den stark gärenden Hefen markante P-Aufnahme durch die Zellmembran stattfindet. Bei den schwach gärenden war die Aufnahme ebenfalls schwach u. die nichtgärenden nahmen kein P auf. Die Differenzierung der Hefen auf Grund ihrer unterschiedlichen Proliferation wird vorgenommen. W. HILLER. 4350□

Wirkung von 2.4-Dinitrophenol auf die Entfaltung des Poliovirus in HeLa-Zellen. George E. Gifford und Billy R. Blakey. (Proc. Soc. exp. Biol. Med. **102.** 268—71. Nov. 1959. Gainesville, Fla., Univ. of Florida, Coll. of Med., Dep. of Microbiol.) (Engl.)

Es wird gezeigt, daß *Poliovirus* (*Typ 1, Mahoney*) in HeLa-Zellen, die mit *2.4-Dinitrophenol* (**I**; 1 u. $2{,}5 \cdot 10^{-4}$m) behandelt wurden (was zur deutlichen Anregung der O_2-Aufnahme u. Glucoseverwertung unter aeroben Bedingungen führt), Entfaltung aufweist. Die für die Änderung der Respirations-Geschw. benötigte Zeit ist mit u. ohne **I** gleich lang, so daß **I** die Latenzzeit für die Virus-Synth. nicht verändert. Der entkoppelnde Effekt auf aerobe Phosphorylierungs-Syst. wird durch gesteigerte Glykolyse u. begleitende Fixierung von P durch nicht **I**-beeinflußte Syst. kompensiert. Nach diesen Ergebnissen muß angenommen werden, daß die durch anaerobe glykolyt. Abbauwege durch HeLa-Zellen zur Verfügung gestellte Energie für die Entfaltung als ausreichend gelten muß u. die bekannte Verlängerung der Latenzzeit für die Virus-Synth. unter anaeroben Bedingungen einem noch unbekannten Faktor zuzuschreiben ist.

U. TAUSENDFREUND. 4374□

E_4. Pflanzenchemie. Pflanzenphysiologie. Pflanzenpathologie

Verhalten von ^{32}P bei „Tracer"-Untersuchungen. Sterling R. Olsen und Frank S. Watanabe. (Soil Sci. **88.** 256—59. Nov. 1959. United States Dep. of Agric.) (Engl.)

Unterss. an Erde u. Glasgeräten ergeben, daß ^{32}P als Orthophosphat in Lsg. u. gegenüber Calcit die gleichen Rkk. zeigt wie ^{31}P. Die von YUAN u. ROBERTSON (C. **1961.** 3788) beobachteten ungewöhnlichen Unterschiede im Verh. von ^{32}P u. ^{31}P konnten damit nicht bestätigt werden. H.-G. FLOSS. 4400□

Über die Verteilung von Phosphor in Pflanzen. Carlo Sapetti. (Staz. chim.-agrar. sperim. Torino, Annu. **20.** 113—33. 1958. 1690. Torino, Staz. chim.-agrar. sperim.) (Ital.) — Vgl. C. **1962.** 4588.

Beschreibung einer Meth. zur Best. der Verteilung von *P* in Pflanzen mittels ^{32}P. Für Tomaten wurden folgende P_2O_5-Geh. in mg/g Frischsubstanz ermittelt: Stamm 0,78, Blätter 1,80, Wurzeln 1,61, Blüten 6,02, Früchte (reif) 1,60. K. ZINGRAF. 4410□

Untersuchungen über die Kohlenhydrate des Tabaks. 3. Mitt. **Kohlenhydrate in Stamm und Wurzeln des Tabaks.** Takashi Mizuno, Senji Kainuma, Akira Nakagawa und Tadao Kinpyō. (J. agric. chem. Soc. Japan [Nippon Nōgei-Kagaku Kaishi] **32.** 467—70. 15/6. 1958. Shizuoka Daigaku, Nōgaku-Bu, Nōgei Kagakka Seibutsu Kagaku-Kenkyushitsu.) (Jap.) — 2. vgl. J. agric. chem. Soc. Japan [Nippon Nōgei-Kagaku Kaishi] **31.** [1957.] 830.

Papierchromatograph. lassen sich in den Stengeln (a) u. Wurzeln (b) des gelben Tabaks *Fructose, Glucose* u. *Saccharose* nachweisen. a enthalten 6,2% lösl. Zucker, b 3,3%. Nach Hydrolyse (3½ std. Erhitzen mit 5%ig. H_2SO_4 auf 140° bei 5 at) enthalten a 28,00, b 20,71% *Polysaccharide.* Durch Extraktion mit A., W. u. NaOH werden aus a *Arabinose, Rhamnose, Galaktose, Galakturonsäure, Mannose* u. *Glucose*, aus b auch noch *Xylose* erhalten. F. MOSSNER. 4420

Untersuchungen über die Galaktoside von Lychnis dioica. 4. Mitt. **Isolierung und Struktur eines neuen Monogalaktosides der Saccharose.** Jean Emile Courtois, Paul Le Dizet und Fahrettin Petek. (Bull. Soc. Chim. biol. **41.** 1261—70. 1959. Paris, Fac. de Pharm. de Paris, Labor. de Chim. Biol.) (Franz.; Auszug: Engl., Dt.) — 2. vgl. Bull. Soc. Chim. biol. **40.** [1959.] 2031.

Bei Einw. von *α-Galaktosidase* (**I**) aus Kaffeebohnen auf einen „Penta- u. Hexasaccharidextrakt" aus den Wurzeln von *Lychnis dioica* konnte ein neues Monogalaktosid der Saccharose erhalten werden, das als *α-D-Glucopyranosyl (1 → 2)-β-D-fructofuranosyl (3 → 1)-α-D-galaktopyranosid* (**II**) erkannt wurde. **II** stellt weiße, krist. Parallelepiped dar; $[\alpha]_D$ +28,5° (c = 1,63; W.); Rg 0,57 (Äthylacetat: Butanol: Essigsäure: W. = 3:4:2,5:4); bei Einw. von Perjodsäure werden 4 Mol/Mol **II** verbraucht. **II** kann durch n H_2SO_4 hydrolysiert werden, nicht aber durch Fructosidase (Hefe); I hydrolysiert II bei pH 4,6 langsam weiter. A. HESSE. 4420□

Die acetonlöslichen Lipide von Gräsern und anderen Futterpflanzen. 1. Mitt. **Galaktolipide der Blätter von rotem Klee (Trifolium pratense).** R. O. Weenink. (J. Sci. Food Agric. **12.** 34—38. Jan. 1961. Wellington, New Zealand, Dep. of Sci. and Ind. Res., Fats Res. Labor.) (Engl.)

Der größte Teil der acetonlösl. Lipide der Blätter des roten Klees (*Trifolium pratense*) besteht aus *Galaktolipiden* (I), hauptsächlich *1-Galaktosylglycerin* u. *1-Digalaktosylglycerinlinoleat.* Die Fettsäureanteile der I wurden gaschromatograph. aufgetrennt. Es wurde gefunden, daß sie zu 95,8 (Mol-%) aus *Linolensäure,* zu 1,9 aus *Linolsäure* u. zu 2,3 aus *Palmitinsäure* bestehen. Ölsäure, Stearinsäure u. Palmitoleinsäure wurden nicht nachgewiesen. I enthalten keine Triglyceride. E. LÜCK. 4420□

Die acetonlöslichen Lipide von Gräsern und anderen Futterpflanzen. 2. Mitt. **Allgemeine Beobachtungen über die Eigenschaften der Lipide unter besonderer Berücksichtigung der Fettsäuren.** F. B. Shorland. (J. Sci. Food Agric. **12.** 39—43. Jan. 1961.) (Engl.) — 1. vgl. vorst. Referat.

An dem in Aceton lösl. Lipidanteil aus verschiedenen Futterpflanzen wurde nachgewiesen, daß der Galaktoseanteil durch Dialyse nicht von den Fettsäuren abzutrennen war. Bei den nichtdialysierenden Lipiden macht *Linolensäure* 88% der Gesamtfettsäuren aus, bei den dialysierbaren Lipiden viel weniger. E. LÜCK. 4420□

Farbstoffe von Chaetopterus variopedatus (Polychaeta). G. Y. Kennedy und J. A. C. Nicol. (Proc. Roy. Soc. [London], Ser. B **150.** 509—38. 1/9. 1959. Sheffield, Univ.; Plymouth, Marine Biol. Labor.) (Engl.)

Die grüne Farbe des mittleren u. hinteren Darmbereiches von *C. variopedatus* beruht auf einem in kleinen kugelförmigen Gebilden in den Darmepithelzellen lokalisierten Gemisch von *Phäophorbid a* u. *b* („*Chaetopterin*"; **Ia, Ib**). Im Mittelbezirk finden sich ferner die Chlorophyll-Derivv. *Isophäophorbid d, Dioxymesophyllochlorin, Cu-Phäophorbid*-Chelat-Verbb. u. vielleicht *Rhodoporphyrin g_7-carbonsäure,* ferner *Koproporphyrin III, Turboglaucobilin, Helioporobilin, β-Carotin* (II) u. Spuren eines Xanthophylls. Die Körperwand enthält II. Im Segment 4 ist ein schwarzes Melanin, am Kopf ein rötliches melanoides Pigment lokalisiert. In den Faeces kommen I u. II vor. **Ia** u. **Ib** leiten sich vom Chlorophyll a u. b der Nahrung ab. K. MAIER. 4420□

Das Vorkommen von Riboflavin-Abbauprodukten in Pflanzengeweben. Kazuo Hotta und Osamu Ando. (J. Vitaminol. [Kyoto] **7.** 196—201. 10/9. 1961. Nagoya, Showa, Nagoya Univ., School of Med.; Gifu, Gifu Women's Junior Coll.) (Engl.)

Im Gewebextrakt von in Riboflavin-Lsg. getauchten Erbsenpflanzen wird papierchromatograph. *1-Ribityl-2-oxo-3-hydroxy-6.7-dimethylchinoxalin* neben Riboflavin gefunden. P. GREGORZEWSKI. 4425□

Untersuchungen über die Biosynthese der Vitamine der Folsäuregruppe bei grünen Pflanzen, insbesondere über den Einfluß des Lichts und der Ascorbinsäure. K. H. Erismann. (Int. Z. Vitaminforsch. [Bern] **32.** 36—69. 1961. Bern, Univ., Botan. Inst. u. Botan. Garten.) (Dt.)

Vf. unterscheidet zwischen „*Folsäure*" als Komplex natürlich vorkommender, in höheren Pflanzen z. T. noch unbekannter Pteroylglutaminsäure-Derivv. u. denjenigen Komponenten dieses Komplexes, welche mit den Testbakterien *Streptococcus faecalis* u. *Leuconostoc citrovorum* erfaßt werden konnten. Diese werden in ihrer Gesamtheit mit FA bzw. CF bezeichnet. Mit Hilfe der mikrobiolog. *Folsäure* (I)-Best. in Sproß- u. Wurzelteil steril kultivierter Pisumkeimlinge (*P. sativum*) u. Phaseolusstecklinge (*Ph. vulgaris*) wird festgestellt, daß *Iryamid* (*N^1-Dimethylacrylsulfanilamid-Na*) u. *p-Aminobenzoesäure* (III; mit der Nährlsg. zugeführt) eine hemmende bzw. fördernde u. bei Kombination der beiden Substanzen eine antagonist. Wrkg. auf die I-Synth. höherer Pflanzen ausüben. Die I-Synth. grüner Pflanzen wird durch Licht deutlich stimuliert. Zwischen Beleuchtungsstärke u. FA- bzw. CF-Geh. der Pflanze besteht eine direkte Abhängigkeit. Die Förderung der I-Synth. durch das Licht erfolgt unabhängig von der gleichzeitig stattfindenden Intensivierung der *Ascorbinsäure* (II)-Synthese. Die mikrobiolog. ermittelten FA- u. CF-Werte werden je nach Aufbereitung des Pflanzenmaterials durch die Anwesenheit endogener oder exogener II beeinflußt. II schützt labile Vorstufen vor oxydativer Zerstörung u. ermöglicht ihre Aktivierung während der Trocknung des Materials. In Sproß u. Wurzeln von Pisumkeimlingen liegen 84—96% des gesamten CF-Geh. als labile Verb. vor. Der Anteil labiler FA-Derivv. ist kleiner u. beträgt im Sproß 25—66% u. in den Wurzeln prakt. Null. Die chem. Natur dieser labilen Vorstufen u. ihre Umwandlung in der Hitze wird diskutiert. Nach Ausschaltung der in vitro-Wrkg. gewebeeigener II konnte keine Intensivierung der I-Synth. durch exogene I in vivo nachgewiesen werden. Die verschiedenen Anteile labiler FA-Verbb. u. die verschiedenen Verhältnisse zwischen FA- bzw. CF- u. III-Geh. in Sproß u. Wurzel deuten auf Unterschiede hinsichtlich Synth.-Bedingungen u. Zus. der I-Gruppe in diesen beiden Pflanzenteilen hin. I. Hahn. 4425□

Aufnahme von Orthophosphat durch Erbsenpflanzen. Jorma K. Miettinen und Toivo Savioja. (Suomen Kemistilehti B **32.** 128—30. 1959. Helsinki, Biochem. Inst.) (Engl.) — Vgl. C. **1961. 4413.**

Erbsenwurzeln wurden 10 Sek. bis 30 Min. in Nährlsg. mit ^{35}*P-Orthophosphat* getaucht. Die Wurzeln wurden dann mit 8%ig. Trichloressigsäure extrahiert, die Extrakte papierchromatograph. aufgetrennt u. Autoradiochromatogramme angefertigt. Die stärkste radioakt. Markierung wurde gefunden in: *Adenosin-*, *Uridin-* u. *Guanosin-5-riphosphat* (*ATP*, *UTP*, *GTP*), in *Adenosin* (*ADP*)- u. *Uridin-5-diphosphat* u. in *Fructose-* u. *Glucose-6-phosphat* (F 6 P, G 6 P) sowie in *Fructose-1.6-diphosphat* (F 1.6 P). *Uridindiphosphatglucose*, *2-Phosphoglycerinsäure* u. 2 unbekannte Substanzen erschienen nach 1 Min. Assimilationszeit u. *Phosphorylcholin* nach 5 Minuten. *Glucose-1-phosphat* konnte nicht nachgewiesen werden. In zeitlicher Reihenfolge erschien nach 10 Sek. ATP u. ein Mono- oder Diphosphat; nach 30 Sek. ATP, UTP, GTP u. ADP, geringe Radioaktivität war in F 6 P, G 6 P u. F 1.6 P. Die Vff. neigen zu der Meinung, daß in der Wurzel glykolyt. u. Atmungsphosphorylierung nebeneinander verlaufen. D. Munsche. 4450□

Die Physiologie des Rohrzuckers. 3. Mitt. Charakteristik der Zuckeraufnahme in Schnitten des reif und unreif gelagerten Gewebes. R. L. Bieleski. (Austral. J. biol. Sci. **13.** 203—19. Aug. 1960. Sydney, Univ., Botany Dep.) (Engl.) — Vgl. Austral. J. biol. Sci. **11.** [1958.] 315.

An Schnitten (1,2—1,7 mm Dicke) des reifen u. unreifen bei 5—8° gelagerten Parenchymgewebes des *Rohrzuckers* wird die Fähigkeit zur Zuckeraufnahme (ZA) untersucht. Das zuckerhaltige Gewebe (10%) wird in eine Zucker-Lsg. von geringerer Konz. gelegt. Es wird festgestellt, daß die ZA in 2 verschiedenen Stadien erfolgt. Im 1. Stadium tritt bei reifem wie unreifem Gewebe eine stürm. ZA ein, die bis 60 Min. nach Vers.-Beginn andauert. Der Betrag des aufgenommenen Zuckers ist proportional der Zucker-Konz. der äußeren Lsg., unabhängig von der Art des Zuckers u. anaeroben Bedingungen. In W. wird der aufgenommene Zucker rasch abgegeben. Im 2. Stadium wird an unreifem Gewebe (an reifem Gewebe bleibt der Zucker-Geh. prakt. konst.) im Bereich zwischen 20 u. 60 Std. eine erneute ZA nachgewiesen, die unabhängig von der Zucker-Konz. stattfindet, von der Art des Zuckers (Glucose, Fructose, Saccharose Glucose-1-phosphat, Mannit) abhängig ist u. durch anaerobe Bedingungen behindert wird; der Zucker wird nicht wieder an W. abgegeben. Die ZA in unreifem Gewebe führt zu keiner zusätzlichen Stärke-Synth., dagegen erhöht sich die Respiration um 30—40%. AusVerss. über den Einfl. der Reife auf die ZA geht hervor, daß sich mit zunehmendem Alter die ZA im 1. Stadium erhöht, während die Anreicherung im 2. Stadium gleichzeitig abnimmt. A. Täufel. 4450□

Untersuchungen zur Frage der Wurzelausscheidungen mit Hilfe radioaktiver Isotope am Beispiel von Ackersenf (Sinapis arvensis L.). H. Börner. (Z. Pflanzenkrankh. (Pflanzenpathol.) Pflanzenschutz **68.** 626—33. 1961. Stuttgart-Hohenheim, Landwirtschaftl. Hochschule, Inst. für Pflanzenschutz.) (Dt.)

Auf ^{35}*S*-Sulfatmedium kultivierter Ackersenf enthält in Blütenblättern, grünen Blättern u. Samen 3 ^{35}S-Senfölglykoside, von denen eins als *Sinalbin* identifiziert wurde. Als Wurzelausscheidungs-Prod. wird lediglich Sulfat nachgewiesen.

P. Gregorzewski. 4450□

Stickstoffbindende Mikroorganismen in Reisböden. 5. Mitt. **Stickstoffbindung in Mischkultur von photosynthetischen Bakterien (Rhodopseudomonas capsulatus Species) mit anderen heterotrophischen Bakterien.** Teil 1. Azuma Okuda, Masuro Yamaguchi und Michiharu Kobayashi. (Soil Plant Food [Tokyo] **6.** 39—40. Sept. 1960. Kyoto Univ., Fac. of Agric.) (Engl.)

In der Mischkultur von *Rhodopseudomonas capsulatus* (Rh. c.) mit nicht N-bindenden Bakterien, *Propionibacterium*, war die *N*-Bindung bis über 60% erhöht, wenn 0,2% *Na-Propionat* zur Reinkultur von Rh. c. hinzugefügt wurden. In der Mischkultur von Rh. c. mit N-bindenden Bakterien, *Azotobacter vinelandii*, war die N-Bindung 3mal höher als in der Reinkultur des einzelnen Bacteriums. In dieser Mischkultur waren auch die Gesamtaktivität der Hydrogenase in den intakten Bakterienzellen u. die spezif. Aktivität erhöht. H. Aman. 4450□

Der Einfluß künstlichen Welkens auf die Bildung von Äthanol durch reifende Erbsenkeimlinge. Harold G. Wager. (New Phytologist **58.** 68—74. April 1959. Cambridge, Univ., Low Temp. Stat. for Res. in Biochem. and Biophys.; Dep. of Sci. and Ind. Res.) (Engl.)

An gequollenen u. künstlich gewelkten Erbsenkeimlingen wird die *A.*- u. CO_2-Bldg. beim Wechsel von anaeroben u. aeroben Bedingungen verfolgt. Die Vers.-Ergebnisse weisen auf einen kleinen PASTEUR-Effekt in reifenden Erbsen hin. Ältere Erbsen haben einen akt. PASTEUR-Effekt, der bei eingeweichten u. anschließend getrockneten Erbsen noch aktiver ist. D. GROSS. 4455□

Synthese von Aminosäuren und Proteinen in Gerstenkeimlingen. E. C. Cocking und E. W. Yemm. (New Phytologist **60.** 103—16. Aug. 1961. Univ. of Bristol, Dep. of Botany.) (Engl.)

Die Verwertung von ^{15}N aus ^{15}N-Ammoniumphosphat bei der Aminosäure- u. Protein-Synth. in Gerstenkeimlingen in Hydrokultur wurde untersucht. Die lösl. Aminosäuren u. Amide wurden sehr schnell markiert, in der Folgezeit nahm der ^{15}N-Geh. der Proteine zu. *Glutaminsäure* (I) u. *Glutamin* (II) sind offenbar Primärprodd. der NH_3-Assimilation, denn sie wurden am schnellsten, II in beiden N-Atomen, markiert. *γ-Aminobuttersäure* scheint ebenfalls eine wichtige Rolle im Stoffwechsel zu spielen. Sie ist offenbar ein Folge-Prod. von I oder II, denn sie wird ebenfalls sehr schnell, aber etwas langsamer als letztere markiert. H.-G. FLOSS. 4460□

Ein Schema der Gentianin-Biogenese. T. R. Govindachari, K. Nagarajan und S. Rajappa. (Experientia [Basel] **14.** 5. 15/1. 1958. Madras, India, Presidency Coll., Dep. of Chem.) (Engl.)

Diskussion eines Biosynth.-Schemas für *Gentianin* (I). 1.2.3.4-Tetrahydro-6.7-dihydroxyisochinolin gibt hiernach durch WOODWARD-Spaltung ein Pyridin-Deriv., das durch Oxydation, Red. u. Dehydratisierung eine Vinyl-Verb. (II) liefert. II geht bei Einw. von CH_2O an der markierten Stelle in einen Alkohol über, dieser durch Oxydation u. Red. in das Lacton III, dessen Dehydrogenierung I gibt. K. MAIER. 4460□

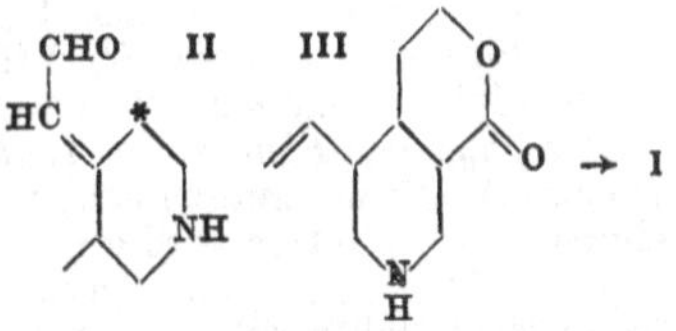

Sauerstoff als ein Faktor in der Photosynthese. J. S. Turner und E. G. Brittain. (Biol. Rev. Cambridge philos. Soc. **37.** 130—70. Febr. 1962. Univ. of Melbourne, Bot. School.) (Engl.)

Übersicht. — 99 Literaturangaben. P. GREGORZEWSKI. 4460□

Die Auswirkungen von Mangan-Mangel auf Wachstum und Photosynthese bei der Blaualge Anacystis nidulans. Gerhard Richter. (Planta **57.** 202—14. 1961. Tübingen, Univ., Bot. Inst.) (Dt.)

Mn-Mangel verändert Morphologie u. Stoffwechsel der Blaualge; nach 5 Tagen läßt die Zellteilung nach, die Bldg. von Riesenzellen nimmt zu, die Chlorophyll-Synth. hört nach 5, die Carotinoid-Synth. nach 10, die Phykocyanin- u. RNS-Synth. nach 15 Tagen auf. Die Photosynth. wird verringert. P. GREGORZEWSKI. 4460□

Der Einfluß der Mineralsalzernährung sowie von zusätzlichen Gaben verschiedener Metallsalzionen auf das Auftreten von Bormangelerscheinungen an Rüben. Karl Böning. (Z. Pflanzenkrankh. (Pflanzenpathol.) Pflanzenschutz **68.** 569—74. 1961. München, Bayrische Landesanstalt für Pflanzenbau u. Pflanzenschutz.) (Dt.)

Durch erhöhte N- u. K-Gaben werden die *B*-Mangelerscheinungen verstärkt. P. GREGORZEWSKI. 4470□

Untersuchungen über die Wuchs- und Hemmstoffe der Wurzelspitze und der Plumula von Vicia faba. Margret Bayer. (Planta **57.** 215—34. 1961. Hamburg, Staatsinst. für Allg. Bot.) (Dt.)

Mit der Agarabfang-Meth. wurde aus Wurzelspitzen neben Wuchsstoffen ein Hemmstoff gewonnen, der in Plumulastückchen nicht enthalten ist. Durch Papierchromatographie wurde das Gemisch in mehrere Komponenten zerlegt u. die R_F-Werte ermittelt. P. GREGORZEWSKI. 4485□

Notiz über die durch β-Indolylbuttersäure beeinflußte Regeneration von Stengelabschnitten von „Phalsa" (Grevia asiatica). O. S. Jauhari. (Sci. and Cult. [Calcutta] **26.** 144. Sept. 1960. Kanpur, Government. Agric. Coll.) (Engl.)

Mehrere Knospen u. 2 Blätter tragende, 2 cm u. 20 cm Sproßabschnitte des „Phalsa"-Baumes, von denen ein Rindenstreifen ringförmig entfernt war, wurden 24 Std. mit 0—440 ppm *β-Indolylbuttersäure* behandelt. 100 ppm gaben die stärkste Bewurzelung, den höchsten %-Satz u. die längsten Wurzeln. Kontrollen u. behandeltes nichtberingtes Material zeigten keine Wurzelbildung. K. MAIER. 4485□

Die Umbildung von Natriumdimethyldithiocarbamat in andere fungitoxische Komponenten in der Pflanze. H. M. Dekhuijzen. (Nature [London] **191.** 198—99. 8/7. 1961. Utrecht, TNO, Inst. für Organic Chem.) (Engl.)

Na-Dimethyldithiocarbamat (I) kann in Pflanzengeweben nicht wiedergefunden werden. Zugabe von Pflanzensaft zu I red. dessen Toxizität stark. Papierchromatograph. konnten nach dieser Behandlung 3 fungitox. Komponenten gefunden werden, die dieselbe Wrkg.-Art wie I besaßen. Vf. nimmt an, daß sich unter dem Einfl. von Enzymen I-Derivv. gebildet haben. Diese Umbildung scheint die Ursache der chemotherapeut. Wrkg. von I zu sein. Die Ergebnisse wurden an *Cucumis sativus L.*, *Vicia faba L.* u. *Cichorium intybus L.* erhalten. W. HILLER. 4490□

Verteilung von ^{203}Hg-Phenylquecksilberchlorid im Gewebe der jungen Nelke nach Verwendung als Samenbeizmittel. June Robson und P. Fenn. (Nature [London] **189.** 501—03. 11/2. 1961. Wantage, Berks., Wantage Res. Labor.; Henfield, Sussex, Carnat. Nurseries.) (Engl.)

Autoradiograph. Unters. an Keimlingen aus Samen, die mit *^{203}Hg-Phenylquecksilberchlorid* (I) gebeizt wurden, zeigten, daß die Pflanzenteile, die die größten Schädigungen aufwiesen, auch die höchste Radioaktivität hatten. I blockiert offenbar die SH-Gruppen der Proteine. In Konzz. von 2 μg/Samen ist es ohne Schädigung als Fungicid verwendbar. H.-G. FLOSS. 4490□

Hemmung von Wachstum und Photosynthese in submersen Pflanzen mit Tetramethylthiuramdisulfid und Natriumdimethyldithiocarbamat und die Aufhebung der Hemmung der Photosynthese. P. E. Björn Lindahl. (Nature [London] **191.** 51—53. 1/7. 1961. Uppsala, Univ. of Uppsala, Inst. of Plant Physiology.) (Engl.)

Tetramethylthiuramdisulfid (I) u. *Natriumdimethyldithiocarbamat* (II) in Konzz. von 10^{-5}—10^{-4} m hemmen Wachstum u. Photosynth. zahlreicher submerser Pflanzen (*Chlorophyceen, Phaeophyceen, Rhodophyceen,* submerse Moose u. submerse höhere Pflanzen). Die Hemmung scheint nur auf die Photosynth. gerichtet zu sein, denn die endogene Respiration wird durch I u. II nicht beeinflußt. Zusätze von Cd^{2+}, Pb^{2+}, Ni^{2+}, Co^{2+}, Cu^{2+} u. Au^{3+} verringern die durch II induzierte Hemmung, bzw. vermögen sie in einzelnen Fällen vollständig aufzuheben. Mn^{2+}, Sn^{2+} u. Fe^{3+} sind ohne Wrkg., während Zn^{2+} die Hemmung erhöht. Sowohl die durch I als auch die durch II hervorgerufene Hemmung wird durch 10^{-4}m *Glutathion* u. $2 \cdot 10^{-4}$m *Cystein* vermindert; $1 \cdot 10^{-4}$m Cystein bleibt wirkungslos. Die von I induzierte Hemmung wird von Cu^{2+} ($0,69 \cdot 10^{-5}$) nicht beeinflußt, wird dagegen von 10^{-4}m Au^{3+} verringert. W. SCHENK. 4495□

E5. Tierchemie. Tierphysiologie. Tierpathologie

Verwendung von ^{198}Au-Drähten zur Untersuchung von Bewegungen kleiner Säuger. Stephen V. Kaye. (Science [Washington] **131.** 824. 18/3. 1960. Raleigh, North Carolina State Coll., Dep. of Zool.) (Engl.)

Die Ortsveränderungen von *Reithrodontomys humulis* (AUDUBON u. BACHMAN) wurden nach subkutaner Einführung 10 mm langer *^{198}Au*-Drähte (0,7—4,5 mc) mittels eines Geigerzählers verfolgt. K. MAIER. 4500□

Die spezifische Refraktion $T[(n^2-1)/(n^2+2)] \cdot 1/d = r$ und ihre mögliche Bedeutung für die Medizin. K.-H. Lüdde. (Dtsch. Gesundheitswes. **17.** 114—18. 18/1. 1962. Weimar.) (Dt.)

Vf. definiert den Begriff „spezif. Refraktion" u. weist auf die Möglichkeit der Verw. von Refraktions-Best. in der Medizin hin. — 35 Literaturangaben. P. GREGORZEWSKI. 4500□

Trennungsmethoden nach dem Prinzip der Molekularsiebung und des Ionenausschlusses. J. Porath und E. B. Lindner. (Nature [London] **191.** 69—70. 1/7. 1961. Uppsala, Univ. of Uppsala, Inst. of Biochem.) (Engl.)

Bei Ersatz von W. als Quellungsmittel für Sephadexproben durch W.-Pyridin-Essigsäure-Gemische unterschiedlicher Zus. kann der Quellungsgrad niedrig gehalten werden. Mit derartigen Sephadexsäulen gelingt die Trennung auch relativ niedrigmol. Stoffe (Polypeptide wie *Oxytocin* u. *Vasopressin* u. a.) W. SCHELER. 4500□

Auftreten von β-Alanin und β-Aminobuttersäure in Würmern. James W. Campbell. (Biol. Bull. **119.** 75—79. Aug. 1960. Houston, Tex., Rice Inst., Dep. of Biolog.; Massachusetts, Woods Hole, Marine Biol. Labor.) (Engl.)

Vf. untersucht papierchromatograph. 13 Species freilebender u. symbiot. lebender Würmer der Klassen *Turbellaria, Trematoda* u. *Cestoda* auf den Geh. an *β-Alanin* (I) u. *β-Aminobuttersäure* (II). I u. II werden überwiegend als freie Aminosäuren bei den im Kontakt mit ihrem Wirt symbiot. lebenden Species gefunden. R. LAFFERENZ. 4520□

Protamine. Kurt Felix. (Advances Protein Chem. **15.** 1—56. 1960. Frankfurt/M., Inst. für vegetative Physiol.) (Engl.)

Übersicht. Herst. von *Protaminen* (I), Zus., Vork., allg. Eigg., Heterogenität (Fraktionierung durch CRAIG-Verteilung, Löslichkeit der Pikrate u. Sulfate, Elektrophorese, Chromatographie), Molgew. (NH_2- u. COOH-Endgruppen, innere Aminosäuresequenzen in I), Verh. von I bei Einw. proteolyt. Enzyme, Protamin-Verbb. (mit Nucleinsäuren), I als einzige Proteine der Fischspermazellkerne, I-Entw. während der Spermatogenese, biolog. Bedeutung von I. — 136 Literaturangaben. K. MAIER. 4520□

Immunologische Beziehungen der Serumlipoproteine einiger Säugetiere. Raymond Havez, Gérard Biserte, Guy Fontaine und Pierre Muller. (C. R. hebd. Séances Acad. Sci. **252.** 2628—30. 24/4. 1961. Lille, Univ., Fac. de Méd. et de Pharm., Labor. de Biochim. pathol.; Inst. de Méd. légale et de Méd. sociale.) (Franz.)

Rind, Schwein u. Schaf besitzen *Lipoproteine* (I) von hoher Dichte, die eine oder mehrere Antigendeterminanten mit den α-I des Menschen gemeinsam haben. Die I von geringer Dichte von diesen Tieren u. vom Kaninchen zeigen eine Antigenverwandtschaft zu den β-I des Menschen. Keine der Tierarten besitzt jedoch alle Antigendeterminanten des Menschen. K. ZINGRAF. 4551□

Vorkommen von Antiribonucleinsäureantikörpern in Antiribosomenimmunseren. Emanoil Barbu und Jacques Panijel. (C. R. hebd. Séances Acad. Sci. **250.** 1382—84. 15/2. 1960. Paris, Inst. Pasteur.) (Franz.)

Gegen Ribosomen (Ribonucleoproteinpartikel mit 50—60% Ribonucleinsäure) aus *E. coli* K 12, *E. coli* B, *Streptococcus* A_{23}, Kaninchen- oder Rattenleber durch i. v. Immunisation von Kaninchen hergestellte Antiseren enthalten einen oder mehrere Antikörper, die *Ribonucleinsäuren* (I) fällen. Die spezif. I-Funktion als Antigene ergibt sich auch aus deren Inhibitor-Wrkg. bei der Fällung heterogener Ribosomen durch Immunseren. Während I an sich anscheinend zur Auslösung der Bldg. präcipitierender Antikörper unfähig sind, wirken sie dennoch als Ribosomenantigen. K. MAIER. 4551□

Chlorogensäure. Ein Allergen in grünen Kaffeebohnen. S. O. Freedman, J. Krupey und A. H. Sehon. (Nature [London] **192.** 241—43. 21/10. 1961. Montreal, Gen. Hosp., McGill Univ. Clinic; McGill Univ., Dep. of Biochem. and Chem.) (Engl.)

Vff. stellen die chem. Identität des Allergens in grünen Kaffeebohnen fest. Ein wss. Extrakt (a) der Bohnen erweist sich bei direkter Haut-Rk. als stark allergen u. zeigt eine positive passive Transfer-Rk. (PTR) bei einer Serumverdünnung von 1 : 3200. Nach Chromatographie von a an Dextrangel erweisen sich nur diejenigen Fraktionen als positiv, die Braunfärbung aufweisen u. mit $FeCl_3$ Grünfärbung geben. Bei intradermaler Injektion von in Kaffee vorkommenden Phenol-Verbb. bei allerg. Personen zeigt nur *Chlorogensäure* (I) positive Rk., u. zwar bereits bei einer Dosis von 1 μg. Bei PTR sind noch $5 \cdot 10^{-5}$ μg I wirksam. Weder *Kaffee-* noch *Chinasäure* allein zeigen I-Wrkg., immunisieren die I-Rk. jedoch teilweise bei gemeinsamer Verabreichung in äquimol., relativ hohen Mengen. Vff. diskutieren die Vers.-Ergebnisse u. weisen auf die Bedeutung der festgestellten I-Wrkg. für die mit anderen Nahrungsmitteln, Pollen, Stäuben u. Schimmeln festgestellten Allergien hin. G. KIRSTEN. 4551□

Die Kohlenhydrate einiger Glykoproteine aus Kuhmilch. M. P. Thompson und J. R. Brunner. (J. Dairy Sci. **42.** 369—70. Febr. 1959. East Lansing, Mich., Michigan Agric. Exp. Stat., Dep. of Dairy, Food Technol.) (Engl.)

In den Milchproteinfraktionen: Lösl. Membranprotein der Fettkügelchen, Weinstein-Fraktion u. Proteose-Pepton-Fraktion werden nach Hydrolyse mit 2n HCl, Dialyse u. Extraktion papierchromatograph. absteigend mit einer Mischung von Amylalkohol : Pyridin : W. (4 : 3 : 2) als Laufmittel bei 21° u. mit einer Lsg. von 2% Triphenyltetrazoliumchlorid in nNaOH als Sprühmittel bei 40° folgende Kohlenhydrate gefunden: *Fucose, Galaktosamin* (schwach), *Galaktose, Glucosamin, Mannose. Sialsäure* wird unter den gewählten Hydrolysebedingungen zerstört, unter milderen aber gefunden.
PH. FRESENIUS. 4555□

Zur Größenverteilung der Caseinteilchen in Kuhmilch, Ziegenmilch und Frauenmilch. Ernst Knoop und Adolf Wortmann. (Milchwissenschaft **15.** 273—81. Juni 1960. Kiel, Bundesforschungsanst. für Milchwirtschaft, Physikal. Inst.) (Dt.)

Mittels elektronenmkr. Unterss. wurden für die häufigsten Durchmesser der Caseinteilchen von Frauenmilch, Kuhmilch u. Ziegenmilch (Colostralmilch) folgende Werte ermittelt: 42 bzw. 93 bzw. 133 mμ. Weiter wurde festgestellt, daß den Größenverteilungen für alle 3 Milcharten die gleiche Gesetzmäßigkeit zugrunde liegt. Schließlich wurde versucht, die Größenverteilung mittels einer mathemat. Formel auszudrücken.
M. WINIKER. 4555□

Über den Einfluß von Vitamin A auf die Wirkung von Steroidhormonen. 2. Mitt. W. Boguth und H. Weiser. (Int. Z. Vitaminforsch. [Bern] **32.** 15—19. 1961. Gießen,

Justus-Liebig-Univ., Inst. für Biochem. u. Endokrinolog. der Haustiere.) (Dt.) — 1. vgl. Int. Z. Vitaminforsch. [Bern] **31.** [1961.] 317.

Bei hypophysektomierten Ratten zeigt sich bei *Vitamin-A*-Mangel nach *Testosteronpropionat* (I)-Behandlung kein Wachstumseffekt u. keine Vermehrung der roten Blutkörperchen. Im Gegensatz dazu sind die geschlechtsspezif. Wrkg. des I nicht Vitamin-A-abhängig. I. HAHN. 4559☐

11-Ketotestosteron, ein Androgen für „sockeye"-Lachs. D. R. Idler, I. I. Bitners und P. J. Schmidt. (Canad. J. Biochem. Physiol. **39.** 1737—42. Nov. 1961. Vancouver, B. C., Fisheries Res. Board of Canada, Technol. Stat., Chem. Sect.) (Engl.)

11-Ketotestosteron, welches im Blut von „*sockeye*"-*Lachs* vorkommt, besitzt bei dieser Art Androgenaktivität. Es beeinflußt bei allen Tieren die Dicke u. Färbung der Haut u. die Pigmentierung des Fleisches, bei den ♂ Tieren außerdem die Spermatogenese. *Östradiol* vermehrte die Masse der ♀ Gonaden. K. ZINGRAF. 4559☐

Die Herzwirkungen eines Aminosteroids. J. M. Robson und J. R. Trounce. (J. Physiology **129.** 10 P—11 P. 28/7. 1955. London, Guy's Hosp. Med. School, Dep. of Pharmacol.) (Engl.)

16-Dimethylaminomethylepidehydroandrosteronmaleat (*Verb. 358*; BRITISH SCHERING LTD.) führt am isoliert durchströmten Kaninchenherzen zu verminderten Herzohr- u. Kammerkontraktionen bei Zugabe von 0,5—2,0 mg zur Durchströmungsflüssigkeit. Nach i. v. Injektion von 60 mg kommt es innerhalb 1 Min. zur Herzschlagverlangsamung, zum progressiven Block (erst atrioventrikular, dann interventrikular), schließlich zum Kammerflimmern u. Exitus. Die Wrkg. der Verb. scheint derjenigen von *Chinidin* ähnlich zu sein. Gegenüber den durch Chlf.-Inhalation induzierten ventrikulären Extrasystolen wirkt die Verb. nach i. v. Injektion von 20 mg auslöschend, jedoch ist diese Wrkg. nur vorübergehend u. kurzfristig. — Gleiche Wrkg. ließ sich durch 30 mg *Procainamid* i. v. erzielen. U. TAUSENDFREUND. 4559☐

Die Wirksamkeit eines oralen Anticonzipiens. Wirkungen einer Progestin-Östrogen-Kombination auf Fruchtbarkeit, Menstruationserscheinungen und Gesundheit. Gregory Pincus, Celso R. Garcia, John Rock, Manuel Paniagua, Adaline Pendleton, Felix Laraque, René Nicolas, Raymond Borno und Vergniaud Pean. (Science [Washington] **130.** 81—83. 10/7. 1959. Shewsbury, Mass., Worcester Foundation for Exp. Biol.) (Engl.)

Es wird über die Erfahrungen, die mit einem aus *Norethynodrel* (10 mg je Tablette) u. *Äthinylöstradiol* (0,15 mg) bestehenden Anticonzipiens bei 830 Frauen gemacht wurden, berichtet. Die Meth. war wirksam, verursachte keine Anomalien des Menstruationscyclus; hatte keine nachteilige Wrkg. auf den Geschlechts-App. u. beeinflußte bei Beendigung die Fruchtbarkeit nicht. K. MAIER. 4559☐

Die Beseitigung von Sialsäure aus dem Serumgonadotropin durch saure und enzymatische Hydrolyse. M. E. Rafelson jun., H. Clauser und J. Legault-Demare. (Biochim. biophysica Acta [Amsterdam] **47.** 406—07. 18/2. 1961. Chicago, Ill., University of Illinois, Coll. of Med., Dep. of Biolog. Chem.; Paris, Fac. des Sci., Labor. de Chim. biol.) (Engl.)

Die enzymat. Entfernung der *Sialsäure* mittels *Neuraminidase* (aus einem asiat., gereinigten Influenzavirus gewonnen) oder durch Salzsäurehydrolyse mittels 0,01 nHCl bei 100° aus dem gereinigten *Gonadotropin* bewirkte eine völlige Zerstörung der biolog. Aktivität des Serums, wie dies an dem Gew. der Eierstöcke unreifer Ratten gemessen werden konnte. L. MACHER. 4559☐

Untersuchungen über die biologische Charakterisierung menschlicher Gonadotropine. 5. Mitt. **Vergleich mit dem Luteinisierungshormon des Schafes.** A. Albert und Ione Derner. (J. clin. Endocrinol. Metabolism **20.** 1059—65. Aug. 1960. Rochester, Minn., Mayo Clin. and Mayo Found.) (Engl.) — 4. vgl. C. **1962.** 6476.

In Verss. an Ratten mit *Luteinisierungshormon des Schafes* (I) u. *menschlichem Hypophysengonadotropin* (II) ließ sich an der unterschiedlichen Rk. (Rk. auf I ist biphas., die auf II ist eine lineare Funktion zum Dosis-log) erkennen, daß II, obgleich es die biolog. Eigg. von I zusätzlich zu den Follikelreifungs-Eigg. besitzt, dem gereinigten I in diesem Vers.-Syst. (Rattenuteruswachstum u. Ovar-Rk.) nicht ähnlich ist.

U. TAUSENDFREUND. 4560☐

Untersuchungen über die biologische Charakterisierung menschlicher Gonadotropine. 6. Mitt. **Charakter und Zahl der Gonadotropine im menschlichen Schwangerenharn.** A. Albert und Ione Derner. (J. clin. Endocrinol. Metabolism **20.** 1225—33. Sept. 1960.) (Engl.) — 5. vgl. vorst. Referat.

In Verss. an Ratten (Rk. des Uterus-Gew. u. des Ovars) mit *menschlichem Choriongonadotropin* (I; Uterusstimulierung beginnt bei 0,25 I. E., wird maximal bei 1,0 I. E.

u. bleibt so bis 30000 I. E.; Ovar-Rk. ist biphas.) u. *menschlichem Hypophysengonadotropin* (II; davon abweichende Rk.-Form) ließ sich zeigen, daß I vermutlich Follikelreifungs-Eigg. besitzt u. daß II vermutlich während der Gravidität nicht sezerniert wird. U. TAUSENDFREUND. 4560□

Gonadotrope Hormonfunktion bei Daueröstrusratten mit Hypothalamusschädigungen. Savino A. D'Angelo und Arnold S. Kravatz. (Proc. Soc. exp. Biol. Med. **104.** 130—33. Mai 1960. Philadelphia, Pa., Jefferson Med. Coll., Daniel Baugh Inst. of Anatomy.) (Engl.)

Die Adenohypophyse von Daueröstrusratten verliert die Fähigkeit zur Steigerung der Sekretion des *Follikelreifungshormons* (I) bei Steigerung des I-Bedarfs, wie er z. B. durch einseitige Ovarektomie gewöhnlich zustande kommt. So konnte bei hypothalamusgeschädigten Ratten, bei denen auf diese Weise ein vaginaler Daueröstrus mit Uterushypertrophie induziert worden war, keine kompensator. Hypertrophie des verbliebenen Ovars nach einseitiger Ovarektomie mehr hervorgerufen werden; der I-Geh. der Hypophyse blieb zwar erhalten, die I-Titer des Serums sanken jedoch ab. U. TAUSENDFREUND. 4560□

Fraktionierung menschlicher Hypophysen. Alfred E. Wilhelmi. (Canad. J. Biochem. Physiol. **39.** 1659—68. Nov. 1961. Atlanta, Ga., Emory Univ., Dep. of Biochem.) (Engl.)

Beschreibung einer Reihenextraktion für menschliche Hypophysen: Die 1. Fraktion (Extraktion mit 1,25 m $(NH_4)_2SO_4$ bei pH 4) enthält vorwiegend *Follikelreifungshormon Luteinisierungshormon* u. *thyreotropes Hormon*, die zweite (pH 9) *Wachstumshormon* (I) u. *Prolactin* (II), die dritte (pH 1,5, bes. für acetonkonservierte Drüsen) weiteres II u. den größten Teil von III. K. ZINGRAF. 4560□

Über die Bewegung von Pigmentgranula bei Froschmelanocyten. M. Ruth Wright und Aaron B. Lerner. (Endocrinology **66.** 599—609. April 1960. New Haven, Med. Univ., Sect. of Dermatology.) (Engl.)

Melanocyten stimulierendes Hormon, Coffein u. einige physikal. Faktoren bewirken eine mkr. sichtbare Verteilung der Melaningranula gegen die Peripherie der Zelle (in 50 Min.). *Melatonin, Noradrenalin* u. *Hydrocortison* (schwächer, 50%) bewirken ein schnelles u. merkliches Umkehren der Dunkelreaktion. Es wird vermutet, daß die Melaningranulabewegung mit cytoplasmat. Strömung erfolgt, verbunden mit Ionenaustausch zwischen intra- u. extracellulärem Medium. CH. HEESE. 4560□

Relativer Überschuß an Vasopressin und corticotropinfreisetzendem Faktor in Neurohypophysenextrakten. S. M. McCann und Paul Haberland. (Proc. Soc. exp. Biol. Med. **102.** 319—25. Nov. 1959. Philadelphia, Pa., Univ. of Pennsylvania, School of Med., Dep. of Physiol.) (Engl.)

Es wird gezeigt, daß rohe Extrakte aus der Hypophysenstiel- mittlerer Hügelregion des Rinder- u. Rattenhirns bei Ratten mit einer Schädigung des mittleren Hügelgebietes eine signifikante (spezif.) *Corticotropin* (*ACTH*)-Freigabe herbeiführen, die nicht auf dem (nur zu 20% in dem Extrakt vorhandenen) Geh. an *Vasopressin* (I) beruht. I u. dem *ACTH-freisetzenden Neurohormon*, welche eine verschiedene Lokalisation (Hypophysenhinterlappen u. mittlerer Hügel) aufweisen, kommt offenbar die Funktion der ACTH-Freigabe gemeinsam zu; erst weitere Unterss. über die Blutströmungsverhältnisse in den in Frage stehenden Regionen können Auskunft über die relative Bedeutung beider Faktoren bei der ACTH-Sekretion erbringen. U. TAUSENDFREUND. 4560□

Untersuchungen an hypophysärem Adrenocorticotropin. 3. Mitt. **Nachweis des Oxydations- und Reduktionszentrums.** M. L. Dedman, T. H. Farmer und C. J. O. R. Morris. (Biochem. J. **78.** 348—52. Febr. 1961. London, London Hosp., Dep. of exp. Biochem.) (Engl.) — 2. vgl. Biochem. J. **66.** [1957.] 166.

Corticotropin A_1 (I) wurde aus Schweinehypophysen nach DEDMAN u. Mitarbeiter oder FARMER u. Mitarbeiter, oxydiertes I durch Behandlung mit H_2O_2 gewonnen. I u. *oxydiertes Corticotropin* (II) wurden mit Trypsin in 0,01 m Na-Phosphatpuffer, pH 8, bei 30° 30 Min. verdaut. Die Verdauungs-Prodd. wurden an Carboxymethylcellulose chromatographiert. Nur die N-endständigen Peptide von I u. II differierten; II besitzt statt des *Methionins* des I *Methioninsulfoxid*. Der Aminosäure-Geh. des mit RANEY-Nickel red. I wurde nach Hydrolyse mit *Leucinaminopeptidase* bestimmt u. im Gegensatz zu früheren nach Säurehydrolyse erzielten Ergebnissen festgestellt, daß noch Methionin vorhanden ist; *α-Aminobuttersäure* konnte nicht nachgewiesen werden. Auf Grund dieser Vers.-Ergebnisse wird die Thioäthergruppe des Methionins als Oxydations-Red.-Zentrum von I angesehen. U. LASCHET. 4560□

Fettmobilisierung durch gereinigtes Corticotropin bei der Maus. J. Earle White und Frank L. Engel. (Proc. Soc. exp. Biol. Med. **102.** 272—74. Nov. 1959. Durham, N. C.,

Vet. Admin. Hosp., Dep. of Med. and Physiol., Div. of Endocrinol.; Duke Univ., Med. Center, Dep. of Med. and Physiol., Div. of Endocrinol.) (Engl.)

Corticotropin (*ACTH*) übt eine extraadrenale Wrkg. auf die Fettmobilisierung des intakten Tieres [ähnlich wie *Wachstumshormon* (**I**)] aus. So konnte durch gereinigte ACTH u. auch durch **I** jeweils die Fettmobilisierung aus den Nebenhodenfettdepots fastender Mäuse angeregt werden; *Hydrocortison* (**II**) erzielte keine derartige Wrkg. bei intakten Tieren u. hemmte die Fettmobilisierung adrenalektomierter Mäuse, so daß die beschriebene Wrkg. von ACTH nicht durch Nebennierenrindenstimulierung erreicht wird; dazu konnte die hemmende Wrkg. von **II** auf die Fettmobilisierung adrenalektomierter Tiere durch gleichzeitig gegebenes ACTH überspielt werden.
U. Tausendfreund. 4560□

Die Hemmwirkung von Adrenalin auf den isolierten Rattenuterus. Kjell Briseid Jensen und Reidar Bredo Sund. (Acta pharmacol. toxicol. [København] **17.** 173—81. 1960. Oslo, Univ., Pharmaceutical Inst.) (Engl.)

Am isolierten Rattenuterus wird die Hemmwrkg. von *Adrenalin* (**I**) unter Verw. von Acetylcholin, Oxytocin, Serotonin oder menschlichem Harnkinin als Agonisten geklärt. **I** scheint an unabhängigen Strukturen in solcher Weise zu wirken, daß die kontraktilen Stimuli antangonist. beeinflußt werden. Es besteht aber auch die Möglichkeit, daß der **I**-Effekt den Kontraktionsprozeß ähnlich wie die verschiedenen Agonisten blockiert.
G. Kimmerle. 4561

Einflüsse von intravenös verabreichtem Adrenalin und Noradrenalin auf die bedingten Reflexe der Katze. Seth Sharpless. (Psychopharmacologia [Berlin] **1.** 140—49. 3/11. 1959. New York, Albert Einstein Coll. of Med. Dep. of Pharmacol.) (Engl.)

Adrenalin u. *Noradrenalin* (2 bzw. 4 μg/kg) verringern die Leistung im Reflextest. — 23 Literaturangaben.
P. Gregorzewski. 4561□

Wirkung von Hypoxie auf die sympathicoadrenale Aktivität bei Hunden mit Myocardinsuffizienz. Edward T. Toyooka und William D. Blake. (Amer. J. Physiol. **201.** 448—50. Sept. 1961. Portland, Oreg., Univ. of Oregon, Med. School, Dep. of Physiol.) (Engl.)

Inhalation von 8—10% O_2 ist offenbar keine ausreichend große Stressbelastung (beim Hund), um *Brenzcatechinamine* in zum Nachw. im Harn ausreichenden Mengen freizusetzen (keine Stimulierung der Nebennierenmarksekretion); auch nach experimenteller Myocardschädigung keine anderen Resultate.
U. Tausendfreund. 4561□

Die Wirkungen von Epinephrin auf den Thyroxin-Stoffwechsel: Chromatographische Untersuchungen von Serum und Gewebsextrakten. Burton Kallman und Paul Starr. (J. clin. Endocrinol. Metabolism **20.** 436—45. März 1960. Los Angeles, Calif., Univ. of Southern California, School of Med.) (Engl.) — Vgl. C. **1961.** 16161.

^{131}*J-Thyroxin* (**I**) wurde allein oder zusammen mit *Adrenalin* (**II**) bei Menschen u. Ratten angewandt; **II** bewirkte beim Menschen eine Abnahme des Geh. von proteingebundenem J im Serum. Abbau-Prodd. von **I** waren im Serum von Kontrollpersonen, nicht aber im Serum von **II**-behandelten Personen angereichert. **II** bewirkte keine Zunahme des aus **I** stammenden Trijodthyronins während der Zeit, in der es eine calorigene Wrkg. ausübte.
K. Zingraf. 4562□

Über das Vorkommen von Uridindiphosphat-N-acetylgalaktosamin in der Schilddrüse von Rind und Schaf. Jean Grégoire, Nicole Limozin und Jana Grégoire. (C. R. hebd. Séances Acad. Sci. **250.** 2290—92. 21/3. 1960. Marseille, Fac. de Méd.-Pharmacie, Lab. de Chim. biol.) (Franz.)

Die aus Rinder- oder Schafschilddrüse durch Anionaustauschchromatographie an Dowex-1X-10 (Formiat) isolierte *Uridindiphosphat-N-acetylhexosamin*-Fraktion besteht aus einem Gemisch von *UDPN-acetylglucosamin* u. *-galaktosamin*. Die Schilddrüse ist eines der wenigen Gewebe, in denen bisher die letztgenannte Verb. identifiziert werden konnte.
K. Maier. 4562□

Thyroxinanaloge. 3. Mitt. **Antistrumigene und calorigene Aktivität einiger alkylsubstituierter Thyroxinanaloge.** Eugene C. Jorgensen, Nicolas Zenker und Cyrus Greenberg. (J. biol. Chemistry **235.** 1732—37. Juni 1960. San Francisco, Calif., Univ. of California, School of Pharm., Dep. of Pharmaceut. Chem.; Philadelphia, Pa., Smith Kline and French Labor., Res. and Dev. Div.) (Engl.) — 2. vgl. J. Amer. pharmac. Assoc., sci. Edit. **48.** [1959.] 653.

Der Einfl. verschiedener Alkylsubstituenten am *Thyroxin* (I)-Mol. auf die antistrumigene u. calorigene Aktivität wurde untersucht. Die antistrumigene Aktivität wurde an ♂ Ratten nach subkutaner Injektion der Verbb. durch Best. der Schilddrüsen-Gew. getestet. Die calorigene Wrkg. wurde am O_2-Verbrauch der Ratten gemessen. *3.5-Dinitro-4-[alkylphenoxy]-DL-phenylalanine* (*2'-Methyl-* u. *5'-Methyl-*) besitzen keine I-Aktivität. Ebenso *3.5-Dijod-4-(alkylphenoxy]-DL-phenylalanin* (*2'-Methyl-*, *2'.4'-* u. *2'.5'-Dimethyl-*, *2'-Isopropyl-*, *2'-Isopropyl-5'-methyl-*) mit Ausnahme des *3.5-Dijod-4-[2'.3'-dimethylphenoxy]-DL-phenylalanins*, das 1,0% *L*-I- u. 0,04% *L-Trijodthyronin*-Aktivität besitzt. Bemerkenswert ist, daß diese thyreomimet. Verb. im Gegensatz zu den übrigen Thyreomimetica keine 4'-Hydroxylgruppe trägt. Die 4'-Hydroxylgruppe ist demnach für eine thyreomimet. Aktivität nicht erforderlich. Folgende *3.5-Dijod-4-[alkylphenoxy]-DL-phenylalanine* mit den Substituenten a) *2'.4'-Dimethyl-*, b) *2'.5'-Dimethyl-*, c) *2'-Isopropyl-* u. d) *2'-Isopropyl-5'-methyl-* besitzen gegenüber dem antistrumigenen Effekt von L-I antagonist. Aktivität. Die Antithyroxinwirksamkeit beträgt bei einem molaren Verhältnis zu L-I von 200 bei a) 21%, b) 28,4%; c) 38,5% u. d) 19,6%. Die Rolle der 2'-Alkylgruppe bei der stereochem. Fixierung des Dijoddiphenyläthers wird diskutiert. Die Aktivitätsunterschiede zwischen 2'.3'-, 2'.4'- u. 2'.5'-Dialkylanalogen werden zu den verschiedenen stereochem. Orientierungen der Substituenten in Beziehung gesetzt.
L. LASCHET. 4562□

Paradoxe Verlängerung der Muskelkontraktionszeit bei Patienten mit Schilddrüsenunterfunktion nach Verabreichung kleiner Dosen von l-Trijodthyronin, Thyroxin und getrockneter Schilddrüse. Arthur S. Weissbein und John D. Lawson. (J. clin. Endocrinol. Metabolism. **20.** 429—36. März 1960. Fort Sam Houston, Texas, Brooke Army Hosp.) (Engl.)

Beim Myxödem ist die Kontraktionszeit des Achillessehnenreflexes verlängert; sie verkürzt sich im Laufe der Behandlung mit *Schilddrüsenhormon* (I) wird aber paradoxerweise noch verlängert, wenn Patienten mit Schilddrüsenunterfunktion kleine Dosen I verabreicht werden. Dieses Verh. wurde von Vff. einem Test für geringgradige Schilddrüsenunterfunktion zugrunde gelegt (Verabreichung von 25 µg *l-Trijodthyronin*).
K. ZINGRAF. 4562□

Spaltung von Disulfidbindungen in Schilddrüsengewebe durch Thioharnstoff. Farahe Maloof und Morris Soodak. (J. biol. Chemistry **236.** 1689—92. Juni 1961. Waltham, Mass., Brandeis Univ., Graduate Dep. of Biochem.; Boston, Mass., Harvard Med. School, Dep. of Med. and Massachusetts Gen. Hosp., Med. Serv.) (Engl.)

An einer durch Ultrazentrifugieren gewonnenen Cytoplasmafraktion (A) aus Schafschilddrüsenhomogenat wird die Natur des nach Transsulfurierung aus *Thioharnstoff* (I) gebildeten, eiweißgebundenen S untersucht. Diese S-Bindung ähnelt der S—S-Bindung, die bei Behandeln von A mit Sulfit (II) unter Bldg. von S-Sulfocysteinresten erhalten wird. Die beim Inkubieren von A mit $^{35}SO_3^{2-}$ in Trispuffer (pH 7,4) in Ggw. von Äthylendiamintetraessigsäure erhaltenen Rk.-Prodd. weisen nach Zusatz von II u. Sulfat (III) als Träger folgende R_F-Werte auf: (In A.–1,0mNH$_4$-Acetat (pH 7,5) 7,5:3) eiweißgebundenes $^{35}SO_3^{2-}$ 0,0, III 0,25, II/$^{35}SO_3^{2-}$ 0,59; Aceton–n-Butanol–W. 2:2:1: 0,0, 0,10, 0,28. Daneben treten weitere kleine, radioakt. Flecken auf. A nimmt aus I S auf (vgl. MALOOF u. SPECTOR, C. **1960.** 869), das sich nach 2std. Inkubieren bei 20° bis zu 80% durch nucleophile Anionen (0,01 Mol/Liter), wie z. B. II oder CN^- bei pH 7,4 oder durch Thiole, wie z. B. Cystein (IV) oder red. Glutathion, verdrängen läßt. Dabei bildet der aus A freigesetzte S *Thiosulfat*, *Thiocyanat* bzw. *H_2S*. Analog I wird auch II (als S) in A gebunden, doch setzt dies in jedem Falle intakte Disulfidbindungen in A voraus, da bei vorherigem Inkubieren von A mit II, IV oder Thioglykolsäure eine nachfolgende Desulfurierung von I durch A zu 67—80% gehemmt wird. Typ. SH-Inhibitoren, wie z. B. Jodacetamid, p-Chlormercuribenzoat oder Methylmercurinitrat, bleiben auf die Desulfurierungs-Rk. ohne Einfluß. Die durch Einw. von I gebildete S—S-Bindung wird weder durch 6nHCl (100°, 16 Std.) noch durch Pepsin (pH 1,5—2,0) oder Trypsin (pH 8,5) u. nachfolgende Säurehydrolyse angegriffen. Vff. diskutieren den möglichen Verlauf der I-Transsulfurierung in A u. weisen auf parallele Vorgänge bei Jodierung von A u. Bldg. von proteingebundenem Monojodtyrosin hin. G. KIRSTEN. 4562□

Weiterer Beweis für einen Schilddrüsenaktivator bei Hyperthyreoidismus. J. M. McKenzie. (J. clin. Endocrinol. Metabolism **20.** 380—88. März 1960. Boston, Mass., New England Center Hosp., Ziskind Res. Labor.; Tufts Univ. School of Med., Dep. of Med.) (Engl.)

Nach Verfütterung getrockneter Schilddrüse an Mäuse bewirkte i.v. verabreichtes Serum von Patienten mit Hyperthyreoidismus eine erhöhte Aufnahme von 12 Std.

später injiziertem ^{131}J durch die Schilddrüse. Standardthyreotropin bewirkte dagegen eine maximale Steigerung der Aufnahme von ^{131}J durch die Schilddrüse, wenn es 4 Std. vor ^{131}J injiziert wurde. Ein weiterer Beweis für die Aktivierung der Schilddrüse durch das Serum waren die Zunahme des Geh. von proteingebundenem ^{131}J im Plasma u. histolog. Veränderungen in der Schilddrüse. K. ZINGRAF. 4562□

Die diuretische Reaktion auf verabreichtes Wasser bei Patienten mit primärem Myxödem. Kenneth H. Bleifer, Joseph L. Belsky, Lawrence Saxon und Solomon Papper. (J. clin. Endocrinol. Metabolism **20.** 409—14. März 1960. Boston, Mass., Boston Veterans Admin. Hosp., Med. Serv. and Res. Labor., Boston Univ. School of Med., Dep. of Med.; Tufts Univ. School of Med., Dep. of Med.) (Engl.)

Bei 2 von 8 Patienten mit unbehandeltem prim. Myxödem wurde die maximale Harnfluß-Geschw. durch verabreichtes *W.* deutlich unter Normalwerte verringert, nach Behandlung mit getrockneter Schilddrüse wurde die maximale Diurese-Rk. dagegen gesteigert u. der Harn war stärker verd. als vor der Behandlung; gleichzeitig nahmen die Clearancewerte von endogenem Kreatinin zu. Die diuret. Rk. auf W. ist ein brauchbarer Test für die Differentialdiagnose von prim. Myxödem u. Unterfunktion der gesamten Hypophyse mit sek. Myxödem. K. ZINGRAF. 4562□

Mögliche Fehler bei der Bestimmung der ^{131}J-Trijodthyroninaufnahme durch die Erythrocyten. Robert C. Meade. (J. clin. Endocrinol. Metabolism **20.** 480—84. März 1960. Wood, Wis., Veterans Admin. Center, Radioisotope Center.) (Engl.)

Das mehrmalige Waschen mit Salz-Lsg. u. Temp.-Veränderungen in den Zwischenzeiten stellen Fehlerquellen bei der Best. der Aufnahme von *^{131}J-Trijodthyronin* durch die Erythrocyten (Meth. zur Prüfung der Schilddrüsenfunktion nach HAWOLSKY u. Mitarbeiter) dar. K. ZINGRAF. 4562□

Grenzwerte für die Diagnose auf Grund der Radiojod-Aufnahme durch die Schilddrüse. T. H. Oddie, I. D. Thomas, F. F. Rundle, J. Myhill und B. Catt. (J. clin. Endocrinol. Metabolism **20.** 389—400. März 1960. Crows Nest, N.S.W., Australia, Royal North Shore Hosp. of Sydney, Unit. of Clin. Invest.) (Engl.)

Die *^{131}J*-Aufnahme-Geschw. der Schilddrüse wurde bei 1116 Australiern gemessen. Der Logarithmus des Aufnahme-Geschw.-Faktors für verschiedene funktionelle Gruppen zeigte Normalverteilung. Es wurden für diagnost. Zwecke Grenzwerte für ♀ mit u. ohne Kropf vor u. nach der Menopause u. für ♂ mit u. ohne Kropf festgelegt. Bei ♂ nimmt die ^{131}J-Aufnahme-Geschw. mit dem Alter progressiv ab. Bei ♀ bleibt sie bis zur Menopause konst. u. nimmt dann ebenfalls progressiv ab. K. ZINGRAF. 4562□

Die Wirkungen bestimmter körperlicher und seelischer Spannungen und Belastungen auf die Schwankungen des Gehalts von proteingebundenem Jod im Serum. Robert Volpé, Joan Vale und MacAllister W. Johnston. (J. clin. Endocrinol. Metabolism **20.** 415—28. März 1960. Toronto, Ontario, Canada, Univ. of Toronto and Toronto General Hosp., Dep. of Med.) (Engl.)

Unter körperlicher oder seelischer Belastung wurden weder bei Normalpersonen noch bei Patienten mit Myocardinfarkt oder nach chirurg. Eingriffen über den Normalbereich hinausgehende Schwankungen des Geh. von *propeingebundenem J* im Serum beobachtet. K. ZINGRAF. 4562□

Die Wirkung von Nebenschilddrüsenhormon auf die Oxydation von Kohlenhydrat durch Knochen. David V. Cohn und Bernard K. Forscher. (Biochim. biophysica Acta [Amsterdam] **52.** 596—99. 30/9. 1961. Kansas City, Mo., Veterans Admin. Hosp., Radioisotope Serv.; Univ. of Kansas City, School of Dentistry, Dep. of Biochem.) (Engl.)

Epiphysen–Metaphysen-Schnitte des Femurs von Kaninchen, welche mit Nebenschilddrüsenhormon behandelt wurden, bildeten in vitro in *$^{14}C_{(6)}$-Glucose-* u. *$^{14}C_{(2)}$-Pyruvat*-haltigen Medien mehr $^{14}CO_2$ als Schnitte von Kontrollen. Der *Citrat* (I)-Geh. des Mediums nahm während der Inkubation ab (bis zu 15%; Demineralisierung), aber die Radioaktivitätsverhältnisse von I änderten sich nicht. K. ZINGRAF. 4563□

Die Bestimmung von Insulin im Blut. J. Vallance-Owen und P. H. Wright. (Physiol. Rev. **40.** 219—44. April 1960. Newcastle-upon-Tyne, King's Coll., Dep. of Med.; London, Guy's Hospital, Med. School, Dep. of Chem. Pathol.) (Engl.)

Übersicht. Vorbereitung der Proben für Best. u. Identifizierung; biolog. Best.-Meth. (in vivo, in vitro); Spezifität, Empfindlichkeit, Genauigkeit; Plasmainsulinspiegel (normale Personen u. Tiere, Diabetes mellitus, endokrine Störungen); Deutung der experimentellen Befunde [Insulin(I)-Bindung durch Plasmaproteine, I-Inhibitoren, effektive u. Gesamt-I-Spiegel]; Funktion von I u. dessen Inhibitoren im gesunden u. kranken Zustand. — 135 Literaturangaben. K. MAIER. 4564□

Blutzuckersteigernde und temperatursenkende Wirkung von N-Nicotinoyl-N′-n-butylharnstoff. Th. Wagner-Jauregg, W. Taterka und O. Büch. (Arzneimittel-Forsch. **10.** 686—87. Aug. 1960. Zofingen/Schweiz, Siegfried AG., Forschungs-Abt.) (Dt.)

Bei systemat. Prüfung von Verbb. der allg. Formel RCONHCONHR' (wobei R einen heterocycl. Rest. u. R' einen niedrigen Alkylrest darstellt) wies *N-Nicotinoyl-N'-n-butylharnstoff* (*BR 5*) bei hoher peroraler Dosierung einen blutzuckersteigernden Effekt bei Kaninchen auf. Kaninchen reagieren auf kleinere u. mittlere Dosen BR 5 (bis 250 mg/kg) mit schwachen Blutzuckersenkungen, auf Dosen über 750 mg/kg jedoch mit starker, über einige Std. anhaltender Blutzuckersteigerung; äußerlich ist keine Störung des Wohlbefindens zu bemerken. Vgl.-Verss. mit dem etwa gleich tox. wirkenden *Tolbutamid* (I) ergaben für dieses auch bei hohen Dosen nur Blutzuckersenkung. *Carbutamid* führt in hohen Dosen (4,5—6 g/kg peroral, dabei jedoch bereits 50—100% Letalität) bei Kaninchen zu Hyperglykämie. Auch *N-Furoyl-N'-n-butylharnstoff* führt in hohen Dosen von 1 g/kg peroral bei Kaninchen eine gewisse Blutzuckersteigerung hervor, die jedoch auch wohl schon als Ausdruck tox. Wrkg. anzusehen ist. — Es wurde für BR 5 auch ein temperatursenkender Effekt an Ratten festgestellt (an normalen wie an Hefefieberratten, Dosierung 200 mg/kg intraperitoneal), die bei Hefefieber etwa so stark wie nach *Phenacetin*, deutlicher als nach I u. fast doppelt so stark wie nach *Phenazon* war. — Als DL_{50} ergab sich bei der Maus für BR 5 2500 mg/kg peroral, 950 mg/kg intraperitoneal.

U. TAUSENDFREUND. 4564□

Acetylcholinsynthese in der Schmeißfliege. B. N. Smallman. (J. Physiology **129.** 13P—14P. 28/7. 1955. London, Mill Hill, Nat. Inst. for Med. Res.) (Engl.)

Es wird gezeigt, daß der Kopf der Schmeißfliege *Lucilia sericata* hohe Konzz. eines *Acetylcholin* (I)-synthetisierenden Syst. enthält. Acetonpulver des Fliegenkopfes (0,4 mg Pulver/Kopf) ist bei Inkubation mit *Adenosintriphosphat, Cholin, Coenzym A* (II), *Mg, K, Cystein* u. *Citrat* (III) oder *Acetat* (IV) bei 37° für 1 Std. zur Synth. von mehreren mg I in der Lage; die Ggw. von **II** u. **III** oder **IV** ist unerläßlich. Im Vgl. dazu wird durch Meerschweinchenhirn-Acetonpulver nur 1 mg **I** gebildet. Das **IV**-verwertende Syst. im Fliegenkopfpulver wird durch **II** stärker als das **III**-verwertende Syst. beeinflußt: bei **II**-Abwesenheit werden von dem Pulver 320 μg I/g/Std. mit **IV** u. 450 μg I/g/Std. mit **III** synthetisiert; bei **II**-Ggw. (0,004%) tritt eine Änderung ein, es werden 10600 μg I/g/Std. mit **IV** u. 4160 μg I/g/Std. mit **III** synthetisiert. Die **I**-Synth. weicht demnach bei der Fliege bzgl. der Verw. von **IV** als Acetyldonator von der des Säugetierhirnes ab. Da das verwendete Pulver mehr als nur das Gehirn umfaßt, wird eine **I**-Synth. von mehr als 20 mg/g Frischgewebe geschätzt.

U. TAUSENDFREUND. 4569□

Veränderungen in der Refraktärperiode des Herzmuskels infolge der Wirkung von Acetylcholin auf den Vorhofsinusknoten. B. Lewartowski. (Bull. Acad. polon. Sci., Sér. Sci. biol. **7.** 327—30. 1959. Warsaw, School of Med., Labor. of Human Physiol.) (Engl.)

Injektion von 0,025 ml *Acetylcholin* (**I**; $1\cdot10^{-7}$) in Sinus venosus des isolierten Froschherzens hemmte oder verlangsamte erheblich den spontanen Rhythmus. Die gleiche **I**-Menge verursachte bei Injektion in die Ventrikel nach Entfernen des Sinus venosus keine Veränderung der Erregbarkeit, jedoch bestanden deutliche negative inotrope Effekte. Die gleiche Erscheinung wurde auch beobachtet, wenn die Durchströmungs-Fl. des Herz-Präp. $1\cdot10^{-4}$ *Hexamethonium* (**II**) oder $1\cdot10^{-4}$ **II** u. $1\cdot10^{-5}$ *Dihydroergotamin* enthielt. Injektion von 0,1 ml **I** ($1\cdot10^{-5}$) in den Vorhofknoten des isolierten, mit TYRODE-Lsg. durchströmten Kaninchen- u. Katzenherzens verlangsamte erheblich den spontanen Rhythmus. Injektion der 4fachen **I**-Dosis in die Wand der rechten Aurikel außerhalb des Vorhofknotenbereichs verlangsamte weder den Spontanrhythmus noch veränderte die Erregbarkeit bei einem aufgezwungenen Rhythmus. Die Refraktärperiode wurde bei diesen Verss. über die elektr. Systole hinaus ausgedehnt. Die Veränderungen der Ventrikelerregbarkeit beruhen anscheinend auf solchen im funktionellen Zustand des Leitungs-Syst. infolge **I**-Wrkg. auf den Sinusknoten.

K. MAIER. 4569□

Über die durch Acetylcholinverabreichung im Ruhepotential der Großhirnrinde hervorgerufenen Veränderungen. Yutaka Akaeda. (Hukuoka Acta med. [Hukuoka-Igaku-Zassi] **50.** 1917—27. Juni 1959. Fukuoka, Kyushu Univ., Fac. of Med., Dep. of Anatomy; Tokushima Univ., School of Med., Dep. of Anatomy.) (Jap.; Auszug: Engl.)

Acetylcholin (**I**; minimal wirksame i.v.-Dosis 0,0002—0,0005 mg/kg, tödliche Dosis 5,0 mg/kg) führt nach i.v. Injektion kleiner Dosen am Ruhepotential der Großhirnrinde der nichtnarkotisierten Katze zu einer negativen Schwankung (N_1); größere **I**-Dosen bewirken von N_1 unterbrochene positive Schwankungen (P_1 u. P_2); noch größere Dosen haben eine gesteigerte P_1, verminderte N_1 u. wieder gesteigerte u. länger anhaltende P_2 zur Folge; durch weitere Dosissteigerung kommt es zur direkten Verb. zwischen P_1 u. P_2 ohne Unterbrechung durch N_1; letale Dosen führen schließlich zu scharfer P_1 mit nachfolgender, rasch einsetzender N_1, die den tödlichen Ausgang anzeigt. Lokal aufgetropftes I (minimal wirksame Dosis 0,1% in TYRODE-Lsg.) führt zu kleiner P_1 u. leichter N_1 von längerer Dauer bei Verw. der minimal wirksamen Konz.; 5—10%ig. Konz. bewirkt eine rasch erscheinende ausgeprägte N_1, die über längere Zeit anhält (einige Dutzend Min.). Da die örtliche Anwendung vorwiegend zu negativen Schwankungen führt, ist anzunehmen, daß die positiven Schwankungen nach i.v.-Verabreichung von I durch Beeinflussung anderer Hirnpartien als der Rinde zustande kommen.

U. TAUSENDFREUND. 4569□

Die Wirkung von Hirnextrakten, Acetylcholin und Histamin auf die elektrische Aktivität des Kleinhirns. J. Crossland und J. F. Mitchell. (J. Physiology **129.** 19P—20P. 28/7. 1955. St. Andrews, Univ. of St. Andrews, United Coll., Dep. of Physiol.) (Engl.)

Die Trichloressigsäureextrakte von Kaninchenhirn u. -hirnstamm üben nach intraarterieller Injektion in kleinen Dosen (20—40 mg) auf das Kleinhirn des decerebrierten Kaninchens eine mit der Aktivität von 0,05—0,10 μg *Acetylcholin* (I) vergleichbare Wrkg. (nach 10 Min. einsetzende u. 15—45 Sek. anhaltende rasche u. hohe Amplituden) aus. Da diese Wrkg. durch Alkalivorbehandlung ausgelöscht werden kann, ist sie offenbar dem I-Geh. von Hirn u. Hirnstamm zuzuschreiben (Geh. von Hirn u. Hirnstamm an I entspricht außerdem den genannten Werten, die die Wrkg. der Extrakte imitieren können). Die von Kleinhirnextrakten ausgehenden Wrkg. sind jedoch nicht durch I bedingt, da der I-Geh. des Kleinhirns mit 0,01 μg unter den für eine minimale Wrkg. erforderlichen Dosen liegt u. außerdem Alkalivorbehandlung die Wrkg. nicht auslöscht. Die Wrkg. des Kleinhirnextraktes kann auch nicht der Wrkg. von *Histamin* (II) zugeschrieben werden, da II nicht völlig alkaliresistent ist u. die Wrkg. von injiziertem II erst 70—120 Sek. nach der Injektion einzusetzen pflegt. Der Charakter der erregend wirkenden Substanz ist noch ungeklärt, es handelt sich jedoch sicher nicht um *Adenosintriphosphat, Propionylcholin, Phosphorylcholin, Substanz P, 5-Hydroxytryptamin* oder *Sympathin.*

U. TAUSENDFREUND. 4569□

Aktivierung der Abwehrmechanismen der Ratte durch schwache Histamindosen. R. Pautrizel, R. Dargelos und F. Laflaquière. (Bull. Soc. Pharmac. Bordeaux **97.** 202—06. 1958. Bordeaux, Lab. d'Immunol. et Lab. de Parasitol.) (Franz.)

Injektion (intraperitoneal) von je 350 μg *Histaminchlorid* (I) (4, 8 bzw. 16 mal alle 30 Min.) senkt bei der experimentell mit *Plasmodium berghei* infizierten (30 Min. nach der 1. I-Injektion) Ratte den Grad der Parasitämie (infizierte Erythrocyten). Bereits eine I-Injektion zeigt ähnliche Wrkg. wie mehrere aufeinanderfolgende. Diese Befunde weisen auf den Einfl. hin, den die Freisetzung von endogenem I auf den Abwehrmechanismus des Organismus gegenüber gewissen mikrobiellen Infektionen ausüben kann.

K. MAIER. 4569□

Die Hemmwirkung von Histamin auf den isolierten Rattenuterus. Kjell Briseid Jensen und Reidar Bredo Sund. (Acta pharmacol. toxicol. [København] **17.** 161—72. 1960. Oslo, Univ., Pharmaceutical Inst., Biol. Dep.) (Engl.)

Zur Klärung der Hemmwrkg. von *Histamin* (I) auf den isolierten Rattenuterus wurden Verss. mit Acetylcholin, Oxytocin, Serotonin u. menschlichem Harnkinin durchgeführt. Die Verss. ergaben, daß I anscheinend auf den Kontraktionsprozeß oder auf eine unabhängige Struktur einwirkt, so daß die Kontraktion beeinflußt wird.

G. KIMMERLE. 4569

Die Konzentration von 5-Hydroxytryptamin im menschlichen Blut und seine Aufnahme durch Blutplättchen. R. M. Hardisty und R. S. Stacey. (J. Physiology **129.** 24P—25P. 28/7. 1955. London, St. Thomas's Hosp., Med. School, Dep. of Pathol. and Therapeut.) (Engl.)

Bei Best. des *5-Hydroxytryptamin* (I)-Geh. im plättchenreichen Plasma [Blut 1:9 mit Dinatriumäthylendiamintetraacetat (Versene, 1 g/100 ml) oder Na-Citrat (3,1 g/100 ml) verd., 10—20 Min. bei 100·*g* zentrifugiert, Extraktion des plättchenangereicherten Plasmas mit 19 Vol. Aceton, Filtration, Vertreibung des Acetons im Vakuum bei 35°, Best. des I-Geh. im Residuum am Rattenuterus; 90%ig. Wiedergewinnung bei dieser Anordnung] ergaben sich an Erwachsenen folgende Werte: 57 ± 18 ng I/10^8 Thrombocyten u. 160 ± 60 ng I/ml Blut. Bei Best. des I-Geh. im Vollblut (bei Verw. der gleichen Vers.-Anordnung) wurden weniger als die halben Werte ermittelt; ähnlich geringe Werte bei Verw. von Serum. Bei Best. der I-Aufnahmefähigkeit durch Plättchen mittels Zugabe von I zu plättchenreichem Plasma bis zu End-Konzz. von 0,8—1,2 μg I/ml zeigte sich eine rasche Aufnahme von I durch die Plättchen bei 37° im Verlaufe der ersten 45 Min., danach war die Aufnahme geringer; bei 30° betrug die Aufnahme-Geschw. von I nur noch die Hälfte der Werte bei 37°; bei 20° kam es nur zu geringer I-Aufnahme. Mit der

erwähnten I-Konz. kam es innerhalb von 90 Min. bei 37° zur Sättigung. Die in dieser Zeit erzielten Durchschnittswerte betrugen 147 ng I/10^8 Plättchen bei Ausgangswerten von 58 ng/I 10^8 Plättchen, was einer 40%ig. Sättigung entspricht.
U. TAUSENDFREUND. 4569□

Wirkung von 5-Hydroxytryptamin auf den Sauerstoffverbrauch isolierter Lamellibranchier-Kiemen. K. E. Moore, A. S. Milton und R. E. Gosselin. (Brit. J. Pharmacol. Chemotherapy **17.** 278—85. Okt. 1961. Hanover, New Hampshire, Dartmouth Med. School, Dep. of Pharmacol. and Toxicol.) (Engl.)

5-Hydroxytryptamin (I), nicht aber Acetylcholin oder Brenzcatechinamin, erhöhte den O_2-Verbrauch isolierter Kiemen von *Modiolus demissus* u. *Mytilus edulis*. *5-Hydroxytryptophan* zeigt eine ähnliche Wrkg., die jedoch anscheinend erst dann eintritt, wenn es zu I decarboxyliert worden ist. 2-Bromlysergsäurediäthylamid hemmte die Wrkg. von I, Lysergsäurediäthylamid steigerte sie u. erhöhte auch allein den O_2-Verbrauch. Neben Glykogen scheint noch ein anderes Substrat in den Kiemen oxydiert worden zu sein.
K. ZINGRAF. 4569□

Die Wirkung von Serotonin (5-Hydroxytryptamin) auf die Oxydation von ^{14}C-Glucose zu $^{14}CO_2$ durch Leber-, Milz- und Nierenschnitte der Maus. P. V. Vittorio, D. L. Small und M. J. Allen. (Canad. J. Biochem. Physiol. **39.** 1743—45. Nov. 1961. Kingston, Ontario, Defence Res. Board, Radiobiol. Labor.) (Engl.)

4 Std. nach Injektion von *Serotonin* (I) u./oder Röntgenbestrahlung bei Mäusen war die Fähigkeit von Leber-, Milz- oder Nierenschnitten der Tiere, *^{14}C-Glucose* zu *$^{14}CO_2$* zu oxydieren, gesteigert. I, nach Röntgenbestrahlung verabreicht, steigerte den Effekt derselben nur in der Leber, nicht aber in Milz u. Niere, geringfügig.
K. ZINGRAF. 4569□

Wirkung von Serotonin und 1-Benzyl-2.5-dimethylserotonin auf das isolierte Kaninchenherz. J. Jacob und M. Poite-Bevierre. (Arch. int. Pharmacodynam. Thérap. **127.** 11—26. 1/8. 1960. Paris, Inst. Pasteur, Lab. de Pharmacol.) (Franz.)

Die Wrkg. von 5 μg—50 mg *Serotonin* [I] (Kreatininsulfatsalz) auf das isolierte Kaninchenherz zeigt 3 Phasen: Durch Atropin (II) antagonisierbare, negative inotrope, chronotrope u. dromotrope Effekte, durch Hexamethonium nicht antagonisierbare, positive inotrope u. chronotrope Effekte, einen negativen inotropen, II-resistenten, oft von Tonuszunahme begleiteten Effekt. Die Effekte schwanken je nach Dosis in gewissen Grenzen. Nach vorausgegangener (16 Std.) Reserpinbehandlung fehlten prakt. die positiven Effekte. *1-Benzyl-2.5-dimethylserotonin* (III) gab mit 5—50 μg manchmal schwache positive Effekte, mit 0,8—2 mg traten Arrhythmien, ähnlich den von I hervorgerufenen, auf. II antagonisierte die stimulierende Wrkg. von I u. Nicotin. Durch III ausgelöste Arrhythmien wurden von I weder verhindert noch behoben, höchstens begünstigt u. von Nicotin oder Adrenalin nicht, jedoch von 10—20 mg Acetylcholin antagonisiert. Die Befunde sprechen zugunsten der Annahme (LEVOY u. MICHEL-BER), daß die positiven inotropen u. chronotropen I-Effekte durch Benzcatechinamine vermittelt wurden, wobei die Receptoren für I u. Nicotin jedoch verschieden sind.
K. MAIER. 4569□

Die Bedeutung der Aminosäure-Seitengruppen für die biologische Aktivität von Angiotensin II. F. M. Bumpus und R. R. Smeby. (Circulation [New York] **25.** 183—85. Jan. 1962. Cleveland, Ohio, Cleveland Clin. Found., Res. Div.; Frank E. Bunts Educ. Inst.) (Engl.)

Vff. fassen die Bedingungen für die biolog. Aktivität von *Angiotensin II* wie folgt zusammen: 1. Eine freie C-endständige Carboxylgruppe, 2. eine Phenylgruppe als Seitengruppe der Aminosäure Nr. 8, 3. eine p-Hydroxyphenylgruppe an der Aminosäure Nr. 4, 4. Prolin in Stellung 7, 5. ein bestimmter Grad der räumlichen Ordnung, 6. 6 C-endständige Aminosäuren u. 7. das Histidinimidazol in Stellung 6. P. GREGORZEWSKI. 4569□

Die Chemie des synthetischen Angiotensins. R. Schwyzer. (Circulation [New York] **25.** 175—81. Jan. 1962. Basel, Ciba Ltd.) (Engl.)

Übersicht, Geschichte der chem. Synth., Überblick über die Synth. des *Valyl-5-angiotensin II* u. seines Asparagyl-β-amids, stereochem. Reinheit von *Valyl-5-angiotensin II-asparagyl-β-amid*, Stabilität der Angiotensinpeptide. — 23 Literaturangaben.
P. GREGORZEWSKI. 4569□

Einige Beiträge zur Pharmakologie des synthetischen Angiotensins. F. Gross und K. D. Bock. (Circulation [New York] **25.** 193—99. Jan. 1962. Basel, Ciba Ltd.) (Engl.)

In hohen Dosen verursacht *Angiotensin II* (I) beim Hund Tachyphylaxis des arteriellen u. zentralen venösen Druckes. Adrenalindosen, die den gleichen arteriellen Druckanstieg wie I hervorrufen, erhöhen den venösen Druck doppelt so stark wie I. Anästhesie u. Atropinisierung schwächen oder beseitigen die Wrkg. von I auf den venösen Druck.
P. GREGORZEWSKI. 4569□

Wechselwirkung zwischen Angiotensin, Norepinephrin, Epinephrin, Aldosteron-Sekretion und Elektrolytstoffwechsel beim Menschen. John H. Laragh. (Circulation [New York] **25.** 203—11. Jan. 1962. New York, N.Y., Columbia Univ., Coll. of Physicians and Surgeons, Dep. of Med.; Presbyterian Hosp.) (Engl.)

Angiotensin (I) erhöht die Na-Ausscheidung bei Patienten, bei denen infolge Cirrhose u. Ascites eine erhöhte *Aldosteron*-Sekretion vorhanden ist. Bei gleicher Drucksteigerung wie nach I-Gaben verursacht *Norepinephrin* eine niedrigere Natriurese. — 21 Literaturangaben. P. GREGORZEWSKI. 4569□

Erythropoetinbildung bei urämischen Kaninchen. N. I. Gallagher, J. M. McCarthy und R. D. Lange. (J. Lab. clin. Med. **57.** 281—89. Febr. 1961. St. Louis, Mo., St. Louis Vet. Admin. Hosp.; St. Louis Univ., Dep. of Med.; Washington Univ., Dep. of Med.) (Engl.)

Die Niere kann beim Kaninchen offenbar nicht als einzige Quelle für *Erythropoetin* (I) angesehen werden, da im biolog. Vers. an I-empfindlichen Ratten gezeigt werden konnte, daß auch das nephrektomierte Kaninchen auf Hypoxie oder Anämie mit einer Erhöhung des Plasma-I-Spiegels antworten kann; auf gleiche Weise reagieren Kaninchen bei Urämie infolge Ureterunterbindung. Ein I-Hemmstoff ließ sich im uräm. Plasma in vitro nicht nachweisen. U. TAUSENDFREUND. 4569□

Beitrag zur Untersuchung der chemischen Modifikation des Kaninchenblutes bei tiefer Hypothermie. M. Cormier, J. van den Driessche, L. Trebaul und R. le Bars. (J. de Physiol. **52.** 509—16. Mai/Juni 1960. Rennes, Fac. de Méd. et de Pharmacie.) (Franz.)

Bei tiefer Hypothermie (20°) waren bei Kaninchen keine signifikanten Veränderungen von Plasma-Na, -proteinen, -cholesterin u. -Ca feststellbar, während *Glucose-*, *K-* u. *P*-Geh. stark zunahm. Der Anstieg beruht anscheinend auf Adrenalinsekretion u. Muskelkontraktionen, verursacht durch die Hypothermie. Zufuhr einer curarisierenden Verb. (Flaxedil) hemmt die Änderung von Blut-Ca u. -P, während ein Adrenolyticum nur die Ca-Zunahme verhindert u. Hyperglykämie u. Hyperphosphorämie unverändert läßt. K. MAIER. 4572□

Hämoglobintypen der Caingangindianer von Brasilien. Casemiro V. Tondo und Francisco M. Salzano. (Science [Washington] **132.** 1893—94. 23/12. 1960. Pôrto Alegre, Brazil, Univ. do Rio Grande do Sul, Inst. de Ciências Naturais, Dep. de Genética.) (Engl.)

Die cytolog. u. papierelektrophoret. Unters. der Hämoglobintypen von 440 (306 nicht verwandt) Caingangindianern ergab keine anomalen Typen. K. MAIER. 4572□

Identität der α-Ketten der kleinen Humanhämoglobin-Komponenten A_2 und A_2' mit den α-Ketten von Humanhämoglobin A und F. Titus H. J. Huisman, Bennett Horton und Tine B. Sebens. (Nature [London] **190.** 357—58. 22/4. 1961. Augusta, Ga., Med. Coll. of Georgia.) (Engl.)

Mittels chromatograph. Analyse (Carboxymethylcellulose) von Hybriden des HbA_2 u. HbA_2' mit Hb-Barts (γ_4^F) konnte belegt werden, daß deren α-Ketten mit denen des *HbA* u. *HbF* ident. sind. Die Unterschiede müssen somit in den δ-Ketten des Proteins liegen. W. SCHELER. 4572□

Porphyrinstoffwechselstudien. 1. Mitt. **Die hochspannungselektrophoretische Trennung von Porphyrinen und ihre quantitative Bestimmung.** L. Heilmeyer, R. Clotten und H. Wehinger. (Dtsch. med. Wschr. **87.** 131—37. 19/1. 1962. Freiburg/Br., Med. Univ.-Klin.) (Dt.)

Porphyrine werden mit Essigester–Eisessig-Gemisch extrahiert, papierelektrophoret. getrennt, eluiert u. spektrophotometr. bestimmt. In Normalharn wurden 25—100 µg *Koproporphyrin* (I)/24 Std. u. Spuren bis 20 µg *Uroporphyrin* (II)/24 Std. gefunden. Erythrocyten enthalten 20—35 µg *Protoporphyrin*/100 ml, Spuren bis 4 µg I/ml u. Spuren II. P. GREGORZEWSKI. 4572□

Phosphorylierte Kohlenhydratintermediärprodukte des menschlichen Erythrocyten bei der Lagerung in saurer Citratdextrose. 2. Mitt. **Wirkung der Zugabe von Inosin in späten Lagerstadien.** Grant R. Bartlett und A. William Shafer. (J. clin. Invest. **40.** 1185—93. Juli 1961.) (Engl.) — 1. vgl. C. **1962.** 7218.

Zufügung von 4 mg *Inosin* (I)/ml Blut zu Lagerblut in saurer Citratdextrose nach Ablauf einer Lagerzeit von 3 Wochen bzw. 4 Wochen (mit noch weiterer Lagerung von 4 Wochen bzw. Inkubation von 1—3 Std. bei 37°) hat eine ausgedehnte Resynth. organ. Phosphate zur Folge sowie quant. u. qual. Veränderungen im Metabolitmuster. *Adenosintriphosphat* (*ATP*) ist stark vermehrt; da kein anderer Vorläufer vorhanden ist, wird vermutlich der Hypoxanthinteil von I zur Bldg. des Adeninringes zur Verfügung gestellt. Die ATP-Konz.-Veränderungen wurden nicht in der Adenosindiphosphat-Konz. wider-

gespiegelt. Adenosinmonophosphat wurde nicht in signifikanten Mengen gebildet. Während bei anfänglicher I-Zugabe ziemlich große Mengen von Glucose-6-phosphat u. Sedoheptulose-7-phosphat angehäuft werden, erscheint bes. bei dem Inkubations-Vers. eine große Menge *Fructosediphosphat* bei nur niedrigen Zuckermonophosphatspiegeln; *Pentosephosphate* erscheinen bei der späten I-Zugabe nicht. Normalerweise bei der Lagerung verschwindendes *Diphosphoglycerat* wird durch I-Zugabe zu 30—40% wiedergebildet; Änderungen in den Konzz. der Monophosphoglycerate treten dabei nicht auf. Die bei normaler Lagerung zu beobachtende Verminderung von *anorgan. P* in den Erythrocyten infolge Ausströmens in das Plasma hört unter I auf; P wird vielmehr zur Synth. verwendet u. darüber hinaus auch noch P aus dem Plasma zur Synth. herangezogen.
U. TAUSENDFREUND. 4573□

Weniger bedeutende Proteine in menschlichen Erythrocyten. N. Chandrasekhar. (Canad. J. Biochem. Physiol. **39.** 1489—91. Okt. 1961. Saskatoon, Saskatchewan, Univ. of Saskatchewan, Dep. of Physiol. and Pharmacol.) (Engl.)

Agarelektrophorese von 200 normalen menschlichen Blutproben ergab, daß Hämolysate neben dem *Hämoglobin* (I) der Erwachsenen noch 2 weitere weniger bedeutende Proteine in sehr geringen Konzz. enthalten. Diese besitzen keinen I-Charakter, ergeben eine negative Rk. im Benzidintest u. eine positive Rk. mit Amidoschwarz. Ihre elektrophoret. Motilität ist der des γ-Globulins im menschlichen Serum ähnlich. Es besteht keine Korrelation zwischen der Konz. dieser Komponenten u. der von I oder den Blutgruppen; aber die Substanzen besitzen ähnliche elektrophoret. Eigg. wie einige anomale I.
K. ZINGRAF. 4573□

Verwendung von Radioisotopen zur Messung von Bestandteilen der Körperflüssigkeit. 1. Mitt. **Plasma-Sulfat.** E. Miller, C. J. Hlad jun., Stanley Levine, J. H. Holmes und H. Elrick. (J. Lab. clin. Med. **58.** 656—61. Okt. 1961. Denver, Colo., Veterans Admin. Hosp., Radioisotope Serv.; Univ. of Colorado, School of Med., Dep. of Med. and Pharmacol.) (Engl.)

Der *Sulfat*-Geh. des Blutplasmas kann aus kleinen Proben einfach u. genau durch Fällung mit radioakt. *Ba* bestimmt werden. Der Mittelwert beim Menschen beträgt 0,645 mVal/Liter.
H.-G. FLOSS. 4574□

Der Normalbereich des anorganischen Phosphors im Serum und seine Brauchbarkeit als Diskriminante bei der Diagnose der angeborenen Hypophosphatämie. Bernard G. Greenberg, Robert W. Winters und John B. Graham. (J. clin. Endocrinol. Metabolism **20.** 364—79. März 1960. Chapel Hill, N.C., Univ. of North Carolina, School of Publ. Health, Dep. of Biostatistics; School of Med., Dep. of Med., Pediatr. and Pathol.) (Engl.)

An einem Kollektiv von 908 Normalpersonen wurden die Bereiche des Geh. von *anorgan. P* im Blut bestimmt u. nach Alter u. Geschlecht aufgezeichnet. Die untere 99%ig. Zuverlässigkeitsgrenze (confidence limit) dieser Normalfunktionen eignete sich ausgezeichnet als diagnost. Diskriminante zur Feststellung von angeborener Hypophosphatämie.
K. ZINGRAF. 4574□

Untersuchungen über die Aminosäuren im Blut. 1. Mitt. **Eine Mikromethode zur Bestimmung von freiem Lysin, Methionin und Threonin.** J. M. McLaughlan, F. Noel, A. B. Morrison und J. A. Campbell. (Canad. J. Biochem. Physiol. **39.** 1669—74. Nov. 1961. Ottawa, Canada, Dep. of Nat. Health and Welfare, Food and Drug Labor.) (Engl.)

Beschreibung einer spektrophotometr. Best.-Meth. für freies *Lysin* (I) u. *Methionin* (mit *Leuconostoc mesenteroides* P-60 u. Thymolblau; II) sowie freies *Threonin* (mit *Streptococcus faecalis* 9790 u. II) in enteiweißtem Plasma. Bei Ratten bestand eine direkte Beziehung zwischen dem Geh. von I im Futter u. der Konz. von freiem I im Plasma.
K. ZINGRAF. 4574□

Untersuchungen über die Aminosäuren im Blut. 2. Mitt. **Wirkungen der Lysinkonzentration in der Nahrung, des Geschlechts und der Wachstumsgeschwindigkeit auf den Gehalt an freiem Lysin und Threonin im Plasma der Ratte.** A. B. Morrison, E. J. Middleton und J. M. McLaughlan. (Canad. J. Biochem. Physiol. **39.** 1675—80. Nov. 1961.) (Engl.) — 1. vgl. vorst. Referat.

Zusatz von *Lysin* (I) zu I-freiem Futter bewirkte bei ♀ wachsenden Ratten eine höhere Konz. von freiem I im Plasma als bei ♂. Bei beiden Geschlechtern stieg die Konz. im Plasma nach Zusatz von I zum Futter rasch an u. erreichte ein Maximum bei einem I-Geh. im Futter von 1%. (Für maximales Wachstum sind nur ca. 0,8% erforderlich.) Wenn das Futter Rapsöl + I enthielt, zeigten ♂ Ratten kleinere Wachtums-Geschw. u. geringere Konzz. von I u. *Threonin* (II) im Plasma als bei Verfütterung von Maisöl, jedoch wurde die für maximale I-Konz. im Plasma erforderliche I-Menge des Futters durch die

Wachstums-Geschw. nicht beeinflußt. Die Konz. von freiem II im Plasma ist der von freiem I umgekehrt proportional. K. ZINGRAF. 4574□

Untersuchungen über die Aminosäuren im Blut. 3. Mitt. Wirkungen der Menge und Qualität des Eiweißes in der Nahrung und der Dauer der Testperiode auf die Konzentration von freiem Lysin im Plasma der Ratte. A. B. Morrison, J. M. McLaughlan, F. J. Noel und J. A. Campbell. (Canad. J. Biochem. Physiol. **39.** 1681—86. Nov. 1961.) (Engl.) — 2. vgl. vorst. Referat.

Die Konz. von freiem *Lysin* (I) im Plasma nahm bei ♂ Ratten bei einem Futter mit einem Eiweiß-Geh. von 10—20% + Histidin, Methionin, Threonin u. Tryptophan um 50% ab, wenn das Eiweiß aus Weizengluten stammte, u. sie stieg um100% an, wenn das Eiweiß aus Fischmehl stammte. Der Eiweiß-Geh. u. die Dauer der Verfütterung (3 bzw. 7 Tage) besaßen keinen signifikanten Einfl. auf die Konz. von freiem I im Plasma. In einem ähnlichen Vers. bei Verfütterung von 10% Eiweiß aus Brot oder Fischmehl bei Hungertieren war nach 2 Std. noch keine Wrkg. festzustellen, aber nach 1 u. 3 Tagen war die I-Konz. im Plasma bei Verfütterung von Brot viel niedriger als bei Fischmehl. Hitzebehandlung von Casein oder Sojamehl setzte den Beitrag dieser Proteine zur Konz. von freiem I im Plasma herab. K. ZINGRAF. 4574□

Stoffwechsel von ^{131}J-Humanalbumin. S. Cohen, T. Freeman und A. S. McFarlane. (Clin. Sci. **20.** 161—70. April 1961. London, Mill Hill, Nat. Inst. for Med. Res.; Whittinton Hosp., Metabolic Unit, Med. Res. Council.) (Engl.)

^{131}*J-Humanalbumin* ist zur Messung des Gesamtumsatzes an Albumin beim Menschen geeignet. Es müssen jedoch bei der Markierung u. Reinigung definierte, milde Bedingungen eingehalten werden, um ein einheitliches Präp. zu erhalten. Vff. geben 2 Tier-Verss. zur Prüfung des ^{131}J-Albumins auf Einheitlichkeit an. Die Best. des Albuminumsatzes an 11 Personen ergab einen Mittelwert von 185 mg/kg/Tag H.-G. FLOSS. 4574□

Einige Isotopenuntersuchungen über Verteilung und Stoffwechsel von Plasmaproteinen. David Gitlin und Charles A. Janeway. (Advances biol. med. Physics **7.** 249—93. 1960 Boston, Mass., Harvard Med. School, Dep. of Pediatrics and Children's Med. Center.) (Engl.)

Übersicht. *Plasmaprotein* (I)-Pool: I-Diffusion aus dem Gefäß-Syst., extravasculäre Verteilung, I-Rückkehr ins Gefäß-Syst., die extravasculäre I-Konz. bestimmende Faktoren, Orte des I-Abbaus; Berechnung von Verteilung, Gesamtkörperpool u. Umsatzrate eines I; Unterss. des I-Stoffwechsels bei ausgewählten patholog. Zuständen: nephrotisches Syndrom, hyperkatabol. Hypoalbuminämie ohne Proteinurie, I-Mangelzustände infolge Störungen der Synth., Agammaglobulinämie. — 70 Literaturangaben. K. MAIER. 4574□

Plasmaeiweißkörper, kolloid-osmotischer Druck und Veränderung der Körperflüssigkeiten bei menschlicher Cirrhose. P. N. Wahi, K. S. Mathur, S. Ramachandran, Usha Kehar und P. K. Wahal. (Indian J. med. Res. **49.** 611—20. Juli 1961. Agra, India, S.N. Med. Coll., Dep. of Pathol., Liver Dis. Res. Unit.; Dep. of Med.) (Engl.)

Die Gesamteiweißwerte im Plasma waren bei Cirrhotikern nicht wesentlich verändert; das Plasmaalbumin, das gesamte zirkulierende Albumin u. der koll.-osmot. Druck des Plasmas zeigten dagegen eine Zunahme, jedoch bestand keine Korrelation zum Vorliegen von Ascites. Das Plasma-Vol. lag innerhalb normaler Grenzen, war jedoch bei Ascites im Vgl. zu Normalpersonen immer vergrößert. Der durchschnittliche Wasser-Geh. des Körpers war bei Cirrhotikern erhöht. Es wurde festgestellt, daß eine Verringerung des Plasma-Vol. (z. B. durch Paracentese) einen Anreiz für Ascites-Bldg. darstellt. K. ZINGRAF. 4574□

Auftreten einer Cx-Protein-Bildung auslösenden Substanz im Serum während der akuten Entzündungsphase. Richard F. Riley und Y. Hokama. (Science [Washington] **132.** 1894—95. 23/12. 1960. Los Angeles, Calif., Univ. of California, Med. Center, Dep. of Radiol.) (Engl.)

C-Protein u. *Cx-Protein* (I) sind anomale Serumproteine, die im Serum von Mensch u. Kaninchen als Rk. auf schädliche Reize vorübergehend auftreten. Aus dem Serum von Kaninchen wurde während der akuten Entzündungsperiode nach subkutaner Injektion einer Mineralöl-Aquaphor-Emulsion u. nach Ganzkörperbestrahlung (500 r) ein *Seromucoid* (II) isoliert, das bei normalen Kaninchen i.v. eine I-Rk., bei immunisierten (gegen Tabakmosaikvirus) eine anamnest. Rk., bei Tieren mit blockiertem reticuloendothelialem Syst. für Entzündung charakterist. Veränderungen hervorruft u. erhebliche Toxizität besitzt. Normales II besaß diese Eigg. nicht. K. MAIER. 4574□

Fibrinolytische Aktivität im Meerschweinchenserum durch Protamin und quartäre Ammoniumbasen. E. S. Olesen. (Acta pharmacol. toxicol. [København] **17.** 191—99. 1960. Copenhagen, Carlsberg Foundation, Biolog. Inst.) (Engl.)

Einige kanionenakt. Stoffe, wie *Cetylpyridiniumchlorid* (**I**, *Germidin*), *Cetylpyridiniumbromid, Benzalkoniumchlorid* (*Rodalon*) u. *Cetyltrimethylammoniumbromid* (*Cetavlon*) sowie *Protaminsulfat* bewirken in vitro im Meerschweinchenserum bei pH 6,6—7,0 eine ähnliche fibrinolyt. Aktivität wie anionenakt. Stoffe bei pH 5,0—5,4. **I**, welches am stärksten wirkte, erzeugt eine fibrinolyt. Aktivität sowohl bei direkter Zugabe zu Euglobin als auch zum ganzen Serum. G. KIMMERLE. 4574

Freiwerden von Heparin aus Mastzellen der Ratte. G. T. Archer. (Nature [London] **191.** 90. 1/7. 1961. Sydney, New South Wales Red Cross Blood Transfusion Serv.) (Engl.)

Peritoneale Mastzellen der Ratte, die mehrfach gefroren u. wiederaufgetaut wurden, zeigen danach eine Antithrombin-Aktivität von 3,5 I.E. *Heparin* (**I**)/10^6 Zellen. Im Gegensatz hierzu weisen mechan. zerstörte, osmot. geplatzte oder mit der Histamin-freisetzenden Verb. 48/80 behandelte Mastzellsuspensionen nur geringe **I**-Wrkg. auf. Mkr. Unterss. ergeben, daß eine **I**-Freisetzung nur erfolgt, wenn die Granulae der Mastzellen mit zerstört worden sind. R. LAFFERENZ. 5474□

Eine Mitteilung über Hyperuricämie während der Arbeit. O. R. Steenstrup. (Scand. J. clin. Lab. Invest. **12.** 205—08. 1960. Aarhus, Denmark, Univ., Biochem. Inst.) (Engl.)

I.v. oder orale Applikation von *Lactat* (**I**) hatte eine starke Hemm-Wrkg. auf die *Harnsäure* (**II**)-Exkretion zur Folge. Vf. ist der Ansicht, daß diese Hemmung einer vermehrten tubulären Reabsorption von **II** zuzuschreiben ist. Der Wrkg.-Mechanismus ist unbekannt. **I** führt nicht zu Veränderungen im Plasma-**II**-Spiegel.
G. BRATFISCH. 5477□

Immunchemischer Beweis für ein dem Cerebrospinalliquor eigentümliches γ-Globulin. Catherine F. C. MacPherson und James B. R. Cosgrove. (Canad. J. Biochem. Physiol. **39.** 1567—74. Okt. 1961. Montreal, Quebec, McGill Univ., Montreal Neurol. Inst., Dep. of Neurol. and Neurosurg.) (Engl.)

Mittels immunelektrophoret. Analyse wurden im Cerebrospinalliquor (CSL) von Normalpersonen u. Patienten mit multipler Sklerose 2 immunolog. verschiedene *γ-Globuline* (**I**) nachgewiesen, wovon das eine immunolog. mit dem **I** des Serums ident. ist, während das andere dem CSL eigentümlich zu sein scheint. Beide **I** von CSL von Patienten mit multipler Sklerose u. das 2. **I** aus dem CSL von Normalpersonen wanderten langsamer als das Haupt-**I** aus dem CSL von Normalpersonen. K. ZINGRAF. 4578□

Die Bedeutung der Kohlenhydrate in der Biologie der Cestoden. 8. Mitt. Einige Schlußfolgerungen und Hypothesen. Clark P. Read. (Exp. Parasitology **8.** 365—82. Aug. 1959. Baltimore, Md., Johns Hopkins Univ., Dep. of Pathobiol.) (Engl.) — 7. vgl. C. **1960.** 15808.

Bandwürmer sind kohlenhydratabhängig, u. zwar um so stärker, je größer ihre Wachstums-Geschw. ist. Mit Ausnahme der Anoplocephaliden verwerten sie in vitro nur bestimmte Monosaccharide. Die Kohlenhydrat-Zus. der Wirtsdiät beeinflußt die Eigg. der Würmer (Größe, Wachstums- u. Vermehrungs-Geschw.). Die gegenseitige Beeinflussung verschiedener Species u. der „crowding effect" bei Bandwurm-Infektionen lassen sich auf Grund der Kohlenhydratabhängigkeit erklären. H.-G. FLOSS. 4583□

Die Bewertung der Eiweißernährung. J. B. Allison, S. J. Andrews, R. H. Follis jun., A. E. Harper, D. M. Hegsted, L. E. Holt jun., Esther F. Phipard und H. H. Williams. (Nat. Acad. Sci. — Nat. Res. Council, Publ. Nr. **711.** 1—60. 1959.) (Engl.)

Übersicht. Grundvorstellungen: *Protein* (**I**)- u. *Aminosäuren* (**II**)-Stoffwechsel, N-Bilanz, Nährwert von Nahrungsproteinen, minimale N-Ausscheidung; **I**- u. **II**-Bedarf: **I**-Bedarf von Tieren u. Menschen, **II**-Verhältnis, **II**-Bedarf; Wrkg. des **I**- u. **II**-Mangels: **I**-Mangel bei Vers.-Tieren (Skelett, Bindegewebszellen, Fortpflanzungsorgane, endokrine Drüsen, Haut, Auge, Pankreas, Nieren, Nervengewebe, Muskel, Knochenmark u. Blutzellen, Leber, Immunitäts-Rkk.), **II**-Mangel bei Vers.-Tieren (Tryptophan, Lysin, Isoleucin, Threonin, Methionin, Valin), mit **I**-Verarmung beim Menschen verbundene Syndrome (Hungerödem, Pellagra, Kwashiorkor, ernährungsbedingte Lebererkrankung); Wrkg. nicht ausgeglichener **II**-Mengen [Wrkg. extrem großer Mengen einzelner **II**, **II**-Antagonismus, **II**–Vitamin-Beziehungen, **II**-Gleichgewicht u. Nichtgleichgewicht (Wachstum, Leberfettablagerung, Leberenzyme)]; **I** u. **II**-Geh. der Ernährung in USA; Probleme der Verbesserung der **I**-Ernährung durch **II**-Ergänzung. — 253 Literaturangaben. K. MAIER. 4585□

Eiweißunterernährung beim Menschen. J. C. Waterlow, J. Cravioto und Joan M. L. Stephen. (Advances Protein Chem. **15.** 131—238. 1960. Jamaica, W.I., Univ. Coll. of the West Indies, Trop. Metabolism Res. Unit; Mexico City, Mexico, D.F., Hosp. Infantil de Mexico.) (Engl.)

Übersicht. Nomenklatur; klin. u. soziale Aspekte (klin. Kennzeichen, Behandlung, Kausalfaktoren, Mortalität, Häufigkeit, Frühdiagnose, Verhütung, Proteinbedarf); biochem. Aspekte: stat. (Körper-Zus.: W., Elektrolyten, Protein, Fett), dynam. (Stoffwechselveränderungen: Kohlenhydrat-, Fett-, Gesamt-N-Stoffwechsel, Aminosäuren in Harn u. Blut, Protein-Synth. u. -umsatz, Enzymveränderungen). — 371 Literaturangaben. K. MAIER. 4585□

Wirkung des Nahrungsfettes auf die Fettsäurezusammensetzung der Serum-Lipoproteine. J. H. Bragdon und A. Karmen. (J. Lipid Res. **2.** 400—02. Okt. 1961. Bethesda, Md., Nat. Inst. of Health, Nat. Heart Inst., Sect. on Metabolism and Labor. of Techn. Dev.) (Engl.)

Unter Anknüpfung an frühere Unterss. über die Beeinflussung der in den Chylomikronen bei Mensch u. Ratte enthaltenen Fettsäuren durch das Nahrungsfett werden analoge Verss. mit 2 durch fraktioniertes Zentrifugieren abgetrennten Fraktionen von Chylomikronen (d $<$ 1,019; d $>$ 1,21) durchgeführt. Unterss. an einer gesunden Person, der je eine Blutprobe nüchtern u. nach fetthaltiger Mahlzeit (100 g Maiskeimöl in Magermilch emulgiert) entnommen wird; Abtrennung der Chylomikronen aus dem Serum u. fraktioniertes Zentrifugieren; Extraktion mit Methanol/$CHCl_3$; Darst. der Methylester der Fettsäuren, die in Lsg. von Isooctan gaschromatograph. analysiert werden. Aus den Befunden wird gefolgert, daß die Relation *Linolen-/Ölsäure* in den Chylomikronen durch das linolensäurereiche Maiskeimöl zugunsten der Linolensäure verschoben wird; die Ursache für diese u. einige andere sehr geringe Veränderungen wird in den gegebenen Möglichkeiten diskutiert; ein Fettsäureaustausch von den Chylomikronen zu anderen Fraktionen wird in vitro nicht festgestellt. K. TÄUFEL. 4585□

Wirkung von Triparanol auf Aneurysma dissecans infolge von β-Aminopropionitril und auf die Lipid-Konzentration im Blut beim Truthahn. P. E. Waibel, R. E. Burger, R. A. Ball, J. H. Sautter, I. E. Liener und B. S. Pomeroy. (Proc. Soc. exp. Biol. Med. **104.** 673—76. Aug./Sept. 1960. St. Paul, Minn., Univ. of Minnesota, Coll. of Agric., Dep. of Poultry Husbandry and Agric. Biochem.; Coll. of Vet. Med., Div. of Vet. Pathol. and Bacteriol.) (Engl.)

Verfütterung von *Triparanol* (**I**; 25—1600 ppm) bei jungen Truthähnen verringert den *Cholesterin-Phospholipoid*-Quotienten des Plasmas, nicht jedoch die Häufigkeit des Auftretens von Aneurysma dissecans nach Verabreichung von *β-Aminopropionitril*. Die durch **I** bewirkte Wachstumshemmung war dem Logarithmus der Dosis proportional. K. ZINGRAF. 4585□

Adsorption von Thiamin an Kartoffelstärke. Kengo Okumura und Akira Hayakawa. (Vitamins [Kyoto] **23.** 333—39. 1961. Tokyo, Food Res. Inst.) (Jap.; Auszug: Engl.)

Mehr als 2 mg *Thiamin* (**I**) werden an 1 g Kartoffelstärke adsorbiert. Durch W. ist **I** nicht eluierbar, aber durch 5%ig. NaCl-Lösung. **I** an Kartoffelstärke adsorbiert ist ziemlich stabil, zersetzt sich bei 38° innerhalb von 2 Monaten nicht. I. HAHN. 4587□

Colorimetrische Bestimmung von Thiamintetrahydrofurfuryldisulfid. Kengo Okumura und Yosito Sakurai. (Vitamins [Kyoto] **23.** 337—39. 1961. Tokyo, Food Res. Inst.) (Japan.; Auszug: Engl.)

Thiamintetrahydrofurfuryldisulfid wurde mit Na-Thiosulfat zu *Thiamin* umgewandelt u. dieses mit p-Aminoacetophenon (Diazo-Meth.) direkt bestimmt. I. HAHN. 4587□

Thiamindisulfidphosphorsäureester: Ihre Isolierung und Bestimmung, das Vorkommen von Diphosphothiamindisulfid in Hefe und dessen Rolle bei der Carboxylase- und Transketolaseaktivität. C. Gregolin, C. S. Rossi, N. Siliprandi und M. Gori. (Int. Z. Vitaminforsch. **32.** 4—14. 1961. Padua, Univ., Inst. of Biochem.) (Engl.)

Mit verschiedenen Meth. (chromatograph., papierelektrophoret. u. durch Ionenaustauscherharze) konnte in der Bäckerhefe *Diphosphothiamindisulfid* nachgewiesen werden. Es ist als Coenzym sowohl in der oxydativen als auch nichtoxydativen Decarboxylierung, wie auch bei der *Transketolase* unwirksam. Eine Wirksamkeit konnte erst nach Red. mit Cystein oder Glutathion u. nach seiner Umwandlung in die Thiolform festgestellt werden. I. HAHN. 4587□

Untersuchungen über Dihydrothiamin. 9. Mitt. **Biochemische Veränderungen von Dihydrothiamin.** 4. Teil. **Dessen Reaktionen mit Homogenaten von tierischen Organen.** Kozo Okada. (Vitamins [Kyoto] **23.** 356—60. 1961. Toyonaka, Osaka Univ., School of Pharmacy.) (Jap.; Auszug: Engl.) — 5. vgl. C. **1962.** 4230.

Der Abbau von *Dihydrothiamin* (I) im tier. Körper nach oraler oder intraperitonealer Gabe wurde in früheren Arbeiten des Vf. erwähnt. In vorliegender Arbeit wird über einen *Thiamin* (II)-bildenden Faktor in Homogenaten von verschiedenen tier. Organen berichtet. Wird I mit Homogenaten von Herz, Leber, Milz oder Niere (Ratte oder Meerschweinchen) inkubiert, so bildet sich **II**. Die größte Ausbeute an II wird durch Nierenhomogenate erhalten (9–12%). Rattenleberhomogenate bilden bei pH 4,5 u. 37° in 6 Std. 6% **II**. Die Umwandlung geschieht nur in Ggw. von O_2 oder Luft; durch Kochen, Dialyse oder Hinzufügen von KCN, Na-Azid oder Jodacetat geht der größte Teil der Aktivität verloren. I. HAHN. 4587☐

Untersuchungen über Dihydrothiamin. 10. Mitt. **Bestimmung von Dihydrothiamin durch Oxydation mit 2.6-Dichlorphenolindophenol.** Chikataro Kawasaki und Chisae Yamada. (Vitamins [Kyoto] **23.** 360–63. 1961.) (Jap.; Auszug: Engl). — 9. vgl. vorst. Referat.

Dihydrothiamin (I) wird fast quant. zu *Thiamin* (II) oxydiert, wenn es mit einer Lsg. von *2.6-Dichlorphenolindophenol* (50 mg%) in gepufferter saurer Lsg. (pH 4) 10 Min. bei 40° umgesetzt wird. Die Reinigung erfolgt durch Adsorption an Zeolith-Säulen, die Best. mit der Thiochrommethode. Mit dieser Meth. erfolgt die Oxydation von **I** zu **II** in 5 Min., u. es werden bessere Resultate als mit der $FeCl_3$-Meth. erzielt. I. HAHN. 4587☐

Untersuchungen über Dihydrothiamin. 11. Mitt. **Stabilität der Dihydrothiaminisomeren.** Chikataro Kawasaki und Chisae Yamada. (Vitamins [Kyoto] **23.** 364–67. 1961.) (Jap.; Auszug: Engl.) — 10. vgl. vorst. Referat.

Pseudodihydrothiamin (I) wird von 2.6-Dichlorphenolindophenol quant. zu *Thiamin* (II) oxydiert, während bei der Oxydation von *normalem Dihydrothiamin* (**Ia**) die Ausbeuten an **II** unterschiedlich waren, je nach dem, was für ein Lsgm. für **Ia** verwendet wurde. In verd. A. oder W. betrugen die Ausbeuten an **II** 58–64%, in abs. A. 87%. Wird **Ia** in HCl gelöst u. mit $NaHCO_3$ oder NaOH alkal. gemacht, dann sind die Ausbeuten an **II** so hoch wie die bei Verw. von **I**. **Ia** hydrolysiert in wss. Lsg. bzw. verd. A. zu *5-Hydroxy-3-mercaptopentanon-(2)*, in abs. A. tritt fast keine Hydrolyse auf. I. HAHN. 4587☐

Physiologische Wirkung von Äthylthiamin. Tadashi Shimizu und Katashi Makino. (J. Vitaminol. [Kyoto] **7.** 202–08. 10/9. 1961. Tokyo, Minato-ku, Shiba-Atagocho, Jikei Univ., School of Med., Dep. of Biochem.) (Engl.)

Äthylthiamin (I) zeigt bei Mäusen die gleiche wachstumsfördernde Wrkg. wie Thiamin. Leberhomogenate von Thiaminmangelratten werden aber durch **I** weniger aktiviert als durch Thiamin. P. GREGORZEWSKI. 4587☐

Über Riboflavinbedarf und Riboflavinausscheidung. H. Kraut, S. S. Ramaswamy und L. Wildemann. (Int. Z. Vitaminforsch. [Bern] **32.** 25–36. 1961. Dortmund, Max-Planck-Inst. für Ernährungsforschung.) (Dt.)

Es wird eine papierchromatograph.-fluorometr. Meth. zur *Riboflavin* (I)-Best. in Harn u. Nahrungsmitteln beschrieben, bei der die Messung des **I** auf dem Papier selbst durch Photographie nach KAISER u. WILDEMANN vorgenommen wird. Gegenüber der direkten fluorometr. Meth. hat sie den Vorteil größerer Genauigkeit. Die Angaben der Literatur, daß bei geringer I-Aufnahme ca. 10% des aufgenommenen Vitamins im Urin ausgeschieden werden u. daß bei höherer Aufnahme die prozentuale Ausscheidung ansteigt, werden bestätigt u. es wird festgestellt, daß bei Aufnahme von 0,2–0,3 γ/kg Körpergewicht u. Tag die Mehrausscheidung beginnt u. daß von der Mehraufnahme im Durchschnitt 75% ausgeschieden werden. Diese Feststellung gilt jedoch nur bei ausgeglichener N_2-Bilanz. — 15 Literaturangaben. I. HAHN. 4587☐

Untersuchungen über fettlösliches Vitamin B_6. 2. Mitt. **Vitamin-B_6-Aktivität von Pyridoxinpalmitaten auf das Wachstum von Saccharomyces Carlsbergensis und Vitamin-B_6-Mangelratten.** Shigeru Shintani, Fumihiko Tanaka, Momoyoshi Nakamura und Masahiko Sato. (J. Vitaminol. [Kyoto] **7.** 182–87. 10/9. 1961. Higashiyodogawa, Osaka, Osaka Plant, Takeda Chem. Ind., Ltd.) (Engl.) — 1. vgl. J. Vitaminol. [Kyoto] **7.** [1961.] 122.

Während *Pyridoxindi-* u. *tripalmitat* das Wachstum von *Saccharomyces carlsbergensis* nicht fördern, zeigen sie oral verabreicht bei Mangelratten die gleiche Wrkg. wie Pyridoxinhydrochlorid; intraperitoneal haben sie nur schwache Wirkung. P. GREGORZEWSKI. 4587☐

Der Einfluß von ^{60}Co-γ-Strahlen auf die Substanzen der Vitamin-B_6-Gruppe. Masahide Shiroishi. (J. Vitaminol. [Kyoto] **7.** 188–95. 10/9. 1961. Tokyo, Koto-ku, Fukagawa-Hamazonocho, Food Res. Inst.) (Engl.)

Unabhängig vom pH-Wert werden wss. Lsgg. von *Pyridoxin*, *Pyridoxal* u. *Pyridoxamin* mit steigender Verdünnung stärker durch γ-Strahlen zerstört. *HJ* wirkt stabilisierend. HCl, HBr, H_2SO_4 u. HNO_3 zeigten keine Wirkung. P. GREGORZEWSKI. 4587☐

Zur Toxikologie schwefelhaltiger Pyridoxin-Derivate. R. Koch, D. Klemm und I. Seiter. (Arzneimittel-Forsch. **10.** 683—86. Aug. 1960. Freiburg/Br., Univ., Radiol. Inst.) (Dt.)

Im Hinblick auf verschiedene radiobiolog. Probleme (Strahlenschutzmittel) erschien es notwendig, Beobachtungen über tox. Wrkg. von *Pyridoxin* (**I**; *2-Methyl-3-hydroxy-4.5-bis-[hydroxymethyl]-pyridin*)-Derivv. anzustellen. Es konnte dabei gezeigt werden, daß radiobiolog. Effekte durch Toxizität u. Stoffwechselvorgänge (Autoxydation der verwendeten chem. Verbb.) limitiert werden. Untersucht wurden: *5-Mercaptopyridoxin* (*2-Methyl-3-hydroxy-4-hydroxymethyl-5-mercaptomethylpyridin*; **II**), *5-Mercaptopyridin* (*5-Mercaptomethylpyridin*), *4-Desoxy-5-mercaptopyridoxin* (*2-Methyl-3-hydroxy-4-methyl-5-mercaptomethylpyridin*), *4-Mercaptopyridoxin* (*2-Methyl-3-hydroxy-4-mercaptomethyl-5-hydroxymethylpyridin*; **III**), *4-Mercapto-5-desoxypyridoxin* (*2-Methyl-3-hydroxy-4-mercaptomethyl-5-methylpyridin*), *4.5-Dimercaptopyridoxin* (*2-Methyl-3-hydroxy-4.5-bis-[mercaptomethyl]-pyridin*; **IV**), *5-Mercaptopyridoxinthioacetat* (*2-Methyl-3-hydroxy-4-hydroxymethyl-5-acetylmercaptomethylpyridin*), *4.5-Dimercaptopyridoxindithioacetat* (*2-Methyl-3-hydroxy-4.5-bis-[acetylmercaptomethyl]-pyridin*), *4.5-Methylensulfidpyridoxin* (*2-Methyl-3-hydroxy-4.5-[-2-thiatrimethylen]-pyridin*), *3.5-Diamino-4-mercaptopyridoxin* (*2-Methyl-3-amino-4-mercaptomethyl-5-aminomethylpyridin*) u. *5-Chlorpyridoxin* (*2-Methyl-3-hydroxy-4-hydroxymethyl-5-chlormethylpyridin*). Dabei bewiesen die Dimercapto-Derivv. eine erheblich größere Toxizität als die einfachen Thiol-Verbb.; alle zusammen sind toxischer als die Muttersubstanz **I** (die übrigens selbst keinen Strahlenschutzeffekt besitzt). Der tox. Effekt scheint in allen Fällen jedoch der gleiche zu sein u. unterscheidet sich nur hinsichtlich der Dosierung. Auffallend ist, daß nur diejenigen Thiol-Derivv. einen Schutzeffekt gegenüber Strahlen-Einw. ausüben, welche die SH-Gruppe in der 5-Mercaptomethyl-Gruppierung besitzen; daran ändert auch eine Thioacetat-Bldg. oder Hydrierung in 4 nichts; die Mercaptogruppe in 4-Stellung ist unwirksam, entsprechend auch das Sulfid u. die Dimercapto-Verbindung. Die Unwirksamkeit von **III** im Strahlenschutz-Vers. ist mit sehr großer Wahrscheinlichkeit auf die Oxydationsempfindlichkeit seiner SH-Gruppe zurückzuführen u. mit Sicherheit nicht auf eine hohe Toxizität; **III** ist wahrscheinlich deshalb weniger tox. als **II**, weil **III** im Organismus sehr rasch oxydativ abgebaut wird (Bldg. von **I**). Anders liegen die Verhältnisse bei **IV**, bei welchem trotz rascherer Oxydation als bei **II** eine größere Toxizität die Strahlenschutz-Wrkg. nicht zum Ausdruck kommen läßt. — Der Schutzeffekt der Mercaptopyridoxine hat mit der Vitamin-Wrkg. von **I** nichts zu tun, sondern ist an die SH-Gruppe gebunden. U. TAUSENDFREUND. 4587□

Teratogene Wirkungen der Pantothensäure-Antagonisten auf tierische Embryonen. Shuichi Kimura und Hisashi Ariyama. (J. Vitaminol. [Kyoto] **7.** 231—36. 10/9. 1961. Sendai, Tohoku Univ., Fac. of Agricult., Dep. of Food Chem.) (Engl.)

Injektion von *ω-Methylpantothensäure* (**I**) oder *Bis-[N-methylpantoyl-β-aminoäthyl]-disulfid* (**II**) in den Dottersack vor der Bebrütung führt in den meisten Fällen zum Tode oder zu Mißbildungen des Embryos. Die **I**-Wrkg. wird durch Pantothensäure u. die **II**-Wrkg. durch Pantethein inhibiert. **I**-Injektion am 4. Bruttag ist wirkungslos. P. GREGORZEWSKI. 4587□

Einfluß von Nicotinsäure auf die Cholesterinsynthese in der Leber von Kaninchen. Hugh Schade und Paul Saltman. (Proc. Soc. exp. Biol. Med. **102.** 265—67. Nov. 1959. Los Angeles, Calif., Univ. of California, School of Med., Dep. of Biochem. and Nutrition.) (Engl.)

Zufütterung von 5% *Nicotinsäure* (**I**) verhindert die *Cholesterin* (**II**)-Synth. aus $^{14}C_{(1)}$-Acetat durch Leberschnitte von normal oder unter 2% **II**-Zufütterung ernährten Kaninchen. Da als hauptsächlichstes Entgiftungs-Prod. großer **I**-Dosen *Nicotinursäure* anzusehen ist, wäre die Hemmung der **II**-Synth. als direkte Folge einer kompetitiven Beeinflussung des Lipidsynth.-Syst. u. des Entgiftungs-Syst. denkbar (begrenzte Menge Coenzym A in der Leber.) U. TAUSENDFREUND. 4587□

Einfache Farbreaktion zur Nicotinsäure-Bestimmung. Ödön Hevér. (Hoppe-Seyler's Z. physiol. Chem. **325.** 275—76. 20/9. 1961.) (Dt.)

Vf. beschreibt eine vereinfachte Farb-Rk. zur Best. von *Nicotinsäure*. Hiernach wird 1 ml (3 ml) der Unters.-Lsg. rasch nacheinander mit je 0,5 ml (1 ml) einer Reagens-Lsg. von 1%ig. wss. KCN u. von 5%ig. wss. Lsg. von Benzolsulfonsäurechloramidnatrium versetzt. Der entstehende Farbstoff ist von der 4. bis zur 10. Min. beständig. Die Ausführung der Rk. erfolgt am Stufenphotometer von ZEISS. Die Messung wurde in einer Küvette der Schichtdicke von 5 mm (10 mm) mit Filter S 42 gegen eine Blindprobe ohne Nicotinsäure vorgenommen. R. MÜLLER. 4587□

Chemische Nicotinsäure- und Nicotinamid-Bestimmung. Isamu Utsumi, Masayoshi Samejima und Hiroko Kurita. (J. Vitaminol. [Kyoto] 7. 209—14. 10/9. 1961. Osaka, Higashiyodogawa, Tanabe Seiyaku Co., Ltd., Osaka Res. Labor.) (Engl.)

Es wird die Absorption der gefärbten, stabilen Verb., die bei der Rk. zwischen *Nicotinamid* u. BrCN in CLARK-LUBS-Puffer, pH 9,6 oder 9,3, entsteht, bei 400 mμ bestimmt. P. GREGORZEWSKI. 4587□

Neuere Ergebnisse über den chemischen und enzymatischen Abbau von Phytin. J. Schormüller. (Getreide u. Mehl **10.** 137—40. Dez. 1960. Beilage zu: Mühle. Berlin, Techn. Univ., Inst. f. Lebensmittelchemie u. Lebensmitteltechnologie.) (Dt.)

Phytin, der *Mesoinosithexaphosphorsäureester* (**I**) wird chem. u. enzymat. abgebaut. Im Hydrolysegemisch finden sich Inositpentaphosphorsäureester (**II**), Inosittetraphosphorsäureester (**III**), Inosittriphosphorsäureester (**IV**), Inositdiphosphorsäureester (**V**), Inositmonophosphorsäureester (**VI**), u. anorgan. Phosphat (**VII**). Die enzymat. Hydrolyse lieferte überwiegend **II**, Iso-**II** nur in geringer Konzentration. Niedere Spaltprodd. von **I** entstanden nur in alkal. Lsg., so **VI** durch 10tägiges Kochen von **I** bei pH 9,2—7,5. Die Darst. von **V** gelang nur durch enzymat. Hydrolyse, bei alkal. Hydrolyse entstand nur Iso-**V**. Die schwierige Darst. u. Isolierung von **IV** durch 2tägiges Kochen von **I** bei pH 10,5 führte nur zu geringen Ausbeuten. Vf. stellte Verss. mit verschiedenen Fermenten an. Die Einw. von Weizenphytase auf **I**—**VI** zeigte, daß die Hydrolyse von Iso-**V** am schnellsten verläuft. Bei den übrigen Derivv. nimmt die Hydrolyse-Geschw. mit zunehmendem Phosphorylierungsgrad ab. Eine Ausnahme bildet **VI**, der außerordentlich langsam angegriffen wird. Vf. nimmt an, daß der Angriff, der in 2-Stellung liegenden Esterbindung ster. behindert wird. Weizenkeimphosphatase u. Kartoffelphosphatase spalten die Ester wesentlich langsamer. Alkal. Darmphosphatase spaltet lediglich **V** u. **VI**, nicht die höher phosphorylierten Verbindungen. P. WALSMANN. 4587□

Eine Untersuchung des Thioctsäure- und Thioctamid-Stoffwechsels. Masahisa Wada, Yukio Shigeta und Kanji Inamori. (J. Vitaminol. [Kyoto] **7.** 237—42. 10/9. 1961. Osaka, Fukushima, Doji mahamadori, Osaka Univ., Fac. of Med., 1st Dep. of Med.) (Engl.)

Thioctsäure u. *Thioctamid* werden bei Menschen u. Ratten leicht vom Verdauungstrakt resorbiert u. größtenteils als Oxydations-Prodd. mit dem Urin ausgeschieden. Bei CCl_4-vergifteten oder Alloxan-diabet. Ratten ist die Ausscheidung gegenüber den Kontrollen erhöht. P. GREGORZEWSKI. 4587□

Die Beeinflussung des isolationsbedingten Aggressionsverhaltens der Maus durch B-Vitamine. R. Kiesewetter, E. Kirchner, A. Grosalski und J. Gebhard. Int. Z. Vitaminforsch. [Bern] **32.** 20—24. 1961. Jena, VEB-Jenapharm.) (Dt.)

Intraperitoneale Applikation von *Vitamin* B_1 (**I**; 125 mg/kg), *Vitamin* B_6 (**II**; 75 mg/kg) bzw. *Vitamin* B_{12} (**III**; 10 mg/kg) dämpfte das isolationsbedingte Aggressions-Verh. der Maus schwach. **I** zeigte sofortige Wrkg., **III** einen Späteffekt. Kombination von **I** mit **III** bzw. **II** mit **III** zeigt keine unterschiedliche Wirkung. Die Kombination von **I** mit **II** u. **III** läßt eine erhöhte Wrkg. erkennen. *Chlorpromazin* (*Propaphenin*, VEB DEUTSCHES HYDRIERWERK RODLEBEN), *Benactycin* (*Procalm*, VEB CHEMISCHE WERKE RADEBEUL) u. *Phenobarbital* (*Lepinal*, VEB CHEMISCHE WERKE RADEBEUL) übten den bekannten Hemmeffekt aus, während *Guajakolglycerinäther* (*Neuroton*, VEB CHEMISCHE FABRIK GRÜNAU) rein hypnot. wirkte. I. HAHN. 4587□

Die Biosynthese der wasserlöslichen Vitamine und abgeleiteten Coenzyme. Gene M. Brown. (Physiol. Rev. **40.** 331—68. April 1960. Cambridge, Mass., Massachusetts Inst. of Technol, Dep. of Biol., Div. of Biochem.) (Engl.)

Übersicht. *Nicotinsäure* (**I**) u. *Pyridinnucleotide* (**II**): **I**-Biosynth. in Tieren, Neurospora, Bakterien u. Pflanzen, **II**-Biosynth. aus **I**; *Pantothensäure* (**III**) u. Coenzym A: Herkunft von Pantosäuren u. β-Alanin, Biosynth. von **III** u. Coenzym A; Ascorbinsäure: Bldg. aus D-Glucose, D-Galaktose; *Riboflavin* (**IV**) u. Flavinnucleotide, Vorstufen von Ring A, B u. C, natürlich vorkommende Verbb., die möglicherweise Zwischenstufen der **IV**-Synth. sind, Herkunft der Ribitylgruppe; *Thiamin* (**V**) u. -phosphate: **V**-Bldg. aus Pyrimidin u. Thiazol, Umwandlung von **V** u. **V**-Phosphat in **V**-Pyrophosphat; *Folsäure* (**VI**) u. verwandte Verbb.: Herkunft des *Pteridin* (**VII**)-Ringes, **VI**-Bldg. aus *p-Aminobenzoesäure* (**VIII**), Glutaminsäure u. **VII**-Verbb., Wrkg. von Sulfonamiden auf die **VI**-Biosynth., Herkunft von **VIII**, Red. von **VI** u. verwandten Verbb.; Vitamin B_6 u. -Phosphate: Phosphorylierung, gegenseitige Umwandlung von Pyridoxin, Pyridoxal u. Pyridoxamin; Vitamin B_{12}; Biotin. — 196 Literaturangaben. K. MAIER. 4587□

Untersuchungen über die Vitamin-A-Bestimmung mit der Mulder-Methode. Shuntaro Ogawa und Tadashi Kobayashi. (Vitamins [Kyoto] **23.** 368—71. 1961. Osaka Branch, Osaka, Nat. Inst. of Hygienic Sciences.) (Jap.; Auszug: Engl.)

Es werden die Gesamtöl-Meth., die USP-Meth. u. die MULDER-Meth. auf ihre Brauchbarkeit zur *Vitamin-A*-Best. an einer USP-*Vitamin-A*-Standardlsg. untersucht. Werden die Ergebnisse der Gesamtöl-Meth. mit 100 angenommen, so ergibt die USP-Meth. 99,2 u. die MULDER-Meth. 102,9. Ähnliche Ergebnisse zeigen Unterss. an verschiedenen Vitamin-A-Präparaten. Die MULDER-Meth. gibt genauere Resultate, wenn der Faktor 0,98 verwendet wird. I. HAHN. 4587□

Bestimmung der biologischen Wirkstärke verschiedener Formen von Vitamin A. T. K. Murray und J. A. Campbell. (Canad. J. Biochem. Physiol. **39.** 1687—93. Nov. 1961. Ottawa, Canada, Dep. of Nat. Health and Welfare, Food and Drug Labor.) (Engl.)

Die geringe biolog. Wirkstärke von *9-cis-* u. *9.13-di-cis-Vitamin A* wurde in Verss. mit Vaginalabstrichen bestätigt. Größere Mengen dieser Isomere in Arzneimitteln können zu einer zu hohen Bewertung der biolog. Wirkstärke nach der USP XV- oder der $SbCl_3$-Meth. führen. In einer großen Vers.-Reihe bestimmte die USP-Meth. die biolog. Wirkstärke der meisten öllösl., in W. dispergierten u. trockenen, stabilisierten Proben von *Vitamin A* (**I**) genau. Das war bei der $SbCl_3$-Meth. nicht der Fall u. bei vielen Proben war eine Korrektion der Werte in Übereinstimmung mit ihren Maleinsäure-Werten nicht gerechtfertigt. In W. dispergierte u. trockene, stabilisierte Proben von **I** wurden nicht besser verwertet als in Öl gelöste. K. ZINGRAF. 4587□

Carotin- und Vitamin-A-Gehalt von Rinderleber vor und nach dem Kalben. P. H. Weswig, I. R. Jones, R. G. Sprowls und J. F. Bone. (Proc. annu. Meeting Western Divis., Amer. Dairy Sci. Assoc. **38.** 267—73. 1957. Corvallis, Oreg., Oregon Agricultural Experiment Station.) (Engl.)

Vff. stellten keinen wesentlichen Unterschied im *Carotin* (**I**)- u. *Vitamin-A* (**II**)-Geh. des Plasmas u. der Leber von Milchkühen 4 Wochen vor bzw. nach dem Kalben fest. Das gleiche Ergebnis wurde für normale Kühe bei **I**-reichem Futter u. für Vers.-Kühe die 65, 130 oder 390 γ **I**/kg Körpergewicht erhielten, festgestellt. Vff. geben auch den **I**- u. **II**-Geh. von Colostrum u. späterer Milch an. GOTTFRIED SCHREIBER. 4587□

Die Entwicklung des Vitamin-A-Mangels bei der ovarektomierten Albinoratte. René Grangaud, Thérèse Conquy und Marc Nicol. (C.R. Séances. Soc. Biol. Filiales **154.** 587—90. 1960. Alger, Fac. mixte de Méd. et Pharmacie, Lab. de Chim. biol.) (Franz.)

Zweiseitige Ovarektomie äußert sich bei der *Vitamin-A*-Mangelratte in einer erheblichen Gewichtszunahme, einem merklich verzögerten Auftreten der Xerophthalmie u. einer um ca. 30 Tage verlängerten Lebensdauer. Die Ovarentfernung verhindert nicht das Auftreten eines stationären Östrus, d. h. die Ovarialsekretion ist für die Keratinisierung des Vaginalephithels entbehrlich. K. MAIER. 4587□

Bestimmung von Vitamin D in Multivitaminpräparaten nach chromatographischer Abtrennung. 3. Mitt. **Untersuchungen über die USP XVI-Methode.** Shuntaro Ogawa und Tadashi Kobayashi. (Vitamins [Kyoto] **23.** 372—76. 1961. Osaka Branch, Osaka, Nat. Inst. of Hygienic Sciences.) (Jap.; Auszug: Engl.) — 2. vgl. C. **1961.** 16171.

Die Best. von *Vitamin D* (**I**) durch die USP XVI-Meth. geschieht durch Verseifung, Extraktion, Säulenchromatographie, FULLER's-Erdadsorptionschromatographie u. colorimetr. Korrektur. *Vitamin A* (**II**) kann durch Chromatographie von **I** getrennt werden. Das Zers.-Prod. von **II** wird dadurch aber nicht entfernt. Deshalb ist es notwendig, einen Korrekturfaktor bei der Colorimetrie anzuwenden, der 0,26—0,87 beträgt. I. HAHN. 4587□

Eine chemische Routinebestimmung von Vitamin D. Beziehung zur biologischen Bestimmung. Analyse fettlöslicher Vitamine. 2. Mitt. F. J. Mulder, J. R. Roborgh, Th. J. De Man, K. J. Keuning und K. H. Hanewald. (Recueil Trav. chim. Pays-Bas **76.** 733—46. Aug. 1957. N.V. Philips-Roxane, Pharm. Chem. Ind. „Duphar".) (Engl.) — 1. vgl. C. **1955.** 10883.

Beschreibung eines Verf. zur chem. Best. von *Vitamin* D_2 u. D_3, das sich durch geeignete Kombination folgender Stufen ergibt: Verseifung, colorimetr. (5000 Å) Best. des Rohvitamins mit NIELD's Reagens ($SbCl_3$/Chlf.), Entfernung von Tachysterin mit Maleinsäureanhydrid, Entfernung ungesätt. Säuren durch Verseifung, Entfernung störender Sterine ohne Verseifung mit Digitonin, Entfernung störender Sterine nach Verseifung mit Digitonin, Korrektur für Restfärbung (Polyene). Zu den bereits früher beschriebenen einzelnen Schritten kommt der letzte neu hinzu, ebenso eine Extrapolation auf die Zeit 0 bei der Extinktionsmessung der Maleinsäureanhydridstufe. Das Verf. ergibt Übereinstimmung mit den biolog. Methoden (Ratten u. Hühnchen). PH. FRESENIUS. 4587□

Bestimmung und Eichung der Aktivität von Adsorbentien zur Chromatographie und der Eluierkraft von Elutionslösungsmitteln mit dem „Schütteltest". Analyse fettlöslicher Vitamine. 3. Mitt. K. J. Keuning, G. J. Van Dijk und M. J. Wiggers De Vries. (Recueil Trav. chim. Pays-Bas **76.** 747—56. Aug. 1957. Weesp, Niederlande, N.V. Philips-Roxane.) (Engl.) — 2. vgl. vorst. Referat.

Ein „Schütteltest" von prakt., aber ohne theoret. Bedeutung, dient zur Best. der Aktivität von Adsorbentien, zur Best. der Möglichkeiten des Ersatzes eines Adsorbens durch ein anderes, zur Best. der benötigten Zus. eines Lsgm., zur Elution oder zur Auswahl von geeigneten Ersatz-Lösungsmitteln. Man schüttelt 2 g des Adsorbens mit 10 ml des Lsgm., in dem die zu eluierende Substanz gelöst ist (z. B. 1000 I.E. *Vitamin A*). Bei einer Säule von 10 cm Länge mit 10 g Al_2O_3 sind 40% Adsorption für schnelle Eluierung geeignet. Bei dünneren Säulen mit weniger Adsorbens muß die Adsorption bis 60% gehen. PH. FRESENIUS. 4587☐

Vitamin-D-Bestimmung in Fisch und Fischprodukten durch Chromatographie an japanischem saurem Ton. Hideo Higashi, Takeshige Yamakawa, Toyosuke Kinumaki, Kisaburo Sugii und Kikuko Iwasaki. (J. Vitaminol. [Kyoto] **7.** 215—30. 10/9. 1961. Tokyo, Kyobashi, Tsukishima, Tokai Regional Fisheries Res. Labor.) (Engl.)

Es wird eine säulenchromatograph. Best. von *Vitamin D* neben viel Vitamin A an japan. Tonerde mit Al_2O_3-Zusatz beschrieben; die Meth. erzielt gute Resultate. P. GREGORZEWSKI. 4587☐

Vitamin D und Citratsynthese. Joe Meyer, Roy J. Bolen und Janice Antin. (Arch. Biochem. Biophysics **81.** 340—45. April 1959. New Orleans, La., Louisiana State Univ., School of Med., Dep. of Biochem. and Veterans Admin. Hosp., Radioisotope Serv.) (Engl.)

Die Menge des synthetisierten *Citrats* aus Acetat u. Oxalacetat ist bei Leber-, Nieren-, Herz- u. Darmgeweben von rachit. Ratten genau so hoch wie bei den Geweben normaler Tiere. W. HILLER. 4587☐

Die Lokalisation von ^{14}C-Vitamin D_2 im Nephron. E. Kodicek, E. M. Darmady und Fay Stranack. (Clin. Sci. **20.** 185—89. April 1961. Univ. of Cambridge and Med. Res. Council, The Dunn Nutr. Labor.; Portsmouth and Isle of Wight Area Pathol. Service.) (Engl.)

Autoradiographie der Nieren von Ratten nach Gabe von *^{14}C-Vitamin D_2* zeigte Radioaktivität nur in den Tubuli renales contorti, dem Ort der Phosphat-Reabsorption u., bei beginnender Nephrocalcinose, der Calcium-Ablagerung. H.-G. FLOSS. 4587☐

Untersuchungen über Vitamin-D_2-Phosphat. 1. Mitt. **Synthese des Vitamin-D_2-Phosphats und seine physikochemischen Eigenschaften.** Otoharu Ishizaka, Hideko Endo, Takeshi Seki und Saburo Hirayama. (Vitamins [Kyoto] **20.** 456—58. 1960. Nagoya, Nagoya City Univ., Pharmaceut. School; Tokyo, Kyushin, Pharmaceut. Co. Ltd.) (Jap.; Auszug: Engl.)

Vff. untersuchten die wirkungsvollsten Bedingungen für die Phosphorylierung des *Vitamins D_2* u. die physikochem. Eigenschaften des Phosphats. W. HILLER. 4587☐

Untersuchungen über Vitamin-D_2-Phosphat. 2. Mitt. **Antirachitische Potenz und Toxizität des Vitamin-D_2-Phosphats.** Shiro Hisada, Otoharu Ishizaka, Toshio Nakashima, Mitsuo Tanaka und Michiko Maeyama. (Vitamins [Kyoto] **20.** 459—62. 1960.) (Jap.; Auszug: Engl.) — 1. vgl. vorst. Referat.

Vff. untersuchten die antirachit. Potenz u. Toxizität des *Vitamin-D_2-Phosphats* im Vgl. mit *Vitamin D_2*. Die antirachit. Potenz war auf molarer Basis die gleiche, u. die Toxizität war geringer als die des freien Vitamins D_2. W. HILLER. 4587☐

Nachweis einer neueren, biologisch-aktiven Substanz — des Vitamins E — in der Vernix caseosa. F. Gerlóczy, B. Beneze und K. Iványi. (Int. Z. Vitaminforsch. [Bern] **32.** 1—4. 1961. Budapest, Med. Univ., I. Kinderklinik.) (Dt.)

Die Unterss. zeigten, daß der *Vitamin-E* (**I**)-Geh. der Vernix caseosa sehr unterschiedlich ist. Bei einem Teil der untersuchten Fruchtschmieren konnte **I** nur in Spuren nachgewiesen werden. In mehreren Fällen erreichte der **I**-Geh. der Fruchtschmiere die **I**-Konz. selbst der an **I** reichen Organe. — 36 Literaturangaben. I. HAHN. 4587☐

Untersuchungen über Vitamin E. 1. Mitt. **Die Bestimmung des Tocopherols in tierischen Geweben.** E. E. Edwin, A. T. Diplock, J. Bunyan und J. Green. (Biochem. J. **75.** 450—56. Juni 1960. Tadworth, Surrey, Vitamins Ltd., Walton Oaks Exp. Stat.) (Engl.)

Es wird eine Meth. zur Best. des *Tocopherols* in tier. Geweben mitgeteilt. Zur Extraktion wird das Gewebe mit CO_2 u. Aceton bei -70^0 zerkleinert u. anschließend mit Aceton im SOXHLETT extrahiert. Anschließend wird verseift, die Sterine durch Ausfrieren (—12°) in methanol. Lsg. u. die Fette durch Chromatographie an Floridinerde entfernt u. anschließend I durch zweidimensionale Papierchromatographie isoliert u. bestimmt. Die Meth. wird mit den früher mitgeteilten verglichen. 90% des eingesetzten I werden wiedergefunden. H. STRUCK. 4587□

Untersuchungen über Vitamin E. 2. Mitt. **Umwandlung der Atmungsabnahme bei ernährungsmäßiger Lebernekrose durch intraportale Zuführung von Tocopherol und anderen Substanzen.** J. Green, E. E. Edwin, J. Bunyan und A. T. Diplock. (Biochem. J. **75.** 456—60. Juni 1960.) (Engl.) — 1. vgl. vorst. Referat.

5.7.8-Trimethyltocol (*α-Tocopherol*, **I**), *5.8-Dimethyltocol* (*β-Tocopherol*, **II**), *7.8-Dimethyltocol* (*γ-Tocopherol*, **III**), *8-Methyltocol* (*δ-Tocopherol*, **IV**), *7-Methyltocol* (*η-Tocopherol*), *5-Methyltocol* (**V**), *5.7-Dimethyltocol* (**VI**), *Tocol* u. *ε-Tocopherol* (**VII**) werden auf ihre Aktivität untersucht, die verminderte Atmung von nekrot. Rattenleberschnitten zu erhöhen. Die Tocopherole werden $1^1/_2$ Std. vor der Entnahme der Leber in die Portalvene injiziert. **II** u. **VI** weisen ca. 55% der Aktivität des **I** auf. **III** u. **IV** weisen nur sehr geringe Aktivitäten auf, **V** ist am aktivsten u. **VII** zeigt ca. 23% der Aktivität des **I**. Folgende Ionen werden auf antagonist. bzw. synergist. Wrkg. untersucht (5—1000 μg, intraportal): TeO_3^{2-}, $Mo_7O_{24}^{6-}$, Mn^{2+}, Co^{2+}, VO^{2+}, VO_3^-, SeO_3^{2-} u. CrO_4^{2-}. Es wurde keine Wrkg. festgestellt. Lediglich Co^{2+}, Mn^{2+} u. SeO_3^{2-} zeigten gewisse Aktivität auf die Atmungsabnahme. H. STRUCK. 4587□

Untersuchungen über Vitamin E. 3. Mitt. **Die relative Aktivität von Tocopherol und einigen anderen Substanzen in vivo und in vitro bei der durch Dialursäure induzierten Hämolyse von Erythrocyten.** J. Bunyan, J. Green, E. E. Edwin und A. T. Diplock. (Biochem. J. **75.** 460—67. Juni 1960.) (Engl.) — 2. vgl. vorst. Referat.

α-, β-, γ-, δ-, η-, ε-, ζ-Tocopherol, 5-Methyltocol u. *5.7-Dimethyltocol* werden auf ihre schützende Wrkg. auf die durch *Dialursäure* hervorgerufene Erythrocyten-Hämolyse untersucht u. die Beziehungen zwischen Struktur u. Aktivität beobachtet. In vitro sind die Verhältnisse nicht ganz klar, es scheint aber, daß eine CH_3-Gruppe in *o-S*tellung zur *OH*-Gruppe die Aktivität steigert. In vivo zeigen die Dimethyl-Derivv. weitaus höhere Aktivitäten als die Monoderivate. In vitro zeigen außerdem Co^{2+}, Mn^{2+}, Sn^{2+}, CrO_4^{2-} u. $Cr_2O_7^{2-}$ eine schützende Wrkg., Co^{2+} u. Mn^{2+} zeigen mit dem *α-Tocopherol* eine synergist. Wirkung. Antagonist. zum *α-Tocopherol* wirken Zn^{2+}, Cu^{2+}, Cu_2^{2+}, La^{3+}, Cr^{3+}, Cd^{2+}, MnO_4^-, $AuCl^{4-}$ u. SeO_3^{2-}. H. STRUCK. 4587□

Nachweis von Schädigungen durch freie Radikale beim Vitamin-E-Mangelküken. P. Budowski und Shoshana Mokadi. (Biochim. biophysica Acta [Amsterdam] **52.** 609—11. 30/9. 1961. Rehovoth, Israel, Nat. and Univ. Inst. of Agric.) (Engl.)

Von verschiedenen Organen von *Vitamin-E* (I)-Mangelküken wurden Trichloressigsäureextrakte hergestellt u. auf Rk. mit dem stabilen freien Radikal *1.1-Diphenyl-2-pikrylhydrazyl* (II) getestet, um mögliche Schädigungen durch freie Radikale festzustellen. In Kleinhirnextrakten von Tieren mit Encephalomalacie infolge des I-Mangels, nicht aber in Leberextrakten, waren die Werte der gesamten mit II reaktionsfähigen Substanzen u. der Thiole verringert. Es scheint, daß lösl. Thiole u. möglicherweise einige Nicht-SH-Verbb. schädigende freie Radikale in der wss. Phase inaktivieren, während I eine ähnliche Funktion in der Lipidphase ausübt. Zusammen wirken sie als biolog. Antioxydantien u. Schutzsubstanzen für die Zelle. K. ZINGRAF. 4587□

Einbau von radioaktivem Schwefel in das Haar. Harold B. Haley und Martin B. Williamson. (J. cellular comparat. Physiol. **55.** 235—37. Juni 1960. Chicago, Ill., Loyola Univ., Stritch School of Med., Dep. of Surgery and Biochem.; Cook County Hosp.) (Engl.)

^{35}*S* aus ^{35}*S-Methionin* u. ^{35}*S-Cystin* erscheint beim Menschen nach kurzer Zeit in der Haut u. im Wundgewebe, wird aber in viel größerem Maße ab ca. 4 Wochen nach Applikation im Haar gespeichert. Im Gegensatz zu Befunden an Tieren wurde beim Menschen ein Einbau von ^{35}S aus ^{35}S-Sulfat in Haut, Haar oder Wundgewebe nicht beobachtet. H.-G. FLOSS. 4596□

Untersuchungen über die Sulfokonjugation. 7. Mitt. **Die Verwertung von Methionin- und Cysteinschwefel und die Nichtverwertung von Natriumsulfatschwefel in vivo für die Sulfokonjugation von p-Nitrophenol bei der ausgewachsenen Ratte.** G. Wellers, A. Lefebvre und J. Chevan. (C.R. Séances Soc. Biol. Filiales **154.** 1222. 1960. Paris, Fac. de Méd., Lab. de Physiol.) (Franz.) — 6. vgl. C. **1961. 11793.**

Die Ratte verwertet in vivo *Methionin-* u. *Cystein-S* für die Sulfokonjugation von *p-Nitrophenol*, nicht aber Sulfat-*S*. K. MAIER. 4596□

Der in vivo-Einbau von anorganischem ^{32}P-Phosphat im Lombricin und o-[β-Aminoäthyl]-phosphorylserin des Regenwurms. T. J. Gaffney, R. J. Rossiter,

R. Rosenberg und A. H. Ennor. (Biochim. biophysica Acta [Amsterdam] **42.** 218–25. 12/8. 1960. Canberra, A.C.T., Australien, Austr. Nat. Univ., John Curtin School of Med. Res., Dep. of Biochem.) (Engl.)

Um Aufschluß über den biogenet. Zusammenhang zwischen *o-[β-Aminoäthyl]-phosphorylserin* (I) u. *Lombricin* (*o-[Guanidinoäthyl]-phosphorylserin*, **II**) zu erhalten, bestimmten Vff. die Konz. der beiden Verbb. im Muskel u. im Darm des Regenwurms. Im Muskel war die Konz. von **II** viel größer als die von **I**, im Darm waren die Konzz. beider Verbb. etwa gleich u. von der Größenordnung der von I im Muskel. Nach Gabe von *^{32}P-Phosphat* (**III**) war zu verschiedenen Zeiten die spezif. Radioaktivität von **I** stets größer als die von **II**. Im Darm hatten beide Verbb. eine größere spezif. Radioaktivität als im Muskel. Der **III**-Einbau in Phospholipide u. Phosphorproteine entsprach etwa dem in **I**. Der Einbau von **III** in den labilen Phosphor von ATP u. N-Phosphoryl-**II** erfolgte viel schneller als in das Diester-Phosphat von **I** oder **II**. Es wird gefolgert, daß **I** aus kleineren Bausteinen gebildet wird u. ein Vorläufer für **II** ist u. daß N-Phosphoryl-**II** im Regenwurm als Phosphagen dient. H.-G. FLOSS. 4596

Die Größe des Umsatzes von Organ- und Plasmaeiweiß. Werner Maurer. (Colloquium Ges. physiol. Chem. Mosbach/Baden **10.** 1–49. 9–12. April 1959, herausgeg. 1960. Köln-Lindenthal.) (Dt.)

Vortrag. Messung biolog. Halbwertszeiten aus dem zeitlichen Abfall einer Markierung (Plasma-, Organeiweiß), direkte Messung von Umsatzraten [A_0] (Messung von N-A_0 mit ^{15}N-markierten *Aminosäuren* (II), A_0-Best. aus den spezif. Aktivitäten der freien u. der eiweißgebundenen Aminosäure), Größe des Eiweißumsatzes einzelner Gewebe u. Zellen aus radioautograph. Unterss. mit verschiedenen **II**. — 100 Literaturangaben. Diskussion. K. MAIER. 4596□

Die Biosynthese der Phosphatide und Triglyceride. E. P. Kennedy. (Dtsch. med. Wschr. **87.** 99–102. 12/1. 1962. Boston, Mass., Harvard Med. School. (Dt.)

Übersicht. Biosynth. der Glycerinphosphatide (Funktion der Cytidin-Coenzyme, Rolle der Phosphatidsäuren, Synth. von Lecithin u. Cephalin, Inositphosphatide, Phosphatidglycerin), Biosynth. der Triglyceride (Beziehungen innerhalb des Stoffwechsels). — Keine Literaturangaben. P. GREGORZEWSKI. 4596□

Der Stoffwechsel von $^{14}C_{(1)}$-Palmitinsäure in funktionell hepatektomierten Ratten. Bengt Borgström und Thomas Olivecrona. (J. Lipid Res. **2.** 263–67. Juli 1961. Lund, Sweden, Univ. of Lund, Dep. of Physiol. Chem.) (Engl.)

Die Radioaktivitätsverteilung in normalen u. durch Ligatur der Gefäße der Porta hepatis funktionell hepatektomierten Ratten nach Injektion von *$^{14}C_{(1)}$-Palmitinsäure* (**I**) wurde verglichen. Während die Konz. der freien Fettsäuren im Plasma bei den hepatektomierten Tieren erhöht ist, ändert sich die biolog. Halbwertszeit der ^{14}C-**I** nicht. Die bei normalen Tieren in den Glyceriden u. Phospholipiden des Blutes auftretende Radioaktivität fehlt bei hepatektomierten Tieren, d. h. die Lipoproteine werden in der Leber synthetisiert. Das periphere Gewebe, mit Ausnahme des Fettgewebes, das eine Sonderstellung einnimmt, kann Fettsäuren verestern ohne jedoch die Ester in das Plasma abzugeben. H. G. FLOSS. 4596□

Physiologische Wirkung von Ionen. Richard R. Overman. (Ann. New York Acad. Sci. **72.** 405–14. 6/2. 1959. Memphis, Tenn., Univ. of Tennessee, Coll. of Med., Inst. of Clin. Investigation.) (Engl.)

Übersicht. Ionenzustand des Herzens u. Membranpotentiale; Temp.-Effekte elektr. Vorgänge u. Ionen; Veränderungen der Konz. „extracellulärer" Ionen; Wrkg. „normaler" u. fremder inotroper Agentien auf die Ionenverteilung des Herzens; transcapillare Ionenbewegungen. — 30 Literaturangaben. K. MAIER. 4597□

Ionen und ihre Beziehung zum Herzmuskel. Eine allgemeine Übersicht über die Bedeutung der Ionenkonzentration. George C. Griffith. (Ann. New York Acad. Sci. **72.** 390–95. 6/2. 1959. Los Angeles, Calif., Univ. of Southern California, School of Med., Dep. of Med., and Los Angeles Country Hospital.) (Engl.)

Übersicht über die Funktion anderer als *Na^+*-Ionen (*Cu, Fe, Pb, Hg, Mn, Zn* usw.) bei der Pathogenese u. Kontrolle von Herzerkrankungen. Beziehungen zwischen Metallkomplexen, Metalle bei arteriellem Hochdruck, Atherosklerose, akutem Rheuma, Herzinsuffizienz. — 18 Literaturangaben. K. MAIER. 4597□

Das Verhalten des Herzglykogens bei normalen und hypertrophierenden Rattenherzen nach ACTH und STH. E. Lüthy, R. Rösli und B. Bischof. (Cardiologia [Basel] **36.** 209–15. 1960. Zürich, Univ., Med. Poliklinik.) (Dt.) — Vgl. C. **1962.** **7605.**

Bei Eintritt einer Hypertrophie des linken Herzens (bei Ratten, durchgeführt durch Beringung der Bauchaorta), die zu einer Erhöhung des Geh. der Herzmuskulatur an

Glykogen (I) führt, findet offenbar eine Veränderung der Reaktivität des Stoffwechsels gegenüber dem Einfl. von *adrenocorticotropem Hormon* (*ACTH*) u. *Wachstumshormon* (*STH*), zumindest des Herzmuskels, möglicherweise auch des ganzen Organismus, statt; diese veränderte Reaktivität äußert sich in einem geringeren I-Anstieg unter Einfl. von 10 I.E. ACTH/100 g u. 0,5 mg STH/100 g mit anschließendem stärkeren Abfall der I-Werte als er bei nichthypertrophierenden Herzen nach ACTH u. STH bekannt ist. Es bestehen vermutlich Beziehungen zur Hypophyse. U. Tausendfreund. 4597 □

Muskelproteine und Energieverwertung. J. Gergely. (Ann. New York Acad. Sci. **72.** 538—54. 6/2. 1959. Boston, Mass., Massachusetts General Hosp. and Harvard Med. School.) (Engl.)

Übersicht. Neue Entwicklungen der Muskelforschung, Myosin-B u. „rekonstruiertes Actomyosin", *Myosin* (I), Actin, Rk. von Actomyosin mit Adenosintriphosphat u. Pyrophosphat, Tropomyosin, Herz-I, die Relaxation von Modellen, Muskelstruktur u. Proteine, Energiequelle der Muskelkontraktion. — 80 Literaturangaben. K. Maier. 4597 □

Bedeutung der alkalischen Fällung von Myosin im Actomyosin-Adenosintriphosphat-System. Masahiro Fujino, Sumio Fukui, Akio Koseki, Kojiro Murahaka und Hideaki Hirai. (Jap. J. Physiol. **8.** 329—39. 20/12. 1958. Sapporo, Sapporo Med. Coll., Dep. of Physiol.) (Engl.)

Actomyosin erfährt durch KCl eine Fällung, bei der entgegen früheren Annahmen zwei Fällungszonen zu unterscheiden sind: eine „Aggregationszone AMI" auf der sauren Seite (wahrscheinlich isoelektr.) u. eine „Aggregationszone AMII" auf der alkal. Seite; zwischen beiden Zonen liegt eine „Zwischenzone" (Z) von vergleichsweise höherer Löslichkeit; die Teilchen in AMI sind grob, die in AMII fein. — Synaeresis bei Superpräcipitierung ist in AMI u. AMII intensiver als in Z; auf der alkal. Seite von AMII tritt Gel-Bldg. auf. — Die alkal. Fällung erfolgt auch bei Ggw. von Pyrophosphat (PP) oder Adenosintriphosphat (ATP); in diesen Fällen erniedrigt sich die KCl-Konz., bei der die Fällung auftritt, mit der Zunahme von PP bzw. ATP. — Bei *Myosin* (I) wird (neben dieser alkal. Fällung) bei pH 7 in Ggw. von PP oder ATP ebenfalls das „Phänomen der zweifachen Fällung" beobachtet; das scheint darauf hinzuweisen, daß dieses „Phänomen" von der Erscheinung bei alkal. Fällung verschieden ist. — Bei I tritt in Ggw. von PP oder bes. von ATP keine Synaeresis auf. A. Hesse. 4597 □

Gestalt einzelner makromolekularer Partikeln aus Myosin-Lösungen. Robert V. Rice. (Biochim. biophysica Acta [Amsterdam] **52.** 602—04. 30/9. 1961. Pittsburgh Pa., Mellon Inst.) (Engl.)

Myosin wurde aus den Hinterbeinen von Ratten durch die Szent-György-Meth. isoliert u. einzelne Myosinpartikeln im Elektronenmikroskop betrachtet. Dabei wurden Partikelbreiten von ca. 20 Å (Bereich 10—30 Å) u. von ca. 30 Å (Bereich 20—40 Å) beobachtet; gewöhnlich sind die beiden Enden der Partikeln breiter als der Mittelteil. Viele der Partikeln besitzen an den Enden Kügelchen. Die Betrachtung der Längen ergibt, daß neben dem Monomeren mit einer Länge von ca. 1100 Å wahrscheinlich ein Dimeres von 2240 Å u. möglicherweise ein Trimeres existieren. K. Zingraf. 4597 □

Die elektrischen Eigenschaften der Zellwand des glatten Muskels. E. E. Daniel und H. Singh. (Canad. J. Biochem. Physiol. **36.** 959—75. Sept. 1958. Vancouver, B.C., Univ. of Brit. Columbia, Dep. of Pharmacol.) (Engl.)

Vergleichende Unterss. der elektr. Eigg. der Zellmembranen des glatten Säugermuskels (Myometrium trächtiger Katzen) u. von Kaninchen *Taenia coli* ergaben, daß die Hypothesen, worauf ein innerer Na^+-Strom für die Depolarisation im glatten Muskel verantwortlich ist, nicht aufrechtzuerhalten sind. Glatte Muskeln unterscheiden sich in ihren elektr. Eigg. u. Mechanismen der Ionenverteilung nicht nur von gestreiften Muskeln, sondern auch untereinander. K. Maier. 4597 □

Die Reflexwirkung der schmerzvermittelnden Erregung auf den Stoffwechsel des gestreiften Muskels. Zdenek Vodicka, Ernest Gutmann und Arnost Bass. (J. de Physiol. **48.** 742—46. Mai/Juni 1956. Prague, Acad. Tchecoslovaque des Sciences, Inst. de Physiol.) (Franz.)

Bei Verletzung der Pfote einer Ratte u. anschließender Nervunterbindung findet kein Stofftransport statt, während bei Kontrolltieren nach Nervligatur u. anschließender Verletzung der Pfote der Transport erfolgt. K. Maier. 4598 □

Eine histochemische und biochemische Untersuchung der Polysaccharidsubstanzen des sich entwickelnden Nervensystems der Ratte in Beziehung zum Auftreten der Cholinesteraseaktivität. Marc Crevier. (Canad. J. Biochem. Physiol. **36.** 275—88. März 1958. Ottawa, Canada, Univ. of Ottawa, School of Med., Dep. of Histol. and Embryol.) (Engl.)

In den niederen Zentren des in Entw. befindlichen Nerven-Syst. der Ratte gehen Perjodsäure-SCHIFF-Rk. (PAS) u. *Cholinesterase* parallel. Die Rkk. treten allmählich während des 10. u. 15. Tages als Folge einer chem. Reifung der Neuronen auf. Extraktion von Schnitten mit CH_3OH–Chlf. ändert die PAS-Rk. nicht, während Acetylierung reversibel hemmt. Beide Befunde sprechen für den Nachw. von 1.2-Glykolen, ebenso die Hemmung durch Hyaluronidase, während Diastase eine schwache, unregelmäßige Wrkg. hat. Eine CH_3OH–Chlf.-lösl. Fraktion der Hirnsubstanz ist metachromat. u. in vitro PAS-positiv, eine in KCl–K_2CO_3-Gemisch lösl. Fraktion nichtdialysierbar, nicht metachromat., aber PAS-positiv. Sie gibt nach saurer Hydrolyse *Glucose*, aber kein Glucosamin. Eine aus dem Rückstand mit NaOH extrahierte Fraktion ist nicht dialysierbar, nicht metachromat., jedoch gleichfalls PAS-positiv. Sie enthält auf Grund von Chromatographie u. Elektrophorese ein nicht mit H_2SO_4 verestertes Mucoprotein, das bei Säurehydrolyse reichlich *Hexosamin* liefert. K. MAIER. 4598□

Durch direkte adrenergische oder cholinergische Reizung des Hypothalamus angeregtes Essen oder Trinken. S. P. Grossman. (Science [Washington] **132.** 301–02. 29/7. 1960. New Haven, Conn., Yale Univ., Dep. of Psychol.) (Engl.)

Beschreibung eines Zweikanülen-Syst. zur wiederholten Reizung der zentralen Hirnstrukturen von Ratten mit krist. Chemikalien (1–5 μg). Injektion von *Acetylcholin* oder *Carbachol* in den lateralen Hypothalamus löste Trinken aus (stark signifikant), Injektion von *Adrenalin* oder *Noradrenalin* löste Fressen aus (stark signifikant), verbunden mit mäßigem Trinken. Osmot. Reizung mit NaCl oder allg. Erregung mit Strychnin führten zu keiner signifikanten Nahrungs- oder Wasseraufnahme. Geringste Abweichungen vom optimalen Applikationswert hoben die Effekte völlig auf, d. h., es besteht im lateralen Hypothalamus eine spezielle Lokalisierung, für die die Nahrungs- u. Wasseraufnahme steuernden Zellen. K. MAIER. 4598□

E_6. Pharmakologie. Therapie. Toxikologie. Hygiene

Verminderung der Strahlungsempfindlichkeit der Haut der Ratte durch Antihyaluronidaseserum. Jean Loiseleur und Michelle Petit. (C. R. hebd. Séances Acad. Sci. **250.** 1578–79. 22/2. 1960.) (Franz.)

Antihyaluronidase-Serum (erhalten durch Injektion steigender Dosen von Hyaluronidasen bei Kaninchen) verlangsamt den Bindegewebestoffwechsel u. damit die Strahlungsempfindlichkeit der Haut von Ratten (verzögertes Auftreten des Haarausfalls u. von Bestrahlungsnekrosen). K. MAIER. 4601□

Der Transaminase-Spiegel im Blutplasma von Mäusen nach Bestrahlung mit Einzel- und wiederholten Dosen von Röntgenstrahlen. M. Skalka. (Folia Biol. [Praha] **7.** 275–80. 1961. Brno, Czechoslovak. Acad. of Sci., Inst. of Biophysics.) (Engl.)

Bei Mäusen, wie bei anderen Säugetieren folgte auf Bestrahlung ein Anstieg der Spiegel der *Glutaminsäure–Oxalessigsäure-Transaminase* (**I**) u. der *Glutaminsäure–Brenztraubensäure-Transaminase* im Plasma. Das Maximum der Zunahme trat 8 Std. nach der Bestrahlung ein, eine zweite Spitze war 7 Tage danach festzustellen. Wiederholte Bestrahlung führte zu einem weiteren Anstieg, aber nur, wenn die Zwischenzeit zwischen den zwei Dosen 4 Tage betrug. 7 oder 10 Tage nach der 1. Bestrahlung trat nach einer wiederholten Bestrahlung keine Erhöhung des **I**-Spiegels auf. Der Mechanismus dieser widersinnigen Rk. wird mit Bezug auf die Angaben der Literatur besprochen. H. AMAN. 4601□

Die Verwendung ^{131}J-markierter Kontrastmedien bei der scintigraphischen Darstellung der Niere. Thomas P. Haynie, Mohammed M. Nofal, Edward A. Carr jun. und William H. Beierwaltes. (J. Lab. clin. Med. **58.** 598–604. Okt. 1961. Ann Arbor, Mich., Univ. of Michigan, Med. Center, Dep. of Internal Med. and Pharmacol. and Clin. Radioisotope Unit.) (Engl.)

Vff. untersuchten an Hunden die Verwendbarkeit verschiedener ^{131}J-markierter Kontrastmedien unter verschiedenen Bedingungen für die Scintigraphie der Niere. Am besten eignete sich ^{131}*J-o-Jodhippursäure.* H.-G. FLOSS. 4601□

Zur Hyaluronidase-hemmenden Wirksamkeit von Salicylsäure und Huminsäuren bei Applikation durch Bäder. H. Mathies und D. Lutz. (Arzneimittel-Forsch. **10.** 689–90. Aug. 1960. München, Univ., Med. Poliklinik.) (Dt.)

Im Tier-Vers. konnte gezeigt werden, daß im Gegensatz zu Wasserbädern durch *Salicylsäure-*, *Huminsäure-* u. *Salhumin*-Bäder eine signifikante Hemmung der durch Hyaluronidase bewirkten Farbstoffausbreitung (*Hyaluronidase-Spreading*) erzielt werden kann. Aus den Ergebnissen mit den Salhumin-Bädern ist keine Summations- oder Potenzierungs-Wrkg. der beiden darin enthaltenen, zuerst genannten Komponenten ersichtlich. U. TAUSENDFREUND. 4603□

Der Fluorgehalt der Hypophyse; mögliche Beziehung zur Fluorose. V. Demole, F. Fassa und E. Matthey. (Helv. physiol. pharmacol. Acta 17. Nr. 3. C19—C21. Okt. 1959. Lausanne, Labor. cantonal de contrôle des deurées alimentaires.) (Franz.)

Bei der akuten *NaF*-Vergiftung (subkutan) des Kaninchens wird F vorwiegend in der Hypophyse gespeichert. Die Hypophyse (Frischgewebe) von Kühen mit Fluorose enthält durchschnittlich 4,8 mg% F gegenüber 2,5 mg% bei normalen Tieren.

K. MAIER. 4606□

Untersuchungen über die Wirkung des Bariums auf Hühnerembryonen. René Fabre, René Truhaut, Francois Berrod und Marcel Girault. (C. R. hebd. Séances Acad. Sci. 245. 770—72. 12/8. 1957. Paris, Univ., Fac. de Méd., Labor. Toxicol.) (Franz.)

Werden 100—200 μg Ba^{2+} als Chlorid am 5. Tage der Bebrütungszeit in den Dottersack von Hühnereiern injiziert, so findet man bei den ausgeschlüpften Küken eine allg. Gew.-Verminderung, wobei ca. 60% der Küken Atrophie der Extremitäten mit röntgenolog. relativ dünnen Knochen normaler Länge aufweisen. Paradoxerweise tritt obige Wrkg. bei Dosen von 200—500 μg Ba^{2+} nicht mehr auf. R. LAFFERENZ. 4606□

Änderungen im Calciumgehalt des Serums und der Spinalflüssigkeit durch Gaben von Dinatriumäthylendiamintetraacetat. Alfred Soffer und Taft Toribara. (J. Lab. clin. Med. 58. 542—47. Okt. 1961. Rochester, N.Y., Rochester Gen. Hosp., Cardiopulmon. Labor.; Univ. of Rochester, School of Med. and Dent.) (Engl.)

Inhaltlich ident. mit der C. **1961.** 14742 referierten Arbeit. HANS THIELE. 4607□

Wirkungen von Äthylalkohol auf das Elektroencephalogramm und das Abwehrverhalten bei Affen mit Dauerelektroden. A. F. Hogans, O. M. Moreno und D. A. Brodie. (Amer. J. Physiol. 201. 434—36. Sept. 1961. West Point, Pa., Merck Inst. for Therap. Res.) (Engl.)

Bei Prüfung des Abwehrverh. im Vgl. mit elektroencephalograph. Veränderungen nach i.v. Verabreichung von 2 g *A.*/kg/Tag an Rhesusaffen (Blut-A.-Spiegel 250 mg/100 ml) zeigte sich, daß bei wiederholten A.-Gaben sich eine Verh.-Toleranz eher (bereits nach 4—11 Tagen) als eine Zentralnerven-Syst.-Toleranz, gemessen an der Rindenaktivität im Elektroencephalogramm, entwickelt. U. TAUSENDFREUND. 4607□

Die Wirkung der Verfütterung butylierten Hydroxyanisols an Hunde. O. H. M. Wilder, Paul C. Ostby und Barbara R. Gregory. (J. agric. Food Chem. 8. 504—06. Nov./Dez. 1960. Chicago, Ill., Univ. of Chicago, Amer. Meat Inst. Foundat., Div. of Animal Feeds.) (Engl.)

Bei Verfütterung von 5—250 mg *2-* u. *3-tert.-Butyl-4-methoxyphenol* (I; als Gemisch)/kg/Tag an 6 Wochen alte entwöhnte Cockerspaniels 15 Monate lang waren allg. Gesundheitszustand u. Gew.-Zunahme gut. Hämoglobin u. Erythrocytenzahl waren nicht wesentlich beeinflußt. Der Harn enthielt mehr Glucuronate u. zeigte ein größeres Verhältnis von Gesamtsulfat/anorgan. Sulfat, d. h. die I-Ausscheidung erfolgte auf diesem Wege. Die mkr. Unters. von Gewebeschnitten ließ nur nach der höchsten Dosierung eine Leberschädigung erkennen. Hunde vertragen demnach für längere Dauer ohne Schädigung I-Gaben, die mindestens 220fach größer sind als die I-Mengen, die Schmalz als Antioxydans zugesetzt werden. K. MAIER. 4607□

5-Trifluormethylhydantoine. Bernard Loev und Minerva Flores. (J. pharmac. Sci. 50. 800. Sept. 1961. Philadelphia, Pa., Smith, Kline and French Labor.) (Engl.)

Zwei alkylierte Trifluormethylhydantoine werden dargestellt u. pharmakolog. untersucht. Beide verursachen bei Mäusen (oral, 1000 u. 200 mg/kg) Verringerung der motor. Aktivität, Hypotonie, Ataxie u. Dyspnea, bei höheren Dosen auch Hypothermie.

Versuche: *5-Methyl-5-trifluormethylhydantoin*, $C_5H_5F_3N_2O_2$, F. 136—138°; aus Trifluoracetoncyanhydrin, $(NH_4)_2CO_3$ u. KCN durch Erhitzen im Autoklaven auf 105° für 2 Tage. — *5-Phenyl-5-trifluormethylhydantoin*, $C_{10}H_7F_3N_2O_2$, F. 231—235°; aus Trifluoracetophenon, $(NH_4)_2CO_3$ u. KCN durch 24std. Erhitzen auf 95°.

P. GREGORZEWSKI. 4607□

Pharmakologie einer Reihe von kernsubstituierten Phenyl-tert.-butylaminen mit besonderer Beachtung der anorexigenen und zentral stimulierenden Eigenschaften. T. Holm, I. Huus, R. Kopf, I. Møller Nielsen und P. V. Petersen. (Acta pharmacol. toxicol. [København] 17. 121—36. 1960. Copenhagen, H. Lundbeck & Co. A/S.) (Engl.)

Folgende Verbb. wurden u. a. auf anorexigene u. zentral stimulierende Wrkg. (spontane motor. Aktivität, Antagonismus gegen Enhexymalnarkose u. Antagonismus gegen Chlorpromazin oder Reserpin bei Mäusen) sowie die Wrkg. auf die Mäusepupille, Diurese bei Ratten u. Blutdruck bei Katzen u. Ratten geprüft: *DL-Amphetaminsulfat* (DL_{50} Maus intraperitoneal <50 mg/kg), *Coffeinnatriumsalicylat* (430), *Methylphenidat-*

hydrochlorid (150), *Phenmetrazinhydrochlorid* (182—200), *α-Benzoyltriäthylaminhydrochlorid* (139); ferner die *Hydrochloride* von *Phenyl-tert.-butylamin* (*S 58*, 81) u. dessen kernsubstituierte Derivv. *p-Chlor-* (*S 62*, 144), *m-Chlor-* (*S 78*, 115), *o-Chlor-* (*S 77*, 92), *p-Brom-* (*S 84*, 172), *o-Brom-* (*S 85*, 108), *p-Methyl-* (*S 67*, 114), *m-Methyl-* (*S 68*, 86), *o-Methyl-* (*S 64*, 123), *p-Methoxy-* (*S 65*, 122), *p-Hydroxy-* (*S 74*, 278); *α.α-Dimethyl-β-phenyläthanolaminhydrochlorid* (*S 66*, 284); *α.α-Dimethyl-β.β-diphenyläthanolaminhydrochlorid* (*S 63*, 240). S 62 zeigte eine gute anorexigene Wrkg. ohne wesentlichen zentral stimulierenden Effekt. Akute Toxizität für S 62: DL_{50} Maus i.v. 68, Maus oral 281 u. Ratte oral 180 mg/kg. Bei täglicher oraler Gabe von 40 mg/kg S 62 war der Gew.-Ansatz bei Ratten geringer als bei den Kontrollen. Patholog. Veränderungen waren jedoch nicht nachweisbar. G. KIMMERLE. 4607

Psychopharmakodynamische Wirkungen von Diäthylpropion (Tylinal). B. Melander. (Acta pharmacol. toxicol. [København] **17.** 182—90. 1960. Stockholm, A/B Kabi, Res. Dep.) (Engl.)

Diäthylpropion (I, *2-Diäthylaminopropiophenonhydrochlorid*, *Tylinal*), ein anorexigener Stoff, besitzt in vitro bei Vgl. (*Ephedrin* = 1) mit *Amphetamin* (II, 16,5), *Iproniazid* (380), *Tranylcypromin* (*SKF 385*, 8200) keine wesentliche Monoxydasehemmung (1,28). DL_{50} Maus i.v. für I 50 u. für II 55 mg/kg. Bei Mäusen steigert I im Gegensatz zu II die motor. Aktivität. Bei kämpfenden Mäusen zeigt I eine schwache tranquillierende Wirkung. Eine Kombination von muskelrelaxantierenden Ataraktica (*Nuncital*, *Meprobamat*) u. I ergibt keine zentrale Depression oder Stimulation, während II auf die Ataraktica antagonist. einwirkt. Psycholog. Unterss. beim Menschen u. klin. Unterss. mit I ergaben Übereinstimmung mit diesen Ergebnissen. G. KIMMERLE. 4607

Acetylcholineffekte von γ-Carbomethoxypropyltrimethylammoniumbromid. E. H. Colhoun und E. Y. Spencer. (Science [Washington] **130.** 504—05. 28/8. 1959. London, Ontario, Canada, Pesticide Res. Inst., Sci. Serv. Labor.) (Engl.)

γ-Butyrobetain (I) ist im Vgl. zum Methylester, *γ-Carbomethoxypropyltrimethylammoniumbromid* (II), biolog. unwirksam. II zeigt bei Injektion an Mäusen oder Insekten oder bei der Prüfung am Rectus abdominis-Muskel des Frosches ähnliche pharmakolog. Eigg. wie Acetylcholin. Nach Dieldrinbehandlung von Schaben konnte im Nervengewebe kein I nachgewiesen werden. II, F. 147—149°, wurde aus wasserfreiem $(CH_3)_3N$ u. γ-Brombuttersäuremethylester erhalten. K. MAIER. 4607 □

Schädlingsbekämpfungsmittel in Beziehung zur Volksgesundheit. Wayland J. Hayes jun. (Annu. Rev. Entomol. **5.** 379—404. 1960. Savannah, Ga., U. S. Dep. of Health, Educat. and Welfare, Public Health Serv., Bur. of State Serv., Communicable Disease Center.) (Engl.)

Übersicht, Produktion u. Verw. von Bekämpfungsmitteln, Bedeutung des toxikolog. Problems, Unters.-Meth. u. klin. Ergebnisse, Anwendungsarten, Wrkg. versehentlicher Behandlung mit Pesticiden, Schutz vor Vergiftungen, Diagnose u. Behandlung. — 112 Literaturangaben. P. GREGORZEWSKI. 4607 □

Mechanismen der Resistenz gegen Insekticide. A. W. A. Brown. (Annu. Rev. Entomol. **5.** 301—26. 1960. London, Canada, Univ. of Western Ontario, Dep. of Zool.) (Engl.)

Übersicht, DDT-Resistenz, Prolan-, Dieldrin-, BHC-, Organophosphor-, Pyrethrin-, Cyanid- u. Arsenikresistenz, negativ korrelierte Kreuzungsresistenz. — 229 Literaturangaben. P. GREGORZEWSKI. 4607 □

Die Herkunft der DDT-Resistenz der Hausfliege. Herbert H. Moorefield. (Contr. Boyce Thompson Inst. **19.** 403—09. Juli/Sept. 1958.) (Engl.)

Das *DDT* (I) entgiftende Enzym, *DDT-Dehydrochlorinase* (II), das mit der DDT-Resistenz der erwachsenen Hausfliege in Korrelation steht, wurde in Larven I-empfindlicher Stämme, die noch keiner I-Einw. ausgesetzt gewesen waren, nachgewiesen. Subletale I-Dosen, örtlich angewandt, erzeugten bei ausgewachsenen I-empfindlichen Fliegen keinen nachweisbaren II-Spiegel. Die Entgiftungsintensität konnte bei Larven durch Zusatz von I oder nichttox. I-Analogen, wie *1.1-Bis-[p-chlorphenyl]-äthan*, *2.2-Bis-[p-chlorphenyl]-äthanol*, die eine große Affinität zu II aufweisen u. dieses kompetitiv hemmen, zum Zuchtmedium nicht erhöht werden. Die Entw. von II ist nach diesen Befunden kein Enzyminduktionsvorgang. K. MAIER. 4607 □

Biochemische Faktoren bei der erworbenen Resistenz von Hausfliegen gegen Organophosphatinsekticide. D. C. Mengle und J. E. Casida. (J. agric. Food Chem. **8.** 431—37. Nov./Dez. 1960. Madison, Wis., Univ. of Wisconsin, Dep. of Entomol.) (Engl.) — Vgl. C. **1962.** 9017.

Das Stoffwechsel-Verh. von markiertem *Diazinon*, *Malathion* u. *Methylparathion* wurde bei 3 Hausfliegenstämmen, hiervon 2 resistent gegen Organophosphate, untersucht. Die Resistenz ließ sich nicht auf Grund von Geschw.-Differenzen in Cuticuladurchdringung, Phosphorthionatoxydation oder Phosphathydrolyse erklären. Die geringere in vivo-Cholinesterasehemmung in resistenten Fliegen, verglichen mit der in empfindlichen, die mit der gleichen Dosis *Organophosphat* (I) behandelt worden waren, beruht vermutlich auf einem anderen Mechanismus als dem der Entgiftung. Nach Decapitation sofort mit I behandelte Fliegen zeigten ähnliche Vergiftungserscheinungen u. Resistenz wie intakte Tiere. In Thorax u./oder Abdomen kommt möglicherweise ein Faktor vor, der die Resistenz durch Verminderung der Cholinesterasehemmung ohne Zerstörung von akt. Antiesterase-I herabsetzt. K. MAIER. 4607□

Die verschiedenartige selektive Toxizität von zwei Vinylthiophosphat-Isomeren (Thionophosdrin). E. Y. Spencer. (Canad. J. Biochem. Physiol. **39.** 1790—92. Nov. 1961. London, Ontario, Univ. Sub. P. O., Canada Agric., Pesticide Res. Inst.) (Engl.)

Das cis-Isomere von *O.O-Dimethyl-1-methyl-2-carboxyäthylvinylthiophosphat* zeigt bei Insekten (Fliege, Schabe) u. Säugetieren (Maus) keine selektive Toxizität. Das trans-Isomere ist dagegen für die Maus bedeutend weniger tox., da diese, anscheinend über eine Carboxyesterase (I) imstande ist, das Isomere zu entgiften; dagegen wird das cis-Isomere durch I nicht angegriffen. K. ZINGRAF. 4607□

Phosphorylphosphatase und Oxime. H. Edery und G. Schatzberg-Porath. (Brit. J. Pharmacol. Chemotherapy **17.** 276—77. Okt. 1961. Ness-Ziona, Israel, Israel Inst. for Biol. Res.) (Engl.)

Pralidoximjodid, 1.1'-Trimethylen-bis-[4-formylpyridiniumbromid]-dioxim u. *Diacetylmonoxim* beeinflußten auch in hohen Konzz. in vitro die Aktivität von Phosphorylphosphatase aus Schweinenieren nicht. K. ZINGRAF. 4607□

Ein Antilysozymfaktor in Radix liquiritiae. A. J. Zwart Voorspuij, J. Gootjes und W. Th. Nauta. (Arzneimittel-Forsch. **10.** 604—06. Aug. 1960. Leyden, Univ. Hosp. of Leyden, Dep. of Int. Dis., Clin. Labor.; Amsterdam, N. V. Koninklijke Pharm. Fabrieken v/h Brocades Stheeman & Pharmacia, Res. Dep.) (Engl.)

Neben der spasmolyt. Wrkg. von *Radix liquiritiae*-Extrakten ist deren hier nachgewiesene *Antilysozym*-Aktivität mit für den günstigen therapeut. Effekt von *Succus liquiritiae* bei Magengeschwüren verantwortlich. Bisher ist erst die Herst. hochakt. Extrakte möglich gewesen, deren Aktivität 400mal über derjenigen des Succus liquiritiae liegt, jedoch noch nicht die Isolierung reiner Substanzen; die Antilysozymaktivität ist offenbar nicht nur auf einen einzigen Inhaltsstoff zurückzuführen.
U. TAUSENDFREUND. 4608□

Paralysierendes Muschelgift. 6. Mitt. **Ein Verfahren zur Isolierung und Reinigung des Giftes aus toxischen Muscheln und Molluskengeweben.** Edward J. Schantz, James D. Mold, D. Warren Stanger, John Shavel, Frank J. Riel, John P. Bowden, Joseph M. Lynch, Ruth Savage Wyler, Byron Riegel und Hermann Sommer. (J. Amer. chem. Soc. **79.** 5230—35. 5/10. 1957. Frederick, Fort Detrick, Md., Chem. Corps; Evanston, Ill., Northwestern Univ., Chem. Labor.; San Francisco, Calif., Univ. of California, George Hooper Foundat.) (Engl.)

Die Gifte tox. Muscheln (*Saxidomus giganteus*) wurden durch Extraktion von Hepatopankreas mit saurem wss. A., Ionenaustauschfraktionierung, COOH-Austauschharzen (Amberlite IRC-50 u. XE-64) u. Chromatographie an sauer gewaschenem Al_2O_3 gereinigt. Die Präpp. hatten eine Toxizität von 5500 ± 500 letalen Mäusedosen/mg u. $[\alpha]_D^{20} + 130 \pm 5^0$. Das Molgew. entsprach der Zus. $C_{10}H_{17}N_7O_4 \cdot 2\,HCl$. K. MAIER. 4609□

Paralysierendes Muschelgift. 7. Mitt. **Beweis für die Reinheit des aus toxischen Muscheln isolierten Giftes.** James D. Mold, John P. Bowden, D. Warren Stanger, John E. Maurer, Joseph M. Lynch, Ruth S. Wyler, Edward J. Schantz und Byron Riegel. (J. Amer. chem. Soc. **79.** 5235—38. 5/10. 1957.) (Engl.) — 6. vgl. vorst. Referat.

Die wesentlichste Stütze für die Reinheit des aus den Siphonen der tox. *Saxidomus giganteus*-Muschel (Alaska) u. aus den Verdauungsdrüsen der tox. *Mytilus californisanus*-Muschel (Kalifornien) isolierten paralysierenden Muschelgiftes von 5500 ± 500 Mäuseeinheiten/mg ist deren Verh. u. das der *Dihydro-Derivv.* bei der CRAIG-Verteilung (Butanol-A.-0,1m wss. $KHCO_3$-α-Äthylcapronsäure, 146: 49: 200: 5, pH 8). Der papierchromatograph. Vgl. der beiden Gifte u. ihrer *Dihydro*-Derivv. (erhalten durch Hydrierung der Dihydrochloride der Gifte in wss. Lsg. mit PtO_2 unter normalem Druck) deutet auf große Ähnlichkeit oder Identität beider Gifte hin. Diese geben positive Rk. mit JAFFÉ-, BENEDICT-BEHRE- u. WEBER-Reagens (oxydiertes Nitroprussidnatrium).
K. MAIER. 4609□

Schnelle und reversible Blockierung der elektrischen Aktivität durch stark wirksame Biotoxine von Meerestieren. W. D. Dettbarn, H. Higman, P. Rosenberg und D. Nachmansohn. (Science [Washington] **132.** 300—01. 29/7. 1960. New York, N.Y., Columbia Univ., Coll. of Physic. and Surg., Dep. of Neurol. and Biochem.) (Engl.)

„Puffer-fish"- u. Muschelgift ($3 \cdot 10^{-10}$ m) hemmen die Reizleitung in der einzelnen Froschischiadicusnervenfaser reversibel. Höhere Konzz. blockieren in der isolierten Elektroplax von *Electrophorus electricus* Reizübertragung u. -leitung. Kein Toxin ist ein wirksamer Acetylcholinesteraseinhibitor. Der Wrkg.-Mechanismus der Toxine ist unbekannt. K. MAIER. 4609□

Untersuchungen über die Verträglichkeit von $N^1.N^{1'}$-Dekamethylen-$N^4.N^{4'}$-dekamethylen-bis-[4-aminochinaldinium]-dibromid. H. Kasparek und Hans C. Stark. (Arzneimittel-Forsch. **10.** 687—89. Aug. 1960. Konstanz, Ravensberg GmbH., Forschungslabor.) (Dt.)

Für das stark antimikrobiell wirksame *$N^1.N^{1'}$-Dekamethylen-$N^4.N^{4'}$-dekamethylen-bis-[4-aminochinaldinium]-dibromid* (*R 199*) wurde eine gute Gewebsverträglichkeit in einer Konz. von 1 : 100 an der Mundschleimhaut des Kaninchens, an der Umschlagstelle von Rectalschleimhaut zu Epidermis u. im Epicutanläppchentest am Menschen nachgewiesen; in Lsgg. von 1 : 1000 läßt sich am Kaninchenauge eine schwache Reiz-Wrkg. konstatieren. U. TAUSENDFREUND. 4610□

Cycloserin: Bei Sensibilitätsuntersuchungen gefundenes Wachstumssteigerungsphänomen; klinische Betrachtungen. Jack Reiss und Samuel M. Townsend. (J. Lab. clin. Med. **56.** 607—12. Okt. 1960. Coral Gables, Fla., Vet. Admin. Hosp., Med. Serv. and Res. Dep.) (Engl.)

Anläßlich von Sensibilitätsprüfungen mit Sputum von Tuberkulosepatienten, die bisher noch nicht mit *Cycloserin* (I; *Seromycin*, ELI LILLY & Co.; *Oxamycin*, MERCK & Co.) behandelt worden waren, konnte in LOEWENSTEIN-JENSEN-Testmedium bei Verw. von 5, 10 oder 20 μg I/ml in den meisten Fällen ein verstärktes Wachstum der Tuberkelbacillen beobachtet werden, so daß damit eine wachstumssteigernde Wrkg. von I in niedrigen Konzz. erkennbar wird. Wenn auch in vitro-Verss. nicht ohne weiteres auf die Verhältnisse in vivo übertragbar sind, so sollte die Dosierung von I in vivo doch derart sein, daß mindestens Blutspiegel von 30 μg/ml erzielt werden; es sollte auch Kombination mit einem anderen Antibioticum, gegenüber welchem der Patient anspricht, zur Erzielung kumulativer Wrkg. vorgenommen werden. U. TAUSENDFREUND. 4611□

Die Rolle von D-Cycloserin in der medikamentösen Behandlung der Tuberkulose. S. Huguenin Dumittan. (Helv. med. Acta **27.** 65—118. März 1960. Genève, Clin. univ. de Méd. interne; Leysin, Sanatorium „Le Chamossaire".) (Franz.)

Übersicht. Bei frischen Tuberkulosefällen ist *Cycloserin* (I) geringfügig weniger wirksam als Isoniazid oder Streptomycin (bei Behandlung mit einem Antibioticum). I erlaubt durch seine spezif. Reaktionsweise eine Art „Verjüngung" der Läsionen u. damit bei chron. Kranken oder alten Fällen gute Kombinationsmöglichkeiten. Physikal.-chem. Eigg., Stoffwechsel, antimikrobielle Eigg., Wirkungsweise, Pharmakologie, Verträglichkeit beim Tier, Wirksamkeit bei der Humantuberkulose, Verträglichkeit beim Menschen. — 347 Literaturangaben. K. MAIER. 4611□

Psicofuranin. 8. Mitt. **Einige pharmakologische Beobachtungen.** Donald P. Wallach und Richard C. Thomas. (Antibiotics and Chemotherapy **9.** 722—29. Dez. 1959. Kalamazoo, Mich., Upjohn Co.) (Engl.) — 7. vgl. FORIST, C. **1961.** 15421.

^{3}H-markiertes *Psicofuranin* (*6-Amino-9-D-psicofuranosylpurin*; I) wurde Hunden i.v. injiziert. Während der I-Geh. im Serum schnell abnimmt u. I 2 Std. nach Applikation nur noch radiochem. nachweisbar ist, werden in 12 Std. 77,2% des angewendeten I im Harn wiedergefunden. I erleidet hierbei keine biolog. Umwandlung. Bei totaler Nephrektomie hält sich der I-Spiegel relativ hoch; die auftretenden Verluste sind auf eine Leberausscheidung von I zurückzuführen, die normalerweise zu vernachlässigen ist. Bei gastrointestinaler Applikation wird im Serum ein relativ hoher I-Spiegel aufrechterhalten; die I-Geh. im Urin zeigen, daß mindestens 50—60% des applizierten I effektiv resorbiert werden. Intramuskuläre Injektion führt zu einem maximalen I-Geh. im Serum innerhalb der ersten Std. nach Applikation; Urinanalyse weist auf mindestens 40%ig. Resorption von I hin. Eine Unters. der verschiedenen Organe zeigt in keinem eine signifikante Aktivität außer in der Niere. — Darst. des gleichförmig mit Tritium markierten Psicofuranins: Behandlung von 1,148 g Psicofuranin für 10 Tage mit 5 c reinem ^{3}H-Gas bei 200 Torr; nach Entfernen des nicht umgesetzten ^{3}H 572 mc/g; nach Lösen in 75 ml W. u. Verdampfen im Vakuum 6,5 mc/g; nach 2maligem Umkristallisieren aus W. (Kohle) 2,54 mc/g; 856 mg Ausbeute; Papierchromatographie nach Säurehydrolyse zeigt, daß sowohl Psicose- als auch Adeninteil des Mol. radioakt. ist. H. KOBLITZ. 4611□

Entwicklung eines neuen fibrinolytischen Enzyms und seine Verwendung bei chirurgischen Läsionen. James F. Connell jun. und Louis M. Rousselot. (Surgery **47.** 709—15. Mai 1960. New York, N.Y., St. Vincent's Hosp., Surg. Serv.; New York Univ., School of Med., Dep. of Surg.) (Engl.)

Das neue Rinderblutfibrinolysin-Deriv. *Elase* (PARKE, DAVIS & Co.) erwies sich als spezif. gegenüber Fibrinsubstraten u. löst demnach fibrinöses Material in Serum, geronnenem Blut, purulenten Exsudaten. Elase kann mit *Chloromycetin, Neomycin Polymyxin, Albamycin* u. *Penicillin* kombiniert werden; 1%ig. Konzz. werden zu 1 Einheit Elase gegeben; in entsprechenden Fällen ist auch Kombination mit 600 Einheiten *Desoxyribonuclease*/Einheit möglich. Elase ist bei oberflächlicher Anwendung nicht toxisch. U. TAUSENDFREUND. 4614□

Einfluß der Inhibitoren der Monoaminoxydase auf das Ansprechen der Gehirnrinde gegen Epinephrin. Bruno Minz und E. J. Walaszek. (Ann. New York Acad. Sci. **80.** 617—25. 17/9. 1959. Kansas City, Kans., Kansas Univ., Med. School, Dep. of Pharmacol.; Osawatomie, Kans., Osawatomie State Hosp.) (Engl.)

Inhibitoren der *Monoaminoxydase* (**VI**) [wie *Iproniazid* (**I**), *N-Isopropylhydrazid* (*RO 4-1038*) u. *DL-1-[N-Acetylmethionyl]-2-isopropylhydrazin* (*RO 4-1018*)] vermindern das Ansprechen des Blutdrucks auf *Epinephrin* (**II**), welches örtlich auf der Gehirnrinde von Kaninchen aufgebracht wurde. Eine Erhöhung dieses Ansprechens wird jedoch bei Anwendung von *Reserpin* (**III**) u. *Tetrabenazin* (**IV**) beobachtet. **I** kann unter bestimmten Bedingungen der Wrkg. von **III** auf das Ansprechen gegen örtlich angewendetes **II** entgegenwirken. — Der Mechanismus der auf örtlich angewendetes **II** erfolgenden Hemmung hängt mit dem *Brenzcatechinamin* (**V**)-Geh. des Hypothalamus zusammen. Bei normalem Geh. wird ein normales Ansprechen beobachtet. Bei Erniedrigung des **V**-Geh., z. B. durch **III** oder **IV**, findet man ein gesteigertes cardiovasculäres Ansprechen. Bei Erhöhung des **IV**-Geh., z. B. durch Inhibitoren der **VI** oder durch Serum von Schizophrenen oder durch *L-Dopa*, wird das cardiovasculäre Ansprechen gehemmt. A. HESSE. 4620□

Pharmakologie von Iproniazid und anderen Inhibitoren der Monoaminoxydase. Lowell O. Randall und Robert E. Bagdon. (Ann. New York Acad. Sci. **80.** 626—42. 17/9. 1959. Nutley, N.J., Hoffmann-La Roche, Inc., Dep. of Pharmacol.) (Engl.)

2-Benzyl-1-picolinhydrazin (*RO 5-0700*) (**I**) u. *1-Benzyl-2-[5-methylisoxazolyl-(3)-carbonyl]-hydrazin* (*RO 5-0831/1*; **II**) hemmen die *Monoaminoxydase* (**VIII**) stärker als das als Inhibitor der **VIII** bekannte *Iproniazid* (**III**), dessen Benzylhydrazinanaloge sie sind. Dies wurde an **VIII** der Rattenlebermitochondrien in vitro u. an Rattengehirnmitochondrien in vivo gezeigt. **I** u. **II** potenzieren die zentral erregende Wrkg. von *5-Hydroxytryptophan* (**IV**) u. von *3.4-Dihydroxyphenylalanin* (*Dopa*; **V**), führen aber nicht direkt zur Erregung der Tiere. **I** u. **II** verhindern die sedative Wrkg. von *Reserpin* (**VI**), kehren jedoch dessen Wrkg. nicht um. — Andererseits erregt *2-Äthylbenzo-[f]-isoindolinphosphat* (*RO 2-6797/3*; **VII**), das ein schwacher, in seiner Wrkg. dem *Amphetamin* ähnelnder **VIII**-Inhibitor ist, das Zentralnerven-Syst. direkt, potenziert die zentralen Wrkg. von **IV** u. **V** u. kehrt die **VI**-Wrkg. um. — Toxikolog. Unterss. zeigen, daß **I** u. **II** (in Mengen von 2,5 bzw. 5,0 bzw. 10 mg/kg) bei Ratten keine Wrkg. auf hämatopoet. Gewebe haben. Durch hohe Dosen von **I** u. **II** (nicht aber von **III**) werden die Wachstumskurven erniedrigt. — **VII** zeigt in Dosen von 10 bzw. 20 bzw. 40 mg/kg keine toxikolog. Effekte. — Affen vertrugen tägliche subkutane Verabreichung von bis zu 10 mg **I**/kg oder **II** während 30 Tagen vollständig; von Hunden wurden in der gleichen Zeit 5 mg/kg oral verabreichtes **I** oder **II** vertragen. A. HESSE. 4620□

Einige Wirkungen eines Monoaminoxydasehemmstoffs auf Veränderungen infolge zentraler Anwendung von Aminen. R. J. Schain. (Brit. J. Pharmacol. Chemotherapy **17.** 261—66. Okt. 1961. Mill Hill, London, Nat. Inst. for Med. Res.) (Engl.)

Subkutane oder intraperitoneale Injektion des Monoaminooxydasehemmstoffs *Phenylisopropylhydrazin* verstärkte u. verlängerte die Wrkg. von 5-Hydroxytryptamin u., in geringerem Maße, von Adrenalin, welche bei Katzen in den Seitenventrikel des Hirns injiziert wurden. Die Wrkg. von Noradrenalin, Dopamin u. Tryptamin wurde nicht verstärkt u. nur wenig verlängert. K. ZINGRAF. 4620□

Monoaminoxydase, Psychostimulatoren und Tranquillizer. Aaron Feldstein, Hudson Hoagland und Harry Freeman. (Science [Washington] **130.** 500. 28/8. 1959. Shrewsbury, Worcester Foundat. for Exp. Biol.; Worcester, Mass., Worcester State Hosp.) (Engl.)

1-Benzyl-2-methyl-5-methoxytryptamin (**I**), ein Tranquillizer, hemmt beim Menschen die *Monoaminooxydase* (**II**). Da **I** u. das zentral stimulierende *Marsilid* (**III**) beide **II**-Inhibitoren sind, erscheint es zweifelhaft, daß der Stimulierungseffekt von **III** auf dessen Fähigkeit zur **II**-Hemmung beruht. K. MAIER. 4620□

Einflüsse auf das Verhalten und den Amingehalt im Gehirn von Ratten. Sidney M. Hess und Wolfgang Doepfner. (Arch. int. Pharmacodynam. Thérap. **134.** 89—99. 1/11. 1961. Bethesda, Md., U. S. Dep. of Health, Educat. and Welfare, Nat. Inst. of Health, Public Health Serv., Nat. Heart Inst., Labor. of Clin. Biochem.) (Engl.)

Mit Monoaminoxydasehemmer behandelte Ratten zeigen nach *Tryptophan*-Gaben (200 mg/kg, intraperitoneal) im Gehirn erhöhten Geh. an *Serotonin* (I) u. *Tryptamin* (II), es besteht aber keine direkte Beziehung zwischen dem I- u. II-Geh. u. der Hyperaktivität. P. GREGORZEWSKI. 4620□

Untersuchungen mit einem Tritium-markierten Psychotomimeticum. L. G. Abood und F. Rinaldi. (Psychopharmacologia [Berlin] **1**. 117–23. 3/11. 1959. Chicago, Ill., Univ. of Illinois, Coll. of Med., Div. of Psychiatry.) (Engl.)

Im Ratten-Vers. wird festgestellt, daß *Benzilsäure-N-äthylpiperidyl-(3)-ester* (I, *JB 318*) zu 95% innerhalb von 2 Std. durch die Nieren ausgeschieden wird. 0,1% werden im Gehirn u. etwa die gleiche Menge in der Leber gefunden. P. GREGORZEWSKI. 4620□

Wirkung von Guanethidin zum Nachweis cholinergischer Sympathicusfasern. M. D. Day und M. J. Rand. (Brit. J. Pharmacol. Chemotherapy **17**. 245–60. Okt. 1961. Dagenham, May & Batter; London, Univ. of London, School of Pharm., Dep. of Pharmacol.) (Engl.)

Guanethidin (I) hob die Hemm-Rk. von Kaninchendarmabschnitten nach Reizung von Sympathicusfasern, welche die Mesenterialarterien begleiten, auf; in den meisten Fällen wurde dann eine motor. Rk. der Darmabschnitte beobachtet; diese wurde durch Atropin, nicht jedoch durch Hexamethonium, blockiert u. fand sich bei Kaninchen, bei welchen die Vagusinnervierung des Dünndarms durchgeschnitten worden war. Im isolierten Katzenvorhof blockierte I die Beschleunigungs-Rk. nach Sympathicusreizung u. löste eine der Vagusreizung ähnliche Rk. aus. Es wird geschlossen, daß I die Freisetzung von Noradrenalin blockiert u. daher die direkte Wrkg. von Acetylcholin, welches von cholinerg. Sympathicusfasern freigesetzt wird, verdeutlicht. K. ZINGRAF. 4620□

Stoffwechsel von Chlorpromazin: Durch organische Lösungsmittel extrahierbare Fraktion des menschlichen Harns. Vivian Fishman und Harry Goldenberg. (Proc. Soc. exp. Biol. Med. **104**. 99–103. Mai 1960. Glen Oaks, N.Y., Hillside Hosp., Dep. of Biochem.) (Engl.)

Nach 300–600 mg *Chlorpromazin* (I)/Tag lassen sich in organ. Extrakten des alkalisierten menschlichen Harns (Äthylendichloridextraktion) bei chromatograph. Unterss. 10 DRAGENDORFF-positive Verbb. nachweisen. 6 von diesen Verbb. scheinen Sulfoxide zu sein, einschließlich I-*Sulfoxid* (in geringer Menge) u. 2 Hauptmetaboliten, deren chromatograph. Verh. mit demjenigen von *Nor*$_1$- u. *Nor*$_2$-I-*sulfoxid* (*Desmethyl*-I- u. *Didesmethyl*-I-*sulfoxid*) ident. ist. Eine 3. Hauptkomponente ist vermutlich kein Phenothiazin-Deriv., ihr Vorhandensein steht eng mit dem Gebrauch von Tabak in Beziehung. Der Restharn nach der Extraktion enthält noch eine ganze Reihe weiterer polarer Metaboliten. U. TAUSENDFREUND. 4620□

Kreuzungstoleranz zwischen D-2-Bromlysergsäurediäthylamid (BOL-148) und D-Lysergsäurediäthylamid (LDS-25). Harris Isbell, E. J. Miner und C. R. Logan. (Psychopharmacologia [Berlin] **1**. 109–16. 3/11. 1959. Lexington, Ky., U. S. Public Health Serv., Addiction Res. Center, Nat. Inst. of Mental Health.) (Engl.) — Vgl. C. **1960**. 2952.

Gleichzeitige Verabreichung von *BOL-148* (2–4 mg) oder Vorbehandlung für 2 Tage mit 3 mg hat keinen Einfl. auf die Wrkg. von *LSD-25*, längere Vorbehandlung (5 Tage je 3 mg) dagegen verringert die LSD-25-Wrkg. bei erwachsenen ♂ Negern. P. GREGORZEWSKI. 4620□

Die Synthese substituierter Arylalkylaminopropionamidanaloger von Lysergsäurediäthylamid und deren Wirkung auf isolierte Cholinesterasesysteme. Andrew Lasslo, Pauline D. Waller, Anne L. Meyer und B. V. Rama Sastry. (J. med. pharmac. Chem. **2**. 617–31. Dez. 1960. Atlanta, Ga., Emory Univ., Div. of Basic Health Sci., Dep. of Pharmacol.) (Engl.)

Substituierte *Arylalkylaminopropionamid*-Analoge (I) von *Lysergsäurediäthylamid* (II) wurden synthetisiert u. ihre Wrkg. auf isolierte Cholinesterase-Syst. untersucht. Obgleich II ein wesentlich stärkerer Inhibitor als I ist, zeigen I genügend Hemmwrkg., die interessante Beziehungen zwischen chem. Konst. u. biochem. Rk. in isolierten Pseudocholinesterase-Syst. (Humanplasma) erkennen lassen.

Versuche: Verf. A: *N-Methyl-3.4.5-trimethoxybenzamid*, F. 132–133°, aus 3.4.5-Trimethoxybenzoesäurechlorid u. CH_3NH_2 in Ae.; 83% (Ausbeute). — *N-Methyl-3.4.5-trimethoxybenzylamin* (III), Kp.$_{0,08}$ 114–118°, aus vorst. Verb. mit $LiAlH_4$ in Tetrahydrofuran; $n_D^{25,5}$ 1,5305; 61%. *Benzilat*, $C_{25}H_{29}NO_6$, F. 173–173,5°. — *N.N-Diäthyl-β-brompropionamid*, Kp.$_{0,075-0,1}$ 84–94°, aus β-Brompropionylchlorid u. $(C_2H_5)_2NH$ in Ae. bei 3–4°; $n_D^{26,5}$ 1,4812; 73%. — *β-[N-Methyl-3.4.5-trimethoxybenzylamino]-N'.N'-diäthylpropionamid*, Kp.$_{0,095-0,1}$ 184–194°, aus III u. N.N-Diäthyl-β-brompropionamid bei 15° u. 8std. Erhitzen auf 99–102°; $n_D^{22,8}$ 1,5212; 73%. *Hydrochlorid*, $C_{18}H_{31}ClN_2O_4$, F. 137–138° (Äthylacetat). — *β-[N-Methyl-4-methoxybenzylamino]-*,

Kp.$_{0,07}$ 152—153°; n_D^{26} 1,5171; 65%. *Hydrochlorid*, $C_{16}H_{27}ClN_2O_2$, F. 131—132° (Äthylacetat–A.). — *β-[N-Methylbenzylamino]-*, Kp.$_{0,08}$ 127—129,5°; n_D^{25} 1,5147; 81%. *Hydrochlorid*, $C_{15}H_{25}ClN_2O$, F. 165—165,5° (Äthylacetat–A.). — *β-[N-Methyl-3.4-dimethoxybenzylamino]-*, Kp.$_{0,08}$ 174—175°; $n_D^{27,5}$ 1,5210; 68%. *Hydrochlorid*, $C_{17}H_{29}ClN_2O_3$, F. 137—138° (Äthylacetat–A.). — *β-[N-Methyl-β-(4-methoxyphenyl)-äthylamino]-*, Kp.$_{0,08}$ 156—160°; $n_D^{22,1}$ 1,5162; 63%. *Benzilat*, $C_{31}H_{40}N_2O_5$, F. 115—115,5° (Äthylacetat). — Verf. B: (±)-*N-Formyl-α-methylbenzylamin*, Kp.$_{1,5-1,7}$ 152—155°, aus (±)-α-Methylbenzylamin u. Formamid bei 125—130° (22 Std.; in manchen Fällen 90 Std.); n_D^{26} 1,5406; 76%. — (±)-*α.N-Dimethylbenzylamin*, Kp.$_{25}$ 84—87°, aus vorst. Verb. mit $LiAlH_4$ in sd. Ae. (N_2) (12 Std.); $n_D^{25,7}$ 1,5091; 70%. *Hydrochlorid*, F. 173,5 bis 174,5° (A.-Äthylacetat). — (±)-*β-[α.N-Dimethylbenzylamino]-N'.N'-diäthylpropionamid*, Kp.$_{0,08-0,30}$ 135—140°, aus vorst. Verb. u. N.N-Diäthyl-β-brompropionamid analog A; $n_D^{22,7}$ 1,5150; 75%. *Hydrochlorid*, $C_{16}H_{27}ClN_2O$, F. 110—111° (Äthylacetat). — *β-[N-Methyl-β-(3.4-dimethoxyphenyl)-äthylamino]-*, Kp.$_{0,08}$ 174—176°; n_D^{23} 1,5182; 66%. *Hydrochlorid*, $C_{18}H_{31}ClN_2O_3$, F. 115,5—116,5°. — *β-[N-Methyl-β-phenyläthylamino]-*, Kp.$_{0,5}$ 151—153°; $n_D^{27,5}$ 1,5110; 62%. *Hydrochlorid*, $C_{16}H_{27}ClN_2O$, F. 93,5—94,5°. — Verf. C: (+)-*α.N-Dimethylphenäthylamin*, aus Hydrochlorid in Ae. mit wss. gesätt. K_2CO_3; n_D^{25} 1,5027; $[\alpha]_D^{27,8}$ +5,14° (c = 5; CH_3OH); 100%. — (+)-*β-[α.N-Dimethylphenäthylamino]-N'.N'-diäthylpropionamid*, Kp.$_{0,07}$ 138,5—139,5°, aus (+)-α.N-Dimethylphenäthylamin u. N.N-Diäthyl-β-brompropionamid (nach A); $[\alpha]_D^{27,4}$ +15,11° (c = 5; CH_3OH); $n_D^{23,8}$ 1,5114; 73%. *Benzilat*, $C_{31}H_{40}N_2O_4$, F. 119,2—119,6° (Äthylacetat–Ligroin); $[\alpha]_D^{23}$ +19,84° (c = 5; CH_3OH). — (−)-*Form*, Kp.$_{0,08-0,11}$ 144—148°; n_D^{25} 1,5117; $[\alpha]_D^{27}$ −14,81° (c = 10; CH_3OH); 77%. *Benzilat*, $C_{31}H_{40}N_2O_4$, F. 118,6—119,2°; $[\alpha]_D^{28}$ −18,78° (c = 5; CH_3OH). — *N-Methyl-4-methoxybenzamid*, F. 119,5—120,5°. — *N-Methyl-4-methoxybenzylamin*, Kp.$_{0,08}$ 65—68°; $n_D^{27,5}$ 1,5250. *Benzilat*, $C_{25}H_{35}NO_4$, F. 189,2—189,8°. *N-Methyl-3.4-dimethoxybenzamid*, F. 129—129,2°. — *N-Methyl-3.4-dimethoxybenzylamin*, Kp.$_{0,1-1,4}$ 97—115°; $n_D^{26,1}$ 1,5530. *Benzilat*, $C_{24}H_{27}NO_5$, F. 152,5—153°. — *N-Methyl-4-methoxyphenylacetamid*, $C_{10}H_{13}NO_2$, F. 96,5—97,5°. — *N-Methyl-4-methoxyphenäthylamin*, Kp.$_{0,075-0,2}$ 79—83°. *Benzilat*, $C_{24}H_{27}NO_4$, F. 151 bis 151,5°. — *N-Methyl-3.4-dimethoxyphenäthylamin*, Kp.$_{0,075-0,12}$ 99—112°; $n_D^{27,1}$ 1,5264. *Benzilat*, $C_{25}H_{29}NO_5$, F. 143—143,5°. K. MAIER. 4620□

Anticholinesteraseaktivitäten (in vitro) von 1.3-Bis-[3-dimethylaminophenoxy]-propandimethojodid und dessen Dicarbaminsäureester. France Tazieff-Depierre und Léone Martin. (C. R. hebd. Séances Acad. Sci. **250.** 2293—95. 21/3. 1960. Paris, Inst. Pasteur, Serv. de Chim. thérapeut.) (Franz.)

Die Hemmung von Cholinesterasen (Plasmapseudocholinesterasen) durch *1.3-Bis-[3-dimethylaminophenoxy]-propandimethojodid* (*2842 CT*) erfolgt kompetitiv, die Verdrängung des Inhibitors aus dem Enzym–Inhibitor-Komplex durch Substrat augenblicklich. *1.3-Bis-[3-dimethylcarbamoyloxy-5-dimethylaminphenoxy]-propandimethojodid* (*3113 CT*) wird dagegen nur langsam verdrängt u. wirkt, mindestens bei Vers.-Beginn, nicht kompetitiv. Ein Aktivitäts-Vgl. beider Inhibitoren ist infolge der verschiedenen Kinetik schwierig. K. MAIER. 4620□

Toxische Reaktion auf 2-Phenyl-3-methyltetrahydro-1.4-oxazinhydrochlorid („Preludin") bei Menschen. A. A. Bartholomew und E. Marley. (Psychopharmacologia [Berlin] **1.** 124—39. 3/11. 1959. London, Royal Coll. of Surg., Dep. of Pharmacol.) (Engl.)

Es werden 12 Fälle von *Preludin*-Intoxikation mit allen Symptomen beschrieben. P. GREGORZEWSKI. 4622□

Verlängerung der Barbituratnarkose mit Endotoxinen. A. Wander und E. Eichenberger. (Pharmac. Acta Helvetiae **33.** 465—68. Aug./Sept./Okt. 1958. Beil. zu: Schweiz. Apotheker-Ztg., Bern, Dr. A. Wander Akt.-Ges., Forschungsinst.)

Vorbehandlung (i.v.) von Mäusen mit 10 u. 50 μg/kg eines *S. abortus equi-Endotoxins* (**I**) 1 Std. vor 25 u. 30 mg Pentobarbital-Na i.v. bewirkt eine bis 3fache Verlängerung der Schlafzeit. Vielleicht beruht diese **I**-Wrkg. auf dem körpertemperaturerhöhenden Effekt von **I**, wobei gleichzeitig die Permeabilität, bes. die der Blut–Hirn-Schranke gesteigert wird. K. MAIER. 4627□

Histaminogene Wirkung von Morpholinäthylmorphin. Raymond Cahen und Simone Aubron. (C. R. hebd. Séances Acad. Sci. **251.** 3111—13. 19/12. 1960. Maisons-Alfort, Centre de Rech. Lafon.) (Franz.)

Die nach Injektion von *Morpholinäthylmorphin* (**I**) [i.v., subkutan] bei Hund u. Katze auftretende Freisetzung einer Histaminsubstanz wurden durch 4 Meth. nachgewiesen: Verminderung des blutdrucksenkenden Effekts von **I** nach Zufuhr eines Antihistaminicums; Auftreten von Ödem u. Entzündungs-Rkk.; Druckabfall bei einem normalen Hund durch Injektion von Blut eines **I**-behandelten Hundes; Kontraktions-

Wrkg. von Plasma eines intraarteriell mit I behandelten Hundes auf das isolierte Meerschweinchenileum. Die histaminogene I-Wrkg. erscheint intensiver u. anhaltender als die von Morphin. K. MAIER. 4627□

Potenzierung der Morphin-Anästhesie durch Mecamylamin. G. P. Gupta und B. N. Dhawan. (Arch. int. Pharmacodynam. Thérap. **134**. 54—60. 1/11. 1961. Lucknow, India, K. G. Med. Coll., Dep. of Pharmacol.) (Engl.)

2 Std. vor Morphin verabreichtes *Mecamylaminhydrochlorid* (subkutan, 10 mg/kg an Ratten) verstärkt die anästhet. Wrkg., *Ecolid* (5 mg/kg) wirkt antagonist., u. *Pempidine* ist ohne Wirkung. P. GREGORZEWSKI. 4627□

Die paralysierende Wirkung von Maltoxin, einem aktiven Prinzip aus Malzwurzeln, auf den Froschmuskel. Norimoto Urakawa, Takehiko Deguchi und Yoshio Ohkubo. (Jap. J. Pharmacol. **9**. 130—36. März 1960. Tokyo, Univ. of Tokyo, Fac. of Agric., Dep. of Veterin. Pharmacol.) (Engl.)

Maltoxin (I), ein Amin aus den Würzelchen von Braumalz mit den Eigg. einer tert. oder quart. Base, zeigten am intakten Frosch (CLAUDE-BERNARD-Präp., Sartorius-Nerv-Präp.) eine auf Blockierung der neuromusculären Übertragung beruhende Paralyse-Wrkg. (Depolarisation im Bereich der motor. Endplatte). 10^{-5} reines I hemmte ca. 5 Min. nach Anwendung vollständig u. verminderte die Kontraktionshöhe des direkt gereizten Muskels um 40—50% im Nerv-Sartorius-Präparat. I unterscheidet sich von *d*-Tubocurarin durch eine der Hemmung vorausgehenden Erregungsphase. K. MAIER. 4628□

Wirkung von Atropinsulfat und Pilocarpinhydrochlorid auf den Nettotransport von Wasser in der isolierten Haut von Rana temporaria L. R. R. Tercafs und E. Schoffeniels. (Arch. int. Physiol. Biochim. **69**. 604—05. Sept. 1961. Liège, Univ., Inst. Léon Fredericq, Biochim.) (Franz.)

Unter dem Einfl. von *Atropinsulfat* (I) oder *Pilocarpinhydrochlorid* in der Bad-Fl. nimmt der Nettowassertransport durch die isolierte Froschhaut hindurch zu. I bewirkt eine rasche Zunahme der Potentialdifferenz auf stets übernormale Werte. K. ZINGRAF. 4628□

Über den Mechanismus der blutdrucksenkenden Wirkung von Dihydroergotamin. Henri Schmitt und Hélène Schmitt. (J. de Physiol. **52**. 517—23. Mai/Juni 1960. Paris, Fac. de Méd., Labor. de Thérapeut.) (Franz.)

Injektion von *Dihydroergotamin* (I) in die Cisterna magna der 3. Ventrikel des Hundes rief keine Blutdrucksenkung hervor. Injektion von 0,01—0,025 mg I/kg in das periphere Ende der Femoralarterie steigerte die Durchblutung ohne Veränderung des Drucks (Vasodilatation). Bei *Reserpin* (II)-behandelten Hunden, Katzen u. Affen (Erschöpfung der Brenzcatechinamine) erhöhte I-Injektion den Blutdruck. Noradrenalin (III)-Infusion stellte bei der II-behandelten Katze die blutdrucksenkende I-Wrkg. wieder her. Die depressor. III-Wrkg. steht offenbar mit der Ggw. von III in den Gefäßwänden in Zusammenhang. Bei normalen Tieren ruft I-Injektion eine Konkurrenz zwischen III u. I um Receptorstellen hervor. III-Ersatz durch den viel schwächeren Vasoconstrictor I senkt den vasoconstrictor. Tonus u. damit den Blutdruck. K. MAIER. 4630□

Eine neue coronargefäßerweiternde Substanz. Experimentelle und klinische Untersuchungen. C. Böhm, M. Schlepper und E. Witzleb. (Dtsch. med. Wschr. **85**. 1405—08. 5/8. 1960. Bad Oeynhausen, Univ. Münster, Gollwitzer-Meier-Inst.) (Dt.)

N-[3'-Phenylpropyl-(2')]-1.1-diphenylpropyl-(3)-amin (*Segontin*, HOECHST) wurde im Hunde-Vers. bei uneröffnetem Thorax unter weitgehend erhaltenen Kreislaufreflexen u. normaler Atmung geprüft. Bei i.v. Injektionen (in Form des Gluconats) nahm die Coronardurchblutung oberhalb einer Dosierung von 0,33 mg Base/kg fast regelmäßig zu (10—20 Sek. nach der Injektion; Maximum innerhalb von 1—2 Min., nach 4 Min. Rückkehr zum Ausgangswert), die Mittelwerte der Durchblutungszunahmen waren von der injizierten Wirkstoffmenge abhängig, die einzelnen maximalen Steigerungen waren je nach vorhandener Coronarreserve unterschiedlich. Die arterielle Sättigung blieb in allen Verss. unverändert, so daß die Coronardurchblutung direkt als Maß für das O_2-Angebot angesehen werden konnte; teilweise kam es zu flüchtiger geringer Steigerung des O_2-Verbrauchs; insgesamt läßt sich graph. durch das Mehrangebot von O_2 jedoch ein Bild von der Verbesserung der Coronardurchblutung aufstellen. Die Verminderung des Gefäßwiderstandes beschränkt sich offenbar nicht auf den Coronarkreislauf allein. — 80 Kranke mit pectanginösen Beschwerden erhielten das Medikament nach 7 arzneimittelfreien Tagen in einer Dosierung bis zu 3mal 30 mg/Tag (in Form des Lactats). Der echte pectanginöse Schmerz klang in der Regel, nicht jedoch immer, nach 5—15 Min. ab. Mit guten subjektiven Wrkg. waren allerdings nicht immer entsprechende elektrocardiograph. Befundänderungen verbunden u. umgekehrt Rückbildungen der patholog.

Elektrocardiogrammveränderungen nicht stets mit subjektiver Beschwerdefreiheit (Elektrocardiogrammveränderungen können nicht als Kriterium für die Wrkg. coronargefäßerweiternder Substanzen verwendet werden). Im Doppelblind-Vers. an 50 Patienten ließen sich keine Wrkg.-Unterschiede gegenüber anderen Substanzen erkennen. Im Placebo-Vers. entsprach der %-Satz von 30% günstiger Resultate dem gewöhnlicherweise einem Placebo zugeschriebenen Wrkg.-Grad. Demnach weisen nur die experimentellen Ergebnisse auf eine coronargefäßerweiternde Wrkg. hin, jedoch lassen sich diese Befunde nicht ohne weiteres auf den Menschen übertragen. U. Tausendfreund. 4630□

Mechanismus der selektiven Blockierung der Herzarrhythmien infolge von Cyclopropan-Adrenalin durch Dichlorisoproterenol. Morley C. Sutter und Peter E. Dresel. (Canad. J. Biochem. Physiol. **39.** 1783—87. Nov. 1961. Winnipeg, Manitoba, Univ. of Manitoba, Fac. of Med., Dep. of Pharmacol. and Therap.) (Engl.)

Bei Cyclopropan-narkotisierten Hunden, bei denen hohe Dosen von *Dichlorisoproterenol* (I) die Schwellendosis von *Adrenalin* zur Erzeugung von Bigeminie nicht heraufsetzten, löste eine vorher unwirksame mechan. Erhöhung des Blutdruckes Bigeminusrhythmus aus; dieser konnte weder durch I noch durch Methoxamin allein, sondern nur durch eine Kombination beider ausgelöst werden. K. Zingraf. 4630□

Wirkung von Eserin und Neostigmin auf den Blutdruck nichtanästhesierter Ratten. M. Medaković und V. Varagić. (Brit. J. Pharmacol. Chemotherapy **12.** 24—27. März 1957. Belgrad, Med. Fac., Dep. of Pharmacol.) (Engl.)

Kleine Mengen *Eserin* (*Physostigmin*)-*salicylat* (I; 10—20 μg/Tier) steigern den Blutdruck, während *Neostigminmethylsulfat* (1—10 μg) entweder keine Wrkg. zeigt oder zu einem Absinken, in wenigen Fällen aber auch zu einem Anstieg des Blutdruckes führt. Die Wrkg. von I wurde durch *Atropin* (2—7 mg Sulfat/kg) verhindert u. durch *Yohimbin* (5—10 mg/kg) oder *Phentolamin* (7,5—30 mg/kg) verringert oder verhindert. Adrenalektomie hat keinen Einfl. auf die Wrkg. von I. H. Rembold. 4630□

Einige pharmakologische Wirkungen von Bretylium und Guanethidin. Joan Vernikos-Danellis und Eleanor Zaimis. (Lancet **1960 (II).** 787—88. 8/10. London, Royal Free Hosp., School of Med.) (Engl.)

Bei mit *Guanethidin* (I; 0,2—10,0 mg/kg) oder *Bretylium* (II; 2,0—20,0 mg/kg) vorbehandelten Katzen war unter Narkose das Einsetzen der Blutdruck-Wrkg. von *Adrenalin, Noradrenalin, Isoprenalin* u. *Acetylcholin* (III) verlangsamt, wobei die Erhöhung oder Senkung des Blutdruckes u. die Dauer des Effekts verstärkt wurde. Bei diesen Tieren war auch die Relaxation nach der Kontraktion der Nickhaut beträchtlich verlangsamt. Amphetamin + Ephedrin waren selbst bei hohen I- u. II-Gaben voll wirksam. Eine neuromuskuläre Wirksamkeit hatten I u. II nicht. Die Empfindlichkeit des Muskels gegen III bzw. Anticholinesterasestoffen war unverändert oder erhöht. Die Dauer eines durch Dekamethonium hervorgerufenen neuromuskulären Blocks wurde verlängert. II zeigte stärkere myopath. Wrkg. als I. G. Kimmerle. 4630

Muskelschwäche durch Bretyliumtosylat. E. D. R. Campbell und E. Montuschi (Lancet **1960 (II).** 789. 8/10. London.) (Engl.)

Durch eine länger dauernde Behandlung mit *Bretyliumtosylat* (orale Tagesdosen 1,8 g) kam es bei einem Mann zu einer beträchtlichen Muskelschwäche. Diese Erscheinung demonstrierte sich auch im Elektromyogramm, u. sie wird auf eine Funktionsstörung der Muskelfasern innerhalb jeder motor. Einheit zurückgeführt. G. Kimmerle. 4630

Untersuchung der Nicotin-ähnlichen Wirkung von 3-Phenyltropan und verwandter Verbindungen. A. M. Lands und S. Archer. (J. med. pharmac. Chem. **12.** 449—60. Aug. 1960. Rensselaer, N.Y., Sterling-Winthrop Res. Inst.) (Engl.)

Vff. bestimmten einige pharmakolog. Wrkg. des *3-Phenyltropanhydrochlorids* u. einiger verwandter Verbindungen. Während das α-Isomere nur geringe Wrkg. zeigt, ist die des β-Isomeren Nicotin-ähnlich. Methohalogenierung führt zu keiner Aktivitätssteigerung, u. die Ggw. eines 2. Substituenten in 3-Stellung mindert die Wirksamkeit. Abspaltung des Phenylkerns hebt die Nicotin-Wrkg. auf. Ersatz des Tropinringes durch 1-Methyl-4-phenylpiperidin führt zu leichter Nicotin-Wrkg., Quaternierung zum entsprechenden Methojodid verursacht sehr starke Aktivitätssteigerung.

Versuche: *3β-Phenyltropanhydrochlorid,* $C_{14}H_{19}N \cdot HCl$, F. 207—209° (Aceton), durch Red. von 6 g 3-Phenyltropin mit einer Suspension aus 90 g Raney-Ni in 125 ml A. am Rückfluß, nach Konzentrieren Öl, $Kp._{0,2}$ 92—94° u. Behandeln mit alkohol. HCl. — *3α-Phenyltropanhydrochlorid,* $C_{14}H_{19}N \cdot HCl$, F. 217—219° [Propanol-(2)], durch Hydrierung mit H_2 in Ggw. von Raney-Ni aus 3-Phenyltropiden, nach Konzentrieren Öl, $Kp._{2,0}$ 128—131°, F. 55—57° (Hexan). — Folgende Verbb. wurden geprüft: *3β-Phenyltropanhydrochlorid* (pressor. +), *3β-Phenyltropanmethojodid* (++), *3α-Phenyltropanhydrochlorid* (+), *3α-Phenyltropanmethojodid,* *3-Phenyl-O-acetyltropinhydrochlorid,*

3α-Phenyltropan-3β-carbonsäuremethylesterhydrochlorid (+), *β-Tropinhydrochlorid* (+), *α-Tropinhydrochlorid* (depressor. —), *α-Tropinmethojodid* (—), *1-Methylpiperidinhydrochlorid, -methojodid* (+), *-äthojodid* (—), *1-Methylpiperidyl-(4)-methanolmethojodid* (—), *1-Methyl-4-phenylpiperidinhydrochlorid* (++), *-methojodid* (+), *4-Hydroxymethyl-1-methyl-4-phenylpiperidin, Essigsäure-1-methylpiperidyl-(4)-methylestermethojodid* (—). P. GREGORZEWSKI. 4630□

Die Wirkung von Reserpin auf Reaktionen der Nickhaut bei der Katze. Keiji Nakamura und Kiro Shimamoto. (Jap. J. Pharmacol. **9.** 150—58. März 1960. Kyoto, Kyoto Univ., Fac. of Med., Dep. of Pharmacol.) (Engl.)

Die Unters. der akuten u. chron. Wrkg. von 0,5—3,0 mg *Reserpin* (**I**) auf die Rkk. der normalen u. denervierten Nickhaut der Spinalkatze u. des Tieres in Nembutalnarkose ergaben Kontraktion der entnervten Nickhaut (maximal 2—3 Std. nach Injektion), während das normale Organ anfangs keine Rk. zeigte (Entspannung in beiden Fällen 10—20 Std. nach Injektion). Die Kontraktions-Rk. der normalen Nickhaut bei Reizung des cervicalen Sympathicusnervs nahm bei I-Injektion allmählich ab, ohne jedoch völlig zu verschwinden. Atropin hob die verminderte Rk. (10—20 Std. nach I-Zufuhr) wieder auf. Während der akuten Phase der I-Wrkg. (30—180 Min. nach I) war die Rk. der normalen Nickhaut auf *Adrenalin* (**II**), *Noradrenalin* (**III**), *Tyramin* (**IV**), *Serotonin* (**V**) u. *Ephedrin* (**VI**) mäßig, während der chron. Phase die gleich Rk. auf **II** u. **III** erheblich erhöht, die auf **IV**, **V** u. **VI** mäßig erniedrigt. Die Wrkg. von Sympathicus-Denervierung, Cocain-, Iproniazid-, **VI**- u. Amphetamin-Einw. auf die Rk. der normalen Nickhaut auf sympathomimet. Amine wurden mit den gleichen Wrkg. von I verglichen. Von den übrigen geprüften Rauwolfiaalkaloiden [*Rescinnamin* (**VII**), Reserpinin, Serpentin, Serpentinin, Ajmalin] verstärkte nur **VII** die Rk. der normalen Nickhaut auf **II**, **III**, **IV** u. **V** wie **I**. K. MAIER. 4630□

Wirkung von Reserpin auf das Wachstum und die Geschlechtsentwicklung von Küken. P. Hagen und A. C. Wallace. (Brit. J. Pharmacol. Chemotherapy **17.** 267—75. Okt. 1961. Winnipeg, Canada, Univ. of Manitoba, Dep. of Biochem. and Pathol.) (Engl.)

1 Monat alte ♂ Küken erhielten 3 Monate lang wöchentlich Injektionen von 1—4 mg Reserpin (I)/kg. Die Wachstums-Geschw. der behandelten Tiere war halb so groß wie die der Kontrollen, u. es wuchsen bei ihnen keine Kämme. Nach Ende der Behandlung betrug das Hoden-Gew. der behandelten Tiere nur $^1/_{10}$ des Gew. der Kontrollen, u. es bestand hochgradige Atrophie der Samentubuli. Bei ausgewachsenen Hähnen konnten 2 hohe Dosen von I im Abstand von 1 Monat Atrophie der Hoden bewirken.

K. ZINGRAF. 4630□

Hemmung der Ausbildung eines durch 5-Hydroxytryptamin induzierten Hinterpfotenödems durch Natriumsalicylat bei der Ratte. E. Kelemen. (Brit. J. Pharmacol. Chemotherapy **12.** 28—29. März 1957. Szeged, Ungarn, Univ., Med. School, I. Belgyogyaszati Clinic.) (Engl.)

Erwachsenen Ratten wurden 600 mg Na-Salicylat/kg subkutan injiziert. Nach 3—4 Std. wurden 2,5 μg 5-Hydroxytryptamin in die Hinterpfote injiziert; es bildete sich im Gegensatz zur Kontrolle kein Ödem aus. Der Effekt ist bei normalen Tieren ausgeprägter als bei adrenektomierten Ratten. H. REMBOLD. 4633□

Veränderungen der durch Mercaptomerin bedingten Harnausscheidung von Natrium, Chlorid und Kalium durch Bromkresolgrün oder Probenecid. Dag E. S. Campbell. (Acta pharmacol. toxicol. [København] **17.** 137—50. 1960. Uppsala, Univ., Dep. of Pharmacol.) (Engl.)

Bei Hühnchen hemmen *Bromkresolgrün* u. *Probenecid* (*Benemid*), Nierentransporthemmstoffe (**I**), die normale tubuläre Aufnahme von *Mercaptomerin* (**II**; *Thiomerin*) u. die daraus resultierende Wasserdiurese. Die unilaterale Injektion von **II** in einer Beinvene ergibt eine unilaterale Diurese von Na- u. Cl-Ionen, welche größer als die Wasserdiurese ist. Diese unilaterale Diurese wird durch *Dimercaprol* (*BAL*) blockiert u. wird nicht durch ein unilaterales Ansteigen des Glomerulusfiltrationsbetrags verursacht. Die durch **II** bedingte Na- u. Cl-Ionendiurese wird durch Vorinjektion von **I** gehemmt. Die K-Ausscheidung wird durch **II** nicht beeinflußt. G. KIMMERLE. 4634

Klinische Erprobung des neuen oralen Diureticum SKF 8548. R. J. Donnelly, Paul Turner und G. S. C. Sowry. (Lancet **1962** (I). 245—47. 3/2. Middlesex, Edgware General Hosp.) (Engl.)

SKF 8548 (*2.4.7-Triamino-6-phenylpteridin*) zeigt bei 13 Patienten gute diuret. Wirkung. P. GREGORZEWSKI. 4634□

Vergleichende Untersuchungen über die Einwirkung von 3.5-Dioxo-1.2-diphenyl-4-n-butylpyrazolidin auf embryonale Fibroblasten, Blut- und Knochenmarkzellen

in vitro. M. Albrecht, J. Eschenbach und V. Kretschmer. (Arzneimittel-Forsch. **10.** 606—12. Aug. 1960. Berlin, Städt. Krankenhaus Moabit, II. Inn. Abt.) (Dt.)

Die Unterss. mit *Butazolidin* (**I**; *Phenylbutazon*; *3.5-Dioxo-1.2-diphenyl-4-n-butyl-pyrazolidin*; Konz. 75 mg%) an Kulturen von Fibroblasten u. Knochenmarkzellen führen zu ähnlichen Ergebnissen wie bei Zusatz der Cytostatica *Triäthylenmelamin* u. *Thiotriäthylenphosphoramid*, nämlich zu einer Verminderung des Mitoseindex u. zu Kernveränderungen. Es besteht jedoch ein Unterschied insofern, als bei **I** die Senkung des Mitoseindex erst durch Konzz. erreicht wird, die bereits eine deutliche Allgemeinschädigung hervorrufen u. daß sie nicht spezif. Art ist. **I** ist deshalb nicht im eigentlichen Sinn als Cytostaticum anzusprechen; welche Stoffwechselfunktionen durch **I** zuerst beeinflußt werden, läßt sich aus der morpholog. Unters. allein nicht erkennen; vermutlich handelt es sich um eine Verminderung des O_2-Stoffwechsels durch **I**. Die Verlängerung der Mitosedauer unter der Wrkg. von **I** kann wohl als Ausdruck einer Reduzierung der gesamten Zellvitalität angesehen werden. Für die Annahme einer elektiven Wirksamkeit auf die Zellen des Blutes oder des Knochenmarks konnten keine sicheren Nachw. erbracht werden; wieweit die Veränderungen auf spezif. Eigg. des **I** beruhen, bleibt noch zu prüfen. U. Tausendfreund. 4670□

Merkblatt „Notfalldienst Flußsäure". Heinrich Wild. (Praxis [Bern] **50.** 1385 bis 1389. 28/12. 1961. Basel.) (Dt.)

Vollinhaltliche Wiedergabe eines Merkblattes, das vom Fabrikanten mit jeder Lieferung an Kunden von *Flußsäure*, flußsäurehaltigen Präpp. u. hautschädigenden Fluoriden abgegeben wird u. auf die Gefahren beim Umgang mit den genannten Substanzen sowie den behandelnden Arzt auf die einzuleitenden Maßnahmen hinweist. P. Gregorzewski. 4681□

Bemerkungen über die Fluor-Vergiftung. J. Lagarrigue. (Arch. Maladies profess. Méd. Travail Sécurité soc. **21.** 678—82. Okt./Nov. 1960.) (Franz.)

Es wird ein Überblick über die gewerblichen Vergiftungsmöglichkeiten durch *Fluor* gegeben. Weiter werden die Toxikologie, das Vergiftungsbild u. die Therapie der F-Vergiftung beschrieben. G. Kimmerle. 4681

Elektrophysiologische Untersuchung der chronischen gewerblichen Schwefelkohlenstoffvergiftung. Georges Bourguignon und Guilloré. (C. R. Séances Soc. Biol. Filiales **150.** 1908—10. Nov. 1956. Paris, Salpêtrière, Labor. de Recherches d'Électrophysical.) (Franz.)

Die gewerbliche *CS_2*-Vergiftung ist nach Unterss. an 112 Arbeitern aus Viscose herstellenden Betrieben ausschließlich im C^8—D^1-Bereich der Hand u. im Bereich des Knies lokalisiert (partielle Degeneration). Sie bedingt klin. u. elektrophysiolog. ein myasthen. Syndrom. Die Vestibularchronaxien sind nur bei Fällen schneller CS_2-Vergiftung lokalisiert. Die Veränderungen der Chronaxien treten sehr frühzeitig auf, so daß systemat. Unterss. den Vergiftungsbeginn festzustellen erlauben. K. Maier. 4681□

F. Pharmazeutische Chemie. Desinfektion

Neuere pharmazeutische Tablettenformen. 1. Mitt. Gering Mylius. (Pharmaz. Ind. **22.** 524—28. Nov. 1960. Memmingen/Allgäu, Gödecke & Co., Chem. Fabrik AG., Entwicklungslabor.) (Dt.)

Übersicht über die Vorteile von Manteltabletten u. Maschinen zu deren Herstellung. S. Erbe. 4766□

Neuere pharmazeutische Tablettenformen. 2. Mitt. Gering Mylius. (Pharmaz. Ind. **22.** 568—72. Dez. 1960.) (Dt.) — 1. vgl. vorst. Referat.

An Hand von Beispielen werden Herst.-Verff., Vorteile u. Anwendungsmöglichkeiten von Manteltabletten u. von Mehrschichtentabletten beschrieben. Vf. gibt eine Übersicht über die zur Zeit auf der Welt im Handel befindlichen 137 Spezialitäten auf der Basis von Mantel- u. Mehrschichtentabletten. — 22 Literaturangaben. S. Erbe. 4766□

Eine neue Methode zur Herstellung von Tablettengranulaten. 1. Mitt. P. A. Tuerck, E. L. Walters und E. D. Carkhuff. (J. Amer. pharmac. Assoc., sci. Edit. **49.** 344—47. Juni 1960. Cincinnati, Ohio, Res. Labor. of the Wm. S. Merrell Co.) (Engl.)

Zur Herst. eines Granulats mit wenigen mg wirksamer Arzneimittel werden die Substanzen gut gemischt u. fein gemahlen, hierauf in einer Pfanne mit variierbarer Drehgeschw. durch Besprühen mit W. in feinster Verteilung angefeuchtet u. anschließend durch einen warmen Luftstrom getrocknet. Vff. geben einige Rezepte an u. vergleichen die Eigg. des Granulats mit solchem auf trockenem Wege hergestellten. Als Vorteile werden niedrigere Materialkosten, kürzere Herst.-Zeit u. Ersparung einiger Arbeitsgänge angegeben. G. Talsky. 4766□

Eine neue Methode zur Herstellung von Tablettengranulaten. 2. Mitt. P. A. Tuerck, E. L. Walters und E. D. Carkhuff. (J. Amer. pharmac. Assoc., sci. Edit. **49.** 347—49. Juni 1960.) (Engl.) — 1. vgl. vorst. Referat.

Die Herst. von Granulaten mit wenigen mg wirksamer Substanz, die mit Zucker, Stärke u. anderen wasserlösl. oder in W. quellenden Substanzen verd. sind, gelingt durch Besprühen mit W.; handelt es sich aber um Granulate mit hohem Anteil an wirksamen Arzneimitteln, dann verwendet man an Stelle von W. besser eine Stärke-, Gelatine-, Glucose- oder Sorbose-Lsg. als Spray u. trocknet ebenfalls anschließend in der rotierenden Pfanne mit einem heißen Luftstrom. Auch A. oder Isopropanol sind bes. bei Äthylcellulose enthaltenden Granulaten zum Besprühen geeignet. Vff. geben einige Rezepte an u. vergleichen die Eigg. der Granulate sowie die Herst.-Zeiten mit den üblichen Trockengranulaten. G. Talsky. 4766□

Farbbeständigkeit von Tablettenzubereitungen. 3. Mitt. Vergleichbare Lichtbeständigkeit einiger wasserlöslicher Farbstoffe und deren zugehörigen Lacken. L. Lachman, S. Weinstein, C. J. Swartz, T. Urbanyi und J. Cooper. (J. pharmac. Sci. **50.** 141—44. Febr. 1961. Summit, N.J., Ciba Pharmaceutical Prod., Inc., Res. Dep.) (Engl.) — 2. vgl. C. **1961.** 17659.

Die Lichtbeständigkeit von 3 wasserlösl. Farbstoffen, FD & C Rot Nr. 1, FD & C Blau Nr. 1 u. FD & C Gelb Nr. 5, wurde mit der der entsprechenden Farblacke (Farbstoffe auf Al_2O_3 niedergeschlagen) verglichen. Die Farblacke waren weniger lichtbeständig als die Farbstoffe selbst. Dagegen sind Tabletten, die mit Lacken als Farbstoff u. solche, die mit den Farbstoffen direkt nach der feuchten Granulier-Meth. hergestellt worden waren, gleich lichtempfindlich. G. Talsky. 4766□

Farbbeständigkeit von Tablettenzubereitungen. 4. Mitt. **Schützender Einfluß verschieden gefärbter Gläser auf das Verblassen von Tabletten.** C. J. Swartz, L. Lachman, T. Urbanyi und J. Cooper. (J. pharmac. Sci. **50.** 145—48. Febr. 1961.) (Engl.) — 3. vgl. vorst. Referat.

Von den untersuchten Glassorten, Flintglas, Georgiagrün, Emeraldgrün, Champagnagrün, UV-absorbierendes Grün u. Amberglas, erwies sich letzters als bester Schutz gegen Verblassen von Tabletten. Als Testfarbstoffe wurden FD & C-Blau Nr. 1 sowie D & C-Gelb Nr. 10 verwendet. Blaugefärbte Tabletten konnten auch durch einen Behälter aus Glas, welches einen UV-Absorber enthielt sowie eine UV-absorbierende grüne Glassorte geschützt werden. Auch Glas, welches mit einer dünnen Schicht UV-absorbierender Substanz versehen war, verhinderte photosensibilisierte Zersetzung. Es wurde ein Zusammenhang zwischen Färbung des Glases u. Geschw. des Verblassens der Tablettenfarbe aufgefunden. G. Talsky. 4766□

Pharmakobotanische Untersuchung von fünf Arten der Gattung Marrubium L. 1. Mitt. **Morphologisch-anatomische Bearbeitung.** Krystyna Smoleń. (Dissertat. pharmac. [Warszawa] **12.** 325—52. 1960. Kraków, Akad. Med., Zakł. Botan. farmac.) (Pol.)

Vf. beschreibt die Morphologie u. anatom. Struktur der Triebe, Blüten u. Blätter der Andorn-Arten *Marrubium (M.) vulgare L., M. peregrinum L., M. rotundifolium Boiss., M. incanum Desr.* u. *M. leonuroides Desr.* — 31 Literaturangaben. F. Urban. 4782□

Untersuchung der chemischen Zusammensetzung von Trifolium arvense L. 1. Mitt. Józef Kołodziejski und Stanisław Gill. (Dissertat. pharmac. [Warszawa] **12.** 303—10. 1960. Gdańsk, Akad. Med., Kat. Farmakogn.) (Pol.)

Der Asche-Geh. der Kleepflanzen liegt zwischen 4,78% (Blüten) u. 6,32% (Stengeln). Blüten u. Stengel machen zusammen 89% der Pflanzenmasse aus. Durch Extraktion der grünen Pflanze (9,4% Feuchtigkeit) werden mit W. 25,88, mit A. 15,21, mit Chlf. 3,32, mit Ae. 3,05 u. mit PAe. 1,97% Extrakt erhalten. Der Extrakt enthält Flavonoide u. Gerbstoffe, die zu den kondensierten Catechinen gehören. Gallus- u. Ellagsäure wurden im Extrakt nicht gefunden. Der höchste Gerbstoff-Geh. tritt während der Blüte auf (6%), der niedrigste am Ende der Vegetation (2,5%). Wurzeln enthalten keine Gerbstoffe. Alkaloide, Saponine u. äther. Öle wurden in den Extrakten nicht gefunden. — 22 Literaturangaben. F. Urban. 4782□

Chemische Untersuchung von Daemia extensa R. Br. S. Pattabi Raman und A. K. Barua. (J. Amer. pharmac. Assoc., sci. Edit. **47.** 559—60. Aug. 1958. Calcutta, India, Bose-Inst., Dep. of Chem.) (Engl.)

PAe.-Extrakte der luftgetrockneten u. gepulverten Pflanze *Daemia extensa R. Br.* lieferten nach chromatograph. Trennung über Al_2O_3, Kristallisation u. erneuter Chromatographie über Al_2O_3 *α-Amyrinacetat, Lupeolacetat, Lupeol* u. *β-Sitosterin.* Die Identität der isolierten Verbb. wird durch FF., Misch-FF., spezif. Drehung u. CH-Best. sichergestellt. H. ALTHOFF. 4782

Trockenextrakte aus den Wurzeln der Primel und anderer polnischer Saponinrohstoffe. Jerzy Porębski und Helena Tomczyk. (Dissertat. pharmac. [Warszawa] **12.** 281—91. 1960. Kraków, Akad. Med., Zakł. Farmac. stosow., PAN, Zakł. Farmakol.) (Pol.)

Nach Unterss. der Vff. ist zur Gewinnung von beständigen Trockenextrakten aus *Primula officinalis (L.)* HILL, *Primula elatior (L.)* GRUFB., *Saponaria officinalis L.* u. *Polemonium coeruleum L.* die Perkolation der Wurzeln mit W.-A. 1:1 geeignet. Das Perkolat (600 Teile) wird mit der Fl., die beim Auspressen des Rohstoffes erhalten wird, gemischt u. im Vakuum bei Temp. $<50^0$ zur Trockne eingedampft. Zur Best. der hämolyt. Wrkg. der Extrakte wird die Meth. von BORKOWSKI [1959] vorgeschlagen. Die Trockenextrakte sollen maximal 3% W. u. 4% Asche enthalten. — 19 Literaturangaben. F. URBAN. 4782□

Unterscheidung der Früchte Ammi visnaga Lam. von Füchten Ammi majus L. mit Hilfe der Mikrosublimation. Halina Rządkowska und Waleria Olechnowicz-Stępień. (Dissertat. pharmac. [Warszawa] **12.** 293—302. 1960. Wrocław, Akad. Med., Zakł. Farmakogn.) (Pol.)

Bei der Mikrosublimation der Früchte von *Ammi visnaga Lam.* (**I**) u. *Ammi majus L.* (**II**) wird ein Sublimat mit für beide Arten typ. Kristallformen erhalten. Der Habitus der Kristalle ändert sich zwar mit den Bedingungen der Sublimation, doch bleiben sie stets für **I** u. **II** typisch. Auch im Gemisch können sie unterschieden werden. Die FF. der Kristalle sind ebenfalls unterschiedlich, doch ändern sie sich im größeren Bereich. Die Mikrosublimation ist auch bei Tinkturen zur Unterscheidung von **I** u. **II** anwendbar. F. URBAN. 4782□

Ein Beitrag zur Kenntnis des Goldregens. I. Hájková, V. Bumba und Kim Sun Ok. (Pharmazie **16.** 424—25. Aug. 1961. Brünn, Univ., Inst. Pharmakogn.; Prag, Inst. für Naturarzneimittel.) (Dt.)

Die in Extrakten aus Knospen, Blüten, Blättern, unreifen Früchten, Samen und Rinde des Goldregens (*Cytisus laburnum L., Cytisus anagyroides Med.*) enthaltenen Alkaloide werden papierchromatograph. untersucht u. der in diesen Organen während der Vegetationszeit vorliegende Gesamtalkaloid-Geh. bestimmt. Als Lsgm.-Gemisch für die papierchromatograph. Trennung wurde Toluol:Butylalkohol:18% $MgSO_4$ in Formamid (80:20:15) verwendet. Neben *Cytisin* (R_F 0,24) u. *N-Methylcytisin* (R_F 0,67) ist in den Blättern eine nichtidentifizierte Verb. (R_F 0,36) enthalten. Der höchste Alkaloid-Geh. wird in den Samen (1,3%) beobachtet. In den Knospen, Blüten u. unreifen Früchten werden ca. 0,5%, in der Rinde 0,9% Gesamtalkaloid gefunden. Im Mai geerntete Blätter enthalten 0,38%, während in den im Oktober gesammelten Blättern nur 0,02% nachgewiesen werden konnten. — 16 Literaturangaben. B. TSCHIERSCH. 4782□

Mitteilung über die Saponine und die zugehörigen Sapogenine des Erdbeerklees. E. D. Walter. (J. Amer. pharmac. Assoc., sci. Edit. **49.** 735—36. Nov. 1960. Albany, Calif., U.S. Dep. of Agric.) (Engl.)

45 kg frischen Erdbeerklees (*Trifolium fragiferum*; **I**) wurden mit 95%ig. A. digeriert. Ein Teil der A.-Lsg. wurde filtriert u. auf ca. $^1/_4$ Vol. eingeengt, bis sich feste Substanzen abschieden. Im Scheidetrichter wurde mit ca. $^1/_3$ Vol. Ae. geschüttelt; die in der wss. Schicht sich abtrennenden *Saponine* (**II**) wurden abzentrifugiert, mit W. u. Aceton gewaschen: Ausbeute 0,3%, bezogen auf das Trocken-Gew. von **I**. Mit 1 n H_2SO_4, die 60% A. enthielt, wurde **II** 60 Std. lang unter Rückfluß erhitzt. Die *Sapogenine* (**III**) wurden mit W. gefällt u. mit Ae. ausgeschüttelt; im wss. Hydrolysat wurden nachgewiesen: überwiegend *Xylose, Glucose, Galaktose, Arabinose, Rhamnose* u. *Glucuronsäure*. **III** wurden in einen Chlf.-lösl. (90%) u. einen Chlf.-unlösl. Anteil (F. 321°) getrennt. Der Chlf.-lösl. Anteil wurde an einer mit 10% Eisessig in Bzl. deaktivierten Al_2O_3-Säule mit Bzl. chromatographiert u. mit steigenden Mengen Methanol in Bzl. eluiert. Das Eluat mit 0,5% Methanol in Bzl. enthielt *Soyasapogenol C* (**IV**), F. 240°, $[\alpha]_D^{25}$ $+66^0$; **IV**-*Diacetat* (**V**), F. 204°, $[\alpha]_D^{25}$ $+59^0$. Aus dem 2,5% Methanol–Bzl.-Eluat wurde *Soyasapogenol B* (**VI**) gewonnen, F. 260°, $[\alpha]_D^{25}$ $+90{,}7^0$; **VI**-*Triacetat*, F. 180°, $[\alpha]_D^{25}$ $+78^0$. Durch Eluieren mit 100% Methanol wurde ein *nichtindentifiziertes Sapogenin* (**VII**) gewonnen, F. 321°, $[\alpha]_D^{25}$ $+97^0$. Durch Acetylierung u. Reinigung über Al_2O_3 wurde aus **VII** eine Verb. mit F. 227—228°; $[\alpha]_D^{25}$ $-35{,}5^0$ erhalten. H. ALTHOFF. 4782

Die Alkaloide der Wurzel von Cytisus supinus L. B. Malek und H. Auterhoff. (Planta med. [Stuttgart] **8.** 179—82. Juni 1960. Braunschweig, TH, Inst. für Pharmaz. Chem.) (Dt.)

Wurzeln von *Cytisus supinus L.* enthielten 0,14% Alkaloide, die durch papierchromatograph. Vgl. mit den Fließmitteln PARTRIDGE-Gemisch, wassergesätt. n-Butanol, gesätt. Ammonsulfat-Lsg. + abs. A. (25:0,3) u. n-Butanol–HCl–W. (50:7,5:13,5) als *Lupanin*, F. 92—93°, u. *Lupanincarbonsäure*, F. 186—189°, isoliert u. identifiziert wurden. UV- u. IR-Spektren wurden aufgenommen. Cytisin wurde nicht gefunden.

W. SCHÖNBORN. 4782□

Isolierung der Alkaloide aus einigen Mohnarten. F. Santavý, M. Maturová, A. Němečková, H.-B. Schröter, H. Potěšilová und Vl. Preininger. (Planta med. [Stuttgart] **8.** 167—78. Juni 1960. Olomouc, ČSSR, Palacký Univ., Med. Fak., Chem. Inst.) (Dt.)

Aus 8 verschiedenen Mohnarten wurden die bas. Extrakte durch Säulen- u. Papierchromatographie getrennt. Es wurde eine Reihe von Alkaloiden in krist. Zustand isoliert u. durch ihre Konst. beschrieben oder papierchromatograph. nachgewiesen. Aus *Papaver lateritium* C. KOCH wurde ein neues, *Latericin* ($C_{23}H_{21}NO_8$ oder $C_{23}H_{31}NO_8$) genanntes Alkaloid gewonnen, F. 226—228°, $[\alpha]_D^{22}$ $+93\pm3°$ (c = 0,45 in A.), $[\alpha]_D^{22}$ $+40\pm3°$ (c = 0,445 in Pyridin). UV- u. IR-Spektrum deuten auf ein N-Methyltetrahydroisochinolinderivat. Ein weiteres *neues Alkaloid*, gelb, F. 238—240° (Zers.), $[\alpha]_D^{22}$ $+153\pm10°$ (c = 0,5 in 10%ig. Essigsäure), das keine Carbonylgruppe enthält u. 2 aromat. Kerne mit Substituenten besitzt, wurde aus der gleichen Art isoliert. — 29 Literaturangaben.

W. SCHÖNBORN. 4782□

Untersuchung der infraspezifischen chemischen Differenzen bei Mohn. Beiträge zur Charakterisierung der Hybriden von Papaver somniferum L. x Papaver orientale L. P. Tétényl, C. Lörincz und E. Szabó. (Pharmazie **16.** 426—33. Aug. 1961. Budapest, Inst. für Heilpflanzenforschung.) (Dt.)

146 infraspezif. Taxa wurden untersucht u. dabei gefunden, daß das Hauptalkaloid in 75% der Fälle *Morphin*, in 15% *Kodein*, in 7% *Thebain* u. in 3% *Papaverin* ist. Die Unters. der Individuen zeigte das Fehlen bestimmter Alkaloide (meist *Papaverin* bzw. Papaverin u. Thebain). Gleichzeitig konnte keine morphinfreie Pflanze gefunden werden. Hybriden aus *Papaver somniferum* x *P. orientale* bildeten die väterlichen u. mütterlichen Alkaloide gemeinsam. — 26 Literaturangaben. M. LUCKNER. 4782□

Untersuchungen über die pharmakologische. Aktivität des Ackerröschenkrautes. 1. Mitt. **Die Aktivität polnischer und ausländischer Drogen.** Stanisław Büchner und Natalia Stepień. (Dissertat. pharmac. [Warszawa] **12.** 267—73. 1960. Lublin, Akad. Med., Zakł. Farmakogn.) (Pol.)

Die biolog. Aktivität 0,5%ig. Aufgüsse von *Herba Adonidis vernalis* verschiedener Herkunft wurde nach der Vorschrift des poln. Arzneibuches III an Tauben untersucht. Poln. Präpp. haben die Aktivität 5,8—7,3 Taubeneinheiten/g, ausländ. 7,4—13,5. Die Aktivität nimmt bei Lagerung der Drogen über 9—24 Monate nur bei 20% der Proben ab. Eine bulgar. Droge, die die höchste Aktivität zeigte, verlor nach 10 Monaten 6% u. nach 24,5 Monaten 22,3% ihrer Aktivität. — 15 Literaturangaben. F. URBAN. 4782□

Zur Beurteilung pharmazeutisch verwendeter Emulgierhilfsstoffe. 1.Mitt. **Die Bestimmung der Grenzflächenspannung.** U. Bogs und H. Naumann. (Pharmazie **16.** 396—401. Aug. 1961. Halle/Saale, Univ., Pharmazeut. Inst.) (Dt.)

Vff. bestimmten die Grenz- u. Oberflächenspannung verschiedener Emulgierhilfsstoffe. Die Messungen wurden mit einem gewöhnlichen Stalagmometer u. mit der Abreiß-Meth. (Bügel-Meth.) nach LENARD ausgeführt. Auf störende Faktoren u. deren Ausschaltung bei Messung der Oberflächenspannung nach der Abreiß-Meth. wird bes. eingegangen. Die Ergebnisse dieser Unterss. gestatten allg. Hinweise auf den Charakter eines Emulgierhilfsstoffes. Eine vollständige Beurteilung von Emulgierhilfsstoffen ist erst möglich, wenn die Kennzahlen der Grenzflächenaktivität mit den Ergebnissen experimentell durchgeführter Emulgierungen mit diesen Hilfsstoffen zusammen ausgewertet werden. — 22 Literaturangaben. G. MEWS. 4786□

Beiträge zur Löslichkeitsvermittlung durch Tweens. 1. Mitt. **Solubilisation ätherischer Öle.** I. Éllö. (Pharmazie **16.** 415—20. Aug. 1961. Budapest, Pharmakopöelabor. des Minist. für Gesundheitswesen.) (Dt.)

Vf. untersucht die Solubilisationsfähigkeit von Tween 20, 40, 60 u. 80 für *Oleum Cinnamomi cassiae, Oleum Foeniculi* u. *Oleum Menthae piperitae* mit der Wassertitrationsmethode. Die Öl-Tween-Lsg. wird unter ständigem Rühren mit W. titriert, erfolgt durch den Zusatz des W. eine Trübung von 1 Min. Dauer, so ist der Endpunkt der Titration erreicht. Temp.-Schwankungen von ±5° u. kleinere Differenzen in der Zus. der äther. Öle beeinträchtigen die Reproduzierbarkeit der Wassertitrationswerte nicht. Die höchste Solubilisationsfähigkeit für Zimtöl hatte Tween 80, für Pfefferminz u. Fenchelöl Tween 20.

G. BORMANN. 4786□

Der Einfluß von Netzmitteln auf die Haltbarkeit von Arzneimitteln. 1. Mitt. S. Riegelman. (J. Amer. pharmac. Assoc., sci. Edit. **49.** 339—43. Juni 1960. San Francisco, Calif., Univ., Med. Center, School of Pharmacy.) (Engl.)

Die Oberfläche von nichtionogenen Netzmitteln wie z. B. Polyäthylenglykol (I) scheint relativ stark hydratisiert zu sein u. erhöht die Löslichkeit vieler Arzneimittel wie etwa *Benzocain* (II) durch Einlagerung der Substanzen in die Palisadenschichten innerhalb des Gebietes hydratisierter Polyoxyäthylenketten. Die Verseifungs-Geschw. hängt in starkem Maße von der Konz. des nichtionogenen oberflächenakt. Stoffes ab u. weniger von der Kettenlänge der Verbindung. Die Hydrolyse findet sowohl in den Micellen, als auch in der wss. Phase statt. Dagegen setzen kation. oder anion. oberflächenakt. Stoffe die Verseifungs-Geschw. mehr oder weniger stark herab. In einer 5%ig. Lsg. von Na-Laurylsulfat steigt die Halbwertszeit auf das 18fache gegenüber rein basenkatalysierter Verseifung von II an. Niedrige Konzz. von quart. Trimethylammoniumbromid beschleunigen leicht die Verseifungs-Geschw., was Vf. durch Anziehung der OH-Ionen in die Umgebung des II erklärt, während höhere Konzz. eine Verzögerung bewirken.
G. TALSKY. 4786□

Stabilitätsprüfungen an Dihydrostreptomycinsalben. Frank P. Cosgrove und Charles F. Poe. (J. pharmac. Sci. **50.** 148—50. Febr. 1961. Boulder, Colo., Univ., Coll. of Pharmacy.) (Engl.)

Dihydrostreptomycin (I) in Salben auf Polyäthylenglykolbasis verloren, wenn sie bei 5° gelagert wurden, nach 2 Jahren < 10%, nach 5 Jahren < 20% ihrer Wirksamkeit. Wurden die Salben bei 25° gelagert, dann verringerte sich die I-Aktivität nach 18 Monaten um ca. 15%. Dagegen zeigten Salben, auf Erdölbasis hergestellt, weit größeren Aktivitätsverlust. G. TALSKY. 4792□

Neue Arzneimittel. Anonym. (J. Amer. pharmac. Assoc., pract. Pharmacy Edit. **18.** 622—23. Okt. 1957.) (Engl.)

Ecolid Chloride (CIBA, Schweiz): Ampullen u. Tabletten mit 4.5.6.7-Tetrachlor-2-[2-dimethylaminoäthyl]-isoindoliniumdimethylchlorid (Chlorisondaminchlorid). Antihypertonicum. — *Benoquin* (ELDER, USA): Lotion mit 5% u. Salbe mit 20% p-Benzyloxyphenol (Monobenzon). Gegen Hyperpigmentation. — *Preludin* (GEIGY, Schweiz): Tabletten mit 3-Methyl-2-phenylmorpholinhydrochlorid (Phenmetrazinhydrochlorid). Appetitszügler. — *Bristamin* (BRISTOL): N.N-Dimethyl-2-[α-phenyl-o-tolyloxy]-äthylaminhydrogencitrat (Phenyltoloxamincitrat). Antihistaminicum. — *Kemadrin* (BURROUGHS WELLCOME, USA): 1-Cyclohexyl-1-phenyl-3-pyrrolidinopropanol-(1)-hydrochlorid (Procyclidinhydrochlorid). Parasympathicolyticum. — *Sparine* (WYETH, USA): Ampullen u. Tabletten mit 10-[3-Dimethylaminopropyl]-phenothiazinhydrochlorid. Gegen Psychosen. K. GERECKE. 4800□

Steroidhormone als Pharmaka. 2. Mitt. **Die Entwicklung von der chemischen Substanz zum offizinellen Arzneistoff.** R. Hüttenrauch. (Pharmaz. Ind. **23.** 417—20. Sept. 1961. Jena.) (Dt.) — 1. vgl. C. **1961.** 6237.

Zwischen erster Darst. u. biolog. Testung beträgt der zeitliche Abstand oft nur wenige Wochen oder Monate. Die Zeitspanne, die nach dem Erscheinen des Steroids im Handel bis zur Arzneibuchaufnahme vergeht, beträgt durchschnittlich 6 Jahre. Bei Östradioldipropionat entstand die bisher längste Frist von 15 Jahren, dagegen wurde Methyltestosteron schon im ersten Produktionsjahr offizinell. — 50 Literaturangaben.
F. O. W. MEYER. 4808□

Mikrobiologische Gesichtspunkte bei der Herstellung von demineralisiertem Wasser. G. Kedvessy und D. Koritsánszky. (Pharmazie **16.** 420—23. Aug. 1961. Szeged, Med. Univ., Pharmaz. Inst.; Budapest, Med. Univ., Pharmaz. Inst.) (Dt.)

Vff. stellen fest, daß die Austauschharze (als Kationenaustauscher wurden eingesetzt: Amberlite IRC-50, carboxylhaltig, schwach sauer u. Lewatit S 100, sulfonsäurehaltig, stark sauer u. als Anionenaustauscher: Amberlite IR-4B, schwach bas. u. Amberlite IRA-410, stark bas.) bei regelmäßiger Desinfizierung imstande sind, aus dem zu entionisierenden W. Mikroorganismen in beträchtlicher Zahl zu binden. Durch Zusätze von säureempfindlichen Bakterien (Escherichia coli) u. von Mikroorganismen (B. subtilis), die pH-Schwankungen gegenüber weniger empfindlich sind, zu den Wasserproben wird bewiesen, daß das erhaltene W. der sauren Kationenaustauschersäule geringere Keimzahlen bei gewissen säureempfindlichen Bakterien aufweist. — 20 Literaturangaben.
W. SCHMOLLACK. 4832□

Mikrochemische Nachweise der Hypnotica aus der Tetrahydropyridin- und Piperidinreihe. 1. Mitt. **Farb- und Kristallreaktionen.** Wilhelm Völksen. (Pharmaz. Ztg. verein. Apotheker-Ztg. **105.** 1029—31. 1/9. 1960. Norstadt in Hannover, Apotheke des Städt. Krankenhauses.) (Dt.)

Zum Nachw. der barbitursäurefreien Hypnotica wie *Persedon* (I), *Doriden* (II), *Noludar* (III), *Contergan* (IV) usw. kann infolge ihrer barbitalähnlichen Gruppierung —CO—NH—CO— bzw. —CO—NH— die Bldg. gefärbter Co-Komplexe Verw. finden. Als Reagentien werden verwendet: A) 1%ig. methanol. Lsg. von $CoCl_2$, B) 5%ig. methanol.

Lsg. von Isopropylamin. Die Substanz wird in 0,5 ml A-Reagens gelöst u. 1 ml B-Reagens hinzugegeben. Diese nicht spezif. Rk. wird durch verschiedene Farb-Rkk. (Tabelle) ergänzt, die teilweise zu Ergebnissen führen, die für die erwähnten Verbb. charakterist. sind: I blaue Fluorescenz in alkal. Lsg., III blau-grüne Fluorescenz; III gibt zur Unterscheidung von den 3 anderen untersuchten Stoffen mit dem Phenolreagens nach FOLIN in alkal. Lsg. eine blaue Färbung. II wird hydrolyt. zu einer Amidocarbonsäure gespalten, die entsprechende Hydroxamsäure liefert ein violettes Fe-Salz, IV gibt die gleiche Reaktion. II kann mit Piperonalschwefelsäure sowie Formalinschwefelsäure durch charakterist. Färbungen nachgewiesen werden. Die Resorcinschmelze aller 4 Stoffe brachte nach dem Auflösen in NaOH-Lsg. für IV eine grüngelbe Fluorescenz im UV; I liefert eine orange Lsg. ohne charakterist. Fluorescenz; II u. III fluorescieren nur geringfügig u. uncharakteristisch. EVELYN OKRUCH. 4880□

Photocolorimetrische Bestimmung von Ronicol, Trafuril und Cholamid mit Phosphormolybdänsäure. Maria Smaga und Tadeusz Pelczar. (Dissertat. pharmac. [Warszawa] 12. 275—80. 1960. Kraków, Akad. Med., Zakł. Chem. nieorgan. i analit.) (Pol.)

Präpp., die *β-Pyridincarbinol* (Ronicol), *Nicotinsäuretetrahydrofurfurylester* (Trafuril) u. *Nicotinsäurehydroxymethylamid* (Cholamid) enthalten, werden in W. gelöst u. die Lsg. nach Abfiltrieren der unlösl. Ballaststoffe (2 mg Substanz/ml) mit konz. HCl angesäuert. Die Fällung erfolgt bei 90° mit einer frisch bereiteten Lsg. von Phosphormolybdänsäure im Überschuß. Der Nd. wird mit verd. HCl gewaschen u. in 0,1nNaOH gelöst. Nach Verdünnen mit W. wird eine schwefelsaure $(NH_4)_2MoO_4$-Lsg. u. feste Ascorbinsäure zugesetzt u. 1 Min. aufgekocht. Die Molybdänblaufärbung wird colorimetriert. Das LAMBERT-BEERsche Gesetz wird im Bereich 4—22 mg der Substanzen erfüllt. Die Genauigkeit der Meth. beträgt bei der Best. dieser Substanzen in pharmazeut. Präpp. $\pm 3\%$. F. URBAN. 4880□

Quantitative Bestimmung von Dihydrazinophthalazinsulfat. W. Kitzing. (Pharmazie 16. 401. Aug. 1961. Dresden, Apogepha Dr. Starke KG. Unters. Labor.) (Dt.)

Vf. beschreibt eine colorimetr. Best.-Meth. für *Dihydrazinophthalazinsulfat* (I) mit dem GÄTKE-Spektrophotometer im sichtbaren Bereich des Spektrums. I gibt mit Fe^{3+}-Ionen eine charakterist. Färbung. Zur Geh.-Best. werden 100 mg I ohne Wärmeanwendung in 100 ml W. gelöst. 15, 20 bis 40 ml dieser Lsg. werden nach Zusatz von 1 ml 10%ig. $FeCl_3$-Lsg. mit W. auf 100 ml aufgefüllt. Nach 20 Min. wird bei einer Schichtdicke von 2 cm u. einer Wellenlänge von 522 nm im Photometer gemessen. Die Eichkurve ergibt eine Gerade. Die Meth. ist für die Best. von I in Tabletten verwendbar.

H. KALA. 4880□

Untersuchungen über Flavanoide in Arten der Gattung Hypericum L. 1. Mitt. Chromatographische Analyse der Flavone. Adam Michaluk. (Dissertat. pharmac. [Warszawa] 12. 311—23. 1960. Kraków, Akad. Med., Zakł. Farmakogn.) (Pol.) — Vgl. C. 1961. 540.

Johanniskraut (*Hypericum perforatum L.*) wurde zunächst mit Chlf., dann mit Methanol extrahiert. Durch ein- u. zweidimensionale Papierchromatographie wurden in beiden Extrakten Flavon-Verbb. nachgewiesen. Bei der zweidimensionalen Chromatographie (n-Butanol–Essigsäure–W., 4:1:5, u. 2%ig. Essigsäure) lassen sich die durch Hydrolyse erhaltenen Aglucone von den Glucosiden trennen. In den Extrakten wurden Hyperosid, Rutin, Quercetin, Quercitrin sowie Kaffeesäure (I) u. Chlorogensäure (II) gefunden. Alle diese Komponenten sind während der ganzen Vegetation in der Pflanze enthalten. Zwei weitere Verbb. (M, N), die im zweidimensionalen Chromatogramm auftreten, konnten noch nicht identifiziert werden. In Extrakten von *H. maculatum Cr.* u. *H. acutum Mnch.* wurden ebenfalls Hyperosid, Quercetin, Quercitrin, I, II u. M, nicht aber N u. Rutin gefunden. Die zweidimensionale Papierchromatographie erlaubt die Trennung der cis- u. trans-Formen von I u. II. — 33 Literaturangaben.

F. URBAN. 4880□

Über die Bedingungen der Fällung von Alkaloiden und synthetischen Basen mit Reineckesalz. W. Poethke, P. Gebert und E. Müller. (Pharmaz. Zentralhalle Deutschland 100. 321—28. Juli 1961. Jena, Univ., Inst. für Pharm. u. Lebensm.-Chemie.) (Dt.) — 1. vgl. C. 1961. 6949.

Aus saurer Lsg. wird *Nicotin* (I) als tiefrotes Direineckat gefällt. Die Fällung ist wegen der beträchtlichen Löslichkeit nicht qualitativ. Annähernd neutrale I-Lsgg. gestatten eine Fällung von I-Monoreineckat. Für die quant. Best. ist ein pH von 6,6 einzuhalten (Fehler $< 1\%$). Aus sauren *Strychnin* (II)-Lsgg. wird unabhängig vom pH nur das II-Monoreineckat gefällt (durchschnittlicher Fehler $+ 0,7\%$). Wie II bildet *Brucin* (III) nur Monoreineckate. Es entsteht bei der Fällung zunächst ein amorpher Nd., der sich nach einiger Zeit, schneller in der Wärme, in krist. III-Monoreineckat umwandelt (durchschnittlicher Fehler bis 1,1%). *Atropin* (IV) kann in Ggw. von Säure mit einem durchschnittlichen Fehler von + 1% als Reineckat bestimmt werden. Ohne Säurezusatz liegen die IV-Werte durchschnittlich etwas höher. Die quant. Best. von *Cocain·HCl* wird bei einem Gesamt-Vol. von 40 ml durch Zusatz von bis 10 ml 0,1nH_2SO_4 nicht wesentlich beeinflußt (Genauigkeit ±2%). *Cotarnin* wird aus annähernd neutraler u. saurer Lsg. als Monoreineckat gefällt (Fehler < ±1%). S. ERBE. 4880□

Über das ätherische Öl der mexikanischen Valeriana procera typica. M. Bachstez und Del Pilar Aranalde y Blanco. (Planta med. [Stuttgart] **8.** 164—66. Juni 1960. Mexico, D.F., Inst. Mexicano de Investig. Tecnol.) (Dt.)

16 kg Wurzeln der mexikan. *Valeriana procera typica* wurden mit Wasserdampf extrahiert. Aus dem Extrakt wurden mit PAe. (Kp. 30—60°) 13 g gelbes bis braunes äther. Öl gewonnen, das durch Behandlung mit 10%ig. $NaHCO_3$-Lsg. u. 5%ig. NaOH-Lsg. 34% saure, 12% phenol. u. 52% neutrale Fraktion ergab. 0,4390 g der letzten Fraktion wurden an 131,7 g Magnesol nacheinander mit Hexan, Hexan/Bzl., Bzl., Bzl./Aceton u. Aceton chromatographiert u. in 31 Fraktionen zu je 50 ml aufgefangen. Der Hauptanteil von 0,3074 g befand sich in Fraktion 25 (Bzl./Aceton 1:1) u. wies im IR-Spektrum auf Doppelbindungen u. einen Ester hin. Durch Verseifung wurde daraus der Alkoholanteil erhalten, der nach Chromatographie wie zuvor in Fraktion 35—38 (Bzl./Aceton, 3:1) *Geraniol*, identifiziert als α-Naphthylurethan-Deriv., ergab. Die nichtflüchtigen Säuren ließen nach dem Papierchromatogramm auf ein Gemisch aus *Butter-* u. *Isobuttersäure* schließen, so daß der neutrale Anteil des äther. Öles ein Ester des Geraniols mit Butter- u. Isobuttersäure ist. Alkaloide waren in der Droge nicht vorhanden, Konst. des äther. Öles u. der Droge werden gegeben. W. SCHÖNBORN. 4782□

Colorimetrische Bestimmung des Lävomycetins und seiner Analoga. A. M. Alijew. (Аптечное Дело [Apothekenwesen] **10.** Nr. 4. 69—72. Juli/Aug. 1961. Aserbaidshan. Med. Inst., Pharm. Fakultät.) (Russ.)

Übersicht. — 40 Literaturangaben. O. LEBTAG. 4880□

Abbott Laboratories, North Chicago (Erfinder: Roland Candiano Zagnoli, Highwood), Ill., V.St.A., **Dragierlösung für feste Arzneipräparate,** die ein flüchtiges organ. Lsgm., ein in W. lösl. oder dispergierbares, ungiftiges, filmbildendes Kunstharz u. einen physiolog. verträglichen Farbstoff enthält, gek. durch einen Geh. an Albumin (I) u./oder Tannin (II) mit der Maßgabe, daß II zugegen sein muß, wenn der Farbstoff bas. N enthält, daß I zugegen sein muß, wenn der Farbstoff Sulfonsäuregruppen enthält, u. daß I u. II vorliegen müssen, wenn der Farbstoff bas. N u. Sulfonsäuregruppen enthält. (**D. A. S. 1 118 932** Kl. 30h vom 2/9. 1960, ausg. 7/12. 1961. A. Prior. 2/9. 1959.) K. KOEBKE. 4767

Merck & Co., Inc., Rahway, N.J., V.St.A., **Träger für Pharmazeutica.** Eine wss. Gelatine-Lsg. wird bei 95—125° mit einer Säure solange hydrolysiert, bis die Lsg. fast neutral geworden ist u. eine Viscosität von 14—10 cP bei 50° angenommen hat. Dann wird genau neutralisiert, auf 40—50° abgekühlt u. 2,5—7% Glyoxal, bezogen auf das Gew. der Gelatine zugesetzt. Das Gemisch wird 10—60 Min. polymerisiert, getrocknet u. das End-Prod. fein gemahlen. (**Port. P. 37 609** vom 27/9. 1960, Auszug veröff. 27/5. 1961. A. Prior. 1/10. 1957.) A. KALIX. 4787

Farbenfabriken Bayer Akt.-Ges., Leverkusen (Erfinder: Hermann Friedrich und Rudolf Gösswald, Wuppertal), **Herstellung von haltbaren, wasserfreien, hyaluronidasehaltigen Salben,** dad. gek., daß man wasserfreie Salbengrundlagen mit Hyaluronidase u. Verbb. vom Typ des Heparins mischt. (**D. A. S. 1 120 073** Kl. 30h vom 1/12. 1956, ausg. 21/12. 1961.) K. KOEBKE. 4793

Thomas Lionel White und Kathleen White, Cheshunt, Victoria, Australien, **Salbe zur Behandlung von Fußfäule,** bestehend aus einem Gemisch von Honig (8 Teile) u. Kreosotöl (1 Teil) oder einem oder mehreren Bestandteilen des Kreosotöls. (**Aust. P. 167 011** vom 21/12. 1953, ausg. 1/3. 1956.) W. GRÄGER. 4793

Kulzer & Co. G. m. b. H., Bad Homburg v. d. Höhe (Erfinder: Carlo Rosetti, Aarau, Schweiz), **Herstellen von Polymerisaten aus Vinylverbindungen.** Die Polymerisation eines Gemisches von Vinylmonomeren mit pulverförmigen polymeren Vinyl-Verbb. wird in Ggw. eines schwerlösl. Salzes einer Sulfinsäure u. eines Salzes einer solchen quatern. Ammonium-Verb., die kein intramol. Salz bildet, durchgeführt. — Beispiel: in 100 (g) Methacrylsäuremethylester, stabilisiert mit 0,0001 Hydrochinon, werden 0,9 H_3PO_4 u. 1,5 Tetrabutylammoniumchlorid gelöst. Mit 10 Polymethacrylsäuremethylester werden 0,1 benzolsulfinsaures Ca u. 0,05 KCl sowie 0,005 Titanweiß verrieben. In diese Pulvermischung wird soviel von der zuerst genannten Lsg. eingerührt, bis eine dünnfl. Paste entsteht. Diese wird z. B. in die vorbereitete Zahnkavität eingetragen. Die Härtung erfolgt in ca. 4 Minuten. (**D. A. S. 1 123 824** Kl. 39b vom 14/2. 1953, ausg. 15/2. 1962.) F. MARKHOFF. 4799

Hyman Rosenstein, New York, übert. von: William J. Rosenfelder, Elmhurst, N.Y., V.St.A., **Herstellung einer Eisen–Cholin-Komplexverbindung.** 1 Mol Tricholincitrat wird in 6 Liter W. gelöst, dann werden 2 Mol Ferricitrat in fester Form darin verrührt, bis eine klare grüne Lsg. entstanden ist. Aus dieser wird das W. im Vakuum abdest. oder durch azeotrope Dest. mit Bzl. + Toluol entfernt. Die zurückbleibende hochviscose Masse wird aus Methanol umkrist. u. bei 70° getrocknet; grüne, gut wasserlösl. Kristalle. — Mittel gegen *Anämie.* (**A. P. 2 865 938** vom 25/9. 1957, ausg. 23/12. 1958.) A. KALIS. 4807

Badische Anilin- & Soda-Fabrik Akt.-Ges., übert. von: Heinrich Pasedach und Matthias Seefelder, Ludwigshafen/Rh., **Äthinylvinylcarbinole.** Man lagert an eine α,β-ungesätt. Carbonyl-Verb. ein Dien nach DIELS-ALDER in üblicher Weise, bes. in Ggw. von KW-Stoffen oder Äthern als Lsgm., an. Die entstandene in α,β-Stellung gesätt. Carbonyl-Verb. wird dann mit einem Acetylen in Ggw. von Alkali (Hydroxide, Alkoholate, Amide) oder Li-, Na- oder K-Acetyliden in üblicher Weise in den Acetylenalkohol übergeführt, aus dem beim Erhitzen auf 300—600° das Dien wieder abgespalten wird. — Aus 418 (Teilen) Acrolein u. 490 Cyclopentadien (I) in 1000 Bzl. nach 12std. Stehen → 850 Endomethylentetrahydrobenzaldehyd, $Kp._{22}$ 73°; aus 790 davon in 1000 Tetrahydrofuran u. 380 Na-Acetylid in 2000 Tetrahydrofuran bei 0°, dann 4 Std. bei Raum-Temp. u. Eingießen in 600 W. → 760 [Endomethylentetrahydrophenyl]-äthinylcarbinol, $Kp._{19}$ 113—114°; aus 520 davon bei 370—400° u. 60—70 Torr in einem Porzellanrohr mit Glasringen → 186 *Penten-(1)-in-(4)-ol-(3)*, $Kp._{97}$ 74°. — Methylvinylketon + I → Endomethylentetrahydroacetophenon, $Kp._{13}$ 77—78°, + Na-Acetylid → [Endomethylentetrahydrophenyl]-methyläthinylcarbinol, $Kp._{5}$ 92—93° (auch erhältlich mit Acetylen in Ggw. von KOH) → *3-Methylpenten-(1)-in-(4)-ol-(3)*, $Kp._{76}$ 64°. — 2-Methylbuten-(1)-on-(3) → 2-Acetyl-2.5.6-trimethyl-2.3-dihydropyran, $Kp._{24}$ 92°, + Na-Acetylid → 3-[2'.5'.6'-Trimethyl-2'.3'-dihydropyranyl-(2')]-butin-(1)-ol-(3), $Kp._{0,25}$ 56 bis 58°, → *2.3-Dimethylpenten-(1)-in-(4)-ol-(3)*, $Kp._{65}$ 66—70°. — Als ungesätt. Carbonyl-Verbb. sind noch verwendbar: α-Methylacrolein, Crotonaldehyd, Vinylisopropylketon, Zimtaldehyd, Mesityloxid, 2-Methylencyclohexanon u. Vinylphenylketon; als Diene: Butadien, Isopren, 2.3-Dimethylbutadien, Cyclohexadien, Anthracen u. die vorst. genannten Carbonyl-Verbb.; als Acetylene: Alkyl-, Aryl-, Aralkylacetylene oder Acetylene mit CH_2OH-, COOH-, COOR-, CH_2OR-, $CH_2N(R)_2$-Gruppen, wie Methyl-, Phenyl-, Vinylacetylen, Propargylalkohol, Propargyläther, Propiolsäure, deren Ester u. Propargylamin. — *Hypnotica* u. *Zwischenprodd.* zur Herst. von *Vitamin A.* (**A. P. 2 879 308** vom 23/11. 1956, ausg. 24/3. 1959.) G. KRAUSS. 4807

T. J. Smith & Nephew Ltd., Kingston-upon-Hull, England (Erfinder: David John Drain und Ann Mary Salaman), **Herstellung psychotherapeutisch wirksamer Hydrazinsalze.** Man mischt z. B. 3,2 (g) Isopropylhydrazin (I) mit einer Lsg. von 5 Maleinsäure in 5 cm³ A., engt das Gemisch ein u. erhält durch Zugabe von Essigester (II) 5,6 (69%) I-*Maleat*, F. 97—99° (A.–II). — Analog erhält man I-*Oxanilat* $(CH_3)_2CH-NH-NH_2 \cdot HOOC-CO-NH-C_6H_5$, F. 120—121° (A.) u. I-*p-Äthoxyoxanilat*, F. 118—120° (A.). (**E. P. 865 254** vom 8/10. 1958, ausg. 12/4. 1961.) O. MÜLLER-MEININGEN. 4807

T. J. Smith & Nephew Ltd., Kingston-upon-Hull, Yorkshire, England (Erfinder: David John Drain und Ann Mary Salaman), **Herstellung psychotherapeutisch wirksamer Hydrazinderivate.** Man red. z. B. 57 (g) 1-Acetyl-2-isopropylidenhydrazin in 200 cm³ CH_3COOH bei Normaldruck u. Raum-Temp. mit H_2 in Ggw. von 0,5 Pt-Oxid innerhalb 3 Std. u. erhält *1-Acetyl-2-isopropylhydrazin*, F. 59—60°. *1-Benzoyl-Verb.*, F. 117° (Bzl.). (**E. P. 865 255** vom 8/10. 1958, ausg. 12/4. 1961.) O. MÜLLER-MEININGEN. 4807

Parke, Davis & Co., Detroit, übert. von: William H. Edgerton, Huntington Woods, Mich., V.St.A., **Ester von Nitrophenyldichloracetamidopropandiolen** der allg. Formel I (R = Palmityl- oder Stearoylgruppe) erhält man durch Ringnitrierung eines 1-Phenyl-2-acyloxy-1-dichloracetamido-OR-substituierten Propans u. anschließende Hydrolyse des Acylrestes, der 1—18 C-Atome u. Halogenatome als Substituenten enthalten kann. Je nach der Art des Ausgangs-Prod. erhält man als End-Prod. die D-(+)-, D-(—)- oder DL-threo-Form. Die Nitrierung wird mit konz. H_2SO_4 + rauchender HNO_3 bei Temp. $<0°$ ausgeführt. Die Hydrolyse erfolgt mit wss. Lsgg. von

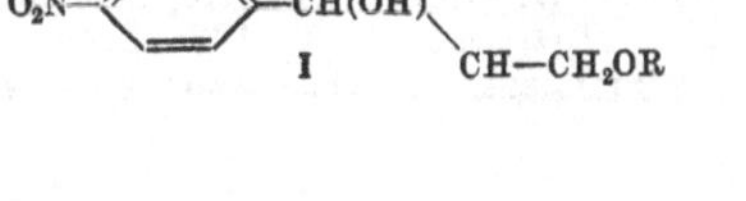

Alkali- oder Erdalkalihydroxiden, -carbonaten, -bicarbonaten oder -alkoholaten in Ggw. von wassermischbaren organ., Lsgm., wie niedrigmol. aliphat. Alkoholen u. Ketonen oder sek. oder tert. Amiden, bei Temp. von −20 bis +25°, bes. bei −5 bis +10°. — Beispiele: *D-(−)-threo-1-p-Nitrophenyl-1-dichloracetoxy-2-dichloracetamido-3-palmitoyloxypropan*, F. 71°, $[\alpha]_D^{26}$ −18° (4%ig. Lsg. in Äthylacetat), *D-(+)-threo-Form* hiervon: F. 88—89°; *D-(−)-threo-1-[p-Nitrophenyl-1-acetoxy-2-dichloracetamido-3-palmitoyloxypropan*, F. 73°, $[\alpha]_D^{26}$ −14,5° (2%ig. Lsg. in Äthylacetat), *D-(+)-threo-Form* hiervon: F. 91—92°; *D-(−)-threo-1-[p-Nitrophenyl-1-dichloracetoxy-2-dichloracetamido-3-stearoyloxypropan* u. *D-(+)-threo-Form* davon; *DL-threo-1-[p-Nitrophenyl-2-dichloracetamido-1.3-dipalmitoyloxypropan*. — *Pharmazeutika*. (**A. P. 2 864 840** vom 28/3. 1955, ausg. 16/12. 1958.) A. KALIX. 4807

Farbwerke Hoechst Akt.-Ges., vormals Meister Lucius & Brüning, Frankfurt/M. (Erfinder: Gustav Ehrhart, Bad Soden, Ingeborg Hennig, Kelkheim, Ernst Lindner, Frankfurt/M.-Höchst und Heinrich Ott, Eppstein/Taunus), **Sedativ, hypnotisch oder narkotisch wirksame β-Hydroxycarbonsäureamide** der allg. Formel $H_3C\cdot CH(OR)\cdot CH_2\cdot CO\cdot NH\cdot CH_2\cdot C(R_2)(R_3)\cdot C_6H_4\cdot R_1$ (R = H oder niedermol. Acyl; R_1 = Alkoxy mit höchstens 2 C-Atomen; R_2 u. R_3 = geradkettige, verzweigte oder cycl. Alkylreste mit höchstens 6 C-Atomen) erhält man (a) durch Red. von Acetessigsäureamiden der Formel $H_3C\cdot CO\cdot CH_2\cdot CO\cdot NH\cdot CH_2\cdot C(R_2)(R_3)\cdot C_6H_4\cdot R_1$ u. ggf. anschließende O-Acylierung; oder (b) durch Überführung von β-Hydroxybuttersäuren bzw. deren funktionellen Derivv., die auch in β-Stellung acyliert sein können, in die Amide der vorst. genannten Formel, wobei ggf. der Acylrest der β-Hydroxygruppe abgespalten oder auch nachträglich eingeführt werden kann. Man kann auch (c) β-Aminobuttersäureamide der Formel $H_3C\cdot CH(NH_2)\cdot CH_2\cdot CO\cdot NHCH_2\cdot C(R_2)(R_3)\cdot C_6H_4\cdot R_1$ mit der äquivalenten Menge HNO_2 behandeln u. ggf. anschließend O-acylieren; oder (d) β-Butyrolacton mit Aminen der Formel $H_2N\cdot CH_2\cdot C(R_2)(R_3)\cdot C_6H_4\cdot R_1$ kondensieren u. ggf. die erhaltenen β-Hydroxybuttersäureamide anschließend acylieren. — 160 g gelbes öliges β-Hydroxybuttersäure-[2-(m-methoxyphenyl)-2-äthylbutyl-(1)]-amid (**I**; hergestellt durch Einw. von $NaBH_4$ in wss. Methanol auf das ölige Acetessigsäure-[2-(m-methoxyphenyl)-2-äthylbutyl-(1)]-amid, das seinerseits durch Rk. von Diketen mit 2-[m-Methoxyphenyl]-2-äthylbutyl-(1)-amin erhältlich ist) werden mit 80 g Bernsteinsäureanhydrid in 80 ml Pyridin 90 Min. auf dem Dampfbad erwärmt, Pyridin wird dann abdest., der Rückstand mit W. versetzt mit Ae. extrahiert, der mit verd. HCl u. W. gewaschene Ae.-Extrakt mit verd. Na_2CO_3-Lsg. extrahiert, die wss. Na_2CO_3-Lsg. über Kohle filtriert, angesäuert u. mit Ae. extrahiert. Das aus dem Ae.-Extrakt als Rückstand gewonnene Öl (**II**) wird mit W. u. Na_2CO_3 behandelt u. liefert *β-Succinoxybuttersäure-[2-(m-methoxyphenyl)-2-äthylbutyl-(1)]-amid* (**III**) als *Na-Salz* in Form eines weißen hygroskop. Pulvers. Durch Behandeln von II mit $Mg(OH)_2$ erhält man analog das weiße pulverige *Mg-Salz* von **III**. Durch Schütteln von **II** mit $Mg(OH)_2$ u. Essigsäure entsteht das *essigsaure Mg-Salz* von **III**; hierbei können an Stelle von Essigsäure HCl, Propionsäure, Milchsäure, Äpfelsäure, Benzoesäure, Bernsteinsäure, Salicylsäure, Acetylsalicylsäure oder Acetursäure verwendet werden. Auch das *Ca-Salz* von **III** wird in Form eines weißen wasserlösl. Pulvers gewonnen. In ähnlicher Weise wie **III** werden die folgenden Prodd. hergestellt u. als farblose bzw. fast farblose Öle gewonnen: *β-Acetoxybuttersäure-[2-(m-methoxyphenyl)-2-äthyl-butyl-(1)]-amid*; *β-Hydroxybuttersäure-[2-(m-methoxyphenyl)-2-isopropylbutyl-(1)]-amid*; *β-Hydroxybuttersäure-[2-(m-methoxyphenyl)-2-isopropyl-n-hexyl-(1)]-amid*; *β-Hydroxybuttersäure-[2-[(-m-methoxyphenyl)-2-sek.-butyl-n-butyl-(1)-amid*; *β-Hydroxybuttersäure-[2-(p-äthoxyphenyl)-2-äthylbutyl-(1)]-amid*. Das durch Rk. von Diketen mit 2-[m-Methoxyphenyl]-2-cyclohexylbutyl-(1)-amin u. Red. des entstandenen Acetessigsäure-Deriv. mittels NaBH erhaltene *β-Hydroxybuttersäure-[2-(2-methoxyphenyl)-2-cyclohexylbutyl-(1)]-amid* zeigt den F. 106—107° (aus Cyclohexan). (**D. A. S. 1 081 025** Kl. 12q vom 30/11. 1957, ausg. 5/5. 1960.) A. MOHR. 4807

F. Hoffmann-La Roche & Co. Akt.-Ges., Basel, Schweiz, **Herstellung von Hydraziden** der allg. Formel I bzw. ihrer Salze (X = ein oder mehrere H-, Halogen-, Nitro-, Hydroxy-, Alkyl-, Alkoxy-, Alkanoyloxy-, Alkylendioxy-, Alkylidendioxy- oder Alkylmercaptogruppen C_1—C_6). Man tropft z. B. eine Lsg. von 18,3 (g) p-Isopropylbenzoylchlorid in 100 cm³ abs. Bzl. zur Lsg. von 32 1.2-Diisopropylhydrazin (**II**) in 150 cm³ abs. Bzl., kocht 1 Std. unter Rückfluß, filtriert u. konz. das Filtrat im Vakuum. Man erhält hierbei *1-[p-Isopropylbenzol]*-**II**, $Kp._{0,07}$ 112—114°. — 2.4.6-Trimethylbenzoylchlorid + **II** → *1-[2'.4'.6'-Trimethylbenzoyl]*-**II**, $Kp._{0,01}$ 110—111°; *Hydrochlorid*, F. 121 bis 122° (A.–Ae.). — p-Toluylchlorid + **II** → *1-[p-Toluyl]*-**II**, $Kp._{0,04}$ 76—77°; F. 41 bis 42°; *Hydrochlorid*, F. 163—164°. — *1-[p-tert.-Butylbenzoyl]*-**II**, $Kp._{0,03}$ 98—100°; *Hydrochlorid*, F. 165—166°. — *1-[p-Anisoyl]*-**II**, $Kp._{0,01}$ 95—96°; *Hydrochlorid*,

F. 165—166° (Zers.). — *1-(3'.4'.5'-Trimethoxybenzoyl)*-**II**, F. 63—64° (PAe.). — *1-[o-Acetoxybenzoyl]*-**II**, Kp.$_{0,01}$ 95—97°; liefert bei Erhitzen mit 3nNaOH auf 50° u. Ansäuern mit HCl → *1-Salicoyl*-**II**, F. 93—94°. — *1-[p-Chlorbenzoyl]*-**II**, F. 66—67° (A.-W. 4:3). — *1-[2'.6'-Dichlorbenzoyl]*-**II**, F. 73 bis 75°. — *1-[2'.4'-Dichlorbenzoyl]*-**II**, Kp.$_{0,05}$ 120°. — *1-Veratroyl*-**II**, F. 92.5—93.5° (PAe.). — *1-[p-Nitrobenzoyl]*-**II**, F. 85 bis 87°. — Die Verbb. haben eine *stimulierende* Wrkg. auf das Zentralnervensystem. (**E. P. 864 236** vom 8/10. 1959, ausg. 29/3. 1961. Schwz. Prior. 17/10. 1958.)

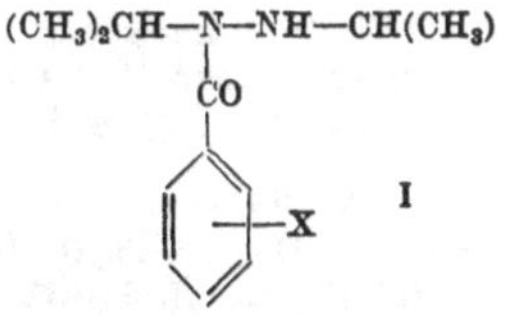

O. Müller-Meiningen. 4807

G. D. Searle & Co., Chicago, übert. von: Kurt J. Rorig, Glenview, Ill., V.St.A., **4-Dialkylamino-2-hydroxybenzyl-2-hydroxyphenylbutyronitrile, entsprechende Amide und Äther** der allg. Formel I (Z = —CN oder —CO-NH_2, R = H-Atom oder ein niedrigmol. Alylrest; R' u. R'' = Alkylreste mit <9 C-Atomen) erhält man z. B. durch eine Rk. zwischen Diaminoäthylchlorid u. α.β-Dianisylpropionitril in Ggw. von $NaNH_2$ in einem KW-Stoff-Lsgm., wie Bzl., Toluol, Xylol. Amide erhält man aus den entsprechenden Nitrilen durch Hydrolyse mit CH_3ONa in A. + W., Salze erhält man aus den Amiden durch einfaches Mischen mit äquivalenten Mengen starker Säuren, quart. Ammoniumsalze durch mehrstd. Erhitzen mit Alkylhalogeniden auf 35—100°. — Beispiele: *4-Diäthylamino-2-[p-methoxybenzyl]-2-[p-methoxyphenyl]-butyronitril*, Kp.$_{0,2}$ 184—188°, *Brommethylat*, gelbes sehr stark hygroskop. Pulver; *4-Diäthylamino-2-[p-hydroxybenzyl]-2-[p-hydroxyphenyl]-butyronitril*, graugrüne Kristalle, F. 133 bis 137°; *4-Diäthylamino-2-[p-methoxybenzyl]-2-[p-methoxyphenyl]-butyramid*, F. 147 bis 148°. — *Diuretica*. (**A. P. 2 854 472** vom 24/12. 1956, ausg. 30/9. 1958.)

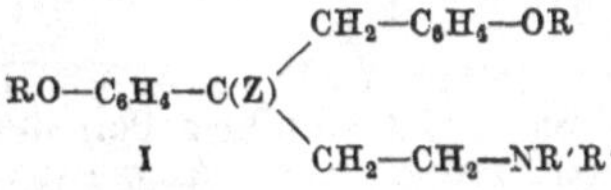

A. Kalix. 4807

Algird Kreuchunas, Detroit, Mich., V.St.A., **Herstellung von 2.3.6-Trihydroxybenzoesäure und deren Derivaten.** Ein durch eine COX-Gruppe substituiertes Chinon (I) wird in Ggw. eines Katalysators (II) mit einem Säureanhydrid, bes. Essigsäureanhydrid, bei 20—40° behandelt, wobei ein Triacetyl-Deriv. von I entsteht. Dasselbe wird dann bei Normaltemp. u. anschließendem kurzen Kochen unter Rückfluß mit A. oder Methanol u. HCl als Katalysator hydrolysiert. Hierbei ist X eine OH-Gruppe, eine Alkoxylgruppe mit 1—6 C-Atomen oder ein NR_1R_2-Rest, in welchem R_1 u. R_2 H-Atome oder Alkylgruppen mit 1—6 C-Atomen sind. Herst. von I nach Canad. J. Res. **26** E [1948.] 200 u. Monatsh. **34**. [1913.] 913. Beispiele für **II**: P_2O_5, HF, BF_3, $ZnCl_2$, Orthophosphor- u. Schwefelsäure. — Beispiele: *2.3.6-Trihydroxybenzoesäure* (**III**), *Methylester* von **III**, gelbe Kristalle, F. 139,5—141°; **III**-*Amid*, *N.N-Dimethyl*-**III**-*Amid*. — *Mittel* gegen *Fieber* u. *Rheumatismus*. (**A. P. 2 849 480** vom 5/10. 1956, ausg. 26/8. 1958.)

A. Kalix. 4807

Curators of the University of Missouri, übert. von: Norman Rabjohn, Columbia, Mo., V.St.A., **Herstellung von β-substituierten Aminoalkyl-2.6-dialkylsubstituierten Benzoaten.** Verbb. der allg. Formel I (R_1 u. R_2 = Alkylgruppen mit 1—10 C-Atomen, R_3, R_4 u. R_5 = H-Atome oder Alkylgruppen mit 1—3 C-Atomen, R_6 = aliphat. KW-Stoffrest mit 2—4 C-Atomen; R_7 u. R_8 = Alkylgruppen mit 1—4 C-Atomen, wobei R_7 + R_8 zusammen nicht mehr als 6 C-Atome enthalten dürfen oder R_7 + R_8 bilden einen Pentamethylenring). I erhält man durch Rk. von 1 Mol einer durch R_1, R_2, R_3, R_4 u. R_5 substituierten Benzoesäure mit 1 Mol eines entsprechend substituierten β-disubstituierten Aminoalkylchlorid-Hydrochlorids in Ggw. von 2 Äquivalenten eines schwach alkal. Mittels, wie $KHCO_3$ oder $NaHCO_3$, zur Neutralisierung der entstehenden HCl. Bevorzugt hergestellt werden Verbb. in denen R_1 u. R_2 je 3 C-Atome enthalten u. R_7 = R_8 = C_2H_5 ist. Die Rk. wird in wasserfreien Lsgm., bes. Toluol, bei erhöhten Temp., bes. durch Kochen unter Rückfluß durchgeführt. — Beispiele: *β-Diäthylaminoäthyl-2.6-dimethylbenzoat·HCl*, $C_{15}H_{24}ClNO_2$, F. 161—164°; *β-Diäthylaminoäthyl-2.4.6-trimethylbenzoat·HCl*, $C_{16}H_{26}ClNO_2$, F. 182—183,5°; *β-Diäthylaminoäthyl-2.3.5.6-tetramethylbenzoat·HCl*, $C_{17}H_{28}ClNO_2$, F. 192—194°; *β-Diäthylaminoäthyl-2.3.4.5.6-pentamethylbenzoat·HCl*, $C_{18}H_{30}ClNO_2$, F. 204,5—206,5°; *β-Diäthylaminopropyl-*, *β-Diäthylaminoisopropyl-*, *β-Diäthylaminobutyl-*, *β-Diäthylamino-sek.-butyl-* u. *β-Diäthylaminoisoisobutyl-2.3.4.5.6-pentamethylbenzoat·HCl*; *β-Diäthylaminoäthyl-2.4.6-triäthylbenzoat HCl*, $C_{19}H_{32}ClNO_2$, F. 145,5—146,5°; *β-Diäthylaminoäthyl-*

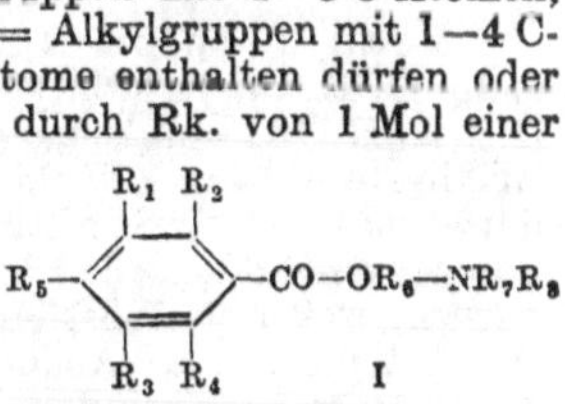

2.3.5.6-tetraäthylbenzoat·HCl, $C_{21}H_{36}ClNO_2$, F. 151—152°; *β-Diäthylaminoäthyl-2.4.6-triisopropylbenzoat·HCl*, $C_{22}H_{38}ClNO_2$, F. 195,5—197°. — *Lokalanästhetica* mit verlängerter Wirkung. (**A. P. 2 831 016** vom 27/5. 1954, ausg. 15/4. 1958.) A. Kalix. 4807

Kabushiki Kaisha Dainippon Zoki Kenkyujo, Osaka (Erfinder: Hiroshi Nakamura, Tokyo, Naoichi Hakota und Taro Nakamura, Osaka), Japan, **Mittel gegen Spulwürmer.** Man dispergiert organ. Isothiocyan-Verbb. der Formel RCNS′ mittels eines oberflächenakt. Mittels in W. (R = Alkyl-, Alkenyl-, Carboxyalkylgruppe, Phenyl- oder Benzylrest, die auch ein- oder mehrfach durch Alkyl-, OH-Gruppen, Halogen, NO_2-, Amino-Gruppen substituiert sein können), z. B. Benzyl-, Allyl-, Butyl-, Crotonylisothiocyanat, α-Isothiocyancaprinsäure, Isothiocyanessigsäure, deren Isopropylester, 3.5-Dinitrophenylisothiocyanat, 4-Hydroxybenzylisothiocyanat. — Man dispergiert z. B. 10 (g) Allylisothiocyanat, 20 Campherweißöl, 10 Bzl., 10 Na-Salz einer halogenierten aliphat. Säure, 120 W. u. 30 Leim. (**Jap. A. S. 200/1960** vom 11/6. 1956, ausg. 14/1. 1960.) M. Pankow. 4807

Miles Laboratories, Inc., übert. von: Otis E. Fancher, Elkhart, Ind., V.St.A., **Substituierte Polyamine** der allg. Formel $X{-}CH_2{-}(Y)N(CH_2)_3NRR_1$ erhält man, indem zuerst Amine der Formel $H_2N(CH_2)_3NRR_1$ in Ggw. von Aldehyden der Formel XCH_2O mit H_2 in Ggw. von Pt als Katalysator unter Überdruck umgesetzt werden. In das Rk.-Prod. wird durch Rkk. mit Säureanhydriden die Y-Gruppe eingeführt. In den Formeln bedeuten R u. R_1 niedrigmol. Alkylgruppen, X eine Alkyl-, Dialkylaminopropyl- oder Methylendioxyphenylgruppe, Y ein H-Atom, eine Acyl- oder Allylgruppe. — Beispiele: *N-Isobutyl-N-[γ-diäthylaminopropyl]-acetamid.* HCl, $C_{13}H_{29}ClN_2O$, hygroskop. Prod.; *N.N-Bis-[γ-diäthylaminopropyl]-acetamid*·2 HCl, $C_{16}H_{37}Cl_2N_3O$, F. 114 bis 116°, Kristallnadeln; *N-[γ-Di-n-propylaminopropyl]-piperonylamin*, $C_{17}H_{30}Cl_2N_2O_2$; F. 173—175°; *N-[γ-Di-n-propylaminopropyl]-N-methylpiperonylamin*, $C_{18}H_{33}Cl_2N_2O_2$; *N.N-Bis-[γ-diäthylaminopropyl]-p-nitrobenzamid*·2 HCl, $C_{21}H_{38}Cl_2N_4O_3$, F. 248—249°; *N.N-Bis-[γ-di-n-propylaminopropyl]-p-nitrobenzamid*·2 HCl, $C_{25}H_{46}Cl_2N_4O_3$, F. 194 bis 195°; *N.N-Bis-[γ-di-n-propylaminopropyl]-methylamin*·3 HCl, $C_{19}H_{46}Cl_3N_3$, F. 172 bis 173°; *N-[γ-Di-n-butylaminopropyl]-piperonylamin*·2 HCl, $C_{19}H_{34}Cl_2N_2O_2$, F. 156°; *N-[γ-Di-n-butylaminopropyl]-N-methylpiperonylamin*·2 HCl, $C_{20}H_{36}Cl_2N_2O_2$, F. 195 bis 198°. Die Verbb. besitzen *amöbicide* u. *hypotensive* Wirkung. (**A. P. 2 851 466** vom 4/2. 1955, ausg. 9/9. 1958.) A. Kalix. 4807

Wolfgang Voigtländer und Ernst Carstens, Radebeul, **Herstellung von γ-Dimethylamino-α.α-diphenylbuttersäureäthylester** (I) durch mehrmalige Veresterung der aus γ-Dimethylamino-α.α-diphenylbuttersäurenitril (II) durch Verseifung mit H_2SO_4 erhaltenen Säure mit abs. A. bei 75—83° unter Normaldruck u. azeotroper Entfernung des Rk.-Wassers. — 152 (Teile) II werden mit 200 konz. H_2SO_4 u. 50 W. 10—20 Std. bei 145—150° verseift, danach wird unter Zugabe von zweimal 100 Bzl. W. im Vakuum entfernt, der Rückstand wird fünfmal durch 5std. Kochen mit je 250 abs. A. u. Abdest. des A. unter Zusatz von je 100 Bzl. verestert, das Rk.-Prod. wird in W. gelöst, $<10°$ mit NaOH alkalisiert, in Ae. aufgenommen u. fraktioniert: I, $Kp._{1-2}$ 175 bis 188°; Ausbeute 58,2%. *Hydrochlorid*, F. 192—193°. — *Heilmittel*. (**D. P. [DDR] 22 405** Kl. 12q vom 22/5. 1958, ausg. 7/12. 1961 [Wirtschaftspatent].) L. Grossner. 4807

Mead Johnson & Co., übert. von: Kenneth N. Campbell, Evansville, Ind., V.St.A., **1.1-Diaryl-2-aminoalkanole** der allg. Formel $(Ar)_2{-}C(OH){-}CH{-}(NR_1R_2)R_3$ [Ar = (gleiche oder verschiedene) Arylgruppen, R_1 u. R_2 = niedrigmol. Alkylreste u. R_3 = KW-Stoff-Rest mit gerader Kette u. 4—6 C-Atomen] erhält man z. B. mittels einer Grignard-Rk. aus α-Aminosäureestern, hierbei werden gleichartige Arylgruppen eingeführt. Die Rk. kann auch mit einem Oxim eines Alkylarylketons ausgeführt werden, wobei zunächst ein Äthylenimin-Deriv. entsteht, das mit verd. Mineralsäure zum entsprechenden Aminoalkohol hydrolysiert wird, worauf dieser, wenn erwünscht, am N-Atom noch alkyliert werden kann. Die Endprodd. können leicht in Salze oder, wenn N tert. ist, in quatern. NH_4-Salze übergeführt werden. — Beispiele: *1.1-Diphenyl-2-dimethylaminohexanol-(1)* $Kp._{0,6}$ 166°; *1.1-Diphenyl-2-äthylaminohexanol-(1)*, $Kp._{15}$ 95°, n_D^{20} 1,4348; *1.1-Diphenyl-2-aminoheptanol-(1)*, F. 55—65°, *Hydrochlorid*, F. 223 bis 224°. *Stimulantien* für das Zentralnervensystem. (**A. P. 2 879 294** vom 25/1. 1956, ausg. 24/3. 1959. **E. P. 805 511** vom 29/10. 1956, ausg. 10/12. 1958. A. Prior. 25/1. 1956.) A. Kalix. 4807

Schering Akt.-Ges. (Erfinder: Helmer Richter), Berlin, **3-Substituierte 1-Benzylindane** der allg. Formel I, wobei der Benzylring substituiert sein kann

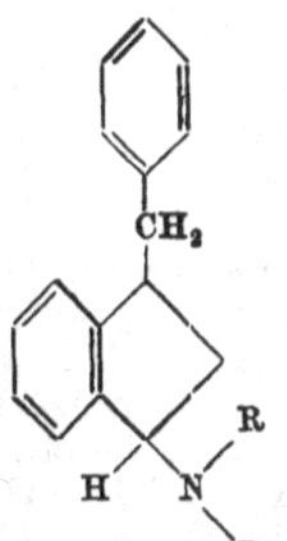

I

u. worin R u. R′ H-Atome oder niedrigmol. ggf. durch OH substituierte Alkylgruppen bedeuten, die auch mit dem N einen heterocycl. Rest bilden können, werden durch Anlagerung von Halogenwasserstoff an entsprechende Indene u. anschließende Rk. mit NH_3 oder Aminen hergestellt. — In 8,3 g 3-Benzylinden leitet man bei 0–5° langsam wasserfreies HCl ein, nach 8 Std. 1,5 g Gewichtszunahme. Das so erhaltene 3-Chlor-1-benzylindan wird in einer Druckflasche unter Kühlung mit 10 ml Dimethylamin umgesetzt u. 24 Std. bei Raum-Temp. stehengelassen. Das überschüssige Amin läßt man abdampfen, nimmt in Ae. u. W. auf u. isoliert mit HCl aus der Ae.-Lsg. nach Waschen u. Trocknen → 6,9 g *1-Benzyl-3-dimethylaminoindanhydrochlorid* (57,5%), *Semihydrat*, F. 163—178°, nach Sintern bei 153°. Es liegt als cis–trans-Isomerengemisch vor. — Analog aus 3-[p-Methoxybenzyl]-inden, $Kp._{0,4}$ 156—160° → *1-[p-Methoxybenzyl]-3-dimethylaminoindanhydrochlorid* (29,1%), *Semihydrat*, F. 186—192° (aus $CHCl_3$/Ae.). — *1-[p-Methoxybenzyl]-3-diäthylaminoindanhydrochlorid* (58,3%), F. 172—174° (aus Aceton). — Aus 3-[p-Äthoxybenzyl]-inden, $Kp._{0,5}$ 171—173° → *1-[p-Äthoxybenzyl]-3-dimethylaminoindenhydrochlorid* (59,4%), *Semihydrat*, F. 156—159° (aus $CHCl_3$/Ae.). — *1-[p-Äthoxybenzyl]-3-diäthylaminoindanhydrochlorid* (72,4%), *Semihydrat*, F. 173—175° (aus Aceton). — *1-[p-Äthoxybenzyl]-3-methyläthylindanhydrochlorid* (61,2%), *Semihydrat*, F. 167,5 bis 170,5°. — *1-[p-Äthoxybenzyl]-3-dipropylaminoindanhydrochlorid* (42,2%), *Semihydrat*, F. 180—181° (aus Aceton). — *1-[p-Äthoxybenzyl]-3-piperidinoindanhydrochlorid* (56,4%), *Semihydrat*, F. 172—174° (aus Aceton/Ae.). — Aus 3-[p-Isopropoxybenzyl]-inden, $Kp._{0,3}$ 160—175° → *1-[p-Isopropoxybenzyl]-3-dimethylaminoindanhydrochlorid* (70,6%), F. 144 bis 146° (aus $CHCl_3$/Ae.). — 1-[p-Isopropoxybenzyl]-3-diäthylaminoindan (60%), gelbliches Öl, das *saure Tartrat* hat keinen charakterist. Schmelzpunkt. — Aus 32,7 (g) 3-[o-Äthoxybenzyl]-inden, $Kp._{0,8}$ 171—179° → 12,2 *1-[o-Äthoxybenzyl]-3-diäthylaminoindanhydrochlorid*, F. 170—172° (aus Aceton). Mit Ae. aus der Aceton-Lsg. noch 18,5 Substanz von F. 137—139°, die beiden Hydrochloride sind cis–trans-Isomere, Gesamtausbeute 65,3%. — Aus 13 3-[m-Äthoxybenzyl]-inden, $Kp._{0,3}$ 175—183° → 7,4 *1-[m-Äthoxybenzyl]-3-diäthylaminoindanhydrochlorid*, *Semihydrat*, F. 125—130° u. 110—117° (Isomerengemisch aus Aceton/Ae.). — Aus 3-[p-Butoxybenzyl]-inden, $Kp._{0,8}$ 205—214°, u. HBr → 1-[p-Butoxybenzyl]-3-bromindan, F. 75—76°, hieraus mit Diäthylamin → *1-[p-Butoxybenzyl]-3-diäthylaminoindanhydrochlorid* (II) (90,2%), F. 147—148°, geht man vom rohen Brom-Deriv. aus, erhält man II-*Semihydrat*, F. 114—120°; die beiden Hydrochloride sind cis–trans-Isomere. — Aus 3-[p-Chlorbenzyl]-inden, $Kp._{0,3}$ 183—189°, u. HBr → 1-[p-Chlorbenzyl]-3-bromindan, F. 106—107°; hieraus mit Diäthylamin → *1-[p-Chlorbenzyl]-3-diäthylaminoindan* (78,8%), F. 62—63°, *Hydrochlorid*, F. 189—190°, ein Isomeres vom F. 155—160° (aus Bzl.) erhält man aus dem rohen Brom-Derivat. — Aus 1-[3′-Methoxy-4′-äthoxybenzyl]-inden, $Kp._{0,2}$ 196—210° → *1-[3′-Methoxy-4′-äthoxybenzyl]-diäthylaminoindanhydrochlorid*, *Semihydrat*, F. 112—114° (aus Aceton). — Aus 11,5 3-[3′.4′-Diäthyloxybenzyl]-inden, $Kp._{0,7}$ 202—205° → 6,7 *1-[3′.4′-Diäthoxybenzyl]-3-diäthylaminoindanhydrochlorid*, *Semihydrat*, F. 145—146° (aus Aceton). — Analog: *1-[3′.4′-Diäthoxybenzyl]-3-N-methylpiperazinoindanhydrochlorid*, F. 184—189°. — *1-[3′.4′-Diäthoxybenzyl]-3-diäthanolaminoindanhydrochlorid*, amorph, F. 52—61°. — *Coronargefäßerweiterer* u. Zwischenprodd. für Arzneimittel. (**D. A. S. 1 098 510** Kl. 12o vom 12/11. 1959, ausg. 2/2. 1961.) A. Debo. 4807

Farbenfabriken Bayer Akt.-Ges., Leverkusen (Erfinder: Hartmund Wollweber, Rudolf Hiltmann, Wolfgang Wirth und Horst Kreiskott, Wuppertal), **Bicyclische Hydrazinderivate** der allg. Formel **I** (R = Bicycloheptyl, Bicycloheptenyl, ggf. durch niedermol Alkylreste substituiert; R′ = H, niedermol. Alkyl; R″ = H, Carbalkoxy- oder Acylgruppe; n = 0,1) u. ihre Salze werden hergestellt durch Rk. a) der reaktionsfähigen Ester von Alkoholen der allg. Formel **II** mit Hydrazin, Acylhydrazinen oder Carbalkoxyhydrazinen, b) von Aminen der allg. Formel **III** mit

$$R-\left[\begin{array}{c}CH\\|\\R'\end{array}\right]_n-\begin{array}{c}CH\\|\\R'\end{array}-NH-NH-R''\quad\text{I}\qquad R-\left[\begin{array}{c}CH\\|\\R'\end{array}\right]_n-\begin{array}{c}CH\\|\\R'\end{array}-OH\quad\text{II}\qquad R-\left[\begin{array}{c}CH\\|\\R'\end{array}\right]_n-\begin{array}{c}CH\\|\\R'\end{array}-NH_2\quad\text{III}\qquad R-\left[\begin{array}{c}CH\\|\\R'\end{array}\right]_n-\begin{array}{c}C{=}O\\|\\R'\end{array}\quad\text{IV}$$

Hydroxylamin-O-sulfonsäure, c) von Carbonyl-Verbb. der allg. Formel **IV** mit Hydrazin, Acylhydrazinen oder Carbalkoxyhydrazinen u. Red., wobei die so erhaltenen Verbb. entweder zu den entsprechenden Hydrazinen hydrolysiert oder am β-N acyliert oder carbalkoxyliert werden können. — Aus 69 (g) Bicyclo-[2.2.1]-heptyl-(2)-methylketon u. 52 Hydrazincarbonsäureäthylester in 200 ml Bzl. durch Kochen unter Rückfluß, bis die theoret. Menge W. abgeschieden ist → 86 Bicyclo-[2.2.1]-heptyl-(2)-methylketoncarbäthoxyhydrazon, F. 213–214°. Aus 21,2 der vorst. Verb. durch Hydrieren mit PtO_2 in Eisessig bei 20° → 19 *α-[1-Bicyclo-[2.2.1]-heptyl-(2)-äthyl]-β-carbäthoxyhydrazin*, $Kp._{0,2}$ 130°; *Hydrochlorid*, F. 161°. 30 der vorst. Verb. werden mit NaOH in A. hydrolysiert → 21 *1-Bicyclo-[2.2.1]-heptyl-(2)-äthylhydrazin* (**V**), $Kp._{12}$ 114–115°; *Hydrochlorid*, F. 115°. – Analog aus Bicyclo-[2.2.1]-heptyl-(2)-aceton → *α-[2-Bicyclo-[2.2.1]-heptyl-(2)-isopropyl]-β-carbäthoxyhydrazin*, $Kp._{0,1}$ 120–125°; *Hydrochlorid*, F. 134–135°, hieraus durch Hydrolyse → *2-Bicyclo-[2.2.1]-heptyl-(2)-isopropylhydrazin*, $Kp._{12}$ 128°; *Hydrochlorid*, F. 150–151°. – Analog aus (Bicyclo-[2.2.1]-hepten-(5)-yl)-methylketon → *α-[1-Bicyclo-[2.2.1]-hepten-(5)-yl-(2)-äthyl]-β-carbäthoxyhydrazin*, $Kp._{0,1}$ 125°; *Phosphat*, F. 140, hieraus durch Hydrolyse → *1-Bicyclo-[2.2.1]-hepten-(5)-yl-(2)-äthylhydrazin*, $Kp._{0,3}$ 74–76°; *Phosphat*, F. 135–138°. – 75 (g) 1-(Bicyclo-[2.2.1]-heptyl)-äthylchlorid (**VI**), 70 Hydrazinhydrat u. 250 ml Dioxan 16 Std. unter Rückfluß → 35 *1-Bicyclo-[2.2.1]-heptyl-(2)-äthylhydrazin*, $Kp._{12}$ 114–115°. – **VI** wird erhalten durch katalyt. Red. von Bicyclo-[2.2.1]-heptyl-(2)-methylketon zum entsprechenden Carbinol, $Kp._{13}$ 89–90°, u. dessen anschließende Rk. mit $SOCl_2$ zu **VI**, $Kp._{12}$ 70–74°. – 31 1-Bicyclo-[2.2.1]-heptyl-(2)-äthylhydrazin, 30 $CO(OC_2H_5)_2$ in 100 ml A. 10 Std. unter Rückfluß → 35 *α-[1-Bicyclo-[2.2.1]-heptyl-(2)-äthyl]-β-carbäthoxyhydrazin*, $Kp._{0,2}$ 130°; *Hydrochlorid*, F. 160–161°. – Zu 120 ml W., 10 (g) KOH u. 70 1-Bicyclo-[2.2.1]-hepten-(5)-yl-(2)-äthylamin tropft man innerhalb 30 Min. unter starkem Rühren 9,9 Hydroxylamin-O-sulfonsäure in 50 ml Eiswasser. Nach Zugabe von 70 ml Eisessig werden etwa 50 ml abdest., dann gibt man in 10 Min. unter Rühren bei 50° 9 Benzaldehyd zu, kühlt ab u. extrahiert mit Ae., aus der Ae.-Lsg. wird nach Zugabe von 20 Oxalsäure der Benzaldehyd mit Wasserdampf abdest., der Rückstand wird im Vakuum eingedampft u. in Ae. aufgenommen → **V**. – *Therapeutica*, bes. *Stimulantia mit Antireserpin-Wrkg.*, besser als α-Isopropyl-β-isonicotinoylhydrazin. (**D. A. S. 1 105 410** Kl. 12o vom 30/9. 1959, ausg. 27/4. 1961.) A. Debo. 4807

E. Merck Akt.-Ges. (Erfinder: Wolfgang Fruhstorfer und Helmut Müller-Calgan), Darmstadt, **Herstellung von 2-[2′.6′-Dimethyl-3′-hydroxy-4′-tert.-butylbenzyl]-imidazolin.** Als Ausgangs-Prod. wird 2.6-Dimethyl-3-hydroxy-4-tert.-butylphenylessigsäure oder ein funktionelles Säure-Deriv. (I) davon verwendet u. mit NH_3, einem NH_3 abgebenden Stoff, mit Äthylendiamin oder einem reaktiven N-Deriv. (II) davon umgesetzt. Dabei entsteht direkt oder stufenweise die Verb. gemäß Formel III. Beispiele für I: Ester, Halogenide, Amide, Amidine, Thioamide, Iminoäther, Thioiminoäther, Iminohalogenide oder Nitrile; diese I können auch erst während der Rk. gebildet werden. Beispiele für II: N-Acyläthylendiamine, N.N′-Diacyläthylendiamine wie Äthylenharnstoff u. andere II, die bei Rkk. von Äthylendiamin mit Carbonsäuren u. ihren funktionellen Derivv. Imidazoline ergeben, die am N-Atom nicht substituiert sind. Weitere Beispiele: Verbb., die durch Einw. von NH_3 in Äthylendiamin übergeführt werden können wie Aminoäthanol u. Ester davon, β-Chloräthylamin, Äthylendihalogenide, ferner Mono- u. Di-Salze der II. Ausführliche Beschreibung des Rk.-Mechanismus. – Z. B. erhält man aus 2.6-Dimethyl-3-hydroxy-4-tert.-butylbenzylcyanid u. Äthylendiamin-mono-p-toluolsulfonat im Ölbad von 235° in 62%ig. Ausbeute *2-[2′.6′-Dimethyl-3′-hydroxy-4′-tert.-butylbenzyl]-imidazolin*, F. 180–182°, Hydrochlorid, F. 300–303° (Zers.). Verw.: Als *blutdrucksteigernde* bzw. *gefäßverengende Mittel*. (**D. A. S. 1 117 588** Kl. 12p vom 30/9. 1960, ausg. 23/11. 1961.) A. Kalix. 4807

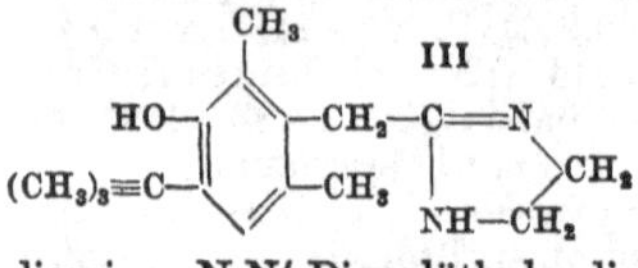

III

Lakeside Laboratories, Inc., übert. von: John H. Biel, Milwaukee, Wis., V.St.A., **Herstellung von neuen Piperidyl-(3)-benzhydryläthern** der allg. Formel I worin R = H, eine niedermol. Alkylgruppe mit bis zu 8 C-Atomen oder einen Alkylarylrest u. A u. B = H, Br, Cl, eine niedermol. Alkyl- oder Alkoxygruppe bedeutet, dad. gek., daß man ein N-Acyl-3-hydroxypiperidin mit einem Benzhydrylhalogenid umsetzt u. in dem Rk.-Prod. die N-Acylgruppe hydrolysiert. – N-Acetyl-3-hydroxypiperidin u. Na in wasserfreiem Toluol wird nach 2std. Kochen unter Rückfluß mit Benzhydrylchlorid versetzt u. 10 Std. erhitzt. Das Rk.-Gemisch wird nach Filtration im Vakuum bei 86–200° u. 0,04–0,06 mm dest., das Destillat mit 20%ig. CH_3OH-KOH-Lsg. in A. hydrolysiert, das Filtrat im Vakuum eingeengt, mit Ae. extrahiert u. der Extrakt im Vakuum fraktioniert destilliert. → *Piperidyl-(3)-benzhydryläther*, $Kp._{0,04}$ 138–141°, *Fumarat*, F. 168–169°; analog aus N-Methyl-3-hydroxypiperidin u. Benzhydrylchlorid → *N-Methylpiperidyl-(3)-benzhydryläther*, $Kp._{0,1}$ 140–147°, *Fumarat*,

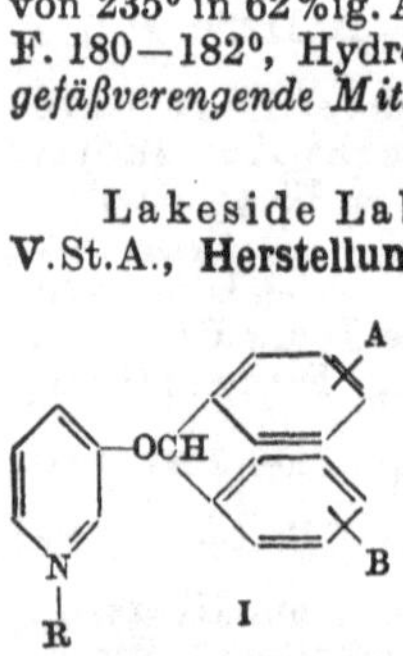

I

F. 180° (Zers.); aus 3-Hydroxypiperidinacetamid, o-Chlorbenzhydrol u. Tri-n-propylamin in Xylol → *Piperidyl-(3)-o-chlorbenzhydryläther*, $Kp._{0,03}$ 172—174°, *Fumarat*, F. 163—164° (Zers.); *N-Methylpiperidyl-(3)-o-chlorbenzhydryläther*, $Kp._{0,045}$ 147—150°, *Fumarat*, F. 189—190°. *N-Methylpiperidyl-(3)-benzhydrylätherhydrochlorid*, F. 70° (Zers.), *Methobromid*, F. 70° (Zers.). — *Sedativa.* (**A. P. 2 974 146** vom 24/2. 1956, ausg. 7/3. 1961.) W. HEYER. 4807

F. Hoffmann-La Roche & Co. Akt.-Ges., Basel, Schweiz (Erfinder: Anthony Mesnard Parsons, Welwyn Garden City, Hertfordshire, England), **Herstellung von Methylpiperidylpentanolestern** der allg. Formel **I** (R = ggf. durch Nitro- u./oder Methoxygruppen substituierter Phenyl- oder Naphthylrest) durch Umsetzung von 5-[1'-Methylpiperidyl-(4')]-pentanol-(2) (II) mit einem entsprechenden Säurehalogenid. — 4,7 g **II**, 25 (ml) abs. Dioxan u. 3,2 Benzoylchlorid werden $^1/_2$ Std. erhitzt, nach Kühlung werden 25 40%ig. K_2CO_3-Lsg. zugesetzt, die organ. Schicht wird abgetrennt, eingedampft u. der Rückstand in das Hydrobromid übergeführt: 6,6 g *5-[1'-Methylpiperidyl-(4)']-pentyl-(2)-benzoat·HBr*, F. 188—189° (A.-Essigester). *Methojodid*, F. 117—119° (Isopropanol-Ae.). — Analog folgende 5-[1'-Methylpiperidyl-(4')]-pentyl-(2)-Derivv.: *p-Nitrobenzoat*, F. 53°. *Hydrobromid*, F. 140—142° (Isopropanol). — *α-Naphthoatperchlorat*, F. 92—94° (Essigester-Ae.). — *3.4.5-Trimethoxybenzoathydrobromid*, F. 163—164° (Isopropanol). — Das als Ausgangs-Prod. verwendete **II** ($Kp._{0,05-0,07}$ 109—119°; n^{20} 1,5157; $D.^{20}$ 1,01) kann z. B. durch Umsetzung von 4-Vinylpyridin mit Na-Acetessigsäureäthylester, Verseifung des erhaltenen 2-Acetyl-4-[pyridyl-(4')]-buttersäureäthylesters ($Kp._{0,3}$ 150°; n^{20} 1,4990; $D.^{20}$ 1,08) mit Soda-Lsg. zu 5-[Pyridyl-(4')]-pentanon-(2) ($Kp._{12}$ 160°; n^{20} 1,5103; $D.^{20}$ 1,02) u. Red. dieser Verb. mit $LiAlH_4$ erhalten werden. — *Therapeutica bei Arteriosklerose.* (**D. P. [DDR] 22 442** Kl. 12p vom 27/6. 1959, ausg. 22/12. 1961 [Ausschließungspatent]. E. Prior. 23/7. 1958.) L. GROSSNER. 4807

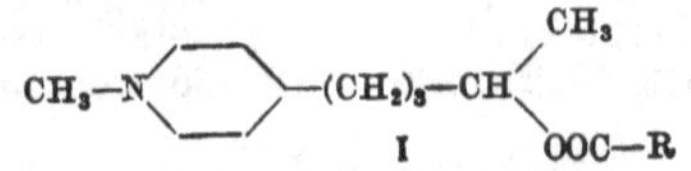

I

Warner-Lambert Pharmaceutical Co., Morris Plains, übert. von: Floyd E. Anderson, Morris Plains, und Jack Bobinski, Dover, N.J., V.St.A., **Herstellung von 4-[o-Benzylphenyl]- beziehungsweise p-Bicyclohexylyl-(4)-2.2.6.6-tetramethylpiperidinol-(4)**, F. 128°, *Hydrochlorid*, F. 239° bzw. *Hydrochlorid*, F. 183—184°, durch Rk. von einem Triacetonamin, z. B. der Formel **I** des Äthyl- oder Propyl-substituierten Homologen, mit einer Grignard-Lsg. der allg. Formel R'—MgX, worin R' = die o-Benzylphenyl- oder Bicyclohexylylgruppe u. X = Brom oder Jod ist. — *Stimulierende Mittel* für das Zentralnervensystem. — (**A. P. 2 975 185** vom 2/5. 1958, ausg. 14/3. 1961.) W. HEYER. 4807

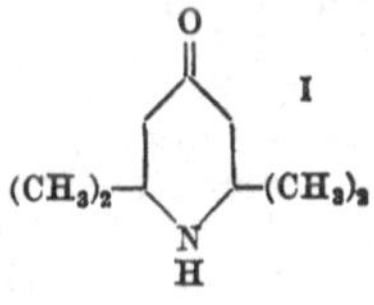

I

Lakeside Laboratories, Inc., übert. von: John H. Biel, Milwaukee, Wis., V.St.A., **Herstellung von 1-[1.2.3.4-Tetrahydroisochinolino]-ω-amino-3-äthinyl-3-hydroxyalkanen** durch Hydratation von 1-[1.2.3.4-Tetrahydroisochibolino]-ω-disubstituierten Aminoalkin-(2), z. B. das durch Rk. von N-Propargyl-1.2.3.4-tetrahydroisochinolin mit $NaNH_2$ u. Dimethylaminoäthylchlorid erhaltene 1-[1.2.3.4-Tetrahydroisochinolino]-5-dimethylaminopentin-(2), $Kp._{0,4}$ 140—142°, mit W. in Ggw. von HgO u. H_2SO_4 bei 50—60° zu 1-[1.2.3.4-Tetrahydroisochinolino]-5-dimethylaminopentanon-(3) u. Rk. dieser Verb. mit einem Metallacetylid, z. B. Na-Acetylid in fl. NH_3, Abdampfen des NH_3 u. Zers. des Metallkomplexes mit W. zu → *1-[1.2.3.4-Tetrahydroisochinolino]-5-dimethylamino-3-äthinylpentanol-(3)*, $Kp._{0,005}$ 110—112°; analog *1-[1.2.3.4-Tetrahydroisochinolino]-6-morpholino-3-äthinylhexanol-(3)*; sowie die entsprechenden *-5-pyrrolidino, -5-piperidino-3-äthinylpentanol-(3)*-Verbindungen. — In Form der quatern. NH_4-Verbb. Verw. als *blutdrucksenkende* Mittel. (**A. P. 2 948 722** vom 5/5. 1958, ausg. 9/8. 1960.) W. HEYER. 4807

Knoll Akt.-Ges., Chemische Fabriken, Ludwigshafen/Rh. (Erfinder: Laszlo Suranyi, Mannheim), **1-Cyclohexyl-2-methylaminopropansalz der 5-Phenyl-5-äthylbarbitursäure** (I) wird erhalten durch Rk. der vorst. genannten bas. mit der sauren Komponente oder deren Salzen in organ. Lsgm. oder Wasser. — Man löst 29 (g) 5-Phenyl-5-äthylbarbitursäure in 125 cm^3 Essigester in der Wärme, gibt 20 1-Cyclohexyl-2-methylaminopropan unter Rühren zu und läßt erkalten. → **I**, F. 130—133° (quant. Ausbeute). — *Antiepilepticum.* (**D. A. S. 1 120 452** Kl. 12p vom 16/4. 1960, ausg. 28/12. 1961.) F. HIRSCH. 4807

F. Hoffmann-La Roche & Co. Akt.-Ges., Basel, Schweiz, **Stabilisierung von Vitamin A.** Vitamin A (I) oder Derivv. davon werden in Ester von Benzoesäuren (II) umgewandelt, die durch ein- oder mehrere Halogenatome, eine oder mehrere niedrigmol. Alkyl- oder Alkoxygruppen, mehrere NO_2-Gruppen oder eine NO_2-Gruppe in o- oder m-Stellung substituiert sind. Zur Veresterung werden bes. die Halogenide von m-Nitro-, 3,5-Dinitro- u. p-Chlorbenzoesäure benutzt. Das Verf. kann auch zur Umesterung von I-Estern mit niedrigmol. Carbonsäuren in II-Ester verwendet werden, wobei als Katalysatoren Alkalihydroxide oder Alkoholate zugegen sein müssen. (**Port. P. 37 574** vom 14/9. 1960, Auszug veröff. 27/5. 1961. Schwz. Prior. 15/9. 1959.) A. KALIX. 4809

Merck & Co., Inc., Rahway, N.J., V.St.A., **2-Alkylsteroide der Pregnanreihe.** Im wesentlichen ident. mit Aust. P. 222 832; C. **1962**. 9080. Zu ergänzen ist, daß die Einführung der 2-ständigen Alkylgruppe auch über die entsprechenden 2-Methyloxalyl-Verbb. erfolgen kann. Physikal. Daten für solche Ausgangs-Verbb. sind nicht angegeben. (**E. PP. 850 734** u. **850 735** vom 13/12. 1956, ausg. 5/10. 1960. A. Prior. 16/12. 1955.) U. SIEVERS. 4809

Farbwerke Hoechst Akt.-Ges., vormals Meister Lucius & Brüning, Frankfurt/M. (Erfinder: Werner Fritsch, Neuenhain/Taunus, und Heinrich Ruschig, Bad Soden/Taunus), **16-Dehydro-16-phenyl-Δ^4-pregnen-3.20-dion** (I), F. 207—209°, erhält man durch Rk. von 3β-Acetoxy-16.17-oxido-Δ^5-pregnen-20-on-20-äthylenketal mit Phenyl-Lithium in Tetrahydrofuran → *16-Phenyl-Δ^5-pregnen-3β.17α-diol-20-on-20-äthylenketal*, welches sich durch Rk. mit p-Toluolsulfonsäure unter Rückfluß überführen läßt → *16-Dehydro-16-phenyl-Δ^5-pregnen-3β-ol-20-on* (II), F. 216°; daraus durch OPPENAUER-Oxydation → I. Aus der Mutterlauge von II läßt sich das intermediär gebildete *16-Phenyl-Δ^5-pregnen-3β.17α-diol-20-on*, F. 276°, isolieren. — *Heilmittel.* (**D. A. S. 1 106 322** Kl. 12o vom 9/4. 1959, ausg. 10/5. 1961.) U. SIEVERS. 4809

Farbwerke Hoechst Akt.-Ges., vormals Meister Lucius & Brüning, Frankfurt/M. (Erfinder: Heinrich Ruschig, Bad Soden/Taunus, und Werner Fritsch, Neuenhain/Taunus), **Alkalisalze der Thioschwefelsäureester von 3-Keto-21-hydroxysteroide der Pregnen-, Pregnan- und Allopregnanreihe** erhält man durch Rk. der entsprechenden 21-Chloride oder -Bromide mit Alkalithiosulfaten in Ggw. von Alkylformamiden. — Man setzt z. B. 21-Chlor-Δ^4-pregnen-3.20-dion in Dimethylformamid mit Na-Thiosulfat bei 55° um → *Δ^4-Pregnen-3.20-dion-21-ylthioschwefelsäureester-Natriumsalz.* — Analog werden die *Natriumsalze der Thioschwefelsäureester von Pregnan-21-ol-3.20-dion*, *$\Delta^{1.4}$-Pregnadien-11β.17α.21-triol-3.20-dion*, *$\Delta^{1.4}$-Pregnadien-17α.21-diol-3.11.20-trion* hergestellt. — *Heilmittel* von guter Wasserlöslichkeit. (**D. A. S. 1 111 625** Kl. 12o vom 27/5. 1959, ausg. 27/7. 1961.) U. SIEVERS. 4809

Farbwerke Hoechst Akt.-Ges., vormals Meister Lucius & Brüning, Frankfurt/M. (Erfinder: Werner Haede, Hofheim/Taunus, und Leonhard Middendorf, Frankfurt/M.), **Hydroxycarbonsäureester der Pregnanreihe** erhält man durch Rk. von 21-Halogenpregnanen mit Alkalisalzen von Hydroxycarbonsäuren in Ggw. eines inerten org. Lsg.- oder Suspendiermittels. — Man setzt z. B. 21-Jod-Δ^5-pregnen-3β-ol-21-jod-20-on in Aceton mit 12-hydroxystearinsaurem K unter Rückfluß um → *Δ^5-Pregnen-3β.21-diol-20-on-12'-hydroxystearat-(21)*, F. 65—69°. — Analog: *Δ^5-Pregnen-3β.21-diol-20-on-ricinolat-(21)*, F. 54—57°. — *Δ^4-Pregnen-21-ol-3.20-dion-12'-hydroxystearat-(21)*, Öl. — *Δ^4-Pregnen-17α.21-diol-3.11.20-trion-12'-hydroxystearat-(21)*, F. 70—75°. — *Heilmittel* von guter Öllöslichkeit. (**D. A. S. 1 090 660** Kl. 12o vom 21/11. 1958, ausg. 13/10. 1960.) U. SIEVERS. 4809

Glaxo Laboratories Ltd., Greenford (Erfinder: Vincent Arkley, Liverpool, und Gordon Hanley Phillipps, Greenford), England, **Gewinnung von primären oder sekundären 21-Phosphaten der Pregnanreihe.** Man setzt z. B. Prednisolondinatriumphosphat in W. zu einer gekühlten Lsg. von Piperazindiacetat in W., trennt den Nd. ab u. trocknet im Vakuum bei 60° → *Prednisolonpiperazinphosphat, Dihydrat*, F. 225 bis 230° (Zers.); $[\alpha]_D^{20}$ 76°; daraus durch Schütteln mit einem sulfonierten Polystyrolharz (Zeo. Karb 225; H^+-Form) in warmem Methanol, Behandlung der vom Harz abgetrennten Lsg. mit einem schwach sauren Kationenaustauscher-Harz (Zeo-Karb 216; Na^+-Form), Elution mit Methanol u. Eindampfen des Eluates → *Prednisolon-dinatriumphosphat.* — Analog: Prednisolon-äthylendiaminphosphat, F. 184°; $[\alpha]_D^{20}$ 81°. — *Hydrocortison-N.N'-dibenzyläthylendiaminphosphat, Monohydrat*, F. 129—131°; $[\alpha]_D^{20}$ 93,5°. — *Hydrocortisonpiperazinphosphat, Dihydrat*, F. 228°; $[\alpha]_D^{20}$ 101,4°. — *5α-Pregnan-3β.17α.-21-triol-11.20-dion-N.N'-dibenzyläthylendiaminphosphat*, F. 178—179°; $[\alpha]_D^{20}$ 48,4°. — *5α-Pregnan-3β.17α.21-triol-11.20-dion-piperazinphosphat*, F. 224° (Zers.); $[\alpha]_D^{20}$ 30,9°. — *4.5α-Dihydrocortisol-piperazinphosphat*, F. 227—234° (Zers.); $[\alpha]_D^{20}$ 46,8°. — *9α-Fluor-16α-methyl-$\Delta^{1.4}$-pregnadien-11β.17α.21-triol-3.20-dion-piperazinphosphat*, F. 227—236° (Zers.); — *Heilmittel.* (**D. A. S. 1 109 170** Kl. 12o vom 15/4. 1959, ausg. 22/6. 1961. **A. P. 2 967 179** vom 14/4. 1959, ausg. 3/1. 1961. Beide E. Prior. 18/4. 1958.) U. SIEVERS. 4809

Laboratoires Français de Chimiothérapie (Erfinder: André Allais und Pierre Girault), Paris, Frankreich, **Natriumsalze von m-Sulfobenzoaten von Steroiden der Androstanreihe** erhält man durch Rk. von 17-Hydroxysteroiden dieser Reihe mit einer Komplex-Verb. aus Pyridin u. m-Carboxybenzolsulfonylchlorid in Ggw. von Pyridin unter üblichen Veresterungsbedingungen, Behandlung des erhaltenen Pyridiniumsalzes mit wss. Alkali u. Abtrennung aus der Rk.-Lsg. durch Zugabe von Alkaliacetat. — Es wurden hergestellt: *Natriumsalz des Testosteron-m-sulfobenzoates*, $[\alpha]_D^{20}$ 116°; *des Androstan-17β-ol-3-on-m-sulfobenzoates*, $[\alpha]_D^{20}$ 70,5°. — *Heilmittel* von hoher Wasserlöslichkeit. (**D. A. S. 1 093 793** Kl. 12o vom 10/3. 1959, ausg. 1/12. 1960. F. Prior. 12/6. 1958.) U. SIEVERS. 4809

Laboratoires Français de Chimiothérapie, Paris (Erfinder: Gérard Nominé, Noisy-le-Sec, und Michel Vignau, Neuilly-sur-Seine), Frankreich, **Wasserlösliche Derivate des Testosterons.** Man setzt Testosteron (I) in üblicher Weise mit 3.5-Dinitrobenzoylchlorid in Ggw. von Pyridin um → I-3.5-*Dinitrobenzoat*, F. 217°; $[\alpha]_D^{20}$ 134°, welches sich unter Rückfluß mit einer wss. Lsg. von Na-Bisulfit u. Na-Sulfit in Ggw. von Dimethylformamid u. anschließend mit K-Acetat in abs. A. überführen läßt in das *Dikaliumsalz des* I-*3.5-disulfamylbenzoates*, $[\alpha]_D^{20}$ 109°; *Dinatriumsalz*, $[\alpha]_D^{20}$ 104,5°. — *Heilmittel.* (**D. A. S. 1 095 277** Kl. 12o vom 9/7. 1959, ausg. 22/12. 1960. **A. P. 2 933 513** vom 8/7. 1959, ausg. 19/4. 1960. Beide F. Prior. 4/8. 1958. **F. P. 1 238 739** vom 4/8. 1958, ausg. 2/12. 1960.) U. SIEVERS. 4809

Hans Lettré und Leo Knof, Heidelberg, **6-Azasteroide** erhält man durch Überführung einer entsprechenden 5.6-Seco-5-keto-6-carbonsäure in ein Säurehalogenid, Rk. dieser Verb. mit NaN_3 u. CURTIUSschen Abbau des erhaltenen Azids. — Man setzt z. B. 3β-Acetoxy-5.6-seco-cholestan-5-on-6-carbonsäure mit PCl_5 in Ae. um, behandelt das erhaltene Säurechlorid mit NaN_3 in Aceton unter Kühlung, trennt das Azid ab u. erwärmt dieses mit Eisessig im Vakuum in Ggw. von W. bei 65° (30 Min.) → *6-Aza-*$\Delta^{3.5}$*-cholestadien*, F. 106—107°. — Analog: *6-Aza-*$\Delta^{3.5}$*-androstadien-17-on*, F. 163—165°. — *Heilmittel* mit cytostat. Wirkung. (**D. A. S. 1 118 197** Kl. 12o vom 22/8. 1959, ausg. 30/11. 1961.) U. SIEVERS. 4809

National Research Development Corp., London, England, **Herstellung von Nucleosidestern der Pyrophosphorsäure,** die mindestens einen, aber nicht >2 Nucloesidreste aufweisen. Man behandelt einen Halogenphosphonsäureester der Formel (R′O)(R‴O)(PO)X, in der R′ für eine Aralkylgruppe, R‴ für einen Nucleosidrest u. X für ein Halogenatom, bes. Chloratom, steht, mit einem Mono-Na- oder -NH_4-Salz der Orthophosphorsäure, dessen freie H-Atome ggf. durch einen oder zwei Nucleosidreste substituiert sind. — Beispiel: Man läßt in einem Lsgm.-Gemisch aus Bzl. u. Methylcyamid unter Zusatz von N-Chlorsuccinimid 2′.3′-Isopropylidenuridin-5′-benzylphosphit mit Triäthylammonium-2′.3′-isopropylidenuridin-5′-benzylphosphat bei Raum-Temp. reagieren u. erhält P.P′-Diuridin-5′-pyrophosphat. In gleicher Weise erhält man P-Riboflavin-5′-P′-adenosin-5′-dihydropyrophosphat (Flavin-Adenin-Dinucleotid). Biolog. wichtige Enzyme, *therapeut. verwendbar.* (**Aust. P. 167 021** vom 11/11. 1953, ausg. 1/3. 1956. E. Prior. 17/11. 1952.) W. GRÄGER. 4809

Gyógyszeripari Kutató Intézet (Erfinder: Josef Gyimesi, Nikolaus Bodánszky, Vladimir Senkariuk und Frau des Georg Losonci), Budapest, Ungarn, **Tetracyclingewinnung** aus den Mutterlaugen der Kristallisation erfolgt durch Extraktion mittels Alkoholen mit 4 u. mehr C-Atomen, bes. Butyl- u. Amylalkoholen, wobei das Extraktionsmittel mit Bzl., Bzn., Chlorbenzol oder CCl_4 verd. angewendet wird. (**Ung. P. 144 522** vom 23/1. 1956, ausg. 15/11. 1958. **Zusatz zu Ung. P. 143 909; C. 1962. 8721.**) G. KÖNIG. 4811

Farmaceutici Italia Soc. An. (Erfinder: Giovanni Ceriotti), Mailand, Italien, **Herstellung und Gewinnung des Antibioticums Arsimycin** auf üblichem biolog. Wege mittels eines Stammes von Streptomyces arsitiensis (NCJB 8996 u. CMJ 79 591) u. Extraktion oder Adsorption aus der Nährfl. u. ggf. Überführung in seine Salze. Morphologie u. Physiologie des Mikroorganismus. — Beispiele für Fermentation, Extraktion u. Reindarstellung. *Arsimycin*, $C_{27}H_{47}N_7O_{11}S$, F. >300° (Zers.); *Hydrochlorid*, F. ca. 300° (Zers.), $[\alpha]_D^{20}$ −58° (c = 0,95; W.), charakterist. UV- u. IR-Spektren. Kurven. Angaben über bactericide, fungicide u. germicide Wirkungen. (**D. A. S. 1 090 380** Kl. 30h vom 16/12. 1958, ausg. 6/10. 1960. F. Prior. 17/12. 1957.) H. SCHINDLER. 4811

Bristol-Myers Co., East Syracuse, N.Y., V.St.A., **Herstellung von 3-Phenylsalicylat von Kanamycin.** 2 Mol 3-Phenylsalicylsäure werden in einem A., bes. Methanol, gelöst u. mit einer wss. Lsg. von 1 Mol Kanamycin gemischt. Nach dem Verdampfen des Lsgm. hinterbleibt Kanamycin-3-phenylsalicylat. (**Port. P. 38 160** vom 11/3. 1961. Auszug veröff. 27/5. 1961. A. Prior. 14/3. 1960.) A. KALIX. 4811

Takeda Pharmaceutical Industries Ltd., Osaka (Erfinder: Sueo Tatsuoka, Nishinomiya, Toyoshige Araki, Toyonaka, Koiti Nakazawa, Amagasaki, Akira Miyaka, Nishinomiya, Hiromu Hitomi, Ibaraki, Jisaburo Ueyanagi, Nishinomiya, Motoo Shibataa, Toyonaka, Fukuhisa Jiraiwa, Yamaguchi, Kanji Tsuchiya, Hidesuke Iwasaki und Takeshi Yamaguchi, Toyonaka), Japan, **Herstellung und Gewinnung des Antibioticums L-δ-Hydroxy-γ-oxonorvalin (HON)** auf üblichem biolog. Wege mittels Streptomyces akiyoskiensis nor. spec. ATCC 13479 u. 13480 oder seiner natürlichen oder künstlichen Mutanten oder Varianten u. Extraktion oder Adsorption aus der Nährflüssigkeit. Morphologie u. Physiologie des Mikroorganismus. *HON*, F. ca. 80° unter Schwarzfärbung, $[\alpha]_D^{17}$ $-8{,}2^0$ (c = 3,4; W.), $[\alpha]_D^{20}$ $+4{,}0^0$ (c = 3; n/10 HCl), $[\alpha]_D^{20}$ $+4^0$ (c = 3; n/10 NaOH), pK'a = 2,91, $C_5H_9O_4N$ entsprechend $HO-CH_2-CO-CH_2-CH(NH_2)-COOH$. Charakterist. UV- u. IR-Spektren (Kurven). Besondere Wrkg. gegen Tuberkelbacillen. (**D. A. S. 1 092 165** Kl. 30h vom 14/5 1959, ausg. 3/11. 1960. Jap. Prior. 15/5. u. 23/5. 1958.)

H. SCHINDLER. 4811

Imperial Chemical Industries Ltd. (Erfinder: David Garnet Davey), London, England, **Tierarzneimittel** zur Behandlung von Trypanosomiasis durch Injektion, enthaltend ein lösl. u. ein schwer lösl. Chinapyraminsalz, bes. das Chlorid, Salicylat oder das Methylen-bis-4-hydroxy-3-benzoat, im Gemisch mit Hyaluronidase. Als Dispersionsmittel wird das Kondens.-Prod. eines Alkylphenols, bes. Octylkresol, mit Äthylenoxid, Lecithin oder Polyoxyäthylensorbitanmonooleat benutzt u. als Stabilisierungsmittel Äthylendiamintetraessigsäure, Gelatine oder Na-Phosphat genannt. (**E. P. 866 415** vom 24/11. 1958, ausg. 26/4. 1961.)

W. HEYER. 4815

Labocentro Akt.-Ges. (Erfinder: **Rolf Dolder**), Zürich, Schweiz, *Herstellung von Injektionslösungen von Purinbasen.* (**Schwz. P. 355 150** vom 6/3. 1957, ausg. 15/8. 1961. — **C. 1960.** 7256 [Oe. P. 204 699].)

Farbenfabriken Bayer Akt.-Ges., Deutschland, *Siliconölhaltige Salbengrundlage.* (**F. P. 1 261 155** vom 11/9. 1954, ausg. 8/9. 1961. D. Prior. 15/9. 1953. — **C. 1957.** 6222 [D. A. S. 1 000 570].)

Farbwerke Hoechst Akt.-Ges., vormals Meister Lucius & Brüning, Frankfurt/M., *Herstellung von 1.1.1-Trifluor-2-chlor-2-bromäthan.* (**Holl. P. 98 595** vom 17/7. 1958, ausg. 17/7. 1961. D. Prior. 18/7. 1957. — **C. 1959.** 7886 [D. A. S. 1 041 937].)

Farbwerke Hoechst Akt.-Ges., vormals Meister Lucius & Brüning, Frankfurt/M., *Herstellung von α-Amino-β-hydroxycarbonsäureamiden.* (**Holl. P. 99 645** vom 12/1. 1957, ausg. 15/11. 1961. D. Prior. 29/3. 1956. — **C. 1962.** 1323 [D. A. S. 1 076 706].)

Farbwerke Hoechst Akt.-Ges., vormals Meister Lucius & Brüning, Deutschland, *Sulfonylharnstoffe.* (**F. P. 73 012** vom 23/5. 1957, ausg. 22/9. 1960. D. Prior. 23/5. u. 29/5. 1956. Zusatz zu **F. P. 1 180 621**; C. 1961. 13655. — **C. 1961.** 4451 [Oe. P. 200 155].)

Asta-Werke Akt.-Ges., Chemische Fabrik, Brackwede, *Herstellung cyclischer Thiophosphorsäureesteramide.* (**Holl. P. 99 688** vom 5/11. 1957, ausg. 15/11. 1961. D. Prior. 20/12. 1956. — **C. 1960.** 228 [D. A. S. 1 054 997].)

Asta-Werke Akt.-Ges., Chemische Fabrik, Brackwede, *Herstellung cyclischer Phosphorsäureesteramide.* (**Holl. P. 99 649** vom 2/2. 1957, ausg. 15/11. 1961. D. Prior. 10/2. 1956. — **C. 1960.** 3312 [D. A. S. 1 057 119].)

Soc. des Usines Chimiques Rhône-Poulenc, Paris (Erfinder: **Robert Michel Jacob**, Ablon-sur-Seine, und **Mayer Naoum Messer**, Paris), Frankreich, *Indolderivate.* (**D. A. S. 1 124 497** Kl. 12p vom 11/3. 1957, ausg. 1/3. 1962. F. Prior. 19/3. 1956. — **C. 1959.** 11005 [A. P. 2 841 590].)

Soc. des Usines Chimiques Rhône-Poulenc, Paris (Erfinder: **Robert Michel Jacob**, Ablon-sur-Seine, und **Jean Clément Louis Fouché**, Paris), Frankreich, *Indolderivate.* (**D. A. S. 1 125 430** Kl. 12p vom 12/12. 1956, ausg. 15/3. 1962. F. Prior. 16/12. 1955, 18/2., 3/7. u. 5/7. 1956. — **C. 1961.** 17230 [D. P. [DDR] 16 675].)

Ciba Akt.-Ges., Basel (Erfinder: **Karl Hoffmann**, Binningen, **Alfred Hunger**, **Jindrich Kebrle**, **Alberto Rossi**, Basel), Schweiz, *Herstellung von Benzimidazolen.* (**Schwz. P. 357 405** vom 28/9. 1956, ausg. 30/11. 1961. — **C. 1960.** 17207 [D. A. S. 1 057 123].)

J. R. Geigy Akt.-Ges., Basel, Schweiz, *Herstellung von heterocyclischen N-Verbindungen.* (**E. P. 865 675** vom 24/12. 1957, ausg. 19/4. 1961. Schwz. Prior. 28/12. 1956, 8/2. u. 25/11. 1957. — **C. 1961.** 18789 [D. A. S. 1 069 634].)

Distillers Co. Ltd., Edinburgh (Erfinder: **Richard Norman Lacey**, Hedon), England, *3-Acetyl-4-hydroxycumarin.* (**D. A. S. 1 124 960** Kl. 12q vom 22/9. 1954, ausg. 8/3. 1962. E. Prior. 25/9. 1953. — **C. 1957.** 1535 [E. P. 747 744].)

Ciba Akt.-Ges., Basel (Erfinder: **Karl Hoffmann**, Binningen, und **Ernst Sury**, Basel), Schweiz, *Neue Piperidinverbindungen.* (**D. A. S. 1 124 951** Kl. 12p vom 16/9. 1955, ausg. 8/3. 1962. Schwz. Prior. 22/9. 1954. — **C. 1961.** 2715 [Schwz. PP. 331 055, 331 061, 331 062 u. 334 152].)

Sterling Drug, Inc., New York (Erfinder: **Bill Elpern**, Albany), N.Y., V.St.A., *Piperidin-Derivate.* (**Schwz. P. 353 359** vom 12/9. 1956, ausg. 31/5. 1961. A. Prior. 12/9. 1955. — **C. 1962.** 3190 [Holl. P. 95 686].)

Krugmann & Co., Hamburg (Erfinder: **Hans Suter**, Dörflingen, und **Werner Kündig**, Schaffhausen, Schweiz), *Nicotinsäurearalkylamide.* (**D. A. S. 1 116 669** Kl. 12p vom 23/5. 1957, ausg. 9/11. 1961. Schwz. Prior. 14/7. 1956. — **C. 1960.** 7608 [Oe. P. 199 185].)

May & Baker Ltd. (Erfinder: **Arthur Adams** und **Ronald Slack**), Dagenham, Essex, England, *Isonicotinylhydrazid-Derivate.* (**E. P. 848 502** vom 17/1. 1958, ausg. 21/9. 1960. — **C. 1961.** 15488 [A. P. 2 940 970].)

F. Hoffmann-La Roche & Co. Akt.-Ges., Basel, Schweiz, *Herstellung von substituierten 2-Hydroxybenzo-[a]-chinolizinen.* (**Oe. P. 205 978** vom 1/9. 1958, ausg. 26/9. 1959. **F. P. 1 210 144** vom 4/9. 1958, ausg. 7/3. 1960. Beide Schwz. Prior. 20/9. 1957. — C. **1961.** 9895 [D. A. S. 1 083 268].)

Allen & Hanburys Ltd. (Erfinder: **Mervyn Evan Peel**), London, England, *Barbitursäurederivate.* (**Schwz. P. 351 972** vom 7/2. 1957, ausg. 30/3. 1961. — C. **1959.** 11995 [E. P. 802 628].)

Farbenfabriken Bayer Akt.-Ges., Leverkusen (Erfinder: **Kurt Westphal** und **Gerhard Domagk**, Wuppertal), *Herstellung von Thiopyrimidinen.* (**Schwz. P. 356 776** vom 1/6. 1956, ausg. 31/10. 1961. D. Prior. 5/7. u. 13/8. 1955. — C. **1958.** 12480 [D. A. S. 1 023 465].)

Ciba Ltd., Basel, Schweiz, *Herstellung von Pyridazinderivaten.* (**E. P. 868 462** vom 1/5. 1958, ausg. 17/5. 1961. Schwz. Prior. 2/5. 1957. — C. **1961.** 5185 [Belg. P. 567 331].)

Ciba Akt.-Ges., Basel (Erfinder: **Jean Druey**, Riehen, **Konrad Meier** und **Alexander Staehelin**, Basel), Schweiz, *Herstellung von Tetrahydrodihydroxypyridazinen.* (**Schwz. P. 356 464** vom 29/3. 1957, ausg. 13/10. 1961. — C. **1961.** 9519 [Oe. P. 203 012].)

Ciba Ltd. (Erfinder: **Jean Druey, Konrad Meier** und **Alexander Staehelin**), *Dioxohydropyridazone.* (**Aust. P. 225 787** vom 19/2. 1958, ausg. 14/1. 1960. Schwz. Prior. 29/3., 23/5., 23/10. 1957 u. 27/1. 1958. — C. **1961.** 9520 [Oe. P. 203 012].)

Sandoz Akt.-Ges. (Erfinder: **Jany Renz, Jean Pierre Bourquin, Leo Ruesch** und **Gustav Schwarb**), Basel, Schweiz, *Herstellung von 3-substituierten Mercaptophenazinderivaten.* (**Schwz. P. 356 129** vom 22/2. 1957, ausg. 29/9. 1961. — C. **1960.** 9312 [Oe. P. 199 191].)

Ciba Akt.-Ges., Basel (Erfinder: **Jean Druey**, Riehen, und **Anton Marxer**, Muttenz), Schweiz, *Herstellung von Phthalazinen.* (**Schwz. P. 357 403** vom 7/5. 1957, ausg. 30/11. 1961. — C. **1960.** 16523 [D. A. S. 1 061 788].)

Dr. Karl Thomae G. m. b. H., Biberach a. d. Riss, *Substituierte Benzo-1.3-oxazine.* (**E. P. 856 433** vom 14/11. 1957, ausg. 26/4. 1961. D. Prior. 14/11. 1956. — C. **1959.** 3236 [D. A. S. 1 028 999].)

Soc. des Usines Chimiques Rhône-Poulenc, Frankreich, *Phenothiazinderivate.* (**F. P. 73 105** vom 26/7. 1955, ausg. 23/9. 1960. Zusatz zu F. P. 1 225 606; C. 1962. 7633. — C. **1959.** 1221 [D. P. [DDR] 14 004].)

Soc. des Usines Chimiques Rhône-Poulenc, Frankreich, *Phenothiazinderivate.* (**F. P. 73 137** vom 3/2. 1958, ausg. 23/9. 1960. Zusatz zu F. P. 1 212 723; C. 1962. 6146. — C. **1961.** 8039 [D. A. S. 1 090 215].)

Soc. des Usines Chimiques Rhône-Poulenc, Paris (Erfinder: **Jacques Georges Robert**, Gentilly, **Robert Michel Jacob**, Ablon-sur-Seine, und **Leonide Liakhoff**, Vitry-sur-Seine), Frankreich, *Herstellung von Phenthiazinderivaten.* (**D. P. [DDR] 20 500** Kl. 12p vom 15/1. 1958, ausg. 20/12. 1960 [Ausschließungspatent]. F. Prior. 11/2., 14/2. u. 15/3. 1957. — C. **1959.** 14506 [F. P. 1 166 240] u. C. **1961.** 18047 [Belg. P. 564 557].)

Soc. des Usines Chimiques Rhône-Poulenc, Paris (Erfinder: **Robert Michel Jacob**, Ablon, und **Jacques Georges Robert**, Gentilly), Frankreich, *Herstellung von Phenthiazinderivaten.* (**D. P. [DDR] 22 364** Kl. 12p vom 21/12. 1957, ausg. 5/12. 1961 [Ausschließungspatent]. F. Prior. 27/12. 1956, 14/2., 7/3., 15/3., 26/4. u. 19/7. 1957. — C. **1961.** 231 [E. P. 819 852] u. C. **1961.** 8038 [Belg. P. 565 321].)

Olin Mathieson Chemical Corp. (Erfinder: **Harry Louis Yale** und **Francis Alexander Sowinski**), *Herstellung pharmazeutisch wirksamer Phenothiazinderivate.* (**Aust. P. 229 071** vom 6/1. 1958, ausg. 28/7. 1960. A. Prior. 4/2. 1957. **Ind. P. 62 916** vom 22/1. 1958, ausg. 5/12. 1960. — C. **1961.** 15844 [A. P. 2 931 810].)

Sandoz Akt.-Ges. (Erfinder: **Jany Renz, Jean Pierre Bourquin, Leo Ruesch** und **Gustav Schwarb**), Basel, Schweiz, *Herstellung von substituierten Mercaptophenthiazinen.* (**Schwz. P. 354 784** vom 20/12. 1956, ausg. 31/7. 1961. Zusatz zu Schwz. P. 351 605; C. 1962. 2835. — C. **1960.** 9312 [Oe. P. 199 191].)

G. D. Searle & Co., Chicago (Erfinder: **John W. Cusic**, Skokie), Ill., V.St.A., *3-Chlor-10-{γ[N'-(β''-acetoxyäthyl)-piperazino]-propyl}-phenthiazin und dessen Salzen.* (**D. A. S. 1 124 500** Kl. 12p vom 21/6. 1957, ausg. 1/3. 1962. A. Prior. 21/6. 1956. — C. **1960.** 577 [A. P. 2 766 235].)

F. Hoffmann-La Roche & Co. Akt.-Ges., Basel, Schweiz (Erfinder: **Leo Henryk Sternbach**, Upper Montclair, N.J., V.St.A.), *Herstellung von 1.4-Benzodiazepin-4-oxiden.* (**Schwz. P. 357 073** vom 22/4. 1959, ausg. 15/11. 1961. A. Prior. 15/5. 1958. — C. **1961.** 16937 [D. A. S. 1 096 362].)

Sandoz Akt.-Ges., Basel, Schweiz, *Herstellung von Lysergsäurederivaten.* (Holl. **P. 99 667** vom 17/5. 1957, ausg. 15/11. 1961. Schwz. Prior. 18/5. 1956 u. 20/3. 1957. — C. **1960.** 14117 [D. A. S. 1 076 137].)

Licencia Találmányokat Értékesitö Vállalat, Budapest, Ungarn (Erfinder: **G. Fodor, J. Toth, I. Koczor** und **I. W. Vincze**), *$\Delta^{6,7}$-Tropen-3-ol und seine Ester aus 6-Hydroxy-3-acyloxytropan.* (**Belg. P. 550 746** vom 1/9. 1956, ausg. 18/12. 1959. Ung. Prior. 1/9. 1955. — C. **1960.** 17209 [D. A. S. 1 074 048].)

Laboratoires Français de Chimiothérapie (Erfinder: **Raymond Lardé**), Seine, Frankreich, *Herstellung eines Polyvitaminpräparates.* (**F. P. 1 261 164** vom 27/7. 1956, ausg. 8/9. 1961. — C. **1960.** 8610 [Holl. P. 92 777].)

Van Camp Sea Food Co., Terminal Island, Calif., V.St.A., *Stabilisieren von öllöslichen Vitaminen.* (**E. P. 853 810** vom 28/10. 1958, ausg. 9/11. 1960. A. Prior. 12/11. 1957. — C. **1961.** 2717 [A. P. 2 897 119].)

Vitamins Ltd., England, *Reinigung von Ausgangssubstanzen für Pyridoxin.* (**F. P. 1 210 901** vom 9/9. 1958, ausg. 11/3. 1960. E. Prior. 13/9. 1957. — C. **1961.** 11055 [E. P. 844 883].)

E. Merck Akt.-Ges., Darmstadt, *Erhöhung der Beständigkeit von Ascorbinsäure durch Überziehen mit höhermolekularen Alkoholen.* (**Belg. P. 557 714** vom 22/5. 1957, ausg. 11/3. 1960. D. Prior. 20/10. 1956. — C. **1960.** 6591 [D. A. S. 1 051 848] u. C. **1962.** 7259 [F. P. 1 178 600].)

Upjohn Co., Kalamazoo, Mich., V.St.A., *Herstellung von Steroiden.* (**E. P. 872 108** vom 25/11. 1958, ausg. 5/7. 1961. A. Prior. 29/11. 1957. — C. **1959.** 13578 [A. PP. 2 838 537 u. 2 838 539].)

Laboratoires Français de Chimiothérapie, Paris, Frankreich, *Herstellung von Steroiden.* (**E. P. 853 402** vom 26/3. 1959, ausg. 9/11. 1960. F. Prior. 21/4. 1958. — C. **1961.** 8042 [D. A. S. 1 090 207].)

Ciba Ltd., Basel, Schweiz, *Herstellung von 3.11.17-substituierten Steroiden.* (**Holl. P. 99 694** vom 25/11. 1957, ausg. 15/11. 1961. Schwz. Prior. 26/11. 1956. — C. **1960.** 5582 [D. A. S. 1 065 414].)

British Drug Houses Ltd., London, England, *Herstellung von 6-Methylsteroiden.* (**Belg. P. 569 183** vom 5/7. 1958, ausg. 24/3. 1961. E. Prior. 18/7. 1957 u. 27/6. 1958. — C. **1962.** 4265 [Holl. P. 96 106].)

Novo Terapeutisk Laboratorium A/S, Dänemark, *Herstellung eines schnellwirkenden Insulinpräparates.* (F. P. 1 263 220 vom 1/8. 1958, ausg. 2/10. 1961. Dän. Prior. 3/8. 1957. — C. **1961.** 8398 [E. P. 840 870].)

Eli Lilly & Co., Indianapolis, Ind., V.St.A., *Herstellung eines amphoteren Antibioticums.* (Holl. P. 99 605 vom 29/2. 1956, ausg. 15/11. 1961. A. Prior. 16/9. 1955. — C. **1959.** 571 [D. A. S. 1 017 328].)

Glaxo Laboratories Ltd., Greenford, England, *Herstellung eines Antibioticums.* (Holl. P. 99 646 vom 12/1. 1957, ausg. 15/11. 1961. E. Prior. 13/1. 1956. — C. **1959.** 571 [D. A. S. 1 037 069].)

Glaxo Laboratories Ltd., Greenford, England, *Abtrennung eines antibiotischen Faktors.* (Holl. P. 99 650 vom 7/2. 1957, ausg. 15/11. 1961. E. Prior. 8/2. 1956 u. 29/1. 1957. — C. **1959.** 4247 [E. P. 799 053].)

Allen & Hanburys Ltd. (Erfinder: **Frank Arnold Robinson, Edwin Percival Taylor** und **Roy Eric Hugh Swayne**), London, England, *Herstellung von Salzen des Penicillins V.* (Schwz. P. 357 151 vom 3/5. 1957, ausg. 15/11. 1961. — C. **1959.** 9332 [D. A. S. 1 014 542].)

O. W. G.-Chemie G. m. b. H., Kiel, *Herstellung von reinem Neomycin bzw. seinen Salzen.* (Oe. P. 211 958 vom 8/10. 1959, ausg. 25/11. 1960. — C. **1960.** 9656 [D. A. S. 1 073 489].)

Soc. des Usines Chimiques Rhône-Poulenc, Paris, Frankreich, *Herstellung von Spiramycin.* (Holl. P. 99 662 vom 29/4. 1957, ausg. 15/11. 1961. F. Prior. 30/5. 1956. — C. **1959.** 5240 [D. A. S. 1 032 891].)

G. Analyse. Laboratorium

Wahl der optimalen Arbeitsbedingungen für die Rotations-Vakuumpumpe mit Flüssigkeitskolben. W. I. Teterjukow. (Химическая Промышленность [Chem. Ind.] **1960.** 500—02. Sept.) (Russ.)

Zur Verbesserung des Wrkg.-Grades u. des erzielbaren Vakuums werden an einer Rotationsvakuumpumpe RMK-2 konstruktive Veränderungen vorgenommen. Vor allem hat es sich als notwenig erwiesen, die Öffnungen auf der Druck- u. Saugseite von 450 bzw. 1800 mm² auf 1100 bzw. 3200 mm² zu vergrößern. R. K. Müller. 5026□

Ein vereinfachter Quecksilber-Thermoregulator. Irving May. (Chemist-Analyst **50.** 24. März 1961. Washington, D. C., U. S. Geol. Surv.) (Engl.)

Auf ein kleines Hg-Vorratskölbchen ist mittels einer Normalschliffverbindung das Übertrittsgefäß gesetzt. Der Schliff ist mit Graphit leitend geschmiert, durch ihn hindurch geht die feste Zuleitung, das in das obere Gefäß übertretende Hg berührt die einstellbare Zuleitung. W. Betcke. 5046□

Anordnung zur Thermostatisierung einer chromatographischen Säule. W. T. Awgul und M. D. Judilewitsch. (Заводская Лаборатория [Betriebs-Lab.] **25.** 1403. 1959. Inst. für physikal. Chem. der Akad. der Wiss. der UdSSR.) (Russ.)

Beschreibung einer App. zur Thermostatisierung einer chromatograph. Säule, die es ermöglicht, in der Säule eine Temp. von 40—90° (Temp.-Gefälle der Säule 3—5°) zu unterhalten. S. Baryschnikow. 5046

Ultramikroanalyse — ein wenig bekanntes Analysenverfahren. Wolfgang Helbig. (Chem. Techn. **13.** 514—18. Sept. 1961. Dresden, Zentr. Inst. für Kernphys., Bereich Radiochem.) (Dt.)

Vf. beschreibt die Einrichtung eines Labor. zur Durchführung der Ultramikroanalyse (I) u. geht auf die Arbeitstechnik ein. An Hand von Beispielen wird gezeigt, daß mit Hilfe von I solche Aufgaben gelöst werden können (z. B. Best. von Pu), bei denen die übliche Mikroanalyse versagt oder ungenaue Werte ergibt. Nach Entw. geeigneter Anreicherungs-Verff. könnte I auch mit Vorteil bei der Best. von Spurenelementen angewendet werden. — 35 Literaturzitate. F. Rosendahl. 5050□

Zur Mikrobestimmung von Stoffgemischen mit Hilfe der kritischen Mischungstemperatur. Franz Gölles. (Mikrochim. Acta [Wien] **1960.** 299—315. 1960. Graz, Univ., Inst. für Pharmakognosie.) (Dt.)

Vf. untersucht das Verh. der Syst. Äthylencyanid–A.–W., Acrylonitril–A.–W., W.–Essigsäure–n-Butanol in Hinblick auf ihre krit. Mischungs-Temp. nach dem von Fischer u. Mitarbeitern (C. **1954.** 9586) angegebenen Mikroverf. u. zu Vgl.-Zwecken auch nach dem älteren Makroverf. zur Best. der Mischungslückenkurven. Ferner wird das Verteilungs-Verh. der Essigsäure im Syst. n-Butanol–W. u. das des A. im Syst. Isoamylalkohol-W. untersucht. F. Miksch. 5050□

Die Analyse der entweichenden Stoffe als Hilfsmittel für die thermische Analyse· Paul D. Garn und John E. Kessler. (Analytic. Chem. **33.** 952—54. Juni 1961. Murray Hill, N.J., Bell Telephone Labor., Inc.) (Engl.)

Zur Unters. der gasförmigen Rk.-Prodd., die bei der DTA auftreten, werden eine Wärmeleitfähigkeitszelle u. ein Gasdichteanzeiger beschrieben, die gleichzeitig mit der Thermoanalyse laufen u. diese wesentlich ergänzen. Beispiele: Kobal*t*- u. Lanthanoxalathydrat. W. Luchsinger. 5052□

Ein neues zeitsparendes Meßröhrchen für magnetochemische Untersuchungen. A. Meixner. (Glas-Instrumenten-Techn. **5.** 211—17. Juni 1961. Braunschweig, TH, Inst. für Anorg. Chem.) (Dt.) •

Vf. beschreibt ein neues, einfacher zu handhabendes Meßröhrchen für magnetochem. Messungen nach der Gouyschen Zylindermethode. Für jede Messung wird das gleiche Meßröhrchen verwendet. Damit vereinfacht sich das Justieren der Röhrchen. Die Best. der Röhrchenkorrektur wird nicht mehr bei jeder Messung vorgenommen.

H.-J. Taschow. 5052□

Mikroskope und Mikroskopie im Laboratorium. H. Schulz. (Chem. Rdsch. [Solothurn] **13.** 430—33. 1/9. 1960.) (Dt.)

Zusammenfassende Übersicht über den heutigen Stand der Entw. der Mikroskope sowie der modernen Mikroskopierverfahren. H. Schirrwitz. 5056□

Ein vierachsiger Universaldrehtisch für Polarisationsmikroskope mittlerer Größe. H. Schumann. (Silikattechnik **12.** 190—91. April 1961. Dresden.) (Dt.)

Vf. beschreibt einen selbstgebauten vierachsigen Drehtisch für Polarisationsmikroskope mittlerer Größe, der gegenüber dreiachsigen Modellen höheren Ansprüchen genügt.

H. Oppermann. 5056□

Eine Tieftemperaturbühne zum Reflexionsmikroskop. J. Ferguson, T. F. Wignall. (Spectrochim. Acta [London] **15.** 1127—28. 1959, herausgeg. Jan. 1960. Melbourne, Australia, C.S.I.R.O., Chem. Res. Labor., Div. of Chem. Phys.) (Engl.)

Die Tieftemp.-Bühne wurde für ein Reflexionsmikroskop, dessen Objektive 52 bzw. 74fache Vergrößerung u. eine numer. Apertur von 0,65 haben, gebaut. Der Arbeitsabstand begrenzt mit 7 mm die Zellenlänge. Die Anordnung kann als Ganzes zweidimensional bewegt werden u. ist beliebig lange arbeitsbereit. H. Lindberg. 5056□

Ein Ultraviolett-Mikrostrahlenstichapparat. Gerhard Czihak. (Zeiss-Mitt. [Stuttgart] **2.** 165—72. Juli 1961. Tübingen, Univ., Zoolog. Inst.) (Dt.)

Beschreibung eines opt. Verf. u. einer instrumentellen Anordnung, durch die sich mkr. Objekte innerhalb engbegrenzter Felder von 1—300 μ ⌀ mit UV-Licht bestrahlen lassen. H. Moenke. 5056□

Messung des Widerstandes eines Leiters nach der Methode der Induktion von Gleichstrom: Anwendung zur Reinheitskontrolle von Metallen. Pierre Margotin und Roger Durand. (C. R. hebd. Séances Acad. Sci. **253.** 1941—43. 30/10. 1961. Levallois-Perret, Seine, Établ. Kuhlmann, Labor. Central de Rech.) (Franz.)

Aus Messung der zeitlichen Abnahme der Magnetfeldstärke eines Gleichstromes, der in einem Metallring bei 20 u. 293° K induziert wird, kann der spezif. Widerstand des Ringmaterials ermittelt werden. Die Übereinstimmung der nach der Induktions-Meth. u. der galvanometr. Verstärkung erhaltenen Werte für elektrolyt. gereinigtes *Al* (99,995%), zonengeschmolzenes Al (99,9995%ig) u. Reinst-*Cu* (99,98%ig) ist befriedigend. Die Meth. wird außerdem zur Kontrolle der Reinigung von *Mo*, *Nb*, *Ta*, *V* u. *Cr* verwendet.

Herbert Müller. 5060□

Kontinuierliche und automatische Prozeßkontrolle durch Gaschromatographie. H. J. Maier und H. N. Claudy. (Ann. New York Acad. Sci. **87.** 864—74. 22/7. 1960. Norwalk, Conn., Perkin-Elmer Corp.) (Engl.)

Beschreibung eines Gaschromatographen zur Verw. in der Prozeßkontrolle unter besonderer Berücksichtigung der Programmierung u. kontinuierlichen Probendosierung.

C.-E. Döring. 5062□

Die Anwendung der Gaschromatographie bei der Edelgasgewinnung. G. Gnauck. (Technik **15.** 805—09. Dez. 1960. Berlin, VEB Techn. Gase-Werke, Forsch.-Labor. für Edelgase.) (Dt.)

Es werden gaschromatograph. Analysen bei der Edelgasgewinnung (He–Ne; Ar–N_2–O_2; Kr–X) mit Wärmeleitfähigkeitsmeßzelle, Mikroflammen- u. radioakt. Ionisationsdetektor an Molekularsieben (Typ 5 A u. 13 X), A-Kohle u. für Spezialzwecke Silicagel u. Tonerde beschrieben. W. Luchsinger. 5062□

Direkte quantitative Röntgenanalyse. P. P. Williams. (Analytic. Chem. **31.** 1842—44. Nov. 1959. Wellington, New Zealand, Dominion Labor.) (Engl.)

Vf. schlägt eine Modifikation der Absorptions-Röntgen-Meth. bei der quant. Röntgenanalyse vor. Aus der Intensität des analyt., auf die Absorption u. die endliche Schichtdicke der Probe korr. Peak ergibt sich eine numer. Konst. P für die Substanz. Diese Korrekturfaktoren wurden durch Aufbringen der Proben auf eine Metalloberfläche u. Messung der Intensitäten einer Reflexion des Metalls mit oder ohne aufgebrachter Probe erhalten. Analysen von NaF-Quarz-Mischungen sind auf ca. ±4% des Gesamtgew. der Mischung genau. Die Grenzen u. Vorteile der Meth. werden diskutiert.

W. Hein. 5063□

Über die automatische Auswertung von Absorptionsspektren additiver Vielkomponentengemische. W. Ss. Grinew, O. I. Rau und G. M. Swischtschew. (Оптика и Спектроскопия [Optik u. Spektroskopie] **11.** 486—91. Okt. 1961.) (Russ.)

Die Konz. der Komponenten eines Gemisches aus n absorbierenden Stoffen läßt sich mittels eines einfachen Gleichungs-Syst. bestimmen, wenn die opt. Dichte bei n Werten von λ bekannt ist, die Komponenten dem Beerschen Gesetz gehorchen u. nicht miteinander reagieren. Vff. entwickelten ein Gleichungs-Syst. u. Näherungsformeln für die Ausrechnung auf universellen Digitalrechenmaschinen für den Fall, daß die Extinktionswerte mit Meßfehlern behaftet sind, die als normal verteilt mit gleicher Dispersion für alle Komponenten angenommen werden. R. Gerbatsch. 5063□

Ein primärer spektralphotometrischer Standard hoher Genauigkeit. J. P. Mehltretter. (Z. Astrophysik **51.** 32—48. 1960. Heidelberg, Landessternwarte.) (Dt.)

Zur Messung der abs. spektralen Helligkeitsverteilung spektrophotometr. Vgl.-Lampen im Wellenlängenbereich von 3000—12000 Å wird ein Syst. schwarzer Körper u. verschiedener W-Bandlampen als sek. Standards beschrieben. Der Primärstandard ist ein schwarzer Körper von 2500° K, dessen Abweichung vom Planckschen Gesetz kleiner als 0,3% ist. Seine Temp. wird mit einer Genauigkeit von $\pm 2^0$ bei 2500° K gemessen. So kann für spektralphotometr. Vgl.-Lichtquellen der Absolutwert der Leuchtdichte bei 5500 Å auf 1% u. auch die relative Energieverteilung auf 1% genau bestimmt werden. H. Lindberg. 5063□

Eintauchcolorimeter zur Untersuchung schwach gefärbter Lösungen. R. L. Babkin und W. B. Melnikow. (Заводская Лаборатория [Betriebs-Lab.] **26.** 114—16. 1960. Ostfiliale des Allunions-Dserschin-Forsch.-Inst. für Wärmetechnol.) (Russ.)

Zur direkten Colorimetrie schwach gefärbter Lsgg. wird ein Eintauchcolorimeter mit langen Küvetten vorgeschlagen, die es gestatten, mit Schichtdicken bis zu 1000 mm zu messen. Die Küvetten sind aus 4 Einzelteilen zusammengesetzt, die durch Muffen aus organ. Glas verbunden sind. Die schwach gefärbte Unters.-Lsg. wird mit einer intensiv gefärbten Eichlsg. verglichen. Als Lichtquelle dient eine fingerförmige Glühlampe. Zwischen Lichtquelle u. Meßküvetten können Glas-, Kunststoff- oder Fl.-Farbfilter eingesetzt werden. Als Beispiel werden die Unters.-Ergebnisse der colorimetr. Best. einer blau gefärbten Si-Komplex-Lsg. verschiedener Konz. (0,005—0,9 mg SiO_3^{2-}/Liter) bei verschiedener Küvettenlänge (1000—70 mm) u. verschiedener Konz. der Vgl.-Lsg. (0,4—0,8 mg SiO_3^{2-}/Liter) angeführt. H.-P. Pietsch. 5065□

Automatische Anordnung zur tempometrischen und coulometrischen Titration. W. M. Babenyschew und W. I. Chwoinitzki. (Заводская Лаборатория [Betriebs-Lab.] **26.** 113—14. 1960. Kuibyschew, Ind.-Inst.) (Russ.)

Vff. beschreiben ein halbautomat. Gerät zur tempometr. u. coulometr. Titration mit potentiometr. Endpunktanzeige. Als Elektroden werden eine Pt-Anode u. W-Kathode verwendet, die über eine Kompensationsschaltung mit dem Galvanometer verbunden sind. Das Titrationsreagenz gelangt aus einem Vorratsbehälter über einen durch eine magnet. Vorr. automat. zu bedienenden Hahn in die Titrationszelle. Bei Erreichung des Endpunktes der Titration wird der Hahn automat. geschlossen. H.-P. Pietsch. 5066□

Amperometrische Titration mit Natriumpiperidindithiocarbamat. Ju. I. Ussatenko und K. A. Uwarowa. (Заводская Лаборатория [Betriebs-Lab.] **26.** 1098 bis 1101. 1960. Dnepropetrowsk, Chem.-technol. Dsershinski-Inst.) (Russ.)

Die amperometr. Titration von Cu-, Pb-, Zn-, Cd- u. Ag-Ionen mit 0,005 bzw. 0,01 m wss. Na-Piperidindithiocarbamat (**I**)-Lsg. unter Anwendung einer äußeren EMK von 0,9 V wird erörtert. Es zeigt sich, daß bei einem pH von 3,56—4,91 die Zers.-Geschw.-Konst. von **I** ca. 50% der von Diäthyldithiocarbamat entspricht. Das Oxydationsvermögen komplexer I-Pb-Ionen an der Anode kann zur amperometr. Titration von Cu u. Hg angewandt werden; die **I**-Komplexe des Pb sind weniger beständig als die **I**-Komplexe des Cu u. Hg, beständiger aber als die Komplexe des Fe, Mn, Cd, Zn, Ni u. andere Metalle. S. Baryschnikow. 5066

Ein Potentiostat für amperometrische kinetische Untersuchungen. John M. Matsen und Henry B. Linford. (Analytic. Chem. **34.** 142—45. Jan. 1962. New York, N.Y., Columbia Univ., Dep. of Chem. Engng.) (Engl.)

Man kann die Kinetik einer chem. Rk., bei der ein Ion M^{2+} zu M^{+} red. wird, untersuchen, indem man M^{+} anod. in solcher Menge wieder oxydiert, daß das Redoxpotential der Lsg. konst. bleibt. Der bei der Elektrolyse verbrauchte Strom ist der Rk.-Geschw. direkt proportional. Die Vorteile dieser Arbeitsweise werden besprochen. Ein automat. arbeitendes elektron. Gerät wird beschrieben, das den Elektrolysenstrom so steuert, daß ein konst. Potential in der Lsg. aufrechterhalten wird. Die Meth. wird zu einer kinet. Unters. der Oxydation von Kohle durch Fe^{3+} herangezogen. P. Kurzmann. 5066□

Schema eines Potentiostaten, der die Konstanz des Polarisationspotentials der Arbeitselektrode gewährleistet. M. Ss. Ssytilin. (Заводская Лаборатория [Betriebs-Lab.] **26.** 1424—25. 1960. Moskau, Chem.-technol.-Mendelejew-Inst.) (Russ.)

Vf. arbeitet ein einfaches Verf. aus u. erläutert den vorgeschlagenen Potentiostaten an Hand eines Funktionsschemas. In der Anordnung sind neben einem Spiegelgalvanometer (Empfindlichkeit $1 \cdot 10^{-6}$ A) u. a. 2 Photowiderstände u. ein polarisiertes Relais enthalten. Mittels des beschriebenen Verf. ist es möglich, das Elektrodenpotential auf $\pm 0{,}9$ mV konst. zu halten. Die Konstanz des Elektrodenpotentials hängt ab von der Empfindlichkeit des verwendeten Spiegelgalvanometers, vom Abstand zwischen Spiegelgalvanometer u. den Photowiderständen sowie vom Abstand zwischen den Photowiderständen. E. WINKLER. 5066□

Anodische Chronopotentiometrie mit einer flüssigen Wismutelektrode in geschmolzenem Lithiumchlorid-Kaliumchlorid. John D. Van Norman. (Analytic. Chem. **33.** 946—48. Juni 1961. Upton, N.Y., Brookhaven Nat. Labor.) (Engl.)

Vf. beschreibt chronopotentiometr. Verss. mit einer fl. Bi-Elektrode in LiCl-KCl-Schmelzen mit eutekt. Zus. bei 450°. An Hand von aufgenommenen anod. Chronopotentiogrammen von in fl. Bi gelöstem Zn u. Li werden die theoret. Zusammenhänge zwischen Stromdichte, Konz. u. Übergangszeit aufgezeigt. Die Diffusions-Koeff. für Zn u. Li in fl. Bi sind $6{,}5 \cdot 10^{-5}$ u. $2{,}2 \cdot 10^{-5}$ cm^2/s, während der Aktivitäts-Koeff. für Li $5 \cdot 10^{-6}$ beträgt. Vf. nimmt auf Grund der niedrigen Werte für Li die Bldg. intermetall. Verbb. an. Anod. chronopotentiometr. Analysen kleiner Mengen Zn u. Li in fl. Bi konnten mit einer Genauigkeit von $\pm 4\%$ durchgeführt werden. J. KRAETSCH. 5066□

Adsorption als Quelle der Inkonstanz der chronopotentiometrischen Konstanten für kurze Übergangszeiten. Fred C. Anson. (Analytic. Chem. **33.** 1123—24. Juli 1961. Pasadena, Calif., California Inst. of Technol., Gates and Crellin Labor. of Chem.) (Engl.) — Vgl. C. **1961.** 13658.

Die von BARD (l. c.) beobachtete Verlängerung kurzer Übergangszeiten (10^{-2} bis 10^{-1} Sek.) relativ zu längeren Übergangszeiten ist auf Adsorption der an der Elektroden-Rk. beteiligten Komponenten an der Elektrodenoberfläche zurückzuführen. So können bei l. c. untersuchten Oxydation von 10^{-4}—10^{-2} m J^- in 1 F H_2SO_4 an Pt Einfl. der Elektrodenoxydation, Aufbauzeit der Doppelschichtladung u. Oberflächenrauhigkeiten ausgeschlossen werden, dagegen erfolgt eine starke Adsorption von J^-, J_2 bzw. J_3^- an der Pt-Elektrode. Diese Adsorption wird chronopotentiometr. an mit J^- beladenen, gespülten Pt-Elektroden nachgewiesen. HERBERT MÜLLER. 5066□

Die Präoxydation mit Jodmonochlorid-Kaliumhydroxyd und Anwendung des Jodmonochlorid-Endpunktes bei der Bestimmung von Hydrazin, Thiocyanat, Thiosulfat und Glucose. Bechu Sharma. (Bull. chem. Soc. Japan **33.** 279—82. März 1960. Banaras, Hindu Univ., Chem. Dep.) (Engl.)

Die Lsg. wird mit überschüssigem JCl versetzt u. anschließend mit 25% ig. KOH auf eine Alkalität von 1—2n gebracht. Nach 5—10 Min. wird mit 12n HCl eine Gesamtacidität von 5—6n eingestellt u. amperometr. nach dem „dead stop"-Verf. mit JO_3^-, MnO_4^- oder Ce^{4+} titriert. Bei der $S_2O_3^{2-}$-Best. ist zur Vermeidung einer S-Ausfällung NaOH vor dem JCl zuzugeben. Zur nur mit JO_3^- durchführbaren Glucose-Best. darf der Alkali-Geh. nicht die zur Auflösung des entstandenen J_2 erforderlichen Menge übersteigen. F. M. FRIEDRICH-ANDERSECK. 5066□

Calorimetrische Hochtemperatur-Vakuumanordnung. N. N. Sserebrennikow, R. P. Krenziss und P. W. Geld. (Заводская Лаборатория [Betriebs-Lab.] **26.** 109 bis 111. 1960. Ural, polytechn. Kirow-Inst.) (Russ.)

Zur Messung des Wärmeinhaltes u. der Phasenumwandlungswärmen von Metallen u. Legg. im Temp.-Bereich von 500—1700° beschreiben Vff. den Aufbau u. die Arbeitsweise einer calorimetr. Hochtemp.-Vakuumapparatur. Die wesentlichen Bauelemente der App. sind das Calorimeter nach SKURATOW, der Schmelzofen u. der elektr. Meßteil. Die Meßgenauigkeit liegt bei Temp. $> 1000°$ bei 1,2%. Nach dem Verf. wird die Temp.-Abhängigkeit der Wärmeinhaltsänderung ΔH_0^{t0} von hochlegiertem Stahl mit einem Schmelzintervall von 1350—1470° bestimmt. Die Schmelzwärme betrug 65 cal/g, die Wärmeaufnahme des fl. Stahls im Bereich von 1470—1550° $\sim 0{,}194$ cal/g°C. H.-P. PIETSCH. 5084□

Fluor-Bombencalorimetrie. Ward N. Hubbard, Jack L. Settle und Harold M. Feder. (Pure appl. Chem. **2.** 39—44. 1961. Lemont, Ill., Argonne Nat. Labor., Chem. Engng. Div.) (Engl.) — Vgl. auch GREENBERG u. Mitarbeiter, C. **1962.** 1136.

Hinweis auf die Verw. elementaren F_2 als Oxydationsmittel bei calorimetr. Messungen. Beschreibung der für die Handhabung von F_2 geeigneten Materialien u. der calorimetr. Arbeitstechnik. P. SARTORI. 5084□

a) Elemente und anorganische Verbindungen

Über die Fällung von Metallsulfiden. B. E. Dawson. (School Sci. Rev. **42.** 213—22. März 1961. London, Coopers Co. School.) (Engl.)

H_2S nimmt als Reagens in der qual. Analyse eine Schlüsselstellung ein. Seiner Herst. wurde aber bisher verhältnismäßig wenig Aufmerksamkeit geschenkt. Hergestellt wird H_2S meist mit Hilfe eines „Kipp" durch Einw. von verd. HCl auf FeS, wobei sich sein Geh. mit der Herst.-Zeit ändert. Eine Kurve zeigt, daß innerhalb der ersten 5 Min. der Geh. bis zu 95% ansteigt, um dann innerhalb von 20 Min. auf 56% zu sinken. Die Abhängigkeit der Löslichkeit des H_2S von der Temp., der Zus. der Lsg. u. der Strömungs-Geschw. wird erörtert. Unter üblichen Bedingungen ist es schwierig eine $>$0,05m Lsg. von H_2S herzustellen. Die Tatsachen zwangen, sich nach anderen Reagentien umzusehen, die S-Ionen bilden können, nicht so giftig sind u. sich leichter bei der Fällung von Metallsulfiden handhaben lassen. Das wichtigste davon ist Thioacetamid (CH_3CSNH_2) (I), das in der Wärme durch Hydrolyse H_2S bzw. S^{2-} abspaltet. Die Hydrolyse von I unter verschiedenen Bedingungen wie pH, Temp. u. Konz. sowie die Kinetik der Ausfällung von Metallsulfiden in einer homogenen I-Lsg. u. die dabei auftretenden Fehlermöglichkeiten werden erörtert. Des weiteren wird ein vollständiger Analysengang, wie er an 2 Schulen ausprobiert wurde u. worin an Stelle von H_2S u. $(NH_4)_2S$ I verwendet wird, beschrieben. Kurz wird noch auf die Herst. von I eingegangen. — 28 Literaturangaben.

M. Straschill. 5106□

Bestimmung der Schwefelsäure und Sulfonsäuren in Gemischen durch Differenztitration in Aceton. Je. A. Gribowa. (Заводская Лаборатория [Betriebs-Lab.] **27.** 154—57. 1961. Woroschilow, Forsch.-Inst. für organ. Zwischenprodd. u. Farbstoffe.) (Russ.)

0,02 Val (genaue Einwaage) der zu untersuchenden Substanz werden mit 2 ml W. versetzt u. mit Aceton auf 100 ml aufgefüllt. 5 ml der Lsg. werden gegen einen gemischten Neutralrot–Thymolphthalein-Indicator mit 0,1n $(C_2H_5)_4NOH$-Lsg. in Bzl.-A.-Lsg. (2 : 1) titriert (1. Umschlagspunkt rosa/gelb, Neutralisation der Sulfonsäure u. der H_2SO_4 zu Hydrogensulfat; 2. Umschlagspunkt: blau, Hydrogensulfat zu Sulfat). Die relativen Fehlergrenzen der Meth. betrugen (Titration eines Gemisches von H_2SO_4 u. β-Naphthalinsulfonsäure) für jeden der titrierten Komponenten $\pm$0,2%. S. Baryschnikow. G 253

Photometrischer Endpunkt bei der Fällungstitration von Sulfat. U. Niwa und E. P. Parry. (Chemist-Analyst **49.** 102—05. Dez. 1960. Brea, Calif., Union Oil Co. of California, Union Res. Center.) (Engl.)

Bei der direkten Fällungstitration von SO_4^{2-} in Ölquellenwässern mit $Pb(NO_3)_2$ u. Dithizon als Indicator kann die Empfindlichkeit des Endpunktes in acetonhaltigem wss. Medium durch photometr. Best. verbessert werden; man mißt während der Titration die Absorption von freiem Dithizon bei 620 mμ. Es können auf diese Weise noch 4 ppm SO_4^{2-} direkt in einigen Min. bestimmt werden. Nach der Entfernung störender Kationen durch einen stark sauren Kationenaustauscher versetzt man die Probe mit W., 2 Tropfen Bromphenolblau-Lsg. u. 0,1n Säure oder Lauge bis zur Blaßgrünfärbung; dann fügt man 1 ml 20%ig. CH_3COOH, 100 ml Aceton u. 0,1%ig. Dithizon-Lsg. zu u. titriert im Photometer mit 0,005n $Pb(NO_3)_2$-Lösung. Cl^--Mengen $>$2000 ppm stören die Best.; ebenso stört ClO_4^- u. H_2O_2 in größerer Konzentration. L. Johannsen. G 253□

Bestimmung von Schwefeltrioxid durch Infrarotabsorption. R. Bent, W. R. Ladner, K. S. Pankhurst und B. D. Waite. (Nature [London] **193.** 62—63. 6/1. 1962. Leatherhead, Brit. Coal Utilisat. Res. Assoc.) (Engl.)

IR-Spektrum von SO_3 konnte durch Verw. von Meßzellen mit Fenstern aus „Irtran 2" aufgenommen werden. Die stärksten Absorptionsbanden liegen bei 1399 u. 1384 cm^{-1}. Durch Messung der Absorption bei 1399 cm^{-1} läßt sich SO_3 in Gasgemischen quant. bestimmen. Vff. beschreiben für das Syst. SO_3/N_2 eine Meßanordnung, mit der sie die Proportionalität zwischen ε u. % SO_3 bestätigen. H. Bürger. G 253□

Bestimmung von Alkalipolysulfiden. L. Légrádi. (Analyst **86.** 854—56. Dez. 1961. Füzfögyártelep, Hungary, Medicolor Chem. Prod. Plant.) (Engl.)

Bei der Rk. des S mit Alkalihydroxid entstehen *Sulfid* (I), *Polysulfid* (II) u. *Thiosulfat* (III). Vf. beschreibt die Meth. zur Unters. dieser Lösung. Wechselnde Mengen S wurden in 100-g-Portionen von 37,7%ig. NaOH-Lsg. bei 100—110° gelöst, nach Abkühlen mit einer Ölschicht luftdicht verschlossen u. der Geh. an I, II, III u. Gesamt-S bestimmt. Best. von II: Ammoniak (1 : 1) wird zu 20 ml 0,4n $ZnSO_4$-Lsg. gegeben, bis der ausgefallene Nd. sich wieder löst. Zu dieser Lsg. wird eine Lsg. mit ca. 0,12 g II-S gegeben, nach 20 Min. der Nd. von Zinksulfid abfiltriert, mit 100 ml dest. W., zur Entfernung des $S_2O_3^{2-}$ gewaschen, der Nd. mit Filter 30 Min. lang mit 10 ml 1n HCl u. 25 ml W. gekocht u. mit 1n NaOH-Lsg. gegen Methylrot neutralisiert. Nach Filtrieren

u. Waschen wird der Nd. mit dem Filter zu 50 ml äthanol. KOH gegeben u. auf dem Dampfbad ca. 30 Min. lang bis fast zur Trockne eingeengt. Nach dem Abkühlen werden 50 ml W. u. 3 ml 30%ig. H_2O_2 zugefügt, nach 10 Min. mit 1n HCl gegen Methylrot titriert. 1 ml 1n HCl ≙ 0,016033 g II-S. Best. von III: Filtrat u. Waschwasser werden mit 1n HCl gegen Methylorange genau neutralisiert u. anschließend mit 0,1n Jod-Lsg. gegen Stärke titriert. 1 ml 0,1n Jod-Lsg. ≙ 0,006413 g III-S. Best. von I: Zu 20 ml 0,1n Jod-Lsg. u. 10 ml 1n HCl gibt man eine Probe mit ca. 0,015 g I-S u. titriert nach 10 Min. mit 0,1n $Na_2S_2O_3$ gegen Stärkelösung. S^{2-} wird zu S oxydiert, außerdem $S_2O_3^{2-}$ zu $S_4O_6^{2-}$. Nach Abzug der III-Menge erhält man die I-Menge. 1 ml 0,1n Jod ≙ 0,0016033 g I-S. Best. des Gesamt-S-Geh.: Zu 10 ml W. gibt man eine gewogene Menge Alkalipolysulfid mit 0,025—0,03 g S. Dazu fügt man 50 ml Bromwasser, kocht bis aller S gelöst ist u. gibt bis zum Verschwinden der Gelbfärbung 5%ig. Phenol-Lsg. zu. Nach dem Abkühlen werden 25 ml 0,1m $BaCl_2$-Lsg., 10 ml Puffer (8,25 g NH_4Cl in W. lösen, 113 ml Ammoniak vom spezif. Gew. 0,880 zugeben u. auf 1 Liter auffüllen), 3 Tropfen Eriochromschwarz-T- u. 6 Tropfen Rhodizonsäure-Lsg. zugefügt u. mit 0,05m AeDTE-Lsg. bis zum Farbumschlag von Blaurot nach Gelbgrün titriert. Die Differenz zwischen dem Titer für 25 ml 0,1m $BaCl_2$ u. dem für die Probe ist dem Gesamt-S-Geh. äquivalent. 1 ml 0,05m AeDTE ≙ 0,0016033 g S. R. Krämer. G 253□

Polarographische Mikrobestimmung des Selens als Phenylpiazselenol. Claude Le Peintre. (C. R. hebd. Séances Acad. Sci. **253.** 1696—98. 16/10. 1961. Paris, Serv. du Contrôle des Eaux de la Ville de Paris.) (Franz.)

Die Rk. des o-Phenylendiamins (I) mit *Selen*-**IV** zu Phenylpiazselenol (II) wird zur polarograph. Mikrobest. des Selens benutzt. In einer n/10 $HClO_4$–NH_4ClO_4-Lsg. (pH 2,5) werden mit 0,5—20 mg/Liter II proportionale Halbstufenpotentiale von —0,17 bzw. —0,64 V gemessen, darüber hinaus besteht keine Proportionalität mehr. Die Bldg.-Geschw. von II ist stark pH-abhängig, bei pH 2,0—2,5 am größten. Bei einer Konz. von 400 mg/Liter I beträgt die Rk.-Zeit für 2,0 mg/Liter Se bei 20° 25 Min., 4 Std. für 100 μg/Liter u. 16 Std. für 5 μg/Liter. Störende Fe(III) u. Cu(II) werden durch Kationaustausch an Dowex 50 entfernt. Lsgg. mit mehr als 0,5 mg/Liter Se können sofort polarographiert werden, indem man sie einer Standard-Lsg. von II zusetzt. Kleinere Konzz. werden mit Chlf. quant. (3—4 Extraktionen mit 5—10 ml aus 500 ml Lsg.) extrahiert. Da II mit Chlf. bei der Dest. übergeht, wird 1 ml 1n $HClO_4$ für 10 ml Chlf. zugesetzt. Nach der Dest. wird mit W. aufgenommen. Bei längeren Rk.-Zeiten muß unter N_2 gearbeitet werden, um eine Oxydation von I zu vermeiden. D. Papenfuss. G 254□

Fluorometrische Bestimmung von Tellur mit Rhodamin C. D. P. Schtscherbow und A. I. Iwankowa. (Заводская Лаборатория [Betriebs-Lab.] **24.** 1346—49. 1958. Kasachinst. für Mineralrohstoffe.) (Russ.)

2 ml einer 1—15 μg Te enthaltenden Lsg., die 5—7% verd. HCl (1 : 4) enthält, werden mit 0,4 ml einer 0,5%ig. Rhodamin-C-Lsg. in verd. HCl versetzt u. 1 Min. mit 3 ml eines Bzl.–Ae.-Gemisches (2 : 1) im Scheidetrichter geschüttelt. Nach 10 Min. Stehenlassen wird die Bzl.–Ae.-Schicht abgetrennt u. fluorometr. untersucht. Die zum Vgl. angewandten Te-Lsgg. werden analog hergestellt. S. Baryschnikow. G 255

Verdampfung des Bors aus sauren Lösungen und Rückständen. Cyrus Feldman. (Analytic. Chem. **33.** 1916—20. Dez. 1961. Oak Ridge, Tenn., Oak Ridge Nat. Labor.) (Engl.)

Bor ist bei ca. 75° u. nicht zu kleinem Vol. aus Lsgg. von H_3BO_3 in H_2O, HNO_3, H_2SO_4 u. $HClO_4$ nur wenig flüchtig (<3%). Beim Verdampfen salzsaurer Lsgg. treten dagegen größere Substanzverluste auf. Auch beim Eindampfen saurer Lsgg. auf dem Dampfbad bis zur Trockne zeigen sich große B-Verluste. Bei Ggw. von Mannit bleiben diese Verluste aus. Aus H_2SO_4- u. $HClO_4$-Lsgg. ist B bei Temp. über 228° flüchtig, kann aber durch Rückflußkühlung im Syst. zurückgehalten werden. Soll daher eine saure B-haltige Lsg. vor der analyt. Best. des B eingeengt werden, müssen vorst. Ergebnisse beachtet werden. J. Peters. G 258□

Die Bestimmung von Bor in gasförmigem CO_2. Anonym. (Nuclear Power **4.** 88. Febr. 1959. Windscale, Chem. Serv. Dep.) (Engl.)

Zur B-Best. in CO_2 wird CO_2 in NaOH-Lsg. absorbiert. Nach dem Ansäuern wird B mit Methanol abdest. u. in NaOH/Glycerin aufgefangen. Nach dem Eindampfen zur Trockne wird der Rückstand in Ggw. von Oxalsäure u. HCl mit Curcumin erhitzt u. das darin enthaltene B spektrometr. bestimmt. W. Betcke. G 258□

Zur Papierchromatographie der Phosphorverbindungen. 1. Mitt. **Anorganische Phosphorverbindungen.** H. Hettler. (J. Chromatogr. [Amsterdam] **1.** 389—410. Sept. 1958. Heidelberg, Univ., Chem. Inst.) (Dt.)

Übersicht. — 66 Literaturzitate. Ch. Weiske. G 264□

Polarographische Bestimmung von Mikrogramm-Mengen Arsen und Antimon in silicatischen Materialien. Ju. W. Moratschewski und A. I. Kalinin. (Заводская Лаборатория [Betriebs-Lab.] **27.** 272—74. 1961. Inst. für Silicat-Chem. der Akad. der Wiss. der UdSSR.) (Russ.)

1 g Quarz oder quarzreicher Minerale wird im Gemisch mit 15 ml HF u. 1 ml H_2SO_4 aufgeschlossen. Die Lsg. wird eingeengt, mit W. verd. u. zusammen mit 0,5 g KBr, 20 ml H_2SO_4, 10 ml konz. HCl u. 0,1 g $N_2H_4 \cdot HCl$ in einen Dest.-Kolben gegeben. (As^{5+} wird an der Hg-Kathode nicht red. u. muß deshalb vorher zu As^{3+} red. werden.) Nach Erwärmen auf 80° gibt man tropfenweise ein Gemisch aus 0,5 g KBr in 10 ml W. u. 20 ml konz. H_2SO_4 zu u. erhitzt dann 1 Std. lang auf 180—200°. $AsCl_3$ u. $SbCl_3$ gehen in eine Vorlage mit 10 ml W. über. Nach Zugabe von 2 ml HNO_3 (1,4) wird das Destillat auf 1—2 ml eingeengt, 1 ml H_2SO_4 (1 : 5) u. 0,1 g $N_2H_4 \cdot H_2SO_4$ zugegeben u. zur Trockne eingedampft. Der Rückstand wird im Leitelektrolyten (1n H_2SO_4; 0,5 m KCl, 10^{-5}m Methylenblau) gelöst. As u. Sb geben Stufen bei —0,65 V u. —0,14 V, die zur quant. Best. dienen. 1 µg jedes Elements kann in Ggw. von 50 µg des anderen bestimmt werden. Alle Reagenzien werden speziell gereinigt. R. GERBATSCH. G 266□

Über die Festkörperreaktion zwischen Antimonpentoxyd und Eisen(III)-Oxid-Nitrat-Gemisch. M. Viltange. (Mikrochim. Acta [Wien] **1961.** 762—69. Paris, L'École Nat. Superieure de Chim., Labor. de Rech. Microanal.) (Franz.)

Bei der von VORTMANN u. METZL [1905] vorgeschlagenen Meth. zur Best. von *Sb* kann man die zur quant. Oxydation des Sb im festen Zustand zur 5wertigen Stufe notwendige Menge zu $Fe(NO_3)_3$ durch Zugabe von Fe_2O_3 herabsetzen. Das bei der Best. entstehende Rk.-Prod. ist jedoch kein Antimonat, denn das Absorptionsspektrum weist die charakterist. Banden dieser Substanz nicht auf. Wahrscheinlicher ist die Existenz eines gemischten Eisen–Antimon-Oxids mit einer der Summenformel 1,4 $Fe_2O_3 \cdot Sb_2O_5$ entsprechenden Zusammensetzung. Es wird gezeigt, daß analoge Rkk. ablaufen, wenn an Stelle des $Fe(NO_3)_3$ die entsprechenden Na-, Ca-, Ni- oder Co-Salze verwendet werden. H. FRIES. G 266□

Flammenphotometrische Methoden zur Bestimmung von Kalium in Kaliumtetraphenylborat. M. G. Reed und A. D. Scott. (Analytic. Chem. **33.** 773—75. Mai 1961. Ames, Iowa, State Univ., Agron. Dep.) (Engl.)

Es werden flammenphotometr. Meth. zur Best. von K, das in wss. Lsg. als Kaliumtetraphenylborat (I) gefällt wurde, beschrieben. Eine Meth. geht durch Verw. eines Aceton–W.-Gemisches direkt von I aus, während bei den anderen Meth. K durch Erhitzen von I für 20 Min. im Ofen bei 350° oder durch Kochen in wss. $HgCl_2$-Lsg. in eine wasserlösl. Form übergeführt wird. Die Anwendung dieser Meth. zur K-Best. nach Extraktion aus Dünger u. glimmerartigen Mineralien durch wss. Lsgg. von Na-Tetraphenylborat (II) wird ebenfalls untersucht. K kann mit Hilfe dieser Meth. von den Mineralrückständen abgetrennt u. ohne Einfl. des überschüssigen II, der Zers.-Prodd. des Tetraphenylborats u. anderer in Aceton u. W. lösl. Komponenten quant. bestimmt werden. K. OHLS. G 275□

Radiochromatographie von Erdalkaliionen. H. J. Arnikar und O. P. Mehta. (Current Sci. **28.** 400—01. Okt. 1959. Banaras, India, Banaras Hindu Univ., Nuclear Chem. Labor.) (Engl.)

Zur Trennung von *Ba* u. *Sr* wurde Asbestpapier als natürlicher Ionenaustauscher verwendet. Die mit ^{133}Ba u. ^{90}Sr markierten Elemente wurden aufgetragen u. nach der aufsteigenden Meth. mit 0,1n HCl als Lsgm. chromatographiert. Bes. gut wurde dabei das Zerfalls-Prod. des ^{90}Sr, ^{90}Y abgetrennt, so daß die Meth. zur Reindarst. von ^{90}Y dienen kann. Lage u. Art der Substanzen nach der Trennung wurde mit Hilfe eines Geigerzählers festgestellt. Während die Strahlung des ^{90}Y mit der Zeit stark abnimmt u. die Strahlung des ^{133}Ba während einiger Wochen fast konst. bleibt, steigt die Strahlung des ^{90}Sr an, bis sich ein Gleichgewicht mit dem entstehenden ^{90}Y eingestellt hat. Die ermittelten R_F-Werte betragen für Y 0,18, für Ba 0,76 u. für Sr 0,90. H. PLUSKAL. G 280□

Volumetrische Bestimmung von Magnesium in Gußeisen, Stählen und Eisenlegierungen mit Komplexon III. Vicente Torner Carilla und Ramón Suárez Acosta. (Inst. Hierro Acero **14.** 510—17. Mai 1961.) (Span.)

Beschreibung der App., Arbeitsweise u. Ergebnisse einer von Vff. entwickelten volumetr. Meth. zur Best. des Mg in Fe-Legg., die auch bei Ggw. von Mn zuverlässige Werte liefert, unter Verw. von Komplexon III (Na-Äthylendiamintetraacetat) u. Eriochromschwarz T. — Diskussion. 11 Literaturhinweise. A. SANDER. G 282□

Anwendung von Unithiol als maskierendes Reagens bei der komplexometrischen Bestimmung von Calcium und Magnesium. L. A. Wolf. (Заводская Лаборатория [Betriebs-Lab.] **25.** 1438—39. 1959. Leningrad, Kirow-Inst. für Textilien.) (Russ.)

Bei der komplexometr. Best. von Ca u. Mg in Ggw. von Hg-, Pb- u. Zn-Ionen (direkte Titration mit 0,01 n Lsg. von Trilon-B, 0,4% ig. alkohol. Chromogenschwarz-Lsg. als Indicator) wird als maskierendes Reagens der Schwermetalle Unithiol angewandt. Die Konz. der zu maskierenden Kationen ist dabei prakt. unbegrenzt. Da Pb u. Hg durch NH_3 ausgefällt werden, soll die angewandte ammoniakal. Puffer-Lsg. erst nach der Einführung der 0,25% ig. Unithiol-Lsg. zugesetzt werden. Der Endpunkt der Titration ist durch einen Umschlag von Weinrot nach Blau gekennzeichnet.
S. BARYSCHNIKOW. G 283

Bestimmung kleiner Mengen von Calcium in Magnesiumoxid. C. A. Baugh, K. H. Decker und J. W. Palmer. (Analytic. Chem. **33.** 1804—05. Nov. 1961. Woodstock, Ill., Morton Chem. Co., Res. Labor.) (Engl.)

Bei der Best. von Ca in MgO bei Ca-Geh. $<$0,5% nach der konventionellen EDTA-Meth. treten Analysenfehler auf, die auf eine Mitfällung von Ca mit $Mg(OH)_2$ zurückzuführen sind. Vff. beschreiben 2 Meth., bei denen entweder $Mg(OH)_2$ mit NH_4OH oder durch langsame tropfenweise Zugabe einer Puffer-Lsg. gefällt wird. Bei Analysen nach dem 1. Verf. ergaben sich Fehler von —10,9%, nach der 2. Meth. von —1,4 u. —4,7% u. nach der konventionellen Meth. von —64%. — Arbeitsvorschriften: 1. Man löst 2 Parallelproben (Ca-Geh. 2—3 mg) in jeweils 25 ml W. unter Zusatz von 6n HCl (nicht im Überschuß), erhitzt zum Sieden, setzt langsam konz. NH_3 im leichten Überschuß zur Fällung des Mg hinzu, kocht einige Min. lang, kühlt ab, zentrifugiert, dekantiert die Lsg. ab, wäscht den Nd. nochmals mit W., zentrifugiert erneut u. vereinigt die Lösungen. Zu der einen Probe fügt man 5n NaOH-Lsg. bis zum pH-Wert 12,5 hinzu u. titriert nach Zusatz von 0,2 g Cal-Red-Indicator mit 0,01 m EDTA-Lsg. auf einen rein blauen Endpunkt. Die andere Probe wird mit so viel EDTA-Lsg., wie bei der 1. Probe verbraucht worden ist, vermischt u. durch Zusatz von 5n NaOH-Lsg. auf pH 12,5 gebracht. Dann wird wieder nach Zusatz des Indicators auf reines Blau titriert. 2. Man löst 0,5 g der Probe in 10 ml 3n HCl, fügt 140 ml W. u. unter Rühren tropfenweise 50 ml einer Puffer-Lsg. (20 g NaOH, 1,5 g KCN u. 2 g $NH_2OH \cdot HCl$ im Liter) hinzu, rührt noch 5 Min. lang u. bringt die Lsg. durch weiteren Pufferzusatz auf pH 10,4. Nach Zusatz von 0,2 g Cal-Red-Indicator zu der Lsg., die einen pH zwischen 12,3 u. 12,7 haben soll, vermischt man die Lsg. langsam mit 5,5 ml einer Puffer-Lsg. (100 g NaOH + 7,5 g KCN im Liter) u. fügt nach einigen Min. 0,01 m EDTA-Lsg. bis zum Umschlag nach Blaugrau hinzu. Nach einigen Min. wird weitere EDTA-Lsg. zugesetzt, bis ein rein blauer Farbton entsteht.
J. KRAETSCH. G 283□

Die schnelle Bestimmung von Calcium in Calciumsilicid und Dreistofflegierungen von Aluminium–Calcium–Silicium. Hans Drost. (Arch. Eisenhüttenwes. **30.** 599 bis 600. Okt. 1959. Hart, Alz.) (Dt.)

Vf. beschreibt eine Schnellbest. von Ca in Legierungen. Die gepulverte, gesiebte u. mit Holzkohlepulver verriebene Probe wird in einem Verbrennungsschiffchen im Cl_2-Strom 10 Min. lang auf 550—600° erhitzt, wobei sich $FeCl_3$, $AlCl_3$ u. $SiCl_4$ verflüchtigen. Das zurückgebliebene $CaCl_2$ wird durch maßanalyt. Best. des Cl^--Geh. mit $AgNO_3$-Lsg. bestimmt.
W. BETCKE. G 283□

Methode zur Schnellbestimmung des Ca-Gehaltes in Flußspaten. Václav Skřivánek und Petr Klein. (Rudy **9.** Nr. 4. Práce výzkumných Ústavů 14—15. April 1961. Praha, Úst. výzk. rud.) (Tschech.)

Vff. beschreiben eine Meth. zur Best. von CaF_2 in Flußpat in Ggw. u. Abwesenheit von $CaCO_3$ unter Verw. des auch zur Best. von Ca geeigneten Komplexindicators Glyoxal-bis-(2-hydroxyanil). Geringe Mengen in alkohol. Lsg. ausfallender Elemente werden durch Triäthanolamin maskiert.
GOTTFRIED LANGE. G 283□

Bestimmung von Strontium in Silicaten durch Flammenphotometrie: Gehalt an Strontium von Granit G-1 und Diabas W-1. M. Fornaseri und L. Grandi. (Metallurgia ital. **53.** 243—46. Mai 1961. Roma, Univ., Ist. di Geochim.) (Ital.)

Die zu untersuchende Silicatprobe wird in HF u. $HClO_4$ gelöst u. Sr nach einer Zusatz-Meth. im Flammenphotometer BECKMAN DU bei 460,7 mμ bestimmt. Die von Al auf die Emission von Sr ausgeübte Depression wird ggf. durch die Ggw. eines Ca-Überschusses beseitigt. Analysiert wurden Standardproben von Granit G-1 u. Diabas W-1; die erhaltenen genauen Ergebnisse im Bereich von 100—1500 ppm (Fehler ca. 3%) stimmen mit den spektrograph. Best. u. mit den unter Verw. der Isotopenverdünnungs-Meth. gefundenen überein.
G. PLATZER. G 284□

Chemisch-spektralanalytische Methode zur Bestimmung von Verunreinigungen in Strontium und Barium. M. A. Notkina und B. M. Dobkina. (Заводская Лаборатория [Betriebs-Lab.] **26.** 1126—28. 1960. Forsch.- u. Projektierungsinst. der Ind. der Seltenen Metalle.) (Russ.)

2 g des zu analysierenden Metalls werden vorsichtig in 10—12 ml doppelt aus Quarz dest. CO_2-freiem W. gelöst. Die Lsg. wird mit HCl auf pH 5—6 gebracht u. zusammen mit 1 ml 2%ig. wss. Na-Diäthyldithiocarbamat-Lsg. u. 2 ml $CHCl_3$ in einen Quarzschütteltrichter gegeben. Nach 1 Min. kräftigen Schüttelns wird die organ. Phase abgetrennt. Die Extraktion wird 4—6mal wiederholt. Die vereinigten $CHCl_3$-Fraktionen werden 2—3mal mit W. gewaschen u. dann in einer Quarzschale mit 50 mg Spektralkohlepulver auf dem Wasserbad eingedampft. Das Pulver wird durch Graphitelektroden im Gleichstrombogen von 10 A angeregt; die Spektren werden mit einem Quarzspektrographen aufgenommen. Folgende Analysenlinien (in Å) gestatten eine Best. in dem in Klammern angegebenen Konz.-Bereich (in %): Bi I 3067,71 ($7\cdot10^{-6}$—$2\cdot10^{-4}$), Fe II 2599,39 ($2\cdot10^{-6}$—$2\cdot10^{-4}$), Cd I 2288,02 ($2\cdot10^{-6}$—$7\cdot10^{-4}$), Mn II 2576,10 ($2\cdot10^{-6}$—$7\cdot10^{-5}$), Cu I 3247,54 ($2\cdot10^{-6}$-$7\cdot10^{-5}$), Pb I 2833,07 ($7\cdot10^{-6}$—$5\cdot10^{-4}$), Sb I 2598,06 ($2\cdot10^{-6}$—$2\cdot10^{-4}$), Zn I 3345,57 ($7{,}10^{-5}$—$7{,}10^{-4}$). Die Eichproben werden durch Verreiben von Oxiden mit Kohlepulver u. A.-Zusatz hergestellt. R. GERBATSCH. G 285□

Extraktive Abtrennung von Zink als Verbindung der Di-n-butylarsinsäure. R. Pietsch und E. Pichler. (Mikrochim. Acta [Wien] **1961**. 914—22. Graz, Univ., Inst. für anorgan. u. analyt. Chem.) (Dt.) — Vgl. C. **1962. 7442.**

Es wird die extraktive quant. Abtrennung der Zn-Verb. der Di-n-butylarsinsäure mit $CHCl_3$ (**I**), Trichloräthylen (**II**) u. Chlorbenzol (**III**) untersucht. Das günstigste pH-Gebiet liegt für **II** zwischen 6,5 u. 7,5, für **I** u. **III** zwischen 7,0 u. 8,0. Es muß bei Extraktion mit **I** u. **III** die 15fache, mit **II** die 10—15fache Gew.-Menge bzgl. des erwarteten Zn an Di-n-butylarsinsäure zugesetzt werden. Die Meth. eignet sich bes. für den Halbmikrobereich u. erlaubt eine Abtrennung des Zn von Ca, Mg, Ni, Mn^{2+} u. Cd in bestimmten Verhältnissen. Beleganalysen werden angegeben. U. SKURNIA. G 288□

Komplexometrische Zinkbestimmung. Erich Hintzsche. (Chem. Techn. **12**. 272—80. Mai 1960. Schkopau, VEB Chem. Werke Buna.) (Dt.)

Es werden Zn-Best. in verschiedenen Substanzen beschrieben. In allen Fällen stellt man durch Lösen oder einen Aufschluß eine Lsg. in 3—4n HCl her, die man auf eine 30 mm hohe u. 18 mm weite Säule von Dowex 1·10 gibt. Man wäscht mit 50 ml 1n HCl nach. Dabei gehen Alkalien, Erdalkalien, Ti, Al, Fe, Co, Mn, Sb, As, Cu u. Pb ins Filtrat. Die Ablösung des Zn vom Harz geschieht bei 20° u. einer Fließgeschw. von ca. 3 ml/Min. mit 50 ml 1n HNO_3. Man neutralisiert das Eluat mit NH_3 u. titriert nach Zugabe von 10 ml Puffer-Lsg. von pH 10 u. einer Spatelspitze Eriochromschwarz T-Indicator (1 : 200 mit NaCl verrieben) mit Komplexon III-Lsg. bis zum Umschlag von Rot nach Blau. H. PLUSKAL. G 288□

Komplexometrische Bestimmung von Zink in Konzentraten mit den Indicatoren Xylenolorange und Methylthymolblau. O. B. Budewski, A. N. Karolew, R. A. Karanow und L. Ssimowa-Filippowa. (Заводская Лаборатория [Betriebs-Lab.] **25**. 1439—41. 1959. Sofia, Forsch.-Inst. für Metallurg. u. Bodenschätze; Kyrdshali, Blei- u. Zinkfabrik.) (Russ.)

Die von KÖRBL, PŘIBIL u. EMR beschriebene komplexometr. Titrations-Meth. (C. **1957**. 13440) wurde zur Best. von Zn in Zn-Konzentraten angewandt.
S. BARYSCHNIKOW. G 288

Bestimmung von Zink in Phosphatierungslösungen. A. T. Kabakow. (Заводская Лаборатория [Betriebs-Lab.] **26**. 1356. 1960. Perwouralsk, Betrieb für Altrohraufarbeitung.) (Russ.)

5 ml der zu untersuchenden Phosphatierungs-Lsg. (**I**) u. 1—2 Tropfen 25%ig. NH_3-Lsg. werden mit 2 n HCl auf 50 ml aufgefüllt. Der angewandte Anionit EDE-10 p wird vorerst mit 20%ig. NaOH-Lsg., dann mit W. u. mit 2 n HCl gewaschen. Die obige verd. **I** wird durch den Anionit mit einer Geschw. von 3 ml/min durchgelassen, das nachfolgende Waschen des Anionits erfolgt mit 200 ml 2 n HCl (Durchlaufs-Geschw. = 5 ml/min) u. die Desorption des Zn mit 150—200 ml W. (Geschw. = 5 ml/min). Das mit NH_3-Lsg. neutralisierte u. mit 5 ml ammoniakal. Puffer-Lsg. versetzte Filtrat wird mit Trilon B-Lsg. (Chromdunkelblau als Indicator) bis zum Umschlag nach Blau titriert. Die Best. kann in 20—25 Min. durchgeführt werden. S. BARYSCHNIKOW. G 288

Über die Bestimmung der Form des Zinks in den Produkten der metallurgischen Produktion. Ss. G. Trofimowa und M. A. Abdejew. (Заводская Лаборатория [Betriebs-Lab.] **25**. 1443—45. 1959. Altai-Inst. für Berg- u. Hüttenwesen der Akad. der Wiss. der KasachSSR.) (Russ.)

Eine Meth. zur quant. Best. des in Abbränden, Stauben u. Schlacken der metallurg. Produktion unter verschiedener Form (wasserlösl. Anteil, Oxid, Silicat, Ferrit u. Sulfid) vorhandenen Zn wird vorgeschlagen. Die zu untersuchende Substanz wird mit W. (Elimination des wasserlösl. Anteils), dann 2 Std. lang bei 70° mit ammoniakal. $(NH_4)_2CO_3$-

Lsg. (Auflösung des ZnO) ausgelaugt. Der Rückstand wird 1 Std. lang mit 30%ig. Essigsäure aufgenommen (Extraktion der Zn-Silicate). Der Rest wird $1^1/_2$ Std. lang mit einem Gemisch aus 3 n H_3PO_4 u. 1 n HCl behandelt: das Zn-Ferrit ($ZnO \cdot Fe_2O_3$) geht dabei in Lösung. Das verbliebene ZnS wird in einem Gemisch von Essigsäure u. H_2O_2 aufgelöst. Die Zn-Best. in den entsprechenden Lsgg. erfolgen polarographisch. Die Fehlergrenze der Meth. beträgt für die gesamte Zn-Best. $\pm 7-8$%. S. BARYSCHNIKOW. G 288

Mikrogravimetrische Bestimmung von Cadmium mit 2-(o-Hydroxyphenyl)-benzoxazol. Ch. Cimerman und R. Pavlovec. (Mikrochim. Acta [Wien] **1958.** 259—65. Haifa, Israel, Inst. of Technol., Fac. of Sci., Dep. of Chem.) (Engl.)

Eine Mikro-Meth. zur Cd-Best. wird auf der Grundlage der schon für eine Makro-Best. benutzten Fällung von Cd^{2+} aus alkal. Lsg. mit 2-(o-Hydroxyphenyl)-benzoxazol (I) als 2:1-Komplex entwickelt: 1—3 ml Probe-Lsg. (2—5 mg Cd) werden in einem abgewogenen Mikrobecher mit ca. 250 mg Ammoniumtartrat verrührt u. mit konz. NH_3 gegen Thymolphthalein alkal. gemacht. Dann wird tropfenweise ein ca. 50%ig. Überschuß von 1%ig. alkohol. I-Lsg. zugesetzt, wobei ein pH-Abfall durch Zusatz von verd. NaOH ausgeglichen wird, die Lsg. mit W. auf 8 ml aufgefüllt u. bis zur Koagulation des weißen Nd. ca. 5 Min. lang auf 60° erwärmt. Der gut mit alkal. W. gewaschene Nd. wird 15 Min. lang bei 140° getrocknet u. ausgewogen. W. BETCKE. G 289□

Colorimetrische Methode zur Bestimmung von Cadmium mit Rhodamin B. A. I. Lasarew und W. I. Lasarewa. (Заводская Лаборатория [Betriebs-Lab.] **25.** 783—86. 1959. Kuibyschew, Inst. für Ind.) (Russ.)

Vff. beschreiben eine colorimetr. Best.-Meth. von Cd in Mg, Al, Cr u. WO_3. 0,50 g Mg, Al bzw. WO_3 bzw. 0,25 g Cr werden in HCl gelöst u. die Lsg. zur Trockne eingedampft. Nach Auflösung des Rückstandes in 40 ml W. u. Zugabe von 5 ml 20%ig. Na-Citrat-Lsg. wird das Gemisch gegen Kongorot (bzw. Phenolphthalein bei WO_3) mit Ammoniak alkal. gemacht. Nach 2maligem Ausschütteln mit 10 u. 5 ml CCl_4 (Bürette), denen 5 bzw. 2 ml 0,5%ig. wss. Na-Diäthyldithiocarbaminat-Lsg. zugefügt wurden, wird aus der CCl_4-Schicht Cd durch wiederholtes Ausschütteln mit 0,1n HCl ausgezogen. Die wss. Cd-haltige Schicht wird zur Trockne eingedampft, in 2 ml 3,6n H_2SO_4 u. 10 ml W. gelöst u. nach Zugabe von 6 ml W., 2 ml 0,08%ig. Rhodamin u. 2,5 ml 0,1n KJ-Lsg. colorimetriert (Schicht von 50 mm, Lichtfilter Nr. 7). Fe wird durch Zugabe von 1 ml einer 2%ig. Ascorbinsäure-Lsg. maskiert. S. BARYSCHNIKOW. G 289

Eine Nachweismethode für Quecksilber durch Radioaktivierungsanalyse. K. Ljunggren und T. Westermark. (Pure appl. Chem. **1.** 127—33. 1960. Stockholm, KTH.) (Engl.)

Vff. teilen ihre Erfahrungen bei der Best. von Hg durch Radioaktivierungsanalyse mit. H. SCHROEDER. G 290□

Papierchromatographie organischer Quecksilberverbindungen. Joseph N. Bartlett und George W. Curtis. (Analytic. Chem. **34.** 80—82. Jan. 1962. Philadelphia, Pa., St. Joseph's Coll., Dep. of Chem.) (Engl.)

Zur Papierchromatographie organ. Hg-Verbb. nach der auf- u. absteigenden Meth. können verschiedene Laufmittel mit Ammoniak benutzt werden. Am besten geeignet ist n-Butanol/95%ig. A./28%ig. Ammoniak (8:1:3). Als Papier wurde die Sorte WHATMAN Nr. 1 benutzt. Die Temp. wurde auf $23 \pm 1°$ gehalten. Die Laufzeit betrug bei der aufsteigenden Meth. ohne Gleichgewichtseinstellung u. bei einer Steighöhe von 10 cm 1 Stunde. Bei der absteigenden Meth. mit einer Gleichgewichtseinstellung von 4 Std. war die Laufmittelfront nach 13 Std. 40 cm vom Startpunkt entfernt. Als Entwickler wurde eine 0,005%ig. Dithizon-Lsg. in $CHCl_3$ oder eine wss. $Na_2[Sn(OH)_4]$-Lsg. benutzt. Die aufgetragenen Proben enthielten 3—5 µg Hg. 1—1,5 µg Hg können noch nachgewiesen u. Mengen von 20 µg Hg ohne Schwanz-Bldg. chromatographiert werden. Folgende R_F-Werte für die auf- bzw. absteigende Meth. sind angegeben: *Phenylquecksilberchlorid* 0,38 bzw. 0,39; *Tolylquecksilberchlorid* 0,48 bzw. 0,49; *o-Chloromercuriphenol* 0,28 bzw. 0,22; *p-Chloromercuriphenol* 0,07 bzw. 0,07; *Diphenylquecksilber* absteigend 0,94; *Mercaptomerin-Na* (*N-[γ-carboxymethylmercaptomercuri-β-methoxy]-propylcamphersäure* als Di-Na-Salz) 0,16 bzw. 0,22; *Mercuhydrin* (*N-[β-hydroxymercuri-γ-methoxy]-propyl-N'-succinylharnstoff*) 0,17 bzw. 0,15; *Mercurital* (Na-Salz der *o-[3-Hydroxymercuri-2-methoxypropyl]-carbamylphenoxyessigsäure*) 0,43 bzw. 0,41; *Merthiolat* (*Na-Äthylmercurithiosalicylat*) 0,70 bzw. 0,75; *Salyrgan* (s. Mercurital) 0,40 bzw. 0,39.

R. KRÄMER. G 290□

Anwendungen der Röntgenfluorescenz bei Analysen von Leichtlegierungen. H. Pfundt. (Metallurgia ital. **53.** 197—202. Mai 1961. Bonn, Vereinigte Aluminium-Werke.) (Ital.)

Die Möglichkeiten zur Anwendung der Röntgenfluorescenz für Leichtmetalle werden erörtert, die zur Best. der Leichtelemente mit der Atomzahl 12—20 geeignetsten Analysenkristalle untersucht, die Probenvorbereitung für die verschiedenen Analysetypen beschrieben, Eichkurven wiedergegeben u. Ergebnisse für die Analysen von *Al* u. dessen Legg., von reinem *Mg* u. *Si* u. von *FeSi* u. dessen Bestandteilen u. von Quarz diskutiert.
G. Platzer. G 294□

Neue volumetrische Analyse von Aluminatlösungen. A. A. Baschkirzewa und L. D. Prudnikowa. (Заводская Лаборатория [Betriebs-Lab.] **26.** 1107—09. 1960. Uraler Polytechn. Kirow-Inst.) (Russ.)

Zu einer ca. 0,12 g Al_2O_3 enthaltenden verd. Aluminat-Lsg. werden eine dem Al-Geh. äquivalente Menge u. noch 1—3 ml 0,1m Trilon B-Lsg. zugefügt. Das Gemisch wird mit W. auf 60—80 ml aufgefüllt u. gegen Phenolphthalein mit 0,5n HCl titriert. Nach Ansäuern mit HCl bis zur Zerstörung der Bicarbonate wird das Gemisch 5 Min. lang gekocht u. der HCl-Überschuß mit 0,5n Lauge titriert. Nach Abkühlung werden 5 ml Puffer-Lsg. (pH 5,5; Zubereitung ist beschrieben) u. 1 ml 10%ig. Na-Sulfosalicylat-Lsg. zugefügt; der Überschuß an Trilon wird mit 0,02m $FeCl_3$-Lsg. titriert (1—2 Min. lang anhaltende gelbe Färbung). Die Berechnungsformeln für Al_2O_3-, Carbonat- u. Na_2O-Geh. werden angegeben. Diese Schnell-Best. ist bes. für die Unters. industrieller Lsgg. geeignet; die Genauigkeit der Best. ist befriedigend. S. Baryschnikow. G 294

Die minimale Veraschungstemperatur für Aluminiumoxidniederschläge. Oscar I. Milner und Louis Gordon. (Talanta [London] **4.** 115—19. April 1960. Paulsboro, N.J., Socony Mobil Oil Comp., Res. Dep.; Cleveland, Ohio, Case Inst. of Technol., Dep. of Chem. and Chem. Engng.) (Engl.)

Es wurde festgestellt, daß zur Veraschung von Al-Ndd. Mindest-Temp. von 1100° erforderlich sind. In Ggw. von SO_4^{2-} sind noch etwas höhere Temp. zweckmäßig, weshalb die übliche Mindest-Temp. von 1200° zum Konstantglühen von Al_2O_3 als richtig empfohlen wird. H. Pluskal. G 294□

Beitrag zur quantitativen Al-Bestimmung in Sonderwerkstoffen, insbesondere Magnetlegierungen. W. Dübel und W. Flurschütz. (Chem. Techn. **12.** 538—40. Sept. 1960. Immelborn.) (Dt.)

Das Prinzip des Verf. beruht darauf, daß durch Elektrolyse an einer Hg-Kathode bei Einhaltung bestimmter Bedingungen sämtliche Kationen außer Al, Ti, Zr, V u. U abgeschieden werden. Die von Vff. benutzte Zelle wird beschrieben u. genaue Arbeitsanweisungen gegeben. Der Al-Geh. konnte mit einer Abweichung von $\pm 0{,}02\%$ bestimmt werden. Durch Anbringung eines formgerechten Magneten am Elektrolysegerät, der in vertikaler Richtung aufmagnetisiert ist, ist es gelungen, die Elektrolysezeit auf ein Minimum zu beschränken. Nach Abscheidung von ca. 5 g Fe-Metallen ist allerdings eine Reinigung des Hg erforderlich. F. Rosendahl. G 294□

Bestimmung von Aluminium in gehärtetem, nichtrostendem Stahl und Hochtemperaturlegierungen. Lawrence A. Machlan, John L. Hague und Edward J. Meros. (J. Res. nat. Bur. Standards **A 64.** 181—84. März/April 1960. Washington.) (Engl.)

Zur Best. von 0,5—5% Al in besonderen Stählen u. Hochtemp.-Legg. löst man 2 g Substanz unter Erwärmen in 40 ml verd. Königswasser (1 ml Säure + 1 ml W.), versetzt mit 40 ml Citronensäure [500 g Citronensäure + 500 ml verd. H_2SO_4 (1 + 49)/Liter], verd. auf 250 ml, neutralisiert fast mit NH_3, versetzt mit 1 g $NH_2OH \cdot HCl$, neutralisiert mit NH_4OH gegen Lackmus u. fügt 10 ml im Überschuß hinzu. Dann versetzt man mit 15 g NaCN, läßt 1—2 Min. sieden, versetzt langsam unter heftigem Rühren mit 25 ml 7,5%ig. alkohol. 8-Hydroxychinolin-Lsg., rührt weitere 15 Min., läßt 15 Min. am Rande eines Wasserbades stehen, verrührt mit Papiermasse u. filtriert nach dem Abkühlen durch ein doppeltes Filter, das mit etwas Papiermasse belegt ist. Man wäscht 5—6mal mit Cyanidwasch-Lsg. (20 g NH_4Cl + 20 g NH_4-Citrat + 20 g NaCN in 900 ml W. + 25 ml NH_4OH gelöst/Liter) u. 2—3mal mit W., bedeckt den Nd. im Pt-Tiegel mit 5 g Oxalsäure u. verascht bei 600—700°. Man fügt 2 ml verd. H_2SO_4 (1+3) u. 10—15 ml HF hinzu, verdampft HF auf einem Sandbad u. löst die Oxide durch Schmelzen mit 1—2 g $K_2S_2O_7$. Man löst in 100 ml warmer, verd. HCl (1 + 5), wäscht mit verd. HCl, versetzt mit 5 ml Fe-Lsg. [10 g Fe + 200 ml verd. HCl (1 + 3), + 8—10 ml HNO_3/500 ml], neutralisiert fast mit 30%ig. NaOH u. gießt in eine sd. Mischung aus 140 ml W. + 70 ml 30%ig. NaOH in einem 1-Liter-Stahlgefäß. Nach 1—2 Min. langem Sieden kühlt man ab, verd. auf genau 500 g u. filtriert nach dem Absitzen. Man sammelt die Hälfte des Filtrats in einem Becherglas mit 25 ml HCl u. 2 ml Citronensäure-Lsg., neutralisiert mit NH_3, fügt 10 ml im Überschuß hinzu, versetzt mit 1 g NaCN u. nach dem Erwärmen auf 55—60° mit 1 ml 30%ig. H_2O_2 u. langsam unter heftigem Rühren mit

8-Hydroxychinolin. Man rührt 15 Min., läßt 15 Min. am Rande eines Wasserbades stehen, filtriert nach dem Abkühlen, wäscht 10—12mal mit W., trocknet 1½ Std. bei 115° u. wägt. Der Fehler beträgt 1%. H. PLUSKAL. G 294□

Bestimmung der „Aktivität nach Ziegler" von Organoaluminiumverbindungen mit physikalischer Indizierung. 1. Mitt. Komplexometrische DK-Titration. E. G. Hoffmann und W. Tornau. (Z. analyt. Chem. **186.** 231—47. 1962. Mülheim/Ruhr, MPI für Kohlenforsch.) (Dt.)

Die Ausbldg. von Dipolkomplexen bei der Rk. zwischen aluminiumorgan. Acceptor-Verbb. des Typs R_2AlX (X = Halogen, —OR, —SR, NR_2) oder R_3Al (sog. „akt. Verbb.", deren Aktivität bei der Ausfüllung ihrer Elektronenlücke durch ein O-Elektronenpaar infolge Oxydation verlorengeht) u. einem Donator (z. B. tert. Amin) bildet die Grundlage eines DK-Titrations-Verf. zur Best. der Aktivität von aluminiumorgan. Verbindungen. Die Titrationskurven steigen bis zum Erreichen des Äquimolaritätspunktes geradlinig an u. verlaufen dann nach einem scharf ausgeprägten Knickpunkt waagerecht. Liegen Gemische von Acceptoren vor, so tritt bei mehr oder minder deutlich ausgeprägtem Knickpunkt ein Anstiegwechsel auf, dessen Größe von dem Unterschied der Momente der mit dem Donator gebildeten Komplexe bestimmt ist. Unter Verw. von Cyclohexan als Lsgm. wurden DK-Titrationen von $Al(C_3H_7)_3$ gegen Tetrahydrofuran, von $Al(C_2H_5)Cl$, $Al(C_4H_9)_3$, $AlH(C_2H_5)_2/Al(C_2H_5)_3$ u. $Al(C_2H_5)Cl/Al(C_2H_5)_3$ gegen $N(C_2H_5)_3$, von $Al(C_4H_9)_3/AlH(C_4H_9)_2$ gegen Di-n-butyläther u. von $Al(C_2H_5)_3$ sowie $AlH(C_2H_5)$ gegen Isochinolin (I) durchgeführt. Die $AlH(C_2H_5)_2$-I-Titrationskurve verläuft unter Bldg. eines Al-Amids mit einem Mol. I zunächst waagerecht (Momentkompensation durch Ausbldg. von dimeren Moll.) u. steigt dann nach einem scharfen Knickpunkt unter Ausbldg. einer polaren Koordinationsbindung mit einem 2. Mol. I (roter 2:1-Komplex) an, während die $Al(C_2H_5)_3$-Kurve sofort ansteigt. Der Mechanismus dieser Rk. wird an Hand der Aktivierungsenergien der verschiedenen möglichen Teilschritte diskutiert. — Die DK-Titration liefert in einem Arbeitsgang die zur Berechnung von Dipolmomenten erforderliche Kenntnis der Konz.-Abhängigkeit der DK unter Vermeidung der bei der Herst. bestimmter Konzz. empfindlicher Substanzen sich ergebenden Fehlerquellen.

W. BETCKE. G 294□

Bestimmung von Thallium(I) mit Jodat in Gegenwart von Quecksilber(II)-Ionen und mit Jodat oder Permanganat über Bromid. Bechu Sharma. (Bull. chem. Soc. Japan **33.** 277—79. März 1960. Banaras, Hindu Univ., Chem. Labor.) (Engl.)

Die Best. werden amperometr. nach dem „dead stop"-Verf. durchgeführt. Die zuvor mit ca. 30 ml 8—9%ig. $HgCl_2$-Lsg. versetzte u. mit konz. HCl auf eine Acidität von 1—2n gebrachte Tl(I)-Lsg. liefert sowohl bei direkter als bei Rücktitration mit JO_3^- exakte Werte. — Während bei Titration mit JO_3^- in Ggw. von Br^- (2—3 g KBr) die Acidität 3—5n sein kann, darf sie bei Verw. von MnO_4^- 4n nicht übersteigen.

F. M. FRIEDRICH-ANDERSECK. G 297□

Bestimmung kleiner Thalliummengen in Berggesteinen. N. A. Rudnew, G. I. Malofejewa und W. Ss. Rasskasowa. (Заводская Лаборатория [Betriebs-Lab.] **27.** 20—21. 1961. Vernadsky-Inst. für Geochem. u. analyt. Chem. der Akad. der Wiss. der UdSSR.) (Russ.)

Zur Konz. kleiner Tl-Mengen im Syst. Bi^{3+}, Tl^+, H^+/S^{2-} wird als Tl-Sammler Bi_2S_3 u. $K[B(C_6H_5)_4]$ angewandt. Nach der Extraktion des Sammlers mit 0,075—4,8n-H_2SO_4 erfolgt die spektrophotometr. Tl-Best. mit Hilfe von Rhodamin C. In Gesteinen mit einem Tl-Geh. von $3 \cdot 10^{-5}$ bis $2 \cdot 10^{-4}$% kann die Tl-Best. in 12 Std. durchgeführt werden. Die relative Fehlergrenze der Meth. beträgt ±10%.

S. BARYSCHNIKOW. G 297

Die Trennung der Selten-Erdmetalle mit Kationenaustauschern. H. Deelstra. (Meded. vlaamsche chem. Vereen. **23.** 81—92. Mai/Juni 1961. Gent, Univ., Inst. voor Analyt. Chem.) (Fläm.)

Übersicht über die Verff. zur Trennung von Seltenerdmetallen mit Kationenaustauschern u. Verw. verschiedener Eluier-Lsgg. (Citronensäure, Aminopolyessigsäuren, bes. EDTA, Essigsäure, Oxalsäure, Oxycarbonsäuren, bes. α-Oxybuttersäure). — 62 Schrifttumshinweise. W. WESLY. G 303□

Die chromatographische Trennung von Uran, Thorium und Seltenen Erden mit Hilfe eines mit flüssigem Anionenaustauscher behandelten Papieres. E. Cerrai und C. Testa. (J. Chromatogr. [Amsterdam] **5.** 442—51. Mai 1961. Milan, Italy, Labor. C.I.S.E.) (Engl.)

Vff. berichten über die chromatograph. Trennung von *Th*, *La* u. *U* auf WHATMAN Nr. 1-Papier, das mit Lsgg. verschiedener Konzz. von *Tri-n-octylamin* (I) in Bzl. imprägniert wurde (vgl. C. **1962.** 3202). Es wurde sowohl nach der Rundfilter-Meth. als auch absteigend mit HNO_3 u./oder Nitrat-Lsgg. von Li, NH_4, Na, Ca u. Al eluiert, wobei die Einfl. verschiedener Parameter auf R_F-Werte u. Extraktions-Koeff. untersucht wurden (Konz. der I-Lsg., Salzart, HNO_3-Konz. des Eluens). Werden HCl-haltige Elutionsmittel verwendet, so muß das Papier mit *Tri-n-octylphosphinoxyd* (II) imprägniert werden. Während bei I-imprägnierten Papieren die Kationen in der Reihenfolge Th—U—La eluiert werden, ist bei II-imprägnierten Papieren die Reihenfolge U—Th—La. In beiden Fällen läuft La fast stets kurz hinter der Lsgm.-Front. M. FINKE. G 303☐

Analytische Verwendung von Arsenazo III. Bestimmung von Thorium, Zirkonium, Uran und der Seltenen Erden. S. B. Savvin. (Talanta [London] **8.** 673—85. Sept. 1961. Moscow, Acad. of Sci., N. I. Vernadskii Inst. of Geochem. u. Analyt. Chem.) (Engl.)

Vf. beschreibt eine Meth. zur Darst. von Arsenazo III (*1.8-Dihydroxynaphthalin-3.6-disulfonsäure-2.7-bis-*[*azo-2-phenylarsinsäure*]) (I), aus o-Aminophenylarsonsäure (II) u. Chromotropsäure (III) u. untersucht die Anwendungsmöglichkeiten von I auf den Nachw. von Metallionen. I ist sowohl in reiner Form als auch in wss. Lsgg. stabil u. ist in W., schwachen Säuren u. bes. gut in wss. Lsgg. von Na_2CO_3 bzw. $Na(HCO_3)_2$ löslich. Die Farbe wss. Lsgg. ist je nach Konz. von I bei 4—10n HCl-Lsgg. blaßrot bis karminrot u. bei Lsgg., deren pH-Wert > 5 ist, blau oder violett; in konz. H_2SO_4 ist die Farbe grün. I bildet mit vielen Metallionen sehr stabile Chelatkomplexe, die in 0,01—10n HCl in Ggw. von Th^{4+}, in 0,05—10n HCl bei Vorliegen von U^{4+}, in 0,2—10n HCl in Ggw. von Zr u. bei pH 3—4 in Anwesenheit von Y, La u. den Lanthaniden grün gefärbt sind. Violette bzw. blauviolette Färbungen werden mit Sc (pH 1—4), Bi (1,5—4,5) u. Ba (4,5—5) erhalten, während sich mit Fe^{3+} (1,5—3) ein lilaviolettgefärbter Komplex u. mit Pb, Cu u. Ca (4—5) blaue Farben ausbilden. Anionen beeinflussen die Rkk. allg. nur in geringem Maße, jedoch dürfen oxydierende oder reduzierende Substanzen nicht vorhanden sein. Die Nachw.-Grenzen liegen bei ca. 0,01—0,05 μg/ml. Mit 2- u. 3wertigen Kationen werden Komplexe der Zus. Metall:I = 1:1 gebildet, mit 4wertigen Kationen je nach Rk.-Bedingungen 1:1- u. 1:2-Komplexe, wobei die letzteren immer entstehen, wenn die Bedingungen für eine Farb-Rk. gegeben sind u. I im Überschuß vorhanden ist. Spezif. Nachw. mit I sind am besten möglich in saurer Lsg. auf Th [keine Störungen durch Zr (bei einem Verhältnis Th:Zr = 1:1000), durch UO_2^{2+} (1:6), durch Seltene Erden (Ce-Untergruppe 1:50 bzw. Y-Untergruppe 1:100), Ti (1:10), Cr^{3+} (1:200), Ni (1:500), Fe^{3+}, Pb, Co, Ca, Al u. andere Elemente 1:1000—1:5000] sowie auf U, Zr, Hf u. Zr u. Hf unter ähnlichen Bedingungen wie beim Th. Ausführliche Analysenvorschriften für Th bzw. U in Gesteinen sowie für Zr werden gegeben, wobei allg. die zu untersuchende Substanz nach Auflösen ohne weitere Abtrennung analysiert werden kann. Zur Analyse werden 0,01—0,1%ig. wss. Lsgg. von I benutzt. Verss. mit analogen Verbb. von I, die durch Kupplung von Arsenazo I u. verschiedenen Aminen gewonnen wurden, zeigten, daß diese Verbb. ebenfalls gefärbte Komplexe bildeten, deren Stabilität zwischen den entsprechenden Komplexen mit Arsenazo I bzw. I lag. Arbeitsvorschrift für die Darst. von I: Man löst 15 g II unter schwacher Erwärmung in einer Mischung aus 30 ml W. u. 15 ml HCl (D. 1,18), gibt nach Abkühlung 50 g Eis u. unter dauerndem Rühren eine Lsg. von 5 g $NaNO_2$ in 10—15 ml W. sowie einen kleinen Überschuß von HNO_3, der anschließend mit Amidosulfonsäure entfernt wird, hinzu. Dann werden zu einer Lsg. von 6,5 g des Dinatriumsalzes von III in 20 ml W. eine Mischung von 10 g CaO u. 30 ml W., 50 g Eis u. die oben beschriebene Diazonium-Lsg. hinzugesetzt. Nach einer Zeit von ½—2 Std. fügt man 1 Liter heißes W. u. 100 ml konz. HCl hinzu, filtriert den fast schwarzen Rückstand nach vollständiger Auflsg. des Ca-Salzes ab, wäscht ihn mit 50—100 ml HCl (1:10) u. löst ihn in einer Mischung von 1 Liter heißem W. u. 50 ml 40%ig. NaOH-Lösung. Die Lsg. wird filtriert u. mit 100 ml konz. HCl angesäuert. Der Nd. wird dann nach einigen Std. abfiltriert, zentrifugiert u. mit 30—50 ml W. u. der gleichen Menge A. gewaschen. Zur Überprüfung des Verlaufs der Kupplungs-Rk. löst man 1 Tropfen der Rk.-Lsg. in 50—100 ml W., versetzt 5—10 ml der entstehenden blauen Lsg. mit 2—3 Tropfen konz. HCl (Umschlag nach Blaßrot) u. dann mit 1 Tropfen einer wss. Lsg., die 10—20 mg/ml Th_4^+ enthält. Bei Zugabe von ca. 0,5 ml konz. H_2SO_4 zu etwa der Hälfte der entstandenen smaragdgrünen Lsg. unter dauerndem Schütteln u. Kühlen färbt sich die Lsg. dunkelgrün, bei unvollständiger Kupplung dagegen infolge teilweiser Bldg. von Arsenazo I rotviolett oder karmesinrot. Die Ausbeute an I beträgt 11—12 g. J. KRAETSCH. G 339☐

Neue volumetrische Methode zur Uranbestimmung. W. G. Gorjuschina und T. A. Artschakowa. (Заводская Лаборатория [Betriebs-Lab.] **25.** 789—90. **1959.** Forsch.-Inst. für Seltene Metalle u. Spurenelemente.) (Russ.)

Die schwach saure HCl-Lsg. der Analysensubstanz wird mit überschüssiger 15%ig. Lsg. von Trilon B (2—3fache Menge zur Bindung des vorhandenen Fe, Al, Bi, V, Th u.

Mo) versetzt. In Ggw. von Ti werden zusätzlich 3 ml Perhydrol, in Ggw. von Zr 1 ml Fluoroborsäure (Konz. nicht angegeben) zugefügt. Nach Zugabe von 10 ml 20%ig. Na_3AsO_4-Lsgg. u. 15 ml CH_3COOH wird durch Zusatz einer 50%ig. CH_3COONH_4-Lsg. im Gemisch ein pH von ca. 3 eingestellt u. das Gemisch auf dem Wasserbad erwärmt. Der entstandene Nd. wird abfiltriert, mit 1%ig. NH_4NO_3-Lsg. gewaschen u. in 60 bis 70 ml HCl (1:3) gelöst. Nach Zugabe von 10 ml einer 30%ig. KJ-Lsg., ½ std. Stehenlassen u. Auffüllen mit W. auf 150 ml wird mit 0,025n $Na_2S_2O_3$-Lsg. titriert (Stärke als Indicator). S. BARYSCHNIKOW. G 339

Photometrische Bestimmung von Uran mit Arsenazoreagens. W. I. Kusnetzow und T. N. Kukischewa. (Заводская Лаборатория [Betriebs-Lab.] **26.** 1344–46. 1960.) (Russ.) — Vgl. C. **1960.** **2294.**

Die Einwaage (0,5–5,0 mg U) wird mit einem HNO_3–HF-Gemisch versetzt u. zur Trockene eingedampft. Nach Zugabe von 2 ml HNO_3, 20 ml gesätt. $Ca(NO_3)_2$-Lsg. u. nach 2–3 Min. langem Erwärmen wird auf 50 ml aufgefüllt. 5 bzw. 10 ml der Fl. werden mit 5 ml Lsg. von Komplexon III u. 5–10 ml Methyläthylketon geschüttelt. 1–2 ml des Extrakts, ca. 20 ml W., 2 ml wss. 0,1%ig. Arsenazo-Lsg. u. 2 ml wss. 25%ig. Urotropin-Lsg. werden gemischt u. mit W. auf 50 ml aufgefüllt. Das hergestellte Gemisch wird photometriert (Schichtdicke 30 mm, rotes Lichtfilter).

S. BARYSCHNIKOW. G 339

Bestimmung von in bestrahltem natürlichem Uran gebildetem ^{235}U durch chemische und Zählmethoden. D. R. MacKenzie. (Talanta [London] **6.** 72–93. 1960. Upton, Long Island, N.Y., Brookhaven Nat. Labor.) (Engl.)

Es wurde eine Meth. zur Best. des ^{235}U in Uranproben eines lange bestrahlten N R X-Brennelements entwickelt. Die Meth. basiert auf Messungen der Spalt- u. der α-Zählrate des natürlichen U u. der U-Proben des Brennelements nach chem. Reinigung. Die Best. der α-Zählrate des ^{238}U hätte, da die Proben sehr dünn sein mußten, zu lange gedauert. So wurde das ^{238}U indirekt durch Messung der Spaltrate des ^{239}Pu bestimmt, das bei Neutronenbeschuß im NRX entsteht. Um vergleichbare Werte zu erhalten, wurde sowohl die Bestrahlung als auch die Zählung mit natürlichem U u. U aus dem Brennelement zugleich durchgeführt, indem die Proben Rücken an Rücken gelegt wurden. Spalt- u. α-Zählung wurden in einer Ionisationskammer mit einem doppelten Rost vorgenommen, die vor der Öffnung einer therm. Neutronenquelle stand. Zur Messung der Spaltrate war die Neutronenquelle offen, zur Messung der α-Zählrate geschlossen, so daß ein höherer Gasdruck in der Kammer herrschte u. eine höhere Elektronenausbeute erhalten wurde. Da die geforderte Genauigkeit nicht erreicht werden konnte, wurde die Meth. abgeändert. Ein Satz Proben u. ein Satz Targets wurden von natürlichem U u. jeder bestrahlten U-Probe hergestellt. Die Proben wurden zur Best. von ^{235}U durch die Spaltrate benutzt, die Targets zur Best. des ^{238}U über das ^{238}Pu. Jeder Satz Proben u. Targets enthielt ^{238}Pu als Träger. Für jede U-Probe wurden Proben u. Targets zur gleichen Zeit u. so behandelt, daß das Verhältnis ^{238}Pu:^{239}U konst. war. Die Spalt- u. α-Zählraten wurden in der Ionisationskammer bestimmt, um das Verhältnis ^{235}U:^{238}Pu zu erhalten. Die Targets wurden in der „Rücken-an-Rücken" Anordnung bestrahlt. Danach wurden U u. Pu von der Al-Wand abgelöst u. das Pu sorgfältig gereinigt. Dieses Pu wurde zur Herst. von Proben auf Pt zur α-Impulshöhenanalyse benutzt. Man erhält daraus direkt das Verhältnis ^{239}Pu:^{238}Pu u. damit indirekt ^{238}U:^{238}Pu. Daraus u. aus ^{235}U:^{238}Pu wurde ^{235}U:^{238}U berechnet. Die Genauigkeit der Zähl-Meth. lag zwischen 1,3 u. 2,6%.

R. KRÄMER. G 339 □

H. Angewandte Chemie

I. Allgemeine chemische Technologie

Anwendung von radioaktiven Isotopen in der Technik. K. Detzer. (VDI-Z. **104.** 182–85. 1/2. 1962. Karlsruhe.) (Dt.)

Fortschrittsbericht. — 54 Schrifttumshinweise. W. WESLY. 5800 □

Verwendung von Kupfer für korrosionsbeständige Ausrüstungen. Arthur W. Tracy. (Chem. Engng. **69.** Nr. 2. 152. 154. 156. 22/1. 1962. Anaconda American Brass Co.) (Engl.)

Es werden die verschiedenen Gelegenheiten aufgeführt, bei denen Cu u. seine Legg. als korrosionsbeständiger Werkstoff angewendet werden können.

H. ROSENDAHL. 5804 □

Übersicht über die Wärmeübergangsliteratur 1960. 1. Mitt. E. R. G. Eckert, T. F. Irvine jun., E. M. Sparrow und W. E. Ibele. (Mechan. Engng. **83.** Nr. 7.

34—42. Juli 1961. Minneapolis, Minn., Univ. of Minnesota, Dep. of Mechan. Engng., Heat Transfer Labor.) (Engl.) — Vgl. C. 1962. 2853.

Wärmeleitfähigkeit zweiphasiger Stoffe. George Tsu-Ning Tsao. (Ind. Engng. Chem., int. Edit. **53.** 395—97. Mai 1961. Ann Arbor, Mich., Univ. of Michigan.) (Engl.)

Vf. entwickelt eine neue Gleichung zur Berechnung der effektiven Wärmeleitfähigkeit heterogener 2phasiger Stoffe aus den Einzelleitfähigkeiten der Komponenten, dem Verhältnis der von der diskontinuierlichen Phase eingenommenen Länge zur Einheitslänge sowie zwei Parametern, die für das jeweilige Gemisch bestimmbar sind. Die Gleichung ist anwendbar auf poröse Körper, Partikelschüttungen u. 2phasige Fl.-Fl.-Systeme. J. Martins. 5816□

Rate einer Übergangseinheit — eine neue Beziehungsgröße für Wärme- und Stoffübergang. Edward H. Lebeis jun. (Ind. Engng. Chem., int. Edit. **53.** 349—56. Mai 1961. Philadelphia, Pa., Catalytic Construction Co.) (Engl.)

Eine neue Größe für Berechnungen von Stoff- u. Wärmeübergangsproblemen wird eingeführt. Sie wird für den Fall des Wärmeübergangs im Gleichstrom von oder an Kugeln mathemat. entwickelt u. auf Gegenstromwärmeübergang, nichtkugelförmige Körper u. Stoffübergang ausgedehnt. Der Zusammenhang mit der NTU ist durch die Zeit t gegeben, die zur Übertragung einer bestimmten Menge Wärme oder Masse notwendig ist: t = NTU/RTU. J. Martins. 5816□

Apparatur für die Windsichtung von Aktivkohle. Milan Smíšek. (Chem. Listy **55.** 829—31. Juli 1961. Praha, Výzkumný ústav vzduchotechnicky.) (Tschech.)
M. Ryba/Prag. 5828

Aufbereitung von Zuschlagstoffen durch Trogwäschen und kombinierte „Trogwasch-Siebmaschinen" mit verstärkter Läuterwirkung. Ellenor Lehmann. (Bergakademie [Freiberg] **12.** 699—702. Dez. 1960. Freiberg, Forsch.-Inst. Aufbereitung.) (Dt.)

Überblick über den gegenwärtigen Stand der Technik. — 16 Literaturangaben.
F. Rosendahl. 5828□

Waschen von Filtergut im Gegenstrom. Bryant Fitch. (Chem. Engng. **69.** Nr. 2. 119—24. 22/1. 1962. Dorr-Oliver, Inc.) (Engl.)

Die Berechnung der Lsg.-Bilanz in einem mehrstufigen Waschvorgang, z. B. bei Gegenstromfiltration, ergibt einige recht umständliche Gleichungen. Geht man aber von Annäherungswerten aus, so ist die Rechnung schon wesentlich vereinfacht. Vf. zeigt auf, wie diese Annäherung gefunden werden kann. Die Lsg.-Bilanz innerhalb eines stufenweisen Massentransports kann unmittelbar berechnet werden, wenn für jede Stufe ein krit. Wert gefunden werden kann. Vf. legt dar, wie mit Hilfe solch krit. Daten die Lsg.-Bilanz errechnet werden kann u. wie die krit. Daten erhältlich sind. Die Berechnungen erfolgen an Hand verschiedener Beispiele. F. Rosendahl. 5830□

Metallfilter mit Cellularstruktur als heutige Mittel zum Verhüten des Mitreißens von Flüssigkeit in der chemischen Industrie und der Erdölindustrie. Bruno Mondello. (Ion [Madrid] **21.** 575—76. Okt. 1961.) (Span.)

Beschreibung der Eigg., der Wirkungsweise u. der Einbaumöglichkeiten der Filter aus dem Verwendungszweck angepaßten Metallen, unter besonderer Berücksichtigung des Vico-Tex-Filters. M. Hagedorn. 5830□

Untersuchungen über Auslagen und Extrahieren. Jesse Coates und Bernard S. Pressburg. (Chem. Engng. **69.** Nr. 2. 125—30. 22/1. 1962. Louisiana State Univ.) (Engl.)

An Hand von Fließbildern u. Diagrammen werden die mathemat. Grundlagen dieser Verff. gegeben. F. Rosendahl. 5862□

Berechnung der Konzentrationen bei Diffusionsverfahren. Eduardo M. Gálvez. (Ion [Madrid] **21.** 568—71. Okt. 1961.) (Span.)

Unters. u. exakte Definition aller dafür erforderlichen Größen u. Anleitung zur Berechnung der Konzentrationen. M. Hagedorn. 5862□

Berechnungs-Simulierung von pulsierenden Kolonnen. B. A. Di Liddo und T. J. Walsh. (Ind. Engng. Chem., int. Edit. **53.** 801—04. Okt. 1961. Cleveland, Ohio, Case Inst. of Technol.) (Engl.)

Beschreibung einer Simulierungstechnik zur Unters. des Verh. von pulsierenden Kolonnen für Fl./Fl.-Extraktionen. Die Ableitung der hydrodynam. Gleichungen für eine pulsierende Lochplattenkolonne u. die sich daraus ergebenden Gleichgewichte werden ausführlich behandelt. — 13 Literaturangaben. A. Sander. 5864□

Ein neuer Apparat zur Bestimmung des Gehaltes an Teer, Staub und Feuchtigkeit in technischen Gasen. H. Bindernagel. (Technik **17.** 105—07. Febr. 1962. Potsdam.) (Dt.)

Das im einzelnen beschriebene Gerät (Abb.) stellt eine Übertragung der techn. (LURGI-) Gasreinigung mit Elektrofiltern auf den Labor.-Maßstab dar, wobei die Unters. vereinfacht, die Auswertung verkürzt u. die Genauigkeit durch gute Erfassung der Gasbestandteile verbessert wird. W. WESLY. 5888□

Wiedergewinnung von Uran aus U-Boot-Reaktorbrennstoffen. R. P. Milford, Sydney Mann, John B. Ruch und William H. Carr jun. (Ind. Engng. Chem., int. Edit. **53.** 357–62. Mai 1961. Oak Ridge, Tenn., Oak Ridge Nat. Labor.) (Engl.)

Das Zr/U-Gemisch der ausgebrannten Brennstoffelemente des Reaktors wird in einer Schmelze von NaF–LiF–ZrF_4 u. Ggw. von im Kreislauf geführtem HF in ZrF_4 u. UF_4 (I) übergeführt, I dann weiter in Ggw. von F_2 bei 500° zu flüchtigem UF_6 (II) umgesetzt u. damit von den nichtflüchtigen Spalt-Prodd. (>99%) abgetrennt. Die Reinigung von II geschieht durch anschließende Adsorption an NaF-Kugeln bei 100° u. Desorption bei 400°, wobei der größte Teil der flüchtigen Spalt-Prodd. zurückbleibt. J. MARTINS. 5894□

Die Sicherheitsgehäuse der Kernreaktoren. Robert Mattera. (Bull. techn. (Bureau Veritas **44.** 1–19. Jan. 1962. Bureau Veritas) (Franz.)

Übersicht über die Notwendigkeit von Sicherheitsgehäusen für Kernreaktoren, die Best. ihrer Kennwerte, die zulässige Undichtigkeit u. ihren Bau. — 213 Schrifttumshinweise. W. WESLY. 5894□

Präzisionsversuche mit heterogener Katalyse. A. L. Pozzi und Howard F. Rase. (Ind. Engng. Chem., int. Edit. **53.** 813–16. Okt. 1961. Austin, Texas, Univ., Dep. of Chem. Engng.) (Engl.)

Zur genauen Best. chem. Vorgänge wird ein Differential–Phasenfließbett-Syst. empfohlen, dessen Aufbau u. Wirkungsweise näher beschrieben u. mit anderen Fließbett-Syst. verglichen wird. — 11 Literaturangaben. A. SANDER. 5904□

Borg-Warner Corp. und Hurlbut Paper Co., V.St.A. (Erfinder: Hanns F. Arledter, Carl R. Canfield und Daniel C. Gillepsie), **Reibbelag** für in Öl arbeitende *Getriebe* aus einem Papierfilz aus 30–70 (%) Fasermaterial aus Cellulose- oder Kunstfasern, 5–35 Asbestfasern, 10–50 eines Mineralfüllstoffs mit einer Härte >3,5 der MOHSschen Skala (Diatomeenerde, Quarz, Al-Silicat) u. 10–50 (des Papierfaser-Gew.) eines Harzes (Polyurethan, Melamin–HCHO-Harz, Silicon- oder Phenolharz.) (**F. P. 1 199 345** vom 13/2. 1958, ausg. 14/12. 1959. A. Prior. 15/3. 1957.) M. PANKOW. 5893

André Louis Verdier, Paris, Frankreich, *Herstellung von Dispersionen.* (**F. P. 1 157 119** vom 2/8. 1956, ausg. 27/5. 1958. **Oe. P. 213 379** vom 17/7. 1957, ausg. 10/2. 1961. F. Prior. 2/8. 1956. — C. **1962.** 4406 [E. P. 850 189].)

Dow Chemical Co. (Erfinder: **Melvin Jay Hatch**), Midland, Mich., V.St.A., *Herstellung von Ionenaustauscherharz.* (**Jap. A. S. 4989/1960** vom 24/6. 1957, ausg. 12/5. 1960. — C. **1961.** 10696 [F. P. 1 140 490].)

United Kingdom Atomic Energy Authority, London, England (Erfinder: **Samuel Brittan Hosegood, Brian Edward Puffett** und **Joseph Henry Swain**), *Kernreaktoranlage.* (**F. P. 1 206 226** vom 29/5. 1958, ausg. 8/2. 1960. E. Prior. 5/6. 1957. — C. **1961.** 1318 [D. A. S. 1 083 944].)

General Electric Co., Schenectady, N.Y. (Erfinder: **Samuel Untermyer**, Atherton, Calif.), V.St.A., *Siedereaktor.* (**Schwz. P. 353 819** vom 15/2. 1957, ausg. 15/6. 1961. **F. P. 1 172 364** vom 15/2. 1957, ausg. 10/2. 1959. **E. P. 852 293** vom 15/2. 1957, ausg. 26/10. 1960. Alle A. Prior. 16/2. 1956. — C. **1961.** 1319 [D. A. S. 1 061 453].)

Cockerill-Ougrée, Seraing, Belgien, *Kernreaktorregelung.* (**Belg. P. 569 011** vom 30/6. 1958, ausg. 17/3. 1961. Luxemburg. Prior. 1/7. 1957. — C. **1961.** 15873 [D. A. S. 1 083 947].)

André Huet, Paris, Frankreich, *Kernreaktorregelung.* (**Belg. P. 569 201** vom 7/7. 1958, ausg. 7/4. 1961. F. Prior. 25/9. 1957. — C. **1960.** 8985 [D. A. S. 1 069 303].)

André Huet, Paris, Frankreich, *Kernreaktorregelung.* (**Belg. P. 569 311** vom 10/7. 1958, ausg. 21/4. 1961. F. Prior. 26/9. 1957. — C. **1960.** 8985 [D. A. S. 1 071 859].)

André Huet, Paris, Frankreich, *Kernreaktorregelung.* (**D. A. S. 1 111 306** Kl. 21g vom 19/11. 1958, ausg. 20/7. 1961. F. Prior. 20/11. 1957. — C. **1962.** 5423 [Schwz. P. 352 420].)

Závody V. I. Lenina Plzen, Národní Podnik, Pilsen (Erfinder: **Pavel Kovanic** und **Milan Kulka**, Prag), Tschechoslowakei, *Periodenmessung an Kernreaktoren.* (**E. P. 865 552** vom 17/2. 1959, ausg. 19/4. 1961. Tschech. Prior. 18/2. 1958. — C. **1962.** 254 [D. A. S. 1 087 720].)

English Electric Co. Ltd., London, England (Erfinder: **John Jeffrey Stubbs, Dennis Michael Watts** und **Terence Ingham**), *Temperaturmessung an Kernbrennelementen.* (**E. P. 835 410** vom 29/12. 1955, ausg. 18/5. 1960. **A. P. 2 949 415** vom 26/12. 1956, ausg. 16/8. 1960. E. Prior. 29/12. 1955. — C. **1960.** 601 [D. A. S. 1 046 208].)

Commissariat à l'Énergie Atomique, Paris (Erfinder: **Jean Goupil**, Fontenay-aux-Roses, **Jean Megy** und **André Roguin**, Antony), Frankreich, *Feststellung schadhafter Kernbrennelemente.* (**Schwz. P. 351 040** vom 17/10. 1958, ausg. 15/2. 1961. F. Prior. 26/10. 1957. — C. **1960.** 7965 [D. A. S. 1 070 754].)

II. Betriebsschutz. Feuerschutz

Das Verhalten von dichten Schornsteingasen. F. T. Bodurtha jun. (J. Air. Pollut. Control Assoc. **11.** 431–36. Sept. 1961.) (Engl.)

Die Unterss. haben ergeben, daß Rauchgase, die schwerer als Luft sind, relativ schnell auf den Erdboden absinken. Um eine maximale Gas-Geschw. u. damit hohe Rauchfahne zu erzielen, sollte der Schornstein mit geringstmöglichem Durchmesser gebaut werden. Aus den Resultaten ist eine neue Dispersionsgleichung entwickelt worden: $d = [uH^2/0{,}215\, Q_s(p/q)]$, worin d die kleinste Verdünnung über dem Erdboden, u die horizontale Wind-Geschw. in ft./s, H die effektive Emissionshöhe (Rauchfahnen plus Schornsteinhöhe) in ft., Q_s der totale Rauchgasfluß in cu.ft./s, p u. q dimensionslose Dispersions-Koeff. sind. Die Unterss. haben den bestimmenden Einfl. des Auftriebs auf die Gestalt der Rauchfahne bestätigt. B. FRANZ. 5948□

Ein verläßliches und billiges Instrument für die Bestimmung des Oxydantienspiegels in der Atmosphäre. Ross V. Doughty und David O. Erisman. (J. Air Pollut. Control Assoc. **11.** 428–30. Sept. 1961.) (Engl.)

Für die Best. von Oxydantien, bes. O_3, ist ein einfaches Gerät entwickelt worden, bei dem sich die Verw. von nassen Chemikalien erübrigt. Das Gerät beruht auf der bekannten Meth. des „Gummibrechens", schaltet jedoch die subjektive Beurteilung über den Grad des Gummizerfalls aus. Das mechan. Prinzip ähnelt dem der Haarhygrometer, der O_3-Geh. kann auf einer Kreisskala abgelesen werden. Aufbau, Entw. u. Kalibrierung werden beschrieben. Das Gerät bedarf weder der fachmänn. Wartung noch einer Kraftquelle u. kann daher gut für Feld-Unterss. eingesetzt werden. Es wird darauf verwiesen, daß alle Meth. zur Oxydantien-Best. in der Atmosphäre wenig konkrete Werte liefern, sondern vielmehr die Beschaffenheit der Atmosphäre messen, u. daß für Vgl.-Zwecke diese Aussage in der Regel genügt. B. FRANZ. 5948□

Geräte für die Analyse des Olefingehaltes in der umgebenden Luft. Stephen W. Nicksic und Royal E. Rostenbach. (J. Air Pollut. Control Assoc. **11.** 417–20. 427. Sept. 1961.) (Engl.)

Es wurden zwei kontinuierlich arbeitende automat. Olefinanalysatoren, verwendbar mit Schreibgerät, für die Unters. atmosphär. Luft u. von Autoabgasen entwickelt. Die Olefine werden quant. bromiert u. der Br_2-Überschuß coulometr. titriert. Als Maßstab für den Olefin-Geh. dient die Zeit, die erforderlich ist, um den Br_2-Geh. im Trägergas durch die regenerierende Wrkg. eines konst. Stroms auf den Ausgangswert zurückzubringen. App. u. Auswertung der Kurven werden beschrieben. B. FRANZ. 5948□

Mario Girolimetto, Padua, Italien, **Herstellung von durchsichtigen, für ionisierende Strahlen, besonders Röntgenstrahlen, undurchlässigen Formmassen aus Kunststoff,** dad. gek., daß Methylmethacrylat (I), ggf. unter Zusatz eines Weichmachers, wie Butylphthalat (II), u. eines Beschleunigers, wie Azodiisobutyronitril (III), mit einem Gemisch aus HgJ_2 u. KJ im Mol-Verhältnis 3:2 versetzt u. dann in bekannter Weise polymerisiert wird. — Beispiel: Man mischt 67,1 (g) HgJ_2 mit 16,5 KJ u. löst das Gemisch in 82,2 ml I nach Zusatz von 4% II u. 0,01 III. — Herst. von starren oder biegsamen Rohren, Scheiben, Schalen usw., bes. von *Schutzbekleidungen gegen Strahlen.* (**D. A. S. 1 093 083** Kl. 39b vom 4/9. 1957, ausg. 17/11. 1960. It. Prior. 18/5. 1957.) G. VOGEL. 5949

Trelleborgs Gummifabriks Aktiebolag (Erfinder: **Eugen Conrad Emanuel Ganslandt**), Trelleborg, Schweden, *Kampfgasfeste Schutzschicht.* (**D. B. P. 974 618** Kl. 61b vom 6/7. 1954, ausg. 9/3. 1961. Anmeldung bekanntgemacht 29/3. 1956. — C. **1959.** 6591 [Belg. P. 530 025].)

Chemische Fabrik Grünau Akt.-Ges., Frankfurt/M., *Trockenlöschmittel.* (**E. P. 828 366** vom 7/5. 1957, ausg. 17/2. 1960. D. Prior. 12/5. 1956. Zusatz zu E. P. 760 510; C. 1958. 1439. — C. **1958.** 12794 [D. A. S. 1 019 181].)

III. Elektrotechnik

Elektrische Eigenschaften von grünem und Rubinglimmer bei erhöhter Temperatur. S. S. Mandal und R. N. Dhar. (Centr. Glass ceram. Res. Inst., Bull. [Calcutta] **7.** 161–70. Okt./Dez. 1960. Calcutta, Centr. Glass and Ceram. Res. Inst.) (Engl.)

Vff. beschreiben App. u. die Durchführung von Verss. zur Messung von Gleichstromwiderstand, Leistungsfaktor, Dämpfung u. DK an ind. Glimmersorten in Abhängigkeit von der Temperatur. Rubinglimmer ist bis zu Temp. von 175° für Präzisionsmeßgeräte verwendbar. Aufheizung bis 550° für Rubin- u. 650° für grünen Glimmer ändern die

Struktur nicht. Der Einfl. von W. u. Verunreinigungen auf die Struktur werden untersucht u. aus den Ergebnissen eine Formel entwickelt. L. KÜHNERT. 5956□

Untersuchung der Lagerfähigkeit der Silber-Zink-Akkumulatoren mit radioaktiven Isotopen. Tivadar Palágyi. (Magyar Kémiai Folyóirat [Ung. Z. Chem.] **66.** 439–42. Nov. 1960. Budapest, M. Tud. Akad. Zözponti Kémiai Kutató Intézet.) (Ung.)

Vf. untersuchte mit radioakt. Isotopen die bei der Lagerung von Ag–Zn-Akkumulatoren auftretenden Vorgänge u. stellte fest, daß die Platten einer geladenen Batterie schneller durch die Ionen der gegenseitigen Elektroden verunreinigt werden, wie die einer entladenen Batterie. G. HALMI. 5970□

Siemens-Schuckertwerke Akt.-Ges., Berlin und Erlangen (Erfinder: Heinrich Gutsche, Erlangen), **Herstellung von reinstem Silicium für elektrische Halbleitergeräte.** Das Si wird aus der Gasphase eines Halogenids durch chem. Umsetzung innerhalb eines durchsichtigen Rk.-Gefäßes aus Glas oder Quarz auf einem bes. aus Si bestehenden, elektr. durch Stromdurchgang erhitzten Trägerkörper abgeschieden, wobei die Temp. des Rk.-Gefäßes zwischen 300 u. 800° gehalten wird. Das Gefäß kann zusätzlich durch eine äußere Wärmequelle beheizt u. der Trägerkörper zur Einleitung des Prozesses mit Hilfe der äußeren Wärmequelle angeheizt werden. — Beschreibung der Vorr.; Abbildung. (**Oe. P. 205 548** vom 19/2. 1958, ausg. 10/10. 1959. D. Prior. 29/5. 1957.) H.-J. NITZSCHKE. 5953

Siemens-Schuckertwerke Akt.-Ges., Berlin und Erlangen, **Herstellung von Reinstsilicium für Halbeiter.** Das Si wird aus der Gasphase eines Halogenids durch chem. Umsetzung innerhalb eines durchsichtigen Rk.-Gefäßes aus Glas oder Quarz auf einem bes. aus Si bestehenden, elektr. erhitzten Trägerkörper abgeschieden, während die Temp. zwischen ca. 300 u. 800° gehalten wird. Das Rk.-Gemisch wird vor der Umsetzung, bes. mit den aus dem Rk.-Gefäß austretenden Abgasen, vorgeheizt. —Vorr.-Schema. (**Oe. P. 212 882** vom 20/8. 1959, ausg. 10/1. 1961. D. Prior. 9/12. 1958. **Zusatz zu Oe. P. 205 548; s. vorst. Ref.**) W. WITTHOLZ. 5953

Comp. Française Thomson-Houston, Seine, Frankreich (Erfinder: Quintin Perry Cole), **Formgebung von vernetztem Polyäthylen.** Das mit Peroxiden oder Vulkanisationsmitteln vernetzte Polyäthylen wird scherend gewalzt u. danach geformt. — 96 (Gew.-Teile) Polyäthylen u. 4 Di-α-cumylperoxid werden bei 125° gemischt u. 15 Min. bei 175° gehalten. Man walzt das Material zwischen Differentialwalzen 45 Min. bei 125°, granuliert u. umspritzt damit Cu-Draht. Gut haftende *Isolation.* (**F. P. 1 185 353** vom 22/1. 1957, ausg. 31/7. 1959. A. Prior. 27/1. 1956.) M. PANKOW. 5957

Baso, Inc., Milwaukee, Wis., V.St.A., **Elektrischer Leiter für Thermoelemente,** bestehend aus einem negativen Leiter, enthaltend 61,95—65 (%) Pb, Rest Te, u. einem positiven Leiter, enthaltend 58—61,8 Pb, Rest Te. (**Schwed. P. 163 165** vom 12/7. 1954, ausg. 6/5. 1958.) K. H. KÄHLER. 5971

Baso, Inc., Milwaukee, Wis., V.St.A. (Erfinder: R. E. Fredrick, R. W. Fritts, W. V. Huck und S. Karrer), **Thermoelektrischer negativer Leiter,** bestehend aus einer Leg. aus Pb, Se u. Te. Der Anteil an Se u. Te zusammen beträgt 25—38,5 (Gew.-%), Rest Pb. Liegt nur eine Spur Se vor, so soll der Te-Geh. 35—38,05 u. bei Vorliegen einer Spur Te soll der Se-Geh. 25—27,55 betragen. (**Schwed. P. 163 235** vom 12/7. 1954, ausg. 13/5. 1958.) K. H. KÄHLER. 5971

General Electric Co., Schenectady, N.Y., V.St.A., *Ziehen von Halbleiterstäben mit konstanten Verunreinigungen aus der Schmelze.* (**E. P. 839 783** vom 1/7. 1957, ausg. 29/6. 1960. A. Prior. 2/7. 1956. — C. **1961.** 3110 [A. P. 2 904 512].)

Western Electric Co., Inc., New York, N.Y., V.St.A., *Kristallisieren halbleitenden Materials aus der Schmelze.* (**E. P. 840 144** vom 24/6. 1958, ausg. 6/7. 1960. A. Prior. 25/6. 1957. — C. **1961.** 8821 [Oe. P. 205 550].)

A/B Tudor, Stockholm (Erfinder: **Hans Thore Paterson** und **Erik Gustav Sundberg,** Nol), Schweden, *Akkumulatorenelektrode mit nebeneinander angeordneten Stäben.* (**D. A. S. 1 114 869** vom 5/12. 1957, ausg. 12/10. 1961. Schwed. Prior. 10/12. 1956. — C. **1961.** 9551 [E. P. 839 145].)

Ever Ready Co. Ltd., London, England, *Trockenelement.* (**D. A. S. 1 114 868** vom 23/11. 1956, ausg. 12/10. 1961. — C. **1960.** 8300 [E. P. 792 152].)

Mallinckrodt Chemical Works, St. Louis, übert. von: **Michel Ter-Pogossian,** University City, Mo., V. St. A., *Röntgenverstärkungsschirm.* (**A. P. 2 968 725** vom 20/6. 1956, ausg. 17/1. 1961. — C. **1959.** 11373 [D. A. S. 1 046 494].)

IV. Wasser. Abwasser

Ein Überblick über die Bemühungen zur Meerwasserentsalzung für häusliche, industrielle und landwirtschaftliche Zwecke. Lev Akobjanoff. (Vom Wasser **27.** 70—85. 1960. Berkeley, Calif.) (Dt.)

Übersicht über therm. Best., Membrantechnik, Sonnen-Dest., Gefrierung, chem. Extraktion u. physikal. Trennung einschl. Ausblick. H. Czech. 6010□

Erfahrungen zur Vorreinigung bei Vollentsalzung mittels Kunstharze. G. J. de Jong. (Vom Wasser **27.** 306—14. 1960. Amsterdam.) (Dt.)

Zur Vorreinigung von Oberflächenwässern wird ein poröses, stark bas. Harz (Spezialharz Asmit 259) verwendet. Es dient als Sicherheitsfilter, um die Lebensdauer der Anionenaustauscher zu verlängern u. um die Qualität des Endprod. zu erhöhen. Im einzelnen werden untersucht: Absorptionsphase, spezif. Belastung, Regenerierung, Wirtschaftlichkeit der Vorreinigungs-Meth., Mechanismus der Absorption, Verlust an stark bas. Gruppen u. der Einfl. der Anwesenheit von Kolloiden. Das Verf. wird in mehreren Anlagen in Rotterdam erfolgreich angewandt. H. Czech. 6016□

Wiederverwendung von Kühlwasser in großem Maßstab hängt von Gehalt und Löslichkeit des darin enthaltenen Gipses ab. Wayne L. Denman. (Ind. Engng. Chem., int. Edit. **53.** 817—22. Okt. 1961. Chicago, Ill., Dearborn Chem. Co.) (Engl.)

Ungenügendes lokales Vork. von Kühlwasser in USA zwingen ggf. zur größtmöglichen Wiederverw. des Wassers. Die Möglichkeit der Wiederverw. hängt nach Vf. bes. vom $CaSO_4$-Geh. des W. u. der Ggw. lösl. Salze, meist Na_2SO_4 u./oder $MgSO_4$ bzw. NaCl ab, welche die Löslichkeit des $CaSO_4$ beeinflussen. Ihre Best. u. Auswertung zur Berechnung des gelösten $CaSO_4$-Geh. im Kühlwasser zwecks dessen Wiederverw. wird ausführlich beschrieben. — 12 Literaturangaben. A. Sander. 6030□

Korrosionsfragen aus dem Transportwasser bei Asbestzement-Druckrohren. Horst Eick. (Vom Wasser **27.** 288—305. 1960.) (Dt.)

Vom Asbest werden Geschichte, Entstehung, Lagerstätten, Gewinnung, Arten u. Eigg. beschrieben. Es folgen kurze Hinweise auf die Zus. von Zement u. eine knappe Beschreibung der Herst. von Asbestzementdruckrohren. Für die Korrosion des Asbestzements ist die Fermentkomponente (des Kalk-Geh. wegen) verantwortlich. Für Trinkwassertransport wird der Einfl. des pH-Werts (unbedenklich, wenn >6), der Carbonathärte (unschädlich, wenn mehr als 5^0 dKH), der kalkaggressiven Kohlensäure (bis 5 mg CO_2/Liter können ungeschützte Rohre verwendet werden) u. des Sulfat-Geh. untersucht. Bei Verw. zum Transport mineral. Brauch- oder Abwässer muß zusätzlich der Einfl. von Mg- u. NH_4-Salzen, von H_2S u. von Ölen u. Fetten beurteilt werden. Es schließen sich Betrachtungen zur Theorie der Korrosion an; denen Beispiele für Korrosionsschutz durch Ferrosilierung u. Phosphatierung folgen. H. Czech. 6034□

Über den Kaliumgehalt im Oberrhein. Klaus Haberer. (Vom Wasser **27.** 33—59. 1960. Karlsruhe.) (Dt.)

Zahlreiche Unterss. während eines Zeitraums von 3½ Jahren ergaben für Maxau eine Beziehung zwischen K-Geh. (mg K/Liter) u. dem Gesamtrückstand-Geh. (R mg/Liter), z. K. $K = 0{,}02\,R - 2{,}8$; für die Abhängigkeit von der Wasserführung (Q m^3/s) wurde gefunden $K = 6200/Q + 1{,}0$ u. $R = 310000/Q + 190$ (Profil Maxau). Die K-Abflußmenge A_K setzt sich, wie auch die Fracht der Rückstände A_R, aus einer Grundlast, die proportional der Wasserführung ist u. in der Inhaltsstoffe in (nahezu) konst. Konz. (bei Maxau: 1 mg/Liter K u. 190 mg/Liter Rückstände) vorliegen, u. aus einem zweiten von der Wasserführung unabhängigen Anteil zusammen. Aus dem Mittelwert des letzteren Anteils am Profil Maxau (6,2 kg/s K u. 310 kg/s Rückstände) u. aus den sehr großen Abweichungen von diesem Normalwert nach französ. Feiertagen u. nach Bergarbeiterstreiks in Frankreich (1,6 kg/s K u. 80 kg/s Rückstände) läßt sich die Höhe der auf die elsässs. Kalibergwerke zurückzuführende Rheinbelastung auf ca. 10^5 t K u. $4{,}2 \cdot 10^6$ t Salze pro Jahr abschätzen. — Eine Änderung in den Verhältnissen wurde in den Jahren 1957—1960 nicht beobachtet. — 12 Literaturangaben. H. Czech. 6038□

Gefahren der Abgänge von Ölraffinerien für die Wasserversorgung. J. Holluta. (Vom Wasser **27.** 198—215. 1960. Karlsruhe.) (Dt.)

Mineralöle u. -Prodd. wirken geruchs- u. geschmacksverschlechternd auf Oberflächenwässer. Vf. führte umfangreiche Verss. zur Messung der Ölbehandlung des Rheins durch (mehrere Tabellen u. Abb.), u. gibt eine Übersicht des Problems einschließlich verwandter Gebiete. H. Czech. 6038□

Einige Untersuchungen mit alten und neuen Filtern. L. Dawson. (J. Proc. Inst. Sewage Purificat. **1960.** 24—27.) (Engl.)

Vf. weist darauf hin, daß in den oberen 30 cm eines Filters der größte Teil des Abbaus u. der Reinigung vor sich geht, während der Rest der Reinigung in den darunterliegenden 60 cm stattfindet. W. Hirte. 6040□

Eine Untersuchung über den Einfluß unterschiedlicher Abwasserqualität aus Absetzbecken auf die Belastung von Tropfkörpern. E. J. Hall. (J. Proc. Inst. Sewage Purificat. **1960.** 85—90.) (Engl.)

In einer Vers.-Anlage konnte experimentell nachgewiesen werden, daß die optimale Wirksamkeit eines Tropfkörpers wesentlich von der Qualität des Abwassers abhängt, das durch gut funktionierende u. entsprechend gebaute Absatzbecken geliefert wird. Bei guter Sedimentation im Becken kann die Filterbelastung um 50% erhöht werden. Bei der Entfernung der gröberen Teilchen aus dem Abwasser kann dieses in den Filtern schneller oxydiert werden. W. Hirte. 6040□

Die Beziehungen zwischen Beschaffenheit, Leistungsfähigkeit und Lebensgemeinschaft der Belebtschlammflocke am Beispiel einer mehrstufigen Versuchsanlage. Ludwig Hartmann. (Vom Wasser **27.** 107—84. 1960. Karlsruhe.) (Dt.)

Die Verss. werden unter Verw. von synthet. Abwässern an einer 5stufigen Belüftungsanlage durchgeführt. Ziel der Unterss. ist, unter konst. techn. Bedingungen u. bei gleichzeitiger Variierung der Belastung mit fäulnisfähiger organ. Substanz Modellverhältnisse zu entwickeln, die als Basis für Verss. mit städt. Abwasser dienen können. Die Ergebnisse lassen eine strenge Parallelität zwischen der Belastung mit fäulniserregenden organ. Stoffen, der Flockenbeschaffenheit, dem chem. Abbau u. der Lebensgemeinschaft erkennen. Im einzelnen wurde erkannt: Jeder Belastung mit fäulnisfähiger organ. Substanz wird von der Natur eine der Belastungshöhe entsprechende Assimilationsoberfläche der heterotrophen Mikroorganismen entgegengestellt. Die Abbauleistungen der *Zoogloeen*-Flocken hängen ab von der Höhe der Nährstoffbelastung u. unterliegen Degenerationserscheinungen, die anaerober oder aerober Herkunft sein können u. die beide zu einem Verlust an biochem. Leistungsfähigkeit führen. Die anaerobe Regeneration führt in letzter Stufe zur Bldg. von Inkrustierungen des Flockenzentrums durch Calciumphosphat; die aerobe ist durch Substanzverlust u. Anfall von Nitrit u. Nitrat gekennzeichnet. Als Maß für die Leistungsfähigkeit der Zoogloeenflocken erwies sich der Geh. an organ. N, der die Menge der Bakterien repräsentiert. Dieser Wert drückt auch die Oberflächengestaltung der Flocke (= Assimilationsoberfläche)) u. den Geh. an mineral. Flockenbestandteilen (= Glührückstand) aus. Die Verw. der Gesamttrockensubstanz des Belebtschlamms zur Berechnung des Belastungsverhältnisses ist method. falsch. Für die Beziehungen zwischen Beschaffenheit, Leistungsfähigkeit u. Lebensgemeinschaft der Belebtschlammflocke ließen sich 5 typ. Belastungsbereiche nachweisen. — 37 Literaturangaben. H. Czech. 6044□

Einige Beobachtungen über die Wirkung wechselnder Gaswasserbelastung auf eine Belebtschlammanlage. P. Cotton. (J. Proc. Inst. Sewage Purificat. **1960.** 19—24.) (Engl.)

Gaswasser aus Kokereien enthält oft große Mengen von Ammoniak, Sulfid, Cyanid, Thiocyanat, Thiosulfat, Kresol, Phenol u. Naphthol. Die Prozesse in einer Belebtschlammanlage werden negativ beeinflußt, indem die Nitrifikation wesentlich schwächer wird u. Ammoniak u. synthet. Reinigungsmittel in geringerem Maße aus dem Abwasser entfernt werden. W. Hirte. 6044□

Der Pulsator — eine neue Variante des Schlamm-Kontaktverfahrens. R. Bettaque. (Vom Wasser **27.** 60—69. 1960. Ratingen.) (Dt.)

Krit. Übersicht u. Beitrag zur Begriffsabgrenzung. — Mehrere Zeichnungen u. Photographien. H. Czech. 6048□

Schlammerhitzung. J. B. Henson. (J. Proc. Inst. Sewage Purificat. **1960.** 59—75.) (Engl.)

Die Zers.-Geschw. des Abwasserschlammes wird durch Erwärmung auf ca. 50 bis 60° wesentlich erhöht. Der Artikel gibt eine ausführliche Übersicht über die verschiedenen Meth. der Schlammerwärmung, entweder durch direktes Einleiten von heißem Wasserdampf bzw. von heißem W. in die Zers.-Kammer oder durch indirekte Erhitzung der Kammer von außen bzw. des Abwassers in den Zuleitungsröhren. Weiterhin werden die verschiedenen Erhitzungs-Meth. unter Berücksichtigung der vorhandenen Energiequellen u. der jeweiligen Anlage verglichen. W. Hirte. 6048□

Eine weitere Untersuchung über die Strömungsverhältnisse in Absatzbecken mit Hilfe radioaktiver Isotope. S. G. Burgess und A. F. Green. (J. Proc. Inst. Sewage Purificat. **1960.** 49—56.) (Engl.)

Das in ein Absatzbecken einfließende Abwasser sinkt ziemlich schnell nach unten u. erreicht, wenn kein Einflußwehr vorhanden ist, den Beckenboden ungefähr in der

Mitte des Absatzbeckens. Durch Verw. von radioakt. markiertem ^{82}Br konnten die Strömungsverhältnisse in verschiedenen Absatzbecken genauer untersucht werden. Es wurden Zählköpfe in Perspexrohren verwendet, die über 2 Jahre in Gebrauch waren u. Scintillationszählern ebenbürtig sind. W. Hirte. 6050□

Wirtschaftliche Möglichkeiten der Abwasserreinigung in Galvanisierungsbetrieben. E. Asendorf. (Vom Wasser **27.** 224—28. 1960. Bad Homburg v. d. Höhe.) (Dt.)

Durch kontinuierliche Abwasserbehandlung im Durchlauf-Verf. können Schadstoffe, die einer elektrometr. Best. zugänglich sind, entfernt werden. Als Beispiele werden genannt: Entgiftung von Cyaniden, von Chromsäure, Phenol u. BSB_5-Abbau. H. Czech. 6050□

Neuere Untersuchungsergebnisse über den Zustand des Bodensees (westl. Obersee). Horst Fast. (Vom Wasser **27.** 11—32. 1960. Konstanz.) (Dt.)

Untersucht werden Nährstoff-Konz., biolog. Produktion, O_2-Haushalt, Bakteriologie, Geruchs- u. Geschmacksstoffe, kupplungsfähige u. phenolartige Substanzen, Radioaktivität. Vf. vergleicht eigene Arbeiten mit früher gewonnenen Werten, stellt Tendenz zur Eutrophierung des Obersees fest u. fordert akt. u. passiven Gewässer schutz. — 22 Literaturzitate. H. Czech. 6054□

Die Biomasse als Indicator der Wassergüte. G. Bringmann. (Vom Wasser **27.** 86—98. 1960. Berlin-Dahlem.) (Dt.)

Es wird ein biolog. Test-Verf. mit hohem biolog.-meßtechn. Auflösungsvermögen beschrieben, das erlaubt, die Wassergüte quant. zu bestimmen. Das Verf. ermöglicht den Wasseraufsichtsbehörden die statist. u. kartograph. Auswertung der Meßergebnisse. Es beruht auf der Messung der unter streng standardisierten Bedingungen optimal bildbaren Biomasse, die durch Best. des Trübungsgrades von Testkulturen mit dem photoelektr. Trübungsmesser nach Lange ermittelt wird. Es wird der Trophie- u. Saprobiegrad, d. h. die durch kommunale Verunreinigung bedingte Veränderung der Gewässer untersucht. H. Czech. 6054□

Permutit Akt.-Ges., Berlin (Erfinder: Ray Riley, New York, N.Y., V.St.A.), **Entsalzen von Wasser** mittels Kationen- und Anionenaustauscher. Ein vorbestimmter Anteil des aus den Anionenaustauschern abfließenden Wassers (**I**) wird mit Rohwasser (**II**) gemischt den Kationenaustauschern zugeführt. Vorzugsweise ist der Anteil des **I** so hoch, daß der Sulfat- u. Chlorid-Geh. im Gemisch aus **I** u. **II** weniger als 300 mg/Liter, ausgedrückt als $CaCO_3$, beträgt. (**D. B. P. 975 523** Kl. 85b vom 7/6. 1941, ausg. 21/12. 1961. Anmeldung bekanntgemacht 27/11. 1952. A. Prior. 14/6. 1940.) H. Blachetzki. 6025

V. Anorganische Industrie

Der Einfluß der Reinheit der Sole auf die Wasserstoffentwicklung bei der Chlorherstellung durch Alkalichloridelektrolyse nach dem Amalgamverfahren. Jaroslav Vacho. (Chem. Průmysl **11 (36).** 238. Mai 1961. Nováky, Chem. závody Wilhema Picka.) (Tschech.)

Es wurde der negative Einfl. von Ca u. Mg auf die H_2-Entw. bei der Elektrolyse von NaCl nach dem Amalgam-Verf. untersucht. Es wurde folgende Zus. der Sole als erforderlich festgestellt: 310—320 (g/Liter) NaCl, 1—2 SO_4^{2-}, 0,1—0,2 Ca^{2+}, 0,01 bis 0,02 g Mg^{2+}, 0,01—0,1 Cl_2. Die Temp. soll 70—75° betragen. J. Schneider. H 247□

Untersuchung der Bedingungen der Gipsreduktion durch natürliches Erdölgas. G. B. Schachtachtinski und I. A. Mamedow. (Известия Высших Учебных Заведений (Баку), Нефть и Газ [Hochschulnachr. (Baku), Erdöl Gas] **3.** Nr. 1. 121—24. 1960. Aserbaidshan. Asisbekow-Inst. für Erdöl u. Chemie) (Russ.)

Die Gewinnung von H_2SO_4 durch Red. von *Gips* mit natürlichem Erdgas erfolgt über die Bldg. von $CaSO_3$, das bei höherer Temp. SO_2 abscheidet, welches dann unter der Einw. von H_2 zu H_2S red. wird. Die Unters. des Einfl. der Temp. auf den Ablauf der Red. ergab, daß eine vollständige Red. des SO_4^{2-} zu S^{2-} bei einer Temp. von 1050 u. 950° erfolgt, während bei 750° prakt. keine Red. beobachtet wird. Beim Absinken der Temp. muß die Gasmenge erhöht werden. Als Endprod. der Red. werden immer H_2S u. CaS erhalten, wobei H_2S zur Herst. von H_2SO_4 u. CaS nach Überführung in CaO für Baumaterialien verwendet wird. E. Heinemann. H 253

Die Gewinnung von elementarem Phosphor, seine Anwendungen und die Frage der Abwasserbeseitigung. M. D. Spooner. (J. Ramsey Soc. chem. Engr. **7.** 42—50. 1960.) (Engl.)

Übersicht über die Verff. zur Gewinnung von P aus Knochenasche oder Rohphosphat durch Red. mit C u. SiO_2 im Hochofen oder nach dem elektrotherm. Verf., seine Verw. in Waschmitteln, Nahrungsmitteln, zur Wasseraufbereitung, zu pharmazeut. u. kosmet. Präpp., Kunststoffen, Ölzusätzen, in der Textilindustrie u. für Munition u. die Aufbereitung des Abwassers von P-Fabriken (Neutralisation mit $Ca(OH)_2$, Eindickung, Absitzenlassen u. Filtration des Schlammes). W. Wesly. H 264☐

Morton Chemical Co., Chicago, Ill. (Erfinder: Vernon Louis Langlinais und Henry Paul Broussard, Weeks, La.), V.St.A., **Erzeugung von wasserfreiem Chlorwasserstoff,** dad. gek., daß man eine wss. Lsg. von HCl mit B_2O_3 oder hydratisiertem B_2O_3, das einen geringeren Hydratationsgrad als Orthoborsäure aufweist, z. B. Meta- oder Pyroborsäure, in Berührung bringt, wobei man mit einem stöchiometr. Überschuß an Metaborsäure von 15—40% u. bei 40—90, bes. 70—85°, arbeitet u. die bei 105 bis 150° dehydratisierte Borsäure rückgeführt wird. (**D. A. S. 1 116 637** Kl. 12i vom 13/6. 1960, ausg. 9/11. 1961.) K. Demmler. H 247

Freeport Sulphur Co. (Erfinder: Raphael F. Matson), **Behandlung von mit Eisensulfid verunreinigten Nichteisenmetallsulfiden** zwecks Gewinnung der Nichteisenmetalle in reinerer Form durch Sulfatierung mittels Luft oder Sauerstoff, dad. gek., daß man den Sauerstoff in eine saure wss. Suspension des Sulfidgemisches bei erhöhter Temp. oberhalb des Dampfdrucks der Lsg. einführt bis ein großer Teil, aber nicht mehr als 90% der Metalle, einschließlich des Fe, in die Sulfatform übergeführt u. gelöst ist, worauf man die gelösten Metallsulfate von den restlichen Metallsulfiden abtrennt, diese in den Prozeß zurückführt u. aus der Metallsulfat-Lsg. das Fe in bekannter Weise abtrennt. (**Aust. P. 225 070** vom 11/8. 1958, ausg. 26/11. 1959. A. Prior. 17/2. 1958.) O. Roick. H 253

Carborundum Co., übert. von: Kenneth C. Nicholson, Niagara Falls, N.Y., V.St.A., **Herstellung von Metallboriden,** bes. ZrB_2. Man stellt eine Mischung aus dem entsprechenden Metalloxid, z. B. ZrO_2, B_4C u. C, her u. erhitzt die Mischung in inerter Atmosphäre, z. B. He, auf ca. 2000°. Nach ca. 3 Std. läßt man abkühlen u. erhält ZrB_2. Auf analoge Weise erhält man die Boride des Cr, Ti, Mo, Hf, Ta u. W. (**A. P. 2 957 754** vom 19/10. 1951, ausg. 25/10. 1960.) H. Nebelsiek. H 258

General Electric Co. Ltd., London, England (Erfinder: Donald Arthur Boyland), **Herstellung von wenig durchlässigem Kohlenstoff** aus porösem C durch therm. Zers. von gasförmigen C-Verbb. in Form eines aromat. oder aliphat. KW-Stoffes bei 800—1200° im Kontakt mit dem porösen C. Zur Herst. von sehr dichtem C kann auch auf 3000° erhitzt werden. (**E. P. 846 483** vom 2/5. 1957, ausg. 31/8. 1960.) F. Vier. H 260

La Fonte Electrique Soc. An., übert. von: René Pachud, Bex, Schweiz, **Herstellung von Hypophosphiten,** dad. gek., daß bei 40—60° eine Emulsion von P in einer wss. Metallhydroxid-Lsg. hergestellt u. bis zur Beendigung der Rk. auf dieser Temp. gehalten wird, worauf das Rk.-Gemisch auf über 60° erwärmt wird, bis sich das gebildete polymere Phosphin zersetzt hat. (**A. P. 2 976 117** vom 23/7. 1956, ausg. 21/3. 1961. Schwz. Prior. 30/7. 1955.) A. Gradl. H 264

Sherritt Gordon Mines Ltd., Toronto, Canada, übert. von: Richard B. Montgomery, Bethel, Conn., V.St.A., **Gewinnung von reinen Zinkverbindungen** aus Zn-Ammoniumcarbonatlösungen. Man erhitzt die Lsg., die daneben noch Cu enthält, bei einem Druck von $< \frac{1}{2}$ at auf 30—85° u. leitet anschließend beim Abkühlen CO_2 ein, so daß reines $ZnCO_3$ ausfällt. (**A. P. 2 961 295** vom 9/7. 1957, ausg. 22/11. 1960.) H. Nebelsiek. H 288

Dorr-Oliver, Inc., V.St.A., **Katalytische Herstellung von α-Tonerde.** Zunächst wird in einem Wirbelschichtreaktor durch Calcinieren von Al-Oxidhydrat γ-Al_2O_3 hergestellt u. diese in einer bes. Wirbelschicht in Ggw. von AlF_3 zu α-Al_2O_3 umgeformt, wobei die Abgase der Calcinationszone (I) u. der Umwandlungszone (II) getrennt abgezogen werden. Die Abgase aus I dienen zum Vorwärmen des Rohstoffes, während die Abgase aus II zur Rückgewinnung des Katalysators abgekühlt werden. — Schema der Anlage. (**F. P. 1 198 977** vom 21/2. 1958, ausg. 10/12. 1959.) W. Wittholz. H 294

Universal Oil Products Co., Des Plaines, übert. von: Maurice J. Murrey, Palatine, und Lester Z. Massey, Chicago, Ill., V.St.A., **Herstellung von Tonerdeformkörpern.** Man läßt Al mit W. reagieren u. erhält eine Tonerde mit ca. 70—85% Wassergehalt. Diese knetet u. trocknet man bis auf einen Wasser-Geh. von 52,5—68,5%, u. anschließend trocknet man nochmals, bis der Wasser-Geh. ca. 30% beträgt. Dann trennt man die Masse zu Kügelchen u. calciniert diese ca. 3 Std. bei 1200° F. (**A. P. 2 950 169** vom 23/4. 1956, ausg. 23/8. 1960.) H. Nebelsiek. H 294

British Titan Products Co. Ltd. (Erfinder: Arthur Wallace Evans und Bernard Harris), Billingham, England, **Herstellung von Zirkontetrachlorid** durch Chlorieren eines ZrO_2–SiO_2-Ausgangsmaterials in Ggw. eines Red.-Mittels unter Zuschlag von Ferrosilicium oder Siliciumcarbid bei ca. 900—1250°, bes. 1070—1150°, im Fließbett. Man erhält in getrennten Kondensatoren festes $ZrCl_4$ u. fl. $SiCl_4$. (**E. P. 867 188** vom 30/7. 1958, ausg. 3/5. 1961.) H. Nebelsiek. H 322

British Titan Products Co. Ltd. (Erfinder: Arthur Wallace Evans), Billingham, England, **Herstellung von Zirkontetrachlorid** durch Chlorieren eines ZrO_2–SiO_2-Ausgangsmaterials unter C-Zuschlag im Fließbett bei 1050—1250°. Dabei setzt man dem Ausgangsgemisch noch einen Zr-haltigen Zuschlag, z. B. Zr-Cyanonitrid, Zr-Nitrid oder Zr-Carbid, zu. Es entweichen $ZrCl_4$, $SiCl_4$ u. Co, die in getrennten Kondensatoren aufgefangen werden. (**E. P. 868 807** vom 16/7. 1958, ausg. 25/5. 1961.) H. Nebelsiek. H 322

Kali-Chemie Akt.-Ges. (Erfinder: Herbert Jenkner), Hannover, **Herstellung von Wasserstoffverbindungen der Elemente Silicium, Zinn und Germanium.** Das Verf. der D. A. S. 1 055 511; C. **1961.** 14099 wird insofern abgeändert, als den Aktivatoren für die Rk. der Halogenide bzw. Organohalogenide von Si, Sn u. Ge mit Alkalihydrid an Stelle von Boralkylen, Borsäureestern oder Al-Alkylen Alkylaluminium-Verbb., bes. Alkylaluminiumhydrid, angewandt werden. (**D. A. S. 1 117 090** Kl. 12i vom 30/10. 1958, ausg. 16/11. 1961. **Zusatz zu D. A. S. 1 055 511; C. 1961. 14099.**) K. Wolk. H 327

Nova Beancage Mines Ltd., Montreal, Canada, **Herstellung von Niob- und Tantalchloriden.** Ein trockenes Gemisch aus Nb_2O, u. Ta_2O, metall. Al u. C wird gezündet u. auf >1600° erhitzt. Das dabei gebildete Carbidgemisch wird abgekühlt u. bei 350—600°, bes. 400—500°, chloriert. Die über Kopf entweichenden Pentachloride $NbCl_5$ u. $TaCl_5$ erhält man durch Kondensation. (**E. P. 869 128** vom 8/2. 1960, ausg. 31/5. 1961.) H. Nebelsiek. H 331

United States Atomic Energy Commission (Erfinder: William Morgan Leaders und Walter Sheridon Knecht), **Herstellung von Uranstäben.** Man mischt UF_4 mit mindestens der stöchiometr. Menge Mg, erhitzt es in einem Red.-Ofen bis nahe der Rk.-Temp., worauf nur der untere Teil des Ofens, der gleichzeitig als Form für das geschmolzene U dient, auf die Rk.-Temp. erhitzt wird. — Apparatur. (**Aust. P. 229 523** vom 26/6. 1958, ausg. 18/8. 1960. A. Prior. 16/8. 1957.) C. Lüttgen. H 339

United States Atomic Energy Commission, übert. von: William E. Roake, Richland, Wash., V.St.A., **Urandioxid besonders hoher Dichte** zur Verw. in Kernreaktoren. U-Oxid wird zur Bldg. von UO_2 bei 1000° mit H_2 behandelt, mit 1—3 Gew.-% CaH_2 zu einem Pulvergemisch vermengt, langsam auf 675° u. anschließend im Vakuum auf 1700—1900° 2 Std. lang erhitzt. Durch Zers. des CaH_2 entsteht dabei metall. Ca u. eine reduzierende Atmosphäre. Das so gesinterte UO_2 hat die D. 8,64 gegenüber dem ohne CaH_2 gesinterten Prod. mit D. 7,79. (**A. P. 2 952 535** vom 28/10. 1957, ausg. 13/9. 1960.) G. Frikell. H 339

General Mills, Inc., Minneapolis, Minn. (Erfinder: Clifford J. Lewis, Lakewood, und James L. Drobuick, Golden, Colo.), V.St.A., **Gewinnung von Uranverbindungen** aus einer Mo enthaltenden U-Salz-Lsg. durch Extraktion der U- u. Mo-Verbb. mit Hilfe eines Amins u. Eluierung der U-Verb. aus der organ. Phase. Dabei hält man die Mo-Verb. in der organ. Phase, z. B. durch Zusatz von H_2O_2 in der Molybdatform u. vermeidet dadurch die Bldg. eines Mo-Aminkomplexes bzw. einen gesonderten Verfahrensgang. (**D. A. S. 1 118 769** Kl. 12n vom 19/9. 1959, ausg. 7/12. 1961. A. Prior. 22/9. 1958.) H. Nebelsiek. H 339

United States Atomic Energy Commission, übert. von: Charles A. Blake jun., Keith B. Brown, Oak Ridge, und Donald E. Horner, Clinton, Tenn., V.St.A., **Rückgewinnung von Uranverbindungen** aus sauren, SO_4- u. PO_4-haltigen Lösungen. Man schüttelt die Lsg. mit einem organ. Lsgm. der allg. Formel $(R)_3P = O$, in der R für Alkyl-, Aryl- oder arylsubstituierte Alkylreste steht, u. trennt die mit U beladene organ. Phase von der wss. ab. Bei dieser Extraktion fügt man Cl-Ionen zu. — Beispiele für Lsgm.: Tributylphosphinoxid, Trioctyl-, Tridecyl-, Tridodecyl-, Triphenyl-, Tri-β-phenyläthyl-, Tris-(γ-phenylpropyl)-, Tritolyl-, Tris-(dimethylphenyl)- oder Trinaphthylphosphinoxid. (**A. P. 2 937 925** vom 23/11. 1956, ausg. 24/5. 1960.) H. Nebelsiek. H 339

United States Atomic Energy Commission, übert. von: William J. Knox, New Haven, Conn., und Stanley G. Thompson, Richmond, Calif., V.St.A., **Abtrennen von Actiniden,** wie U, Np, Pu, aus $Bi(OH)_3$, durch welches sie mit ausgefällt worden sind. Man wäscht den Nd. mit 0,05—0,5n HNO_3. Dabei werden die Actiniden gelöst, während $Bi(OH)_3$ unlösl. zurückbleibt. Um z. B. Pu in Lsg. zu bekommen, wäscht man den Nd. mit 10—15 ml/g Bi einer 0,1 mol. HNO_3. (**A. P. 2 938 768** vom 13/5. 1952, ausg. 31/5. 1960.) H. NEBELSIEK. H 341

United States Atomic Energy Commission, übert. von: Milton Ader und Herbert H. Hyman, Chicago, Ill., V.St.A., **Gewinnung von Americium** aus Am- u. Pu-Verbb. enthaltenden, wss. Säurelösungen. Man setzt der Lsg. $Na_2Cr_2O_7$ zu, um Pu(IV) in Pu(VI) überzuführen, dann fügt man ein Aussalzungsmittel, nämlich ein wasserlösl. Nitrat, zu u. schüttelt mit angesäuertem Hexon das Pu aus, während Am in der wss. Phase bleibt. Nach dem Abtrennen der organ. Phase treibt man aus der wss. mit Luft das restliche Hexon aus, oxydiert evtl. vorhandenes Cr(III) zu Cr(VI), fügt ein wasserlösl. Fe(III)-Salz zu u. fällt mit Alkalihydroxid $Fe(OH)_3$ aus, das das in der Lsg. vorhandene Am mit ausfällt. Den abgetrennten Nd. wäscht man mit verd. HCl u. extrahiert mit Diisopropyläther die Fe(III)-Verb., während die Am-Verb. in der abgetrennten, wss. Phase bleibt. (**A. P. 2 934 403** vom 18/7. 1950, ausg. 26/4. 1960.) H. NEBELSIEK. H 344

International Nickel Co. of Canada Ltd., Copper Cliff, Canada, **Extrahieren von Nickel, Kobalt und Eisen aus weniger als 10% Magnesiumoxid enthaltenden lateritischen Erzen.** Man erhitzt das Erz in reduzierender Atmosphäre, bis das gesamte Co u. Ni u. ein kleiner Teil des Fe in Metall umgewandelt sind, behandelt das red. Erz mit CO, so daß der größte Teil des Ni u. ein kleiner Teil des Fe als Carbonyle verflüchtigt werden, behandelt den Rückstand mit trockenem Cl_2, erhitzt das chlorierte, das restliche Ni u. Co in wasserlösl. Form enthaltende Prod. in oxydierender Atmosphäre u. laugt mit W. aus. Die Tempp. betragen für die Red. 500—815°, für die Behandlung mit CO u. Cl_2 38—93° u. für die Oxydation 93—260°. — Es werden z. B. 99 (%) des Ni, 95 des Co u. 2 des Fe aus dem Erz extrahiert. (**E. P. 863 766** vom 19/3. 1959, ausg. 29/3. 1961. A. Prior. 25/8. 1958.) K. DEMMLER. H 354

International Nickel Co., Inc., New York, N.Y., V.St.A., übert. von: John Pincott und De Witt H. West, Swansea, England, **Herstellung von Kobalt(II)-hydroxid** in krist. Form. Zu einer wss. $CoSO_4$-Lsg. vom pH bis zu 6,8 fügt man bis zu 0,1, bes. 0,01—0,1 Gew.-% eines Farbstoffes, wie Eosin, Methylenblau, Bismarckbraun, p-Nitrosodimethylanilin, Neutralrot, Carminrot u. dgl. zu, erhitzt auf ca. 95° u. fällt mit wss. NaOH-Lösung. Man erhält ein rosafarbiges, gut filtrierbares u. gegen Oxydation beständiges $Co(OH)_2$. (**A. P. 2 950 172** vom 8/11. 1957, ausg. 23/8. 1960. E. Prior. 23/11. 1956.) H. NEBELSIEK. H 355

Lentia G. m. b. H., Ein- und Verkauf, München (Erfinder: **Alfred Schmidt**, Linz, Österreich), *Anreicherung von Deuterium in Wasserstoff oder Ammoniak.* (**D. A. S. 1 115 228** Kl. 12i vom 5/3. 1959, ausg. 19/10. 1961. Oe. Prior. 14/3. 1958. — C. **1961.** 11094 [Oe. P. 209 863].)

Badische Anilin- & Soda-Fabrik Akt.-Ges., Deutschland (Erfinder: **Adolf Leber** und **Günter Hansen**), *Granuliertes Ammoniumchlorid.* (**F. P. 1 217 454** vom 26/2. 1959, ausg. 4/5. 1960. D. Prior. 12/3. 1958. — C. **1959.** 13911 [D. A. S. 1 058 484].)

Farbenfabriken Bayer Akt.-Ges., Leverkusen (Erfinder: **Hans-Joachim Abendroth**, Leverkusen, und **Günter Henrich**, Opladen), *Herstellung von Hydrazin.* (**Oe. P. 210 389** vom 12/3. 1959, ausg. 25/7. 1960. D. Prior. 17/3. 1958. — C. **1961.** 4129 [D. A. S. 1 082 889].)

Farbenfabriken Bayer Akt.-Ges., Deutschland (Erfinder: **Günter Henrich**), *Hydrazinhydrat.* (**F. P. 1 211 488** vom 31/7. 1958, ausg. 16/3. 1960. D. Prior. 1/8. 1957. — C. **1960.** 13808 [D. A. S. 1 066 559].)

VEB Leuna-Werke „Walter Ulbricht", Leuna, *Hydroxylaminsulfate.* (**Ung. P. 144 332** vom 17/3. 1956, ausg. 15/9. 1958. — C. **1959.** 11694 [D. A. S. 1 041 929].)

Texas Gulf Sulphur Co., übert. von: **Cyril Thomas Hill**, New York, N.Y., V.St.A., *Zersetzung von Metallsulfiden.* (**A. P. 2 895 796** vom 19/3. 1954, ausg. 21/7. 1959. — C. **1960.** 16557 [E. P. 805 922].)

United States Borax & Chemical Corp., V.St.A. (Erfinder: **Joseph Schulein** und **John Yannacakis**), *Reinigung von Bor.* (**F. P. 1 215 409** vom 28/11. 1958, ausg. 19/4. 1960. A. Prior. 2/12. 1957. — C. **1961.** 14054 [E. P. 841 980].)

United States Borax & Chemical Corp., V.St.A. (Erfinder: **Glenn Hazel McIntyre jun.**, **Norman Terrill Sprouse** und **Herbert Spencer Haber**), *Herstellung von Borhalogeniden.* (**F. P. 1 210 138** vom 3/9. 1958, ausg. 7/3. 1960. A. Prior. 9/9. 1957. — C. **1960.** 14482 [D. A. S. 1 074 561].)

United States Borax & Chemical Corp., V.St.A. (Erfinder: **Glenn Hazel McIntyre jun.** und **Thomas Melville Cromwell**), *Bortrichlorid.* (**F. P. 1 213 569** vom 3/9. 1958, ausg. 1/4. 1960. A. Prior. 9/9. 1957. — C. **1960.** 12120 [A. P. 2 877 864].)

Farbenfabriken Bayer Akt.-Ges., Deutschland (Erfinder: **Konrad Lang** und **Friedrich Schubert**), *Herstellung von Boranen.* (**F. P. 1 211 175** vom 13/12. 1958, ausg. 14/3. 1960. D. Prior. 21/12. 1957. — C. **1959.** 10370 [D. A. S. 1 048 267].)

Olin Mathieson Chemical Corp., V.St.A., *Borhydride.* (**F. P. 1 212 299** vom 3/10. 1958, ausg. 23/3. 1960. — C. **1960.** 17241 [D. A. S. 1 076 103].)

Phillips Petroleum Co., Bartlesville, Okla., V.St.A., *Herstellung von Ruß.* (**E. P. 843 786** vom 2/10. 1956 ausg. 10/8. 1960. A. Prior. 3/10. 1955. — C. **1959.** 12664 [F. P. 1 162 646].)

Phillips Petroleum Co., Bartlesville, Okla., V.St.A., *Herstellung von Ruß*. (**E. P. 840 336** vom 15/4. 1957, ausg. 6/7. 1960. A. Prior. 7/5. 1956. — **C. 1960.** 16558 [A. P. 2 865 717].)

Columbian Carbon Co., V.St.A. (Erfinder: **George Louis Heller**), *Herstellung von Aktivruß durch Zersetzen von Kohlenwasserstoffen*. (**F. P. 1 207 562** vom 26/6. 1958, ausg. 17/2. 1960. A. Prior. 11/7. 1957. — **C. 1961.** 619 [A. P. 2 918 353].)

Wacker-Chemie G. m. b. H., Deutschland, *Herstellung von Silicium hoher Reinheit*. (**F. P. 1 211 634** vom 5/9. 1958, ausg. 17/3. 1960. D. Prior. 7/9. 1957. — **C. 1959.** 10033 [D. A. S. 1 047 181].)

International Standard Electric Corp., V.St.A., übert. von: **Standard Telephones & Cables Ltd.** (Erfinder: **Henley Frank Sterling** und **Eric Langley Bush**), *Herstellung von sehr reinem Silicium*. (**F. P. 72 288** vom 15/10. 1957, ausg. 31/3. 1960. E. Prior. 16/10. 1956. Zusatz zu F. P. 1 108 543; C. 1958. 7340. — **C. 1961.** 8797 [E. P. 829 421].)

Deutsche Gold- und Silber-Scheideanstalt vormals Roessler, Deutschland, *Herstellung von Silicaten oder Kieselsäure mit sehr geringem spezifischem Gewicht*. (**F. P. 72 038** vom 27/5. 1957, ausg. 21/3. 1960. D. Prior. 7/7. 1956. Zusatz zu F. P. 1 167 642; C. 1960. 16221. — **C. 1958.** 5481 [D. A. S. 1 018 033].)

Sylvania Electric Products, Inc. (Erfinder: **Martin Benedict MacInnis**), *Reinigung von Siliciumtetrachlorid*. (**Aust. P. 225 605** vom 18/9. 1957, ausg. 24/12. 1959. A. Prior. 25/9. 1956. — **C. 1961.** 4130 [E. P. 833 816].)

VI. Silicatchemie. Baustoffe

Einige neue Glasbearbeitungsmaschinen. John H. Edgington. (Centr. Glass ceram. Res. Inst., Bull. [Calcutta] **7.** 190—91. Okt./Dez. 1960.) (Engl.)

Nach einer kurzen Einleitung über die allg. Anforderungen an Glasbearbeitungsmaschinen werden zwei amerikan. Ausführungen eingehend beschrieben.

L. KÜHNERT. 6168□

Untersuchung der plastischen Eigenschaften von keramischen Körpern. J. C. Banerjee und D. N. Nandi. (Centr. Glass ceram. Res. Inst., Bull. [Calcutta] **7.** 186—89. Okt./Dez. 1960. Calcutta, Centr. Glass and Ceram. Res. Inst.) (Engl.)

Wegen der verhältnismäßig geringfügigen Kaolin-Vork. in Indien werden Verss. angestellt, Tone durch Zusätze von Moos, Lignitpulver oder Extrakt aus der Rinde einer Akazienart (babul) zu verbessern. Es werden die Aufbereitungsarten für diese Zusätze angegeben u. die Einfl. verschiedener Zusätze auf die Festigkeit u. Formbarkeit der daraus hergestellten Massen u. der Porzellane nach dem Trocknen u. Brennen festgestellt.

L. KÜHNERT. 6206□

Glasschutzschicht für Gefäße und Ausrüstungen. S. R. Khanna. (Centr. Glass ceram. Res. Inst., Bull. [Calcutta] **7.** 192—93. Okt./Dez. 1960.) (Engl.)

Es werden kurze Hinweise über die geeignete Zus. von Stählen u. Gußeisen gegeben, die mit Glas überzogen werden sollen; weiterhin werden Herst. u. Technologie des Aufbringens solcher Schutzschichten sowie ihre chem. Zus. besprochen. L. KÜHNERT. 6212□

Colorimetrische Untersuchungen von rosafarbigen Emaillen. S. S. Verma. (Centr. Glass ceram. Res. Inst., Bull. [Calcutta] **7.** 171—80. Okt./Dez. 1960. Calcutta, Centr. Glass and Ceram. Res. Inst.) (Engl.)

Es wird über Verss. berichtet, Se, Cd u. Sn sowie die Goldfarben in den Emaillen durch $Cr_2O_3—Al_2O_3$ u. $Cr_2O_3—Al_2O_3—ZnO$ zu ersetzen. Ausführliche chem. Analysen u. colorimetr. Unterss. (Albedo, Farbzuordnung, Glanz) von Rosaemaillen werden durchgeführt u. durch graph. Darst. erläutert. Dabei ergibt sich, daß die dominierende Wellenlänge u. die relative Leuchtkraft durch hochzinnhaltige Farbkörper günstiger beeinflußt werden als durch goldhaltige. Außergewöhnlich hoher Glanz wurde mit B-freien Fritten u. manganrosa Pigment erzielt. — 18 Literaturangaben. L. KÜHNERT. 6212□

Die Erscheinungen der Quellung und Schrumpfung des Montmorillonits von Upton/Wyoming, verglichen mit denen des untereozänen Tarras-Tones von Fehmarn (Ostsee-Insel) und von Großenbrode (Festland). F. Vahl. (Keram. Z. **13.** 408—09. Aug. 1961. Schwarzenbek.) (Dt.)

Die aus dem deutschen Bereich stammenden Tonminerale zeigen im Gegensatz zu den amerikan. nicht oder nur andeutungsweise die charakterist. Eigg. der Quellung u. Schrumpfung. Das Sedimentationsgut des Montmorillonits zeigt bei fortschreitender Wasserabgabe auffallend breite, senkrecht verlaufende Schrumpfspalten. Solche Riß-Bldg. sind bei Illit- oder Kaolinit–Tonmineral-Gemengen nicht bekannt.

N. PETERS. 6216□

Herstellung von Tiegeln für optisches Glas. Mikroskopische Untersuchung der Reaktionszone von Glas und feuerfestem Material. F. de Andrés Contreras. (Rev. Ci. apl. **13.** 227—33. Mai/Juni 1959.) (Span.)

Beim Schmelzen von opt. Glas in feuerfesten Tiegeln muß zwischen dem Eindringen von Glasmasse in die Poren der feuerfesten Masse u. einem Angriff der Glasmasse auf diese unterschieden werden. Mit zunehmendem Schamotte-Geh. der Masse dringt mehr

Glasmasse in das Tiegelmaterial ein, aber der Angriff, d. h. die Bldg. neuer Verbb., nimmt ab. Wenn die Tiegelwand mit einer Schicht geringer Porosität überzogen wird, beschränkt sich der Angriff auf die eigentliche Kontaktzone. In dieser werden mkr. Mullit, β-Al_2O_3, Korund, Quarz, Cristobalit, Pb-K-Disilicat, Nephelin, Carnegieit u. Leucit identifiziert. In der feuerfesten Masse treten Körner von Quarz u. Nadeln von Mullit auf. — 13 Literaturangaben. R. K. Müller. 6218□

Vorbedingungen der Dichteerhöhung von feuerfesten Ziegeln. Ferenc Nagy. (Kohászati Lapok [Ung. Z. Hüttenwes.] **95.** 70—75. Febr. 1962. Budapest, Magnesitfabr.) (Ung.)

In systemat. durchgeführten Verss. bestimmte Vf. die Bedingungen zur Herst. hochdichter Ziegel. Es wurde ein tonerdereiches Prod. hergestellt, das bei einer bestimmten Brenn-Temp. auf größte Dichte einschrumpfte. L. Zombory. 6218

Hochfeuerfeste Ofenbaumaterialien aus Bauxit. J. C. Banerjee und N. B. Chatterjee. (Centr. Glass ceram. Res. Inst., Bull. [Calcutta] **7.** 181—85. Okt./Dez. 1960. Calcutta, Centr. Glass and Ceram. Res. Inst.) (Engl.)

Bauxitsorten mit hohem (8,98%) bzw. niedrigem (0,66%) Geh. an TiO_2, deren genaue Analysen angegeben sind, wurden rein u. in verschiedenen Mischungen zu Ofensteinen u. Vers.-Tiegeln verarbeitet, wofür die genauen Bedingungen (Brenn-Temp., Formdruck, Zumischungen) angegeben sind. Bei hohem Druck u. Brennen bei 1600° können brauchbare Ofenbausteine hergestellt werden, bei denen nur eine verhältnismäßig hohe Porosität beachtet werden muß. L. Kühnert. 6218□

Elektrische Eigenschaften von Blei-Bariumniobaten und ihren Begleitstoffen. P. Baxter und N. J. Hellicar. (J. Amer. ceram. Soc. **43.** 578—83. Nov. 1960. Wembley, England, Res. Labor., Gen. Electric Comp.) (Engl.)

Von $PbNb_2O_6$ ausgehend, werden die günstige Zus. von Mehrstoffniobaten, bes. durch teilweisen Ersatz des Pb durch Ba, auch Sr, Ca oder Cd u. durch Mischungszusätze von Titanaten u. Zr-Erden zu $PbNb_2O_6$ hinsichtlich ihrer dielektr. u. piezoelektr. Eigg., Curie-Temp. u. Widerstand gegen hohe Spannungen gesucht. R. Kaiser. 6220□

Probleme und Entwicklung der Wärmewirtschaft beim Zementbrennen. Hans Eigen. (Tonind.-Ztg. keram. Rdsch. **86.** 37—43. 30/1. 1962. Remscheid-Lennep.) (Dt.)

Für die Anwendung einer vom Vf. entwickelten Formel für den Wärmeverbrauch des Zementdrehofens ist die Kenntnis des Temp.-Intervalls Gas-Gut an der Grenze zwischen Vorwärmzone u. Entsäuerungszone erforderlich. Es wird gezeigt, wie dieser Wert Δt berechnet wird. Beim Wirbelschicht-Verf. kann der Wärmeverbrauch unter bestimmten Voraussetzungen bis auf 600 kcal je kg Klinker vermindert werden. Der therm. Wrkg,-Grad eines solchen Ofens würde 72% betragen, er muß mit ca. 40% Luftüberschuß gefahren werden. N. Peters. 6222□

Berechnung der Klinkerphasen. F. W. Locher. (Zement-Kalk-Gips **14** (**50**). 573—80. Dez. 1961. Düsseldorf, Forschungsinst. der Zementind.) (Dt.)

Die Klinker-Zus. kann nach Bogue oder durch Berücksichtigung der Moduln u. des Kalkstandards ermittelt werden. Die Genauigkeit der Rechnung genügt den techn. Belangen u. wird an Hand eines prakt. Beispieles demonstriert. H. Schumann. 6222□

Kalksilicat- und Aluminatbildung aus Carbonat und Oxiden in Gegenwart von Fremdschmelzen. C. Kröger und G. Fülöp. (Zement-Kalk-Gips **14** (**50**). 545—58. Dez. 1961. Aachen, TH, Inst. für Brennstoffchemie.) (Dt.)

Im Vgl. zu den reinen Festkörper-Rkk. Kalkstein–Kaolin u. Kalkstein–Quarz kann durch Zusatz der inerten Schmelzmittel NaCl oder Na_2SO_4 bei Temp. von ca. 850° der Umsatz von 30 auf 90% in 100 Min. gesteigert werden. Dieser Effekt tritt bei Korngrößen von $\leqq 0{,}06$ mm klar hervor. Verss. mit entwässertem Carnallit im Verhältnis Kalkstein–Quarz–Carnallit 1:1:1 ergaben bei 845° unter Bldg. von Mg(OH)Cl Umsätze von ca. 79%. Hohe Rk.-Geschw. konnten bei kalkärmeren Mischungen, wie Kalkstein/Quarz = 1:2, Kalkstein/Kaolin = 2:1 beobachtet werden. Bei 850° u. einer Rk.-Dauer von 1½—2 Std. entstehen aus Kalkstein u. Quarz $CaO \cdot SiO_2$ ($3\,CaO \cdot 2\,SiO_2$), $2\,CaO \cdot SiO_2$, wobei das Ortho- u. Tricalciumsilicat auch bei Quarzüberschuß dominiert. Die Geschw. der Umsetzung Kalkstein–Kaolin ist unter gleichen Bedingungen größer als für Kalkstein–Quarz. Kalkärmere Mischungen weisen neben geringen Mengen $CaO \cdot SiO_2$ u. $3\,CaO \cdot 2\,SiO_2$ hauptsächlich die tern. Verbb. $2\,CaO \cdot SiO_2 \cdot Al_2O_3$ u. $CaO \cdot Al_2O_3 \cdot 2\,SiO_2$ auf. Als Grundgleichung wird angegeben: $19\,CaCO_3 + 7\,SiO_2 + 3\,Al_2O_3 = 7\,(2\,CaO \cdot SiO_2) + 5\,CaO \cdot 3\,Al_2O_3 + 19\,CO_2$. Nach DTA-Verss. tritt ein endothermer Wärmeeffekt mit der Bldg. von Monosilicat u. Monoaluminat im Temp.-Bereich von 600—750° u. ein 2. Effekt zwischen 700 u. 870° mit der Bldg. von Dicalciumsilicat u. Calciumaluminat (5:3) auf. Entsprechend der Rk. $2\,CaO \cdot SiO_2 + CaO = 3\,CaO \cdot SiO_2$ wird eine negative Wärmetönung bei 900° festgestellt. Die geschwindigkeitserhöhende Wrkg. der Zusatzstoffe ist den FF. proportional. Die optimale Zusatzmenge für die Rk. Kalkstein–Kaolin am Eutektikum $NaCl/Na_2SO_4$ beträgt 7%. Die Biegezug- u. Druckfestigkeiten der abgebundenen Rk.-Prodd. werden mit ca. $\frac{1}{2}-\frac{2}{3}$ der normalen Zementwerte angegeben. H. SCHUMANN. 6222□

Der Einfluß von organischen Verbindungen auf silicatische Massen. Peter Hielscher. (Silikattechnik **11.** 515—19. Nov. 1960. Weimar.) (Dt.)

Von den Mitteln zur Herst. von Porenbeton werden neuerdings die organ. Schaumerzeuger (I) in großem Umfang verwendet. Mit den oberflächenviscosen I (nach der CLARKschen Gruppeneinteilung) hergestellte Probekörper aus einem Hochofenzement, einem Portlandzement u. aus einem gemahlenen Branntkalk mit Quarzmehl u. Anmachwasser wurden auf Druck- u. Biegezugfestigkeit untersucht. Für die Technik der Druckerhitzung eigneten sich bes. bestimmte Kombinationen von Keratin-I mit Alkyl- oder Alkylarylsulfonaten. — 12 Literaturangaben. R. KAISER. 6224□

Entwicklung und Verwendung von Säurebeton. Gustav Bender, Wilhelm Neidel und Otto Martini. (Silikattechnik **11.** 520—22. Nov. 1960. VEB Leunawerke „Walter Ulbricht".) (Dt.)

Ein Vgl. der mit Wasserglaskitt der Marken „Kombinal" K u. D hergestellten Säurebetonkörper mit solchen, die mit dem Kunstharz „Kramitmehl" u. „Kramitöl" u. üblichen Zuschlagstoffen hergestellt worden waren, zeigte eine Überlegenheit der letzteren bzgl. Druck- u. Biegezugfestigkeiten, Abriebfestigkeit u. Sandstrahleinwirkung. Die Löslichkeit in 70%ig. H_2SO_4 nach DIN 4092 B lag im Mittel nur wenig über der der Kombinalkittmassen. R. KAISER. 6224□

Die Bedeutung des Wassergehaltes der Rohmischung und des Magnesia-Gehaltes in Branntkalken bei der Herstellung von Kalksandsteinen. J. Wuhrer, W. Steyer und G. Radermacher. (Zement-Kalk-Gips **14** **(50).** 566—73. Dez. 1961. Wülfrath, Rhein. Kalksteinwerke G. m. b. H.) (Dt.)

Als Vers.-Substanz dient Kalkstein, der mit einer Körnung von 3—8 mm bei 900° im Elektroofen gebrannt u. in einer Mühle auf eine Korngröße von 0—90 μ vermahlen worden ist. Das Festigkeitsmaximum ergibt sich bei einem Kalkanteil von 6,5%. Als Maxima werden für die „Einsatzfeuchte" vor dem Härtekessel $<$4% u. für die „Verpreßfeuchte„ 5—6% angegeben. Oberhalb dieser Werte treten „Wassertreiber", unterhalb Festigkeitsminderungen auf. Als Ausgangssubstanzen für die Best. des maximalen MgO-Geh. finden Kalk- u. Dolomitsteine Verw., die in unterschiedlichen Mischungen bei 900, 1000, 1100, 1200 u. 1350° gebrannt worden sind. Eine Abnahme der Druckfestigkeit tritt bei 900° in Mischungen mit 20% MgO, bei 1000° mit 20% MgO, bei 1100° mit 8% MgO, bei 1200° mit 6% MgO u. bei 1350° mit 2% MgO auf. Je härter die Komponenten gebrannt sind, um so mehr erniedrigt sich der zulässige Dolomitzusatz. Zur Charakterisierung des Brenngrades läßt sich die beim Löschen des Kalkes frei werdende Wärme heranziehen. Zur Auswertung wird die Kenngröße $B = \Delta t/\tau$[C/min] (Δt = maximaler Temp.-Anstieg, τ = zugehörige Zeit) gegen den MgO-Geh. in % aufgetragen, woraus eine deutliche Trennung der brauchbaren von den nichtbrauchbaren Kalken ersichtlich ist. H. SCHUMANN. 6226□

Über die Frostbeständigkeit von Dachziegeln. H. G. F. Winkler. (VI. int. keram. Kongr., Wiesbaden **1958.** 417—28. Marburg/Lahn, Univ., Mineralog. Inst.) (Dt.)

Durch systemat. Änderung der Mischung zwischen frostbeständigen u. frostempfindlichen Tonen u. Brennen bei jeweils festgestellter optimaler Brenn-Temp. wurde gefunden, daß die Korngrößenverteilung für das Frost-Verh. von bes. Bedeutung ist. — Diskussion. H. VÖLZ. 6228□

Die Aussichtslosigkeit von Frost- und Tauwechselversuchen zur Messung des Frostbeständigkeitsgrades fester, mineralischer Baustoffe und Baukonstruktionen. Hans Breyer. (Keram. Z. **13.** 414—18. Aug. 1961. Kassel.) (Dt.)

Es wird beanstandet, daß trotz der Unbrauchbarkeit u. Unzuverlässigkeit der bekannten Frost- u. Tauwechsel-Verss. (Frostimitations-Verss.) noch heute unter Stützung auf diesbzgl. Meßwerte Prüfungszeugnisse ausgestellt werden. Nach Ansicht des Vf. sollte nur noch das physikal., prüf- u. meßtechn. hervorragende Wassersättigungs-Verf. Verw. finden. — 16 Literaturangaben. N. PETERS. 6228□

Die Entstehung und Einschränkung von Texturen bei der Naßverpressung von Ziegelmaterialien. J. Homayr. (VI. int. keram. Kongr., Wiesbaden **1958.** 441—50. Essen-Kray, Institut für Ziegelforsch. Essen e. V.) (Dt.) — Vgl. C. **1960.** 15180.

3 maßgebende Faktoren für die Textur-Bldg. bei der keram. Formgebung sind: Deformations-Verh., Inhomogenitätsgrad, Relativbewegungen beim Verformen. Eine Verminderung der Textur-Bldg. ist möglich durch bes. verfahrenstechn. Maßnahmen, die sich nach den Ausgangsmaterialien richten. — Diskussion. H. VÖLZ. 6228□

Die röntgenographische Bestimmung der Kristallphasen des Portlandzement-Klinkers. H.-G. Smolczyk. (Zement-Kalk-Gips **14** (**50**). 558—66. Dez. 1961. Rheinhausen, Forschungsinst. für Hochofenschlacke.) (Dt.)

Für die quant. röntgenograph. Phasenanalyse des PZ-Klinkers dienen die mit Beimengungen von Fremdbestandteilen erbrannten vier Hauptphasen des Klinkers: C_3S-, β-C_2S-, Aluminat- u. Ferritphase. Als Standardsubstanz wird α-Al_2O_3 eingesetzt, wobei das Verf. nach „Internal Standard" nur für die Best. von Alit Verw. findet. Alle weiteren Ergebnisse sind nach der „External Standard"-Meth. erzielt worden. 0,2—0,3% C_3A lassen sich neben 14% C_4AF ohne weiteres mit dem benutzten Zählrohrgoniometer nachweisen. Der Gesamtfehler einer Klinkeranalyse setzt sich aus dem statist. Anteil, dargestellt als Variations-Koeff., u. aus dem systemat. Anteil, abhängig von den Differenzen der betreffenden Klinkerphasen in Linienhöhe u. -breite gegenüber der Vgl.-Substanz, zusammen. Die Unsicherheiten der aus der chem. Analyse berechneten Klinker-Zus. überwiegen gegenüber der röntgenograph. Bestimmungen. H. SCHUMANN. 6252□

Mikroskopische Untersuchungen an technischen und Labor-Zementklinkern. Hans Georg Nitzsche. (Tonind.-Ztg. keram. Rdsch. **86**. 25—30. 30/1. 1962. Clausthal, B. A., Inst. Steine u. Erden.) (Dt.)

Es wird über die Durchführung mkr. Unterss. an Zementen berichtet. Neben Unterss. an techn. Klinkern wurden auch Proben an im Labor. erbrannten Vers.-Klinkern aus techn. Rohmehlen u. aus Mischungen reiner Oxide bearbeitet. Ferner wurde das Problem der Einw. von Kohleaschen auf das Brenngut in Zementdrehöfen behandelt.

N. PETERS. 6252□

Die frostdilatometrische Prüfung keramischer Erzeugnisse. H. Lehmann. (VI. int. keram. Kongr.,Wiesbaden **1958**. 429—39. Clausthal, Bergakad., Inst. für Steine u. Erden.) (Dt.)

Die Entw. eines Frostdilatometers wird beschrieben; das Gerät gestattet exakte Messungen der Längenänderung von porösen keram. Baustoffen in wassergetränktem Zustand beim Durchlaufen von Frost–Tau-Wechseln. Eine Vorschrift für die Vorbehandlung der Prüfkörper wird mitgeteilt. Als Maßzahl des Frost-Verh. dienen die gemessenen maximalen Dehnungseffekte. — Diskussion. H. VÖLZ. 6256□

Continental Oil Co., Ponca City, Okla., V.St.A., **Herstellung alkalisierter Tone**, bes. als Neutralisierungsmittel, dad. gek., daß man den Ton mit einer Lsg. eines Alkalialkoxids in einem aliphat. Alkohol behandelt u. dann den Alkohol entfernt. (**E. P. 866 559** vom 20/1. 1959, ausg. 26/4. 1961. A. Prior. 17/2. 1958.) A. GRADL. 6217

Höganäs-Billesholms A/B, Höganäs, Schweden (Erfinder: R. B. Norin), **Brennen von Kalk.** In einem Brennofen wird das carbonathaltige Material bei 1300° unvollständig gebrannt, hierauf wird in einem 2. Ofen das Brennen mit vorgewärmtem, CO_2-freiem Gas, z. B. Luft, bei niedrigerer Temp. zu Ende geführt. (**Schwed. P. 162 808** vom 29/7. 1948, ausg. 1/4. 1958.) K. H. KÄHLER. 6227

Poor & Co., Chicago, übert. von: **Allan E. Chester**, Highland Park, Ill., V.St.A., *Aufbringen von Glasemail.* (**A. P. 2 963 784** vom 7/9. 1955, ausg. 13/12. 1960. — C. **1958**. 5194 [A. P. 2 768 904].)

Esso Research and Engineering Co., V.St.A. (Erfinder: **William Benjamin Segraves** und **George Oliver Hillard jun.**), *Oxydation von polymeren Kohlenwasserstoffen.* (**F. P. 1 210 739** vom 11/6. 1958, ausg. 10/3. 1960. A. Prior. 13/6. 1957. — C. **1961**. 16241 [A. P. 2 895 979].)

Pechiney Comp. de Produits Chimiques et Électrométallurgiques, Frankreich (Erfinder: **Léon Gion**), *Gesintertes Berylliumoxid.* (**F. P. 1 217 894** vom 12/12. 1958, ausg. 6/5. 1960. — C. **1961**. 18470 [D. A. S. 1 105 786].)

Union Chimique Belge Soc. An., Belgien, *Wasserabstoßendmachen von porösen Stoffen, besonders Baustoffen.* (**F. P. 1 205 338** vom 4/4. 1958, ausg. 2/2. 1960. Belg. Prior. 8/4. 1957. — C. **1962**. 2510 [E. P. 834 962].)

J. E. Burke, ed., Progress in ceramic science. Vol. 2. Oxford, London: Pergamon. 1962. (VII + 246 S. m. Taf., Tab. u. Diagr.) 80 s.

VII. Agrikulturchemie. Schädlingsbekämpfung

Versuch einer vorläufigen genetischen Gliederung von Kultur- und Wirtschaftsböden. R. Ganssen. (Z. Pflanzenernähr., Düng., Bodenkunde **87** (**132**). 201—12. Dez. 1959. Freiburg, Univ., Inst. für Bodenkunde.) (Dt.)

Vf. stellt eine genet. Gliederung der Kultur- u. Wirtschaftsböden auf. Es wird postuliert, daß ein Boden immer nur in engem Zusammenhang mit seiner Umwelt betrachtet werden kann. Die entwickelte Gliederung vermeidet daher eine Charakterisierung des Bodens als isoliertes Objekt. Sie betont vielmehr die dem Wesen des Bodens als Natur- u. Kulturobjekt gemäßen Zusammenhänge. WILFRIED WERNER. 6304□

Die geographische Verteilung der Bodenfamilien des Aru-Territoriums (Ituri, Kongo). P. Hubert (unter Mitarbeit von C. Sys). (Bull. agric. Congo **52.** Nr. 2. Bull. Inform. de l'INÉAC **10.** 213—30. April 1961.) (Franz.) M. WINIKER. 6304□

Mineralogische Zusammensetzung und Ausbildung einiger Böden in Spanisch-Kontinental-Guinea. Angel Hoyos de Castro und Luis-J. Alias Pérez. (An. Edafol. Fisiol. vegetal **18.** 97—135. Febr. 185—206. März 1959.) (Span.)

Übersicht über die geograph., klimat. u. Vegetationsbedingungen der Boden-Bldg. in Span.-Guinea u. die physikal.-chem. Eigg. der Böden. Die Böden sind teils als Eruptivgestein entstanden u. tonhaltig, teils aus Sedimentärgestein oder einem Sediment entstanden u. sandig (Ton-Geh. 40 bzw. 20—25%). Das Ausgangsgestein verliert beim chem. Angriff Erdalkalien, Fe_2O_3 u. SiO_2. Fe wird als Fe^{2+} ausgewaschen, seine Beweglichkeit hängt von den Belüftungsbedingungen ab. Die Beweglichkeit des SiO_2 wird durch den pH-Wert u. die Abflußmöglichkeiten beeinflußt. — 73 Literaturangaben.

R. K. MÜLLER. 6304□

Der Einfluß verschiedener Kationen auf die Wasserbeständigkeit von Bodenaggregaten. Mikko Sillanpää. (Maataloustieteellinen Aikakauskirja [J. sci. agric. Soc. Finland] **32.** 211—18. 1960. Helsinki, Agric. Res. Centre, Dep. of Soil Science.) (Engl.)

Die untersuchten schlammigen Tonböden (a) Finnlands sind arm an Basen, reich an S, sehr sauer (pH ca. 3,9) u. haben gute physikal. Eigenschaften. Ihre Nutzung erfordert sehr große Mengen Kalk u. Düngemittel. Lufttrockene Bodenproben von einheitlicher Korngröße der Aggregate wurden langsam durch Capillar-Wrkg. mit den Test-Lsgg. (HCl, NaCl, $MgCl_2$, $CaCl_2$, $AlCl_3$ u. $FeCl_3$) in Konzz. von 0,003—0,3n getränkt, dann luftgetrocknet, mit dest. W. benetzt u. nach der Naßsiebe-Meth. untersucht. Zum Vgl. wurden 3 andere Tonböden (schwerer, schluffiger u. lehmiger Ton) ebenso untersucht, jedoch bei der konst. Konz. 0,01n u. ohne $AlCl_3$- u. $FeCl_3$-Lösungen. Bei a wurde die Strukturstabilität allg. durch alle Kationen mit steigender Konz. verbessert, durch die höheren Konzz. wieder verschlechtert (Dispersion). Die optimale Konz. lag für HCl, NaCl u. $MgCl_2$ bei ca. 0,01n, für $CaCl_2$ bei 0,01—0,03n u. für KCl, $AlCl_3$ u. $FeCl_3$ bei ca. 0,03 bis 0,1n. Bei den 3 anderen Tonböden äußerten sich die Einfl. der Kationen etwa in der gleichen Reihenfolge, jedoch waren die Unterschiede bes. bei Schluff- u. Lehmton statist. weniger gesichert. — 21 Literaturangaben. EBERHARD MÜLLER. 6304□

Untersuchungen über die Verteilung des Eisens in Böden und ihre Beziehung zu anderen Faktoren. R. Gallego und E. Laborda. (An. Edafol. Fisiol. vegetal **18.** 547—82. Juli/Aug. 1959.) (Span.)

Zur Unters. der Verteilung des Fe im Boden werden durch Lösen des Fe in einem Säuregemisch ($H_2SO_4 + HNO_3 + H_2O$ 3:3:2) die freien Fe-Oxyde bestimmt. Diese werden mit 0,02n HCl extrahiert, mit $Na_2S_2O_4$ wird Fe^{3+} zu Fe^{2+} red. u. Fe^{3+} mit KSCN bestimmt. In dieser Weise werden 35 Reihen von Böden aus Mittel- und Nordspanien untersucht. Fe zeigte eine Neigung, mit dem Ton zu wandern u. verteilte sich ähnlich wie dieser. Zwischen dem Fe-Geh. von sauren u. alkal. Böden wurde kein großer Unterschied festgestellt. Der Einfl. der organ. Substanz im Boden war mit der Fe-Konz. veränderlich.

R. K. MÜLLER. 6304□

Über die Bildung des Humus und ihren Einfluß auf das Wachstum der Pflanzen. W. Flaig. (An. Edafol. Fisiol. vegetal **18.** 505—39. Juli/Aug. 1959. Braunschweig-Völkenrode, Inst. für Biochem. des Bodens.) (Span.)

Zusammenfassender Vortrag. — 58 Literaturangaben. R. K. MÜLLER. 6304□

Phosphoraufnahme durch Mais. János Dombovári und László Almádi. (Növénytermelés [Pflanzenbau] **10.** 245—52. Aug. 1961. Szarvas, Forsch.-Inst. Bewässerung u. Reispflanzung.) (Ung.)

Bei Verss. auf Wiesenboden mit ^{32}P enthaltendem Kunstdünger wurde die P-Aufnahme durch Mais u. die Einw. von N-Dünger auf letztere untersucht. N-Dünger fördert die Verwertung des Phosphatdüngers. Im Anfang der Entw.-Phase nimmt die Pflanze 15—32% P aus dem Kunstdünger auf, während der Reife weniger. J. PLANK. 6304

Untersuchungen über die Wanderung von Phosphor aus Superphosphatgranalien unter Anwendung der Autoradiographie. Krypsina Śmierzchalska. (Postępy Nauk rolniczych **8 (13).** Nr. 5. 37—42. Sept./Okt. 1961.) (Pol.)

Die Wanderung von P aus granuliertem *Superphosphat* (18,3% wasserlösl. P_2O_5) im Boden wurde autoradiograph. mit durch ^{32}P markiertem Düngemittel (200 μC/g P_2O_5) untersucht. Mit der Größe der Granalien vergrößert sich der Verteilungsbereich des P im Boden. In Sandböden ist der Bereich größer als in Lehmböden. Auch die Krümelgröße des Bodens hat einen Einfl. auf die Verteilung des Düngemittels. Bei Größen von 2—5 mm ist der Verteilungsbereich kleiner als bei kleineren Krümeln. Die vollständige Verteilung des P aus Granalien im umgebenden Boden beansprucht nur 7 Tage. F. URBAN. 6304□

Versuche mit verschiedenen Phosphatdüngern. János Sarkadi. (Növénytermelés [Pflanzenbau] **9.** 159—70. Mai 1960. Budapest, MTA Talajtani és Agrokémiai Kutató Intézet.) (Ung.)

Bei Düngungs-Verss. zu Winterweizen, Roggen, Sommergerste, Zuckerrüben u. Wickroggen wurden mit *Superphosphat* (I) signifikant höhere Erträge erzielt als mit *Biosuper* (granuliertes I-*Torfdung*-Gemisch) oder *Orga-Phosphat* (nicht granuliertes I-Torfdung-Gemisch). Granuliertes u. nicht granuliertes I waren wirkungsgleich.
M. WINIKER. 6304□

Der Wert von Stickstoff-Kopfdüngungen inmitten der Wachstumsperiode für Kartoffeln als Hauptfrucht. G. W. Cooke, F. V. Widdowson und J. C. Wilcox. (J. agric. Sci. **49.** 81—87. Mai 1957. Harpenden, Herts., Rothamsted Exp. Station, Chem. Dep.) (Engl.)

Für die Tatsache, daß Kartoffelpflanzen jetzt früher reifen u. absterben als in früheren Zeiten, gibt es verschiedene mögliche Erklärungen, u. a. die Verdrängung der organ. Dünger durch Kunstdünger mit einer Änderung der Bodenstruktur u. Anreicherung von Phosphat, sowie mögliche Auswaschung der lösl. N-Dünger aus der Wurzelzone. In ausgedehnten Freiland-Verss. wurde geprüft, wie sich die Teilung der einmaligen adäquaten N-Gabe (vor dem Pflanzen) in 2 Gaben auswirkt, eine davon vor dem Pflanzen als $(NH_4)_2SO_4$ (I), die andere vor dem letzten Häufeln als Kopfdüngung mit „*Nitrokalk*". Nur bei leichten Böden ergaben sich hieraus in der Hälfte der Vers.-Flächen sehr geringe Vorteile. Im Durchschnitt, bes. bei mittleren u. schweren Böden, ergab diese Aufteilung der N-Gabe geringere Erträge als die einmalige Frühjahrsdüngung im Ganzen. Die Vegetationsperiode wurde nicht verlängert. Bei den vorliegenden Bodenarten war eine Auswaschung von I durch Regen für den Ertrag unbedeutend. EBERHARD MÜLLER. 6304□

Kalidüngung von Moorboden im Licht der Versuche auf der Versuchsstation Leteensuo. Yrjö Pessi. (Maataloustieteellinen Aikakauskirja [J. sci. agric. Soc. Finland] **32.** 229—38. 1960. Soc. of Peat Cultivation, Exp. Station Leteensuv.) (Engl.)

Auf einem dränierten Torfmoor wurde der Heuertrag durch Kalidüngung bei gleichzeitiger P_2O_5-Düngung beträchtlich gesteigert, sowohl auf dem mit Lehm verbesserten Boden als auch ohne diese Beimischung. Lehm entwickelte eine beträchtliche Kalidünge-Wrkg. u. a. günstige Einflüsse. Auch der Ertrag von Sommergetreide u. von Hackfrüchten wurde durch Kali gesteigert. Ohne P_2O_5-Gabe war die Kali-Wrkg. gering. Zwischen den Wrkg. von KCl u. K_2SO_4 zeigte sich kein ausgeprägter Unterschied. — 8 Literaturangaben. EBERHARD MÜLLER. 6304□

Beiträge zur Humusfrage im Weinbau. Albert Herschler. (Weinberg u. Keller **7.** 35—44. Febr. 1960. Bernkastel-Kues/Mosel, Biolog. Bundesanst. für Land- u. Forstwirtschaft, Inst. für Rebenkrankheiten.) (Dt.)

Auf Grund der Ergebnisse eigener Düngungs-Verss. vertritt Vf. die Ansicht, daß Weinbau mit stark eingeschränkten Stallmistgaben u. teilweisem Ersatz durch andere organ. Stoffe (Kompost, Stroh, Gründüngung, Torf, Müll-Klärschlamm) auf längere Zeit ohne Nachteile möglich ist. M. WINIKER. 6304□

Die Eigenschaften von Weinbergsböden unter chlorotischen Beständen. B. Walter. (Weinberg u. Keller **7.** 151—71. Mai 1960. Gießen, Justus-Liebig-Univ., Inst. für Bodenkunde u. Bodenerhaltung.) (Dt.)

Bei der Unters. von 3 Weinbergsböden der Weinbaugebiete Rheinhessen u. Rheingau, auf denen die Rebenchlorose weit verbreitet ist, wurde festgestellt, daß folgende Boden-Eigg. für die Chloroseanfälligkeit maßgebend sind: geringes Poren-Vol., mangelnde Luftkapazität, hoher Ton-Geh., hoher Feuchtigkeits-Geh., niedrige Boden-Temp., hoher Kalk-Geh., hohe CO_2-Konz. der Bodenluft u. niedriges Redoxpotential.
M. WINIKER. 6304□

Eine Bewertung von Bodenbearbeitung und Monuron bei Spargel. W. F. Meggitt, J. H. Ellison, R. J. Aldrich und N. A. Willits. (Proc. Amer. Soc. horticult. Sci. **74.** 580—82. Dez. 1959. New Brunswick, N.J., New Jersey Agric. Exp. Stat.) (Engl.)

In einem 4jährigen Feld-Vers. zu Spargel auf einem lehmigen Sandboden wurde durch eine 4—6malige Bodenbearbeitung bzw. eine Besprühung mit je 2 lbs. akt. *Monuron* vor u. nach der Ernte eine gleich gute Freihaltung des Feldes von Unkräutern erzielt. Da die Bodenbearbeitung auch keine höheren Erträge brachte, schlagen Vff. vor, die Unkrautbekämpfung mit dem Herbicid Monuron vorzunehmen.
WILFRIED WERNER. 6312□

Die Anwendung von Gibberellinsäure zur Beschleunigung der Azaleenblüte ohne Kältebehandlung. James W. Boodley und John W. Mastalerz. (Proc. Amer.

Soc. horticult. Sci. **74.** 681—85. Dez. 1959. University Park, Pennsylvania State Univ., Agric. Exp. Stat.) (Engl.)

Der zur Ausbildung von Blütenknospen bei Azaleen erforderliche Kältebedarf konnte durch Besprühung der Pflanzen mit wss. *Gibberellinsäure* (I)-Lsg. ersetzt werden. Durch 1000—5000 ppm I-Sprays wurde eine gleichmäßige Blüten-Bldg. nach ca. 5wöchiger Treibzeit im Gewächshaus bei 78° F erzielt. Bei einer Treibtemp. von 67° F wurde durch I in etwa der gleichen Zeit die Vollblüte erreicht wie bei Pflanzen, die nach einer Kältebehandlung ins Treibhaus kamen. Die geprüften Azaleensorten reagierten unterschiedlich auf I. Wilfried Werner. 6312□

Spätfrostbekämpfung mit Gibberellin? W. Kaufhold und R. Liesering. (Wein-Wiss. **15.** 75—78. April 1960. Beilage zu Dtsch. Weinbau. Veitshöchheim-Würzburg, Bayer. Landesanst. für Wein-, Obst- u. Gartenbau.) (Dt.)

Bericht über Verss. zur Spätfrostbekämpfung bei Reben mit *Gibberellin.* Es konnten keine eindeutigen Ergebnisse erzielt werden. M. Winiker. 6312□

Untersuchungen über Fungicid-Sprays zur Bekämpfung der Weizenfusariose. 1. Mitt. Die Auswahl von vorbeugenden Fungiciden. Y. Inoue und S. Nagae. (Bull. Tokai-Kinki nat. agric. Exp. Stat., first Agronomy Divis. Nr. **6.** 168—81. März 1959.) (Jap.; Auszug: Engl.)

Bei Verss. zur Verhütung der Weizenfusariose waren Sprays auf Basis *Pomarsol-Z-forte* oder *Phygon* am wirksamsten. Sprays auf Basis *Fumiron* oder *Ceresan* waren weniger wirksam, aber immer noch wirkungsvoller als *Kalkschwefel.* M. Winiker. 6312□

Hygienische Bewertung von Obst aus Plantagen, die mit Dithiocarbamylsäurederivaten behandelt wurden. A. G. Chmaladse, P. I. Kapanadse und O. K. Rishamadse. (Вопросы Питания [Fragen d. Ernähr.] **21.**74—77. Jan./Febr. 1962. Tbilissi, Forsch.-Inst. für Sanitätswesen u. Hygiene, Labor. für Ernährungshygiene.) (Russ.; Auszug: Engl.)

Weintrauben, Äpfel u. Citrusfrüchte, die mit 2%ig. *Fuklasin* (I) gespritzt worden waren, enthielten 63—68 Tage nach der Behandlung kein I. Weine aus Weintrauben die mit 0,7—1,0% *Zineb* (II) bzw. mit 1—2%ig. I 32—45 Tage vor der Weinlese behandelt wurden, waren ebenso I- u. II-frei. Äpfel, die 45 Tage vor der Ernte mit 1%ig. II gespritzt wurden, enthielten nur 0,024—0,077% mg-% II. Vff. empfehlen demzufolge, die letzten Spritzungen von Weinreben bzw. Äpfeln bzw. Citrusfrüchten mit I oder II spätestens 70 bzw. 50 bzw. 35—40 Tage vor der Ernte durchzuführen. S. Baryschnikow. 6312

Untersuchungen über die Behandlung von Samen mit Flüssigkeiten. Olle Lindström. (Kungl. Tekn. Högskolans Handl. 1961. Nr. **185.** 1—88.) (Engl.) — Vgl. C. **1961.** 5582, 9568 u. 13327.

Eingehende Unters. der Technologie der Saatgutbehandlung (Weizen) mit *Panogen.* — 215 Literaturangaben. M. Winiker. 6312□

Systemische Saatgutbehandlungsmittel zur Bekämpfung von Blattläusen an Hafer und Gerste. Robert F. Harwood und G. W. Bruehl. (J. econ. Entomol. **54.** 883—85. Okt. 1961. Pullman, Wash., Washington State Univ.) (Engl.)

Als Saatgutbehandlung gegen die Zwerggelbbrand übertragenden Blattläuse erwiesen sich von 11 organ. Phosphorinsekticiden ohne Pflanzenschädigung als aussichtsreich: *Phorate* (I), *Bayer-25198*, *Disyston* (II), *Dimethoate* u. *Phosphamidon.* I u. II konnten auf kleinen Parzellen das Übertragen des Gerstenbrandvirus auf Hafer durch geflügelte Blattläuse nicht verhindern. Fritz Müller/Ludwigshafen. 6312□

Sprühfolge gegen die Citrusrostmilbe in Florida. Roger B. Johnson. (J. econ. Entomol. **54.** 977—79. Okt. 1961. Lake Alfred, Fla., Florida Citrus Exp. Stat.) (Engl.)

Gegen den Befall mit Phyllocoptruta oleivora Ashmead wirkte bei der Nachblütespritzung gut *Chlorbenzilate* (I) an Stelle von *Zineb* (II), jedoch ungenügend im Sommer. S war ungenügend bei der Nachblüte- u. Sommersprühung, I, II u. S waren gleich gut im Herbst. Die Sprühfolge: I in der Nachblüte, II im Sommer u. S im Herst war ein guter Ersatz für 3malige II-Behandlung mit ihrer Gefahr der Entw. resistenter Milben. Fritz Müller/Ludwigshafen. 6312□

Bioökologische Befunde bei Dacus oleae und Versuche zur Dacus-Bekämpfung in Ascea (Salerno) 1957. Giuseppe Russo. (Ann. Fac. Sci. agrar. Univ. Studi Napoli Portici [3] **24.** 119—80. 1958/59.) (Ital.) — C. **1962.** 1003. G. Platzer. 6312□

Versuche und Erfahrungen zur Bekämpfung der Großen Kohlfliege (Chortophila floralis Fall.). Waldefried Kabiersch. (Nachrichtenbl. dtsch. Pflanzenschutzdienstes [Braunschweig] **12.** 156—57. Okt. 1960. Uelzen, Bezirksstelle des Pflanzenschutzamts Hannover.) (Dt.)

Bei Verss. zur Bekämpfung der Großen Kohlfliege bei Steckrüben bewährte sich die Pflanzlochbehandlung mit stäubefähigen *Lindan-* oder *Aldrin*-Mitteln.
M. WINIKER. 6312□

Systemische Insekticidwirkung einiger Phosphate in Pinus strobus gegen Diprion similis. Harry C. Coppel und Dale M. Norris jun. (J. econ. Entomol. **54.** 1061–62. Okt. 1961. Madison, Wis., Univ. of Wisconsin.) (Engl.)

Das Impfen der Bäume mit 4 g *Shell-3562* (I), *Shell-1836* (II) oder *Phosphamidon* (III) hatte gute Erfolge gegen die Blattwespe, die Verdoppelung der Gabe von I verlängerte seine Wrkg.-Dauer von 40 auf 364 Tage, also 2 Vegetationszeiträume. — Rindenbehandlung mit 20 g I war prakt. unwirksam. II u. III zeigten in den oberen Pflanzenteilen eine höhere Wrkg. als in den mittleren oder unteren. III war weniger dauerhaft als II. Pflanzenschädigungen wurden nicht beobachtet. FRITZ MÜLLER/Ludwigshafen. 6312□

Wirksamkeit einiger Insekticidaerosole gegen den Japankäfer. W. N. Sullivan, R. A. Fulton, Gary D. Knipling und Julian C. Rainwater. (J. econ. Entmol. **54.** 1059–60. Okt. 1961. Beltsville, Md., Entmol. Res. Div.) (Engl.)

Die Prüfung von zur Verhütung des Verschleppens von Popillia japonica Newman mit Flugzeugen wirksamen Insekticidaerosolen ergab, daß *DDT-Pyrethrum*-Gemisch an Wrkg. gegenüber früher nachgelassen hatte. Ihm überlegen waren *Dibrom* u. *DDVP*. Sie hatten eine 100%ig. Sofortwrkg., die von *Dimethoate* war gering. *Allethrin* wirkte auch schnell, der Wiederbefall stieg aber rasch an, *Barthtrin* war unwirksam.
FRITZ MÜLLER/Ludwigshafen. 6312□

Die Wirkungen von Insekticiden in unterschiedlicher Formulierung (Spritzpulver und Emulsion) auf das Wachstum der Kressewurzel. Frank Beye. (Naturwissenschaften **47.** 500–01. 1. Nov.-H. 1960. Freiburg i. Br.) (Dt.)

Vf. demonstriert in Verss. mit Kressewurzeln, daß die Wirksamkeit von Insekticiden von der Art der Formulierung abhängen kann. M. WINIKER. 6312□

Auslaugen des Laubes durch Regen und Tau als Erklärung für die Unterschiede in der Nährstoffzusammensetzung von im Gewächshaus und auf dem Felde gewachsenen Pflanzen. H. B. Tukey jun. und H. J. Amling. (Michigan State Univ. Agric. appl. Sci., agric. Exp. Stat., quart. Bull. **40.** 876–81. Mai 1958.) (Engl.)
I. KEINERT. 6320

Beziehung zwischen dem Nährstoffgehalt des Blaubeerlaubes und dem der Frucht. W. E. Ballinger, A. L. Kenworthy, H. K. Bell, E. J. Benne und S. T. Bass. (Michigan State Univ. Agric. appl. Sci., agric. Exp. Stat., quart. Bull. **40.** 906–11. Mai 1958.) (Engl.)

Die Unterss. ergaben, daß die Blütenblätter einen ähnlichen Geh. an *N*, *P*, *Ca*, *Mn*, *Cu*, *B* u. *Zn* wie die Laubblätter haben, aber ärmer an *K* u. reicher an *Mg* u. *Fe* sind. Die Früchte waren an allen Elementen außer K ärmer als die Blätter. Die Zus. der Blütenblätter stand in engerer Beziehung zu den Laubblättern als zur Fruchtzusammensetzung. Mangelsymptome wurden für Mn, Fe, Mg beobachtet, wenn bei den Laubblättern der Mn-Geh. unter 0,0031, der Fe-Geh. unter 0,006 u. der Mg-Geh. unter 0,11% lag. I. KEINERT. 6320

Die Korrelation zwischen den (Ergebnissen von) Boden- und Pflanzengewebeuntersuchungen und die Ertragssteigerung bei verschiedenen auf organischen Böden gewachsenen Kulturpflanzen. J. C. Schickluna, J. F. Davis und Kirk Lawton. (Michigan State Univ., Agric. appl. Sci., agric. Exp. Stat. quart. Bull., **40.** 884–95. Mai 1958.) (Engl.)

Bei Feld-Verss. mit *P*- u. *K*-Düngung zu Möhren, roten Rüben, Zwiebeln u. Sellerie wurden gewisse Korrelationen zwischen den aufgewandten Düngermengen einerseits u. dem Geh. der Pflanzen bzw. der Böden an P u. K andererseits festgestellt. Weiter wurde gefunden, daß die Art der Düngerausbringung einen Einfl. auf die Höhe der Erträge hatte. I. KEINERT. 6320□

Die Bestimmung des Phosphors. Francis Nouyrigat. (Chim. analytique **43.** 4–27. Jan. 1961. Paris, Etablissements Kuhlmann.) (Franz.)

Vf. gibt einen Überblick über die Hauptfehlerquellen der P_2O_5-Düngemittelanalyse. Es wird eine allg. anwendbare u. reproduzierbare Meth. angegeben. Unter Festsetzung einer besseren Dosierung der Mg-Citrat-Lsg. kann man die Meth. zur Best. der verschiedenen P_2O_5-Formen in Düngern anwenden. Nach dieser Meth. wurde eine vergleichende Prüfung der verschiedenen europäischen Meth. zur P_2O_5-Best. durchgeführt, die beträchtliche Unterschiede des Löslichkeits-Verh. in den Extraktions-Lsgg. (Citrat-Lsg. Petermann-Lsg. u. Joilie-Lsg.) erwies. R. F. HAAR. 6322□

Die Scherfestigkeit von Ackerböden bei Beanspruchung auf der Oberfläche nach den Normen des N. I. A. E. (Silsoe/England). Ferdinando Romano. (Ann.

Fac. Sci. agrar. Univ. Studi Napoli Portici [3] **24.** 71—92. 1958/59. Napoli-Portici, Univ. degli Stud., Facolta di Sci. agrar., Ist. di Fis. e Meccanica agrar.) (Ital.)

Die vom N. I. A. E. (National Institut of Agricultural Engineering, Silsoe) benutzte Meth. zur Best. der Scherfestigkeit von Ackerböden bei Beanspruchung auf der Oberfläche, die verwendete App. u. Technik werden beschrieben u. über die Ergebnisse von Verss. auf einigen typ. Böden bei unterschiedlichen Feuchtigkeitsbedingungen unter Verw. eines Ketten- u. eines Zahnradtraktors berichtet (Abb. u. Tabellen).
G. Platzer. 6324□

Berechnung der spezifischen Oberfläche des Bodens auf der Grundlage der mechanischen Analyse nach Casagrande in der Modifizierung von Prószyński. Stanisław Mazij. (Postępy Nauk Rolniczych **8 (13).** Nr. 5. 53—58. Sept./Okt. 1961.) (Pol.)

Die spezif. Oberfläche des Bodens wird durch Summierung der spezif. Oberfläche jeder Fraktion erhalten. Die Korngrößenverteilung, die mit der mechan. Analyse erhalten wird, muß graph. auf den mit der Analyse nicht erfaßbaren Bereich von 0,002 bis 0,0001 mm extrapoliert werden. — 11 Literaturangaben. F. Urban. 6324□

Über das Auflösungsvermögen der Neutronendiffusionsmethode für Feuchtigkeitsbestimmungen im Boden. P. Mortier, M. De Boodt und L. De Leenheer. (Z. Pflanzenernähr., Düng., Bodenkunde **87 (132).** 244—50. Dez. 1959. Gent, Belgien, Landwirtschaftliche Hochschule.) (Dt.)

Das Auflösungsvermögen der Neutronendiffusions-Meth. reicht bei der Bodenfeuchtemessung nicht aus, um die Höhe der Trennungsflächen zwischen Bodenschichten verschiedener Wassersättigung zu ermitteln, denn bei den vorliegenden Feuchtigkeits-Geh. von 10—25 g/dm³ in der Krumenschicht (20—30 cm) ist der Radius der als Moderator wirkenden Bodensphäre zu groß. Deshalb wurde zwischen Neutronenquelle (Ra-Be) u. Detektor für therm. Neutronen (Indiumfolie) ein Paraffinmantel eingebracht. Dieser moderierte die schnellen zu vorwiegend epitherm. Neutronen; der Detektor wurde von mehr therm. Neutronen erreicht als ohne Paraffin. Die Eichkurve für vorgegebene Wasser-Geh. verlief dementsprechend steiler. Da die Dichte der therm. Neutronen in der Nähe der Quelle vergrößert wurde, nahm die Dichte der schnellen Neutronen mit zunehmendem Abstand von der Quelle ab. Dementsprechend sank auch der Radius der moderierten Bodensphäre ab. Wilfried Werner. 6324□

Bestimmung der Bodenfeuchtigkeit mit Hilfe von γ-Strahlen. Ja. N. Tschabart. (Почвоведение [Bodenkunde] **1960.** Nr. 6. 101—03. Juni. Prag, Forschungsinst. für Melioration der Tschechoslow. Akad. der Landw. Wiss.) (Russ.)

Der Vorteil der Meth. besteht darin, daß man die Feuchtigkeit im Boden ohne Entnahme von Bodenproben unmittelbar an Ort u. Stelle in der gesamten bestrahlten Bodenschicht dynam. ermitteln kann. M. Gordienko. 6324□

Untersuchung der Wasserbewegung im Boden mit Hilfe von Unterdrucklysimetern. W. Czeratzki. (Z. Pflanzenernähr., Düng., Bodenkunde **87 (132).** 223—29. Dez. 1959. Braunschweig-Völkenrode, Forschungsinst. für Landwirtschaft, Inst. für Bodenbearbeitung.) (Dt.)

Vf. entwickelte einen keram. Saugboden, der aus einem Tragkörper aus Beton besteht, in den auf einem Dränkörper keram. Platten luftdicht eingebettet sind. Mit diesem Saugboden konnte die Wasserbewegung im Boden in Lysimeter-Verss. geprüft werden. Durch einen Unterdruck von 150 cm Wassersäule wurde eine Saugspannung auf den Boden im Lysimeter ausgeübt u. in einem Vorratsgefäß wurde die Wasserbilanz gemessen. An 3 in natürlicher Lagerung dem Profil entnommenen u. in Lysimeter eingefüllten Bodenarten (Sand, Lehm, sandig-toniger Lehm) ließ sich zeigen, daß mit Hilfe des entwickelten Saugbodens nicht nur die absteigende Wasserbewegung im Boden, sondern auch die aufsteigende gemessen werden kann. Wilfried Werner. 6324□

Regenapparat für die Bestimmung der Wasserstabilität des Bodens. Arnor Njøs. (Z. Pflanzenernähr., Düng., Bodenkunde **87 (132).** 236—43. Dez. 1959. Vollebekk, Norwegen, Inst. for jordkultur.) (Dt.)

Vf. beschreibt einen Regen-App. zur Best. der Wasserstabilität eines Bodens. Als Maß für die Wasserstabilität wird die „Durchspülzeit" verwendet, d. h. die Zeit vom Beginn der Beregnung der auf ein Sieb von 0,5 mm Maschenweite aufgebrachten Bodenprobe bis zum Durchwaschen des Bodens durch das Sieb. Die Durchspülzeit stand in linearer negativer Korrelation zur kinet. Energie des Regens. Als günstigste Fallhöhe erwies sich eine solche von 35 cm. Der Regen-App. besteht aus einem Wasserbehälter mit durchbohrten Messingplatten als Regenspender sowie einem Siebtisch. Der Wasserdruck im Behälter von 0,15 m Wassersäule wird durch ein Überlaufrohr konst. gehalten. Die genaue Durchführung der Messung wird angegeben. Die Meth. ist sehr zeitsparend.
Wilfried Werner. 6324□

Eine Methode der Krümelstabilitätsmessung durch Schallschwingungen. H. Rid. (Z. Pflanzenernähr., Düng., Bodenkunde **87** (**132**). 216—23. Dez. 1959. München, Bayr. Landesanst. für Pflanzenbau u. Pflanzenschutz.) (Dt.)

Gewisse lehmige Ton- u. Tonböden täuschen im Krümeltauch-App. infolge von Klebrigkeit u. mechan. Tonbindung oft eine höhere Krümelbeständigkeit vor. Um den wahren Krümelwert zu erhalten, ist daher vor der Stabilitätsmessung eine stärkere Beanspruchung der Krümelprobe erforderlich. Vf. schlägt hierfür eine Schallwellen-Meth. vor. Eine 20-g-Probe von Krümeln von $>$6 mm werden auf das oberste Sieb eines Siebsatzes (5 bzw. u. 1 mm Maschenweite), der in einem mit W. gefüllten Zylinder steht, gegeben u. nach Durchfeuchtung der Krümel ca. 15 Min. mit einem Langschallwellengerät (Grundschwingung zwischen 50 u. 100 Hz), dessen Schwingkörper bis auf ca. 5 cm von der Siebsatzoberfläche in das W. ragt, behandelt. Es zeigt sich, daß echte Krümel beständig sind, während Pseudokrümel bei dieser Behandlung zerfallen. Der Schallwellenkrümeltest vermag daher über die in Tonböden tatsächlich bestehenden Aggregatzustände besseren Aufschluß zu geben als die bisherigen Verfahren.

WILFRIED WERNER. 6324☐

Vergleichende Untersuchung einiger Methoden zur Untersuchung von Tonen in Böden. Salvador González García. (An. Edafol. Fisiol. vegetal **18.** 723—44. Nov. 1959. Sevilla, Centro de Edafol. y Biol. aplicada.) (Span.)

In Unterss. an 4 Bodentypen wird gezeigt, daß aus dem Austauschvermögen, der Glykoladsorption u. dem K_2O-Geh. nur qual. Schlüsse auf den Ton-Geh. der Böden gezogen werden können. Eine quant. Beurteilung ist nur auf Grund der Röntgen-Unters. möglich, die auch über die Beimengungen Aufschluß gibt, nach neuen Verss. auch durch die IR-Spektroskopie im Vgl. mit reinen Mineralien (Illit, Kaolinit, Montmorillonit), wobei Ergebnisse erhalten werden, die mit denjenigen aus anderen Verff. übereinstimmen.

R. K. MÜLLER. 6324☐

Bromkresolpurpur als ein Indicator des Boden-pH. C. M. Woodruff. (Soil Sci. **91.** 272. April 1961. Missouri Agricult. Exp. Stat.) (Engl.)

Der Indicator ist geeignet für einen pH-Bereich von 5,2—6,8. Um den Salzeffekt des Bodens auszuschalten u. weniger getrübte Lsgg. zu erhalten, wird derselbe mit 0,01 m $CaCl_2$ angesetzt. Der pH-Wert der resultierenden Indicator-Lsg. soll 6,0 $\pm$ 0,1 betragen. W. HILLER. 6324☐

Genaue Schnellmethode zur Bestimmung der Adsorptionskapazität der Carbonatböden. K. Ja. Koshewnikow. (Почвоведение [Bodenkunde] **1960.** Nr. 2. 100—02. Febr. Allunions-Forsch.-Inst. für Weinbereitung u. Weinbau.) (Russ.; Auszug: Engl.)

Vergleichende Unterss. über die Best. des Adsorptionsvermögens von Böden ergaben, daß die Best. nach PFEFFER vorteilhafter ist als die Best. nach GEDROITZ.

M. GORDIENKO. 6324☐

Untersuchungen über den Gebrauch der Dieselektrodensonde zur Messung der Bodenversalzung in situ. P. F. Shea und J. N. Luthin. (Soil Sci. **92.** 331—39. Nov. 1961. Davis, Univ. of California, Dep. of Irrigation.) (Engl.)

Mit der Dieselelektroden-Meth. ist es möglich, den Salz-Geh. des Bodens zu messen. Bei Böden ist die Übereinstimmung zwischen spezif. elektr. Leitfähigkeit u. Salz-Geh. gut, wenn deren Sättigungsdefizit geringer als 30 cm W. ist. Die Fehler der Meth. werden ausführlich diskutiert u. an Beispielen aufgezeigt. W. HILLER. 6324☐

Eine mikrobiologische Methode zur quantitativen Bestimmung der pflanzenaufnehmbaren Nährstoffe im Boden. L. Gutschy. (Z. Pflanzenernähr., Düng., Bodenkunde **87** (**132**). 193—201. Dez. 1959. Zagreb, Univ., Land- u. Forstwirtschaftl. Fak., Inst. für Landw. Mikrobiologie.) (Dt.)

Die von NIKLAS [1930] entwickelte Meth. zur Best. der pflanzenverfügbaren Nährstoffe im Boden mittels Aspergillus niger, bei der das Mycel-Gew. als Maß des Nährstoff-Geh. im Boden dient, wird von Vf. modifiziert. Vf. fand, daß, falls alle Elemente sich im Optimum befinden u. nur eins im Minimum, diesem Element im Minimum eine mathemat. genau assimilierte Menge eines Elements im Optimum entspricht. Dieser gesetzmäßige Verlauf führt zu einer Assimilationsgleichung, welche der von MITSCHERLICH aufgestellten Formel entspricht. Der analyt. Teil des Verf. besteht in der Best. des nichtassimilierten N-Restes in der Nährlsg. durch eine Formoltitration. Die nichtassimilierte N-Menge ist um so größer, je geringer der Geh. des zugesetzten Bodens an K bzw. P ist.

WILFRIED WERNER. 6324☐

Chloroform-Extraktion von Spuren-Nährstoffen als Oxinate aus Bodenextrakten zur spektrographischen Analyse. Osmo Mäkitie. (Maataloustieteellinen Aikakauskirja [J. Sci. agric. Soc.] **32.** 223—28. 1960. Helsinki, Agricult. Res. Centre, Dep. of Soil Sci.) (Engl.)

Die mit Metallionen Komplexe bildende Wrkg. von *8-Hydroxychinolin* (*Oxin*) u. die Löslichkeit der Oxine in Chlf. läßt sich bei geeigneter Acidität (pH 6,2) u. Konz. des Reagens (1%) zur direkten Abtrennung von *Co, Cu, Mn, Mo* u. *Zn* aus dem Bodenextrakt verwenden. Dieser pH-Wert wurde gewählt, um alle 5 Spurenelemente gleichzeitig zu extrahieren, jedoch liegt für Mn die optimale Extrahierbarkeit im neutralen Gebiet. Die vorbehandelte Bodenprobe wird durch 1std. Schütteln mit saurer Ammoniumacetat-Lsg. ausgelaugt (1 Teil Boden + 10 Teile je 0,5n CH_3CO_2H u. $CH_3CO_2NH_4$, pH 4,65). 100 ml der filtrierten Lsg. werden auf ca. ½ des Vol. eingedampft u. mit 5 ml $Al_2(SO_4)_3$-Lsg. (= 10 g Al_2O_3) u. einigen Tropfen Bromthymolblau versetzt. Die Lsg. wird mit verd. NH_4OH (1 : 2,5) zu pH 6,2 oder bis zur klaren grünlichen Färbung neutralisiert u. mit 10 u. 5 ml einer 1%ig. Oxin-Lsg. in Chlf. ausgeschüttelt. Der Extrakt wird mit Na_2SO_4 getrocknet u. eingedampft, der Rückstand bei 450° verascht; die Asche gewogen u. gemischt mit dem 2,5fachen Gew. Graphitpulver, welches 250 ppm Ag u. 50 ppm Pd als Standard enthält, in den Krater der Graphitelektroden gebracht. Ausgewertet wurden die Intensitätsverhältnisse der Linienpaare Cu 3273,96 u. Zn 3345,02 mit Ag 3280,68 Å u. Co 3453,51, Mn 4034,49 u. Mo 3170,35 mit Pd 3421,24 Å. — 15 Literaturangaben.

EBERHARD MÜLLER. 6324□

Die Extraktion des Germaniums aus Böden. H. Kick und H. Arent. (Z. Pflanzenernähr., Düng. Bodenkunde **87** (132). 212—16. Dez. 1959. Bonn, Univ., Agrikulturchem. Inst.) (Dt.)

Vff. überprüften verschiedene Extraktionsmittel für *Ge* aus Böden. Es zeigte sich, daß durch 5std. Erhitzen des Bodens mit einem Gemisch aus sirupöser H_3PO_4 u. konz. HNO_3 (zur Zerstörung der organ. Substanz) Ge-Spuren in Böden mit Ton-Geh. $<$40% mit befriedigender Genauigkeit erfaßt werden können. Es werden 5 g Boden mit 60 ml sirupöser H_3PO_3 + 1 ml HNO_3 auf dem Wasserbad in einem 100 ml-Kolben erhitzt. Nach dem Erkalten wird zur Marke aufgefüllt u. solange geschüttelt, bis sich der Bodensatz zerteilt hat. Die Lsg. braucht nicht filtriert zu werden. Nach ½std. Stehen werden 10 ml in einen 100-ml-Scheidetrichter pipettiert u. nach Zugabe von 30 ml rauchender HCl u. 40 ml Tetrachlorkohlenstoff 2½ Min. geschüttelt. Die Best. des Ge erfolgt mit Phenylfluoran colorimetrisch. — Das in „Silikatkristallen" gebundene Ge wird mit obigem Verf. nur dann erfaßt, wenn diese Kristalle vollständig zerstört werden. Auch zur Extraktion von Ge aus Flugaschen u. Müllkomposten ist das Verf. brauchbar.

WILFRIED WERNER. 6324□

Die Salatmethode — eine Abänderung der Neubauermethode — im Vergleich zu den Methoden von Egner-Riehm und Dirks-Scheffer. K. Ehrendorfer. (Z. Pflanzenernähr., Düng., Bodenkunde **87** (132). 57—70. Okt. 1959. Wien, Hochschule für Bodenkultur, Inst. für Pflanzenbau u. Pflanzenzüchtung.) (Dt.)

Der Keimpflanzen-Meth. nach NEUBAUER zur Best. der „pflanzenverfügbaren" Nährstoffe des Bodens haftet der Nachteil an, daß der Nährstoff-Geh. der Samen relativ groß ist, so daß die Blindwerte bei K oft $>$50%, bei P $>$80% des Gesamt-K- bzw. -P-Geh. der geernteten Pflanzen betragen. Vf. verwendet daher an Stelle von Roggen Salat als Testpflanze. An ingesamt 58 Bodenproben, die hinsichtlich Bodenart, pH, $CaCO_3$, K- u. P-Versorgung große Unterschiede aufweisen, wird die Brauchbarkeit der Salat-Meth. durch Vgl. mit der Lactat-Meth. u. dem Verf. nach DIRKS-SCHEFFER überprüft. Es bestand eine gute Übereinstimmung der nach der Salat-Meth. u. dem Verf. DIRKS-SCHEFFER erhaltenen Werte für die P- u. K-Versorgung. Mit den nach der Lactat-Meth. ermittelten Nährstoff-Geh. bestand eine Übereinstimmung im Falle von K auf allen Böden, im Falle von P nur bei kalkarmen Böden. Der Salat nimmt ca. 25% der von der Lactat-Lsg. erfaßten P-Mengen auf. — Es werden auf Grund der erhaltenen Ergebnisse Grenzwerte für die P- u. K-Versorgungsstufen der Böden aufgestellt.

WILFRIED WERNER. 6324□

Quantitative Papierchromatographie von chlorhaltigen Insekticiden in Böden. James P. San Antonio. (J. Assoc. off. agric. Chemists **43**. 721—24. Aug. 1960. Beltsville, Md., U. S. Dep. of Agriculture, Agric. Res. Serv., Corps Res. Div.) (Engl.)

Das von MITCHELL (C. **1961**. 17362) vorgeschlagene u. vom Vf. abgewandelte Verf. wird zur quant. Best. von Cl enthaltenden Insekticiden in Böden herangezogen; es kann nicht verwendet werden, wenn große Genauigkeit verlangt wird. W. WESLY. 6324□

Imperial Chemical Industries Ltd. (Erfinder: Norman Senior), London, England, **Stabilisierte Gibberellinsäurezusammensetzungen** als Mittel zur Förderung des Pflanzenwachstums. Man vermahlt zu diesem Zweck 1 (Teil) Gibberellinsäure mit 10 wasserfreiem $CaSO_4$, Na_2SO_4, $MgSO_4$, Na_2CO_3, Na- oder K-Pyrophosphat, -Metaphosphat oder einem ähnlichen wasserentziehenden Mittel zu einem feinen Pulver u. fügt unter Vermahlen weitere 500—1000 des wasserentziehenden Mittels hinzu. Man kann auch übliche Verdünnungsmittel, wie Talkum, Bentonit oder Kieselgur zusetzen. (**E. P. 844 549** vom 7/2. 1958, ausg. 17/8. 1960.) H. NEBELSIEK. 6313

„Shell" Research Ltd. (Erfinder: John Kenneth Eaton), London, England, **Emulgierbares Konzentrat mit biologischer Wirksamkeit,** bestehend aus einer W.-in-Öl-Emulsion unter Verdünnung mit 3 Vol.-Teilen W., enthaltend ein biolog. akt. Substanz, z. B. S_2, CuO, Kupferoxychlorid, Bleiarsenat, 2.4-Dichlorphenoxyessigsäure, 2.4.5-Trichlorphenoxyessigsäure, DDT u. dgl., einem flüchtigen, organ. Lsgm., z. B. CCl_4, Tri- oder Tetrachloräthylen, Dichlorpropan oder Trichlorhydrin, u. eine geringe Menge eines Emulgiermittels, z. B. Erdalkali-, Pb- oder Al-Salze von Fettsäuren mit 12—18 C-Atomen. (**E. P. 815 510** vom 10/2. 1956, ausg. 24/6. 1959.) H. NEBELSIEK. 6313

N. V. Fabriek van Chemische Producten, Holland, **Schimmelbekämpfungsmittel** sind Verbb. der allg. Formel $[RR_1N{-}C(S)]^-[NR_2R_3R_4R_5]^+$ (R = H oder Alkylrest mit 1—3 C-Atomen; R_1 = Alkylrest mit 1—3 C-Atomen; R_2 u. R_3 = Alkylrest mit 1—4 C-Atomen; R_4 = Alkylrest mit 1—4 C-Atomen oder Aralkylrest; R_5 = Alkylrest mit 12—18 C-Atomen; R_2, R_3, R_4 u. N können auch gemeinsam einen N-heterocycl. Ring bilden) oder entsprechende *Bis-dithiocarbamate*; sie werden erhalten durch Rk. eines mineralsauren quart. Ammoniumsalzes mit einem Alkali- oder Erdalkalisalz einer Dithio- oder Bis-dithiocarbaminsäure. — *Cetyltrimethylammoniumdimethyldithiocarbamat* entsteht als ca. 11%ig. Lsg. durch Zugabe von 6,2 (g) 96%ig. NaOH, dann von 40%ig. Dimethylamin-Lsg. u. schließlich von 11,4 CS_2 zu 54,6 Cetyltrimethylammoniumbromid in 500 W. u. 4std. Rühren. — Ähnlich *Dodecylpyridiniumdimethyldithiocarbamat,* aus Dodecylpyridiniumchlorid. — *Cetyldimethylbenzylammoniumdimethyldithiocarbamat,* aus Cetyldimethylbenzylammoniumchlorid. — *Cetylpyridiniumäthylen-bis-dithiocarbamat,* aus Cetylpyridiniumchlorid, NaOH, CS_2 u. Äthylendiamin. — *Cetyltrimethylammoniumäthylen-bis-dithiocarbamat.* — Vgl. Holl. P. 95 722; C. **1961.** 18105. (**F. P. 1 180 776** vom 30/7. 1957, ausg. 9/6. 1959. Holl. Prior. 6/2. 1957.) H.-J. NITZSCHKE. 6313

Schering Akt.-Ges. (Erfinder: Horst Werres, Alfred Czyzewski und Albert Jäger), Berlin, **Acaricide Mittel,** enthaltend als Wirkstoff eine oder mehrere Verbb. der allg. Formel $(R_1)(R_2)N{-}C(X_1){-}X_2{-}R_3$ (**I**), in der R_1 für H oder ein niederes Alkyl steht, R_2 ein niederes Alkyl bedeutet, X_1 u. X_2 O oder S darstellen, wobei X_1 u. X_2 aber nicht beide gleichzeitig O bedeuten sollen, u. R_3 einen ggf. Cl-substituierten Benzylrest bedeutet, im Gemisch mit anderen Schädlingsbekämpfungsmitteln, Stäubemitteln, Lsgg. oder Aerosolen. — Die Herst. der Carbamidsäureester (**I**) ist bekannt. Anzuwendende Menge **I** 0,04—0,1%. (**D. A. S. 1 119 040** Kl. 451 vom 28/12. 1959, ausg. 7/12. 1961.) H. NEBELSIEK. 6313

Farbenfabriken Bayer Akt.-Ges., Leverkusen, übert. von: Walter Lorenz, Wuppertal, **Dialkylmono-(α-phenyl-β-carbalkoxyvinyl)-phosphorsäureester** der allg. Formel **I** erhält man in üblicher Weise nach folgenden Formelbildern: Aryl—C(ONa)=CH—COOR' + $(RO)_2P(=O){-}Cl$ → R'OOC—CH=C(Aryl)—O—P(=O)$(OR)_2$ (**I**); Aryl—CO—CHCl—COOR + $P(OR)_3$ → **I** (R u. R' = Alkyl, Aryl, Aralkyl). — Aus 44 g α-Chlorbenzoylessigsäureäthylester in 200 cm^3 Toluol u. 40 g Triäthylphosphit bei 70 bis 90° unter Entw. von Chloräthylen → $H_5C_2OOCCH{=}C(C_6H_5){-}O{-}P({=}O)(OC_2H_5)_2$, $Kp._{1,5}$ 172—173°; Ausbeute quantitativ. — Trimethylphosphit → $H_5C_2OOCCH{=}C(C_6H_5)OP({=}O)(OCH_3)_2$, $Kp._{0,5}$ 156—157°. — $H_3COOCCH{=}C(C_6H_5)OP(O{=})(OCH_3)_2$. — *Insekticide,* bes. gegen die *Larven* von *Fliegen* oder *Stechmücken* u. *Baumwollrüsselkäfer* (Heliothis armigera). (**A. P. 2 894 018** vom 16/7. 1957, ausg. 7/7. 1959.) G. KRAUSS. 6313

Badische Anilin- & Soda-Fabrik Akt.-Ges. (Erfinder: Heinz Pohlemann, Harald Schröder, Ludwigshafen/Rh., Herbert Stummeyer, Mannheim, und Heinrich Adolphi, Limburgerhof), **Herstellung von O.O-Dialkyl- und O.O-Dialkylthionophosphorsäureestern von offenkettigen N-Methylolverbindungen.** O.O-Dialkylphosphorsäurehalogenide der allg. Formel **I** werden mit offenkettigen N-Methylol-Verbb. der allg. Formel **II** umgesetzt. Hierbei sind R_1 u. R_2 gleiche oder verschiedene Alkylgruppen, bes. soche mit 1—4 C-Atomen, X ist ein O- oder S-Atom, R_3, R_4 u. R_5 sind H-Atome, aliphat. oder aromat. KW-Stoff-Reste oder eine Trichlormethylengruppe, R_6 ist ein H-Atom, eine Alkoxy-, Aryloxy-, Hydroxyalkylcarbamid- oder eine durch Alkyl- oder Arylreste substituierte NH_2-Gruppe oder ein heterocycl. Rest, wobei alle diese Reste weiter-

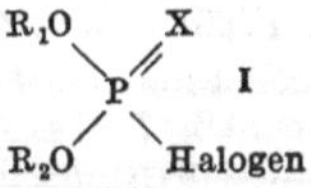

I

$(R_3)R_4{-}C(OH){-}N(R_5){-}C{=}X(R_6)$ II

hin durch Halogenatome, NO_2- oder Hydroxymethylcarbonamidgruppen substituiert sein können. Die Rkk. werden mit äquimol. Mengen von **I** u. **II** in inerten Lsgm. bei Temp. zwischen 30 u. 100°, bes. 40—60° in Ggw. von Halogenacceptoren durchgeführt. So erhält man z. B. aus 225 (Teilen) N-Methylolformamid (**III**) in Pyridin beim Zutropfen von 564 Diäthoxythionophosphorsäurechlorid (**IV**) bei 35—45° die Verb. $(C_2H_5O)_2=$ $\overset{S}{\underset{}{//}}$ $P—OCH_2—NH—COH$ als gelbes, nicht unzersetzt destillierbares Öl. Weiterhin sind ausführlich beschrieben: die Rkk. zwischen **III** u. Dimethoxy-**IV** sowie mit Diäthoxyphosphorsäurechlorid, ferner zwischen N-Methylolbenzamid u. **IV**, zwischen N-Methylolmonochloracetamid u. **IV**, zwischen (Trichlormethylmethylol)-benzamid u. **IV**, zwischen N-Methylolacetamid u. **IV** u. zwischen N-Methylolacrylamid u. **IV**; weitere 8 Beispiele mit nur formelmäßiger Angabe der Rk.-Komponenten. Die Rkk.-Prodd. sind durchweg gelbe bis braune, nicht destillierbare Öle, die als *Insekticide* verwendbar sind. (**D. A. S. 1 111 207** Kl. 12q vom 20/7. 1957, ausg. 20/7. 1961.) A. KALIX. 6313

Boots Pure Drug Co. Ltd., übert. von: **Herbert Aubrey Stevenson, John Ray Marshall** und **Anthony Frederick Hams**, Nottingham, England, *Acyclische und aromatische Sulfonylphenylisothiocyanate.* (**A. P. 2 938 042** vom 29/1. 1957, ausg. 24/5. 1960. E. Prior. 3/2. 1956. — C. **1961.** 10340 [E. PP. 840 121 u. 840 122] u. C. **1961.** 15535 [Aust. P. 215 133].)

Amchem Products, Inc., V.St.A. (Erfinder: **Richard David Hart** und **Harvey Peter Raman**), *Herbicide.* (**F. P. 1 210 410** vom 25/9. 1958, ausg. 8/3. 1960. A. Prior. 19/11. 1957. — C. **1961.** 988 [E. P. 830 060].)

Ethyl Corp., V.St.A., *N-Arylchlorsuccinimide.* (**F. P. 1 231 608** vom 16/4. 1953, ausg. 30/9. 1960. — C. **1956.** 13539 [E. P. 728 994].)

Chemische Werke Albert (Erfinder: **Arthur Greth** und **Johannes Reese**), Wiesbaden-Biebrich, *Herstellung von β-Aminoäthyldithiocarbaminsäuresalzen.* (**Oe. P. 210 433** vom 18/8. 1959, ausg. 10/8. 1960. D. Prior. 2/12. 1958. — C. **1961.** 5942 [D. A. S. 1 094 729].)

Badische Anilin- & Soda-Fabrik Akt.-Ges., Ludwigshafen/Rh. (Erfinder: **Manfred Minsinger**, Ludwigshafen/Rh., und **Herbert Friedrich**, Worms), *Herstellung von 1.4.5.6.7.7-Hexachlorbicyclo-[2.2.1]-hepten-(5)-carbonsäure-(2)-vinylester.* (**Oe. P. 210 403** vom 24/8. 1959, ausg. 10/8. 1960. D. Prior. 24/9. 1958. — C. **1961.** 3792 [D. A. S. 1 079 037].)

Farbenfabriken Bayer Akt.-Ges., Leverkusen (Erfinder: **Gerhard Schrader**, Wuppertal-Cronenberg), *Herstellung von Phosphonsäureestern.* (**Oe. P. 208 359** vom 4/6. 1958, ausg. 11/4. 1960. D. Prior. 5/6. u. 24/6. 1957, 25/3. u. 26/3. 1958. — C. **1959.** 15175 [D. A. S. 1 051 851], C. **1959.** 12036 [D. A. S. 1 051 852], C. **1961.** 3791 [D. A. S. 1 074 042], C. **1961.** 2763 [D. A. S. 1 081 012], C. **1960.** 2672 [D. A. S. 1 063 166] u. C. **1960.** 4651 [D. A. S. 1 064 512].)

American Cyanamid Co., V.St.A. (Erfinder: **Shirley Du Breuil**), *Thiophosphorsäureester.* (**F. P. 1 231 293** vom 26/6. 1959, ausg. 28/9. 1960. A. Prior. 30/6. 1958. — C. **1961.** 14807 [D. A. S. 1 106 766].)

Farbenfabriken Bayer Akt.-Ges., Leverkusen (Erfinder: **Ernst Schegk** und **Gerhard Schrader**, Wuppertal), *Herstellung von Thiophosphor- und Thiophosphonsäureestern.* (**Oe. P. 212 332** vom 11/2. 1959, ausg. 12/12. 1960. D. Prior. 12/2. 1958. — C. **1961.** 5228 [D. A. S. 1 089 376].)

Food Machinery & Chemical Corp., New York, N.Y., V.St.A., *Herstellung eines insekticiden Mittels.* (**Belg. P. 547 654** vom 8/5. 1956, ausg. 6/11. 1959. A. Prior. 9/5. 1955. — C. **1961.** 2077 [A. P. 2 894 870].)

—, American Chemical Society. Division of Agricultural and Food Chemistry. Gibberellins. Washington. 1961. (VI + 167 S. m. Abb.) = Advances in chemistry series, no. 28. $ 6.—.

—, Journées françaises d'études et d'information consacrées aux insecticides agricoles. Rapports et communications. Paris, 24, 25, 26 novembre 1960. 2 vol. Paris: Fédération nationale des groupements de protection des cultures. 1: (288 S.) 2: (228 S.) 25 NF.

VIII. Metallurgie. Korrosion

Die neue Nickelhütte der International Nickel Co. of Canada Ltd. in Thompson, Manitoba, Kanada. Otto Barth. (Z. Erzbergbau Metallhüttenwes. **15.** 1—6. Jan. 1962. Stockholm.) (Dt.)

Beschrieben werden Vork., Grube u. Aufbereitung sowie die Schmelzhütte mit Konverteranlage u. Anodengießerei u. die Ni-Elektrolyse nach RENZONI mit Sulfidanoden. F. VIER. 6360□

Verwendung der Hochspannungstrennung bei der Aufbereitung von Jig-Konzentrat aus zerlegtem, columbithaltigem Granit aus Nigeria. F. A. Williams. (Bull. Instn. Mining Metallurgy Nr. **641.** Trans. **69.** Part 7. 398—408. April 1960.) (Engl.)

Diskussion zu der C. **1960. 17254** referierten Arbeit. G. MEINHARD. 6360

Die Aufbereitung alter Blei-Halden bei Linares in Spanien. Eugen von Szantho. (Z. Erzbergbau Metallhüttenwes. **15.** 7—14. Jan. 1962. Ramsbeck.) (Dt.)

Nach Bemusterung u. Mahlen wird das Gut in einer *Ferrosilicium*-Trübe bei einer Wichte von 2,75 getrennt. Es wird verdüstes *Ferrosilicium* mit 15% Si verwendet. Das Schwimmgut mit 0,29% Pb kann zum größten Teil als Straßenbaustoff dienen. Die Trüberegeneration wird mittels Magnet-Tauchbandscheider mit Spiralklassierer vorgenommen. Das Sinkgut wird nach Setzwäsche u. Feinmahlung mit *Äthylxanthat* u. *Pine-Öl* flotiert, wobei der *Bleiglanz* sehr rasch hochschwimmt. Es wird im *Pb*-Konzentrat von ca. 58% gewonnen. F. VIER. 6360☐

Beseitigung von metallurgischen Abfällen. Frank H. Day. (Mining Congr. J. **47.** Nr. 11. 52—56. Nov. 1961. Anaconda Reduction Dep.) (Engl.)

Beschreibung der Beseitigung, Reinigung oder Aufbereitung von Flammofenschlacken, Abgasen, Grubenwasser u. Schlamm einer *Cu*-Schmelze. W. WESLY. 6360☐

Die Beziehungen der Hochtemperatur-Eigenschaften von einer gehärteten Ti- und Al-haltigen Nickellegierung zu der Verschmutzung durch Tiegel. R. F. Decker, John P. Rowe und J. W. Freeman. (Trans. metallurg. Soc. AIME **212.** 686—94. 1958, herausgeg. 1959. International Nickel Co.; Univ. of Michigan.) (Engl.)

Während einer Unters. des Einfl. der Schmelzpraxis auf die Warmverarbeitungsmerkmale u. die Dauerstandfestigkeit einer gehärteten Ni-Leg. mit 20,0(%) *Cr*, 15,0 *Co*, 4,0 *Mo*, 3,1 *Ti*, 3,1 *Al*, 0,12 *Mn*, 0,12 *Si*, 0,08—0,15 *C* wird festgestellt, daß während der Vakuum-Induktions-Schmelzung die Hauptveränderliche die Art des für den Schmelztiegel verwendeten keram. Materials ist. Analyt. Unterss. dieser Materialien ergaben, daß Spurenelemente von *Zr* oder *B* aus Tiegeln abgezogen wurden. Dies verringerte die Warmriß-Bldg. u. erhöhte die Bruchfestigkeit u. Formbarkeit der Legierung. Chargen, die in Al_2O_3-Tiegeln hergestellt wurden, hatten niedrige Kennwerte. Zr aus den ZrO_2-Tiegeln verbesserte die Eigg. der Legierung. B wirkte noch günstiger als Zr. Äquivalente Zr- oder B-Zusätze zu in Al_2O_3-Tiegeln erschmolzenen Legg. ergaben vergleichbare Eigg. mit den in ZrO_2- oder B-abgebenden *MgO*-Tiegeln erschmolzenen Legierungen. H. HOCHSTEIN. 6370☐

Zur Vorgeschichte und Zukunft des Niederschachtofenwerkes in Calbe (Saale). Kurt Säuberlich. (Neue Hütte **6.** 534—39. Sept. 1961. Unterwellenborn.) (Dt.)
H. HOCHSTEIN. 6370☐

Zu einigen wirtschaftlichen Besonderheiten des Niederschachtofenverfahrens. Joachim Tischendorf, Werner Schilling und Dieter Reimann. (Neue Hütte **6.** 540—44. Sept. 1961. Unterwellenborn u. Calbe.) (Dt.)

Erörterung der Wirtschaftlichkeit u. der Arbeitsproduktivität eines Niederschachtofenwerkes. — 21 Schrifttumsangaben. H. HOCHSTEIN. 6370☐

Der basische Sauerstoff-Ofen mit vorgeschaltetem Heißwind-Kupolofen. E. R. Richards. (Proc. Conf., nat. Open Hearth Committee Iron Steel Divis., Amer. Inst. Mining metallurg. Petroleum Engr. **43.** 229—32. April 1960. Chicago, Ill., Acme Steel Co.) (Engl.)

Beschrieben wird der Betrieb eines „LD"-Konverters mit einem vorgeschalteten Heißwindkupolofen. Hierbei wird die Ausrüstung der Gesamtanlage kurz behandelt u. Angaben über den Materialfluß im Stahlwerk u. den Ofenbetrieb in der metallurg. Zusammenarbeit des „LD"-Koverters mit dem Heißwindkonverter (Beschickung des Kupolofens, Kokssatz, CaO/SiO_2-Verhältnis der Schlacke, Schlacken-Zus. u. -menge) gemacht. In der Duplex-Anlage werden unberuhigte, halbberuhigte Stähle sowie Stähle in Kokillen mit Blockhaube mit C-Geh. von 0,05—1,00% u. bis 1,4% Mn neben der üblichenErzeugung von mit Al beruhigten Stählen hergestellt. Die Stahlqualität ist gut.
H. HOCHSTEIN. 6370☐

Berechnung der Wärmebilanz von Kupolöfen. Elza Vörös Faragó. (Kohászati Lapok [Ung. Z. Hüttenwes.] **95.** Nr. 2. Öntöde **13.** 40—48. Febr. 1962. Budapest, Eisenforsch.-Inst.) (Ung.)

Vf. erörtert die Grundprinzipien der Berechnung der Wärmebilanz von Kupolöfen u. gibt die vollständige Berechnung eines Kaltwindkupolofens von 800 mm innerem Durchmesser u. die eines Heißwindkupolofens von 700 mm innerem Durchmesser.
L. ZOMBORY. 6370

Erfahrungen mit dem Siemens-Martin-Ofen, Bauart Maerz-Boelens. A. H. Sommer. (Proc. Conf., nat. Open Hearth Committee Iron Steel Divis., Amer. Inst. Mining metallurg. Petroleum Engr. **43.** 195—214. April 1960.) (Engl.)

Die konstruktive Bauart des MAERZ-BOELENS-SIEMENS-MARTIN-Ofens wird beschrieben u. Angaben über seinen Aufbau unter Verw. bas. Steine sowie über sein Betriebs-Verf. beim Arbeiten mit einer O_2-Lanze gemacht. Die bei dieser Ofenart, bes. am Herd im Betrieb auftretenden Verschleißerscheinungen werden besprochen.
H. HOCHSTEIN. 6370☐

Eine praktische Methode zur statistischen Auswertung von Siemens-Martin-Ofenproblemen. Raymond A. Hinnebusch und Jack A. McKinnon. (Proc. Conf., nat. open Hearth Committee Iron Steel Divis., Amer. Inst. Mining metallurg. Petroleum Engr. **43.** 54—72. April 1960. Vandergrift, Pa., United Engineering and Foundry Co.) (Engl.)

Die neuentwickelte prakt. u. einfache Meth. zur statist. Auswertung der verschiedenen, im SIEMENS-MARTIN-Ofenprozeß vorkommenden metallurg. Probleme wird erläutert u. bei einer Unters. der *Mn*-Rückgewinnung in *Cr–Mo*-Stahlschmelzen mit 0,4—0,12% *C* im sauren SM-Ofen überprüft. Dabei zeigte sich, daß drei Veränderliche die Mn-Rückgewinnung beeinflußten, nämlich die Schlacke, die Bad-Temp. u. der C-Gehalt. — Diskussion. H. HOCHSTEIN. 6370□

Flüssige Brennstoffe für Siemens-Martin-Öfen. Ladislav Šeffl. (Hutnické Listy **14.** 185—88. März 1959. Kladno, SONP.) (Tschech.)

Die Gründe für den Übergang von Brennstoffen mit geringem Heizwert in solche mit höherem Heizwert, bes. fl. Brennstoffe, werden aufgeführt. Nur mit Öl beheizte SIEMENS-MARTIN-Öfen haben die höchste Leistung. Die mit verschiedenen Teeren u. Heizölen gewonnenen Erfahrungen werden mitgeteilt. In Stahlwerken der ČSR haben sich bewährt: Heizöl A (Rückstand der Braunkohlehydrierung) u. M (Masut, Rückstand der Erdölhydrierung). Obwohl letzteres 1,78% S aufweist, hat es bei Verw. in einem 60 t-Ofen keinen ungünstigen Einfl. auf C-Edelstahl in 13tägigem Betrieb ausgeübt. W. WESLY. 6370□

Metallurgische Gesichtspunkte für die Verwendung von Gewölbe-Sauerstofflanzen. F. E. Gribble und W. F. Zeppel. (Proc. Conf., nat. open Hearth Committee Iron Steel Divis., Amer. Inst. Mining metallurg. Petroleum Engr. **43.** 138—44. April 1960. Homestead, Pa., U. S. Steel Corp.) (Engl.)

Der Einfl. der Verw. von Gewölbe-O_2-Lanzen auf den metallurg. Ablauf im SIEMENS-MARTIN-Ofen wird erörtert u. Angaben über den Einfl. des O_2-Blasens auf die Badentschwefelung, den Kalksteinverbrauch, die Oberflächengüte des Stahls, die ROCKWELL-Härte des kalt zum Blech ausgewalzten Stahls sowie auf die Schlagfestigkeits-Eigg. der Stähle gemacht. Zur Vermeidung einer übermäßigen Oxydation u. zu hohen Bad-Temp. soll 20—30 Min. vor dem Abstich mit dem O_2-Blasen durch die Lanze aufgehört werden. — Diskussion. H. HOCHSTEIN. 6370□

Leistungssteigerung durch Verwendung von Gewölbe-Sauerstofflanzen. Orville O. Haniford. (Proc. Conf., nat. open Hearth Committee Iron Steel Divis., Amer. Inst. Mining metallurg. Petroleum Engr. **43.** 236—40. April 1960. Gary, Ind., U. S. Steel Corp.) (Engl.)

Durch die Verw. von Gewölbe-O_2-Lanzen, deren besondere Bauweise beschrieben wird, lassen sich in 345 t- u. 190 t-SM-Öfen 20—28%ig. Leistungssteigerungen bei gleichzeitiger Abnahme des Brennstoff- u. Kalksteinverbrauches erzielen. — Diskussion. H. HOCHSTEIN. 6370□

Bauweise von Brennern bei der Verwendung von Gewölbe-Sauerstofflanzen. E. J. Sobey. (Proc. Conf., nat. open Hearth Committee Iron Steel Divis., Amer. Inst. Mining metallurg. Petroleum Engr. **43.** 251—57. April 1960. Cleveland, Ohio, Jones & Laughlin Steel Corp.) (Engl.)

Mit Diskussion. H. HOCHSTEIN. 6370□

Anwendung der Strömungsforschung auf Industrieöfen mit besonderer Berücksichtigung der Tieföfen. Herbert Boenecke. (J. Iron Steel Inst. **197.** 283—95. April 1961.) (Engl.) — C. **1962.** 5821. H. HOCHSTEIN. 6370□

Graphisches Modell zur Ermittlung des mittleren Leistungsgrades einer Tiefofenanlage. Herbert Gerhardt. (Stahl u. Eisen **82.** 206—11. 15/2. 1962. Bochum.) (Dt.) H. HOCHSTEIN. 6370□

Die Sinterung von feinkörnigen bleireichen Rohstoffen nach dem Vertikal-Sinterverfahren. Constantin Conophagos. (Z. Erzbergbau Metallhüttenwes. **14.** 626—29. Dez. 1961. Athen.) (Dt.)

Beschreibung der Anlage der Bleihütte Laurium (Griechenland). Bericht über Betriebs- u. Vers.-Ergebnisse. F. VIER. 6378□

Über metallurgische Probleme beim Verschmelzen selenhaltiger Kupferelektrolyse-Schlämme. Klaus Emicke. (Z. Erzbergbau Metallhüttenwes. **15.** 15—20. Jan. 1962. Hamburg, Norddeutsche Affinerie.) (Dt.)

Unterss. in Labor. u. Betrieb haben ergeben, daß aus den vorentkupferten Schlämmen durch geeignete Zusätze das vorlaufende *Se* zu über 90% in einem Se-Stein verschmolzen werden kann. Im Tonschamottetiegel wurden Anodenschlämmen Na_2CO_3, $CaCO_3$ u. *Glas* oder *Sand* zugesetzt u. oxydierend geschmolzen. Es entsteht eine 4-Phasenschmelze, wobei nach Vergießen in Spitztiegel der Se-Stein über dem metall. Regulus erstarrt. Der Se-Stein wird gemahlen u. mit Na_2CO_3 u. $NaNO_3$ gemischt. Nach Rösten wird Se, *Te* u. *Cu* durch Laugen entfernt u. der edelmetallhaltige Rückstand dem Treibofen zugeführt. F. VIER. 6380□

Naßmetallurgie des Scheelits. Gen-ichi Nakazawa. (Rep. Resources Res. Inst. [Kawaguchi], **1960.** Nr. 7 (47). 1—47. Sept.) (Jap.; Auszug: Engl. S. 1—3.)

Scheelit, das in Japan überwiegende W-Vork., wird aufgeschlossen, indem ein Flotationskonzentrat mit 26–28% *WO_3* (–150 mesh) im Autoklaven bei 13 at u. 190° 4 Std. lang in 20%ig. *Na_2CO_3*-Lsg. gerührt wird. Die Na_2CO_3-Menge soll das 4fache der stöchiometr. sein. Ein fast 100%ig. Aufschluß wird erreicht, wenn man 1/4 des Na_2CO_3 durch *NaOH* ersetzt. Scheelitkonzentrate mit über 50% WO_3 schließen sich schlechter auf. Zur Entfernung von *S* u. *As* kann man das Konzentrat bei 750° rösten, wobei sich jedoch auch das vorhandene $CaCO_3$ zersetzt. In diesem Fall muß man während des Aufschlusses *CO_2* einleiten. Aus der *Na_2WO_3*-Lsg. wurden *P*, As u. *Mo* entfernt, indem die mit *Na_2S* versetzte Lsg. auf pH 2,5–2,9 angesäuert wurde, wobei Mo u. etwas As ausfielen. Nach Filtration wurde die Lsg. ammoniakal. gemacht (pH 9), oxydiert u. P u. As mit *$MgCl_2$* gefällt. Die Ausfällung des W als *$CaWO_4$* ist nur vollständig, wenn alles W 6wertig vorliegt. Will man das As durch Rösten aus dem Erz entfernen, so empfiehlt sich 1std. Anwendung einer nichtoxydierenden Atmosphäre (N, CO_2, SO_2) bei 900 bis 1000°. F. HOCHSTETTER. 6380□

Gewinnung von Titankonzentrat aus Eisenlagerstätten. Gen-ichi Nakazawa, Kiyoshi Terunuma, Yoshiasa Okahara und Shigeru Kato. (Rep. Resourc. Res. Inst. [Kawaguchi], **1960.** Nr. 8 (48). 1–41. Sept.) (Jap.; Auszug: Engl. S. 1–3.)

Hämatit kann durch *CO*-Gas bei 600–700° zu *Magnetit* red. werden. Im nichtmagnet. Teil reichert sich das *TiO_2* von 32 auf 39% an bei 88% *Ti*-Ausbeute. Erhitzen an der Luft bei 850–900° oxydiert den *Ilmenit* in 20–30 Min. zu *Ferrititanat.* Nach vorherigem Oxydieren geht die vollständige Red. mit CO in 3 Std. bei 1050° vor sich; ohne Oxydation werden bei 1100° nur 80% reduziert. Mit *H_2* kann man in 100 Min. bei 850° vollständig red. ohne vorherige Oxydation. Auch die Red. mit *CO-H_2*-Mischungen wurde geprüft. Bei 40(%) H_2, 60 CO findet vollständige Red. in 2 Std. beim Ilmenit bei 950°, bei Ti-Konzentrat aus Fe-Lagern bei 900° statt. Nach Red. des Ti-Konzentrats kann man das metall. *Fe* mit verd. Säure oder mit FeIII-Lsg. lösen. Im Hinblick auf eine folgende Gewinnung von Elektrolyt-Fe war eine Behandlung mit 30%ig. *$FeCl_3$*-Lsg., die mit HCl auf 0,1–0,2n angesäuert war, am zweckmäßigsten. Der Rückstand enthielt 86–95% TiO_2 u. konnte bei 700° mit 95% Ausbeute chloriert werden. Es folgen noch Vgll. über Chlorierungen mit *CO-Cl_2*-Mischungen. Hierfür lagen die Anfangs-Temp. für den Löserückstand bei 250°, die *Ti-Schlacke* bei 300°. *Anatas* bei 240° u. *Rutil* bei 320°. Ggw. von N_2 verhinderte die Chlorierung von Ti u. begünstigte die von Fe. F. HOCHSTETTER. 6380□

Über die Rohstoffe zur Herstellung von Formkernen für den Kokillenguß. Rinaldo Cattaneo. (Fonderia [Milano] **8.** 491–500. Dez. 1959.) (Ital.)

Übersicht über die zur Herst. von Gußformen benötigten Grund- u. Hilfsstoffe, Herst. von Gemischen der verschiedenen Formmassen, Verw. hitzebeständiger Trennmittel bes. für den Kokillenguß u. Normenvorschläge zur Prüfung der wichtigsten Eigg. vorbehandelter Formsande für den Kokillenguß. A. SANDER. 6382□

Molybdänhaltige Schmiermittel und ihre Verwendung in Gießereien. G. J. C. Vineall. (Iron and Steel **35.** 100–03. März 1962. Rocol, Ltd.) (Engl.)

Eine bestimmte Auswahl von Ölen u. Fetten, die mit *MoS_2* verbunden sind u. deren chem. Eigg. erörtert werden, kommt als Schmiermittel in Gießereien in Frage, weil diese Stoffe gegen den in Gießereien vorkommenden Staub u. gegen die dort auftretenden Temp. beständig sind. Die prakt. Verwendbarkeit der MoS_2-haltigen Schmiermittel in Gießereien wird an Beispielen erläutert. H. HOCHSTEIN. 6382□

Die zeitgemäßen Metalle. Hoffnungen und Enttäuschungen, die sie hervorrufen. René Pâris. (Chimia [Aarau, Schweiz] **15.** 443–49. 15/9. 1961. Lyon, Fac. de Sci.) (Franz.)

Gewinnung, Eigg., Verw., Vor- u. Nachteile von *Be, Ti, Zr, Ta* u. *Nb.* W. WESLY. 6388□

Bedeutende Eisenlagerstätte Argentiniens. Raúl A. Zardini. (Wld. Mining **14.** Nr. 10. 34–35. Sept. 1961. Buenos Aires, Univ., Dep. of Geol.) (Engl.)

Beschreibung eines Fe-Erz-Vork. in der Sierra Grande. W. WESLY. 6390□

Fortschritte in der Sprengung von Taconit bei der Erie Mining Co. F. D. Bickel. (Mining Congr. J. **47.** Nr. 11. 42–46. Nov. 1961. Wilmington, Del.) (Engl.)

Beschreibung eines Fe-Erz-Vork. u. seines Abbaus durch Sprengung. W. WESLY. 6390□

Stand der Entwicklung der Pelletisierung von Eisenerzen. Kurt Meyer. (Stahl u. Eisen **82.** 147–54. 1/2. 1962. Frankfurt/M.) (Dt.)

Die Erzeugung von Grünpellets sowie das Härten der Pellets im Schachtofen, auf dem gasbeheizten Sinderband oder auf dem Wanderrost u. im Drehrohrofen werden behandelt. Die Entw. der Pelleterzeugung aus Konzentraten u. Feinerzen wird beschrieben u. es werden dabei Angaben über das Verh. u. den Einfl. der Pellets im Hochofen gemacht. Dabei zeigt sich, daß für den Einsatz von Pellets die besten Hochofenbedingungen noch nicht sichergestellt sind. Die Pelletisierung hat sich als Ergänzungs-Verf. zur Sinterung bewährt. H. HOCHSTEIN. 6390□

Der Einfluß von Wasserdampf auf die Geschwindigkeit der Reduktion von Eisenerzen durch Wasserstoff. Koin Ito und Kokichi Sano. (Nippon Kinzoku Gakkai-Si [J. Japan Inst. Metals] **25.** 484—88. 1961.) (Jap.; Auszug: Engl.)

Unterss. über die Red. von gepulvertem *Hämatit* mit H_2 unter Zusatz von Wasserdampf bei 600—900° zeigen, daß die Geschw. der Red. von Fe_2O_3 zu Fe_3O_4, wie thermodynam. Berechnungen erwarten lassen, nicht durch die Ggw. von Wasserdampf beeinflußt wird. Die Geschw. späterer Red.-Stufen fällt in dem Maße, wie das Verhältnis der Partialdrucke von Wasserdampf zu H_2 steigt. Die Geschw. der letzten Red.-Stufe zu metall. Fe wird bes. verlangsamt; sie ist bei 700° zu vernachlässigen, wenn das Red.-Gasgemisch ca. 30% Wasserdampf enthält. W. WESLY. 6390□

Die Ionenstruktur der Hochofenschlacke. Ottó Farkas. (Kohászati Lapok [Ung. Z. Hüttenwes.] **94.** 481—85. Nov. 1961.) (Ung.)

Die Schlacken bauen sich nach neueren Feststellungen aus Ionen auf. Das Verhältnis der komplexen Silicate u. der Schlackenbestandteile wird eingehend behandelt. Die Viscosität der Hochofenschlacke hängt von der Komplexität ihres SiO_2-Geh. ab. Durch Anwesenheit von bas. Oxiden wird die Viscosität der Schlacken herabgesetzt, da die Bldg. von Silicatkomplexen dadurch hervorgerufen wird. Prakt. ist MgO ein wirksames Mittel zur Verminderung der Viscosität. L. ZOMBORY. 6390

Löslichkeit und Ausscheidung von Vanadinnitrid im α- und γ-Eisen. R. W. Fountain und John Chipman. (Trans. metallurg. Soc. AIME **212.** 737—48. 1958, herausgeg. 1959. Niagara Falls, N.Y., Electro Metallurgical Co.) (Engl.)

Die Löslichkeit von N_2 im *Fe* u. in *Fe—V*-Legg., die 0—0,5% V enthalten, werden durch die SIEVERTSsche Technik für Temp. von 750—1200° bestimmt. Die Ergebnisse für reines Fe stimmen mit früheren Werten überein. Der Aktivierungs-Koeff. von N wird durch V erniedrigt. Die Anfangsausscheidung von kleinen metastabilen *VN*-Teilchen hat eine Löslichkeit, die das doppelte von der der Hauptmasseteilchen ist. Die freie Bldg.-Energie des Nitrids, die überschüssige freie Energie sowie die annähernde Größe der Anfangsausscheidung werden bestimmt. Die Anwendung der Reckalterungserscheinungen in V-haltigen unberuhigten Stählen wird erörtert. — 29 Literaturangaben. H. HOCHSTEIN. 6390□

Sekundärrekristallisation in Eisen-Silicium-Legierungen. John E. May und David Turnbull. (Trans. metallurg. Soc. AIME **212.** 769—81. 1958, herausgeg. 1959. Schenectady, N.Y., General Electric Res. Labor.) (Engl.)

Die Einfl. von Verunreinigungen auf der (1 1 0) [0 0 1] Sekundärrekristallisationstextur wurden durch Schaffung spezif. Verunreinigungszusätze zu sehr reinen Fe—Si-Legg. untersucht. Die prim. Rekristallisationstextur erwies sich als sehr schwach, aber eine (1 1 0) [0 0 1] Komponente wurde entdeckt. Es wurde gefunden, daß die Ggw. von Verunreinigungen notwendig zur Entw. der starken (1 1 0) [0 0 1] Textur u. der Rekristallisationstextur ist. Die Verunreinigungen bildeten eine verteilte Sekundärphase. Aufgabe der Einschlüsse ist es, das n. Kornwachstum zu behindern u. so die treibende Energie für die Sekundärrekristallisation zu erhalten. Die vereinten Einfl. von Einschlüssen u. von der Textur auf die treibende Energie für die Sekundärrekristallisation werden erläutert. Zur Erklärung der starken (1 1 0) [0 0 1] Textur ist die Voraussetzung erforderlich, daß ($\Sigma + U_d$) für (1 1 0) [0 0 1] Körner in einem Werkstoff mit Verunreinigungen niedriger ist als andere Komponenten der prim. Rekristallisationstextur; wobei Σ die spezif. Oberflächenenergie u. U_d die verbleibende Streckenergie bedeuten. H. HOCHSTEIN. 6390□

Über das Auftreten von Sauerstoff im Gußeisen. Gustav Östberg. (Trans. metallurg. Soc. AIME **212.** 678—86. 1958, herausgeg. 1959. Falun, Schweden, Falu Kopperverk Stora Kopparbergs Bergslags A/B.) (Engl.) — Vgl. C. **1960. 7956.**

Die O_2-Löslichkeit im Gußeisen wird auf Grund von im Schrifttum vorhandenen Informationen über das Gleichgewicht zwischen *O*, *C* u. *Si* in geschmolzenen Fe-Legg. beurteilt. Die O_2-Geh., die für den Bereich von 10—80°/₀₀ berechnet werden, hängen von der Leg.-Zus. u. der Temp. ab. Es werden die Probenahme-Meth. u. auch die Analysiertechnik untersucht. Der O-Geh. in einem Gußeisen vom Tempergußeisentyp wurden durch die Vakuum-Schmelzmeth. bestimmt. Bei einem Vgl. der so erhaltenen experimentellen Ergebnisse mit der theoret. berechneten Löslichkeit beim Gleichgewicht wird der O-Geh. in der Praxis in den meisten Fällen in Übereinstimmung mit den theoret. Annahmen gefunden. Die dieses Verh. beeinflussenden kinet. Faktoren werden erörtert. — 19 Literaturangaben. H. HOCHSTEIN. 6402□

Innere Reibung und Elastizitätsmodul in hämmerbarem Gußeisen. Koichi Sugimoto und Masao Ibaraki. (Nippon Kinzoku Gakkai-Si [J. Japan Inst. Metals] **25**. 448—52. 1961.) (Jap.; Auszug: Engl.)

In hämmerbarem Gußeisen mit 1,52—3,40 (%) *C*, 0,82—1,98 *Si*, 0—0,56 *Mn*, 0—0,13 *S*, 0—0,112 *P* ist die innere Reibung gering. Bei Beanspruchungen $<10^{-5}$ ist keine Abhängigkeit von der Größe der Beanspruchung erkennbar. Der Elastizitätsmodul (EM) ist hoch. Wenn die Proben zwecks Graphit-Bldg. erwärmt werden, steigt die innere Reibung bis zum Ende der Graphit-Bldg.; der EM nimmt dabei ab. In graphitiertem Zustand steigt die innere Reibung linear mit der Höhe der Beanspruchung. Als Ursache der inneren Reibung wird die magnetostat. Hysterese in Ferrit angesehen. Die Kerbwrkg. der Graphitkugeln kann eine örtliche Spannungsanreicherung u. einen Anstieg der stat. Hysterese hervorrufen. W. WESLY. 6402□

Gußeisen für Werkzeugmaschinen. J. Leonard. (Rev. univ. Mines, Métallurgie Mécan., Trav. publ., Sci. Arts appl. Ind. [9] **18** (**105**). 59—75. Jan. 1962.) (Franz.)

Auf Grund seiner Unterss. empfiehlt Vf. für Werkzeugmaschinen ein Gußeisen mit 3—3,3 (%) *C* (total), 0,80—0,90 *Mn*, < 0,25 *P*, (für Teile, die zu Porosität neigen, < 0,12 P) *Si* entsprechend der Dicke der Teile, so daß eine Oberflächenhärte von 190 bis 210 Brinell erhalten wird, perlit. Grundgefüge. — Diskussion. F. VIER. 6402□

Verschiedene hochwertige Gußeisen im Seewesen. R. F. Poirot. (Fonderia [Milano] **8**. 479—89. Dez. 1959.) (Ital.)

Überblick über mechan. Eigg. hochwertiger legierter u. unlegierter, korrosionsbeständiger u. unmagnet. Gußeisen u. ihre Verw. als Werkstoffe im Schiffahrtswesen. — 10 Literaturangaben. A. SANDER. 6402□

Vakuumbehandlung von geschmolzenem Stahl. Überblick über die Betriebserfahrung mit dem DHHU-Verfahren. Fritz Harders, Helmut Knüppel und Karl Brotzmann. (Proc. Conf., nat. open hearth Committee Iron Steel Divis., Amer. Inst. Mining metallurg. Petroleum Engr. **43**. 145—61. April 1960. Dortmund-Hörder-Hüttenunion.) (Engl.)

Das DHHU (DORTMUND-HÖRDER-HÜTTENUNION)-Vakuumheber-Verf. wird in seiner Durchführung beschrieben u. die Erfahrungen bei der Herst. von unlegierten weichen Stählen vermittelt. Die Eigg. der nach dieser Meth. im Vakuum entgasten Stähle werden besprochen, wobei bes. die Stahlreinheit, die Größe u. Menge restlicher Oxideinschlüsse sowie die Schlagfestigkeit in Längs- u. Querrichtung behandelt werden. — Diskussion. H. HOCHSTEIN. 6408□

Der Einfluß der Carbidverteilung auf die Festigkeit von angelassenem Martensit. A. M. Turkalo und J. R. Low jun. (Trans. metallurg. Soc. AIME **212**. 750—58. 1958, herausgeg. 1959. Schenectady, N.Y., Gen. Electr. Res. Labor.) (Engl.)

Drei im wesentlichen reine, zu Martensit abgeschreckte C-Stähle mit unterschiedlichen C-Geh. von 0,42—0,75% wurden nach verschiedenen Anlaßtemp. von 426—675° zur Best. des Verhältnisses zwischen den Abmessungen der Mikrostruktur u. der Streckfestigkeit bei —196, 25 u. 315° untersucht. Das GENSAMER- oder lineare Verhältnis zwischen der Festigkeit u. dem log des mittleren Abstandes zwischen den Carbidteilchen ist für den gesamten Bereich der untersuchten Anlaßstrukturen nicht gültig. In hochangelassenem Martensit, wo große Carbidteilchen an den Ferritkorngrenzen mit wenigen oder keinen Teilchen innerhalb des Korns verstreut sind, sind die Korngrenzen in bezug auf die mittlere freie Ferritbahn wichtig. Wenn die Korngrenzen ebenso wie die Carbide bei der Berechnung der mittleren freien Ferritbahn verwendet werden, wird in diesen Stählen eine lineare Beziehung zwischen dem log der mittleren freien Ferritbahn u. der Streckfestigkeit gefunden. Es besteht kein wesentlicher Unterschied in dem Verhältnis zwischen Struktur u. Festigkeit bei den drei Unters.-Temp. (—196, 25 u. 315°). Der Vorschlag von HYAM u. NUTTING, wonach die Festigkeit von angelassenem Martensit durch die Ferritkorngrenze bestimmt wird, kann nicht bestätigt werden. H. HOCHSTEIN. 6408□

Eigenschaften von Gußstücken aus Stahl 12 Ch 11 W 2 NMF-L. A. F. Ssilajew, G. P. Fedorzow-Lutikow und M. F. Scheschenew. (Металловедение и Термическая Обработка Металлов [Metallkunde therm. Metallbearb.] **1960**. Nr. 6. 2—7. Juni. Zentrales Forschungsinst. für Technol. des Maschinenbaues.) (Russ.)

Der Zusatz geringer Mengen *Al*, *Ba* u. *Ca* zu Stählen mit ca. 0,1 (%) C, 0,4—0,5 Mn, 0,25 Si, 11 Cr, 0,9 Ni, 1,5—2 W, 0,3—0,35 V, 0,55—0,85 Mo, 0,026—0,032 S u. 0,015 bis 0,018 P verbessert merklich die technolog. Eigg., erhöht die Kerbschlagzähigkeit u. gewährleistet einen hohen Grad der Verfestigung im Gußzustand u. einen weniger intensiven Entfestigungsprozeß im Betrieb. Dieser Zusatz von Al, Ba u. Ca führt ferner zu einer Verringerung des Unterschiedes in den Eigg. im Gußstückquerschnitt, offenbar infolge einer Erhöhung der Strukturgleichmäßigkeit; dies führt zu einer Verringerung des Abmessungseffekts auf die Stahleigenschaften. H. HOCHSTEIN. 6410□

Eigenschaften der austenitischen, bei niedriger Temperatur verformten Stähle. Josef Vodsed'álek und Miloslav Šicho. (Hutnické Listy 14. 38—43. Jan. 1959. Praha, Státní výzkumný úst. materiálu a technol.) (Tschech.)

Der Stahl *18/8-Ti-AKVS* mit 0,08—0,11 (%) *C*, 0,55—0,67 *Mn*, 0,69—0,71 *Si*, 0,010—0,013 *P*, 0,005—0,009 *S*, 18,53—18,95 *Cr*, 8,77—9,48 *Ni*, 0,60 *Ti*, bei niedriger Temp. verformt, zeigt hohe Festigkeit, Zähigkeit, Dauerfestigkeit, Kavitationsbeständigkeit u. genügende Abriebs- u. Korrosionsfestigkeit. Seine Verw. wird erörtert. — 14 Literaturangaben. W. WESLY. 6410□

Über die sekundäre Härte des Schnellstahles. Jaroslav Ježek und Josef Vobořil. (Hutnické Listy 14. 47—54. Jan. 1959. Leningrad, Inženýrsko-ekonom. úst., Katedra fysiky.) (Tschech.)

Unterss. über die beim Anlassen bei 900—700° auftretenden Gefügeänderungen von Schnellstahl *CSN 19800* mit 0,82 (%) C, 0,25 Mn, 3,90 Cr, 9,09 W, 1,85 V zeigen, daß die sek. Carbide in der Reihenfolge Fe_4W_2C, W_2C, Fe_3W_3C, *VC* ausgeschieden werden. W_2C erscheint schon bei 400° mit dem Gefüge eines morpholog. bestimmten Bestandteils u. kann daher auf die Martensitgrundmasse im Bereich der sek. Härte nicht härtend wirken. Zur sek. Härte tragen die Umwandlung des Restaustenits in Martensit u. der Beginn der Ausscheidung von VC bei. — 23 Literaturangaben. W. WESLY. 6410□

Der Einfluß der Alterungsbehandlung auf die Dehnung von Alnico 5. Tetsuo Kato. (Nippon Kinzoku Gakkai-Si [J. Japan Inst. Metals] 25. 479—84. 1961.) (Jap.; Auszug: Engl.)

Beim Altern von *Alnico 5* bei 350—550° tritt eine Kontraktion, bei 550—650° eine starke Expansion u. bei 700—800° eine Änderung der Expansion auf. Daraus wird geschlossen, daß es 2 verschiedene Arten von Umwandlung bei der Alterung von *Alnico 5* gibt, von der die eine, $<600°$ stattfindende, eine Ordnung–Unordnung-Umwandlung ist. Die andere Umwandlung ist eine $>650°$ erfolgende Ausscheidung. W. WESLY. 6410□

Thermodynamische Untersuchung der bei der Chlorentzinkung des Bleis stattfindenden Vorgänge. Zoltán Horváth und József Wéber. (Freiberger Forsch.-H., Reihe B Heft 57. 39—79. 1961. Miskolc.) (Dt.)

Für die bei der Entzinkung des Pb-Bades durch Cl_2 nach BETTERTON bei 350—400° auftretenden Rkk. wurden die thermodynam. Normalpotentiale berechnet u. daraus die Aktivitäten von *Pb* u. *Zn* in den nur Zn enthaltenden Pb-Bädern für verschiedene Zn-Geh. bestimmt. Auch wurde die Aktivität des Chlorgases berechnet. In einer aus 50 Mol-% $ZnCl_2$ u. 50 Mol-% $PbCl_2$ bestehenden Schlacke wurde das Verhältnis der Aktivitäten von Zn- u. Pb-Chlorid ermittelt. Die Abhängigkeit des Gleichgewichts-Zn-Geh. des raffinierten Pb vom Pb-Geh. der Chloridschlacke u. der Temp. kann mittels der aus dem thermodynam. Normalpotential der Brutto-Rk. berechenbaren Gleichgewichts-Konst. bestimmt werden. — 11 Literaturangaben. F. HOCHSTETTER. 6430□

Über den Einfluß einer thermischen Vergütung und die Wirkung von Ba-Zusätzen auf die Eigenschaften aushärtbarer Bleilagermetalle vom Typ Magnadur. Hellmuth Seliger und Bruno Beyer. (Freiberger Forsch.-H., Reihe B Heft 57. 5—20. 1961. Bitterfeld.) (Dt.)

Bei Verw. der Leg. *Magnadur* als Gleitlagerwerkstoff tritt infolge von Temp.-Erhöhung eine Abnahme der Härte u. Festigkeit u. damit der Tragfähigkeit ein. Durch therm. Vergütung (90—120 Min. bei 135—150°) kann diesem Nachteil entgegengewirkt werden. Eine weitere Möglichkeit der Verbesserung der Härtestabilität bietet ein Zusatz von *Ba*, so daß die Zus. der Leg. dann ca. 1 (%) *Ca*, 0,4 *Na*, 0,14 *Ba*, 0,08 *Mg*, Rest *Pb* ist. Diese erfordert keine therm. Vergütung. F. HOCHSTETTER. 6430□

Oberflächenverformungsunterschiede zwischen einem an Luft und einem in partiellem Vakuum ermüdeten Blei. K. U. Snowden und J. Neill Greenwood. (Trans. metallurg. Soc. AIME 212. 626—27. 1958, herausgeg. 1959. Broken Hill, Smelters Pty. Ltd.; Melbourne, Univ., Baillieu Labor.) (Engl.)

Durch Vgl.-Verss. wird nachgewiesen, daß die Oberflächenverformung von hochreinem Pb nach einer Dauerbeanspruchung in einem partiellen Vakuum größer als bei gleicher Dauerbeanspruchung an Luft ist, woraus geschlossen wird, daß die Ermüdung des Pb im Vakuum mehr Oberflächenverformung verursacht, obwohl die Dauerhaltbarkeit dieses Materials größer ist. Die Ggw. von Ermüdungsrissen in der Oberfläche von an Luft geprüften Pb-Proben baut die Oberflächenspannung ab, was infolgedessen die Oberflächenverformung verringert. H. HOCHSTEIN. 6430□

Betriebserfahrungen beim Umschmelzen von Kathoden in Netzfrequenz-Induktionsöfen. Werner Schwartz. (Freiberger Forsch.-H., Reihe B Heft 57. 21—38. 1961. Frankfurt/M.) (Dt.)

Für das Umschmelzen von Cu-Kathoden kommen Drehflammöfen, stationäre Flammöfen, elektr. Lichtbogenöfen sowie Induktionsöfen mit u. ohne Rinnen in Betracht.

Die Tagesdurchsätze der verschiedenen Typen, der Energieverbrauch, die Qualität des erzeugten *Cu* sowie Besonderheiten, die beim Betrieb zu berücksichtigen sind, werden angegeben. Welcher Ofen sich am besten eignet, hängt von den örtlichen Verhältnissen ab. F. HOCHSTETTER. 6432□

Einige Grundzüge der Messingschmelzung. Stewart C. Parker. (Ind. Gas [New York] **38.** 8—9. 20. Juni 1960. Chicago, Ill., Peoples Gas Light and Coke Co.) (Engl.)
Übersicht über die beim Schmelzen von *Messing* zu beachtenden Faktoren (Brennstoffwahl, Schmelzdauer, Porosität, Entgasung, Metallverlust usw.). W. WESLY. 6432□

Einfluß der Aluminiumgehalte auf die Ausscheidungshärtung von Ni–Cu-Legierungen. Shigehiro Inoue und Takashi Tsuchiya. (Nippon Kinzoku Gakkai-Si [J. Japan Inst. Metals] **25.** 456—59. 1961.) (Jap.; Auszug: Engl.)
Durch ≧12std. Erwärmen auf 590° oder 2—6std. Erwärmen auf 640° erreichen Legg. mit 70 (%) *Ni* u. 30 *Cu* ihre höchste Härte. Proben mit 3,0—3,5 *Al* sind am meisten härtbar. Gegen sd. 20%ig. H_2SO_4 sind voll- u. überausscheidungsgehärtete Proben korrosionsbeständiger als lösungsbehandelte u. unlegierte Ni–Cu-Legierungen. W. WESLY. 6434□

Einfluß der Titangehalte auf die Ausscheidungshärtung von Ni–Cu-Legierungen. Shigehiro Inoue und Takashi Tsuchiya. (Nippon Kinzoku Gakkai-Si [J. Japan Inst. Metals] **25.** 459—62. 1961.) (Jap.; Auszug: Engl.)
Durch 4—8std. Erwärmen auf 640° erreichen Legg. mit 70 (%) *Ni* u. 30 *Cu* ihre höchste Härte. Proben mit ca. 4 *Ti* sind am meisten härtbar. Gegen sd. 20%ig. H_2SO_4 sind voll- u. überausscheidungsgehärtete Proben korrosionsbeständiger als lösungsbehandelte u. unlegierte Ni–Cu-Legierungen. W. WESLY. 6434□

Untersuchung über Ni–Cr-Legierungen. 2. Mitt. **Über die Gefügeänderungen von Ni–Cr-Legierungen mit rund 45% Cr.** Masazo Okamoto, Katsuro Suenaga und Isao Masaoka (Nippon Kinzoku Gakkai-Si [J. Japan Inst. Metals] **24.** 814—18. 1960.) (Jap.; Auszug: Engl.)
Beim langsamen Abkühlen von Ni-Legg. mit 43—51% Ca von 1250° tritt in der Ni-reichen, festen Lsg. ein feines, körniges u. ein lamellares Gefüge auf. Wenn man die Temp. der abkühlenden Proben in bestimmter Höhe beibehält, findet (wie dilatometr. Messungen zeigen) eine isotherme Umwandlung in Form einer S-Kurve von C-Stahl statt; der Vorsprung unterhalb 940° entspricht der feinen, körnigen, oberhalb 940° der lamellaren Ausscheidung. Das Wachstum der lamellaren Ausscheidung ist in Proben mit 45% Cr u. bei 860°, unabhängig von der Cr-Konz., erkennbar. W. WESLY. 6434□

Der Einfluß der Hochtemperatur-Alterung auf die Entwicklung von Minor-Phasen in einer aushärtbaren Nickellegierung. W. C. Bigelow, J. A. Amy und L. O. Brockway. (Trans. metallurg. Soc. AIME **212.** 543—49. 1958, herausgeg. 1959. Ann Arbor, Mich., Univ. of Michigan.) (Engl.)
Proben der *Inconel-X*-Leg., die bei 2050° einer Lösungswärmebehandlung unterworfen u. 1, 10, 100 u. 1000 Std. bei 1200, 1400 u. 1600° F ausgealtert waren, wurden elektronenmkr. sowie durch Elektronen- u. Röntgenstrahlbeugungs-Meth. untersucht. Vier Minor-Phasen wurden dabei identifiziert: *Ti-* u. *Nb-Nitrid*, ein komplexes $M_{23}C_6$-*Carbid* sowie die intermetall. *γ'-Phase*. Die beiden Nitride wurden in allen ausgealterten Proben u. in der lösungsbehandelten Probe u. die γ'-Phase bei allen Alterungs-Temp. gefunden, während das $M_{23}C_6$-Carbid nur beim Altern bei 1200 u. 1400° F gebildet wurde. Unterschiede in der Härte, Bruchfestigkeit, Kriechfestigkeit u. die Streckgrenze sind durch Unterschiede in der Größe u. Verteilung der γ' Phase innerhalb der Grundmassenkörner der Leg. bedingt. Die höchsten Werte treten dann auf, wenn ein maximaler Betrag dieser Phase vorhanden ist u. ein feiner Verteilungszustand der Teilchen vorherrscht. H. HOCHSTEIN. 6434□

Die feste Löslichkeit von Phosphor in Nickel. J. Koeneman und A. G. Metcalfe. (Trans. metallurg. Soc. AIME **212.** 571—72. 1958, herausgeg. 1959. Chicago, Ill., Illinois Inst. of Technol.) (Engl.)
Die eutekt. Haltepunkte von Ni mit P-Geh. bis zu 0,2% wurden bei 874 u. 876° ermittelt. Der Mittelwert von 875° stimmt gut mit dem zuvor ermittelten Wert von KONSTANTINOW [1908] überein. Die metallograph. Unters. der Ni-Legg. mit geringen P-Geh. nach Homogenisierung u. Lösungsbehandlung ergaben ein ausscheidungsfreies Gefüge. Nach einer 16std. Glühung bei 700° zeigte eine Ni-Leg. mit 0,03 (%) P keine Änderung, jedoch ließ eine Leg. mit 0,05 P eine feine Ausscheidung innerhalb der Körner erkennen. Bei der eutekt. Temp. von 875° wird eine feste Löslichkeit von 0,17 P im Ni festgestellt. H. HOCHSTEIN. 6434□

Über die plastische Verformbarkeit von Molybdänbarren, die im Elektronenstrahlenbündel geschmolzen worden sind. Kazuo Tsuya und Noriyoshi Aritomi.

(Nippon Kinzoku Gakkai-Si [J. Japan Inst. Metals] **25.** 467—71. 1961.) (Jap.; Auszug: Engl.)

Zusätze von C sind zur Desoxydation von Mo-Barren wirksamer als *Ti* u. *Zr*; 0,04—0,08% C führen zu guter plast. Verformbarkeit bei Zimmer-Temp. u. tiefen Temperaturen. Bei —70° lassen sich an den mit C desoxydierten Barren Biegewinkel von 30 u. 70° erzielen, wogegen handelsübliches, rekrist. Mo keine plast. Verformbarkeit aufweist. W. WESLY. 6436□

Über die Einwirkung der Vorwärmbedingungen auf die Rekristallisationstextur und die Anisotropie-Eigenschaften von angelassenen Aluminiumblechen. Toshio Amitani. (Nippon Kinzoku Gakkai-Si [J. Japan Inst. Metals] **24.** 765—69. 1960.) (Jap.; Auszug: Engl.) — Vgl. C. **1962. 4322.**

In Al-Blechen handelsüblicher Reinheit, die beim Warm- u. Kaltwalzen nicht angelassen sind, hängen Rekristallisationstextur (RT) u. Anisotropie-Eigg. von angelassenen Blechen von der Vorwärmtemp. u. -zeit vor dem Walzen ab. Bleche aus reinstem Al zeigen dieses Verh. nicht. Handelsübliche, vorgewärmte u. gewalzte Bleche halten in der RT den größten Teil des Hauptbestandteils der Walztextur (1 2 3)[1 $\bar{2}$ 1] zurück, was beim Tiefziehen zu einer Zipfel-Bldg. von 45° führt. In nicht vorgewärmten Blechen ergeben sich eine sek. Orientierung nach (1 0 0)[0 0 1] u. eine Zipfel-Bldg. von 90°. Die Ausscheidung der Verunreinigungen wird durch die Vorwärmung des Barrens eingeleitet. W. WESLY. 6446□

Über die Textur und die Veränderung der Anisotropie von Aluminiumblechen bei verschiedenen Anlaßbedingungen. Toshio Amitani. (Nippon Kinzoku Gakkai-Si [J. Japan Inst. Metals] **24.** 769—73. 1960.) (Jap.; Auszug: Engl.)

Unterss. über die Eigg. von angelassenen Al-Blechen verschiedener Reinheit zeigen: Gleich nach der Rekristallisation enthält die Textur der rekrist. Körner von reinem Al den größten Teil des Bestandteils der (1 2 3)[1 $\bar{2}$ 1]-Walztextur, was beim Tiefziehen zur Zipfel-Bldg. von 45° führt. Mit fortschreitendem Kornwachstum ergeben sich eine sek. Orientierung nach (1 0 0)[0 0 1] u. eine Zipfel-Bldg. von 90°. In Proben handelsüblicher Reinheit beschränken die Verunreinigungen das Wachstum des rekrist. Korns. Die Anisotropie bleibt unverändert. Die wirksamste Verunreinigung ist *Fe*; *Si* beeinflußt Kornwachstum u. Anisotropie nicht. W. WESLY. 6446□

Eine akustische Untersuchung der Niedertemperatur-Alterung in Al–4,2% Cu. M. E. Fine und Charles Chiou. (Trans. metallurg. Soc. AIME **212.** 553—57. 1958, herausgeg. 1959. Evanston, Ill., Northwestern Univ.) (Engl.)

Während die GUINIER-PRESTON-Zonen in einer Al-Leg. mit 4,2% Cu bei Raum-Temp. zunehmen, wächst auch der dynam. gemessene YOUNGsche Elastizitätsmodul um 0,4%. Aus der Änderung dieses Moduls mit der Zeit wird der Zeitexponent in der Geschw.-Gleichung für das Wachsen der Zonen zu ½ abgeleitet. Aus einem Vgl. der Zunahme-Geschw. des Moduls bei 1, 28 u. 42° wird eine Aktivierungsenergie von 12 bis 14 kcal/Mol errechnet. Diese Ergebnisse unterstützen die Vorstellung, wonach Cu-Atome längs der Versetzungsrinnen zu den wachsenden Zonen geliefert werden.
H. HOCHSTEIN. 6446□

Einfluß der Mischkristallbildung auf die mechanischen Eigenschaften von einer Ti–6 Al–3 Mo-Legierung. F. A. Crossley und W. F. Carew. (Trans. metallurg. Soc. AIME **212.** 630—35. 1958, herausgeg. 1959. Chicago, Ill., Illinois Inst. of Technol.) (Engl.)

Zerreiß-, Zeitstand- u. Dauerprüfungen werden angewendet, um den Einfl. von α-Verfestiger- u. β-Mischkristallzusätzen auf eine Ti-Leg. mit ca. 6 (%) *Al* u. 3 *Mo* zu ermitteln. Es wurde beabsichtigt, eine Leg. von größerer Festigkeit als die Ti-Leg. mit 7 Al u. 3 Mo zu erzielen. Die Verfestigung der α-Phase wurde durch Zusätze von 2—4 *Ge*, 4 *Sn*, 4 *Zr* u. 2 *Sn*–2 *Zr* erreicht. Dadurch, daß die β-Phase komplexer gemacht wurde, indem man die gesamten β-Stabilisierungszusätze bei 3% konst. hielt, wurden zwar höhere Zugfestigkeitswerte, jedoch niedrigere Kriech- u. Bruchfestigkeitswerte, bes. bei 1000°, erreicht. Keine der untersuchten Legg. ergab bessere Werte als die Ti-Leg. mit 7 Al u. 3 Mo. Jedoch kann eine Festigkeitssteigerung der letzteren durch Zr-Zusätze bis zu 4% erhalten werden. H. HOCHSTEIN. 6448□

Quecksilber und dessen Legierungen. Anwendungsmöglichkeiten von Quecksilber zum Schutz gegen Korrosion. F. Mazzoleni. (Metallurgia ital. **53.** 349—52. Juli **1961.** Neapel, Univ., Ist. di Technol.) (Ital.)

Übersicht über ein Programm zur Unters. der Anwendungsmöglichkeiten von Hg zum Schutz gegen die Korrosion von Metallen, bes. von Fe(II)-haltigen Materialien. — 14 Literaturangaben. G. PLATZER. 6456□

Einige Aspekte der Technologie von Molybdän und seinen Legierungen. J. Harwood. (2. Planseeseminar „De Re metallica", warmfeste u. korrosionsbeständige Sinterwerkstoffe **1955.** 268—86. 1956. Washington, D.C., Office of Naval Res.) (Engl.)

Überblick. — 19 Literaturangaben. M. GEHLEN-KELLER. 6474□

Der Einfluß einer Oberflächenbehandlung auf die mechanischen Eigenschaften von Wolfram. K. Sedlatschek und D. A. Thomas. (Powder metallurgy **8.** 35—40. Juni 1957. Reutte, Tirol, Metallwerk Plansee; Cambridge, Mass., Massachusetts Inst. of Technol.) M. GEHLEN-KELLER. 6474□

Heißpressen von Hochtemperatur-Verbindungen. J. S. Jackson. (Powder Metallurgy Nr. **8.** 73--100. **1960.** Rugby, Assoc. Electr. Ind. Ltd.) (Engl.)

Es wird gezeigt, daß die Technik des Heißpressens mit Erfolg bei der Herst. von Teilen aus gebundenen oder ungebundenen hochtemperaturbeständigen Werkstoffen hoher Dichte angewendet werden kann. Dabei können in einigen Fällen durch Verunreinigungen, Abweichungen von der Stöchiometrie oder geringe Zusätze von Bindemitteln starke Eig.-Änderungen zustande kommen. Es werden dabei auch Fälle beschrieben, bei denen mit einer fl. Phase heiß gepreßt wird. Der Verdichtungsmechanismus beim Heißpressen ist mehr ein plast. Fließen u. weniger eine Diffusion. Die Verss. wurden durchgeführt an WC, TiC, TaC, NbC, Cr_3C_2, VC, Mo_2C, B_4C, TiB_2, ZrB_2, CrB, Mo_2B, TiO_2, ZrO_2, Al_2O_3, MgO, $UO_{2,04}$ u. $UO_{2,17}$. — 34 Literaturangaben.

H. FAHLENBRACH. 6476□

Das Sintern von Uran-Kohlenstoff-Eisen-Legierungen in Gegenwart einer flüssigen Phase. M. C. Regan und J. Williams. (Powder Metallurgy Nr. **8.** 128—144. 1961. Harwell, Berks., Atomic Energy Res. Establ.) (Engl.)

Durch Kaltverdichten u. Sintern von Pulvergemischen aus *U* u. *Graphit* gelingt die Herst. von *UC*-Teilen mit einer Sinterdichte von 12,4 g/cm³ u. einem offenen Poren-Vol. von 1%. Die Sinterung erfolgte im Hochvakuum (10^{-5} Torr) bei 1100°. Sinterdichten von 13,1 g/cm³ werden bei einem Zusatz von 10 Gew.-% UFe_2 zum stöchiometr. UC-Pulvergemisch erreicht, wobei die offene Porosität auf 0,5% abnahm. Die Dichtesteigerung wird mit der sich ausbildenden fl. Phase (*Fe–U*-Verb.) erklärt. Der Mechanismus der Wrkg. dieser fl. Phase bei der Carbid-Bldg. u. bei der Verdichtung wird erörtert.

H. FAHLENBRACH. 6476□

Untersuchungen des Sintervorganges bei $MoSi_2$–Al_2O_3-Cermets. S. Amberg. (Powder Metallurgy Nr. **8.** 101—12. 1961. Hallstahammer, Schweden, Aktiebolaget Kanthal.) (Engl.)

An H_2-gesinterten Teilen aus $MoSi_2$ u. Al_2O_3 wird in Abhängigkeit vom Al_2O_3-Geh. u. von der Korngröße der Pulver die Porosität bestimmt. Dabei konnten ausreichend oxydationsbeständige Werkstoffe gefunden werden, wenn nur die Korngröße der beiden Pulver $\leqq 10\mu$ ist. Das traf auch für mechan. weiche Stoffe zu. Beim Sintern in dissoziiertem NH_3 entstanden Körper, die bei hohen Temp. in Luft im Gegensatz zu den H_2-gesinterten nicht beständig waren. Die Ursache ist die Bldg. von Si_3N_4, das als Einschluß in Cermets bei hohen Temp. an Luft zerfällt. H. FAHLENBRACH. 6476□

Molybdändisilicid als Hochtemperaturwerkstoff. E. Fitzer. Planseeseminar „De Re metallica", warmfeste u. korrosionsbeständige Sinterwerkstoffe **1955.** 56—79. 1956. Wien, TH.) (Dt.)

Ergebnisse über Unterss. der Oxydationsbeständigkeit, die Schutzschicht-Bldg. u. die „$MoSi_2$-Pest". — 25 Literaturangaben. Diskussion. M. GEHLEN-KELLER. 6476□

Über den Aufbau von Siliciden. H. Nowotny, H. Kudielka und E. Parthé. (Planseeseminar „De Re metallica", warmfeste u. korrosionsbeständige Sinterwerkstoffe **1955.** 166—72. 1956. Wien, TH u. Univ.; Reutte, Tirol, Metallwerk Plansee G.m.b.H.) (Dt.) — Vgl. C. **1956.** 13047.

Überblick über die *Zweistoffsilicide*, besonders behandelt werden die stabilen *Disilicide* u. die *Silicide* mit 33,3 u. 50 Atom-% *Si*. M. GEHLEN-KELLER. 6476□

Struktur-Aspekte von Siliciumnitrid. N. L. Parr, R. Sands, P. L. Pratt, E. R. W. May, C. R. Shakespeare und D. S. Thompson. (Powder Metallurgy Nr. **8.** 152—63. 1961. Holton Heath, Poole, Dorset, Admiralty Materials Labor.; Birmingham, B.S.A.; London, Imp. Coll. of Sci. and Techn.) (Engl.)

Die Unterss. an Siliciumnitrid zeigten seine Anwendungsmöglichkeit für eine Vielzahl von hochtemperaturbeanspruchten Teilen, wozu die große Temperaturwechselbeständigkeit u. andere physikal. u. mechan. Eigg. beitragen. Durch eine Kombination der pulvermetallurg. Herst.-Technik mit der Nitrierung der Pulver gelingt es, eine Vielzahl solcher Nitride mit reiner α- oder β-Phase oder auch mit einer α-β-Mischphase u. mit verschiedenen Texturen herzustellen. Eine Erhöhung der mechan. Festigkeit gelingt durch dichtere Preßlinge u. durch längere Nitrierung im festen Zustand. Durch Abwandlung des Nitrierprozesses gelingt die Herst. komplexer Werkstoffe mit SiO_2-Geh. oder hochschm. Metallen. H. FAHLENBRACH. 6476□

Dichtes Siliciumnitrid. G. G. Deeley, J. M. Herbert und N. C. Moore. (Powder Metallurgy Nr. **8.** 145—51. **1961.** Towcester, Northants, Plessey Co. Ltd.) (Engl.)

Durch Heißpressen von Siliciumnitridpulver bei 1850° unter Zusatz geringer Mengen von Katalysatoren, wie *Mg-Oxid* oder *-Nitrid*, gelingt die Herst. von Formteilen mit nahezu theoret. Dichte. Diese Formteile besitzen bis zu den höchsten Temp. eine überraschend gute Biegefestigkeit. Vorläufige Meßergebnisse der Kriechgeschw. u. der therm. Wechselbeständigkeit bei verschiedenen Temp. lassen erwarten, daß ein solches dichtes Si-Nitrid der geeignete Werkstoff für mechan. beanspruchte Gegenstände bei Temp. bis zu 1200° ist. H. FAHLENBRACH. 6476□

Mechanische Festigkeits- und thermische Ermüdungs-Charakteristiken von Siliciumnitrid. E. Glenny und T. A. Taylor. (Powder Metallurgy Nr. **8.** 164—95. 1961. Farnborough, Hants., Nat. Gas Turbine Establ.) (Engl.)

An drei verschiedenen reaktionsgesinterten Siliciumnitridproben (Dichten: 1,9 bis 2,6 g/cm³) u. an einer heißgepreßten Probe (Dichte: 3,0—3,18 g/cm³) werden die mechan. Eigg., die Temperaturwechselbeständigkeiten u. die therm. Ermüdungen gemessen. Dabei zeigten die vier Probenarten bedeutende Unterschiede, die durch die verschiedene chem. Zus. u durch die verschiedenen Herst.-Verff. zustande kommen. Bes. bei den dichteren Proben wurden Kriechwiderstände bei 1000—1200° u. therm. Ermüdungen bei 1000° gemessen, die denen der üblichen kriechfesten Legg. bedeutend überlegen sind. Da alle vier Arten von Siliciumnitrid noch von Probe zu Probe starke Eig.-Unterschiede aufweisen, erscheint eine weitere Verbesserung der Herst.-Technik notwendig. — 20 Literaturangaben. H. FAHLENBRACH. 6476□

Anwendung von Siliciumnitrid. A. M. Sage und J. H. Histed. (Powder Metallurgy Nr. **8.** 196—212. 1961. London, Union Carbide Ltd.) (Engl.)

Die mechan., physikal. u. chem. Eigg. von Siliciumnitrid werden mit denen anderer keram. u. hochwarmfester metall. Werkstoffe verglichen. Daraus ergibt sich eine ideale Anwendungsmöglichkeit auf 6 prakt. Gebieten: Elektr. Isolatoren; Gießformen, bes. in der Leichtmetall-Herst.-Industrie; hochwarmfeste Teile, z. B. Turbinenschaufeln; Ofen-, bes. Schmelzofenauskleidungen; Labor.-Geräte u. Lager. Wegen der von allen anderen Werkstoffen so sehr verschiedenen Eigg. des Siliciumnitrids ist es auch heute noch schwierig, die prakt. Einsatzmöglichkeiten in vollem Umfang zu übersehen. — 17 Literaturangaben. H. FAHLENBRACH. 6476□

Die Verwendung der statistischen Methoden bei der Untersuchung des isothermischen Austenitzerfalls. 2. Mitt. Die Meßmethoden der Keimbildungs- und Wachstumsgeschwindigkeit. Jiří Likeš, Karel Mazanec und Josef Čadek. (Hutnické Listy **14.** 215—22. März 1959. Praha, Výzkumný úst. hutn. železa; Ostrava, Víktovické železáriy K. Gottwalda.) (Tschech.) — 1. vgl. Hutnické Listy **12.** [1957.] 216.

Erörterung der Grund-Verff. zur Best. der Keim-Bldg.-Geschw. u. der dazu nötigen Hilfs-Verff., der Verff. zur Best. der Wachstums-Geschw. u. Beschreibung des Verf. zur Messung der interlamellaren Entfernung, des wichtigsten Parameters für die Wachstumsgeschwindigkeit. — 24 Literaturangaben. W. WESLY. 6480□

Hochtemperaturverformung von Stählen. Eine Untersuchung der Äquikohäsion, der Aktivierungsenergien und der Strukturveränderungen. C. Crussard und R. Tamhankar. (Trans. metallurg. Soc. AIME **212.** 718—30. 1958, herausgeg. 1959. St. Germain-en-Laye, IRSID; Jamshedpur, Indien, TATA Iron & Steel Co. Ltd.) (Engl.)

Die Hochtemperaturverformung in Zug-, Kriech- u. Torsionsprüfungen wird an *Armcoeisen* u. an einem austenit. *Stahl* mit ca. 35% *Ni* u. 10% *Cr* ausgeführt. Die Experimente ermöglichen eine ins einzelne gehende Unters. von äquikohäsiven Temp., Aktivierungsenergien u. Strukturveränderungen. Die Bedeutung, die durch Versetzungen während der interkristallinen u. intrakristallinen Arten der Hochtemperaturverformung gegeben ist, wird erörtert. Die Ergebnisse stehen mit den Theorien in Übereinstimmung. — 30 Literaturangaben. H. HOCHSTEIN. 6480□

Beitrag zur Untersuchung der Deformation des Gußeisens mit Kugelgraphit und des weichen Stahles. Aleš Vetiška. (Hutnické Listy **14.** 30—38. Jan. 1959. Sborník vysokého Učení techn. v Brně **1959.** 335—43. Brno, VUT.) (Tschech.)

Unterss. über die Verformung bei stat. u. Schlagdruck-Verss. von zylindr. Proben aus weichem Stahl u. aus ferrit. geglühtem Gußeisen mit Kugelgraphit zeigen einen bedeutenden Unterschied im Verlauf beider Verformungen, wie Gefüge u. Substruktur der Proben beweisen (Abb.). — 21 Literaturangaben. W. WESLY. 6480□

Über das Problem der Wasserstoffversprödung von Eisen. A. Siede und W. Rostoker. (Trans. metallurg. Soc. AIME **212.** 852—55. 1958, herausgeg. 1959. Diskussion: **215. 733—34.** Chicago, Ill., Inst. of Technol.) (Engl.)

Die Fähigkeit von H in damit beladenem Fe zur Unterdrückung der oberen Streckgrenze u. zur Verringerung oder Beseitigung der Streckgrenzendehnung wurde durch Verss. bestätigt. Es wird dabei gezeigt, daß das mit H beladene Fe eine Reckalterungskinetik besitzt, welche von der des unbeladenen Fe nicht zu unterscheiden ist. Auf Grund dieser Ergebnisse wird angenommen, daß H den C u. N aus Versetzungszentren verschiebt u. daß die H-Versprödung aus der Stabilisierung von Übergangs- u. therm. erzeugten Rißkeimen bei den unteren Spannungswerten entsteht. H. HOCHSTEIN. 6480□

Wasserstoff-, Rißbildungs- und Verzögerungsfehler im Stahl. H. H. Johnson, J. G. Morlet und A. R. Troiano. (Trans. metallurg. Soc. AIME **212.** 528—36. 1958, herausgeg. 1959. Diskussion: **215.** 731. Cleveland, Ohio, Case Inst. of Technol.) (Engl.)

Verzögerungsfehler im Stahl treten durch eine geregelte Entstehung u. Wachsen eines Risses auf. Die Inkubationsperiode für die Riß-Bldg. u. seine Fortentw. werden durch eine Wechselwrkg. zwischen der H_2-Konz. u. dem dreiachsigen Spannungszustand geregelt. Die Inkubationsperiode stammt von einer spannungsinduzierten H-Diffusion bis zur Stelle der Riß-Bldg. her. — 14 Literaturangaben. H. HOCHSTEIN. 6480□

Die Bedeutung des Einflusses des Geschwindigkeitsverlaufes bei der Berechnung des Kriechverhaltens. J. D. Lubahn. (Trans. metallurg. Soc. AIME **212.** 557—63. 1958, herausgeg. 1959. Schenectady, N.Y., Gen. Electr. Co.) (Engl.)

Frühere Prüfungen durch DORN, bei denen die Dehnungs-Geschw. bei einer Zugprüfung plötzlich geändert wurde, haben die Ggw. eines zwar kleinen, aber bestimmten Einfl. des Geschw.-Ablaufes festgestellt. Wenn dieser Einfl. bei der Berechnung des Kriechverh. aus den Zugergebnissen vernachlässigt wird, treten Fehler auf. Durch Berechnungen wird nachgewiesen, daß dieser Fehler kleiner als die experimentelle Streuung ist u. daher vernachlässigt werden kann. H. HOCHSTEIN. 6480□

Kriech-Kennwerte von Magnesium-Einkristallen von 78—364° K. H. Conrad und W. D. Robertson. (Trans. metallurg. Soc. AIME **212.** 536—43. 1958, herausgeg. 1959. Pittsburgh, Pa., Westinghouse Res. Labor.; New Haven, Conn., Yale Univ.) (Engl.)

Kriechprüfungen wurden an Mg-Einkristallen unter Zug- u. direkter Schubbeanspruchung bei Temp. von 78—364° K durchgeführt. Die erhaltenen Kriechkurven zeigten bes. bei kleinen Streckgeschw. ein period. Verhalten. Es wird nachgewiesen, daß ident. Fließbedingungen nach verschiedenem Spannungs- u. Streckverlauf existieren. Ein logarithm. Zeitgesetz, mit α unabhängig von der Temp., wurde bei 78 u. 203° K festgestellt, während ein parabol. Zeitgesetz bei 298 u. 364° K herrschte. Die Abkehr vom logarithm. Kriechen wird auf die Erholung zurückgeführt, die bei 298 u. 364° K auftrat. Die Temp.-Unabhängigkeit von α stellt einen ernsten Einwand gegen die Theorie des Niedertemperaturkriechens dar. — 29 Literaturangaben. H. HOCHSTEIN. 6480□

Beiträge zur Kurzzeitermüdung. Georg Sachs und Volker Weiss. (Z. Metallkunde **53.** 37—47. Jan. 1962. Syracuse, N.Y., Univ.) (Dt.)

Kurzzeitermüdungs-Verss. u. Temp.-Schwingungen unter konst. Last wurden an *Stahl, Al-* u. *Mg*-Legg. vorgenommen. Die Dehnungsschwingungen um eine mittlere Dehnung zeigten einen parabol. Zusammenhang zwischen der Lastspielzahl u. der Schwingungsbreite. Im allg. behalten die die stat. Bruchdehnung beeinflussenden Variablen ihre Wrkg. für niedrige Lastspielzahlen bei. Temp.-Schwingungen unter konst. Last führen in den Al- u. Mg-Legg. zu einer dem Kriechen unter konst. Temp. ähnlichen Verformung. F. VIER. 6480□

Untersuchung der Qualität von sehr dünnen Wolframdrähten. Ján Sepp. (Hutnické Listy **14.** 235—38. März 1959. Praha-Holešovice.) (Tschech.)

Beschreibung eines Verf. zur Best. der Spaltbarkeit von W-Drähten mit $\geqq 50\,\mu$ Ø mit Hilfe des Schubelastizitätsmoduls (SM). Dieser beträgt bei guten Drähten ca. 14000 (kg/mm²), bei gespaltenen Drähten 8,00. Dieser Rückgang wird mit der Verminderung des wirksamen Durchmessers erklärt. Drähte mit geringem SM haben bei der Verarbeitung nicht befriedigt. W. WESLY. 6480□

Prüfung von Carboloy. Einige erste Erfahrungen. S. L. Hoyt. (Mater. Res. Standards **1.** 546—48. Juli 1961. Berkeley, Calif.) (Engl.)

Beschreibung der zu den ersten Unterss. von *Carboloy*, ein W-Carbid, ausgeführten Härte-, Festigkeits- u. metallograph. Prüfungen. — Diskussion. W. WESLY. 6480□

Ein Beitrag zur Ultraschallprüfung von Rundstahl. Dieter Pohl. (Stahl u. Eisen **82** 97—106. 18/1. 1962. Göppingen, Gebr. Boehringer GmbH.) (Dt.)

Die betrieblichen Erfahrungen mit der Ultraschallprüfung von Stabstahl bis über 300 mm Ø werden erörtert u. Ultraschall-Unterss. über die Fehlergröße u. Fehlerlage in Rundscheiben mit verschiedenem Durchmesser u. mit künstlichen Fehlstellen wechselnder Ausdehnung u. Lage durchgeführt. Die Messung des Verhältnisses Fehlerecho/Bodenecho u. der Fehlertiefe wird bei verschiedenen Einschallwinkeln durchgeführt. Der Einfl. der Prüffrequenz u. des Prüfkopfdurchmessers wird dabei ermittelt. Die Beziehungen zwischen den Meßgrößen werden herausgestellt. Ferner werden Unterss. an Rundstangen mit natürlichen Werkstoffehlern angestellt u. hieraus Folgerungen für eine zweckmäßige Ultraschallprüfung gezogen. — Diskussion. H. HOCHSTEIN. 6480☐

Die abstrakte Kunst und der Metallurge. G. Delbart. (Inst. Hierro Acero **12.** 257—76. Okt./Dez. 1959.) (Span.)

Es wird gezeigt, daß zahlreiche metallograph. farbige oder Schwarz-Weiß-Aufnahmen Analogien mit Darst. der abstrakten Kunst aufweisen. R. K. MÜLLER. 6482☐

Beitrag zur Äderung in Ferrit. Friedrich Erdmann-Jesnitzer und Arnold Dieter. (Hutnické Listy **14.** 201—06. März 1959. Freiberg/Sa.) (Tschech.)

Bei der (elektronen)mkr. Unters. von warmverformtem *Armcoeisen* mit 0,03 (%) *C*, 0,11 *Mn*, 0,06 *Si*, 0,25 *Al*, 0,011 *P*, 0,027 *S* erscheint die Äderung nach Ätzung mit 3%ig. alkohol. HNO_3 als erhabener Wall über dem Ferrit, was mit dem Auftreten u. Teilabbau von Spannungen erklärt wird. Durch Glühen wird die Äderung zunehmend beseitigt. Die Äderung zeigt gegenüber dem Ferrit nur geringe Härteunterschiede; daher ist die Äderung kein gesonderter Gefügebestandteil, sondern eine einphasige Entmischung mit maßgeblicher C-Beteiligung. W. WESLY. 6482☐

Modifizierung der Extraktionskohlenstoffrepliken für austenitische Stähle. Ivan Hrivňák. (Hutnické Listy **14.** 211—14. März 1959. Bratislava, Výzkumný úst. zváračský.) (Tschech.)

In einem abgewandelten Verf. der Extraktions-C-Abdrücke für austenit. Stahl wird die negative Seite des C-Films zwecks Kontrastverstärkung mit *Cr* gefärbt. Beispiele an Stählen mit 16 (%) Cr, 13 Ni u. mit 18 Cr, 8 Ni. W. WESLY. 6482☐

Metallographische Untersuchungen von Metallen nach einem Explosionsstoß. Cyril Stanley Smith. (Trans. metallurg. Soc. AIME **212.** 574—89. 1958, herausgeg. 1959. Chicago, Ill., Univ.) (Engl.)

Die Verformung von Metallen durch Explosionsdruckwellen mit Intensitäten bis zu 6000 kbars hat einen gleichgerichteten Charakter, der sich von anderen Verformungsarten unterscheidet u. eine Umwandlung vom normalen zum hochdichten Zustand der Metalle ergibt. Sowohl *Cu* als auch *Fe* werden durch einen 400 kbar-Stoß mehr als durch ein Kaltwalzen mit einem Verformungsgrad bis zu 95% gehärtet, obwohl die Probenabmessungen wirklich unverändert bleiben. Cu zeigt nach Stößen von ca. 200 kbars zahlreiche mechan. Zwillings-Bldg., welche jedoch zur Härtesteigerung nicht wesentlich beisteuern. Über das Auftreten u. die Richtung dieser Zwillings-Bldg. werden Angaben gemacht. Fe dagegen entwickelt NEUMANN-Linien beim Druck u. bei über 130 kbars tritt ein Übergang zu einer anderen Phase auf, die an eine Art von C-freiem Martensit erinnert. Die Stoßfront ist nicht dicker als 0,02 mm u. die Umwandlung tritt in Zeiten von der Größenordnung 10^{-9} s auf. Messungen von der Lage der Wechselwrkg.-Zone können direkt das Verhältnis der Geschw. von zwei Stößen angeben. Die Metallographie erweist sich als ein nützliches Hilfsmittel bei der Unters. von Stoß-Hydrodynamik. H. HOCHSTEIN. 6482☐

Radiometrische Methode zur Messung der Dicke von Überzügen. T. M. Chrenkowa. (Заводская Лаборатория [Betriebs-Lab.] **26.** 833—35. 1960.) (Russ.)

Vf. gibt eine radiometr. Meth. zur Best. der Schichtdicke von Materialüberzügen an, die auf dem Unterschied der Spektralcharakteristika der vom Grundmaterial u. vom Überzug rückgestreuten β-Strahlung beruht. Die Energieverschiebung bei der Rückstreuung hängt nach $E_{max}' = 0{,}12\, E_m \cdot Z^{0{,}38}$ von Z ab. Die Maxima der rückgestreuten β-Strahlung gleicher Ausgangsenergie sind gegeneinander verschoben. Die Trennung der Spektren erfolgt mit einem Scintillationszähler u. einem Amplitudendiskriminator. Gemessen wird die Dicke eines keram. Überzugs (0,1—0,8 mm; 2,6 g/cm^2) auf Stahl, Ti u. Mo. Der Schichtdickenbereich bei den Metallen wurde für die β-Strahler ^{204}Tl, ^{32}P, ^{90}Y/^{90}Sr, ^{144}Pr/^{144}Ce u. ^{106}Ru/^{106}Rh berechnet. Prakt. verwendet wurde ^{90}Y. Meßgenauigkeit 10% der gemessenen Dicke, bei Verw. von Untersetzerstufen 3%, Meßzeit 5—10 Sekunden. G. EWALD. 6484☐

Bestimmung der Dicke von Zinküberzügen durch die Methode der markierten Atome. I. A. Berman und Ss. A. Chaletzkaja. (Заводская Лаборатория [Betriebs-Lab.] **26.** 836—37. 1960.) (Russ.)

Bei der Verchromung von Al wird zur besseren Bindung des *Cr* an Al zunächst ein Kontaktüberzug aus *Zn* durch Eintauchen in eine Zinkat-Lsg. hergestellt. Zur Unters. des Einfl. der Zinkat-Konz. u. der Zus. der Proben auf die Dicke der Kontaktschicht wurde die Na-Zinkat-Lsg., die 29,0—61,3 g Zn/Liter u. 154—368 g NaOH/Liter enthielt, mit ^{65}Zn (Aktivität 2,5 mc) in 0,4 ml $ZnSO_4$ markiert. Anschließend wurde vor u. nach der Verchromung von Al u. einer Leg. *Al-9* die Menge des abgeschiedenen Zn u. daraus die Dicke der Kontaktschicht bestimmt. Diese Dicke auf Al u. *Al-9* beträgt bei einer Eintauchzeit von 60 Sek. entsprechend 0,09 u. 0,19 μ u. bei 90 Sek. 0,11 u. 0,25 μ. Wird die Probe von *Al-9* nicht unter Strom in das Cr-Bad (250 g Cr_2O_3/Liter, 2,5 g H_2SO_4/Liter, 58—60°) eingehangen, löst sich die Zn-Schicht in 1,5 Min. auf. Die Bindung Cr–Al hat dadurch eine schlechte Qualität. Wird die *Al-9*-Probe unter Strom eingehangen, verringert sich die Zn-Kontaktschichtdicke von 210 auf 150—160 μ. G. EWALD. 6484□

Röntgenographische Strukturuntersuchungen der Metalle nach erfolgter statischer und dynamischer Deformation bei normaler und niedriger Temperatur. J. S. Terminasov. (Hutnické Listy **14.** 43—47. Jan. 1959. Leningrad, Inženyrsko-ekonom. úst. Kat. Fysiky.) (Tschech.)

Unterss. (Röntgenstrahlenbeugung) über den Verlauf des stat. u. dynam. Zusammendrückens von *Duralumin* u. *Cu* bei Raum-Temp. u. der Temp. von fl. N_2 zeigen, daß die dynam. Verformung bei Raum-Temp. keine so große Verzerrung des Kristallgitters wie die stat. Zusammendrückung bewirkt. Bei niedriger Temp. ist die Verformungs-Geschw. ohne Einfluß. Bei Raum-Temp. ist die Schlagverformung ein adiabat. Vorgang, der die Temp. steigert u. die Kristallgitterverzerrung teilweise beseitigt. Bei niedriger Temp. ist die mkr. Verzerrung größer u. die Blockabmessungen sind halb so groß wie in Proben, die bei Raum-Temp. verformt worden sind. — 16 Literaturangaben. W. WESLY. 6484□

Streuung der Messungen und Größe der Fehler bei röntgenographischer Bestimmung von Spannungen im Betriebswerkstoff. Jaroslav Ježek und Hana Řeháková. (Hutnické Listy **14.** 230—34. März 1959. Praha, Státní výzk. úst. materiálu a technol.) (Tschech.)

Die statist. Anwendung der Röntgenmessung von Spannungen zeigt, daß das photograph. Verf. durch erhebliche Fehler in der Lage-Best. der Röntgenlinie belastet ist, so daß man zur einwandfreien Ermittlung einer Spannungskomponente mindestens 10 Messungen ausführen muß. — 24 Literaturangaben. W. WESLY. 6484□

Prüfstationen für die zerstörungsfreie Materialprüfung mit Gammastrahlen. Hans Böhme. (Giessereitechnik **7.** 131—35. Mai 1961.) (Dt.)

An Hand von Beispielen wurden Prüfstationen u. Prüfzellen für die zerstörungsfreie Materialprüfung mit γ-Strahlen emittierenden radioakt. Isotopen erläutert u. die Best. der Schutzdicken für die Prüfzellen mit Hilfe von Nomogrammen aufgezeigt. F. VIER. 6484□

Xeroradiographie — ein neues Aufnahmeverfahren zur Untersuchung von Werkstücken mit Hilfe von Röntgen- und Gammastrahlen. Ernst Schiebold und Rolf Krüger. (Wiss. Z. Hochschule Schwermaschinenbau Magdeburg **5.** 69—75. März **1961.**) (Dt.)

Übersicht über Begriff, Grundzüge, Ausführung, Geräte u. Anwendung der Xeroradiographie. — 28 Schrifttumshinweise. W. WESLY. 6484□

Verformung von metastabilem Austenit. Ein Zwischenbericht über einen neuen Prozeß. V. F. Zackay, W. M. Justusson und D. J. Schmatz. (Metal Progr. **80.** Nr. 3. 68—72. 126. Sept. 1961. Dearborn, Mich., Ford Motor Co.) (Engl.)

Die mechan. Eigg. von legierten Stählen, die durch Verformung im metastabilen Austenitbereich der Zeit–Temp.-Umwandlungskurve verfestigt werden, werden in verschiedenen Graden durch Veränderungen in der Korngröße, der Zwischenstufenvergütungszeit, den C-Geh. u. durch andere metallurg. Faktoren beeinflußt. Eine Walzeinrichtung u. Hilfsmeß-Vorr. dienen zur Unters. der Einfll. des verformten metastabilen Austenits. Die Temp. u. die Umwandlung werden dabei nach jedem Walzstich bestimmt. Hierzu dient eine magnet. Spule, in die der Walzstab hineingesteckt wird, um zu bestimmen, ob in seinem Gefüge noch etwas Ferrit vorhanden ist. — 13 Literaturangaben. H. HOCHSTEIN. 6490□

Die Elektroerosion, Theorie und Anwendung. Nicolas Mironoff. (Rev. gén. Caoutchouc **38.** 769—74. Mai 1961. Genf, Atelier des Charmilles.) (Franz.)

Nach einer kurzen Betrachtung über Grundlagen u. Wrkg. der Elektroerosion werden App. beschrieben u. Beispiele für ihre Anwendung gegeben. N. PETERS. 6490□

Verfahrenstechnik der Nichteisenmetall-Halbzeugindustrie. Die Problematik neuzeitlicher Metallwalzverfahren. 2. Teil. O. H. C. Messner. (Z. Metallkunde **53.** 1—8. Jan. 1962. Zürich) (Dt.) — 1. Teil. vgl. C. **1961.** 8818.

Fragen der Hilfsarbeiten der Kaltwalzung, der therm. Behandlung u. der Randgebiete der Walztechnik werden erörtert. F. VIER. 6490□

Die Neuverteilung einer Sekundärphase während der Glühung in einem Temperaturgefälle. P. G. Shewmon. (Trans. metallurg. Soc. AIME **212**. 642—47. 1958, herausg. 1959. Pittsburgh, Pa., Westinghouse Res. Labor.) (Engl.)

Wenn eine Zweiphasen-Leg. in einem Temp.-Gefälle geglüht wird, besteht eine Neigung für das Wärmegut in der ersten Phase am heißen oder kalten Stückende angereichert zu werden, z. B. Fe_3C-Konzentrate am heißen Ende von α-Fe u. Hydridanreicherung am kalten Ende von α-Zr. Die zur Entstehung dieses Effektes erforderlichen physikal. Kräfte werden erörtert u. für den Fall, wo Diffusion vorwiegend in einer einzigen Phase auftritt, Gleichungen zur Beurteilung der Kinetik der Neuverteilung mitgeteilt. Es wird gefolgert, daß für Einlagerungsmischkristalle dieser Effekt unter Labor-Bedingungen leicht beobachtbar ist u. unter verschiedenen Hochtemp.-Anwendungen gefunden werden kann, sofern nur ein Temp.-Gefälle besteht. Jedoch wird für Substitutionsmischkristalle eine Neuverteilung der zweiten Phase in einer angemessenen Zeit nur unter Bedingungen einer sehr hohen Temp. u. eines starken Temp.-Gefälles eintreten. H. Hochstein. 6492□

Die Sulf-Inuz-Technik. Félix Barbas. (Rev. univ. Mines, Métallurgie, Mécan., Trav. publ., Sci. Arts appl. Ind. [9] **18** (**105**). 109—15. Jan. 1962.) (Franz.)

Überblick über die Oberflächenverbesserung von Metallen durch das *Sulf-Inuz*-Verfahren. Tabellen für *Stähle* u. *Cu*-Legierungen. F. Vier. 6492□

Beitrag zur Kenntrnis der „Sulf-Inuz"-Behandlung. René Brochon Wilhelm. (Metalurgía y Electr. **23**. Nr. 256. 168—81. 183—84. Jan. 1959.) (Span.)

Es werden die Grundlagen u. die Vorteile des „*Sulf-Inuz*"-Verf. zur Behandlung von Stahl in einem Bad von *Alkalisalzen, S-Verbb.* u. *Cyaniden* bei optimal 560—580° zur Verminderung der Reibungsverluste erläutert. R. K. Müller. 6492□

Der Einfluß der Warmbehandlung und der Feinstruktur auf die Hochtemperatur-Formbarkeit von Stählen mit 18% Cr, 12% Ni und 1% Nb. K. J. Irvine, D. Murray und F. B. Pickering. (J. Iron Steel Inst. **199**. 297—305. Nov. 1961.) (Engl.)

Diskussion zu der C. **1961**. 9576 referierten Arbeit. M. Gehlen-Keller. 6506□

Einige Aspekte über die Formbarkeit eines austenitischen Stahles mit 18% Cr, 12% Ni und 1% Nb. R. J. Truman und H. W. Kirkby. (J. Iron Steel Inst. **199**. 297—305. Nov. 1961.) (Engl.)

Diskussion zu der C. **1961**. 9580 referierten Arbeit. M. Gehlen-Keller. 6506□

Wärmebeeinflußte Zonenrißbildung in geschweißten austenitischen Hochtemperatur-Stählen. R. N. Younger und R. G. Baker (J. Iron Steel Inst. **199**. 297—305. Nov. 1961.) (Engl.)

Diskussion zu der C. **1961**. 9580 referierten Arbeit. M. Gehlen-Keller. 6506□

Beitrag zur Veränderung des Abschmelzcharakters von ummantelten Elektroden durch den elektrischen Anschlußkreis. Hans-Erich Weinschenk. (Freiberger Forsch.-H., Reihe B, Heft **54**. 3—74. Okt. 1960. Freiberg, Bergakad.) (Dt.)

Ausführliche Wiedergabe der C. **1961**. 7383 referierten Arbeit. — 42 Literaturangaben. W. Wesly. 6506□

Verfahren auf dem Gebiet des Schweißens legierter nichtaustenitischer Stähle. Alfred Schmidt. (Schweisstechnik [Wien] **15**. 106—09. Sept.; 117—20. Okt. 1961. Kapfenberg). (Dt.)

Beschreibung der Ausführung von Schweißarbeiten an legierten Vergütungsbaustählen u. der damit verknüpften Probleme (Einfl. der Wärmeeinbringung, C-Äquivalent, Ausgangszustand der Stähle, austenit.-ferrit. Schweißung, Schweißschwierigkeitsgrade, Gefahren örtlicher Ausbesserungsschweißen, Schweißen legierter, nichtaustenit., warmfester Baustähle, Nahtvorbereitung, Wärmebehandlung). — Diskussion. W. Wesly. 6506□

Schweißen von Kugelgraphit-Gußeisen. Claes Pfeiffer. (Gjuteriet **49**. 225—26. 229—30. 233—34. 237—38. 241—42. 245. 1959.) (Schwed.)

Wie bei grauem Gußeisen bilden sich auch beim Schweißen von Kugelgraphit-Gußeisen (I) harte u. spröde Gefüge in der Umwandlungszone des Grundmaterials aus. Ein erfolgreiches Schweißen von I ist daher nur möglich, wenn das ursprüngliche Gefüge dieser Zone durch Warmbehandlung wiederhergestellt wird. Wird von der Schweiße gute Bearbeitbarkeit gefordert, dann eignet sich Monelmetall besser als Ni- oder Stahlelektroden. Größere Schweißen werden zweckmäßig mit Zusatz von *Ni* hergestellt, evtl. mit nachfolgender Warmbehandlung, die auch bei den mit Stahlelektroden erhaltenen Schweißen hoher mechan. Festigkeit oft zweckmäßig ist. Eine Schweißtemp. von 250° mit Nacherhitzen auf 920° ($1^1/_2$ Std.) führt zu einer Festigkeit von 55 kg/mm² u. Dehnung von 3%. Bei Nachglühen auf 720° verschwindet der Perlit. R. K. Müller. 6506□

Einige besondere Oberflächenbehandlungen zur Verminderung des Festfressens. H. Robert. (Rev. univ. Mines, Métallurgie, Mécan., Trav. publ., Sci. Arts appl. Ind. [9] **18** (**105**). 116—23. Jan. 1962.) (Franz.)

Beschrieben wird das Befunken der Metalloberflächen zur Bldg. von Mikrokratern für das Festhalten des Ölfilms, das oberflächliche Härten, das Metallspritzen u. das Aufbringen von Gleitüberzügen mittels harzartiger Stoffe, F. VIER. 6508□

Hydraulische Entzunderungsvorrichtungen. Willy Giesen. (Blech **8.** 98—104. Febr. 1961. Düsseldorf.) (Dt.) M. GEHLEN-KELLER. 6510□

Messung der Dicke galvanischer Überzüge durch elektrolytisches Ablösen. Lösungen zum Entfernen von Silber- über Kupfer-, Messing-, Stahl- und Nickel-Überzügen. P. B. Mathur und N. Karuppanan. (Plating **48.** 170—72. Febr. 1961, Karaikudj, Ind., Central Electrochem. Res Inst.) (Engl.) — Vgl. C. **1961.** 10350.

Die Zus. der Lsgg., der Ablösezeit u. der Stromstärken wird angegeben. F. VIER. 6514□

Zum elektrolytischen Polieren in der Mischung der Orthophosphor- und Chromsäure. Bohdan Šesták. (Hutnické Listy **14.** 223—29. März 1959. Praha, ČSAV, Fysikální úst.) (Tschech.)

Die günstigste Zus. des zum elektrolyt. Polieren verwendeten H_3PO_4 (I)–CrO_3 (II)-Gemisches beträgt 80(%) I, 13 II, 7 W. bei 50°. Mittels Messungen der anod. Polarisation werden einige beobachtete Erscheinungen u. der Polierverlauf erklärt. W. WESLY. 6514□

Untersuchung über rostfreien 17-7 PH-Stahl. 6. Mitt. **Über Korrosionsfestigkeit von kalt gewalztem, rostfreiem 17-7 PH-Stahl mit ca. 1% Al.** To-oru Furukawa und Tomo-o Sato. (Nippon Kinzoku Gakkai-Si [J. Japan Inst. Metals] **25.** 475—79. 1961.) (Jap.; Auszug: Engl.) — 5. vgl. C. **1961.** 18860.

Unterss. über das Verh. von rostfreiem Stahl mit 0,09 (%) C, 0,72 *Si*, 0,66 *Mn*, 0,024 *P*, 0,008 *S*, 6,81 *Ni*, 17,52 *Cr*, 0,92 *Al*, 0,11 *Cu*, der bei 1050° lösungsbehandelt, kaltgewalzt (31—70% Dickenabnahme) u. 0,5—500 Std. bei 400—500° gealtert worden ist, zeigen, daß der Stahl gegen 10%ig. H_2SO_4 von 30° ebenso korrosionsfest wie 18-8-Stahl ist. In hinreichender Weise gealterte Proben zeigen ca. 12 Std. einen passiven Zustand; die Korrosionsfestigkeit ist unabhängig von Alterungsbedingungen u. Dickenabnahme. Sd. 40%ig. HNO_3 passiviert die Proben. Je stärker die Dickenabnahme durch Walzen, um so höher ist die Korrosionsfestigkeit. W. WESLY. 6538□

Möglichkeiten des Korrosionsschutzes bei Titan. W. R. Fischer. (Techn. Mitt. Krupp **19.** 61—72. Juni 1961. Essen, Friedr. Krupp WIDJA-Fabrik.) (Dt.)

Durch kathod. Polarisation, z. B. durch Fremdstrom oder Zusätze, die die H_2-Überspannung erhöhen, z. B. NH_4F, kann zuvor eine die Korrosions-Geschw. herabsetzende *Ti-Hydrid*-Schicht gebildet werden, doch besteht die Gefahr der H_2-Versprödung. Ein echter kathod. Schutz würde zu hohe Stromstärken erfordern. Dagegen erscheint ein anod. Schutz wirksamer, ebenso galvan. Edelmetallüberzüge wie *Pt* oder Zulegieren von 0,2% *Pd*. W. wirkt in nicht-wss. Lsgg. u. Gasen passivierend. Ti wird vom feuchten Cl_2 nicht von trockenem Cl_2 unter Feuererscheinung angegriffen. — 49 Literaturangaben. F. VIER. 6538□

Korrosionsfestigkeit von Aluminiumlegierung 5083 in Meerwasser. W. H. Ailor und R. I. Lindberg. (J. Amer. Soc. naval Engr., Inc. **73.** 545—47. Aug. 1961. Reynolds Metals Co., Metallurg. Res. Div., Engng. Serv. Dep.) (Engl.)

Al-Lcg. *5038* mit 0,13 (%) *Si*, 0,22 *Fe*, 0,02 *Cu*, 0,38 *Mn*, 4,42 *Mg*, 0,04 *Zn*, 0,14 *Cr*, 0,06 *Ti* zeigt nach 2jähriger Einw. von Meerwasser nur geringe Korrosion ($\leqq$ 0,003″ tief) ohne nennenswerte Veränderung der mechan. Eigenschaften. W. WESLY. 6538□

Korrosionsbeständige Nickellegierungen. E. Warde. (Cebelcor, Rapp. Techn. **1961.** Nr. 96. 3—15. Sept.; Ind. Chim. belge **26.** 631—43. 1961. Birmingham, Henry Wiggin & Co. Ltd.) (Franz.)

Die Auswahl von Werkstoffen für chem. App., welche bei bes. hohen Drucken u. Temp. betrieben werden müssen, ist schwierig. Ni-Legg. bieten eine gute Beständigkeit gegen eine ganze Reihe von korrodierenden Mitteln, wie Halogenen, Halogenwasserstoffen, in gasförmigem Zustand oder in wss. Lsg., Mineralsäuren, Alkalien u. organ. Verbb., wie Phenol, Benzoylchlorid, Essigsäure u ähnlichen Verbindungen Es werden die Werte der Beständigkeit dieser Legg. gegen Korrosion zusammengestellt u. Anwendungsbeispiele für zahlreiche Gebiete aus der Industrie angegeben. H. HOCHSTEIN. 6538□

Korrosion von Metallen bei hoher Temperatur durch Vanadinanhydrid. 6. Mitt. **Beziehungen zwischen Widerstand gegen Oxydationsbeschleunigung und chemischer Zusammensetzung der Legierungen.** A. Burdese. (Metallurgia ital. **53.** 370—76. Juli

1961. Turin, Politecn., Ist. di Chim. gen. e appl. e di Metallurgia.) (Ital.) — 5. vgl. C. **1961.** 9332.

Es wird die Einw von kleinen Mengen von *Mn, Mo, Cu, Be, Zr* auf den Widerstand bei der beschleunigten Oxydation von feuerfesten Legg. untersucht. Auf Grund der Zustandsdiagramme zwischen V_2O_5 u. den Oxiden dieser Metalle wird deren Einfl. unter Berücksichtigung der Konstit. der Schutzschichten untersucht, die auf der Oberfläche der durch die aggressive Einw. von V_2O_5-Dämpfen ausgesetzten Legg. entstehen können. Schließlich werden die Beziehungen zwischen Widerstand gegen beschleunigte Oxydation der Legg. u. chem. Eigg. (Bldg.-Möglichkeiten von Oxiden u. Vanadaten) der in diesen enthaltenen Elemente auf Grund früher erzielter Ergebnisse aufgezeigt u. erörtert (Mikroaufnahmen u. Tabellen). — 21 Literaturangaben.

G. PLATZER. 6538□

Schmiermittel und die Abnutzung durch Reiboxydation. N. A. Scarlett und E. J. Demelenne. (Rev. univ. Mines, Métallurgie, Mécan., Trav. publ., Sci. Arts appl. Ind. [9] **18 (105).** 19—32. Jan. 1962. Chester, Shell Res Ltd. u. Belgian Shell Co.) (Franz.)

Überblick u. Beschreibung von Versuchen. — Diskussion. F. VIER. 6538□

Problem der mechanischen Abnutzung. Félix Barbas. (Rev. univ. Mines, Métallurgie, Mécan., Trav. publ., Sci. Arts appl. Ind. [9] **18 (105).** 95—102. Jan. 1962.) (Franz.)

Überblick über das Wesen der mechan. Abnutzung u. die Möglichkeiten, durch Oberflächenbehandlung die Abnutzungsfestigkeit zu erhöhen. F. VIER. 6546□

Methodik der Verschleißmessung. G. Oswald. (Isotopentechnik **2.** 7—11. Jan. 1962. Dresden, Inst. für Anwendung radioakt. Isotope.) (Dt.)

Übersicht. M. GEHLEN-KELLER. 6546□

Ziehsteinverschleißbestimmung unter Anwendung radioaktiver Isotope beim Ziehen von Stahldraht. J. Kieszniewski, L. Kuś und R. Wusatowski. (Isotopentechnik **2.** 11—14. Jan. 1962. Gliwice, Inst. für Eisenmetallurgie.) (Dt.)

M. GEHLEN-KELLER. 6546□

Stripa Gruv A/B, Guldsmedshyttan, Schweden (Erfinder: K. J. V. Svensson), **Trennaufbereitung von Erzen.** Das Verf. nach Schwed. P. 155 318; C. **1961.** 11512, wird dahingehend ergänzt, daß der Rüttelrinne in ungleichen Abschnitten W. in voneinander unabhängigen, regelbaren Mengen zugeführt wird. — Abbildung. (**Schwed. P. 163 275** vom 5/6. 1954, ausg. 20/5. 1958.) K. H. KÄHLER. 6361

M. André Subervie, Frankreich, **Agglomeration von Erzen,** z. B. Brikettieren, Granulieren oder Pelletisieren unter Umhüllung mit einem Bindemittel, das durch Einw. von Asphaltzement auf eine umgekehrte Emulsion entsteht. Die Masse wird auf einem Rütteltisch oder auf eine Vibrations-Vorr. gebracht u. mit Wassertröpfchen besprüht, welch letztere das Gerüst für die Agglomerate bilden. (**F. P. 74 375** vom 7/11. 1958, ausg. 30/11. 1960. **Zusatz zu F. P. 1 195 370; C. 1961. 3473.**)

M. NECKERMANN. 6377

Blocked Iron Corp., Albany, N.Y., V.St.A., **Herstellung von Stückerz.** Die feinkörnigen Erze werden mit einem *Erdalkalimetalloxid* u./oder *-hydroxid* gemischt u. in Ggw. von 10% Feuchtigkeit brikettiert, worauf sie in CO_2-Gas bei Atmosphärendruck gehärtet werden. Beispiel: Herst. von Briketts aus *Magnetit* Konzentraten. (**Belg. P. 569 352** vom 11/7. 1958, ausg. 21/4. 1961.) M. NECKERMANN. 6377

Instituto Nacional de Industria, Madrid, Spanien, **Herstellung von Kiesabbränden, aus denen das Arsen durch Laugung abgetrennt werden kann.** Dem zu röstenden *Pyrit* werden Stoffe zugemischt, die lösl. Arsenate bilden, z. B. *Oxide, Hydroxide, Chloride, Nitrate* u. *Sulfate* der *Alkalien* u. *Erdalkalien.* Es werden hiervon zwischen 0,5—10% je nach dem As-Geh. zugesetzt. (**Belg. P. 569 586** vom 19/7. 1958, ausg. 19/5. 1961. Span. Prior. 29/7. 1957.) M. NECKERMANN. 6379

Instituto Nacional de Industria, Spanien, **Kontinuierliche Behandlung von arsenhaltigen pyritischen Erzen in 2 Stufen.** In der zweiten, d. h. der Röststufe wird mit O_2-Überschuß gearbeitet, während in der 1. Stufe durch Verbrennung des abdest. freien Pyritschwefels die Temp. erhöht wird. Der Aufenthalt des Pyrits in der 1. Stufe wird unter die Zeit gesenkt, die für die vollständige Dest. des freien S erforderlich ist. (**F. P. 73 544** vom 2/5. 1958, ausg. 9/1. 1961. Span. Prior. 13/5. 1957. **Zusatz zu F. P. 1 095 724; C. 1956. 12966.**) M. NECKERMANN. 6379

Metallgesellschaft Akt.-Ges., Frankfurt/M., **Agglomerieren von Eisenerzen auf einem Sinterrost** in 2 Schichten. Die in der Gasströmungsrichtung liegende 1. Schicht besteht aus grobkörnigen, nicht mit festem Brennstoff vermischten Anteilen des zu agglomerierenden Erzes einer Korngröße von über 10 mm, während die folgende Schicht mit Brennstoff vermischt ist u. eine Korngröße bis 10 mm aufweist. Die 1. Schicht nimmt 1/3 u. die 2. Schicht 2/3 der gesamten Schichthöhe ein. Es werden Gase mit einer Temp. u. einem O_2-Geh. durchgesaugt, welche die Sinterung der brennstofffreien 1. Schicht bewirken u. die den Brennstoff-Geh. der 2. Schicht zur Verbrennung bringen, wodurch die 2. Schicht ebenfalls agglomeriert. — Abbildung. (**Oe. P. 214 951** vom 24/9. 1959, ausg. 10/5. 1961. D. Prior. 15/10. 1958.) M. NECKERMANN. 6391

Premium Iron Ores Ltd., Canada, **Herstellung von selbstgehenden Agglomeraten aus Eisenerz mit hohem Phosphorgehalt.** Fe-Erz mit einem P-Geh. von ca. 0,1 bis 1,0% *P* wird durch Aufbereitung in ein Fe-haltiges u. in ein P- (*Apatit-*) haltiges Konzentrat getrennt, worauf dem Fe-haltigen Konzentrat ein Teil des P-Konzentrates zugemischt wird, so daß nach Agglomeration des Gemisches ein P-Geh. von ca. 1—10% im Agglomerat erreicht wird. Der Restkieselsäure-Geh. im Fe-Konzentrat wird vom Ca des Apatits im Hochofen verschlackt. — Fließbild. (**F. P. 1 251 642** vom 17/3. 1960, ausg. 21/4. 1961. A. Prior. 23/7. 1959.) M. NECKERMANN. 6391

E. I. du Pont de Nemours & Co. (Erfinder: Wilmer Atkinson Jenkins und Howard Wayne Jacobson), Wilmington, Del., V.St.A., **Herstellung von reinem Niob, Tantal, Wolfram, Vanadin oder Rhenium** durch Red. ihrer dampfförmigen Halogenide mit H_2 bei 675—1200°, bes. 750—1050°, wobei die Halogenide in Ggw. einer im Wirbelzustand befindlichen Suspension feinverteilter fester Teilchen der herzustellenden Metalle red. werden. (**D. A. S. 1 111 835** Kl. 40a vom 14/11. 1957, ausg. 27/7. 1961. A. Prior. 14/11. 1956.) K. BAYER. 6421

Elmore's Metall-Akt.-Ges., Schladern/Sieg (Erfinder: Carl Hermann Weeber, Schadern/Sieg, und Hermann Schunk, Bonn), **Elektrolytisches Herstellen von Halbzeug aus Kupfer,** wobei der Cu-Nd. während der Abscheidung durch Achate geglättet wird (ELMORE-Verf.), dad. gek., daß aus einem auf diese Weise hergestellten dickwandigen Rohr Längsstreifen aus der Wand geschnitten werden, die abgerundet u. als Kathodenkern nach dem gleichen Verf. weiterverkupfert werden, worauf sie durch Strangpressen zu Stangen u. weiter durch Ziehen zu elektr. Leitungsdraht verarbeitet werden. (**D. A. S. 1 103 709** Kl. 48a vom 12/8. 1957, ausg. 30/3. 1961.) H. HÄNLE. 6433

Süddeutsche Kalkstickstoff-Werke Akt.-Ges., Trostberg/Obb. (Erfinder: F. Kaess, Trostberg, S. Elischer, Hart/Alz, und H. Röck, Trostberg), **Herstellung von Calcium** aus einer Mischung von CaC_2 u. *Ca–Si* im Vakuum, dad. gek., daß ein *Flußspat* enthaltendes Gemisch aus CaC_2 u. Ca–Si unter Druck zu Preßlingen geformt wird, die bei mindestens 10^{-3} mm Hg u. 900—1300°, bes. 1100—1200°, erhitzt werden, u. daß der gebildete Ca-Dampf kondensiert wird. (**D. A. S. 1 110 428** Kl. 40a vom 10/1. 1958, ausg. 6/7. 1961.) K. BAYER. 6443

Magnesium Elektron Ltd., Manchester, England (Erfinder: William Unsworth), **Einbringen von Zirkonium in Magnesium** durch gemeinsames Erhitzen folgender Bestandteile: 1 (Mol) *Alkalifluorzirkonat*, 4,5—7,5 $MgCl_2$, 2,0—5 *KCl* u./oder *NaCl*, 7—12 g-Atom auf 1 g-Mol *Fluorzirkonat*/g *Kaliumfluorzirkonat* mit einem Verhältnis von KF zu ZrF_4 zwischen 1,0—2,0. (**E. P. 857 709** vom 9/5. 1958, ausg. 4/1. 1961.) W. HAUSWALD. 6445

Office National d'Études et de Recherches Aéronautiques (O.N.E. R.A.), Frankreich, **Herstellung von Diffusionsschichten auf Metallgegenständen.** Inhaltlich ident. mit It. P. 503 758; C. **1960.** 15902. (**F. P. 1 060 225** vom 11/7. 1952, ausg. 31/3. 1954.) F. VIER. 6493

Office National d'Études et de Recherches Aéronautiques (O.N.E. R.A.), Frankreich (Erinder: Philippe Galmiche), **Bildung von Diffusionsschichten auf Metallen,** bes. Cr-Legierungen. Die Gegenstände, z. B. aus *Ni*, *Cr* u. ggf. mit Geh. von *Ti*, *Al* u. *Mo*, wie „*Nimonic 80-90-95*" oder „*Waspalloy*" werden einem Lösungsglühen zwischen 900 u. 1300° unterworfen u. gleichzeitig nach dem Verf. des Hauptpatentes chromiert unter Verw. von gasförmigen *Cr-Halogeniden*, bes. *-Fluoriden.* Danach wird zur Erzielung einer kontrollierten Ausscheidung eine Wärmebehandlung bei 600—800° vorgenommen. Die so hergestellten Schichten sind bes. korrosionsbeständig. (**F. P. 67 580** vom 16/2. 1955, ausg. 14/3. 1958. **Zusatz zu F. P. 1060225; s. vorst. Referat.**) F. VIER. 6493

Chemische Fabrik Budenheim Akt.-Ges., Budenheim, **Regenerieren von Beizsäuren durch Elektrolyse.** Anoden- u. Kathodenraum sind durch eine Kationenaustauschermembran getrennt. Die zu regenerierende Beizsäure ist im Anodenraum während im Kathodenraum eine die Ausfällung von $Fe(OH)_3$ bewirkende Lsg. verwendet wird. (**Oe. P. 213 191** vom 17/6. 1959, ausg. 25/1. 1961. D. Prior. 19/6. u. 12/7. 1958.) F. MARKHOFF. 6513

Yolande Spring-Comte, La Chaux-de-Fonds (Erfinder: Robert Bonjour, Hombrechtikon, Zürich), Schweiz, **Elektrolytisches Gravieren.** Die als Abdeckschicht dienende *PbO*-Schicht wird durch anod. Behandlung des abzudeckenden Gegenstandes in einem Bad erzeugt, das aus einer Lsg. von $Pb(NO_3)_2$ u. *Gelatine* besteht. Nach der Gravierung wird die Schicht durch eine Lsg. von *Essigsäure* u. H_2O_2 wieder abgelöst. (**Schwz. P. 352 541** vom 24/10. 1956, ausg. 14/4. 1961.) F. MARKHOFF. 6515

Asbest- und Gummiwerke Martin Merkel K. G. (Erfinder: Fritz Langer), Hamburg, **Galvanisieren von Gegenständen aus geringe Haftfähigkeit für Überzüge aufweisenden Perhalogenkohlenwasserstoffen, die einer Druckbelastung ausgesetzt sind.** Die Oberfläche wird ohne Rücksicht auf die Haftfähigkeit durch Aufbringen einer *Ag*-Schicht, z. B. mittels Aufdampfen, oder durch durch Graphitieren elektr. leitend gemacht u. dann galvan. mit einer oder mehreren Metallschichten überzogen. Es wird erreicht, daß zwischen dem Grundkörper u. Metallüberzug eine Verschiebung stattfinden kann, ohne daß Schäden an der Metallhülle auftreten, z. B. bei Wärmedehnungen. — Abbildungen. (**D. A. S. 1 110 487** Kl. 48a vom 15/11. 1958, ausg. 6/7. 1961.) F. MARKHOFF. 6517

Reynolds Metals Co., Richmond, Va., V.St.A., **Bad zum stromlosen Vernickeln** enthält neben *Ni*-Kationen u. *Hypophosphit*-Anionen mindestens 2 der Elemente *As*, *Sb* u. *Bi* in einer Menge von 0,1—100 Teilen auf 1000000 Teile der Lsg., wobei das Verhältnis des einen Elements zum andern 1 : 5 bis 1 : 0,5 ist. Der Zusatz dient als Stabilisator. (**E. P. 845 648** vom 7/10. 1958, ausg. 24/8. 1960. A. Prior. 7/10. 1957.) F. VIER. 6521

Rintaro Takahashi, Japan, **Sulfurieren der Oberflächen von Eisen, Stahl und ihrer Legierungen** durch Eintauchen in eine *S-Schmelze*. Das Metall wird auf verschiedene Weise für die Annahme des S aktiviert: 1. Das Metall wird in die S-Schmelze gelegt u. dabei unter dessen Verw. als positiver Pol an dieses 3—4 Min. eine Spannung von über 10 V angelegt. 2. Vorbehandlung in einer Lsg. von 50 cm^3 H_3PO_4 vermischt mit 2 g *Gelatine* u. 2 g $C_2O_4H_2 \cdot 2\,H_2O$ unter einer Stromdichte von 30—200 A/dm^2 für 10 Sekunden. Als Kathode dienen Pb oder rostfreier Stahl. 3. Vorbehandlung (chem. Polieren) in Lsg. aus 100 (g) H_2SO_4, 250 HNO_3 u. 150 $CuSO_4$ auf 1 Liter W., 5—10 Sek. bei Raumtemperatur. 4. Vorbehandlung 2—3 Min. in einer Schmelze aus 28 (Gew.-%) NH_4Cl u. 72 $ZnCl_2$ oder aus 10 *Borax*, 30 $BaCl_2$ u. 60 $CaCl_2$. 5. Vorbehandlung mit H_2S oder SCl_2. 6. Elektrolysieren in geschmolzenem S unter Zusatz von Metallsulfid (PbS) mit 2—3 mA 3—4 Min. lang u. Überführen in geschmolzenen S. 7. Vorbehandlung durch Polieren der Oberfläche, Behandlung im H_2-Strom (bei 350°) u. Überführen unter Luftabschluß in S-Schmelze. (**F. P. 1 239 577** vom 27/10. 1959, ausg. 9/12. 1960. Jap. Prior. 27/10. 1958.) G. BAUR. 6529

Farbwerke Hoechst Akt.-Ges., vormals Meister Lucius & Brüning (Erfinder: Ernst Wagner und August Moeller), Frankfurt/M., **Lösungen zur Erzeugung von Überzugsschichten auf Metalloberflächen** bestehen aus Lsgg. von *Oxalsäure* u./oder *Oxalaten* sowie ggf. von H_3PO_4 u. deren Salzen mit einem Zusatz von einer oder mehreren lösl. *organ. Thio-Verbb.* mit $=C=S$; $\equiv C-SH$ oder $-C\begin{smallmatrix}\nearrow S\\ \searrow SH\end{smallmatrix}$-Gruppen oder von lösl. *organ. Thiophosphaten.* — Nach der D. A. S. 1 001 561 enthalten die Lsgg. zusätzlich *Fe*-Verbindungen. Es werden zusammenhängende, festhaftende Schichten erzeugt, die die Kaltverformung von hochlegierten Stählen, wie Edelstählen, erleichtert. (**D. B. P. 975 152** Kl. 48d vom 19/3. 1954, ausg. 7/9. 1961. Anmeldung bekanntgemacht 21/6. 1956. **D. A. S. 1 001 561** [Zusatz-Anmeldung] Kl. 48d vom 29/4. 1955, ausg. 24/1. 1957.) F. MARKHOFF. 6529

Stahlwerke Südwestfalen Akt.-Ges., Geisweid, *Schmelzen von Metallen.* (**Holl. P. 99 040** vom 7/12. 1955, ausg. 15/9. 1961. D. Prior. 8/12. 1954. — C. **1961.** 6669 [Oe. P. 208 382].)

Reymersholms Gamla Industri Aktiebolag, Hälsingborg, Schweden, *Gewinnung von eisenhaltigem Material.* (**Holl. P. 99 027** vom 26/8. 1955, ausg. 15/9. 1961. — C. **1958.** 1420 [F. P. 1 129 885].)

Régie Nationale des Usines Renault, Billancourt, Frankreich, *Präzisionsgießverfahren mit verlorenem Wachs.* (**D. B. P. 974 520** vom 24/7. 1952, ausg. 26/1. 1961. Anmeldung bekanntgemacht 24/12. 1953. F. Prior. 1/9. 1951. — C. **1956.** 11065 [Schwz. P. 305 472].)

Régie Nationale des Usines Renault, Billancourt, Frankreich, *Wachsmischungen für Präzisionsgußmodelle.* (**D. A. S. 1 085 301** Kl. 31c vom 28/10. 1953, ausg. 14/7. 1960. F. Prior. 18/11. 1952. — C. **1955.** 8720 [F. P. 1 066 673].)

Oel- und Chemie-Werk Akt.-Ges. (Erfinder: **Franz Rudolf Moser**), Hausen, Schweiz, *Bindemittel für Gießereisandformen und Kerne.* (**D. A. S. 1 102 347** Kl. 31c vom 17/12. 1954, ausg. 16/3. 1961. Zusatz zu D. B. P. 969 613; C. 1960. 8678. Schwz. Prior. 19/12. 1953. — C. **1958.** 6963 [E. P. 761 035].)

Rolls-Royce Ltd., Derby (Erfinder: **Harold Garton Emblem**, Mickleover, und **Jack Aston**, Melbourne), Derby, England, *Formstoffmischung für Präzisionsguß*. (**D. A. S. 1 109 838** Kl. 31c vom 21/10. 1955, ausg. 29/6. 1961. E. Prior. 25/10. 1954 u. 8/2. 1955. — C. **1959**. 7624 [E. P. 787 052].)

Inland Steel Co., Chicago, Ill., V.St.A., *Reduktion von zerkleinerten oxidischen Eisenerzen*. (**Oe. P. 214 952** vom 10/1. 1958, ausg. 10/5. 1961. A. Prior. 15/1. 1957. — C. **1961**. 1356 [F. P. 1 197 780].)

Ontario Research Foundation, Toronto, übert. von: **Patrick E. Cavanagh**, Oakville, Ontario, Canada, *Herstellung von Metallgegenständen bestimmter Dichte direkt aus Erzen*. (**Can. P. 554 276** vom 14/11. 1951, ausg. 11/3. 1958. A. Prior. 12/6. 1951. — C. **1955**. 7774 [D. B. P. 919 049].)

Vacuumschmelze Akt.-Ges., Hanau, *Herstellung von Blechen aus Eisenlegierungen mit 2—5% Si und/oder Al*. (**E. P. 857 123** vom 23/10. 1958, ausg. 29/12. 1960. D. Prior. 9/11. 1957. — C. **1961**. 6671 [F. P. 1 206 587].)

La Salle Steel Co., Hammond, Ind., übert. von: **Elliot S. Nachtman**, Park Forest, Ill., V.St.A., *Cu- und Pb-haltige Stähle verbesserter Verarbeitungsfähigkeit*. (**Can. P. 554 245** vom 20/9. 1954, ausg. 11/3. 1958. A. Prior. 6/11. 1953. — C. **1958**. 13897 [E. P. 782 275].)

Magnesium Elektron Ltd., Lumm's Lane, Clifton Junction, England (Erfinder: **Derek James Whitehead** und **Edward Frederick Emley**), *Herstellung von Magnesiumlegierungen*. (**E. P. 822 451** vom 6/2. 1957, ausg. 28/10. 1959. — C. **1961**. 2781 [F. P. 1 190 387].)

Rolls-Royce Ltd., Derby, County of Derby, übert. von: **Harold E. Gresham**, Little Eaton, Derbyshire, **Alec G. Farnsworth**, Derby, County of Derby, und **Douglas W. Hall**, West Monkseaton, Northumberland, England, *Aluminiumlegierung*. (**Can. P. 553 976** vom 14/7. 1950, ausg. 4/3. 1958. E. Prior. 18/7. 1949. — C. **1956**. 1730 [E. P. 686 819].)

Rolls-Royce Ltd., Derby, County of Derby, übert. von: **Harold E. Gresham**, Little Eaton, Derbyshire, **Alec G. Farnsworth**, Derby, County of Derby, **Douglas W. Hall**, West Monkseaton, Northumberland, und **William M. Doyle**, Slough, Bucks, England, *Aluminiumlegierung*. (**Can. P. 553 978** vom 14/10. 1953, ausg. 4/3. 1958. E. Prior. 25/10. 1952. — C. **1956**. 9855 [E. P. 733 190].)

Imperial Chemical Industries Ltd., London (Erfinder: **James Paterson Quin**, Widnes), England, *Herstellung von Titan*. (**D. A. S. 1 096 616** Kl. 40a vom 9/8. 1956, ausg. 5/1. 1961. E. Prior. 11/8. 1955 u. 4/7. 1956. — C. **1961**. 8824 [A. P. 2 816 021].)

Horizons Titanium Corp., Princeton, N.J., übert. von: **Eugene Wainer**, Cleveland Heights, Ohio, V.St.A., *Elektrolytische Herstellung von Titan*. (**Can. P. 554 216** vom 24/7. 1953, ausg. 11/3. 1958. A. Prior. 12/11. 1952. — C. **1956**. 7656 [F. P. 1 087 017].)

Horizons Titanium Corp., Princeton, N.J., übert. von: **Eugene Wainer**, Cleveland Heights, Ohio, V.St.A., *Elektrolytische Herstellung von Titan*. (**Can. P. 554 217** vom 27/7. 1953, ausg. 11/3. 1958. A. Prior. 29/10. 1952. — C. **1957**. 8933 [A. P. 2 731 404].)

Horizons Titanium Corp., Princeton, N.J., übert. von: **Eugene Wainer**, Cleveland Heights, Ohio, V.St.A., *Elektrolytische Herstellung von Titan*. (**Can. P. 554 218** vom 28/7. 1953, ausg. 11/3. 1958. A. Prior. 8/10. 1952. — C. **1956**. 7657 [A. P. 2 707 170].)

Treibacher Chemische Werke Akt.-Ges., Treibach, Kärnten, übert. von: **Hans Nowotny**, **Kurt Komarek**, Wien, und **Otto Smetana**, Treibach, Österreich, *Pyrophore Legierungen*. (**Can. P. 554 326** vom 16/2. 1954, ausg. 11/3. 1958. — C. **1957**. 7783 [E. P. 756 588].)

Treibacher Chemische Werke Akt.-Ges., übert. von: **Otto Smetana**, Treibach, Kärnten, **Hans Nowotny** und **Kurt Komarek**, Wien, Österreich, *Pyrophore Legierungen*. (**Can. P. 554 327** vom 16/2. 1954, ausg. 11/3. 1958. — C. **1957**. 4578 [E. P. 746 414].)

American Chemical Paint Co., Ambler, übert. von: **Albert J. Saukaitis**, Wayne, Pa., V.St.A., *Herstellung von verkupfertem Fe-Pulver*. (**Can. P. 554 094** vom 25/3. 1955, ausg. 11/3. 1958. A. Prior. 4/3. 1955. — C. **1960**. 15564 [F. P. 1 134 631].)

Olin Mathieson Chemical Corp., übert. von: **Lewis P. Wilson**, Edwardsville Township, und **Robert L. Turner**, Alton, Ill., V.St.A., *Herstellung von Eisenschrot*. (**A. P. 2 974 031** vom 20/4. 1953, ausg. 7/3. 1961. — C. **1958**. 2890 [E. P. 748 971].)

Wild-Barfield Electric Furnaces Ltd., Watford, England, *Erzeugung von Gasen für das Gaszementieren von Eisenlegierungen*. (**Belg. P. 534 801** vom 12/1. 1955, ausg. 24/10. 1958. E. Prior. 29/1. u. 30/11. 1954. — C. **1957**. 3950 [E. P. 748 320].)

Wild-Barfield Electric Furnaces Ltd., Watford, England, *Erzeugung von Atmosphären für die Gaszementierung von Eisenlegierungen*. (**Belg. P. 545 645** vom 29/2. 1956, ausg. 9/10. 1959. E. Prior. 20/1. 1956. Zusatz zu Belg. P. 534 801; s. vorst. Ref. — C. **1958**. 10780 [D. A. S. 1 017 634].)

Deutsche Gold- und Silber-Scheideanstalt vormals Roessler, Frankfurt/M. (Erfinder: **Ewald Wagner**, Pforzheim), *Hartlotlegierung für schwerlötbare Werkstoffe*. (**Schwz. P. 355 339** vom 19/7. 1956, ausg. 15/8. 1961. D. Prior. 27/8. 1955. — C. **1961**. 17745 [Oe. P. 197 163].)

Rolls-Royce Ltd., Derby, County of Derby, übert. von: **Harold E. Gresham**, Little Eaton, Derbyshire, **Alec G. Farnsworth**, Derby, County of Derby, und **Douglas W. Hall**, West Monkseaton, Northumberland, England, *Lot für Aluminiumlegierung*. (**Can. P. 553 977** vom 25/4. 1953, ausg. 4/3. 1958. E. Prior. 21/5. 1952. — C. **1956**. 6238 [E. P. 718 070].)

Westinghouse Electric Corp., East Pittsburgh, übert. von: **Byron V. McBride**, Irwin, Pa., V.St.A., *Kombination von Reinigungslösung, Schutzüberzug und Lötflußmittel*. (**Can. P. 554 362** vom 9/8. 1955, ausg. 11/3. 1958. A. Prior. 26/8. 1954. — C. **1961**. 8825 [A. P. 2 805 970].)

Technion Research & Development Foundation Ltd., Haifa, übert. von: **Hugo Heimann**, Kirgath Bialik, **David Harry Kohn** und **Yecheskel Israel**, Haifa, Israel, *Sparbeize*. (**A. P. 2 965 577** vom 1/2. 1957, ausg. 20/12. 1960. Israel. Prior. 6/5. 1956. — C. **1960**. 9026 [E. P. 803 541].)

Atomic Energy of Canada Ltd., übert. von: **Maurice J. Lavigne**, Ottawa, Ontario, **Roger J. A. Potvin**, Quebec, und **Jacques J. E. Laberge**, St. Jean, Quebec, Canada, *Überzug auf Uranmetall*. (**Can. P. 554 037** vom 27/5. 1955, ausg. 4/3. 1958. — C. **1959**. 9047 [E. P. 788 838].)

Westinghouse Electric Corp., East Pittsburgh, übert. von: **Herbert E. Ricks**, Pittsburgh, Pa., V.St.A., *Silberüberzüge auf Al*. (**Can. P. 554 376** vom 25/8. 1954, ausg. 11/3. 1958. A. Prior. 28/8. 1953. — C. **1959**. 2961 [Aust. P. 166 872].)

Soc. Continentale Parker, Clichy, Frankreich (Erfinder: **R. A. Halversen**), *Aufbringen eines Überzuges auf Aluminiumoberflächen.* (**Belg. P. 566 276** vom 31/3. 1958, ausg. 29/7. 1960. A. Prior. 19/8. 1957. **E. P. 846 363** vom 19/8. 1958, ausg. 31/8. 1960. A. Prior. 19/8. 1957. D. Prior. 28/11. 1957. — C. **1961.** 5244 [Oe. P. 202 830].)

Pyrene Co. Ltd., Brentford, Middlesex, England, *Überzüge auf Titan und seine Legierungen zur Erleichterung der Verformung.* (**E. P. 843 054** vom 13/6. 1958, ausg. 4/8. 1960. F. Prior. 14/6. 1957. — C. **1961.** 4877 [F. P. 1 177 292].)

Parker Rust Proof Co., Detroit, Mich., V.St.A., übert. von: **Herbert A. H. Jenkins, Dennis B. Freeman** und **George R. King,** Brentford, England, *Aufbringen von chemischen Überzügen auf Zirkonium und seinen Legierungen.* (**A. P. 2 955 061** vom 2/8. 1957, ausg. 4/10. 1960. — C. **1961.** 5605 [E. P. 812 080 u. F. P. 1 178 194].)

Amchem Products, Inc., Ambler, Pa., V.St.A., übert. von: **Bruno Blaser,** Düsseldorf, und **Ernst Mayer,** Köln, *Phosphatieren von Metallen.* (**A. P. 2 955 967** vom 25/9. 1958, ausg. 11/10. 1960. — C. **1960.** 1320 [D. A. S. 1 046 439].)

Walterisation Co. Ltd., übert. von: **Royston F. Drysdale,** Croydon, Surrey, England, *Phosphatüberzüge auf Metalloberflächen.* (**Can. P. 554 340** vom 24/6. 1948, ausg. 11/3. 1958. — C. **1951.** II. 2659 [Schwed. P. 128 949].)

Michel Louis Julien Bernard, Bourg-la-Reine, Frankreich, *Verhinderung der Korrosion von Metallen durch chlorhaltige oxydierende Stoffe in flüssiger oder in dampfförmiger Phase.* (**E. P. 848 044** vom 8/12. 1958, ausg. 14/9. 1960. F. Prior. 9/12. 1957. — **C. 1961.** 8827 [D. A. S. 1 084 544 u. F. P. 1 188 184].)

H. M. Finniston and **J. P. Howe,** eds., Metallurgy and fuels, vol. 3 and 4. New York: Pergamon Press. 1961. each $ 15.—.

Jean Hérenguel, Métallurgie spéciale. Métallurgie d'élaboration, de transformation et propriétés. Tome I. L'Aluminium et ses alliages. Le Magnésium et ses alliages. Paris: Presses Universitaires de France. 1962. (344 S. m. 278 Abb.) 50 NF.

Jean Hérenguel, Métallurgie spéciale. Métallurgie d'élaboration, de transformation et propriétés. Tome II. Le cuivre et ses alliages. Paris: Presses Universitaires de France. 1962. (154 S. m. 81 Abb.) 23 NF.

Jean Hérenguel, Métallurgie spéciale. Métallurgie d'élaboration, de transformation et propriétés. Tome III. Le Zirconium et ses alliages. Paris: Presses Universitaires de France. 1962. (186 S. m. 107 Abb.) 30 NF.

Metallurgical Society Journal. Vol. 1. Sheffield: Sheffield University. 1962. 2 s. 6 d to members.

IX. Organische Industrie

Einige Reduktionsverfahren in der organischen Chemie. Pierre Crabbé. (Ing. Chimiste [Bruxelles] **40.** 239—46. Dez. 1958. Bruxelles, Inst. Meurice-Chim.) (Franz.) Übersicht über die Hydrierung organ. Verbb. unter besonderer Berücksichtigung der stereochem. Aspekte an der äthylen. Doppelbindung. — 21 Literaturhinweise.
G. REISNER. 6584☐

Reinigungsverfahren für Äthyläther und Äthylalkohol. L. I. Aleschina, N. L. Gurwitsch und W. A. Frolow. (Маслобойно-Жировая Промышленность [Öl- u. Fett-Ind.] **28.** Nr. 1. 27—29. Jan. 1962. Krasnodar, Zentr. Chem. Labor. der Verwaltung für Lebensmittelind. des Volkswirtschaftsrats; Krasnoarmeisk, Staatsgut u. Fabrik für äther. Öle; Krasnodar, Verwaltung für Lebensmittelind. des Volkswirtschaftsrats.) (Russ.) Beschreibung von Reinigungs-Verff. für Ae. u. A. sowie der Konstruktion u. Arbeitsweise der dazu angewandten Apparaturen. Die Reinigung von Ae. erfolgt unter Verw. von 0,2%ig. NaOH u. $KMnO_4$-Lsgg. (Entfernung der Peroxide), einer 10%ig. $NaHSO_3$-Lsg. (Elimination von Aldehyden) u. von Aktivkohle, die Reinigung von A. unter Zugabe von 0,01% $KMnO_4$ zum behandelten Prod. u. Sorption der Verunreinigungen mit Aktivkohle.
S. BARYSCHNIKOW. H 560

Hydroxy- und Aminoderivate von Fettsäuren. M. Naudet. (Rev. Fermentat. Ind. aliment. **15.** 7—14. 1960. Marseille, Fac. des Sci., Labor. Nat. des Mutieres.) (Franz.) Übersicht über gesätt. Hydroxysäuren, α.α'-Dihydroxydisäuren, ungesätt. Hydroxysäuren u. Aminosäuren. Bes. wird die Darst. von *Hydroxystearinsäure* durch Behandeln von Ölsäure (I) mit H_2SO_4 oder HCOOH bzw. durch Hydrieren der Autoxydations-Prodd. von **I,** die Darst. von *Dihydroxystearinsäure* (**II**) durch alkal. Behandlung von I-Chlorhydrin, durch Einw. von HCOOH auf **I** bzw. NH_4-Persulfat auf **I,** die Darst. von **II**-*Methylester* durch anod. Oxydation von I-Methylester (**III**) bzw. durch Einw. von H_2O_2 auf **III** in tert.-Butylalkohol sowie die Darst. von *α-Aminostearinsäure* u. *9(10)-Aminostearinsäure* beschrieben. — 14 Literaturhinweise.
G. REISNER. H 850☐

Herstellung von Benzaldehyd aus Dibenzyläther. K. A. Bogdanow und W. N. Antonowa. (Маслобойно-Жировая Промышленность [Öl- u. Fett-Ind.) **27.** Nr. 2. 32—33. Febr. 1961. Kaluga, Kombinat für synthet. Riechstoffe.) (Russ.)
Zu 390 g 15%ig. sd. HNO_3 werden tropfenweise in 45 Min. 100 g Dibenzyläther (bzw. die gleiche Menge unfraktionierten Blasenzückstandes) zugefügt. Nach intensivem $1^1/_4$std. Durchmischen des sd. Prod. wird die abgetrennte untere Schicht des Rk.-Prod.

mit 200 ml W. u. 20—30 g Na_2CO_3 versetzt u. mit Direktdampf abdestilliert. Das Destillat enthält 93—95% *Benzaldehyd* (I); die Ausbeute an I beträgt 48,5—57%. Durch Ansäuern der Abwässer wird aus diesen *Benzoesäure* gefällt; die Ausbeute an Benzoesäure beträgt 25%. S. BARYSCHNIKOW. H 1120

E. I. du Pont de Nemours & Co., Wilmington, Del., übert. von: Edward H. Price, West Chester, Pa., V.St.A., **Herstellung fluorierter organischer Verbindungen.** Tetrafluoräthylen (I) wird durch Erhitzen von $CHClF_2$ (II) u. H_2 auf 400—1000° in Ggw. von Pt, Pt-Legg., Ag, Cu, Cu-Legg., red. Co-Oxid, Pd, Silicagel, ZnO, Al_2O_3, Ni, SiC, V, Au, Mo-Sulfid, Ni-Mo-Oxid, Ca-Ni-Phosphat, Aktivkohle oder Cu-Chromit-MgO erhalten. Analog wird **II** aus CCl_2F_2 (**III**) in Ggw. von Pt, Pt-Legg., Cu, Ag oder red. Co-Oxid erhalten. Aus **III** u. H_2 bei 550—850° in Ggw. von Pt, Pt-Legg., Cu, Ag oder red. Co-Oxid: **I** u. **II.** (**Can. P. 554 162** vom 15/9. 1952, ausg. 11/3. 1958. A. Prior. 8/2. 1952.) L. GROSSNER. H 520

E. I. du Pont de Nemours & Co., übert. von: Mark W. Farlow, Wilmington, und Earl L. Muetterties, Hockessin, Del., V.St.A., **Herstellung von Tetrafluoräthylen** (I) durch Rk. von Kohle im Kohlelichtbogen mit einem bin. Si-Fluorid, Abschrecken der Rk.-Gase innerhalb 1 Sek. auf < 400°, Abtrennen von **I** u. Zurückleiten des nicht umgesetzten Si-Fluorids in die Reaktion. — Verf.-Schema. (**Can. P. 554165** vom 7/12. 1954, ausg. 11/3. 1958.) L. GROSSNER. H 520

Polaroid Corp., Cambridge, übert. von: Elkan R. Blout, Belmont, Saul G. Cohen, Lexington, Richard S. Corley, Wellesley Hills, und Myron S. Simon, Waltham, Mass., V.St.A., **1.1-Difluor-2.2-dimethyläthylen** (I), Kp. 13°, gibt bei der Oxydation mit wss., neutralem $KMnO_4$ bei 0° *Aceton*; **I** wird durch Rk. von $F_2ClCCOCl$ mit CH_3MgBr, weiterer Rk. von entstandenem *Difluorchlormethyldimethylcarbinol*, $Kp._{750}$ 106,5°, mit PCl_5 zu *1.1-Difluor-1-chlor-2-methylpropen-(2)*, $Kp._{760}$ 46°, u. dessen Entchlorierung an RANEY-Ni bei 100—200° u. 1600 lbs./sq.in. in Ggw. von H_2 u. Alkohol erhalten. Es kann auch mit $LiAlH_4$ in Tetrahydrofuran bei 0° red. werden. Vorst. Carbinol kann mit PBr_3 in Pyridin u. Ae. zu *Tris-[difluorchlormethyldimethylcarbinyl]-phosphit*, $Kp._{7,5}$ 130—131°, umgesetzt werden, das dann mit Zn-Staub bei 190° behandelt wird. — Zwischenprod., das bei 80° in Ggw. von Benzoylperoxid polymerisiert. (**A. P. 2 852 573** vom 23/12. 1953, ausg. 16/9. 1958.) G. KRAUSS. H 520

Dow Chemical Co. (Erfinder: Charles Richard Noddings, George W. Waldron, Midland, und John William Corey, Sanford), Mich., V.St.A., **Diolefine mit konjugierten Doppelbindungen** werden durch Dehydrieren von Olefinen mit wenigstens 4 C-Atomen im Gemisch mit Wasserdampf bei 550—750° in Ggw. von Ca-Ni-Orthophosphat (erhältlich z. B. nach E. PP. 634 580; C. **1953.** 9714 u. 679 082; C. **1954.** 4004) als Katalysator in einer Vorr., deren Innenwände aus 96—69,5% Ni-freiem Fe u. 4—30% Cr u. bes. 0,5% oder weniger C oder aus keram. Stoffen mit einem Erweichungspunkt > 750° (Quarz, SiO_2, Tonerde, Al-Silicat) bestehen, wodurch Zers. u. Verkohlung verhindert wird, erhalten. Der Katalysator soll je Ni-Atom 6—12 C-Atome enthalten. — Butylen-(1) u. -(2) → *Butadien-(1.3)*. (**D. A. S. 1 057 095** Kl. 12o vom 7/1. 1953, ausg. 14/5. 1959.) G. KRAUSS. H 520

Bergwerksgesellschaft Hibernia Akt.-Ges. (Erfinder: Karl Schmitt, Herne, und Josef Disteldorf, Wanne-Eickel), **Entfernung geringer Mengen Acetylen aus olefinhaltigen Gasgemischen** erfolgt durch deren Behandlung mit H_2 bei 35—250°, bes. 100°, in Ggw. von Mischkatalysatoren, die aus Metallen der 8. Nebengruppe, ausgenommen Pt-Metalle, z. B. Co, Ni, u. der 1. Nebengruppe, z. B. Cu u. Ag, u. gg. Spuren von Metallen der 6. Nebengruppe des Perioden-Syst. bestehen u. die auf Träger, wie Kieselsäuregel, Al-Oxidgel, Tonscherben oder Aktivkohle aufgebracht sind bei einer Katalysatorbelastung von bes. 1 m³ Gas je Std. je kg Katalysator. — Hydriert wird z. B. ein Gemisch aus 96(%) C_2H_4, 0,8 C_2H_2 u. als Rest CH_4 u. C_2H_6 in Ggw. eines Katalysators aus 10 Co u. 5 Ag auf Kieselsäuregel u. von 1,5 H_2 bei 150°; der C_2H_2-Geh. beträgt dann ca. 1—3 ppm im Gemisch. — Temp.- u. Belastungsdiagramm. (**D. A. S. 1 050 756** Kl. 12o vom 10/9. 1955, ausg. 19/2. 1959.) G. KRAUSS. H 520

Esso Research and Engineering Co., Elizabeth, N.J., übert. von: Nick P. Peet, Baytown, Tex., V.St.A., **Methanol** (I) wird beim katalyt. Hydrieren von CO u. H_2 in mehreren hintereinander geschalteten Rk.-Gefäßen erhalten. Das Synth.-Gas wird mit Rücklaufgas im Verhältnis 2 : 3 in mehrere Reaktoren, die mit dem gleichen Katalysator, z. B. $ZnO-Cr_2O_3$, gefüllt sind, geleitet. Die Rk.-Bedingungen werden derart (630–715°F u. 2000—6000 lbs./sq.in.) gehalten, daß in jedem der Reaktoren 5–6% I gebildet wird. Die Rk.-Prodd. werden durch die jeweils vorhergehenden Reaktoren geleitet. Aus dem letzten wird der abgehende Rk.-Strom von I befreit. Dieses gelangt in eine Aufbereitungsanlage, in der ca. 99% ig. I gewonnen wird. Vorteilhaft wird mit einer Batterie von 5 Reaktoren gearbeitet. — Zeichnung. (**A. P. 2 904 575** vom 21/11. 1957, ausg. 15/9. 1959.) G. KÖNIG. H 560

National Distillers & Chemical Corp., Va., übert. von: Virgil L. Hansley und Stuart Schott, Cincinnati, Ohio, V.St.A., **Alkohole mit 12—22 C-Atomen** werden bei der Red. von Fettsäureestern mit H, der aus Alkali u. einem Alkohol mit mindestens 4 C gebildet wird u. wobei geschmolzenes Alkalialkoxid das fl. Medium darstellt, erhalten. Auch inerte Fll., wie Bzl. oder Toluol, können als Lsgm. angewendet werden. Das Rk.-Gemisch wird mit W. hydrolysiert, wobei Alkalihydroxid u. Alkohol gebildet werden. Die Rk.-Temp. wird zwischen 130 u. 200° gehalten. Es ist vorteilhaft, wenn der H spendende Alkohol gleich der Esterkomponente der hochmol. Fettsäure ist. — Beispiele betreffen die Red. der Talgfettsäuren. (**A. P. 2 915 564** vom 15/4. 1955, ausg. 1/12. 1959.) G. KÖNIG. H 560

Allied Chemical Corp., New York, N.Y., übert. von: John N. Cosby, Edwin H. Rissmiller, Morris Township, und Alfred Brent Sponner, Orange, N.J., V.St.A., **Chlorhydrine** werden aus Äthylenbindungen enthaltenden organ. Verbb., wie C_2H_4, Propylen, Allylchlorid, Cl_2 u. W. bei 15—85° im kontinuierlichen Betrieb erhalten, indem das Rk.-Gemisch durch Schleuder-Wrkg. in eine leichte Chlorhydrinschicht u. in die schwerere Ölschicht getrennt wird. — Skizze. (**A. P. 2 902 519** vom 9/1. 1957, ausg. 1/9. 1959.) G. KÖNIG. H 560

Ionics, Inc., Cambridge, übert. von: Wayne A. McRae, Lexington, Mass., V.St.A., **Chloralkylmethyläther** wird bei der Einw. von HCl auf einen aliphat. Aldehyd (**A**) mit höchstens 5 C-Atomen u. CH_3OH bei 0—20°, wobei HCl u. **A** im Überschuß angewendet werden, erhalten. **A** wird stufenweise zugesetzt. — 100 (Gew.-Teile) CH_3OH werden auf 0° gekühlt, dann gleichzeitig HCl u. stufenweise Metaldehyd eingeleitet. Die Zugabe von **A** wird so geregelt, daß die Rk.-Temp. 20° nicht überschreitet. Es wird geschichtet u. die obere organ. Schicht abgetrennt, die nach mehreren Std. über $CaCl_2$ getrocknet wird. Es wird *α-Chloräthylmethyläther*, Kp. 74°, erhalten. Die Herst. von *α-Chlormethylmethyläther* wird beschrieben. Die Bldg. von Nebenprodd. ist sehr gering. (**A. P. 2 916 522** vom 3/10. 1957, ausg. 8/12. 1959.) G. KÖNIG. H 560

United States Borax & Chemical Corp., V.St.A. (Erfinder: Allen Lyle McCloskey, Donald Stinson Taylor und Howard Steinberg), **Gewinnung von Trimethylborat** aus seinen methanol. Lsgg., dad. gek., daß das Gemisch dest. u. in die Kolonne ein unpolares Lsgm. vom Kp. 100—275° [Kerosin (Kp. 204—245°), Diphenyläther (I), 3 (Teile) I u. 1 Biphenyl, Dimethylsulfoxid, Phenol, Dimethylformamid] eingeführt wird, das die Dest. des einen Bestandteiles verhindert. — Schema der Anlage. (**F. P. 1 220 229** vom 9/2. 1959, ausg. 23/5. 1960. A. Prior. 12/2. 1958.) S. BÖTTCHER. H 590

Wisconsin Alumni Research Foundation, Madison, Wis., übert. von: Martin H. Yunker jun., Hatfield, Pa., und Takeru Higuchi, Madison, Wis., V.St.A., **Alkylnitrite** mit 1—16 C-Atomen in der Alkylgruppe, werden durch alkal. Stoffe, wie anorgan. Alkalicarbonate, Phosphorsäuresalze, Erdalkalioxide, Diphenylamin u. Pyridin, in Mengen von 1—2% stabilisiert. (**A. P. 2 927 939** vom 10/7. 1958, ausg. 8/3. 1960.) G. KÖNIG. H 590

Virginia-Carolina Chemical Corp., Richmond, Va., V.St.A., **Ester der allgemeinen Formel $P(OR)_3$; $R'P(OR)_2$; $(R')_2P(OR)$; $(HO)P(OR)_2$ oder $(HO)R'P(OR)$** (R = Aryl-, Aralkyl- oder Alkylgruppe mit mindestens 2 C-Atomen u. R' = Aryl-, Aralkyl- oder Alkylgruppe) werden bei der Rk. von Alkoholen oder Phenolen in Ggw. von NH_3 mit Verbb. der Formel $R'_{3-n}PX_n$, wobei X für Cl, Br oder J u. n für 1, 2 oder 3 steht, bei —25 bis ca. +65° erhalten. Bei der Herst. neutraler Phosphite wird die Temp. > 25° u. das pH bei 7—8,5 u. bei sauren Estern das pH bei 5,5—6,9 gehalten. — Es werden hergestellt: *Triäthyl-, Triisopropyl-, Tributyl-, Triisooctyl-*, $Kp_{0,1}$ 264—274°, *Trioctyl-, Trinonyl-, Tridecyl-, Dimethyl-*, $Kp._{26}$ 72—77°, *Diäthyl-*, $Kp._6$ 58—61°, *Dipropyl-*, $Kp._{10}$ 88—91° u. *Diisopropylphosphit*, $Kp._{10}$ 71—73°. Phosphonit-Verbb. werden nach A. P. 2 903 475; C. **1960. 14184** hergestellt. In allen Fällen werden inerte Lsgm., wie KW-Stoffe (Hexan, 2.2.4-Trimethylpentan) verwendet. (**E. P. 853 982** vom 18/3. 1957, ausg. 16/11. 1960. A. Prior. 16/4. u. 18/6. 1956.) G. KÖNIG. H 590

United Kingdom Atomic Energy Authority (Erfinder: Samuel Slater Grimley und John Kennedy), London, England, **Reinigen von rohem Tri-n-butylphosphat (I)** erfolgt durch Zugabe einer 0,5n wss. Lsg. eines Alkalihydroxids u. anschließende Dest. der destillierbaren Verunreinigungen mit Wasser. Aus dem Boden-Prod. wird **I** abgetrennt u. mit W. gewaschen. (**E. P. 848 791** vom 13/1. 1954, ausg. 21/9. 1960.) G. KÖNIG. H 590

Gulf Research & Development Co., übert. von: Charles M. Selwitz, Monroeville, Pa., V.St.A., **Hochmolekulare gesättigte Monocarbonsäuren** (I) werden durch Oxydation reiner Paraffin-KW-Stoffe C_4-C_{40} (**II**) mit einem O_2-haltigen Gas in Ggw. von $B(OH)_3$ bis zu einem Oxydationsgrad von 10—40 Gew.-% (3—10 Std.) erhalten. Dem Rk.-Gemisch aus sek. Monoalkoholen, Ketonen, Säuren, Estern u. nicht umgesetzten **II** werden mit 1—20 Gew.-% NaOH die Säuren entzogen, der NaOH-Extrakt mit 20—400 Gew.-% PAe. behandelt, die hierbei erhaltenen „neutralen" Prodd. (Alkohole, Ketone, **II**) mit dem Rückstand der NaOH-Extraktion, den man mit 1—20 Gew.-% NaOH behandelt, vereinigt, um die darin enthaltenen Ester zu Alkoholen u. carbonsauren Alkalisalzen zu verseifen, welche letztere dem Gemisch mit W. entzogen werden, während nicht umgesetztes **II** mit dem gewonnenen Alkohol-Ketongemisch vereinigt wird, das anschließend mit HNO_3 ebenfalls zu **I** oxydiert wird. Als Ausgangs-**II** werden z. B. Hexadecan, Tetrakosan, 4- oder 5-Methylundecan, 8.11-Diäthyloctadecan, 3.4-Dimethylhexadecan, 5-Äthyleikosan verwendet; als **I** werden z. B. *Myristin-*, *Stearin-*, *Undecan-*, *4-Methylnonan-*, *Tetradecansäure* erhalten. (**A. P. 2 969 380** vom 5/11. 1957, ausg. 24/1. 1961.) O. MÜLLER-MEININGEN. H 810

Magyar Állam (Erfinder: Frau des Georg Arató und Georg Kalocsai), Budapest, Ungarn, **Aluminiummono- und -distearat** werden aus frisch gefälltem $Al(OH)_3$ u. gleichen Gewichtsmengen einer 10%ig. Lsg. von NH_4-Stearat bei 45—75° u. einem pH von 6,5—9 erhalten. Die Ausfällung von Al-Monostearat erfolgt bei einem pH von 7,5—9 u. 45—55°, vorteilhaft bei 50°, während Al-Distearat bei 65—75°, vorteilhaft bei 70° u. bei einem pH von 6,5—7,5 ausfällt. (**Ung. P. 144 674** vom 7/7. 1956, ausg. 15/3. 1959.) G. KÖNIG. H 810

Knapsack-Griesheim Akt.-Ges., Knapsack bei Köln (Erfinder: Kurt Sennewald, Knapsack bei Köln, Günter Dobek und Herbert Joest, Köln), **Methacrylsäureester** werden durch Wasserabspaltung aus α-Hydroxyisobuttersäureestern erhalten, indem diese in fl. oder dampfförmigem Zustand, ggf. in Ggw. von Verdünnungsmitteln, in eine auf etwa 170—300° gehaltene Fl. eingeleitet werden, die 1—5 Gew. % H_3PO_4, auch im Gemisch mit phosphorsauren Salzen (bes. Na_2HPO_4) enthält, die abdest. Rk.-Prodd. verflüssigt werden u. nach der Aufarbeitung der erhaltenen Fl. durch Dest. der nicht umgesetzte α-Hydroxyester in den Kreislauf zurückgeführt wird. Die Wasserabspaltung erfolgt bei normalem Druck oder im Vakuum. Als Verdünnungsmittel dienen: CH_3OH, A., Aceton, Bzl., Toluol, Xylol, bes. im Verhältnis Ester : Lsgm. wie ca. 1 : 1—3; als Wärmebad (Fl.): höhermol. Fettsäuren, paraffin. oder aromat. KW-Stoffe, bes. Öl-, Elaidinsäure, Zylinderöle mit Kp. ca. 380—400°. Das Wärmebad wird durch Einleiten von N_2, H_2, CO oder CO_2 in Bewegung gehalten. — Durch Eindüsen von 100 (Teilen) fl. α-Hydroxyisobuttersäuremethylester u. N_2 in ein 4% H_3PO_4 enthaltendes Paraffinbad von 260—270° werden 40 *Methacrylsäuremethylester*, Kp. 100°, u. 26 *Aceton* erhalten. (**D. A. S. 1 118 193** Kl. 12o vom 17/9. 1957, ausg. 30/11. 1961.)
G. KRAUSS. H 810

Distillers Co. Ltd., Edinburgh (Erfinder: David James Hadley, Epsom, Surrey), England, **Ungesättigte Nitrile.** Zu E. P. 744 011; C. **1957.** 2329 ist nachzutragen: Als Träger für den Katalysator benutztes Al_2O_3 wird vor dem Abscheiden von Mo oder dessen Verbb. auf 800—1200°, bes. 900—1100°, erhitzt. Die Umsetzung der α.β-ungesätt. aliphat. Aldehyde oder der diese unter den Reaktionsbedingungen bildenden Verbb. mit O_2 in Ggw. von NH_3 erfolgt bei 350—500°. Das Verhältnis von NH_3 : Acrolein bzw. Allylalkohol beträgt 1,1—1,5 : 1 bzw. 1,1—3 : 1. Ausbeute an *Acrylsäurenitril* beträgt 80%, neben 6% HCN u. 5% CO_2. Ferner sind in Nitrile überführbar: α-Methacrolein, Crotonaldehyd, α-Äthyl-β-propylacrolein, α-Methallylalkohol, β-Alkoxypropionaldehyd, Diallyläther, Acroleinacetal, Trialkoxypropan u. β-Alkoxyisobutyraldehyd. (**D. A. S. 1 070 170** Kl. 12o vom 3/5. 1954, ausg. 3/12. 1959. E. Prior. 7/5. 1953.)
G. KRAUSS. H 810

Geigy Co. Ltd., Manchester, England (Erfinder: Stuart Walter Critchley), **Dicarbonsäuremischester** werden durch Rk. von 1 Mol eines Gemisches gesätt. aliphat. Dicarbonsäuren (**I**), das Sebacin- u. Adipinsäure in ca. äquimol. Mengen enthält, mit 0,4—0,5 (Mol) Neopentylglykol (**II**) u. 1,3—1,35 Isooctanol (**III**), bes. in Ggw. von $NaHSO_4$ als Katalysator erhalten. Zum Beispiel wird zunächst **II** mit **I** bis zur Bldg. eines **II**-Halbesters erhitzt u. dieser dann mit **III** umgesetzt. Das Rk.-W. wird bes. mit einem Schleppmittel, wie Bzl., entfernt. — *Schmierstoffe*, *Verdickungsmittel* für gesätt. Dicarbonsäuredialkylester, *Weichmacher* für Thermoplaste, bes. PVC. (**E. P. 855 001** vom 15/5. 1959, ausg. 23/11. 1960.) O. MÜLLER-MEININGEN. H 820

Bergwerksgesellschaft Hibernia Akt.-Ges., Herne (Erfinder: Ermbrecht Rindtorff, Recklinghausen, Karl Schmitt, Hans Heumann, Herne, Wilhelm Pollack, Wanne-Eickel, und Manfred Schweppe, Herne), **Herstellung von Ge-**

mischen aus α.α.γ- und α.γ.γ-Trimethyladipinsäure (I), dad. gek., daß 1.1.3-Trimethylcyclohexanol-(5) u. bzw. oder -cyclohexanon-(5) in Ggw. oder Abwesenheit eines Katalysators bei einer Temp. > ca. 65° bes. bei 80—90°, höchstens ca. 110° mit HNO_3 (**II**) einer Anfangs-Konz. von ca. 65% behandelt wird, wobei eine solche **II**-Menge verwendet wird, daß das Gewichtsverhältnis **II** : Ausgangsstoff den Wert 3,5 : 1 nicht über-, jedoch die stöchiometr. erforderliche **II**-Menge nicht unterschreitet. Es wird das Rk.-Gemisch unter Rühren auf eine Temp. < ca. 20° gekühlt u. mit **I** angeimpft oder nach Abkühlen auf normale Temp. mit einem organ. Lsgm. extrahiert u. der Extrakt mit W. behandelt, um **II** u. niedermol. Carbonsäuren zu entfernen. Ausbeute 73—75%. — Ausgangsstoffe zur Herst. von Polyamiden oder Weichmachern. (**D. A. S. 1 111 163** Kl. 12o vom 25/7. 1959, ausg. 20/7. 1061.) O. MÜLLER-MEININGEN. H 820

Chempatents, Inc. (Erfinder: Mitchell Becker und Robert Samuel Barker), **Katalysator zur Herstellung von Maleinsäure durch Teiloxydation von Benzol.** — 1000 (Teile) geglühtes Al_2O_3 werden 7 Std. lang mit 1400 36%ig. HCl, 1500 30%ig. H_2SO_4 oder 1700 80%ig. CH_3COOH bei normalem Druck gekocht, mit W. gewaschen, getrocknet u. mit dem üblichen V-Katalysator imprägniert. Durch die Vorbehandlung des Trägers mit der Säure wird die Wirksamkeit des Katalysators erhöht. (**Aust. P. 229 660** vom 27/3. 1958, ausg. 25/8. 1960. A. Prior. 29/5. 1957.) C. LÜTTGEN. H 820

Chas. Pfizer & Co., Inc., V.St.A. (Erfinder: Marshall Franklin Humphrey), **Herstellung von Itaconsäureanhydrid,** dad. gek., daß Itaconsäure in Ggw. von 0,4—4 Gew.-% H_2SO_4, $NaHSO_4$ oder $KHSO_4$ 10—60 Min. lang auf 165—190° erhitzt wird. (**F. P. 1 220 442** vom 8/4. 1959, ausg. 24/5. 1960. A. Prior. 23/4. 1958.) S. BÖTTCHER. H 820

J. R. Geigy Soc. An., Schweiz, **L-(—)-α-Aminocaprolactam,** $[\alpha]_D^{22}$ —40,4° (c = 1,17; 0,1 n NaOH), *Hydrochlorid* (**I**), $[\alpha]_D^{22}$ —24,5° (c = 3,2; 1,0 n HCl), aus DL-α-Aminocaprolactam durch Rk. mit L-(—)-Pyrrolidoncarbonsäure in 95%ig. A. oder CH_3OH, Suspendieren des auskrist. *LL-Salzes*, F. 203—204° (Zers.), $[\alpha]^{22}$ —31,4° (c = 5,31; W.), 95,6% (Ausbeute), in Dioxan u. Versetzen bei 90° mit 3,7 n Dioxan-HCl-Lösung. Beim Abkühlen krist. **I** aus; 93,5%. **I** wird durch 2 std. Kochen in 6 n HCl zu *L-(+)-Lysindihydrochlorid,* $[\alpha]_D^{22}$ —26,7°, hydrolysiert. (**F. P. 1 205 878** vom 14/3. 1958, ausg. 5/2. 1960. Schwz. Prior. 15/3. 1957.) EBERHARD RIEDEL. H 950

Montecatini Soc. Gen. per l'Industria Mineraria e Chimica, Italien (Erfinder: Francesco Minisci), **Herstellung von 10-Aminodecansäure,** F. 177—178° (*Hydrochlorid,* F. 158°), ihrem *Methyl-*, $Kp._{0,4}$ 105° u. *Äthylester,* dad. gek., daß 1.8-Dicyanoctadien-(2.6) in Ggw. von H_2SO_4 zu *9-Cyannonadiensäuremethyl-*, $Kp._{0,2}$ 118—120°, bzw. *-äthylester* alkoholysiert u. diese an RANEY-Ni hydriert werden. (**F. P. 1 208 914** vom 27/11. 1958, ausg. 26/2. 1960. It. Prior. 28/11. 1957.) S. BÖTTCHER. H 950

J. R. Geigy Akt.-Ges., Basel, Schweiz (Erfinder: Harry Kroll, Warwick, R. I., und Florence P. Butler, Amherst, Mass., V.St.A.), **Carboxymethylierung primärer und sekundärer Amine.** Wird eine wss. Lsg. oder Suspension eines prim. oder sek. Amins bei pH 12 oder höher mit Glykolonitril (**I**) versetzt, u. das Gemisch bei 25—130 Torr auf eine Temp. zwischen 85° u. dem Kp. des Gemisches erhitzt, so werden die entsprechenden carboxymethylierten Amine erhalten. — Zum Beispiel werden zu einem Gemisch von 60 (Gew.-Teilen) 50%ig. wss. Äthylendiamin-Lsg. u. 200 50%ig. wss. NaOH unter Kochen innerhalb 5 Std. 379 einer 33%ig. I-Lsg. bei 25—130 Torr gegeben, eine weitere 1/2 Std. wird gekocht, gekühlt, mit H_2SO_4 auf pH 2 angesäuert, das ausfallende Prod. abfiltriert u. sulfatfrei gewaschen. Es entsteht *Äthylendiamintetraessigsäure* in 73—76,8%ig. Ausbeute. Analog werden erhalten: *Dodecylaminodiessigsäure* neben *Dodecylglycin* aus Dodecylamin u. **I**; *Dihydroxyäthylglycin* aus Diäthanolamin u. **I**; ein Gemisch aus *Amino-di-* u. *-triessigsäure* aus Glycin u. **I**. (**Schwz. P. 344 072** vom 15/5. 1956, ausg. 15/3. 1960. A. Prior. 23/5. 1955.) A. MOHR. H 950

Geigy Chemical Corp., New York, N.Y., übert. von: Martin Knell und Harry Kroll, Warwick, R. I., V.St.A., **N.N''-Dihydroxyäthyl-N.N'.N''-tricarboxymethyldiäthylentriamin** (**I**), HOOC-CH_2(HO-CH_2-CH_2)N-CH_2-CH_2-N(CH_2-COOH)-CH_2-CH_2-N(CH_2-CH_2-OH)CH_2COOH, wird durch Rk. von Diäthylentriamin mit Äthylenoxid im Molverhältnis 1 : 2 bei 30—150°, Weiter-Rk. des entstandenen fl. dunklen Dihydroxyäthyldiäthylentriamins in 50%ig. NaOH-Lsg. mit Glykolonitril unter Kochen erhalten. **I** bildet mit Alkalimetallen wasserlösl. Salze u. Chelate mit Schwermetall-Verbb., bes. Verbb. von Fe, Cu, Ca, Ba, Sr, Mg, Ni, Co, Zn, Mn. Durch Behandeln des Tri-Na- oder Tri-K-Salzes von **I** mit einem Anionenaustauscher in der Säureform wird **I** als freie Säure in Form eines pulvrigen Feststoffes erhalten. Die Chelate mit Ferriverbb. dienen bes. zur *Behandlung der Fe-Chlorose* von Bäumen, als Zusatzstoffe für *Düngemittel.* Freies **I** findet Verw. beim *Elektroplattieren.* (**A. P. 2 906 762** vom 13/8. 1954, ausg. 29/9. 1959.) A. MOHR. H 950

Gas Council, London, übert. von: Arthur Loten Roberts, Colin Thomas Cowan und Donald White, Leeds, England, **Abtrennen von Aromaten aus Gasen.** Das Gasgemisch wird durch eine Kolonne geleitet, in der sich Dimethyldioctadecylammoniumbentonit u. gereinigte Diatomeenerde befindet. Aus dem Gas werden die Aromaten, wie Bzl., Toluol oder dgl. adsorptiv festgehalten. (**A. P. 2 965 687** vom 19/5. 1959, ausg. 20/12. 1960. E. Prior. 27/5. 1958.) E. KAHLES. H 1010

Standard Oil Co., Chicago, Ill., V.St.A. (Erfinder: David A. McCaulay und Arthur P. Lien), **Gewinnung von Aromaten aus Gemischen.** Hierzu wird unter Feuchtigkeitsausschluß ein Gemisch von Cu-Fluorid u. fl. HF als Extraktionsmittel verwendet. — Zeichnung. (**E. P. 860 842** vom 23/11. 1959, ausg. 8/2. 1961.) E. KAHLES. H 1010

California Research Corp., San Francisco, übert. von: Charles D. Heaton und William G. Toland, San Rafael, Calif., V.St.A., **Abtrennen von im Kern chlorsubstituierten aromatischen Verbindungen** (I) aus einem fl. Gemisch mit organ. Verbb. erfolgt durch Zugabe von Pyromellitsäuredianhydrid bei $< 55^0$F zu dem Gemisch, wobei dieses mit I feste Komplex-Verbb. bildet, aus denen die aromat. Cl-Verb. durch Vakuum-Dest. abgetrennt werden kann. (**A. P. 2 962 535** vom 9/3. 1959, ausg. 29/11. 1960.) J. MÜHLEISEN. H 1010

Československá Socialistická Republika (Erfinder: František Holánek, Bad Bohdanec, und Jan Seifert, Pardubice), Tschechoslowakei, **Gewinnung von reinem p-Xylol aus rohem Xylol** durch Ausfrieren, dad. gek., daß nach der ersten Kristallisation von p-Xylol (I) die Mutterlauge von den Kristallen durch Toluol verdrängt wird. — Beispiel: 100 (kg) Rohxylol von der Zus. 14 (%) I, 17 o-Xylol, 40 m-Xylol, 27 Äthylbenzol u. 2 nichtaromat. Bestandteile werden auf $-67{,}8^0$ abgekühlt, worauf 7,8 100% ig. I auskrist., das mit 2,6 Mutterlauge verunreinigt ist, so daß die Reinheit von I nach Umschmelzen nur 76,7% beträgt. Die Kristalle werden in 2% ig. Toluol bei -78^0 suspendiert, so daß die Mutterlauge nach dem zweiten Suspendieren für das erste Suspendieren wiederverwendet werden kann. Die Menge an reinem Toluol für das Suspendieren beträgt 12 für eine Operation, das sind 1,6 Toluol auf 1 I. Nach dem zweiten Suspendieren u. Abscheiden wird 99% ig. reines I in 52% ig. Ausbeute gewonnen. (**Tschech. P. 97 907** vom 22/9. 1959, ausg. 15/1. 1961.) L. MACHER. H 1010

Metallgesellschaft Akt.-Ges., Frankfurt/M., **Gewinnung reiner, lichtbeständiger Phenole** aus Rohphenol oder phenolhaltigen Ölen durch Extraktion mit einer Alkaliphenolatlauge (I), dad. gek., daß die Extraktion in Ggw. von Bzn. (II) durchgeführt wird, worauf I mit Wasserdampf von II freigeblasen, aus I in bekannter Weise das Phenol, z. B. mit Diisopropyläther, extrahiert u. der Extrakt dest. wird. Das Verf. wird kontinuierlich durchgeführt. — Zeichnung. (**Ind. P. 62 640** vom 20/12. 1957, ausg. 9/11. 1959.) C. LÜTTGEN. H 1060

Wlodzimierz Rodziewicz, Jan Dobrowolski und Wieslaw Wojnowski, **Herstellung von Pentachlorphenol** erfolgt durch Chlorierung von Phenol in Ggw. von Te oder dessen Verbb., wie $TeCl_2$, $TeCl_4$, H_6TeO_6, TeO_2 oder H_2TeO_3 als Katalysator. — Bei Verw. von 1% Katalysator wird bei 12 std. Chlorierung bei 65—180° ansteigend eine Ausbeute von 70% Chlorphenol erhalten. (**Aust. P. 224 171** vom 31/10. 1957, ausg. 22/10. 1959. Poln. Prior. 27/3. 1957.) H. MÖLLERING. H 1060

Consolidation Coal Co., Pa., übert. von: Benjamin W. Jones, Bridgeville, und Martin B. Neuworth, Pittsburgh, Pa., V.St.A., **Trennung von 2.4-Xylenol von 2.5-Xylenol durch selektive Harzbildung.** 2.4-Xylenol (I) u. 2.5-Xylenol (II) enthaltende Gemische, z. B. um ca. 211° sd. Fraktionen aus der Kohlehydrierung, Stein- oder Braunkohlenschwelerei, Schieferölaufbereitung usw., deren I-Geh. 40—85 Gew.-% beträgt, werden mit HCHO oder einer solchen Menge Formalin, Paraformaldehyd oder Trioxymethylen, die soviel HCHO freimacht, daß für jedes im Gemisch vorhandene Mol II 0,5—1,2 Mol HCHO zu Verfügung stehen, behandelt. Es wird in Ggw. von katalyt. Mengen eines Kondens.-Katalysators, wie einer stark dissoziierten Säure oder einem stark dissoziierten Alkali gearbeitet, bis die gesamte HCHO-Menge verbraucht ist, das aus II u. HCHO gebildete Harz aus dem Gemisch abgetrennt u. so I erhalten, dessen Reinheitsgrad mindestens 87 Gew.-% beträgt. (**A. P. 2 917 487** vom 18/2. 1955, ausg. 15/12. 1959.) A. MOHR. H 1060

Council of Scientific & Industrial Research, Neu-Delhi, Indien, **Herstellung von 1-Äthoxy-2-hydroxy-4-propenylbenzol** durch 4—8 std. Erhitzen von 1-Äthoxy-2-methoxy-4-allylbenzol oder 1-Äthoxy-2-methoxy-4-propenylbenzol mit einem Alkalialkoxid oder Alkalihydroxid in einem mehrwertigen Alkohol, dem Monomethyl-, -äthyl- oder -butyläther, Propanol oder Butanol auf 150—200°. Das Endprod. wird z. B. mit CO_2 abgetrennt. — *1-Äthoxy-2-hydroxy-4-propenylbenzol*, $Kp._{16}$ 152—153°.

Verw. als *Aromastoff* für Nahrungsmittel, *Pharmazeutica* u. *Kosmetika*. (**Ind. P. 60 863** vom 24/6. 1957, ausg. 7/12. 1959.) H. NEBELSIEK. H 1060

Imperial Chemical Industries Ltd. (Erfinder: William Alexander O'Neill), **Oxydation von alkylsubstituierten aromatischen Verbindungen** in organ. fl. Phase mit mol. O_2 in Ggw. eines Katalysators, in Ggw. von Br_2 oder einer Br enthaltenden Substanz sowie in Ggw. von nicht mehr als 5 Gew.-% Cl^-, bezogen auf die organ. Fl., wobei z. B. p-Xylol in Propionsäure als organ. Medium in Ggw. von $CoBr_2$ u. HCl mit 75%ig. Ausbeute zu Terephthalsäure oxydiert werden kann. (**Aust. P. 223 522** vom 5/12. 1957, ausg. 17/9. 1959. E. Prior. 7/12. 1956.) K. DEMMLER. H 1220

Imperial Chemical Industries Ltd. (Erfinder: William Alexander O'Neill), **Oxydieren von alkylsubstituierten aromatischen Verbindungen** mit mol. O_2 in Ggw. von Br_2 oder Br enthaltenden Verbb., ggf. in Ggw. eines Katalysators, wobei die Abgase u. das W. des Rk.-Gefäßes in Waschtürmen mit NaOH, Cl_2 u. Luft behandelt werden u. wiedergewonnenes Br_2 in den Oxydationsprozeß zurückgeführt wird. — Beispiel: Oxydation von p-Xylol in CH_3COOH mit $CoBr_2$ bei 140° zu *Terephthalsäure*. (**Aust. P. 223 566** vom 6/1. 1958, ausg. 17/9. 1959. E. Prior. 18/1. 1957.) K. DEMMLER. H 1220

N. V. de Bataafsche Petroleum Mij., Holland, **Reinigung von Phthalsäure, Iso- und Terephthalsäure,** dad. gek., daß die durch Oxydation von Dialkylbenzolen gewonnene Säure mit HCl oder CH_3COOH u. W. gewaschen, in einer wss. Base (NH_4OH, NaOH) gelöst, die Lsg. filtriert, mit Aktivkohle behandelt u. wieder angesäuert wird oder, wenn als Base ein Amin verwendet wurde, das Salz durch Erwärmen in Wasserdampf u./oder CO_2 zersetzt wird. (**F. P. 1 197 623** vom 29/3. 1956, ausg. 2/12. 1959. Holl. Prior. 31/3. 1955.) S. BÖTTCHER. H 1220

Perfogit S. p. A., Mailand, Italien, **Herstellung von Cyancarbonsäuren aus Tolunitrilen.** In fl. Medium wird mit O_2 oder O_2 enthaltenden Gasen bei höherer Temp. in Ggw. von Oxiden der Metalle der 5. oder der 6. Gruppe des Periodensyst. der Elemente oxydiert. Die Oxide können auch im Gemisch angewandt werden. — 200 g p-Toluolnitril werden mit 0,5% WO_3 auf 155° erhitzt. 850 Liter Luft werden mit einer Geschw. von 30 l/Std. durch die Fl. geleitet, nach dem Erkalten mit 400 cm³ 10%ig. Na_2CO_3-Lsg. extrahiert., vom braunen Öl abgetrennt, HCl zum wss. Extrakt gegeben, der Nd. abfiltriert u. aus Ae. das *Mononitril der Terephthalsäure*, F. 218—219°, kristallisiert. (**It. P. 525 199** vom 21/6. 1954.) K. KOEBKE. H 1220

Sun Oil Co., Philadelphia, übert. von: Charles L. Thomas, Swarthmore, Pa., V.St.A., **Herstellung aromatischer Amine** durch katalyt. Rk. eines aromat. KW-Stoffes mit 0—5 Alkylsubstituenten, die jeweils höchstens 3 C-Atome aufweisen, bes. Bzl. u. Toluol, mit NH_3 u. O_2 bei 600—1500° an Pt-Katalysatoren, wobei ein Molverhältnis KW-Stoff : NH_3 = 0,1 : 1—20 : 1 u. von $NH_3 : O_2$ = 1 : 0,1—1 : 1 eingehalten wird. Verf.-Schema. — Vgl. A. PP. 2 749 297 u. 2 749 298; C. **1957.** 5116. (**Can. P. 553 988** vom 13/5. 1954, ausg. 4/3. 1958. A. Prior. 5/11. 1953.) L. GROSSNER. H 1310

Dow Chemical Co., übert. von: Richard A. Mock, Leo R. Morris und C. A. Marshall, Midland, Mich., V.St.A., **Vinylphenylalkylaminocarbonsäuren und deren Salze** der allg. Formel **I** (M = H, NH_4, Metalle; wenigstens ein R = Vinylphenyl; die anderen R = H, Alkyl, Aryl, Vinylaryl, Aralkyl, Vinylaralkyl, Carboxy, Carboxyalkyl, Carboxyalkylamino, Carboxyalkylaminoalkyl) u. bes. der allg. Formel $CH_2{=}CH{-}C_6H_4{-}C(R_1)(R_2){-}N(R_3){-}R_4$ (R_1 = H, COOM, CH_2COOM; R_2 = H; CH_3, R_3 u. R_4 = H, CH_3, $CH_2C_6H_4CH{=}CH_2$, CH_2COOM, CH_2CH_2COOM, $CH(COOM)CH_2COOM$, $(CH_2)_2N(CH_2COOM)_2$, $(CH_2)_3N(CH_2COOM)_2$ u. **II**; n = 1—4; m = 0—2; M = wie vorst.; mindestens einer der Reste R_1, R_3 u. R_4 muß eine Carboxylgruppe enthalten).

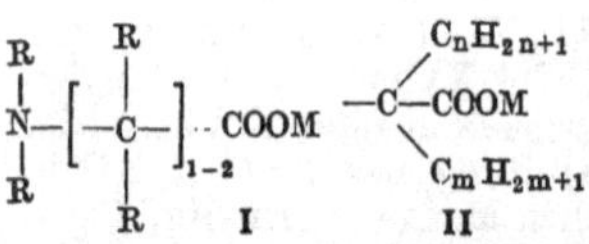

I II

Die Säuren werden durch Kondens. einer aliphat. Aminocarbonsäure mit einem Vinylbenzylhalogenid in Ggw. von wss. Alkali oder einer Vinylbenzylamino-Verb. mit einem Maleinsäureester oder Acrylsäurenitril oder einer Monohalogenessigsäure u. ggf. Verseifung der entstandenen Rk.-Prodd. erhalten. — Aus 133 g Iminodiessigsäure in 1 Liter W., 1,5 Liter CH_3OH u. 66 g NaOH in 250 cm³ W. unter Kochen u. Zusatz von 153 g Vinylbenzylchlorid u. weiteren 66 g NaOH in 250 cm³ W., Abdest. von CH_3OH, Extraktion mit Chlf., Ansäuern des wss. Filtrats mit konz. HCl bis pH 2 → *N-[Vinylbenzyl]-iminodiessigsäure*, wird durch Kristallisieren aus W. gereinigt. — Glycin → *N.N-Bis-[vinylbenzyl]-glycin*, unlösl. in W., lösl. in überschüssigem Alkali. — Isovalin → *N-[Vinylbenzyl]-isovalin*. — 2-[p-Vinylphenyl]-glycin → *N-[Vinylbenzyl]-2-[p-vinylphenyl]-glycin*. — Mit einem Gemisch aus p- u. o-Vinylbenzylchlorid im Verhältnis

60—65:40—35 oder mit den einzelnen Isomeren oder mit dem m-Deriv. wird mit Sarkosin erhalten → *N-[Vinylbenzyl]-sarkosin*; Alanin → *N-[Vinylbenzyl]-alanin*; *N-[Vinylbenzyl]-β-alanin*; *N.N-Bis-[vinylbenzyl]-β-alanin*; *N-[Vinylbenzyl]-2-aminobuttersäure*; *-2-aminoisobuttersäure*; *N-[Vinylbenzyl]-valin*; *-norvalin*; *-leucin*; *-isoleucin*. — Aus Vinylbenzylamin u. Maleinsäurediäthylester in Ae. → *N-[Vinylbenzyl]-asparaginsäurediäthylester*, daraus mit NaOH in W. unter Kochen → *N-[Vinylbenzyl]-asparaginsäure* (**III**). — N.N-Bis-[vinylbenzyl]-amin → *N.N-Bis-[vinylbenzyl]-asparaginsäurediäthylester* → *freie Säure*. Acrylonitril → *3-[Vinylbenzylamino]-propionitril* → *N-[Vinylbenzyl]-β-alanin*. — Mit 2 Mol Acrylonitril → *N-[Vinylbenzyl]-3.3'-iminodipropionitril* → *N-[Vinylbenzyl]-3.3'-iminoprodipionsäure*. — *3-[N.N-Bis-(vinylbenzyl)-amino]-propionitril* → *N.N-Bis-[vinylbenzyl]-β-alanin*. — Aus p-Vinylbenzaldehyd u. NaCN in CH_3OH in Ggw. von NH_4Cl u. konz. wss. NH_4OH unter Kochen → *2-[p-Vinylphenyl]-glycin*; auch erhältlich aus dem vorst. Aldehyd mit NaCN u. NH_4HCO_3 u. Hydrolysieren des entstehenden 5-[Vinylphenyl]-hydantoins. — Aus vorst. Aldehyd u. Malonsäure in abs. A. in Ggw. von konz. NH_4OH unter Kochen u. CO_2-Entw. → *3-[p-Vinylphenyl]-β-alanin*. — Acetylstyrol + Malonsäure + NH_3 → *3-[Vinylphenyl]-3-aminobuttersäure*. — **III** + Chloressigsäure bei pH 10 in Ggw. von wss. NaOH → *N-Carboxymethyl-N-[vinylbenzyl]-asparaginsäure*. — 2-[p-Vinylphenyl]-glycin + Na-Chloracetat → *2-[p-Vinylphenyl]-nitrilotriessigsäure* u. *2-[p-Vinylphenyl]-iminodiessigsäure*, die durch Kristallisieren aus heißem W. getrennt werden. — *N-Carboxymethyl-N-[vinylbenzyl]-alanin*; *-β-alanin*; *-2-aminobuttersäure*; *-2-aminoisobuttersäure*; *-isovalin*; *-valin*; *-norvalin*; *-leucin*; *-isoleucin*; *-2-[vinylphenyl]-glycin*. — Die vorst. Verbb. bilden mit Metallionen, bes. von Cu, Co, Ni, Fe, Pb, Mn, Mg, Ca, Ba, Sr *Chelate*, vgl. Tabelle. Die Verbb. lassen sich z. B. unter Bestrahlen mit Licht oder in Ggw. von Persulfat *polymerisieren* u. *mischpolymerisieren*, bes. mit Acrylsäuren, deren Salzen, Estern u. Anhydriden, Maleinsäureanhydrid u. Maleinsäureestern, Styrol, Methyl- u. Dimethylstyrolen, Divinylbenzol, Vinyl- u. Divinylnaphthalin, Vinyl- u. Divinylbenzolsulfonsäure, Hydroxy-, Methoxy-, Amino-, Cyan-, Acetyl-, Chlor- u. Dichlorstyrol, Chloracrylsäureestern, Fumarsäurediallylester, Vinylacetat, -propionat, -butyrat, -benzoat, Vinylchlorid, Vinylidenchlorid, Vinylidencyanid, Vinylmethylketon, Vinylcarbazol, Vinyläthyläther, Isobutylen, Butadien-(1.3), Isopren u. Acrylsäureamiden. — Verw. der Monomeren u. Polymeren als *Chelatierungsmittel*; *Zwischenprodukte*. (**A. P. 2 840 603** vom 12/10. 1956, ausg. 24/6. 1958. **Belg. P. 561 563** vom 11/10. 1957, ausg. 20/5. 1960. A. Prior. 12/10. 1956.) G. KRAUSS. H 1350

E. I. du Pont de Nemours & Co., Wilmington, Del. (Erfinder: Lorraine Guy Donaruma, Media, Pa.), V.St.A., **Cyclohexanonoxim** wird in Ausbeuten bis zu 70% durch Red. der Alkalisalze von Nitrocyclohexan, bes. den Na- u. K-Salzen, mit mindestens äquimol. Mengen an CO in Ggw. eines niedermol. Alkanols (1—4 C-Atome) bei 150 bis 200° u. 35—63 at, vorteilhaft in Ggw. eines Inertgases (H_2, N_2) erhalten. — *Zwischenprod.* zur Herst. von Caprolactam, *Schädlingsbekämpfungsmittel* u. *Lösungsmittel*. (**D. A. S. 1 100 621** Kl. 12o vom 28/7. 1959, ausg. 2/3. 1961. A. Prior. 30/7. 1958. **A. P. 2 945 065** vom 30/7. 1958, ausg. 12/7. 1960.) R. HAUSS. H 1960

Comp. Française Thomson-Houston, Seine, Frankreich (Erfinder: John Francis Brown), **Herstellung von Silyldihydronaphthalinverbindungen** mit der Gruppe $-C_{10}H_8-SiR_2-$ (R = KW-Stoff-Gruppe oder Halogen-KW-Stoff-Gruppe) durch Rk. des Additions-Prod. eines Alkalimetalls mit Naphthalin mit der Verb. R_2SiX_2 (X = mit Si über eine hydrolysierbare Bindung verbundenes 1wertiges Atom oder Radikal), worauf die Verbb. durch Pyrolyse bei normalem Druck weiter umgewandelt werden können. — 400 cm^3 1.2-Dimethoxyäthan (**I**), 10 g Na-Späne u. 40 g Naphthalin werden bei Raum-Temp. 2,7 Tage lang gerührt. Nicht umgesetztes Na wird entfernt u. das Rk.-Prod. zu 38 cm^3 Dimethyldichlorsilan in einem Überschuß von 10 cm^3 I gegeben. Bis $^2/_3$ des Lsgm. entfernt sind, wird dest. u. mit W. versetzt, worauf der polymere Nd. aus Ae.-Lsg. mit A. gefällt u. so gereinigt wird. F. ca. 75°, kolophoniumartig. Das Polymere kann auf 300—400° erhitzt werden. Es wird ein leichtes braunes Öl, das 50% *Naphthyldimethylsilan*, $Kp._{4,7}$ 113°, n_D^{20} 1,5895, ferner eine Fraktion mit $Kp._{0,8}$ ca. 115° aus einem Gemisch von $C_{10}H_7Si(CH_3)_2H$ u. $C_{10}H_7Si(CH_3)_2OSi(CH_3)_2OSi(CH_3)_2H$, u. ein Rückstand in Form eines mürben Harzes erhalten. Das zuerst erhaltene, nicht pyrolysierte Harz kann als Zusatz zu Kautschuk, Asphalt, Teer, Kolophonium, Kopal, Pheno-, Aminoplasten u. Alkydharzen dienen. Der Pyrolyserückstand ist mit Leinöl oder chines. Holzöl mischbar u. kann zur Darst. lufttrocknender Lacke dienen. (**F. P. 1 169 967** vom 22/3. 1957, ausg. 8/1. 1959. A. Prior. 27/3. 1956.) M. PANKOW. H 2700

Badische Anilin- & Soda-Fabrik Akt.-Ges. (Erfinder: Franz Reichenender und Karl Dury), Ludwigshafen/Rh., **Herstellung von Bicyclo-[2.2.1]-hepta-**

dien-(2.5) (I) aus Dicyclopentadien mit C_2H_2 u. einem Inertgas unter Druck bei Temp. von 155—255° ggf. in Ggw. inerter organ. Lsgm. u. Polymerisationsinhibitoren. Das Verf. kann kontinuierlich oder diskontinuierlich durchgeführt werden. Ein Diagramm über den Zerfallsgrenzdruck von C_2H_2/N_2-Gemischen mit 0—100% C_2H_2 für Drücke bis 200 atü ist angegeben. — In den Kopf eines Rieselofens wird stündlich eine Lsg. von 50 ml Dicyclopentadien in 50 ml Tetrahydrofuran eingebracht u. gleichzeitig bei 200 atü Gesamtdruck ein Gemisch aus 20 Vol.-% C_2H_2 u. 20 Vol.-% N_2 bei einer Ofen-Temp. von 200° eingeleitet. Das Abgas wird auf einen Geh. von 14—17 Vol.-% C_2H_2 geregelt. Am Boden des Ofens wird eine Lsg. mit 31 Gew.-% I entnommen, die fraktioniert wird → 95% I, Kp.$_{760}$ 89°, der Umsatz beträgt 46%. — Weitere abgeänderte Verf.-Weisen sind angegeben. (**D. A. S. 1 097 435** Kl. 12o vom 13/8. 1959, ausg. 19/1. 1961.)
A. Debo. H 2950

Chemische Werke Hüls Akt.-Ges. (Erfinder: Otto Glosauer, Walter Franke und Franz Stürzenhofecker), Marl, **Bicyclische Ketone** der Formel I oder II werden aus Trivinylcyclohexan (III) unter den Bedingungen der Oxosynth. in Ggw. von Katalysatoren mit Wassergas oder CO u. H_2, ggf. unter Zusatz inerter Verdünnungsmittel hergestellt. — 800 (Gew.-Teile) III werden bei 190 at, einem Mol-Verhältnis CO zu H_2 von 1:1 u. einer Temp. von 140° in einem Autoklav in Ggw. von 8 Co (als Co-Acetat/Pyridin) innerhalb von 4 Std. umgesetzt. Nach Dest. → 425 nicht umgesetztes III u. 202 *Keton* I oder II, Kp.$_1$ 86—90°; n_D^{20} 1,4872; JZ. 131. — Analog aus 500 III in 400 Isopropylcyclohexan → 181 Keton neben 195 III u. 115 höhersd. Rückstand. — *Zwischenprodd.* für Kunststoffe, Weichmacher, Riechstoffe, Pharmazeutica. Das Diformaldehyd-Deriv. kann mit Dicarbonsäuren, das Diacrylsäurenitril-Deriv. mit Glykolen zu linearen Polyestern kondensiert werden. (**D. A. S. 1 106 759** Kl. 12o vom 17/2. 1960, ausg. 18/5. 1961.)
A. Debo. H 2950

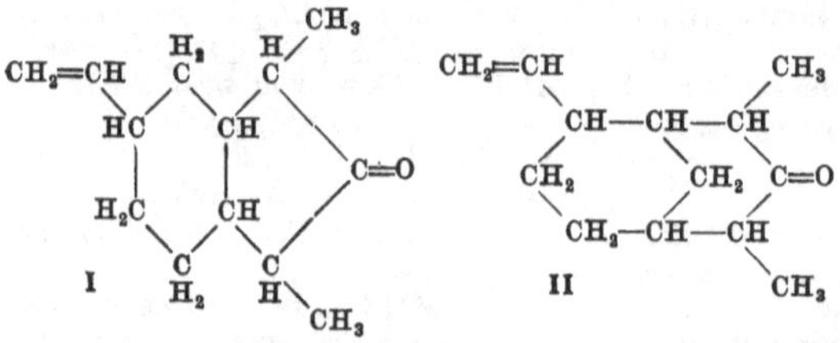

E. I. du Pont de Nemours & Co. (Erfinder: Richard Eli Ludwig), Wilmington, Del., V.St.A., **Adamantan,** weiße Kristalle aus Ae., F. 266—268°, werden in Ausbeuten bis zu 32,2% durch Umlagerung von Tetrahydrodicyclopentadien (I), bei einer zwischen Normal-Temp. u. der Zers.-Temp. von I liegenden Temp., bes. bei 45 bis 200°, in Ggw. von mindestens 1 Mol wasserfreiem HF je Mol I u. BF_3 unter einem solchen Druck, daß mindestens ein Teil des HF bei der angewendeten Temp. fl. vorliegt, erhalten. — Z. B. werden 22 (Teile) HF, 24,5 I u. so viel BF_3 60 Min. lang auf 50° erwärmt, daß im Rk.-Gefäß ein Druck von 52,75 at herrscht u. *Adamantan* in 32,2%ig. Ausbeute erhalten wird. — Das als Neben-Prod. gebildete exo-I kann in die Rk.-Zone zurückgeführt werden. (**D. A. S. 1 097 438** Kl. 12o vom 29/9. 1959, ausg. 19/1. 1961. **E. P. 861 435** vom 28/9. 1959, ausg. 22/2. 1961. Beide A. Prior. 17/10. 1958. **A. P. 2 937 211** vom 17/10. 1958, ausg. 17/5. 1960.)
R. Hauss. H 2950

Friedhelm Korte, Hangelar, und Karl-Heinz Löhmer, Solingen, **Herstellung von Dihydrothiophen- und Dihydrothiapyran-3-carbonsäureestern** der allg. Formeln I bzw. II, in denen R = H, Alkyl- oder Carbalkoxygruppe; R_1 einen aliphat., aromat. oder araliphat. Rest u. R_2 H, einen Alkyl- oder Arylrest bedeutet, dad. gek., daß entsprechende γ- oder δ-Thialactone mit Carbonsäureestern der allg. Formel $R-COOR_3$, in der R die oben angegebene Bedeutung hat u. R_3 eine Methyl- oder Äthylgruppe darstellt, in Ggw. von alkal. Kondens.-Mitteln, mit Ausnahme von Alkalialkoholaten, umgesetzt u. die erhaltenen 2-Acyl-γ- oder -δ-thialactone mit Alkoholen der allg. Formel R_1OH in Ggw. von Säuren als Katalysatoren behandelt werden. — In ein Gemisch von Diisopropylamino—MgBr u. abs. Ae. wird ein Gemisch aus γ-Thiabutyrolacton u. $HCOOC_2H_5$ in abs. Ae. eingetropft u. bei 35° über Nacht gerührt. Mit konz. HCl unter Zugabe von Eis wird angesäuert, geschichtet, die Ae.-Schicht abgetrennt, die wss. Schicht zweimal ausgeäthert u. die Ae.-Schichten vereinigt. Über $CaCl_2$ wird getrocknet u. der Ae. verdampft. α-Formyl-γ-thiabutyrolacton, F. 72—74°, das mit 4%ig. methanol. HCl unter Ausschluß von Feuchtigkeit 48 Std. lang gekocht wird. Nach Aufbereitung u. Dest. wird *3-Carbomethoxy-4.5-dihydrothiophen,* Kp.$_{0,5}$ 43—46°, erhalten. Mit Oxalsäurediäthylester wird über α-Äthoxalyl-γ-thiabutyrolacton, Kp.$_{0,05}$ 111°, mit äthanol. HCl *2.3-Dicarbäthoxy-4.5-dihydrothiophen,* Kp.$_{0,05}$ 96°, erhalten. — Es werden ferner her-

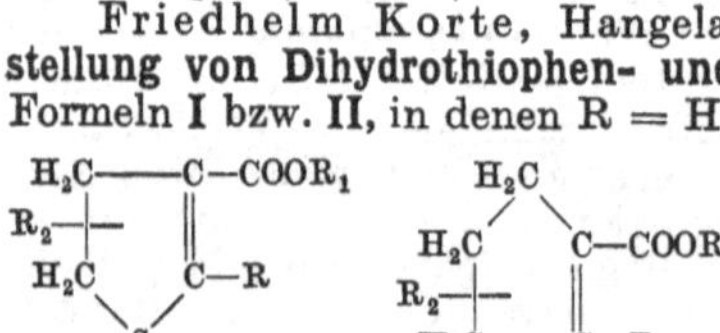

gestellt: α-Acetylthiabutyrolacton, $Kp._{0,05}$ 60°, → *2-Methyl-3-carbomethoxy-4.5-dihydrothiophen*, $Kp._{0,5}$ 52—54°; α-Formyl-δ-thiavalerolacton, F. 60—62° (Ae.), → *3-Carbomethoxy-5.6-dihydrothiapyran*, $Kp._{0,15}$ 64—66°; α-Acetyl-δ-thiavalerolacton, $Kp._{0,15}$ 85 bis 86°, → *3-Carbomethoxy-2-methyl-5.6-dihydrothiapyran*, $Kp._{0,4}$ 65—67°; α-Äthoxalyl-δ-thiavalerolacton, $Kp._{0,2}$ 115—117°, → *2.3-Dicarbäthoxy-5.6-dihydrothiapyran*, $Kp._{0,3}$ 119—120°. — *Zwischenprodd.* für die Herst. von Arznei-, Pflanzenschutz-, Desinfektionsmitteln, Farbstoffen. (**D. A. S. 1 107 241** Kl. 12q vom 29/1. 1957, ausg. 25/5. 1961.) G. KÖNIG. H 3071

British Oxygen Co. Ltd. (Erfinder: Samuel Aaron Miller und William Owen Jones), London, England, **Herstellung von N-Vinyllactamen** aus *Caprolactam*, *Piperidon-(2)* u. bes. *Pyrrolidon-(2)*, dad. gek., daß das Lactam in z. B. Tetrahydrofuran gelöst, die Lsg. mit einem Alkali- oder Erdalkalihydroxid, bes. KOH oder NaOH, versetzt, mit C_2H_2 bei ca. 15° u. 20 at gesätt. u. das Rk.-Gemisch im Autoklav auf 110—200° erhitzt wird. Nicht umgesetztes C_2H_2 u. das Lsgm. wird abdestilliert u. das Rk.-Prod. isoliert. — *N-Vinylpyrrolidon.* (**E. P. 799 924** vom 29/3. 1956, ausg. 13/8. 1958.) W. HEYER. H 3081

Joh. A. Benckiser G. m. b. H., Chemische Fabrik, Ludwigshafen/Rh., **Herstellung von Pyrrolderivaten** durch Rk. von Glucosamin mit Dicarbonyl-Verbb. der allg. Formel R—CO—CH_2—CO—R′, in der R eine Alkylgruppe u. R′ eine Alkyl-, Alkoxy- oder Phenylgruppe bedeutet, bei erhöhter Temp., dad. gek., daß die Rk. in Ggw. von Alkoholen, u. bes. in Ggw. von Eisessig als Katalysator durchgeführt wird. — Aus Glucosamin u. Acetylaceton in A. oder CH_3OH bzw. Isopropylalkohol → *2-Methyl-3-acetyl-5-tetrahydroxybutylpyrrol*, F. 133°. — Analog aus Glucosamin u. Acetessigsäureäthylester → *2-Methyl-5-tetrahydroxybutylpyrrolcarbonsäure-(3)-äthylester*, F. 141°. Das Rk.-Prod. aus Glucosamin u. Benzoylaceton → F. 134° (Zers.). — Zwischenprodukte. (**D. A. S. 1 122 528** Kl. 12p vom 4/6. 1958, ausg. 25/1. 1962.) W. HEYER. H 3081

Farbenfabriken Bayer Akt.-Ges., Leverkusen (Erfinder: Oskar Weißel, Krefeld), **Herstellung von heterocyclischen Cyanmethylenverbindungen,** dad. gek., daß heterocycl. Methylenbasen der allg. Formel **I**, in der R_4 = Alkyl- u. Arylgruppen u. Z die Ergänzungsglieder eines heterocycl. 5- oder 6gliedrigen Ring-Syst. bedeuten oder deren Kernsubstitutions-Prodd. sowie quatern. NH_4-Verbb. solcher Methylenbasen mit Cyanhalogeniden, bes. in Ggw. organ. Lsgm. u. ggf. unter Zusatz säurebindender Mittel, umgesetzt werden, wobei die 2-Methylenindoline der allg. Formel **II**, in der R = H, einen Alkyl- oder Alkoxyrest u. R_1, R_2 u. R_3 Alkylgruppen darstellen, hier als Rk.-Komponenten ausgeschlossen sind. — Aus 1.3.3-Trimethyl-5-chlor-2-methylenindolin u. Chlorcyan in Bzl. unter Erhitzen auf 65°, Abtrennen des ausfallenden 1.3.3-Trimethyl-5-chlor-2-methylenindolinhydrochlorids nach dem Erkalten, Eindampfen des benzol. Filtrats u. Umkristallisieren des festen Rückstands aus Methylcyclohexan → *1.3.3-Trimethyl-5-chlor-2-cyanmethylenindolin*, F. 142—143°. Analog werden folgende *2-Cyanmethylenindoline* hergestellt: *1.3.3-Trimethyl-5-phenyl-*, F. 166 bis 168,5°; *1.3.3-Trimethyl-5-carbomethoxy-*, F. 170—172°; *1.3.3.4.5.7-Hexamethyl-*, F. 169—170°; *1.3.3-Trimethyl-5.7-dimethoxy-*, F. 140—141°; *1.3.3.5-Tetramethyl-6-methoxy-*, F. 116—117°; *1.3.3-Trimethyl-5-dimethylamino-*, F. 145—146°. — Ferner: *1.3.3-Trimethyl-2-cyanmethylen-4.5-benzindolin*, F. 168—169°; *1-Phenyl-3-methyl-2-cyanmethylendihydrochinoxalin*, F. 227—228°; *1-Methyl-2-cyanmethylen-1.2-dihydrochinolin*, F. 118°, u. *1.4-Dimethyl-2-cyanmethylen-6-cyanmethyldihydropyridin*, F. 196—197°. — *Zwischenprodd.* für Farbstoffsynthesen. (**D. A. S. 1 118 784** Kl. 12p vom 25/5. 1959, ausg. 7/12. 1961.) W. HEYER. H 3081

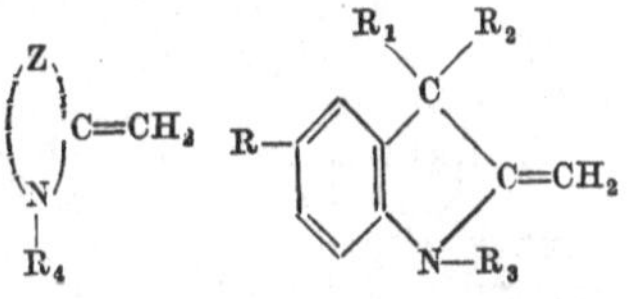

I II

Vetrocoke S. p. A., Turin, Italien, **Gewinnung von Carbazol (I)** aus einem Gemisch von **I** mit Anthracen u. Phenanthren. In 130—140 (Teilen) Bzl. wird 1 des Gemisches gelöst, mit 10 70%ig. H_2SO_4 bas. Begleitstoffe entfernt u. mit 85%ig. H_2SO_4 **I** (40—42 H_2SO_4 auf 1 **I**) extrahiert. Aus der sauren Lsg. wird **I** durch Verdünnen auf 60 bis 70%ig. H_2SO_4 ausgefällt. — Vorr., Zeichnungen. (**It. P. 515 869** vom 16/4. 1954.) K. KOEBKE. H 3081

Badische Anilin- & Soda-Fabrik Akt.-Ges. (Erfinder: Peter Dimroth und Heinrich Pasedach), Ludwigshafen/Rh., **Herstellung von 5-Methylen-4.4-dialkyl-1.3-dioxolanonen-(2)** der allg. Formel **I**, in der R u. R_1 Alkylreste bedeuten,

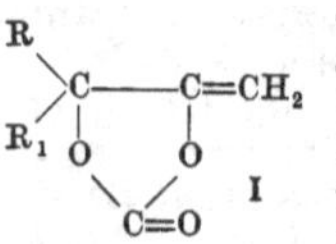

die zu einem Ring verbunden sein können, dad. gek., daß Acetylenalkohole der allg. Formel $(R_1)(R)C(OH)-C{\equiv}CH$ mit CO_2 in Ggw. von Cu-Salzen als Katalysatoren umgesetzt werden. — 3-Methylbutin-(1)-ol-(3), CuCl u. $(C_2H_5)_3N$ werden im Autoklav unter 50 atü CO_2 12 Std. lang auf 80° erhitzt. Bei der Dest. wird *5-Methylen-4.4-dimethyl-1.3-dioxolanon-(2)*, F. 32°, $Kp._{18}$ 82°, erhalten. — *Zwischenprodukte.* (**D. A. S. 1 098 953** Kl. 12q vom 29/9. 1959, ausg. 9/2. 1961.) G. König. H 3102

Ciba Ltd., Basel, Schweiz, **Herstellung von α.β-Bis-[aryloxazolyl-(2)]-äthylenverbindungen** der allg. Formel **I** (R_1 = aromat. Ring-Syst.). 2 (Mol) einer o-Hydroxyaminoaryl-Verb. werden in Ggw. eines organ. Lsgm. bei 100—200° mit 1 Thioäpfelsäure (**II**) oder eines funktionellen Deriv. davon kondensiert u. die entstandene u. isolierte Acylverb. bei 140—180° mit einem wasserabspaltenden Mittel behandelt. — Zum Beispiel wird 1-Amino-2-hydroxy-5-methylbenzol unter Luftausschluß mit dl-**II** in Chlorbenzol ca. 12 Std. lang auf 130—132° erhitzt, wobei W. u. H_2S entweicht. Die gebildete Acylverb. (F. 200—201°) wird ca. 6 Std. lang in einer Schmelze aus 15 (Gew.-Teilen) $ZnCl_2$ u. 1 W. auf 160—168° erhitzt → *α.β-Bis-[5-methylbenzoxazolyl-(2)]-äthylen*, F. 182 bis 184°. — Analog: 1-Amino-2-hydroxy-5-chlorbenzol → Acylverb., F. 192—194°, → *α.β-Bis-[5-chlorbenzoxazolyl-(2)]-äthylen*, F. 262—263°. — 1-Amino-2-phenol → Acylverb., F. 189—190°, → *α.β-Bis-[benzoxazolyl-(2)]-äthylen*, F. 242—243°. (**Holl. P. 98 202** vom 16/6. 1956, ausg. 15/6. 1961.) F. Böhm. H 3132

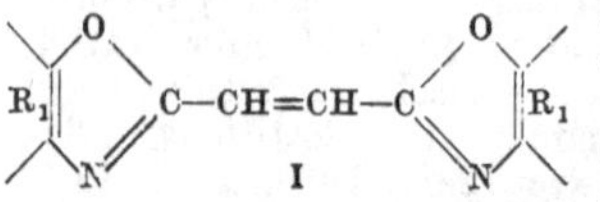

Union Oil Co. of California, Los Angeles, übert. von: William D. Schaeffer, Pomona, und William Smith Dorsey, Fullerton, Calif., V.St.A., **Wernersche Komplexsalze von 4-Äthyl- oder 4-Methylpyridin beziehungsweise von Acetylpyridin** wie Mn-, Ni-, Fe- oder Co-Tetrakis-[4-äthyl(bzw. methyl)-pyridin]-diformiat oder die entsprechenden Salze von Tetrakis-[4-acetylpyridin]-dithiocyanat werden erhalten durch Rk. von z. B. $NiCl_2$ in W. mit HCOOH u. 4-Äthylpyridin → *Ni-Tetrakis-[4-äthylpyridin]-diformiat*, F. 161° (Zers.), bzw. $NiCl_2 \cdot 6\,H_2O$ mit Na-Thiocyanat u. 4-Acetylpyridin in mol. Mengen → *Ni-Tetrakis-[4-acetylpyridin]-dithiocyanat*, F. 289°. Die Metallformiate dienen zur Abtrennung von o-Xylol von den anderen C_8-aromat. Isomeren u. die Metall-[4-acetylpyridin]-dithiocyanate zur Abtrennung des Äthylbenzols von o-, m- u. p-Xylol. (**A. PP. 2 903 456** vom 19/11. 1956, ausg. 8/9. 1959, u. **2 905 684** vom 29/4. 1957, ausg. 22/9. 1959.) W. Heyer. H 3231

Henkel & Cie. G. m. b. H. (Erfinder: Bruno Blaser, Bernhard Raecke und Hubert Schirp), Düsseldorf, **Herstellung von heterocyclischen Di- und beziehungsweise oder Tricarbonsäuren** aromat. Charakters bzw. ihrer Salze oder Derivv. durch Erhitzen der Alkali- oder Erdalkalisalze von heterocycl. Monocarbonsäuren aromat. Charakters in Ggw. von CO_2 unter Druck u. in Ggw. säurebindender Mittel sowie ggf. von katalyt. wirksamen Metallen oder Metall-Verbb. u. ggf. durch Überführung der erhaltenen Salze in die freien Säuren bzw. deren Derivv., dad. gek., daß das Erhitzen unter einem CO_2-Druck von $>$400 at, bes. $>$500 at durchgeführt wird. — Aus Nicotinsäure-K in Ggw. von K_2CO_3 u. CdF_2 bei 1800 at → *Mono-K-Salz der Isocinchomeronsäure*; analog aus Thiophen-α-carbonsäure → *Thiophenmono- u. -dicarbonsäure*, aus Isonicotinsäure → *Pyridin-2.4.6-tricarbonsäure*. (**D. A. S. 1 118 783** Kl. 12p vom 5/3. 1956, ausg. 7/12. 1961.) W. Heyer. H 3231

Deutsche Gold- und Silber-Scheideanstalt vormals Roesler, Frankfurt/M., **Herstellung von basisch substituierten Thiophenylpyridylderivaten** durch Rk. eines sek. Thiophenylpyridylamins mit z. B. $COCl_2$ u. Rk. des dabei gebildeten Thiophenylpyridylaminocarbonsäurechlorids bei 70—170° in Ggw. eines alkal. Kondens.-Mittels mit einem sek. Amin bzw. Aminoalkohol. — Zum Beispiel werden 16 (Teile) Thiophenylpyridylamin in 75 Chlorbenzol gelöst, HCl zugesetzt u. bei 170° $COCl_2$ in die Lsg. getropft. Nach dem Abtreiben der Reste an Phosgen u. HCl werden bei 100° 25 Dimethylaminoäthanol zugefügt u. gekocht. Nach der üblichen Aufbereitung wird der *Dimethylaminoäthylester* der *Thiophenylpyridylaminocarbonsäure, Hydrochlorid*, F. 193 bis 194°, erhalten. Auf ähnliche Weise wird erhalten: der *Methylpiperidylester* der *Thiophenylpyridylaminocarbonsäure*, F. 151—153°, *Hydrochlorid*, F. 264—266°; *Thiophenylpyridylaminocarbonsäurechlorid*, F. 158—160°. — Weitere 20 Beispiele. (**Ind. P. 60 197** vom 15/4. 1957, ausg. 27/6. 1959. E. Prior. 23/10. 1956.) H. Nebelsiek. H 3231

Farbenfabriken Bayer Akt.-Ges., Deutschland, **Herstellung von substituierten Aminoderivaten der Acridin- und Acridonchinone,** dad. gek., daß Acridin- oder Acridonchinone-(5.8), die substituiert sein können, mit prim. oder sek. Aminen, Aminosäuren, ihren Estern oder Amiden umgesetzt werden. — 4,5 g Acridonchinon-(5.8) werden in 750 (cm^3) A. mit 10 einer Lsg. von 9,3 g Anilin in 100 A. 5 Std. lang gekocht: *Anilinoacridonchinon-(5.8)*, F. > 280°, u. aus der Mutterlauge *5.8-Dihydroxyacridon*. — *p-Carbäthoxyanilinoacridonchinon-(5.8)*, F. > 300°, *6-Anilinoacridonchinon-(5.8)-o-carbonsäure*, F. < 300°, *6-Sarkosyl-sarkosyl-* u. *Glycylalanylglycylacridonchinon-(5.8)*, *äthylehter*, Zers. ab 270°, u. I, F. 220° (Zers.), aus p-Aminobenzoesäureäthylester, Anthranilsäure, Sarkosylsarkosinäthylesterhydrochlorid, Glycylalanylglycinäthylester bzw. p-Aminobenzoylglutaminsäurediäthylester. (**F. P. 1 192 119** vom 10/9. 1955, ausg. 23/10. 1959. D. Prior. 10/9. 1954.)

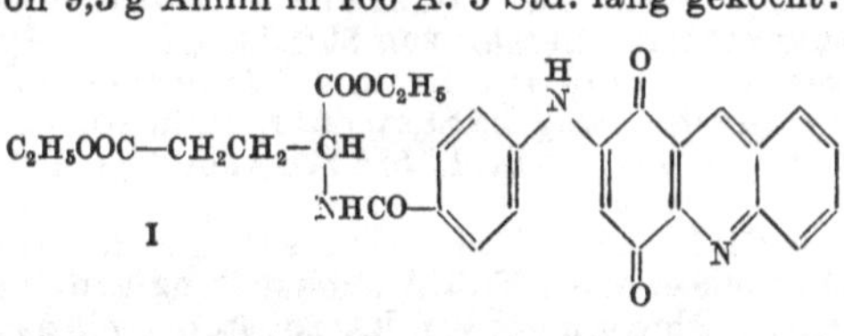

I

S. BÖTTCHER. H 3231

Wyandotte Chemicals Corp., V.St.A., **Herstellung von 2.6-Dialkylpiperazinen**, dad. gek., daß Diisopropanol- oder Bis-[2-hydroxybutyl]-amin in Ggw. eines Hydrierungs-/Dehydrierungskatalysators (Ni, Co) unter Druck mit NH_3 auf 125—250° erhitzt wird. — *2.6-Dimethyl-* u. *2.6-Diäthylpiperazin*. (**F. P. 1 201 528** vom 10/3. 1958, ausg. 30/12. 1959.) S. BÖTTCHER. H 3272

Wyandotte Chemicals Corp., V.St.A. (Erfinder: William Walter Levis jun.), **Reinigung von Piperazinen**, dad. gek., daß einem Gemisch von Tetra- oder Trimethylpiperazin mit 2.3-Butylenglykol (I) als Codest.-Mittel Cumol oder Xylol zugesetzt wird, das mit I ein azeotropes Gemisch bildet, dessen Kp. unter dem der anderen Bestandteile liegt. — Verfahrensschema. (**F. P. 1 220 173** vom 30/1. 1959, ausg. 23/5. 1960. A. Prior. 3/2. 1958.) S. BÖTTCHER. H 3272

Soc. des Usines Chimiques Rhône-Poulenc (Erfinder: Serge Tchelitcheff), **Herstellung von Piperazinderivaten.** Zu F. P. 1 167 912; C. **1960.** 4675 ist nachzutragen: Analog werden hergestellt: *1-Phenyl-4-[3-hydroxypropyl]-*, F. 73°; *1-[2-Hydroxyäthyl]-4-[3-hydroxypropyl]-*, F. 101°; *1-[2-(2-Tetrahydropyranyloxy)-äthyl]-4-[3-hydroxypropyl]-*, $Kp._1$ 162—163°; *1-[2.2-Diäthoxyäthyl]-4-[3-hydroxypropyl]-*, $Kp._1$ 148 bis 152°, u. *1-[2-(2-Hydroxyäthoxy)-äthyl]-4-[3-hydroxypropyl]-piperazin*, $Kp._1$ 160—165°. (**Aust. P. 220 395** vom 18/6. 1957, ausg. 19/3. 1959. F. Prior. 15/6. 1956 u. 17/4. 1957.) C. LÜTTGEN. H 3272

Ernst Carstens, Joachim Donat und Hans-Georg Kazmirowski, Radebeul, **Verminderung der bei der Herstellung von synthetischen Xanthinen auftretenden Färbung und Fluorescenz** durch Zusatz von *Formaldehyd* bei der Stufe des Ringschlusses der 1.3-Dialkyl-4-amino-5-acylaminouracile mit Alkalilauge u. ggf. auch beim Umkristallisieren der Xanthine. Bei Herst. von Theophyllin werden pro Mol 1.3-Dimethyl-4-amino-5-formamidouracil 5—15 Liter 35%ig. HCHO-Lsg. zugesetzt. (**D. P. [DDR] 21 220** Kl. 12p vom 9/4. 1959, ausg. 28/4. 1961 [Wirtschaftspatent].) L. GROSSNER. H 3272

Badische Anilin- & Soda-Fabrik Akt.-Ges., Ludwigshafen/Rh. (Erfinder: Otto Claren, Mannheim), **Trocknung von chlorierten Cyanursäuren.** Die feuchten chlorierten Cyanursäuren (I) werden mit 20—300 Gew.-% einer indifferenten organ. Fl. (II) mit einem Kp. < 230° vermischt, die in W. nicht oder nur schwer lösl. ist. Dieses Gemisch wird zuerst im Vakuum bei Tempp. < 100°, bes. zwischen 0 u. 50°, dest.; anschließend wird bei erhöhter Temp., aber normalem Druck eine azeotrope Rückfluß-Dest. ausgeführt, bei der das im Destillat sich abscheidende W. entfernt wird; dann wird auch das Schleppmittel abdestilliert. In der ersten Stufe wird der Wasser-Geh. zweckmäßig auf 2—3% erniedrigt. — Beispiele für II: aliphat., aromat. oder alicycl. Verbb. u. ihre Halogen-Derivv., Ketone, Ester, Äther, Nitrile u. Amide; bes. geeignet sind II, in denen I unlösl. sind, z. B. CCl_4, Bzl., Toluol, Cyclohexan, Methylen- u. Äthylendichlorid, Propionsäurenitril u. Diäthyläther. (**D. A. S. 1 122 535** Kl. 12p vom 15/10. 1960, ausg. 25/1. 1962.) A. KALIX. H 3313

Montecatini Soc. Gen. per l'Industria Mineraria e Chimica, Mailand, Italien, **Herstellung von Melamin aus Harnstoff.** Die Rk. wird in 2 Phasen u. in 2 Rk.-Gefäßen (I) ausgeführt. In der ersten Phase wird Harnstoff bei 250—500°, bes. bei 340 bis 400°, einem Druck von mehr als 10 at, bes. 40—150 at, unterworfen. Nach einiger Zeit wird abgespaltenes CO_2 aus dem Rk.-Gemisch entfernt, z. B. durch eine alkal. Lsg., die selektiv nur CO_2, jedoch nicht den gleichzeitig entstehenden NH_3 absorbiert. Anschließend wird die Rk. in einem zweiten I zu Ende geführt. In der Zwischenphase kann auch ein Mittel angewandt werden, das zugleich CO_2 + NH_3 absorbiert; in diesem Falle muß dem zweiten I wieder etwas NH_3 unter Druck zugeführt werden. (**Port. P. 37 675** vom 17/10. 1960, Auszug veröff. 29/3. 1961. It. Prior. 22/10. 1959.)

A. KALIX. H 3313

Pittsburgh Plate Glass Co., Pittsburgh, Pa., übert. von: Lowell O. Cummings, Henry A. Vogel und Alfred R. Bader, Milwaukee, Wis., V.St.A., **β-Carbonylcarbonsäureester von Steroiden.** Ein 3-Hydroxysterin wird mit einem Acetessigester eines niederen, bis zu 4 C-Atomen enthaltenden 1wertigen Alkohols bei <160° umgesetzt. Analog die Sterinester von Benzoylessigsäure, Acetondicarbonsäure u. Acetylbernsteinsäure. (**Can. P. 554 285** vom 20/4. 1954, ausg. 11/3. 1958.) L. Grossner. H 3700

Pittsburgh Plate Glass Co., Pittsburgh, Pa., übert. von: Alfred R. Bader, Milwaukee, Wis., V.St.A., **Herstellung von Cyanessigestern von Sterinen.** Das Sterin wird in Abwesenheit von Katalysatoren mit dem Cyanessigester eines niederen aliphat. 1wertigen Alkohols erhitzt u. der Alkohol im Verlauf der Operation abdestilliert. (**Can. P. 554 286** vom 20/4. 1954, ausg. 11/3. 1958.) L. Grossner. H 3700

Pittsburgh Plate Glass Co., Pittsburgh, Pa., übert. von: Alfred R. Bader, Milwaukee, Wis., V.St.A., **Herstellung von Sterinestern von Oxalsäure.** Ein Sterin wird mit dem doppelten Äquivalent eines niederen Oxalsäureesters auf <180° erhitzt u. aus dem gemischten Ester Alkohol unter Bldg. des *Monoesters* abgespalten. (**Can. P. 554 288** vom 20/4. 1954, ausg. 11/3. 1958.) L. Grossner. H 3700

Pittsburgh Plate Glass Co., Pittsburgh, Pa., übert. von: Alfred R. Bader, Milwaukee, Wis., V.St.A., **Sterinester der Acetessigsäure.** Ein Sterin, bes. β-Sitosterin, wird mit Diketen in Ggw. von Pyridin umgesetzt. (**Can. P. 554 289** vom 12/8. 1955, ausg. 11/3. 1958. A. Prior. 12/11. 1954.) L. Grossner. H 3700

Hercules Powder Co., Wilmington, Del., V.St.A., **Polymerisation von 3.3-Bis-[chlormethyl]-oxetan.** 3.3-Bis-[chlormethyl]-oxetan wird im kontinuierlichen Verf. in Ggw. eines Katalysators bei 180—250° polymerisiert u. die entstehende Rk.-Wärme zur Vorwärmung des Monomeren verwendet. Ggf. Mitverwendung von Lösungsmitteln. Als Katalysator wird z. B. $(C_2H_5)_3Al$ verwendet. Die Hochpolymeren werden zur *Herst. von Formkörpern, Überzügen für Papier u. Filmen* verwendet. — Zeichnung. (**E. P. 858 789** vom 31/10. 1958, ausg. 18/1. 1961. A. Prior. 18/11. 1957.) A. Dandl. H 4010

X. Färberei. Organische Farbstoffe

Untersuchungen über die Direktfärbung von Cellulose. 8. Mitt. **Die Beziehung zwischen Färbeeigenschaften und konjugierten Doppelbindungen.** Kenzo Nishida. (J. Soc. Textile Cellulose Ind., Japan [Sen-i Gakkaishi] **15.** 837—41. Okt. 1959. Yonezawa, Japan, Yamagata Univ., Fac. of Engng.) (Jap.; Auszug: Engl.) — 7. vgl. C. **1961.** 9601.

Die Absorptionsisothermen von Triazolderivv. von Congo Red (**I**), Sirius Supra Brown 3 RL (**II**), Diazo Indigo Blue 2 RL (**III**) u. Sirius Supra Brown RL (**IV**) werden unter den in der 4. Mitt. beschriebenen Bedingungen bestimmt. **I** u. **II** enthalten keine konjugierten Ketten, die die Coplanarität des aromat. Kerns durch Resonanz bedingen u. wahrscheinlich die Bldg. von H-Brücken durch die Gruppen an den Enden der konjugierten Bindungen begünstigen. **III** u. **IV** enthalten konjugierte Ketten, die an einem Ende mit diesen Gruppen endigen. Die mittleren Standardaffinitäten von **I, II, III** u. **IV** betragen 5,6, 6,2, 5,1 u. ca. 4,5 kcal. Die Theorie von Vickerstaff („Physical Chemistry of Dyeing", 2. Auflage. [1954.] 183) trifft für diese Farbstoffe nicht zu. L. Jentgen. 7002□

Das Färben der neuen synthetischen Fasern. J. G. Graham. (Fibre e Colori **8.** 331—36. Aug. 1958. I.C.I., Ltd.) (Ital.)

Überblick über Entw. u. Grundlagen der neuen Färbemeth. für die neuen Chemiefasern sowie für *Triacel*-Faser (Cellulosetriacetat). Ausführung der einzelnen Färbemeth., Einfl. der Temp., benötigte chem. Hilfsmittel u. Echtheitseigg. der erhaltenen Färbungen werden näher beschrieben. A. Sander. 7020□

Jiggerfärbungen mit Intramin-Farbstoffen auf Polyesterfasergeweben. G. Dierkes und R. Foppe. (Melliand Textilber. **41.** 854. Juli 1960. Krefeld, Textiling.-Schule.) (Dt.)

Mit Intraminfarbstoffen können auf Polyesterfasern auch in der Stückfärberei auf dem Jigger gute Erfolge (Lichtechtheit: Xenotest Note 7) erzielt werden, wenn folgendes beachtet wird: Das Gewebe soll vorfixiert sein. Als säureabspaltendes Mittel wird Solentwickler D oder oft vorteilhafter Butoxyl ($^1/_{10}$ des Farbstoffgew.) nach u. nach zugesetzt. Intraminlöser A soll im Überschuß vorhanden sein. Der Farbstoff wird mit einem Carrier angeteigt u. nach längerem Stehen dem heißen Färbebad in Portionen zugesetzt. Nach der reduktiven Nachbehandlung wird 45 Sek. lang bei 225° thermosoliert, was klare u. leuchtende Farben erzeugt. Schwarz- u. Marineblautöne sollten 2mal gefärbt werden. R. Junge. 7020□

Das Färben synthetischer Fasern auf Polyamidbasis, besonders von Rilsan, mit sauren, nichtsulfonierten Metallkomplex- und Direktfarbstoffen in Gegenwart organische Lösungsmittel enthaltender Agentien. P. Cordillot. (Teintex 21. 815—21. 15/10.; 985. 15/12. 1956. Paris, Produits Sandoz S.A.) (Franz.)

Beschreibung der Färbung von Polyamidmaterial, speziell von Rilsan, mit sauren, Metallkomplex- u. Direktfarbstoffen in Ggw. von *Dilatin DB* (I) (für nichtsulfonierte Metallkomplexfarbstoffe) u. *CH* (sonstige Farbstoffe) als Hilfsmittel (Temp., pH, I-Menge, Hilfsmittel, Arbeitsbedingungen, Echtheiten, Anwendung).
K. Maier. 7020□

Neue Entwicklungen auf dem Gebiete der durch Kupplung auf der Faser hergestellten, wasserunlöslichen Azofarbstoffe. W. Kirst. (Melliand Textilber. **41.** 851 bis 853. Juli 1960. Offenbach, Farbwerke Hoechst AG.) (Dt.)

„Variogen Base I" ist eine heterocycl. Amino-Verb. zur Anwendung in der Naphthol-AS-Färberei. Werden entweder dem Entw.-Bad oder dem sodaalkal. Nachbehandlungsbad (pH 5—6) Cu- oder Co-Komplexe, bes. von Trilon A, zugesetzt, so können licht- u. reibechte, teils auch peroxid- u. hochveredlungsbeständige Blau-, Grau- oder Grüntöne erzielt werden, die auch gegen Histidin u. Trilon B beständig sind. Die Färbungen können in langer Flotte auf losem Material, Wickelkörpern u. Stückware durchgeführt werden, aber auch in metallsalzfreier stark salzsaurer Diazo-Lsg. auf dem Foulard mit nachfolgendem alkal. heißem Bad u. Metallkomplex enthaltendem Spülbad. Ätzdruck mit nachfolgender Metallierung gibt hohe Echtheit. Wegen der langsamen Metallierungs-Rk. ist diese in der Kontinuewaschanlage nicht durchführbar, jedoch im Klotz-Dämpfverfahren.
R. Junge. 7020□

Das Kontinuefärben mit Küpenfarbstoffen. Helmut Weibel. (Fibre e Colori **7.** 289—96. Aug. 1957.) (Ital.)

Nach allg. Betrachtungen über techn.-wirtschaftliche Vorteile des mechan. Färbens auf kontinuierlich arbeitenden Färbeapp. werden ausführlich Kontinuefärbe-Verff. mit Küpenfarben aus red. sowie aus saurer Küpe nach dem Pad-Steam- u. dem Williams-Unit-Standard-Verf., nach der Meth. aus 102—104° heißem Ölbade, nach der Standfast-Meth. aus 71° heißer Schmelz-Leg. u. dem von der B.A.S.F. entwickeltem Naß/Dampf-Verf. behandelt. Andere, noch in der Entw. begriffene Färbeverff. werden kurz gestreift. — 80 Literaturhinweise.
A. Sander. 7020□

Pigmentieren in Färbeapparaten mit mikrodispersen Cibanonfarbstoffen unter Verwendung des Stabilisators CIBA VP. A. Litzler und P. Ulrich. (Fibre e Colori **8.** 435—39. Okt. 1958. Basilea, Ciba AG.) (Ital.) — Vgl. C. **1959.** **4311.**

Beschreibung der neuen App.-Färbemeth. mit mkr.-dispersen Küpenfarbstoffen der Ciba, mit deren Hilfe sich u. a. auch Zellwollgarne auf Kreuzspulen sowie Gewebe im Pad-Jigger unter Zusatz geeigneter Stabilisatoren einwandfrei pigmentieren lassen. Vorschriften für einschlägige Farbstofftypen u. Hilfsmittelzusätze werden gegeben.
A. Sander. 7020□

Rongalit H, ein neues Reduktionsmittel zum Ätzen von Küpenfärbungen auf Acetatfaser. G. Bernardy und H. Wirth. (Fibre e Colori **7.** 457—61. Dez. 1957.) (Ital.)

Nach Rückblick auf bisherige Ätzdruck-Verff. mit konz. Decrolin-Lsg. oder mit Amidinoformylsulfonsäure werden Grundlagen, Ausführung u. Vorteile des neuen Ätzdruckverf. mit Hilfe von Rongalit H, das eine wesentliche Erweiterung der Verw. des Ätzdrucks auch für das Gebiet der Küpen- u. Acetylcellulosefarbstoffe ermöglicht, behandelt. Geeignete Farbstoffe u. Rezepturen, bes. für Ätzdrucke auf Acetatfasergeweben werden mitgeteilt.
A. Sander. 7022□

Badische Anilin- & Soda-Fabrik Akt.-Ges., Deutschland (Erfinder: Karl Maier, Julius Eisele und Wilhelm Federkiel), **Herstellung von gasundurchlässigen gefärbten Cellulosederivaten.** Vor oder nach dem Färben werden sie mit geringen Mengen des O-Esters aus monomeren Thiocarbaminsäuren u. Aminoalkoholen versetzt. Ggf. werden diese Ester bereits den Spinnlsgg. für die Cellulose-Derivv. zugesetzt. — In ein Färbebad für Celluloseacetatgewebe, das in 3 Liter W. 1 g 1.4-Dimethylaminoanthrachinon enthält, wird 1 g eines Esters aus Bis-phenylthiocarbaminsäure u. Bis-[hydroxyäthyl]-methylamin gegeben. Die dabei entstehende blaue Färbung besitzt eine gute Festigkeit gegen das Entweichen von Gasen. — Weitere zur Ester-Bldg. geeignete Aminoalkohole sind z. B. N.N-Dimethylpropanol-(1)-amin-(3), N.N-Dimethylisopropanolamin, N-[β-Hydroxyäthyl]-pyrrolidin, -piperidin, -hexamethylenimin u. -morpholin, N-[β-Hydroxyäthyl]-imidazol. (**F. P. 1 201 242** vom 11/8. 1958, ausg. 29/12. 1959.)
M. F. Müller. 7021

Badische Anilin- & Soda-Fabrik Akt.-Ges., Deutschland, **Herstellung von Farbstoffen zum Färben und Bedrucken von Stoffen aus nativer oder regenerierter Cellulose.** Die Farbstoffen enthalten wenigstens einmal die Gruppe —N(R)—A—X, worin R = H, Alkyl-, Aralkyl-, Cycloalkyl-, Aryl-, Halogenalkyl-, Hydroxyalkyl- oder Acylgruppe; A = Alkylrest mit $\leqq$ 4 C-Atomen, der verzweigt ist oder/u. OH-Gruppen enthält; X = Cl oder Br. Vor, während oder nach dem Färben oder Bedrucken wird die Cellulose mit alkal. Mitteln behandelt u. ggf. kurze Zeit auf > 100° erhitzt. Zur Herst. von *Anthrachinonfarbstoffen* werden a) Anthrachinon-Verbb., welche Sulfonsäurechloridgruppen enthalten, mit β- oder γ-Halogenalkylaminen umgesetzt oder b) Anthrachinon-Verbb., welche β- oder γ-Hydroxyalkylsulfonsäureamidgruppen enthalten, mit Halogenierungsmitteln behandelt, wobei die Hydroxylgruppen der Hydroxyalkylaminoreste durch Halogenatome ersetzt werden, oder c) Anthrachinon-Derivv., welche Aminogruppen enthalten, die wenigstens ein austauschbares H-Atom besitzen, mit Arylcarboxyhalogeniden–Sulfohalogenalkylamiden (**I**) umgesetzt. Zur Herst. von in W. lösl. *Azofarbstoffen* werden a) in W. lösl. Azofarbstoffe, welche wenigstens eine acylierbare prim. oder sek. Aminogruppe besitzen, mit **I** umgesetzt oder b) beliebige aromat. Diazoverbb. mit Kupplungsverbb. gekuppelt oder Azoverbb., welche wenigstens eine prim. oder sek. Aminogruppe enthalten, mit **I** acyliert, oder c) diazotierbare aromat. Amine, welche wenigstens eine prim. oder sek. Aminogruppe enthalten, mit **I** acyliert u. mit beliebigen Azoverbb. gekuppelt. Zur Herst. von Farbstoffen der *Tetrazaporphinreihe* werden Tetrazaporphin-Verbb., welche Aminogruppen besitzen, mit **I** acyliert. Zur Herst. von Farbstoffen der *Azaporphinreihe* werden Azaporphinsulfonsäurechloride in Ggw. von säurebindenden Mitteln mit prim. oder sek. Aminoalkylhalogeniden oder mit einem prim. oder sek. Hydroxyalkylamin umgesetzt. Für den letzten Fall werden anschließend die Hydroxylgruppen durch Halogenatome ersetzt. — 57 Beispiele. — Vgl. D. A. S. 1 036 807; C. **1959.** 6640. (**F. P. 1 192 412** vom 18/12. 1957, ausg. 26/10. 1959. D. Prior. 19/12. 1956, 6/7., 31/8., 10/9., 31/10., 8/11. u. 16/11. 1957.) M. F. MÜLLER. 7023

May & Baker Ltd., Dagenham, Essex, England, **Herstellung von Diazoaminabkömmlingen** der allg. Formel **I** (R_1 = Amidingruppe in p- oder m-Stellung; R_2, R_3 u. R_4, gleich oder verschieden, H oder niedrige Alkylgruppe; R_5 = H, niedrige Alkylgruppe oder Arylgruppe; R_6 = niedrige Alkylgruppe; X = =CH— oder =N—,

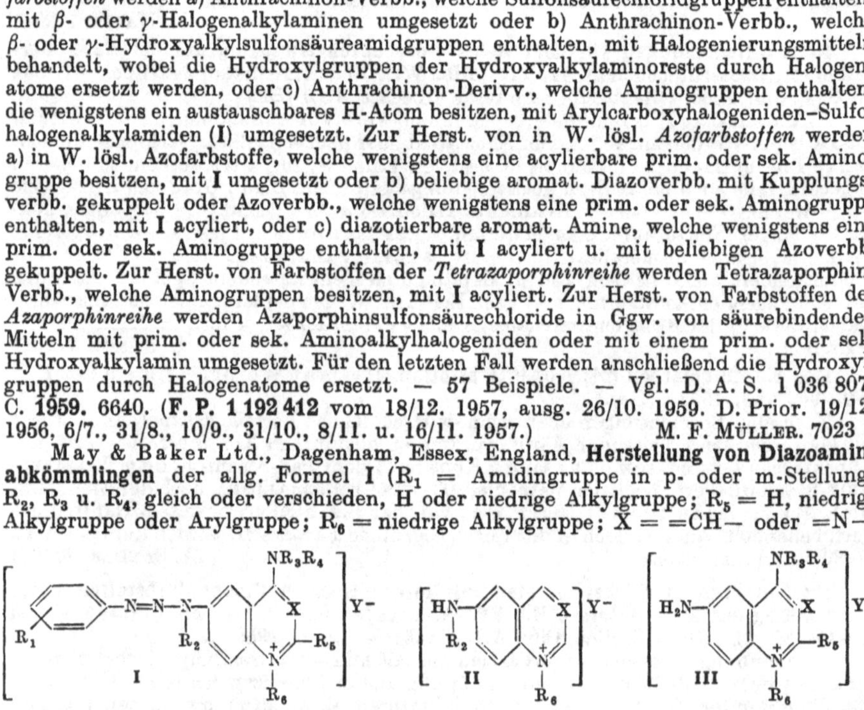

Y = Anion) durch Kupplung eines diazotierten Amins $R_1C_6H_4 \cdot NH_2$ mit einer Verb. der allg. Formel **II**. Durch Rk. eines diazotierten Amins der allg. Formel **III** mit einer Verb. der allg. Formel $R_1 \cdot C_6H_4 \cdot NHR_2$ entstehen entsprechende Verbb. mit einer $—NR_2—N=N$-Gruppierung. (**Ung. P. 149 400** vom 22/7. 1960, ausg. 20/8. 1961.) F. LANDSBERGER. 7049

Badische Anilin- & Soda-Fabrik Akt.-Ges. (Erfinder: Hans Baumann und Dieter Leuchs), Ludwigshafen/Rh., **Herstellung von Diazacyaninfarbstoffen** der allg. Formel **I** (R = Alkyl, R_1 = H oder Alkyl, R_2 = H, Alkyl, Aralkyl oder Aryl, wobei die Alkylreste R_1 u. R_2 direkt oder über ein Heteroatom miteinander verbunden sein können, X u. Y = nichtionogene Substituenten, bes. Bestandteile eines ggf. weitersubstituierten o-kondensierten Benzolringes, A = 2wertiger Rest eines kupplungsfähigen Amins oder Enamins, dessen Aminogruppe über einen Alkylrest mit der Gruppe $—N(R_1R_2)$ verbunden ist u. Z = Anion einer anorgan. oder organ. ein- oder mehrbasigen Säure).

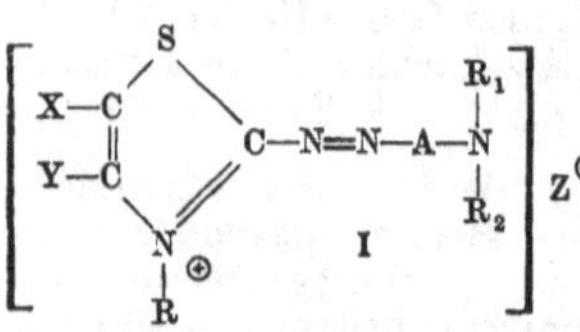

Die Farbstoffe sind gut wasserlösl. u. eignen sich zum Färben von tannierter Baumwolle, Celluloseacetat, linearen Polyamiden, -urethanen u. -estern sowie Polymerisaton aus Acrylonitril u. Dicyanäthylen. *2-Amino-6-methoxybenzthiazol* → *N.N.N'-Triäthyl-N'-phenyläthylendiamin.* Der erhaltene Farbstoff wird mit $(CH_3O)_2SO_2$ behandelt u. isoliert. Er färbt ein Mischpolymerisat aus 95% Acrylonitril u. 5% Methacrylsäurebutylester grünstichigblau u. ausgezeichnet licht- u. naßecht. Die Farbstoffe können auch durch oxydative Kupplung der entsprechenden Hydrazone erhalten werden. — Zu 22 (Teilen) 3-Methylbenzthiazolon-(2)-hydrazonhydrochlorid in 300 W. wird eine Lsg. von 18 N.N.N'-Trimethyl-N'-phenyläthylendiamin in 100 CH_3OH gegeben. Dann werden 240 35%ig. $FeCl_3$ u. 160 50%ig. CH_3COONa eingetropft. Mit 40 5n HCl u. 200 KCl-Lsg. wird der Farbstoff abgeschieden. Er färbt Polyacrylonitrilfasern rotstichigblau u. sehr echt. (**F. P. 1 214 233** vom 13/10. 1958, ausg. 7/4. 1960. **E. P. 860 584** vom 1/10. 1958, ausg. 8/2. 1961. **A. P. 2 951 847** vom 23/9. 1958, ausg. 6/9. 1960. Alle D. Prior. 24/10. 1957. **D. A. SS. 1 088 631** Kl. 22a vom 24/10. 1957, ausg. 8/9. 1960 u. **1 105 540** Kl. 22a vom 24/10. 1957, ausg. 27/4. 1961.) F. RATH. 7053

Farbenfabriken Bayer Akt.-Ges. (Erfinder: Fritz Graf und Hans Raab), Leverkusen, **Herstellung kupferhaltiger Diazofarbstoffe.** 1 (Mol) tetrazotiertes 3.3'-Dialkoxy-, 3.3'-Dihydroxy- oder 3.3'-Dichlor-4.4'-diaminodiphenyl wird in beliebiger Reihenfolge mit 1 1-Acetylamino- oder 1-Benzoylamino-8-hydroxynaphthalin-3.6- oder -4.6-disulfonsäure u. 1 einer Dihydroxynaphthalinmonosulfonsäure gekuppelt u. dann gekupfert. *1-Acetylamino-8-hydroxynaphthalin-3.6-disulfonsäure* ← *4.4'-Diamino-3.3'-dimethoxydiphenyl* → *1.8-Dihydroxynaphthalin-4-sulfonsäure.* Der gekupferte Farbstoff färbt Baumwolle u. regenerierte Cellulose klar blau u. lichtecht. (**D. A. S. 1 061 463** Kl. 22a vom 14/8. 1957, ausg. 16/7. 1959. **F. P. 1 213 501** vom 11/8. 1958, ausg. 1/4. 1960. **Belg. P. 570253** vom 11/8. 1958, ausg. 25/8. 1961. Beide D. Prior. 14/8. 1957.) F. RATH. 7055

XIa. Farben. Anstriche. Lacke. Naturharze

Öl aus Weintraubenkernen und seine Verwertung bei der Firnisherstellung. M. Gerassimow, D. Zanew und N. Benbassat. (Маслобойно-Жировая Промышленность [Öl- u. Fett-Ind.] **27.** Nr. 2. 13—16. Febr. 1961. Bulgar. Forsch.-Inst. für chem. Ind.) (Russ.)

Die physikal., opt. u. chem. Konst. des Öles (I) aus Weintraubenkernen werden angegeben. I enthält 3,0 (%) Eruca-, 15,0 Ricinol-, 20,0 Öl-, 28,5α-Linol- u. 22,8 β-Linolsäure. Glyptalharze, die mit < 70% I hergestellt wurden, ergaben Ölfirnisse, deren Eigg. denen aus natürlichem Leinöl nahestehen. Harze mit niedrigerem Öl-Geh. können zur Modifizierung der Eigg. von Nitrocelluloselacken verwendet werden. S. BARYSCHNIKOW. 7096

Schichtdicke und Schutzwirkung von Rostschutzanstrichen. M. Hochweber. (Schweiz. Arch. angew. Wiss. Techn. **27.** 511—13. Dez. 1961. Zürich, Eidg. Materialprüfungs- u. Versuchsanstalt.) (Dt.)

Zwecks Aufklärung unterschiedlicher Erfahrungen mit den üblichen Rostschutzanstrichmitteln führte Vf. mit 4 typ. Rostschutzgrundierungen des Handels Bewitterungs-Verss. durch, die auf Blechproben mit Zwischentrocknungen von 1—2 Tagen 1—3mal aufgetragen wurden. Ein Teil der Proben erhielt nach dem Fertigtrocknen zusätzlich noch 1 bzw. 2 Öllackdeckanstriche. Die Zeit bis zum ersten Auftreten der den Anstrich durchdringenden Rostspuren wurde bestimmt, sowie der prozentuale Anteil der durchgerosteten Anstrichfläche. Die Bewitterungsprobe erstreckte sich bisher auf 9 Jahre. Bei geringen u. höheren Schichtdicken schützten die Pb-haltigen Grundierungen das Blech ca. 2—3mal so lange wie die Pb-freien Anstriche. Ab ca. 50 μ Schichtdicke verwischen sich diese Unterschiede etwas. Völlig abweichend verhalten sich die Schutzanstriche mit $Pb(CN)_2$-Grundierung (**Bc**) infolge Bldg. feiner Netzrisse, wobei auch der dickere Öllackaufbau wesentlich rascher durchrostet als die dünner gespritzten Bleche. Vf. führt diese Erscheinung auf die mangelhafte Verträglichkeit des Deckanstrichs mit der Grundierung zurück. Bei den 2fachen Deckanstrichen u. einer Gesamtdicke von 120—140 μ sind mit Ausnahme der **Bc**-Syst. alle Proben nach 9 Jahren weitgehend rostfrei, während die **Bc**-Schutzanstriche nach 80—108 Monaten völlig durchgerostet waren. Der Schichtdicke kommt nach den Verss. des Vf. daher die gleiche Bedeutung für die „Lebensdauer" der Schutz-Wrkg. zu wie der Qualität des Anstrichstoffs selbst. A. SANDER. 7106□

Vergleichende Untersuchung der Rostschutzwirkung von Anstrichen bei zehnjähriger Bewitterung. P. Blancheteau. (Corrosion et Anticorrosion **9.** 301—12. Okt. 1961.) (Franz.)

Auf Eisengestellen wurden 10 verschiedene 3-Schicht-Anstrichsyst. auf der Basis von Leinöl, Alkydharz, Vinylharz, Bitumen u. Chlorkautschuk bis zu 10 Jahren bewittert. Im Seeklima (Biarritz) hielten sich Leinöl- u. Alkydharzfarben am besten, doch dürften mehr als 3 Schichten für lange Haltbarkeit zu empfehlen sein. Statist. Auswertung der Ergebnisse zeigt, daß die Wirksamkeit abnimmt in der Reihenfolge (a) in Saint-Denis: Bleimennige, Alkydharz, Phosphatpassierung, Leinöl, Zn-Chromat; (b) in Saint-Germain-en-Laye: Phosphatierung, Bleimennige, Alkydharz, Leinöl, Zn-Chromat. B. SCHEIFELE. 7106□

Switzer Brothers, Inc., Cleveland, Ohio, V.St.A., **Pigmentfarben,** bestehend aus Mischpolymerisaten (III) aus 70—96,5 (%) Vinylchlorid (I), 1,5—25 Vinylacetat (II) u. 2—20 Vinylalkohol, erhältlich durch partielle Hydrolyse von I–II-Mischpolymerisaten, die mit einem fluorescierenden Rhodamin- oder Naphthalimid-Farbstoff gefärbt sind. — 0,6 (Teile) Brillant Gelb 6 G (4-Amino-1.8-naphthal-2'.4'-dimethylphenylimid) werden mit 0,5 Netzmittel zu einer Paste verarbeitet, die mit 150 W. verd. wird, worauf man auf 190° F erhitzt, 20 III in gemahlener Form zugibt u. III nach 5 Min. abtrennt u. trocknet. (**E. P. 803 057** vom 8/10. 1956, ausg. 15/10. 1958. A. Prior. 22/12. 1955.)
C. LÜTTGEN. 7093

Esso Research and Engineering Co., V.St.A. (Erfinder: Joseph F. Nelson und James E. Shewmaker), **Polymerisation von Cyclopentadien** u./oder dessen Homologen bei —85 bis 30° mittels ionisierender Strahlen hoher Energie, bis das Polymere 0,002—20 kWh/kg absorbiert hat. — Das Polymere kann als *trocknendes Öl* oder Bestandteil eines solchen, für *Schutzüberzüge* auf Holz, Papier, Metallen verwendet werden. — 86 g Cyclopentadien werden bei 0° in einer Nirostabombe 68 Std. mit 16 Megaroentgen mittels ^{60}Co mit einer Intensität von 2700 c bestrahlt, danach mit Cyclohexan verd.; das Polymere läßt sich mit Pt-Oxyd als Katalysator leicht zu einem harten Prod. hydrieren. (**F. P. 1 198 550** vom 24/1. 1958, ausg. 8/12. 1959. A. Prior. 29/1. 1957.)
M. PANKOW. 7097

B. F. Goodrich Co., New York, N.Y., übert. von: Oreal R. Smith, Lorain, und John E. Powell jun., Lakewood, Ohio, V.St.A., **Runzellack,** bestehend aus 100 (Teilen) eines Polymerisats einer Verb., die eine einzige Doppelbindung u. 1—2 Halogenatome an nur einem C-Atom aufweist, bes. Polyvinylchlorid (I), 5—40 Weichmacher (II), 45—75 einer mehrfach ungesätt. Verb. u. evtl. 1—10 monomerem monoolefin. Acrylat, z. B. 100 I, 30 II (Paraplex G-25), 66 Tetraäthylenglykoldimethacrylat. Das Prod. wird nach dem Auftragen 8 Min. bei 350° eingebrannt. — Zeichnung. (**A. P. 2 849 332** vom 24/8. 1955, ausg. 26/8. 1958.) C. LÜTTGEN. 7107

Interchemical Corp., New York, übert. von: Norman G. Gaylord, Westbury, N.Y., V.St.A., **Herstellung löslicher Mischpolymerisate** durch Erhitzen von 5—30 (Teilen) Glycerin-α-monoallyläther, 5—15 Acryl- oder Methacrylsäure u. 100 Acryl- oder Methacrylsäureester von C_1—C_8-Alkoholen in Ggw. von Benzoylperoxyd u. in einem inerten Lsgm., bes. Xylol. — Verw. zur Herst. von *Anstrichmitteln.* (**A. P. 2 853 463** vom 28/5. 1956, ausg. 23/9. 1958.) C. LÜTTGEN. 7107

Ferro Chemical Corp. (Erfinder: Floyd Robert Hansen), Bedford, Ohio, V.St.A., **Plastische Masse** aus einem halogenhaltigen Vinylharz, einer organ. Epoxyverb. u. geringen Mengen eines anorgan. Salzes eines FRIEDEL-CRAFTS-Kations als Stabilisatoren. Epoxyverbb. sind z. B. aliphat. Epoxy-KW-Stoffe, Epoxyester, -alkohole, -phenole, Epoxyäther u. Epoxyharze, FRIEDEL-CRAFTS-Verbb. Al- u. a. Halogenide. — Man mischt 100 (Teile) Vinylchloridharz, 40 Dioctylphthalat, 8 2-Äthylhexylepoxystearat, 0,5 Stearinsäure u. 0,008 Zn als $ZnCl_2$ u. erhitzt einen daraus hergestellten Film 15 Min. auf 365° F: Hellgelbes Material. (**Jap. A.S. 6 133/1959** vom 27/11. 1956, ausg. 14/7. 1959. A. Prior. 23/12. 1955.) M. PANKOW. 7107

Farbwerke Hoechst Akt.-Ges., vormals Meister Lucius & Brüning, Deutschland, *Nitroderivate von 1.4;5.8-Naphthylendibenzimidazol.* (**F. P. 1 231 717** vom 6/4. 1959, ausg. 3/10. 1960. D. Prior. 5/4. 1958. — C. **1961.** 15578 [D. A. S. 1 104 093].)

Schering Akt.-Ges., Berlin, *Schädlichen Bewuchs verhindernder Zusatz für Unterwasseranstrichmittel und -baustoffe.* (**Belg. P. 569 839** vom 10/7. 1958, ausg. 21/4. 1961. D. Prior. 31/7. 1957. — C. **1959.** 5639 [D. A. S. 1 042 795].)

Farbenfabriken Bayer Akt.-Ges., Leverkusen, *Herstellung lichtempfindlicher Polymere.* (**E. P. 850 277** vom 21/11. 1956, ausg. 5/10. 1960. D. Prior. 19/12. 1955. — C. **1959.** 5639 [Oe. P. 197 583].)

Esso Research and Engineering Co., Elizabeth (Erfinder: **Joseph F. Nelson,** Westfield, und **James E. Shewmaker,** Fanwood), N.J., V.St.A., *Polymerisation von Cyclopentadienen mittels Bestrahlung.* (**Jap. A. S. 3541/1960** vom 28/1. 1958, ausg. 13/4. 1960. A. Prior. 29/1. 1957. — C. **1962.** 317 [D. A. S. 1 108 913].)

Rohm & Haas Co., Philadelphia (Erfinder: **Seymour Salomon Feuer,** Feasterville), Pa., V.St.A., *Herstellung von festem thermoplastischem Mischpolymerisat.* (**D. P. [DDR] 22 263** Kl. 39c vom 14/11. 1956, ausg. 7/11. 1961. A. Prior. 15/11. 1955. — C. **1961.** 7045 [F. P. 1 164 299].)

E. I. du Pont de Nemours & Co., Wilmington, Del. (Erfinder: **William Paul Kane,** Richmond, Va.), V.St.A., *Überzugsmasse.* (**Jap. A. S. 4885/1960** vom 21/5. 1958, ausg. 10/5. 1960. A. Prior. 21/5. 1957. — C. **1961.** 9219 [E. P. 838 802].)

XIb. Plaste (Kunstharze. Plastische Massen)

Weichmacherstudien. 2. Mitt. **Einige Erfahrungen und Erkenntnisse bei der Darstellung höherer Ester der Acetessigsäure und bei ihrer Anwendung als Weichmacher.** K. Thinius und W. Schwarz. (Plaste u. Kautschuk **6.** 383—85. Aug. 1959. Leipzig, Inst. für Chem. u. Techn. der Plaste.) (Dt.) — 1. vgl. C. **1961.** 3829.

Zur Darst. von Weichmachern für plast. Massen wurde *Acetessigester* (I) mit hochsd. Alkoholen umgesetzt. Schwierigkeiten bei der Umesterung durch die Keto-Enol-Tautomerie des I wird durch die Wahl der Molverhältnisse I zur Alkoholkomponente umgangen. *Dehydracetsäure* (II) tritt bes. bei der Umsetzung mit *Diglykol* (III) auf. Es wird angenommen, daß prim. der *Diglykolester* gebildet wird, der bei der Dest. in II übergeht. Der für die Anwendung als Weichmacher erforderliche hohe Kp. konnte nur bei den Estern von I mit C_{16}—C_{18} *Vorlaufalkohol*·(IV), *Butylenglykol-(1.3)* (V), *Butylenglykol-(1.4)* (VI), III, *Triglykol* (VII) u. *Tetrahydrofurfurylalkohol* (VIII) erzielt werden, diese Ester zeigten mit *PVC* keine, dagegen mit *Cellulosetriacetat* befriedigende Eigg. als Weichmacher. Versuche: *Dehydracetsäure* (II), $C_8H_8O_4$, F. 110—113°, Rotfärbung mit $FeCl_3$, schieferblauer Nd. mit Cu-Acetat. — *Acetessigsäuretetrahydrofurfurylester*, $Kp._3$ 100 bis 102°, ohne Katalysator bei maximaler Rk.-Temp. 200° aus I u. VIII im Molverhältnis 1 : 1,2; n_D^{20} 1,4635, $D._4^{20}$ 1,122; 89% (Ausbeute). — *Acetessigsäureoctylester*, $Kp._4$ 100 bis 120°, aus I u. *Octylalkohol* 1 : 2; $D._4^{20}$ 0,942, n_D^{20} 1,4424; 93,5%. — *Acetessigsäuredecylester*, $Kp._3$ 115—150°, aus I u. *Decylalkohol* 1 : 1,2 bei 260°; $D._4^{20}$ 0,925, n_D^{20} 1,4448; 89%. — *Acetessigsäure-C_{12}-C_{14}-Vorlaufalkoholester*, $Kp._3$ 140—230°, aus I u. *C_{12-14}-Vorlaufalkohol* 1 : 1 bei 276°, $D._4^{20}$ 0,905, n_D^{20} 1,4650; 88%. — *Acetessigsäure-C_{16-18}-Vorlaufalkoholester*, $Kp._2$ 160—260°, aus I u. IV 1 : 1 bei 313°; $D._4^{40}$ 0,885, n_D^{20} 1,4474; 88,3%. — *Acetessigsäurecyclohexylester*, $Kp._3$ 78—90°, aus I u. *Cyclohexanol* 1 : 1,2 bei 215°; n_D^{20} 1,4620; 92,5%. — *Acetessigsäurediglykolester*, aus I u. III 2 : 1 bei 200°; $D._4^{40}$ 1,1650, n_D^{20} 1,4575; 91,2%. — *Acetessigsäurebutylenglykol-(1.3)-ester*, aus I u. V 3 : 1 bei 185°; $D._4^{20}$ 1,131, n_D^{20} 1,4538; 97%. — *Acetessigsäurebutylenglykol-(1.4)-ester*, aus I u. VI 2,5 : 1 bei 175°; $D._4^{20}$ 1,133, n_D^{20} 1,4571; 97%. — *Acetessigsäurepentaerythritester*, aus I u. *Pentaerythrit* 5 : 1 bei 185°; $D._4^{20}$ 1,239, n_D^{20} 1,4795; 93,3%. — *Acetessigsäuretriäthylenglykolester*, aus I u. VII 3 : 1 bei 195°; $D._4^{20}$ 1,169, n_D^{20} 1,4615; 94,4%.

D. WESSER. 7170□

Studien über den thermischen Zerfall von Polyvinylchlorid. Strukturänderungen von PVC durch verschiedene industrielle Behandlungen. A. Guyot und J. P. Benevise. (Ind. Plast. mod. **13.** Nr. 5. 37—40. Juni 1961. Lyon, Inst. de Rech. sur la Catalyse.) (Franz.)

Mittels fraktionierter Extraktion u. osmometr. u. viscosimetr. Prüfung der Fraktionen wurde der Einfl. verschiedener therm. Behandlungen (Kneten, Mischen, Kalandrieren) auf den Abbau von PVC untersucht. Wärmebehandlung verändert die Verteilung der Mol.-Größe u. führt zu einem höheren Anteil an größeren Moll., wodurch die Hypothese einer Bldg. von Verzweigungen bei therm. Behandlung bestätigt wird.

B. SCHEIFELE. 7172□

Die Pfropfpolymerisation von Styrol auf vorher bestrahltes Polyäthylen. T. T. Jones. (Brit. Plastics **33.** 525—29. 544. Nov. 1960. Newport, Mon., Monsanto Chem. Ltd.) (Engl.)

Vf. erörtert die bei der γ-Bestrahlung von Polyäthylen gebildeten blockierten (trapped) Radikale u. ihre Anwendung als akt. Zentren zum Aufpfropfen von Polystyrolketten u. die Kinetik der Pfropfpolymerisation. Die hier untersuchte Pfropf-Rk. wird von der Steifheit des gequollenen Polymerisatgels, in dem die Polymerisation stattfindet, stark beeinflußt. Eine beträchtliche Verminderung des Abbruch-Koeff. im Vgl. zur Rk. in freiem Monomeren infolge der unbeweglichen Makroradikale wurde beobachtet. Die erhaltene gepfropfte Struktur zeigt in den dynam.-mechan. Dämpfungs-Eigg. Merkmale, welche der Unfähigkeit des Polyäthylens zur vollkommenen Kristallisation zugeschrieben werden. Der Pfropfgrad kann durch die Dosis oder die Zeit der Alterung nach der Bestrahlung leicht geregelt werden, während der Umsatz durch die Dauer u. Temp. der Polymerisation beeinflußt wird.

R. SCHÄFF. 7172□

Zur Hydrolyse von Polyestern. P. Fijolka und I. Lenz. (Plaste u. Kautschuk **7.** 336—37. Juli 1960. Berlin, Inst. für Kunststoffe der Dt. Akad. der Wiss.) (Dt.)

Untersucht wurde die Hydrolyse linearer Adipinsäure-Polyester in Aceton-Lsg. bei Zusatz wss. KOH bei 20°. Die Hydrolyse-Geschw. ist abhängig von den Säure- u. Alkoholkomponenten der Polyester. Für die gebräuchlichsten gesätt. Säuren u. Diole wurden die Geschw.-Konst. der Hydrolyse ermittelt.

B. SCHEIFELE. 7176□

Neue Polymerisationsverfahren für Polyamide und ihre Durchführung. M. Hacquard. (Ind. Plast. mod. **13.** Nr. 5. 25—29. Juni 1961. Soc. Rhodiaceta.) (Franz.)

Als neue Polymerisations-Verff. werden die Grenzflächen-Polykondens. (GP) sowie die anion. Polymerisation der Lactame (PL) behandelt. GP wird in wss. Lsg. mit u. ohne Rühren vorgenommen u. liefert Polykondensate von stark erhöhtem Schmelzpunkt, die jedoch in gewissen Lsgm. lösl. bleiben; GP ist auf Polyamide, Polycarbonate usw.

anwendbar. PL wird in Ggw. eines alkal. Katalysators (Alkalimetall, Alkalisalz usw.) durchgeführt u. liefert Polymerisate von hohem Molgew. sowie Pulver für Preßstoffe u. Überzüge. B. SCHEIFELE. 7180□

Die Glasfaser im Kunststoff. A. Kirzinger. (Kunststoff-Rdsch. **7.** 430—33. Sept. 1960.) (Dt.)

Für eine mehr oder weniger gute Verwendbarkeit einer Glasfaser als Kunststoffverstärkung ist nicht nur die Angabe des prozentualen Alkali-Geh. ein endgültiger Maßstab. Die Beurteilung der Gebundenheit der Alkalien im Glas spielt eine beachtliche Rolle. Die rein theoret. möglichen Gefahren durch Auslösen von Alkali aus dem Glas als Folge der Einw. von W. werden gezeigt, u. auf gewisse Einschränkungen bzgl. der Verw. von alkalihaltigen Glasmaterialien wird hingewiesen. I. KALZENDORF. 7204□

Einfluß der Alterung auf die mechanischen Eigenschaften glasfaserverstärkter Polyesterharze. A. Kh. Iablokoff. (Ind. Plast. mod. **13.** Nr. 2. 25—30. März 1961.) (Franz).

Unterss. über den Einfl. natürlicher Alterung in dunklem Raum u. bei Bewitterung auf einem Hausdach in Paris sowie künstlicher beschleunigter Alterung auf die mechan. Eigg. glasfaserverstärkter Polyesterharze. 2 Monate beschleunigte Alterung entsprechen 6 Monate Bewitterung. Wärme u. Feuchtigkeit wirken nur an der Grenzfläche Glasfaser—Harz, während die anderen Klimafaktoren das Harz selbst beeinflussen. Die Art der Polymerisation (in der Kälte oder Hitze) ist nur von geringem Einfl. auf die mechan. Eigg. bzw. auf die Reißfestigkeit. B. SCHEIFELE. 7204□

Ergebnis dreijähriger Untersuchungen an Polyester-Schichtstoffen. A. Nisen. (Ind. Plast. mod. **13.** Nr. 5. 41—44. Juni 1961. Gembloux, Centre d'Essais des Polyesters stratifiés en Horticulture.) (Franz.)

Labor- u. Feld-Verss. über die Strahlungsdurchlässigkeit von Polyestern, Glas u. Kunststoffilmen für Gewächshäuser u. Schutzbedeckungen. Polyester sind für Sonnenstrahlen zwar etwas weniger durchlässig als die anderen Materialien, bieten jedoch den Vorteil der Leichtigkeit, Festigkeit u. mechan. u. chem. Widerstandsfähigkeit. B. SCHEIFELE. 7204□

Terylene-Polyesterfasern als Harzverstärkungsmittel. W. Glen. (Materie plast. **26.** 252—58. März 1960.) (Ital.) — C. **1960.** 5659. M. WINIKER. 7204□

Vom Schleifen und Polieren der Kunststoffe und Lacke. W. Burkart und O. Schmid. (Kunststoff-Rdsch. **7.** 427—29. Sept. 1960.) (Dt.)

Unterss. der Vorgänge an der Oberfläche eines Kunststoffgegenstandes oder eines Lackes beim Schleifen u. Polieren unter dem Licht- oder Elektronenmikroskop. Bei Kunststoffen u. Lacken erhält man nur dann eine einwandfreie, fugenlose u. glatte Oberfläche, wenn die Kunststoffoberfläche unter dem Druck des Polierkornes u. der Poliertemp. in einer solchen Schichtdicke schmilzt, daß die noch vorhandenen Spaltrisse weitestgehend auch in der Tiefe erfaßt u. verschmolzen werden. — 9 Abbildungen. I. KALZENDORF. 7210□

American Cyanamid Co., V.St.A. (Erfinder: John Christos Pétropoulos), **Weichmacher für Vinylharze oder Nitrocellulose** aus Dialkylestern von HOOC—$C_6H_4 \cdot [C(R^1)(R^2)]_n \cdot C_6H_4COOH$ (R^1 u. R^2 = C_{1-4}-Alkyl; n = 1 oder 2). — Man sättigt eine Lsg. von 2 (Gew.-Teilen) 4.4'-Isopropylidendibenzoesäure in 100 CH_3OH mit trocknem HCl, läßt über Nacht stehen u. erhält den *Ester*, $C_{19}H_{20}O_4$, F. 107—107,5°. — Entsprechend *4.4'-[2.2-Butyliden]-dibenzoesäuredimethylester*, $C_{20}H_{22}O_4$, F. 89—90°. — *4.4'-[3.4-Pentyliden]-dibenzoesäuredimethylester*, $C_{21}H_{24}O_2$, F. 85°. — *4.4'-[1.1.2.2-Tetramethyläthylen]-dibenzoesäuredimethylester*, $C_{22}H_{26}O_4$, F. 218°. — *4.4'-[2.2-Butyliden]-dibenzoesäuredi-2-äthylhexylester*, hellgelbe Fl.; die entsprechende *4.4'-[3.3-Pentyliden]-Verb.* ist ein gelbes Öl, desgleichen die *4.4'-Isopropyliden-Verb.*, der *Dioctylester* oder *Didecylester* der *4.4'-[2.2-Butyliden]-dibenzoesäure*. — Man mischt 100 Polyvinylchlorid u. 50 Dibutyl-4.4'-[2.2-Butyliden]-dibenzoat auf der Heißwalze 10 Min. bei 150°. — Soweit die Weichmacher Allyl- oder Diallylester sind, können sie polymerisiert werden. (**F. P. 1 200 141** vom 7/1. 1958, ausg. 18/12. 1959. A. Prior. 8/1. 1957.) M. PANKOW. 7171

California Research Corp., V.St.A. (Erfinder: Jack W. Ralls), **Polymerisieren von Olefinen.** (Nachtrag zu E. P. 856 644; C. **1961.** 18830). Die aus einer Dispersion von $AlTi_2Cl_8$ u. Alkalimetall-Al-Hydrid in einem nichtpolaren Lsgm. bestehenden Katalysatoren dienen zur Polymerisation ungesätt. KW-Stoffe, wie Propylen, Äthylen, Buten-(1), Octen-(1), Hexen-(1), 2-Methylbuten-(1), Styrol, Butadien-(1.3) oder deren Mischungen, z. B. einer Mischung aus Äthylen u. Isopren oder C_5—C_{20}-Olefinen von der Paraffincrackung. Man erhält Polymere mit hohem Anteil an kristallinen Produkten. (**F. P. 1 196 060** vom 23/12. 1957, ausg. 20/11. 1959. A. Prior. 28/12. 1956.) M. PANKOW. 7173

Farbenfabriken Bayer Akt.-Ges. (Erfinder: Heinz Gröne und Gottfried Pampus), Leverkusen, **Polymerisation von konjugierten Diolefinen** mit alkalimetall- oder erdalkalimetallhaltigen, bes. Li-haltigen Katalysatoren, dad. gek., daß die Polymerisation in Abwesenheit von Alkalimetall- oder Erdalkalimetallhydroxyden u. in Ggw. von solchen LEWIS-Basen durchgeführt wird, die zur Komplex-Bldg. fähig sind, die aber mit den Alkali- oder Erdalkalimetallen oder deren metallorgan. Verbb. weder unter Bldg. heteropolarer Verbb. mit positiv geladenen Metallatomen, noch unter Bldg. solcher metallorgan. Verbb. zu reagieren vermögen, die zur Auslösung einer Polymerisation nicht mehr in der Lage sind. Solche LEWIS-Basen sind: tert. Amine mit 1 oder mehr N-Atomen, deren N nicht Glied eines aromat. Ring-Syst. ist, ferner tert. Phosphine, Arsine u. Stibine sowie nichtmetallisierbare Thioäther. Molgew.-Regler, bes. Halogen-Derivv. von KW-Stoffen, können zugesetzt werden. Man erhält *lösl.*, *unvernetzte Polyisoprene*, die *in 3.4-Stellung* verknüpft sind, u. *Polybutadien* mit 48% 1.4-trans, 19% 1.4-cis u. 33% 1.2-Konfiguration. (**D. A. S. 1 120 695** Kl. 39c vom 18/9. 1959, ausg. 28/12. 1961.) L. STADELMANN. 7173

Badische Anilin- & Soda-Fabrik Akt.-Ges., Ludwigshafen/Rh. (Erfinder: Hugo Kröger, Heidelberg, Hans-Martin Weitz, Ludwigshafen/Rh., und Rolf Platz, Mannheim), **Herstellung von Polymerisationsprodukten** aus olefin. ungesätt. Verbb., dad. gek., daß als Katalysatoren Alkyl- oder Aryl-Verb. der V. Hauptgruppe des Period. Syst. zusammen mit einer organ. Halogen-Verb. oder einem Halogenid des Cu, Zn, Al, Si, Ti oder Ni oder die Substitutions- oder Additions-Verbb. obiger Alkyl- oder Aryl-Verbb., ausgenommen die Substitutions- oder Additions-Verbb. mit Metallcarbonylen, ggf. in Ggw. einer organ. Halogen-Verb. oder eines obiger Metallhalogenide, bei erhöhter Temp. u. unter erhöhtem Druck angewandt wurden. Nach den Beispielen werden Äthylen, Methacrylsäuremethylester, Styrol u. Vinylidenchlorid in Ggw. von Triphenylphosphin u. CCl_4 oder C_6H_5Cl oder Triäthyl-Wismut u. CCl_4, ggf. in Cyclohexan, polymerisiert. Die Endprodd. sind salbenähnlich bis fest. (**D. A. S. 1 092 198** Kl. 39c vom 25/5. 1955, ausg. 3/11. 1960.) H. SCHINDLER. 7173

Imperial Chemical Industries Ltd., London (Erfinder: Leslie Seed, Northwich), England, **Polymerisieren von olefinisch ungesättigten Verbindungen,** die einer Additionspolymerisation unterworfen werden können, dad. gek., daß die Polymerisation in Ggw. eines α-Acyloxyalkylhyponitrits der allg. Formel R—C(O)O—C(R′)(R″)—O—N=N—O—C(R′)(R″)—O—C(O)R durchgeführt wird, in der R = (Cyclo-)Alkyl oder Aryl, die substituiert sein können, z. B. durch eine ungesätt. Gruppe oder durch eine Esterbindung mit einem weiteren Hyponitritrest, u. in der R′ u. R″, die gleich oder verschieden sein können, H, Alkyl oder Aryl bedeuten, die substituiert sein können, z. B. durch Äthersauerstoff-Verbb. oder durch ungesätt. Gruppen, oder die zusammen eine Ringstruktur bilden können. Bei der Polymerisation von Äthylen wird mit einem Druck von >500 at bei $<100^0$ gearbeitet. Bei Methylmethacrylat genügt Erhitzen auf 40^0. Als Kettenübertragungsmittel dienen z. B. H_2, CCl_4, Chlf. oder als Verdünnungsmittel Propan oder Propylen zusammen mit dem Äthylen während der Polymerisation. — In den Mengenbeispielen sind als Katalysatoren eingesetzt: Acetoxymethyl-, Acetoxyäthoxymethyl- u. α-Benzoyloxybenzylhyponitrit. Die Herst. dieser Verbb. erfolgt vorteilhaft durch Rk. von Ag-Hyponitrit mit einem entsprechenden Bromalkylester in z. B. PAe. oder Diäthyloxalat bei $\leq 0^0$ u. Extraktion des Prod. nach Abfiltrieren des AgBr. Bei hoher Polymerisations-Geschw. erhält man hochmol. Polymerisate. (**D. A. S. 1 092 659** Kl. 39c vom 24/1. 1958, ausg. 10/11. 1960. E. Prior. 30/1. 1957.) H. SCHINDLER. 7173

Godfrey L. Cabot, Inc., V.St.A. (Erfinder: Daymond P. Rossmann und Eli M. Dannenberg), **Vernetzen von Polyolefinen.** Man bestrahlt eine Mischung aus dem Polyolefin, wie Polyäthylen, die Ruß u. eine kleine Menge organ. Peroxyd enthält, mit einem elektr. Wechselfeld mit einer Frequenz von >2 Megahertz/Sek.; z. B. legt man eine Folie aus 100 (Gew.-Teilen) Polyäthylen „Alathon 10", 100 therm. Ruß u. 1,5 Dicumylperoxyd zwischen 2 Elektrodenplatten u. arbeitet 16 Sek. mit einer Spannung von 720 V u. einer Frequenz von 27 Megahertz. (**F. P. 1 198 691** vom 31/1. 1958, ausg. 9/12. 1959. A. Prior. 1/2. 1957.) M. PANKOW. 7173

Badische Anilin- & Soda-Fabrik Akt.-Ges. (Erfinder: Werner Fuchs und Hans Wolz), Ludwigshafen/Rh., **Gegen Hitze und Licht stabile Formmasse aus Hoch- oder Niederdruckpolyolefinen** enthält 0,001—1 Gew.-% eines Esters der Gallussäure mit einem gesätt. aliphat. Alkohol mit mindestens 12 C-Atomen, bes. der Dodecyl-, Tetradecyl-, Hexadecyl- u. Octadecylester. (**D. A. S. 1 089 165** Kl. 39b vom 18/9. 1958, ausg. 15/9. 1960.) A. JAHN. 7173

Union Carbide Corp., New York, N.Y. (Erfinder: Henry William Mock, Plainfield, und Walter Allen Haine, Westfield, N.J.), V.St.A., **Masse aus Polyolefinen oder Mischpolymerisaten der Monoolefine,** ggf. mit Styrol u. einem Fettsäureamid für Filme mit verbesserter Gleitfähigkeit bei gleichzeitig gutem Haftvermögen gegenüber Druckfarben u. -tinten oder Klebstoffen, dad. gek., daß die Masse als Fettsäureamid 0,005–1,25% 13-Docosensäureamid enthält, das viel langsamer ausschwitzt als Ölsäureamid. — Beispiele, Tabellen. (**D. A. S. 1 092 650** Kl. 39b vom 26/6. 1958, ausg. 10/11. 1960. A. Prior. 28/6. 1957.) G. VOGEL. 7173

Farbwerke Hoechst Akt.-Ges., vormals Meister Lucius & Brüning, Frankfurt/M. (Erfinder: Arnold Fischer, Frankfurt/M., Herbert Kreuter, Eschborn/Taunus, und Kurt Rust, Frankfurt/M.), **Plastische Polyolefinmasse zur Herstellung von sauerstoff-, stickstoff- und wasserdampfundurchlässigen und reißfesten Formkörpern** besteht aus 30–90% Niederdruckpolyäthylen u. 70–10% eines nach dem Niederdruckpolymerisations-Verf. hergestellten Mischpolymerisats aus Äthylen u. Propylen, dessen Methylgruppengehalt 3–20% beträgt. — Kurve. (**D. A. S. 1 093 082** Kl. 39b vom 22/12. 1956, ausg. 17/11. 1960.) A. JAHN. 7173

Badische Anilin- & Soda-Fabrik Akt.-Ges. (Erfinder: Heinz Pohlemann, Heinz Weber und Alexander Stassen), Ludwigshafen/Rh., **Stabilisierte Mischung zur Herstellung von geformten Produkten,** bestehend aus Polyolefinen u. 0,05–15% (der Polyolefine) an Oxadiazol-Derivv. der allg. Formel **I** (R_1 = Arylrest, der substituiert sein kann; R_2 = H, Alkyl-, Arylrest oder Rest der allg. Formel **II**). — Man mischt z. B. 100 (Teile) Polypropylen mit 0,1 (bzw. 1) 2-Mercapto-5-(3'.4'.5'-trihydroxyphenyl)-1.3.4-oxadiazol u. walzt die Masse 20 Min. zu einem Prod. mit K-Wert 137 aus. Genannt sind nach 2-Mercapto-5-hydroxyphenyl-, 2-Mercapto-5-dihydroxyphenyl-, 2-Mercapto-5-trihydroxyphenyl-, 2-Mercapto-5-aminohydroxyphenyl-, 2-Mercaptochlorhydroxyphenyl-, 2-Mercapto-5-[di-tert.-butyloxyphenyl]-, 2-Mercapto-5-hydroxynaphthyl-1.3.4-oxadiazol sowie die analogen 2-Methylmercapto- bzw. 2-Benzylmercapto-Verbb. anstelle der 2-Mercapto-Verbb., ferner 2-Mercapto-5-hydroxymethoxyphenyl-, 2-Mercapto-5-(3.4-methylendioxy)-phenyl-, 2-Mercapto-5-mercaptophenyl- u. 2-Hydroxäthylmercapto-5-trihydroxyphenyl-1.3.4-oxadiazol sowie die durch Oxydation der entsprechenden 2-Mercaptooxadiazole erhältlichen Disulfide, z. B. Bis-[5-hydroxyphenyl-1.3.4-oxadiazolyl-(2)]- u. Bis-[5-trihydroxyphenyl-1.3.4-oxadiazolyl-(2)]-disulfid. — Beispiele. (**D. A. S. 1 116 897** Kl. 39b vom 3/3. 1960, ausg. 9/11. 1961.) G. VOGEL. 7173

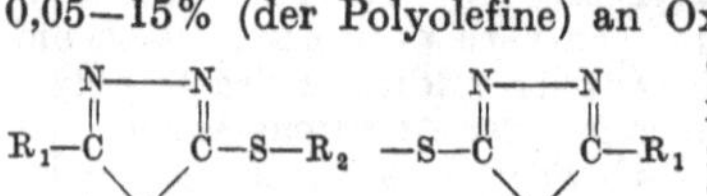

Farbwerke Hoechst Akt.-Ges., vormals Meister Lucius & Brüning, Frankfurt/M. (Erfinder: Felix Schülde, Neuenhain/Taunus, und Ernst Stärk, Hayna/Pfalz), **Stabilisieren von Polyolefinen gegen oxydativen Abbau,** dad. gek., daß als Stabilisierungsmittel einkernige, aromat., mindestens eine kerngebundene Nitrogruppe aufweisende Nitro-Verbb. verwendet werden, die ggf. in o- u./oder p-Stellung zur Nitrogruppe substituiert sind u. bei denen mindestens eines der in m-Stellung zur Nitrogruppe befindlichen H-Atome durch einen Rest $R' = -C_nH_{2n+1}$, $-NH_2$, $-NH-C_n \cdot H_{2n+1}$, $-N(C_nH_{2n+1})_2$ (n = 1–12) oder $-NO_2$ substituiert ist. Es werden bes. Nitro-Verbb. verwendet, in denen die in o- u./oder p-Stellung befindlichen H-Atome durch einen Rest $R'' = C_nH_{2n+1}$, $-OH$, $-NH_2$, $-NH-C_n \cdot H_{2n+1}$, $-N(C_nH_{2n+1})_2$ (n = 1–12), Halogen (Atom-Gew. ≧ 35) oder einer Verb. der allg. Formel I substituiert sind ($R''' = -H$, $-OH$, $-NH_2$, $-NH-C_nH_{2n+1}$, $-N(C_nH_{2n-1})_2$ oder Halogen mit Atom Gew. ≧ 35). Als Stabilisierungsmittel werden bes. Verbb. der allg. Formel **II** verwendet. Als bes. wirksam sind genannt: 4.6-Dichlor-1.3-dinitrobenzol, 4-Chlor-6-brom-1.3-dinitrobenzol, 3.4.6-Trimethylnitrobenzol, Di-(2.4-dinitrophenyl)-sulfid, 2.4-Dinitro-6-methylphenol u. 4-Nitro-1.2-phenylendiamin zur Herst. gepreßter oder gespritzter Prodd., bes. aus Niederdruckpolyäthylen oder -polypropylen. — Beispiele. (**D. A. S. 1 091 325** Kl. 39b vom 28/11. 1956, ausg. 20/10. 1960.) G. VOGEL. 7173

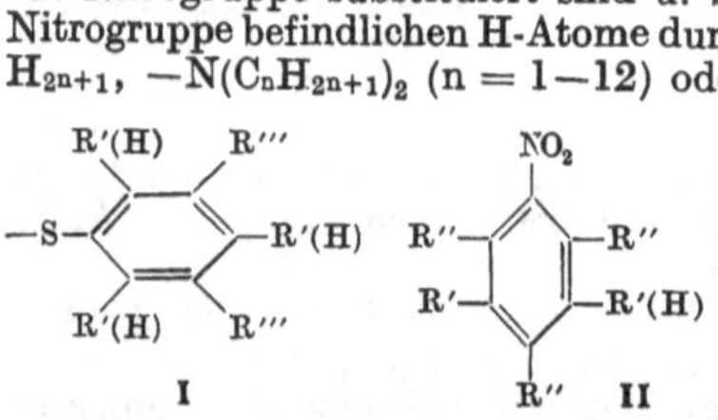

Farbwerke Hoechst Akt.-Ges., vormals Meister Lucius & Brüning, Frankfurt/M. (Erfinder: Claus Heuck, Hofheim/Taunus, Ernst Stärk, Hayna/Pfalz, und Werner Doppler, Frankfurt/M.), **Stabilisieren von Niederdruckpolyolefinen** durch Elemente der VI. Hauptgruppe des Period. Syst., die positive oder negative Wertigkeit haben, ggf. in Ggw. von als Aktivatoren wirkenden üblichen Vulkanisationsbeschleunigern, dad. gek., daß als Stabilisator eine Mischung aus einem

Element der VI. Hauptgruppe des Period. Syst. u. 0,5—5%, bezogen auf das Polyolefin, ZnO verwendet wird. — Man setzt z. B. Polyäthylen 0,1 (%) S, 0,5 ZnO u. 0,1 Mercaptobenzothiazol zu oder mischt 1,5 kg Niederdruckpolypropylen mit 2 (g) koll. S, 10 ZnO u. 1,5 Dinaphthyl-phenylendiamin 10—12 Min. bei 250°. Die Zusätze bewirken eine Steigerung der sogenannten „Brittle"-Festigkeit um das 8—10fache. Als verbessernde Mittel sind noch Zn-Stearat, koll. Kieselsäure u. Al-Oxyd genannt. Verhütung von Geruchsbelästigungen beim Pressen, Spritzen u. Gießen. — Beispiele, Tabellen. (**D. A. S. 1 096 598** Kl. 39b vom 9/2. 1957, ausg. 5/1. 1961.) G. VOGEL. 7173

Farbwerke Hoechst Akt.-Ges., vormals Meister Lucius & Brüning, Frankfurt/M. (Erfinder: Felix Schülde, Bad Soden/Taunus, und Otto Mauz, Frankfurt/M.), **Vergütung von Niederdruckpolymerisaten oder -mischpolymerisaten von Olefinen,** die tert. C-Atome enthalten u. aus Olefinen mit der allg. Formel $CH_2 = CHR$ (R = Alkylrest mit ≤ 2 C-Atomen) hergestellt sind, z. B. Polypropylen u. Polybutylen, dad. gek., daß man in diese Polyolefine zur Stabilisierung 0,05—5% der bei $Kp._{0,1}$ 180—210° übergehenden Fraktion des Rk.-Prod. aus Nonylphenol u. Aceton, ggf. im Gemisch mit anderen Vergütungsmitteln, in bekannter Weise einarbeitet. — Starke *Verlängerung* der *Versprödungszeit* des Prod. bei großer *Licht-* u. *Farbechtheit.* — Beispiel, Tabellen. (**D. A. S. 1 062 926** Kl. 39b vom 7/9. 1957, ausg. 6/8. 1959.) G. VOGEL. 7173

Ruhrchemie Akt.-Ges., übert. von: Nikolaus Geiser, Oberhausen-Holten, Helmut Kolling, Duisburg-Hamborn, und Ewald Stiebling, Oberhausen-Sterkrade, **Herstellung von Kohlenwasserstoffen, die als Flüssigkeiten bei der Polymerisation von Äthylen** bei < 100 kg/cm² u. bis zu 100° in Ggw. von Katalysatoren dienen, die aus Mischungen von Organometall Verbb. (Al-Alkyle) u. Metallen der 4. u. 6. Untergruppe des Period. Syst. bestehen. Man leitet KW-Stoffdestillate mit Kp. von Leichtbenzin u. Dieselöl zusammen mit einem H_2-haltigen Gas über einen Hydrierungskatalysator (Co, Ni) bei 150—300°, trocknet das entstehende Prod., behandelt es anschließend mit $TiCl_3$ unter Ausschluß von Feuchtigkeit u. trennt den entstehenden Nd. ab. (**A. P. 2 956 013** vom 4/11. 1957, ausg. 11/10. 1960.) P. UNGER. 7173

Dow Chemical Co., übert. von: Wilhelm E. Walles, Midland, Mich., V.St.A., **Substituierte, nichtaromatische hydrophobe Kohlenwasserstoffpolymerisate,** bes. solche, die aus einer Polyäthylenkette bestehen mit nichtaromat. Substituenten, wie Vinylchlorid-, Vinylidenchlorid-, Acrylnitrilpolymerisate u. -mischpolymerisate u. chloriertes Polyäthylen, werden antistat. durch Behandlung ihrer Oberfläche mit $< 80\%$ ig. H_2SO_4, Oleum mit $< 20\%$ SO_3 oder SO_3 u. anschließend mit einem antistat. Mittel, das sowohl hydrophobe wie hydrophile Gruppen aufweist u. ein bas. N-Atom im Mol. enthält, bes. Kondens.-Prodd. von C_8–C_{18}-Fettsäureaminen mit Polyglykolen mit 5 bis 40 Äthoxygruppen, oder nach A. P. 2 832 698 mit hydrophilen, keine hydrophoben Gruppen aufweisenden Verbb. mit einem funktionellen bas. Atom, bes. Polyglykolamin u. Glucosamin. (**A. PP. 2 832 697** u. **2 832 698** vom 30/4. 1956, ausg. 29/4. 1958.) C. LÜTTGEN. 7173

Farbwerke Hoechst Akt.-Ges., vormals Meister Lucius & Brüning, Frankfurt/M. (Erfinder: Herbert Bestian, Frankfurt/M.), und Karl Clauss, Kelkheim/Taunus, **Herstellung von unverzweigten Polyäthylenen** mit Molgew. < 100000, bes. < 50000, mit Hilfe von Katalysatoren aus Ti- u. metallorgan. Verbb., dad. gek., daß man Äthylen in Ggw. von H_2 unter Verw. eines Katalysator-Syst. aus Bis-cyclopentadienyl (I)–Ti-Verbb. der allg. Formel R_2TiX_2, in der R für den I-Rest steht, der ggf. noch durch Halogen oder Alkyl oder durch Annelierung eines Benzolringes substituiert sein kann, u. X beliebige Reste, bes. Alkoxyl, Halogen oder andere Säureanionen, darstellt, u. Metallalkylen der 1.—3. Hauptgruppe u. der 2. Nebengruppe des Period. Syst., bes. unter Verw. eines Verdünnungsmittels, polymerisiert. In den 29 Mengenbeispielen werden Katalysatorgemische aus Bis-cyclopentadienyl–$TiCl_2$ bzw. Bis-cyclopentadienyl–$Ti(CH_3)_2$ u. $AlCl(C_2H_5)_2$ bzw. $AlCl(CH_3)_2$ in wechselnden Mengen verwendet. Mit 5—10 Vol.-% H_2 im Gemisch mit Äthylen erhält man bereits bei 20° festes, hochschm. Polyäthylen mit Molgew. ≤ 1000, der Zusatz von O_2 oder Luft ist zur Reaktivierung des Katalysators erforderlich. — Tabellen über Mengen, Dauer u. Ausbeute sowie über die physikal. Daten der Polyäthylene., deren Kristallit-F. bei 119—139° liegt. (**D. A. S. 1 083 053** Kl. 39c vom 15/6. 1956, ausg. 9/6. 1960.) H. SCHINDLER. 7173

Gelsenberg Benzin Akt.-Ges., Gelsenkirchen (Erfinder: Herbert Frieß, Gladbeck), **Polymerisation von Äthylen oder äthylenhaltigen Gasen** in Ggw. von ZIEGLER-Katalysatoren (I), in Abwesenheit von Lsgm. oder nur von so geringen Mengen, daß das Polymerisat riesel- u. förderfähig bleibt, wobei eine Mischung von Polyäthylen u. akt. I in den Rk.-Raum eingeführt wird, dad. gek., daß man die flüchtigen oder festen I-Komponenten oder deren Lsgg. gebrannt in das als Trägermaterial (III) dienende Polyäthylen (II) außerhalb des Rk.-Raumes einführt u. die Komponenten durch Rühren zu dem I zusammenführt. Als III soll ein möglichst feinkörniges Prod. verwendet werden, das durch Nachpolymerisation im Naßverf. gewonnen, mit I stark angereichertem II erhalten u./oder das aus dem laufenden Anfall des kontinuierlichen Verf. entnommen worden ist. Auch entaschtes II kann verwendet werden. Das vorgelegte II kann ferner mit einem Lsgm., z. B. Leichtbenzin, so weit angefeuchtet werden, daß es seine Pulverform nicht verliert, worauf es mit den I-Komponenten bedämpft wird. Schließlich kann in den Rk.-Raum ein akt. II eingeführt werden, das durch Mischen von II-Teilmengen erzeugt ist, von denen der eine Teil mit der einen I-Komponente oder mit mehreren der gleichen Art, der andere mit der anderen I-Komponente oder mit mehreren dieser Komponenten beladen ist. — Mengenbeispiele entsprechend vorst. Variationsmöglichkeiten mit I aus $TiCl_4$ u. $AlCl(C_2H_5)_2$ oder $Al(C_2H_5)_3$. Beschreibung u. Zeichnungen der erforderlichen Apparaturen. Keine Klumpen-Bldg. u. kein Anbacken des II an Wandung oder Rührwelle. (**D. A. S. 1 076 375** Kl. 39c vom 22/3. 1957, ausg. 25/2. 1960. Holl. Prior. 24/3. 1956.) H. SCHINDLER. 7173

Gelsenberg Benzin Akt.-Ges., Gelsenkirchen (Erfinder: Karl Schmitz, Karl Peterlein und Paul Hofmann, Gladbeck), **Verbesserung der Oxydationsbeständigkeit von Polyäthylen,** dad. gek., daß Phenthiazin u./oder 1.2-Arylenthiazine in kleinen Mengen, bes. 0,01—0,5%, zugesetzt werden. Die Zusätze erfolgen bes. vor oder während der Polymerisation des Äthylens. Genannt ist noch 1.2-Benzophenthiazin. — Beispiele für Niederdruck- u. Hochdruckpolyäthylen, Tabellen. (**D. A. S. 1 053 780** Kl. 39b vom 18/5. 1957, ausg. 26/3. 1959.) G. VOGEL. 7173

General Electric Co. (Erfinder: Alexander Andrew Miller), Schenectady, N.Y., V.St.A., **Verbesserung der Vernetzung bei der Bestrahlung von Polyäthylen, Polypropylen oder deren Mischungen** durch energiereiche Strahlen einer Intensität von $I \cdot 10^6 — 1 \cdot 10^8$ rep, dad. gek., daß man die festen Polymeren oder -gemische in Ggw. von Chlorbenzolen bestrahlt. Genannt sind bes. Mono- oder o-Dichlorbenzol. — Herst. von *elektr. Isolierbändern, Fl.-Leitungen* oder *-Behältern, Fasern* u. *Faserbündeln, Überzügen* auf Drähten. — Mengenbeispiele, Tabellen. (**D. A. S. 1 093 551** Kl. 39b vom 20/5. 1958, ausg. 24/11. 1960. **E. P. 849042** vom 22/4. 1958, ausg. 21/9. 1960. Beide A. Prior. 20/5. 1957.) G. VOGEL. 7173

Dow Chemical Co., übert. von: Wilhelm E. Walles, Midland, Mich., V.St.A., **Antistatischmachen von Polyäthylen.** Man behandelt die Oberfläche mit mindestens 98%ig. H_2SO_4 oder wasserfreien Lsgg. von Oleum u. freiem SO_3 u. anschließend mit einer hydrophilen Verb., die frei ist von hydrophoben Gruppen u. in Mol. ein funktionelles bas. Atom aufweist, bes. Polyglykolamin, Glucosamin, oder nach A. P. 2 832 696 mit einer antistat. Verb., die sowohl hydrophile wie hydrophobe Gruppen aufweist u. ein funktionelles bas. N-Atom enthält, bes. Kondens.-Prodd. von C_8–C_{16}-Fettsäureamiden u. Polyglykolen mit 5—40 Äthoxygruppen. (**A. PP. 2 832 696** u. **2 832 699** vom 30/4. 1956, ausg. 29/4. 1958.) C. LÜTTGEN. 7173

National Petro-Chemicals Corp., New York, N.Y. (Erfinder: William Henry Rader und Howard Linton Wilson, Arcola, Ill.), V.St.A., **Verformen von Polyäthylen** bei erhöhter Temp. u. erhöhtem Druck, dad. gek., daß man die Innenwände der Verformungs-Vorr. zum Schutze vor Verharzung bei Betriebsunterbrechungen unmittelbar vor diesen oder zumindest vor dem Absinken der Temp. auf eine wesentlich unterhalb der Arbeits-Temp. liegende Temp. mit einer Polyäthylenmasse überzieht, die stärker als das zu verformende Polyäthylen gegen Oxydation geschützt ist. Die Überzugsmasse enthält ca. die 20—30fache Menge des in der zu verformenden Polyäthylenmasse enthaltenen Antioxydationsmittels (2.6-Di-tert.-butyl-4-methylphenol). Herabsetzung des Ausschusses bei Spritzguß u. Strangpressen. — Beispiele. (**D. A. S. 1 083 044** Kl. 39b vom 15/1. 1958, ausg. 9/6. 1960. A. Prior. 16/1. 1957. **A. P. 2 906 733** vom 16/1. 1957, ausg. 29/9. 1959.) G. VOGEL. 7173

Farbwerke Hoechst Akt.-Ges., vormals Meister Lucius & Brüning, Frankfurt/M. (Erfinder: Helmut Beuschel und Bernd Hoffmann, Kelkheim/Taunus), **Formen von Niederdruckpolyäthylen durch Extrusion unter gleichzeitiger Vernetzung,** dad. gek., daß man ein Gemisch aus Vernetzungsmitteln u. Lsgm. unter Druck auf das Niederdruckpolyäthylen-Granulat feinstverteilt aufsprüht, den so vorbereiteten Rohstoff in der Einfüllzone bei 100—130°, dann in der Kompressionszone bei 130—160° u. dann bei stetig ansteigender Temp. bis zu einer End-Temp. von 200—230° verarbeitet. — Man löst z. B. 5 (g) Dicumylperoxyd in einer Mischung von 107 Aceton, 96,5 fl. Cl_3CF u. 96,5 Cl_2CF_2, füllt in eine Druckzerstäubungsdose ab, spritzt die Peroxyd-

Lsg. in den im Fallmischer herabrieselnden Schleier von 5 handelsüblichem Schwarzgranulat von Niederdruckpolyäthylen u. verarbeitet das Granulat nach dem Verdunsten des Lsgm. auf einem Einschneckenextruder bei 110/130/180/200/210/220° u. 50 U/min zu einem Rohr von 32 mm Außen-∅ u. 3 mm Wandstärke. — Beispiele. (**D. A. S. 1 052 681** Kl. 39b vom 16/7. 1957, ausg. 12/3. 1959.) G. VOGEL. 7173

Farbwerke Hoechst Akt.-Ges., vormals Meister Lucius & Brüning, Frankfurt/M. (Erfinder: Ernst Stärk, Hayna/Pfalz, und Claus Heuck, Hofheim/Taunus), **Verminderung der Spannungsrißkorrosion von Polyäthylen, Mischpolymeren des Äthylens mit anderen Olefinen und beziehungsweise oder deren Gemischen mit anderen Polyolefinen,** die sämtlich nach dem Niederdruck-Verf. hergestellt sind, dad. gek., daß man in diese Polymerisate, Mischpolymerisate oder Polymerengemische 1—20 (%), bes. 3—9, Hochdruckpolyäthylen mit einem Molgew. >40000, gleichzeitig 0,01—6, bes. 0,1—2, Butylkautschuk mit einem Molgew. >60000 u. ggf. für die Niederdruckolefinpolymerisate wirksame Stabilisier- oder Vergütungsmittel (Füll- u. Farbstoffe, Antistatica, Weichmacher) in bekannter Weise möglichst homogen einarbeitet. Bes. gute Wrkg. haben z. B. S, Mercaptobenzimidazol, Diphenyl-p-phenylendiamin, Di-β-naphthyl-p-phenylendiamin, 4.4'-Dihydroxydiphenyl u. Epoxyverbindungen. — Herst. von *Rohren mit größerem ∅*, *Mänteln* für *Unterwasserkabel* u. *Folien* für die Fl.-Verpackung. — Beispiele. (**D. A. S. 1 062 925** Kl. 39b vom 12/2. 1957, ausg. 6/8. 1959.) G. VOGEL. 7173

Godfrey L. Cabot, Inc., V.St.A. (Erfinder: Eli M. Dannenberg), **Polyäthylenmischung** mit mindestens 5% eines Füllstoffes der Teilchengröße < 1μ, der neutral oder alkal. ist, u. wenigstens 0,5% der Peroxyds ROOR[1] (R u. R[1] = α-Alkylarylgruppen), z. B. Di-[α-phenyläthyl]-peroxyd, wobei man die Mischung bei ≦127° herstellt u. nach Formgebung ≧135° zur Zers. des Peroxyds erhitzt: Höherer Erweichungspunkt, größere Hitzefestigkeit. — Man walzt bei 93° in 100 (Teile) Polyäthylen „Alathon 10", 44 Ölofenruß „Vulcan 9" u. 3 95%ig. Dicumylperoxyd, gibt die erhaltenen Folien in eine Presse u. heizt 60 Min. auf 154°; beachtlich weich u. besonders schlagfest. (**F. P. 1 180 725** vom 9/7. 1957, ausg. 9/6. 1959. A. Prior. 12/7. u. 15/11. 1956.) M. PANKOW. 7173

Godfrey L. Cabot, Inc., V.St.A. (Erfinder: Raymond P. Rossman, Merrill E. Jordan und Eli M. Dannenberg), **Polyäthylenmischung.** Das Verf. nach F. P. 1 180 725; vorst. Ref., kann man auch so abändern, daß man Füllstoffe mit einer Teilchengröße von 20—1000 mμ anwendet oder bes. Ruß von relativ grober Teilchengröße, bes. therm. Ruße oder Acetylenruß, u. bei normalem Druck vulkanisiert. — 100 (Teile) Polyäthylen werden mit 2 95%ig. Dicumylperoxyd u. 54 Gasofenruß „SRF" (80 mμ Teilchengröße) bei 121° gemischt u. zu Folien ausgezogen, 3 Min. bei 127° in der Form gepreßt u. entweder in der Preßform oder bei normalem Druck 10 Min. auf 182—188° erhitzt. Das Prod. ist in beiden Fällen blasenfrei. Ruß mit einem Durchmesser < 50 mμ, der bei der Vulkanisation Blasen-Bldg. gibt, kann durch Erhitzen auf 649—982° in Abwesenheit von O_2 verbessert werden. (**F. P. 1 191 010** vom 31/1. 1958, ausg. 16/10. 1959. A. Prior. 1/2. 1957.) M. PANKOW. 7173

Deutsche Erdöl-Akt.-Ges. (Erfinder: Karl A. Fischer †, Hamburg, und Kurt Pilgram, Schneverdingen/Kr. Soltau), **Herstellung von Quellungen, Lösungen oder Emulsionen von Polyäthylen oder Polypropylen,** dad. gek., daß man als Lsgm. O-freie Verbb. der allg. Formel: R—S—Hal verwendet (R = anorgan. oder organ., ggf. halogenierter, Rest; Hal = Cl, F, Br). Genannt sind: Cl_2PSCl, ClSSCl, CH_3-, C_2H_5- u. C_3H_7-SCl, $ClCH_2SCl$, ClC_2H_4SCl, Cl_3CSCl, Cl_2PSF, FSSF, CH_3SF, FC_2H_4SF, F_3CSF, Cl_2PSBr, BrSSBr, CH_3SBr, C_2H_4SBr u. Br_3CSBr. Diese Harz-Lsgg. usw. sind mit anderen Polyolefin-Lsgm., wie CS_2, CCl_4, KW-Stoffen u. Erdölfraktionen, verträglich u. eignen sich zum *Verspinnen, Verkleben, Laminieren, Imprägnieren* von *Faserstoffen, Papier, Geweben* u. *porösem Material* u. zur Herst. von *Filmen.* (**D. A. S. 1 119 507** Kl. 39b vom 29/8. 1956, ausg. 14/12. 1961.) G. VOGEL. 7173

Comp. Française Thomson-Houston, Seine, Frankreich (Erfinder: Elliott John Lawton), **Verstärkung und Stabilisierung von Polypropylen.** Man bestrahlt es bei bis 125° mit Strahlen großer Energie u. erhitzt das erhaltene Prod. auf 120—260°, bes. 130—200°. Hierdurch wird eine Vernetzung des Polymeren herbeigeführt, so daß es nicht mehr durch O_2-Einw. abgebaut wird. — Man bestrahlt Polypropylen (F. 165—170°; „Polipropilene al alta cristallinata") bei 25° mit $40 \cdot 10^6$ rep u. erhitzt auf 150°; noch nach 5 Monaten biegsames, dehnbares Produkt. (**F. P. 1 190 061** vom 14/11. 1957, ausg. 9/10. 1959. A. Prior. 21/11. 1956.) M. PANKOW. 7173

Esso Research and Engineering Co., Elizabeth (Erfinder: Charles K. Schramm, Westfield), N.J., V.St.A., **Formmassen auf Polypropylenbasis** erhält man aus 100 (Teilen) eines festen, plast. Propylenpolymerisats mit Molgew. 50000 bis 500000, D. 0,86—0,91, F. >125°, Zugfestigkeit >70 kg/cm² u. 15—35 eines Butylkautschuks mit einem Geh. an ungesätt. Bindungen von ca. 1,30—2,5 Mol.-%. Die Masse besteht bes. aus 100 Polypropylen mit Molgew. 150000—250000, das bei einem Druck von 0—35 at in Ggw. eines ZIEGLER-Katalysators erhalten wurde, u. 15—35 Butylkautschuk mit Molgew. 250000—600000, der 98—98,65 (Mol.-%) gebundenes Isobutylen u. 1,35—2 gebundenes Isopren enthält. Das Prod. weist bes. eine Sprödigkeits-Temp. von —40° auf. Herst. von Rohren, Draht- u. Kabelisolierungen, Verpackungsmaterial für gefrorene Lebensmittel. — Festigkeitstabellen. (**D. A. S. 1 099 161** Kl. 39b vom 26/3. 1958, ausg. 9/2. 1961. **E. P. 849023** vom 5/3. 1958, ausg. 21/9. 1960. Beide A. Prior. 8/5. 1957.) G. VOGEL. 7173

Badische Anilin- & Soda-Fabrik Akt.-Ges., Ludwigshafen/Rh. (Erfinder: Hans Peter Siebel, Herbert Willersinn, Klaus Jürgen Fust, Ludwigshafen/Rh., und Herbert Friederich, Worms), **Herstellung von (Misch-)Polymerisaten,** dad. gek., daß man 6.7-Bis-methylen-1.2.3.4.10.10-hexachlor-1.4.5.8-diendomethylen-1.4.4a.-5.6.7.8.8a-octahydronaphthalin allein oder mit anderen Monomeren, bes. ungesätt. Polyester, vorzugsweise mit weiteren polymerisierbaren Verbb. (misch-)polymerisiert. Als Mischkomponenten sind Styrol u. ein Polyester aus Maleinsäureanhydrid, Tetrachlorphthalsäure u. Propylenglykol-1.2 mit SZ 35 zusammen mit Styrol genannt. Die Erweichungspunkte liegen >100°. *Selbstlöschende Formkörper* u. glasfaserverstärkte *Schichtstoffe.* (**D. A. S. 1 093 090** Kl. 39c vom 6/8. 1959, ausg. 17/11. 1960.) H. SCHINDLER. 7173

Farbenfabriken Bayer Akt.-Ges., Leverkusen (Erfinder: Herbert Bartl, Köln, Otto Bayer und Hans Scheurlen, Leverkusen), **Herstellung von vernetzten Kunststoffen,** dad. gek., daß man aus Olefinen u. 5—60% organ. Vinylester bestehende Mischpolymerisate, in die ggf. noch andere Vinyl-Verbb. einpolymerisiert sind, mit mehrbas. Carbonsäuren bzw. deren Derivv. in bekannter Weise umestert. Es werden bes. Äthylen (**I**)-Vinylacetat (**II**)-Mischpolymerisate mit einem Geh. von 20—50% **II** mit hochmol. COOH-Gruppen enthaltenden Polymerisaten von Methacryl-, Acryl-, Maleinsäure oder Maleinsäurehalbestern oder deren Mischpolymerisaten mit COOH-freien Monomeren, wie Verb. mit einer oder mehreren Äthylengruppen, umgeestert, wobei auch Anhydride, Ester, Säurechloride und Nitrile der mehrbas. Carbonsäuren geeignet sind. — Man mischt z. B. 200 (Teile) eines Mischpolymerisats aus 50 **I** u. 50 **II** auf einer ca. 100° heißen Walze 5—10 Min. mit 5 p-Toluolsulfonsäure u. weitere 5 Min. mit 25 eines Mischpolymerisats aus 1 (Mol.) Maleinsäuremethylhalbester u. 1 Butadien u. erwärmt die Masse bei 120° bis zum völligen Vernetzen. Die Masse ist unlösl. in den üblichen Lsgm., hat eine Elastizität von ca. 50%, hohe Festigkeiten, geringe bleibende Dehnung u. eine Härte von ca. 55% Shore. — Herst. von *Fäden, Bändern, Filmen* u. *Folien.* — Mengenbeispiele. (**D. A. S. 1 055 232** Kl. 39b vom 15/3. 1957, ausg. 16/4. 1959.) G. VOGEL. 7173

Dow Chemical Co., übert. von: Carl B. Havens, Hope, Mich., V.St.A., **In der Wärme stabile Chloräthylenpolymerisate,** bes. Vinylidenchloridmischpolymerisate, gek. durch den Zusatz von 0,1—5% eines Na-, K-, Li-, Ba- oder Pb-Salzes der Mono- oder Difluorphosphorsäure. (**A. P. 2 846 412** vom 22/10. 1956, ausg. 5/8. 1958.) C. LÜTTGEN. 7173

Farbwerke Hoechst Akt.-Ges., vormals Meister Lucius & Brüning, Frankfurt/M. (Erfinder: Hans Krämer, Frankfurt/M., und Wolfgang Schubert, Hofheim/Taunus), **Herstellung von für Pasten geeigneten (Misch-)Polymerisaten des Vinylchlorids,** dad. gek., daß man das fl. Monomere oder dessen Gemisch mit dem darin gelösten radikalbildenden Katalysator unter Druck durch Düsen in die einen Suspensionsstabilisator enthaltende wss. Phase als Fl.-Nebel einsprüht, dabei die wss. Phase in langsamer Bewegung hält u. während des Einsprühens oder danach unter langsamem Rühren polymerisiert, Endtemp. 50°. Das Polyvinylchlorid hat Teilchengröße 0,5—10 μ u. gibt nach Waschen u. Trocknen eine elektrolytfreie fl., streich- u. gießfähige Paste. (**D. A. S. 1 083 054** Kl. 39c vom 26/7. 1957, ausg. 9/6. 1960.) H. SCHINDLER. 7173

Farbwerke Hoechst Akt.-Ges., vormals Meister Lucius & Brüning (Erfinder: Hans Helmut Frey), Frankfurt/M., **Stabilisieren chlorhaltiger Polymerisate,** bes. Polyvinylchlorid u. dessen Mischpolymere, Chlorkautschuk, Polychloropren, Polyvinylidenchlorid u. dessen Mischpolymere, nachchloriertes Polyvinylchlorid oder Polyäthylen, gegen Hitze- u. Licht-Einw. durch Zugabe von 0,5—5% eines Gemisches aus einem oder mehreren Alkindiolen (Butindiol, Hexindiol) u. Stearaten oder Lauraten des Ca, Ba u. bzw. oder Cd. (**D. A. S. 1 068 887** Kl. 39b vom 20/10. 1956, ausg. 12/11. 1959.) A. JAHN. 7173

Badische Anilin- & Soda-Fabrik Akt.-Ges. (Erfinder: Hans Fikentscher, Karl Herrle und Willy Hübler), Ludwigshafen/Rh., **Herstellung von schlagfestem Polyvinylchlorid,** dad. gek., daß man Vinylchlorid in wss. Suspension mit Hilfe von Suspensionsstabilisatoren u. wasser- oder monomerenlösl. Katalysatoren in Ggw. von Emulsionen bei Raum-Temp. zähelast. (Misch-) Polymerisate, ausgenommen amorphe Polymerisate von α-Monoolefinen, polymerisiert. Nach einem Beispiel wird eine wss. Gelatine-Lsg., die $K_2S_2O_8$ u. Na-Pyrophosphat enthält, nach Zusatz einer 25%ig. Naturkautschukemulsion u. Vinylchlorid bei 45° polymerisiert. Das feinkörnige Prod. kann nach dem Trocknen direkt zu schlagfesten Körpern verarbeitet werden. Die Kerbschlagzähigkeit beträgt 50 cm/kg/cm². (**D. A. S. 1 082 734** Kl. 39c vom 7/6. 1957, ausg. 2/6. 1960.) H. SCHINDLER. 7173

Badische Anilin- & Soda-Fabrik Akt.-Ges. (Erfinder: Willy Hübler), Ludwigshafen/Rh., **Herstellung von schlagfesten Vinylchloridpolymerisaten** durch Polymerisation von Vinylchlorid in wss. Suspension mit Hilfe von Suspensionsstabilisatoren u. wasser- oder monomerenlösl. Katalysatoren in Ggw. von Emulsionen bei normaler Temp. zähelast. Polymerisate oder Mischpolymerisate nach D. A. S. 1 082 734, dad. gek., daß man statt Vinylchlorid allein Vinylchlorid zusammen mit geringen Mengen anderer mit Vinylchlorid mischpolymerisierbarer Vinyl- oder Allyl-Verbb. einsetzt, z. B. mit Vinylformiat, -acetat, -propionat, -butyrat; Vinyläthyläther, -propyläther, -butyläther, -hexyläther; Allylmethyläther, -äthyläther, -nitril oder Acrylsäureester. — Beispiel: In einem Druckkessel werden 2400 (Teile) W., 2 Gelatine, 3 $K_2S_2O_8$, 5 $Na_2P_4O_7$, 640 25%ig. Naturkautschukemulsion, 430 Vinylchlorid u. 30 Vinylpropionat vorgelegt. Das nach 10 std. Polymerisation bei 45° anfallende feinkörnige Prod. kann nach dem Trocknen direkt zu schlagfesten Körpern verarbeitet werden, die bei der Prüfung nach DIN 53453 eine Kerbschlagzähigkeit von $>$90 (cm/kg/cm²) gegenüber 50 von ohne Zusatz von Vinylpropionat erhaltenen Prodd. aufweisen. (**D. A. S. 1 090 856** Kl. 39c vom 18/1. 1958, ausg. 13/10. 1960. **Zusatz zu D. A. S. 1 082 734; s. vorst. Ref.**) K. DEMMLER. 7173

Badische Anilin- & Soda-Fabrik Akt.-Ges. (Erfinder: Karl Herrle und Wolfgang Schwindt), Ludwigshafen/Rh., **Herstellung von schlagfesten Vinylchloridpolymerisaten** durch Polymerisaten von Vinylchlorid allein oder zusammen mit geringen Mengen anderer mit Vinylchlorid mischpolymerisierbarer Vinyl- oder Allyl-Verbb. in wss. Suspension mit Hilfe von Suspensionsstabilisatoren u. wasser- oder monomerenlösl. Katalysatoren in Ggw. von Emulsionen bei normaler Temp. zähelast. Polymerisate nach D. A. SS. 1 082 734 u. 1 090 856, dad. gek., daß man in Ggw. von Emulsionen solcher bei normaler Temp. zähelast. Polymerisate oder Mischpolymerisate polymerisiert, die durch geringe Mengen an mehrfach ungesätt. Verbb. vernetzt sind, z. B. Divinylbenzol, Butandioldiacrylsäureester, Maleinsäurediallylester oder Gemische davon. — Beispiel: Zur Herst. der Polymerisatemulsion werden am Rückflußkühler 100 (Teile) Acrylsäurebutylester, 0.5-Divinylbenzol, 400 W., 0.2-Paraffinsulfonat mit 12 bis 18 C-Atomen (20%ig.) u. 0.2 $K_2S_2O_8$ bei 80° 1 Std. lang polymerisiert. 300 der erhaltenen 20%ig. Emulsion, 1800 W., 3-$Na_2P_4O_7$, 0.6-Polyvinylpyrrolidon, K-Wert 60, 1.2-Azodiisobuttersäurenitril, 570 Vinylchlorid u. 30 Vinylacetat werden bei 50° unter Druck polymerisiert. Das mit 1 Gew.-% einer stabilisierenden Sn-Verb. versetzte u. zu Formkörpern verpreßte Prod. weist eine Kerbschlagfestigkeit von 70 cm/kg/cm² u. eine Zugfestigkeit von 400 kg/cm² sowie einen Erweichungspunkt von 75° auf. (**D. A. S. 1 090 857** Kl. 39c vom 13/12. 1958, ausg. 13/10. 1960. **Zusatz zu D. A. SS. 1 082 734; s. vorvorst. Ref. u. 1 090 856; s. vorst. Ref.**) K. DEMMLER. 7173

N. V. Industriele Onderneming „WAVIN" (Erfinder: Anne Adolf van der Wal), Zwolle, Holland, **Herstellung von schlagfesten, transparenten, starren, stabilisierten Formkörpern** auf der Grundlage von Polyvinylchlorid oder überwiegend aus Vinylchlorid aufgebauten Polymerisaten, dad. gek., daß dem Polymerisat geringe Mengen eines Metallstabilisators u. geringe Mengen eines partiellen Esters aus einem mehrwertigen aliphat. Alkohol u. einer höheren ungesätt. Fettsäure einverleibt werden u. die erhaltene Masse in bekannter Weise unter Einw. von Druck u. Hitze verformt wird. Geeignete Ester sind Glycerinmono-oleat, -ricinolat, -acetylricinolat u. Diglykolmonooleat, geeignete Metall-Verbb. Li-, Cd- u. Ca-Stearat, zweibas. Pb-Stearat oder -Phosphit, Dibutyl-Sn-dilaurat, Verbb. von Na, K, Cs, Ba, Sr, Mg usw. Bes. wirksam ist die Kombination von Li- oder Ca-Stearat u. Glycerinmonoacetylricinolat. — Herst. von stranggepreßten (Wasserleitungs-) Rohren aus Polyvinylchloridpulver. — Beispiele, Festigkeitstabelle. (**D. A. S. 1 115 450** Kl. 39b vom 14/4. 1956, ausg. 19/10. 1961. Holl. Prior. 4/5. 1955.) G. VOGEL. 7173

Rohm & Haas Co., Philadelphia, Pa. (Erfinder: Theodore Edwin Bockstahler, Moorestown, und Beresford Coe, Rivertown, N.J.), V.St.A., **Formmasse auf der Grundlage eines mit Polyester plastifizierten Polyvinylhalogenids,** dad. gek., daß sie als Weichmacher einen Polyester aus einem zweiwertigen Alkohol u. einer oder mehreren gesätt. α.α'-dialkyl-substituierten, aliphat. Dicarbonsäuren, die eine gerade Kette von 4—8 C-Atomen mit Alkylseitenketten in der α- u. α'-Stellung von 1—4 C-Atomen besitzen, enthält. Bevorzugt sind substituierte Stearin-, Palmitin-, Laurin-, Capron-, 2-Äthylbutter- u. 2-Methylpentanonsäure bzw. Propylenglykol (I) u. 2.2-Dimethylpropandiol für die Herst. der Ester. — Man mischt z. B. 289 (g) α.α'-Dimethyladipinsäure, 158 I u. 0,25 $ZnCl_2$ (Katalysator), erwärmt die Masse bis nach 2 Std. 200° erreicht sind, verringert den Druck während 6 Std. auf 25 mm, dann auf 1 mm u. hält die Masse 24 Std. bei 220°. Der viscose, helle Polyester hat eine SZ. von 1,2, eine Viscosität nach GARDNER-HOLDT bei 25° von G + (50% Äthylendichlorid). — Es werden bes. 60 (Teile) Polyvinylchlorid mit 40 des Esters gemischt. Die Prodd. (auch aus 60 bis 95 Vinylchlorid u. 5—40 einer Vinyliden-Verb. mischpolymerisiert) sind gegen Mikroorganismen bes. resistent. — Beispiele. (**D. A. S. 1 082 048** Kl. 39b vom 24/7. 1958, ausg. 19/5. 1960. A. Prior. 20/8. 1957.) G. VOGEL. 7173

Farbenfabriken Bayer Akt.-Ges., Leverkusen (Erfinder: Lisa Rössig, Ludwig Strohmenger und Willi Geilenkirchen, Krefeld), **Weichgemachte, antistatische Polyvinylchloridformmassen** enthalten Verbb. der allg. Formel $CH_3-(CH_2)_n-O-C(:O)-(CH_2)_m-C(:O)-O-(CH_2)_o-O-(CH_2)_p-CH_3$ (n = ganze Zahl von 3—10, m = ganze Zahl von 2—8, o = 2, 3, 4 u. p = 0 oder 1), bes. n- oder Isoamyl-, Heptyl-, Decyl- (methyl- oder äthyläthylen- u. polyäthylenglykol)-bernstein-, -glutar-, -adipin-, -pimelin-, -kork-, -acelain- u. -sebacinsäureester. Diese Verbb. haben außer den antistat. auch selbst weichmachende Eigenschaften. (**D. A. S. 1 079 832** Kl. 39b vom 23/6. 1958, ausg. 14/4. 1960.) A. JAHN. 7173

Armstrong Cork Co., übert. von: Lawrence Clark und Algirdas C. Poshkus, Lancaster, Pa., V.St.A., **Herstellung von Schaumstoffen aus Vinylchloridpolymerisaten und -mischpolymerisaten,** dad. gek., daß man diese mit 0,5—10% eines Diurethans (I) der allg. Formel ROOCN(NO) $[(CH_2)_nN(NO)]_m$ COOR', in der R u. R' C_1-C_4-Alkylreste, n 2 oder 3 u. m ≧ 2 bedeuten, bes. N.N'-substituierte Polynitrosodiurethane, mischt u. bis über die Zers.-Temp. des I erhitzt. (**A. P. 2 836 572** vom 18/5. 1955, ausg. 27/5. 1958.) C. LÜTTGEN. 7173

Dynamit-Akt.-Ges. vormals Alfred Nobel & Co., Troisdorf/Köln (Erfinder: Otto Fuchs, Oberlar/Troisdorf), **Herstellung von weichmacherhaltigen Schaumstoffen** aus Pasten von Polyvinylchlorid oder Vinylchloridmischpolymerisaten durch Sättigen mit Gas unter Druck u. druckloser Gelatinierung des entspannten Schaumes, dad. gek., daß als Druckgas N_2 oder Luft u. als an sich bekannte Weichmacher Alkylsulfosäurephenylester oder -kresylester (Alkylrest mit 10—18 C-Atomen), ggf. noch kleinere Mengen anderer Weichmacher enthaltend, verwendet werden. (**D. A. S. 1 061 508** Kl. 39b vom 13/4. 1957, ausg. 16/7. 1959.) G. VOGEL. 7173

Farbenfabriken Bayer Akt.-Ges. (Erfinder: Hans Scheurlen und Karl-Heinz Müller), Leverkusen, **Grobporige Schaumstoffe** erhält man, indem man Polymerisaten oder Mischpolymerisaten des Vinylchlorids oder Vinylidenchlorids bei der üblichen Verschäumung bes. 2—10 Gew.-% W. zusetzt, wobei wesentlich größere Poren erhalten werden als in Abwesenheit von Wasser. Die Wrkg. kann durch Zusatz von oberflächenakt., anionen-, kationenakt. oder nichtionogenen Verbb., auch Siliconölen vergrößert werden. (**D. A. S. 1 082 402** Kl. 39b vom 20/8. 1958, ausg. 25/5. 1960.) A. JAHN. 7173

United States Rubber Co., New York, N.Y. (Erfinder: Verne Gerald Simpson, Scotia, Nebr.), V.St.A., **Herstellung vulkanisierter Formkörper** aus Vinylchloridpolymerisaten (I), dad. gek., daß man eine Mischung aus 100 (Teilen) I, 0,1—5 S u. evtl. Weichmacher in üblicher Weise verformt u. die erhaltenen Formkörper einer Dosis von ionisierender Strahlung von ≧ 6,6 W-Std./kg. aussetzt. (**D. A. S. 1 093 552** Kl. 39b vom 5/2. 1959, ausg. 24/11. 1960. A. Prior. 17/3. 1958.) C. LÜTTGEN. 7173

Wacker-Chemie G. m. b. H., München (Erfinder: Hans-Walter Ebersbach und Joseph Heckmaier, Burghausen/Obb.), **Herstellung von Mischpolymerisaten von Vinylchlorid und Fumarsäureestern** (I) in wss. Suspension, dad. gek., daß man Vinylchlorid (II) u. neutrale I der Summenformel $C_nH_{2n-4}O_4$ (n = 14—44, bes. 20—40) absatzweise in Ggw. von Hydroxyalkylcellulose (III) gemeinsam polymerisiert, wobei die gesamten zum Einsatz kommenden, aus mindestens ca. 80 (Mol.-%) II u. bis zu ca. 20 I bestehenden Monomerenmischungen vor Polymerisationsbeginn in das Rk.-Gefäß eingebracht werden. Als III verwendet man eine Hydroxyäthylcellulose, deren 5%ig. Lsg. bei 20° eine Viscosität von 100—500 Poise besitzt. Der pH-Bereich der wss. Phase soll 4,5—8, bes. 5,5—7,5, betragen, was z. B. mit $NaHCO_3$ erreicht wird. Beispiele mit II u. Fumarsäuredi-(2-äthylhexylester) u. -dilaurylester. Als Katalysator dient Dilauroylperoxyd, Die Endprodd. eignen sich bes. zur Herst. *weichmacherfreier Formkörper* mit *hoher Schlagfestigkeit.* — Beispiele. (**D. A. S. 1 091 757** Kl. 39c vom 24/9. 1958, ausg. 27/10. 1960.) H. SCHINDLER. 7173

Farbwerke Hoechst Akt.-Ges., vormals Meister Lucius & Brüning, Frankfurt/M. (Erfinder: Paul Schlack, Frankfurt/M., und Wolfgang Göltner, Hofheim/Taunus), **Herstellung wasserbeständiger, geformter Gebilde, besonders Folien, aus wasserlöslichen Polymeren des Vinylalkohols** (I), dad. gek., daß man, wenn nötig unter Kühlen, eine homogene Mischung herstellt, die ≧ 70, bes. 75—95%, eines wasserlösl. filmbildenden Polymeren des I in wss. Lsg. u. als Rest ein SO_2-Addukt von Polyacrolein, ebenfalls in wss. Lsg., enthält u. das Gemisch der Lsgg. sofort zu Gebilden verformt, die getrocknet werden. — Herst. von *Verpackungsfolien, Zwischenlagen* in *photographischen Filmen, Textilfäden.* — Mengenbeispiele. (**D. A. S. 1 064 715** Kl. 39b vom 5/10. 1957, ausg. 3/9. 1959.) G. VOGEL. 7173

Farbwerke Hoechst Akt.-Ges., vormals Meister Lucius & Brüning Frankfurt/M. (Erfinder: Fritz Winkler, Kelkheim/Taunus), **Herstellung stabiler wässeriger, weichmacherfreier Polyvinylacetaldispersionen** in einem Kneter, dad. gek. daß man nach D. A. S. 1 056 369 Polyvinylacetal mit W. u. einem anionakt. Emulgator u. mit einem oder mehreren Estern aus aliphat. Monocarbonsäuren mit 1—6 C-Atomen u. aliphat. einwertigen Alkoholen mit 1—6 C-Atomen unter Erhitzen auf 90—100° zuerst in eine homogene, zähe u. knetbare Masse überführt u. in diese unter Kühlung W. bis zu einem Feststoff-Geh. von 60—70% einknetet. Die Ester enthalten bes. ≦ 8 C-Atome. Bes. geeignet sind Isoamylacetat (I), n-Butylpropionat u. Buttersäureäthylester. — Man mischt z. B. 80 (Teile) Polyvinylbutyral, das aus 1,5 Polyvinylacetat, 78 Polyvinylbutyral u. 19,5 Polyvinylalkohol hergestellt u. in 16%ig. Na-Oleat (II)-Lsg. unter Zusatz von I klar lösl. ist, mit 4 II u. 8 W. unter Heizung auf 90°, setzt 7,5 I zu, knetet unter Kühlen W. ein, bis bei 60—70° u. einem Feststoff-Geh. von ca. 70% Phasenumkehr erfolgt, verd. weiter unter Kühlen mit W. bis zu einem Feststoff-Geh. von 50% u. erhält eine stabile Dispersion mit einer Teilchengröße von ≦ 3 μ, die sich zur Folienkaschierung u. Heißversiegelung eignet. — Mengenbeispiele, Tabelle. — Nach D. A. S. 1 060 589 werden statt der Ester in W. wenig oder prakt. unlösl. aliphat. Acetale, ggf. mit Estern gemischt, verwendet. Man knetet z. B. 100 Polyvinylbutyral (Viscosität 150 cP nach HÖPPLER in 5%ig. Butanol-Lsg. bei 25° gemessen), hergestellt aus 0,8 Polyvinylacetat, 77 Polyvinylbutyral u. Polyalkohol als Rest auf 100, mit 5 II, 10 W. u. 5-Di-n-propylacetal (III) bei 90—100° zu einer gummielast. Masse, knetet unter Kühlen weitere 5 III bis zur Inversion in die Dispersion ein, die als klebrige Paste anfällt u. mit W. auf die gewünschte Konz. verd. werden kann. — Verw. der Dispersionen zur Herst. von *Einbrennlacken* (mit Phenol–CH_2O-Harzen kombiniert), zur *Papierbeschichtung,* zu *Appreturen* u. zu gespritzten, transparenten, in großen Flächen abziehbaren *Lacküberzügen* gegen Dauerverseuchung in Radioisotopen-Laboratorien. — Mengenbeispiele. (**D. A. SS. 1 056 369** Kl. 39b vom 9/5. 1957, ausg. 30/4. 1959 u. **1 060 589** Zusatz-Anmeldung] Kl. 39b vom 25/10. 1957, ausg. 2/7. 1959.) G. VOGEL. 7173

Wacker-Chemie G. m. b. H., München (Erfinder: Joseph Heckmaier und Alois Stoll, Burghausen/Obb.), **Herstellung stabiler, wässeriger, weichmacherfreier Polyvinylacetaldispersionen,** dad. gek., daß man Polyvinylacetale mit aliphat. Aldehydkomponenten mit ≧ 8 C-Atomen u./oder Polyvinylacetale, die nach bekannten Verff. aus Mischpolymerisaten von Vinylestern mit ungesätt. Mono- oder Dicarbonsäuren hergestellt wurden, in wasserfeuchtem Zustand bei Temp. von 100—140° plastifiziert, nach Verdampfen des überschüssigen W. abkühlt, einen anionenakt. Emulgator u. ggf. ein Schutzkolloid einträgt u. die Masse durch langsame Wasserzugabe unter fortgesetztem Kneten dispergiert. — Man knetet z. B. 170 (Teile) Polyvinylcaprylacetal (W.-Geh. 42%) 10—15 Min. bei 120—130° bis der Hauptteil des W. entfernt u. die Masse völlig plastifiziert u. farblos ist, kühlt auf 50°, fügt 7 Na-Oleat in größeren Portionen zu, knetet 15—30 Min. weiter bis zur völligen Homogenisierung, fügt langsam W. zu, um die teigige Acetalmasse in die feindisperse Phase überzuführen u. vergießt oder versprüht die Masse zu farblosen, steifen, elast. Filmen, die bei 380 μ Dicke 8% Dehnung u. eine durchschnittliche Reißfestigkeit von 265 kg/cm^2 besitzen. Genannt sind ferner Prodd. aus Polyvinylbutyral u. Na-Stearat oder Polyäthylenglykoläthersulfonat. — Herst. von *Zwischenschichten* für das *Baugewerbe* u. für *Sicherheitsglas.* — Beispiele. (**D. A. S. 1 092 651** Kl. 39b vom 7/9. 1957, ausg. 10/11. 1960.) G. VOGEL. 7173

Badische Anilin- & Soda-Fabrik Akt.-Ges., Ludwigshafen/Rh. (Erfinder: Henry Poltz, Wolfenbüttel), **Herstellung von innerlich weichgemachten Polymerisaten,** dad. gek., daß man polymerisierbare Doppelbindungen enthaltende Monomere (I) mit Vinylestern von α-Methyl- u./oder α.α-Dimethylcarbonsäuren, die mindestens 5 C-Atome im Säurerest enthalten, unter üblichen Bedingungen mischpolymerisiert. Es werden 2—50 Gew.-%, bezogen auf I, eingesetzt. In den Beispielen werden Vinylacetat u. Vinylchlorid mit dem Vinylester einer Methylcarbonsäure, die durch Synth. nach KOCH aus Tetramerpropylen, oder einer solchen aus Propylentrimer hergestellt wurde, bei 80 bzw. 85° mischpolymerisiert. Als Katalysatoren dienen H_2O_2 oder Benzoylperoxyd. Die Prodd. eignen sich für Zwecke der *Anstrich-, Textil-* u. *Klebstofftechnik* u. zur Herst. von *Formmassen,* die z. B. schon bei 90—95° verarbeitet werden können. (**D. A. S. 1 092 202** Kl. 39c vom 26/8. 1957, ausg. 3/11. 1960.) H. SCHINDLER. 7173

Richard Kühn Rohstoffverwertung G. m. b. H. (Erfinder: Hans-Jürgen Remmert), Worms/Rh., **Herstellung von nichtbrennbaren Polystyrolschaumkunststoffen** durch Halogenieren von Polystyrol, dad. gek., daß übliches poröses Polystyrol bei Raum-Temp. mit Halogengas oder -dampf, bes. Br, bis zur völligen Durchdringung behandelt u. ein evtl. Halogenüberschuß entfernt wird. — Man stellt z. B. 100 g poröse Polystyrolschaumstoffkörner in eine geschlossene Glasschale u. über die Körner eine Schale mit 5 g Br, entfernt nach 5—6 Std. aus dem Pulver einen evtl. Br-Überschuß durch 2—3std. Verrühren mit einer Mischung aus 25%ig. NH_3-Lsg. u. Methanol (1 : 1), die 5% eines Dithionits enthält, trocknet u. verarbeitet das Pulver. (**D. A. S. 1 050 999** Kl. 39b vom 30/6. 1954, ausg. 19/2. 1959.) G. VOGEL. 7173

Badische Anilin- & Soda-Fabrik Akt.-Ges., Ludwigshafen/Rh. (Erfinder: Dietrich Braun, Wiesbaden, und Hermann Otto Wirth, Bingen/Rh.), **Herstellung von in p-Stellung metalliertem Polystyrol,** dad. gek., daß man Poly-p-halogenstyrol, bes. Poly-p-jodstyrol oder -bromstyrol, mit metallorgan. Verbb., vorteilhaft im Überschuß, in indifferentem organ. Lsgm. umsetzt. Nach einem Beispiel wird zunächst Polystyrol, gelöst in Nitrobenzol, mit J, $H_2J_2O_6$, CCl_4 u. H_2SO_4 auf 90° unter Rückfluß erhitzt u. mit Methanol das Poly-p-jodstyrol (I) gefällt u. getrocknet. Das I in Bzl. gelöst u. mit n-Butyllithium versetzt, ergibt weißes *Poly-p-lithiumstyrol.* Ebenso verhält sich das Poly-p-bromstyrol. Geeignet zur Herst. von *polymeren Farbstoffen* (**D. A. S. 1 088 227** Kl. 39c vom 3/3. 1959, ausg. 1/9. 1960.) H. SCHINDLER. 7173

Badische Anilin- & Soda-Fabrik Akt.-Ges. (Erfinder: Fritz Hanusch, Hans Haas und August Rettig), Ludwigshafen/Rh., **Herstellung gefärbter, schlagfester Kunststoffmassen,** dad. gek., daß man zuerst einen Farbstoff oder ein Pigment mit einem Vinylpolymerisat (Polystyrol) mischt u. das so hergestellte Farbstoff- oder Pigmentkonzentrat anschließend mit einem Polymerisat eines Diens, bes. aus 1 (Mol) Fumarsäure-bis-n-butylester u. 1—10 Butadien, oder einer Mischung eines solchen Prod. mit einem Vinylpolymerisat bei erhöhter Temp. vermengt. Das Prod. besitzt z. B. Schlagzähigkeitswerte von 25—27 cmkg/cm². Mengenbeispiel. (**D. A. S. 1 105 159** Kl. 39b vom 7/6. 1956, ausg. 20/4. 1961.) G. VOGEL. 7173

Victor Emmanuel Yarsley und Wolfgang Gerson Barb, Chessington, England, **Verhindern der elektrostatischen Aufladung von Styrolpolymerisaten und -mischpolymerisaten** durch Zumischen von $>$0,3, bes. 1—10% N-Vinylpyrrolidonpolymerisat. (**E. P. 802 237** vom 12/12. 1955, ausg. 1/10. 1958.) C. LÜTTGEN. 7173

Centre National de la Recherche Scientifique, Paris (Erfinder: Auguste Jacques Parrod, Enghien-Les-Bains, Seine-et-Oise, und Gérard Beinert, Mulhouse), Frankreich, **(Misch-)Polymerisation von eine oder mehrere olefinische Gruppen enthaltenden Monomeren** durch Erhitzen in Ggw. eines Alkalimetallkatalysators (I), dad. gek., daß das oder die Monomere(n) unter Rühren bei im wesentlichen normalem Druck u. bei $<$ 150° in wasserfreiem Medium u. in Abwesenheit von O_2 in inerten Gasen oder Dämpfen in Ggw. wenigstens einer Einschluß-Verb. von Alkalimetallen in Graphit als I bis zum gewünschten Polymerisationsgrad erhitzt werden. I wird durch direkte Einw. einer bestimmten Menge von geschmolzenem oder verdampftem Alkalimetall auf eine bestimmte Menge Graphit hergestellt. Man erhält so Einschluß-Verbb. z. B. der Formeln $(C_8M)_n$, $(C_{24}M)_n$ oder $(C_{40}M)_n$, worin M das Alkalimetall u. n eine hohe Zahl bedeuten. Das Verf. kann in Ggw. von einem oder mehreren wasserfreien, organ. Lsgm., z. B. Cyclohexan, u. bekannter Kautschukfüllstoffe durchgeführt werden. Mengenbeispiele mit Styrol u./oder Butadien u. Isopren. Ersteres gibt Prodd. mit mittleren Molgew. von 4100000—4800000. (**D. A. S. 1 091 753** Kl. 39c vom 12/3. 1959, ausg. 27/10. 1960. F. Prior. 12/3. 1958.) H. SCHINDLER. 7173

Borden Co., New York, N.Y., übert. von: Harry Wechsler, Fitchburg, Mass., V.St.A., **Schnellhärtendes plastisches Gemisch,** bestehend aus 20—80 (%)

gepulvertem Polyäthylmethacrylat u. 80—20 fl. monomerem Vinylbutyrat. (**A. P. 2 861 973** vom 31/1. 1956, ausg. 25/11. 1958.) C. LÜTTGEN. 7173

Badische Anilin- & Soda-Fabrik Akt.-Ges. (Erfinder: Bruno Vollmert und Herbert Bolte), Ludwigshafen/Rh., **Herstellung von Pfropfpolymeren,** dad. gek., daß man ein zur Ester- oder Amid-Bldg. befähigte Gruppen enthaltendes Primärpolymerisat (I) mit einer bei Erwärmen oder Erhitzen Radikale bildenden Azoverb. (II) oder mit einer durch Oxydation leicht in eine II überführbaren Hydrazo-Verbb., welche die korrespondierenden, zur Ester- oder Amid-Bldg. befähigten Gruppen enthält, unter Ausbldg. von Ester- oder Amidbindungen in bekannter Weise umsetzt u. das so modifizierte I, ggf. nach Oxydation der Hydrazo- zu Azogruppen, mit einem polymerisierbaren Monomeren mischt u. dann polymerisiert. Nach einem Beispiel werden zunächst Acrylsäurebutylester u. Butandiolmonoacrylsäureester in Ggw. von Azodiisobutyronitril in Aceton unter N_2 bei 60° polymerisiert. Zu der viscosen Lsg. werden in der Reihenfolge Aceton, $\alpha.\alpha'$-Azobis-(α-methyl-γ-carboxybutyronitril), Diisopropylcarbodiimid u. Pyridin gegeben. Nach 3 Std. bei 40° wird das Gel mit W. u. Methanol im Kneter gewaschen u. getrocknet. Dem kautschukartigen Prod. wird dann Styrol beigemischt, die Masse in W. suspendiert u. dann unter N_2 24 Std. auf 70° erhitzt. Man erhält ein hartes, zähes, transparentes Pfropfpolymerisat. Weitere Beispiele mit verschiedenen I u. Pfropfmonomeren unter Verw. folgender II: 2-(2'-Hydroxyäthylazo)-2.4-dimethylvaleronitril u. das entsprechende -2-äthylbutyronitril. Die Endprodd. können im Spritzguß- oder Tiefziehverf., in Strangpressen oder Extrudern sowie als *Emulgatoren, Verdickungsmittel* oder *abriebfeste Kautschuke* verarbeitet werden. (**D. A. S. 1 092 655** Kl. 39c vom 24/6. 1959, ausg. 10/11. 1960.) H. SCHINDLER. 7173

Rohm & Haas Co. (Erfinder: Elinor Margaret Hankins), Philadelphia, Pa., V.St.A., **Herstellung von Homopolymerisaten und Mischpolymerisaten,** dad. gek., daß man Verbb. der allg. Formel I, worin R für H oder CH_3, A für Alkylen (C_{2-3}) steht, unter bekannten Bedingungen (misch-) polymerisiert. Diese Verbb. sind substituierte 2-Imidazolidone oder Tetrahydro-2-pyrimidone u. werden erhalten durch Rk. eines (Meth-) Acrylats der allg. Formel $CH_2{=}C(R)COOY$, worin Y = Ag, Na, K oder Li ist, mit einer Verb. der allg. Formel II, worin X = Cl oder Br ist. Verbb. der allg. Formel II erhält man durch Rk. von Verbb. der allg. Formel III mit Verbb. der Formel

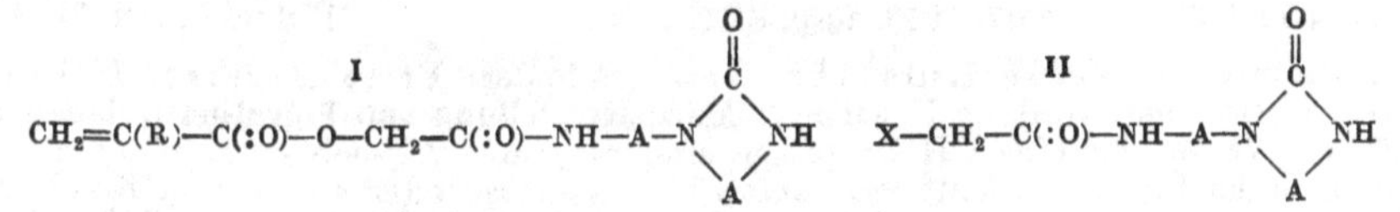

XCH_2COOR', worin R' = Alkyl (C_{1-18}), bes. CH_3, ist. X, R u. A haben jeweils obige Bedeutung. Die Herst. erfolgt nach den Beispielen durch Rk. von Methyl-α-chloracetat mit N-(β-Aminoäthyl)-N.N'-äthylenharnstoff bei —8 bis 0° in Methanol zu N-[β-(α-Chloracetamido)-äthyl]-N.N'-äthylenharnstoff, F. 123—125°, nach Umkristallisieren aus Methanol weiße, feste Substanz, F. 125—127°.

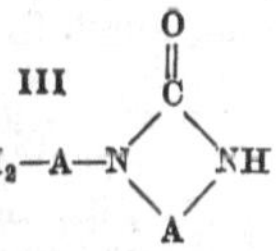

Dann wird das Prod. mit Na-Methacrylat, Benzyltrimethylammoniumchlorid u. Acetonitril unter Rückfluß gekocht u. dann im Vakuum destilliert. Man erhält N-[β-(α'-Methacryloxyacetamido)-äthyl]-N.N' äthylenharnstoff, F. 107—108°, nach 2maligem Umkristallisieren aus Äthylacetat F. 110—111°. Bei Verw. der 4fachen Menge Ausgangsstoffe hat das Rohprod. F. 109—110° u. nach 2maligem Umkristallisieren aus Äthylacetat F. 112—114°. Entsprechend: N-[β-(α'-Acryloxyacetamido)-äthyl]-N.N'-äthylenharnstoff, F. 100—102°; N-[3-(α-Chloracetamido)-propyl]-tetrahydro-2-pyrimidon, F. 116 bis 118°, nach Umkristallisieren aus Methanol 1. Fraktion F. 122—124°, 2. Fraktion F. 120—122°; 1-[3-(α-Methacryloxyacetamido)-propyl]-tetrahydro-2-pyrimidon, F. 86 bis 87°. Als Mischkomponenten sind in den Mengenbeispielen 4-Vinylpyridin, Acrylsäure, N-Methyl-N-vinyloxyäthylmelamin, Methyl-, Lauryl- u. Myristylacrylat, Methylmethacrylat (u. Butylmethacrylat oder Acrylnitril) genannt. — Die Endprodd. eignen sich zur Herst. von *Verdickungsmitteln, Überzugs-, Klebstoff-* u. *filmbildenden* Massen, als Hilfsmittel in der *Leder-, Textil-* u. *Papierindustrie,* bes. zum *Naßfestmachen* von *Kraft-* oder *Sulfitpapier.* — Tabellen. (**D. A. S. 1 069 879** Kl. 39c vom 17/8. 1956, ausg. 26/11. 1959. A. Prior. 18/8. 1955.) H. SCHINDLER. 7173

Wacker-Chemie G. m. b. H., München (Erfinder: Karl Meinel, Burghausen/Obb.), **Herstellung schaumförmiger Kunststoffe** durch partielle therm. Zers. von Polyacrylsäure-Derivv., dad. gek., daß man Acrylamid allein oder in Mischung mit $\leq$70%

Acrylnitril, Acrylsäure oder Styrol in saurer, wss. Lsg. in Ggw. von Polymerisationskatalysatoren entweder zwischen pH 4 u. 7 bei 50—110° oder bei Aciditäten zwischen pH 4 u. der Acidität von 60%ig. H_2SO_4 bei 20—110° unter Zusatz von, bes. ca. 0,3%, Fe-, Cr-, V-, Ti- oder Mn-Salzen polymerisiert, das Polymerisat isoliert u. unter Druck u. Hitze vorverformt u. die Preßlinge bei 150—240, bes. 210—230°, expandiert. — Beispiele für Vol.-Vergrößerungen um das 10—57fache. (**D. A. S. 1 080 773** Kl. 39b vom 29/5. 1957, ausg. 28/4. 1960.) G. VOGEL. 7173

Farbwerke Hoechst Akt.-Ges., vormals Meister Lucius & Brüning, Frankfurt/M. (Erfinder: Klaus-Dieter Küllmar, Klaus Weissermel, Frankfurt/M., und Gerhard Pietzka, Lorsbach/Taunus), **Konzentrierte wässerige Dispersionen fluorhaltiger Polymerisate** stellt man aus den verd. wss. Dispersionen her, indem man in Ggw. von nichtion. [p-Octylphenylpolyäthylenglykoläther (I)] u./oder anionenakt. (Na-Alkylphenylsulfonat) Dispergiermitteln in W. unlösl. wasserbindende Feststoffe (Ionenaustauscherharze, bes. Kationenaustauscher in der H-Form, oder Silicagel) zusetzt u. diese wieder von der aufkonz. Lsg. abtrennt. — 250 ml Polytetrafluoräthylendispersion mit einem Feststoff-Geh. (II) von 42,5% werden mit 4 g I versetzt u. 125 g getrocknetes Polystyrolsulfonsäureharz (H-Form) eingetragen u. die Mischung unter gelegentlichem Umrühren 2 Std. stehengelassen. Nach dem Abfiltrieren des Nd. hat die Lsg. einen II von 61,5%. (**D. A. S. 1 081 221** Kl. 39b vom 23/5. 1958, ausg. 5/5. 1960.) A. JAHN. 7173

Badische Anilin- & Soda-Fabrik Akt.-Ges., Ludwigshafen/Rh. (Erfinder: Hans Fikentscher, Bad Dürkheim, Hans Wilhelm, Ernst Penning und Diethelm Brüning, Ludwigshafen/Rh.), **Herstellung von stabilen, wasserlöslichen, pulverförmigen, N-Methylolgruppen enthaltenden Mischpolymerisaten,** dad. gek., daß solche Gruppen enthaltende monomere polymerisierbare Verbb. (I), die eine äthylen. ungesätt. C-Bindung enthalten, mit anderen polymerisierbaren Verbb. in solchen organ. Lsgm. mischpolymerisiert werden, in denen die Monomeren lösl. u. die Polymeren unlösl. sind. Als solche sind in den Beispielen Äthylenglykolmonoäthyläther, Propionsäureisobutylester u. n-Butanol eingesetzt. I ist N-Methylolmethacrylsäureamid, das in Ggw. von z. B. Benzoylperoxyd u. Formaldehydsulfoxylat mit Acryl- u. Methacrylsäureamid, Vinylcaprolactam oder Acrylnitril bei 10—70° mischpolymerisiert wird. — *Hilfsstoffe* für *Textil-* u. *Papierindustrie, Imprägnier-* u. *Anstrichmittel.* (**D. A. S. 1 094 455** Kl. 39c vom 23/7. 1959, ausg. 8/12. 1960.) H. SCHINDLER. 7173

Chemische Werke Hüls Akt.-Ges. (Erfinder: Fritz Dericks, Helmut Wieschollek und Walter Franke), Marl, **Herstellung von Polyäthern,** dad. gek. daß man Verbb., die eine OH-Gruppe u. eine Bicyclo-(2.2.1)-heptengruppierung enthalten, durch Einw. von FRIEDEL-CRAFTS-Katalysatoren oder von sauren Kondens.-Mitteln bei erhöhten Temp. zur Polyaddition bringt. Die Bicycloheptenalkohole erhält man durch Dien-Synth. ungesätt. Alkohole mit einem oder mehreren Mol Cyclopentadien oder Fulven. In den Beispielen sind als Ausgangsstoffe genannt: 2-Hydroxymethyl-1.4.5.8-bis-endomethylen-1.2.3.4.4a.5.8.8a-octahydronaphthalin, 2-Hydroxy-1.4-endomethylencyclohexen-(5) u. α-Methyl-3.6-endomethylentetrahydrobenzylalkohol, die mit H_2SO_4 oder BF_3- oder $SnCl_4$-Ätherat bei 50—120° polykondensiert werden. Die Endprodd. mit unscharfem F. von 50—160° dienen als Mischkomponenten zum Aufbau u. Verbessern von Polymerisaten u. Polykondensaten. (**D. A. S. 1 084 479** Kl. 39c vom 14/8. 1958, ausg. 30/6. 1960.) H. SCHINDLER. 7177

Celanese Corp. of America, V.St.A., **Gegen UV-Licht stabile Polyesterharze guter Feuerfestigkeit.** Man erhält sie aus α,β-ungesätt. mehrbas. Säuren u. Glykolen der Formel $HOCH_2(CH_2)_nC(CH_2Cl)_2(CH_2)_nCH_2OH$ (n = 0—4) oder $HOCH_2C(CH_2Cl)_2CH_2O[CH_2C(CH_2Cl)_2CH_2O]_mH$ (m = 1—4) u. härtet sie mit Styrol oder anderen ungesätt. Verbindungen. — Man erhitzt 0,832 (Mol) 2.2-Bis-[chlormethyl]-propandiol-(1.3) u. 0,4 Phthalsäureanhydrid ½ Std. unter Rühren u. unter N_2 auf 130°, nach Zusatz von 0,4 Maleinsäureanhydrid noch 7 Std. auf 180° u. noch 2 Std. bei 23 mm. 70 des erhaltenen Polyesterharzes mischt man mit 30 Styrol u. 2 einer Mischung aus gleichen Teilen Benzoylperoxyd u. Trikresylphosphat u. erhält steigend von 55—120° ein hartes Produkt. — Man kann auch chlorierte Dicarbonsäuren bei der Herst. des Polyesters verwenden u. als Weichmacher Tri-[β-chloräthyl]-phosphat. (**F. P. 1 187 766** vom 10/7. 1957, ausg. 16/9. 1959.) M. PANKOW. 7177

Union Carbide Corp., New York, N.Y. (Erfinder: Benjamin Phillips, Paul Spencer Starcher, Charleston, Charles Wesley McGary jun., South Charleston, und Charles Theo Patrick jun., St. Albans, W. Va.), V.St.A., **Polymere Triepoxide** durch Erhitzen von aliphat. Triolestern von 3.4-Epoxycyclohexancarbonsäuren der Formel I (R = 3wertige aliphat.

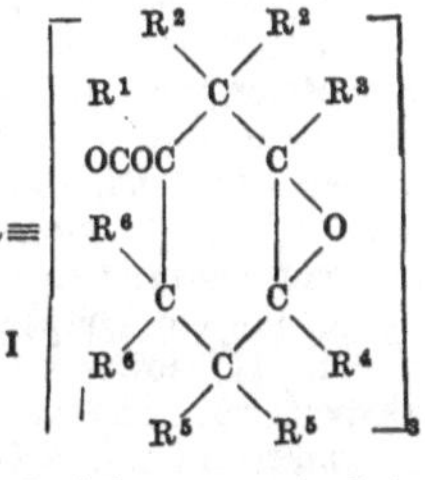

Gruppe; R^1—R^6 = H oder C_{1-4}-Alkyl) in Ggw. von sauren Katalysatoren auf 50—160° u. Weitererhitzen des entstandenen Gels bis zur Bldg. eines gehärteten Harzes, das für *Preßmassen, Klebstoffe, Überzüge, Folien* dient. Andere mindestens 2 mit Epoxygruppen reagierende Gruppen enthaltende Verbb. (Polycarbonsäuren, Polyamine, -amide) können mitkondensiert werden. — Man tropft in 4 Std. 1980 (g) 24,2%ig. Lsg. von Peressigsäure in Aceton in 641 1.1.1-Trimethylolpropan-triscyclohexen-(3)-ylcarboxylat von 30—35°, hält bei dieser Temp. 3 Std., bei —11° noch 16 Std. u. gibt zu 2500 Äthylbenzol, das bei 25 mm unter Rückfluß sd., wobei flüchtige Anteile bis 70° abdest. werden. Der Rückstand besteht zu 94% aus 1.1.1-Trimethylolpropantris-3.4-epoxycyclohexylcarboxylat, von dem 5 mit 4 Tropfen 25%ig. H_2SO_4 16 Std. aufbewahrt, dann 35 Min. bei 120° bis zur Gel-Bldg. erhitzt u. 1½ Std. bei 160° bis zur Bldg. eines Harzes gehalten werden. (**F. P. 1 175 861** vom 31/5. 1957, ausg. 2/4. 1959. **Belg. P. 557 988** vom 31/5. 1957, ausg. 11/3. 1960. **D. A. S. 1113 575** Kl. 39c vom 28/5. 1957, ausg. 7/9. 1961. Alle A. Prior. 1/6. 1956.) M. PANKOW. 7177

Farbenfabriken Bayer Akt.-Ges., Leverkusen (Erfinder: Erwin Müller, Artur Reischl, Leverkusen, und Konrad Ellegast, Leichlingen), **Vernetzte homogene urethangruppenhaltige Elastomere** erhält man durch Rk. von OH-Gruppen aufweisenden Polyesterurethanen, die durch Umsetzen von linearen Polyestern (aus Glykolen u. Dicarbonsäuren mit mindestens je 5 C-Atomen) mit 0,4—0,7 Mol Diisocyanat (**I**) erhalten worden sind, mit weiterem **I** im Überschuß u. Vernetzern. — Herst. von *Formstücken, Fußmatten, Absätzen* u. *Maschinenbauteilen*. (**D. A. S. 1 114 318** Kl. 39b vom 31/5. 1960, ausg. 28/9. 1961.) E. DÖRFEL. 7181

E. I. du Pont de Nemours & Co., übert. von: Herbert F. Mc Shane jun., Wilmington, Del., V.St.A., **2-Alkenoxymethyl-2-methyl-1.3-propandiole** der Formel I, in der R für einen niederen Alkylrest, bes. Methylrest, u. R′ für einen Alkylenrest mit 3—11 C-Atomen u. der endständigen —HC=CH_2-Gruppe oder für den Rest —CH_2—CH_2—O—CH_2—CH=CH_2 steht. Herst.-Beispiel: Durch Rk. von Trimethyloläthan mit Methyläthylketon im Lsgm. Bzl. in Ggw. einer Säure (p-Toluolsulfonsäure) unter Rückfluß erhält man das Hydroxyketal der Formel **II**, $Kp._{14}$ 125°, n_D^{25} 1,4559, welches man mit Na in Toluol unter N_2 bei 110° zum Na-Salz umsetzt. Dieses Na-Salz wird mit Allylbromid zur Rk. gebracht → 2-Methyl-2-äthyl-5-allyloxymethyl-5-methyl-1.3-dioxan, $Kp._{14}$ 113°, n_D^{25} 1,4452, hydrolysiert → 2-Allyloxymethyl-2-methyl-1.3-propandiol, $Kp._{13}$ 140°, n_D^{25} 1,4628. Verwendet man statt Allylbromid 5-Brom-1-penten, Kp. 126,5°, → Pentenyloxyketal, $Kp._{15}$ 138°, n_D^{25} 1,4463, → 2-(4-Pentenyloxymethyl)-2-methyl-1.3-propandiol, $Kp._{10}$ 146°, n_D^{25} 1,4602, oder 2-Allyloxybromäthan, $Kp._{23}$ 59—60,5°, n_D^{25} 1,4644, → Allyloxyäthylketal, $Kp._{11}$ 147°, n_D^{25} 1,4494, → 2-(2-Allyloxyäthoxymethyl)-2-methyl-1.3-propandiol, $Kp._{8}$ 166°, n_D^{25} 1,4638. Die mit diesen Diolen hergestellten Polyurethane sind leichter mit S *vulkanisierbar*, ohne vorschnell zu härten oder zu verbrennen. (**A. P. 2 854 486** vom 2/7. 1956, ausg. 30/9. 1958.) W. GRÄGER. 7181

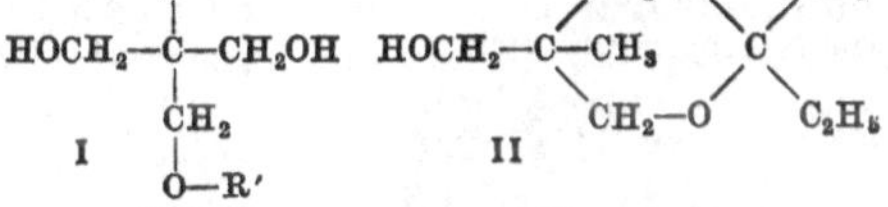

Farbwerke Hoechst Akt.-Ges., vormals Meister Lucius & Brüning (Erfinder: Gerhard Lohaus und Paul Schlack), Frankfurt/M., **Lösungs- und Quellungsmittel für Polyamide, Polyurethane und Polyharnstoffe** (mit wenigstens durch 5 C-Atome getrennten N-Brückengruppierungen) ist Phosphorsäuretri-N.N′.N″-dimethylamid, ggf. in Mischung mit Nichtlösern bzw. latenten Lsgm. (ggf. halogenierte, aromat. KW-Stoffe, Chlf. u. Dimethylformamid). Die Lsgg. können auch bereits bei Herst. der Polymeren gebildet werden. — Herst. von *Überzügen* (auf Papier) u. *Textilien, Folien* u. *Fäden*. (**D. A. S. 1 113 809** Kl. 39b vom 28/12. 1959, ausg. 14/9. 1961.) E. DÖRFEL. 7181

Röhm & Haas G. m. b. H. (Erfinder: Herbert Schreiber), Darmstadt, **Herstellung von Acrylonitrilmischpolymerisaten** mit hoher Zug-, Biege- u. Wärmefestigkeit, dad. gek., daß man 60—80 (%) Acrylonitril (I) zusammen mit 40—20 Dihydrodicyclopentadienylvinyläther (II) in bekannter Weise der Blockpolymerisation unterwirft. **II** kann teilweise durch andere monomere Verbb., die mit dem Gemisch aus **I** u. **II** mischpolymerisierbar sind, ersetzt sein, z. B. Glykoldimethacrylat (**III**). Weitere Monomerengemische **I, II, III** u. Methylmethacrylat sowie **I, II, III**, Methacrylsäure u. Dihydrodicyclopentadienylmethacrylat. — Tabellen der physikal. Eigg. in Vergleichen. (**D. A. S. 1 083 549** Kl. 39c vom 9/1. 1959, ausg. 15/6. 1960.) H. SCHINDLER. 7181

Chemische Werke Hüls Akt.-Ges., Marl (Erfinder: Paul Bernemann, Haltern/Westf., und Herbert Kahanek, Marl), **Herstellung stabiler Dispersionen von Mischpolymerisaten des Acrylonitrils** mit Olefin-KW-Stoffen u. ungesätt. Carbonsäureestern durch Emulsionspolymerisation, dad. gek., daß während der gesamten Dauer des Verf. der Comonomeren-Geh. auf 0,5—50 Mol-%, bezogen auf das jeweils vorhandene Acrylonitril (I), gehalten wird. Die Polymerisation kann in Ggw. chlorhaltiger Lsgm. bzw. in I lösl., nichtpolymerisierenden KW-Stoffen ausgeführt werden. Die erhaltene Dispersion kann man erneut mit I u. ggf. mit einem Teil des Comonomeren (II) sowie der entsprechenden Menge Emulgatoren u. auch Polymerisationsaktivatoren versetzen u. dann unter laufender Zugabe des II bzw. seines Restes weiterpolymerisieren. Als II sind in den Mengenbeispielen Styrol, Methacrylsäuremethylester u. Butadien genannt u. als Lsgm. Benzol. Arbeits-Temp. 5—100°, bes. 50—80°. Die Endprodd. enthalten 48—71,5% eingebautes I. (**D. A. S. 1 084 476** Kl. 39c vom 11/12. 1958, ausg. 30/6. 1960.) H. SCHINDLER. 7181

Farbwerke Hoechst Akt.-Ges., vormals Meister Lucius & Brüning, Frankfurt/M. (Erfinder: Günther Meßwarb, Kelkheim, Werner Starck und Otto Fuchs, Hofheim/Taunus), **Herstellen konzentrierter Lösungen polymerer Stoffe.** Verd. Lsgg. von Mischpolymerisaten des Acrylonitrils werden mit Vinylidenchlorid in Estern oder solche von Polyacrylonitril in einer Mischung aus Trifluoressigsäure/Trifluoräthanol 1:1 oder in einer Mischung aus Chloralhydrat/Nitromethan erhitzt, bis eine Trennung der Lsg. in eine konzentriertere u. eine verdünntere Lsg. als die ursprüngliche eintritt. Die verd. Phase wird hierauf entfernt. (**D. A. S. 1 072 804** Kl. 39b vom 5/6. 1954, ausg. 7/1. 1960.) F. MARKHOFF. 7181

Chemstrand Corp. (Erfinder: Patrick Henry Hobson), Decatur, Ala., V.St.A., **Gegen Verfärbung stabilisierte Lösung von Acrylonitrilpolymerisaten oder -mischpolymerisaten** mit $\geqq$0,85% Acrylonitril in organ. Lsgm. (bes. N.N-Dimethylformamid oder N.N-Dimethylacetamid) für die Herst. von geformten Gebilden, wie *Fäden, Fasern* oder *Folien*, gek. durch einen Geh. von ca. 0,01—2% Phenol, Hydrochinon, 2.5-Di-tert.-butylhydrochinon oder 2.5-Di-tert.-amylhydrochinon, bezogen auf das Gesamt-Gew. des Lsgm. u. Polymerisats. Ggf. enthält die Lsg. noch ein zweites Mischpolymerisat mit $\geqq$30% Vinylpyridin. — Mengenbeispiele, Tabellen. (**D. A. S. 1 102 386** Kl. 39b vom 11/4. 1956, ausg. 16/3. 1961. A. Prior. 13/4. 1955.) G. VOGEL. 7181

Dow Chemical Co., Midland, Mich. (Erfinder: George W. Stanton und Forrest A. Ehlers, Walnut Creek, Calif.), V.St.A., **Stabilisierung von Kunststoffmassen,** die Acrylsäurenitril als Hauptbestandteil enthalten, gegen Hitze- u. Licht-Einw. durch Zusatz von 5—15 Gew.-% einer Verb. der Formel R—(O—CH_2—CH_2—$CN)_n$ (R = Alkyl- oder Alkylenrest mit 1—3 C-Atomen, n = 1 oder 2), bes. *β-Methoxy-β-Äthoxy-, β-n-Propoxy-, β-Isopropoxypropionitril, Bis-(β-cyanäthoxy)-methan, 1.2-Bis-(β-cyanäthoxy)-äthan, 1.2-Bis-(β-cyanäthoxy)-propan.* (**D. A. S. 1 057 330** Kl. 39b vom 16/7. 1956, ausg. 14/5. 1959.) A. JAHN. 7181

Badische Anilin- & Soda-Fabrik Akt.-Ges., Ludwigshafen/Rh. (Erfinder: Konrad Jost, Lützelsachsen), **Hitzebeständige, thermoplastische Formmasse aus acrylsäurenitrilhaltigen Polymerisatgemischen** mit überwiegendem Anteil an Acrylsäurenitril (I) mit einem Mischpolymerisat aus I, Allylalkohol (II) u. dem II äquimolaren Mengen SO_2 sind fast rein weiß u. vergilben bei 1std. Erhitzen auf 130° nicht. (**D.A.S. 1 072 382** Kl. 39b vom 30/5. 1958, ausg. 31/12. 1959.) A. JAHN. 7181

Farbwerke Hoechst Akt.-Ges., vormals Meister Lucius & Brüning (Erfinder: Erhard Grams, Hans-Joachim Lenz und Horst Herzberg), Frankfurt/M., **Flammwidrige Massen aus makromolekularen Grundkohlenwasserstoffen** bestehen hauptsächlich aus dem polymeren Grund-KW-Stoff (I; Polyäthylen, Polypropylen, Mischpolymere des Äthylens mit Propylen oder Styrol, Polystyrol), 5—25% Sb_2O_3 u. makromolekularen Polyolefinen gleichen Polymerisationsgrads wie I mit einem Chlor-Geh. von 15—50%, bes. 20—35%. (**D. A. S. 1 048 409** Kl. 39b vom 20/7. 1956, ausg. 8/1. 1959.) A. JAHN. 7205

Mannesmann Akt.-Ges., Düsseldorf (Erfinder: Ewald Dietzel, Gelsenkirchen), **Herstellung von plastisch verformbaren Massen aus Polyäthylen und feinpulverigen Füllstoffen,** bes. Steinkohlen-, Petrol- oder Pechkoks. Man arbeitet mindestens 1, bes. 3, 4 oder mehr, (Teile) Koks in 4 oder 3 Polyäthylen ein u. erhält gut verformbare, auch verspritzbare Massen mit sehr guter Wechselbiegezahl, Zugfestigkeit u. Dehnung, mit glatter u. glänzender Oberfläche. (**D. A. S. 1 065 607** Kl. 39b vom 13/7. 1956, ausg. 17/9. 1959.) A. JAHN. 7205

Mannesmann Akt.-Ges., Düsseldorf (Erfinder: Ewald Dietzel und Karl-Heinz Frassek, Gelsenkirchen), **Herstellung von verformbaren Polyäthylen und amorphe Füllstoffe enthaltenden Massen,** dad. gek., daß entweder der amorphe Füllstoffe enthaltenden Polymerisatmasse feinpulveriger Koks oder der feinpulverigen Koks enthaltenden Polymerisatmasse amorphe Füllstoffe oder der Polymerisatmasse, bes. 50%, eines Gemisches aus amorphen Füllstoffen u. feinpulverigem Koks, bes. im Verhältnis 1:1, einverleibt werden. Der Kokszusatz bewirkt eine *höhere Dehnung* u. *Wechselbiegezahl* bei der Verarbeitung von Niederdruckpolyäthylen. (**D. A. S. 1 070 817** Kl. 39b vom 11/6. 1957, ausg. 10/12. 1959.) G. VOGEL. 7205

Union Carbide Corp., New York, N.Y. (Erfinder: John Aaron Snyder, Plainfield, N.J.), V.St.A., **Thermoplastische Formmasse aus Polyäthylen und flammfestmachenden Verbindungen,** enthaltend 100 (Teile) Polyäthylen mit einer Dichte von $\geq$0,94 u. einem Schmelzindex von $<$ 3, 5—70 eines KW-Stoff-Kautschuks u. 17—85 (auf 100 Mischung von Polyäthylen u. Kautschuk bezogen) üblicher flammfestmachender Mittel. — Es wird bes. Polyäthylenharz mit Polybutadien, Polyisobutylen oder einem Mischpolymerisat der beiden KW-Stoffe u. einer Mischung von Sb_2O_3 u. chloriertem Paraffinwachs zu *elektr. Schalterfassungen, Sicherungskästen, Isolierungen, Gehäusen* u. *Drahtüberzügen* verarbeitet. — Tabellen. (**D. A. S. 1 116 395** Kl. 39b vom 20/5. 1959, ausg. 2/11. 1961. **E. P. 845 099** vom 19/5. 1959, ausg. 17/8. 1960. Beide A. Prior. 21/5. 1958.) G. VOGEL. 7205

Svenska Cellulosa A/B, Stockholm, Schweden (Erfinder: O. R. Smedberg), **Herstellung von Faserplatten.** Die feuchten Platten werden während des Pressens mit einer oder mehreren dünnen Schichten aus Papier oder Stoff bedeckt, die mit einem polymerisierbaren Öl imprägniert sind. Als Bindemittel wird ein härtbares Melamin- oder Carbamidharz bzw. Casein zugesetzt. (**Schwed. P. 163 264** vom 12/9. 1952, ausg. 13/5. 1958.) K. H. KÄHLER. 7205

Daubert Chemical Co., Chicago, übert. von: William Alfred Fessler, Glen Ellyn, Clemens A. Hutter, Elmhurst, und Lloyd Dean McBeth, Chicago, Ill., V.St.A., **Transparente, heißsiegelbare Verpackungsfolien.** Um eine Korrosion verpackter Metallteile zu verhindern, wird die Folie (I) an der der Verpackung zugekehrten Seite mit einem Film überzogen, der einen in der Gasphase antikorridierend wirkenden Stoff (II), bes. Diisopropylaminnitrit oder Harnstoff u. $NaNO_2$, in einer Menge von 0,1—2 g/Quadratfuß enthält u. der für diesen Stoff durchlässig ist. Hierfür kommt bes. Polyäthylacrylat in Frage, während als **I** nur ein Material verwendet werden kann, das für **II** undurchlässig ist, wie bes. Äthylenglykol–Terephthalsäure-Polyester u. Cellophan. — Zeichnung. (**A. P. 2 829 080** vom 15/11. 1955, ausg. 1/4. 1958.)
C. LÜTTGEN. 7205

Distillers Co. Ltd., Edinburgh (Erfinder: **Francis Paul Gintz,** London), England, *Herstellung von Polymerisaten.* (**D. A. S. 1 104 187** Kl. 39c vom 18/9. 1958, ausg. 6/4. 1961. E. Prior. 9/10. 1957. — C. **1961.** 10771 [E. P. 837 335].)

Dow Chemical Co., übert. von: **Donald E. Ballast, Stanley M. Englund** und **Ralph M. Wiley,** Midland, Mich., V.St.A., *Perlpolymerisate durch Suspensionspolymerisation.* (**A. P. 2 934 530** vom 28/3. 1955, ausg. 26/4. 1960. — C. **1960.** 15921 [E. PP. 802 061 u. 802 062].)

Monsanto Chemical Co., St. Louis, Mo., V.St.A., *Herstellen von Mischpolymerisaten.* (**E. P. 867 481** vom 31/3. 1958, ausg. 10/5. 1961. A. Prior. 1/4. 1957. Zusatz zu E. P. 833 571; C. 1961. 4910. — C. **1961.** 6699 [A. P. 2 886 553].)

Farbenfabriken Bayer Akt.-Ges., Leverkusen, *Polymerisation ungesättigter Verbindungen.* (**E. P. 842 341** vom 31/12. 1958, ausg. 27/7. 1960. D. Prior. 2/1. 1958. Zusatz zu E. P. 820 675; C. 1961. 2812. — C. **1961.** 11917 [D. A. S. 1 100 964].)

Ruhrchemie Akt.-Ges., Oberhausen, *Olefinpolymerisation.* (**E. P. 844 864** vom 7/12. 1956, ausg. 17/8. 1960. D. Prior. 27/12. 1955, 26/1. u. 27/6. 1956. — C. **1959.** 10741 [F. P. 1 162 900].)

Bergwerksgesellschaft Hibernia Akt.-Ges., Herne, *Olefinpolymerisation.* (**E. P. 847 486** vom 22/8. 1956, ausg. 7/9. 1960. D. Prior. 12/5. 1956. — C. **1959.** 6648 [D. A. S. 1 025 143].)

Farbwerke Hoechst Akt.-Ges., vormals Meister Lucius & Brüning, Frankfurt/M., *Olefinpolymerisation,* (**E. P. 853 310** vom 5/11. 1956, ausg. 2/11. 1960. D. Prior. 4/11. 1955. — C. **1960.** 2705 [F. P. 1 159 508].)

Sun Oil Co., Philadelphia (Erfinder: **Robert Michael Kennedy,** Newtown Square), Pa., V.St.A., *Olefinpolymerisation.* (**D. A. S. 1 120 693** Kl. 39c vom 20/8. 1957, ausg. 28/12. 1961. A. Prior. 27/11. 1956. — C. **1961.** 13018 [E. P. 822 993].)

Montecatini Soc. Gen. per l'Industria Mineraria e Chimica, Mailand, Italien, *Herstellung von Diolefinpolymerisaten.* (**It. P. 538 453** vom 15/7. 1955. — C. **1959.** 1956 [Oe. P. 196 128].)

Phillips Petroleum Co., Bartlesville, Okla., V.St.A., *Abscheidung normalerweise fester Olefinpolymerisate aus ihren Lösungen.* (**E. P. 836 056** vom 26/6. 1957, ausg. 1/6. 1960. A. Prior. 28/6. 1956. Zusatz zu E. P. 835 301; C. 1961. 10774. — C. **1961.** 3166 [Belg. P. 558 748].)

Farbwerke Hoechst Akt.-Ges., vormals Meister Lucius & Brüning, Frankfurt/M., *Stabilisieren von Niederdruckpolyolefinen.* (**E. P. 861 446** vom 22/3. 1957, ausg. 22/2. 1961. D. Prior. 22/3. 1956. — C. **1960.** 12516 [Oe. P. 207 112].)

Farbwerke Hoechst Akt.-Ges., vormals Meister Lucius & Brüning, Frankfurt/M. (Erfinder: **Claus Heuck**, Hofheim/Taunus, und **Ernst Stärk**, Frankfurt/M.), *Stabilisieren von Olefinpolymerisationsprodukten gegen Alterung*. (**Schwz. P. 351 402** vom 16/6. 1956, ausg. 28/2. 1961. **E. P. 836 996** vom 18/6. 1956, ausg. 9/6. 1960. Beide D. Prior. 18/6. 1955. — C. **1960.** 2361 [F. P. 1 151 690].)

Deutsche Gold- und Silber-Scheideanstalt vormals Roessler, Frankfurt/M. (Erfinder: **Ulrich Hoffmann**, Bad Homburg v. d. H., und **Adolf Weihe**, Höchst i. O.), *Zerreißfeste Polyolefinerzeugnisse*. (**Schwz. P. 355 950** vom 29/12. 1955, ausg. 15/9. 1961. D. Prior. 12/1. 1955. — C. **1959.** 316 [F. P. 1 148 481].)

E. I. du Pont de Nemours & Co., Wilmington, Del., V.St.A., *Entfernen von Katalysatorrückständen aus Kohlenwasserstoffpolymeren*. (**E. P. 849 044** vom 1/5. 1958, ausg. 21/9. 1960. A. Prior. 1/5. 1957. — C. **1961.** 317 [A. P. 2 908 675].)

Phillips Petroleum Co. (Erfinder: **William Lloyd Fawcett**), Bartlesville, Okla., V.St.A., *Äthylenpolymerisation*. (**Jap. A. S. 4788/1960** vom 20/8. 1957, ausg. 9/5. 1960. A. Prior. 20/8. 1956. — C. **1961.** 3500 [Belg. P. 560 163].)

Phillips Petroleum Co., Bartlesville, Okla., V.St.A., *Polymerisierung von Äthylen*. (**Holl. P. 98 455** vom 9/4. 1956, ausg. 17/7. 1961. A. Prior. 13/4. 1955. — C. **1960.** 11486 [F. P. 1 149 515].)

Ruhrchemie Akt.-Ges., Oberhausen, *Kontinuierliche Äthylenpolymerisation*. (**E. P. 850 865** vom 20/2. 1957, ausg. 12/10. 1960. D. Prior. 5/3. 1956. — C. **1958.** 13914 [D. A. S. 1 017 368].)

Imperial Chemical Industries Ltd., London (Erfinder: **John Brewster Rose**, St. Albans, Hertfordshire), England, *Herstellung von festen kristallinen Äthylenpolymeren*. (**D. A. S. 1 123 474** Kl. 39c vom 1/8. 1957, ausg. 8/2. 1962. E. Prior. 15/8. 1956 u. 22/7. 1957. — C. **1962.** 4740 [Ind. P. 61 240].)

Imperial Chemical Industries Ltd., London (Erfinder: **Gerald Scott**, Manchester), England, *Polymerisation von äthylenisch ungesättigten Verbindungen in Gegenwart von gemischten Anhydriden*. (**D. A. S. 1 104 184** Kl. 39c vom 31/3. 1958, ausg. 6/4. 1961. E. Prior. 1/4. 1957. — C. **1961.** 11163 [E. P. 826 787].)

Dow Chemical Co. (Erfinder: **Andrew J. Dietzler** und **Charles L. Stacy jun.**), Midland, Mich., V.St.A., *Ungiftige Polyäthylenmasse*. (**Schwz. P. 356 276** vom 11/9. 1956, ausg. 29/9. 1961. A. Prior. 22/9. 1955. — C. **1960.** 1690 [Jap. A. S. 2040/1958 u. F. P. 1 155 679].)

Rohm & Haas Co., Philadelphia, Pa., V.St.A., *Herstellung thermoplastischer Additionspolymerer von Äthylen*. (**E. P. 848 915** vom 21/12. 1956, ausg. 21/9. 1960. A. Prior. 27/12. 1955. — C. **1960.** 16275 [D. A. S. 1 081 669].)

Dow Chemical Co., Midland, Mich., V.St.A., *Herstellung von Polyäthylenschaum*. (**E. P. 837 504** vom 8/10. 1957, ausg. 15/6. 1960. A. Prior. 18/10. 1956. **A. P. 2 948 664** vom 18/10. 1956, ausg. 9/8. 1960. — C. **1961.** 7770 [F. P. 1 190 003].)

Ruhrchemie Akt.-Ges., übert. von: **Nikolaus Geiser**, Oberhausen, und **Helmut Kolling**, Duisburg, *Reinigung von hochmolekularem Polyäthylen*. (**A. P. 2 938 021** vom 13/5. 1958, ausg. 24/5. 1960. — C. **1961.** 3500 [Oe. P. 207 114].)

Houillères du Bassin du Nord et du Pas-de-Calais, Douai (Erfinder: **Henri Sack**, St. Geneviève-des-Bois, und **Charles Cousin**, Labuissière), Frankreich, *Mechanische Reinigung von Polyäthylenen*. (**Schwz. P. 354 941** vom 23/11. 1956, ausg. 31/7. 1961. F. Prior. 9/3. 1956. — C. **1959.** 2978 [F. P. 1 145 581].)

Karl Ziegler, Mülheim/Ruhr, *Katalysatorkombinationen zur Herstellung hochmolekularer Polyäthylene*. (**E. P. 829 627** vom 21/12. 1955, ausg. 2/3. 1960. D. Prior. 27/12. 1954. Zusatz zu E. P. 801 031; C. 1959. 8415. — C. **1959.** 3660 [Oe. P. 194 608].)

Karl Ziegler, Mülheim/Ruhr, *Katalysatorkombinationen zur Herstellung hochmolekularer Polyäthylene*. (**E. P. 829 628** vom 21/12. 1955, ausg. 2/3. 1960. D. Prior. 27/12. 1954. Zusatz zu E. P. 799 392; C. 1960. 670. — C. **1960.** 5015 [Oe. P. 203 206].)

Montecatini Soc. Gen. per l'Industria Mineraria e Chimica, Mailand, Italien, und **Karl Ziegler**, Mülheim/Ruhr (Erfinder: **Giulio Natta, Giovanni Crespi, Giorgio Mezzanti** und **Franco Sabbioni**, Mailand, Italien), *Herstellung von linearem isotaktiscnem Polypropylen*. (**Jap. A. S. 4895/1960** vom 3/12. 1957, ausg. 10/5. 1960. It. Prior. 4/12. 1956. — C. **1960.** 14200 [Oe. P. 202 350].)

Imperial Chemical Industries Ltd., London (Erfinder: **Peter Lionel Clegg**), England, *Polythenpräparat*. (**Jap. A. S. 4784/1960** vom 7/2. 1958, ausg. 9/5. 1960. E. Prior. 8/2. 1957. — C. **1961.** 14483 [Aust. P. 221 560].)

E. I. du Pont de Nemours & Co. (Erfinder: **Carleton Thomas Handy** und **Henry Shirley Rothrock**), Wilmington, Del., V.St.A., *Darstellung von Mischpolymerisaten aus Äthylen und Vinylsalicylat oder Allylsalicylat*. (**D. A. S. 1 108 909** Kl. 39c vom 13/7. 1959, ausg. 15/6. 1961. A. Prior. 2/10. 1958. Zusatz zu D. A. S. 1 103 028; C. 1962. 3650. — C. **1962.** 321 [A. P. 2 933 474].)

Montecatini Soc. Gen. per l'Industria Mineraria e Chimica, Mailand, Italien, *Suspensionspolymerisation von Vinylmonomeren*. (**Schwz. P. 351 107** vom 7/11. 1955, ausg. 15/2. 1961. It. Prior. 18/11. 1954. — C. **1958.** 6404 [D. A. S. 1 006 159].)

Montecatini Soc. Gen. per l'Industria Mineraria e Chimica, Mailand, Italien, und **Karl Ziegler**, Mülheim/Ruhr (Erfinder: **Giulio Natta, Dario Sianesi** und **Renato Serra**, Mailand, Italien), *Herstellung linearer Polymerer aus aromatischen Vinylkohlenwasserstoffen*. (**Jap. A. S. 4896/1960** vom 18/2. 1957, ausg. 10/5. 1960. It. Prior. 23/2. 1956 u. 15/1. 1957. — C. **1959.** 11083 [Oe. P. 200 334].)

Hercules Powder Co. (Erfinder: **Edwin James Vandenberg**), Wilmington, Del., V.St.A., *Polymerisieren von Vinylkohlenwasserstoffen*. (**Jap. A. S. 4787/1960** vom 28/7. 1956, ausg. 9/5. 1960. A. Prior. 29/7. 1955. — C. **1959.** 14268 [E. P. 795 182].)

Union Carbide Corp., New York, N.Y. (Erfinder: **Donald Banks Benedict**, Chappaqua, N.Y., **Howard Moses Rife** und **Richard Allen Walther**, Charleston, Va.), V.St.A., *Herstellung von hydroxylgruppenhaltigen Mischpolymerisaten aus Vinylchlorid und Vinylacetat*. (**D. A. S. 1 113 572** Kl. 39c vom 8/4. 1958, ausg. 7/9. 1961. A. Prior. 8/4. 1957. — C. **1960.** 5661 [A. P. 2 852 499].)

Union Carbide Corp., New York, N.Y. (Erfinder: **Ivey Allen jun., Kenneth Thomas Garty** und **John Albert Stenstrom**, Bloomfield, N.J.), V.St.A., *Styrolpfropfpolymerisat*. (**D. A. S. 1 119 516** Kl. 39c vom 13/4. 1954, ausg. 14/12. 1961. A. Prior. 14/4. 1953. — C. **1957.** 9527 [F. P. 1 100 439].)

E. I. du Pont de Nemours & Co., übert. von: **Keith Clark Brinker** und **Manville Isager Bro**, Wilmington, Del., V.St.A., *Polymerisation von Tetrafluoräthylen*. (**A. P. 2 965 595** vom 5/12. 1955, ausg. 20/12. 1960. — C. **1960.** 10080 [D. A. S. 1 072 810].)

Imperial Chemical Industries Ltd., London (Erfinder: **Jack Ernest Duddington**, Cleveleys, und **Stanley Sherratt**, Welwyn Garden City), England, *Polymerisation von Tetrafluoräthylen.* (**D. A. S. 1 094 458** Kl. 39c vom 7/1. 1958, ausg. 8/12. 1960. E. Prior. 11/1. u. 20/12. 1957. — C. **1961.** 12287 [E. P. 821 353].)

Farbwerke Hoechst Akt.-Ges., vormals Meister Lucius & Brüning, Frankfurt/M., *Stabilisieren von Polytrifluoräthylen.* (**E. P. 846 120** vom 10/12. 1956, ausg. 24/8. 1960. D. Prior. 9/12. 1955. — C. **1960.** 5991 [F. P. 1 169 582].)

Ferro Chemical Corp. (Erfinder: **Stanley Bennett Elliott**), Bedford, Ohio, V.St.A., *Stabilisiermittel für halogenhaltige Harzpräparate.* (**Jap. A. S. 3246/1960** vom 20/11. 1956, ausg. 7/4. 1960. — C. **1962.** 2192 [A. P. 2 861 052].)

Montecatini Soc. Gen. per l'Industria Mineraria e Chimica, Mailand, Italien, und **Karl Ziegler**, Mülheim/Ruhr (Erfinder: **Achille Bosoni**, Mailand, Italien), *Herstellung von Harzdispersionen.* (**Jap. A. S. 4883/1960** vom 5/10. 1957, ausg. 10/5. 1960. It. Prior. 9/10. 1956. — C. **1960.** 6675 [F. P. 1 184 004].)

Farbenfabriken Bayer Akt.-Ges., Leverkusen, *Thermoplastische Mischungen aus Mischpolymerisaten.* (**E. P. 837 704** vom 9/7. 1956, ausg. 15/6. 1960. D. Prior. 9/7. 1955 u. 13/6. 1956. — C. **1960.** 8699 [F. P. 1 154 914].)

Monsanto Chemical Co., St. Louis, Mo. (Erfinder: **Alvin Stein** und **Robert Louis Walter**, Springfield, Mass.), V.St.A., *Herstellung von Polymerisationsprodukten in körniger Form.* (**D. A. SS. 1 097 684** Kl. 39c vom 24/4. 1959, ausg. 19/1. 1961 u. **1 098 206** Kl. 39c vom 24/4. 1959, ausg. 26/1. 1961. — C. **1960.** 9741 [A. PP. 2 862 906 u. 2 862 907].)

B. F. Goodrich Co., New York, N.Y., V.St.A., *Herstellung von Schaumkörpern.* (**E. P. 847 504** vom 10/12. 1956, ausg. 7/9. 1960. A. Prior. 19/12. 1955. — C. **1961.** 9617 [F. P. 1 168 995].)

Montecatini Soc. Gen. per l'Industria Mineraria e Chimica, Mailand, Italien, und **K. Ziegler**, Mülheim/Ruhr (Erfinder: **G. Guzzetta** und **E. Ercoli**), *Herstellung von elastischen flächigen Gebilden.* (**Belg. P. 561 458** vom 8/10. 1957, ausg. 20/5. 1960. It. Prior. 9/10. 1956. — C. **1960.** 8699 [F. P. 1 184 742].)

Food Machinery & Chemical Corp., New York, N.Y., V.St.A., *Polymerisationsverfahren.* (**E. P. 863 573** vom 1/4. 1957, ausg. 22/3. 1961. A. Prior. 2/4. 1956. — C. **1961.** 17026 [Belg. P. 556 317].)

Deutsche Gold- und Silber-Scheideanstalt vormals Roessler, Frankfurt/M. (Erfinder: **Erich Bäder**, Hanau/M.), *Katalysatorpaste für Polymerisationen.* (**Schwz. P. 357 200** vom 6/7. 1956, ausg. 15/11. 1961. D. Prior. 27/7. 1955. — C. **1959.** 13018 [F. P. 1 154 357].)

Farbwerke Hoechst Akt.-Ges., vormals Meister Lucius & Brüning, Frankfurt/M., *Polyalkylenterephthalate.* (**E. P. 837 438** vom 27/7. 1956, ausg. 15/6. 1960. D. Prior. 28/7. 1955. — C. **1960.** 14533 [D. A. S. 1 046 887].)

Vereinigte Glanzstoff-Fabriken Akt.-Ges., Wuppertal-Elberfeld (Erfinder: **Erhard Siggel**, Laudenbach/M., und **Lothar Riehl**, Obernburg/M.), *Herstellung von hochmolekularem Polyäthylenterephthalat.* (**Oe. P. 214 147** vom 16/2. 1959, ausg. 27/3. 1961. D. Prior. 13/6. 1958. — C. **1961.** 14117 [D. A. S. 1 088 713].)

Union Carbide Corp., New York, N.Y. (Erfinder: **Fred N. Hill**, South Charleston, und **John Thomas Fitzpatrick**, Charleston, W.Va.), V.St.A., *Epoxidpolymerisation.* (**Jap. A. S. 2197/1960** vom 3/4. 1958, ausg. 12/3. 1960. A. Prior. 5/4. 1957. — C. **1960.** 8363 [A. P. 2 866 761].)

Union Carbide Corp., New York, N.Y., V.St.A., *Herstellung von Epoxypolymeren.* (**Jap. A. S. 4236/1960** vom 29/5. 1957, ausg. 25/4. 1960. A. Prior. 29/5. 1956. — C. **1959.** 12395 [Oe. P. 199 876].)

Union Carbide Corp., New York, N.Y. (Erfinder: **Benjamin Phillips** und **Frederick Charles Frostick jun.**, Charleston, W.Va.), V. St. A., *Epoxyfettsäurealkenylester.* (**Schwz. P. 335 652** vom 22/3. 1955, ausg. 14/3. 1959. A. Prior. 25/3. 1954. — C. **1958.** 14184 [F. P. 1 125 497] u. C. **1960.** 9744 [D. A. S. 1 068 249].)

Ciba Ltd., Basel (Erfinder: **Otto Ernst**, Pfeffingen), Schweiz, *Wärmehärtendes Epoxypräparat.* (**Jap. A. S. 4884/1960** vom 16/5. 1958, ausg. 10/5. 1960. Schwz. Prior. 16/5. 1957 u. 14/4. 1958. — C. **1960.** 8701 [D. A. S. 1 069 870].)

Lonza Elektrizitätswerke und Chemische Fabriken Akt.-Ges. (Gampel), Basel, Schweiz, *Herabsetzen der Hydroxylzahl von Polyestern.* (**Schwz. P. 348 552** vom 10/12. 1955, ausg. 14/10. 1960. — C. **1960.** 15591 [F. P. 1 162 802].)

Peter Spence & Sons Ltd., Widnes (Erfinder: **Leslie Williams** und **Richard Sidlow**, Liverpool), England *Antimonverbindungen als Flammschutzmittel in härtbaren Polyestermassen.* (**D. A. S. 1 070 373** Kl. 39b vom 11/4. 1957, ausg. 3/12. 1959. **F. P. 1 174 212** vom 12/4. 1957, ausg. 9/3. 1959. Beide E. Prior. 12/4. u. 4/9. 1956. **Belg. P. 562 579** vom 21/11. 1957, ausg. 3/6. 1960. — C. **1961.** 14117 [E. P. 837 696].)

N. V. de Bataafsche Petroleum Mij., Den Haag, Holland (Erfinder: **George Bernson Payne** und **Curtis William Smith**, Emeryville, Calif., V.St.A.), *Ungesättigte Epoxycarbonsäureester.* (**D. A. S. 1 074 580** Kl. 12o vom 27/6. 1955, ausg. 4/2. 1960. A. Prior. 28/6. 1954. — C. **1960.** 10778 [Holl. P. 92 990].)

Studiengesellschaft Kohle m. b. H., Mülheim/Ruhr (Erfinder: **Günther Wilke**, Mülheim, und **Werner Pfohl**, Hamburg), *Herstellung von Carbonsäureanhydriden, Carbonsäuren und bzw. oder Carbonsäureestern der Cyclododecanreihe.* (**D. P. [DDR] 21 466** Kl. 12o vom 17/11. 1958, ausg. 27/6. 1961 [Ausschließungspatent]. D. Prior. [Bundesrepublik Deutschland] 23/12. 1957. — C. **1961.** 4538 [D. A. S. 1 058 506].)

N. V. de Bataafsche Petroleum Mij., Den Haag, Holland (Erfinder: **P. Pezzaglia**), *Glycidyläther mehrwertiger Phenole aus Phenolen und Epihalogenhydrinen.* (**Belg. P. 544 815** vom 30/1. 1956, ausg. 25/9. 1959. A. Prior. 31/1. 1955. — C. **1959.** 15853 [E. P. 788 887].)

Chemische Werke Albert, Wiesbaden, *Herstellung von modifizierten, härtbaren Acroleinharzen.* (**Oe. P. 214 649** vom 14/11. 1958, ausg. 25/4. 1961. D. Prior. 3/4. 1958. Zusatz zu Oe. P. 210 141; C. 1961. 7052. — C. **1961.** 7052 [F. P. 1 218 003].)

Union Carbide Corp., New York, N.Y., V.St.A. (Erfinder: **Benjamin Phillips, Paul Spencer Starcher, Charles Wesley McGary jun.** und **Charles Theo Patrick jun.**), *Herstellung von Kunstharzen.* (**Jap. A. S. 9745/1959** vom 19/12. 1957, ausg. 2/11. 1959. **F. P. 1 228 022** vom 19/12. 1957, ausg. 26/8. 1960. Beide A. Prior. 20/12. 1956. — C. **1960.** 9046 [Oe. P. 204 784].)

Union Carbide Corp., New York, N.Y., V.St.A. (Erfinder: **Benjamin Phillips, Paul Spencer Starcher, Charles W. McGary jun.** und **Charles T. Patrick jun.**), *Herstellung eines teilweise oder völlig gehärteten Präparats.* (**Jap. A. S. 4991/1960** vom 31/5. 1957, ausg. 12/5. 1960. A. Prior. 1/6. 1956. — C. **1960.** 7359 [Oe. P. 204 781].)

Union Carbide Corp., New York, N.Y., V.St.A. (Erfinder: **Arthur King Ingberman**), *Oxyalkylierte Polyamine.* (**E. P. 861 959** vom 26/7. 1957, ausg. 1/3. 1961. A. Prior. 27/7. 1956. — C. **1961.** 8856 [D. A. S. 1 092 194].)

Union Chimique Belge Soc. An., Brüssel, Belgien, *Herstellung von Harzen.* (**Holl. P. 98 222** vom 20/12. 1956, ausg. 15/6. 1961. Belg. Prior. 6/1. 1956. — C. **1959.** 13652 [E. P. 795 609].)

Dynamit Nobel Akt.-Ges., Troisdorf, *Herstellung härtbarer Kunstharze.* (**Oe. P. 214 651** vom 19/7. 1958, ausg. 25/4. 1961. D. Prior. 14/9. 1957. — C. **1961.** 12289 [D. A. S. 1 090 855].)

Dynamit Nobel Akt.-Ges., Troisdorf, *Flüssige härtbare Kunstharze.* (**E. P. 869 184** vom 2/9. 1958, ausg. 31/5. 1961. D. Prior. 14/9. 1957. — C. **1961.** 12289 [D. A. S. 1 090 855].)

Imperial Chemical Industries Ltd., London, England (Erfinder: **Harry James Twitchett**), *Herstellung von Polyurethanen.* (**E. P. 869 988** vom 25/4. 1958, ausg. 7/6. 1961. — C. **1962.** 3649 [F. P. 1 225 213].)

Imperial Chemical Industries Ltd., London, England, *Polyurethanelastomere.* (**Belg. P. 570 144** vom 6/8. 1958, ausg. 11/8. 1961. E. Prior. 8/8. 1957 u. 23/7. 1958. — C. **1961.** 13381 [D. A. S. 1 097 130].)

Goodyear Tire & Rubber Co., Akron, Ohio, V.St.A., *Elastomere Polyurethane und deren Lösungen.* (**Belg. P. 569 880** vom 29/7. 1958, ausg. 30/6. 1961. A. Prior. 1/8. 1957. — C. **1960.** 13211 [D. A. S. 1 063 376].)

Imperial Chemical Industries Ltd., London (Erfinder: **John Frederick Chapman, John Henry Cundall** und **John Alexander Partridge**, Manchester), England, *Gegebenenfalls verschäumte Polyurethane.* (**D. A. S. 1 113 083** Kl. 39b vom 30/7. 1959, ausg. 24/8. 1961. — C. **1962.** 3649 [F. P. 1 233 862].)

Chas. Pfizer & Co., Inc., Brooklyn, N.Y., V.St.A., *Herstellung von Polyurethanschaumstoffen.* (**E. P. 865 777** vom 17/7. 1958, ausg. 19/4. 1961. A. Prior. 1/10. 1957. — C. **1961.** 1748 [F. P. 1 209 628].)

Farbenfabriken Bayer Akt.-Ges., Leverkusen, *Herstellung von Polyurethanschaumstoffen.* (**E. P. 866 324** vom 22/12. 1958, ausg. 26/4. 1961. D. Prior. 31/12. 1957. — C. **1960.** 17633 [D. A. S. 1 085 333].)

Farbenfabriken Bayer Akt.-Ges., Leverkusen (Erfinder: **Erwin Weinbrenner, Peter Hoppe** und **K. Breer**), *Herstellung poröser oder homogener Kunststoffwaren auf Polyurethanbasis.* (**Jap. A. S. 4985/1960** vom 11/5. 1957, ausg. 12/5. 1960. D. Prior. 12/5. 1956. — C. **1961.** 3170 [E. P. 811 695].)

Imperial Chemical Industries Ltd., London, England, *Elastische Walzen auf Grundlage von Polyurethanelastomeren.* (**Belg. P. 570 212** vom 8/8. 1958, ausg. 25/8. 1961. E. Prior. 9/8. 1957 u. 21/7. 1958. — C. **1960.** 8363 [D. A. S. 1 071 950].)

Union Carbide Corp., New York, N.Y., V.St.A. (Erfinder: **Donald M. Young** und **Fritz Hochstettler**), *Herstellung von Polymerisatschaum.* (**Jap. A. S. 4344/1960** vom 14/1. 1958, ausg. 26/4. 1960. A. Prior. 15/1. 1957. — C. **1961.** 8136 [F. P. 1 209 906].)

Farbenfabriken Bayer Akt.-Ges., Leverkusen (Erfinder: **Rudolf Merten**, Köln), *Erhöhung der Lagerfähigkeit von Isocyanat- und Urethangruppen aufweisenden Kunstharzen.* (**D. A. S. 1 118 448** Kl. 39b vom 9/8. 1957, ausg. 30/11. 1961. — C. **1961.** 319 [F. P. 1 211 509].)

Farbenfabriken Bayer Akt.-Ges., Leverkusen, *Herstellung von Kondensationsprodukten aus Acetalen und Isocyanaten.* (**E. P. 867 156** vom 19/6. 1959, ausg. 3/5. 1961. D. Prior. 20/6. 1958. — C. **1960.** 10083 [D. A. S. 1 072 385].)

Badische Anilin- & Soda-Fabrik Akt.-Ges. (Erfinder: **Karl Dachs, Hans Fikentscher, Hans Wilhelm** und **Hanz Wolz**), Ludwigshafen/Rh., *Herstellung beständiger wässeriger Polyamiddispersionen.* (**Schwz. P. 356 231** vom 21/3. 1957, ausg. 29/9. 1961. D. Prior. 27/4. 1956. — C. **1959.** 321 [D. A. S. 1 028 328].)

Ciba Akt.-Ges. (Erfinder: **Georg Sülzer**), Basel, Schweiz, *Härten von Aminoplasten.* (**D. B. P. 975 527** Kl. 39b vom 4/4. 1950, ausg. 21/12. 1961. Anmeldung bekanntgemacht 13/9. 1951. Schwz. Prior. 25/7. 1949. — C. **1952.** 7580 [Oe. P. 171 430].)

Farbenfabriken Bayer Akt.-Ges., Leverkusen, *Herstellung von Mischpolymerisaten.* (**E. P. 867 006** vom 18/2. 1960, ausg. 3/5. 1961. D. Prior. 18/2. u. 11/6. 1959. — C. **1961.** 16675 [D. A. S. 1 089 548].)

Bataafse Petroleum Mij. N. V., Den Haag, Holland (Erfinder: **Theodore Franklin Bradley**, San Francisco, Calif., V.St.A.), *Härtbare Masse für die Lack- und Kunststoffherstellung.* (**D. B. P. 975 516** Kl. 39b vom 26/2. 1949, ausg. 14/12. 1961. Anmeldung bekanntgemacht 15/11. 1951. A. Prior. 28/2. 1948. — C. **1953.** 455 [Schwz. P. 274 530].)

Distillers Co. Ltd., Edinburgh (Erfinder: **Max Henry Dilke**, Great Burgh, Epsom, Surrey), England, *Weichmacher für lineares Polyäthylen.* (**D. A. S. 1 104 175** Kl. 39b vom 12/1. 1957, ausg. 6/4. 1961. E. Prior. 25/1. 1956. — C. **1960.** 1349 [Jap. A. S. 1642/1958].)

Styrene Products Ltd., London (Erfinder: **Philibert Camille Chaumeton**, Rickmansworth, Herts.), England, *Herstellung von auftreibbarem, thermoplastischem Material aus Polystyrol.* (**D. A. S. 1 083 045** Kl. 39b vom 20/3. 1958, ausg. 9/6. 1960. E. Prior. 22/3. 1957 u. 10/1. 1958. — C. **1961.** 4184 [E. P. 820 906].)

Jean Delorme, Dictionnaire des matières plastiques et de leurs applications. 2e édit. Paris: Éditions Amphora. 1962. (450 S.) 60 NF.

Jean Delorme et **Henri Gibello**, Anthologie des brevets sur les matières plastiques. Tome III: Période 1946—1955. Paris: Amphora. 1962. (680 S.) 80 NF.

XII. Kautschuk

Depolymerisierter Naturkautschuk, neue Rezepturen und Verarbeitungsmethoden. Kenneth V. Hardman und Arthur J. Lang. (Rubber Age [New York] **90.** 431—37. Dez. 1961. DPR Inc. Subsidiary of H. V. Hardman, N.J.) (Engl.)

Übersicht über die Zus. u. Verarbeitung von Mischungen aus fl. depolymerisiertem Naturkautschuk. PbO_2 u. p-Chinondioxim wirken zusammen als Vulkanisiermittel in Anwesenheit von Triäthanolamin u. ermöglichen die Herst. gießbarer Massen, die bei Zimmer-Temp. zu weichen bis harten Vulkanisaten erhärten. Anwendungsbeispiele werden beschrieben. — 47 Literaturstellen. D. Wesser. 7222 □

Laufflächenabnutzung synthetischer Elastomerer in Straßenversuchen bei unterschiedlicher Beanspruchung. J. L. Ginn, R. L. Marlow und R. F. Miller. (Rubber Plastics Age **42.** 968—76. Aug. 1961. Brecksville, Ohio, B. F. Goodrich Comp., Res. Center.) (Engl.)

Die Laufflächenabnutzung zweier Materialien ist weniger durch die Durchschnittshärte eines Straßen-Vers. als durch die verschiedenen Geschw. des Fahrzeuges bedingt. Mischungen von cis-Polybutadien-Naturgummi zeigen sehr guten Abriebwiderstand unter Voraussetzung hoher Abriebfestigkeit. Bei gleichen Bedingungen weist auch SBR gegenüber Naturgummi eine Verbesserung auf. Dagegen findet man bei Naturkautschuk geringe Abnutzung während leichter Beanspruchung. H. Jacobi. 7224□

Der Einfluß des Molekulargewichtes auf die Eigenschaften des ungefüllten Butadienstyrolkautschuks SKS-30 A. Josef Janáček, Bohumil Meissner und Ladislav Rosík. (Chem. Průmysl **11 (36).** 274—78. Mai 1961. Gottwaldov, Výzkumný ústav gumárenské a plast. technol.) (Tschech.)

Butadienstyrol-Copolymere wurden in Fraktionen mit verschiedenem Molgew. geteilt, diese vulkanisiert u. ihre Eigg. bestimmt. Die Vernetzungsdichte einzelner Fraktionen der ungefüllten Vulkanisate mit verschiedenem Molgew. M sinkt linear mit M^{-1}, u. zwar mit einem Richtungs-Koeff., der 2,7mal größer ist als nach der Flory-Theorie. Die Festigkeit u. der Modul der Vulkanisate steigt bis zum Molgew. 300000. Die Dehnbarkeit wird unter diesen Bedingungen nicht geändert. Die Festigkeit u. der Modul steigen mit der Vernetzungsdichte. Die Abhängigkeit des Richtungs-Koeff. der linearen Zunahme der Module von der Vernetzungsdichte entspricht der kinet. Theorie der Elastizität. Die Modul-Best. ermöglicht eine schnelle Dichtebestimmung. Beim unfraktionierten SKS-30A sind geringe Dichte-, Festigkeits- u. Modulwerte festzustellen. Die Resultate entsprechen den Werten von Fraktionen mit einem Molgew. von ca. 50000. Durch Extraktion von niedermol. Anteilen steigen Vernetzungsdichte, Festigkeit u. Modul. J. Schneider. 7224□

Zusammensetzung und Herstellung von Gummimischungen unter Verwendung von Polybutadien mit 98% cis-Anteil. D. V. Sarbach und A. T. Sturrock. (Rubber Age [New York] **90.** 423—30. Dez. 1961. Cleveland, Ohio, Goodrich-GulfChem.) (Engl.)

Beschreibung der Eigg. von Polybutadien mit 98% cis-Anteil für die alleinige oder im Verschnitt mit Naturkautschuk oder Butadien–Styrol-Kautschuk mögliche Verw. in Gummimischungen. Die Verarbeitungsmerkmale in Innenmischern, Walzwerken, Kalandern u. Schneckenpressen sowie die Auswahl der geeigneten Weichmacher, Vulkanisationsbeschleuniger, Alterungsschutzmittel u. Vulkanisiermittel u. der Einfl. der typ. Rußsorten auf die mechan. Eigg. werden besprochen. Die Herst. der unverschnittenen Polybutadienmischungen unterscheidet sich durch eine notwendige Zwischenlagerung der Rohmischung vor der weiteren Verarbeitung gegenüber bekannten Elastomeren. D. Wesser. 7230□

Beitrag zur chemischen Analyse von Al-koaguliertem Styrol-Butadien-Kautschuk. Frederic J. Linnig. (Rubber Age [New York] **90.** 440—44. Dez. 1961. Nat Bur. of Stand., Washington.) (Engl.)

Störungen der Best. von organ. Säuren durch Al^{3+} wird durch Zusatz von 8-Hydroxychinolin verhindert. Der Umschlagpunkt der alkalimetr. Titration wird bei Verw. von m-Kresolpurpur als Indicator photometr. ermittelt. D. Wesser. 7248□

British Rubber Producers' Research Association, England (Erfinder: William Ferguson Watson und Raymond John Ceresa), **Pfropfpolymerisation von polymerisierbaren Olefinverbindungen und vernetzten Kautschuken.** Natur- oder synthet. Kautschuk, bes. auch Abfälle von vulkanisiertem Kautschuk, werden in Abwesenheit von O_2 mit den ungesätt. Verbb. unter Scher-Wrkg., z. B. im Extruder oder Innenmischer, behandelt. — Man erhitzt 100 (Gew.-Teile) Pale Crepe in Form von 3,2 mm starken Folien mit 3 Dicumylperoxyd in der Form 50 Min. bei 140° u. 40 kg/cm² Druck, gibt zu 3 g des Materials 1 ml Methylmethacrylat, das durch alkal. Wäsche verzögererfrei ist, läßt 60 Min. bei Raum-Temp. ruhen u. mastiziert das Material unter N_2 $<$ 50° 25 Min. im Mastikator, wonach 85% der Monomeren polymerisiert sind. Das Prod. kann bei 140° in 2 Min. bei 40 kg/cm² geformt werden. (**F. P. 1 199 255** vom 9/12. 1957, ausg. 11/12. 1959. E. Prior. 20/12. 1956.) M. Pankow. 7231

Trelleborgs Gummifabriks A/B, Trelleborg, Schweden (Erfinder: G. Möller), **Verhinderung des Zusammenklebens von mehreren Schichten nichtvulkanisierten**

Kautschuks. Man bringt zwischen die Schichten ein Gewebe, das mit einer Schicht eines Kunstharzes aus Glykol u. einer 2wertigen gesätt. Carbonsäure, z. B. Adipinsäure, überzogen ist. (**Schwed. P. 163 247** vom 10/2. 1955, ausg. 13/5. 1958.)

K. H. Kähler. 7231

Farbenfabriken Bayer Akt.-Ges., Leverkusen (Erfinder: **H. W. von Brachel, H. Esser und E. Müller**), *Wärmeempfindlichmachen von Dispersionen*. (**Jap. A. S. 4886/1960** vom 13/10. 1958, ausg. 10/5. 1960. D. Prior. 14/10. 1957. — **C. 1960.** 11136 [D. A. S. 1 066 734].)

General Tire & Rubber Co., übert. von: **Samuel Salem und Donald W. Anderson**, Akron, Ohio, V.St.A., *Verbinden von synthetischen Hochpolymeren zu Polyurethanelastomeren*. (**A. P. 2 976 202** vom 27/7. 1956, ausg. 21/3. 1961. — **C. 1960.** 8368 [D. A. S. 1 071 651].)

XIII. Ätherische Öle. Parfümerie. Kosmetik

Die ätherischen Öle der Podocarpaceae Neuseelands. 2. Mitt. **Podocarpus spicatus** J. R. McGimpsey und J. Murray. (J. appl. Chem. **10.** 340—44. Aug. 1960. New Zealand, Univ. of Otago, Chem. Dep.) (Engl.) — 1. vgl. C. **1953.** **141.**

In 2 Provinzen Neuseelands wurden 3 Proben von Matai (*Podocarpus spicatus*) gesammelt u. daraus durch Wasserdampf-Dest. die äther. Öle gewonnen. Die Ausbeuten lagen zwischen 0,12 u. 0,26%. Die äther. Öle wurden anschließend fraktioniert dest. u. die hierbei ermittelten Resultate tabellar. ausgewertet. Die Identifizierung der einzelnen Fraktionen ergab die Ggw. folgender Verbb.: *α-Pinen, Myrcen, α-Terpinen, β-Phellandren, Dipenten, γ-Terpinen, p-Cymol, α-Terpineol, Aromadendren*, ein *Selinen, Cadinen* u. *Kauren* oder *Phyllocladen*. Die bisher als *γ-Podocarpren* bezeichnete Verb. wurde als Diterpenalkohol identifiziert. G. Lossner. 7262□

Duftende Blüten und Blätter. 2. Mitt. **Die Acanthaceen.** Edward S. Maurer. (Amer. Perfumer **76.** 47—48. Nov. 1961. London, W. J. Bush & Co. Ltd.) (Engl.) — 1. vgl. Amer. Perfumer **76.** [1961.] **43.**

In der Familie der *Acanthaceen* gibt es verschiedene Species, deren Blüten oder Blätter äther. Öle enthalten, die durch eine krautige, melissenartige, balsam. u. oder moschusartige Note gek. sind u. sich nach Ansicht des Vf. zur Auswertung in der Parfümindustrie anbieten. Die wichtigsten Arten werden aufgeführt. H. P. Fiedler. 7276□

Kosmetika mit Carbopol. Donald L. Secard. (Drug Cosmet. Ind. **89.** 718—20. 763. 809. 811. 822. Dez. 1961. B. F. Goodrich Chem. Co.) (Engl.)

Carbopol (C) ist ein Carboxyvinylpolymer mit hohem Molgew., welches in 3 Typen, C 934, C 941 u. C 940, erhältlich ist. Es findet als Verdickungsmittel in der Kosmetik Verw. u. hat gleichzeitig emulgierende u. suspendierende Wirkung. Die Vorteile u. Eigg. von C werden kurz beschrieben, u. Vorschriften zur Herst. von Handcreme, Handlotionen, Reinigungscremes, Haarcremes, Kaltwellotionen, wasserfreiem Handreinigungsmittel, fl. Shampoos, W.-A.-Gelen (Gel zur Verw. nach dem Rasieren, Haarpflegegel, Sonnenschutzgel) u. fl. Make-up-Mittel unter Verw. von C werden gegeben.

K. Hinterauer. 7284□

Benzophenone, Eigenschaften und Anwendungsmöglichkeiten in der Kosmetik als Lichtschutzsubstanzen. Gavern T. Walker. (Seifen-Öle-Fette-Wachse **87.** 367—68. 7/6. 1961.) (Dt.)

Benzophenone (I) (*2.4-Dihydroxy*-I, *4-Hydroxy*-I, *2-Hydroxy-4-methoxy*-I, *2.2'.4.4'-Tetrahydroxy*-I), die als Sonnenschutzmittel Anwendung finden, können auch als Schutzsubstanzen gegen Verfärbung von Kunststoffen dienen. Vf. weist auf die Möglichkeit hin, I zur Verhütung des Ausbleichens von Farben, bei kosmet. Präpp., speziell bei Haartönungsmitteln, einzusetzen. J. Böss. 7284□

„Aluminium Chlorhydrat" in kosmetischen Präparaten. Helmut Führer. (Seifen-Öle-Fette-Wachse **87.** 365—66. 7/6. 1961. Junkersdorf bei Köln.) (Dt.)

Beschreibung von „Aluminiumchlorhydrat" [$Al_2(OH)_5Cl \cdot x\, H_2O$] als Adstringens mit desodorierender Wrkg. u. Rezeptangaben zur Verw. in schweißhemmenden Mitteln.

J. Böss. 7284□

Über die Messung der Feuchtigkeitsabgabe der menschlichen Haut. H. Tronnier, H. Bussius und I. Vollbrecht. (Parfümerie u. Kosmet. **42.** 13—22. Jan. 1961.) (Dt.)

Übersicht über die Meth. zur Best. der Feuchtigkeitsabgabe der menschlichen Haut. Zwei neue Meth., die kombinierte elektr.-gravimetr. Meth. u. der Schnelltest mit Kobaltchloridblättchen, werden ausführlich beschrieben. — 24 Literaturangaben.

K. Hinterauer. 7294□

Die Teilchengrößenbestimmung von Aerosolen. Harald Straubel. (J.Soc. Cosmet. Chemists **12.** 458—67. Dez. 1961. Frankfurt/M., Battelle-Inst.) (Dt.)

Nach einer Übersicht über die bisherigen Meth. zur Teilchengrößen-Best. von Aerosolen wird eine neue Meth. beschrieben, die es gestattet, kleine Tropfen mit Radien bis zu 10^{-2} cm in einem elektr. Feld freischwebend u. in einem vollkommen stabilen Gleichgewicht zu halten. Das von den einzelnen Teilchen ausgehende Streulicht kann als Maß für die Teilchengröße verwendet u. diese somit exakt ermittelt werden. Die Meth. kann gleichzeitig zur Best. der Verdampfungs-Geschw. u. zur Beobachtung von Schmelz- u. Kristallisationsvorgängen verwendet werden. — 12 Literaturangaben.
H. P. FIEDLER. 7298□

Laboratoires Alce, Alpes-Maritimes, Frankreich, **Extraktion von aromatischen Substanzen** (aromat. Ölen u. dgl.) aus Blüten, Samen, Schoten, Wurzeln usw., dad. gek., daß man sie mittels einer Fl. unter Einw. von Ultraschallwellen extrahiert. — 3 Zeichnungen. (**F.P. 1169531** vom 7/9. 1955, ausg. 29/12. 1958.) T. OPPERMANN. 7263

Soc. Monsavon-l'Oréal, Paris, Frankreich, **Herstellung eines Haarwaschmittels.** Man stellt die wss. Lsg. des Rk.-Prod. aus 3—4 (Mol) Äthylen- oder Propylenoxid u. 1 der Verb. der Formel $R—NH—(CH_2)_3—NH_2$ (R = aliphat. KW-Stoff-Rest mit 12—22 C-Atomen) mit einer anorgan. oder organ. Säure auf einen pH-Wert von 3,5—5 ein. — Zum Beispiel läßt man 320 (g) N-Alkyl-(Kettenlänge von Talgfettsäuren)-1.3-diaminopropan mit 176 Äthylenoxid reagieren, erwärmt das Rk.-Prod. auf 80° u. versetzt mit einer 80° warmen Lsg. von 225 Milchsäure in 631 Wasser. Das entstehende Gel kann unmittelbar als Haarwaschmittel verwendet werden. (**Holl. P. 98239** vom 26/3. 1957, ausg. 15/6. 1961. F. Prior. 29/3. 1956.) F. BÖHM. 7285

F. Hoffmann-La Roche & Co. Akt.-Ges., Basel, Schweiz, *Herstellung eines 4-Alkyl-α-jonons.* (**Holl. P. 98 510** vom 19/2. 1957, ausg. 17/7. 1961. A. Prior. 23/2. 1956. — **C. 1959.** 15857 [D. A. S. 1 030 827].)

Chesebrough-Pond's Inc., New York, N.Y., übert. von: **Saul Abraham Bell**, Nutley, N.J., V.St.A., *Antischweißstift.* (**D. A. S. 1 122 221** Kl. 30h vom 5/3. 1959, ausg. 18/1. 1962. A. Prior. 6/3. 1958. — **C. 1962.** 2567 [E. P. 858 826].)

Ciba Soc. An., Schweiz, *Herstellung von Pyridincarbonsäurefurfurylamiden.* (**F. P. 1 210 024** vom 11/7. 1958, ausg. 4/3. 1960. Schwz. Prior. 17/7. 1957 u. 13/5. 1958. — **C. 1962.** 3292 [Oe. P. 207 843].)

Soc. Monsavon-l'Oréal, Paris, Frankreich, *Herstellung stabiler wässeriger Lösungen von Mercaptocarbonsäureamiden.* (**Oe. P. 212 495** vom 15/10. 1958, ausg. 27/12. 1960. F. Prior. 29/5. 1958. — **C. 1961.** 6708 [F. P. 1 197 194].)

Soc. Monsavon-l'Oréal, Paris, übert. von: **Roger Charle**, Soisy-sous-Montmorency, und **Grégoire Kalopissis**, Paris, Frankreich, *Dauerwellen.* (**A. P. 2 983 569** vom 19/5. 1958, ausg. 9/5. 1961. F. Prior. 20/5. 1957. — **C. 1960.** 324 [F. P. 1 175 560].)

General Aniline & Film Corp. (Erfinder: **Jesse Werner**), V.St.A., *Mittel zur Pflege der Haare und Erhaltung der Frisur.* (**F. P. 1 262 724** vom 22/4. 1960, ausg. 27/9. 1961. — **C. 1962.** 1822 [A. P. 2 953 498].)

Soc. Monsavon-l'Oréal, Paris, Frankreich, *Mittel zum Färben von lebenden Haaren und anderen Keratinfasern.* (**Oe. P. 210 069** vom 14/10. 1957, ausg. 11/7. 1960. F. Prior. 13/10. 1956. — **C. 1959.** 7985 [F. P. 1 159 331].)

Eduard Gildemeister und Friedrich Hoffmann, Die ätherischen Öle. 4., völlig neu bearb. Aufl. Spezieller Teil B: Beschreibung der einzelnen ätherischen Öle. Bd. 7: Die Öle der Dikotyledonen. Berlin: Akademie-Verl. 1961. (XXXII + 806 S. m. 10 Abb.) 8°. DM 80,—.

XIV. Zucker. Kohlenhydrate. Stärke

Die Dampfkesselspeisewasserpflege in Zuckerfabriken. K. Gartemann. (Zuckererzeugung **5.** 43—47. Febr. 1961. Magdeburg.) (Dt.)

Zur Vermeidung von Betriebsstörungen muß darauf geachtet werden, daß die als Dampfkesselspeisewasser verwendeten Kondensate nicht durch Zucker verunreinigt sind (Kohleablagerungen, zu niedriger pH-Wert). Eine Meth. zur Best. der sog. Huminwerte ist angegeben. M. REIHER. 7400□

Umstellung der Bodenbearbeitung zu Zuckerrüben. L. Bachmann. (Zuckererzeugung **5.** 51—53. Febr. 1961. Kleinwanzleben, Inst. für Pflanzenzücht. der Dt. Akad. der Landwirtschaftswiss. zu Berlin.) (Dt.)

Um die Keimungsansprüche des Zuckerrübensaatgutes mehr als bisher zu berücksichtigen, werden flache Knäuellagen mit Anschluß an feuchte Bodenschichten u. gut erwärmte sowie durchlüftete Deckschichten empfohlen. Die PK-Düngung soll vor der Herbstfurche erfolgen. Diese Bodenbearbeitung soll besonders dort angewandt werden, wo beabsichtigt ist, monokarpes oder segmentiertes Saatgut auszudrillen bzw. Einzelkornsaat vorzunehmen. — 17 Literaturangaben. M. REIHER. 7406□

Einige Beobachtungen über formative Temperatur- und Lichtwirkungen bei Zuckerrüben. P. Curth. (Zuckererzeugung **5.** 48—50. Febr. 1961. Kleinwanzleben, Inst. für Pflanzenzücht. der Dt. Akad. der Landwirtschaftswiss. zu Berlin.) (Dt.)

Es werden Beispiele beschrieben, bei denen Zuckerrübenpflanzen („Kleinwanzlebener N") durch bestimmte Licht- u. Temp.-Wrkg. formative Änderungen erleiden (Reversionen von generativer zu vegetativer Phase, Verlaubungen, anomale Rosetten-Bldg., Internodienverkürzungen usw.). — 5 Literaturangaben. M. REIHER. 7406□

Ein neues Verfahren zur Bestimmung der „Diffusionsgüte" von Zuckerrübenschnitzeln. Kurt Heinrich. (Z. Zuckerind. **11** (86). 669—71. 20/12 1961. Weweling-hoven.) (Dt.)

Ausgehend von der Annahme, daß sich die Extraktions-Geschw. der Schnitzel ihrer Oberfläche proportional u. ihrer halben Stärke reziprok verhält, wird der Quotient beider Größen als „Diffusionsgüte" eingeführt. Es wird gezeigt, daß die Ergebnisse wesentlich zuverlässiger sind als bei der Silin-Zahl; ein spezielles Meßgerät zur schnellen Messung der Schnitzel u. Best. einer „relativen Diffusionsgüte" wird beschrieben. R. RISTOW. 7406□

Das Melassegewicht im Lagertank. H. Haucke. (Z. Zuckerind. **11** (86). 674—75. 20/12. 1961. Jülich.) (Dt.)

Als einfache u. zuverlässige Meth. zur Best. des Melasse-Gew. in einem Lagertank wird die Anwendung eines Manometers mit in Melasse-Gew. geeichter Skala empfohlen. Die Anzeige ist unabhängig von Lufteinschlüssen der Melasse. Deren Standhöhe im Tank kann durch einen geeigneten Schwimmer in einem Steigrohr leicht abgelesen werden. R. RISTOW. 7418□

Versuche über Feuchtigkeitsempfindlichkeit und Verpackung von Puderzucker. R. Heiss. (Z. Zuckerind. **11** (86). 73—80. 20/2. 1961. München, Inst. für Lebensmitteltechnol. u. Verpackung.) (Dt.)

Für Raffinade u. Grundsorte wurden die Sorptionsisothermen in krist. u. gemahlenem Zustand ermittelt u. untersucht, unter welchen Bedingungen in stationärem u. instationärem Zustand Verhärtung eintritt. Der Einfl. nicht wasserdampfdichter u. weitgehend wasserdampfdichter Verpackung wird geschildert. Die Hauptgefahr für das Hartwerden bilden Temperaturschwankungen. W. WILLENBERG. 7438□

Gewinnung von Glucose über die Doppelverbindung mit NaCl. A. A. Malyshew. (Stärke **13.** 396—400. Nov. 1961. Moskau.) (Dt.)

Bei Anwendung eines vom Vf. näher beschriebenen genau einzuhaltenden technolog. Schemas zur Gewinnung von krist. *Glucose* (**I**) über die Doppelverb. mit Kochsalz $[(C_6H_{12}O_6)_2 \cdot NaCl \cdot H_2O]$ ergeben sich bei Anwendung in der techn. Produktion eine Reihe von Vorteilen. Man verwendet Sirupe von 90—92%ig. Reinheit bei einer Dichte von 56° Bx. Die mit NaCl zur Kristallisation zu bringende Lsg. kann stark übersätt. sein. Zwischen 20 u. 40° hängt die Kristallisations-Geschw. von der Konz. ab, nicht aber von der Temperatur. Da jedoch eine Erhöhung der Temp. die Löslichkeit der Doppelverb. steigert, soll bei 20° gearbeitet werden. Die Doppelverb. wird nicht mit reinem W., sondern nach Abkühlung auf höchstens 20° mit gereinigten fl. Stärkehydrolysaten zerlegt. Die anfallende **I** besitzt einen NaCl-Geh. von 0,1—0,2%. Bei Anwendung des neuen technolog. Schemas verkürzt sich die Zeit der **I**-Kristallisation um das 13fache, die Zentrifugierung der Kristallmasse wird wesentlich erleichtert, so daß man mit der Hälfte der Zentrifugen auskommt, die Prozeßdauer ist nur halb so lange u. die **I**-Ausbeute wird um 13% gesteigert. — 20 Literaturangaben. M. ULMANN. 7442□

Versuche über die Filmverdampfung von Stärkesirup. A. und W. Bosselmann. (Stärke **13.** 393—96. Nov. 1961. Hameln/Weser.) (Dt.)

Mit Hilfe eines näher beschriebenen Labor.-Fallfilmverdampfers besteht die Möglichkeit, die Eindampfung von Stärkesirup bis auf 83—85% Feststoff-Geh. durchzuführen. M. ULMANN. 7448□

Die Entfernung von Elektrolyten aus Zuckerlösungen. R. X. Hughes und W. J. Whelan. (Chem. and Ind. **1958.** 884—85. 12/7. London, Lister Inst. of Prev. Med.) (Engl.)

Mit Hilfe der Aktivkohle Ultrasorb S.C. 120/240 lassen sich Elektrolyte aus Monosaccharid-Lsgg. entfernen. Die adsorbierten Elektrolyte lassen sich leicht mit W. eluieren, die Zucker mit verd. (5—25%) Äthanol. Die Ergebnisse von Best. der Monosaccharide in Acetat-, Citrat- u. Phosphatpuffer-Lsgg. sind aufgeführt. W. BETCKE. 7488□

XV. Gärungsindustrie

Durch Kälte verursachte Veränderungen in der physiologischen und technologischen Qualität der Backhefe während der Lagerung. V. Stuchlík. (Kvasný Průmysl **7.** 128—29. Juni 1961. Bratislava, ČSSR, Ustred. vysk. úst. potrav. priem.) (Tschech.)

Die Lagerung der Anstell- u. Versandhefe in fl. Zustand als Hefemilch kann durch ungeeignete Lagerungsbedingungen bedroht werden. Größe, Form u. Ausstattung der Lagertanks, ungeeignete Lagertemp. beeinflussen den physiolog. Zustand der Backhefe. Das Hefekonzentrat muß vor Befüllen der Tanks auf 4—5° gekühlt werden. Bei 10° stieg die Zahl der abgestorbenen Hefezellen auf das 4—5fache u. entwertete somit die Backhefe. Als Temp.-Minimum wurden für das Hefekonzentrat 2°, als Maximum 5° ermittelt. Anstellhefe soll bei 3°, Versandhefe bei 5° lagern. L. MACHER. 7506□

Vergleichende biochemische Analyse der ober- und untergärigen Hefen. J. Haboucha, Ch. A. Masschelein und A. Devreux. (European Brewery Convent., Proc. Congr. **1959.** 157—79. Bruxelles, Centre d'Enseignem. et des Rech. des Ind. Aliment., Serv. des Fermentat.) (Franz.)

Zur Unterscheidung der obergärigen Hefen (OG) u. untergärigen Hefen (UG) dient die Raffinose, die von UG vollständig, von OG zu $^1/_3$ vergoren wird. In der Aerobiose nutzen die OG die Glucose (I) durch Atmung, die UG durch Vergärung bis zum A. u. nutzen diesen nach Anpassung. Nach der aeroben Vermehrung auf I verhalten sich OG u. UG wie homogene Gruppen, wobei die OG ein höheres Atmungsvermögen besitzen, das nahe bei dem der Bäckerhefe liegt, wogegen das Atmungsvermögen der UG sehr niedrig, aber höher als das atmungsdefizienter Mutanten ist. OG verfügen über dieselben Atmungsenzyme wie Bäckerhefen, was für UG nicht zutrifft, die weder A. noch Acetat veratmen. Zur Erklärung dieses Unvermögens dienen mehrere Hypothesen. Extrakte aus OG oxydieren Bernsteinsäure quant. zu Fumarsäure, UG nur teilweise. — 23 Literaturangaben. W. WESLY. 7506□

Eiweißabbau durch Hefe. Michel Rambaud, Guy Abisou, Pierrette Hermier und Edmond Ossart. (Ind. aliment. agric. **75.** 651—55. Sept./Okt. 1958. École Nat. des Ind. Agric. de Aliment.) (Franz.)

Übersicht über den Verlauf der Selbstzers. von Hefe unter Verw. ihres Geh. an eiweißabbauenden Enzymen u. Vgl. mit dem Eiweißabbau anderer Stoffe, bes. Sojaölkuchen. — 5 Literaturangaben. W. WESLY. 7506□

Safran. G. Hartmann. (Riechstoffe u. Aromen **11.** 410—12. Dez. 1961. Berlin-Lichterfelde, Destillateur-Fachschule.) (Dt.)

Übersicht über Gewinnung, Eigg., Handelsformen, Unters. u. Verw. von Safran als Würz- u. Färbemittel in der Spirituosenindustrie. W. WESLY. 7536□

Konservierung von Brauereigersten. B. G. Ooude Ophuis. (Petit J. Brasseur **68.** 273—78. 280. 29/4. 1960. Rotterdam, Nat. Coop. Aan-en Verkoopver. voor de Landbouw, Centr. Bureau.) (Franz.)

Übersicht über die Verff. zur Konservierung von Braugersten, die dazu erforderlichen Bedingungen u. die bei der Konservierung angewandten Arbeitsweisen zur Beschleunigung der Wärmeableitung. — 12 Literaturhinweise. W. WESLY. 7540□

Die Gärführung. J. de Clerck. (Bull. Assoc. anciens Étudiants Brasserie Univ. Louvain **57.** 13—26. März 1961.) (Franz.)

Von den Brauprozessen läßt sich der Gärverlauf am schwersten regeln, weil die Hefe ein komplexer Organismus ist. Um die Hefe rechtzeitig auszuwechseln, soll man Hefereinkulturen bereithalten. Die Gärung ist so zu leiten, daß sich die Hefe möglichst verjüngt: man stellt mit wenig Hefe an, lüftet die Würze gehörig u. füllt mit frischer Würze auf. Träge Hefe kann durch Regelung der Temp. aktiviert werden. L. MACHER. 7544□

Würzeklärung und Gärführung. U. D. Runkel und W. Steinhoff. (Brauwelt, Ausg. B **101.** 913—21. 25/5. 1961. München, Wiss. Stat. für Brauerei.) (Dt.)

Während die meisten der bisher bekannten Verff. der Würzeklärung nur den Heißtrub aus der Würze entfernen, läßt sich durch die Kieselgurfiltration der gekühlten Anstellwürze sowohl der Heiß- als auch der Kühltrub in einem Arbeitsgang beseitigen. Da die Kühltrubsubstanz außer Gerbstoff-Eiweiß-Verbb. verhältnismäßig viel S enthält, der dann durch die Gärtätigkeit der Hefe zu H_2S u. zu Mercaptanen umgewandelt wird, verkürzt man die Lagerzeit, wenn diese unerwünschten Jungbierstoffe durch die Kühltrubfiltration entfernt werden. Die Verschmutzung der Hefezellen durch den Kühltrub verzögert überdies die Gärung. Für die Vergärung trubfreier Würzen darf man keine Bruch-, sondern nur Staubhefen verwenden. Da Staubhefe suppige Konsistenz aufweist, muß man die Menge u. Zahl der je Liter enthaltenen Hefezellen durch Zentrifugieren u. Auszählen bestimmen, um so die gleiche Anzahl an Zellen zu impfen wie bei Bruchhefe. Auch eine Belüftung der trubfreien Anstellwürze ist erforderlich. L. MACHER. 7544□

Verschiedene Verfahren der Würzeklärung und ihr Einfluß auf die Bierbereitung. H.-J. Wellhoener. (Brauwelt, Ausg. B **101.** 924—35. 25/5. 1961. Mülheim/Ruhr, Vers.- u. Unters.-Stat. für Gärungsind.) (Dt.)

Während Heißtrub dem Bier Trubgeschmack erteilt, kann der ab ca. 58° sich abscheidende Kühltrub Kältetrübungen verursachen. Man kann beide a) durch natürliche Klärung am Kühlschiff absetzenlassen, b) durch Ausschlag- oder Setzbottiche oder durch c) Anstellbottiche entfernen, aus denen die mit Hefe angärende, sich klärende Würze nach ca. 24 Std. in die Gärbottiche gepumpt wird, d) durch Kaltsedimentation oder e) durch verschiedene mechan. Arten der Kieselgurfiltration (Anschwemmfilter, geschlossene Würzefilter, selbstaustragende Drehfilter) u. durch Separatoren. Durch die Herausnahme der Trubanteile resultiert eine reinere, regelmäßigere Gärung bei hellen Kräusen, die Hefen sind weißer, die Gärtätigkeit wird angeregt, die Gärzeit um 1 bis maximal 4 Tage verkürzt, die Gärkellerkapazität um 20—30% erhöht.
L. MACHER. 7544□

Die Forschung im Brauwesen. Wissenschaftliche Tatsachen. Technische Neuerungen. E. Urion. (Ind. aliment. agric. **76.** 609—19. Juli/Aug. 1959. Nancy, École de Brasserie.) (Franz.)

Übersicht. — 86 Literaturhinweise. W. WESLY. 7550□

Klärungsgeschwindigkeit und Qualität des mit γ-Strahlen behandelten Traubensaftes. M. L. Frumkin, L. P. Kowalskaja, K. W. Jegorowa und I. P. Powaljajewa. (Консервная и Овощесушильная Промышленность [Konserven- u. Dörrgemüse-Ind.] **16.** Nr. 9. 8—13. Sept. 1961. Zentrales Forschungsinst. für Konserven- u. Dörrgemüseind.) (Russ.)

Die Pasteurisierung des Traubensaftes (I) mit γ-Strahlen beschleunigt die Klärung des I, entfärbt aber die I aus dunkel gefärbten Weintraubensorten, die bei nachfolgender Lagerung bei 0—1° eine strohgelbe Färbung annehmen. I schwach gefärbter Sorten nehmen eine goldgelbe Nuance an. Da die vorherige therm. Behandlung die Färbung des I nicht beeinflußt, die Oxydation der Gerbstoffe nicht verhindert u. die Klärung des I verlangsamt, ist eine vorherige therm. Behandlung der mit γ-Strahlen pasteurisierten I unzweckmäßig. S. BARYSCHNIKOW. 7552

Über die Entlüftung von Traubensaft. B. S. Lipiss, A. A. Mamakow und P. W. Jepifanow. (Консервная и Овощесушильная Промышленность [Konserven- u. Dörrgemüse-Ind.] **16.** Nr. 10. 20—23. Okt. 1961. Moldauisches Forschungsinst. für Nahrungsmittelind.) (Russ.)

Vff. erörtern den O_2-Geh. im Traubensaft aus weißen, roten, europäischen u. Hybridenweintraubensorten in verschiedenen Stadien der technolog. Behandlung des Produkts. Die positive Wrkg. der Entlüftung auf die Färbung u. den Geschmack des Saftes wird gezeigt. Die Entlüftung des im Laufe des technolog. Prozesses mit Luft-O_2 gesätt. Saftes soll ohne Verzögerung durchgeführt werden. S. BARYSCHNIKOW. 7552

Das Wachstum von Hefen in bei niedrigen Temperaturen gelagertem Traubensaft. 4. Mitt. **Fungistatische Wirkungen organischer Säuren.** C. S. Pederson, M. N. Albury und M. D. Christensen. (Appl. Microbiol. **9.** 162—67. März 1961. Geneva, N.Y., Cornell Univ., New York State Agric. Exp. Stat.) (Engl.) — **3.** vgl. C. **1960.** 13219.

Die Lagerzeit von Fruchtsäften kann bei einer Temp. von —5,5 bis —2,2° durch Zugabe kleiner Mengen (0,01—0,015%) verschiedener Fungistatica, wie Sorbin- (I), Benzoe- (II), Caprin- u. Caprylsäure auf mehrere Monate ausgedehnt werden. Plattenauszählungen ergaben ein langsames Absterben der Mikroorganismen, das möglicherweise auf Störungen im Stoffwechselprozeß zurückzuführen ist. Die verwendeten Konzz. von I u. II liegen offensichtlich unter der Geschmacksschwelle der Mehrzahl der Bevölkerung. D. PÖHLAND. 7552□

Nochmals über die im Traubenmost des Peloponnes anwesende Mikroflora. 3. Mitt. G. Picci, Z. Mélas-Joannidis, A. Carnis und G. Vassilatos. (Ann. Fac. Agrar. Univ. Pisa [N. S.] **20.** 9—33. 1959. Pisa, Univ., Ist. di Patolog. vegetale e Microbiol. agrar. e tech.) (Ital.) — 2. vgl. Ann. Microbiology **8.** [1958.] **118.**

Im Laufe des Jahres 1957 wurden analoge Unterss. über in Griechenland (Peloponnes) aus Weinmost isolierten Gärungshefen wie in den Jahren 1955 u. 1956 ausgeführt; die Ergebnisse der alkohol. Gärung u. die Ausbeute an A. u. Essigsäure sind in Tabellen wiedergegeben. Ein Vgl. mit den 1955 u. 1956 erhaltenen Daten zeigt, daß das zymolog. Bild von Jahr zu Jahr beachtlich variiert. G. PLATZER. 7552□

Vitamin C, ein neues Antioxydans für die Verarbeitung von Mosten und Weinen. I. Mareca Cortés, C. Diéz de Bethencourt und A. M. Plasencia Plasencia. (Agricultura [Madrid] **28.** 512—16. Sept. 1959.) (Span.)

Mit Ascorbinsäure in Mengen von 2 Milliäquivalenten/Liter kann man bei Flaschenweinen ebenso wie mit SO_2 Oxydation vermeiden, ohne daß die mit SO_2 beobachteten Nachteile (Geschmacksbeeinflussung usw.) auftreten. Beide Mittel können auch nebeneinander angewandt werden. R. K. MÜLLER. 7554□

Entwicklung des Farbstoffes von Riojawein beim Altern. 2. Mitt. I. Mareca Corte und E. del Amo Gili. (Ind. aliment. agric. **76.** 601—06. Juli/Aug. 1959. Madrid, Dép. de Ferment. Ind., Labor. d'Oenol.) (Franz.) — 1. vgl. C. **1958.** 6412.

Spektrophotometr. Unterss. von Rotwein verschiedener Alterungsstufen zeigen, daß die Farbe mit der Alterung von Rotviolett in Rotorange übergeht. Der Farbstoff besteht aus einem Gemisch von Polyphenolen, bes. Anthocyanen. Durch Chromatographie mit Al_2O_3 entsteht in dem mit akt. Kohle entfärbten Wein nach Zusatz von Bromphenolblau eine untere, saure u. eine obere, alkal. Zone. Dazwischen liegt ein von Bernsteinsäure hervorgerufener Fleck. Durch Wein-, Äpfel- u. Citronensäure wird die Adsorptionszone angegeben. W. WESLY. 7554□

Eine in einer Gärungsversuchsanlage ausgeführte Untersuchung zur Gewinnung von Phosphormannan. S. P. Rogovin, V. E. Sohns und E. L. Griffin jun. (Ind. Engng. Chem., int. Edit. **53.** 36—40. Jan. 1961. Peoria, Ill., U. S. Dep. of Agric., North Reg. Res. Labor.) (Engl.)

Aus Dextrose wird durch 96std. Gärung mit der Hefe *Hansenula holstii NRRL Y 2448* bei 82° das Polysaccharid *Phosphormannan* gewonnen, das mit CH_3OH in Ggw. eines Elektrolyten (HCl) ausfällt. Es bildet viscose, gegen bakterielle Angriffe beständige Lösungen. Die Verb. vermag importierten Pflanzengummi zu ersetzen.

W. WESLY. 7578□

Herstellung von Hefeeiweiß aus Molke. Josef Tomíšek und Vratislav Grégr. (Kvasný Průmysl **7.** 130—33. Juni 1961. Praha, ČSSR, Kat. kvas. chemie a technol.) (Tschech.)

Für die Molkevergärung bewährte sich nach der Adaptation von 9 ausgewählten Stämmen eine Mischkultur von *Torulopsis utilis*, *T. casei* u. *T. cremoris* am besten; sie ermöglichte eine schnelle Vergärung der Lactose u. die Erzielung maximaler Ausbeuten. Je m^3 Molke mit 4—5% Lactose wurden 16—21 kg Trockensubstanz an Hefeeiweiß gewonnen. Zu dieser Ausbeute rechnet man je m^3 Molke noch 2,5—4 kg Eiweiß hinzu, die aus der Molke ausgefällt wurden. Die gewonnene Futterhefe zeichnet sich durch einen höheren Geh. an Vitaminen, an Aminosäuren u. Wuchsstoffen aus u. kann auch als Anstellhefe benutzt werden. Im Betrieb von Votice werden bei täglicher Verarbeitung von 500 hl Molke jährlich 300 t Futterhefe gewonnen. Diese Erzeugungshöhe wurde durch die Konstruktion einer selbstsaugenden Turbine erzielt; dieses Belüftungs-Syst. ermöglicht auch die automat. Entschäumung der Maischen. L. MACHER. 7578□

Fraktionierung von Gerstenalbuminen durch Chromatographie auf Carboxymethylcellulosesäulen. A. Van Gijsel, Gisèle Préaux und R. Lontie. (Arch. int. Physiol. Biochim. **69.** 605—06. Sept. 1961. Leuven, Univ., Labor. voor Biochem. II.) (Engl.)

Aus Gerstenmehl wurde die Albuminfraktion durch Extraktion mit Aceton u. anschließender Dialyse gegen einen Phosphatpuffer vom pH 6,7 dargestellt, nach Gefriertrocknung in Acetatpuffer vom pH 4,01 gelöst u. auf einer Carboxymethylcellulosesäule adsorbiert. Auswaschung der Proteine erfolgte mit Puffern von pH, 4,8, 5,3, 5,6, 6,1, 6,8 u. 8,6. Die Extinktion wird bei 280 mμ gemessen. K. ZINGRAF. 7598□

Über das Vorkommen nicht zum Duftöl gehörender Stoffe in den Ausbeuten der Wasserdampfdestillation von Hopfenzapfen. H. Wolter, E. Rothenbach und H. Bausch. (Nahrung **5.** 435—45. 1961. Berlin, Humboldt-Univ., Inst. für Gärungschemie u. -technol.) (Dt.)

Vff. stellten fest, daß bei der Best. des Duftöl-Geh. in Hopfenzapfen mittels Wasserdampf-Dest. unter Einw. des Wasserdampfes auch andere Stoffe in das Destillat gelangen. Durch vergleichende chromatograph. Unterss., die mit duftölfreiem Elsässer-, Saazer u. Hersbrucker Hopfen durchgeführt wurden, ließen sich 12 Substanzen als Verunreinigung des Destillats nachweisen. Es handelt sich dabei vermutlich um 4 KW-Stoffe u. 8 oxydierte Substanzen. Vff. nehmen an, daß sie durch Zers., vor allem aus hexanlösl. Hopfenharzen, entstehen. S. ZAAKE. 7598□

Die Bestimmung des Sulfitions und der Aldehyde nach dem Sulfitverfahren. P. Jaulnes und G. Hamelle. (Ann. Falsificat. Expertise chim. **54.** 338—46. Juli/Aug. 1961. Montpellier, Fac. de Pharm.) (Franz.)

Vff. beschreiben Verf. zur Best. von SO_2, SO_3^{2-} u. Aldehyden im Wein. Best. von freiem u. Gesamt-SO_2. Man versetzt 50 ml Wein mit 3 ml 0,1n H_2SO_4 u. Stärke-Lsg., titriert mit J_2-Lsg. auf Blau, versetzt mit 8 ml 0,1n Na_2CO_3-Lsg., läßt 5 Min. lang stehen, fügt unter Umrühren 10 ml 0,1n H_2SO_4 zu, titriert mit J_2-Lsg., versetzt mit 20 ml 0,4n Na_2CO_3-Lsg., läßt 5 Min. lang stehen, verd. mit 200 ml möglichst kaltem W., fügt unter Umrühren 30 ml 0,1n H_2SO_4 zu u. titriert mit J_2-Lösung. Best. von Acetaldehyd (I). Man versetzt 50 ml der Probe mit 300 ml W. u. 10 ml einer Lsg. von 15 g $K_2S_2O_5$ u. 70 ml konz. HCl in 1 Liter W., nach 15 Min. mit 10 ml einer Lsg. von 71,7 g KH_2PO_4 u. 42 g Na_2CO_3 in 1 Liter W., nach 15 Min. mit 10 ml HCl (1:4), oxydiert den SO_2-Überschuß mit J_2 in Ggw. von Stärke-Lsg., versetzt mit 10 ml einer Lsg. von 100 g H_3BO_3 u. 170 g Na_2CO_3 in 1 Liter W. u. titriert das an I gebundene SO_2 mit J_2-Lösung. Die Best. des freien I erfolgt in gleicher Weise, wobei man aber die Weinprobe in ein Gemisch von je 10 ml $K_2S_2O_5$- u. KH_2PO_4-Lsg. gibt. W. WESLY. 7606□

XVI. Nahrungs-, Genuß- und Futtermittel

Die chemische Zusammensetzung und der Nährwert von Bajra (Pennisetum typhoideum) und Bajra enthaltenden Kostformen. P. P. Kurien, M. Swaminathan und V. Subrahmanyan. (Food Sci. [Mysore, India] **10.** 3—6. Jan. 1961. Mysore, Central Food Technol. Res. Inst.) (Engl.)

Zusammenfassender Überblick. — 25 Literaturangaben. M. WINIKER. 7664□

Wasserlösliche, niedrigmolekulare, nichtflüchtige organische Säuren in Mahlprodukten, Teigen und Broten. E. Drews. (Arbeitsgemeinsch. Getreideforsch. E. V., Ber. Getreidechem. Tag. **1958.** 43—54. 1959. Detmold, Bundesforschungsanst. für Getreideverarbeitung.) (Dt.)

Vortrag. Unterss. an wss. Aufschlämmungen von Mahlprodd., Teigen u. Broten ergaben: In Roggen- u. Weizenmehl konnten *Äpfelsäure* (I), *Citronensäure, Bernsteinsäure* (II) u. *Fumarsäure* nachgewiesen werden. Der I-Geh. der Mehle nahm mit dem Grad der Ausmahlung zu. Roggenmehle enthielten etwas mehr I als Weizenmehle gleichen Aschegehalts. In Teig u. Brot wurden neben den genannten Säuren noch *Milchsäure* (III) u. *Glykolsäure* gefunden. Durch die Art der Teigführung wurden Unterschiede hinsichtlich der Mengenverhältnisse der einzelnen Säure bedingt. Bei Hefeführung dominierten im Teig I u. II. Hingegen war bei Sauerführung die III-Bldg. stark forciert. Der I-Geh. des Teiges lag bei Sauerführung nach der Endgare im Vgl. zum I-Geh. des verarbeiteten Mehles niedriger. M. WINIKER. 7674□

Die Wirkung von Zusätzen auf die elastischen und plastischen Eigenschaften der Brotkrume. 3. Mitt. Wirkung von Fetten. L. Telegdy Kováts und R. Lásztity. (Periodica polytechn. [Budapest], Chem. Ingenieurwes. **4.** 183—99. 1960.) (Engl.) — 2. vgl. C. **1961.** 12676.

Vff. untersuchten die gesamte, die permanente u. die elast. Verformung sowie die relative Elastizität der Brotkrume bei Zugabe von Milch, Butter, Margarine, raffiniertem u. nichtraffiniertem Sonnenblumenöl u. bestimmten das Brotvolumen. Mit steigendem Fett-Geh. nahmen die gesamte u. die permanente Verformung mit Vergrößerung des Brot-Vol. zu. Die Zunahme der Deformation ist nicht allein auf die Vol.-Vergrößerung zurückzuführen, sondern auch auf eine Verschlechterung der Porung. Unterschiede in der Wrkg. der untersuchten Fette bestanden nicht. H. HAEVECKER. 7674□

Nähr- und biologischer Wert von Maisöl sowie Möglichkeiten seiner Verwendung in der Brotbäckerei. T. I. Golubew. (Вопросы Питания [Fragen d. Ernährung] **20.** Nr. 4. 72—73. Juli/Aug. 1961. Leningrad, Abt. des Zentr. Forsch.-Inst. für Bäckereiwesen.) (Russ.)

Diätweizenbrot, das unter Zugabe von 10(%; vom Mehl-Gew.) *Maisöl* (I), 0,7 *Sojaphosphatiden*, 2 (mg%) *Thiamin*, 2 *Riboflavin* u. 10 *Nicotinsäure* bereitet wurde, erwies sich als ein hochwertiges Nahrungsmittel; die Konsistenz u. die organolept. Eigg. des Prod. waren befriedigend. Durch das Backen des Brotes wurden SZ. u. JZ. (0,12 bzw. 122) des I prakt. nicht verändert. S. BARYSCHNIKOW. 7674

Die Beziehung zwischen dem Lysingehalt und dem Eiweißwert von Nahrungsmitteln auf Basis Weizen. N. W. Flodin. (Cereal Sci. today **4.** 44—48. Febr. 1959. Wilmington, Del., E. I. du Pont de Nemours & Co., Electrochem. Dep.) (Engl.)

Vortrag. — 26 Literaturangaben. M. WINIKER. 7674□

Polynucleare Kohlenwasserstoffe in Tabak und Tabakrauch. 2. Mitt. **Der Ursprung des im Tabak und Tabakrauch gefundenen 3.4-Benzopyrens.** H. R. Bentley und J. G. Burgan. (Analyst **85.** 723—27. Okt. 1960.) (Engl.) — 1. vgl. C. **1960.** **13879.**

Es wurde festgestellt, daß *3.4-Benzopyren* (I) in ungerauchten Zigaretten, die aus Tabakblättern hergestellt wurden, die bei der Ernte keinen I-Geh. aufwiesen, während der Fermentation u. Zweittrocknung der Blätter entsteht. Nur ca. 10% des im Zigarettenrauch gefundenen I ist bereits in ungerauchten Zigaretten vorhanden; der größte Teil wird in der brennenden Zigarette synthetisiert. U. UHLICH. 7734□

Polynucleare Kohlenwasserstoffe in Tabak u. Tabakrauch. 3. Mitt. **Die Verhinderung der Bildung von 3.4-Benzopyren im Zigarettenrauch.** H. R. Bentley und J. G. Burgan. (Analyst **85.** 727—30. Okt. 1960.) (Engl.) — 2. vgl. vorst. Referat.

Eine Reihe von Zusätzen (1—5 Gew.-%) zu Zigarettentabak wurde auf ihre Brauchbarkeit getestet, die pyrolyt. Bldg. von *3.4-Benzopyren* (I) in der brennenden Zigarette zu senken. Untersucht wurden (in Klammern Angabe, um wieviel % der I-Geh. im Rauch gesenkt wurde): KNO_3 (57 u. 67), *K-Bromat* (0), NH_4*-Persulfat* (0), $Pb(NO_3)_2$ (0), $AgNO_3$ (0), $Zn(NO_3)_2$ (0), *Cu-Nitrat* (64—84), $CuSO_4$ (0), $NaNO_2$ (73), *Ammoniumferro-* (0), *Ammoniumferri-* (0), *Ammoniumnickel-* (0), *Ammoniumkobalt-* (0), *Ammoniumchrom-* (0) u. *Ammoniumcersulfat* (0), *Ammoniummolybdat* (0), *KJ* (0), *KBr* (0), *KCl* (0), *Na-Tetraborat* (0), *Ascorbinsäure* (0), *Glycerin* (62), *Äthylenglykol* (56), *Anilin* (0), *Harnstoff* (0), *Phenol* (0). Durch Zusatz von 5 Gew.-% *Ammoniumsulfamat* (II) wurde der I-Geh. des Zigarettenrauches um ca. 60% vermindert. Hingegen wurde bei Rauch von Zigaretten, die mit Papier hergestellt worden waren, das 4 Gew.-% II enthielt, keine merkliche Verminderung des I-Geh. festgestellt. U. UHLICH. 7734 □

Untersuchungen zur Verwendung des Osmaron in Melkhilfsmitteln. Walter F. Rehm und Wolfgang Welz. (Milchwissenschaft **15.** 571—76. Nov. 1960. Kiel, Bundesforschungsanst. für Milchwirtschaft, Inst. für Milchhygiene.) (Dt.)

Unterss. über die keimtötende Wrkg. von *Osmaron-B* (I) in Melkfetten ergaben: I u. *Octozon 92* sind wirkungsgleich. Die desinfizierende Wrkg. von I ist größer als die von Phenol. Die bereits von SEELEMANN [1937] als erforderlich angesehene I-Konz. im Melkfett von 0,6% kann nicht herabgesetzt werden. M. WINIKER. 7756 □

Fragen der Mastitis-Behandlung und deren Auswirkung auf die hygienische Beschaffenheit der Molkereimilch. Günter Obiger. (Milchwissenschaft **16.** 359—64. Juli 1961. Kiel, Bundesforschungsanst. für Milchwirtschaft, Inst. für Milchhygiene.) (Dt.) Allg. Ausführungen. M. WINIKER. 7756 □

Größe der Proteinpartikel in ultrahocherhitzter steriler Milch in Beziehung zur Konzentration. H. K. Wilson, U. Yoshino und E. O. Herreid. (J. Dairy Sci. **44.** 1836—42. Okt. 1961. Urbana, Ill., Univ. of Illinois, Dep. of Food Technol.) (Engl.)

Durch Verss. mit der Ultrazentrifuge wurde gezeigt, daß durch Ultrahocherhitzung sterilisierte Milch erhöhte Sedimentations-Konst. aufweist. Sedimentations-Verss. ergaben, daß unmittelbar nach der Konzentrierung „rekonstituierte" kondensierte Milch ungefähr gleiche Sedimentations-Konst. zeigte wie die Ausgangsmilch nach der Vorerhitzung. Wurde nach der Sterilisation „rekonstituiert", so lagen die Konst. der gleichen Milch wesentlich höher. Vff. untersuchten bes. die Beziehung zwischen Konzentrierungsgrad der Milch u. der Proteinpartikelgröße nach der Sterilisation bei einer gegebenen Temperatur. Das Fett wurde zur Vermeidung von Störungen bei der Best. der Sedimentations-Konst. durch Zentrifugieren der auf 38° erwärmten Rohmilch entfernt. Die gewählten Vorerhitzungs- u. Sterilisations-Temp. (82°, 4,16 Sek. u. 145° ohne Heißhaltung) bedingten nur minimale Zusammenballung der Proteinpartikel. Die vorerhitzte Milch wurde konz. (3:1 u. 2:1), im normalen Zustand u. zu $^1/_3$ mit entsalztem W. verd. sterilisiert. Die Logarithmen der Sedimentations-Konst. der „rekonstituierten" konz., der normalen u. der verd. Milch (jeweils nach der Sterilisation u. ggf. Rekonstitution bestimmt) ergaben gegen die Konz. aufgetragen, eine Gerade, die die Konz.-Nullachse beim Logarithmus der Sedimentations-Konst. der kleinsten Micelle in roher Magermilch schnitt. Die Beziehung der Partikelgröße zur Sedimentations-Konst. wird durch die Gleichung $d^2/S = 18\eta/\sigma - \sigma_0$ ausgedrückt. Hierin bedeuten: d = Partikeldurchmesser, S = Sedimentations-Konst., η = Viscosität u. $\sigma - \sigma_0$ = Differenz zwischen der Dichte des Partikels u. der der Lösung. HANS THIELE. 7756 □

Die Denaturierung von Eiweiß. Hat pasteurisierte Milch eine geringere biologische Wertigkeit als rohe? E. Kofranyi. (Milchwissenschaft **16.** 30—31. Jan. 1961. Dortmund, Max-Planck-Inst. für Ernährungsphysiol.) (Dt.)

Vf. führt aus, daß pasteurisierte Milch die gleiche biolog. Wertigkeit hat wie rohe Kuhmilch. M. WINIKER. 7756 □

Einfluß einer Entlüftung auf die Geschmacksstabilität von kondensierter gesüßter Sahne. H. A. Anderson, R. W. Bell und R. P. Tittsler. (J. Dairy Sci. **44.** 1818 bis 1826. Okt. 1961. Washington, D.C., U. S. D. A., Eastern Utiliz. Res. and Dev. Div., Dairy Prod. Labor.) (Engl.)

Vff. zeigen, daß 3malige Entlüftung (wenige Sek. u. 2mal 30 Min.) durch Vakuumbehandlung (29 in. Hg) nach Erwärmung auf 57—77° die Geschmacksverschlechterung kondensierter gesüßter Sahne während 6monatiger Lagerung (in Dosen) bei 4,4—21° merklich vermindert. Die Wrkg. nimmt mit steigender Ausgangs-Temp. u. der Dauer der Vakuumbehandlung zu. Zugabe von O_2 beschleunigt die Geschmacksverschlechterung. Während die Peroxidwerte der entlüfteten Proben während der Lagerung leicht abnahmen, stiegen die der nichtentlüfteten stark an. HANS THIELE. 7756 □

Die submikroskopische Struktur von Milchpulver. P. A. Roelofsen und Mari M. Salomé. (Nederl. Melk- en Zuiveltijdschr. **15.** 392—94. Okt./Dez. 1961. Delft, TU, Labor. of Gen. and Techn. Biol.) (Engl.)

Vff. stellten Ultramikrotomschnitte von Voll- u. Magermilchpulver her, nachdem die Proben mit OsO_4-Dampf (2—24 Std.) u./oder in einer 4%ig. neutralisierten OsO_4-Lsg. ($^1/_2$—2 Std.) bei 4° fixiert, z. T. mit 1%ig. $K_2Cr_2O_7$ oder 0,5%ig. *Phosphorwolframsäure* u. 0,5%ig. *Uranylacetat* in 70%ig. A. behandelt, wenn nötig mit A. entwässert u. in *Methacrylat* (1:9 mit 1%ig. Benzoylperoxid verd., Polymerisation bei 45°) eingebettet worden waren. Die Fettpartikel ließen eine osmiophile Membran von weniger als 10 mμ Dicke erkennen. Die Caseinteilchen zeigten Durchmesser von 20—300 mμ u. waren ziemlich homogen. Dazwischen lag jeweils ein Netzwerk von porösen Proteingranula. Die Lactose ließ sich nicht lokalisieren. HANS THIELE. 7756□

Dialysierbare ninhydrinpositive Substanzen in sprüh- und walzengetrockneter Magermilch. Ernst-Gunnar Samuelsson. (Milchwissenschaft **16.** 57—60. Febr. 1961. Alnarp, Schweden, Inst. für die Technol. der Milchprodukte.) (Dt.)

Es wurde festgestellt, daß die bei der Trockenmilch-Herst. angewandte Technik die Mengen freier Aminosäuren in der rekonstituierten Milch beeinflussen kann. Walzengetrocknete Magermilch wird hiervon stärker betroffen als sprühgetrocknete. M. WINIKER. 7756□

Das Auftreten von 5-Hydroxymethylfurfural in vakuum-schaumgetrockneter Vollmilch und dessen Beziehung zur Verarbeitung und Lagerung. J. C. Craig jun., N. C. Aceto und E. S. Della Monica. (J. Dairy Sci. **44.** 1827—35. Okt. 1961. Philadelphia, Pa., Eastern Reg. Res. Labor.) (Engl.)

Vff. untersuchten die Beziehung zwischen der Ggw. von *5-Hydroxymethylfurfural* (**I**) u. dessen Vorläufern zur Geschmacksstabilität von Vollmilchpulver (Vakuum–Schaum-Trocknung) während der Lagerung bei 23°. Der nach der modifizierten Meth. von KENNEY u. BASSETTE (C. **1961.** 13755) bestimmte **I**-Geh. lag zwischen 1 u. 5 μMol/Liter. Vff. fanden eine signifikante reziproke Beziehung zwischen Ausgangs-**I**-Wert u. Geschmacksstabilität. Der **I**-Wert ist als Maßstab für die Fähigkeit zur Ausbildung von mit Braunverfärbung einhergehendem Fehlgeschmack zu verwerten. Vff. führten 25 Verss. mit maximalen Schaum-Temp. von 40—93° durch. Es wurde festgestellt, daß die Geschw. der **I**-Bldg. in Abhängigkeit von der Trocknungs-Temp. steht. Eine für diese hochsignifikante Beziehung aufgestellte Gleichung entspricht der ARRHENIUSschen Gleichung. Somit kann der **I**-Geh. eines Vollmilchpulvers auch als Kriterium für die maximale Trocknungs-Temp. gelten. HANS THIELE. 7756□

Die Standardisierung der Butter- und Käseherstellung durch längere Verwendung desselben gefriergetrockneten Säureweckers. Eberhard Voss. (Milchwissenschaft **16.** 60—67. Febr. 1961. Kiel, Bundesforschungsanst. für Milchwirtschaft, Chem. Inst.) (Dt.) M. WINIKER. 7760□

Homogenisierung von Milch bei der Bereitung von Roquefortkäse. Je. Schtschedu schnow. (Молочная Промышленность [Milch-Ind.] **22.** Nr. 8. 17—20. Aug. 1961. Moskau, Technol. Inst. für Fleisch- u. Milchind.) (Russ.)

Die Homogenisierung der Milch bei der Bereitung von Roquefortkäse beschleunigt den Reifungsprozeß, erhöht die Ausbeute u. verbessert die organolept. Eigg. u. die Konsistenz des Produktes. Der Druck soll 50 at betragen. Die Homogenisierung bei 100 at wird abgelehnt (krümelige Konsistenz, rasches Ranzigwerden der Fettkomponente u. verminderte Lagerfestigkeit des Produktes). S. BARYSCHNIKOW. 7760

Chemische Konservierung und Erhaltung der Nährkraft von Gräsern und Getreide mit erhöhtem Feuchtigkeitsgehalt. N. A. Schmanenkow, M. T. Taranow und T. Ss. Melnikowa. (Вестник Сельскохозяйственной Науки [Nachr. Landwirtsch.-Wiss.] **6.** Nr. 1. 54—61. Jan. 1961.) (Russ.; Auszug: Engl.)

Grünklee zeigt verhältnismäßig geringe Verluste an Trockensubstanz u. Protein bei Konservierung mit $Na_2S_2O_7$ (**I**) bzw. $NaHSO_4$ oder beim Silieren unter Säurezugabe. Beim Trocknen zu Heu bzw. beim Silieren ohne Säuren waren die Verluste bedeutend größer. In Fütterungs-Verss. mit Fohlen u. Kälbern, denen Klee in genannter Form verabreicht wurde, zeigte bedeutende Vorteile der mit $NaHSO_4$ konservierte Klee, mit dem man, im Vgl. zum gewöhnlichen Kleeheu, eine 19%ig. Erhöhung der Gew.-Zunahme der Tiere ermittelte. Die durchschnittlichen täglichen Milchleistungen der mit konserviertem Klee gefütterten Kühe betrugen im Winter (November/Dezember) 6,5—7,0 Liter pro Kopf — gegen 5,5 bei den mit Silofutter aus verschiedenen Gräsern mit Riedgras gefütterten. Im Februar/März, nach dem Übergang zur Fütterung mit siliertem Mais, sanken die Milchleistungen auf 6,0 Liter; im April, nach der Rückkehr zum konservierten Klee, stiegen sie auf 8,5 Liter. Das mit I behandelte Korn (Weizen, Gerste, Hafer) mit erhöhtem Feuchtigkeits-Geh. wird von diesem vor der Selbsterhitzung geschützt. Außerdem unterdrückt I die Schimmel-Bldg u. das Auswachsen des Korns. Am wirksamsten sind Dosen von 10—12kg/t I. Durch 2. Behandlung des Korns mit I kann die Lagerfähigkeit um weitere 25—35 Tage verlängert werden. Nach der Vermischung mit dem Korn zerlegt sich I bei der Lagerung. In getrocknetem Korn beträgt der Geh. an restlichem SO_2 0,001—0,04%. In Fütterungs-Verss. mit Kühen, Kälbern u. Pferden wurde gezeigt, daß diese Mengen von SO_2 für die Tiere völlig unschädlich sind.

M. WROBLEWSKI. 7782□

Einfluß chemischer Präparate auf die mikrobiologischen Prozesse und auf die Qualität der Silage. A. Ss. Warakssina. (Микробиология [Mikrobiologie] **30.** 140 bis 145. Jan./Febr. 1961. Leningrad, Allunions-Forschungsinst. für landw. Mikrobiol.) (Russ.; Auszug: Engl.)

Klee u. ein Hafer-Erbsen-Gemisch wurden mit den Mineralsäure-Präpp. *AAS* (10%ig. Lsgg. von *HCl* u. *Glaubersalz* im Verhältnis 7:3), *AIV*, *S-2* (Gemisch von H_2SO_4 u. *HCl*) u. *WIK* (7n Lsgg. von H_2SO_4 u. *HCl* im Verhältnis 1:1) konserviert. Dabei wird die Entw. der fäulniserregenden Coliformen u. Buttersäurebakterien unterdrückt, während die Milchsäuregärung nach einer 2tägigen Hemmung wie bei einer spontanen Silierung in Gang kommt. Hefen entwickeln sich stärker als in normalen Silagen. Buttersäure fehlt, Essigsäure kommt sowohl frei als auch gebunden in sehr geringen Mengen vor. Die Trockensubstanzverluste vermindern sich bis um das 2,5fache, da Eiweiß u. andere Nährstoffe stärker erhalten bleiben. Die Nachteile der Präpp. AIV, S-2 u. WIK liegen in ihrer umständlichen u. aufwendigen Handhabung (für 1 t Grünmasse sind große Mengen Präpp. u. W. nötig) u. im hohen Mineralsäure-Geh. der Silagetrockenmasse (H_2SO_4 0,37—0,47% u. HCl 0,28—0,46%). K. SATTLER. 7782□

Die chemische Zusammensetzung des Rauches einiger Tabakerzeugnisse. L. N. Schachnowski. (Табак [Tabak] **21.** Nr. 4. 17—20. 1960.) (Russ.)

Es wurden 150 Zigarettenproben 10 verschiedener Sorten apparativ verraucht. Es wurde der Rauch in 25—30%ig. alkohol. Lsg. aufgefangen, danach das pH, das freie *Nicotin* (I; aus Bzl.-Extrakt), das Gesamt-I (aus alkal. Bzl.-Extrakt), der Geh. an starken Basen (als NH_3 berechnet, mit Methylrot oder Lackmus titriert), an schwachen Basen (als Pyridin berechnet, mit Methylorange titriert), an CO-Verbb. (als 2.4-Dinitrophenylhydrazone berechnet) u. an titrierbaren Säuren (als Essigsäure berechnet) bestimmt. Als Extremwerte wurden erhalten: Freies I 1,4—26,3 (mg); Gesamt-I 10,8—43,5; starke Basen 0,0—6,1; schwache Basen 2,9—21,1; CO-Verbb. 12,5—45,0; titrierbare Säuren 4,3—74,0; pH in der Rauch-Lsg. 4,4—7,0. — Während die (gemäß der Expertis) beste Sorte 3,4 (mg) freies I enthielt, hatten die weiteren Sorten 6,0—7,9. Bei Gesamt-I war dieser Unterschied geringer (22 u. 26). Bei starken freien Basen waren alle Unterschiede geringfügig (0,3—0,6), bei der Summe der Basen etwas größer (1,6 u. 2,0—2,6) Die Summe der schwachen Basen wies für die beste Sorte gleichfalls einen geringeren Wert auf (7,7 u. 8,3—11,5). Auch der pH-Wert lag bei ihr etwas niedriger (5,2 u. 5,6 bis 5,9). Die titrierbaren Säuren wiesen die größten Unterschiede auf (33,0 u. 15,0—21,3). CO-Verbb.: Beste Sorte 27, die anderen 22,2—23,6 (mg). — Man kann daher die Sorten durch chem. Rauchanalyse einigermaßen unterscheiden, jedoch sollte man nicht mehr als 3—4 Sorten kennzeichnen u. die Untersortentrennung fallen lassen.

A. v. WILPERT. 7836□

Zur pH-Messung im Fleisch, besonders bei Notschlachtungen, mit Hilfe von Indicatorpapier. F. Schönberg. (Arch. Lebensmittelhyg. **11.** 93—94. 20/4. 1960. Beilage zu: Dtsch. tierärztl. Wschr.) (Dt.)

Zur Messung des pH-Wertes von Fleisch erwies sich das *Spezial-Indicatorpapier* MERCK (ein mit nitrazingelbhaltigem Mischindicator präpariertes Papier) als geeignet.

M. WINIKER. 7850□

Zum Schnellnachweis von Nitriten in Fleischwaren, insbesondere Wurst, mit Hilfe eines Nitritreagenses (Hauptner). E.-H. Lochmann. (Arch. Lebensmittelhyg. **11.** 64—65. 20/3. 1960. Beil. zu: Dtsch. tierärztl. Wschr. Hannover, Tierärztl. Hochschule, Inst. für tierärztl. Lebensmittelkunde u. Milchhygiene.) (Dt.)

Zum Nachw. von *Nitrit* in Fleischwaren erwies sich das Reagens nach FÖRG (Fa. HAUPTNER, Solingen) als gut brauchbar. M. WINIKER. 7850□

Gehalt an flüchtigen Basen und an Trimethylamin im Fleisch der wichtigsten verwertbaren Fische des Schwarzen und Asowschen Meeres. G. K. Kowaltschuk und N. F. Mosskalenko. (Рыбное Хозяйство [Fischerei-Wirtsch.] **37.** Nr. 12. 64—68. 1961. Azow-Schwarzmeer-Forsch.-Inst. für Fischwirtschaft u. Ozeanographie.) (Russ.)

Das Fleisch der wichtigsten verwertbaren Fische des Schwarzen u. Asowschen Meeres (Rohrdrummel, Stavrida, Anchovis u. Makrele) enthält 2—3mal so viel *flüchtige Basen* (I) als das Fleisch von Süßwasserfischen (Blei u. Zander). Dementsprechend sollte die gegenwärtig vorgeschriebene sowjet. Norm des I-Geh. für frische Fische (≦30 mg%) für die vorst. Seefischarten erhöht werden. Vff. schlagen als maximale Geh. an I vor: Rohrdrommel 35 (mg%), große Stavrida 40, kleine Stavrida 31, Anchovis 40 u. Makrele 36. Da bei der Lagerung des Prod. die Anreicherungsprozesse des Fleisches an Trimethylamin (II) u. an I analog verlaufen, erscheint die getrennte Best. des II-Geh. im Fisch zwecks Beurteilung seiner Qualität (Frische) überflüssig.

S. Baryschnikow. 7852

Die Mikroelektrophorese im Dienste der Qualitätsbeurteilung von Seefischen. H. Hütten. (Arch. Lebensmittelhyg. **11.** 87—90. 20/4. 1960. Beilage zu: Dtsch. tierärztl. Wschr. Cuxhaven, Nebenstelle des Staatl. Veterinäruntersuchungsamtes Stade.) (Dt.)

Vf. gelang es, mittels der Mikroelektrophorese nach Antweiler Proteingemische aus Fischfleischextrakten aufzutrennen. Die hierbei erhaltenen Diagramme wiesen je nach Fischart charakterist. Unterschiede auf. Bei gleicher Fischart zeigten sich zwischen den Diagrammen von frischem bzw. verdorbenem Fisch ebenfalls Unterschiede.

M. Winiker. 7852□

Refraktometrische Messungen der Augenflüssigkeit zur Frischebeurteilung von Seefischen. H.-J. Wegner. (Arch. Lebensmittelhyg. **11.** 83—84. 20/4. 1960. Beilage zu: Dtsch. tierärztl. Wschr. Bremerhaven.) (Dt.)

Vortrag. Den Erfahrungen des Vf. zufolge scheint die Best. der Refraktion der Augen-Fl. von Seefischen grundsätzlich zur Bewertung des Frischezustandes letzterer geeignet zu sein. M. Winiker. 7852□

Über den Wert der Conwayschen Mikrodiffusions-Technik zur Bestimmung flüchtiger Basen als Fischfrischetest. H. Wittfogel. (Arch. Lebensmittelhyg. **11.** 84—87. 20/4. 1960. Beilage zu: Dtsch. tierärztl. Wschr. Cuxhaven, Nebenstelle des Staatl. Veterinäruntersuchungsamtes Stade.) (Dt.)

Auf Grund der Ergebnisse eigener Unterss. sieht Vf. die genannte Meth. als im Prinzip brauchbar an. M. Winiker. 7852□

Über den Einfluß der Verdünnungslösungen auf das Ergebnis von Bakterienzählungen bei bestrahltem und gefrorenem Fisch. W. Schmidt-Lorenz. (Arch. Lebensmittelhyg. **11.** 60—63. 20/3. 1960. Beilage zu: Dtsch. tierärztl. Wschr. Karlsruhe, Bundesforschungsanst. für Lebensmittelfrischhaltung.) (Dt.)

Die Verw. von dest. W. als Verdünnungsmittel kann bei quant. Keimzahl-Best. in Lebensmitteln zu großen Fehlern führen. Als für Fischproben geeignetes Verdünnungsmittel erwies sich eine Lsg. aus 0,1% *Pepton* + 0,85% *NaCl.* M. Winiker. 7852□

Die Ursache des vorzeitigen Gefrierens bei der Gefrierpunktsbestimmung von Milch. J. M. de Man. (J. Dairy Sci. **44.** 1935. Okt. 1961. Edmonton, Univ. of Alberta, Dep. of Dairy Sci.) (Engl.)

Vf. stellte fest, daß die Ursache vorzeitigen Gefrierens bestimmter Milchproben bei der Best. des Gefrierpunkts (durch Unterkühlen u. Rühren, wobei die Temp. auf den Gefrierpunkt ansteigt) nicht in erhöhtem Keim-Geh., sondern in der Ggw. submkr., scharfkantiger Partikel zu suchen war. Diese Teilchen stammten aus dem auf einer Farm für das Spülen der Tanks benutzten Quellwasser (Abdampfrückstand 800—1000 mg/Liter) u. wirkten als Kristallisationskeime. Zusatz dieser Teilchen zu gewöhnlicher Milch bedingte vorzeitiges Gefrieren (Unterkühlen nicht möglich). Filtration durch Papierfilter oder Glasfritten hatte hierauf keinen Einfl., Ultrafiltration führte zu einem normal gefrierenden Filtrat, dessen Gefrierpunkt sich aber von dem der Ausgangsmilch unterschied. Daher kann die Ultrafiltration bei vorzeitig gefrierenden Milchproben in der Praxis nicht angewandt werden. Hans Thiele. 7856□

Nachweis restlicher Hypochlorite in Milchprodukten. José A. Marini, Aldo Polizza, Enrique A. Pellegrini und Martha A. Sánchez Bazán. (Ind. lechera **41.** 55—57. Febr. 1959.) (Span.)

Zur Best. von ClO^- in Milch, Sahne u. gesäuerter Milch ist das colorimetr. A.O.A.C.-Verf. (Rk. mit KJ-Lsg., Zusatz von HCl, Erhitzen im Wasserbad von 85°, Zusatz von Stärke-Lsg.) geeignet. R. K. Müller. 7856□

Qualitätsbeurteilung von Speiseeis. Max Erich Schulz und Hans Kay. (Milchwissenschaft **16.** 347—55. Juli 1961. Kiel, Bundesforschungsanst. für Milchwirtschaft, Chem. Inst.) (Dt.)

Auf Grund 6jähriger Erfahrungen geben Vff. Empfehlungen bzgl. der für die Qualitätsbeurteilung von Speiseeis geeignetsten Methoden. M. Winiker. 7856□

Trennung von Na-Caseinat durch Säulenchromatographie an Ionenaustauscher-Cellulose. Richard Schober und Norbert Heimburger. (Milchwissenschaft **15.** 607—09. Dez. 1960. Wangen im Allgäu, Staatl. Milchwirtschaftl. Lehr- u. Forschungsanst.) (Dt.)

Beschreibung der Methode. M. WINIKER. 7856□

Die Anwendung der Gaschromatographie in der Milchwirtschaft. 2. Mitt. **Der Nachweis und die Bestimmung der flüchtigen Fettsäuren in Milchprodukten und Kulturen.** W. Ritter und H. Hänni. (Milchwissenschaft **15.** 296—302. Juni 1960. Bern-Liebefeld, Eidg. milchwirtschaftl. Versuchsanst.) (Dt.) — 1. vgl. HÄNNI u. RITTER, C. **1961. 4765.**

Beschreibung der Methodik. M. WINIKER. 7860□

General Foods Corp., White Plains, übert. von: Charles C. Elsesser, und Stephen W. Bogyo, Tarrytown, N.Y., V.St.A., **Für die Verwendung in Schlagteig zwecks Herstellung von Backwaren geeignete frei fließende Mischung,** bestehend aus einer frei fließenden Mischung aus Mehl, einem Säuerungsmittel, wie Sauerteig, u. einer Emulsion in Trockenform, die einen eßbaren Partialester aus Glykol u. einer höheren Fettsäure, wie Propylenglykolmonostearat, u. einen eßbaren, hydrophilen, festen, von Fett umgebenen Bestandteil, wie Eiweißstoffe u. Mischungen aus Eiweiß u. Kohlenhydraten, enthält. (**A. P. 2954297** vom 17/6. 1959, ausg. 27/9. 1960.) H. MAASS. 7675

Swift & Co., übert. von: Michael W. Kossoy, Chicago, und Martin M. Voegeli, Downers Grove, Ill., V.St.A., **Herstellung eines diätetischen, Häminpigment enthaltenden Pökelerzeugnisses.** Man versetzt ein ungepökeltes Prod., wie Fleisch, mit einem Pökelmittel, bestehend aus einer geringeren Menge NO-bildender, Na-freier Verbb., wie KNO_3 u. KNO_2 u. deren Mischungen, einer größeren Menge genießbarer Chloride, wie einer Mischung aus KCl u. NH_4Cl, u. einer geringeren Menge eines Süßstoffes, wie Saccharin, Ca-Cyclamat, der frei von Na u. lösl. ist in der wss. Lsg., die die NO bildenden Verbb. u. KCl u. NH_4Cl enthält. (**A. P. 2 966 416** vom 4/3. 1958, ausg. 27/12. 1960.) H. MAASS. 7751

Paul Devos und Michel Rambaud, Seine, Frankreich, **Gewinnung von Polypeptiden und Aminosäuren** als *Viehfutter* durch Hydrolyse von Proteinen mittels Hefe. Als Proteine können verwendet werden: Ölkuchen, Fischabfälle, entrahmte Milch, Casein. — 500 cm^3 Hefemilch aus 100 g Bäckerhefe, angesäuert auf pH 3,5, werden 24 Std. bei 30° gehalten. Man fügt 100 g Sojaölkuchen hinzu, bringt die Mischung auf 1000 cm^3 u. beläßt sie 3 Tage bei 40—50° unter Rühren. Das Hydrolysat wird im Vakuum eingedämpft. — Das Prod. kann auch als Ausgangsmaterial zur *Gewinnung von Aminosäuren* dienen. (**F. P. 1 178 492** vom 15/5. 1957, ausg. 11/5. 1959.) W. HEYNE. 7787

XVII. Fette. Seifen. Wasch- u. Reinigungsmittel. Wachse. Bohnermassen usw.

Die Glyceridstruktur von Fetten. C. G. Youngs. (J. Amer. Oil Chemists' Soc. **36.** 664—67. Dez. 1959. Saskatoon, Saskatchewan, Nat. Res. Council of Canada, Prairie Reg. Labor.) (Engl.)

Vf. weist auf die Widersprüche hin, die zwischen der experimentell ermittelten Glyceridstruktur u. den zur Deutung entwickelten theoret. Vorstellungen, nämlich der statist. bzw. der eingeschränkt statist. Verteilung der Fettsäuren auf die einzelnen Glyceride, bestehen. Bei den Betrachtungen werden die neueren Unters.-Ergebnisse herangezogen, wonach gemäß den röntgenograph. Prüfungen u. dem Verh. der Fette gegenüber der lipat. Hydrolyse bei der Biosynth. gewisse isomere Glyceride bevorzugt gebildet werden. Die gesätt. Fettsäuren werden vor allem mit den C-Atomen 1 u. 3 des Glycerins verknüpft, die ungesätt. Vertreter mit dem C-Atom 2. Auf dieser Grundlage wird an Hand schemat. Darst. eine Theorie entwickelt, die durch Verknüpfung der statist. Verteilung der Fettsäuren auf das Glycerid mit der bevorzugten Bldg. gewisser isomerer Glyceride mit den vorliegenden experimentellen Ergebnissen recht gut im Einklang steht. Besonders hervorgehoben wird, daß die Hypothese zwangsläufig sich auf das fertige Prod. der Biosynth. stützt ohne Kenntnisse über den Weg der Glyceridbildung. — 17 Literaturangaben. K. TÄUFEL. 7870□

Veränderung der Qualität von Sonnenblumenöl beim Erhitzen. Je. L. Kersner und L. F. Resnitschenko. (Консервная и Овощесушильная Промышленность [Konserven- u. Dörrgemüse-Ind.] **17.** Nr. 3. 35—36. März 1962. Wolgograd, Zentrales Technolog. Vers.-Labor. des Volkswirtschaftsrates.) (Russ.)

Zur Vermeidung des Aufschäumens u. zur Entfernung des Beigeschmacks des bei der Herst. von Gemüsekonserven angewandten Sonnenblumenöls (I) wird I 1½ Std.

auf 160° erwärmt. SZ., JZ., Peroxid- u. Farbzahl sowie die Viscosität (ENGLER) u. der Brechungsindex für I-Proben, die ½—2 Std. auf 160—180° erwärmt wurden, werden angegeben. S. BARYSCHNIKOW. 7894

Beitrag zur Kenntnis der chemischen Zusammensetzung des fetten Öles der Fruchtkerne der Schlehe (Prunus spinosa L.). Milan O. Mirić und Aleksandar F. Damanski. (Acta pharmac. jugosl. **10.** 97—100. 1960. Beograd, farmac. fak., Inst. za bromatol.) (Kroat.)

Durch Extraktion mit PAe. wurde aus den unreifen bzw. reifen (Werte in Klammern) Fruchtkernen der Schlehe 35,40 (42,01) % fettes Öl mit nachst. Eigg. erhalten: JZ. 103,1 (105,6), VZ. 195,1 (196,3), SZ. 0,57 (0,46), n_D^{40} 1,4661 (1,4660). Auf gaschromatograph. Wege wurden im Öl folgende Fettsäuren nachgewiesen: Palmitinsäure 5,13 (4,96), Palmitölsäure 1,00 (0,90), Stearinsäure 0,80 (1,25), Ölsäure 66,41 (67,41), Linolsäure 26,63 (25,45) % der Gesamtfettsäuren. S. BECKMANN. 7894□

Bemerkungen über den Ursprung und die Bedeutung der Peroxidzahl von wasserfreiem Wollfett. E. W. Clark und G. F. Kitchen. (J. Pharmacy Pharmacol. **13.** 121 bis 22. Febr. 1961. Bradford, Laisterdyke, Westbrook Lanolin Co., Argonaut Works.) (Engl.)

Wegen der Autoxydation von *Wollfett* (I) ist die Peroxidzahl (PZ) von I auf dem Vlies sehr hoch. Während der Wollwäsche u. der I-Rückgewinnung nimmt die PZ infolge einer biolog. oder chem. Red. stark ab. Die PZ nimmt zu, wenn das wasserfreie I, das aus dem Roh-I gewonnen wird, oxydativ gebleicht wird. Die PZ stellt einen Maßstab für den gegenwärtigen Autoxydationsstand von I dar, wenn die PZ der oberflächlichen Schichten mit der der tiefergelegenen Schichten verglichen wird. S. ERBE. 7924□

Neue Bestimmungsmethode für die Jodzahlen. A. L. Markman und T. W. Tschernenko. (Маслобойно-Жировая Промышленность [Öl- u. Fett-Ind.] **27.** Nr. 6. 8—9. Juni 1961. Inst. für Chem. der Pflanzenstoffe der Akad. der Wiss. der UsbekSSR.) (Russ.)

An Baumwollsaat-, Sonnenblumen- u. Tabaköl, Öl-, Elaidin- u. Stearinsäure wird die Brauchbarkeit der Meth. von GENGRINOWITSCH (vgl. C. **1955.** 10649) zur Best. der JZ. nachgeprüft. Die so erhaltenen Werte sind fast ausnahmslos höher als die JZ. nach HÜBL. Die Abweichungen betragen +4,65 bis —3,23%, für Stearinsäure +66,6%. S. BARYSCHNIKOW. 7932

Die colorimetrische Peroxidzahlbestimmung in Fetten und Ölen. G. Janíček und J. Pokorný. (Élelmiszervizsgálati Közlemények [Lebensmittelanalyt. Mitt.] **6.** 281—89. 1960. Prag, Chem. TH, Fak. der Lebensmitteltechnol.) (Dt.)

Statt die Peroxidzahl jodometr. zu bestimmen, messen Vff. die mit $TiCl_4$ entstehende Gelbfärbung. Das Verf. liefert in Ggw. von Propinsäure unter Zusatz von Milchsäure gute Werte, wenn die Rk.-Zeit 10—20 Min. u. die Einwaage 0,8—2,0 g beträgt. Die Eichkurve ermittelt man mit H_2O_2 als Bezugsstoff. Die beiden Verff. liefern übereinstimmende Werte, wenn es sich um Öle handelt, die bei Raum-Temp. unter hinreichender O_2-Zufuhr oxydiert worden sind. Stark oxydierte u. unter Verhinderung des O_2-Zutritts oxydierte Öle geben jedoch Abweichungen, weil die dann vorhandenen Hydroperoxide nur einen Teil der Peroxide darstellen; jene sind für die Beurteilung des weiteren Oxydationsverlaufes maßgebend. W. WESLY. 7932□

Chromatographieren von Baumwollsaatöl in der Kolonne mit Magnesiumoxid. A. L. Markman und A. U. Umarow. (Маслобойно Жировая Промышленность [Öl- u. Fett-Ind.] **27.** Nr. 7. 14—16. Juli 1961. Inst. für Chemie der Pflanzenstoffe der Akad. der Wiss. der UsbekSSR.) (Russ.) — Vgl. C. **1961.** 15241.

Durch Chromatographieren der Baumwollsaatölmiscella (I) in der MgO-Kolonne u. nachfolgende Lsg. des Adsorptionsmittels in Salzsäure HCl (Vorteil des MgO gegenüber Al_2O_3) wurden aus I β-Sitosterin, Palmitinsäure u. Gossypol ausgeschieden. Der Nachw. dieser Verbb. erfolgt nach dem FF., den IR-Adsorptionsspektren, nach einer charakterist. Farb-Rk. (Gossypol) u. dem aus der SZ. berechneten Molgew. (Palmitinsäure). S. BARYSCHNIKOW. 7932

Ermittlung der cis-Ungesättigtheit von Ölen durch Nah-Infrarot-Spektroskopie. A. J. Fenton jun. und R. O. Crisler. (J. Amer. Oil Chemists' Soc. **36.** 620—23. Dez. 1959. Cincinnati, Ohio, The Procter & Gamble Comp.) (Engl.)

Vff. erörtern die bisher entwickelten Verff. zur Best. von ungesätt. cis-Verbb. im nahen IR (Wellenlänge zwischen 0,7 u. 2,6 μ) u. verwenden für die eigenen Verss. die charakterist. Bande bei 2,14 μ. Nach den graph. u. tabellar. mitgeteilten Unters.-Ergebnissen an raffinierten Ölen, hydrierten Prodd. sowie gebrauchsfertigen Shortenings wird angegeben, daß das entwickelte Verf. modifiziert auch für die Analyse von gemischten Estern u. Fettsäuren geeignet sein dürfte. Die Meth. basiert auf der Best. der Absorption bei 2,143 μ, die von der cis-Lückenbildung verursacht wird. Es werden folgende

Schlüsse aus den Resultaten gezogen: Die Flächen der Absorptionsbande von cis-Polyenen sind integrale Multiple der analogen Fläche von cis-Monoenen; der cis-Geh. von Ölen mit weniger als 10% trans-Isomeren ist absorptiometr. exakt bestimmbar; richtige Ergebnisse können auch bei Proben mit mehr als 10% trans-Fettsäuren erzielt werden, wenn ein Basispunkt gewählt u. von da aus bis zur Gipfelabsorption gemessen wird.

K. TÄUFEL. 7932□

Methodik der Bestimmung des Dicarbonsäuregehaltes. Ss. A. Udowenko und L. I. Babanskich. (Маслобойно-Жировая Промышленность [Öl- u. Fett-Ind.] **27**. Nr. 12. 27. Dez. 1961. Forsch.-Inst. für synthet. Fette u. Waschmittel.) (Russ.)

2 g der zu untersuchenden Substanz (synthet. Fettsäuren der Paraffinoxydation) u. 50 ml 50%ig. A. werden 10 Min. auf 80° erwärmt (Rückflußkühler). Nach Abkühlung auf Raum-Temp. wird der abgeschiedene wss.-alkohol. Auszug 3mal mit je 30 ml PAe. extrahiert (Scheidetrichter). Aus der restlichen wss.-alkohol. Schicht werden die in ihr enthaltenen Dicarbonsäuren durch 3maliges Ausschütteln mit je 50 ml Ae. in die Ae.-Schicht übergeführt. Nach Abdest. des Ae. wird der Rückstand (Dicarbonsäuren) bei 70° getrocknet. Die Meth. ermöglicht eine genaue Best. der Dicarbonsäuren in den Säurefraktionen $C_{10}-C_{17}$ u. $C_{17}-C_{20}$. Für Säuregemische, die Fettsäuren mit <10 C-Atomen enthalten, wurden etwas erhöhte Werte gefunden. S. BARYSCHNIKOW. 7936

Potentiometrische Bestimmung des freien Alkalis im verseiften Oxydat. R. M. Bessitzki, B. P. Kotelnikow und A. A. Karpenko. (Маслобойно-Жировая Промышленность [Öl- u. Fett-Ind.] **27**. Nr. 7. 30—32. Juli 1961. Forsch.-Inst. für synthet. Fette u. Waschmittel.) (Russ.)

Die Möglichkeit der potentiometr. Best. von freiem Alkali (I) im verseiften Oxydat (II) wird erörtert. Da in 60%ig. A. **II** prakt. nicht hydrolysiert ist, ist in dieser Lsg. das Elektrodenpotential nur vom **I**-Geh. abhängig. Das untersuchte **II** soll 0,1—0,3% **I** enthalten. Die Genauigkeit der Meth. beträgt $\pm 10\%$. Es wird gezeigt, daß bei **I**-Konzz. von 0,2—0,3% Veränderungen der **II**-Konz. von 25 auf 30% die Genauigkeit der **I**-Best. prakt. nicht beeinträchtigen. S. BARYSCHNIKOW. 7936

Potentiometrische Bestimmung der Zusammensetzung der Sulfurierungsprodukte höherer Fettalkohole. I. G. Resnikow, N. A. Kurassowa und A. A. Solotarewa. (Маслобойно-Жировая Промышленность [Öl- u. Fett-Ind.] **28**. Nr. 2. 20—23. Febr. 1962. Forsch.-Inst. für synthet. Fette u. Waschmittel.) (Russ.)

0,05—0,20 g der zu untersuchenden Substanz werden in 25—30 ml Aceton gelöst u. unter Umrühren potentiometr. mit alkohol. 0,1n Lsg. von symm. Diphenylguanidin titriert. Die mittlere quadrat. Abweichung der Best. beträgt für die Monoalkylsulfate $\pm 4,8\%$. S. BARYSCHNIKOW. 7942

Über die Bestimmung des Waschvermögens. W. A. Blinow und L. P. Rumjanzewa. (Маслобойно-Жировая Промышленность [Öl- u. Fett-Ind.] **27**. Nr. 12. 22—24. Dez. 1961. Forsch.-Inst. für organ. Zwischenprodd. u. Farbstoffe.) (Russ.)

Die Anwendung opt. Geräte zur Best. des Waschvermögens (WV) eines Waschmittels (WM) ist nach den Ergebnissen der Vff. nicht zuverlässig. Die Meth. beruht auf der Best. des Reflexionsvermögens eines mit Ruß beschmutzten Stoffes vor u. nach dem Waschen; durch entsprechende Berechnung wird der Anteil der entfernten Verunreinigung (WV) reduziert. Die nach der Meth. durchgeführten Best. des WV (Baumwollstoff mit Oleinseife als WM u. Wollstoff mit Präp. OP-7) ergaben völlig abweichende Werte: 17,2 (statt 70,0) u. 27,8 (statt 90,0). Vff. empfehlen demzufolge eine gravimetr. Meth. zur Best. des aufgetragenen u. durch das Waschen entfernten Rußes.

S. BARYSCHNIKOW. 7942

Fa. Dr. Hermann Stage, Fa. Wilhelm Schmidding und Heckmann-Apparate G. m. b. H. (Erfinder: Hermann Stage), Köln, **Kontinuierliche Fraktionierung von Fettsäuren** mittels kontinuierlich arbeitender Fraktionierkolonne (I). Die Steuerung des Zu- u. Ablaufs der **I** erfolgt nach der Soll-Wertabweichung einer qualitätscharakterist. opt. Eig., z. B. Brechungsindex, IR-Spektrum, des Fettsäuregemisches, die sich in Höhe eines oder mehrerer Kolonnenböden u. mindestens einem einzigen, als Teststelle ausgebildeten Seitenkreislauf der **I** einstellt. — Zeichnung. (**D. A. S. 1 114 604** Kl. **23**d vom 26/9. 1955, ausg. 5/10. 1961.) C. LÜTTGEN. 7909

E. F. Drew & Co., Inc. (Erfinder: George Barsky), New York, N.Y., V.St.A., **Herstellung von stückförmigen Waschmitteln** aus Kondens.-Prodd. aus höheren aliphat. Carbonsäuren u. Hydroxyäthansulfonsäuren bzw. deren wasserlösl. Salzen, dad. gek., daß man diese mit W. erhitzt, bis eine pastenförmige Masse entstanden ist, u. in Formen gießt. Zweckmäßig setzt man ca. 12% W. u. evtl. außerdem bis zu 20% Füllstoffe zu. (**D. A. S. 1 117 811** Kl. **23**e vom 16/1. 1959, ausg. 23/11. 1961.)

C. LÜTTGEN. 7913

Chimiotechnic, Rhône, Frankreich (Erfinder: Jean Noël Duperray), **Herstellung von Arylalkylsulfonatstücken,** bestehend aus einer Arylalkylsulfonatfraktion von ähnlicher Löslichkeit wie gewöhnliche Seife, durch Entmineralisierung dieser Fraktion gemäß F.P. 1 052 533; C. **1955.** 3249 u. Agglomerisieren des getrockneten Sulfonat-Prod. nach in der Seifenfabrikation üblichen Verff. oder durch Anwendung von Druck. (**F. P. 1 161 674** vom 22/11. 1956, ausg. 3/9. 1958.) T. OPPERMANN. 7913

N. V. de Bataafsche Petroleum Mij., Den Haag (Erfinder: Pieter Leendert Kooijman, Amsterdam), Holland, **Oberflächenaktive sekundäre Schwefelsäurealkylestersalze und Alkylarylsulfonate.** Das durch Cracken von cycl. Schweröl, das in Mischung auch das am Boden abgezogene Restöl enthalten kann u. aus dem die Aromaten ganz oder teilweise entfernt wurden, im Dampfzustand durch Fraktionieren erhaltene alkenreiche Destillat wird in üblicher Weise in die Schwefelsäurealkylestersalze übergeführt. Die nicht umgesetzten, von Polymeren befreiten Anteile werden zum Alkylieren von Bzl. oder Toluol verwendet. Die erhaltenen Arylalkane werden dann in üblicher Weise sulfoniert u. die Sulfonsäuren in die Salze übergeführt. Die Alkylierung erfolgt in Ggw. von fl. HF bei 20—50°. — Ein Mineralöldestillat mit Kp. 300—500° wird katalyt. gecrackt u. das durch Fraktionieren erhaltene Gemisch aus cycl. Schweröl (Kp. 300—500°) u. Rückstandsöl, aus der die Aromaten durch Extrahieren mit Furfurol entfernt wurden, wird gecrackt, wodurch eine Fraktion mit 8—18 C-Atomen mit Kp. 145—300° gewonnen wird. Diese Fraktion wird mit 98%ig. H_2SO_4 bei 15° in die Schwefelsäurealkylester übergeführt. Die nicht umgesetzten KW-Stoffe, z. B. mit 10—14 C-Atomen u. Kp. 170—260°, dienen dann zum Alkylieren von Benzol. — Vgl. Holl. P. 87 769; C. **1959.** 15867. (**D. A. S. 1 066 579** Kl. 12o vom 28/6. 1956, ausg. 8/10. 1959. Holl. Prior. 30/6. 1955.) G. KRAUSS. 7913

Chemische Fabrik Düren G. m. b. H. (Erfinder: Heinz Praetorius), Düren, **Stark schäumende Wasch- und Reinigungsmittel,** bestehend aus solchen höhermol. Halbestern von Sulfocarbonsäuren bzw. deren Salzen, wie sie aus höhermol. Halbestern von Äthylen-α.β-dicarbonsäuren mit Alkalisulfiten gewonnen werden, dad. gek., daß sie im Esterrest ein oder mehrere Amidbindungen aufweisen. — Beispiel: 39 (%) Sulfobernsteinsäurehalbester von Kokosfettsäuremonoäthanolamid (I), 1 I, 20 $Na_4P_2O_7$, 2 Tylose HBR, 30 Na_2SO_4, Rest Wasser. (**D. A. S. 1 115 398** Kl. 23e vom 11/4. 1960, ausg. 19/10. 1961.) C. LÜTTGEN. 7913

Monsanto Chemicals Ltd., London, England, **Reinigungsmittel,** bestehend aus einem ion. (kation.) Reinigungsmittel (**I**) (Seife, Na-Cetylsulfat, Na-Dodecylbenzolsulfonat, Cetyltrimethylammoniumbromid, Cetylpyridiniumbromid) mit einem Zusatz von bes. 3—20% (bezogen auf **I**) eines Alkylamins, dessen eine Alkylgruppe 7 oder mehr bes. 7—12 C-Atome aufweist oder dessen Hydrochlorid (bes. prim. Amine, n-Heptyl-, n-Octyl-, n-Decyl- oder n-Dodecylamin, oder n-Decyl- oder n-Dodecylaminhydrochlorid). Bes. geeignet zum Waschen von Wolltextilien. (**Aust. P. 167 031** vom 10/4. 1953, ausg. 8/3. 1956.) W. GRÄGER. 7913

General Mills, Inc., übert. von: David Aelony und Harold Wittcoff, Minneapolis, Minn., V.St.A., **Inaktivierung primärer Amine in β-Alanin-Detergentien,** in denen die Aminogruppe durch einen C_8–C_{22}-KW-Stoffrest substituiert ist, durch Umsetzung mit einer den freien prim. Aminen äquivalenten Menge Aldehyd, bes. Benzaldehyd u. Butyraldehyd, unter Bldg. von die menschliche Haut nicht angreifenden Rk.-Produkten. (**Can. P. 554 195** vom 7/1. 1954, ausg. 11/3. 1958.) L. GROSSNER. 7913

Roland Bordet und Albert François Sautarel, Seine, Frankreich, **Reinigungsmittel,** bes. zum Reinigen der Haut, aus einem schäumenden Mittel (z. B. NH_4-Laurylsulfat) u. auf biolog. Wege erzeugter Milchsäure. (**F. P. 1 157 444** vom 22/8. 1956, ausg. 29/5. 1958.) T. OPPERMANN. 7917

Union Chimique Industrielle S. à r. l., Tarn, Frankreich, **Reinigungsmittelgemische** aus Arylalkylsulfonaten oder einem anderen sulfonierten Prod. oder Verbb. ohne akt. Ionen oder Gemischen dieser Substanzen mit oder ohne Zusatz von nichtion. hydroxyäthylierten Prodd., einem opt. Bleichmittel u. einem bläuenden Farbstoff (z. B. „Direkt Blau"). (**F. P. 1 163 899** vom 22/10. 1956, ausg. 2/10. 1958.) T. OPPERMANN. 7917

Soc. Française Vulcan, Seine, Frankreich (Erfinder: Carl S. Liverman), **Reinigungsmittelstück,** bestehend z. B. aus einem Gemisch von 8 (Teilen) 45%ig. u. 20 50%ig. Dodecylbenzolsulfonat, 10 45%ig. u. 20 50%ig. Na-Laurylsulfat, 12 Tripolyphosphat, 12 $Na_4P_2O_7$, 14 calciniertem Na_2SO_4 u. 4 Tylose. Das Gemisch wird bei ca. 250 at zu zylindr. Stücken mit coaxialen Höhlungen gepreßt. — Abbildung. (**F. P. 1 165 928** vom 21/11. 1956, ausg. 30/10. 1958.) T. OPPERMANN. 7917

Unilever N. V., Holland (Erfinder: **Emil Tanner**), *Sauerstoffhaltige Waschmittel.* (**F. P. 1 207 424** vom 10/1. 1958, ausg. 16/2. 1960. E. Prior. 10/1. 1957. — C. **1960.** 1365 [D. A. S. 1 059 603].)

Koninklijke Dobbelman N. V., Nimwegen, Holland, *Synthetisches Waschmittel.* (**Holl. P. 98 553** vom 14/10. 1957, ausg. 17/7. 1961. — C. **1960.** 17316 [D. A. S. 1 078 724].)

Koninklijke Dobbelman N. V., Nimwegen, Holland, *Synthetisches Waschmittel.* (**Holl. P. 98 568** vom 26/11. 1957, ausg. 17/7. 1961. — C. **1960.** 8387 [D. A. S. 1 070 327].)

Soc. Monsavon-l'Oréal, Paris, Frankreich, *Anionaktive Waschmittel in Form von Aerosolen.* (**D. A. S. 1 118 385** Kl. 23e vom 10/4. 1959, ausg. 30/11. 1961. F. Prior. 14/4. 1958. — C. **1961.** 17791 [F. P. 1 204 531].)

Ciba Akt.-Ges., Basel, Schweiz, *Herstellung von Alkylenpolyaminderivaten.* (**Oe. P. 209 886** vom 15/7. 1958, ausg. 25/6. 1960. Schwz. Prior. 16/7. u. 30/12. 1957. — C. **1962.** 2567 [F. P. 1 207 728].)

Ernst Huber, Zumikon, Schweiz, *Fleckenreinigungsmittel.* (**D. A. S. 1 122 657** Kl. 23e vom 8/10. 1958, ausg. 25/1. 1962. Schwz. Prior. 16/10. 1957. — C. **1961.** 6722 [Oe. P. 204 988].)

William Pearson Ltd., England, *Stückförmiges Reinigungsmittel.* (**F. P. 1 212 724** vom 13/1. 1958, ausg. 25/3. 1960. E. Prior. 17/1. u. 2/5. 1957. — C. **1961.** 3517 [E. P. 825 960].)

Unilever N. V., Holland (Erfinder: **Emil Tanner**), *Reinigungsmittel.* (**F. P. 1 209 904** vom 10/1. 1958, ausg. 4/3. 1960. E. Prior. 10/1. 1957. — C. **1960.** 3414 [D. A. S. 1 059 601].)

Rohm & Haas Co., Philadelphia, Pa., V.St.A., *Schwach schäumende Reinigungsmittel.* (**Belg. P. 569 336** vom 10/7. 1958, ausg. 21/4. 1961. A. Prior. 10/7. 1957. — C. **1960.** 4709 [D. A. S. 1 061 471].)

XVIIIa. Holz. Cellulose. Zellstoff. Papier. Papierdruck. Celluloid. Linoleum

Die biologische Prüfung von Holzschutzmitteln. O. Wälchli. (Chimia [Aarau, Schweiz] **14.** 78—83. 15/3. 1960. St. Gallen, Empa-C; Biolog. Abt.) (Dt.)

Nach einer Übersicht über die wichtigsten Holzschädlinge werden Prüfmeth. zur Bewertung der fungiciden Eigg. der Holzschutzmittel (**I**) wie die Kolleschalen- u. ASTM-Erde-Klötzchen-Meth. sowie Feld-Verss. in größerem Maßstab mit Berücksichtigung der Auswaschbarkeit geschildert. Es folgt die Besprechung der dem vorbeugenden u. bekämpfenden Schutz des Holzes gegen Insektenschädlinge zugrundeliegenden **I**-Prüfmeth., einschließlich der Frage der Dauer-Wrkg. der **I**. M. HAGEDORN. 7952□

Chlorierung von Schieferteeren mit dem Ziel einer Erhöhung ihrer fungiciden Toxizität. G. Je. Schaltyko. (Журнал Прикладной Химии [J. angew. Chem.] **33.** 1229—32. Mai 1960. Leningrad, Inst. für Ingenieure des Eisenbahntransports.) (Russ.) — Vgl. C. **1961.** 5293.

Die Toxizität der *Schieferteer*-Fraktionen 275—320° gegen die das Holz zersetzenden Pilze *Coniophora cerebella* u. *Merulius lacrymans* ist nicht groß (0,03—0,0) u. stellt sich etwa gleich derjenigen der breiten Fraktionen dieser Teeren. Chlorierte Schieferteere zeigen eine 2—5fache Toxizität. M. WROBLEWSKI. 7952□

Abtrennung der Hemicellulosen aus dem Holz der Tanne und Birke ohne Abspaltung der Acetylgruppen. W. I. Scharkow, N. I. Kuibina und Ju. P. Ssolowjewa. (Журнал Прикладной Химии [J. angew. Chem.] **33.** 2571—75. Nov. 1960. Forschungsinst. für die Hydrolysen- u. Sulfitalkohol-Ind.) (Russ.)

Aus Holz von Tanne oder Birke werden noch gebundene CH_3COOH enthaltende *Hemicellulosen* (**I**) erhalten, indem erst die entsprechenden Holocellulosen gewonnen u. diese dann der Einw. einer Schwingmühle ausgesetzt werden. Anschließend wird mit heißem W. extrahiert. **I** von Tanne enthält 4,7—4,8% gebundene CH_3COOH, **I** von Birke 12,7—12,9%. M. ULMANN. 7954□

Die Gewinnung mercerisierter Cellulose verschiedener Quellfähigkeit. F. I. Kortschemkin. (Журнал Прикладной Химии [J. angew. Chem.] **33.** 1423—24. Juni 1960 Zentr. Holzchem. Forschungsinst.) (Russ.)

Wird zur Entfernung des Alkali aus *merceresierter Cellulose* an Stelle von W. wss. A. verwendet, so wird eine viel bessere Quellbarkeit in SCHWEIZERs Reagenz erhalten, was auf das Zurückbleiben von organ. u. mineral. Substanzen im Cellulosematerial bei Anwendung von wss. A. zurückgeführt wird. M. ULMANN. 7954□

Untersuchung der Kohlenhydratzusammensetzung von Hemicellulosen des Sulfit- und Sulfat-Viscosezellstoffes. F. G. Ossipenko, T. W. Belenkaja und Je. A. Skrigan. (Доклады Академии Наук БССР [Ber. Akad. Wiss. BelorussSSR] **5.** 159—62. April 1961. Lenin-Univ. u. Inst. für physikal. Chem. der Akad. der Wiss. der BelorussSSR.) (Russ.)

Hemicellulosen (**I**), die in den abgepreßten Laugen von mercerisiertem *Sulfit* (**II**)- u. *Sulfat* (**III**)-*Zellstoff* in Mengen von 20—24 g/Liter Lauge vorliegen, werden einer Hydrolyse mit HCl oder H_2SO_4 unterworfen. Höchste Zuckerausbeuten ergeben sich bei **I** beider Zellstoffe bei Verw. von 5%ig. HCl bei 98° im Verlaufe von 1 Std. u. von 2%ig. H_2SO_4 bei 158° (1 Std.) bei **I** von **II** u. von 1%ig. H_2SO_4 (15 Min.) bei **I** von **III**. Die Zus. des erhaltenen Zuckergemisches ist bei beiden Hydrolysearten ähnlich, u. zwar ergaben die I von II 47% *Xylose* vom Gesamtzuckergeh. (von III 44%), Spuren von *Arabinose* (3%), 6% *Mannose* (26%), 37% *Glucose* (16%), 6% *Galaktose* (7%), 4% *Uronsäuren* (2%), Spuren von methylierten Zuckern (2%) u. Spuren von Oligosacchariden.

M. ULMANN. 7954□

Abhängigkeit zwischen der dynamischen Viscosität von Celluloselösungen in Cuoxam und dem Durchschnittspolymerisationsgrad. Tadeusz Bondarczuk und Mirosław Mrozowski. (Tworzywa, Guma, Lakiery **5. 348**—50. Nov./Dez. 1960. Łódź, Inst. Włokien sztucznych i syntet., Zakł. Fiz.-Chem.) (Pol.)

Der Zusammenhang zwischen dem mittleren Polymerisationsgrad P von Cellulose u. der Viscosität η ihrer Lsg. in ammoniakal. $Cu(OH)_2$-Lsg. ist nach Messungen der Vff. durch die Gleichung $P = \eta/0{,}00054\,\eta + 0{,}12$ gegeben. F. URBAN. 7954□

Die Aufnahme von KOH durch Cellulose aus Wasser-Alkohollösungen. W. I. Scharkow und W. P. Lewanowa. (Журнал Прикладной Химии [J. angew. Chem.] **33.** 1632—36. Juli 1960.) (Russ.)

Präpp. von *Cellulosen* mit verschiedener innerer Oberfläche, wie *Baumwollfasern* (I), hieraus durch H_2SO_4-Einw. gewonnene *Hydrocellulose* (II), *Viscosefasern* (III) u. vermahlene Cellulose (IV), werden 1 Std. lang mit einer wss. Lsg., enthaltend 8% KOH u. je 25, 50, 75, 85, 90, 93 u. 96% A., in Berührung gebracht. Sämtliche Präpp. nehmen mit erhöhten A.-Mengen steigende Mengen KOH auf. Bei 80—85% KOH wird ein Maximum erreicht, worauf die KOH-Aufnahme stark fällt. Maximum bei II: 21,6% KOH, I 23,4% III 28,8%, IV 33.8%. Es dürfte sich hier um einen Adsorptionseffekt handeln. Wie Verss. zeigen, besteht eine direkte Abhängigkeit zwischen der KOH-Aufnahme u. der Hygroskopizität der Cellulosepräparate. Die KOH-Aufnahme aus W.-A.-Lsgg. durch Cellulosen kann zur Best. ihrer inneren Oberfläche verwandt werden. M. ULMANN. 7954□

Zellstoffe. José Orihuela Aguila. (Ion [Madrid] **17.** 303—12. Juni 1957. Madrid; La Papelera Española S.A.) (Span.)

Übersicht über neuere Zellstoffaufschluss-Verff. mit erhöhter Ausbeute. Am Bisulfitaufschluß werden Kochtemp. u. -zeit, SO_2-Verw., Kochlaugenmenge, Ersetzen von Ca durch Na, NH_4 u. Mg, Ausbeutesteigerungen besprochen. Die Na_2CO_3- u. Na_2SO_4-Verff. werden in bezug auf das Verhältnis Aufschlußchemikalien/Holz, auf Laugen-Konz., Aufschlußzeit u. -Temp. u. Ausbeuteverbesserung erörtert. Weitere Ausführungen über die Schnitzelkochung u. die Stoffaufarbeitung. M. HAGEDORN. 7956□

Der Halbzellstoff. 2. Mitt. **Die Bleiche von Halbzellstoff.** Isao Shimoda, Junichi Sato und Yozo Obuchi. (J. Soc. Textile Cellulose Ind., Japan [Sen-i Gakkaishi] **12.** 385—97. 1956.) (Jap.; Auszug: Engl.) — 1. vgl. C. **1957.** 1822.

Das Bleichen von $NaHSO_3$-Japanbuchenhalbzellstoff (I) mit H_2O_2 ist beim Verbrauch von 1% H_2O_2 durch den Stoff am wirksamsten. Um den Weißgeh. von 40 auf 80 statt auf 60 zu heben, ist in Japan wegen des H_2O_2-Preises nur eine 3 Stufenbleiche [Cl_2, NaOH, $Ca(ClO)_2$] witrschaftlich; sie hebt die mechan. Festigkeiten von I um 20%. Die chem. Vorgänge in den einzelnen Stufen werden beschrieben. Bei gleichem Weiß-Geh. von gebleichtem I u. gebleichtem Buchenkraftzellstoff (BK) liegt die mechan. Festigkeit von I doppelt so hoch als bei BK. Abmischungen von gebleichtem I mit gebleichtem Sulfitzellstoff (SZ) aus Rotkiefer wiesen mit steigendem Geh. an I höhere Papierfestigkeiten, solche von gebleichtem BK mit SZ bei steigendem Geh. an BK fallende Werte auf.

M. HAGEDORN. 7956□

Plastizierung von Triacetatcellulosefilmen mit Gemischen von Estern synthetischer höherer Fettsäuren. L. W. Rosental, G. I. Burdygina, E. D. Kornewa und F. G. Shurina. (Химическая Промышленность [Chem. Ind.] **1960.** 367—70. Juli/Aug. 1960.) (Russ.)

Wie Verss. mit *Fettsäureestern* (I), enthaltend im Säurerest 6—18 u. im Alkoholrest 1—12 C-Atome, zeigen, besitzen sie in Mengen von 10—15% gute plastizierende Eigg. gegenüber *Acetylcellulose* (II). Bei tiefen Tempp. oder Normaltemp. erweisen sich die hergestellten Filme als stabil, dagegen wird bei höheren Temp. (110°, 1 Std.) u. bei Lagerung bei 100% relativer Luftfeuchtigkeit (60°, 48 Std.) ein Austreten von I-Zusatz beobachtet. Je höher die Anzahl der C-Atome im Säure- oder Alkoholrest von I ist, desto instabiler sind die damit plastizierten II-Filme. Die Wrkg. der plastizierenden Eigg. von I steigt bei ein u. derselben Anzahl von C-Atomen im Säurerest mit Erhöhung des Molgew. des Alkoholrestes an. M. ULMANN. 7970□

Neuere Ergebnisse auf dem Gebiet der chemischen Papierverarbeitung. Andor Nemes. (Magyar Kémikusok Lapja [Z. Ver. ung. Chemiker] **16. 447**—53. Okt. 1961. Budapest, Papierind. Forsch.-Inst.) (Ung.)

Übersicht über chem. Modifikationen von Cellulose (I), I/Aminoharz-Syst., partielle Veresterung u. Verätherung von I, Kunstfasern auf Papierbasis, verschiedenartig dargestelltes Verpackungsmaterial, Wachspapiere, wärmeisolierende, inhaltabstoßende, fungicide usw. Papiersorten. — 20 Literaturhinweise. P. TOLNAY. 7984

Untersuchungen über den Mechanismus der Naßfestigkeitsentwicklung. 3. Mitt. S. J. Hazard jun., F. W. O'Neil und V. Stannett. (Tappi **44.** 35—38. Jan. 1961. Syracuse, N.Y. State Univ.) (Engl.) — 2. vgl. Tappi **43.** [1960.] 861.

Die Temp.-Abhängigkeit der Naßfestigkeits-Entw. von Papieren, die mit käuflichen kation. Harnstoff–Formaldehydharzen getränkt sind, wird bei verschiedenen Mahlgraden, pH-Werten sowie Harz-Konzz. gemessen. Die schon früher gefundene Unabhängigkeit der Fasern von der Rk., die die Naßfestigkeit bedingt, wird bestätigt. Einige weitere Beobachtungen über den Mechanismus zeigen, daß die Naßfestigkeit durch kurzzeitige Anwendung von hoher Temp. bei der Trocknung u. niedrigem pH-Wert zunimmt. H. MEYER. 7984□

Verpackungsstoffe. 2. Mitt. **Gewachste Papiere.** Jan Celerýn. (Průmysl Potravin **6.** 390—94. 1955. Výzk. ust. obalový) (Tschech.)

Überblick über Erzeugung u. Verwendung von Paraffinpapier. E. ROTTER. 7986□

Erarbeitung einer Norm für die Probenahme von Rohharz. K. A. Snessarew und A. I. Sarakowskaja. (Гидролизная и Лесохимическая Промышленность [Hydrolysen- u. holzchem. Ind.] **12.** Nr. 6. 7—8. 1959.) (Russ.)

Für die genaue Harzprobenahme wird ein Verf. ausgearbeitet, dem eine frühere Veröffentlichung von SNESSAREW (C. **1956.** 11590) zugrunde liegt. K. WEKUA. 8004□

Die Wasser- und Feuchtigkeitsaufnahme und die Quellung von Holzfaserplatten. K. W. Panferow und O. B. Tjusnewa. (Бумажная Промышленность [Papier-Ind.] **1961.** Nr. 11. 14—16. Nov. Zentr. Forschungsinst. für Baukonstruktionen der Akad. für Bau u. Architektur der UdSSR.) (Russ.)

Unters. von 6 verschiedenen Holzfaserplatten ergibt nach 2mal 36std. Wasserbenetzung mit zwischenzeitlicher Trocknung eine Aufnahme von 45,2—87% W. u. eine Dickenquellung von 21—55%, je nach Muster. Bei Lagerung der Platten über W. bei 95% Luftfeuchtigkeit nehmen sie nach 240 Tagen 13,5—25,4% W. auf u. sind um 14,2 bis 30,9% gequollen. M. ULMANN. 8004□

Flammenphotometrische Bestimmung von Calcium in Cellulose. Lyle H. Phifer. (Analytic. Chem. **29.** 1528—31. Okt. 1957. Marcus Hook, Pa., Amer. Viscose Corp., Res. and Dev. Div.) (Engl.)

Eine Meth. zur flammenphotometr. Best. von Ca in Cellulose bei nasser Veraschung in H_2SO_4/H_2O_2 wird beschrieben. Durch Benutzung der Emissionslinie bei 422,7 mμ wird eine Störung durch Na, auch bei größerem Überschuß, weitgehend ausgeschaltet. Mg, Cu, Mn, Fe, Pb u. SiO_4^{4-} stören in den üblichen Konzz. ebenfalls nicht. Analysenergebnisse werden im Vgl. zu gravimetr., volumetr. u. bei trockener Veraschung erhaltenen angeführt. — Die Probe (ca. 10 g) wird mit 72%ig. H_2SO_4 bis zur vollständigen Verkohlung abgeraucht. Der trockene Rückstand wird tropfenweise mit 30%ig. H_2O_2 versetzt, bis die Rk. nachläßt. Dann wird, evtl. unter Wiederholung des H_2O_2-Zusatzes, bis zum Verschwinden der SO_3-Dämpfe abgeraucht. Unter gelegentlichem H_2O_2-Zusatz (zur Entfärbung) wird das Vol. auf 8 ml eingeengt u. H_2O_2 verkocht. Die Lsg. wird auf 100 ml aufgefüllt u. die Emission bei 422,7 mμ bestimmt. W. BETCKE. 8006□

Progil, Frankreich (Erfinder: Jean Lehureau), **Holzimprägniermittel mit besonderer Tiefenwirkung.** Zunächst wird eine konz. Lsg. der Wirkstoffe, wie HCH, Lindan, Trichloressigsäurepentachlorphenylester, Tetra-, Pentachlorphenol, in einem organ. Lsgm. unter Zusatz eines oder mehrerer Emulgiermittel hergestellt u. die Lsg. durch Zufügen von Dispergier- u. Verdickungsmitteln zu cremartiger Konsistenz verarbeitet. Diese Masse wird zum Gebrauch in W. oder einer wss. Lsg. eines in W. lösl. Fungicides (NaF) oder Insekticides dispergiert. Die Imprägnierung des Holzes erfolgt in üblicher Weise im Vakuum oder unter Druck. (**F. P. 1 200 434** vom 23/6. 1958, ausg. 21/12. 1959.) W. WITTHOLZ. 7953

Malise Graham Mackeurtan, Durban (Erfinder: Ernest Augustus Ritter, Umhlanga Rocks, Natal), Südafrikanische Union, **Herstellung eines haltbaren Papierrohstoffes,** wobei zellstoffhaltige Rohstoffe mit auf ihnen gewachsenen Milchsäurekulturen behandelt werden, dad. gek., daß bei der Fermentierung eine 2. Milchsäurekultur mitbenutzt wird, deren optimale Wrkg. bei niedrigeren Temp. als bei den auf den Rohstoffen gewachsenen Kulturen liegt, u. die mit beiden Kulturen versetzte Masse so gestapelt wird, daß die überschüssige Fl. ablaufen kann. (**D. A. S. 1 116 526** Kl. 55b vom 21/7. 1956, ausg. 2/11. 1961. Südafrikan. Prior. 28/7. 1955.) A. GRADL. 7975

Feldmühle Papier- und Zellstoffwerke Akt.-Ges., Viersen (Erfinder: Richard Thier, Büderich, und Theodor Ploetz, Hösel), **Herstellung von Papier** aus wss. Faserstoffdispersionen, wobei die Fasern bereits vor der Dispergierung mit Bindemitteln beladen sind, dad. gek., daß die Bindemittelbeladung der Fasern im Schwebezustand derart bewirkt wird, daß das Bindemittel nicht klebt u. daß die Bindung der Fasern untereinander beim Durchlauf der Fasern ggf. (vermischt mit anderen Fasern) durch die Papiermaschine durch Erwärmen u. durch Druck, wobei eine Plastifizierung des Bindemittels erfolgt, bewirkt wird. (**D. A. S. 1 120 858** Kl. 55c vom 21/10. 1959, ausg. 28/12. 1961.) A. GRADL. 7979

American Cyanamid Co., New York, N.Y., übert. von: John H. Daniel jun., Stamford, und Chester G. Landes, New Canaan, Conn., V.St.A., **Herstellung von feuchtigkeitsresistentem Papier.** Die rohe Zellstofflauge wird mit einem hydrophilen Harz, das durch Kondens. aus 1,5—2,5 Mol NH_4OH mit 1 Mol. Epichlorhydrin gebildet wird, umgesetzt, zu Planen ausgetragen, getrocknet u. 1—10 Min. lang durch Erhitzen auf 212—300°F entwickelt. Das Papier soll 0,25—5, bes. 1,5% des Kondens.-Harzes u. bis zu 100% seines Trockengew. eines säureempfindlichen, alkaliunempfindlichen Füllstoffes, bes. $CaCO_3$, enthalten. (**Can. P. 552 184** vom 19/3. 1953, ausg. 28/1. 1958. A. Prior. 20/3. 1952.) EBERHARD RIEDEL. 7987

Dow Chemical Co., Midland, übert. von: Austin L. Jankens, Bay City, und Fred D. Hoerger, Midland, Mich., V.St.A., **Mit Kunstharz beschichtetes Papier und seine Herstellung.** Man trägt auf das Papier eine Harzschicht aus chloriertem Polyäthylen mit einem Cl-Geh. von ca. 25—50% als Zwischenschicht u. darüber eine dicht haftende Harzschicht aus einem halogenierten Äthylenpolymerisat (Atomgew. des Halogens 9—39) auf, das aus Vinylhalogenidpolymerisaten mit ca. >80% polymerisiertem Vinylhalogenid im Mol. oder aus Vinylidenhalogenidpolymerisaten mit ca. >60% polymerisiertem Vinylidenhalogenid im Mol. besteht. — *Verpackungsmaterial für Lebensmittel.* — Tabellen, Zeichnung. (**A. P. 2 975 074** vom 14/2. 1957, ausg. 14/3. 1961.) G. VOGEL. 7987

Godfrey L. Cabot, Inc., V.St.A. (Erfinder: Joseph P. Hall jun., Walter R. Smith und Eli M. Dannenberg), **Herstellung von Pigmenten für den elektrographischen Druck.** 100 Teile eines Pigments, z. B. Ruß, werden mit 5—500 Teilen eines polymeren Harzes (I) überzogen unter Bldg. eines Prod., dessen elektr. Widerstand nicht über 100 Ω liegt. I ist z. B. ein Latex aus Naturkautschuk, aus Polymerisaten von Acryl- oder Vinyl-Verbb. oder aus Mischpolymerisaten von Butadien u. Styrol. Weiter sind als I lineare Polyolefine (Polyäthylene) genannt. Die Feststoffe werden mit einer flüchtigen Fl., z. B. W., in eine Dispersion verwandelt, die in einen warmen Gasstrom versprüht wird, um die Fl. zu verdampfen u. die Festprodd. in Form von kleinen Kügelchen zu erhalten. — Schemat. Zeichnung. (**F. P. 1 193 698** vom 27/11. 1957, ausg. 4/11. 1959. A. Prior. 3/12. 1956.) M. F. MÜLLER. 7991

E. I. du Pont de Nemours & Co., übert. von: Jay Junior Stewart, Wilmington, Del., V.St.A., **Thermoplastische polymere Filme.** Verpackungsfolien, bes. bestehend aus Polyäthylenterephthalat oder Polyäthylen, werden mit einer 1. Schicht, die durch Polymerisation von 50—80%, bes. 50—65%, Vinylidenchlorid (I), 20—50%, bes. 35—50%, Alkylacrylat u. 0,5—3% einer ungesätt. aliphat. Säure (Acryl-, Methacryl-, Itaconsäure) (**II**) erhalten wurde, überzogen u. dann mit einer Deckschicht, die durch Copolymerisation von 80—97%, bes. 90—97% **I**, 3—20%, bes. 3—10%, mindestens eines anderen, mit dieser Verb. copolymerisierbaren monoolefin. Monomeren u. 0,5—3% **II** erhalten wurde, überschichtet. Die Schichten werden durch Passieren der Grundfolie durch die entsprechenden Kunststoffdispersionen mit Zwischen- u. Endtrocknung bei 120—130° aufgebracht. Die Filme weisen eine verringerte Wasser- u. Gasdurchlässigkeit u. eine erhöhte Verschweißfestigkeit u. -dauerhaftigkeit auf, u. eignen sich als *Verpackungsmaterial* für Lebensmittel, Kühlhaltepackungen u. Zigaretten. (**A. P. 2 829 068** vom 22/11. 1954, ausg. 1/4. 1958.) A. JAHN. 7993

Valentinigomma S. r. l., Turin, Italien, **Herstellung von Tapeten und Fußbodenbelägen**, die dauerhaft sind u. fellartig aussehen. Kautschuk wird mit 40—50% sehr kurzen Fasern, bes. Baumwollfasern, gleichmäßig vermischt, kalandriert, vulkanisiert u. auf der sichtbaren Seite energ. geschmirgelt. (**It. P. 525 194** vom 7/10. 1954.) K. KOEBKE. 7999

Office National d'Études et de Recherches Aéronautiques (O. N. E. R. A.), Chatillon-sous-Bagneux, Seine, Frankreich, *Herstellung von entlignifizierten Holzwerkstoffen.* (**D. B. P. 975 286** Kl. 38h vom 3/4. 1952, ausg. 2/11. 1961. Anmeldung bekanntgemacht 18/11. 1954. F. Prior. 3/4. 1951 u. 14/3. 1952. — C. **1958.** 1181 [F. P. 61 548].)

Rütgerswerke Akt.-Ges., Frankfurt/M., *Vergüten von mit Imprägnierölen getränktem Holz.* (**Oe. P. 216 748** vom 29/6. 1959, ausg. 10/8. 1961. D. Prior. 25/7. 1958. — C. **1959.** 15869 [D. A. S. 1 055 223].)

Chemische Werke Albert, Wiesbaden (Erfinder: **Carl Stumpp** und **Karlheinz Ulbrich**), *Schaumschichtbildendes Feuerschutzmittel.* (**Schwz. P. 356 904** vom 24/1. 1957, ausg. 31/10. 1961. D. Prior. 7/3. 1956. Zusatz zu Schwz. P. 345 735; C. 1961. 5921. — C. **1960.** 12514 [Oe. P. 203 117].)

Pulp & Paper Research Institute of Canada, Montreal, Canada, *Zellstoffgewinnung.* (**Finn. P. 29 553** vom 29/1. 1953, ausg. 31/7. 1958. — C. **1954.** 5882 [A. P. 2 640 774].)

Buckeye Cotton Oil Co., V.St.A. (Erfinder: **Lindwood Nicholas Rogers, Merle Alfred Heath, Earl William Gutliph** und **Louis Alven Hiett**), *Herstellung gereinigter Cellulosefasern.* (**F. P. 1 184 508** vom 17/2. 1954, ausg. 22/7. 1959. A. Prior. 18/2. 1953. — C. **1958.** 6127 [Belg. P. 526 577].)

Nederlandse Organisatie voor Toegepast-Natuurwetenschappelijk Onderzoek ten Behoeve van Nijverheid, Handel en Verkeer, Den Haag, Holland, *Bleichen von Cellulosematerial.* (**Belg. P. 556 872** vom 20/4. 1957, ausg. 26/2. 1960. Holl. Prior. 24/4. 1956. — C. **1960.** 12205 [Aust. P. 217 567].)

British Paper & Board Industry Association, Kenley, England, *Aufschluß von Zellrohstoffen.* (**Ung. P. 145 779** vom 20/5. 1957, ausg. 15/12. 1959. — C. **1961.** 701 [Belg. P. 557 608].)

Théophil I. S. Vermeiren, Deurne-Anvers, Belgien, *Celluloseextraktion.* (**Can. P. 552 543** vom 5/11. 1953, ausg. 4/2. 1958. Belg. Prior. 5/11. 1952. — C. **1956.** 14533 [F. P. 1 086 213].)

Malise G. Mackeurtan, Durban, übert. von: **Ernest A. Ritter,** Umhlanga Rocks, Natal, Südafrikanische Union, *Behandlung von Cellulosematerial.* (**Can. P. 554 384** vom 11/7. 1956, ausg. 11/3. 1958. — C. **1961.** 1054 [Aust. P. 219 074].)

Research Corp., New York, N.Y., übert. von: **Bror L. Grondal** und **Piotr Zenczak,** Seattle, Wash., V.St.A., *Herstellung von Cellulosepulpe.* (**Can. P. 554 297** vom 28/3. 1952, ausg. 11/3. 1958. A. Prior. 6/6. 1951. — C. **1958.** 590 [A. P. 2 772 968].)

Sonoco Products Co., übert. von: **William A. Biggs jun.** und **Julius D. Robertson,** Hartsville, S.C., V.St.A., *Zellstoffaufschluß nach dem Sulfit- und Sulfatverfahren nebeneinander.* (**A. P. 2 974 081** vom 19/5. 1955, ausg. 7/3. 1961. — C. **1959.** 13351 [F. P. 1 147 187].)

Sonoco Products Co., Hartsville, S.C., V.St.A., *Behandeln von Schwarzlauge.* (**Norw. P. 91 420** vom 7/12. 1954, ausg. 14/4. 1958. — C. **1956.** 6833 [A. P. 2 714 118].)

Crown Zellerback Corp., übert. von: **Merle E. Cisney** und **James D. Wethern,** Camas, Wash., V.St.A., *Herstellung von Dimethylsulfid aus Zellstoffablaugen.* (**Can. P. 553 323** vom 8/9. 1955, ausg. 18/2. 1958. A. Prior. 17/9. 1954. — C. **1959.** 8360 [A. P. 2 816 832].)

Rayonier, Inc., übert. von: **Lloyd E. Van Blaricom, Kenneth R. Gray** und **Frank G. Ward,** Shelton, Wash., V.St.A., *Abtrennung von Lignosulfonaten aus Zellstoffablaugen.* (**Can. P. 554 293** vom 14/5. 1952, ausg. 11/3. 1958. A. Prior. 1/6. 1951. — C. **1956.** 11873 [A. P. 2 727 029].)

Soc. Rhodiaceta, Paris, Frankreich (Erfinder: **Jean Robin** und **Ronald Clevy**), *Verestern von Cellulose.* (**Jap. A. S. 4994/1960** vom 27/6. 1957, ausg. 12/5. 1960. F. Prior. 6/10. 1956. — C. **1959.** 15538 [F. P. 1 159 008].)

Kodak Ltd. (Erfinder: **Carl Johan Malm** und **Carlton Lee Crane**), London, England, *Celluloseester.* (**E. P. 839 867** vom 24/8. 1956, ausg. 29/6. 1960. A. Prior. 26/8. 1955. — C. **1959.** 7669 [A. P. 2 824 097].)

Eastman Kodak Co. (Erfinder: **Carl Johan Malm** und **Carlton Lee Crane**), Rochester, N.Y., V.St.A., *Cellulosemischester.* (**D. A. S. 1 103 910** Kl. 12o vom 18/9. 1953, ausg. 6/4. 1961. A. Prior. 25/9. 1952. — C. **1956.** 7962 [E. P. 742 034].)

Mo och Domsjö Aktiebolag, Örnsköldsvik (Erfinder: **Jerker Olof Porath,** Uppsala), Schweden, *Sulfomethylcellulose.* (**D. A. S. 1 097 968** Kl. 12o vom 6/11. 1957, ausg. 26/1. 1961. Schwed. Prior. 9/11. 1956. — C. **1960.** 5356 [E. P. 813 900].)

Upson Co., übert. von: **Walter P. Ericks,** Lockport, N.Y., V.St.A., *Stabilisieren der Dimensionen von Zellstoffprodukten gegen Feuchtigkeitsänderungen.* (**A. P. 2 977 331** vom 20/10. 1955, ausg. 28/3. 1961. — C. **1960.** 16631 [D. A. S. 1 057 864].)

Farbenfabriken Bayer Akt.-Ges. (Erfinder: **Kuno Wagner** und **Erwin Müller**), Leverkusen, *Herstellung von N-Methylolpolyäthern.* (**Jap. A. S. 2198/1960** vom 31/8. 1957, ausg. 12/3. 1960. D. Prior. 1/9. 1956. — C. **1960.** 4389 [D. A. S. 1 049 094].)

Malise Graham Mackeurtan, Durban (Erfinder: **Ernest Augustus Ritter,** Umhlanga Rocks), Natal, Südafrikanische Union, *Herstellung von Papierstoff aus Einjahres- und Stengelpflanzen wie Bambus und Bagasse.* (**D. A. S. 1 113 868** Kl. 55b vom 22/8. 1957, ausg. 14/9. 1961. Südafrikan. Prior. 24/8. u. 11/10. 1956. — C. **1961.** 15246 [F. P. 1 191 339].)

Malise Graham Mackeurtan (Erfinder: **Ernest Augustus Ritter**), *Herstellung von Papierstoff.* (**Aust. P. 225 156** vom 14/8. 1957, ausg. 3/12. 1959. — C. **1961.** 15246 [F. P. 1 191 339].)

Food Machinery & Chemical Corp., San Jose, Calif., übert. von: **Robert R. Kindron,** Malden, Mass., V.St.A., *Bleichen von Cellulose.* (**Can. P. 552 667** vom 15/3. 1954, ausg. 4/2. 1958. A. Prior. 27/5. 1953. — C. **1959.** 2326 [Oe. P. 193 245].)

B. F. Goodrich Co., New York, N.Y. (Erfinder: **George Leroy Whelock,** Akron, und **Gino Peter Ferrini,** Ravenna, Ohio), V.St.A., *Wässrige Mischpolymerisatdispersionen.* (**D. A. S. 1 116 904** Kl. 39c vom 1/12. 1955, ausg. 9/11. 1961. A. Prior. 1/12. 1954. — C. **1959.** 1312 [A. P. 2 791 571].)

American Tobacco Co., New York, N.Y., V.St.A., *Zigarettenpapier.* (**Belg. P. 537 531** vom 20/4. 1955, ausg. 8/5. 1959. A. Prior. 8/6. 1954. — C. **1957.** 3153 [F. P. 1 122 773].)

T. V. Rannila, Helsinki, Finnland, *Feuerfeste Fasererzeugnisse.* (**Finn. P. 29 263** vom 14/11. 1950, ausg. 28/2. 1958. — C. **1956.** 1766 [Schwz. P. 307 340].)

A. B. Dick Co., V.St.A., *Druckplatte.* (**F. P. 1 174 778** vom 3/5. 1957, ausg. 16/3. 1959. — C. **1959.** 8744 [A. P. 2 760 431].)

Commonwealth Engineering Co. of Ohio (Erfinder: **Harry Aubry Toulmin jun.**), Dayton, Ohio, V.St.A., *Druckverfahren mit Hilfe eines Metallüberzuges auf einem nichtmetallischen Träger.* (**Schwz. P. 348 593** vom 9/6. 1958, ausg. 14/10. 1960. — C. **1961.** 7446 [D. A. S. 1 081 475].)

General Aniline & Film Corp., New York, übert. von: **Ralph G. D. Moore,** Chenango Forks, N.Y., V.St.A., *N-Abietylsubstituierte o-Chinondiazide von Naphthalin- und Benzolsulfonsäureamiden.* (**Can. P. 552 287** vom 30/5. 1955, ausg. 28/1. 1958. A. Prior. 20/8. 1954. — C. **1958.** 13663 [D. A. S. 1 007 773].)

Dr. Bekk & Kaulen, Chemische Fabrik G. m. b. H., Köln/Rh., *Herstellung von Mehrfarbendrucken.* (**E. P. 859 817** vom 10/5. 1957, ausg. 25/1. 1961. D. Prior. 22/9. 1956. — C. **1960.** 15263 [Oe. P. 202 570].)

Chr. Hostmann-Steinbergsche Farbenfabriken (Erfinder: **Georg Dörband**), Celle, *Herstellung von Mehrfarbendrucken im Hoch- oder Flachdruck.* (**Schwz. P. 357 080** vom 4/12. 1957, ausg. 15/11. 1961. D. Prior. 8/12. 1956. — C. **1960.** 2048 [D. A. S. 1 029 394].)

National Cash Register Co., Dayton, Ohio, V.St.A., *Vervielfältigungsverfahren.* (**E. P. 835 375** vom 3/6. 1958, ausg. 18/5. 1960. A. Prior. 27/6. 1957. — C. **1961.** 7794 [D. A. S. 1 079 081].)

J. M. Huber Corp., V.St.A. (Erfinder: **Andries Voet**), *Druckfarbe.* (**F. P. 1 163 134** vom 5/11. 1956, ausg. 23/9. 1958. A. Prior. 8/11. 1955. — C. **1960.** 10100 [A. P. 2 891 872].)

Montecatini Soc. Gen. per l'Industria Mineraria e Chimica (Erfinder: **Alberto Bonvicini**), Mailand, Italien, *Druckfarbe.* (**D. P. [DDR] 21 159** Kl. 15 l vom 9/4. 1958, ausg. 11/4. 1961 [Ausschließungspatent]. It. Prior. 10/4. 1957. — C. **1961.** 5651 [Oe. P. 205 515].)

American Can Co., New York, und **Kienle & Co.**, Brooklyn, übert. von: **John W. McNabb**, Cedarhurst, N.Y., V.St.A., *Druckfarbenträger.* (**Can. P. 553 231** vom 10/11. 1952, ausg. 11/2. 1958. A. Prior. 3/12. 1951. — C. **1959.** 4011 [A. P. 2 754 277].)

VEB Leuna-Werke „Walter Ulbricht", Leuna, *Behandlung von Rückstandsölen.* (**Ung. P. 145 758** vom 10/8. 1957, ausg. 15/12. 1959. — C. **1959.** 14289 [D. A. S. 1 057 708].)

E. I. du Pont de Nemours & Co., Wilmington, Del. (Erfinder: **Leon E. Wolinski**, Buffalo, N.Y.), V.St.A., *Verbesserung der Bedruckbarkeit von Polyäthylenoberflächen gegenüber Anilin- oder Rotogravürefarben.* (**D. A. S. 1 117 302** Kl. 39 b vom 7/12. 1953, ausg. 16/11. 1961. A. Prior. 7/4. 1953. — C. **1958.** 14480 [E. P. 755 738].)

Unilever Ltd. (Erfinder: **Johannes Donatus von Mikusch-Buchberg, Karlheinz Hermann Mebes**, Hamburg, und **Maurice Robert Mills**, Sevenoaks, Kent, England), *Kondensationsprodukte.* (**Aust. P. 223 020** vom 15/2. 1956, ausg. 20/8. 1959. — C. **1961.** 343 [D. A. S. 1 073 665].)

Unilever N. V., Rotterdam, Holland (Erfinder: **Johannes Donatus von Mikusch-Buchberg, Karlheinz Hermann Mebes**, Hamburg, und **Maurice Robert Mills**, Sevenoaks, England), *Herstellung von Kondensationsprodukten von Fettsäuren mit 10—26 Kohlenstoffatomen.* (**Holl. P. 98 127** vom 30/11. 1955, ausg. 15/6. 1961. E. Prior. 30/11. 1954 u. 7/10. 1955. — C. **1961.** 343 [D. A. S. 1 073 665].)

N. V. Onderzoekingsinstituut Research (Erfinder: **Georg Hennemann** und **Albertus Gerardus Lutgerhorst**), *Behandlung künstlicher Schwämme aus regenerierter Cellulose.* (**Aust. P. 229 299** vom 8/7. 1958, ausg. 4/8. 1960. Holl. Prior. 16/8. 1957. — C. **1960.** 6704 [Oe. P. 205 749].)

XVIIIb. Textilfasern

Einfluß von Bleiche und Wäsche auf die Elastizität von Wirkwaren. Hermann Baier (unter Mitarbeit von Erika Klass). (Textil-Prax. **14.** 607—10. Juni 1959.) (Dt.)

Verss. über das Verh. der elast. Eigg. von Wirkwaren bei der betriebsmäßigen Bleiche u. späteren Haushaltwäsche werden beschrieben. Es hat sich gezeigt, daß es berechtigt ist, bei Wirkwaren die Beusch–Chlor-Bleiche abzulehnen. Bei der Chlor–Peroxid-, der Chlorit- u. der reinen Peroxid-Bleiche bleibt die Elastizität besser erhalten, wobei zwischen diesen Verf. nur geringe Unterschiede festzustellen sind. Durch die nachfolgenden Wäschen tritt eine mit der Anzahl der Wäschen zunehmende Verminderung der Elastizität ein, die bei allen 3 Bleichverf. ungefähr gleich groß ist.

L. JENTGEN. 8032□

Aktuelle Wege der Baumwollveredlung. Rudolf Allscher. (Melliand Textilber. **43.** 274—77. März 1962. Mannheim, Chemische Fabrik Theodor Rotta.) (Dt.)

Die Vernetzung von Cellulose mit HCHO u. HCHO-Kondens.-Prodd. wird beschrieben u. auf die entstehende Faserschädigung eingegangen. Auf das Prod. *F-Donator-62* wird aufmerksam gemacht u. dessen Vorzüge aufgezeigt. H.-H. MICHEL. 8044□

Die Cyanäthylierung von Baumwolle. H. Friedrich. (Melliand Textilber. **42.** 657—62. Juni 1961. Marl, Chem. Werke Hüls AG, Anwendungstechn. Abt.) (Dt.)

Die Cyanäthylierung von Baumwolle wird besprochen. An techn. Verff. werden das Zweibad-, das Einbad-, das Salz- u. das neue Imprägnierverf. mit ihren Vor- u. Nachteilen u. ihrer Wirtschaftlichkeit diskutiert. Die Einfl. verschiedener Faktoren wie Qualität der Baumwolle, Konz. der NaOH, Feuchtigkeits-Geh. der Ware usw. werden dargelegt. Ein Überblick über das Verh. cyanäthylierter Baumwolle, zu deren bemerkenswertesten Eigg. die erhöhte Verrottungsfestigkeit gehört, wird gegeben.

R. KIESSLING. 8044□

Methode zur Untersuchung der Abhaspeleigenschaften von Seidenraupenkokons. William Scalabroni. (Ann. Sperimentaz. agrar. [N. S.] **9.** XLV—L. 1955. Ascoli Piceno, Staz. sperim. gelsicoltura e bachicoltura.) (Ital.)

Zwecks Zuchtauslese von möglichst fehlerfrei liefernden Seidenraupenstämmen wurde in Ascoli Piceno ein wirtschaftliches Kurzzeit-Verff. zur mkr. Prüfung von entbasteten Kokonproben u. Klassierung nach einer aufgestellten Gütenorm entwickelt. App., Hilfsgeräte u. Ausführung der Unters. werden ausführlich an Hand von Abb. u. Tabellen beschrieben. A. SANDER. 8068□

Die Herstellung von Viscose mit Zusätzen von Natriumzinkat. B. M. Lotarew und S. W. Bork. (Химические Волокна [Chemiefasern] **1960.** Nr. 1. 27—29. Allunions-Forschungsinst. für künstl. Fasern.) (Russ.)

Zusätze von 3,3–6,6 g *Na-Zinkat* (I) auf 1 kg *Viscose* (II) zur Mercerisationslauge bei der Xanthogenierung von Alkalicellulose oder bei der Lsg. von üblichem Xanthogenat ermöglichen es, mit nur 25–30% CS_2 auszukommen, wobei Prodd. normaler Zus. u. Eigg. erhalten werden. Die Filtrierbarkeit u. die Stabilität von **II** wird außerdem durch den I-Zusatz verbessert. M. ULMANN. 8074□

Textilien aus „No-iron"-Viscosereyon mit besonderer Berücksichtigung ihrer Untersuchung. P. C. A. van Krimpen. (De Tex **20.** 740–49, 63. Dez. 1961. Nymegen, Kunstzydespinnery Nyma, N.V., Res.-Afd. Rayongroep.) (Holl.)

Übersicht über die der Unters. von „No-iron"-Viscosereyon dienenden Verff., bes. Knitterfestigkeit, Knitterwrkg., Knittererholung, Reißfestigkeit, Verschleißfestigkeit, Zurückhaltevermögen, ihre Ausführung u. die Bewertung der Ergebnisse. — 18 Literaturhinweise. W. WESLY. 8074□

Ein struktureller Vergleich von Filmen, regeneriert aus Viscose und Celluloseacetat. V. C. Haskell und D. K. Owens. (Textile Res. J. **30.** 993–98. Dez. 1960. Richmond, Va., USA; Du Pont de Nemours & Co. Cellophan Res. and Develop. Labor.) (Engl.)

Aus Viscose sowie durch Verseifen von Celluloseacetat erhaltene Cellulosefilme wurden untersucht (Röntgenanalyse, Säurehydrolyse, Quellungs-Rkk. in Alkali) u. die Ergebnisse miteinander verglichen. Hierbei wurden für die verseiften Acetatcellulosefilme kleinere Kristallite u. ein geringerer Kristallinitätsgrad gefunden. Auch der Orientierungsgrad ist geringer, verglichen mit dem Viscosefilm. Weitere Unterss. im Licht- u. Elektronenmikroskop zeigten in beiden Filmen Fibrillen ähnlicher Größe, jedoch von unterschiedlicher Anordnung in der Faser. H. G. FRÖHLICH. 8074□

Einfluß der Zusammensetzung des Fällbades auf die übermolekulare Struktur der aus Viscose regenerierten Cellulose. W. I. Scharkow, A. W. Krupnowa und T. A. Schtscheglowa. (Химические Волокна [Chemiefasern] **1961.** Nr. 5. 37–43. Forschungsinst. für Hydrolysenind.) (Russ.)

Viscose-Lsgg. mit 8% Cellulose u. 6,5% NaOH u. einer NH_4Cl-Reife von 8–10 ml werden unter verschiedenen Bedingungen in einer Reihe von Fällbädern versponnen. Als Merkmal der Struktur, der in 16 Verss. erhaltenen Hydratcellulosen dient ihr Verh. gegenüber einer Äthanolyse in abs. A., enthaltend 10% H_2SO_4. Die in Lsg. gehenden Anteile bestehen fast ausschließlich aus Äthylglucosid. Bei Wasserbehandlung der Präpp. gehen auch gebildete Oligosaccharide, Cellodextrine u. niedermol. Cellulosefraktionen in Lösung. Die geringste Rk.-Fähigkeit u. damit die geringste Wasserlöslichkeit (11,4%) zeigt ein mit H_2SO_4 als Fällmittel erhaltenes Präp., die größte (52,6%) wird beim Einbringen der Viscose in 75%ig. A. u. anschließende H_2SO_4-Behandlung erhalten. Ggw. von $ZnSO_4$ im Fällbad führt zu aufgelockerten Strukturen; das gleiche läßt sich durch Zusatz von Modifikatoren, wie *Cyclohexylamin*, zur Viscose erreichen. Von verschiedenen der untersuchten Präpp. werden Viscosität u. Dichte bestimmt. Die Verss. zeigen, daß das Auftreten einer gelockerten u. feinkristallinen Struktur der Cellulose beim Verspinnen von Viscose hauptsächlich auf die Wrkg. des Fällbades u. nicht auf den Abzug der Fasern während des Spinnprozesses zurückzuführen ist. M. ULMANN. 8074□

Messungen der statischen Elektrizität bei der Herstellung von künstlichen Textilfasern. Giovanni Maggi. (Securitas [Roma] **44.** 143–46. Sept./Okt. 1959.) (Ital.)

Es wird der effektive Einfl. von elektrostat. Funken auf Brände, die mitunter in den Sammelkammern von Reyonflocken entstehen können, untersucht. Die Ergebnisse zeigen, daß elektrostat. Funken von beachtlicher Stärke in Verbindung mit günstigen Faktoren auftreten können, bes. durch die Ggw. von Metallteilen mit fehlerhafter elektr. Verb. mit den anliegenden oder der Erde. Eine geeignete Meßapp. (Abb.) wird beschrieben. G. PLATZER. 8074□

Synthetische Faserstoffe, Allgemeines. P.-A. Koch. (Textil-Rdsch. [St. Gallen] **16.** 117–25. März 1961.) (Dt.)

Faserstofftabelle, die folgende Abschnitte zur allg. Erklärung der synthet. Fasern aufweist: Begriffs-Best., Geschichtliches u. Entw., Arten, Ausgangsstoffe, Erzeugungsprinzipien u. Fabrikatnamen, Spinnverff., chem. Konstit., Querschnittsformen, Eigg. u. Einsatzgebiete. — 23 Literaturhinweise. H. SCHMIEDEKNECHT. 8080

Beiträge zum Verhalten von Synthesefasern beim Carbonisierprozeß. 2. Mitt. G. von Hornuff und H. Hiller. (Melliand Textilber. **42.** 684–89. Juni 1961. Dresden, TH, Inst. für Textilchem.) (Dt.) — 1. vgl. C. **1961.** 8528.

Bei der Carbonisation von Mischtextilien kann das unterschiedliche Verh. von Polyamidfasern bei der HCl- u. $AlCl_3$-Carbonisation von technolog. Bedeutung sein. Die Unters. der $AlCl_3$-Carbonisation von Polyamidfasern ergibt, daß keine Sprengung der H-Brücken eintritt, da es nicht zur Diffusion von HCl ins Innere der Faser kommt. Für

die Praxis bedeutet das, daß Polyamidfasern den Carbonisationsprozeß mit $AlCl_3$ ohne Einbuße ihrer Gebrauchseigg. überstehen. Voraussetzung dafür sind allerdings Entfernung der Carbonisierflotte vor dem Trocknen, gutes Vortrocknen des Materials bei einer Temp. $<60^0$ u. Neutralisieren mit 2 ml/Liter konz. NH_4OH bei $\geqq 60^0$.
R. KIESSLING. 8080□

Heterogene Oberflächenreaktion des Nylonfadens in Schwefelsäure. Shigeru Hayama und Kiyomi Satô. (J. chem. Soc. Japan, ind. Chem. Sect. [Kogyo Kagaku Zasshi] **62.** 878—80. Juni 1959. Yonezawa, Yamagata-Daigaku, Kôgakuba.) (Jap.; Auszug: Engl.) — Vgl. C. **1959.** 13353.

Nylon-Fäden von 1100 Denier werden mechan. zerrissen, in einem Gemisch aus H_2SO_4, CH_3OH (I) u. W. (20 : 40 : 40 Gew.-%) stehen gelassen u. elektronenmkr. untersucht: es wird eine fibrillenähnliche Struktur beobachtet, deren Struktureinheit viel größer ist als die des Nylonfadens von 15 Denier. Der Faden wird in H_2SO_4 stehen gelassen u. mit I sorgfältig gewaschen, wobei die umgesetzten oberen Schichten leicht abgetrennt werden können. Die Oberfläche der abgeschälten Fäden zeigt mkr. sowie elektronenmkr. regelmäßige wellenförmige Struktur. H_2SO_4 verursacht eine Quellung der Oberfläche des Fadens u. dringt in den inneren Teil ein, wobei die Geschw. der Oberflächen-Rk. durch die der Diffusion von H_2SO_4 durch den inneren Teil des Fadens bestimmt wird: die Diffusions-Konst. bei 20^0 beträgt $1{,}12 \cdot 10^{-3}$ mm²/min, die Aktivierungsenergie zwischen 0 u. 20^0 8,33 kcal/Mol. E. MAEKAWA. 8080

Eine neue Schnelleinbettungsmethode für Fasern und Textilien zur Herstellung von Querschnitten. H. Braun und M. Monshausen. (Melliand Textilber. **42.** 662 bis 666. Juni 1961. Badenweiler, Staatl. Inst. für Textilchem.) (Dt.)

Nach einem Überblick über die gebräuchlichsten Einbettungs-Meth. wird ein neues Verf. beschrieben, das es gestattet, bereits nach kürzester Zeit (ca. 5 Min.) Schnitte von harten, spröden oder zähen Textilmaterialien anzufertigen. Als neues Einbettungsmittel wird Versamid 950, ein Polyamid aus Polyaminen u. di- u. trimerisierten ungesätt. Fettsäuren, bes. Linolsäure, verwendet. Je nach Beschaffenheit des einzubettenden Materials wird in Ggw. oder Abwesenheit eines Weichmachers gearbeitet.
R. KIESSLING. 8096□

Die Entwicklung eines elektronischen SRI- (Gehalts-) Feuchtigkeitsmessers für Textilien und ähnliches hygroskopisches Material. A. Pande. (Instrument Pract., Control Syst.-Electronics-Automat. **15.** 432—38. April 1961. Delhi, Shri Ram Inst. for Ind.) (Engl.)

Beschreibung eines elektron. Meßgerätes zur Feuchtigkeitsmessung von Textilien, das auf dem Prinzip der Änderung der DK durch den Feuchtigkeits-Geh. beruht. Es werden Angaben über die Eichung des Gerätes gemacht u. Daten über den Einsatz in einer Textilfabrik mitgeteilt. — 1 Schaltskizze, 5 Abb., 3 Tabellen.
H. SCHMIEDEKNECHT. 8096□

Über eine neue Milchsäure-Harnstoff-Methode zur quantitativen Bestimmung von Harnstoff/Formaldehyd- und Melamin/Formaldehyd-Harzen auf Geweben aus Celluloseregeneratfasern. F. Kočevar. (Textil-Rdsch. [St. Gallen] **16.** 109—14. März 1961. Ljubljana, Jugoslawien, Univ., Inst. für Textilfasern.) (Dt.)

Auf Grund eingehender Löslichkeits- u. Hydrolyse-Verss. an unausgerüsteten u. mit Harnstoff/HCHO- bzw. mit Melamin/HCHO-Harz ausgerüsteten Zellwolle- u. Viscosereyongeweben u. an pulverisierten Harzen beider Typen wird folgende Vorschrift angegeben: ca. 1 g knitterecht ausgerüstetes Gewebe wird ½ Std. lang mit 100 ml dest. W. von 60^0 digeriert, gespült, bei 70^0 bis zur Gew.-Konstanz getrocknet u. gewogen (Gew. A). Das Gewebe wird mit der 50fachen Menge einer Lsg. von 200 ml Milchsäure ($D.^{20}$ 1,206—1,216) u. 10 g Harnstoff in 1 Liter dest. W. übergossen u. 1 Std. lang gekocht. Nach Ablassen der Flotte wird das Kochen mit neuer Lsg. wiederholt. Nach Spülen mit dest. W. auf der Nutsche bis zum Verschwinden der sauren Rk. wird bei 105^0 bis zur Gew.-Konstanz getrocknet u. gewogen (Gew. a). Die Kunstharzmenge x, berechnet als prozentualer Zuschlag zum Trockengew. des nicht ausgerüsteten Gewebes ist dann $x = 100\,(A - a) - A \cdot f/a$ %, f ist ein Korrekturfaktor, der für Zellwollgewebe = 0,7, für Reyongewebe 0,5 beträgt. Wird nur 1mal mit Milchsäure/Harnstoff-Lsg. behandelt, so beträgt f 0,5 bzw. 0,4. H. SCHMIEDEKNECHT. 8112□

Theorie und Anwendungsmöglichkeiten der polarographischen Maximaunterdrückung. 3. Mitt. **Polarographische Bestimmung der Methylenblauzahl an hoch carboxylierten regenerierten Cellulosen mittels der Unterdrückung des Sauerstoffmaximums.** I. Rusznák, I. Králik und K. Fukker. (Acta chim. Acad. Sci. hung. **9.** 59—71. 1956. Budapest, TU, Inst. für prakt. Chem.; Forsch.-Inst. der Textilind.) (Dt.) — 2. vgl. C. **1957.** 145; 4. vgl. C. **1959.** 17004.

Für die Verss. werden verschiedene mit NO_2 oxydierte Reyonfaserarten verwendet, um folgende Ziele zu erreichen: 1. Einwandfreie Best. der Methylenblauzahl (MBZ) von hochsubstituierten Carboxylcellulosen. 2. Best. des stöchiometr. Zusammenhanges zwischen polarograph. ermittelten MBZ u. COOH-Gehalt. 3. Entw. einer polarograph. Meth. zur Best. der MBZ. — Es wird festgestellt, daß die bisher übliche Konz. (0,004 m) u. das Flottenverhältnis (1 : 6) schon bei mittelmäßig substituierten Carboxylcellulosen unzureichend ist, da die zur Verfügung stehende Farbstoffmenge nicht ausreicht. Einwandfreie Ergebnisse werden mit 0,02m Lsg. u. einem Flottenverhältnis von 1 : 100 erreicht. Bei Reihen-Unterss. mit der modifizierten Meth. zeigt sich ein exakter Zusammenhang zwischen MBZ u. COOH-Gehalt. Nach Subtraktion des Absorptionswertes kann aus der red. MBZ bei Division durch 7 (entsprechend einem COOH-Geh. von 1%) der prozentuale COOH-Geh. errechnet werden. Die Konz. der Methylenblau-Lsg. kann mit Hilfe der polarograph. O-Unterdrückungs-Meth. sehr genau bestimmt werden.

F. LANG. 8112□

Eine potentiometrische Methode zur Bestimmung der Amino- und Carboxylendgruppen von Polyamidfasern mit Hilfe eines schreibenden automatischen Titriergerätes. S. Wolf und B. Möbus. (Z. analyt. Chem. **186.** 194—201. 1962. Echterdingen, Württ., Metrohm, Phys.-chem. Labor.) (Dt.)

Zur Best. der Amino- u. Carboxylendgruppen von Fasern hochmol. Polyamide werden verbesserte potentiometr. Titrations-Meth. angegeben. Die Carboxylendgruppen werden nach Lösen der Substanz in frisch über $NaHCO_3$ dest. Propargylalkohol durch Titrieren mit einer äthanol. Tetraäthylammoniumhydroxid-Lsg., die Aminoendgruppen nach Lösen in einem Gemisch von m-Kresol/Isopropanol (2 : 1) durch Titrieren mit äthanol. $HClO_4$ erfaßt. Zur selbsttätigen Durchführung der Titration wird der Potentiograph E 336 benutzt. Als Meßkette wird eine für Titrationen im nichtwss. Medium geeignete W-Elektrode u. eine Ag/AgCl-Bezugselektrode in LiCl-gesätt. A. verwendet. Die Ermittlung der Titrationsendpunkte erfolgt graph., indem der Wendepunkt der Kurve als Mittelpunkt des steilsten geraden Kurventeilstückes aufgesucht wird. J. PETERS. 8116□

Food Machinery & Chemical Corp., V.St.A. (Erfinder: Hugo Joseph Kauffmann, Alfred Peter Mentecki, Samuel Salomon Naistat und Hugo James Wehrfritz), **Bleichmittelkomposition** aus Alkylarylsulfonaten, einem in W. lösl. Perborat (Na-Perborat) u. einem in W. lösl. Cu-Salz ($CuSO_4$). (**F. P. 1 183 646** vom 1/10. 1957, ausg. 9/7. 1959. A. Prior. 2/10. 1956.) T. OPPERMANN. 8027

Ciba Ltd., Basel, übert. von: Willy Müller, Riehen, und Adolf-E. Siegrist, Basel, Schweiz, **Oxdiazole.** Zu F. P. 1 127 243; C. **1959**. 1315 sind nachzutragen: *2.5-Bis-[2'-hydroxy-3'.5'-dichlorsulfophenyl]-oxdiazol* u. *2-[2'-Hydroxy-3'.5'-dichlorphenyl]-5-[3'-sulfophenyl]-oxdiazol.* (**Can. P. 554 137** vom 7/7. 1955, ausg. 11/3. 1958. Schwz. Prior. 7/7. u. 12/11. 1954.) L. GROSSNER. 8033

Badische Anilin- & Soda-Fabrik Akt.-Ges. (Erfinder: Wilhelm Rümens, Norbert Götz und Rudolf Zeidler), Ludwigshafen/Rh., **Knitterechte Ausrüstung von Cellulose enthaltenden Textilien.** Die hierfür üblichen Mittel werden zusammen mit einem Mischpolymerisat aus 1—25% N-Methylolamid einer Acrylsäure u. 99—75% einer oder mehrerer polymerisierbarer Verbb. verwendet. — Zur Ausrüstung von mercerisiertem u. gefärbtem Baumwollpopelin dient ein Ansatz, der in 1000 (Teile) W. 20 Dimethylolharnstoff, 6 $MgCl_2$ u. 80 wss. Mischpolymerisatdispersion (40%ig) aus Acrylsäurebutylester u. N-Methylolacrylamid enthält. Nach der Imprägnierung wird abgequetscht, getrocknet u. 5 Min. lang auf 150° erhitzt. (**D. A. S. 1 110 606** Kl. 8k vom 13/3. 1959, ausg. 13/7. 1961.) H. MÖLLERING. 8033

Chemische Fabrik Düren G.m.b.H., Düren (Erfinder: Peter Loebler, Troisdorf, Robert Helligrath, Düsseldorf, Horst Elsner, Spich, und Richard Huttenlocher, Lendersdorf), **Waschbeständige, knitterfeste Textilausrüstung mit Carbamidharzen** ohne Chlorretention wird bei Verw. von Salzen schwacher organ. Basen mit Monoamiden aus Äthylen-α.β-dicarbonsäuren u. Polyaminen als Härtungskatalysator, z. B. maleinamidsaurem Melamin (I) u. malein-N-[β-äthoxy]-amidsaurem I, erhalten, wobei als Kunstharzbildner z. B. Dimethylolharnstoff oder -äthylenharnstoff angegeben sind. (**D. A. S. 1 107 633** Kl. 8k vom 12/11. 1959, ausg. 31/5. 1961.)

H. MÖLLERING. 8033

Farbenfabriken Bayer Akt.-Ges., Leverkusen (Erfinder: Hanswilli von Brachel, Werner Langmann, Köln, Otto Bayer, Georg von Finck, Leverkusen, und Werner Langmann, Köln), **Verfahren zur antistatischen Textilausrüstung,** dad. gek., daß auf dem Textilgut Additions-Verbb. von hydroxylgruppenhaltigen *Polyalkylenäthern* an, sich von bifunktionellen Alkoholen, Aminoalkoholen oder Aminen ableitende Ester bzw. Amide der *(Meth)Acrylsäure* vernetzt werden. Die Additions-Verbb. sollen mindestens 2 freie (Meth)Acrylsäurereste enthalten. — Mit einer wss. Lsg. mit einem Geh. von 1 (%) Addukt u. 2,5 NH_4OH wird *Nylon-*, *Polyacryl-* oder *Polyestergewebe* imprägniert u. 10 Min. lang auf 120° erhitzt. Das Addukt wird erhalten aus 50 (g) *Triacryloylhexahydrotriazin,* 1 Hydrochinon in 150 Pyridin unter Zusatz von 200 *Polyäthylenoxid* (Molgew. 2300) bei 180° im Vakuum, worauf unter N_2 mit Na-Alkoholat enthaltendem Polyäthylenoxid/Pyridin-Gemisch nachbehandelt wird. — Die verwendeten Addukte entsprechen der allg. Formel I, wobei R = H oder CH_3, X = Rest eines polyfunktionellen Alkohols, Amins oder Aminoalkohols, Y = ein q-Hydroxylgruppen enthaltender Polyalkylenätherrest ist, u. ferner m, n, p, q u. r für Zahlen oder mehrere Zahlen stehen, wobei m + p mindestens 2 ist u. die Zahlensymbole in bestimmten Verhältnissen zueinander stehen. (**D. A. S. 1 123 283** Kl. 8k vom 4/8. 1959, ausg. 8/2. 1962.)

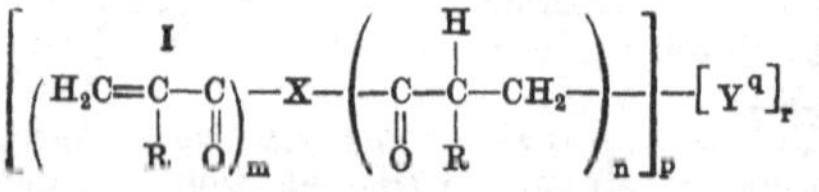

H. MÖLLERING. 8033

Imperial Chemical Industries Ltd. (Erfinder: Arthur Lowe und John Francis Wood), **Gebundene Faservliese** enthalten als Bindemittel *Polyurethan,* das bes. durch Aufsprühen, z. B. eines Ansatzes aus 100 (Teilen) fl. Polymerisat (aus Diäthylenglykol, Glycerin u. Adipinsäure), 2 Phenoläthylenoxidkondensat, 2,5 N.N Dimethylcyclohexylamin u. 3 W. unter Mitverwendung von Toluylendiisocyanat, auf ein Kardenvlies aus Viscosezellwolle aufgebracht wird. (**Aust. P. 224 256** vom 25/6. 1958, ausg. 29/10. 1959. E. Prior. 5/7. 1957.) H. MÖLLERING. 8033

Imperial Chemical Industries Ltd. (Erfinder: Walter Fairbairn Smith und John Francis Wood), **Beschichten von Teppichen** auf der Abseite erfolgt mit Polyurethan. Geeignet ist ein Ansatz z. B. aus 100 (Teilen) fl. Mischpolymerisat (aus Diäthylenglykol, Glycerin u. Adipinsäure), 2 Phenoläthylenoxidkondensat, 3 W. u. 2,5 N.N-Dimethylcyclohexylamin, der zusammen mit Toluylendiisocyanat im Verhältnis Polyester : Diisocyanat wie 107,5 : 40 auf die Teppichrückseite aufgesprüht wird. (**Aust. P. 224 257** vom 25/6. 1958, ausg. 29/10. 1959. E. Prior. 5/7. 1957.)

H. MÖLLERING. 8033

Günter Rösch, Karl-Marx-Stadt, **Bleichen von Textilfaserstoffen.** Auf einfache u. billige Weise wird eine gute Bleichwrkg., z. B. bei Baumwoll- oder Zellwollgeweben, erreicht, wenn die laufenden Textilbahnen nach dem Imprägnieren mit einer aus H_2O_2 u. Acetanhydrid hergestellten Peressigsäure-Lsg. u. dem Abquetschen auf ca. 100% längere Zeit ohne Wärmezuführung bei Raum-Temp., bes. auf Docken, abgelegt werden, neben dem Bleichvorgang erfolgt auch ein Aufschluß u. eine Entfernung der Begleitsubstanzen der natürlichen Cellulosefasern, wie Baumwollschalen oder Flachsschäben. — Beispiele. (**D. P. [DDR] 21 923** Kl. 8i vom 5/11. 1959, ausg. 18/9. 1961 [Wirtschaftspatent].)

W. RAETZ. 8033

Günther v. Hornuff und Gerd-Dieter Gollnisch, Dresden, **Optisches Aufhellen.** Textilgut aus Cellulose-, Protein- oder Polyamidfasern wird mit Verbb. nebenst. Formel, in der F den Rest der 4.4′-Diaminostilben-2.2′-disulfonsäure (I), der beliebig substituiert oder verändert sein kann, u. X den Rest von Derivv. oder Homologen von Anilin oder Phenol bedeuten u. X′ gleich oder ähnlich X ist, aber auch den Rest der I in gleicher oder veränderter Form sowie weitere Triazinringe enthalten kann, nach dem Färbe-Verf. für Reaktivfarbstoffe behandelt. — Zum Aufhellen von 1 kg Baumwollware wird z. B. eine Flotte, die in 10 Litern W. 5 (g) einer der genannten Verbb., 500 Na_2SO_4 u. 100 Na_2CO_3 enthält, verwendet; die Waschechtheit der Ausrüstung ist unbegrenzt. (**D. P. [DDR] 22 184** Kl. 8i vom 13/11. 1959, ausg. 12/10. 1961 [Wirtschaftspatent].) W. RAETZ. 8033

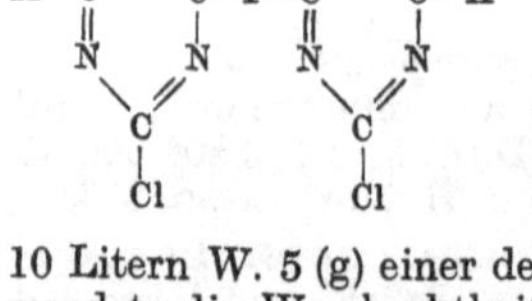

Farbwerke Hoechst Akt.-Ges., vormals Meister Lucius & Brüning (Erfinder: Gerhard Korger, Georg Nesemann und Werner Schubert), Frankfurt/M., ***Fäulnisfestmachen von Textilien.*** Verw. von Amiden der allg. Formel I, in der R für einen aliphat. oder cycloaliphat. KW-Stoff-Rest mit bis zu 5, bes. 3—5 C-Atomen u. X für ein Halogen, bes. Cl, steht, zum Fäulnisfestmachen von Textil- u. anderen Materialien, die aus Cellulose bestehen oder solche enthalten. (**D. A. S. 1 122 672** Kl. 30i vom 21/3. 1957, ausg. 25/1. 1962.) K. KOEBKE. 8037

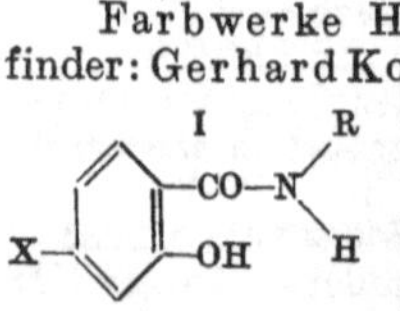

Deutsche Gold- und Silber-Scheideanstalt vormals Roessler (Erfinder: Karl Vieweg und Peter Ney), Frankfurt/M., **Entschwefeln von aus Viscose erhaltenen Fäden oder Fasern.** Frisch gesponnene Fäden oder Fasern werden bei

20—60° u. einem pH-Wert von 4,5—6,5 mit einer 0,2—2%ig. wss. Lsg. von Peressigsäure oder solche bildenden Stoffen, z.B. mit einer Lsg., die je Liter W. 1,5 (g) $Na_4P_2O_7$, 5,25 NaOH, 12,5 (cm^3) (35%ig. H_2O_2) u. 15 Essigsäureanhydrid enthält, behandelt. (**D. A. S. 1 103 517** Kl. 29b vom 10/10. 1959, ausg. 30/3. 1961.) F. BÖHM. 8075

Dow Chemical Co., V.St.A. (Erfinder: George William Stanton und Albert Sherman Messer), **Herstellung von einheitlich färbbaren Fasergemischen** aus Cellulose- u. synthet. Textilfasern, z. B. Baumwolle, Kunstseide u. Gemischen beider einerseits u. Acrylonitrilpolymeren andererseits. Dem Acrylonitrilpolymeren werden bis zu 20% Vinyllactampolymeres (Polyvinylpyrrolidon) zugesetzt. Die Gemische lassen sich z. B. mit Küpenfarbstoffen, Direkt-, Naphthol- u. Schwefelfarbstoffen färben. (**F. P. 1 181 785** vom 29/8. 1957, ausg. 18/6. 1959. A. Prior. 28/12. 1956.) M. F. MÜLLER. 8081

Comp. Française Thomson-Houston, Seine, Frankreich (Erfinder: Archie Harry Horner und George William Roberts), **Herstellung von Polytetrafluoräthylenfasern.** Polytetrafluoräthylen (I) wird in Form von Körnern oder Pulver in Ggw. von 0,1—10, bes. 1—3 (Gew.-Teilen) Polyol (Glykol, Glycerin, Carbowax) pro 1 I u. eines Netzmittels zerkleinert, bis es eine lockere Folie gibt, die mit W. u. organ. Lsgm. ausgewaschen wird. — Verw. der Fasern zur Herst. von korrosionsfesten *Fl.-Filtern.* — 20 (Teile) I-Körner, 10 Glycerin u. 1 Polyäthylenglykolalkylphenyläther werden auf der Kautschukwalze mit allmählich kleiner werdendem Walzenspalt bis 125—250 μ zu einer lockeren Folie 15—20 Min. lang gewalzt, mit W. gewaschen, im Homogenisator mit W. behandelt, mit Aceton gewaschen u. zu einer flockigen Masse getrocknet. (**F. P. 1 189 135** vom 27/8. 1957, ausg. 29/9. 1959. A. Prior. 28/8. 1956.) M. PANKOW. 8081

Courtaulds Ltd., London, England (Erfinder: Arthur Edward Lee Marsh und Albert Walter Bennett), **Herstellung von Lösungen von Polyacrylonitril oder Mischpolymerisaten mit $\geqq$80% Acrylonitril.** Als Lsgm. wird ein Gemisch aus W. mit Zusatz von 4—10 (%) CH_3OH u./oder A., in dem $\geqq$35 Alkali-, Erdalkali-, NH_4- oder Guanidinhiocyanat, LiBr, LiJ, NaJ oder $ZnCl_2$ gelöst sind, z. B. 48 W., 5 CH_3OH, 47 NaSCN, verwendet. Die Lsg. ist in reines W. *verspinnbar.* (**E. P. 811 638** vom 20/1. 1956, ausg. 8/4. 1959. **Zusatz von E. P. 714530; C. 1956. 4598.**) C. LÜTTGEN. 8081

Tohoa Reyon Kabushiki Kaisha, Tokyo, Japan (Erfinder: Hans Joachim Zimmer, Frankfurt/M., und Joachim Lebering, München), **Herstellung von Lösungen von Hochpolymeren.** Bei normaler Temp. wird Polyacrylonitrit oder dessen mindestens 85% Acrylonitril enthaltendes Mischpolymere mit einer Salz-Lsg. von ca. 49—54%, die pro 1 Mol NaCl 0,7—1,2 Mol $ZnCl_2$ enthält, gemischt, die Blasen entfernt u. auf 100—150° erhitzt. — Polyacrylonitril (Molgew. 100000), 16 (Teile) NaCl, 40 $ZnCl_2$ u. 54 W, werden bei Raum-Temp. verknetet, die Basen entfernt u. unter 4 at 2 Min. lang auf 145° zu einer klaren 15,9%ig. Lsg. erhitzt, die versponnen, gewaschen, gereckt u. so zu *Fäden* verarbeitet werden kann. (**Jap. A. S. 10 787/1959** vom 13/8. 1957, ausg. 18/12. 1959.) M. PANKOW. 8081

American Cyanamid Co., V.St.A. (Erfinder: Walter Harry Schuller und Witold Roman Kocay), **Stabilisieren von wässrigen Lösungen von Polyacrylonitril.** (Nachtrag zu A. P. 2 946 762; C. **1961.** 12317). Weitere Beispiele für die Stabilisierung von Lsgg. von Mischpolymerisaten von Acrylonitril mit Acrylsäureäthylester, Acrylamid, Allylalkohol, Essigsäurevinylester u. von Polyacrylonitril. (**F. P. 1 185 297** vom 29/10. 1957, ausg. 31/7. 1959. A. Prior. 1/11. 1956.) M. PANKOW. 8081

N. V. de Bataafsche Petroleum Mij., Holland, **Strecken von polymeren Kohlenwasserstoffen** (Polyäthylen, -propylen, -styrol, -butadien) innerhalb der Erweichungsgrenzen (100—150°) in Ggw. von Lsgm., deren Löslichkeitsparameter bei der Spinntemp. 5—8 beträgt. Solche Lsgm. haben z. B. die Formel R'X (X = H, OH, OR'', COOR'''; R', R'', R''' = aliphat. KW-Stoff-Rest, die auch Halogen enthalten können), z. B. aromatenfreier White Spirit, Butylacetat, Di-n-butyläther (I), Octan, Isoamylacetat. — So wird ein 5 cm langer, 5 mm breiter u. 0,8 mm starker Stab aus Niederdruckpolyäthylen (Molgew. 80000) in Ggw. von I bei 130° auf das 1000fache gestreckt u. zu *Fäden* verarbeitet, die zerschnitten u. auf *Papier* verarbeitet werden können. (**F. P. 1 193 055** vom 3/3. 1958, ausg. 30/10. 1959. Holl. Prior. 5/3. 1957.) M. PANKOW. 8081

Dow Chemical Co., Midland, Mich., V.St.A., **Erhöhen der Anfärbbarkeit von Polyacrylonitrilfasern** durch Beimischen von 1—12, bes. 7% Polyvinylpyrrolidon mit einem K-Wert von >40, bes. 55—75. (**E. P. 817 617** vom 22/3. 1957, ausg. 6/8. 1959. **Holl. P. 99 360** vom 3/5. 1957, ausg. 16/10. 1961. Beide A. Prior. 21/5. 1956.) C. LÜTTGEN. 8081

Owens Corning Fiberglas Corp., Toledo, Ohio, V.St.A., **Herstellung eines Faservlieses aus thermoplastischem Material.** Die geschmolzene Masse wird von einer rotierenden Fläche abgeschleudert u. mit einem, ein Bindemittel enthaltendem Gasstrahl zu Fasern ausgezogen. Als Bindemittel können thermoplast. Kunstharzpulver oder eine wss. Dispersion eines Phenol/Formaldehydharzes dienen. (**E. P. 825 302** vom 10/4. 1957, ausg. 16/12. 1959. A. Prior. 23/4. 1956.) G. FRIKELL. 8081

Armstrong Cork Co. (Erfinder: **William Lawrence Mason**), Lancaster, Pa., V.St.A., *Kunstharzmischung ohne Neigung zu elektrischer Aufladung*. (**Schwz. P. 352 828** vom 21/12. 1955, ausg. 28/4. 1961. A. Prior. 2/5. 1955. — C. **1960.** 8730 [E. P. 810 385].)

Farbenfabriken Bayer Akt.-Ges., Leverkusen (Erfinder: **K. Hintzmann, K. H. Lange** und **H. Bergs**), *Bleichen mit Chloriten*. (**Belg. P. 569 085** vom 2/7. 1958, ausg. 17/3. 1961. D. Prior. 5/7., 13/7. 1957 u. 14/6. 1958. **D. A. S. 1 111 592** Kl. 8i vom 14/6. 1958, ausg. 27/7. 1961. — C. **1962.** 4778 [E. P. 855 281].)

Farbwerke Hoechst Akt.-Ges., vormals Meister Lucius & Brüning, übert. von: **Richard Dereser**, Frankfurt/M., *Herstellung stabiler, wasserfreier N.N-Alkylenharnstoff-Verbindungen*. (**Can. P. 553 812** vom 29/10. 1954, ausg. 4/3. 1958. D. Prior. 30/10. 1953. — C. **1958.** 4965 [F. P. 1 111 032].)

Böhme Fettchemie G. m. b. H., Düsseldorf, *Textilhilfsmittel*. (**Holl. P. 98 828** vom 9/4. 1957, ausg. 15/8. 1961. D. Prior. 18/4. 1956. — C. **1960.** 16984 [F. P. 1 171 021].)

Woll- und Haargarnspinnerei J. Meisenburg Nachf. G. m. b. H., Schmallenberg, *Wiederverwendung von gebrauchten Schmälzen*. (**Oe. P. 214 398** vom 12/2. 1959, ausg. 10/4. 1961. — C. **1962.** 1842 [F. P. 1 218 881].)

Farbenfabriken Bayer Akt.-Ges., Deutschland (Erfinder: **Annemarie Wagner, Anton Schlachter** und **Herbert Marzolph**), *Aufhellungsmittel*. (**F. P. 1 172 759** vom 1/3. 1957, ausg. 16/2. 1959. D. Prior. **8/3.** 1956 u. 8/1. 1957. — C. **1960.** 1371 [Oe. P. 197 319].)

J. R. Geigy Akt.-Ges., übert. von: **Heinrich Häusermann**, Basel, Schweiz, *7-Aminocumarinderivate*. (**Can. P. 554 186** vom 10/11. 1955, ausg. 11/3. 1958. Schwz. Prior. 12/11. 1954 u. 3/10. 1955. — C. **1958.** 11989 [D. A. S. 1 020 636].)

Olin Mathieson Chemical Corp., V.St.A. (Erfinder: **Homer Louis Robson**), *Bleichmittel*. (**F. P. 1 173 538** vom 8/4. 1957, ausg. 26/2. 1959. A. Prior. 11/4. 1956. — C. **1960.** 3742 [E. P. 806 564].)

Unilever N. V., Holland, *Bleichmittelkompositionen*. (**F. P. 1 155 228** vom 26/7. 1956, ausg. 24/4. 1958. E. Prior. 27/7. 1955 u. 22/2. 1956. — C. **1961.** 3196 [Oe. P. 201 553].)

Johanna Zakarias geb. **Warta** und **Laszlo Zakarias**, England, *Wasch- und Bleichmittel*. (**F. P. 1 161 351** vom 21/4. 1955, ausg. 28/8. 1958. E. Prior. 21/4. 1954. — C. **1960.** 14561 [E. P. 812 627].)

Onyx Oil & Chemical Co., V.St.A. (Erfinder: **Emery Imre Valko, Giuliana Cavaglieri Tesoro** und **Edward David Szubin**), *Textilimprägniermittel*. (**F. P. 1 173 573** vom 10/4. 1957, ausg. 26/2. 1959. A. Prior. 13/4. 1956. — C. **1961.** 4562 [A. P. 2 882 185].)

Ciba Soc. An., Schweiz, *Fixieren von Aminoplasten*. (**F. P. 1 174 811** vom 6/5. 1957, ausg. 17/3. 1959. Schwz. Prior. 8/5. 1956. — C. **1960.** 5687 [Aust. P. 214 460].)

Dow Corning Corp. (Erfinder: **John Woodbury Gilkey**), *Gewebehydrophobierung*. (**Aust. P. 224 369** vom 1/5. 1958, ausg. 29/10. 1959. A. Prior. 29/5. 1957. — C. **1959.** 11443 [A. P. 2 838 423].)

Farbenfabriken Bayer Akt.-Ges., Leverkusen (Erfinder: **Karlfried Wedemeyer**, Köln-Stammheim, **Karl Gustav Kleb**, Leverkusen, **Heinz Adolf Dortmann**, Bergisch Gladbach, und **Detlef Delfs**, Opladen), *Behandeln von hydroxylgruppenenthaltenden Textilmaterialien*. (**Oe. P. 207 802** vom 30/1. 1959, ausg. 25/2. 1960. D. Prior. 1/2. 1958. — C. **1962.** 3680 [F. P. 1 218 093].)

Farbwerke Hoechst Akt.-Ges., vormals Meister Lucius & Brüning, Frankfurt/M., *Antistatische Textilausrüstung*. (**E. P. 839 456** vom 4/6. 1956, ausg. 29/6. 1960. D. Prior. 4/6. 1955. — C. **1960.** 1037 [D. A. S. 1 052 942].)

Rohm & Haas Co., Philadelphia, Pa., V.St.A. (Erfinder: **Benjamin Berryl Kine** und **Nathaniel Abraham Matlin**), *Herstellung ungewebter Fasermaterialien*. (**Jap. A. S. 1539/1960** vom 13/8. 1957, ausg. 1/3. 1960. A. Prior. 13/8. 1956. — C. **1961.** 1060 [F. P. 1 181 173].)

Rohm & Haas Co., Philadelphia, Pa., V.St.A. (Erfinder: **Nathaniel Abraham Matlin** und **Benjamin Berryl Kine**), *Herstellung ungewebter Faserprodukte*. (**Jap. A. S. 2276/1960** vom 13/8. 1957, ausg. 15/3. 1960. A. Prior. 13/8. 1956. — C. **1961.** 1060 [F. P. 1 181 170].)

Joh. A. Benckiser G. m. b. H., Chemische Fabrik, Ludwigshafen/Rh., *Entfernen von kationaktiven Präparationen von unverarbeitetem Textilgut*. (**Oe. P. 216 460** vom 22/6. 1954, ausg. 25/7. 1961. D. Prior. 7/7. 1953. — C. **1959.** 14916 [D. A. S. 1 031 269].)

E. I. du Pont de Nemours & Co., Niagara Falls, N.Y. (Erfinder: **Walter Frederick Coleman**, Evanston, Ill.), V.St.A., *Bleichen von Textilgut aus pflanzlichen Fasern*. (**D. A. S. 1 114 772** Kl. 8i vom 9/4. 1957, ausg. 12/10. 1961. A. Prior. 26/4. 1956. — C. **1959.** 11768 [A. P. 2 839 353].)

Montecatini Soc. Gen. per l'Industria Mineraria e Chimica, Mailand, Italien, *Reinigen, Entkeimen und Bleichen von Baumwolle*. (**It. P. 536 458** vom 24/6. 1955. — C. **1960.** 342 [F. P. 1 151 831].)

Chemische Fabrik Düren G. m. b. H., Düren/Rh., *Harzausrüstung von (Cellulose-)Textilien*. (**E. P. 864 432** vom 9/4. 1958, ausg. 6/4. 1961. D. Prior. 9/4. 1957, 14/1. u. 31/1. 1958. — C. **1961.** 7451 [F. P. 1 194 075].)

E. I. du Pont de Nemours & Co., Wilmington, Del. (Erfinder: **Howard Leslie Potter**, Niagara Falls, N.Y.), V.St.A., *Bleichen von Baumwollgut*. (**D. A. S. 1 113 205** Kl. 8i vom 27/6. 1956, ausg. 31/8. 1961. A. Prior. 28/6. 1955. — C. **1959.** 9092 [E. P. 793 757].)

Imperial Chemical Industries Ltd., London, übert. von: **James Albert Moyse** und **Gerald Williams**, Manchester, England, *Waschbeständige Textilavivage*. (**A. P. 2 990 298** vom 9/6. 1958, ausg. 27/6. 1961. E. Prior. 24/6. 1957. — C. **1961.** 18185 [E. P. 849 368].)

Imperial Chemical Industries Ltd. (Erfinder: **Robert Gregor Desson** und **Eric Samuel Nicholson**), London, England, *Polymerisierbare N-Methylolverbindungen*. (**E. P. 790 796** vom 21/7. 1955, ausg. 19/2. 1958. — C. **1959.** 12732 [F. P. 1 157 349].)

Soc. d'Études Chimiques pour l'Industrie et l'Agriculture S. à r. l. (Erfinder: **Jacqueline Leclerc**), Paris, Frankreich, *Entfernung von Stärke aus Cellulosetextilien*. (**Holl. P. 98 378** vom 10/7. 1957, ausg. 17/7. 1961. F. Prior. 10/7. 1956. — C. **1959.** 4014 [D. A. S. 1 033 173].)

Algemeene Kunstzijde Unie N. V. (Erfinder: **Charles Leroy Henry** und **Gilbert Ivo Thurmond**), *Fäden, Bänder, Filme und dergleichen aus Viscose.* (**Aust. P. 222 960** vom 16/8. 1957, ausg. 20/8. 1959. A. Prior. 14/9. 1956. — C. **1960.** 12208 [Oe. P. 202 264].)

Algemeene Kunstzijde Unie N. V., Arnheim, Holland, *Herstellung von Fäden oder Folien aus Viscose.* (**Belg. P. 555 009** vom 14/2. 1957, ausg. 12/2. 1960. A. Prior. 5/3. 1956. — C. **1961.** 347 [E. P. 812 226].)

Courtaulds Ltd. (Erfinder: **John Oliver Smith** und **Brian Conrad Gardner**), *Kräuselkunstseide.* (**Aust. P. 224 427** vom 23/7. 1957, ausg. 5/11. 1959. E. Prior. 1/8. 1956 u. 12/4. 1957. — C. **1961.** 12695 [Oe. P. 203 620].)

Courtaulds Ltd., übert. von: **William R. Weigham**, London, England, *Herstellung von Alkalicellulose.* (**Can. P. 553 778** vom 12/11. 1953, ausg. 4/3. 1958. E. Prior. 19/11. 1952. — C. **1956.** 8511 [E. P. 743 657].)

Farbenfabriken Bayer Akt.-Ges., Deutschland (Erfinder: **Herbert Bartl** und **Herbert Gensel**), *Leimen von Textilien.* (**F. P. 1 160 299** vom 15/11. 1956, ausg. 10/7. 1958. D. Prior. 18/11. 1955. — C. **1960.** 12547 [D. A. S. 1 077 631].)

N. V. Onderzoekingsinstituut Research, Arnhem, Holland, *Herstellung von Kunstfäden, Kunstfasern aus Viscose.* (**Oe. P. 208 499** vom 16/2. 1959, ausg. 11/4. 1960. Holl. Prior. 18/3. 1958. Zusatz zu Oe. P. 192 535; C. 1958. 9386. — C. **1961.** 14147 [Schwz. P. 347 297].)

Celanese Corp. of America, V.St.A. (Erfinder: **Jesse Louis Riley** und **Stewart Wells Morse jun.**), *Spinnen von Cellulosetriacetat.* (**F. P. 1 200 188** vom 5/2. 1958, ausg. 18/12. 1959. A. Prior. 5/2., 21/10. u. 12/12. 1957. — C. **1961.** 10798 [E. P. 826 098].)

Eastman Kodak Co., Rochester, N.Y., übert. von: **Harry W. Coover jun.**, Kingsport, Tenn., V.St.A., *Modifizierte Celluloseester.* (**Can. P. 551 594** vom 24/11. 1955, ausg. 14/1. 1958. A. Prior. 31/8. 1955. — C. **1959.** 13670 [D. A. S. 1 050 020].)

Soc. Rhodiaceta, Paris (Erfinder: **Maurice Lepin** und **Michel Le Bret**, Le Peage de Roussillon), Frankreich, *Herstellung von Gebilden, wie Fäden, Fasern oder Filmen.* (**D. A. S. 1 110 815** Kl. 29b vom 19/5. 1956, ausg. 13/7. 1961. F. Prior. 25/5. 1955. — C. **1958.** 1185 [F. P. 1 127 108].)

Kodak S. p. A., Mailand, Italien, *Mischpolymerisation von Acrylonitril und anderen ungesättigten Monomeren.* (**It. P. 534 658** vom 3/2. 1955. A. Prior. 3/2. 1954. Zusatz zu It. P. 504 728; C. 1961. 12143. — C. **1959.** 7336 [E. P. 781 436].)

Ciba Akt.-Ges., Basel (Erfinder: **Franz Ackermann**, Binningen, und **Adolf-Emil Siegrist**, Basel), Schweiz, *Optisches Aufhellen von Polyacrylonitril.* (**Schwz. P. 333 182** vom 15/2. 1955, ausg. 29/11. 1958. — C. **1961.** 2837 [E. P. 824 659].)

Perfogit S. p. A., Mailand, Italien, *Polyamidherstellung.* (**It. P. 538 850** vom 28/7. 1955. — C. **1959.** 14598 [F. P. 1 142 439].)

Imperial Chemical Industries Ltd., England, *Schimmel- und bakterienfeste Polymethylenterephthalatfasern.* (**F. P. 1 160 191** vom 8/11. 1956, ausg. 8/7. 1958. E. Prior. 8/11. 1955 u. 31/10. 1956. — C. **1962.** 1844 [Holl. P. 96 979].)

Vereinigte Glanzstoff-Fabriken Akt.-Ges., Deutschland, *Verbesserung von Polyäthylenterephthalatfasern.* (**F. P. 1 158 413** vom 16/10. 1956, ausg. 13/6. 1958. D. Prior. 6/12. 1955. — C. **1958.** 10240 [Oe. P. 193 341].)

Vereinigte Glanzstoff-Fabriken Akt.-Ges., Deutschland, *Verbesserung von Fasern, Fäden oder dergleichen aus Polyäthylenterephthalat.* (**F. P. 71 492** vom 30/4. 1957, ausg. 5/1. 1960. D. Prior. 24/5. 1956. Zusatz zu F. P. 1 158 413; s. vorst. Referat. — C. **1959.** 5999 [Oe. P. 196 837].)

Alexander H. Kerr & Co., Inc., Los Angeles, Calif., V.St.A., *Behandeln von Glasgewebe.* (**Norw. P. 92 190** vom 11/12. 1952, ausg. 4/8. 1958. — C. **1960.** 4394 [It. P. 494 140].)

Johns-Manville Corp., New York, N.Y., übert. von: **William P. Hahn**, North Plainfield, N.J., V.St.A., *Mineralwolle.* (**Can. P. 551 635** vom 8/8. 1953, ausg. 14/1. 1958. A. Prior. 9/9. 1952. — C. **1956.** 12430 [E. P. 728 354].)

Montecatini Soc. Gen. per l'Industria Mineraria e Chimica, V.St.A. (Erfinder: **Jayanti Dharma Teja**), *Herstellen von Glasfasern.* (**F. P. 1 161 086** vom 4/8. 1956, ausg. 20/8. 1958. A. Prior. 5/8. 1955. — C. **1960.** 3003 [E. P. 796 237].)

Owens-Corning Fiberglas Corp., V.St.A. (Erfinder: **William W. Welsch**), *Glas für die Faserherstellung.* (**F. P. 1 160 584** vom 21/11. 1956, ausg. 18/7. 1958. A. Prior. 25/11. 1955. — C. **1961.** 17441 [D. A. S. 1 094 937].)

Owens-Corning Fiberglas Corp., V.St.A. (Erfinder: **Alfred Marzocchi** und **Remus F. Caroselli**), *Appretieren von Glasfasern.* (**F. P. 1 161 754** vom 8/10. 1956, ausg. 4/9. 1958. A. Prior. 21/10. 1955. — C. **1961.** 18186 [D. A. S. 1 102 092].)

XIX. Brennstoffe. Erdöl. Mineralöle

Chlor und Phosphor in Oberschlesischer Steinkohle. Jan Kuhl und Henryk Dabek. (Przeglad Górniczy **17** (**48**). 443—46. Sept. 1961.) (Pol.)

In der Kohle von Bielszowice wird Halit–NaCl — (I) mit einem Cl-Geh. von 1,24 (%) u. Phosphorit, $Ca_3(PO_4)_2 \cdot CaCO_3$ (II) mit einem P-Geh. von 5,16 festgestellt. In der Endphase der Verkokung dieser Kohle kann bei 1000—1100° eine therm. Dissoziation von I u. ein Übergang von unerwünschtem Cl in die Ausgangs-Prodd. der Phenole, Pyridinbasen u. a. erfolgen. Der obengenannte Prozeß gilt auch für **II**, wobei ein zu hoher P-Geh. im Gießereikoks die Qualität von Stahl- u. Grauguß negativ beeinflußt. Daher wird für die chem. Analyse der Kohle außer der Best. von C, H, O, N u. S, auch die von P u. Cl gefordert. ELSE HEINEMANN. 8126

Über die Verwendung von Kohle geringer Qualität. Roman Żukowski. (Przegląd Górniczy **17** (**48**). 479—82. Sept. 1961.) (Pol.)

Die angestrebte Kostensenkung im Kohlebergbau macht eine Verminderung der Ausbeute an Kohle „letzter" Sorte erforderlich. Wege zur Verringerung der Produktion dieser Kohle zugunsten besserer Qualitäten u. zur rationellen Verw. der unvermeidlich anfallenden schlechteren Sorte werden gezeigt. ELSE HEINEMANN. 8126

Der Einfluß der Schwankungen von Menge und Aschegehalt der einzelnen Gemengebestandteile auf die Schwankungen des Aschegehaltes der Kokskohlenmischung. Friedrich Wilhelm Mayer. (Glückauf **97.** 981—85. 16/8. 1961. Bochum.) (Dt.)

2 Beispiele behandeln den Einfl. der Mengen- u. der Asche-Geh.-Schwankungen von gewaschener Feinkohle, Sichterstaub u. Filterschlamm auf die Standardabweichung ihrer Mischung in der Kokskohle. Ein Ergebnis wird statist. ausgewertet u. durch die Berechnung eines Maximal- u. Minimalwertes nachgeprüft. Wie sich zeigt, ist bei dosierter Zumischung der Gemengebestandteile die Standardabweichung des Kokskohlengemisches wesentlich kleiner als bei undosierter Zumischung. Die abgeleiteten Formeln sind sinngemäß auf alle Berechnungen übertragbar, in denen mit Mittelwerten u. ihren Standardabweichungen zu multiplizieren oder zu dividieren ist. Ihre Anwendung auf Wirtschaftlichkeitsberechnungen ermöglicht ein objektives Abschätzen des mit der Unsicherheit der Berechnungsunterlagen verbundenen finanziellen Wagnisses. H. SCHÖBERL. 8126□

Chemische Kohle-Wiedergewinnung und Betriebsmaßnahmen auf der Youngstown-Anlage der Republic Steel Corporation. R. E. Conn und C. R. Liphart. (Blast Furnace, Coke Oven, raw Mater. Committee Iron Steel Divis., Amer. Inst. Mining, metallurg., Petroleum Engr. Proc. **19.** 483—505. April 1960. Youngstown, Republic Steel Corp.) (Engl.)

Beschreibung der Betriebsanlage u. deren Arbeitsweise. — Diskussion.
H. HOCHSTEIN. 8126□

Eine Studie über den Wärmeübergang durch Strahlung in Industrieöfen bei der Verbrennung mit nichtleuchtender Flamme. 1. und 2. Mitt. W. Litterscheidt. (Gaswärme **10.** 71—80. Febr. 118—27. März 1961. Kettwig.) (Dt.)

Das Zusammenwirken der maßgeblichen Einfl.-Größen auf die Wärmeübertragung durch Strahlung bei Verbrennung mit nichtleuchtender Flamme in Industrieöfen wird versucht, in eine einfache Darst. zu bringen u. dabei untersucht, inwieweit die Möglichkeit besteht, diese Zusammenhänge an Vers.-Anlagen experimentell zu klären bzw. die Auswrkg. der einzelnen Einfl.-Größen zu ermitteln. Mit diesem Überblick soll der augenblickliche Stand unserer Kenntnisse festgehalten, eine gewisse Klarheit über diese komplexen Abhängigkeiten vermittelt u. Anregungen für die weitere Forschungs- u. Entw.-Arbeit gegeben werden. — 43 Literaturangaben. H. SCHÖBERL. 8128□

Über eine bessere Klassierung der Brennkohle. Eugeniusz Markiewicz. (Przeglad górniczy **17** (**48**). 476—78. Sept. 1961.) (Pol.)

Die Klassierung der Kohle von 1950—1959 wird analysiert u. prakt. Hinweise für eine erhöhte Ausbeute der im In- u. Ausland gefragten wertvolleren Kohle, d. h. mit grober u. mittlerer Klassierung, werden gegeben. ELSE HEINEMANN. 8134

Die Aufbereitung von Steinkohle in Frankreich. Piotr Klich. (Przegląd górniczy **17** (**48**). 487—89. Sept. 1961.) (Pol.)

Die in Frankreich üblichen Aufbereitungs-Meth. werden beschrieben u. Vorschläge für die Typisierung der Aufbereitung poln. Brenn- u. Kokskohle werden gegeben. Die beschleunigte Herst. von Sieb-Vorr., Absetzern u. Brechern in poln. Werken wird gefordert. ELSE HEINEMANN. 8134

Das Zerkleinerungsverhalten von Weichbraunkohlen-Lithotypen. H. Jacob und E. Glöckner. (Braunkohle, Wärme u. Energie **13.** 361—67. Sept. 1961. Hannover u. Düsseldorf.) (Dt.)

Auf Grund umfangreicher Verss. im Institut für Brikettierung der Bergakademie Freiberg (Sa.) wird festgestellt, daß die Weichbraunkohle-Lithotypen spezif. Körnungskennlinien zeigen, die zwar von der Art der Zerkleinerung u. der Trocknung abhängen, im übrigen aber vor allem für den petrograph. Aufbau charakterist. sind.
E. GUNDERMANN. 8134□

Untersuchungen über neuzeitliche Flockungsmittel und ihre Einwirkung auf Flotation und Entwässerung feiner Steinkohle. A. Götte und W. Flöter. (Aachener Bl. Aufbereiten-Verkoken-Brikettieren **11.** 89—148. Nov. 1961. Aachen, TH, Inst. für Aufbereitung-Kokerei-Brikettierung.) (Dt.)

Einfl.-Faktoren für die Flockung sind: Anwesenheit bes. akt. Gruppen, elektrostat. Kräfte u. die räumliche Verteilung der Moleküle. Erhöhte Temp. u. längere Standzeit der Flocker-Lsgg. erweisen sich als ungünstig, pH-Werte von 8—9 u. mittlere Konz. der Flockungsmittel als günstig. Gering inkohlte Kohlen wurden besser geflockt. Durch Zugabe von neuzeitlichen ionogenen Flockungsmitteln zum Aufbereitungswasser tritt durchweg eine Verschlechterung der nachgeschalteten Flotation bzw. Filtration der Steinkohlenschlämme ein. Diese ist bei benetzenden u. stark flockenden Mitteln am größten. Mit steigendem Flockerzusatz gelangen zunehmend Ascheträger in die ausschwimmenden Konzentrate. I. BREMER. 8134□

Neue Entwicklungen in der britischen Kohle-Verkokungs-Forschung. G. W. Lee. (Blast Furnace, Coke Oven, raw Mater. Committee Iron Steel Divis., Amer. Inst. Mining, metallurg., Petroleum Engr., Proc. **19.** 302—35. April 1960. Brit. Coke Res. Assoc.) (Engl.)

Überblick über die Art der Durchführung sowie über die Ergebnisse der brit. Forschung auf dem Gebiete der Verkokung u. der hierbei erreichbaren Hüttenkokseigenschaften. — 21 Literaturangaben. — Diskussion. H. HOCHSTEIN. 8142□

Über die Natur der Kokskohlen und den Mechanismus der Koksbildung. N. Berkowitz. (Blast Furnace, Coke Oven, raw Mater. Committee Iron Steel Divis., Amer. Inst. Mining, metallurg. Petroleum Engr., Proc. **19.** 95—116. April 1960. Alberta, Canada, Res. Council of Alberta.) (Engl.)

Überblick über die Eigg. der Kokskohlen u. die mit der plast. Beschaffenheit dieser Kohlen zusammenhängenden Erscheinungen; dabei werden die neuzeitlichen Theorien zur Erklärung der Plastizität u. der Koks-Bldg. krit. erörtert. — 51 Literaturangaben. Diskussion. H. HOCHSTEIN. 8142□

Technische und wirtschaftliche Einflüsse von Feuchtigkeit in Kokskohle. Joseph D. Doherty und John Griffen. (Blast Furnace, CokeOven, raw Mater. Committee Iron Steel Divis., Amer. Inst. Mining, metallurg., Petroleum Engr., Proc. **19.** 117—37. April 1960. Huntington, W.Va., Island Creek Coal Co. u. Lehigh Univ.) (Engl.)

Die verschiedenen Arten von Feuchtigkeit in Kokskohlen (oberflächen- u. arteigene Feuchtigkeit sowie W. von der Zers. beim Verkoken) werden besprochen u. Angaben über die Kosten einer Trocknung der Kohle durch Wärme gemacht. Der Einfl. der Feuchtigkeit auf die Gewinnung u. Behandlung von Kokskohlen wird erörtert. Der Transport der Kokskohle von der Zeche zur Verkokungsanlage sowie der Einfl. der Feuchtigkeit auf den Koksausstoß u. die Verkokungszeit werden behandelt. — 28 Schrifttumsangaben. H. HOCHSTEIN. 8142□

Einfluß von Ölzusätzen auf die Verkokungseigenschaften von Kohle. Miloslav Orlik. (Hutnické Listy **16.** 839—43. Dez. 1961. Ostrava, Koksárenský výzk. Výzk. a zkuš. ústavu Nové huti K. Gottwalda.) (Tschech.)

Thermoanalyt. Unters. der Gas-Bldg. von Steinkohle bei Zusätzen von 2—20% Heizöl, Hydrierschlamm oder Teer. Bei Zusatz von Öl wird der Plastizitätsbereich vergrößert u. nach niederen Temp. hin verschoben; der Schwellungsindex wird herabgesetzt, die Geschw. der Entgasung erhöht, wobei die Entgasung schon bei niederen Temp. beginnt. Die anderen Zusätze sind weniger geeignet. J. TŮMOVÁ. 8142□

Verkokungsdruck und seine Messung. Die derzeitige Theorie und Praxis. H. E. Harris, William L. Glowacki und John Mitchell. (Blast Furnace, Coke Oven, raw Mater. Committee Iron Steel Divis., Amer. Inst. Mining, metallurg., Petroleum Engr.. Proc. **19.** 336—78. April 1960.) (Engl.)

Erörterung des einschlägigen Schrifttums mit 102 Literaturangaben. — Diskussion. H. HOCHSTEIN. 8142□

Unterirdische Vergasung von Kohle. A. E. Balfour. (Gas Wld. **154.** 438—42. 7/10. 1961. Humphreys and Glasgows Ltd.) (Engl.)

Das Wechselvergasungs-Verf. wird beschrieben. Es wurde im Erfahrungsaustausch mit der Sowjetunion aus der Meth. mit dem blinden Bohrloch entwickelt u. ist dieser überlegen. Die Vergasung erfolgt in 2 Stufen. In einer prim. Verbrennungszone wird bei hoher Temp. mit starker Luftzufuhr die Kohle verbrannt u. gibt ein sehr heißes Gemisch von CO_2, N_2 u. H_2O. Dieses Gas strömt durch horizontale Bohrlöcher das Flöz entlang, wobei sek. Rkk. stattfinden u. durch Red. in Ggw. von überschüssigem C eine Art Wassergas entsteht. Vertikale Bohrlöcher bringen dieses Heizgas an die Erdoberfläche, wo es in bes. konstruierten Brennern einer Kraftstation verbraucht wird. Dieses Verf. erfordert schon im Vers.-Stadium genaue Meß- u. Analysengeräte, die ebenfalls beschrieben werden: Temp.- u. Strömungsmesser, Gasanalyse, aber auch geophysikal. Geräte zur Ortung der Bohrlöcher. Sie wurden z. T. speziell für dieses Verf. entwickelt. Bes. günstig erweisen sich zum richtigen Niederbringen der vertikalen auf die horizontalen Bohrlöcher radioakt. Isotopen. H. NENTWIG. 8148□

Technische Probleme bei der Stadtgaserzeugung auf Basis Erdöl. Hs. Deringer. (Schweiz. Ver. Gas- u. Wasserfachmännern, Monatsbull. **41.** 235—43. Okt. 1961. Winterthur.) (Dt.)

Die Stadtgaserzeugung auf Erdölbasis im Gegensatz zu der aus Kohle bringt folgende Vorteile: 1. Statt 100 (kg) Kohle werden nur 22 Mittelöl oder 16 Leichtbenzin benötigt. 2. Es entfällt die Abhängigkeit vom Koksabsatz. 3. Es werden kürzere Arbeitszeiten benötigt; ein tägliches An- u. Ausfahren der Anlage ist möglich. Dagegen entfällt die Möglichkeit, auf feste Ersatzrohstoffe auszuweichen. Während Bzn. kontinuierlich u. diskontinuierlich vergast werden kann, sind Heizöle nur diskontinuierlich zu verarbeiten. Der 2. Meth. ist der Vorzug zu geben, wenn ein Rohstoffwechsel im Auge behalten wird. Analyt. sind C/H-Verhältnis, S-Geh. u. Siedeanalyse wichtig zur Beurteilung. Wird ein Spaltgas von 2500 (kcal/Nm^3) mit einem Bzn. von ca. 40000 (Kp. 40—110°) im Verhältnis 95,5 zu 4,5 verschnitten, dann tritt bis —30° keine, bei 10 ata u. 0° jedoch Teil-Kondens. ein. Es wird vorgeschlagen, das Gas erst vor Abgabe ins Netz zu carburieren. Die thermodynam. Grundlagen der Vergasung von Paraffin-KW-Stoffen sind recht kompliziert u. noch wenig bekannt. Auf die Wärmesteuerung muß sorgfältig geachtet werden. Die kontinuierliche Arbeitsweise wird vorgezogen, die bei bes. Vorsicht die bekannten Nachteile vermeidet. Die Kühlung von Gas u. Teer soll in einem Schritt auf ca. 30° erfolgen. W. HOLLAND. 8156□

Herabsetzung des Kohlenoxidgehaltes von Stadtgas. K. W. Francombe. (Gas J. **307** (**113**). 213—21. 23/8. 1961. Darlington, Whessoe Ltd.) (Engl.)

Bei der üblichen Rk. nach $CO + H_2O \rightarrow CO_2 + H_2$ wird zwar der Heizwert nicht verändert, jedoch wird der Heizwert pro Vol. herabgesetzt. Dies läßt sich am besten durch eine CO_2-Wäsche ausgleichen. Auch Zusatz von Methan oder Butan ist möglich, wobei auf die WOBBE-Zahl zu achten ist. Auf die Preisfrage wird eingegangen. Bei der katalyt. Red. von CO wird gleichzeitig auch der S-Geh. gesenkt. W. HOLLAND. 8156□

Vergleich des Wärmeverbrauches von Ammoniak-Schwefelwasserstoff-Kreislaufwäschen. Hasso Döring. (Glückauf **97.** 1211—17. 27/9. 1961. Marl.) (Dt.)

Die Ergebnisse des Arbeitskreises Nasse Gasentschwefelung im Deutschen Kokereiausschuß werden erörtert. 6 Gruppen von NH_3/H_2S-Kreislaufwasch-Verf. werden genannt. Für jede Gruppe wird der theoret. Dampfverbrauch ermittelt, woraus sich eine „Rangordnung" der Verff. ergibt. Ergänzend werden die entsprechenden Dampfmengen aus den Betrieben herangezogen. Hier liegen die Werte anders geordnet, z. T. in Abhängigkeit vom H_2S-Geh. des Rohgases. Die Werte werden auf eine Entschwefelung von 9 auf 1,8 g H_2S/Nm^3 umgerechnet. Außerdem werden Wärmeaustauschmengen eingerechnet, die noch nutzbar gemacht werden könnten. Damit stimmen theoret. u. prakt. Dampfverbrauch recht gut überein. W. HOLLAND. 8164□

Koksofengastrennung durch niedrige Temperaturen. H. F. Funk. (Blast Furnace, Coke Oven, raw Mater. Committee Iron Steel Divis., Amer. Inst. Mining, metallurg., Petroleum Engr., Proc. **19.** 536—42. April 1960. Toronto, Canada, German Linde Corp.) (Engl.)

Die Reinigung von Koksofengas in einer Kühlanlage wird beschrieben. In einer Vorreinigungsanlage werden *Bzl.* u. CO_2, *Diene* u. *NO*, NH_3, *HCN* u. H_2S abgetrennt u. zurückgehalten. Die übrige Trennanlage besteht aus Koksofengaskompressoren, N_2-Kompressoren, dem Vorkühl-Syst., der Koksofengas-Trennkühlkammer u. der Aufbaukammer. Es werden Angaben über die Betriebsverhältnisse (Druck u. Temp.) sowie über den erzielbaren Reinheitsgrad in den verschiedenen Stationen der Kühlanlage gemacht. — Diskussion. H. HOCHSTEIN. 8164□

Entfernung von wasserfreiem Ammoniak aus Koksofengas. M. O. Holowaty und H. L. Taylor. (Blast Furnace, Coke Oven, raw Mater. Committee Iron Steel Divis., Amer. Inst. Mining, metallurg., Petroleum Engr., Proc. **19.** 524—36. April 1960. Inland Steel Co.; Lafayette, Ind., Univ. of Purdue.) (Engl.)

Durch Vor-Verss. wird festgestellt, daß der $(NH_4)_2SO_4$-Zers.-Prozeß durchführbar ist u. NH_3 aus Koksofengas ohne Verbrauch von H_2SO_4 entfernt werden kann. NH_3 vom gewünschten Reinheitsgrad kann dabei erhalten werden. — Diskussion. H. HOCHSTEIN. 8168□

Die Verwertung von nordböhmischen Tieftemperaturteeren. 1. Mitt. **Phenolherstellung.** Rudolf Kubička. (Chem. Průmysl **11**(**36**). 449—56. Sept. 1961. Záluží u Mostu, Stalinovy závody.) (Tschech.)

Im nordböhm. Tief-Temp.-Teer sind die Fraktionen bis 280° als Rohstoff zur Gewinnung von Phenolen u. Aromaten, die über 280° als Verbrennungsöle mit niederem S-Gehalt geeignet. Weiter ist es möglich, die sauren Öle aus der Teerfraktion 225—280° u. die Phenolkonzentrate aus der Entphenolung der Abwässer als Rohstoff für Phenole C_6—C_8 zu verwenden. — 20 Literaturhinweise. J. SCHNEIDER. 8176□

Teerscheidungsprobleme in der Lurgi-Anlage von Morwell. B. E. Smith und F. G. Westbrook. (Coke and Gas **23.** 487—91. Dez. 1961. Morwell, Gas Fuel Corp. of Victoria.) (Engl.)

Bei der Braunkohlenvergasungsanlage, Syst. LURGI, hatten sich dadurch Schwierigkeiten bei der Teerscheidung ergeben, daß sich im Kesselkondensat Teer-in-W.-Emulsionen bildeten, deren Teilchengröße bei 0,3 μ lag, so daß eine Scheidung durch Absetzen nicht erreicht werden konnte. Durch Vermischen des Ablaufs des Ölseparators mit dem Kondensat wird eine Agglomeration der Teilchen auf 25 μ erreicht, so daß nunmehr ein Absetzen erfolgt. Der verbleibende Rest an Teer kann nur durch Oxydation entfernt werden, indem das noch teerhaltige Kondensat durch Umrühren mit Luft behandelt wird. F. ROSENDAHL. 8178□

„Mudpie" schafft neue Methode zur Lagerung verflüssigter Gase. Anonym. (Wld. Petroleum **32.** Nr. 13. 48—49. Dez. 1961.) (Engl.)

Das Erdreich um die Löcher, in denen die verflüssigten Gase gespeichert werden, wird vorher durch festes CO_2 gefroren. E. BOYE. 8186□

Entwicklung von Verfahren zur Verflüssigung, Lagerung und zum Transport von Naturgas. C. G. Filstead, jun. (Gas Age **128.** Nr. 12. 22—26. 7/12. 1961. London, Engng. Conch Methan Serv. Ltd.) (Engl.)

Kurze Zusammenfassung bekannter Verff. zur Reinigung u. Verflüssigung von Naturgasen, sowie über Konstruktionsmerkmale von Lagertanks u. Flüssiggastankern unter Berücksichtigung der in USA gültigen Sicherheitsvorschriften. H. SYDOW. 8186□

Zur Kenntnis der Inhaltsstoffe von Erdölen und verwandten Produkten. 2. Mitt. **Bestimmung der Verbindungstypen des Schwefels am Beispiel der Gasölfraktion des Romaschkino-Erdöls (UdSSR.)** Heinz Prinzler und Wilhelm Toufar. (Wiss. Z. Techn. Hochschule Chem. Leuna-Merseburg **3.** 193—97. 1960/61. Leuna-Merseburg, TH für Chem., Inst. für Petrolchemie.) (Dt.) — 1. vgl. C. **1962.** 1847.

Zur Best. der einzelnen Verb.-Typen von S in Mineralöl-Prodd. wird ein analyt. Trennungsgang beschrieben, der mit relativ geringem apparativem Aufwand durchführbar ist. Analysenergebnisse (%): 1,46 Gesamt-S, 0,00 H_2S, 0,00 elementarer S, 0,004 Mercaptane, 0,010 Disulfide, 1,19 Sulfide, 0,25 Rest-S. K. RADSCHEIT. 8188□

Zur Kenntnis der Inhaltsstoffe von Erdölen und verwandten Produkten. 3. Mitt. **Untersuchung der Benzinfraktion des Rhodener Erdöls (DDR).** Heinz Prinzler und Wilhelm Thomas. (Wiss. Z. Techn. Hochschule Chem. Leuna-Merseburg **3.** 199—202. 1960/61.) (Dt.) — 2. vgl. vorst. Referat.

Rhodener Straight-run-Bzn. wird verdrängungschromatograph. u. destillativ zerlegt. Anschließend werden die einzelnen Fraktionen gaschromatograph. analysiert. Bei Identifizierung von 8 Paraffin-, 7 Naphthen- u. 7 aromat. KW-Stoffen wird nachgewiesen, daß das Prod. stark naphthen. u. paraffin. Natur ist u. neben relativ wenig Aromaten größere Anteile an S-Verbb. enthält. K. RADSCHEIT. 8188□

Über den Einfluß mehrwertiger Kationen auf mit Celluloseäther stabilisierte Tonspülungen. H. Diener. (Erdöl-Z. Bohr- u. Fördertechn. **77.** 529—36. Nov. 1961.) (Dt.)

Berichtet wird über das Syst. der Tonspülungen, über Stabilität, Stabilisierung u. Zerstörung von Dispersions-Koll., sowie über die Eigg. u. Wrkg. der Schutzkolloide. Es wird gezeigt, daß die zur Stabilisierung einer Bohrspülung notwendigen Faktoren in ihrer Wrkg. sich gegenseitig nachteilig beeinflussen. Es wird weiter dargelegt, welche prinzipiellen Möglichkeiten bestehen, um Bohrspülungen gewissen Typs unter Verzicht auf gewisse typ. Syst.-Eigg. elektrolytunempfindlich zu machen. E. BOYE. 8190□

Hydrierraffination von Erdölfraktionen. András Zalai. (Magyar Kémikusok Lapja [Z. Ver. ung. Chemiker] **16.** 389—96. Sept. 1961. Budapest, Ung.-Dt. Varga Studien-Ges.) (Ung.)

Übersicht über chem. Grundlagen (Rk.-Typen, Rk.-Bedingungen), technolog. Verff. (Autofining, Dampfphasenhydrierung, „Trickle"-Verf.), industrielle Anwendungen (Treibmittelverbesserung — Entschwefelung, Crack-Verff., Schmiermittelraffinierung). P. TOLNAY. 8194

Hydroraffination in der Verarbeitung von Schwer- und Rohbenzolen. J. B. Lane. (Gas J. **308 (113).** 294—97. 22/11. 1961. Lancashire, Tar Distillers Ltd.) (Engl.)

Die Hydroraffination von Teerbenzolen wird der Säurewäsche gegenübergestellt. Die Qualitäten der Endprodd. können zwar angeglichen werden, die Kosten u. Ausbeuten liegen aber bei der Hydroraffination günstiger. Daher haben die Lancashire Tar Distillers eine solche Anlage der LURGI erstellt, die zur Zufriedenheit arbeitet. Während die LINCOLNSHIRE CHEMICAL Co. ihr Wasch-Verf. modernisiert hat, hat die PORT TALBOT CHEMICAL Co. ebenfalls eine Hydroraffination installiert. Die Probleme werden erörtert: H_2-Verbrauch, Hydrierung aromat. Ringe, Abwasserfrage, Rk.-Wärme, Endgase. Bei der Säurewäsche: Sulfonierung, Polymerisation u. anderes. Ungelöst ist die Trennung von Aromaten u. Aliphaten. W. HOLLAND. 8202□

Treibstoffe für Dieselmotoren. Pierre Lorain. (Chaleur et Ind. **41.** 265—84. Okt. 1960.) (Franz.)

Die verschiedenen Dieseltreibstoffe, die aus rohem Erdöl, Teeren u. trop. Früchten gewonnen werden können, werden besprochen. Das Verh. bei der Zündung u. der Verbrennung wird geschildert. — 21 Literaturhinweise. F. ROSENDAHL. 8204☐

Erzeugung und Anwendung moderner Schmieröle. G. Costantinides. (Österr. Chemiker-Ztg. **62.** 173—84. Juni 1961. Triest.) (Dt.)

Überblick über Schmierölanforderungen u. -funktionen, Gruppen-Zus., Raffinations-Meth., Motorenöleinteilung u. Additivs (V.I.-Verbesserer u. Stockpunkterniedriger, Detergents, Oxydations- u. Korrosionsinhibitoren, Schmierwertverbesserer, Rostschutzzusätze u. schaumverhindernde Zusätze). O. HENNING. 8220☐

Versuche über die Oxydationsbeständigkeit von Motorenschmierölen bei hohen Temperaturen. Gg. R. Schultze, J. Moos, G. H. Göttner und W. Gemmeke. (Schmiertechnik **1961.** 248—56. Sept./Okt. Hannover, Inst. für Erdölforsch.) (Dt.)

Mit Hilfe zahlreicher Unters.-Verff. wird der Einfl. von reinen u. techn. Metallen u. von Inhibitoren auf das Oxydations-Verh. u. die Oxydationsbeständigkeit von Motorenschmierölen verschiedener Zus. bei 195° verfolgt. Die katalyt. Wrkg. der reinen Metalle Fe, Cu, Sn, Al, Zn u. Ni geht konform mit der Fähigkeit zum Wertigkeitswechsel u. nimmt in der genannten Reihenfolge ab. Pb wirkt leicht inhibierend. Durch die ständige Zuführung von frischem Metall durch den Motorabrieb wird die Oxydation noch verstärkt. Da O_2-Aufnahme u. Viscositätszunahme sich widersprechen können u. manche Oxydations-Prodd. inhibierende Eigg. besitzen, kann die Oxydationsbeständigkeit eines Mineralöls mit Hilfe eines einzelnen Meßwertes nicht exakt bestimmt werden; es müssen stets mehrere Meßdaten herangezogen werden. Über die Bedeutung der verschiedenen gebräuchlichen Kennwerte zur Beurteilung des Oxydations-Verh. werden Aussagen gemacht. — 19 Abb.; 7 Tabellen. S. GIPP. 8220☐

Xylit. Einige kritische Bemerkungen hinsichtlich Definition und Bestimmungsmethodik. H. Jacob. (Braunkohle, Wärme u. Energie **13.** 276—82. Juli 1961. Bundesanst. für Bodenforsch.) (Dt.)

Ausgehend von der Tatsache, daß sich Xylite (**I**) bei der Zerkleinerung u. Trocknung sehr schwierig verhalten, guten Brikettverband, aber schlechten Koksverband ergeben, werden die Best.-Meth. für **I** besprochen. Die chem. Meth. mit NaOH (LISSNER u. GÖBEL) genügt in der jetzt vorliegenden Form nicht, weil sie in **I**/Kohle-Gemischen zu hohe, bei reinem **I** zu niedrige Werte gibt. Trotzdem sollte sie weiterentwickelt werden. Zuverlässig ist allein die makropetrograph. Meth., die kurz skizziert wird, u. für genet. Forschungen die mkr. Methode. E. GUNDERMANN. 8246☐

Bestimmung der Zusammensetzung brennbarer Gasgemische auf Grund der bei der Verbrennung im Sauerstoffüberschuß erhaltenen Parameter. Jerzy Muzyczuk. (Przegląd górniczy **17** (**48**). 483—87. Sept. 1961.) (Pol.)

Die bei der Verbrennung von Gasgemischen (Grubengas) im O_2-Überschuß erhaltenen Parameter können für die Beurteilung von Gemischen unbekannter qual. Zus. herangezogen werden. Hierfür gilt folgende Beziehung: $V_k + V_c = V_p + V_o$, wobei V_k = Vol.-Abnahme; $V_c = CO_2$ aus der Verbrennung; V_p = Summe der brennbaren Substanzen; V_0 = reagierender O_2. Komplizierte Gemische werden durch V_p, α u. β charakterisiert, wobei α u. β die Atomanzahl von C u. von sog. „red.“ H_2 in der summar. Formel der brennbaren Bestandteile C_α, H_β bedeuten. Die Analysenergebnisse werden rechner. u. graph. dargestellt. ELSE HEINEMANN. 8250

Einige Anwendungsgebiete von gasanalytischen Apparaturen in der Gasindustrie. Sandor Háda. (Energia és Atomtechn. **14.** 365—71. Sept. 1961. Pécs, Kokswerk.) (Ung.)

Beschreibung der verschiedenen automat. App. zur Best. der Zus. von Rohgas, zur Reinheitskontrolle, Analyse von Stadtgas u. Meth. zur Best. von Bestandteilen, für die noch keine automat. App. verwendet werden, z. B. Naphthalin, organ. gebundener S, HCN, Teer-Geh. usw. J. PLANK. 8250

Gaschromatographie. G. M. Brown und J. Satsmadjis. (Coke and Gas **23.** 48—54. Febr. 1961.) (Engl.)

Vgl. des Gaschromatographen nach JANAK mit dem traditionellen ORSAT-App. bei der Analyse von Stadtgas. Zur Analyse der *Permanentgase* werden Aktivkohle, für die *KW-Stoffe* Zeolith (Decalso Y der Permutit AG) als stationäre Phase u. eine kurze Strecke Al_2O_3 am Ausgang als Säulenfüllungen benutzt. Diese Meth. ist für den angegebenen Zweck der ORSAT-Meth., ja sogar der Gaschromatographie mit Leitfähigkeitszelle, überlegen. H. NENTWIG. 8250☐

Verbesserte chromatographische Analyse von Petroleumporphyrinaggregaten und quantitative Messung durch integrale Absorption von W. Warren Howe. Max Blumer. (Analytic. Chem. **33.** 1288—89. Aug. 1961. Woods Hole, Mass., Woods Hole Oceanograph. Inst.) (Engl.) — Vgl. C. **1961.** 13411.

Krit. Stellungnahme zu verschiedenen Punkten der Arbeit von HOWE.

W. HEIN. 8252□

Verbesserte chromatographische Analyse von Petroleumporphyrinaggregaten und quantitative Messung durch integrale Absorption von W. Warren Howe. W. Warren Howe. (Analytic. Chem. **33.** 1289—90. Aug. 1961. Goldon, Colo., Colorado School of Mines.) (Engl.) — Vgl. vorst. Referat.

Vf. beantwortet ausführlich die krit. Bemerkungen von BLUMER u. gibt zusätzlich einige weitere Werte für beobachtete Spektrallinien an. W. HEIN. 8252□

Direkte Bestimmungen von Nickel mit Röntgenstrahlen im 0,1 ppm-Bereich in Petroleumölen. C. C. Hale und W. H. King jun. (Analytic. Chem. **33.** 74—77. Jan. 1961. Linden, N.J., Esso Res. & Engng. Co., Analyt. Res. Div.) (Engl.)

Ein Verf. zur direkten Best. von Ni in Konzz. von ca. 0,1 ppm in Petroleumölen, bei dem ein Vielkanalröntgenfluorescenzspektrometer mit gekrümmten Monochromatoren (LiF-Kristalle mit einem Krümmungsradius von 8 in.) verwendet wird, wird beschrieben. Der App. erlaubt die gleichzeitige Registrierung der Ni-Fluorescenzstrahlung u. einer Untergrundstrahlung, die nur 0,01 Å neben der Ni-Strahlung liegt. Mit dieser Meth., bei der keine Matrixeffekte auftreten, sind im Bereich von 0—0,6 ppm Ni-Best. mit einer Standardabweichung von 0,035 ppm möglich. J. KRAETSCH. 8252□

Taupunktermittlung von Gas-Leichtbenzindampf-Gemischen aus dem Siedeverhalten des Leichtbenzins. Hs. Deringer. (Schweiz. Ver. Gas- u. Wasserfachmännern, Monatsbull. **41.** 277—80. Dez. 1961. Winterthur.) (Dt.)

Mit einem vom Vf. aufgestellten Nomogramm u. einer daraus abgeleiteten Formel ist es möglich, den Taupunkt von Leichtbenzin bei einer 4%ig. Kaltcarburierung von Gasen festzustellen. F. ROSENDAHL. 8254□

Bestimmung von Schwefel in Benzin durch Röntgenemissionsspektrographie. Richard A. Jones. (Analytic. Chem. **33.** 71—74. Jan. 1961. Detroit, Mich., Ethyl Corp. Res. Labors.) (Engl.)

Ein Verf. zur Best. von S in Bzn. in Konzz. >0,002% durch Röntgenemissionsspektrographie, bei dem ein Teil der Probe mit einem S-freien Lsgm. (Isooctan) verd., während ein anderer Teil mit der gleichen Menge Lsgm., die aber einen bekannten S-Geh. aufweist, vermischt wird, wird beschrieben. Durch Verw. eines Teiles der Probe zur Eichung werden Matrixeffekte vermieden. Der S-Geh. der Probe wird aus der Intensität der K_α-Linie von S u. der Untergrundstrahlung beider Lsgg. sowie durch Messungen der spez. Gew. bestimmt. Durch Anwendung einer bestimmten Zähl-Meth. ist es möglich, eine Analyse innerhalb von 15—25 Min. bei einer Standardabweichung von ca. 0,00115% durchzuführen. J. KRAETSCH. 8254□

Analyse der Auspuffgase von Kraftfahrzeugen mit Hilfe der Flüssiggaschromatographie unter Verwendung der Flammenionisations-Anzeige. Bestimmung von C_1-Cl-Kohlenwasserstoffen. Raymond Feinland, A. J. Andreatch und D. P. Cotrupe. (Analytic. Chem. **33.** 991—94. Juli 1961. Stamford, Conn., Amer. Cyanamid Co., Centr. Res. Div.) (Engl.)

Gaschromatograph. Meth. unter Verw. eines Flammenionisationsdetektors zur Best. von KW-Stoff-Gemischen in Auspuffgasen (*Methan, Äthan, Äthylen, Acetylen, Propan, Propylen, Propadien, Isobutan, n-Butan, Buten-(1), Isobuten, trans-Buten-(2), cis-Buten-(2), Butadien-(1.3), Isopentan, n-Pentan, Penten-(1), 2-Methylbuten-(1), 3-Methylbuten-(1), 2-Methylbuten-(2), trans-Penten-(2), cis-Penten-(2), 2.3-Dimethylbutan, 2-Methylpentan, 3-Methylpentan, n-Hexan*) von Kraftfahrzeugen werden verwendet. Wegen der hohen Empfindlichkeit dieses Detektors ist es möglich, eine Gasprobe von 1 ml ohne Aufkonzentrierung zu analysieren. Zur Auftrennung der Komponenten werden 2 parallelgeschaltete Trennsäulen (4 m lang, $^1/_4$ in. ∅; 20% Dimethylsulfolane als Trenn-Fl. auf 60—80 mesh Chromosorb W; äquimol. Mengen H_2 u. N_2 als Trägergas mit einer Durchfluß-Geschw. von 50 cm^3/min; Säulen-Temp.: 25,0°) benutzt. Als unterste Nachw.-Grenze ergibt sich bei der Verw. einer Probe von 1 ml 0,01 ppm für n-Butan. Die Standardabweichung für n-Butan als Bezugssubstanz liegt im Bereich von 10—100 ppm bei 4%. Ein ähnlicher Wert für die Reproduzierbarkeit kann für verschiedene Komponenten der Auspuffgasproben, deren Banden sich nicht überlappen, erwartet werden.

W. HEIN. 8254□

Taupunkttemperaturen im Zylinder von Dieselmaschinen bei schwefelhaltigen Kraftstoffen. Peter Müller. (VDI-Forschungsh. **27.** Nr. 486. 1—56. 1961. Essen.) (Dt.)

Da es sich im Motor stets um eine adiabat. Verdichtung bzw. Entspannung handelt, kommt eine Nebel-Bldg. im Motor nicht in Frage; an der gekühlten Zylinderwand tritt jedoch Kondensat-Bldg. ein, wobei manchmal mit Wasserdampfdrücken von 4—4,5 at zu rechnen ist. Die Wasserdampf-Kondens. wird durch andere Gase, wie H_2, O_2, CO, CO_2, nicht beeinflußt, jedoch durch aus S-haltigen Treibstoffen stammendes SO_2 infolge Bldg. von H_2SO_4. Die Veränderung der Taupunkt (I)-Temp. durch H_2SO_4-Bldg. wird untersucht, da rein theoret. Ermittlungen nicht möglich sind. Von beiden Verff., Verlustfaktor-Verf. u. galvan. Verf., kommt nur letzteres in Betracht, weil hierbei leicht die Leitfähigkeit des Kondensats oder die durch die Kondens. eintretende galvan. Spannung gemessen werden kann. Die Genauigkeit der Meß-Verff. hängt davon ab, wie die Oscillogramme ausgewertet werden können, was auf $\pm$ 0,2 mm möglich ist. Unter Berücksichtigung beider Temp.-Meßstellen ergeben sich Fehlergrenzen von $\pm$ 3%. Während die W.-I-Temp. mit der Zylinderwand-Temp. meist überschritten werden kann, ist dies bei den Säure-I nicht mehr der Fall, so daß darauf geachtet werden muß, einen möglichst S-freien Treibstoff zu verwenden. Ist die W.-I-Temp. überschritten, so kondensiert H_2SO_4 von verhältnismäßig hoher Konz.; jedoch ist der korrosive Angriff gering. In der Nähe des W.-I ist die Korrosion größer, weil die Säure verd. vorliegt. Eine bes. hohe Korrosion tritt ein, wenn bei S-haltigen Treibstoffen die W.-I-Temp. unterschritten wird, weil dann der Kondensatanfall um Größenordnungen ansteigt u. SO_2 mitwirkt. — 56 Literaturhinweise. F. ROSENDAHL. 8254□

Gas Council, London (Erfinder: Frederick James Dent, Solihull, Robert George Cockerham und George Percival, Birmingham), England, **Erzeugung von brennbarem Gas aus Methanol,** dad. gek., daß ein auf ca. 350—400° vorerhitztes Gemisch aus CH_3OH-Dampf u. Wasserdampf durch ein Bett eines Ni-Katalysators unter 10—25 at hindurchgeführt, gleichzeitig Luft in einer zur Aufrechterhaltung der Rk. erforderlichen Menge eingeleitet u. daß ggf. nach einer Behandlung des Rk.-Gases zur Umwandlung des in ihm enthaltenen CO durch katalyt. Rk. mit Wasserdampf in H_2 u. nach der in an sich bekannter Weise erfolgenden Entfernung von CO_2 u. W. ein Endgas erhalten wird, das einen Heizwert von 4000—5350 kcal/m³ u. eine Dichte von ca. 0,34—0,55 aufweist, indem nur Luft in das Katalysatorbett eingeleitet oder eine derartige Menge an Luft eingeführt wird, daß ein Rk.-Gas mit einem höheren CH_4-Geh. (wenn das CO_2 u. der Wasserdampf in bekannter Weise entfernt wäre), als er im Endgas vorhanden sein soll, erzeugt wird u. ein Teil dieses Rk.-Gases unter Zugabe einer weiteren Menge Luft zu einem Endgas mit gewünschtem CH_4- u. N_2-Geh. verbrannt wird. (**D. A. S. 1 118 919** Kl. 26a vom 9/5. 1958, ausg. 7/12. 1961. E. Prior. 22/1. 1958.) E. KAHLES. 8157

Fa. August Klönne, Dortmund (Erfinder: Helmut Schade, Castrop-Rauxel), **Entfernen von Ammoniak, Schwefelwasserstoff und Cyanwasserstoff aus Gasen mittels schwefelsaurer Eisen(II)-salzlösungen.** Die Gaswäsche erfolgt in 3 Stufen, wobei die 1. Stufe in einem pH-Wertbereich von 1—3, die 2. Stufe in einem solchen von 3—6 u. die 3. in einem solchen von 6—10 durchgeführt wird. Die Austauschflächen der 3 Waschstufen sowie die Waschzeiten in den 3 Stufen werden im Verhältnis 1:2:4 gehalten. (**D. A. S. 1 121 268** Kl. 26d vom 9/3. 1960, ausg. 4/1. 1962.) G. FRITSCH. 8165

Henri Martin Guinot, Versailles, und Ateliers Pingris & Mollet-Fontaine Réunis Soc. An., Lille (Erfinder: Henri Guinot, Versailles), Frankreich, **Entfernung von Schwefelwasserstoff aus Gasen.** Als Waschlauge wird eine wss. Lsg. von Fe(III)-Salzen niederer Carbonsäuren, wie HCOOH, CH_3COOH oder Oxalsäure, verwendet. (**D. A. S. 1 122 207** Kl. 26d vom 11/6. 1955, ausg. 18/1. 1962. F. Prior. 16/6. u. 13/9. 1954.) G. FRITSCH. 8173

Gewerkschaft Elwerath, Hannover (Erfinder: Ernst Römberg, Troisdorf bei Köln), **Selektive Entfernung von Schwefelwasserstoff aus Schwefelwasserstoff- und kohlendioxidhaltigen Erdgasen.** Das Gas wird, nachdem es getrocknet worden ist, isenthalp auf Temp. von —95° entspannt. (**D. A. S. 1 122 208** Kl. 26d vom 21/5. 1959, ausg. 18/1. 1962.) G. FRITSCH. 8173

Dow Chemical Co., Midland, Mich., übert. von: John G. Staudt, Tulsa, Okla., V.St.A., **Erhöhung der Öl- oder Gasproduktion** durch hydraul. Aufbrechen der Öl u. Gas führenden Formationen. Die hydraul. Fl. ist ein Öl, das an Stelle von Sand als Absteifungsmaterial Alkali- oder Erdalkalisalze (z. B. NaCl) in einer Menge von 0,5 bis 5 lbs./gall. enthält. (**A. P. 2 881 837** vom 25/6. 1953, ausg. 14/4. 1959.) W. HAUSWALD. 8191

British Petroleum Co. Ltd., London (Erfinder: Peter Thomas White und Frederick William Bertram Porter, Sunbury-on Thames, Middlesex), England, **Alkene.** Olefine u. S-Verbb. oder diese beide enthaltende Kreislauföle, die beim katalyt. Cracken von KW-Stoffen entstehen, werden mit H_2 in Ggw. von Katalysatoren, bes. 1—5% Co-Oxid u. 5—25% MoO_3 oder 5—25% MoO_3, jeweils auf Al_2O_3, oder W-Ni-Oxiden oder -Sulfiden, bei 370—430°, 43—106 at u. einer Raum-Geschw. von 0,5—4 behandelt, wodurch die Olefine zu Paraffinen hydriert werden oder eine hydrierende Entschwefelung oder beide Rkk. erfolgen. Das behandelte Öl wird mit einem Lsgm. (Furfurol, SO_2, Di- u. Triäthylenglykol mit oder ohne W. oder Phenol u. W. bei 60—70° extrahiert u. das Raffinat dann bei 500—670, bes. 600—650° u. kurzer Verweilzeit gespalten. Es entstehen Alkene, z. B. mit 4—18 C-Atomen. (**D. A. S. 1 119 844** Kl. 12o vom 2/12. 1959, ausg. 21/12. 1961. E. Prior. 3/12. 1958.) G. KRAUSS. 8197

Standard Oil Development Co., Elizabeth, N. J., V.St.A., **Reformieren von Kohlenwasserstoffen des Brennstoffbereichs,** bei dem diese in Ggw. eines fein verteiltes Pt enthaltenden Reformierungskatalysators (I) in der Wirbelschicht in eine Rk.-Zone geleitet werden, dad. gek., daß verbrauchter I aus der Rk.-Zone abgezogen, mit einem Abstreifgas von anhängenden Gasen befreit u. in mehreren Zonen von steigender Temp., z. B. 1100—1200° F, regeneriert wird, wobei das Regeneratorgas im Gegenstrom zum I geführt wird. Regenerierter I wird kontinuierlich in die Rk.-Zone zurückgeführt. — Verf.-Schema. (**Aust. P. 161 523** vom 15/7. 1952, ausg. 17/3. 1955.) C. LÜTTGEN. 8201

Lubrizol Corp., Wickliffe (Erfinder: William Monroe Lesuer und George Russell Norman, Cleveland), Ohio, V.St.A., **Basische, öllösliche Metallsalze organischer Säuren.** Zu E. P. 782 058; C. **1961.** 4945 ist nachzutragen: Wasserfreie Ausgangsstoffe werden in Ggw. von ein- oder mehrwertigen, acycl. oder cycl. Alkoholen, deren Ionisations-Konst. $< 10^{-10}$ ist u. die noch Halogen, NH_2-, Sulfid-, Disulfid- oder Äthergruppen enthalten können, als Rk.-Beschleuniger umgesetzt. Bei der Rk. entstehendes W. wird sofort abdestilliert. — Ein Gemisch aus 575 (g) Ba-Polydodecylbenzolsulfonat, 153 BaO u. 288 Nonylalkohol wird in 140 Mineralöl auf 150—160° unter gleichzeitigem Einleiten von CO_2 erhitzt bis das Gemisch neutral reagiert. — Aus Naphthensäure wird mit BaO in Ggw. von Furfurylalkohol in Mineralöl bei 120° unter Einleiten von CO_2 u. anschließend bei 160°/10 Torr eine klare, braune, öllösl. Fl. erhalten. — *Schmierölzusatzmittel.* (**D. A. S. 1 121 616** Kl. 12o vom 14/2. 1955, ausg. 11/1. 1962. A. Prior. 15/2. 1954.) G. KRAUSS. 8221

Esso Research and Engineering Co., Del., übert. von: Eric O. Forster, Scotch Plains, und Richard O. Adams, Cranford, N.J., V.St.A., **Schmierung von Lagern.** Auf den Lageroberflächen wird ein Film eines wasserresistenten u. strukturbeständigen Schmierfetts folgender Zus. aufrechterhalten: Mineral- oder Synth.-Schmieröl mit 22—60 (Gew.-%) des Gesamtfettes; Zusatz von Metallsalzen (Na, Li, Ca, Ba, Sr, Al, Pb) des bei 300—500° F erhaltenen Rk.-Prod. von hochmol. KW-Stoffen mit 10 bis 20 P-Sulfiden. — Beispiel: Ein Brightstock-Mineralöl wird bei ca. 400° F 10 Std. lang mit 17 P_2S_5 behandelt u. das mit Mineralöl verd. Gemisch mit 30 $Ba(OH)_2 \cdot 8\,H_2O$ neutralisiert. (**A. P. 2 859 178** vom 19/12. 1955, ausg. 4/11. 1958.) E. DREWS. 8221

Esso Standard Soc. An. Française, Paris (Erfinder: Roger Perrus, Notre-Dame-de Gravenchon, Seine-Maritime), Frankreich, **Schmierfett** auf Basis eines Grundöls, das mit einem organ. oder anorgan. Verdickungsmittel auf Fettkonsistenz verdickt ist u. eine geringe Menge eines öllösl. Mischpolymerisates enthält, dad. gek., daß das Mischpolymerisat sich von wenigstens drei der folgenden Monomeren: a) einem Diester aus einer $\alpha.\beta$-ungesätt. Dicarbonsäure u. einem aliphat. Alkohol mit 8—18 C-Atomen, b) einem Ester aus einem ungesätt., eine Vinylgruppe enthaltenden Alkohol u. einer Monocarbonsäure mit 1—6 C-Atomen u. c) einem Monoester aus einer $\alpha.\beta$-ungesätt. Dicarbonsäure u. einem aliphat. Alkohol mit 1—20 C-Atomen, in dem die verbleibenden Carboxygruppen des partiellen Esters mit einem Alkylenoxid mit 2—6 C-Atomen umgesetzt sind, ableitet, wobei aus jeder der 3 Gruppen wenigstens ein Vertreter am Aufbau des Mischpolymerisates beteiligt ist. — Beispiel: Mischpolymerisat aus je 40 (Gew.-%) Fumarat eines C_{16-18}-Alkohols u. Monomaleat eines C_{8-10}-Alkohols mit 10 Mol Äthylenoxid, 20 Vinylacetat. (**D. A. S. 1 124 174** Kl. 23c vom 11/1. 1960, ausg. 22/2. 1962. **E. P. 881 798** vom 26/11. 1959, ausg. 8/11. 1961. Beide F. Prior. 20/2. 1959.) E. DREWS. 8223

Alpha Molykote Corp., Stamford, Conn., V.St.A. (Erfinder: Günter Spengler und Hannsheinz Hohn, München), **Molybdänhaltiges Schmiermittel** auf der Grundlage von synthet. oder mineral. Schmierölen, gek. durch einen Geh. an P-haltigen Molybdänblau-Verbb., die durch Erhitzen von a) 12-Molybdänphosphorsäure oder deren Salzen mit organ., ggf. S-haltigen N-Basen sowie mit b) reduzierenden organ. Verbb., wie höheren Alkoholen, Estern, Aminen, Polyglykolen, auf Temp. über 100°, vorzugsweise nicht über 150°, bis zum Vorliegen einer beständigen Blaufärbung erhalten worden sind. — 5 g eines Salzes aus $^1/_{20}$ (Mol) Dehydroabietylamin u. $^1/_{40}$ 12-Molybdänphosphorsäure $H_7[P(Mo_2O_7)_6] \cdot 28\,H_2O$ in 10 g Fettalkoholgemisch werden auf 150° bis zur Blaufärbung erwärmt. Bei Zugabe des Konzentrates zu 92 (%) Mineralöl (I) erfolgt nach 36 Std. bei 120° Ausscheidung; bei Ersatz von 1 I durch ein Amingemisch (30 Hexadecyl-, 25 Octadecyl-, 45 Octadecenylamin) ist das Gemisch 10 Tage lang bei 120° stabil. (**D. A. S. 1 123 069** Kl. 23c vom 28/6. 1956, ausg. 1/2. 1962. **E. P. 867 544** vom 28/6. 1957, ausg. 10/5. 1961. D. Prior. 28/6. 1956.) E. Drews. 8223

Shell Internationale Research Mij. N.V., Den Haag (Erfinder: Willem Frederik Jense, Amsterdam), Holland, **Schmiermittelkonzentrat und Öl-in-Wasser-Emulsion für die Metallbearbeitung,** dad. gek., daß es zu 50—90 Gew.-% aus einem KW-Stoff-Destillat mit einem Aromaten-Geh. von nicht mehr als 15 Gew.-% u. zu 50 bis 10 Gew.-% aus den folgenden Zusatzstoffen besteht: a) einer gesätt. oder ungesätt., aliphat. Carbonsäure mit mindestens 8 C-Atomen, b) einem Aminoalkohol, c) einem nicht ionenbildenden Emulgator, wobei die Zusätze a) u. b) in einem Mol-Verhältnis von 0,9:1 bis 1,1:1 vorliegen u. das Gew. (in Gew.-%) des Zusatzes c) $\leqq$ als die Summe der Gew.-% der Zusätze a) u. b). — Beispiel: für a): Ölsäure; für b) Diäthanolamin; für c): Kondens.-Prod. aus 6 (Mol) Äthylenoxid u. 1 Nonylphenol. Die Öl-in-W.-Emulsion besteht aus 1—10 (Gew.-%) Konzentrat u. 99—90 Wasser. (**D. A. S. 1 123 422** Kl. 23c vom 17/8. 1960, ausg. 8/2. 1962. Holl. Prior. 19/8. 1959.) E. Drews. 8223

Bataafse Petroleum Mij. N.V., Den Haag (Erfinder: Pieter Dingemann Marijs, Maasland), Holland, **Verfahren zur Ablagerung von Sandasphalt,** bes. unter W., dad. gek., daß einer Suspension von Sand in der mehrfachen Menge W. in der Leitung zur Ablagerungsstelle eine untergeordnete Menge Bitumenemulsion an sich bekannter, zum Überziehen feinster Mineralmassen geeigneter Art zugemischt wird. (**D. A. S. 1 122 897** Kl. 80b vom 16/9. 1958, ausg. 25/1. 1962. Holl. Prior. 18/9. 1957.) M. Böttcher. 8237

XX. Schieß- und Sprengstoffe. Zündmittel

Aerojet-General Corp., Azusa, übert. von: Milton B. Frankel, Pasadena, Calif., V.St.A., **Herstellung von 3.3.5.5-Tetranitropiperidyl-nitroalkylverbindungen** der allg. Formel **I**, worin A eine Alkylengruppe u. R ein Nitroalkyl, Alkyl, NO_2 oder H ist, dad. gek., daß 2.2.4.4-Tetranitropentandiol-(1.5) mit einem entsprechenden Nitroamin oder Tetranitropiperidin mit einem Nitroalkohol mit einer akt. OH-Gruppe kondensiert wird. — Aus Trinitroäthanol u. 3.3.5.5-Tetranitropiperidin in CH_3OH durch Kochen → *N-[2.2.2-Trinitroäthyl]-3.3.5.5-tetranitropiperidin,* F. 163 bis 168°, aus 3.3.3-Trinitropropylaminhydrochlorid u. 2.2.4.4-Tetranitropentandiol-(1.5) u. Zusatz von NaOH → *N-[3.3.3-Trinitropropyl]-3.3.5.5-tetranitropiperidin,* F. 142—144°. — *Sprengstoffe.*

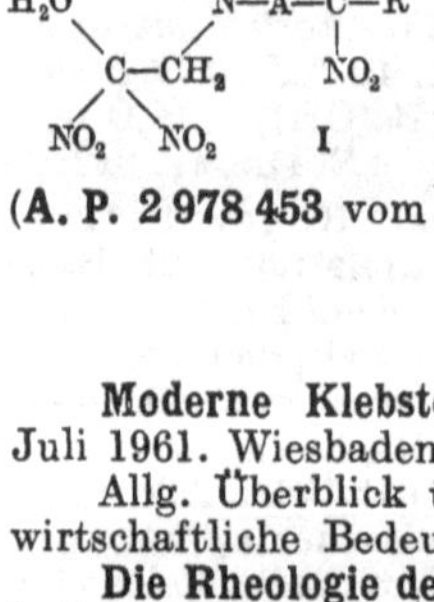

I

(**A. P. 2 978 453** vom 12/12. 1956, ausg. 4/4 1961.) W. Heyer. 8305

XXII. Leim. Klebstoffe usw.

Moderne Klebstoffe. H. Liese. (Fette, Seifen, Anstrichmittel **63.** 652—55. Juli 1961. Wiesbaden-Schierstein.) (Dt.)

Allg. Überblick über natürliche u. synthet. Klebstoffe, ihre Zus., ihre Verw. u. wirtschaftliche Bedeutung. H. Liese. 8380 □

Die Rheologie der Klebmittel. 6. Mitt. **Kaltabbindende Akajounußschalenflüssigkeit-Klebstoffe.** D. Narayanamurti und R. C. Gupta. (Rheol. Acta (Ergänzungsh. z. Kolloid-Z. **1.**) Nr. 4/6. 514—16. März 1961. Dehra Dun, India, Forest Res. Inst.) (Engl.) — 5. vgl. C. **1960.** 9437.

Die Rheologie von Akajounußschalen-Fl. wird nach Zusatz von 8, 10, 12, 14 u. 16% Paraformaldehyd als Kalthärter im Couette- u. im Penetro-Viscosimeter geprüft. Die Fließkurven u. Viscosität–Zeit-Kurven zeigen, daß das Syst. zunächst Dilatanz besitzt. Je höher die Härtermenge, desto eher wird ein Fließgrenzwert erreicht. Ein Vgl. der Fließkurven mit denen von Caseinleimen läßt ein unterschiedliches Verh. erkennen. H. Liese. 8380 □

Statische Untersuchungen von einfach-überlappten Leichtmetall-Klebeverbindungen. Heinz Müller. (Fertigungstechn. u. Betr. **11.** 40—44. Jan. 1961. Magdeburg, Hochsch. für Schwermaschinenbau, Inst. für Schweißtechn.) (Dt.)

Inhaltlich ident. mit der C. **1961.** 17077 referierten Arbeit. W. Wesly. 8380 □

Erhöhung der Dauerfestigkeit von Schweißverbindungen durch Metallklebstoffe. H. Schwarz. (Plaste u. Kautschuk **8.** 357—58. Juli 1961. Halle, Zentralinst. für Schweißtechnik.) (Dt.)

Unterss. ergaben, daß die Biegewechsel-Dauerfestigkeit von gekerbten u. geschweißten Prüfkörpern durch Überzüge aus geeigneten Metallklebstoffen (Epoxyharz, Polyesterharz, Polyurethan) stark erhöht werden kann, bes. durch Klebstoffe mit Füllstoffzusätzen. B. Scheifele. 8388□

Harvel Research Corp., Irvington, übert. von: Mortimer T. Harvey, South Orange, und Peter L. Rosamilia, Newark, N.J., V.St.A, **Klebstoff zur Herstellung von Schichtkörpern aus Holz, Stoff, Papier,** bestehend aus einer wss. Dispersion von 1—16 (Teilen) eines festen Vinylharzes, bes. Polyvinylchlorid u. -acetat u. deren Mischpolymerisate, u. 4 eines wasserlösl., unter alkal. Bedingungen gewonnenen Aceton–Formaldehydharzes. (**A. P. 2 859 192** vom 22/9. 1955, ausg. 4/11. 1958.) C. Lüttgen. 8389

Imperial Chemical Industries of Australia and New Zealand Ltd., Melbourne, Australien, **Klebstoff.** Zum Verkleben von Polyäthylen mit sich oder anderen Materialien dient eine Mischung aus Polyisobutylen (Molgew. 80000—200000), einem tert. Amin, Polyäthylenglykol, einem Kondens.-Prod. aus einem OH-Gruppen enthaltenden Polyester (z. B. Diäthylenglykolhexantrioladipat) u. einem organ. Polyisocyanat (2.4-Toluyldiisocyanat) (weniger als die stöchiometr. Menge). Ferner enthält dieses Gemisch noch eine stöchiometr. Menge eines organ. Polyisocyanats, berechnet auf das Polyäthylenglykol. Als Lsgm. für das Gemisch dient z. B. Trichloräthylen. „Desmolin N“ 75 (Teile), Polyisobutylen 15,6, Polyäthylenglykol 2,5, N-Methylmorpholin 1,0 u. p.p'.p''-Triphenylmethantriisocyanat 5,9. (**E. P. 859 728** vom 24/11. 1958, ausg. 25/1. 1961. Aust. Prior. 29/11. 1957.) E. Fuchs. 8389

Phillips Petroleum Co., übert. von: David R. Smith und Robert L. Hall, McGregor, Tex., V.St.A., **Klebstoff,** bestehend aus einem Mischpolymerisat aus $\geqq$50% eines konjugierten Diens u. $\geqq$5% einer heterocycl. N-haltigen monomeren Verb., die nur N- u. C-Atome im Ring enthält, einem Ester einer gesätt. oder ungesätt. Carbonsäure u. eines mehrwertigen Alkohols u. einer Monoepoxid-Verb. eines evtl. halogensubstituierten KW-Stoffs. Zwecks Härtung können Vulkanisier- u./oder Quaternisierungsmittel zugesetzt werden. — Beispiel: 100 (Teile) Mischpolymerisat aus 95 Butadien-(1.3) u. 5 2-Methyl-5-vinylpyridin, 5 Epichlorhydrin, 20 „Pentalyn A“, ein Abietinsäureester, u. 150 Benzin. (**A. P. 2 898 315** vom 6/5. 1955, ausg. 4/8. 1959.) C. Lüttgen. 8389

Comp. de Produits Chimiques „Boston“, Seine-et-Oise, Frankreich (Erfinder: Thomas Clifton Morris, Alexander Donald MacDonald, Cyril Ward Roop und Conrad Rossitto), **Vulkanisiermittel für Kautschuk,** Polybutadienkautschuk u. Polychloropren. Man kondensiert Pb-, Zn- oder Mg-Oxid mit einem alkal. Rk.-Prod. eines Aldehyds u. eines durch einen Alkylrest mit $\geqq$ 3 C-Atomen substituierten Phenols. Die Kautschukmischung dient als *Klebstoff*, z. B. zum Verkleben von Schuhsohlen. — Man erhitzt 1 Mol p-[tert.-Butyl]-phenol u. 2 Mol HCHO mit NaOH-Katalysator 1 Std. unter Rückfluß, trennt nach Abkühlen das Harz ab u. neutralisiert, stellt daraus eine 40%ig. Lsg. in einem Gemisch aus 25 (Vol.-Teilen) Toluol, 10 Äthylacetat u. 65 Naphtha her, gibt dazu 10 Gew.-% (des Harzes) MgO, läßt reagieren, trennt Unlösl. ab, wiederholt den MgO-Zusatz u. die Abtrennung vom Unlösl., trocknet u. stellt aus 100 (Gew.-Teilen) Polychloropren, 10 MgO, 2 Alterungsschutz, 50 Gew.-% des Harzes u. 150 des vorher genannten Lsgm.-Gemisches eine Lsg. her, die als *Klebstoff* dient. (**F. P. 1 177 229** vom 7/6. 1957, ausg. 22/4. 1959. A. Prior. 11/6. 1956.) M. Pankow. 8389

Charles Bartell, Waltham, Mass., und Joseph Robert Weschler, New Brunswick, N.J., V.St.A., **Klebestreifenrolle** mit hoher Naßfestigkeit, Biegefähigkeit, Dehnung, Einreißfestigkeit u. hohem Widerstand gegen Spalten, dad. gek., daß die Rückenschicht (saugfähiges Krepp-, Tauen- oder normales Kraftpapier) einheitlich mit ca. 25—200% (auf Trockenfaser bezogen) eines elastomeren Mischpolymerisats aus einem konjugierten Dien u. mindestens einem andersartigen Monomeren, wovon ein Monomer 1 COOH-Gruppe besitzt, bes. eines Butadien–Styrol–Äthacrylsäure- oder Butadien–Methacrylsäure-Mischpolymerisats, u. ca. 0,5—25% (auf Gesamtkunststoff bezogen) eines ausgehärteten Aldehydharzes (Phenol-, Harnstoff- oder Melamin–CH_2O-Harzes) verbunden u. mindestens ein Hauptteil der beschichteten Oberfläche mit einem bei normaler Temp. klebrigen u. nach Druckanwendung haftenden Klebstoff, wie synthet. Gummi usw. überzogen ist. Herst. von Schutzschichten zum Abdecken, bes. von Metalloberflächen. — Mengenbeispiele, Tabellen, Zeichnung. (**D. A. S. 1 114 082** Kl. 55f vom 14/7. 1958, ausg. 21/9. 1961. **Aust. P. 225 900** vom 4/7. 1958, ausg. 21/1. 1960. Beide A. Prior. 15/7. 1957. **A. P. 2 848 105** vom 15/7. 1957, ausg. 19/8. 1958.) G. Vogel. 8389

Brown-Bridge Mills, Inc., Troy, Ohio, V.St.A., *Herstellung gummierter Klebebogen.* (**E. P. 859 326** vom 20/11. 1958, ausg. 18/1. 1961. A. Prior. 17/12. 1957. — C. **1960.** 12898 [D. A. S. 1 070 764].)

Farbwerke Hoechst Akt.-Ges., vormals Meister Lucius & Brüning, Frankfurt/M., *Herstellung von Vinylpolymerisat-Klebstoffen.* (Holl. P. **99 152** vom 15/8. 1958, ausg. 15/9. 1961. D. Prior. 17/8. 1957. — C. **1960.** 5369 [D. A. S. 1 058 670].)

Deutsche Gold- und Silber-Scheideanstalt vormals Roessler, Frankfurt/M., *Klebstoffe für undurchlässige Stoffe.* (**Oe. P. 216 651** vom 29/5. 1959, ausg. 10/8. 1961. D. Prior. 6/6. 1958. — C. **1959.** 11119 [D. A. S. 1 053 117].)

Minnesota Mining & Mfg. Co., St. Paul (Erfinder: **Erwin William Ulrich**, Rosemount), Minn., V.St.A., *Lösungsmittelfestes klebendes Präparat.* (**Jap. A. S. 4876/1960** vom 30/3. 1957, ausg. 10/5. 1960. A. Prior. 30/3. 1956. — C. **1960.** 17002 [D. A. S. 1 079 768].)

Badische Anilin- & Soda-Fabrik Akt.-Ges. (Erfinder: **Erika Cantzler, Walter Daniel, Robert Gehm, Friedrich Hölscher, Fritz Rieder** und **Curt Schuster**), Ludwigshafen/Rh., *Haltbares Mittel zum Verbinden von Fäden oder Geweben mit natürlichem oder künstlichem Kautschuk.* (**Schwz. P. 356 748** vom 26/2. 1958, ausg. 31/10. 1961. D. Prior. 8/6. 1957. — C. **1959.** 15555 [Oe. P. 201 557].)

Kalle & Co. Akt.-Ges., Wiesbaden (Erfinder: **Heinrich Peters, Eduard Gramm** und **Julius Stawitz**, Wiesbaden, und **Joachim Ebigt**, Frankfurt/M.), *Streufähige Pulver aus Polyvinylharzen.* (**Schwz. P. 357 195** vom 29/3. 1957, ausg. 15/11. 1961. — C. **1958.** 10252 [D. A. S. 1 016 438].)

American Sealants Co. (Erfinder: **Vernon Kriebel Krieble**), Hartford, Conn., V.St.A., *Unter Luftabschluß polymerisierende Gemische.* (**D. A. S. 1 109 891** Kl. 39c vom 18/8. 1956, ausg. 29/6. 1961. A. Prior. 25/8., 26/8. u. 19/12. 1955. — C. **1961.** 4221 [E. P. 824 677].)

Kodak Ltd., London, England (Erfinder: **Edward Carnall jun.** und **John Joseph Lugert**), *Herstellung von optisch verwendbaren Kitten aus Polymerisaten.* (**E. P. 846 471** vom 6/12. 1956, ausg. 31/8. 1960. A. Prior. 16/12. 1955 u. 20/7. 1956. — C. **1960.** 6716 [A. P. 2 856 379].)

XXIII. Tinte. Hektographenmassen und andere Spezialpräparate

Bestimmung der Lagerungseigenschaften von Druckerschwärzen des Emulsionstyps. Mohammad Aslam und Mohammad Sabir. (Pakistan J. sci. ind. Res. **2.** 40—44. Jan. 1959. Karachi, Pakistan Counc. of Sci. and Ind. Res., Centr. Labor.) (Engl.)

Die Best. der rheolog. Eigg. von Druckerschwärzen gestattet es, ihre Konsistenz beim Lagern zu verfolgen, indem man die auf Wasserzusatz erfolgende Emulgierung des W. im organ. Farbträger u. die Ausflockung von Pigmentteilchen mißt. Aus den an zahlreichen Proben ausgeführten Messungen (Diagramme) folgt, daß starkes Rühren der angesetzten Proben eine rasche Anzeige der Lagerungsveränderungen bewirkt. Nach starkem Rühren bedürfen stabile Proben einer 4tägigen „Bebrütung" bei 40°, wodurch die Viscosität rascher steigt. W. WESLY. 8420□

Normung von Myrobalanenuß-Extrakten zur Herstellung von Füllhaltertinte. George Hahn und Rafique Ahmad Siddiqui. (Paskistan J. sci. ind. Res. **1.** 63—70. Jan. 1958. Karachi, Pakistan Council of Sci. and Ind. Res., Centr. Labor.) (Engl.)

Zur Herst. von Füllhaltertinte werden Myrobalane-Nüsse mit 30—40% Tannin verwendet. Die Herst. u. Normung der Tinte unter Verw. eines photoelektr. Colorimeters nach GALLENKAMP zur Best. des Extinktions-Koeff. der Lsgg. u. eines Farbmessers nach LOVIBOND werden beschrieben. W. WESLY. 8500

Conte, Paris, Frankreich, **Masse zur Herstellung von Bleistiften,** bestehend aus einem Fasermaterial (**I**), bes. Sägemehl oder Holzmehl, u. einem Bindemittel aus Casein (**II**) u. Borax (**III**), dad. gek., daß sie eine höhere Fettsäure, einen Emulgator (**IV**) u. evtl. ein Präservierungsmittel (**V**) u. einen Farbstoff enthält. Als **V** kommt bes. Phenol (**VI**) in Verbindung mit $CuSO_4$ in Frage, wodurch das Prod. heiß härtbar wird. — Beispiel: 20 (kg) **I**, 5,5 **II**, 0,9 **III**, 0,5—1 Ölsäure, 0,015—0,03 **IV**, 0,15 **VI**, 0,05 $CuSO_4$, 0,02 β-Naphtholorange, 0,001 Rhodamin u. 36 Wasser. (**E. P. 810 286** vom 31/8. 1955, ausg. 11/3. 1959. Oe. Prior. 16/3. 1955.) C. LÜTTGEN. 8421

National Cash Register Co., Dayton, Ohio, V.St.A., **Druckempfindliches Registrierpapier.** Auf eine Trägerschicht ist ein Überzug aufgebracht, der eine feinteilige feste, unter Farb-Bldg. reagierende Säuretonsubstanz (Attapulgit, Mg-Trisilicat, Zeolith) u. ölhaltige mkr. Kapseln enthält, die durch Koacervierung einer Emulsion, welche Öle u. ein hydrophiles Koll. enthält, gebildet wurden u. die in dem Öl eine weitere farbbildende Komponente (Kristallviolettlacton, Malachitgrünlacton) gelöst enthalten. Die Kapseln sind bei normalem Schreibdruck zerbrechlich. Zwischen die Kapseln u. die feste farbbildende Substanz ist eine bei normaler Temp. druckunempfindliches Material (Polyvinylmethyläther) angeordnet, das bei erhöhter Temp. den Kontakt zwischen der fl. u. der festen farbbildenden Substanz ermöglicht, so daß Farb-Bldg. nur bei kombinierter Druck- u. Hitze-Einw. erfolgt. (**E. P. 825 354** vom 13/6. 1958, ausg. 16/12. 1959. A. Prior. 25/7. 1957.) P. MAYER. 8423

Consolidated Electrodynamics Corp., übert. von: Herbert I. Chambers, Pasadena, Calif., V.St.A., **Registrierpapier.** Auf einer Grundschicht eines elektr. nichtleitenden Materials sind longitudinale Streifen eines leitenden Materials aufgebracht, die jeweils von den benachbarten Streifen isoliert sind. Die leitenden Streifen haben einen Überzug, der bei Strom-Einw. sichtbare Zeichen gibt (Pigmente, wie ZnO, ZnS, $BaSO_4$ in einem Bindemittel, das in organ. Lsgm. lösl. ist, wie Methylcellulose.) (**A. P. 2 876 060** vom 22/1. 1957, ausg. 3/3. 1959.) P. Mayer. 8423

N. V. Philips' Gloeilampenfabrieken, Holland, *Flüssige Tinte für Registrierapparate.* (**F. P. 1 205 204** vom 7/3. 1958, ausg. 1/2. 1960. Holl. Prior. 9/3. 1957. — C. **1962.** 2970 [Holl. P. 97 342].)

General Aniline & Film Corp. (Erfinder: **Saul Rex Buc**), V.St.A., *Herstellung von acyliertem Leukomethylenblau.* (**F. P. 1 159 535** vom 5/11. 1956, ausg. 27/6. 1958. A. Prior. 8/11. 1955. — C. **1961.** 6367 [E. P. 834 039].)

General Aniline & Film Corp., New York, N.Y. (Erfinder: **Saul Rex Buc**, Easton, Pa.), V.St.A., *Herstellung von acyliertem Leukomethylenblau.* (**Schwz. P. 357 070** vom 2/11. 1956, ausg. 15/11. 1961. A. Prior. 8/11. 1955. — C. **1961.** 6367 [E. P. 834 039].)

XXIV. Photographie

Über die Reaktionskinetik bei der Entstehung des latenten Bildes. R. Meyer. (J. photogr. Sci. **10.** 14—25. Jan./Febr. 1962. Dresden, TH, Wiss. Photograph. Inst.) (Engl.)

Um den Rk.-Ablauf bei der Entstehung des latenten Bildes zu erklären, werden vier Rk.-Modelle unter Ableitung entsprechender Gleichungen zur Diskussion gestellt. Es wird gezeigt, wie diese Gleichungen unter bestimmten Voraussetzungen einer mathemat. Lösung zugeführt werden können. Die theoret. Überlegungen werden zu den prakt. Kriterien, wie Empfindlichkeit, Form der charakterist. Kurve, maximale Deckung in Beziehung gesetzt. — Es zeigt sich, daß alle Rk.-Modelle mit den Beobachtungen aus der Praxis übereinstimmen. Es wird angenommen, daß die Bewegung der Ag-Ionen den Rk.-Ablauf bestimmt. Die empfindlichkeitsbestimmenden Faktoren werden erklärt. Aus der Abhängigkeit der maximalen Deckung u. der Gradation von der Lichtintensität wird geschlossen, daß bei der Entstehung des latenten Bildes Umkehrprozesse ablaufen. Das Reziprozitäts-Verh. u. seine Abhängigkeit von der Temp. gibt Aufschluß über den Ablauf der photochem. Reaktion. — 10 Literaturhinweise. W. Günther. 8594□

Photographische Chlorbromsilberemulsionen mit Mikrokristallen mit Schichtstruktur. J. u. M. Prochotzki und Ju. B. Wilenski. (Журнал Научной и Прикладной Фотографии и Кинематографии [J. wiss. angew. Photogr. Kinematogr.] **5.** 363—64. Sept./Okt. 1960. Schostka, Zweigstelle des Allunionsinst. für Kinematographie u. Photographie.) (Russ.)

Schichtkristalle der allg. Form [$(AgHal_1)AgHal_2$], wobei $AgHal_1$ den Kern u. $AgHal_2$ die Hülle bezeichnen, herzustellen, erweist sich wegen Bldg. fester Lsgg. der Silberhalogenide als schwierig. Als günstigste Meth. für ihre Herst. erwies sich der Ansatz entsprechenden Halogensilbers auf bereits vorgebildeten Kristallen von $AgHal_1$ bei einem Überschuß an Silberionen. Es wurden hergestellt (AgBr)AgCl-, (AgCl)AgBr- u. AgBr, Cl-Emulsionen (**A**, **B**, **C**). Der pAg-Wert wird bestimmt von der Zus. der Kristalloberfläche. Seine Änderung für steigende AgBr-Konzz. wurde für **A**, **B** u. **C** bestimmt. λ_{Grenze} wurde aus den Kurven der spektralen Empfindlichkeit nach dem Verhältnis $\lg S_{\lambda=400} - \lg S_{\lambda Grenze} = 0{,}6$ erhalten. Für **C** ist die λ_{Gr} eine Additive, für Emulsionen vom Typ **A** u. **B** eine kompliziertere Funktion der Zusammensetzung. W. Pett. 8600□

Umwandlung der Beimengungszentren bei der beschleunigten Alterung photographischer Emulsionen. R. A. Lewitzkaja, Sh. L. Broun und K. W. Tschibissow. (Журнал Научной и Прикладной Фотографии и Кинематографии [J. wiss. angew. Photogr. Kinematogr.] **5.** 361—63. Sept./Okt. 1960. Odessa, Metschnikow-Univ.; Moskau, Univ., Lehrstuhl für wissenschaftliche Photographie u. Kinematographie.) (Russ.)

Der Vgl. zwischen den spektralen Eigg. opt. nicht sensibilisierter Emulsionen u. der Änderung der spektralen Empfindlichkeit u. Absorption im Reifungsprozeß führt zur Annahme von Ag-Zentren verschiedener Größe in den Mikrokristallen der Emulsion. Funktionelle Aufteilung derselben in 1. atomarmol., 2. vorkoll., 3. größere amorphe Zentren u. 4. kristallin-koll. Teilchen. Der photograph. Prozeß wird als eine Folge reduktiv-oxydativer Umwandlungen mit allmählicher Abnahme des freien Ag angesehen. Die Alterung wird als ein Teil dieser Folge angenommen u. führt zur Umwandlung der Beimengungszentren, ähnlich einer zweiten Reifung. Zu den Verss. (**A** u. **B**) wurden

Chlor- u. Bromsilberemulsionen verwendet, die 6—96 Std. bei 56° u. 75% Luftfeuchtigkeit künstlich gealtert wurden. Belichtung der Schicht mit Hg-Lampe durch EDER-HECHT-Keilsensitometer u. 4 Min. lange Entw. in verd. Metol-Hydrochinonentwickler. Die monochromat. Absorption bei verschiedenen λ u. der Verlauf der relativen Empfindlichkeitskurve in Abhängigkeit von der Alterungsdauer für **B** bzw. der Schleierkurve für **A** wurden untersucht. Für **B** verlaufen die Kurven analog mit einem zeitlich übereinstimmenden Maximum der Lichtempfindlichkeit bzw. der Absorption. Bei **A** herrscht die gleiche Gesetzmäßigkeit für Schleier u. Absorption. Vff. folgern Zusammenschluß der AgCl-Teilchen. Bei anhaltender Alterung Kristallisation bis zum Verlust der katalyt. Aktivität. Es sind zwei Grenzfälle zu erkennen: Änderung der Lichtempfindlichkeit ohne (**B**) u. starkes mit Schleierwachstum (**A**). W. PETT. 8600□

Untersuchung des Sensibilisierungsmechanismus photographischer Emulsionen durch Goldsalze. I. M. Ratner. (Журнал Научной и Прикладной Фотографии и Кинематографии [J. wiss. angew. Photogr. Kinematogr.] **5**. 365—67. Sept./Okt. 1960. Allunionsforsch.-Inst. für Kinematographie u. Photographie.) (Russ.)

Es wird der Einfl. der Au-Ionen auf die Kinetik der Änderung der Schleierdichte (SD) im Prozeß der zweiten Reifung untersucht. Die SD wurde bei der Reifung bis $D_0 = 1,2$ erhöht, danach der Emulsion $AuCl_3$-Lsg. zugesetzt u. die Reifung fortgesetzt. Bei Zusatz von $78 \cdot 10^{-6}$ Val $AuCl_3$ pro Liter Emulsion bei pH 6,0, pBr 2,6 u. der Temp. von 65° ergibt sich eine bemerkenswerte Senkung der SD mit fortschreitender Reifung. Bei 45° zeigt sich nach Zusatz von Au-Ionen zunächst Erhöhung der SD, danach erst Abfall. Die Abnahme der SD wird auf die Oxydation der Schleierzentren durch Au-Ionen zurückgeführt. Sie zeigt sich jedoch nur bei höheren Au-Konzentrationen. Die Erhöhung der SD wird durch Verhinderung der effektiven Sensibilisierung der Emulsion durch Au-Ionen erklärt. Der Au-Zusatz führt vorwiegend zur Oxydation der grobkörnigsten Ag-Zentren (Schleierzentren). Deshalb Erhöhung der Lichtempfindlichkeit bis zu optimalen Werten ohne merkliche SD-Steigerung möglich. W. PETT. 8604□

Einfluß der Silbersulfidbeimengungen auf die spektrale Absorption von bei tiefen Temperaturen photochemisch gefärbten Silberhalogenidemulsionen. T. Ja. Sjora und A. G. Gumenjuk. (Журнал Научной и Прикладной Фотографии и Кинематографии [J. wiss. angew. Photogr. Kinematogr.] **5**. 321—26. Sept./Okt. 1960. Odessa, Metschnikow-Univ., Phys. Inst.) (Russ.)

Vff. untersuchen die spektrale Absorption von Halogensilberemulsionen (**A**) mit unterschiedlichen Ag_2S-Konzz. bei verschiedenen Temperaturen. Beschrieben werden Verss. mit hochdispersen feinkörnigen AgCl- u. AgBr-Emulsionen niedriger Empfindlichkeit. Bei der Herst. der Ag_2S-Emulsion wurden KBr bzw. KCl durch Na_2S in äquimolaren Mengen ersetzt u. entsprechend **A** zugemischt. Mit der erhaltenen Emulsion wurden 20×20 -mm-Quarzscheiben beschichtet. Belichtung erfolgte mit Hg-Lampe PRK-2, Messung mit Elektrophotometer SF-4 nach der Differenz-Meth. vor u. nach der Belichtung. Reine AgBr-Emulsion (**B**) zeigt nach Belichtung 3 Absorptionsmaxima bei 270, 405 u. 530 mμ. Bei tiefen Temp. (bis —163°) verschwinden die Maxima im langwelligen Bereich fast vollständig. **B** mit 0,02 Mol-% Ag_2S zeigt Ebnung der Kurven durch Maskierung der akt. Zentren. Bei Erhöhung des Ag_2S-Zusatzes (5 Mol-%) in **B** glätten sich die Kurven weiter bei gleichem Verh. wie reine **B**. Die spektrale Absorption wird gesenkt. Eine reine, empfindlichere Chlorsilberemulsion (**C**) hat Absorptionsmaxima bei 275, 385 u. 530 mμ. Bei Temp.-Erniedrigung während der Belichtung Ebnung der Kurven u. Verschiebung der Absorptionsmaxima zum kurzwelligen Bereich. Intensitätsverminderung bei Ag_2S-Zusatz. Verlängerte Belichtungszeit bei Raum-Temp. ergibt keine Verschiebung der Maxima. Zur Best. der Lage der Absorptionszentren (AZ) wurde **B** mit 0,4%ig. $K_2Cr_2O_7$-Lsg. 2 Min. behandelt. Der Bereich λ_{max} 525—530 mμ verschwand völlig. Das zeigt, daß die AZ für dieses Gebiet vorwiegend an den Kristalloberflächen liegen. Tiefer liegen alle Zentren, die im UV absorbieren. Belichtungen von 1, 2, 4, 10 Std. bei Raum-Temp. zeigen, daß labile Zentren erhalten bleiben, die bei der Belichtung zerstört werden. Analoge Ergebnisse zeigte eine **C** mit Quecksilberchloridzusatz. Weitere Verss. mit 1:5 verd. Emulsion wurden bei verschiedenen Temp. u. Belichtungszeiten durchgeführt. Es traten keine neuen Absorptionszonen auf. Analoge Resultate wurden bei Verss. bei —163° erhalten. Wie die Verss. mit u. ohne Ag_2S zeigen, beeinflußt der Zusatz die Absorptionsintensität im erwähnten Spektralbereich. Ein Einfl. der Gelatine ist nicht ausgeschlossen. W. PETT. 8604□

Über die Kinetik der Entwicklung des latenten elektrographischen Bildes. I. W. Anfilow und W. M. Fridkin. (Журнал Научной и Прикладной Фотографии и Кинематографии [J. wiss. angew. Photogr. Kinematogr.] **5**. 367—68. Sept./Okt. 1960. Moskau, Forsch.-Inst. „Polygraphmasch".) (Russ.) — Vgl. C. **1960**. **14928**.

Die Lsg. der früher (C. **1962.** 14928) aufgestellten Gleichung $m (d^2Z/dt^2 = 2\pi (\sigma_0 - \varepsilon q Z) \varepsilon - K(dZ/dt)$, in der m u. ε Masse u. Ladung der koll. Entwicklerteilchen, q die Konz. der Teilchen in der Lösung, σ_0 die Anfangsdichte der Ladung auf der Oberfläche der elektrophotograph. Schicht, K den Koeff. der STOKESschen Zähigkeit u. Z die Entfernung der Entwicklerteilchen vor ihrer Ausgangsstellung bedeuten, wird diskutiert. Es wird gezeigt, daß die Entw.-Zeit unabhängig von der Größe der Anfangsdichte der Ladung σ_0 auf der Oberfläche der elektrophotograph. Schicht ist. W. PETT. 8618□

Entwicklungsverfahren für Direktpositivpapier zur Herstellung von Bürokopien. E. T. Smith. (J. photogr. Sci. **10.** 43—49. Jan./Febr. 1962. Wealdstone, Harrow, Middlesex, Kodak Ltd.)

Vf. berichtet über ein Verf. zur Schnell-Entw. von Autopositivpapier, nach dem in entsprechenden maschinellen Entw.-Vorr. auch Papiere von sehr geringem Gew. verarbeitet werden können. Es wird ein stark alkal. Entwickler (pH 12—13) verwendet, dem ein Stabilisierungsbad mit Rhodanid folgt. Da Rhodanid das Ag-Bild angreift, werden diesem Bad Inhibitoren zugesetzt. Es wurde ein Autopositivpapier für 2fache Reflexbelichtung ausgearbeitet, das die Möglichkeit bietet, auf direkte Weise von jedem Original schwarze Kopien auf weißem Grund mit einem einzigen Blatt Papier zu erhalten. — 8 Literaturhinweise. W. GÜNTHER. 8618□

Messung des Auflösungsvermögens photographischer Emulsionen. Ivan Šolc, (Jemná Mechan. Optika **4.** 86—88. 1959. Turnov, Výzk. úst. pro mineraly.) (Tschech.)

In den Weg des zur Messung des Auflösungsvermögens verwendeten Strahls monochromat. Lichtes sind 2 FRESNELsche Plättchen eingesetzt. Die Messung erfolgt auf Grund der dadurch verursachten Interferenzerscheinungen (NEWTONsche Ringe). Vf. beschreibt die physikal. Grundlagen u. erläutert die Anwendung an einem Beispiel. R. K. MÜLLER. 8660□

Das Verhalten von Thiosulfat bei der Elektrodialyse in Gegenwart photographischer Gelatine. P. Bassignana, G. B. Tagliafico, L. Valbusa, W. Versorese und F. Pocchiari. (J. photogr. Sci. **10.** 40—42. Jan./Febr. 1962. Ferrania, Italien, Ferrania, S.p.A.) (Engl.)

Eine 10%ig. Gelatine-Lsg., die 30 mMol *Thiosulfat* enthielt, dessen äußeres S-Atom mit ^{35}S markiert war, wurde in einer BRENTZINGER-App. der Elektrodialyse unterworfen. Die Dialyse dauerte 6 Std. bei einem Potentialunterschied von 400 Volt. Stromstärke zu Beginn der Dialyse 0,5 A, Temp. 28—35°, Cuprophanmembran, Rühr-Geschw., 60 U/min, pH der Anoden-Fl. 3,2, der Kathoden-Fl. 10,2. — Es wurde folgende Verteilung festgestellt: 45% der Radioaktivität wurden in der Anoden-Fl. nachgewiesen, 30% in der Kathoden-Fl. u. die restlichen 25% in der Gelatinelösung. Die gleiche Verteilung wurde beobachtet bei Verss. mit ^{35}S-markiertem Sulfat u. mit ^{32}P-markiertem Phosphat. — 7 Literaturhinweise. W. Günther. 8660□

Eastman Kodak Co., übert. von: William T. Driscoll, William F. Fowler und Richard J. Hellmann, Rochester, N.Y., V.St.A., **Naßfestes photographisches Papier.** Dem Papierstoff wird im Holländer ein kation. polymeres Hydrosol, hergestellt durch Copolymerisation von n-Butylacrylat, Styrol, Methacrylamid u. 4-Vinylpyridin, zugesetzt. (**A. P. 2 887 380** vom 7/7. 1955, ausg. 19/5. 1959.) P. MAYER. 8603

Imperial Chemical Industries Ltd., London, England (Erfinder: George de Winter Anderson), **Sensibilisatoren** sind Verbb. der allg. Formel **I.** Hierin sind R, R_1 u. R_2 Alkylreste; X = OH oder NH_2; Z stellt die zur Bldg. eines 5- oder 6gliedrigen heterocycl. Ringes nötigen Atome dar, der außerdem einen ankondensierten Ring enthalten kann; n = 0 oder 1 u. m = 1 oder 2. Herst. durch Kondens. von Pyrimidinen der allg. Formel **A** mit quatern. Salzen der allg. Formel **B** oder deren N-Acetyl-

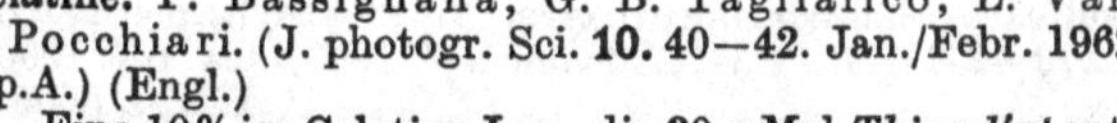

I

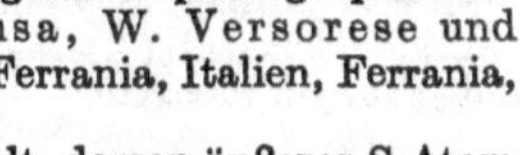

A

Derivv. in organ. Lsgm. in Ggw. von Basen, wie Triäthylamin, unter Erwärmen auf 50 bis 150°. Hierbei ist Y ein Säurerest. — [3-Äthyldihydrobenzthiazol-(2)]-[2-dimethylamino-4-hydroxy-6-ketodihydropyrimidin-(5)]-dimethinmerocyanin, $C_{17}H_{18}N_4O_2S \cdot \frac{1}{2} C_2H_5OH$, orangefarbene Nadeln, F. 337° (Zers.); [3-Äthyldihydrobenzthiazol-(2)]-[2-dimethylamino-4-amino-6-ketodihydropyrimidin-(5)]-dimethinmerocyaninhydrojodid, $C_{17}H_{19}N_5OS \cdot HJ$, rotes Pulver, F. 273—274°; [1.3.3-Trimethylindolin-(2)]-[2-dimethylamino-4-hydroxy-6-ketodihydropyrimidin-(5)]-dimethinmerocyanin, orangefarbene Platten, $C_{19}H_{22}N_4O_2 \cdot H_2O$, F. 320°

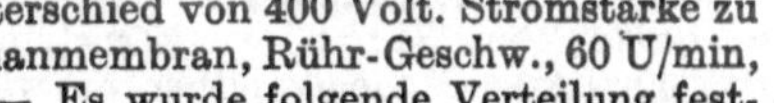

B

(Zers.); [1-Äthyl-1.2-dihydrochinolin-(2)]-[2-dimethylamino-4-hydroxy-6-ketodihydropyrimidin-(5)]-dimethinmerocyaninhydrojodid, $C_{19}H_{20}N_4O_2 \cdot HJ$, braune Nadeln, F. 303° (Zers.); [3-Äthyldihydrobenzthiazol-(2)]-[2-dimethylamino-4-hydroxy-6-ketohydropyrimidin-(5)]-tetramethinmerocyanin, $C_{19}H_{20}N_4O_2S \cdot 1\frac{1}{2}\ H_2O$, purpurfarbene Platten, F. 268° (Zers.). Dosierung 5—50 mg auf 1 Liter gießfertige Emulsion [Angaben über Sensibilisierungsbereich fehlen; der Referent]. Die Farbstoffe werden bei der Naßbehandlung der belichteten Schicht restlos ausgewaschen. (**E.P. 834751** vom 6/6. 1958, ausg. 11/5. 1960.)
A. KALIX. 8605

Imperial Chemical Industries Ltd., London, England (Erfinder: Maurice Sugden Magson), **Sensibilisatoren** sind Anhydrocyanine der allg. Formel **I**. Hierin sind A_1 u. A_2 Alkylgruppen; A_2, A_3, A_5 u. A_6 sind H- oder Halogenatome, Alkyl-, Aryl- oder Alkoxygruppen, oder $A_2 + A_3$ u./oder $A_5 + A_6$ bilden zusammen einen ankondensierten Benzolring; n = 1 oder 2. Herst. durch Rkk. zwischen Anilen der allg. Formel **II**

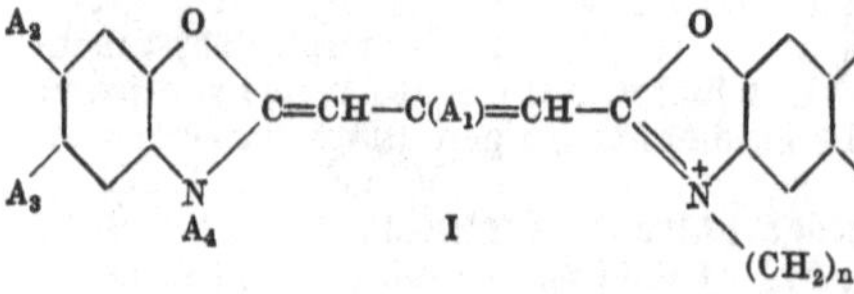

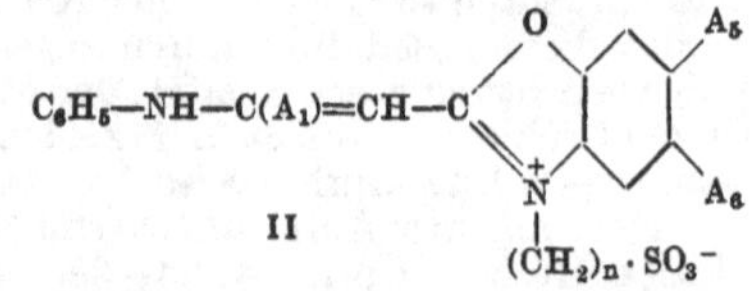

u. quatern. N-Alkylsalzen, die dem Mol.-Rest in **I** entsprechen, z. B. 2-Methyl-5-phenyl-[oder -5-chlor]-benzoxazoljodäthylat, 2-Methyl-5.6-benzobenzoxazol-p-toluolsulfonat u. 2-Methyl-5-methoxybenzoxazoljodäthylat. Beispiele für **II**: Anhydro-5-phenyl-(3-β-sulfoäthyl)-(2-anilino-β-äthylvinyl)-benzoxazolhydroxyd oder -benzobenzoxazolhydroxyd. — Anhydro-[5-phenyl-3-äthylbenzoxazol-(2)]-[5-phenyl-3-β-sulfoäthylbenzoxazol-(2)]-β'-äthyltrimethincyaninhydroxyd, rote Kristalle, F. 256°. — Anhydro-[5-phenyl-3-äthylbenzoxazol-(2)]-[3-β'-sulfoäthyl-5.6-benzobenzoxazol-(2)]-β''-äthyltrimethincyaninhydroxyd, rote Kristalle, F. 270—271°. (**E.P. 840223** vom 10/7. 1957, ausg. 6/7. 1960.)
A. KALIX. 8605

Eastman Kodak Co., übert. von: Glen G. Gray, Rochester, N.Y., V.St.A., **Zusätze zu schichtbildenden Gießlösungen für photographisches Material** sind Ester aus organ. 2bas. Säuren, wie Bernstein-, Adipin- u. Phthalsäure u. Äthanol, Diäthylenglykol u. dessen Monoalkyläther. Sie wirken gleichzeitig als Netz- u. Schaumverhütungsmittel sowie als Weichmacher u. Mittel, die die elektrostat. Aufladung u. das Rollen des Schichtträgers, bes. Papier, verhindern. Bevorzugt verwendet wird *Bis-(äthoxyäthylenglykol)-succinat*. Dosierung: in Halogensilbergelatineemulsionen 30—150% der Gelatinemenge, in Barytagesuspensionen das 1½fache des verwendeten Bindemittels. Das Rollen von Photopapier nach der Bild-Herst. kann auch durch Baden in einer 5—10%ig. Lsg. dieser Verb. verhindert werden. Hierzu wird vorzugsweise ein Veresterungs-Prod. mit einem Gemisch aus 30—25 (Gew.-%) Äthylenglykol u. 70—75 Diäthylenglykolmonoalkyläther verwendet. (**A. P. 2 940 854** vom 16/8. 1956, ausg. 14/6. 1960.)
A. KALIX. 8611

Radio Corp. of America, übert. von: Sydney Gray, Somerville, N.J., V.St.A., **Lichtfilter.** Auf einem durchsichtigen Träger, bes. aus Glas mit dem Brechungsindex 1,52, befinden sich 12 abwechselnd aus ZnS u. CaF_2 aufgedampfte Schichten, von denen jede eine opt. Dichte = 1325 Å besitzt. Auf der dem Träger abgewandten Seite der Schichten ist eine 150 Å dicke Schicht aus Au aufgedampft. Der Absorptionsbereich des Filters ist 3700—4650 Å, darin werden 25% des auftreffenden Lichtes durchgelassen, die maximale Durchlässigkeit liegt zwischen 4100 u. 4500 Å. Das Filter wird vorzugsweise in Fernseh-u. Farbaufnahmekameras verwendet u. erhält für diese Zwecke über der Au-Schicht noch eine 0,0002'' dicke Schicht von photoleitfähigem Sb_2S_3. Durch Entgasen im Vakuum können die opt. Eigg. des Filters wesentlich verbessert werden. — Vorr., Zeichnung.) (**A. P. 2 869 010** vom 28/4. 1955, ausg. 13/1. 1959.) A. KALIX. 8613

Polaroid Corp., Cambridge, übert. von: Elkan R. Blout, Belmont, Mass., V.St.A., **Entwicklersubstanzen** bilden äthyleniminosubstituierte Hydrochinone, in denen mindestens eine Äthyleniminogruppe sich in o-Stellung zu einer OH-Gruppe befindet. Sie besitzen die allg. Formel **I**. In dieser ist X ein H- oder Halogenatom oder eine Alkylgruppe, bes. CH_3; R ein H-Atom oder eine Alkylgruppe, bes. CH_3. Bevorzugt verwendet werden 2.5-Bis-(äthylenimino)-, 2.5-Bis-(methylenimino)-, u. 2.5-Bis-(äthylenimino)-6-dichlorhydrochinon. Herst. z. B. nach Experientia [Basel] **11.** [1955.] 184. Diese Verbb. sind bes. zur Verw. in hochkonz.

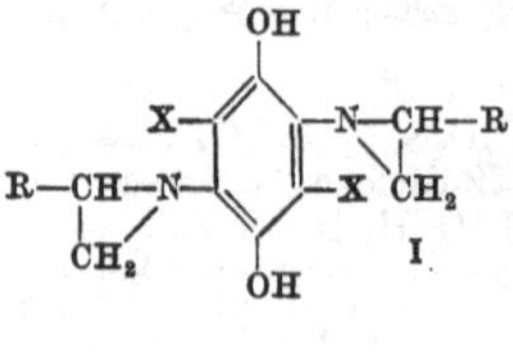

u. hochviscosen Entwickler-Lsgg. für das Ag-Salz-Diffusions-Verf. geeignet, da sie ohne besondere Stabilisierungsmittel für die Bildempfangsschicht u. ohne Auswaschung derselben auch nach längerer Zeit nicht zu einer Vergilbung führen. (**A. P. 2 939 788** vom 26/2. 1959, ausg. 7/6. 1960.) A. KALIX. 8619

Polaroid Corp., übert. von: Edwin H. Land, Cambridge, Mass., V.St.A., **Silbersalzdiffusionsverfahren.** Die Bildaufnahmeschicht (I) enthält eine sehr weiche ungehärtete Gelatine (II). Für die Bildübertragung nach der Belichtung wird eine Lsg. verwendet, die 1—8 (%) Entwicklersubstanz, 0,3—10 Halogensilber-Lsgm. u. 1—8 Härtemittel (III) für II enthält u. eine Viscosität von 100—200000 cP. bei 20° besitzt. II soll einen Ep. von 75—80° F bei 100% Feuchtigkeit besitzen, u. II wird so ausgewählt u. dosiert, daß der Ep. von II während der Nachbehandlung von I auf mindestens 100° F (bei 100% Feuchtigkeit) ansteigt. Dadurch wird die Dicke von I vermindert u. die Schärfe des übertragenen Bildes durch Verhinderung von seitlicher Diffusion verbessert. Beispiele für III: Sulfate, Chromate, Alaune, Aldehyde (bes. CH_2O) u. Ketone, bes. Acetonylaceton, Diacetyl u. Fructose. (**A. P. 2 962 377** vom 15/10. 1954, ausg. 29/11. 1960.) A. KALIX. 8619

Haloid Xerox, Inc., übert. von: Robert G. Vyverberg, Pittsford, N.Y., V.St.A., **Xerographische Röntgenaufnahmen.** Vor oder nach der Aufladung der lichtleitfähigen Schicht, bes. einer solchen aus Se, wird dieselbe mit einem sehr fein verteilten Pulver eines Stoffes eingestäubt, der in der Halogensilber-Röntgenphotographie als Strahlungsverstärker benutzt wird, bes. Ca-Wolframat oder Ba-Pt-Cyanid. Dann wird die Aufnahme in der üblichen Weise durchgeführt u. entwickelt, ohne daß das Verstärkerpulver vorher entfernt wird. Das Bild wird nicht fixiert, damit das lichtleitfähige Material nach dem Abwischen der beiden Pulverschichten wiederholt zur Materialuntersuchung benutzt werden kann. (**A. P. 2 856 535** vom 31/5. 1957, ausg. 14/10. 1958.) A. KALIX. 8625

Erich Alfred Hickethier, Hannover, **Maskierungsverfahren für das Kopieren von Dreifarbennegativen.** 2 Teilfarbenbilder des Negativs werden auf 2 Halogensilberschichten kopiert, die sich zu angenähert gleichen Farbtönen wie die I entwickeln lassen, jedoch die entgegengesetzten Gradationen besitzen. Die so erzeugte Farbmaske wird bei der Herst. einer Kopie des 3. Teilfarbenbildes als Kompensativ benutzt. (**Schwz. P. 330 516** vom 29/4. 1954, ausg. 31/7. 1958. D. Prior. 19/6. 1953.) A. KALIX. 8631

Rudolf Hell, Kiel, **Herstellung und Zurichtung von Druckstöcken** nach der Meth. der Bildtelegraphie, gek. durch die Verw. eines relativ zu einem Abtastorgan zwangsläufig geführten Schlittens, auf dessen einer Seite die abzutastende Bildvorlage u. auf dessen gegenüberliegender Seite die zu bearbeitende Fläche der Druckstoffplatte angeordnet wird. — Zeichnung. (**Schwz. P. 322 661** vom 14/4. 1953, ausg. 15/8. 1957. D. Prior. 9/5., 12/5. u. 30/5., 5/12., 27/12. 1952 u. 30/3. 1953.) A. GRADL. 8645

E. I. du Pont de Nemours & Co., Wilmington, Del., V.St.A. (Erfinder: Elmore Louis Martin), **Photopolymerisierbare Gemische.** Die Gemische bestehen aus 3 Komponenten: 1. mindestens 50% eines Polymerisats (I), das eine Anzahl $-CH_2-\overset{|}{C}H(OZ)-$ Einheiten, 5—35% einer ungesätt. polymerisierbaren Verb. (II) mit Äthylengruppen u. einem Kp. < 100° (bei normalem Druck), einen Polymerisationskatalysator (III), der durch aktin. Licht, aber nicht durch Temp. < 80° aktivierbar ist. In I sind mindestens 10—15% der OZ-Gruppen freie CO-Gruppen u. 5—80% OH-Gruppen, die mit ungesätt. Carbonsäuren verestert oder mit ungesätt. Aldehyden acetalisiert sind, der Rest ist mit gesätt. Säuren oder Aldehyden umgesetzt. I soll in II lösl. oder damit mischbar sein; der Geh. an III soll 0,05—10% des Gesamtgewichts von I + II + III betragen. Die I sollen aus Einheiten vom Typus $-CH_2-\overset{|}{C}H-O-COR$ oder **A** bestehen. Hierbei ist $-COR$ der Rest einer ungesätt. Carbonsäure mit Äthylengruppen u. $>CHR'$ der oxofreie Rest eines ungesätt. Aldehyds mit Äthylengruppen, die in beiden Fällen nicht endständig sind; R u. R' sind gleiche oder verschiedene einwertige Reste. — Beispiele: Mischpolymerisate aus 10 (Teilen) Vinylalkohol, 30 -crotonat u. 60 -butyral, 5 Vinylalkohol + 20 -acetat + 10 -butyrat + 40 -butyral + 25 -crotonal, 5 Vinylalkohol + 20 -crotonal + 10 -benzal + 65 -acetat. Die II sollen bei normalem Druck einen Kp. > 100° besitzen, der jedoch nicht höher als

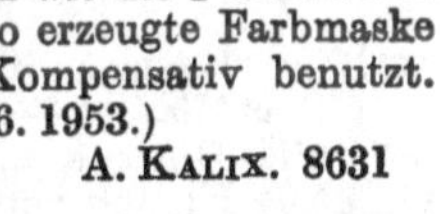

A

250—300° bei 0,1 mm Hg ist. Bevorzugt verwendet werden Vinyliden-Derivv. von Carbonsäuren, Estern, Äthern, Nitrilen, Sulfonsäuren, Aldehyden wie z. B. Acrylsäure, Glykoldiacrylat, Glycerintriacrylat, Propylen- u. Cyclohexandiacrylat, Pentaerythrittetramethacrylat, Acrylamide, Vinylester von mehrwertigen u. Sulfonsäuren, aliphat. u. aromat. Vinylaldehyde, 4'-Vinyl-4-formylbiphenyl usw. Als **III** werden z. B. verwendet: Diacetyl, Benzil, Benzoin, Pivaloin, Acyloinäther wie Benzoinmethyläther u. α-alkylsubstituierte Acyloine wie α-Methyl-, α-Allyl- u. α-Phenylbenzoin. Die Gemische werden zu Schichten von 3—250, bes. 10—50 mm Dicke vergossen, ggf. unter Zusatz von inerten Füllmitteln wie Glaspulver, Bentonit, Al_2O_3, SiO_2 usw. mit Korngrößen <0,4 mil. u. bildmäßig belichtet. Die unbelichteten Flächenelemente werden dann mit A., Methanol, Äthyl- oder Propylacetat oder Gemischen davon ausgewaschen. Bei Verw. eines hydrophilen Trägers kann die entwickelte Schicht als Flachdruckplatte verwendet werden, bei genügender Härte u. Reliefhöhe auch als Klischee. (**E. P. 815 277** vom 28/12. 1956, ausg. 24/6. 1959.) A. KALIX. 8645

Kalle Akt.-Ges. (Erfinder: Maximilian Karl Reichel und Wilhelm Neugebauer), Wiesbaden, **Kopiermaterial mit lichtempfindlichen Gerbschichten.** Es besitzt eine aus in W. lösl. Koll. bestehende Zwischenschicht, die sich unmittelbar auf dem Träger u. unmittelbar unter der Kopierschicht befindet, u. eine lichtempfindliche Schicht, die nachst. Bestandteile enthält: Einerseits eine Kombination solcher Polyamide, die durch Polykondens. einer ω-Aminocarbonsäure oder von äquivalenten Mengen einer ω.ω'-Dicarbonsäure u. eines ω.ω'-Diamins entstanden sind u. bei denen ein Teil der am N-Atom der Carbonsäureamidgruppe sitzenden H-Atome durch Alkyl, Oxalkyl oder Alkoxalkyl ersetzt ist oder durch Polykondens. eines Gemisches, das aus mindestens einem ω.ω'-Diamin, mindestens einer ω.ω'-Dicarbonsäure u. mindestens einer ω-Aminocarbonsäure besteht, wobei letztere auch in Form ihrer Ester oder Amide oder ihres Lactams für die Polykondens. verwendbar ist. Andererseits enthält die Kombination aromat. Azido-Verbb. entsprechend der allg. Formel **I**, in der R einen aliphat., aromat. oder heterocycl. Rest bedeutet, X ein H-Atom oder eine Gruppe, die ein in W. lösl. Alkalimetallsalz bildet, oder die Gruppe $-SO_2-NH-$Aryl, in der Aryl substituiert sein kann, Y ein H-Atom, Alkyl oder Carboxyl. — Beispiele für **I**: *2-[4'-Azidostyryl]-6-azidobenzimidazol*, *4-[4'-Azido-β-methylstyryl]-pyridin*, *4.4'-Diazidostilben-2.2'-disulfonamid* oder *4.4'-Diazidostilben-2.2'-bissulfanilid*. Dieses Kopiermaterial dient *bes. zur Herst. von Siebdruckschablonen*. (**D. A. S. 1 123 204** Kl. 57b vom 3/10. 1959, ausg. 1/2. 1962.) E. FUCHS. 8645

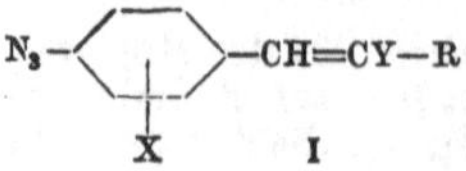

I

REDAKTIONSSCHLUSS: 8. Juni 1962

Herausgeber: Prof. Dr. Heinrich Bertsch, Berlin, u. Prof. Dr. Dr. h. c. Wilhelm Klemm, Münster. Chefredakteure und verantwortlich für den Inhalt: Dr. Eugen Klever, Berlin W 30, Geisbergstraße 39, Fernsprecher: 24 95 41, u. Dr. Willi Barz, Berlin N 4, Schiffbauerdamm 19, Fernsprecher: 42 55 71.

©

Verlag: Akademie-Verlag GmbH, Berlin W 8, Leipziger Str. 3—4 (Fernsprecher: 22 04 41, Telex-Nr. 011773, Postscheckkonto Berlin 350 21), und Verlag Chemie GmbH, Weinheim/Bergstr. (Fernsprecher: Weinheim 3635 [Sammelnummer]; Fernschreiber: 04 655 16 chemieverl wnh; Postscheckkonten: Frankfurt/M. 145314 u. Berlin [West] 7430). Bestellnummer: 1007/133. Das Chemische Zentralblatt erscheint wöchentlich. Preis des Jahrganges einschl. Autoren-, Patent-, Sach- u. Formelregister: DM 1200,—; einseitig bedruckte Ausgabe: DM 1350,—. Abgabe der Zeitschrift nur mit sämtlichen Registern. Abbestellungen nur bis spätestens 6 Wochen vor Ablauf des Kalenderjahres.

Satz u. Druck: VEB Leipziger Druckhaus, Leipzig, III/18/203. VIII. 62.
Veröffentlicht unter der Lizenznummer ZLN 5002 des Ministeriums für Kultur, Hauptverwaltung Verlagswesen.
Printed in Germany.

FSC
www.fsc.org
MIX
Papier | Fördert gute Waldnutzung
FSC® C083411

Kolibri 360 GmbH
Ferdinand-Jühlke-Straße 7
99095 Erfurt, Deutschland
produktsicherheit@kolibri360.de